W0259901

HANDBUCH DER ANALYTISCHEN CHEMIE

HERAUSGEGEBEN

VON

W. FRESENIUS UND **G. JANDER**

WIESBADEN GREIFSWALD

DRITTER TEIL

QUANTITATIVE BESTIMMUNGS- UND TRENNUNGSMETHODEN

BAND Vaγ

ELEMENTE DER FÜNFTEN HAUPTGRUPPE

(ARSEN · ANTIMON · WISMUT)

BERLIN · GÖTTINGEN · HEIDELBERG

SPRINGER-VERLAG

1951

ELEMENTE DER FÜNFTEN HAUPTGRUPPE

ARSEN · ANTIMON · WISMUT

BEARBEITET

VON

E. KARL-KROUPA · R. KLEMENT

MIT 45 ABBILDUNGEN

BERLIN · GÖTTINGEN HEIDELBERG
SPRINGER-VERLAG
1951

SOFTCOVER REPRINT OF THE HARDCOVER 1ST EDITION 1951

ISBN 978-3-540-01546-8 ISBN 978-3-642-48156-7 (eBook)
DOI 10.1007/ 978-3-642-48156-7

Inhaltsverzeichnis.

Verzeichnis der Zeitschriften und ihrer Abkürzungen.

Abkürzung	Zeitschrift
A.	LIEBIGS Annalen der Chemie; bis **172** (1874): Annalen der Chemie und Pharmacie.
Acc. Sci. med. Ferrara	Accademia delle scienze mediche di Ferrara.
A. Ch.	Annales de Chimie; vor 1914: Annales de Chimie et de Physique.
Acta Comment. Univ. Tartu	Acta et Commentationes Universitatis Tartuensis (Dorpatensis).
Acta med. Scand.	Acta Medica Scandinavica.
Agricultura	Agricultura.
Am. Chem. J. (Am. Ch.)	American Chemical Journal; seit 1917 vereinigt mit Am. Soc.
Am. Fertilizer	The American Fertilizer.
Am. J. Physiol.	American Journal of Physiology.
Am. J. Sci.	American Journal of Science.
Am. Soc.	Journal of the American Chemical Society.
Am. Soc. Test. Mater. (Am. Soc. Testing Materials)	American Society of Testing Materials.
Anal. Chem.	Analytical Chemistry, früher Ind. Eng. Chem. Analyt. Edition.
Anal. chim. Acta	Analytica chimica acta.
Analyst	The Analyst.
An. Argentina	Anales de la asociación química Argentina.
An. Españ.	Anales de la sociedad española de física y química; seit 1941: Anales de fisica y quimica (Madrid).
An. Farm. Bioquim.	Anales de farmacia y bioquímica (Buenos Aires).
Angew. Ch.	Angewandte Chemie, vor 1932: Zeitschrift für angewandte Chemie.
Ann. Acad. Sci. Fenn.	Annales academiae scientiarum fennicae.
Ann. agronom.	Annales agronomiques.
Ann. Chim. anal.	Annales de Chimie analytique et de Chimie appliquée.
Ann. Chim. appl(ic).	Annali di chimica applicata.
Ann. Falsific.	Annales des Falsifications et des Fraudes.
Ann. Office nat. Combustibles liquides	Annales de l'Office National des Combustibles Liquides.
Ann. Phys.	Annalen der Physik (GRÜNEISEN und PLANCK).
Ann. Sci. agronom. Franç.	Annales de la Science agronomique française et étrangère; nach 1930: Annales agronomiques.
Ann. Soc. Sci. Bruxelles	Annales de la société scientifique de Bruxelles, Série A: Sciences mathématiques; Série B: Sciences physiques et naturelles.
Anz. Akad. Wiss. Wien, math.-naturwiss. Kl.	Anzeiger der Akademie der Wissenschaften in Wien, Mathematische-Naturwissenschaftliche Klasse.
Anz. Krakau. Akad.	Anzeiger der Akademie der Wissenschaften, Krakau.
Apoth.-Z.	Apotheker-Zeitung.
Ar.	Archiv der Pharmazie.
Arch. Eisenhüttenw.	Archiv für das Eisenhüttenwesen.
Arch. exp. Pathol.	Archiv für experimentelle Pathologie und Pharmakologie (NAUNYN-SCHMIEDEBERG).
Arch. Math. Naturvidensk (Arch. F. Mathem. og Naturvid.)	Archiv for Mathematik og Naturvidenskab.
Arch. Néerland. Physiol.	Archives Néerlandaises de Physiologie de l'Homme et des Animaux.
Arch. Phys. biol.	Archives de Physique biologique et de Chimie-Physique des Corps organisés.
Arch. Physiol.	Archiv für die gesamte Physiologie des Menschen und der Tiere (PFLÜGER).
Arch. Sci. biol.	Archivio di scienze biologiche (Italy).
Arch. Sci. phys. nat. Genève	Archives des Sciences physiques et naturelles, Genève.

Abkürzung	Zeitschrift
Atti Accad. Lincei	Atti della Reale Accademia nazionale dei Lincei.
Atti Accad. Sci. Torino	Atti della Reale Accademia delle Scienze di Torino.
Atti Congr. naz. Chim. pura applic.	Atti del congresso nazionale di chimica pura ed applicata.
Atti X Congr. int. Chim., Roma (Atti Congr. int. Chim. Roma)	Atti del X Congresso Internazionale di Chimica (Roma).
Austr. J. exp. Biol. med. Sci.	Australian Journal of Experimental Biology and Medical Science.
B.	Berichte der Deutschen Chemischen Gesellschaft.
Ber. dtsch. keram. Ges.	Berichte der Deutschen Keramischen Gesellschaft.
Ber. dtsch. pharm. Ges.	Berichte der Deutschen Pharmazeutischen Gesellschaft.
Ber. oberhess. Ges. Naturk.	Bericht der oberhessischen Gesellschaft für Natur- und Heilkunde.
Ber. Wien. Akad.	Sitzungsberichte der Akademie der Wissenschaften, Wien.
Betriebslab.	Betriebslaboratorium; russ.: Sawodskaja Laboratorija.
Biochem. J.	Biochemical Journal.
Biol. Bl.	Biological Bulletin of the Marine Biological Laboratory; seit 1930: Biological Bulletin.
Bio. Z.	Biochemische Zeitschrift.
Bl.	Bulletin de la Société chimique de France; vor 1907: Bulletin de la Société chimique de Paris.
Bl. Acad. Roum.	Bulletin de la section scientifique de l'Académie Roumaine.
Bl. Acad. Russie	Bulletin de l'Academie des Sciences de Russie; seit 1925: Bl. Acad. URSS.
Bl. Acad. Sci. Pétersb.	Bulletin de l'Académie impériale des Sciences, Pétersbourg; seit 1917: Bl. Acad. Russie.
Bl. Acad. URSS.	Bulletin de l'Académie des Sciences de l'U[nion des] R[épubliques] S[oviétiques] S[ocialistes].
Bl. Acad. URSS., Sér. chim.	Bulletin de l'Académie des Sciences de l'U[nion des] R[épubliques] S[oviétiques] S[ocialistes], Sér. chimique.
Bl. agric. chem. Soc. Japan	Bulletin of the Agricultural Chemical Society of Japan.
Bl. Am. phys. Soc.	Bulletin of the American Physical Society.
Bl. Assoc. techn. Fonderie (Bull. [Ass.] techn. Fonderie)	Bulletin de l'Association Technique de Fonderie.
Bl. Biol. pharm.	Bulletin des Biologistes pharmaciens.
Bl. Bur. Mines Washington	Bulletin, Bureau of Mines, Washington.
Bl. chem. Soc. Japan	Bulletin of the Chemical Society of Japan.
Bl. Chim. pura apl. Bukarest (B. Chim. pura aplicata Bukarest)	Buletinul de Chimie Pură si Aplicată (al Societătii Române de Chimie) Bukarest.
Bl. Inst. physic. chem. Res. (Abstr.) Tôkyô	Bulletin of the Institute of Physical and Chemical Research, Abstracts, Tôkyô.
Bl. Sci. pharmacol.	Bulletin des Sciences pharmacologiques.
Bl. Soc. chim. Belg.	Bulletin de la Société chimique de Belgique.
Bl. Soc. Chim. biol.	Bulletin de la Société de Chimie biologique.
Bl. Soc. chim. Paris	Vgl. Bl.
Bl. Soc. Min.	Bulletin de la Société française de Minéralogie.
Bl. Soc. Mulhouse	Bulletin de la Société industrielle de Mulhouse.
Bl. Soc. Pharm. Bordeaux	Bulletin des Travaux de la Société de Pharmacie de Bordeaux.
Bl. Soc. România	Buletinul societatii de chimie din România.
Bodenkunde Pflanzenernähr.	Bodenkunde und Pflanzenernährung: 1. Folge (Band **1** bis **45**) heißt: Zeitschrift für Pflanzenernährung, Düngung und Bodenkunde.
Boll. chim. farm.	Bolletino chimico-farmaceutico.
Branntwein-Ind. (russ.)	Branntwein-Industrie (russisch).
Brit. chem. Abstr.	British Chemical Abstracts.
Bur. Stand. J. Res.	Bureau of Standards Journal of Research.
C.	Chemisches Zentralblatt.
Canad. Chem. Metallurgy (Can. Chem. Met.)	Canadian Chemistry and Metallurgy; ab Bd. **22** (1938): Canadian Chemistry and Process Industries.
Canadian J. Res.	Canadian Journal of Research.
Časopis českoslov. Lékárn.	Časopis československého, Lékárnictva.

Abkürzung	Zeitschrift
Cereal Chem.	Cereal Chemistry.
Chem. Abstr.	Chemical Abstracts.
Chem. Age	Chemical Age.
Chem. Apparatur	Chemische Apparatur.
Chem. eng. min. Rev.	Chemical Engineering and Mining Review.
Chem. Ind.	Chemistry and Industry.
Chemisat. soc. Agric. (Chemisat. socialist. Agr.) (russ.)	Chemisation of Socialistic Agriculture (russisch).
Chemist-Analyst	The Chemist-Analyst.
Chem. J. Ser. A	Chemisches Journal Serie A, Journal für allgemeine Chemie; russ.: Chimitscheski Shurnal Sser. A, Shurnal obschtschei Chimii.
Chem. J. Ser. B	Chemisches Journal Serie B, Journal für angewandte Chemie; russ.: Chimitscheski Shurnal Sser. B, Shurnal prikladnoi Chimii.
Chem. Listy	Chemické Listy pro vědu a průmysl.
Chem. Metallurg. Eng. (Chem. Met. Engin.)	Chemical and Metallurgical Engineering.
Chem. N.	Chemical News.
Chem. Obzor	Chemický Obzor.
Chem. Reviews	Chemical Reviews.
Chem. social. Agric.	Chemisation of socialistic Agriculture; russ.: Chimisazia ssozialistitscheskogo Semledelija.
Chem. Trade. J. chem. Engr. (Chem. Trade J.)	Chemical Trade Journal and Chemical Engineer.
Chem. Weekbl.	Chemisch Weekblad.
Ch. Fabr.	Die chemische Fabrik.
Chim. e Ind. (Milano)	Chimica e Industria (Milano).
Chim. Ind.	Chimie & Industrie.
Chim. Ind. 17. Congr. Paris	Chimie & Industrie, 17. Congrès, Paris.
Ch. Ind.	Die chemische Industrie.
Ch. Z.	Chemiker-Zeitung.
Ch. Z. Chem. techn. Übersicht	Chemiker-Zeitung, Chemisch-technische Übersicht.
Ch. Z. Repert.	Chemiker-Zeitung, Repertorium.
Coll. Trav. chim. Tchécosl.	Collection des Travaux chimiques de Tchécoslovaquie.
C. r.	Comptes rendus de l'Académie des Sciences.
C. r. Acad. URSS.	Comptes rendus (Doklady) de l'académie des sciences de l'U[nion des] R[épubliques] S[oviétiques] S[ocialistes].
C. r. Carlsberg	Comptes rendus des Travaux du Laboratoire de Carlsberg.
C. r. Soc. Biol.	Comptes rendus de la Société de Biologie.
Current Sci.	Current Science.
Dansk Tidsskr. Farm.	Dansk Tidsskrift for Farmaci.
Dingl. J.	DINGLERS Polytechnisches Journal.
Dtsch. med. Wschr.	Deutsche medizinische Wochenschrift.
Dtsch. tierärztl. Wschr.	Deutsche tierärztliche Wochenschrift.
Eng. Min. Journ.	Engineering and Mining Journal.
E. P.	Englisches Patent.
Erzmetall	Zeitschrift für Erzbergbau und Metallhüttenwesen; neue Folge von „Metall und Erz".
Fenno-Chem.	Fenno-Chemica.
Finska Kemistsamfundets Medd.	Finska Kemistsamfundets Meddelanden; fortgesetzt unter der Bezeichnung: Fenno-Chemica.
Fortschr. Chem. Physik physik. Chem.	Fortschritte der Chemie, Physik und physikalischen Chemie.
Fr.	Zeitschrift für analytische Chemie (FRESENIUS).
G.	Gazzetta chimica italiana.
Gas- und Wasserfach	Das Gas- und Wasserfach; vor 1922: Journal für Gasbeleuchtung sowie für Wasserversorgung.
Gen. electr. Rev. (General Electric Rev.)	General Electric Review.
Giorn. Biol. appl. Ind. chim. aliment. (G. Biol. appl. Ind. chim.)	Giornale di Biologia Applicata alla Industria Chimica ed Alimentare; ab Bd. **5** (1935): Giornale di Biologia Industriale Agraria ed Alimentare.

Abkürzung	Zeitschrift
Giorn. Chim. ind. ed applic. (Giorn. Chim. ind. appl.)	Giornale di Chimica Industriale ed Applicata.
Glastechn. Ber.	Glastechnische Berichte.
Glückauf	Glückauf, berg- und hüttenmännische Zeitschrift.
H.	Zeitschrift für physiologische Chemie (HOPPE-SEYLER).
Helv.	Helvetica chimica acta.
Ind. Chemist (chem. Manufacturer) (Ind. Chemist. a. Chemical Manufacturer)	Industrial Chemist and Chemical Manufacturer.
Ind. chimica	L'Industria chimica, mineraria e metallurgica.
Ind. eng. Chem.	Industrial and Engineering Chemistry.
Ind. eng. Chem. Anal. Edit.	Industrial and Engineering Chemistry, Analytical Edition.
Ing. Chimiste (Bruxelles)	Ingénieur Chimiste (Bruxelles).
Internat. Sugar J.	International Sugar Journal.
J. agric. Sci.	Journal of Agricultural Science.
J. Am. ceram. Soc.	Journal of the American Ceramic Society.
J. Am. Leather Chem.	Journal of the American Leather Chemists' Association.
J. Am. med. Assoc.	Journal of the American Medical Association.
J. Am. pharm. Assoc.	Journal of the American Pharmaceutical Association.
J. Am. Soc. Agron.	Journal of the American Society of Agronomy.
J. Am. Water Works Assoc.	Journal of the American Water Works Association.
J. anal. appl. Chem.	Journal of Analytical and Applied Chemistry.
J. Assoc. offic. agric. Chem.	Journal of the Association of Official Agricultural Chemists.
J. Biochem.	Journal of Biochemistry (Japan).
J. biol. Chem.	Journal of Biological Chemistry.
Jbr.	Jahresberichte über die Fortschritte der Chemie (LIEBIG und KOPP), 1847—1910.
Jb. Radioakt.	Jahrbuch der Radioaktivität und Elektronik.
J. chem. Educat.	Journal of Chemical Education.
J. chem. Ind.	Journal der chemischen Industrie; russ.: Shurnal Chimitscheskoi Promyschlennosti.
J. chem. Physics (J. chem. Phys.)	Journal of Chemical Physics.
J. chem. Soc.	Journal of the Chemical Society of London.
J. chem. Soc. Japan	Journal of the Chemical Society of Japan.
J. Chim. appl. (J. chem. applic.) (russ.)	Journal de Chimie Appliquée (russisch).
J. Chim. phys.	Journal de Chimie physique; seit 1931: ... et Revue générale des Colloides.
J. chos. med. Assoc.	Journal of the Chosen Medical Association (Japan).
Jernkont. Ann.	Jernkontorets Annaler.
J. ind. eng. Chem.	Journal of Industrial and Engineering Chemistry; seit 1923: Ind. eng. Chem.
J. Indian chem. Soc.	Journal of the Indian Chemical Society.
J. Indian Inst. Sci.	Journal of the Indian Institute of Science.
J. Inst. Brew.	Journal of the Institute of Brewing.
J. Inst. Petrol. Tech.	Journal of the Institution of Petroleum Technologists.
J. Iron Steel Inst.	Journal of the Iron and Steel Institute.
J. Labor clin. Med.	Journal of Laboratory and Clinical Medicine.
J. Landwirtsch.	Journal für Landwirtschaft.
J. of Hyg. (Brit.)	Journal of Hygiene (britisch).
J. opt. Soc. Am.	Journal of the Optical Society of America.
J. Pharm. Belg.	Journal de Pharmacie de Belgique.
J. Pharm. Chim.	Journal de Pharmacie et de Chimie.
J. pharm. Soc. Japan	Journal of the Pharmaceutical Society of Japan.
J. physic. Chem.	Journal of Physical Chemistry.
J. Physiol.	Journal of Physiology.
J. pr.	Journal für praktische Chemie.
J. Pr. Austr. chem. Inst.	Journal and Proceedings of the Australian Chemical Institute
J. Res. Nat. Bureau of Standards	Journal of Research of the National Bureau of Standards, früher: Bur. Stand. J. Res.
J. Russ. phys.-chem. Ges.	Journal der russischen physikalisch-chemischen Gesellschaft.
J. S. African chem. Inst.	Journal of the South African Chemical Institute.

Abkürzung	Zeitschrift
J. Sci. Soil Manure	Journal of the Sciences of Soil and Manure (Japan).
J. Soc. chem. Ind.	Journal of the Society of Chemical Industrie (Chemistry and Industry).
J. Soc. chem. Ind. Japan (Suppl.)	Journal of the Society of Chemical Industry, Japan. Supplement.
J. Soc. Dyers Colourists	Journal of the Society of Dyers and Colourists.
J. Washington Acad. Sci.	Journal of the Washington Academy of Sciences.
J. Zucker-Ind.	Journal der Zuckerindustrie; russ.: Shurnal Sakharnoi Promyschlennosti.
Keem. Teated	Keemia Teated (Tartu).
Kem. Maanedsbl. nord. Handelsbl. kem. Ind.	Kemisk Maanedsblad og Nordisk Handelsblad for Kemisk Industri.
Klin. Wschr.	Klinische Wochenschrift.
Koks u. Chem. (russ.)	Koks und Chemie (russisch).
Kolloidchem. Beih.	Kolloidchemische Beihefte.
Kolloid-Z.	Kolloid-Zeitschrift.
Lantbruks-Akad. Handl. Tidskr.	Kungl. Lantbruks-Akademiens Handlingar och Tidskrift.
Lantbruks-Högskol. Ann.	Lantbruks-Högskolans Annaler.
L. V. St.	Landwirtschaftliche Versuchsstationen.
M.	Monatshefte für Chemie.
Magyar Chem. Folyóirat	Magyar Chemiai Folyóirat (Ungarische chemische Zeitschrift).
Malayan agric. J.	Malayan Agricultural Journal.
Medd. Centralanst. Försöksväs. jordbruks., landwirtsch.-chem. Abt.	Meddelande från Centralanstalten för Försöksväsendet på Jordbruksområdet, landbrukskemi.
Medd. Nobelinst.	Meddelanden från K. Vetenskapsakademiens Nobelinstitut.
Med. Doswiadczalna i Spoleczna	Medycyna Doswiadczalna i Spoleczna.
Mem. Sci. Kyoto Univ.	Memoirs of the College of Science, Kyoto Imperial University.
Metal Ind. (London)	Metal Industry (London).
Metallurgia ital. (Metallurg. Ital.)	Metallurgia Italiana.
Metallwirtschaft (Metallwirtsch., Metallwiss., Metalltechn.)	Metallwirtschaft, Metallwissenschaft, Metalltechnik.
Met. Erz	Metall und Erz.
Mikrochemie (Mikrochem.)	Mikrochemie, vereinigt mit Mikrochimica acta.
Mikrochim. A.	Mikrochimica acta.
Milchw. Forsch.	Milchwirtschaftliche Forschungen.
Mitt. berg- u. hüttenmänn. Abt. kgl. ung. Palatin-Joseph-Universität Sopron	Mitteilungen der berg- und hüttenmännischen Abteilung der königlich ungarischen Palatin-Joseph-Universität, Sopron.
Mitt. Forsch.-Anst. G. H. Hütte (Gutehoffnungshütte-Konzerns)	Mitteilungen aus den Forschungsanstalten des Gutehoffnungshütte-Konzerns.
Mitt. Geb. Lebensmitteluntersuch. Hyg.	Mitteilungen auf dem Gebiet der Lebensmitteluntersuchung und Hygiene.
Mitt. Kali-Forsch.-Anst.	Mitteilungen der Kali-Forschungsanstalt.
Mitt. K.W.I. Eisenforschg (Düsseldorf)	Mitteiiungen aus dem Kaiser-Wilhelm-Institut für Eisenforschung zu Düsseldorf.
Nachr. Götting. Ges.	Nachrichten der Kgl. Gesellschaft der Wissenschaften, Göttingen; seit 1923 fällt „Kgl." fort.
Nature	Nature (London).
Naturwiss.	Naturwissenschaften.
Natuurwetensch. Tijdschr.	Natuurwetenschappelijk Tijdschrift.
Nederl. Tijdschr. Geneesk.	Nederlandsch Tijdschrift voor Geneeskunde.
Neues Jahrb. Mineral. Geol.	Neues Jahrbuch für Mineralogie, Geologie und Paläontologie.
New Zealand J. Sci. Tech.	New Zealand Journal of Science and Technology.
Öst. Ch. Z.	Österreichische Chemiker-Zeitung.
Onderstepoort J. Vet. Sci.	Onderstepoort Journal of Veterinary Science and Animal Industry.
P. C. H.	Pharmazeutische Zentralhalle.

Abkürzung	Zeitschrift
Ph. Ch.	Zeitschrift für physikalische Chemie.
Pharm. Weekbl.	Pharmaceutisch Weekblad.
Pharm. Z.	Pharmazeutische Zeitung.
Phil. Mag.	Philosophical Magazine and Journal of Science.
Phil. Trans.	Philosophical Transactions of the Royal Society of London.
Phys. Rev.	Physical Review.
Phys. Z.	Physikalische Zeitschrift.
Plant Physiol.	Plant Physiology.
Pogg. Ann.	Annalen der Physik und Chemie, herausgegeben von POGGENDORFF (1824—1877); dann Wied. Ann. (1877—1899); seit 1900: Ann. Phys.
Pr. Am. Acad.	Proceedings of the American Academy of Arts and Sciences, Boston.
Pr. Am. Soc. Test. Mater. (Pr. Am. Soc. for testing Materials)	Proceedings of the American Society for Testing Materials.
Pr. (chem. Soc.)	Proceedings of the Chemical Society (London).
Pr. Indian Acad. Sci.	Proceedings of the Indian Academy of Sciences.
Pr. internat. Soc. Soil Sci.	Proceedings of the International Society of Soil Science.
Pr. Leningrad Dept. Inst. Fert.	Proceedings of the Leningrad Departmental Institute of Fertilizers.
Pr. Roy. Soc. Edinburgh	Proceeding of the Royal Society of Edinburgh.
Pr. Roy Soc. London Ser. A	Proceedings of the Royal Society (London). Serie A: Mathematical and Physical Sciences.
Pr. Roy Soc. New South Wales	Proceedings of the Royal Society of New South Wales.
Pr. Soc. Cambridge	Proceedings of the Cambridge Philosophical Society.
Problems Nutrit.	Problems of Nutrition; russ.: Woprossy Pitanija.
Pr. Oklahoma Acad. Sci.	Proceedings of the Oklahoma Academy of Science.
Pr. Soc. exp. Biol. Med.	Proceedings of the Society for Experimental Biology and Medicine.
Pr. Utah Acad. Sci.	Proceedings of the Utah Academy of Sciences.
Przemysl Chem.	Przemysl Chemiczny.
Publ. Health Rep.	Public Health Reports.
R.	Recueil des Travaux chimiques des Pays-Bas.
Radium	Le Radium, seit 1920: Journal de Physique et Le Radium.
Rep. Connecticut agric. Exp. Stat.	Report of the Connecticut Agricultural Experiment Station.
Repert. anal. Chem.	Repertorium der analytischen Chemie (1881—1887).
Répert. Chim. appl.	Répertoire de Chimie pure et appliquée (von 1864 ab: Bulletin de la Société chimique de France).
Rep. Invest. (Rep. Investig.)	United States Department Interior, Bureau of Mines, Report of Investigation.
Rev. brasil. chim. (Revista brasileira de chimica)	Revista Brasileira de Chimica (São Paulo).
Rev. Centro Estud. Farm. Bioquim.	Revista del centro estudiantes de farmacia y bioquímica.
Rev. Mét.	Revue de Métallurgie.
Rev. univ. des Min.	Revue universelle des Mines.
Roczniki Chem.	Roczniki Chemji.
Schweiz. Apoth. Z.	Schweizerische Apotheker-Zeitung.
Schweiz. med. Wschr.	Schweizerische medizinische Wochenschrift.
Schw. J.	SCHWEIGGERS Journal für Chemie und Physik (Nürnberg, Berlin 1811—1833, 68 Bde.).
Science	Science (New York).
Sci. Pap. Inst. Tôkyô	Scientific Papers of the Institute of Physical and Chemical Research Tôkyô.
Sci. quart. nat. Univ. Peking	Science Quarterly of the National University of Peking.
Sci. Rep. Tôhoku (Imp. Univ.)	Science Reports of the Tôhoku Imperial University.
Skand. Arch. Physiol.	Skandinavisches Archiv für Physiologie.
Soc.	Journal of the Chemical Society of London.

Abkürzung	Zeitschrift
Soc. chem. Ind. Victoria (Proc.)	Society of Chemical Industry of Viktoria, Proceedings.
Soil Sci.	Soil Science.
Spectrochim. Acta	Spectrochimica Acta.
Sprechsaal	Sprechsaal für Keramik-Glas-Email.
Stahl Eisen	Stahl und Eisen.
Svensk Tekn. Tidskr.	Svensk Teknisk Tidskrift.
Sv. V.A.H. (SvVAH, Sv. Vet. Akad. Handl.)	Svenska Vetenskaps-Akademiens-Handlingar.
Techn. Mitt. Krupp	Technische Mitteilungen KRUPP.
Tôhoku J. exp. Med.	Tôhoku Journal of Experimental Medicine.
Trans. Am. electrochem. Soc.	Transactions of the American Electrochemical Society.
Trans. Am. Inst. min. metallurg. Eng. (Trans. Am. Inst. Min. Eng.)	Transactions of the American Institute of Mining and Metallurgical Engineers.
Trans. Butlerov Inst. chem. Technol. Kazan	Transactions of the BUTLEROV Institute; (seit 1935: KIROV Institute) for Chemical Technology of Kazan.
Trans. ceram. Soc. England	Transactions of the Ceramic Society, England; ab Bd. **38** (1939): Transactions of the British Ceramic Society.
Trans. Dublin Soc.	Scientific Transactions of the Royal Dublin Society.
Trans. Faraday Soc.	Transactions of the FARADAY Society.
Trans. Roy. Soc. Edinburgh	Transactions of the Royal Society of Edinburgh.
Trans. sci. Inst. Fert.	Transactions of the Scientific Institute of Fertilizers and Insectofungicides (USSR.).
Trans. Sci. Soc. China	Transactions of the Science Society of China.
Trav. Inst. Etat Radium (russ.)	Travaux de l'Institut d'Etat de Radium (russisch).
Trav. Lab. biogéochim. Acad. Sci. URSS.	Travaux du laboratoire biogéochimique de l'académie des sciences de l'U[nion des] R[épubliques] S[oviétiques] S[ocialistes]
Uchen. Zapiski Kazan. Gosud. Univ.	Uchenye Zapiski Kazanskogo Gosudarstvennogo Universiteta (USSR.).
Ukrain. chem. J.	Ukrainian Chemical Journal (Journal chimique de l'Ukraine).
Union pharm.	Union pharmaceutique.
Union S. Africa Dept. Agric.	Union of South Africa. Department of Agriculture.
Univ. Illinois Bl.	University of Illinois, Bulletin.
U.S. Dep. Commerce Bur. Mines Bl. (U.S. Bur. Min. B.)	U.S. Department of Commerce, Bureau of Mines, Bulletin.
U.S. Dep. Interior Bur. (U.S. Mines Bull.)	United States Department of the Interior, Bureau of Mines, Bulletin.
U.S. Dept. Agric. Bl.	United States Department of Agriculture, Bulletins.
U.S. Geol. Surv. Bl.	United States Geological Survey Bulletin.
Verh. phys. Ges.	Verhandlungen der Deutschen physikalischen Gesellschaft.
Vorratspflege u. Lebensmittelforsch.	Vorratspflege und Lebensmittelforschung.
Washington Acad. Science	Journal of the Washington Academy of Sciences.
Wschr. Brauerei	Wochenschrift für Brauerei.
Wied. Ann.	Annalen der Physik und Chemie, herausgegeben von WIEDEMANN; s. Pogg. Ann.
Wien. klin. Wschr.	Wiener klinische Wochenschrift.
Wien. med. Wschr.	Wiener medizinische Wochenschrift.
Wiss. Nachr. Zucker-Ind.	Wissenschaftliche Nachrichten der Zuckerindustrie (ukrain.).
Wiss. Veröffentl. Siemens-Konzern	Wissenschaftliche Veröffentlichungen aus dem SIEMENS-Konzern (seit 1935: aus den SIEMENS-Werken).
Z. anorg. Ch.	Zeitschrift für anorganische und allgemeine Chemie.
Zbl. Min. Geol. Paläont. Abt. A	Zentralblatt für Mineralogie, Geologie und Paläontologie, Abt. A: Mineralogie und Petrographie.
Z. Chem. Ind. Kolloide	Zeitschrift für Chemie und Industrie der Kolloide; seit 1913: Kolloid-Zeitschrift.
Z. Deutsch. Öl- u. Fettind.	Zeitschrift für Deutsche Öl- und Fettindustrie.
Z. El. Ch.	Zeitschrift für Elektrochemie.

Abkürzung	Zeitschrift
Zentr. wiss. Forsch.-Inst. Leder-Ind.	Zentrales wissenschaftliches Forschungsinstitut für die Lederindustrie; russ.: Zentralny nautschno-issledowatelski Institut koshewennoi Promyschlennosti, Sbornik Rabot.
Z. ges. Brauw.	Zeitschrift für das gesamte Brauwesen.
Z. ges. Kältetechnik (-Industrie)	Zeitschrift für die gesamte Kältetechnik (-Industrie).
Z. Hygiene	Zeitschrift für Hygiene und Infektionskrankheiten.
Z. klin. Med.	Zeitschrift für klinische Medizin.
Z. Kryst.	Zeitschrift für Krystallographie und Mineralogie.
Z. landw. Vers.-Wes. Österr.	Zeitschrift für das landwirtschaftliche Versuchswesen in Deutsch-Österreich; 1925—1933 genannt: Fortschritte der Landwirtschaft.
Z. Lebensm.	Zeitschrift für Untersuchung der Lebensmittel; bis 1925: Zeitschrift für Untersuchung der Nahrungs- und Genußmittel sowie der Gebrauchsgegenstände.
Z. Metallkunde	Zeitschrift für Metallkunde.
Z. Naturforschg.	Zeitschrift für Naturforschung.
Z. Oberschl. Berg- u. Hüttenmänn. Verb	Zeitschrift des Oberschlesischen Berg- und Hüttenmännischen Verbandes.
Z. öffentl. Ch.	Zeitschrift für öffentliche Chemie.
Z. Pflanzenernähr. Düng. Bodenkunde	Vgl. Bodenkunde Pflanzenernähr.
Z. Phys.	Zeitschrift für Physik.
Z. pr. Geol.	Zeitschrift für praktische Geologie.
Zprávy česk. keram. společnosti	Zprávy československé keramické společnosti.
Z. techn. Phys. (russ.)	Zeitschrift für Technische Physik (russ.).
Z. VDI (Z. Ver. dtsch. Ing.)	Zeitschrift des Vereins Deutscher Ingenieure.

Abkürzungen oft benutzter Sammelwerke.

Abkürzung	Sammelwerk
Berl-Lunge	BERL-LUNGE: Chemisch-technische Untersuchungsmethoden, 8. Aufl. Berlin 1931—1934. Bis zur 7. Aufl. „LUNGE-BERL" genannt.
GM.	GMELINS Handbuch der anorganischen Chemie, 8. Aufl. Berlin
Handb. Pflanzenanal.	Handbuch der Pflanzenanalyse (KLEIN).
Lunge-Berl	Vgl. BERL-LUNGE.
Schiedsverfahren	Analyse der Metalle. Erster Band: Schiedsverfahren. 2. Aufl Berlin-Göttingen-Heidelberg 1949.

Arsen.

As, Atomgewicht 74,91, Ordnungszahl 33.

Von E. KARL-KROUPA, Bad Aussee[1].

Mit 32 Abbildungen.

Inhaltsübersicht.

[1] Für den vorliegenden Abschnitt Arsen wurde die Literatur vom Jahr 1942 ab dankenswerterweise von Herrn Professor Dr. ROBERT KLEMENT, München, durchgesehen und verarbeitet.

Bestimmungsmöglichkeiten.

I. Gewichtsanalytische Methoden.

A. Für die gewichtsanalytische Bestimmung kommen in erster Linie folgende Wägungsformen in Betracht:

1. Magnesiumpyroarsenat (§ 1, S. 51 bis 53).
2. Silberarsenat § 2, S. 59).
3. Arsentrisulfid (§ 3, S. 64).
4. Arsenpentasulfid (§ 4, S. 77 bis 78).

B. Von geringerer Bedeutung ist die Bestimmung als:

5. Uranylpyroarsenat (§ 6, S. 102).

C. Ferner wurde vorgeschlagen die Wägung als:

6. Magnesiumammoniumarsenat mit 6 Krystallwasser (§ 1, S. 54 bis 55).
7. Kobaltarsenat (§ 6, S. 99).
8. Silber-Thalliumarsenat (§ 6, S. 105).
9. Wismutarsenat (§ 6, S. 107).

10. Bleiarsenat (§ 6, S. 108).
11. Arsenpentoxyd (§ 6, S. 109).
12. Ammoniumarsenmolybdat (§ 6, S. 97).
13. Elektrolytisch zusammen mit Kupfer abgeschiedenes Arsen (§ 5, S. 94 bis 95).
14. Durch Zinnchlorür abgeschiedenes Arsen (§ 5, S. 89).
15. Aus Arsenwasserstoff abgeschiedenes Arsen (§ 13, S. 202 bis 203).

D. An indirekten gewichtsanalytischen Methoden sind zu nennen:

16. Wägung des Silberchlorids nach Abscheidung des Arsens als Silberarsenat (§ 2, S. 59).
17. Wägung des Kobalts nach Abscheidung des Arsens als Kobaltarsenat (§ 6, S. 99).
18. Wägung des U_3O_8 nach Abscheidung des Arsens mit Uranylacetat (§ 6, S. 103).
19. Wägung des Silbers nach Absorption von Arsenwasserstoff in Silbernitrat (§ 13, S. 188).

II. Zur maßanalytischen Bestimmung stehen folgende Verfahren zur Verfügung:

a) Bestimmung der Arsensäure.

A. Acidimetrische und alkalimetrische Verfahren.

1. Titration reiner Arsensäurelösungen mit Lauge (§ 9, S. 158).
2. Alkalimetrische Bestimmung nach Abscheidung als Magnesiumammoniumarsenat (§ 1, S. 55).
3. Acidimetrische Bestimmung nach Fällung als Ammoniumarsenmolybdat (§ 6, S. 97).

B. Jodometrische Verfahren.

1. Titration des ausgeschiedenen Jods (§ 7, S. 116 bis 119).
2. Titration nach Reduktion zu arseniger Säure mit Jodwasserstoff (§ 7, S. 119 bis 122).
3. Titration nach Reduktion zu arseniger Säure mit Schwefeldioxyd (§ 7, S. 122 bis 123).
4. Potentiometrische Titration mit Jodid (§ 7, S. 115).
5. Titration des aus Jodid-Jodat in Freiheit gesetzten Jods (§ 7, S. 124).

C. Sonstige Titrationsverfahren.

1. Potentiometrische Titration mit Silbernitrat (§ 2, S. 61).
2. Titration des Silbers im Niederschlag mit Rhodanid nach Fällung als Silberarsenat (§ 2, S. 60).
3. Titration des Silbers im Niederschlag mit Kaliumjodid nach Fällung als Silberarsenat (§ 2, S. 60).
4. Titration des Silberüberschusses nach Fällung als Silberarsenat (§ 2, S. 61).
5. Titration mit Uranylacetat (§ 6, S. 103).
6. Titration des Uranüberschusses nach Fällung mit Uranylacetat (§ 6, S. 104).
7. Potentiometrische Titration mit QuecksilberI-nitrat (§ 9, S. 157).
8. Indirekte Bestimmung mit Titantrichlorid und Eisenalaun (§ 9, S. 157).
9. Oxydimetrische Schnellmethode durch Titration des Molybdänblaus (§ 9, S. 157).
10. Potentiometrische Titration unter Abscheidung als Silber-Thalliumarsenat (§ 6, S. 106).

b) Bestimmung der arsenigen Säure.

A. Jodometrische Bestimmung.

1. Titration von Lösungen (§ 7, S. 110 bis 115).
2. Titration nach Fällung als Sulfid und Lösen in konzentrierter Schwefelsäure (§ 3, S. 69).
3. Titration nach Fällung als Sulfid und Zersetzen mit Wasser (§ 3, S. 70).

4. Titration nach Fällung als Sulfid und Verbrennen im Sauerstoffstrom (§ 3, S. 70).
5. Titration der nach Fällung als Sulfid durch Oxydation daraus entstehenden Arsensäure (§ 3, S. 68 bis 69).
6. Titration der Summe von Arsen und Schwefel nach Fällung als Sulfid und Lösen in Lauge (§ 3, S. 71).
7. Titration des im Niederschlag enthaltenen Schwefels nach Fällung als Sulfid (§ 3, S. 70).
8. Titration nach Fällung als Trijodid (§ 6, S. 100 bis 101).

B. Titration mit Bromat (§ 8, S. 125 bis 136).

C. Titration mit Jodat (§ 9, S. 137 bis 140 und S. 141 bis 143).

D. Titration mit Permanganat.
1. Titration in Lösungen (§ 9, S. 143 bis 148).
2. Titration nach Fällung als Trisulfid und Lösen in Lauge (§ 3, S. 71).

E. Titration mit CerIV-salz (§ 9, S. 148 bis 152).

F. Titration mit Chlorlösungen (§ 9, S. 154 bis 155).

G. Titration mit Dichromat.
1. Titration von Lösungen (§ 9, S. 152 bis 153).
2. Titration nach Abscheidung als Sulfid und Zersetzung des Niederschlages mit Quecksilberchloridlösung (§ 3, S. 70).

H. Acidimetrische Verfahren.
1. Bromacidimetrische Bestimmung (§ 9, S. 159).
2. Acidimetrische Titration mit Trübungsindicatoren (§ 9, S. 159).
3. Thermometrische Titration mit Lauge (§ 9, S. 160).

J. Sonstige Verfahren.
1. Titration mit Bromlösungen (§ 9, S. 155).
2. Titration mit Kaliumchlorat (§ 9, S. 156).
3. Oxydation mit Kaliumferricyanid (§ 9, S. 153 bis 154).
4. Oxydation mit QuecksilberII-chlorid und Titration des Quecksilbers mit Natriumchlorid (§ 9, S 156).
5. Titration mit Kaliummanganat (§ 9, S. 156).
6. Titration durch Einbringen in Kaliumjodidlösung (§ 6, S. 102).
7. Reduktion mit Titantrichlorid zu elementarem Arsen und Titration des unverbrauchten Titantrichlorids (§ 5, S. 92).
8. Reduktion mit Zinnamalgam und Titration der gebildeten ZinnII-Ionen mit Dichromat oder Permanganat (§ 5, S. 92).

c) Bestimmung des Arsens nach Überführung in Arsenwasserstoff und Abscheidung in elementarer Form.

A. Bestimmung unter Lösen in Jod (§ 13, S. 210).

B. Titration mit Jodat nach Lösen in Jodmonochlorid (§ 13, S. 203 bis 210 und § 9, S. 141).

C. Maßanalytische Bestimmung unter Lösen in Dichromat und Schwefelsäure (§ 13, S. 211).

d) Bestimmung nach Abscheidung des Arsens mit Reduktionsmitteln.

A. Jodometrische Bestimmung.
1. Nach Abscheidung mit unterphosphoriger Säure (§ 5, S. 80 bis 84).
2. Nach Abscheidung mit Zinnchlorür (§ 5, S. 88 bis 89).
3. Nach Abscheidung mit Kupfer, Oxydation zu Arsensäure und Reduktion (§ 5, S. 91).

B. Titration mit Bromat nach Abscheidung mit unterphosphoriger Säure (§ 5, S. 84).
C. Titration mit CerIV-sulfat nach Abscheidung mit unterphosphoriger Säure (§ 5, S. 85).
D. Oxydation mit Ferrichlorid nach Abscheidung mit unterphosphoriger Säure (§ 5, S. 86).

e) Bestimmung von Arsenwasserstoff.

A. Jodometrische Verfahren.
  1. Nach Absorption in Jodlösung (§ 13, S. 188, 242 bis 243 und 249).
  2. Nach Absorption in Jodat und Ausschütteln des abgeschiedenen Jods (§ 13, S. 189).
  3. Nach Absorption in Hypochlorit (§ 13, S. 188).
  4. Nach Absorption in Sublimat ohne Filtration des Kalomels (§ 13, S. 238, 240 und 241).
  5. Nach Absorption in Sublimat und Filtration des Kalomels (§ 13, S. 240).
B. Titration mit Bromat.
  1. Nach Absorption in Brom und Reduktion mit Sulfit (§ 13, S. 243).
  2. Unter Absorption in Bromat (§ 13, S. 190).
C. Bestimmung unter Absorption in Silbernitrat.
  1. Titration des Silberüberschusses (§ 13, S. 247).
  2. Titration des abgeschiedenen Silbers nach Lösen in Salpetersäure (§ 13, S. 188).
D. Oxydation mit Cerisulfat und Titration des Überschusses mit Mohrschem Salz (§ 13, S. 190).
E. Oxydation mit Jodmonochlorid und Titration des ausgeschiedenen Jods mit Jodat (§ 9, S. 140).
F. Acidimetrische Bestimmung nach Absorption in Jodlösung (§ 13, S. 242).

III. An colorimetrischen und nephelometrischen Verfahren wurden ausgearbeitet:

A. Colorimetrische Arsensäurebestimmung mittels Molybdänblaureaktion (§ 10, S. 162 bis 170).
B. Nephelometrische Arsensäurebestimmung mit Cocainmolybdat (§ 10, S. 170).
C. Colorimetrische Arsensäurebestimmung mit Chininmolybdat (§ 10, S. 171).
D. Nephelometrische Arsensäurebestimmung mit Strychninmolybdat (§ 10, S. 172).
E. Nephelometrische Arsenbestimmung mit Thionalid (§ 10, S. 172).
F. Colorimetrische Verfahren unter Abscheidung als Trisulfid (§ 3, S. 74 bis 75).
G. Colorimetrische und nephelometrische Bestimmung mit Silbersalzen nach Fällung des Arsens als Trisulfid und Lösen in Ammoniak (§ 3, S. 72).
H. Nephelometrische und colorimetrische Arsenbestimmungen unter Abscheidung mit unterphosphoriger Säure (§ 5, S. 86 bis 87).
I. Colorimetrische Arsenbestimmung unter Abscheidung mit Zinnchlorür (§ 5, S. 90).
J. Quantitative Schätzung von Arsenniederschlägen auf Kupfer (§ 5, S. 91).
K. Colorimetrische Bestimmung nach Reduktion mit Kalomel (§ 5, S. 93).
L. Colorimetrisches Verfahren durch Bestimmung der nach Fällung der Arsensäure mit Uranylacetat im Niederschlag enthaltenen Uranmenge (§ 6, S. 104).
M. Colorimetrische Bestimmung von Arsenwasserstoff.
  1. Visuelle Schätzung von Arsenspiegeln (§ 13, S. 194 bis 202, 248, 252 und 256).
  2. Bestimmung durch Einwirkung auf konzentrierte Silbernitratlösung (§ 13, S. 213 bis 215).
  3. Bestimmung durch Einwirkung auf verdünnte Silbernitratlösungen (§ 13, S. 215 bis 217).

4. Bestimmung durch Einwirkung auf quecksilberchloridgetränktes Material (§ 13, S. 219 bis 228 und 253).
5. Bestimmung durch Einwirkung auf quecksilberbromidgetränktes Papier (§ 13, S. 228 bis 237, 248 und 256).
6. Bestimmung durch Einwirkung auf Goldchlorid (§ 13, S. 245).

IV. Für Arsenwasserstoff wurden folgende gasvolumetrische Verfahren vorgeschlagen:

A. Absorption in Silbernitrat (§ 13, S. 187).
B. Absorption mit Halogen bzw. Hypochlorit (§ 13, S. 188).
C. Absorption mit Jodsäure bzw. Jodat (§ 13, S. 189).
D. Absorption mit Cadmiumacetat (§ 13, S. 191).
E. Absorption mit Kupferchlorid (§ 13, S. 192).

Weitere Methoden sind:

V. Sedimetrisches Verfahren zur Arsensäurebestimmung mit Ammoniummolybdat (§ 6, S. 98).

VI. Spektralanalytische Verfahren (§ 11, S. 174 bis 182).

VII. Polarographisches Verfahren (§ 12, S. 183 bis 185).

VIII. Überführung des Arsens in Arsenwasserstoff und Endbestimmung mittels der angeführten Verfahren.

A. Reduktion mit Metallen (§ 13, S. 192 bis 246).
B. Reduktion mittels elektrischen Stromes (§ 13, S. 246 bis 259).

Eignung der wichtigsten Verfahren.

Für **Makrobestimmungen,** und zwar für größere Mengen, wie sie etwa bei der Analyse von Arsenmineralen vorliegen, eignen sich die Abscheidungen als Magnesiumammoniumarsenat und als Silberarsenat. Im allgemeinen werden diese Bestimmungsformen nach Abtrennung des Arsens als Sulfid und geeigneter Oxydation (s. § 3, S. 67) gewählt. Die Bestimmung als Trisulfid bietet nur dann Aussicht auf verläßliche Werte, wenn die Fällung aus reiner Lösung, z. B. nach Abtrennung des Arsens als Trichlorid vorgenommen wird. Ebenso verhält es sich mit der Pentasulfidfällung. Auch die anderen zur gravimetrischen Bestimmung von Arsensäure angegebenen Verfahren (s. unter Bestimmungsmöglichkeiten I 5 bis 12 und 16 bis 18) eignen sich hauptsächlich zur Erfassung größerer Arsenmengen. Zur Arsenbestimmung in Trichloriddestillaten stehen in der Titration mit Bromat und der jodometrischen Methode ausgezeichnete Verfahren zur Verfügung, die sich unter Wahl der geeigneten Methodik für die Bestimmung von Zehntelgrammen bis hundertstel Milligrammen bewährt haben. Wichtige Anwendungsbereiche dieser maßanalytischen Verfahren sind auch die Arzneimittelprüfung und die Untersuchung von Pflanzenschutzmitteln, gegebenenfalls nach Abtrennung des Arsens in Form des Trichlorids und weiter die Arsenbestimmung nach Abscheidung in elementarer Form (Legierungsanalyse). Erwähnenswert ist auch die jodometrische Bestimmung nach Abscheidung des Arsens als Trijodid aus starken Säuren. Die übrigen maßanalytischen Bestimmungen wurden im allgemeinen für Makromengen ausgearbeitet. Für größere Arsenmengen ist die Bestimmung nach Überführung in Arsenwasserstoff, die unter diesen Bedingungen in der Regel maßanalytisch erfolgt, nur von untergeordneter Bedeutung. Das hauptsächlichste Anwendungsgebiet hierfür ist die **Bestimmung geringer und geringster Arsenmengen** in großen Massen organischer Substanz nach deren Zerstörung, wobei gegebenenfalls eine Anreicherung durch Trichloriddestillation in kleinstem Maßstab oder eine geeignete Fällungsmethode eingeschoben wird. Zur Endbestimmung steht außer der Schätzung der Spiegel eine

Anzahl maßanalytischer und colorimetrischer Mikromethoden zur Verfügung (z. B. Jodattitration nach Lösen der Spiegel, Einwirkung auf Silbernitrat, Quecksilberchlorid und Quecksilberbromid). **Weitere Mikrobestimmungen** für Mengen unter 1 mg liegen in der Molybdänblaureaktion und den colorimetrischen und nephelometrischen Methoden unter Verwendung von Alkaloiden (s. § 10 B) vor. Die übrigen colorimetrischen und nephelometrischen Verfahren unter Abscheidung als Sulfid, elementares Arsen u. a. eignen sich für die gleichen Größenordnungen. An maßanalytischen Mikromethoden stehen, wie erwähnt, jodometrische Verfahren, die Titration mit Bromat und Jodat und außerdem die Titration mit Cerisulfat nach Abscheidung als elementares Arsen und die Permanganattitration nach Abscheidung als Sulfid zur Verfügung. Die gewichtsanalytischen Mikro- bzw. Halbmikromethoden, wie Abscheidung als Magnesiumammoniumarsenat und Sulfid oder durch Elektrolyse sind von untergeordneter Bedeutung. Zur Bestimmung geringer Arsengehalte in Legierungen ist die spektralanalytische Arsenbestimmung besonders geeignet.

Auflösen des Untersuchungsmaterials.

Das Auflösen der Probe hat auf jeden Fall unter Berücksichtigung der leichten Flüchtigkeit des Arsentrichlorids zu erfolgen, so daß ein Lösen mit Salzsäure unter Erwärmen ohne geeignete Vorsichtsmaßregeln zu vermeiden ist. Selbst beim Lösen in Salzsäure und Kaliumchlorat wird von den meisten Autoren Rückflußkühlung vorgeschrieben. Arsensäure, deren Alkalisalze und Alkaliarsenite sind in Wasser löslich. Arsenige Säure ist schwer löslich in Wasser, löst sich aber in Lauge und in Salzsäure (besonders unter Erwärmen) leicht. Die als Pflanzenschutzmittel üblichen Arsenite und Arsenate lösen sich in Mineralsäuren. Zur Lösung von Legierungen werden je nach der Art der Legierung hauptsächlich Schwefelsäure, Schwefelsäure mit Salpetersäure, Salpetersäure oder Königswasser (gegebenenfalls mit Weinsäurezusatz), Salzsäure mit Kaliumchlorat oder Salzsäure mit Bromsalzsäure angewendet. Für Minerale hat sich als nasses Aufschlußverfahren die Lösung in konzentrierter Schwefelsäure (gegebenenfalls unter Vorbehandlung mit Salpetersäure) bewährt. Von WILKE-DÖRFURT und WOLFF [1] wurde auch salzsaure Jodtrichloridlösung nach BIRK [2] als Lösungsmittel brauchbar gefunden. Der Aufschluß im Chlor- bzw. Bromstrom ist ebenfalls möglich und bewirkt bereits eine Trennung der flüchtigen und nichtflüchtigen Halogenide. An Oxydationsschmelzen wurde der Aufschluß mit Natriumperoxyd, mit Natriumperoxyd und Soda sowie mit Natriumnitrat und Soda vorgeschlagen. Auch die Schmelze mit Soda und Borax wurde empfohlen. Wichtig für Arsenminerale ist auch der Freiberger Aufschluß, ein Schmelzverfahren mit einer Mischung aus Natrium- oder Kaliumcarbonat und Schwefel, den man gegebenenfalls mit einem großen Überschuß an Aufschlußmittel und unter langsamem Erhitzen ausführt. Die Arsenbestimmung in Schwefel kann nach Lösen in Alkali oder Sulfit erfolgen. Zur Löslichkeit von elementarem Arsen s. § 5, Allgemeines.

§ 1. Bestimmung nach Abscheidung als Magnesiumammoniumarsenat.

$MgNH_4AsO_4 \cdot 6H_2O$, Molekulargewicht 289,37.

Allgemeines.

Die von LEVOL *stammende Methode beruht auf der Schwerlöslichkeit des Magnesiumammoniumarsenats in ammoniakalischer Lösung. Im Gegensatz zur analogen Phosphorsäurefällung wird jedoch bei Zimmertemperatur gefällt, da die Abscheidung in der Hitze falsche Resultate ergibt. Das Arsen muß in der fünfwertigen Form*

[1] WILKE-DÖRFURT, E., u. E. A. WOLFF: Z. anorg. Ch. **185**, 333 (1930).
[2] BIRK, E.: Angew. Ch. **41**, 751 (1928).

vorliegen, dreiwertiges Arsen also gegebenenfalls oxydiert werden. Das abgeschiedene Magnesiumammoniumarsenat wird im allgemeinen nach Verglühen zu Pyroarsenat gewogen. Daneben existieren maßanalytische Bestimmungsverfahren. Es wurde auch vorgeschlagen, den Niederschlag nach dem Trocknen im Vakuum als $MgNH_4AsO_4 \cdot 6H_2O$ zur Wägung zu bringen. Versuche, die Verbindung bei 100° zu trocknen und als $MgNH_4AsO_4 \cdot {}^1/_2H_2O$ auszuwägen, erscheinen wegen der Schwierigkeit, einen gewichtskonstanten Niederschlag zu erhalten, ohne praktischen Wert (DICK). Bei Gegenwart von Ammoniumtartrat oder -citrat kann die Fällung zur Trennung von Antimon, Zinn, Eisen, Aluminium u. a. dienen.

Eigenschaften des Magnesiumammoniumarsenats. Die rhombischen Krystalle entsprechen durchaus dem analogen Phosphat. Über Schwefelsäure getrocknet enthält der Niederschlag 6 Krystallwasser, bei 100° getrocknet ein halbes Molekül Wasser, das er wenige Grade darüber ebenfalls abgibt. Bei vorsichtigem Glühen geht der Niederschlag unter Abgabe von Wasser und Ammoniak in das Pyroarsenat über, das eine zur Wägung geeignete Form darstellt. Der Niederschlag fällt in Gegenwart fremder Salze wie eines großen Überschusses an Magnesiamischung, bei Anwesenheit von Weinsäure, Kaliumsalzen und Sulfaten durch diese verunreinigt, aus. Wird z.B. die Fällung im Anschluß an eine Abscheidung durch Schwefelwasserstoff, nach Oxydation mit Wasserstoffperoxyd in ammoniakalischer Lösung vorgenommen, ist wegen der anwesenden großen Sulfatmengen eine Umfällung des Niederschlages unerläßlich. Handelt es sich um die Fällung sehr kleiner Mengen Arsensäure, kann deren Abscheidung nach GOOCH und PHELPS durch Einfrieren und langsames Auftauen der mit Magnesiamischung versetzten ammoniakalischen Lösung beschleunigt werden. Die meisten Vorschriften sehen eine Dauer von 6 bis 12 Std. zwischen Fällung und Filtration vor. Nach den Angaben von McNABB ist die Fällung schon nach ${}^1/_2$ Std. filtrierbar, ohne daß die Bestimmung an Genauigkeit einbüßt.

Löslichkeit. Nach VIRGILI löst sich das wasserfreie Magnesiumammoniumarsenat in $2^1/_2$%igem Ammoniak etwa im Verhältnis 1:30000. Es ist daher nötig, in möglichst kleinem Volumen zu fällen. Ein allzu großer Überschuß an Ammoniumsalzen wirkt lösend auf den Niederschlag, während eine mäßige Menge zur krystallinen Abscheidung in der richtigen Zusammensetzung erforderlich ist. (Die Fällung muß so geleitet werden, daß sich der Niederschlag in grob krystalliner Form abscheidet, da allzu feine Krystalle vielfach einen Überschuß an Magnesium enthalten.)

Oxydation von AsIII zu AsV. Dreiwertiges Arsen muß, wie erwähnt, oxydiert werden, was nach einer der folgenden Methoden durchgeführt werden kann.

1. Man erwärmt die gegebenenfalls mit Salpetersäure neutralisierte, noch konzentrierte Lösung mit 5 bis 8 cm³ konzentrierter Salpetersäure zunächst gelinde, dampft sie dann stark ein bis rote Stickoxyde entweichen, und entfernt diese durch Kochen. Man fällt, nachdem man die Lösung entsprechend verdünnt hat (H. BILTZ und W. BILTZ).

2. Man oxydiert die schwach saure Lösung mit starkem Bromwasser (0,1 g As erfordert etwa 7 bis 8 cm³ Bromwasser). Die geringe Menge an überschüssigem Brom wird durch das nachher zugegebene Ammoniak gebunden (SARUDI).

3. Zu 10 cm³ der neutralen Arsenitlösung (mittlerer Konzentration) werden 2 bis 3 Tropfen 30%iges Wasserstoffperoxyd gebracht. Saure oder alkalische Lösungen werden mit Perhydrol versetzt und dann neutralisiert. Beim Kochen geht dann AsIII quantitativ in AsV über. Sehr verdünnte Arsenitlösungen müssen nach Zusatz des Perhydrols einige Stunden stehen (CHIRNOAGA).

4. Falls eine Abscheidung als Sulfid vorangegangen ist, kommen die in § 3, S. 65 angeführten Oxydationsmethoden zur Anwendung.

Bestimmungsverfahren.

A. Gewichtsanalytische Bestimmung des Arsens als Magnesiumpyroarsenat.

1. Fällung mit ammoniakalischer Magnesiamischung nach H. Biltz und W. Biltz.

Als ***Fällungsmittel*** dient eine Lösung von 5 g kryst. Magnesiumchlorid und 10 g Ammoniumchlorid in 65 cm³ Wasser, die mit konzentriertem Ammoniak auf 100 cm³ verdünnt wird. Nach 24 Std. wird von der entstandenen Trübung abfiltriert. Bei längerem Aufbewahren in Glasgefäßen nimmt die Lösung Kieselsäure auf.

Arbeitsvorschrift. Die Lösung, die alles Arsen in der fünfwertigen Form enthalten muß, wird, wenn nötig, mit Ammoniak neutralisiert, mit einem geringen Ammoniaküberschuß versetzt und auf höchstens 100 cm³ verdünnt. Bei Zimmertemperatur wird nun tropfenweise unter dauerndem Umschwenken die berechnete Menge Magnesiamischung (10 cm³ für je 0,1 g As) zugesetzt. Ein allzu großer Überschuß an Magnesialösung soll vermieden werden. Man setzt noch 20 cm³ konzentriertes Ammoniak zu, rührt gut durch und läßt 12 bis 24 Std. absitzen. Nach Klärung der Lösung überzeugt man sich zweckmäßig durch Zusatz einiger Tropfen Magnesiumlösung von der Vollständigkeit der Fällung. Die überstehende klare Flüssigkeit wird durch ein kleines Filter abdekantiert und der auf dem Filter befindliche Niederschlag ohne zu waschen in einigen Kubikzentimetern Salpetersäure (1:1, heiß) gelöst, wobei die Lösung in dem die Hauptmenge des Niederschlages enthaltenden Becherglas aufgefangen wird. Das Filter wird noch mit verdünnter Salpetersäure und Wasser nachgewaschen und die Hauptmenge des Niederschlages gegebenenfalls durch schwaches Erwärmen in der geringen Flüssigkeitsmenge klar gelöst. Nach Zugabe einiger Tropfen Magnesiamischung und Phenolphthalein wird das Magnesiumammoniumarsenat durch Zutropfen von Ammoniak wieder ausgefällt. Zuerst setzt man konzentriertes, später verdünntes Ammoniak zu, bis eine bleibende Trübung entsteht. Man unterbricht den Ammoniakzusatz und rührt, bis die Fällung grob krystallin erscheint. Dann beendet man die Fällung durch tropfenweisen Zusatz von verdünntem Ammoniak bis zur deutlichen Rosafärbung, worauf $^1/_5$ des Volumens an konzentriertem Ammoniak langsam zugesetzt wird. Sollte der Niederschlag durch übermäßig raschen Ammoniakzusatz zu fein krystallin ausgefallen sein, so löst man in sehr wenig Salzsäure und wiederholt die Fällung in langsamerem Tempo. Sehr kleine Mengen Arsen fällt man zweckmäßig in einem Volumen von 10 bis 20 cm³. Nach 12 bis 24 Std. wird durch einen bei etwa 900° bis zur Gewichtskonstanz geglühten Sintertiegel filtriert. Um die Menge an Waschwasser möglichst zu beschränken, bringt man das Filtrat in eine Spritzflasche und spült damit den Niederschlag quantitativ in den Tiegel, worauf mit 1 bis 2n Ammoniak, das 2 bis 3% Ammoniumnitrat enthält, chlorfrei ausgewaschen wird[1]. Mit 30 bis 50 cm³ Waschflüssigkeit wird man bei dieser Arbeitsweise ohne Schwierigkeiten auskommen. Der Niederschlag wird scharf abgesaugt, bei etwa 100° getrocknet, im elektrischen Ofen langsam erhitzt und schließlich 20 Min. bei etwa 900° geglüht.

Bemerkungen. Soll der Niederschlag über dem Brenner geglüht werden, muß man wegen seiner leichten Reduzierbarkeit die Flammengase mittels einer durchlochten Asbestscheibe abschirmen. Hauptsächlich in älteren Arbeiten wird der Fall berücksichtigt, daß man den Niederschlag auf einem Papierfilter gesammelt hat. So löst ihn Virgili durch Auftropfen von verdünnter Salpetersäure in einen gewogenen Tiegel, verdampft zur Trockne und verglüht vorsichtig. Sowohl Brauner

[1] Treadwell gibt an, daß der Ammoniumnitratzusatz zur Waschflüssigkeit unterbleiben kann, wenn der Niederschlag im Sauerstoffstrom geglüht wird, und Hillebrand und Lundell empfehlen ohne Ammoniumnitratzusatz zu waschen.

als auch DE KONINCK hatten schon früher vorgeschlagen, den Niederschlag vom Filter zu trennen, die dem Filter anhaftenden Reste in wenig verdünnter Salpetersäure zu lösen (Nachwaschen mit möglichst wenig Wasser), die Lösung in einem gewogenen Tiegel einzudampfen und den Rückstand zu glühen. Die Hauptmenge des Niederschlages wird ebenfalls im gewogenen Tiegel nach und nach zur Rotglut erhitzt. Nach POGGI und POLVERINI wird der bei 100° getrocknete Niederschlag unter Verwendung eines Glanzpapieres so weit als möglich vom Filter getrennt, das dann mit 3 bis 4 cm³ konzentrierter Salpetersäure und 5 bis 6 cm³ 15 Vol.-%igem Wasserstoffperoxyd in einem Porzellantiegel zerstört wird. Nach Eindampfen zur Trockne wird die Operation wiederholt und nach neuerlichem Eindampfen wird samt der in den Tiegel gebrachten Hauptmenge des Niederschlages zu Pyroarsenat geglüht. REICHEL verfährt ähnlich, tränkt aber das Filter mit Ammoniumnitrat, trocknet und verbrennt es[1]. Er bringt dann den Niederschlag dazu, tränkt ihn mit einigen Tropfen Salpetersäure, trocknet und verglüht ihn zu Pyroarsenat.

Ein Zusatz von Alkohol zur Fällungslösung und zur Waschflüssigkeit hat sich als überflüssig erwiesen. Eine alkoholische Magnesiumchloridlösung (etwa 100 g Magnesiumchlorid in 1 l 85%igem Alkohol) zur Fällung der mit Ammoniumchlorid und Ammoniak versetzten Arsensäurelösung schlug übrigens WOOD vor, was später auch von BRAUNER aufgegriffen wurde.

2. Fällung mit ammoniakalischer Magnesiamischung nach McNABB.

Eine einfachere Vorschrift zur Fällung aus reinen Arsenatlösungen gibt McNABB in Anlehnung an die bei TREADWELL empfohlene Arbeitsweise an, wobei aber der Niederschlag bei 500 bis 600° geglüht wird, da nach Angabe des Verfassers bei der höheren Glühtemperatur von 800 bis 900° keine Gewichtskonstanz erreicht werden kann. McNABB verwendet die bei TREADWELL angegebene Magnesiamischung (55 g kryst. Magnesiumchlorid und 70 g Ammoniumchlorid werden in 650 cm³ Wasser gelöst und mit Ammoniak [D 0,96] auf 1 l verdünnt) und fällt die 25 bis 30 cm³ betragende Arsenatlösung nach Zusatz von 5 cm³ konzentrierter Salzsäure und 10 cm³ Magnesiamischung (je 0,1 g As) sowie 1 Tropfen Phenolphthalein unter ständigem Rühren tropfenweise aus einer Bürette mit 10%igem Ammoniak bis zur dauernden Rosafärbung. Er setzt dann noch $1/_3$ des Volumens an 10%igem Ammoniak zu, filtriert den Niederschlag aber schon nach $1/_2$ Std. ab und bringt ihn mit Hilfe des Filtrats in den Filtertiegel. Er wäscht mit 2,5%igem Ammoniak chloridfrei und saugt die Flüssigkeit möglichst vollständig ab. Der Tiegel wird dann so in einen Luftbadtiegel eingehängt, daß sich der Boden 3 mm über dem Boden des Luftbadtiegels befindet und nach Bestreuen des Niederschlages mit einer äußerst dünnen Schichte Ammoniumnitrat zuerst gelinde, später mit voller Flamme erhitzt, wobei die oben erwähnte Temperatur nicht überschritten wird. Der bei dieser Arbeitsweise auftretende mittlere Fehler wird zu 0,02% angegeben.

3. Fällung mit salzsaurer Magnesiamischung nach SARUDI (v. STETINA).

Als ***Reagens*** wird die von SCHMITZ angegebene Magnesiamischung angewendet, die man durch Lösen von 55 g $MgCl_2 \cdot 6H_2O$ und 105 g NH_4Cl in 1 l Wasser unter Zusatz von etwas Salzsäure bereitet.

Arbeitsvorschrift. Die Lösung, die 0,1 bis 0,4 g As als Arsensäure enthält, wird auf 50 bis 60 cm³ gebracht, mit Salpetersäure schwach angesäuert und mit Magnesiamischung (10 cm³ je 0,1 g As) und Phenolphthalein versetzt. Nun gibt man tropfenweise 10%iges Ammoniak zu, bis sich die Lösung trübt. Der Niederschlag wird mit 4 n Salpetersäure (1 bis 2 Tropfen) wieder gelöst und diese Lösung mit n Ammoniak unter beständigem Umrühren (10 bis 12 Tropfen in der Minute) versetzt, bis die ersten Krystalle erscheinen. Der Ammoniakzusatz wird jetzt unterbrochen, man rührt noch 1 Min. und läßt 4 bis 5 Min. stehen. Dann wird unter fortwährendem Rühren mit n Ammoniak im gleichen Tempo bis zur schwachen

---

[1] Diesen Vorgang empfiehlt schon C. R. FRESENIUS in seiner Anleitung zur quantitativen chemischen Analyse, 6. Aufl., Bd. I, S. 369. Braunschweig 1875.

Rosafärbung versetzt. Nach Zusatz von $^1/_3$ des Flüssigkeitsvolumens an konzentriertem Ammoniak läßt man 24 Std. stehen, dekantiert durch ein kleines Filter, löst den auf das Filter gelangten Anteil des Niederschlages in wenigen Kubikzentimetern 4 n Salpetersäure, wäscht mit warmer verdünnter Salpetersäure nach und fängt die Lösung und die Waschflüssigkeit in dem Becherglas auf, das die Hauptmenge des Magnesiumammoniumarsenats enthält. Nachdem auch der Niederschlag im Becherglas klar gelöst ist, setzt man einige Tropfen Magnesiamischung und Phenolphthaleinlösung zu und fällt in einem Volumen von 50 bis 70 cm³ in genau der gleichen Weise wie zuvor, setzt wieder $^1/_3$ des Volumens an konzentriertem Ammoniak zu und läßt abermals 24 Std. stehen. Hierauf gießt man die Flüssigkeit durch einen Berliner Porzellan-Filtertiegel, bringt den Niederschlag mittels des Filtrates, das man in eine Spritzflasche gefüllt hat, in den Tiegel und wäscht 6 bis 7mal mit je 5 cm³ 10%igem Ammoniak, das 3% Ammoniumnitrat enthält, aus. Während des Aufgießens der Waschflüssigkeit aus einem Meßzylinder wird das Vakuum abgeschaltet, der Niederschlag mit einem Glasstab gut aufgerührt und dann erst abgesaugt. Zum Schluß wird der Glasstab in den Tiegel abgespült, der Niederschlag scharf abgesaugt, bei 100° getrocknet und mit Hilfe eines in die runde Öffnung einer Asbestplatte eingepaßten größeren Übertiegels zuerst mit kleiner Flamme bis zur Entfernung des Ammoniaks, später etwa 10 Min. mit voller Flamme auf Rotglut erhitzt. Da der auf diese Weise behandelte Niederschlag hygroskopisch ist, wird er im geschlossenen Wägegläschen gewogen.

Bemerkungen. Der Autor erhält mit dieser Methode Resultate, die ausgezeichnet mit der Trisulfidmethode (s. § 3, S. 62) und der bromometrischen Bestimmung nach Györy (s. § 8, S. 125) übereinstimmen. Durch die doppelte Fällung wird ein von fremden Beimengungen freier Niederschlag erzielt, durch die sorgfältige Behandlung bei der Filtration und die Verwendung der beschriebenen Waschflüssigkeit werden Verluste durch Lösen vermieden. Der Vorteil der angesäuerten Magnesiamischung gegenüber der ammoniakalischen Lösung liegt in ihrer größeren Haltbarkeit.

4. Arbeitsweise in besonderen Fällen.

I. Mikrobestimmung von Arsen in organischen Substanzen nach Lieb.

Aufschluß der organischen Substanz.

a) Aufschluß nach dem Prinzip Carius: 5 bis 10 mg Substanz werden mittels eines langstieligen Wägeröhrchens in ein sorgfältig gereinigtes Mikrobombenrohr eingewogen und mit 0,5 bis 1 cm³ konzentrierter Salpetersäure versetzt, worauf die Bombe abgeschmolzen wird. Je nach der Zersetzlichkeit der Substanz wird mehrere Stunden im Bombenofen auf 250 bis 300° erhitzt. Nach dem Öffnen der Bombe spült man die Flüssigkeit quantitativ in eine Glasschale von 30 bis 40 cm³ Inhalt, wobei man auch die abgesprengte Spitze sorgfältig abspritzt.

Weichglasröhren und Weichglascapillaren sind für die Arsenbestimmung ungeeignet, da das Glas stark angegriffen wird. Arsen wandert sogar in die Glassubstanz ein. Außerdem ist für diesen Aufschluß nach Carius ein Mikroschießofen notwendig. Wesentlich einfacher gestaltet sich die anschließend beschriebene, von Lieb und Wintersteiner ausgearbeitete Aufschlußmethode, die sich für alle von den Autoren untersuchte Substanzen (aromatische einfache und substituierte Mono- und Diarsinsäuren, Arsenobenzole, Arsinoxyde und deren Halogenderivate) als brauchbar erwies.

b) Aufschluß nach Lieb und Wintersteiner: 5 bis 10 mg Substanz werden in ein Mikro-Kjeldahl-Kölbchen eingewogen und mit 4 bis 5 Tropfen 30%iger Schwefelsäure, sowie 0,5 cm³ Perhydrol versetzt, worauf langsam mit kleiner Flamme erhitzt wird, bis Schwefelsäuredämpfe sichtbar werden. Man setzt abermals einige Tropfen Perhydrol zu und erhitzt neuerlich bis zum Auftreten von Schwefelsäureschwaden. Der Vorgang wird wiederholt, bis die Lösung farblos erscheint. Der Kolbeninhalt wird mit Wasser verdünnt und in eine Glasschale von 40 cm³ Inhalt übergespült.

Fällen und Glühen des Niederschlages. Die Lösung wird in der Glasschale zur Trockne verdampft, der Rückstand in 3 bis 4 cm³ 2 n Ammoniak gelöst und mit 1 cm³ Magnesiamischung (5,5 g kryst. Magnesiumchlorid und 10,5 g Ammoniumchlorid gelöst in 100 cm³ Wasser) aus einer Pipette versetzt. Nach 6 Std. ist der Niederschlag grob krystallin geworden und kann abfiltriert werden (s. PREGL, S. 149). Unter Zuhilfenahme eines Federchens wird er in einen Mikro-NEUBAUER-Tiegel (s. PREGL, S. 144) gebracht und mit 2 n Ammoniak gewaschen. Das Filtrieren kann auch mittels der automatischen Absaugapparatur nach WINTERSTEINER (s. PREGL, S. 146) vorgenommen werden. Die letzten Anteile des Niederschlages werden durch abwechselndes Aufspritzen von 2 n Ammoniak und Alkohol in den Tiegel gebracht. Der Tiegel wird nun aus der Gummimanschette der Absaugvorrichtung genommen, mit Deckel und Schutzkappe versehen und die Fällung auf einem größeren Platindeckel mit rauschender Flamme zu Pyroarsenat verglüht. Der Niederschlag wird darauf zur Entfernung eingeschlossener Magnesiumsalze neuerlich mit 3%igem Ammoniak gewaschen, wieder geglüht und nach 10 Min. gewogen.

Bemerkungen. Das Verfahren liefert nach PREGL Werte, die von den theoretischen Zahlen höchstens um 0,2% (meistens im Sinne zu niedriger Ergebnisse) abweichen.

II. Bestimmung von Arsen in organischen Verbindungen nach MORGAN und WALTON.

Das Verfahren stellt eine Modifikation der Methode von MONTHULÉ dar. Die Probe, die etwa 0,05 g As enthält, wird für je 0,2 g Substanz mit 5 bis 8 cm³ einer heißen Lösung von 10 g Magnesiumoxyd in 100 cm³ Salpetersäure (D 1,38) versetzt; hierauf wird in einem Quarztiegel mit Deckel langsam zur Trockne verdampft und schließlich geglüht. Der weiße Rückstand wird mit 5 Tropfen Wasser aufgenommen und nach Zusatz von 6 bis 8 cm³ konzentrierter Salzsäure in ein Becherglas übergespült. Nach Verdünnen auf 100 cm³ wird, um eine Fällung von Magnesiumhydroxyd zu vermeiden, Ammoniumchlorid (10 g) zugegeben und dann Ammoniak (D 0,88) im Überschuß zugefügt. Nach 5 Std. wird der krystalline Niederschlag von Magnesiumammoniumarsenat in einen GOOCH-Tiegel abfiltriert, mit verdünntem Ammoniak chlorfrei gewaschen, bei 100° getrocknet und nach langsamem Erhitzen schließlich 5 Min. über einem BUNSEN-Brenner stark geglüht. Das Pyroarsenat wird ausgewogen.

III. Bestimmung von Arsen in organischen Substanzen nach GARELLI und CARLI.

0,2 bis 0,3 g Substanz (aromatische und aliphatische Arsenverbindungen) werden in einem Quarztiegel unter 20 bis 25 at Sauerstoffdruck in einer calorimetrischen Bombe (V_2A) verbrannt, wobei die Zündung über einen Eisendraht bewirkt wird; nach der Verbrennung wird mit 2 n Natronlauge und heißem Wasser ausgespült, die Flüssigkeit nach Einengen mit konzentrierter Salpetersäure versetzt und zur Trockne verdampft. Man nimmt mit verdünnter Salpetersäure auf, filtriert und fällt nach Zusatz von Ammoniumcitrat mit Magnesiamischung; der Niederschlag wird zu Pyroarsenat verglüht und als solches ausgewogen. Die Verfasser bezeichnen die Methode als schnell, sicher und genau.

B. Gewichtsanalytische Bestimmung des Arsens als $MgNH_4AsO_4 \cdot 6H_2O$.

1. Arbeitsvorschrift von DICK.

Makrobestimmung. Die konzentrierte Arsenatlösung wird mit 3 bis 5 g Ammoniumchlorid und einem Überschuß an Magnesiamischung (es wird die bei TREADWELL angegebene Mischung verwendet, die man durch Lösen von 55 g kryst. Magnesiumchlorid und 70 g Ammoniumchlorid in 650 cm³ Wasser und Verdünnen mit 25%igem Ammoniak auf 1 l bereitet) versetzt. Der ausgefallene Niederschlag wird durch tropfenweisen Zusatz von konzentrierter Salzsäure gelöst, dann fügt man 1 Tropfen Phenolphthaleinlösung zu und tropft in der Kälte unter beständigem Rühren 2,5%iges Ammoniak bis zur bleibenden Rötung ein. Man gibt noch $^1/_3$ des Volumens an konzentriertem Ammoniak hinzu, kühlt die Lösung auf 0 bis 5° ab und filtriert nach 1 bis 2 Std. Der Niederschlag wird in einen Porzellanfiltertiegel gebracht, der vorher mit Alkohol und Äther gewaschen und nach 5 Min. dauerndem Trocknen im Vakuum gewogen worden war, und mit 2,5%igem Ammoniak bis zum Verschwinden der Chlorreaktion, dann 5 bis 6mal mit 95%igem Alkohol und ebensooft mit Äther gewaschen, wobei man durch sorgfältiges Benetzen der Tiegelwand die jeweils vorhergehende Waschflüssigkeit quantitativ entfernt. Man saugt 5 Min. gut ab, verflüchtigt den Äther in 5 Min. bei Zimmertemperatur im Vakuumexsikkator, wischt den Tiegel außen mit einem faserfreien Tuch ab und wägt. Der Niederschlag enthält 25,89% As.

Bemerkungen. Zahlreiche Beleganalysen zeigen die Brauchbarkeit der Methode, nach der eine Arsenbestimmung in 2 Std. ausgeführt werden kann. Wird das zulässige Endvolumen der Lösung (60 bis 70 cm³ für je 0,1 g As) überschritten oder die

Lösung nicht gekühlt, kann erst nach etwa 12 Std. filtriert werden, widrigenfalls sich Differenzen von 0,5 bis 0,7% ergeben. Gegenüber der Arbeitsweise von DICK erscheint die Methode von WINKLER, wonach der Niederschlag durch einen mit Wattebausch beschickten Kelchtrichter filtriert und dann nach Benetzen mit Methylalkohol in einem Luftstrom und anschließend 24 Std. über kryst. Calciumchlorid getrocknet wird, sehr zeitraubend und umständlich.

Halbmikrobestimmung. Man arbeitet in diesem Fall mit Mikrofiltertiegeln aus Porzellan im Gewicht von 2 g und achtet darauf, daß das Gesamtvolumen der Lösung 1 bis 1,5 cm^3 nicht übersteigt. Gekühlte Proben werden nach 2 bis 4 Std., nicht gekühlte oder verdünntere Proben nach 12 bis 24 Std. filtriert. Das Auswägen der Niederschläge kann auf einer gewöhnlichen analytischen Waage erfolgen. Der Verfasser hat mit dieser Methodik Mengen bis zu 0,4 mg As bestimmt, wobei der Fehler allerdings schon wesentlich über 1% steigt.

2. Mikrobestimmung als $MgNH_4AsO_4 \cdot 6\,H_2O$ nach HECHT und v. MACK.

Im Anschluß an die Methode von DICK wurde unter Anbringung kleiner Änderungen mit Hilfe von Jenaer Mikrofilterbechern eine Mikromethode ausgearbeitet.

Arbeitsvorschrift. Die Arsenatlösung (2 bis 3 cm^3) mit einem Gehalt von 3 bis 0,1 mg As wird in einen lufttrockenen, zur Gewichtskonstanz gewogenen Jenaer Mikrofilterbecher gebracht. worauf man 30 mg Ammoniumchlorid und 0,2 cm^3 (für Arsenmengen unter 1,5 mg 0,1 cm^3, Magnesiamischung zusetzt, die durch Lösen von 5,5 g Magnesiumchlorid und 7 g Ammoniumschlorid in 65 cm^3 Wasser und Verdünnen mit 10%igem Ammoniak auf 100 cm^3 bereitet wird) Der ausfallende Niederschlag wird in konzentrierter Salzsäure eben gelöst, 1 Tropfen Phenolphthaleinlösung zugesetzt und 2,5%iges Ammoniak bis zur bleibenden Rötung zugetropft. Nach Zusatz von $^1/_3$ des Volumens an konzentriertem Ammoniak läßt man 2 bis 4 Std. (am besten über Nacht) im Eisschrank stehen. Man filtriert, wäscht viermal mit je 1 cm^3 2,5%igem Ammoniak (eisgekühlt), zweimal mit je 0,5 cm^3 annähernd absolutem Alkohol und zweimal mit ebenso viel reinem Äther. Der Niederschlag wird in der von HECHT, REICH-ROHRWIG und BRANTNER beschriebenen Vorrichtung lufttrocken gesaugt und auf der Mikrowaage als $MgNH_4AsO_4 \cdot 6H_2O$ ausgewogen.

Bemerkungen. Mengen über 1 mg können nach dieser Methode mit einer Genauigkeit von wenigen Zehntel Prozenten bestimmt werden. Unterhalb 0,5 mg beträgt der Fehler mitunter bis zu 8 γ, was mehreren Prozenten entspricht. Bei diesen kleinen Mengen wird die Vorschrift dahin abgeändert, daß nach Lösen des Niederschlages in Salzsäure statt 2,5%igem Ammoniak sofort konzentriertes Ammoniak bis zur Rötung zugegeben wird, worauf man das gleiche Volumen an konzentriertem Ammoniak zufügt. Nach mindestens 12stündigem Stehen im Eisschrank wird filtriert, wobei nur dreimal mit je $^1/_2$ cm^3 2,5%igem Ammoniak, dann aber mit Alkohol und Äther wie oben gewaschen wird.

C. Alkalimetrische Bestimmung des Arsens nach Abscheidung als Magnesiumammoniumarsenat.

Prinzip. *Statt das Magnesiumammoniumarsenat gewichtsanalytisch auszuwerten, kann man die Arsensäure auch durch Zusatz titrierter Säure zum aufgeschlämmten Niederschlag bestimmen, wobei sich das tertiäre Arsenat mit der Säure zu primärem Arsenat und zum Salz der betreffenden Säure umsetzt. Durch Zusatz geeigneter Indicatoren wie Dimethylgelb, Methylorange* (BAILLY), *Cochenilletinktur* (HUNDESHAGEN), *Carmintinktur* (STOLBA), *wird, gegebenenfalls unter Heranziehung einer Vergleichslösung, der Endpunkt erkannt. 1 As entspricht dabei 2 H, demnach ist 1 H äquivalent As/2.*

Arbeitsvorschrift. Das wie zur gravimetrischen Bestimmung gefällte Magnesiumammoniumarsenat wird auf einem Papierfilter gesammelt und zuerst mit der üblichen ammoniakalischen Waschflüssigkeit, dann mit neutralem Alkohol bis zum Verschwinden der alkalischen Reaktion gewaschen. Den Niederschlag bringt man nun samt dem Filter in das Gefäß, in dem die Fällung vorgenommen worden war (man erspart dadurch die Mühe, den Niederschlag quantitativ auf das Filter zu bringen), fügt 100 bis 200 cm^3 Wasser und etwas Methylorange zu und titriert mit 0,5 n Salzsäure oder Schwefelsäure, bis der Indicator saure Reaktion anzeigt (BAILLY).

Bemerkungen. BELLUCCI und CORSINI lösen den Niederschlag in einem Überschuß von gestellter Säure, eine Möglichkeit, die schon von STOLBA und von HUNDESHAGEN erwähnt wurde, und messen die unverbrauchte Säure mit Alkali zurück.

Nach einer älteren Methode von CHRISTENSEN wird der Überschuß an Säure durch Zusatz von Kaliumbromat und Kaliumjodid ermittelt, wobei das frei gewordene Jod mit Thiosulfat titriert wird. Dazu wird der mit Alkohol bis zum Verschwinden der alkalischen Reaktion gewaschene Niederschlag mit Wasser in eine Stöpselflasche gespritzt und in einem Überschuß von 0,1 n Schwefelsäure gelöst. Nach Zusatz von 3 g Kaliumjodid und 10 cm³ 5%iger Kaliumbromatlösung erwärmt man $^1/_2$ Std. auf 40 bis 50°, kühlt ab und titriert das ausgeschiedene Jod mit Thiosulfat.

D. Der Arsengehalt wird nach Abscheidung als Magnesiumammoniumarsenat auf andere Weise ermittelt.

***Nach* DESHIN** wird das gewaschene Magnesiumammoniumarsenat in 25%iger Schwefelsäure gelöst und das Arsen jodometrisch ermittelt.

Eine Mikromethode zur Arsenbestimmung in Blut von BERAT bedient sich ebenfalls der jodometrischen Methode zur Endbestimmung. Das Material wird nach ENGLESON in folgender Weise mineralisiert: 5 cm³ Blut werden mit 5 cm³ rauchender Salpetersäure im KJELDAHL-Kolben auf etwa 3 cm³ eingeengt. Nach Zusatz von 5 cm³ Schwefelsäure bringt man eine kleine Glasperle in den Kolben, befestigt ihn in einem Stativ und erhitzt bei langsam steigender Temperatur. Färbt sich der Kolbeninhalt dunkel, werden mit Hilfe eines Tropfzylinders 0,2 bis 0,3 cm³ rauchender Salpetersäure zugesetzt. Erhitzen und Salpetersäurezusatz werden so lange wiederholt, bis die Flüssigkeit wieder hell und klar geworden ist. Die nunmehr helle grünlichgelbe Lösung läßt man etwas abkühlen, fügt neuerlich 0,2 bis 0,3 cm³ Salpetersäure hinzu und erhitzt bis zum Auftreten von Schwefelsäuredämpfen. Von da ab erhält man noch 10 Min. im Sieden. Nach dem Erkalten werden 6 cm³ gesättigter Ammoniumoxalatlösung zugesetzt. Man erhitzt neuerlich bis zum Auftreten von Schwefelsäuredämpfen und erhält weitere 5 Min. in gelindem Sieden. Nach dem Verdünnen wird Dinatriumphosphat zugesetzt und das Arsen zusammen mit dem Phosphat durch Zusatz von Magnesiamischung ausgefällt, wobei ein Zusatz von Natrium-Kaliumtartrat die Mitfällung von Eisen verhindert. Nach Lösen des Niederschlages in Salpetersäure, Eindampfen, Behandeln mit Perhydrol und Abrauchen mit Schwefelsäure wird das Arsen nach WINTERSTEINER und HANNEL jodometrisch titriert (s. § 7, S. 118). Durch Extrapolieren auf Grund von Reihenversuchen mit verschiedenen Mengen Ausgangsmaterial erhält man brauchbare Werte.

Bemerkungen. Der bei der Methode WINTERSTEINER und HANNEL durch Mittitrieren des Eisens mögliche Fehler wird durch die Abscheidung als Magnesiumammoniumarsenat vermieden.

Zur Anreicherung von Spuren Arsen benutzen auch KOLTHOFF und CARR die gemeinschaftliche Fällung von Ammoniummagnesiumarsenat und Ammoniummagnesiumphosphat. Das im Niederschlage befindliche Arsenat wird ebenfalls jodometrisch ermittelt. Es lassen sich noch 75 γ As in 500 cm³ mit $\pm$ 2% Genauigkeit bestimmen. Störende Metall-Ionen, wie $Fe^{\cdot\cdot\cdot}$, Al, Zn, Sb, Sn werden durch Tartrat im Überschuß maskiert. Bei Gegenwart von Antimon ist eine einmalige Umfällung des Niederschlages nötig, weil dieses Element zum Teil mitgefällt und dann mittitriert wird. Das Verfahren ist auch anwendbar zur Bestimmung des Arsens in Stahl bei Gehalten über 0,01% As.

Ausführung. Die Lösung wird zwecks Oxydation dreiwertigen Arsens mit soviel Bromwasser versetzt, daß sie eine gelbliche Farbe behält. Es wird soviel Phosphat zugesetzt, daß in 500 cm³ Lösung etwa 500 mg P_2O_5 vorhanden sind. Dann werden 1 cm³ Salzsäure und 10 cm³ Magnesiamixtur hinzugefügt. Nach dem Neutralisieren mit Ammoniak und Zufügen eines Überschusses von 5 cm³ konzentriertem Ammoniak bleibt die Mischung 2 bis 4 Std. stehen. Der abfiltrierte und mit verdünntem Ammoniak ausgewaschene Niederschlag wird in 20 cm³ 3 n Salzsäure gelöst und das Arsenat jodometrisch bestimmt (s. § 7, S. 117). Bei Gegenwart sehr geringer Mengen muß ein Blindversuch unter gleichen Bedingungen durchgeführt werden. Wenn die oben genannten störenden Metalle anwesend sind, werden der Lösung vor der Fällung 3 g Weinsäure zugefügt.

Bestimmung in Stahl. Die Probe wird in Salpetersäure gelöst und das Arsen mittels Bromwassers völlig oxydiert. Es werden je Gramm Stahl 10 g Weinsäure und insgesamt 0,2 g Kaliumdihydrogenphosphat und 50 cm³ Magnesiamixtur zugesetzt. Die Mischung wird 4 Std. lang geschüttelt. Der Niederschlag wird unter Zusatz von 1 g Weinsäure und unter 2 Std. langem Schütteln umgefällt und dann das Arsen in der oben beschriebenen Weise bestimmt.

***Nach* NISSENSON *und* MITTASCH** titriert man mit Bromat, nachdem das Arsen mit Magnesiamischung abgeschieden worden ist.

Ausführung. Die schwefelsaure Lösung des Magnesiumammoniumarsenats wird in der Kälte mehrfach mit einigen Stücken Natriumsulfit versetzt und nach längerem Stehen zum Sieden erhitzt. Man kocht so lange, bis durch Kaliumjodat-Stärkepapier keine schweflige Säure mehr nachgewiesen werden kann, und titriert dann mit Kaliumbromat (Indigo als Indicator).

Bemerkungen. Die Verfasser konnten bei den Beleganalysen wiederholt größere Schwankungen feststellen und gelangten zu dem Schluß, daß das Verfahren bei Gegenwart größerer zu reduzierender Mengen ziemlich unzuverlässig erscheint.

Bei der ***Bestimmung von Arsen in Holz*** schließt GREAVES an die Abscheidung eine Trichloriddestillation. Das feingemahlene Holz wird mit Salpetersäure (D 1,42) im KJELDAHL-Kolben aufgeschlossen und das Arsen aus der Lösung als Magnesiumammoniumarsenat abgetrennt. Den Niederschlag löst man in Salzsäure und destilliert das Arsen als Trichlorid nach Zusatz von Kupferchlorür ab, worauf es im Destillat jodometrisch bestimmt wird.

Bei der ***Arsenbestimmung im Tabak*** nach GROSS erfolgt die Bestimmung des Arsens nach der Abtrennung als Magnesiumammoniumarsenat zusammen mit Phosphat colorimetrisch nach Überführung in Arsenwasserstoff. Die organische Substanz wird nach einer der gebräuchlichen Methoden aufgeschlossen, ein aliquoter Teil der sauren Aufschlußlösung entsprechend etwa 0,2 mg As_2O_3 in ein 400 cm^3 fassendes Becherglas gebracht und auf 150 bis 200 cm^3 verdünnt. Die Lösung wird ammoniakalisch gemacht und mit 20 cm^3 einer entsprechenden Phosphorsäurelösung versetzt. Dann werden langsam 25 cm^3 Magnesiamischung unter Rühren zugegeben, wobei das Arsenat zusammen mit großen Mengen Phosphat quantitativ ausgefällt wird. Nach Zusatz von 5 cm^3 Ammoniak wird aufgerührt und wenigstens 15 Min. beiseite gestellt. Der Niederschlag wird auf ein Papierfilter abfiltriert, einige Male mit je 15 cm^3 Ammoniak (1 : 9) und endlich mit 10 cm^3 Wasser gewaschen. Nachdem die Waschflüssigkeit gut abgeronnen ist, wird durch Auftropfen von 40 cm^3 Salzsäure (1:4) gelöst, wobei man die Säure in kleinen Anteilen aufgießt und die Lösung in einem 100 cm^3-Meßkolben auffängt. Das Filter wird mit ungefähr 50 cm^3 Wasser nachgewaschen und die Lösung im Kolben aufgefüllt. 5 bis 20 cm^3 dieser Lösung werden zur Arsenbestimmung nach GUTZEIT weiter verarbeitet. Die von dem Verfasser verwendete Magnesiamischung enthält 55 g $MgCl_2 \cdot 6H_2O$ und 55 g NH_4Cl sowie 88 cm^3 26%iges Ammoniak im Liter. Zur Herstellung einer geeigneten Phosphorsäurelösung verdünnt man 19 cm^3 85%iger Phosphorsäure auf 1 l.

Bemerkungen. Nach dem gleichen Prinzip arbeitete CRIBIER bei Bestimmung des Arsens in Eisen-, Antimon- und Wismutpräparaten, wobei er durch Zusatz von Weinsäure das Mitfallen dieser Metalle verhinderte.

Literatur.

BAILLY, O.: J. Pharm. Chim. (7) **20**, 55 (1919); durch C. **90 IV**, 990 (1919). — BELUCCI, I., u. RENATA CORSINI: Ann. Chim. applic. **28**, 325 (1938); durch C. **110 I**, 1211 (1939). — BERAT, A.: J. Pharm. Belg. **12**, 1089 (1930); durch C. **102 I**, 1323 (1931). — BILTZ, H., u. W. BILTZ: Ausführung quantitativer Analysen, 2. Aufl., S. 88. Leipzig 1937. — BRAUNER, B.: Fr. **16**, 57 (1877).

CARIUS, L.: A. **116** (1860). — CHIRNOAGA, E.: Fr. **120**, 9 (1940). — CHRISTENSEN, A.: Fr. **36**, 81 (1897). — CRIBIER, J.: J. Pharm. Chim. (7) **25**, 337; durch C. **93 IV**, 611 (1922).

DESHIN, M. P.: Betriebslab. **4**, 1186 (1935); durch C. **107 I**, 4598 (1936). — DICK, J.: Fr. **93**, 429 (1933).

ENGLESON, H.: H. **111**, 201 (1920).

GARELLI, F., u. B. CARLI: Atti Accad. Sci. Torino **67**, 392 (1932); durch C. **104 I**, 3222 (1933). — GOOCH, F. A., u. M. A. PHELPS: Am. J. Sci. (4) **22**, 488 (1906); durch Z. anorg. Ch. **52**, 292 (1907).— GREAVES, C.: Dep. Interior, Canada, Forest Service, Circ. **43**, 3 (1935); durch C. **108 II**, 4263 (1937). — GROSS, C. R.: Ind. eng. Chem. Anal. Edit. **5**, 58 (1933). — GYÖRY, ST.: Fr. **32**, 415 (1893).

HECHT, F., u. M. v. MACK: Mikrochim. A. **2**, 218 (1937). — HECHT, F., W. REICH-ROHRWIG u. H. BRANTNER: Fr. **95**, 159 (1933). — HILLEBRAND, W. F., u. G. E. F. LUNDELL: Applied inorganic Analysis, S. 211. New York 1929. — HUNDESHAGEN, F.: Ch. Z. **18**, 445 (1894).

KOLTHOFF, I. M., u. C. W. CARR: Anal. Chem. **20**, 728 (1948). — KONINCK, L. L. DE: Angew. Ch. **1888**, H. 15; durch Fr. **29**, 165 (1890).

LEVOL, A.: A. Ch. (3) **17**, 501 (1846); durch C. **17**, 686 (1846). — LIEB, H.: F. PREGL, Die quantitative organische Mikroanalyse, 4. Aufl., S. 163. Berlin 1935; E. ABDERHALDENS Handbuch der biochemischen Arbeitsmethoden, Bd. 1/3, S. 388. Berlin-Wien 1921. — LIEB, H., u. O. WINTERSTEINER: Mikrochemie **2**, 80 (1924).

MCNABB, W. M.: Am. Soc. **49**, 1451 (1927). — MONTHULÉ, C.: Ann. Chim. anal. **9**, 308 (1904); durch C. **75 II**, 853 (1904). — MORGAN, G. T., u. E. WALTON: Soc. **1932**, 276.

NISSENSON, H., u. A. MITTASCH: Ch. Z. **28**, 184 (1904).

POGGI, R., u. A. POLVERINI: Atti Accad. Lincei (6) **4**, 55; durch C. **97 II**, 1989 (1926). — PREGL, F.: Die quantitative organische Mikroanalyse, 4. Aufl. Berlin 1935.

REICHEL, F.: Fr. **20**, 89 (1881).

SARUDI (V. STETINA), I.: Fr. **110**, 117 (1937). — SCHMITZ, B.: Fr. **65**, 46 (1924/25). — STOLBA, F.: C. **47**, 727 (1876).

TREADWELL, F. P.: Kurzes Lehrbuch der analytischen Chemie, 11. Aufl., Bd. II, S. 168. Leipzig u. Wien 1923.
VIRGILI, J. F.: Fr. 44, 492 (1905).
WINKLER, L. W.: Angew. Ch. 31 I, 211 (1918); 32 I, 122 (1919). — WINTERSTEINER, O., u. H. HANNEL: Mikrochemie 4, 155 (1926). — WOOD, L. F.: Am. J. Sci. (3) 6, 368; durch Fr. 14, 356 (1875).

§ 2. Bestimmung unter Abscheidung als Silberarsenat.

Ag_3AsO_4, Molekulargewicht 462,55.

Allgemeines.

Die Abscheidung gelingt infolge der Schwerlöslichkeit des Silberarsenats in neutraler und schwach essigsaurer Lösung. Das Arsen muß in der fünfwertigen Form vorliegen und dreiwertiges Arsen gegebenenfalls oxydiert werden (s. § 1, S. 50), wobei Oxydationsmethoden mit Halogen natürlich nicht in Frage kommen. Das Verfahren wurde zuerst von REICH angegeben und später von RICHTER etwas modifiziert. Das Silberarsenat wurde dabei aus neutraler Lösung gefällt und dokimastisch ausgewertet. BENNETT jr. modifizierte das Verfahren dahin, daß statt in neutraler[1] in ganz schwach essigsaurer Lösung gefällt wurde. Diese Arbeitsweise wurde von ESCHWEILER und RÖHRS erprobt und neuerlich von SARUDI bestätigt. Auch WADDELL befaßte sich mit dem Verfahren von BENNETT und modifizierte es geringfügig. Sind Substanz und Reagenzien nicht absolut chlorfrei, so kann der Niederschlag nicht direkt ausgewogen werden. In diesem Falle wird das Silberarsenat in verdünnter Salpetersäure gelöst und nach Abfiltrieren des ungelösten Silberchlorids das Silber bestimmt. Weiter wurde vorgeschlagen, die Arsensäure durch Zusatz einer gemessenen Menge Silbernitrat als Silberarsenat auszufällen und den Überschuß an Silbernitrat zurückzutitrieren. Auch bei diesem Verfahren ist die Abwesenheit von Chlor-Ion Bedingung. Die Abscheidung des Arsens als Silberarsenat gelingt neben Mg, Ca, Sr, Ba, Co, Ni, Zn, Mn, Cd und Cu. Die Methode ermöglicht nach McCAY (b) auch die Fällung von AsV neben SbV aus ganz schwach ammoniakalischer Lösung, wenn letzteres durch Zusatz von Flußsäure in das beständige Pentafluorid übergeführt wird. Alle Anionen, die unter den gleichen Bedingungen als Silbersalze gefällt werden, wie z. B. die Ionen der Phosphor-, Wolfram-, Molybdän-, Vanadin- und Chromsäure stören selbstverständlich. Die direkte maßanalytische Bestimmung einer Arsenatlösung mit Silbernitrat wurde neuerdings auf potentiometrischem Wege versucht.

Eigenschaften des Silberarsenats. Der hellbraune Niederschlag setzt sich bei lebhaftem Rühren grobflockig ab. Bei Gegenwart von viel Sulfat fällt der Niederschlag dunkelbraun aus und ist durch wesentliche Mengen Silbersulfat verunreinigt. Durch Zusatz eines großen Überschusses an Kaliumnitrat (10 g je 100 cm^3) vor der Fällung kann diese Störung vermieden werden. Die Verbindung läßt sich bei 500° zur Gewichtskonstanz glühen. Nach den Beobachtungen von BAXTER und COFFIN gibt das Silberarsenat die letzten Spuren Wasser (56 γ in 1 g Niederschlag) erst bei der Zersetzungstemperatur ab. SARUDI erreichte bei 170 bis 180° bereits nach 1 Std. Gewichtskonstanz, wenn der Niederschlag zum Schluß mit Alkohol und Äther gewaschen wurde.

Löslichkeit. In Mineralsäuren und Ammoniak ist Silberarsenat löslich. Nach WHITBY lösen 100 g Wasser von 20° 0,00085 g und nach McCAY (b) 100 g Wasser von „Laboratoriumstemperatur" 0,0013 g Ag_3AsO_4 (Mittel aus 4 Bestimmungen). In silbernitrathaltigem Wasser ist auch bei Gegenwart von Ammoniumnitrat oder -sulfat, und auch wenn die Lösung gegen Lackmus schon ammoniakalisch reagiert, die Löslichkeit praktisch zu vernachlässigen [McCAY (b)]. An sich wirkt Ammoniumnitrat in großen Mengen auf die Verbindung lösend ein.

[1] Auch PEARCE hatte versucht, aus der mit Ammoniak neutralisierten Lösung zu fällen und von CANBY war eine Neutralisation mit ZnO vorgeschlagen worden.

Bestimmungsverfahren.

A. Gewichtsanalytische Bestimmung nach Fällung als Silberarsenat.

1. Wägung als Ag_3AsO_4.

***Arbeitsvorschrift nach* ESCHWEILER *und* RÖHRS.**

Die Lösung, die höchstens 0,1 g As als Arsensäure und außer Arsenat-Ion keine durch Silbernitrat in schwach essigsaurer Lösung fällbare Ionen enthält, wird mit 1 Tropfen Methylorangelösung (1:1000) und hierauf tropfenweise mit 10%igem Ammoniak versetzt, bis eben Gelbfärbung eintritt. Die Lösung wird mit 1 Tropfen verdünnter Salpetersäure angesäuert und mit 2 g Ammoniumnitrat, sowie 1 g Ammoniumacetat versetzt. Der Indicator schlägt dabei nach gelb um, während die Lösung gegen empfindliches Lackmuspapier aber noch sauer reagiert. (Sollte sie neutral reagieren, werden einige Tropfen verdünnter Essigsäure zugefügt; zeigt die rote Färbung des Methylorange einen zu großen Säureüberschuß an, setzt man einige Tropfen verdünntes Ammoniak zu.) Man verdünnt auf 50 bis 80 cm³, erhitzt zum Sieden und tropft aus einer Pipette neutrale Silbernitratlösung zu, während man mit einem Glasstab lebhaft umrührt. Nach etwa 1 Min. ist das hellbraune Silberarsenat so grobflockig, daß es sich schnell absetzt. Durch vorsichtigen Zusatz von Silbernitrat zur überstehenden klaren Lösung überzeugt man sich von der Vollständigkeit der Fällung. Das Zusammenballen und rasche Absetzen des Niederschlages ist übrigens ein Anzeichen der vollendeten Ausfällung. (Ein geringer Überschuß an Silbernitrat beeinflußt die Fällung günstig.) Man läßt zweckmäßig nach Einstellen in kaltes Wasser völlig abkühlen, filtriert den Niederschlag in einen Porzellanfiltertiegel und wäscht 3- bis 5mal mit je 10 cm³ kaltem Wasser. Der Niederschlag wird getrocknet und am besten im elektrischen Ofen bei ungefähr 500° zur Gewichtskonstanz geglüht, was in der Regel in 10 Min. erreicht ist.

Bemerkungen. Das Glühen des Niederschlages läßt sich in Ermangelung eines elektrischen Ofens auch im Luftbad ausführen, das Erhitzen über freier Flamme dagegen ist wegen der Reduktionsgefahr unstatthaft. Nach den Angaben der Verfasser läßt sich der Niederschlag bei 170° innerhalb von 2 bis 3 Std. ebenfalls zur Konstanz trocknen. Nach SARUDI (V. STETINA) ist das Silberarsenat schon nach 1stündigem Trocknen bei 170 bis 180° gewichtskonstant, wenn zur Verkürzung der Trocknungsdauer das Waschwasser durch 2- bis 3maliges Aufgießen von je 5 cm³ 96%igem Alkohol nahezu entfernt wird und noch 2- bis 3mal mit je 5 cm³ Äther nachgewaschen wird. Außerdem schlägt SARUDI die Verwendung einer 6,8%igen Silbernitratlösung vor, von der 10 cm³ zur Fällung von 0,1 g Arsen genügen.

2. Indirekte gewichtsanalytische Bestimmung bei Gegenwart von Chlor-Ionen.

Prinzip. *Das im Niederschlag als Silberarsenat enthaltene Silber wird nach Lösen in verdünnter Salpetersäure als Silberchlorid gefällt und gewogen.*

Arbeitsvorschrift. Das Silberarsenat wird wie zur direkten gravimetrischen Bestimmung nach 1. gefällt, die überstehende Lösung durch ein kleines Filter abgegossen und der Niederschlag durch 3- bis 4maliges Dekantieren mit je 10 cm³ kaltem Wasser gewaschen. Man gibt das Waschwasser aus einer Pipette in der Weise zu, daß man jedesmal die gesamte Becherglaswandung benetzt. Der Niederschlag am Filter wird durch Auftropfen von warmer 1 n Salpetersäure gelöst, wobei man die Lösung in dem die Hauptmenge enthaltenden Becherglas auffängt. Nachdem alles Silberarsenat gelöst ist, filtriert man die Lösung durch das Filter in ein Becherglas, wäscht das zurückbleibende Silberchlorid mit kaltem Wasser aus und fällt in einem Volumen von etwa 100 cm³ bei Siedehitze das Silber mit 1 n Salzsäure. Die 0,1 g Arsen entsprechende Silbermenge wird durch 4 cm³ 1 n Salzsäure gefällt (SARUDI).

Bemerkungen. Von ESCHWEILER und RÖHRS wurde die Fällung des Silbers als Bromid empfohlen.

B. Maßanalytische (argentometrische) Bestimmung nach Abscheidung als Silberarsenat.

1. Direkte Bestimmung durch Titration des Silbers im Niederschlag.

Prinzip. *Der schon von* PEARCE *empfohlene Vorgang besteht darin, daß der Niederschlag in verdünnter Salpetersäure gelöst und das darin enthaltene Silber bestimmt wird. Spuren von Silberchlorid bleiben beim Lösen in Salpetersäure zurück. Die Lösung darf außer Arsenat-Ion keine Anionen enthalten, deren Silbersalze unter den gleichen Bedingungen gefällt werden und in Salpetersäure löslich sind.*

I. Bestimmung des Silbers nach VOLHARD durch Titration mit Rhodanid.

Arbeitsvorschrift. Der nach A 1. gefällte Niederschlag wird in der gleichen Weise wie in A 2. angegeben gewaschen und gelöst, aber die Lösung schließlich anstatt in einem Becherglas, in einem Schliffkölbchen oder einer Stöpselflasche aufgefangen. Die salpetersaure Lösung, die 60 bis 70 cm³ beträgt, wird mit 3 cm³ gesättigter EisenIII-ammoniumsulfatlösung versetzt und mit 0,1 n Ammoniumrhodanidlösung titriert, bis die Rosafärbung nach kräftigem Schütteln bestehen bleibt (SARUDI).

Arbeitsweise nach* CHIRNOAGA *zur Bestimmung von ArsenIII. Man fügt zu der 10 cm³ betragenden neutralen Arsenitlösung („mittlerer Konzentration") 2 bis 3 Tropfen 30%iges Wasserstoffperoxyd und versetzt mit 10 cm³ einer 10%igen Ammoniumacetatlösung. Nun gibt man 0,1 n Silbernitratlösung in einem Überschuß von 3 bis 4 cm³ zu, erhitzt zum Kochen und filtriert nach 12stündigem Absitzen. Der Niederschlag wird auf dem Filter 3mal mit einer 0,001 n Silbernitratlösung, dann einmal mit kaltem Wasser gewaschen und anschließend in 2 n Salpetersäure gelöst (3maliges Füllen des Filters mit der Säure). In der Lösung wird das Silber mit Rhodanid nach VOLHARD titriert.

Bemerkungen. Die Fehler der angeführten Testanalysen (0,0322 bis 0,0679 g As) halten sich unter 0,9%. Der Überschuß an Perhydrol ist möglichst klein zu halten. Das Perhydrol muß immer vor dem Ammoniumacetat und, falls eine saure oder alkalische Lösung vorliegt, vor dem Neutralisieren zugefügt werden. Sehr verdünnte Arsenitlösungen läßt man nach dem Zufügen des Perhydrols einige Stunden stehen, bevor man das Silbernitrat zusetzt.

II. Bestimmung des Silbers im Niederschlag durch Titration mit Kaliumjodid nach POMERANTZ und MCNABB.

Arbeitsvorschrift. Die 100 cm³ betragende Arsensäurelösung wird in einem 400 cm³ fassenden Becherglas mit Salpetersäure angesäuert und mit so viel 0,1 n Silbernitratlösung versetzt, daß ein Überschuß von etwa 10 cm³ bleibt. Man setzt hierauf 10%ige Natronlauge zu, bis eine Trübung entsteht, die man durch tropfenweisen Zusatz verdünnter Salpetersäure eben wieder in Lösung bringt (saure Reaktion gegen Lackmus). Bei Anwesenheit von wenig Arsen fällt kein Niederschlag aus. In diesem Fall macht man gegen Lackmus alkalisch und säuert dann eben wieder an. Durch Zutropfen von 10 cm³ einer gesättigten Lösung von Natriumacetat wird das Silberarsenat ausgefällt und durch Erhitzen zum Sieden in grobflockiger Form abgeschieden. Nach dem Abkühlen wird filtriert und der Niederschlag durch Dekantieren mit einer gesättigten Lösung von Silberarsenat gewaschen, bis die im Filtrat durch Salzsäure erzeugte Opaleszenz sich nicht mehr vermindert. Der Niederschlag wird mit etwa 30 cm³ warmer 2 n Salpetersäure unter mehrmaligem Nachwaschen mit heißem Wasser vom Filter gelöst, wobei die Lösung in dem Becherglas aufgefangen wird, in dem die Fällung ausgeführt worden war und das noch die Hauptmenge des Niederschlages enthält. Sobald das Silberarsenat gelöst ist, wird so viel 6 n Schwefelsäure zugegeben, daß sich eine 1 bis 2 n schwefelsaure Lösung ergibt. Nach Zusatz von 3 cm³ 0,5%iger Stärkelösung und 3 Tropfen einer annähernd 0,1 n CerIV-ammoniumsulfatlösung wird die Lösung, die ein Volumen von 120 bis 150 cm³ aufweist, mit 0,1 n Kaliumjodidlösung auf Blaugrün titriert. Wenn die Farbe beim Umrühren nicht mehr verschwindet, ist der Endpunkt erreicht. Es empfiehlt sich die Ausführung eines Blindwertes unter den gleichen Bedingungen.

Bemerkungen. Die Fällungsvorschrift stellt eine Modifikation der von HILLEBRAND und LUNDELL angegebenen Arbeitsweise dar. Die Abänderung besteht darin, daß der Niederschlag mit gesättigter Silberarsenatlösung gewaschen wird statt mit Wasser. Die Verfasser erhielten nämlich beim Auswaschen mit Wasser zu niedrige Resultate. Die angeführte Behandlung lieferte durchaus befriedigende Werte.

2. Indirekte maßanalytische Bestimmung durch Titration des Überschusses an Silbernitrat nach Fällung als Silberarsenat.

Prinzip. *Nach der Methode, die schon 1883 von* McCAY (a) *vorgeschlagen wurde, wird die Arsensäure durch Zugabe einer gemessenen Menge an Silbernitratlösung ausgefällt und der Überschuß nach Filtration titrimetrisch bestimmt. Die Bestimmung ist nur bei Abwesenheit aller Ionen, die unter den angeführten Bedingungen unlösliche Silbersalze geben, zuverlässig.*

Verfahren von **SPACU *und* VANCEA.**

Arbeitsvorschrift. In einem Meßkolben wird die chloridfreie Arsenatlösung entsprechend verdünnt und mit 10%igem Ammoniak gegen Methylorange neutralisiert. Man gibt ganz wenig verdünnte Salpetersäure, etwas Ammoniumnitrat und Ammoniumacetat zu, erwärmt und läßt einen Überschuß an eingestellter Silbernitratlösung unter Rühren zufließen. Die Lösung wird aufgefüllt und in einem aliquoten Teil des Filtrats der Überschuß an Silbernitrat nach VOLHARD titriert.

Bemerkungen. Die Methode ist auf der Fällungsvorschrift von ESCHWEILER und RÖHRS (s. A 1., S. 59) aufgebaut. Die Fehler der mit Na_2HAsO_4 ausgeführten Testanalysen liegen zwischen 0,01 und 0,07%.

C. Potentiometrische Bestimmung durch Titration mit Silbernitrat.

Vorbemerkungen.

Die potentiometrische Bestimmung ist nur möglich, wenn die während der Umsetzung freiwerdende Salpetersäure gebunden oder abgepuffert wird, so daß sie auf den Silberarsenatniederschlag nicht mehr lösend einwirken kann.

1. Verfahren nach BEDFORD, LAMB und SPICER.

Die genannten Autoren versuchten die Einstellung der für die Titration nötigen niedrigen H-Ionen-Konzentration durch Einführung einer Hilfstitration mit 0,01 bis 0,1 n Natronlauge zu erreichen. Der Zusatz der Lauge wird dabei durch Phenolphthalein (1 Tropfen Phenolphthaleinlösung auf je 50 cm³ Lösung) kontrolliert. Die Titration gestaltet sich derart, daß nach Zugabe von 1 bis 2 Tropfen Silbernitratlösung aus einer zweiten Bürette etwas Natriumhydroxydlösung zugesetzt wird. Allerdings muß zur Kontrolle der Indicatorfärbung zeitweise das Absetzen des Niederschlages abgewartet werden.

2. Arbeitsweise nach HANSON, SWEETSER und FELDMAN.

Die Verfasser verwenden zur Abstumpfung der Säure eine Natriumacetat-Pufferlösung. Der Sprung im Spannungsverlauf wird am deutlichsten, wenn die 10fache, zur Pufferung der freiwerdenden Säure notwendige Menge an Natriumacetat zugesetzt wird. Außerdem erwies es sich als vorteilhaft, die Titration in einer Lösung auszuführen, die 50 Vol.-% Äthylalkohol enthält. Eine Erhöhung der Puffermenge auf das Hundertfache der theoretisch erforderlichen Menge bedingt eine Abnahme der Potentialänderung im Äquivalenzpunkt. Geringere und höhere Alkoholkonzentrationen vermindern ebenfalls die Genauigkeit der Bestimmung.

Die Anordnung besteht aus einer gesättigten Kalomelelektrode, die mit der zu titrierenden Lösung durch eine Brücke (mit Kaliumnitrat gesättigtes Agar-Agar) verbunden ist. Als Indicatorelektrode wird Silber verwendet. Die Änderung der Spannung wird an einem Potentiometer verfolgt.

Ausführung der Titration. Die Probelösung wird mit dem Zehnfachen der theoretisch erforderlichen Puffermenge und mit so viel Äthylalkohol versetzt, daß sich im Äquivalenzpunkt eine Lösung von 50 Vol.-% Alkohol ergibt. Bei einem Volumen von etwa 200 bis 250 cm³ (im Äquivalenzpunkt) wird mit genau eingestellter 0,1 n Silbernitratlösung titriert.

Bemerkungen. Der so gefundene Äquivalenzpunkt stimmt mit dem theoretischen auf weniger als 1% überein. Auch bei großer Verdünnung der Lösung (500 cm³) konnte eine Genauigkeit von 1,5% erreicht werden. Die Methode wurde zur ***Gehaltsbestimmung von Calciumarsenat*** herangezogen, wobei mit Ausnahme der Titration die von BEDFORD, LAMB und SPICER angegebene Arbeitsweise eingehalten wurde.

Zur Ausführung der Arsenbestimmung wird die salpetersaure Lösung des Calciumarsenats mit Natronlauge so weit neutralisiert, daß sich der Niederschlag eben noch löst. Dann wird zur Fällung des Calciums ein Überschuß an Natriumfluorid zugegeben und nach Zusatz von Pufferlösung und Alkohol mit Silbernitrat titriert. Der Arsengehalt der Probe wurde jodometrisch kontrolliert und eine befriedigende Übereinstimmung festgestellt. Es ergaben sich folgende Werte:

jodometrisch: 40,38%, 40,11% As_2O_5;
potentiometrisch: 39,93%, 39,66% As_2O_5.

D. Der Gehalt an Arsen wird nach Abscheidung als Silberarsenat auf anderem Wege bestimmt.

Arsenbestimmung in fluorhaltigen Insektenvertilgungsmitteln nach HART.

Arbeitsvorschrift. 2 g Probe werden in einen 300 cm³ fassenden Meßkolben gebracht und mit ungefähr 100 cm³ Wasser gelöst. Falls die Probe nicht genug Carbonate enthält, wird etwas Natriumcarbonat zugesetzt, um vorhandenes Arsentrioxyd in Lösung zu bringen (ein allzu großer Überschuß soll vermieden werden). Nun werden 50 cm³ 3%iges Wasserstoffperoxyd zugesetzt, worauf man 20 bis 30 Min. auf dem Wasserbad erhitzt, um das Arsen sicher in die fünfwertige Form überzuführen. Nach Zugabe von 10 cm³ einer Pufferlösung, die in bezug auf Essigsäure und Natriumacetat 0,5 molar ist, wird mit einem leichten Überschuß an 10%iger Silbernitratlösung gefällt. Es fällt ein Niederschlag von Silberarsenat und Silbercarbonat, während das Fluor in Lösung bleibt. Nach dem Abkühlen wird aufgefüllt, gründlich durchgeschüttelt und nach dem Absetzen filtriert[1]. Der Niederschlag wird 1 bis 2mal durch Dekantieren mit Wasser gewaschen, aufs Filter gebracht und samt dem Filter in einen 500 cm³ fassenden Destillationskolben übergeführt. Das Arsen wird nach Zusatz von Hydrazinreagens (Hydrazinsulfat, Natriumbromid und Salzsäure) und Salzsäure als Trichlorid abdestilliert und im Destillat jodometrisch oder bromometrisch bestimmt.

Literatur.

BAXTER, G. P., u. F. B. COFFIN: Am. Soc. **31**, 297 (1909). — BEDFORD, M. H., F. R. LAMB u. W. E. SPICER: Am. Soc. **52**, 583 (1930). — BENNETT, J. F. jr.: Am. Soc. **21**, 431 (1899).

CANBY, R. C.: J. anal. Chem. **2**, 411; durch Fr. **29**, 187 (1890). — CHIRNOAGA, E.: Fr. **120**, 9 (1940).

ESCHWEILER, W., u. W. RÖHRS: Angew. Ch. **36**, 464 (1923).

HANSON, W. E., S. B. SWEETSER u. H. B. FELDMAN: Am. Soc. **56**, 577 (1934). — HART, L.: Ind. eng. Chem. Anal. Edit. **1**, 133 (1929). — HILLEBRAND, W. F., u. G. E. F. LUNDELL: Applied inorganic Analysis, S. 216. New York 1929.

MCCAY, L. W.: (a) Chem. N. **48**, 7 (1883): durch Fr. **25**, 412 (1886); (b) Am. Soc. **50**, 368 (1928).

PEARCE, R.: Eng. a. Min. J. **1883**, 256; Chem. N. **48**, 85 (1883); durch Fr. **25**, 414 (1886). — POMERANTZ, A., u. W. M. MCNABB: Ind. eng. Chem. Anal. Edit. **8**, 466 (1936).

REICH, F., u. TH. RICHTER: J. POST, Chemisch-technische Analyse, S. 396. Braunschweig 1881.

SARUDI (V. STETINA), I.: Fr. **113**, 248 (1938). — SPACU, G., u. M. VANCEA: Bul. Soc. Stiinte Cluj, România [Bull. Soc. Sci. Cluj, Roum.] **9**, 318 (1939); durch C. **110 II**, 3607 (1939).

VOLHARD, J.: J. pr. **9**, 217 (1874).

WADDELL, J.: Ind. eng. Chem. **11**, 939 (1919). — WHITBY, G. S.: Z. anorg. Ch. **67**, 107 (1910).

§ 3. Bestimmung unter Abscheidung als Trisulfid.

As_2S_3, Molekulargewicht 246,00.

Allgemeines.

Die Methode beruht auf der Unlöslichkeit des Trisulfids in starker Mineralsäure[2]. *Das Arsen muß in dreiwertiger Form vorliegen*[3], *da andernfalls ein Gemisch von Trisulfid, Pentasulfid und Schwefel ausfällt*[4] *(s. § 4, Allgemeines).* Durch die Unempfindlichkeit des Sulfids gegen Säure kann mit Hilfe dieser Fällung das Arsen von den meisten anderen Elementen getrennt werden. Ausgenommen sind natürlich solche, die selbst sehr unlösliche Sulfide ergeben, wie z. B. Quecksilber, Kupfer, Molybdän und Germanium. Die Fällung als Sulfid eignet sich daher auch zur Abscheidung aus starken Säuren (HCl, H_2SO_4, H_3PO_4), was besonders in der alten Literatur erscheint (WACKENRODER, GEISELER). Der Niederschlag fällt bei Gegenwart oxydierender Stoffe durch Schwefel verunreinigt aus, so daß bei der folgenden gewichtsanalytischen oder maßanalytischen Bestimmung darauf Rücksicht genommen werden muß. Das direkte Auswägen des Niederschlages nach dem Trocknen ist deshalb nur dann angebracht, wenn es sich um reine ArsenIII-lösungen handelt, wie sie etwa nach dem Abdestillieren des Arsens als Trichlorid vorliegen. Aber auch in diesem Fall kann dem Niederschlag Schwefel beigemischt sein (s. unter A 1

[1] Im Filtrat kann das Fluor bestimmt werden.

[2] Salpetersäure zersetzt das Sulfid unter Oxydation.

[3] Angaben über Reduktion von AsV-Lösungen finden sich § 7, § 8 und § 14.

[4] Nach REEDY wird die Fällung dieses Gemisches durch Zusatz von 1 bis 2 cm³ 1 n NH_4J-Lösung sehr beschleunigt.

Bemerkungen, S. 64). Die Bestimmung des im Trisulfidniederschlag enthaltenen Schwefels kann nur dann brauchbare Resultate für den Arsengehalt ergeben, wenn der Niederschlag vorher zur Konstanz gewogen und der Arsengehalt aus der Differenz errechnet wird, oder wenn das Arsensulfid durch Anwendung geeigneter Lösungsmittel vom beigemengten Schwefel getrennt wurde. Meistens dient die Fällung als Trennungsmethode, wobei der Arsengehalt des Niederschlages nach dem Lösen auf andere Weise ermittelt wird (s. unter B S. 65, C S. 68 und D S. 72). Zur Bestimmung geringer Arsenmengen kann auch die Gelbfärbung, die durch das Sulfid (meist in kolloidaler Form) hervorgerufen wird, colorimetrisch ausgewertet werden.

Eigenschaften des Arsentrisulfids. Das Trisulfid fällt aus sauren ArsenIII-lösungen beim Einleiten von Schwefelwasserstoff als gelber flockiger Niederschlag und kann bei etwa 100° zur Gewichtskonstanz getrocknet werden. (Bezüglich des Verhaltens von ArsenV-lösungen s. § 4, Allgemeines.) Die Anwesenheit von viel organischer Substanz verzögert die Ausfällung durch Schwefelwasserstoff. Unter geeigneten Versuchsbedingungen gelingt es bei geringen Arsenmengen (gegebenenfalls unter Verwendung eines Schutzkolloids) eine kolloidale Lösung des Sulfids herzustellen. Längeres Erhitzen des Sulfids mit konzentrierter Salzsäure verursacht Verluste durch Bildung von Trichlorid. Von heißer konzentrierter Schwefelsäure wird das Sulfid unter Bildung einer ArsenIII-lösung zersetzt, während Salpetersäure eine Oxydation zu Arsensäure bewirkt. Durch anhaltendes Kochen mit einem großen Überschuß an Wasser kann das Sulfid in arsenige Säure übergeführt werden (PLATTEN; ARCHBUTT und JACKSON).

Löslichkeit. In Ammoniak, Alkalien und Schwefelalkalien, sowie Schwefelammonium und Ammoniumcarbonat ist das Trisulfid leicht löslich. Aus den Lösungen kann das Arsensulfid durch Ansäuern, Einleiten von Schwefelwasserstoff und längeres Stehenlassen wieder quantitativ abgeschieden werden. Die molekulare Löslichkeit des Arsentrisulfids in stark verdünntem Schwefelwasserstoffwasser wurde von BILTZ auf ultramikroskopischem Wege bei 16 bis 18° zu $2{,}1 \cdot 10^{-6}$ ermittelt. Gegen Salzsäure ist das Sulfid sehr beständig. LANG und CARSON fanden, daß Arsentrisulfid sich auch in der Wärme in Salzsäure (D 1,16) nicht löst, wenn diese mit Schwefelwasserstoff gesättigt ist. Nach Angabe von LEHRMAN fällt Schwefelwasserstoff dreiwertiges Arsen noch aus 12 n Salzsäure. FRIEDHEIM und MICHAELIS betonen, daß das Sulfid in schwefelwasserstoffhaltigem Wasser unlöslich ist und quantitativ ausfällt, wenn genügend Salzsäure anwesend ist. (Wie aus den Untersuchungen von PILOTY und STOCK hervorgeht, verflüchtigt sich aber gefälltes Trisulfid weitgehend unter Umsetzung zu Trichlorid, wenn es mit sehr starker Salzsäure bis zum Entweichen von Salzsäuregas erhitzt wird.) Die verhältnismäßig große Löslichkeit des Sulfids in Wasser ist auf weitgehende Hydrolyse des in Lösung befindlichen Anteils zurückzuführen. HÖLTJE hat seine, die Löslichkeit betreffenden Versuche in folgender Tabelle zusammengefaßt:

Tabelle 1. Löslichkeit von As_2S_3 bei 0°.

Lösungsmittel	As_2S_3 im Liter mg	As_2S_3 im Liter 10^{-6} Mol	Einstellung des Gleichgewichtes
Wasser	0,89	3,6	von unten[1]
Wasser + 0,001% H_2S	0,23	0,9	,, ,,
,, + 0,1% H_2S	0,48	2,0	,, ,,
,, + 0,1% H_2S	0,38	1,5	von oben
,, + 0,6% H_2S	0,72	2,9	von unten
,, + 0,6% H_2S	0,38	1,5	von oben
,, + H_2S + 1% HCl	0,25	1,0	,, ,,

[1] „von unten" bedeutet Herbeiführung des Gleichgewichtes von der ungesättigten Lösung her, „von oben" von der übersättigten Seite her.

Überführung des Arsens in Trisulfid unter Umgehung der Schwefelwasserstoff-Fällung. In der älteren Literatur finden sich Arbeiten, in denen die Abscheidung des Arsentrisulfids ohne Einleiten von Schwefelwasserstoff durchgeführt wird. So fällten J. PATTINSON und H. S. PATTINSON das Arsen zwecks Bestimmung in Eisenerzen (nach Reduktion der salzsauren Lösung) mit gepulvertem Zinksulfid. MÖRNER scheidet kleine Arsenmengen aus einer schwach schwefelsauren, weniger als 10 cm³ betragenden Lösung (nach Abdestillieren des Arsens aus organischem Material als Trichlorid und Auffangen des Destillats in Salpetersäure wurden Reste organischer Substanz durch Erwärmen mit Permanganat und Kalilauge zerstört und die Lösung durch Zusatz von Schwefelsäure und Weinsäure entfärbt) durch Zusatz von 1 cm³ 5%iger „Thiacetsäure" (Thioessigsäure, CH_3COSH) in der Wärme ab. Später wurde von KLASON diese Abscheidung ebenfalls verwendet. Die Bestimmung kleinster Mengen Arsen wurde von TARUGI und SORBINI über das Arsenxanthogenat, das aus schwach alkalischer Arsenitlösung auf Zusatz von Kaliumxanthogenat und Essigsäure ausfällt, durchgeführt. Beim Erhitzen mit einigen Tropfen Anilin auf dem Wasserbad liefert es As_2S_3 und Diphenylsulfoharnstoff und nach dem Trocknen im Luftbad bei 150° bleibt Arsentrisulfid zurück, das ausgewogen wird. Bei kleinsten Mengen wird der Niederschlag an Arsenxanthogenat nicht abfiltriert, sondern mit Chloroform ausgeschüttelt.

KOELSCH fällt das Arsen zur Bestimmung in Schwefelsäure und in Salzsäure nach Verdünnen der Säure und Reduktion mit Kaliumjodid unter Kochen (das Jod wird durch Zugabe von Natriumsulfit entfernt) mit Natriumsulfidlösung.

Bestimmungsverfahren.

A. Gewichtsanalytische Bestimmung als Arsentrisulfid.

1. Verfahren von HILLEBRAND und LUNDELL (a).

In die stark salzsaure Lösung (etwa 9 n HCl), die alles Arsen in dreiwertiger Form enthält (es dürfen keine anderen bei dieser Säurekonzentration durch Schwefelwasserstoff ausfällbaren Metalle anwesend sein), wird bei 15 bis 20° ein rascher Schwefelwasserstoffstrom eingeleitet. Man läßt 1 Std. (bei kleinen Arsenmengen länger) absitzen. Der Niederschlag wird in einem gewogenen Filtertiegel gesammelt, wobei die letzten an der Becherglaswandung haftenden Reste in Ammoniak gelöst und durch Zusatz von etwas Waschlösung wieder ausgefällt werden. Man wäscht das Sulfid mit starker (8 n) schwefelwasserstoffgesättigter Salzsäure, darauf mit Alkohol und zur Entfernung des im Niederschlage etwa vorhandenen freien Schwefels einige Male mit Schwefelkohlenstoff. Schließlich wird der Niederschlag wieder mit Alkohol nachgewaschen und nach Trocknen bei 105° als Arsentrisulfid zur Wägung gebracht.

Bemerkungen. Nach KRUSTINSONS kann die Trockentemperatur bis zu 120° ansteigen, wenn eine Dauer von 2 Std. nicht überschritten wird. Unter diesen Umständen treten keine Gewichtsveränderungen ein. — Um den Niederschlag auf Reinheit zu prüfen, wird das Sulfid in heißem, verdünntem Ammoniak gelöst; der Tiegel wird mit Wasser nachgewaschen und nach dem Trocknen zurückgewogen. Das Einleiten von Kohlendioxyd zur Verdrängung des Schwefelwasserstoffs, wie es von ROSE, FRESENIUS (a) und auch noch von TREADWELL (a) empfohlen wird, hat sich nach den Untersuchungen von FRIEDHEIM und MICHAELIS als überflüssig erwiesen, da die Löslichkeit in Schwefelwasserstoff in Gegenwart von genügend Salzsäure unbedeutend ist. Es wurde vielmehr die Beobachtung gemacht, daß bei längerem Einleiten von CO_2 ($1^1/_2$ Std.) merkliche Mengen an Sulfid in Lösung gingen. Allerdings soll nach PULLER durch Einleiten von Kohlendioxyd eine Schwefelabscheidung nahezu vermieden werden. FRIEDHEIM und MICHAELIS konnten bei Versuchen mit und ohne Einleiten von CO_2 diesbezüglich keinen Unterschied feststellen, empfehlen aber, möglichst bald zu filtrieren (nach 10 Min.), weil der in der Lösung vorhandene Schwefelwasserstoff durch längeres Stehen an der Luft sehr wohl zu Schwefel oxydiert werden kann. Da die Schwefelabscheidung die Bestimmung unmöglich macht, wurden verschiedene Verfahren zu dessen Bestimmung bzw. Entfernung vorgeschlagen. ROSE empfiehlt schon in der ersten Auflage seines Handbuches (1829) die Bestimmung des im getrockneten und gewogenen Niederschlag vorhandenen Schwefels durch Oxydation und Fällung als Bariumsulfat. Auch

FRESENIUS (b) sowie DE KONINGH machten diesen Vorschlag. Das Arsen wird hierbei aus der Differenz berechnet. BUNSEN extrahierte den Schwefel aus Arsen- und Antimonsulfidniederschlägen nach Waschen mit Wasser und Alkohol mit Schwefelkohlenstoff, der dann wieder mit Alkohol entfernt werden muß. PULLER behandelte den trockenen Niederschlag mit Schwefelkohlenstoff, um das Waschen mit Alkohol zu umgehen. FRIEDHEIM und MICHAELIS setzen den GOOCH-Tiegel mit dem getrockneten Niederschlag auf einen zweiten leeren GOOCH-Tiegel und bringen beide Tiegel in ein Becherglas, das mit 50 cm³ Schwefelkohlenstoff beschickt ist. Das Glas wird auf dem Wasserbad erhitzt, wobei ein aufgesetztes, mit kaltem Wasser gefülltes Kölbchen als Rückflußkühler wirkt, so daß der siedende Schwefelkohlenstoff von oben wieder in den Tiegel tropft (von NEUMANN und v. SPALLART wurde ein Extraktionsapparat konstruiert, der statt des Kölbchens auf dem Becherglas einen eingeschliffenen Trichter trägt, dessen kurzes Rohr zugeschmolzen ist). Da die Extraktion auch in dieser Anordnung nicht völlig quantitativ gelang, schlossen die Autoren auf die Anwesenheit von Arsensulfhydrat, zumal der getrocknete Niederschlag weit weniger Schwefel enthält als der feuchte. Diese Theorie wurde von ihnen durch quantitative Schwefelwasserstoffbestimmungen bestätigt. Für die quantitative Bestimmung fällt dieser Restschwefel aber offenbar nicht ins Gewicht. Übrigens kann nach WEIHRICH (a) auf die Extraktion verzichtet werden, wenn der Niederschlag nach dem Wägen durch Auftropfen von heißer 20%iger Ammoniumcarbonatlösung gelöst und ein etwa zurückbleibender unlöslicher Anteil (Schwefel) nach Waschen mit heißem Wasser und Trocknen bei 105° vom Gewicht abgezogen wird. Bei diesem Arbeitsgang wird der Sulfidniederschlag vor dem Trocknen nur mit verdünnter Salzsäure und reinem Wasser gewaschen.

2. Mikrobestimmung des Arsens in Arsentrioxyd unter Verwendung von *Jenaer* Filterbechern nach SCHWARZ-BERGKAMPF.

Man löst die Einwaage an Arsentrioxyd im Filterbecher in 1 Tropfen 20%iger Kalilauge, spült mit 2 bis 3 Tropfen heißem Wasser nach und erwärmt, wenn nötig, bis alle Substanz gelöst ist. Man verdünnt mit kaltem Wasser auf 2 cm³, gibt 3 Tropfen konzentrierte Salzsäure zu und sättigt die Lösung mit Schwefelwasserstoff, indem man zuerst durch öfteres Einsenken der dickwandigen Einleitungscapillare in den Filterbecher die Luft verdrängt (das Filterröhrchen ist mit Schlauch und Glasstab verschlossen). Man stellt nun mittels Schlauchrings einen gasdichten Verschluß mit der Einleitungscapillare her und läßt 10 Min. unter Druck stehen. Nach 5 Min. wird etwas erwärmt, wobei sich der Niederschlag zusammenballt; nach weiteren 5 Min. kann filtriert werden. Man wäscht dreimal mit 40%igem Alkohol (das erste Mal kann auch mit heißem Wasser gewaschen werden), trocknet 3 Min. bei 110° in einem eigens für den Filterbecher konstruierten Trockenschränkchen unter Durchleiten von Luft (Ansaugen am Filterröhrchen, während auf den Einfüllstutzen ein Luftfilter aufgesetzt ist) und wäscht zweimal mit frisch destilliertem Schwefelkohlenstoff, worauf noch 1 Min. getrocknet und dann gewogen wird.

B. Gravimetrische Bestimmung nach Abscheidung als Trisulfid und Oxydation zu ArsenV.

Oxydationsmethoden.

Zur Oxydation des abgeschiedenen und gewaschenen Sulfids sind folgende Methoden empfohlen worden:

1. Oxydation mit Perhydrol in ammoniakalischer Lösung.

Arbeitsvorschrift nach H. BILTZ und W. BILTZ: Das Sulfid wird in 25 cm³ warmem 10%igem Ammoniak unter Zusatz von 3 cm³ Perhydrol gelöst, das Filter mit heißem Wasser nachgewaschen und die Lösung bis zur Zerstörung des Perhydrolüberschusses gekocht.

Arbeitsweise nach MAYR: Der Niederschlag von As_2S_3 wird auf dem Filter mit einigen Körnchen Ammoniumcarbonat bestreut und mit heißem 12%igem Ammoniak vom Filter gelöst. Die Lösung wird mit 1 bis 2 cm³ Perhydrol versetzt und auf dem Wasserbad zur Trockne verdampft.

2. *Oxydation mit Wasserstoffperoxyd in laugenalkalischer Lösung.*

Arbeitsweise von HOWARD: Der Arsensulfid-Schwefel-Niederschlag wird in 20 cm³ Wasser und möglichst wenig Natriumhydroxyd (5 Tropfen 20%iger Lösung genügen) kurze Zeit gekocht, wobei der Schwefel fast nicht angegriffen wird. Es wird abdekantiert und die Operation, wenn der Rückstand bedeutend ist, wiederholt. Nach Auswaschen des Rückstandes mit heißem Wasser wird die deutlich alkalische Lösung mit 10 cm³ 3%igem Wasserstoffperoxyd versetzt und bis zur Zerstörung des Überschusses an Peroxyd gekocht, wobei die Lösung auf etwa 20 cm³ eingeengt wird.

3. *Oxydation mit Natriumpersulfat in laugenalkalischer Lösung.*

DÉBOURDEAUX löst anorganische Arsenverbindungen, darunter auch das Trisulfid, in frisch bereiteter Natronlauge (36° Bé) und oxydiert mit Natriumpersulfat.

4. *Oxydation mit Chlor in laugenalkalischer Lösung.*

Arbeitsweise nach TREADWELL (b): Man löst den Niederschlag durch Auftropfen von warmer Kalilauge, bringt die alkalische Lösung in einen geräumigen Porzellantiegel, bedeckt mit einem durchbohrten Uhrglas und leitet Chlor ein, bis alles Alkali zersetzt ist ($^1/_2$ bis $^3/_4$ Std.). Man setzt vorsichtig unter Erwärmen konzentrierte Salzsäure zu, bis kein Chlor mehr entweicht. Nach Abspritzen des Uhrglases wird auf die Hälfte eingedampft, mit Salzsäure versetzt und neuerlich eingedampft. (Bei dieser Behandlung mit Salzsäure wurden Arsenverluste offenbar nicht beobachtet!)

5. *Oxydation mit Brom in laugenalkalischer Lösung.*

Arbeitsweise nach PILOTY und STOCK: Das Arsensulfid wird in möglichst wenig verdünnter Kalilauge in einen $^1/_2$ l-Rundkolben gelöst und mit Bromwasser bis zur Gelbfärbung versetzt. Dann wird mit Salzsäure schwach angesäuert und bei schiefgestelltem Kolben gekocht, bis der Überschuß an Brom ausgetrieben ist.

6. *Oxydation mit Salpetersäure nach Lösen in Lauge.*

Arbeitsvorschrift von HILLEBRAND und LUNDELL (b): Das Sulfid wird in 2 bis 3 cm³ 10%iger Natronlauge gelöst, die Lösung nahezu zur Trockne verdampft und mit 10 cm³ konzentrierter Salpetersäure versetzt. Nach neuerlichem, fast völligem Eindampfen wird mit Wasser aufgenommen.

7. *Oxydation mit Salpetersäure nach Lösen in Ammoniak.*

Arbeitsvorschrift von WEIHRICH (a): Man löst das Sulfid in 10 bis 20 cm³ Ammoniak (1:3), engt ein und neutralisiert mit Salpetersäure. Nach Zusatz von weiteren 5 cm³ konzentrierter Salpetersäure wird zur Trockne verdampft. Durch mehrmaliges Eindampfen mit Salpetersäure wird die Oxydation vollendet, was man an der weißen Farbe des Rückstandes erkennt.

8. *Oxydation mit Salpetersäure in Gegenwart von Schwefelsäure.*

Arbeitsweise nach DESHIN: Das Sulfid wird mit 2 cm³ Schwefelsäure und 3 cm³ Salpetersäure in Lösung gebracht.

9. *Oxydation mit Salpetersäure.*

Arbeitsweise nach LANG, CARSON und MACKINTOSH: Der Niederschlag wird mit konzentrierter Salpetersäure zur Trockne eingedampft.

10. *Oxydation mit rauchender Salpetersäure.*

Arbeitsvorschrift von BÄCKSTRÖM: Das gewaschene Arsentrisulfid wird vom Filter in ein Becherglas gespült, auf dem Wasserbad eingetrocknet und durch wiederholten

Zusatz kleiner Anteile rauchender Salpetersäure oxydiert. Die am Filter haftenden Reste des Niederschlages werden in Ammoniak gelöst. Man verdampft zur Trockne, löst mit rauchender Salpetersäure unter Erwärmen und vereinigt mit der Hauptmenge im Becherglas.

11. Oxydation mit rauchender Salpetersäure und Natriumnitrat.

Arbeitsweise nach SCHREIBER: Das Arsentrisulfid wird in der Kälte mit rauchender Salpetersäure und einigen Grammen Natriumnitrat versetzt; nach 30 Min. Einwirkungsdauer wird erwärmt, fast zur Trockne verdampft und mit Wasser wieder aufgenommen.

12. Oxydation mit Bromsalzsäure.

Vorschrift von HATTENSAUR: Der Niederschlag wird durch Zusatz von Bromsalzsäure gelöst, worauf man vom Bromschwefel abfiltriert und das überschüssige Brom vertreibt.

13. Oxydation mit Kaliumchlorat in salzsaurer Lösung.

Diese Art der Oxydation ist nur unter Rückflußkühlung verlustfrei durchführbar.

I. Bestimmung durch Fällung als Magnesiumammoniumarsenat.

Man oxydiert am vorteilhaftesten nach 1. oder 7. und fällt nach § 1.

II. Bestimmung durch Fällung als Silberarsenat.

Der Sulfidniederschlag wird mit reinem kaltem Wasser chloridfrei gewaschen und ohne Verwendung von Halogen oxydiert. Man fällt dann nach § 2.

III. Andere gravimetrische Bestimmungsmethoden nach Oxydation zu AsV.

a) Bestimmung als Arsenpentoxyd nach BÄCKSTRÖM.

Die Methode wurde bereits 1877 von VAUGHAN und DOUGLASS vorgeschlagen. Der einzige Unterschied gegenüber der Arbeitsvorschrift von BÄCKSTRÖM besteht darin, daß die genannten Autoren die Schwefelsäure auf einem Sandbad abrauchen, während BÄCKSTRÖM diese Operation über freier Flamme durchführt.

Arbeitsvorschrift. Das Arsentrisulfid wird nach 10. zersetzt (die Oxydation des Filters zusammen mit dem Niederschlag ist wohl möglich, aber nicht empfehlenswert). Sind Arsen und Schwefel vollkommen oxydiert, so spült man die Lösung in einen Platintiegel, verdampft auf dem Wasserbad so weit als möglich und raucht die Schwefelsäure über kleiner Flamme ab. Dann wird die Temperatur gesteigert, wobei man genau darauf achtet, daß der Tiegelboden nicht zu glühen beginnt. Das zurückbleibende Arsenpentoxyd wird gewogen. Da das Oxyd hygroskopisch ist, muß die Wägung rasch durchgeführt werden. Nach dem Wägen löst man den Rückstand in Wasser und prüft zur Kontrolle mit Bariumchlorid auf einen etwaigen Schwefelsäuregehalt.

Bemerkungen. Die Einhaltung der richtigen Erhitzungstemperatur bietet einige Schwierigkeiten, da einerseits die Schwefelsäure nur schwer vollständig zu entfernen ist, andererseits aber bei dunkler Rotglut schon Verluste durch Zersetzung des Pentoxyds in Trioxyd und Sauerstoff eintreten können. Der Verfasser erhält nach seiner Methode Resultate, die höchstens 0,6% von den theoretischen Werten abweichen. Von FRIEDHEIM und MICHAELIS wurde die Methode nachgeprüft und dabei festgestellt, daß der Rückstand immer noch Schwefelsäure enthielt, wenn auch schon bis zur Zersetzungstemperatur des As_2O_5 erhitzt wurde.

b) Bestimmung als Pentasulfid nach PILOTY *und* STOCK.

Das Arsentrisulfid wird nach 5. oxydiert, die klare salzsaure Lösung in einen 500 cm^3 fassenden ERLENMEYER-Kolben gespült und daraus das Arsenpentasulfid nach BUNSEN (§ 4, S. 78) ausgefällt. Die von den Verfassern angeführten Analysenergebnisse sind durchaus zufriedenstellend.

c) Bestimmung als Wismutarsenat nach CARNOT.

Arbeitsvorschrift. Das gewaschene Sulfid-Schwefelgemisch wird mit warmem, verdünntem Ammoniak extrahiert und die filtrierte Lösung nach Versetzen mit Silbernitrat einige Minuten erhitzt, bis sich das ausgeschiedene Silbersulfid absetzt. Man überzeugt sich durch weiteren

Zusatz von Silbernitrat, daß aller Schwefel ausgefällt ist, gibt hierauf einige Tropfen Wasserstoffperoxyd zu und kocht, bis das Ammoniak vollständig vertrieben ist. Das dabei ausgeschiedene Silberarsenat wird durch Zusatz von etwas Salpetersäure wieder in Lösung gebracht, wobei auch etwa vorhandenes Chlor als Silberchlorid ausfällt. Silbersulfid und -chlorid werden abfiltriert; das Filtrat wird mit mindestens 5 bis 6mal so viel salpetersaurer Wismutnitratlösung versetzt, als dem zu erwartenden Arsen entspricht und ammoniakalisch gemacht. Man kocht einige Minuten, läßt den Niederschlag von Wismuthydroxyd und Wismutarsenat absitzen, dekantiert und behandelt den Rückstand unter Kochen mit verdünnter Salpetersäure (Salpetersäure der Dichte 1,33 wird auf das 15fache verdünnt), wobei sich alles Wismuthydroxyd löst und das Arsenat in eine schwere krystalline Form übergeht. Man filtriert, wäscht mit der verdünnten Salpetersäure (1:15), später mit reinem Wasser aus und wägt den bei 110° getrockneten Niederschlag, der der Formel $BiAsO_4 \cdot {}^1/_2H_2O$ entspricht.

Genauigkeit. Die nach dieser Methode erhaltenen Resultate sind zufriedenstellend. Es wurden 0,00298 g Arsen angewendet und 0,00299 g Arsen gefunden. Der Wert ist ein Mittel aus 5 Versuchen, wobei sich die Differenzen unter 0,2 mg hielten.

C. Maßanalytische Verfahren nach Fällung als Trisulfid.

1. Bestimmung des im Niederschlag enthaltenen Arsens.

I. Verfahren nach E. SCHMIDT.

Prinzip. *Das Sulfid wird mit Ammoniak und Wasserstoffperoxyd behandelt und die gebildete Arsensäure jodometrisch nach* ROSENTHALER *(s. § 7, S. 116) bestimmt.*

Arbeitsvorschrift. Das Arsentrisulfid wird in einem weithalsigen ERLENMEYER-Kolben aus der mit Salzsäure angesäuerten, etwa 200 cm³ betragenden Lösung ausgefällt, abfiltriert und mit salzsäurehaltigem Schwefelwasserstoffwasser gewaschen. Die Hauptmenge des Niederschlages wird mittels eines Glasspatels in den Fällungskolben zurückgebracht, der am Filter haftende Rest durch Auftropfen von Ammoniak gelöst und das Filter mit Wasser nachgewaschen. Lösung und Waschwasser werden im Fällungskolben aufgefangen, wobei auch die Hauptmenge des Niederschlags in Lösung geht. Nun werden auf 0,2 g As_2O_3 30 bis 35 cm³ 3%iges Wasserstoffperoxyd zugefügt; die Lösung, die sich bald entfärbt, wird auf dem Wasserbad zur vollständigen Trockne eingedampft. Der von Wasserstoffperoxyd befreite, rein weiße Rückstand enthält alles Arsen als Arsensäure, die nach ROSENTHALER wie folgt titriert wird: Der Rückstand wird mit wenig Wasser aufgenommen; hierauf fügt man 2 g Kaliumjodid und soviel 25%ige Salzsäure zu, daß ein gelblicher Niederschlag entsteht, der durch Wasser eben wieder in Lösung gebracht wird. Man läßt $^1/_4$ Std. bedeckt stehen und titriert hierauf das ausgeschiedene Jod mit 0,1 n Thiosulfatlösung.

Bemerkungen. Der Verfasser betont, daß die Titration ohne Stärkezusatz möglich ist, wenn das Thiosulfat gegen Ende der Titration tropfenweise unter Umschwenken zugesetzt wird und wenn man gegen einen weißen Untergrund beobachtet. Zur Kontrolle wurde die Lösung mit Bicarbonat versetzt und nach Zusatz von Stärke die in der Flüssigkeit nunmehr vorhandene arsenige Säure mit 0,1 n Jodlösung titriert. Die auf diese Weise erhaltenen Resultate sind durchaus zufriedenstellend, da bei den 4 angeführten Beleganalysen der Fehler unter 0,2% liegt. Eine Beimengung von Pentasulfid stört naturgemäß bei diesem Verfahren nicht.

II. Arbeitsweise von SCHÜRMANN *und* BÖTTCHER.

Das Arsensulfid wird in Ammoniak gelöst und die Lösung auf dem Wasserbad eingedampft. Man behandelt den Trockenrückstand mit Salpetersäure, verdampft den Überschuß an Säure und reduziert die Arsensäure mit schwefliger Säure. Nach Entfernen des Schwefeldioxyds wird die arsenige Säure durch Titration mit Jod bestimmt.

III. Schnellbestimmung geringer Arsenmengen nach CARLSON.

Prinzip. *Die arsenhaltige Lösung wird mit Schwefelwasserstoffwasser versetzt und das gebildete Sulfid mit Äther-Chloroform ausgeschüttelt. Die vereinigten Extrakte werden mit Salpetersäure eingedampft. Die Arsenbestimmung wird nach* KÖHLER *durchgeführt, wobei die Arsensäure nach Reduktion mit schwefliger Säure jodometrisch bestimmt wird.*

Arbeitsvorschrift. Die etwa 100 cm³ betragende salzsaure Lösung wird im Scheidetrichter mit 10 cm³ Schwefelwasserstoffwasser versetzt. Nach einigen Minuten werden 10 cm³ einer Äther-Chloroform-Mischung (1:1) zugefügt, worauf man etwa 2 Min. stark durchschüttelt. Sobald sich die Schichten getrennt haben, wird die unten befindliche Äther-Chloroform-Schicht, die das Arsensulfid enthält, in ein 100 bis 200 cm³ fassendes Becherglas abgelassen. Das Ausschütteln wird zweimal mit je 10 cm³ und einmal mit 5 cm³ Äther-Chloroform wiederholt. Die Auszüge werden nach Zusatz von 2 bis 3 cm³ 25%iger Salpetersäure auf dem Wasserbad eingedampft, wobei man zur Zeitersparnis den ersten Anteil schon einengt, während man zum zweiten Male ausschüttelt usw. Nach Zusatz des letzten Anteils wird zur Trockne verdampft. Am Boden des Becherglases wird dabei die in Krystallnadeln ausgeschiedene Arsensäure sichtbar. Es werden 2 cm³ 5%iger Kaliumpermanganatlösung und 1 cm³ 30%iger Schwefelsäure zugesetzt und im bedeckten Becherglas 10 bis 15 Min. auf dem Wasserbad erhitzt. (Verschwindet die Permanganatfarbe, so muß die Oxydation wiederholt werden.) Nun fügt man 10 cm³ einer mindestens 7%igen Lösung von schwefliger Säure zu und erwärmt auf dem Wasserbad etwa $^1/_2$ Std. auf 50 bis 70°, bis die schweflige Säure nahezu entfernt ist. Man steigert die Temperatur auf 100° und verdampft fast zur Trockne, setzt neuerlich 5 cm³ schweflige Säure zu und dampft wieder so weit als möglich ein. (Ist die Lösung nicht klar, so war die Oxydation unvollständig und muß wiederholt werden.) Der Abdampfrückstand wird in 15 cm³ Wasser gelöst und die arsenige Säure nach Zusatz von 2 g Natriumbicarbonat und Stärkelösung mit $^1/_{500}$ n Jodlösung titriert. Man muß rasch unter Umrühren titrieren und erkennt den Endpunkt daran, daß sich die Lösung für wenige Sekunden blau durchfärbt.

Bemerkungen. Die Titration muß unmittelbar nach dem Zusatz des Bicarbonats durchgeführt werden, da durch Luftoxydation merkliche Fehler entstehen können. Zu einem Testversuch wurden 0,375 mg Arsen verwendet, die mit einer Differenz von 0,015 mg wiedergefunden wurden. Die Bestimmung ist in wenigen Stunden durchführbar. Der Verfasser empfiehlt die beschriebene Methode zur Bestimmung des Arsens in Urin. Dabei wird das Destillat, das ohne vorhergehende Zerstörung der organischen Substanz durch Erhitzen mit Salzsäure, Eisenchlorid und EisenII-sulfat erhalten wird, in der beschriebenen Weise aufgearbeitet. Freies Chlor und Schwefeldioxyd stören die Abscheidung des Arsensulfids. Liegt das abzuscheidende Arsen teilweise oder ganz als Arsensäure vor, so kann die Abscheidung als Sulfid durch Thioessigsäure sehr beschleunigt werden. Dasselbe kann durch einen Zusatz von Äther zum Schwefelwasserstoffwasser erreicht werden. Immerhin sind 10 bis 20 Min. zur Abscheidung nötig, während ArsenIII sofort reagiert. Für die Bestimmung ist es sinngemäß gleichgültig, ob Trisulfid oder Pentasulfid abgeschieden wird.

IV. Bestimmung von Arsen in Mineralfarben nach PREWITT.

Prinzip. *Das Arsen wird als Trisulfid abgeschieden, das mit konzentrierter Schwefelsäure in Lösung gebracht wird. In einem aliquoten Teil der Lösung wird die arsenige Säure jodometrisch bestimmt.*

Arbeitsvorschrift. 10 g Probe (Zinkoxyd, Bleiweiß) werden mit etwa 100 cm³ konzentrierter Salzsäure in Lösung gebracht und mit starker ZinnII-chlorid-Lösung bis zum Farbumschlag reduziert; das Arsen wird durch einen mäßigen Schwefelwasserstoffstrom (2 Blasen je Sekunde) in 20 Min. ausgefällt. Der Niederschlag wird in einem mit Asbest beschickten GOOCH-Tiegel gesammelt und mit Salzsäure (1:1) und heißem Wasser gewaschen, wodurch im Niederschlag befindliches Bleichlorid entfernt wird. Man bringt den Tiegel in ein Becherglas, füllt ihn mit konzentrierter Schwefelsäure und erhitzt bei bedecktem Becherglas bis zum Auftreten weißer Dämpfe. Das Arsensulfid wird auf diese Weise vollkommen zersetzt. Die Lösung wird unter Nachwaschen mit kaltem Wasser in einen 100 cm³-Meßkolben gebracht und aufgefüllt. In 10 cm³ der Lösung wird nach Übersättigen mit Natriumbicarbonat und Verdünnen die arsenige Säure mit Jod titriert.

Bemerkungen. Eine ähnliche Vorschrift zur Überführung des Trisulfids in arsenige Säure wurde auch von LOW angegeben. Das chlorfrei gewaschene Sulfid wird aber dabei erst in warmem Schwefelammonium gelöst und diese Lösung dann mit Schwefelsäure unter Zusatz von Kaliumbisulfat bis zur Entfernung des Schwefels und der Hauptmenge an Schwefelsäure abgeraucht. Das gebildete Schwefeldioxyd wird nach Aufnehmen mit Wasser weggekocht und das Arsen in bicarbonatalkalischer Lösung mit Jod titriert. LOW erreichte für kleine Arsenmengen eine brauchbare Genauigkeit. Neuerdings wurde von TORO vorgeschlagen, die Titration der arsenigen Säure nach Überführen des Trisulfids in das Sulfat mit Kaliumpermanganat auszuführen. NISSENSON und MITTASCH titrieren nach Lösen in konzentrierter Schwefelsäure mit Kaliumbromat. Nach HACKL ist das Lösen des Arsentrisulfids in Schwefelsäure nicht empfehlenswert, da auch bei sorgfältiger Behandlung Arsenverluste zu befürchten sind. So beobachtete er beim Lösen des Niederschlages im bedeckten Becherglas am Uhrglas (unter der Lupe) deutlich erkennbare As_2O_3-Kryställchen. Um die durch Filterfasern verursachte Dunkelfärbung zu vermeiden, empfiehlt HACKL die Filtration über Glaswolle. Asbest kann seiner Ansicht nach wegen des EisenII-Gehaltes, der bei der Behandlung mit Schwefelsäure teilweise abgegeben wird, Fehler bei der Titration verursachen.

V. Arbeitsweise nach Platten.

Prinzip. *Das Arsentrisulfid wird durch anhaltendes Kochen mit Wasser in arsenige Säure übergeführt, die jodometrisch bestimmt wird.*

Arbeitsvorschrift. Der gewaschene Arsentrisulfidniederschlag wird mit Wasser etwa 1 bis 2 Std. gekocht. Dabei setzt sich das Sulfid unter Schwefelwasserstoffabgabe zu arseniger Säure um. Sobald die Flüssigkeit farblos erscheint, ist das Sulfid völlig zersetzt und die in Lösung befindliche arsenige Säure kann jodometrisch bestimmt werden.

Bemerkungen. Der Verfasser betont, daß ein peinliches Entfernen der Salzsäure aus dem Sulfidniederschlag nicht nötig ist und gibt an, keine Verflüchtigung von Arsen beobachtet zu haben. In Anbetracht der leichten Flüchtigkeit von $AsCl_3$ kann aber die Anwesenheit von Salzsäure sehr wohl zu Verlusten führen. Die Kontrollanalysen bestätigen die Brauchbarkeit der Methode. De Clermont und Frommel schlugen schon früher vor, aus einem Gemisch der Sulfide durch Kochen mit Wasser und Filtrieren das Arsen von allen Metallen zu trennen, deren Sulfide nicht zersetzbar sind, oder deren bei der Hydrolyse entstehende Oxyde bzw. Hydroxyde nicht wasserlöslich sind. In der neueren Literatur findet sich diese Art der Überführung in arsenige Säure jedoch nicht mehr.

VI. Verfahren von Kessler.

Die gebildete arsenige Säure wird nach Zersetzung des Arsensulfids mit einer salzsauren Quecksilberchloridlösung maßanalytisch mit Dichromat bestimmt (s. § 9, S. 152).

VII. Jodometrische Bestimmung der arsenigen Säure nach Verbrennung des Trisulfids im Sauerstoffstrom nach Szarvasy.

Prinzip. *Das getrocknete Sulfid wird im Verbrennungsrohr im Sauerstoffstrom verbrannt und das im Rohr zurückgebliebene Arsentrioxyd nach Lösen in Lauge jodometrisch bestimmt.*

Arbeitsvorschrift. Das Arsentrisulfid wird in ein senkrecht eingespanntes, 80 bis 100 cm langes, beiderseits offenes Verbrennungsrohr abfiltriert, in das man zu diesem Zwecke, 15 cm von der oberen Öffnung entfernt, einen gut sitzenden Asbestpfropfen eingepaßt hat. Der Niederschlag wird mit Wasser, Alkohol und Äther gewaschen, wobei er möglichst unmittelbar am Asbestpfropfen gesammelt wird. Anschließend wird der Niederschlag bei schwach geneigtem Rohr im Luft- oder Kohlensäurestrom unter Erwärmen getrocknet. Nach etwa $^1/_2$ Std. wird in das nunmehr trockene Rohr, 10 cm vom freien Ende entfernt, ein Glaswollpfropfen eingeführt, der ein Mitreißen von Arsentrioxyd durch den Sauerstoffstrom verhindern soll. Man verbrennt sodann bei waagerechter Rohrlage in einem Sauerstoffstrom, der vom Niederschlag zur Glaswolle streicht. Dazu bringt man das Rohr unmittelbar hinter dem das Sulfid tragenden Asbest zur gelinden Rotglut und erwärmt darauf das Sulfid mit einer zweiten Flamme vorsichtig, so daß die Verbrennung nur langsam vor sich geht. Hinter dem glühenden Teil der Röhre zeigt sich das Trioxydsublimat. Sofern es schwach gelbe Farbe zeigt, muß es durch geeignete Anordnung der Flammen unter Ausschaltung des Sauerstoffstroms zum Asbest zurückgetrieben und neuerlich im Sauerstoffstrom verbrannt werden. Nach Beendigung der Oxydation wird das Schwefeldioxyd durch einen Luftstrom aus dem Rohr verdrängt, das gebildete Arsentrioxyd mit Natronlauge aus der Röhre gelöst und in bicarbonatalkalischer Lösung jodometrisch bestimmt.

Bemerkungen. Es ist unbedingt notwendig, das Rohr vor Beginn der Verbrennung völlig zu trocknen, da Spuren Feuchtigkeit Schwefeldioxyd zurückhalten, die dann einen zu hohen Jodverbrauch bedingen. Die Bestimmung erfordert nach Abscheidung des Sulfids noch 2 Std. Arbeitszeit. Die Methode eignet sich auch zur Arsenbestimmung in Mineralen, wie Auripigment, Realgar u. a. Sie läßt sich mit der Schwefelbestimmung vereinigen, wenn man das entstandene Schwefeldioxyd in Bromwasser auffängt und die gebildete Schwefelsäure bestimmt. Die angeführten Testanalysen zeigen gute Übereinstimmung.

2. Indirekte Bestimmung durch Titration des im Niederschlag enthaltenen Schwefels.

Bestimmung nach Kleine.

Prinzip. *Das Trisulfid wird in Ammoniumcarbonat gelöst und aus der Lösung durch Zusatz einer ammoniakalischen Cadmiumsulfatlösung die äquivalente Menge an Cadmiumsulfid ausgeschieden. Nach Lösen des Cadmiumsulfids in Salzsäure wird der darin enthaltene Schwefel jodometrisch bestimmt.*

Arbeitsvorschrift nach Weihrich ***(b).*** Man läßt den bei Abwesenheit oxydierender Substanzen gefällten Arsentrisulfidniederschlag bei 60 bis 80° 1 bis 2 Std. absitzen, filtriert und wäscht mit salzsaurem, dann mit kaltem reinem Wasser schwefelwasserstofffrei. Der Niederschlag wird mit 20%iger Ammoniumcarbonatlösung vom Filter gelöst, wobei man die Lösung in 50 cm³ ammoniakalische Cadmiumsulfatlösung[1] einfließen läßt. Es fällt die dem Arsensulfid äquivalente Menge an Cadmiumsulfid aus. Man läßt den Niederschlag bei 80° absitzen, filtriert und wäscht mit heißem Wasser. Filter und Niederschlag werden mit 200 cm³ Wasser aufgeschlämmt, worauf man 50 cm³ Salzsäure (1:1) und etwas Stärke zusetzt und mit Jodlösung bis zur Blaufärbung titriert. Das Ergebnis einer Leertitration ist als Korrektur in Rechnung zu setzen.

Bemerkungen. Zweckmäßig wählt man eine Jodlösung mit einem Gehalt von 7,918 g Jod im Liter. Davon entspricht 1 cm³ 0,001 g Schwefel, äquivalent 0,00156 g Arsen. Das Verfahren eignet sich nach vorhergegangener Abtrennung des Arsens durch Destillation als Trichlorid zur Bestimmung sehr geringer Arsenmengen in Eisen und Stahl. Übersteigt der Arsengehalt jedoch 0,05%, so ist eine Überprüfung nach einer anderen Methode zu empfehlen [WEIHRICH (b)].

Ein Versuch zur indirekten Bestimmung durch Ermittlung des Schwefelgehaltes auf maßanalytischem Wege wurde auch von SCHÄPPI gemacht. Das Arsensulfid wird dazu in Ammoniak gelöst, die Lösung mit Salpetersäure genau neutralisiert und mit 0,1 n Silbernitratlösung titriert, bis 1 Tropfen der Lösung mit neutralem Chromat eine Bräunung ergibt. 1 As_2S_3 entspricht dabei 6 Ag. Der Verfasser betont allerdings, daß die Methode nicht sehr genau ist und daß zu genaueren Bestimmungen der mit einem Überschuß an Silbernitrat aus der schwach angesäuerten Lösung gefällte Silbersulfidniederschlag nach Lösen in Salpetersäure gravimetrisch als Silberchlorid bestimmt werden muß.

3. Bestimmung der Summe von Arsen und Schwefel im Trisulfidniederschlag.

I. Jodometrische Bestimmung nach NIKOLAI.

Arbeitsvorschrift. Aus der Lösung, die alles Arsen in dreiwertiger Form enthält und die frei von oxydierenden Substanzen sein muß, wird das Sulfid mit Schwefelwasserstoff ausgefällt. Der von Schwefelwasserstoff befreite Niederschlag wird in einer Mischung von 10 cm³ 4%iger Natronlauge und 10 cm³ einer Gelatinelösung, die durch Lösen von 3 g reinster lufttrockener Gelatine in 100 cm³ Wasser und 1stündiges Kochen hergestellt wird, gelöst. Man läßt diese Lösung unter Rühren aus einer Pipette in dünnem Strahl zu einem Überschuß an sehr verdünnter, mit Essigsäure angesäuerter Jodlösung fließen und titriert das unverbrauchte Jod mit Thiosulfat zurück.

Bemerkungen. Der Verfasser wählte die Titration in essigsaurer, mit Natriumacetat gepufferter Lösung, da Vorversuche ergeben hatten, daß in dieser, ebenso wie in bicarbonatalkalischer Lösung, eine quantitative Oxydation zu AsV stattfindet. Außerdem wird der Sulfidschwefel quantitativ zu elementarem Schwefel oxydiert, so daß einem As_2S_3 10 Äquivalente Jod entsprechen. Beigemengtes Pentasulfid hätte den gleichen Jodverbrauch, während eine Beimischung von $As_2S_3 + S_2$ in Anbetracht der wenn auch geringfügigen Löslichkeit des Schwefels in der verwendeten 2%igen Natronlauge einen Fehler bedingt. Zwei angeführte Testbestimmungen zeigen eine Übereinstimmung mit den theoretischen Werten auf —0,05 und 0,00%. Der Gelatinezusatz zur Lauge verhindert eine Oxydation des ArsenIII durch den Luftsauerstoff und das Auskochen der Gelatinelösung dient zur Entfernung der gelösten Luft. Ohne Gelatinezusatz beträgt der durch Oxydation verursachte Fehler bis —2%.

II. Bestimmung kleiner Arsenmengen durch Titration mit Permanganat nach MÖRNER.

Arbeitsvorschrift. Der auf einem kleinen Filter gesammelte Trisulfidniederschlag (die Abscheidung war mit „Thiacetsäure" durchgeführt worden; vgl. S. 64) wird fünfmal mit je 2 cm³ 0,5%iger Schwefelsäure und dreimal mit je 2 cm³ Wasser nachgewaschen. Man stellt nun unter den Trichter ein Kölbchen, in dem sich eine gemessene Menge an 0,01 n Kaliumpermanganatlösung (25 cm³) befindet und löst den Niederschlag durch dreimaliges Aufgießen von je 2 cm³ 0,5%iger Kalilauge. Der entstandene Braunstein wird durch Zusatz von 5 cm³ 5%iger Schwefelsäure und einer entsprechenden Menge an 0,01 n Oxalsäure unter Erwärmen in Lösung gebracht, worauf der Überschuß an Oxalsäure mit Permanganat zurücktitriert wird. Vom Gesamtpermanganatverbrauch werden als Korrektur für Filtersubstanz 0,3 cm³ abgezogen.

[1] Die ammoniakalische Cadmiumlösung wird wie folgt bereitet: 20 g Cadmiumsulfat werden in 400 cm³ Wasser gelöst und mit 600 cm³ Ammoniak (D 0,96) versetzt.

Da As_2S_3 zur vollständigen Oxydation zu AsV und Schwefelsäure 14 O verbraucht, ergibt sich der Arsengehalt durch Multiplikation der Kubikzentimeteranzahl mit dem Faktor 0,0536 (bzw. 0,0535 bei As = 74,91).

Bemerkungen. Beleganalysen, die mit 0,5 bis 0,025 mg As entsprechenden Mengen von As_2S_3-Lösung in maximal 10 cm³ 0,5%iger Lauge ausgeführt wurden, zeigten 0,02 mg als größte Abweichung vom theoretischen Wert.

Diese Art der maßanalytischen Bestimmung wird von v. FELLENBERG (a) für kleinste As_2S_3-Mengen nach Abscheidung mit Schwefelwasserstoff angewendet, wobei der Wirkungswert der Permanganatlösung aber empirisch festgestellt wird. Nach seinen Beobachtungen verbraucht das Arsentrisulfid nämlich statt der theoretisch erforderlichen 14 O nur etwa 11 O.

D. Andere Bestimmungsmöglichkeiten nach Abscheidung als Trisulfid.

1. Colorimetrische Bestimmung mit Silbernitrat nach IOCHELSSON.

Prinzip. *Das Sulfid wird in Ammoniak gelöst und die auf Zusatz von Silbernitrat entstandene Braunfärbung mit Standardproben verglichen.*

Arbeitsvorschrift. 10 cm³ der entsprechend verdünnten Probelösung werden mit 1 cm³ Salzsäure (1:3) und 1 cm³ einer 2%igen Natriumsulfidlösung (in einem Wasser-Glyceringemisch 1:1) versetzt. Das Sulfid wird über feuchte Watte filtriert, 3 bis 4mal mit destilliertem Wasser gewaschen (Prüfung mit Silbernitrat) und in 100 cm³ 2%igem Ammoniak gelöst. Man gibt 5 cm³ 0,5%ige Silbernitratlösung zu und vergleicht mit einer Standardprobe, die man aus einer Arsenigsäurelösung bekannten Gehaltes auf die gleiche Weise erhält.

Bemerkungen. Organische Substanzen und Schwefelwasserstoff stören angeblich nicht. Die Methode soll die rasche und genaue Bestimmung von Arsen in Konzentrationen unter 0,0001% in Gegenwart organischer Substanz ermöglichen.

2. Nephelometrische Bestimmung als Silbersulfid nach PLOUM.

Das Verfahren beruht auf der Fällung von ArsenIII-sulfid, das in Ammoniak gelöst wird. Der in dieser Lösung befindliche Schwefel wird mittels Silbersulfats bei Gegenwart von Gelatine als Schutzkolloid in Silbersulfidsol übergeführt, dessen Extinktion im PULFRICH-Photometer mit der Hagephotlampe und dem Filter Hg 436 gemessen wird. Das Arsen muß zuvor von Begleitelementen abgetrennt werden, was durch Destillation erfolgt. Der Einfluß der geringen Trübung der Gelatinelösung ist bei konzentrierteren Silbersulfidsolen mit $2 \cdot 10^{-6}$ val Ag_2S/cm^3 größer als bei Solen niedrigerer Konzentration. Die Extinktion nimmt mit steigendem Gelatinezusatz ab, besonders bei kleinen Gelatinegehalten. Größeren Einfluß als die Gelatine übt die Konzentration des Ammoniaks aus, die Extinktion fällt mit steigendem Ammoniakzusatz. Andrerseits ist eine bestimmte Mindestmenge an Ammoniak für die Stabilität des Silbersulfidsols erforderlich. Es werden 4 cm³ konzentriertes Ammoniak neben 10 cm³ 0,5%iger Gelatinelösung auf 100 cm³ Lösung verwendet. Die Dauer der Destillation wird durch Zusatz übersättigter Zinkchloridlösung auf 20 Min. verkürzt.

Reagenzien. Frisch bereitetes Schwefelwasserstoffwasser. 0,5%ige Gelatinelösung, frisch bereitet. Gesättigte Silbersulfatlösung.

Arbeitsvorschrift. Das abdestillierte ArsenIII-chlorid wird mit 10 cm³ Schwefelwasserstoffwasser versetzt und das ausgefällte ArsenIII-sulfid auf einem dichten Filter (9 cm) abfiltriert. Es wird 4mal mit salzsäurehaltigem Wasser ausgewaschen, und das Trichterrohr wird abgespritzt. Aus dem Fällungsgefäß werden 20 cm³ Ammoniak (1:4) auf das Filter gebracht, und die Lösung wird in einem 100 cm³-Meßkolben aufgefangen. Nach dem Auswaschen des Filters werden 10 cm³ Gelatinelösung und 4 cm³ Silbersulfatlösung zugegeben und die Mischung zur Marke aufgefüllt. Als Kompensationslösung dient eine auf das Zehnfache verdünnte Gelatinelösung.

Bemerkungen. Die angegebene Silbersulfatmenge ist bis 4,5 mg As ausreichend. Wenn nur ein aliquoter Teil des Destillates genommen werden soll, so empfiehlt sich die Entnahme von der ammoniakalischen Lösung des Sulfides. Bei deren Weiterbehandlung ist zu berücksichtigen, daß die Lösung schon einen Teil Ammoniak enthält. — Bei Gegenwart von Antimon werden die Werte selbstverständlich zu hoch. Das Verfahren ist aber auch für Antimonbestimmungen brauchbar. Hierfür muß aber das Antimonsulfid in 4%iger Natronlauge gelöst werden, von der man 10 cm³ für 100 cm³ Lösung nimmt. Dann wird Gelatinelösung wie oben zugesetzt, mit 2,5 cm³ Salzsäure (1:1) angesäuert und mit 10 cm³ konz. Ammoniak vermischt. Die Extinktionswerte des über das Thioantimonit hergestellten Silbersulfidsols liegen auf derselben Geraden wie die des direkt aus Silbersulfid mit Schwefelwasserstoff und mit ArsenIII-sulfid erhaltenen Sols. — Bei dem Zusatz von übersättigter Zinkchloridlösung (4 Teile Zinkchlorid, reinst, trocken auf 1 Teil Wasser) wird eine Destillationstemperatur von 135 bis 140° erreicht. Die Gegenwart von EisenIII-chlorid, EisenII-sulfat oder Hydraziniumsulfat beeinträchtigt die Wirkung nicht. Bei Anwesenheit von EisenIII-chlorid darf aber kein Bromid zugesetzt werden, weil sonst freies Brom entwickelt wird. Die im Destillationskolben verbleibende Flüssigkeit kann noch für weitere Arsendestillationen verwendet werden.

3. *Ausführung der Molybdänblaureaktion nach Abscheidung als Trisulfid.*

Colorimetrische Bestimmung als Arsenomolybdänblau nach Lambie.

Das in einer Lösung in einer Menge bis zu 1 mg befindliche Arsen wird mit Schwefelwasserstoff gefällt. Der Niederschlag wird auf einem kleinen Filter mit Salzsäure (1:50), die mit Schwefelwasserstoff gesättigt ist, dann zweimal mit kaltem Wasser gewaschen. Das Filter mit dem Niederschlag wird in das Fällungsgefäß gebracht und mit 10 cm³ 0,1 n Jodlösung übergossen. Die auf 50 bis 60 cm³ verdünnte Lösung wird durch ein in denselben Trichter eingelegtes frisches Filter in einen 50 cm³-Meßkolben filtriert. Der Filterrückstand wird mit 10 cm³ n Natriumhydrogencarbonatlösung und kaltem Wasser gewaschen, und Lösung und Waschwasser werden bis zur Marke aufgefüllt. 5 cm³ dieser Lösung werden nach Milton und Duffield (s. § 13, S. 245) colorimetriert.

Bestimmung von Arsen in Most und Wein nach von der Heide *und* Hennig.

Arbeitsvorschrift. 100 cm³ Wein werden mit Wasserstoffperoxyd, Salpetersäure und Schwefelsäure mineralisiert. Aus dem Rückstand wird nach Abrauchen mit Flußsäure, Glühen und Aufnehmen mit Salzsäure das Arsen nach Zusatz von 0,1 g Kaliumjodid als Sulfid abgeschieden[1]. Nach Oxydation mit rauchender Salpetersäure zu Arsensäure wird das Arsen in der gegen β-Dinitrophenol mit $^1/_3$ n Lauge neutralisierten Lösung nach der von Zinzadze angegebenen Methode mit Hilfe der Molybdänblaureaktion colorimetrisch bestimmt (vgl. § 10, S. 163).

Bemerkungen. In diesem Falle stört natürlich eine Beimengung von Pentasulfid nicht. Auch von Younghburg und Farber wird die Molybdänblaureaktion zur Bestimmung des als Sulfid abgeschiedenen und zu Arsensäure oxydierten Arsens herangezogen.

4. Die Marsh-Probe im Anschluß an eine Schwefelwasserstoffällung ist wegen des umständlichen Arbeitsganges zugunsten einfacherer Bestimmungen aufgegeben worden. Früher spielte dieser Gang der Arsenbestimmung, besonders bei toxikologischen Untersuchungen eine größere Rolle. In Vorschriften von L'Hôte und von Gautier wird z. B. angegeben, daß das Sulfid zu diesem Zwecke in Ammoniak gelöst und mit Schwefelsäure und Salpetersäure zersetzt wird. Diese Lösung wird nach Entfernen der Salpetersäure im Marsh-Apparat weiter untersucht. McGowan und Floris empfehlen die Zersetzung des Trisulfids durch Kochen mit Wasser nach Platten. Nach Filtrieren wird die Arsenigsäurelösung in den Marsh-Apparat gebracht.

5. Fresenius und v. Babo erzielten die Abscheidung des Arsens in Form metallischer Spiegel durch Schmelzen des getrockneten Arsensulfids mit einer Soda-Kaliumcyanid-Mischung im Kohlensäurestrom.

6. Schätzung der Sulfidmenge aus dem Niederschlagsvolumen. Zur Prüfung der Salzsäure auf Arsen werden nach Vielhaber 10 cm³ der zu prüfenden Säure mit 5 cm³ 10%iger EisenIII-sulfatlösung versetzt. Nach dem Auffüllen der Mischung auf 50 cm³ wird 20 Min. lang Schwefelwasserstoff eingeleitet. Dann werden Lösung und Niederschlag in ein 100 cm³-Rohr gegossen, in dem nach 4stündigem Stehen der Arsengehalt aus der Niederschlagshöhe an Hand einer Tabelle abgelesen wird.

---

[1] Bei geringem Arsen- und Kupfergehalt empfehlen Burkard und Wullhorst hier einen Zusatz von etwas Kupfersulfatlösung, um ein rasches Absetzen zu erreichen.

E. Colorimetrische Verfahren unter Abscheidung als Arsentrisulfid.

1. Direkte colorimetrische Bestimmung des kolloidalen Sulfids.

I. Halbmikromethode zur Schnellbestimmung von Arsen von GAUDY *und* ANTOLA.

Prinzip. *Das Sulfid wird unter Verwendung eines Schutzkolloids durch Schwefelwasserstoff erzeugt und mit einem Standard verglichen.*

Arbeitsvorschrift. Die etwa 5 cm³ betragende Lösung, die das Arsen in dreiwertiger Form und etwas Schwefelsäure enthält (gegebenenfalls kann durch Abrauchen mit Schwefelsäure und 0,1 g Hydrazinsulfat reduziert werden), wird mit 3 cm³ Salzsäure (D 1,19) und 2 cm³ wäßriger 1%iger Gelatinelösung versetzt, worauf man 1 cm³ gesättigtes Schwefelwasserstoffwasser zugibt. Die entstandene Färbung wird colorimetrisch durch Vergleich mit Standardversuchen ausgewertet.

Bemerkungen. Bi, Sn, Hg, Cu und Fe wirken störend. Handelt es sich um Arsenbestimmungen in Blut, Muskeln, Organen oder Eingeweiden, wird die organische Substanz, die etwa 0,1 bis 1 mg Arsen enthält, in einem KJELDAHL-Kolben von 20 bis 25 cm³ Inhalt mit 5 cm³ Salpetersäure (D 1,40) und 1 cm³ Schwefelsäure (D 1,84) auf dem Drahtnetz unter Zugabe von so viel Salpetersäure, als zur völligen Oxydation erforderlich ist, erhitzt. Die Verbrennung der organischen Substanz dauert etwa 30 Min., wobei die Masse nicht dunkel werden soll. Der farblose Rückstand wird bis zum Auftreten von Schwefelsäuredämpfen erhitzt, das Arsen als Trichlorid abdestilliert (GAUDY) und die Arsenbestimmung im Destillat wie oben beschrieben durchgeführt.

Eine etwas abgeänderte Vorschrift gibt MERTENS, der nach Zerstörung der organischen Substanz mit Salpetersäure und Schwefelsäure, Reduktion der konzentriert schwefelsauren Lösung mit Hydrazinsulfat und Wegkochen des Schwefeldioxyds mit etwas Wasser verdünnt (4 bis 5 cm³), 3 cm³ Salzsäure (D 1,19), 4 cm³ 5%iger Gummilösung und 3 cm³ gesättigtes Schwefelwasserstoffwasser zusetzt. Er füllt sodann auf 25 cm³ auf und vergleicht nach 15 Min. mit einem Standard.

II. Colorimetrische Bestimmung bei Gegenwart von Alkohol nach JÄRVINEN.

Die stark saure Lösung, die nur ArsenIII enthalten darf (ArsenV muß vorher gegebenenfalls mit Natriumthiosulfat reduziert werden) muß frei von organischen und oxydierenden Stoffen sein. Man setzt der in 100 cm³ Lösung 1 bis 2 mg Arsen, 5 cm³ konzentrierte Schwefelsäure und 30 bis 50% Alkohol enthaltenden Probe 1 cm³ 10 n Natriumsulfidlösung zu. Bei Einhaltung dieser Vorschrift ergibt sich ein Optimum der Färbung, die bis zu einem gewissen Grade mit der Säurekonzentration wächst.

III. Colorimetrische Bestimmung nach FENNER.

FENNER empfiehlt für den Hüttenbetrieb das Arsen nach dem Abdestillieren als Trichlorid einfach in der Weise zu bestimmen, daß man in das Destillat Schwefelwasserstoff einleitet und mit Arsenlösungen bekannten Gehaltes vergleicht. Das Arsen soll sich bei einer Einwaage von z. B. 3 g Kupfer und einem Gehalt von 0,02 bis 0,07% auf 0,01% genau schätzen lassen.

2. Indirekte colorimetrische Bestimmung.

I. Colorimetrisches Verfahren zur Schätzung geringster als Sulfid abgeschiedener Arsenmengen nach v. FELLENBERG (b).

In die salzsaure, etwa 3 cm³ betragende Arsentrichloridlösung (nach Abtrennung durch Destillation) wird einige Minuten Schwefelwasserstoff eingeleitet. Man filtriert durch ein 3 cm-Filterchen und schätzt durch Vergleich mit einem Standardfilter, das man durch Aufgießen von Kaliumdichromatlösung angefärbt hat. Der Verfasser bezeichnet als „Chromatzahl“ die Anzahl Kubikzentimeter 1%iger Dichromatlösung, die auf 10 cm³ verdünnt werden muß, um auf dem Filter eine dem Arsenniederschlag entsprechende Gelbfärbung zu erzeugen. Es entsprechen z. B. der Chromatzahl 0,3 $\sim 10\gamma$, 0,5 $\sim 13\gamma$, 0,9 $\sim 20\gamma$, 1,2 $\sim 25\gamma$, 2,0 $\sim 32\gamma$, 3,0 $\sim 50\gamma$ Arsen.

II. Verfahren von MAI.

Von MAI wurde die colorimetrische Auswertung des Arsentrisulfids in folgender Weise versucht: Das Arsen wird durch Kochen mit Salzsäure im Kohlensäurestrom als Trichlorid ausgetrieben und dieses durch ein doppelt (nahezu) rechtwinklig gebogenes Rohr, das an eine mit der weiten Öffnung nach unten gerichtete und mit einem Baumwolltuch bespannte Absaugtulpe angeschlossen ist, abgeleitet. Das über die Tulpe gespannte Tuch wird von unten her durch frisch bereitetes Schwefelwasserstoffwasser benetzt. Es ergeben sich auf dem Tuch Trisulfidflecken, die nach dem Trocknen mit Standardspiegeln verglichen werden. Man kann die Arsenmenge bis 0,6 mg auf 0,1 mg genau schätzen. Bei größeren Mengen wird die Auswertung schwieriger. Eine Behandlung mit ammoniakalischer Silbernitratlösung vertieft die Farbintensität, erschwert jedoch die richtige Abschätzung.

Literatur.

ARCHBUTT, L., u. P. G. JACKSON: J. Soc. Chem. Ind. **20**, 448; durch C. **72 II**, 233 (1901).

BÄCKSTRÖM, H.: Fr. **31**, 663 (1892). — BILTZ, W.: Ph. Ch. **58**, 288 (1907). — BILTZ, H., u. W. BILTZ: Ausführung quantitativer Analysen, 2. Aufl., S. 348. Leipzig 1937. — BUNSEN, R.: A. **192**, 305 (1878). — BURKARD, J., u. B. WULLHORST: Z. Lebensm. **70**, 308 (1935).

CARLSON, C. E.: H. **68**, 243 (1910). — CARNOT, A.: C. r. **121**, 20 (1895). — CLERMONT PH. DE, u. J. FROMMEL: Bl. (N. S.) **29**, 290 (1878); **30**, 150 (1878).

DÉBOURDEAUX, L.: Bl. Sci. pharmacol. **28**, 289; durch C. **92 IV**, 626 (1921). — DESHIN, M. P.: Betriebslab. **4**, 1186 (1935); durch C. **107 I**, 4598 (1936).

FELLENBERG, TH. v.: (a) Bio. Z. **218**, 283 (1930); (b) Mitt. Gebiete Lebensmittelunters. Hyg. **25**, 318 (1934); durch C. **106 I**, 2703 (1935). — FENNER, G.: Ch. Z. **41**, 793 (1917). — FRESENIUS, C. R.: (a) Anleitung zur quantitativen chemischen Analyse, 6. Aufl., Bd. I, S. 371. Braunschweig 1875; (b) J. pr. **45**, 257 (1848). — FRESENIUS, R., u. L. v. BABO: A. **49**, 287 (1844). — FRIEDHEIM, C., u. P. MICHAELIS: Fr. **34**, 521 (1895).

GAUDY, F.: An. Argentina **26**, 13 (1938); durch C. **110 I**, 1416 (1939). — GAUDY, F., u. M. P. ANTOLA: An. Argentina **25**, 76 (1937); durch C. **109 I**, 2593 (1938). — GAUTIER, A.: C. r. **129**, 936 (1899). — GEISELER: Ar. **19**, 313; durch C. **10**, 776 (1839).

HACKL, O.: Ch. Z. **48**, 346 (1924). — HATTENSAUR, G.: Öst. Z. Berg- u. Hüttenwesen **59**, 175; durch Fr. **52**, 485 (1913). — VON DER HEIDE, C., u. K. HENNIG: Z. Lebensm. **66**, 341 (1933). — HILLEBRAND, W. F., u. G. E. F. LUNDELL: (a) Applied inorganic analysis, S. 214. New York 1929; (b) S. 216. — HÖLTJE, R.: Z. anorg. Ch. **181**, 395 (1929). — HOWARD, G. M.: Am. Soc. **30**, 378, 1789 (1908).

IOCHELSSON, D. B.: Ukrain. chem. J. **9**, 344 (1934); durch C. **106 II**, 3134 (1935); Brit. chem. Abstr. **1935** A, 948.

JÄRVINEN, K. K.: Z. Lebensm. **45**, 183 (1923).

KESSLER, F.: Pogg. Ann. **95**, 204 (1855); **118**, 17 (1863). — KLASON, P.: Ark. Kem. Mineral. Geol. **6**, Nr 6 (1917); durch C. **89 II**, 1088 (1918). — KLEINE, A.: Ch. Z. **39**, 43 (1915). — KOELSCH, H.: Ch. Z. **38**, 5 (1914). — KÖHLER, J.: Ark. Kem. Mineral. Geol. K. Sv. Westk. Akad. **1**, 167; durch C. **75 II**, 63 (1904). — KONINGH, L. DE: Nederl. Tijdschr. Pharm. **6**, 365 (1894); durch C. **66 I**, 300 (1895). — KRUSTINSONS, J.: Fr. **125**, 98 (1943).

LAMBIE, D. A.: Analyst **74**, 260 (1949); durch C. **121 I**, 589 (1950). — LANG, W. R., u. C. M. CARSON: J. Soc. chem. Ind. **21**, 1018; durch C. **73 II**, 821 (1902). — LANG, W. R., C. M. CARSON u. J. C. MACKINTOSH: J. Soc. chem. Ind. **21**, 748; durch C. **73 II**, 231 (1902). — LEHRMAN, L.: J. Chem. Education **10**, 50 (1933); durch C. **104 I**, 3220 (1933). — L'HÔTE, L.. J. Pharm. Chim. (5) **22**, 508; durch C. **62 I**, 164 (1891). — LOW, A. H.: Am. Soc. **28**, 1715 (1906):

MAI, J.: Fr. **41**, 362 (1902). — MAYR, C.: Z. anorg. Ch. **137**, 328 (1924). — MCGOWAN, G., u. R. B. FLORIS: J. Soc. chem. Ind. **24**, 265; durch C. **76 I**, 1481 (1905). — MERTENS, V.: J. Pharm. Belg. **23**, 497 u. 529 (1941); durch C. **113 I**, 1784 (1942). — MÖRNER, C. TH.: Fr. **41**, 397 (1902).

NEUMANN, K., u. R. v. SPALLART: Ch. Z. **40**, 981 (1916). — NIKOLAI, F.: Fr. **61**, 257 (1922). — NISSENSON, H., u. A. MITTASCH: Ch. Z. **28**, 184 (1904).

PATTINSON, J., u. H. S. PATTINSON: J. Soc. chem. Ind. **12**, 119; durch C. **64 I**, 710 (1893). — PILOTY, O., u. A. STOCK: B. **30**, 1649 (1897). — PLATTEN, F.: J. Soc. chem. Ind. **13**, 324 (1894); durch C. **65 I**, 1097 (1894). — PLOUM, H.: Arch. Eisenhüttenwes. **20**, 107 (1949). — PREWITT, P. E.: Chemist-Analyst **1924**, Nr. 41, 11; durch C. **95 II**, 1027 (1924). — PULLER, R. E. O.: Fr. **10**, 41 (1871).

REEDY, J. H.: Am. Soc. **43**, 2419 (1921). — ROSE, H.: H. ROSE-R. FINKENERS Handbuch der analytischen Chemie, 6. Aufl., Bd. II, S. 390. Leipzig 1871. — ROSENTHALER, L.: Fr. **45**, 596 (1906); **61**, 222 (1922).

SCHÄPPI, H.: Chem. Ind. **4**, 409 (1881); durch C. **53**, 232 (1882). — SCHMIDT, E.: Ar. **255**, 45 (1917). — SCHREIBER, L.: Ind. chim. belge (2) **2**, 335 (1931); durch C. **102 II**, 2760 (1931). — SCHÜRMANN, E., u. W. BÖTTCHER: Ch. Z. **37**, 49 (1913). — SCHWARZ-BERGKAMPF, E.: Fr. **69**, 341 (1926). — SZARVASY, E.: B. **29**, 2900 (1896).

TARUGI, N., u. F. SORBINI: Boll. chim. farm. **51**, 361 (1912); durch C. **83 II**, 1398 (1912). — TORO, J. A.: Rev. brasil. Chim. **6**, 265 (1938); durch C. **110 II**, 480 (1939). — TREADWELL, F. P.: (a) Kurzes Lehrbuch der analytischen Chemie, 11. Aufl., Bd. II, S. 167. Leipzig u. Wien 1923; (b) S. 198.

VAUGHAN, V. C., u. S. T. DOUGLASS: Amer. Chemist **7**, 348; durch C. FRIEDHEIM u. P. MICHAELIS, Fr. **34**, 538 (1895). — VIELHABER: Emailwaren-Ind. **18**, Nr. 41/42 Suppl. 19 (1941); durch C. **113 II**, 693 (1942).

WACKENRODER, H.: Buchners Rep. **67**, 337; durch C. **5**, 499 (1834). — WEIHRICH, R.: (a) Die chemische Analyse in der Stahlindustrie, 2. umgearb. Aufl. von J. KASSLER, Untersuchungsmethoden für Roheisen, Stahl und Ferrolegierungen, S. 108. Stuttgart 1939; (b) S. 106.

YOUNGHBURG, G. E., u. J. E. FARBER: J. Labor. clin. med. **17**, 363 (1932); durch C. **103 II**, 573 (1932).

ZINZADZE, SCH. R.: Z. Pflanzenernähr. Abt. A **16**, 129 (1930).

§ 4. Bestimmung nach Abscheidung als Pentasulfid.

As_2S_5, Molekulargewicht 310,12.

Allgemeines.

Das Verfahren beruht auf der Abscheidung des in Salzsäure unlöslichen Pentasulfids aus angesäuerten Arsensäurelösungen. Über die Art der Einwirkung von Schwefelwasserstoff auf Arsensäurelösungen finden sich in der Literatur allerdings widersprechende Angaben, wie bei BERZELIUS, WACKENRODER, LUDWIG, ROSE, FUCHS, NILSON, BUNSEN, McCAY (a, b, c, d, e, f), BRAUNER und TOMÍČEK, THIELE, NEHER, BRAUNER, PILOTY und STOCK, USHER und TRAVERS u. a. Die Verhältnisse wurden durch die Untersuchungen von W. FOSTER und später von F. FOERSTER klargestellt, nach denen, in Übereinstimmung mit den Ergebnissen McCAYs die erste Stufe der Einwirkung die Bildung von Monosulfoarsensäure (H_3AsO_3S) ist. Diese Verbindung ist instabil und wird, je mehr Salzsäure anwesend ist, um so rascher in H_3AsO_3 und S zersetzt. Ist kein bedeutender Überschuß an Schwefelwasserstoff in der Lösung vorhanden, tritt dieser Zerfall in den Vordergrund und es scheiden sich Trisulfid und Schwefel aus. Diese Verhältnisse sind also gegeben bei Einleiten eines langsamen Schwefelwasserstoffstromes. Wird hingegen ein sehr lebhafter Schwefelwasserstoffstrom eingeleitet, setzt sich die primär gebildete Monosulfoarsensäure mit dem großen Überschuß an Schwefelwasserstoff zur Di- bzw. Trisulfoarsensäure um, die sofort unter Abscheidung von Pentasulfid zerfällt, ohne daß durch Zersetzung der Monosulfosäure merkliche Mengen an Trisulfid gebildet werden können. Durch einen raschen Strom von Schwefelwasserstoff wird demnach aus Arsensäurelösungen auch bei geringen Salzsäurekonzentrationen in der Kälte und in der Wärme (zu starkes Erhitzen stark salzsaurer Lösungen ist wegen der auftretenden Arsenchloridverluste unstatthaft[1]) Arsenpentasulfid abgeschieden, und zwar ist die Fällungsgeschwindigkeit von der Säurekonzentration abhängig. FOERSTER fand, daß bei gewöhnlicher Temperatur die Fällung des Pentasulfids um so stärker verzögert wird, je mehr die Salzsäurekonzentration von 1 n gegen 4 n ansteigt. Eine weitere Erhöhung der Säurekonzentration auf 6 n und mehr aber veranlaßt eine rasche Steigerung der Fällungsgeschwindigkeit. Das Minimum der Fällungsgeschwindigkeit besteht auch noch bei 40°, liegt aber bei etwas verdünnterer Salzsäure als bei

[1] Dieses Verhalten wird unter extremen Bedingungen von PILOTY und STOCK bei ihrer Destillationsmethode verwertet. Wenn nämlich in die siedende, sehr stark salzsaure ArsenV-lösung gleichzeitig HCl und H_2S eingeleitet werden, scheidet sich überhaupt kein Sulfid ab, sondern das Arsen destilliert (offenbar als Trichlorid) über.

gewöhnlicher Temperatur. Bei 100° sind Unterschiede in der Geschwindigkeit nicht mehr wahrnehmbar. Mit diesen Beobachtungen ist es in Einklang zu bringen, daß unter den verschiedenen von NEHER, von McCAY und von BUNSEN angegebenen Bedingungen trisulfidfreie Pentasulfidniederschläge erhalten werden können.

Eigenschaften des Arsenpentasulfids. Das Sulfid fällt als heller citronengelber Niederschlag (heller als das Trisulfid) aus angesäuerten Arsensäurelösungen und läßt sich bei etwa 100° zur Gewichtskonstanz trocknen. Das Pentasulfid weist ebenso wie das Trisulfid einen geringen Schwefelgehalt auf, der aus dem Niederschlag durch Schwefelkohlenstoff oder Alkohol entfernt werden kann. Durch rauchende Salpetersäure und ammoniakalische Wasserstoffperoxydlösung kann eine Oxydation zu Arsensäure erreicht werden. Durch Kochen mit Wasser läßt es sich nach DE CLERMONT und FROMMEL zu arseniger Säure und Schwefel umsetzen.

Löslichkeit. Das Pentasulfid ist in Ammoniak, Alkalien, Ammoniumcarbonat, Alkalicarbonaten, Ammonium- und Alkalisulfid und in Hydrosulfid unter Bildung von Sulfoarsenat bzw. einem Gemisch von Sulfoarsenat und Arsenat löslich. In konzentrierter, mit Schwefelwasserstoff gesättigter Salzsäure ist es praktisch unlöslich. Die Löslichkeit in reinem Wasser ist durch Hydrolyse wesentlich größer als in verdünntem Schwefelwasserstoffwasser. Bei stärkeren Schwefelwasserstoffkonzentrationen steigt jedoch die Löslichkeit, offenbar durch Bildung von Sulfosäuren, wieder an. Durch Salzsäurezusatz müßten diese Sulfosäuren zersetzt werden, was auch mit der Herabsetzung der Löslichkeit durch Salzsäure in Einklang steht. HÖLTJE gibt für die Löslichkeit des Arsenpentasulfids bei 0° folgende Tabelle:

Tabelle 2.

Lösungsmittel	As_2S_5 im Liter mg	As_2S_5 im Liter 10^{-6} Mol	Einstellung des Gleichgewichtes
Wasser	1,36	4,4	von unten[1]
Wasser + 0,002% H_2S	0,27	0,9	,, ,,
,, + 0,1 % H_2S	1,03	3,3	,, ,,
,, + 0,7 % H_2S	2,02	6,5	,, ,,
,, + 0,001% H_2S + 1% HCl	0,56	1,8	von oben
,, + 0,6 % H_2S + 1% HCl	0,50	1,6	,, ,,

Bestimmungsverfahren.

Gewichtsanalytische Bestimmung als Arsenpentasulfid.

A. Arbeitsvorschrift nach NEHER.

Die von oxydierenden Substanzen freie Lösung, die alles Arsen in der fünfwertigen Form enthalten muß, wird in einem großen ERLENMEYER-Kolben nach und nach unter Kühlung mit mindestens dem doppelten Volumen an konzentrierter Salzsäure (D 1,20) versetzt. Da ein sehr heftiger Schwefelwasserstoffstrom durch die Lösung geleitet werden muß, ist das Fällungsgefäß so geräumig zu wählen, daß keine Verluste durch Verspritzen der Lösung möglich sind. Man leitet nun $1^1/_2$ Std. einen raschen Strom von Schwefelwasserstoff durch die Lösung. Nach 30 Sek. färbt sich die Lösung grünlich und trübt sich unmittelbar darnach. Um ganz sicher eine vollständige Fällung zu erreichen, kann man nach dem Einleiten die mit Schwefelwasserstoff gesättigte Lösung im gut verschlossenen Fällungsgefäß 1 bis 2 Std. stehen lassen, bevor man filtriert. Der Niederschlag wird in einem Filtertiegel gesammelt, mit Wasser und heißem Alkohol gewaschen und bei 100° zur Konstanz getrocknet, was nach 1 Std. erreicht ist.

Bemerkungen. Die Fällung ist um so rascher beendet, je mehr Salzsäure in der Lösung vorhanden ist. Bei einem Verhältnis 8 oder 10:1 ist die Abscheidung schon

[1] „Von unten“ bedeutet Herbeiführung des Gleichgewichtes von der ungesättigten, „von oben“ von der übersättigten Seite her.

nach 30 Min. quantitativ. Auch HAHN und PHILIPPI stellten fest, daß das Pentasulfid aus einer mit dem 5- bis 6fachen Volumen an konzentrierter Salzsäure versetzten Lösung leichter und sicherer fällt. Wegen der Gefahr der Bildung von Arsentrichlorid bzw. von Arsenverlusten durch Entweichen von Trichlorid soll die Lösung beim Versetzen mit Salzsäure gekühlt und während der Fällung nicht erwärmt werden. NEHER beobachtete beim Einleiten von Schwefelwasserstoff in die siedendheiße, noch dampfende Lösung die Bildung von Sulfid in Form einer Wolke über der Lösung, was das Entweichen von Arsen aus der heißen Lösung beweist. Bei geringerer Säurekonzentration, wie sie z. B. bei der Fällung nach BUNSEN vorliegt, ist die Gefahr von Arsenverlusten in der Wärme bedeutend geringer (vgl. die Ausführungen von ZWICKNAGL und von MOSER). Arsen kann als Pentasulfid bei Verwendung einer hohen Salzsäurekonzentration, wie bereits anläßlich der Trisulfidabscheidung erörtert wurde, von den meisten Kationen (auch von Wismut, Blei, Cadmium und Antimon) getrennt werden. Von Zinn gelingt die Trennung nicht ohne weiters (s. § 15, S. 308). Auch die Gegenwart von Zink soll nach WÖHLER die Trennung beeinträchtigen[1].

NEHER erklärt das Waschen des Niederschlages mit Schwefelkohlenstoff für überflüssig, da angeblich eine Behandlung mit heißem Alkohol genügt, um die geringen im Niederschlag vorhandenen Mengen an Schwefel zu entfernen. (Nach PAYEN löst sich Schwefel in siedendem Alkohol zu 0,42%.) Die erhaltenen Resultate sind allerdings ausgezeichnet.

Zur Bestimmung von Arsen in roher konzentrierter Schwefelsäure wurde die Methode von HATTENSAUR verwendet. Das Arsenpentasulfid wurde dabei aus der mit dem gleichen Volumen Wasser auf eine Dichte von 1,46 gebrachten Säure nach Zusatz von Salzsäure durch einen raschen Schwefelwasserstoffstrom in etwa 1 Std. abgeschieden.

B. Fällungsvorschrift nach McCAY (f).

Die mit Salzsäure stark angesäuerte Lösung von Arsensäure wird in einer 250 cm³ fassenden Flasche mit einem raschen Strom von Schwefelwasserstoff behandelt. Sobald eine Opalescenz sichtbar wird, verschließt man die Flasche luftdicht und bringt sie in ein Wasserbad, das man rasch zum Kochen erhitzt und 1 Std. im Sieden erhält. Nach dieser Zeit wird die Flasche aus dem Bad genommen und nach Umwickeln mit einem Tuch 5 Min. heftig geschüttelt. Der Niederschlag ballt sich dabei zusammen und kann leicht in einen Filtertiegel gebracht werden. Man wäscht mit kaltem Wasser und 2- bis 3mal mit absolutem Alkohol und trocknet bei 105 bis 110° zur Gewichtskonstanz.

Bemerkungen. Die bei dieser Fällung auftretende geringe Schwefelabscheidung soll von der in der Flasche vorhandenen Luft herrühren. Kocht man die Flüssigkeit vor der Fällung luftfrei und füllt man vor dem Verschließen die Flasche mit ausgekochtem Wasser möglichst an, kann auch diese geringfügige Schwefelabscheidung, wie der Verfasser in einer früheren Veröffentlichung (a) hervorhebt, vermieden werden.

C. Fällung nach BUNSEN.

Arbeitsvorschrift von PILOTY und STOCK. Die schwach salzsaure ArsenV-lösung wird in einem 500 cm³ fassenden ERLENMEYER-Kolben unter Einleiten eines sehr lebhaften Schwefelwasserstoffstromes 3 Std. über kleiner Flamme auf 70° gehalten. Man leitet auch während des Erkaltens Schwefelwasserstoff ein und läßt die mit Schwefelwasserstoff gesättigte Lösung 12 Std. stehen. Der Niederschlag wird in einem Filtertiegel gesammelt, mit Wasser, absolutem Alkohol, Schwefelkohlenstoff, Alkohol und schließlich mit wasserfreiem Äther gewaschen und bei 105° bis zur Konstanz getrocknet.

Genauigkeit. Nach PILOTY und STOCK gibt die Methode ausgezeichnete Resultate.

Literatur.

BERZELIUS, J.: Pogg. Ann. **7**, 2 (1826); durch B. BRAUNER u. F. TOMÍČEK: M. **8**, 607 (1887). — BRAUNER, B.: Soc. **67**, 527 (1895). — BRAUNER, B., u. F. TOMÍČEK: M. **8**, 607 (1887); Soc. **53**, 145 (1888). — BUNSEN, R.: A. **192**, 319 (1878).

CLERMONT, PH. DE, u. J. FROMMEL: C. r. **87**, 330 (1878).

FOERSTER, F.: Z. anorg. Ch. **188**, 90 (1930). — FOSTER, W.: Am. Soc. **38**, 52 (1916). — FUCHS, A.: Fr. **1**, 189 (1862).

[1] Man reduziert nach WÖHLER in diesem Fall und fällt als Trisulfid.

HAHN, F. L., u. P. PHILIPPI: Z. anorg. Ch. **116**, 202 (1921). — HATTENSAUR, G.: Angew. Ch. **1896**, 130. — HÖLTJE, R.: Z. anorg. Ch. **181**, 395 (1929).

LUDWIG, H.: Ar. **147** (2. Reihe 97), 32 (1859); durch B. BRAUNER u. F. TOMÍČEK: M. 8, 607 (1887).

MCCAY, L. W.: (a) Chem. N. **54**, 287 (1886); durch Fr. **26**, 635 (1887); (b) Am. Chem. J. **9**, 174 (1887); durch C. **58**, 1406 (1887); (c) Fr. **27**, 632 (1888); (d) Chem. N. **56**, 262; durch C. **59**, 197 (1888); (e) Chem. N. **57**, 54; durch C. **59**, 537 (1888); (f) Z. anorg. Ch. **29**, 36 (1902). — MOSER, L.: Ch. Z. **42**, 344 (1918).

NEHER, F.: Fr. **32**, 45 (1893). — NILSON, L. F.: J. pr. **14**, 145 (1876).

PAYEN: C. r. **34**, 356 (1852); durch LANDOLT-BÖRNSTEIN, Physikalisch-Chemische Tabellen, 5. Aufl., Hauptwerk, Bd. I, S. 738 bzw. 741. Berlin 1923. — PILOTY, O., u. A. STOCK: Ber. **30**, 1649 (1897).

ROSE, H.: Pogg. Ann. **107**, 186 (1859).

THIELE, J.: A. **265**, 65 (1891).

USHER, F. L., u. M. W. TRAVERS: Soc. **87**, 1370 (1905).

WACKENRODER, H.: Dictat der gerichtlichen Chemie; durch B. BRAUNER u. F. TOMÍČEK: M. 8, 607 (1887). — WÖHLER: BERZELIUS, Jahresbericht **21**, 150 (1842).

ZWICKNAGL, K.: Ch. Z. **42**, 177, 344 (1918).

§ 5. Bestimmung unter Abscheidung des Arsens in elementarer Form.

Allgemeines.

Die Abscheidung kann sowohl aus Arsenit- als auch aus Arsenatlösungen auf verschiedenen Wegen durchgeführt werden. Außer unterphosphoriger Säure und ZinnII-chlorid (BETTENDORFsche Reaktion) wurden auch Kupfer (REINSCH-Probe), Titantrichlorid, Zinnamalgam, ChromII-sulfat und Kalomel dazu herangezogen. Bei Gegenwart eines großen Überschusses an Kupfer gelang die Abscheidung auch auf elektrolytischem Wege. Das direkte Auswägen des durch Reduktionsmittel abgeschiedenen Arsens ist nach BRANDT (c) nicht ratsam, da ein Trocknen ohne merkliche Oxydation bei höherer Temperatur nicht durchführbar ist. ZWICKNAGL konstatierte beim Trocknen eines durch ZinnII-chlorid abgeschiedenen Arsenniederschlages an der Luft in 120 Std. eine Gewichtszunahme von 23,9%.

Eigenschaften des elementaren Arsens. Das durch Reduktionsmittel abgeschiedene Arsen ist ein dunkler samtbrauner bis schwarzer Niederschlag, der nach ENGEL ein spezifisches Gewicht von 4,6 bis 4,7 besitzt und im Vakuum bei 260°, in indifferenten Gasen bei 280 bis 310°, teilweise verdampft, während sich der Rest in krystallisiertes Arsen (D 5,7) umwandelt. An der Luft oxydiert es sich langsam zu Arsentrioxyd; Einwirkung des Lichtes begünstigt diese Reaktion. Auch Wasser greift das Arsen infolge seines Luftgehaltes etwas an.

Löslichkeit. Kochende Schwefelsäure löst Arsen unter Schwefeldioxydentwicklung zu arseniger Säure. Durch Salpetersäure und Königswasser wird Arsen unter Oxydation zu arseniger Säure und Arsensäure heftig angegriffen, wobei sich Ammoniak entwickelt. Auch Chlor, Brom, Jod, Wasserstoffperoxyd und Natriumhypochlorit lösen es leicht unter Oxydation. Verdünnte Alkalien greifen das Arsen ebenfalls an. In Flußsäure und Salzsäure ist es nahezu unlöslich.

Bestimmungsverfahren.

A. Abscheidung durch unterphosphorige Säure.

Vorbemerkungen.

Die Reduktion wird meist in stark salzsaurer Lösung vorgenommen. Nach EVANS (a) ist zur quantitativen Abscheidung mindestens $^1/_3$ des Volumens an konzentrierter Salzsäure nötig. Man kann sowohl die freie unterphosphorige Säure als auch das Natrium- und das Calciumsalz anwenden. Bei letzterem fällt die oftmals lästige Natriumchloridabscheidung in stark salzsaurer Lösung weg, dafür ist es in einer schwefelsäurehaltigen Lösung nicht verwendbar. Ein Vorteil der unterphosphorigen Säure gegenüber anderen Reduktionsmitteln besteht darin, daß keine Schwermetalle in die Lösung gebracht werden und daß aus dem Filtrat des Arsens etwa vorhandene Metalle der H_2S-Gruppe ohne fremde Verunreinigungen durch Schwefelwasserstoff ausgefällt werden können. Nach BRANDT (d) ist eine Verunreinigung des Arsens durch Phosphor nicht zu befürchten. ENGEL und BERNARD hielten die Reduktion neben allen Elementen der Ammoniumsulfid-, Erdalkali- und Alkaligruppe für durchführbar und geben gut stimmende Beleganalysen neben Ni, Co, Mn, Al und Zn an. Nach BRANDT (a) ist eine Fällung neben Mn, Ni, Co, Zn, Fe, Sn, Cr, Bi, Al und kleinen Mengen Kupfer und Blei möglich. Die Reduktion neben Sb und Cd bietet einige Schwierigkeiten und erfordert Abänderungen, auf die er eingeht. EVANS (a) hält die Trennung von Fe, Cu, Pb, Cr, V, Mn, Ni, Co und den Alkalien durch einmalige Fällung für quantitativ, während er bei Anwesenheit von Zinn und Antimon eine doppelte Trennung für nötig erachtet. In stark salzsaurer Lösung werden durch Hypophosphit auch Quecksilber, Selen und Tellur gefällt und stören daher. Die Bestimmung des abgeschiedenen Arsens erfolgt meist auf maßanalytischem Wege. Eine direkte nephelometrische bzw. colorimetrische Auswertung der kolloidalen Arsenlösung ist bei kleinen Mengen ebenfalls möglich. — Bei der Einwirkung von Hypophosphit auf eine Mischung von Arsenat und Natriummethylarsenat entstehen nach PETIT Mischungen von Arsen und ArsenIII-oxyd in verschiedenen Farben.

1. Maßanalytische Bestimmung des ausgeschiedenen Arsens.

I. Abscheidung und Bestimmung nach Lösen des Niederschlages in Jod.

Die Fällung wurde von ENGEL und BERNARD ausgearbeitet und von BRANDT sowie von EVANS modifiziert. Die von BRANDT eingeführten Verbesserungen der Methode bestehen darin, daß in weit größerem Volumen, als bei ENGEL und BERNARD vorgesehen war, und in bedeutend kürzerer Zeit in einem bedeckten Becherglas statt im verschlossenen Kolben gefällt werden kann.

Fällungsvorschrift nach BRANDT (c). Bei Abwesenheit größerer Mengen von Metallsalzen wird die Lösung, die nicht über 60 bis 100 cm^3 betragen soll, in einem kleinen Becherglas mit etwa 15 g Natriumhypophosphit oder mit 20 cm^3 unterphosphoriger Säure (D 1,15) und mit 30 bis 35 cm^3 konzentrierter Salzsäure (D 1,19) versetzt und erwärmt. Statt Natriumhypophosphit kann in Abwesenheit von Schwefelsäure auch das Calciumsalz verwendet werden. Nach etwa $^1/_2$stündigem Stehen nahe der Siedetemperatur wird $^1/_4$ Std. zum schwachen Sieden erhitzt und anschließend filtriert („Barytfilter"). Becherglas und Filter werden mit heißem Wasser sorgfältig ausgewaschen[1], ohne daß der Niederschlag quantitativ auf das Filter gebracht zu werden braucht. Das Filter wird dann samt dem Niederschlag auseinandergefaltet in das Becherglas zurückgebracht, in dem die Reduktion vorgenommen worden war.

Bemerkungen. Bei Gegenwart von großen Mengen Eisen fällt beim Zusatz von Hypophosphit anfänglich Ferrihypophosphit, das sich aber wieder löst. Um den Niederschlag möglichst bald wieder in Lösung zu bringen, wird in diesem Fall bei Siedehitze in einem Volumen von 100 bis 120 cm^3 gefällt. Zur Vermeidung von Arsenverlusten reduziert man dabei anfangs in schwächer salzsaurer Lösung und setzt erst später zur Abscheidung der letzten Reste Arsen mehr Salzsäure zu. Ausgeschiedenes Natriumchlorid kann durch heißes Wasser in Lösung gebracht werden. Oxydationsmittel verursachen einen Mehrverbrauch an Hypophosphit. Wurde zur Lösung der Probe wie bei Eisen und Stahl Salpetersäure verwendet, entfernt man die nach dem Eindampfen in Form von Nitraten zurückgebliebenen Reste durch Behandeln mit Ameisensäure oder durch Abrauchen mit Schwefelsäure. Große

[1] Das Waschen des Arsenniederschlages mit Wasser ist nach EVANS (a) unzulässig!

Mengen von Natriumchlorid und anscheinend auch von EisenII-chlorid begünstigen nach BRANDT (c) die Fällung. EVANS (a) dagegen ist der Ansicht, daß bei Gegenwart von Eisen die Reduktion verzögert wird, und setzt, um die Abscheidung zu beschleunigen, Kupfersulfat zu. Schwefelsäure stört bei der Reduktion nicht, kann aber die Salzsäure nicht ersetzen.

***Titration nach* ENGEL *und* BERNARD.** Man läßt zu Filter und Niederschlag im Becherglas unter Umschwenken aus einer Bürette 0,1 n Jodlösung fließen, bis die Jodfarbe nicht mehr verschwindet, und wartet 2 bis 3 Min. unter gelegentlichem Umschwenken, wobei sich das Arsen löst. Anschließend verdünnt man mit 50 cm³ Wasser, versetzt mit Bicarbonat (Zusatz von 10 cm³ gesättigter Lösung) und titriert nach Zugabe von Stärke mit der Jodlösung, bis die blaue Färbung bestehen bleibt. 1 cm³ 0,1 n Jodlösung entspricht 0,0015 g As.

Bemerkungen. Die Lösung des Arsens erfolgt nach der Gleichung:

$$2\,As + 6\,J + 3\,H_2O = As_2O_3 + 6\,HJ;$$

die Oxydation in bicarbonatalkalischer Lösung nach folgendem Schema:

$$As_2O_3 + 4\,J + 2\,H_2O = As_2O_5 + 4\,HJ.$$

Aus diesen Gleichungen geht hervor, daß zum Lösen des Niederschlages nur $^3/_5$ der gesamten, zur Oxydation zu Arsensäure erforderlichen Jodmenge verbraucht werden. Bei der Titration größerer Mengen ist demnach auch nicht zu befürchten, daß man beim Lösen des Arsens einen Überschuß an Jodlösung zugibt. Bei kleinen Mengen aber ist es nicht so einfach, die benötigte Jodmenge nicht zu überschreiten, da die Lösung des Arsens nur mit einem gewissen kleinen Überschuß an Jod in absehbarer Zeit erfolgt und es sich daher nach dem Verdünnen und dem Zusatz von Bicarbonat oftmals nur um die Zugabe weniger zehntel Kubikzentimeter handelt. BRANDT (c) schlägt vor, in Fällen, wo ein Jodüberschuß nach Verdünnen mit Wasser auf 150 bis 200 cm³ und Zusatz von Stärke noch wahrnehmbar ist, mit etwas eingestellter Thiosulfatlösung eben zu entfärben, dann Bicarbonat zuzusetzen und mit Jod zu Ende zu titrieren. Das zugesetzte Thiosulfat wird von der Gesamtjodmenge in Abzug gebracht. [Nach EVANS (a) wird statt der Thiosulfatlösung vorteilhaft eine Lösung von arseniger Säure verwendet.] Von BRANDT (c) angeführte Beleganalysen zeigen bei einer Menge von 0,0375 g As Fehler unter 2%, bei 0,0188 g As Fehler unter 5%. Bei kleineren Mengen von wenigen Milligrammen bis Zehntelmilligrammen steigt der prozentuale Fehler entsprechend an. LESPAGNOL, MERVILLE und WERQUIN halten dieses Verfahren für besonders geeignet für biologische und toxikologische Untersuchungen.

Abscheidung und Titration nach EVANS (a).

Bereitung der erforderlichen Lösungen und des Filterbreis.

Titriertes Wasser. Man setzt dem destillierten Wasser etwas Stärke zu und tropft so lange 0,01 n Jodlösung ein, bis eine schwache Blaufärbung bestehen bleibt.

Waschflüssigkeit 1. 2 bis 3 g Natriumhypophosphit werden in 100 cm³ Salzsäure (1 : 3) gelöst.

Waschflüssigkeit 2. 5 g Ammoniumchlorid werden in 100 cm³ Wasser gelöst.

Filterbrei [nach EVANS (b)]. Man erhitzt den Filterbrei mit einer Mischung aus einem Teil mit Brom gesättigter Salzsäure und 7 Teilen Wasser $^1/_2$ Std. auf dem Dampfbad, verdünnt mit dem gleichen Volumen Wasser, schüttelt durch und bewahrt den Filterbrei in diesem Zustand auf. Vor Gebrauch wird das Brom durch Waschen mit Wasser entfernt. (Diese Behandlung verhindert das hartnäckige Festhalten von Jod durch manche Filtersorten.)

Reduktion. Die Kupfersulfat enthaltende, 75 cm³ betragende Lösung wird in einem 750 cm³ fassenden Kolben mit 75 cm³ arsenfreier konzentrierter Salzsäure versetzt. Nach Zugabe von 2 bis 3 g Natriumhypophosphit wird so lange leicht erwärmt (nicht über 50°; wenn nötig wird noch etwas Hypophosphit zugesetzt), bis die Lösung entfärbt ist. Jetzt gibt man 10 g Hypophosphit zu und erhitzt den mit einem Steigrohr versehenen Kolben 15 Min. kräftig über einem Brenner. Nach völligem Erkalten wird über Filterbrei filtriert (KOLTHOFF verwendete ein kleines Asbestfilter mit etwas Glaswolle in einem ALLIHNschen Filterrohr), mit der Waschflüssigkeit 1 und anschließend 6 bis 7mal mit der Waschflüssigkeit 2 gewaschen. Den Inhalt des Trichters bringt man quantitativ in ein hohes 800 cm³ fassendes Becherglas.

Bemerkungen zur Reduktion. Die Methode wurde speziell für Legierungen ausgearbeitet und der Verfasser gibt für verschiedene Typen genaue Vorschriften. Im allgemeinen werden 5 g Probe nach Lösen in Schwefelsäure (1:3) und konzentrierter Salpetersäure, Eindampfen zur Trockne und Aufnehmen mit Wasser der Reduktion unterworfen. Bei Analyse von Stählen wird die Lösung mit Kaliumpermanganat behandelt und der Permanganatüberschuß mit schwefliger Säure zerstört. Stark oxydierende Substanzen werden überhaupt mit SO_2 reduziert, das dann weggekocht wird. Salpetersäure wird durch Abrauchen mit Schwefelsäure entfernt. Bei Gegenwart von Zinn wird vor dem Zusatz von Hypophosphit etwas Flußsäure (10 Tropfen) zugegeben, dann die Fällung wie beschrieben durchgeführt und nach Lösen des Niederschlages in 50 cm³ Salzsäure (1:1), die einige Tropfen Brom enthält, sowie Nachwaschen des Filters mit 100 cm³ Salzsäure (1:1) noch einmal gefällt. Sofern die Probe selbst kein Kupfer enthält, werden 0,5 g Kupfersulfat zugesetzt, was die Abscheidung angeblich beschleunigt. Um die störende Wirkung von Selen und Tellur bei der Arsenbestimmung in Kupfer auszuschalten, modifiziert CHALLIS das Verfahren etwas, und zwar löst er den wie bei EVANS erhaltenen Eindampfrückstand von 5 g Metall in 150 cm³ Salzsäure (1:1), setzt 3 g Natriumhypophosphit zu und erhitzt zwecks Reduktion des Kupfers auf 50°. Bei Anwesenheit von Selen oder Tellur färbt sich die Lösung rot oder braun, bzw. es entsteht ein entsprechender Niederschlag, der auch bei weiterem Zusatz von 1 bis 2 g Natriumhypophosphit bestehen bleibt. Man beläßt $^1/_2$ Std. bei 50°, saugt dann den Niederschlag ab, wäscht mit Salzsäure (1:1) leicht nach und fällt im Filtrat nach Vereinigung mit dem Waschwasser das Arsen durch Zugabe von 10 g Natriumhypophosphit und 15 Min. langes Erhitzen am Rückflußkühler. Bei Anwesenheit von 0,1% Selen + Tellur soll 0,01% Arsen noch befriedigend bestimmbar sein. Für die Bestimmung von Arsen in Kupfer bis zu 0,01% in Gegenwart von Selen und Tellur teilt EVANS (c) folgende Vorschrift mit: 5 g Kupfer werden mit 80 cm³ Schwefelsäure (1:3) und 30 cm³ konzentrierter Salpetersäure so lange erhitzt, bis keine roten Dämpfe mehr entweichen. Der Rückstand wird in 100 cm³ warmem Wasser gelöst, die Lösung mit 100 cm³ konzentrierter Salzsäure und 1 g Hypophosphit versetzt, bis sie hell geworden ist als Zeichen, daß alles Kupfer reduziert ist. Dann wird wie oben mit 5 g Natriumhypophosphit quantitativ reduziert. Der heiß abfiltrierte Niederschlag wird zuerst mit einer heißen Lösung von 2 g Hypophosphit in 100 cm³ Salzsäure (1:1) und dann mit der Waschflüssigkeit 2 ausgewaschen und in Bromsalzsäure gelöst. Nachdem überschüssiges Brom mittels Durchleiten eines Luftstromes vertrieben ist (die Lösung darf nur noch schwach gelblich sein), wird durch Zusatz von 20 cm³ 4%iger Kaliumjodidlösung Selen ausgefällt, das nach 1 bis $1^1/_2$ Std. abfiltriert wird. Es wird mit 100 cm³ einer Lösung von je 5% Salzsäure und Ammoniumchlorid gewaschen, dann 2mal mittels 5%iger Ammoniumchloridlösung bis zur Säurefreiheit und danach 5- bis 6mal mittels 5%iger Ammoniumnitratlösung chloridfrei gewaschen. Im Filtrat wird das Tellur durch Sättigung mit Schwefeldioxyd gefällt, abfiltriert und mit Waschflüssigkeit 2 ausgewaschen. Zur Arsenbestimmung im Filtrat wird das Schwefeldioxyd durch Einleiten von Luft vertrieben und dann das Arsen mit Bromwasser oxydiert. Nach dem Versetzen der Lösung mit Ammoniak im Überschuß wird sie eingedampft und dann das Arsen in der oben beschriebenen Weise mit Hypophosphit reduziert. FOGELSSON und KALMYKOW ersetzen in der von FAINBERG und GINZBURG in Anlehnung an die Methode von EVANS gegebenen Vorschrift das Natriumhypophosphit durch das Calciumsalz.

Titration. Dem im Becherglas befindlichen Filterbrei mit Niederschlag wird aus einer Bürette ein Überschuß an eingestellter Jodlösung zugesetzt und zwar wählt man je nach der vorhandenen Arsenmenge eine 0,1 bis 0,01 n Lösung. Man fügt soviel titriertes Wasser zu, daß die Masse bedeckt ist, rührt gut durch und läßt 5 Min. stehen. Dann wird mit titriertem Wasser auf 300 cm³ verdünnt und nach Zugabe von 2 g Natriumbicarbonat unmittelbar anschließend mit einer Lösung von arseniger Säure gleicher Normalität wie die verwendete Jodlösung titriert. Dabei blaßt die Farbe ab, ohne einen scharfen Endpunkt zu zeigen. Man gibt einen Überschuß von 1 bis 3 cm³ an arseniger Säure und noch 2 g Natriumbicarbonat dazu, schüttelt die Lösung gut durch und läßt sie stehen, bis sie entfärbt ist. Jetzt wird mit der Jodlösung zurücktitriert und zwar tropfenweise unter starkem Schütteln, da der Filterbrei die Eigenschaft besitzt, die blaue Farbe zurückzuhalten. Auf diese Weise wird ein scharfer Endpunkt erzielt. Die Differenz aus dem Verbrauch an Jodlösung und arseniger Säure in Kubikzentimetern ergibt, mit dem Faktor 0,00015 (für 0,01 n Lösung) multipliziert, den Gehalt an Arsen.

Eine etwas abgeänderte Vorschrift für die Titration gibt EVANS (b) in einer späteren Veröffentlichung. Den Trichterinhalt spült man mit Wasser in ein Becherglas und setzt sofort einen Überschuß an Jodlösung zu, worauf man den Filterbrei mit dem Glasstab gut verteilt. Nach 1 bis 2 Min. setzt man etwa 5 cm³ Benzol zu, schüttelt gut durch, setzt 1 g Natriumbicarbonat zu und titriert unmittelbar anschließend mit arseniger Säure, bis die wäßrige Schicht farblos ist und die rote Färbung der Benzolschicht zu verblassen beginnt. Man gibt 1 g Kaliumjodid zu und setzt die Titration unter starkem Schütteln fort, bis das Benzol völlig entfärbt ist, wobei man 2 bis 3 Tropfen im Überschuß zusetzt. Die Titration wird dann nach Zugabe von 3 bis 4 g Natriumbicarbonat, 30 cm³ Wasser und etwas Stärke mit Jodlösung in der ursprünglich beschriebenen Art beendet. In diesem Falle erfolgt der Farbumschlag, der deutlich sichtbar ist, nicht nach Blau, sondern nach Braun.

Bemerkungen. Einige nach dieser Methode erhaltene zu hohe Resultate (z. B. angewendet 3,00 cm³ 0,01 n Arsenigsäurelösung, gefunden 3,16 cm³ 0,01 n Lösung) führt der Verfasser auf die Anwesenheit reduzierender Substanzen in der Laboratoriumsluft zurück.

II. Bestimmung nach Lösen des Niederschlages in Jodid-Jodatlösung nach BRANDT (c).

Wegen der oben erwähnten Schwierigkeiten beim Lösen kleiner Arsenmengen in Jodlösung und der etwas umständlichen Titration schlägt BRANDT folgende nicht so genaue, aber rasch auszuführende Bestimmung nach Lösen des Arsens in Jodid-Jodatlösung vor:

Prinzip. *Die in der Jodid-Jodatmischung enthaltenen Spuren Jod bewirken, daß eine kleine Menge Arsen unter Bildung von HJ zu Arsentrioxyd, bzw. zu arseniger Säure gelöst wird. Die Säuren wirken nun auf die Jodatlösung und setzen eine entsprechende Menge Jod in Freiheit, die wieder unter Bildung einer äquivalenten Menge Jodwasserstoff zur Lösung weiteren Arsens verbraucht wird. Da der Jodwasserstoff die zur Lösung verbrauchte Menge Jod wieder produziert, ergibt sich schließlich eine Jodausscheidung, die der Menge der gebildeten arsenigen Säure entspricht und zwar 1 Jod auf 1 Arsen. Eine teilweise Oxydation zu Arsensäure stört dabei nicht, da auch Arsensäure als einbasische Säure reagiert und die zur Oxydation verbrauchte Jodmenge durch den entstandenen Jodwasserstoff wieder in Freiheit gesetzt wird.*

Bereitung der Jodid-Jodatlösung. Man löst 6 g Kaliumjodat in etwa 400 cm³ Wasser unter Erwärmen, setzt nach dem Erkalten 30 g Kaliumjodid zu und ergänzt das Volumen auf 500 cm³. Die Lösung enthält einen Überschuß an Kaliumjodid, der das bei der Bestimmung freigemachte Jod in Lösung hält.

Arbeitsvorschrift. Der Arsenniederschlag wird in einem Überschuß der Jodid-Jodatlösung (für 0,05 g As genügen 15 cm^3; für kleinere Mengen wendet man entsprechend weniger an; bei einem höheren Arsengehalt wählt man zweckmäßig eine kleinere Einwaage) gelöst und mit Wasser verdünnt, worauf man das ausgeschiedene Jod mit Thiosulfat titriert.

Bemerkungen. Die Reaktion verläuft anfänglich langsam, wird aber in dem Maße, wie Jod in Freiheit gesetzt wird, lebhafter. Natürlich ist der geringe Thiosulfatverbrauch im Vergleich zum günstigen Faktor beim Lösen in Jod ein Nachteil der Methode. Der Verbrauch an Thiosulfat ist übrigens, vermutlich infolge einer geringfügigen Beteiligung der 2. Valenz etwas größer, als der Theorie entspricht, und das um so mehr, je länger man die Lösung vor der Titration stehen läßt. Wenn man sofort titriert, wird das Resultat hinreichend genau. Für den Jodgehalt der Jodid-Jodatmischung und die Einwirkung der Filtersubstanz und der Luftkohlensäure muß eine kleine Korrektur angebracht werden. Zur Titration des in einer einige Wochen alten Mischung enthaltenen freien Jods werden $^1/_2$ bis 1 cm^3 0,01 n Thiosulfatlösung verbraucht. Für die Ermittlung der Filterkorrektur wird ein Blindversuch mit einigen Filtern ausgeführt, wobei man sie in gleicher Weise wie bei der Bestimmung behandelt. Für ein 11 cm-„Baryt“-Filter von Schleicher & Schüll erhielt der Verfasser einen Verbrauch von 0,9 cm^3 0,01 n Thiosulfatlösung. Es ergibt sich demnach für eine 0,01 n Thiosulfatlösung statt des theoretischen Faktors von 0,000749 ein empirischer von 0,000682. Bei hoher Zimmertemperatur sollen die Jodatmischung und das zum Verdünnen benötigte Wasser gekühlt werden, da sich andernfalls ein zu hoher Thiosulfatverbrauch ergibt. Wenn über Asbest filtriert wird, kann die Korrektur für das Filter zwar weggelassen werden, die Resultate werden aber bei kleinen Mengen unsicherer als nach Filtration durch Papier. Aus den Beleganalysen geht hervor, daß sich mit der Methode eine Genauigkeit von etwa 10% erreichen läßt. Der feuchte Niederschlag auf dem Filter oxydiert sich nicht merklich, so daß er, vor dem Austrocknen geschützt, 1 bis 2 Tage aufbewahrt werden kann.

III. Abscheidung kleiner Arsenmengen und Titration mit Bromat nach Anderson.

Bereitung der erforderlichen Lösungen.

Bromlösung. 12 cm^3 reines Brom werden in 100 cm^3 konzentrierter Salzsäure unter kräftigem Schütteln in einer Schliff-Flasche gelöst.

Calciumhypophosphitlösung. 15 g Calciumhypophosphit werden in 100 cm^3 Wasser unter Zusatz von 5 bis 10 cm^3 konzentrierter Salzsäure gelöst.

Methylorangelösung. 0,1 g Methylorange werden in 100 cm^3 heißem Wasser gelöst. Die Lösung wird filtriert.

Kaliumbromatlösung. Man löst 0,4175 g Kaliumbromat in Wasser und verdünnt auf 1 l. Die Lösung ist 0,015 normal und wird gegen reines Arsentrioxyd eingestellt.

Vorbehandlung des Filtermaterials. Mittelfaseriger Asbest wird ähnlich der von Evans (b) für Filterbrei angegebenen Weise (s. S. 81) unter Verwendung der oben beschriebenen Bromsalzsäure behandelt, wobei aber bloß nach Durchschütteln einige Stunden digeriert und dann mit dem gleichen Volumen Wasser verdünnt wird.

Abscheidung. Die etwa 20 cm^3 betragende, stark salzsaure Probelösung (siehe unter Bemerkungen!) wird in einem 100 cm^3 fassenden Becherglas mit 0,3 bis 0,5 g Kupferchlorür und, sobald dieses gelöst ist, mit 5 bis 10 cm^3 der Calciumhypophosphitlösung versetzt. Bei Erwärmen über kleiner Flamme zeigt sich nach wenigen Sekunden eine bräunlich-schwarze Suspension von fein verteiltem Arsen. Man erhitzt weiter, läßt schließlich 10 bis 15 Min. mäßig kochen, um den Niederschlag in einer leichter filtrierbaren Form zu erhalten, filtriert durch einen mit dem vorbehandelten Asbest beschickten Mikro-Gooch-Tiegel von 1,5 cm^3 Fassungsraum und wäscht das Becherglas zweimal mit wenig konzentrierter Salzsäure, die man über den Niederschlag im Tiegel gießt. Anschließend wäscht man 2- bis 3mal mit Wasser.

Lösen des Niederschlages und Titration. Der Tiegel wird in ein Pyrex-Probeglas von etwa 1,8 cm innerem Durchmesser und 15 cm Länge gebracht. Man gibt 3 cm^3 konzentrierte Schwefelsäure zu und schüttelt, um den Asbest aufzulockern. Nun erhitzt man das Probeglas etwa 10 bis 15 Sek. bzw. bis alles Arsen gelöst ist. Nach dem Abkühlen setzt man einige Kubikzentimeter Wasser zu und schüttelt durch. Der vollständig erkaltete Inhalt des Probeglases wird unter Nachwaschen mit Wasser in einen 3,5 bis 4 cm weiten und 180 cm^3 fassenden Becher gebracht. Lösung und Tiegel (mit einem Volumen von zusammen 15 bis 20 cm^3) werden mit 10 mg wasserfreiem Natriumsulfit versetzt. Nach Durchmischen wird das überschüssige Schwefeldioxyd durch Auskochen und 1 Min. dauerndes Durchleiten eines mäßigen Luftstromes (3 bis 4 Blasen je Sekunde) durch die siedende Lösung entfernt. Uhrglas und Wände des Bechers werden abgespült, worauf man Methylorange zusetzt und mit der 0,015 n Kaliumbromatlösung bis zur Entfärbung titriert. Vom Verbrauch wird das Ergebnis eines Blindversuches (etwa 0,1 cm^3) abgezogen.

Bemerkungen. Genauigkeit. Beleganalysen mit 0,412 bis 1,5 mg As enthaltenden Proben ergaben Fehler von höchstens einigen Hundertstel Milligrammen.

Zur Bestimmung des Arsengehaltes in Weißmetallen löst der Verfasser 1 g der Probe in 5 cm^3 Salzsäure (1:1) und 12 bis 15 cm^3 Bromsalzsäure. Nach 1 bis 2 Min. wird über einer kleinen Flamme erhitzt und nach Zusatz von Kupferchlorür wie beschrieben weiter verfahren. Nach den Erfahrungen des Verfassers gelingt die Abscheidung des Arsens neben der vielfachen Menge Antimon mit Calciumhypophosphit ohne Schwierigkeiten. Nach FREEMAN und McNABB kann die Reduktion mit Natriumhypophosphit bei Gegenwart von Antimon, Zinn, Wismut und Blei befriedigend ausgeführt werden, wenn diese Metalle in Form von Chloriden vorliegen. Die durchschnittlichen Fehler betragen bei Anwesenheit von Antimon 0,15%, von Wismut 0,7%, von Zinn 0,2%, von Blei 0,3%, von Sb + Bi 0,3%, von Sb + Sn + Bi 0,1%, von Sb + Sn + Bi + Pb 0,2%.

IV. Abscheidung geringer Arsenmengen mit nachfolgender cerimetrischer Bestimmung nach KOLTHOFF und AMDUR.

Reduktion. 25 cm^3 der Probelösung, die weniger als 2 mg ArsenIII oder ArsenV enthalten, werden nach Zusatz von 10 cm^3 einer Calciumhypophosphitlösung (200 g Calciumhypophosphit in 6 n Salzsäure zu 1 l gelöst) und 35 cm^3 konzentrierter Salzsäure 10 Min. auf 80 bis 90° erhitzt, ohne aber vorerst zu kochen. Färbt sich die Lösung nicht weiter dunkel, so erhitzt man sie 5 Min. zu schwachem Sieden, so daß sich das abgeschiedene Arsen zusammenballt.

Filtration und Titration. Nach dem Abkühlen filtriert man über Asbest (Mengen unter 0,5 mg werden mittels Filterstäbchens abgetrennt), wäscht 3 bis 4mal mit Wasser und bringt den Niederschlag samt dem Filter in das Fällungsgefäß zurück. Man löst unter Umschwenken in einer abgemessenen Menge von 0,004 bis 0,005 n Cerisulfatlösung in n Schwefelsäure, wobei man 2 bis 3 Min. auf 40 bis 50° erhitzt. Nach dem Abkühlen setzt man auf je 50 cm^3 der Cerisulfatlösung 0,1 cm^3 einer 0,25%igen Lösung von Osmiumtetroxyd in verdünnter Schwefelsäure als Katalysator und 2 cm^3 gesättigter Ferro-phenanthrolinperchloratlösung (s. S. 148) in destilliertem Wasser als Indicator zu und titriert den Überschuß an Cerisulfat mit 0,005 n Arsenigsäurelösung zurück. Der Endpunkt ist erreicht, sobald eine schwache Rotfärbung auftritt. 1 cm^3 0,005 n Cerisulfatlösung entspricht 0,075 mg Arsen.

Genauigkeit. Die Genauigkeit der Bestimmung wird für Mengen von etwa 1 mg Arsen mit 0,5%, für 0,1 mg Arsen mit 1 bis 2% angegeben. Zinn und Antimon stören die Bestimmung nicht! Als Vorteil gegenüber dem von EVANS angegebenen Verfahren der Titration wird die größere Beständigkeit der hier verwendeten Lösungen hervorgehoben.

V. Indirekte oxydimetrische Bestimmung nach ROSENDAHL.

Zu einem Vorschlag von ROSENDAHL, das Arsen in EisenIII-chlorid und starker Salzsäure zu lösen, das Arsentrichlorid durch andauerndes Kochen zu entfernen und das entstandene EisenII-chlorid maßanalytisch mit Permanganat zu bestimmen, bemerkt BRANDT (b), daß diese Art der indirekten Bestimmung nur in Kohlensäureatmosphäre möglich wäre. Die von ROSENDAHL beschriebene Arbeitsweise kann wegen der leichten Oxydierbarkeit des EisenII-chlorids an der Luft keine richtigen Resultate ergeben.

2. Andere Bestimmungsmöglichkeiten nach Abscheidung des Arsens.

I. Gewichtsanalytische Bestimmung.

MISSON reduziert mit Natriumhypophosphit bei Anwesenheit von Kupferchlorür, behandelt das Arsen mit Bromwasser und Salzsäure und anschließend mit Salpetersäure und entfernt nach erfolgter Lösung das Brom durch Kochen. Nach Zusatz von Ammoniumnitrat und Salpetersäure fällt er die gebildete Arsensäure mit Ammoniummolybdat.

PLUCHON verfährt in der Weise, daß er das abgeschiedene Arsen mit ausgekochtem kaltem Wasser wäscht und durch Behandeln zunächst mit Salpetersäure, dann mit Kalilauge in Lösung bringt. Nach Eindampfen und Abrauchen mit Salpetersäure wird mit Wasser aufgenommen und die Arsensäure als Magnesiumpyroarsenat bestimmt.

II. Colorimetrische Bestimmung.

Nach POLJAKOW und KOLOKOLOW wird das Arsen mit Natriumhypophosphit in salzsaurer Lösung abgeschieden. Der Niederschlag wird auf Papier- oder Asbestfilter abfiltriert, mit kaltem Wasser gewaschen und in Perhydrol gelöst. Nach Eindampfen zur Trockne und Lösen des Rückstandes in Wasser wird das Arsen mit Hilfe der Molybdänblaureaktion colorimetrisch bestimmt. Ein ähnlicher in letzter Zeit ausgearbeiteter Arbeitsgang ist in § 10, S. 168, beschrieben.

3. Direkte nephelometrische (colorimetrische) Bestimmung kleiner Arsenmengen unter Reduktion mit Hypophosphit.

I. Arbeitsvorschrift von DELAVILLE und BELIN.

Reagenslösung nach BOUGAULT (a). 20 g Natriumhypophosphit ($NaH_2PO_2 \cdot H_2O$) werden in 20 cm³ Wasser gelöst. Man setzt 200 cm³ Salzsäure (D 1,17) zu und filtriert von ausgeschiedenem Natriumchlorid über Baumwolle ab.

Ausführung. 5 cm³ der arsenhaltigen Flüssigkeit (Bestimmungsgröße 0,0005 mg As_2O_3 je Kubikzentimeter) werden mit 5 cm³ BOUGAULTschem Reagens $^1/_2$ Std. im Wasserbad gekocht. Nach dem Abkühlen wird im Nephelometer mit einem auf gleiche Weise erhaltenen Kontrollversuch verglichen.

Bemerkungen. Eine quantitative Auswertung an Hand von Vergleichsproben der ursprünglich von BOUGAULT für qualitative Zwecke eingeführten Reaktion wurde schon von DENIGÈS vorgeschlagen. Auch VALLERY empfahl die colorimetrische Auswertung der nach Versetzen mit unterphosphoriger Säure erhaltenen kolloidalen Arsenlösung zur Arsenbestimmung in Trichloriddestillaten oder nach Abtrennung als AsH_3, Auffangen des Arsenwasserstoffes in Salpetersäure und Abrauchen mit Schwefelsäure. Da die Vergleichsproben durch Ausflockung nach einiger Zeit unbrauchbar werden, empfiehlt THURET (a) auf folgende Weise haltbare und zum Vergleich brauchbare Emulsionen herzustellen: 2 bis 5 g Borax werden in 150 cm³ Wasser gelöst, worauf man 1 g zerriebenes Kolophonium zusetzt und 15 bis 20 Min. unter ständigem Bewegen erwärmt und ebenso abkühlt. Je nach dem Grad der Verdünnung mit Wasser erhält man Vergleichsproben verschiedener Lichtdurchlässigkeit, die bis 1 Monat haltbar sind. In einer früheren Arbeit [THURET (b)] empfahl er zur Stabilisierung der Arsentrübungen Gummi arabicum als Schutzkolloid.

II. Arsenbestimmung in Harn nach HARISPE.

Mineralisierung der organischen Substanz. Je nach dem Arsengehalt werden 1 bis 50 cm³ Harn (enthaltend 50 bis 1000 γ As) nach Zusatz von 5 g krystallisiertem Magnesiumnitrat auf dem Wasserbad zur Trockne verdampft. Der Rückstand wird im Muffelofen auf dunkle Rotglut gebracht, wobei man in 3 bis 4 Min. eine vollkommen weiße Asche erhält. Nach dem Erkalten feuchtet man mit destilliertem Wasser an, nimmt mit 10 cm^3 reiner konzentrierter Salzsäure auf, dampft neuerlich zur Trockne ein und erhitzt wieder einige Minuten im Muffelofen. Letztere Operation zur Zerstörung der Nitrite ist unbedingt erforderlich.

Reduktion. Nach dem Abkühlen bringt man direkt in das Schälchen 10 cm^3 BOUGAULTsches Reagens (s. S. 86) und suspendiert ungelöste Teilchen durch Kratzen mit einem Glasstab. Nun gießt man tropfenweise unter fortwährendem Rühren 5 cm^3 einer Mischung von 100 cm^3 Kaliumsilicatlösung (D 1,28) und 500 cm^3 destilliertem Wasser zu. Man erhält eine farblose Lösung, die nach Zusatz von 1 Tropfen 0,1 n Jodlösung [nach BOUGAULT (b)] in einen 20 cm^3-Meßkolben übergeführt wird. Man füllt mit den Waschwässern auf 20 cm^3 auf und mischt durch (an dieser Stelle wird vorteilhaft in einem trockenen Gefäß einige Augenblicke zentrifugiert). Die klare Lösung wird in ein trockenes, gut entfettetes Pyrexglas gebracht (16:180 mm) und für 30 Min. in ein kochendes Wasserbad eingestellt. Man läßt hierauf an der Luft abkühlen, wobei etwa vorhandene kleine Gasbläschen resorbiert werden.

Auswertung an Hand von Vergleichsproben. Zur Herstellung der Vergleichsskala wägt man 0,4165 g offic. Natriumarsenat ($Na_2HAsO_4 \cdot 7\,H_2O$) auf 0,5 mg genau ab, wobei man unverwitterte durchsichtige Krystalle auswählt. Diese 100 mg As entsprechende Menge löst man in etwas konzentrierter Magnesiumchloridlösung (300 g $MgCl_2 \cdot 6\,H_2O$, gelöst in 180 g Wasser) auf und bringt mit der gleichen Magnesiumchloridlösung auf 100 cm^3. Eine Verdünnung dieser Stammlösung mit der beschriebenen Magnesiumlösung auf das 10fache ergibt eine 0,1 mg Arsen im Kubikzentimeter enthaltende Lösung. In 11 genau gleiche Pyrex-Probegläschen bringt man 0, 0,5, 1,0, 1,5, 2,0, 2,5, . . ., 4,5 und 5,0 cm^3 der verdünnten Lösung und in 5 weitere, ebenfalls genau gleiche Probegläschen 3,0, 3,5, 4,0, 4,5 und 5 cm^3 einer Lösung, die man durch Verdünnen der Stammlösung ebenfalls mit der beschriebenen Magnesiumchloridlösung auf das 5fache erhält. Die Testfärbungen entsprechen dann 0,00, 0,05, 0,10, 0,15, . . ., 0,45, 0,50, 0,60, 0,70, 0,80, 0,90 und 1,0 mg Arsen. Den Inhalt jedes Röhrchens bringt man, wenn nötig, mit Magnesiumchloridlösung auf 5 cm^3, setzt 10 cm^3 BOUGAULTsches Reagens und 5 cm^3 der verdünnten Kaliumsilicatlösung, sowie 1 Tropfen 0,1 n Jodlösung zu und schüttelt jedes Probegläschen sorgfältig um. Man setzt dann für 30 Min. in ein kochendes Wasserbad ein und gibt nach dem Erkalten, um ein Austrocknen der Gallerte zu verhindern, in jedes Gläschen einige Kubikzentimeter Vaselinöl. Auf diese Weise erhält man eine Vergleichsskala, die, falls man sie vor Erschütterungen sichert und nur den unteren Teil der Röhrchen zum Vergleich heranzieht, etwa 1 Jahr verwendbar bleibt. An Hand dieser Skala wird die erhaltene kolloidale Arsenabscheidung ausgewertet.

Auswertung im Photometer. Die Aufstellung der Vergleichsskala kann umgangen werden, wenn man über einen photometrischen Komparator verfügt. Der Arbeitsgang bis zur Reduktion ist identisch mit der bereits beschriebenen Arbeitsweise (das Klären der Lösung durch Zentrifugieren ist in diesem Fall besonders wünschenswert). Man füllt eine der Komparatorküvetten vollständig mit der farblosen klaren Flüssigkeit, die bereits alle Zusätze enthält, und die zweite Küvette, um den TYNDALL-Effekt des Schutzkolloids zu kompensieren, mit der folgenden, ebenfalls geklärten Mischung: 5 cm^3 Magnesiumchloridlösung + 1 Tropfen 0,1 n Jodlösung + 10 cm^3 BOUGAULT-Reagens + 5 cm^3 verdünnte Kaliumsilicatlösung. Man setzt beide Küvetten gleichzeitig in ein kochendes Wasserbad ein und beläßt sie darin 30 Min. Nach dem Abkühlen auf gewöhnliche Temperatur wird photometriert, wobei Blau- oder besser Violettfilter verwendet werden können [beim PULFRICH-Stufenphotometer (ZEISS) bediente sich der Verfasser des Violettfilters S 43].

Genauigkeit. Die vom Verfasser aufgestellte Eichkurve (Abscisse Arsen in Gamma je 20 cm^3 Gallerte, Ordinate Extinktion) weicht nur wenig, und zwar bei Mengen über 400 γ, von der Geraden ab und ermöglicht die direkte Ablesung von Arsenmengen zwischen 20 und 800 γ. Testversuche mit Hilfe der Skala, bei denen bekannte Arsenmengen (etwa 0,05 bis 0,87 mg) in Form verschiedener Verbindungen (Novarsenobenzol, Sulfarsenobenzol, Atoxyl, Stovarsol-Na, Arrhenal, Kakodylat, Arsentrijodid) arsenfreien Harnproben von 50 cm^3 zugesetzt wurden, ergaben im allgemeinen Resultate, die nur um hundertstel Milligramme vom theoretischen Wert abweichen. Die maximalen Fehler betrugen + 0,058 und —0,040 mg As. Eine Abweichung von 259 γ scheint ein Druckfehler in der Tabelle zu sein.

B. Abscheidung durch ZinnII-chlorid.

Vorbemerkungen.

Die Methode ist eine Anwendung der BETTENDORFschen Reaktion zur quantitativen Abscheidung des Arsens. Es muß eine mindestens 25%ig salzsaure Lösung vorliegen, um die Fällung quantitativ zu gestalten. Je konzentrierter die Salzsäure ist, desto rascher erfolgt die Abscheidung. Das abgeschiedene Arsen enthält wesentliche Mengen Zinn. Um diese Verunreinigung zu vermeiden, setzen ANDREWS und FARR dem Reagens Weinsäure zu. Die Reduktion von dreiwertigem Arsen erfolgt sehr rasch bei 35 bis 40°. Fünfwertiges Arsen erfordert etwas längere Zeit und höhere Temperatur zur quantitativen Reduktion. Weinsäure, Schwefelsäure und Eisen stören nicht. Nach ANDREWS und FARR gelingt die Abscheidung neben Blei, Wismut, Kupfer und Antimon. LOMBARDO stellte fest, daß folgende Elemente nicht stören: Cr, Ni, Co, V, Mo, Ti, Zr, Cu, Al, B, Mn und W.

Die Bestimmung des abgeschiedenen Arsens erfolgt im allgemeinen jodometrisch. FRIDLI (a) versucht das Arsen bei gewöhnlicher Temperatur zu trocknen und zu wägen, wobei aber für größere Mengen eine Korrektur erforderlich wird. Außerdem führt FRIDLI (b) die Bestimmung des Arsens nach Oxydation zur Arsensäure als Magnesiumammoniumarsenat durch. Für kleine Mengen liefert die direkte colorimetrische Bestimmung der durch das Reduktionsmittel hervorgerufenen Dunkelfärbung brauchbare Resultate.

1. Maßanalytische Bestimmung des abgeschiedenen Arsens.

I. Abscheidung und Titration nach ANDREWS und FARR.

Bereitung der Reagenslösung. 20 g Stannochlorid ($SnCl_2 \cdot 2H_2O$) und 40 g Weinsäure werden in 1 l 40%iger Salzsäure gelöst und in gut verschlossener Flasche vor Oxydation geschützt aufbewahrt.

Abscheidung. Die arsenhaltige Lösung wird neutralisiert, auf 15 bis 20 cm³ eingekocht und in eine Schliff-Flasche von 80 bis 100 cm³ Inhalt gebracht. Man setzt das 2,5fache Volumen an Reagenslösung zu, verschließt die Flasche und läßt bei etwa 40° 2 bis 3 Std. absitzen, bis die überstehende Lösung klar erscheint. Das Arsen wird in einem mit Asbest beschickten GOOCH-Tiegel gesammelt, wobei der Niederschlag mit wenig konzentrierter Salzsäure, die kein freies Chlor enthalten darf, in den Tiegel gebracht wird. Flasche und Tiegelinhalt werden mit Wasser gut gewaschen.

Titration. Man pipettiert einen Überschuß (10 bis 100% mehr als die voraussichtlich zur Oxydation des Arsens nötige Menge) an 0,1 oder 0,01 n Jodlösung in die Flasche, in der die Fällung durchgeführt wurde, bringt Asbest und Niederschlag quantitativ dazu und schüttelt durch. Die Lösung wird durch Natriumbicarbonat oder Natriumphosphat[1] unter Vermeidung eines allzugroßen Überschusses gepuffert. Man schüttelt, bis sich der Asbest gut verteilt hat, setzt Stärke zu und titriert den Jodüberschuß mit arseniger Säure entsprechender Normalität zurück.

Bemerkungen. Für Mengen unter 0,5 mg As kann eine 0,001 n Lösung angewendet werden, wobei aber für die zur Erzeugung der Farbreaktion erforderliche Jodmenge eine Korrektur anzubringen ist, die etwa 0,6 cm³ 0,001 n Lösung auf je 50 cm³ der Flüssigkeit beträgt und anläßlich jeder Titration bestimmt werden muß. Für Arsenmengen von 10 bis 100 mg benutzt man am besten eine 0,1 n Jodlösung. Die Fehler bei den Beleganalysen betragen im allgemeinen wenige Zehntel Prozente, wobei Mengen von 3,75 bis 75 mg As angewendet wurden. Bei Bestimmung von 0,375 mg As betrug der Fehler 0,007 mg.

MAZZETTI und AGOSTINI bestimmten nach einer Methode, die der beschriebenen Arbeitsweise in den wesentlichen Punkten entspricht, den Arsengehalt in Stahl und erhielten befriedigende Resultate. Sie reduzierten dabei in größerem Volumen und ohne Weinsäurezusatz, da der durch das Zinn verursachte Fehler bei der geringen im Stahl vorhandenen Menge Arsen nach ihren Feststellungen keine Rolle spielt.

II. Bestimmung von Arsen im Stahl nach LOMBARDO.

Die Methode stellt eine Modifikation der von MAZZETTI und AGOSTINI angegebenen Vorschrift dar.

Bereitung der Reagenslösung. 450 g Stannochlorid werden in 800 cm³ Salzsäure (D 1,19) gelöst.

[1] Nach WASHBURN kann das System sekundäres Natriumphosphat — primäres Natriumphosphat ebenfalls als Puffer verwendet werden.

Arbeitsvorschrift. 10 g Probe (bei einem Arsengehalt über 0,2 % nimmt man entsprechend weniger) werden in einem mit Uhrglas bedeckten 600 cm³ fassenden Becherglas nach und nach, gegebenenfalls unter Kühlung, mit 80 cm³ Königswasser versetzt. Sobald die Reaktion nachläßt, erhitzt man schwach, bringt die Lösung in eine Porzellanschale, dampft ein und erhitzt auf dem Sandbad bis zum Verschwinden der Säuredämpfe. Der Rückstand wird mit 80 cm³ Salzsäure (D 1,19) aufgenommen und nach Digerieren auf dem Wasserbad (etwa 30 Min.) über Asbest filtriert; Schale und Rückstand werden mit 60 bis 80 cm³ warmer Salzsäure gewaschen. Zum Filtrat, das sich in einem 500 cm³-Becherglas befindet, werden 2 cm³ 0,03 %ige Quecksilberchloridlösung und 100 cm³ Reagens sowie etwa 0,5 g Natriumbicarbonat gebracht. Man verschließt mit einem Gummistopfen (ein durchgeführtes Glasrohr steht mit einem mit Bicarbonatlösung gefüllten Abschlußgefäß in Verbindung), erhitzt 2 Std. auf 70 ± 5°, filtriert über Asbest und wäscht 3- bis 4mal mit Salzsäure (1:3), dann mit 100 bis 150 cm³ 5 %iger Ammoniumchloridlösung. Niederschlag und Asbest werden in das Becherglas zurückgebracht, mit 80 bis 100 cm³ Wasser geschüttelt und mit eingestellter Jodlösung im Überschuß, sowie 4 bis 5 g Natriumbicarbonat versetzt. Man rührt durch, fügt nach 5 Min. 5 cm³ Stärkelösung zu und titriert mit arseniger Säure in der Weise, daß ein kleiner Überschuß mit Jodlösung wieder zurücktitriert wird.

Bemerkungen. Eine sehr ähnliche Vorschrift zur Arsenbestimmung in Gußeisen und Stahl wird auch von RABINOWITSCH gegeben.

III. WEINBERG und PIRADJAN oxydieren das mittels Stannochlorid abgeschiedene Arsen mit Salpetersäure und Kaliumpermanganat zu Arsensäure, die dann offenbar jodometrisch bestimmt wird.

2. Gewichtsanalytische Bestimmung des Arsens nach FRIDLI (a).

Reagenslösung. 50 g $SnCl_2 \cdot 2H_2O$ werden in 500 cm³ Salzsäure (D 1,18) gelöst.

Arbeitsvorschrift. 2 bis 5 cm³ der Lösung mit einem Gehalt von 1 bis 10 mg As werden in einem 150 cm³ fassenden Becherglas mit 15 cm³ siedender Reagenslösung versetzt. Man bedeckt mit einem Uhrglas, erhitzt die Flüssigkeit nach einer Viertelstunde während 10 Min. zum ruhigen Sieden und läßt über Nacht absitzen. Man fügt 80 cm³ Wasser zu, so daß der Salzsäuregehalt etwa 5 % beträgt und sammelt den Niederschlag in einem WINKLERschen Trichter[1], der auf folgende Art vorbereitet worden ist: In den 5 cm³ fassenden Kelchtrichter stopft man einen Wattebausch, gießt heißes Wasser, 25 cm³ heiße 5 %ige Salzsäure und 25 cm³ heißes Wasser durch, wäscht noch 2- bis 3mal mit 96 %igem Alkohol, anschließend 2- bis 3mal mit reinem Äther und trocknet durch 10 Min. dauerndes Durchsaugen eines kräftigen Luftstromes, der vorher eine mit Krystallbruchstücken von $CaCl_2 \cdot 6H_2O$ beschickte WINKLERsche Trockenröhre[2] passiert hat. Der Kelchtrichter wird über krystallisiertem Calciumchlorid aufbewahrt, vor Gebrauch in ein Wägegläschen gebracht und nach 10 Min. gewogen. Der Niederschlag wird im Kelchtrichter mit 50 cm³ heißer 5 %iger Salzsäure, 25 cm³ heißem Wasser, 2- bis 3mal mit 96 %igem Alkohol und 2- bis 3mal mit Äther gewaschen und in der bei der Vorbereitung des Trichters beschriebenen Weise getrocknet und gewogen.

Bemerkungen. Am Fällungsgefäß haftende Arsenflecken werden mit einer Federfahne von der Becherglaswandung entfernt. Das Kriechen des Niederschlages an der Trichterwandung kann durch sofortiges Nachspülen mit dem Alkohol vermieden werden. Das Arsen enthält nach den Untersuchungen des Verfassers bedeutende Mengen Zinn. Ein Trocknen bei höherer Temperatur ist wegen der Oxydierbarkeit des Arsens unzulässig, während die Behandlung auf die beschriebene Weise nach Anbringung folgender Korrekturen annehmbare Werte liefert (s. Tabelle 3).

Tabelle 3.

Gewicht des Niederschlages mg	Korrektur mg
100	—4,2
75	—3,7 (interpoliert)
50	—2,6
25	—1,3 (interpoliert)
10	—0,2
1	+0,1

Hg, Au, Se und Te stören die Bestimmung, durch Sb wird sie nicht beeinträchtigt.

Eine Kombination mit nachfolgender Fällung als Magnesiumammoniumarsenat wurde von FRIDLI (b) zur Trennung des Arsens von Selen angewendet. Arsen und Selen werden dabei auf die oben beschriebene Weise aus der 5 bis 6 cm³ betragenden Lösung, die 1 bis 10 mg Arsen und bis 50 mg Selen enthält, abgeschieden, worauf der gewaschene Niederschlag durch Aufgießen von Bromwasser in Lösung gebracht wird. In der Lösung, die Arsensäure neben Selensäure enthält, wird das Arsen nach Einengen als Magnesiumammoniumarsenat gefällt. Zur Entfernung von mitgefälltem Zinn löst man das Arsenat in Salzsäure, fällt neuerlich als elementares Arsen und nach Lösen in Bromwasser als Magnesiumammoniumarsenat.

---

[1] WINKLER, L. W.: Z. angew. Chem. **30 I**, 251, 259 (1917).
[2] WINKLER, L.W.: Z. angew. Chem. **31 I**, 214 (1918).

3. Direkte colorimetrische Bestimmung nach Reduktion mit ZinnII-chlorid.

Colorimetrische Bestimmung nach SCHEFFLER und GOTHE.

Die colorimetrische Bestimmung unter Reduktion mit Stannochlorid wurde schon von PECK zur Ermittlung des Arsengehaltes von Ferrum reductum herangezogen. Von SCHEFFLER und GOTHE wurde sie zur Bestimmung von Arsen im Harn ausgearbeitet. Die Methode ist für die in Betracht kommenden Mengen von wenigen Milligrammen bis zu hundertstel Milligrammen anwendbar.

Bereitung der Reagenslösung. 100 g Zinnchlorür ($SnCl_2 \cdot 2H_2O$) werden in 1 l 25%iger Salzsäure (D 1,124) gelöst. Das Reagens wird durch Einstellen einer Zinnstange wirksam erhalten. Vom Zinn wird über Watte oder Asbest abfiltriert. (Die Säurekonzentration wurde absichtlich niedriger gehalten, da Säuredämpfe beim Colorimetrieren stören.)

Arbeitsvorschrift. Die 25 cm³ betragende farblose Flüssigkeit, die das Arsen auch in fünfwertiger Form enthalten kann, wird mit 75 cm³ Reagens versetzt und kurz aufgekocht. Nach $^1/_2$ Std. wird gegen eine Vergleichslösung colorimetriert (Einstellung im HEHNERschen Zylinder).

Bemerkungen. Zur Bestimmung des Arsens im Harn wird das organische Material auf folgende Weise vorbereitet: 10 bis 100 cm³ Harn (je nach der zu erwartenden Menge Arsen) werden auf $^1/_5$ des Volumens eingedampft, mit 25 cm³ einer Schwefelsäure-Salpetersäure-Mischung (1 + 4) versetzt und zur Sirupkonsistenz eingedickt. Man spült unter dreimaligem Nachwaschen mit je 5 cm³ der Säuremischung in einen 100 cm³ fassenden KJELDAHL-Kolben über, erhitzt auf dem Drahtnetz, bis die Flüssigkeit tief dunkelbraun bis schwarz ist und erhält etwa 15 Min. im Sieden. Zur kochend heißen Lösung bringt man nun 2 cm³ der Säuremischung, wobei sich unter starkem Aufschäumen nitrose Dämpfe entwickeln, und fügt nach einiger Zeit wieder einige Tropfen der Säuremischung zu. Die Lösung wird alsbald völlig farblos und der Aufschluß ist beendet. Nach 20 Min. langem Kochen ist die Salpetersäure entfernt und die sirupöse Flüssigkeit, die etwa 5 bis 7 cm³ beträgt, wird auf 25 cm³ verdünnt und wie beschrieben colorimetriert. Da Harn, auf diese Art aufgeschlossen, mit dem Reagens an und für sich eine schwache grünlichgelbe Färbung gibt, wird zur Bereitung des Vergleichsstandards die gleiche Menge eines auf dieselbe Weise mineralisierten arsenfreien Harns zugesetzt.

Tabelle 4.

As angewendet mg	As gefunden mg	As angewendet mg	As gefunden mg
(A) 6,0	6,0	(A) 0,45	0,43
(S) 4,5	4,5	(A) 0,20	0,24
(S) 2,1	2,16	(A) 0,15	0,15
(A) 1,5	1,56	(A) 0,10	0,10
(S) 0,75	0,75	(A) 0,05	0,06

Genauigkeit der Bestimmung und Grenze der Bestimmbarkeit. 0,05 und 0,04 mg Arsen können noch quantitativ erfaßt werden. Bei einem geringeren Arsengehalt wird die Bestimmung ungenau und besitzt nur mehr qualitativen Wert. Die mit Natriumarsenitzusatz ausgeführten Beleganalysen ergaben bei Mengen von 0,8 bis 0,1 mg Abweichungen von einigen Hundertstel Milligrammen, bei Bestimmung von hundertstel Milligrammen Arsen wurde die Menge in der Regel auf einige Tausendstel Milligramm genau wiedergefunden. Versuche, bei denen das Arsen in Form von Salvarsan (S) oder Arsalyt (A) zugesetzt wurde, ergaben obige Resultate (s. Tabelle 4).

C. Abscheidung durch metallisches Kupfer.

Vorbemerkungen.

Die Methode beruht auf der bekannten REINSCHschen Arsenprobe, wonach das Arsen aus seinen Verbindungen durch metallisches Kupfer abgeschieden wird und sich als schwarzbrauner Beschlag am Kupfer absetzt. Die quantitative Auswertung dieses Arsenbeschlages wurde auf colorimetrischem Wege durch Vergleich mit Standardproben versucht. Das Arsen kann auch nach Auflösen und Abtrennen des in Lösung gegangenen Kupfers jodometrisch oder nach Abdestillieren als Trichlorid auf anderem Wege bestimmt werden. Antimon zeigt die gleiche Reaktion und darf daher nicht anwesend sein oder muß nach der Ausfällung und vor der endgültigen Bestimmung des Arsens abgetrennt werden. Ist das Arsen in fünfwertiger Form vorhanden, muß die Abscheidung in der Hitze vorgenommen werden.

1. Maßanalytische Bestimmung nach Abscheidung durch Kupfer.

***Arbeitsweise nach* COWLEY *und* CATFORD.** 10 cm³ der Probelösung werden in einem Reagensglas mit 2 cm³ Salzsäure versetzt. Man senkt eine Kupferspirale so weit ein, daß sie mit ihrem Ende etwas über den Flüssigkeitsspiegel hinausragt und erhitzt in einem gelinde wallenden Salzwasserbad 1 Std. Die Spirale wird nun völlig eingesenkt und beobachtet. Bleibt der obere Teil 10 Min. lang blank, so war das Arsen vollständig ausgeschieden. Man bringt die Spirale in ein Schälchen, löst das Arsen durch Bromwasser, das etwas Bromwasserstoffsäure enthält, fügt etwas Kalilauge zur Lösung und kocht auf, wobei das Kupferoxyd ausflockt. Man filtriert ab, reduziert die gebildete Arsensäure zu AsIII und titriert mit 0,01 n Jodlösung.

2. Andere Bestimmungsmöglichkeiten nach Abscheidung durch Kupfer.

Nach CLARK werden die mit Arsen beschlagenen Bleche in der Kälte mit verdünnter Kalilauge und Wasserstoffperoxyd behandelt, wobei sich der Überzug löst. Die alkalische Flüssigkeit wird nach Aufkochen vom Kupferoxyd durch Filtration getrennt und auf ein kleines Volumen eingeengt. Aus der Lösung wird nach Zusatz von EisenII-chlorid und Salzsäure das Arsen als Trichlorid abdestilliert.

RYDER und GREENWOOD lösen die Kupferbleche samt den Arsenniederschlägen in Salpetersäure, rauchen mit Schwefelsäure ab und trennen das Arsen durch Destillation ab.

3. Direkte quantitative Abschätzung nach Abscheidung durch Kupfer.

Bestimmung kleiner Arsenmengen durch Vergleich mit einer Standardskala nach PŘIBYL.

Die Methode liefert nur annähernde Werte, hat aber den Vorteil, daß sie rasch ausführbar ist und daß sich nach Angabe des Verfassers die Zerstörung der organischen Substanz erübrigt. Es genügt, die Probe vorher mit arsenfreier Salzsäure zu kochen.

Herstellung der Kupferfolien. Genau gleich große Kupferblättchen werden aus einer reinen elektrolytischen Kupferfolie ausgeschnitten und vor Gebrauch mit feinem Schmirgelpapier und Alkohol gereinigt. (Schlecht gereinigte Kupferbleche überziehen sich ungleichmäßig in Form von Flecken.)

Arbeitsvorschrift. Zu 1 cm³ der arsenhaltigen Lösung werden 0,5 cm³ 5%ige Salzsäure gebracht, worauf man ein gereinigtes Kupferblech (etwa 4 cm² Oberfläche) einlegt. Man erwärmt in einer Porzellanschale auf dem Wasserbad, wobei schon nach 5 Min. eine Abscheidung zu beobachten ist. Nach 10 Min. langem Erwärmen auf 90° wird der Versuch abgebrochen, das Blech mit destilliertem Wasser abgespült und anschließend das nächste Kupferblech in die Lösung eingebracht. Man behandelt wie das erstemal, legt neuerlich ein Kupferblech ein usw., bis keine Abscheidung mehr wahrzunehmen ist. Die beschlagenen Kupferbleche werden mit einer auf gleiche Art mit Hilfe von Arsenlösungen bekannten Gehalts hergestellten Skala ebenso großer Kupferbleche verglichen und die Arsenmengen an Hand der angefärbten Bleche und der jeweiligen Intensität des Beschlages abgeschätzt. Als Kontrolle wird ein Kupferblech in 1 cm³ Wasser + 0,5 cm³ 5%iger Salzsäure eingelegt und ebenfalls 10 Min. erwärmt.

Bemerkungen. Genauigkeit und Grenze der Bestimmbarkeit. Die Methode gestattet eine annähernde Schätzung. $^1/_{500}$ mg ergibt noch einen sehr schwachen Anflug, während $^1/_{1000}$ mg nicht mehr erfaßbar ist.

Ein ähnliches Verfahren wurde schon von CARMICHAEL versucht, der zu diesem Zwecke Kupferstreifen bestimmter Größe so lange in der zu bestimmenden stark salzsauren Lösung schwenkte, bis die Intensität des Beschlages einem Standard mit bekanntem Gehalt entsprach. Anschließend wurde ein neuer Kupferstreifen eingetaucht und geschwenkt, bis die Färbung des Standards erreicht war, was so lange fortgesetzt wurde, bis eine neue Kupferfolie blank blieb. Aus der Zahl der verwendeten Streifen und der dem Standard entsprechenden Arsenmenge ergibt sich der Arsengehalt der Lösung. In diesem Falle wurde also ohne Rücksicht auf die erforderliche Zeit die dem Standard entsprechende Intensität erzeugt, während nach PŘIBYL der Versuch nach einer bestimmten Zeit abgebrochen wird und sich demnach eine Reihe mit absinkender Intensität ergibt, die mit verschiedenen Standardblechen verglichen werden muß.

D. Abscheidung mit Titantrichlorid.

***Indirekte Bestimmung nach* OLIVERIO.**

Die schwach salzsaure Arsenitlösung wird mit einem Überschuß an Titantrichlorid versetzt und nach Zugabe von 20 bis 30 cm³ 20%iger Kalium-Natriumtartratlösung 15 Min. im Kohlensäurestrom gekocht. Nach Abkühlen im Kohlensäurestrom fügt man 1 bis 2 cm³ 20%iger Ammoniumrhodanidlösung als Indicator zu, worauf man mit 0,1 n Ferrialaunlösung etwas übertitriert. Durch Zurücktitrieren mit Titantrichloridlösung wird danach der genaue Endpunkt ermittelt.

Bemerkungen. Der Verfasser erwähnt die Möglichkeit das Arsen nach dem Trocknen bei 110° auszuwägen. Andere Ionen, die durch Titantrichlorid reduziert werden, z. B. Antimon, dürfen nicht anwesend sein. Das Verfahren soll bei Mengen über 0,05 g As_2O_3 befriedigende Resultate ergeben. ANDREWS und FARR machten anläßlich der Ausarbeitung ihres Verfahrens zur Fällung des Arsens mit Stannochlorid auch Versuche mit Titantrichlorid. Die erhaltenen Resultate waren befriedigend. Die Reduktion dauerte aber wesentlich länger, so daß die Verfasser gegenüber dem Zinnchlorür keine Vorteile feststellen konnten (s. auch das in § 9, S. 157 angegebene, sehr ähnliche Verfahren!).

E. Reduktion mit Zinnamalgam nach TANANAJEW und DAWITASCHWILI (a, b).

Prinzip. *Das durch Reduktion abgeschiedene Arsen wird in das Amalgam aufgenommen. Es geht eine dem reduzierten Arsen äquivalente Menge an ZinnII-Ionen in Lösung, die maßanalytisch bestimmt werden kann. Durch einen Blindversuch kann die Menge an Zinn-Ionen ermittelt werden, die auch in Abwesenheit einer reduzierbaren Substanz in der in Frage stehenden Zeit unter den gleichen Bedingungen in die Lösung übergeht. (Das Potential des Zinnamalgams unter den beschriebenen Bedingungen beträgt etwa —0,2 bis —0,3 Volt.)*

Herstellung des flüssigen Amalgams. Die zur Darstellung des Zinnamalgams nötige Menge an granuliertem Zinn wird unter Erwärmen in dem Quecksilber, das sich unter Salzsäure befindet, gelöst. Am vorteilhaftesten erwies sich 8%iges Amalgam.

Apparatur. Es wurde der Reduktor von SOMEYA[1] in etwas abgeänderter Form angewendet, und zwar wurde der obere Teil mit einem Schliff versehen, um ein leichtes Abnehmen und somit eine bequeme Titration zu ermöglichen.

Arbeitsvorgang. Die Probelösung, die das Arsen in dreiwertiger oder fünfwertiger Form[2] enthält, wird als 1 bis 2 n salzsaure Lösung angewendet. Die Reduktion wird im Reduktor unter Erwärmen auf 60 bis 70° und Durchschütteln des Reduktorinhaltes während 5 Min. in Kohlensäureatmosphäre durchgeführt. Die Lösung wird anschließend mit Kaliumdichromat in Gegenwart von Diphenylamin oder mit Kaliumpermanganat titriert.

Bemerkungen. Dauer der Bestimmung unter anderen Verhältnissen. Falls in der Kälte gearbeitet wird, beträgt die Reduktionsdauer bis zu 30 Min. In 4 n salzsaurer Lösung ist die Reduktion in der Kälte in 10 bis 15 Min. beendet.

Genauigkeit. Die auf die beschriebene Weise erhaltenen Resultate stimmen mit dem theoretischen Gehalt innerhalb eines Prozents überein. Bei einer Reduktionsdauer von 15 Min. werden die Resultate etwa 2 bis 3% zu hoch. Ebenso wie längere Reduktionsdauer führt auch eine höhere Säurekonzentration zu hohen Ergebnissen, da in diesen Fällen entsprechend mehr Zinn unter Wasserstoffentwicklung in Lösung geht.

Anwendungsmöglichkeit. Die Bestimmung ist auch in schwerlöslichen Verbindungen auf diese Weise möglich. Zur Analyse von ungelöstem Arsentrioxyd wurde die Einwaage (0,15 bis 0,04 g) in trockenem Zustand in die im Reduktor befindliche 1 bis 2 n Salzsäure (etwa 20 cm³) eingebracht. Die Resultate stimmen auf wenige Zehntel Milligramm mit den theoretischen Werten überein.

F. Reduktion durch ChromII-sulfat nach SCHATKO.

Die Reduktion wird nach SCHATKO (a) in 30%iger Salzsäure in der Kälte mit einer Lösung von $CrSO_4$ durchgeführt. Erst wenn das Arsen größtenteils abgeschieden ist, wird zum Sieden erhitzt. Auf diese Weise werden Verluste durch Entweichen von Arsentrichlorid vermieden.

Bemerkungen. Da Kupfer bereits in neutraler oder schwach saurer Lösung reduziert wird, ergibt sich eine Trennungsmöglichkeit. — Zur Bestimmung von Arsen in Zinkweiß werden nach SCHATKO (b) 5 bis 6 g davon in Wasser aufgeschlämmt und mittels Salzsäure gelöst. Unter Durchleiten von Kohlendioxyd wird in der Kälte ChromII-sulfatlösung im Überschuß hinzu-

[1] SOMEYA, K.: Z. anorg. Ch. 138, 291 (1924).

[2] Die Verfasser geben in einer späteren Veröffentlichung [TANANAJEW und DAWITASCHWILI (b)] ein Trennungsverfahren an, bei dem ArsenV im Gegensatz zu AntimonV nicht reduziert wird. Aus dem Zentralblattreferat ist nicht zu ersehen, ob es sich hier um eine Berichtigung oder um ein Verfahren unter anderen Versuchsbedingungen handelt.

gefügt, die Mischung zum Sieden erhitzt und 3 Min. lang dabei erhalten. Das ausgeschiedene Arsen wird abfiltriert, mit 5%iger Ammoniumchloridlösung ausgewaschen und in Gegenwart von 5%iger Natriumhydrogencarbonatlösung in eingestellter Jodlösung gelöst, deren Überschuß mit Arsenitlösung zurücktitriert wird. Das Verfahren ist auch für die Analyse anderer Stoffe nach entsprechender Vorbereitung brauchbar. Bei der Analyse von Stahl und Eisen muß mehr ChromII-sulfat verwendet werden, weil für die Reduktion von $Fe^{\cdot\cdot\cdot}$ zu $Fe^{\cdot\cdot}$ viel davon verbraucht wird.

G. Reduktion mit Mercurochlorid.

Annähernd quantitative Bestimmung kleiner Arsenmengen nach PIERSON (a).

Prinzip. *In stark salzsaurer Lösung wird das Arsen durch QuecksilberI-chlorid reduziert. Das abgeschiedene elementare Arsen wird von dem schweren Kalomelniederschlag okkludiert und verursacht eine Verfärbung des Bodenkörpers, die durch Vergleich mit Standardversuchen quantitativ ausgewertet werden kann. Um eine annähernd genaue quantitative Schätzung zu erreichen, müssen sehr verdünnte Lösungen angewendet werden.*

Vorbehandlung der Salzsäure. Die zum Ansäuern der Probe verwendete Salzsäure kocht man mit etwas Kalomel (etwa 1%) auf und läßt über Kalomel 24 Std. stehen. [In der späteren Veröffentlichung (PIERSON, b) wird 48stündiges Stehenlassen empfohlen.]

Arbeitsvorschrift. 0,1 g Mercurochlorid werden in ein reines trockenes 100 cm³ fassendes Becherglas gebracht, mit 5 cm³ Salzsäure versetzt, um die nötige Acidität von mindestens 30% einzustellen, worauf man 1 Tropfen bis 1 cm³ der Probelösung zufügt. Bei gelegentlichem Schütteln ist die Reduktion in wenigen Minuten beendet, wonach man das QuecksilberI-chlorid absitzen läßt. Der den Boden des Becherglases bedeckende Niederschlag weist eine der Menge des vorhandenen Arsens entsprechende Farbtönung auf, die durch Vergleich mit den auf genau gleiche Weise gewonnenen Testversuchen colorimetrisch ausgewertet wird.

Herstellung der Vergleichsproben. Als Basis für Vergleichsversuche verwendet man am besten eine mit Mercurochlorid extrahierte Probelösung.

Bemerkungen. Arsensäure fällt nur langsam und unvollständig und muß daher vor oder nach dem Zusatz von Mercurochlorid durch schweflige Säure reduziert werden. Die Reaktion verläuft in der Hitze rascher, die genau gleiche Behandlung der Testversuche ist aber schwieriger einzuhalten. Bei hoher Säurekonzentration wird das Kalomel außerdem in der Hitze leicht zersetzt und es entsteht eine die colorimetrische Bestimmung störende graue Färbung des Bodenkörpers. Die angeführte Vorbehandlung der Säure vermindert allerdings die Gefahr einer Zersetzung des Mercurochlorids. In einer späteren Veröffentlichung [PIERSON (b)] wird für den gleichen Zweck ein Zusatz von 0,02% Mercurichlorid empfohlen. Eine Färbung der Lösung stört nicht. Die Reaktion ist außerordentlich empfindlich. In reinen Lösungen zeigen noch weniger als 0,00001 mg Arsen eine sichtbare gelbliche Schattierung (bei Verwendung von 0,1 g QuecksilberI-chlorid). Die Wahrnehmbarkeitsgrenze liegt bei 0,000005 mg. Unter Einhaltung der angeführten Bedingungen ergeben sich folgende Färbungen:

0,1 mg . . . . . . tiefbraun,
0,01 mg . . . . . . rötlichbraun,
0,001 mg . . . . . rosa,
0,0001 mg . . . . . gelblich,
0,00002 mg . . . . sehr schwach gelblich.

Der Fehler bei 0,1 mg beträgt $\pm 5\%$. Das günstigste Bereich für die colorimetrische Bestimmung liegt zwischen 0,1 und 0,01 mg.

Störende Substanzen. Unter der Bedingung, daß 1 cm³ oder weniger der Probe auf 5 cm³ verdünnt wird, stören nur Substanzen, die sehr stark oxydieren oder reduzieren. Stärke, Dextrin, Blut und Casein stören nicht. Ru, Rh, Ir und Os werden mit QuecksilberI-chlorid nicht gefällt. Nitrate, Persalze, Jodide, freie Halogene, Stannochlorid und Hypophosphit dürfen nicht anwesend sein. Mehr als 0,0003 g KupferII und 0,06 g EisenIII stören ebenfalls. Auch Silber fällt quantitativ mit Kalomel. Gold, Platin, Palladium, Tellur, Selen und Jod, die auch durch Kalomel gefällt werden, können rasch und leicht abgetrennt werden, wenn man die Probelösung auf 20% an Salzsäure bringt und mit einem wesentlichen Überschuß an Kalomel behandelt. Arsen bleibt in Lösung, während die genannten Elemente ausgeschieden werden. In der Wärme und bei gelegentlichem Schütteln ist die Abscheidung in wenigen Minuten beendet, wonach dekantiert oder filtriert wird. Man erhöht die Salzsäurekonzentration anschließend auf mindestens 30% und reduziert das Arsen wie beschrieben.

H. Bestimmung durch elektrolytische Abscheidung als elementares Arsen.

Vorbemerkungen.

Bis in die neueste Zeit wurde die elektrolytische Abscheidung des Arsens in elementarer Form für quantitativ unbrauchbar gehalten. NEUMANN kam nach eingehenden Versuchen zu dem Schluß, daß die Abscheidung nur mit Hilfe einer Silberanode, die das freiwerdende Chlor zu binden imstande ist, durchgeführt werden könne. Wegen der einzuhaltenden geringen Spannung und der damit verbundenen langen Analysendauer hielt er sie aber für analytisch aussichtslos. Neuerdings gelang es nun TORRANCE, eine auf dem Mechanismus der REINSCH-Arsenprobe aufgebaute Methode auszuarbeiten, nach der das Arsen zusammen mit einer bekannten zugesetzten Menge Kupfer aus salzsaurer Lösung in kurzer Zeit quantitativ abgeschieden wird. Die Beobachtung, daß Arsen (bis 100 γ) bei Fällung zusammen mit einem genügend großen Kupferüberschuß (etwa 3 mg) quantitativ elektrolytisch abgeschieden werden kann, wurde schon etwas früher von SCHLEICHER gemacht. Das Verfahren wurde auch zu einer Mikromethode ausgebaut, die nach den angeführten Testversuchen noch die Abscheidung von 0,11 mg Arsen gestattet.

Makrobestimmung nach TORRANCE (a).

Arbeitsvorschrift. Die ArsenIII-lösung, die weniger als 0,05 g Arsen enthält, wird mit 15 cm³ Salzsäure (D 1,16) versetzt und nach Zugabe von 1 g Hydrazinchlorid und 25 cm³ einer 1% Kupfer enthaltenden Kupfersulfatlösung genau bekannten Gehaltes auf 150 cm³ verdünnt. Man elektrolysiert bei 50° zwischen Platin-Netzelektroden mit einem Hilfskathodenpotential, das unter Verwendung einer gesättigten Kalomelelektrode nach SAND [LINDSEY und SAND (a)] durchwegs auf 0,4 Volt gehalten wird. Die Stromstärke steigt anfangs auf etwa 4 Ampere, sinkt aber dann rasch innerhalb von 10 Min. auf etwa 0,1 Ampere. Sobald das Minimum an Stromstärke erreicht ist, wird noch 5 Min. weiter elektrolysiert, hierauf die Flüssigkeit aus dem oberen Teil des Hilfselektrodengefäßes zum Hauptelektrolyten abgelassen und die Abscheidung noch 5 Min. länger fortgesetzt. Der Niederschlag, der alles Arsen und das gesamte zugesetzte Kupfer enthält, wird gewogen und durch Subtraktion der bekannten Kupfermenge das darin enthaltene Arsen ermittelt.

Kontrollbestimmung des Kupfers. Zur Bestimmung des Kupfers in diesem Niederschlag kann man ihn in einer Mischung von 5 cm³ Schwefelsäure (D 1,82), 5 cm³ Salpetersäure (D 1,42) und 10 cm³ Wasser lösen, die Stickoxyde durch Kochen entfernen und nach Verdünnen auf 150 cm³ (Hydrazinsulfatzusatz als Depolarisator) 20 Min. bei 50° und einem Hilfskathodenpotential von 0,4 Volt elektrolysieren. Der Niederschlag, der nur aus Kupfer besteht, wird gewogen und von dem zuerst erhaltenen subtrahiert.

Bemerkungen. Wenn die Lösung mehr als 0,05 g Arsen enthält, gelingt die Abscheidung mit der angeführten Menge Kupfer nicht quantitativ. In diesem Fall muß nach der üblichen Analysendauer noch einmal die gleiche Kupfermenge zugesetzt und die Elektrolyse wiederholt werden. Fünfwertiges Arsen wird unter den beschriebenen Bedingungen nicht abgeschieden. Wird aber die mit Schwefelsäure gerade angesäuerte Lösung durch 5 bis 10 Min. langes Kochen mit 5 cm³ gesättigter schwefliger Säure reduziert und dann der Elektrolyse unterworfen, ist die Abscheidung quantitativ. Die angeführten Beleganalysen zeigen für ArsenIII einen maximalen Fehler von +0,3 mg, für ArsenV (nach Reduktion) einen solchen von —0,2 mg.

***Mikrobestimmung nach* TORRANCE (b).**

Apparatur. Die Bestimmung wird in der Mikro-Elektrolysenapparatur von LINDSEY und SAND (b) in der entsprechenden Arbeitstechnik durchgeführt.

Gehalt der Lösungen. Die Arsenlösung soll im Kubikzentimeter etwa 0,1 mg Arsen enthalten. Die verwendete Kupfersulfatlösung hat einen Gehalt von etwa 1 mg Kupfer im Kubikzentimeter.

Arbeitsvorschrift. Je 5 cm³ der beiden Lösungen werden in das Elektrolysiergefäß gebracht. Man setzt 1,5 cm³ Salzsäure (D 1,16) und als Depolarisator 6 Tropfen 50%ige Hydrazinhydratlösung zu. Die Mischung wird bei 65 bis 70° mit einem Anoden-Kathoden-Potential von 0,9 Volt elektrolysiert. Der anfängliche Strom von etwa 100 Milliampere sinkt innerhalb von 4 Min. auf etwa 10 Milliampere. Die Elektrolyse wird noch 5 bis 10 Min. fortgesetzt und der abgeschiedene Niederschlag von Kupfer und Arsen gewaschen, getrocknet und gewogen. Durch Subtraktion der zugesetzten Kupfermenge gelangt man zum Arsenwert.

Bemerkungen. 7 Versuche mit einem Verhältnis Cu:As = 10:1 ergaben als größte Abweichung + 0,01 mg Arsen bei Mengen zwischen 0,53 und 0,11 mg As. Die quantitative Abscheidung gelingt auch noch bei einem Kupfer-Arsenverhältnis 4:1. Ist weniger Kupfer in der Lösung, ist die Abscheidung nicht mehr quantitativ. Fünfwertiges Arsen muß auch zur Mikrobestimmung reduziert werden. 0,5 mg ArsenV wurden mit 1 cm³ gesättigter schwefliger Säure reduziert (5 Min. in verschlossenem Gefäß am Wasserbad belassen) und dann wie beschrieben elektrolysiert. Das Arsen wurde auch in diesem Fall quantitativ abgeschieden.

Literatur.

ANDERSON, C. W.: Ind. eng. Chem. Anal. Edit. **9**, 569 (1937). — ANDREWS, L. W., u. H. V. FARR: Z. anorg. Ch. **62**, 123 (1909).

BETTENDORF, A.: Z. f. Chem. (N. F.) **5**, 492; durch Fr. **9**, 105 (1870). — BOUGAULT, J.: (a) J. Pharm. Chim. (6) **15**, 527 (1902); (b) **26**, 13 (1907). — BRANDT, L.: (a) Ch. Z. **38**, 461 u. 474 (1914); (b) **50**, 829 (1926); (c) **37**, 1445, 1471 u. 1496 (1913); (d) **38**, 295 u. 984 (1914).

CARMICHAEL, H.: Am. J. Sci. **32**, 129; Chem. Ind. **10**, 191; durch C. **58**, 699 (1887). — CHALLIS, H. I. G.: Analyst **66**, 58 (1941); durch C. **113 I**, 647 (1942). — CLARK, J.: Soc. **63**, 886 (1893). — COWLEY, R. C., u. J. P. CATFORD: Pharm. J. (4) **19**, 897 (1904); durch C. **76 I**, 403 (1905).

DELAVILLE, M., u. J. BELIN: Bl. Soc. Chim. biol. **9**, 91; durch C. **98 I**, 2757 (1927). — DENIGÈS, G.: C. r. Soc. Biol. **58**, 783 (1905); durch J. V. HARISPE: J. Pharm. Chim. (8) **30**, (131) 58 (1939).

ENGEL, R.: C. r. **96**, 497 u. 1314 (1883). — ENGEL, R., u. J. BERNARD: C. r. **122**, 390 (1896). — EVANS, B. S.: (a) Analyst **54**, 523 (1929); (b) **57**, 492 (1932); (c) **67**, 346 (1942); durch C. **114 II**, 154 (1943).

FAINBERG, S. J., u. L. B. GINZBURG: Betriebslab. **1932**, Nr. 7, 23; durch C. **105 I**, 2318 (1934). — FOGELSSON, J. I., u. N. W. KALMYKOW: Betriebslab. **5**, 584 (1936); durch C. **108 I**, 1739 (1937). — FREEMAN, J. H., u. W. M. MCNABB: Anal. Chem. **20**, 979 (1948). — FRIDLI, R.: (a) P. C. H. **67**, 241 (1926); (b) **67**, 369 (1926).

HARISPE, J. V.: J. Pharm. Chim. (8) **30**, (131) 58 (1939).

KOLTHOFF, I. M.: Die Maßanalyse, 2. Aufl., Teil 2, S. 438. Berlin 1931. — KOLTHOFF, I. M., u. E. AMDUR: Ind. eng. Chem. Anal. Edit. **12**, 177 (1940); durch C. **111 II**, 378 (1940).

LESPAGNOL, A., R. MERVILLE u. WERQUIN: Bl. [5] **10**, 235, 378 (1943); durch C. **114 II**, 1653 (1943), C. **115 I**, 777 (1944). — LINDSEY, A. J., u. H. J. S. SAND: (a) Analyst **59**, 328 (1934); (b) **60**, 739 (1935). — LOMBARDO, D.: Metallurgia ital. **29**, 1 (1937); durch C. **108 II**, 260 (1937).

MAZZETTI, C., u. P. AGOSTINI: G. **53**, 257 (1923). — MISSON, C.: Chim. Ind. **25**, Sond.-Nr. 3 bis 194 (1931); durch C. **102 II**, 280 (1931).

NEUMANN, B.: Ch. Z. **30**, 33 (1906).

OLIVERIO, A.: Ann. Chim. applic. **21**, 211 (1931); durch C. **102 II**, 3517 (1931).

PECK, E. S.: Pharm. J. **1901**, 130; durch C. **72 II**, 600 (1901). — PETIT, G.: Bl. [5] **15**, 140 (1948); durch C. **120 I**, 178 (1949). — PIERSON, G. G.: (a) Ind. eng. Chem. Anal. Edit. **6**, 437 (1934); (b) **11**, 86 (1939). — PLUCHON, J. P.: Bl. Soc. Pharm. Bordeaux **70**, (2) 140 (1932); durch C. **104 I**, 1816 (1933). — POLJAKOW, A., u. N. KOLOKOLOW: Bio. Z. **213**, 375 (1929). — PŘIBYL, E.: Bio. Z. **159**, 276 (1925).

RABINOWITSCH, Z.: Betriebslab. **3**, 211 (1934); durch Fr. **99**, 56 (1934). — REINSCH, H.: J. pr. **24**, 244 (1841). — ROSENDAHL, R.: Ch. Z. **50**, 73 (1926). — RYDER, J., u. A. GREENWOOD: Chem. N. **83**, 61; durch C. **72 I**, 593 (1901).

SAND, H. J. S.: Analyst **54**, 282 (1929). — SCHATKO, P. P.: (a) Betriebslab. **7**, 412 (1938); durch C. **110 II**, 1538 (1939); (b) Betriebslab. **10**, 423 (1941); durch C. **113 II**, 2722 (1942). — SCHEFFLER, K., u. F. GOTHE: Angew. Ch. **34**, 5 (1921). — SCHLEICHER, A.: Z. El. Ch. **39**, 2 (1933).

TANANAJEW, Iw. (bzw. I. W.) u. E. (bzw. JE. G.) DAWITASCHWILI: (a) Fr. **107**, 175 (1936); (b) Betriebslab. **6** (1) 1382 (1937); durch C. **110 I**, 2834 (1939). — THURET, J.: (a) Ann. Falsific. **32**, 328 (1939); durch C. **111 I**, 1878 (1940); (b) J. Pharm. Chim. (8) **26** (129) 18 (1937). — TORRANCE, S.: (a) Analyst **63**, 104 (1938); (b) **64**, 263 (1939).

VALLERY, L.: C. r. **169**, 1400 (1919).

WASHBURN, E. W.: Am. Soc. **30**, 32 (1908). — WEINBERG, G. J., u. T. W. PIRADJAN: Rep. centr. Inst. Metals Leningrad **16**, 185 (1934); durch C. **106 II**, 1408 (1935).

ZWICKNAGL, K.: Z. anorg. Ch. **151**, 41 (1926).

§ 6. Sonstige Abscheidungs- und gewichtsanalytische Bestimmungsmethoden.

A. Bestimmung unter Abscheidung mit Molybdat.

1. Fällung als Ammoniumarsenmolybdat.

Allgemeines. Die Abscheidung beruht auf der Unlöslichkeit des Ammoniumarsenmolybdates in mäßig starker Salpetersäure. Es liegen Untersuchungen von WADA, KITAJIMA und TAKAGI vor, aus denen hervorgeht, daß eine gewisse Mindestmenge von Ammoniumnitrat zur vollständigen Fällung notwendig ist. Auch Salpetersäure begünstigt die Fällung, aber der günstige Konzentrationsbereich ist eng begrenzt. Ein Ammoniummolybdatüberschuß ist zur Fällung notwendig, die zulässige Menge ist aber durch die Ammoniumnitrat- und die Salpetersäurekonzentration festgelegt. Bei Anwesenheit eines zu großen Molybdatüberschusses fällt nämlich wasserhältige Molybdänsäure mit dem Niederschlag zusammen aus, wodurch die direkte gravimetrische und die acidimetrische Bestimmung unmöglich werden. Nach MADERNA fällt aus Lösungen mit einer H-Ionenkonzentration von weniger als $3 \cdot 10^{-1}$ n ein weißer Niederschlag mit geringerem Molybdängehalt, der in Ammoniumnitrat ebenfalls unlöslich ist. Die Methode ist noch nicht so weit ausgearbeitet, um das direkte Auswägen des Niederschlages empfehlenswert erscheinen zu lassen. Der von CHAMPION und PELLET angegebene Arsengehalt des bei 100 bis 110° getrockneten Niederschlages von 5,1% As_2O_5 bzw. 3,3% As (entsprechend 4,4% As_2O_3) stimmt mit dem von MADERNA angegebenen Verhältnis $As_2O_5:MoO_3 = 1:24$ nicht überein (PELLET). Von MISSON wird für den bei 100° getrockneten Niederschlag ein Faktor von 4,11% (offenbar für As_2O_3) angegeben. Zur Abscheidung der Arsensäure aus saurer Lösung erscheint die Methode brauchbar, obwohl sie durch die ohne genaue Kenntnis des Arsengehaltes der Probe nur sehr schwer einzuhaltenden Fällungsbedingungen nicht empfehlenswert ist.

Eigenschaften des gelben Ammoniumarsenmolybdats. Der Niederschlag ist ein kanariengelbes Pulver, in dem mitunter Rhombendodekaeder erkannt werden können. Er ist sehr ähnlich dem bekannten Phosphorsäureniederschlag zusammengesetzt und besitzt die Formel: $(NH_4)_3AsO_4 \cdot 12MoO_3 \cdot 12H_2O$. Beim Erhitzen auf 110° verliert er 10 Mol Wasser, bei 140 bis 150° den Rest, nimmt aber beim Verweilen an der Luft wieder 12 Wasser auf.

Löslichkeit. Der Niederschlag ist in mäßig starker Salpetersäure und Ammoniumnitratlösung unlöslich, leicht löslich dagegen in Ammoniak und Alkalien.

Fällungsvorschrift nach MADERNA.

Erforderliche Lösungen.

Ammoniumnitrat: 370 g Ammoniumnitrat werden in 1 l gelöst.

Waschflüssigkeit: 50 g Ammoniumnitrat und 40 cm³ konzentrierte Salpetersäure (D 1,3) werden im Liter gelöst.

Arbeitsvorschrift. 10 cm³ Lösung, die 0,08 g As_2O_3 enthalten, werden mit 15 cm³ Ammoniumnitratlösung, 60 cm³ Wasser und 2,5 cm³ Salpetersäure (D 1,3) versetzt, zum Sieden erhitzt und nach Zugabe von 1,6 g festem Ammoniummolybdat etwa 3 Min. gekocht. Der gelbe Niederschlag wird filtriert und durch Dekantieren mit der Waschflüssigkeit gewaschen.

Gravimetrische Auswertung des Niederschlages. Da von verschiedenen Autoren abweichende Angaben über den Arsengehalt des bei 100 bis 110° getrockneten Niederschlages vorliegen (s. unter Allgemeines!), scheint dieser Weg für eine exakte Bestimmung nicht gangbar. Eine indirekte Bestimmung nach Lösen des Niederschlages in Ammoniak und Fällung der Arsensäure als Magnesiumammoniumarsenat ist offenbar möglich.

Bemerkungen zur Fällung. Die Anwesenheit von Ammoniumnitrat ist notwendig und der zur quantitativen Ausfällung nötige Überschuß an Ammoniummolybdat hängt von der Konzentration der Lösung und ihrem Säuregehalt ab. Bei der beschriebenen Abscheidung aus stark mineralsaurer Lösung (über 0,3 n) fällt der gelbe Niederschlag, in dem sich As_2O_5 zu MoO_3 wie 1:24 verhält. In unter 0,3 n mineralsaurer Lösung entsteht ein weißes Arsenmolybdat mit einem Verhältnis As_2O_5:MoO_3 wie 1:16, aus dem nach Waschen mit Ammoniumnitrat und Lösen in Ammoniak das Arsen als Magnesiumammoniumarsenat gefällt werden kann. Auch in Gegenwart organischer Säuren fällt unter Umständen, allerdings nur mit einem sehr großen Reagensüberschuß, ebenso wie aus neutraler Lösung der weiße Niederschlag. Nach einer Fällungsvorschrift von MOREAU werden die Arsenatlösung und festes Ammoniumnitrat bei Siedehitze zu einem Überschuß von salpetersaurem Ammoniummolybdat gebracht. CHAMPION und PELLET vermischen die Probelösung mit ammoniakalischer ammoniumnitrathaltiger Ammoniummolybdatlösung und fällen bei 70 bis 80° mit Salpetersäure. Eine Fällungsvorschrift von MISSON wird anläßlich der Trennung von Kupfer (§ 15, S. 328) beschrieben.

Abscheidung mit nachfolgender acidimetrischer Bestimmung nach WADA, KITAJIMA *und* TAKAGI.

Reagenslösung. 50 g Ammoniummolybdat werden in 100 cm³ verdünntem Ammoniak [1 Vol. Ammoniak (D 0,90) und 3 Vol. Wasser] gelöst. 1 cm³ enthält 0,223 g Mo.

Arbeitsvorschrift. Die neutrale 20 cm³ betragende Arsenlösung, mit einem Gehalt von etwa 0,06 g AsV, wird mit 6 g Ammoniumnitrat und 9 cm³ Salpetersäure versetzt, worauf ein genügend großer Überschuß an Molybdatlösung zugefügt wird. Nach kräftigem Umrühren erwärmt man etwa 1 Std. auf 60°. Nach dem Abkühlen wird auf einen Glasfiltertiegel filtriert, mit 20%iger Ammoniumnitratlösung[1] gewaschen und mit 0,1 n Natronlauge und 0,1 n Salpetersäure titriert.

Bemerkungen. Der zulässige Molybdatüberschuß kann aus einem im Original enthaltenen Diagramm, das die Mengenverhältnisse von Salpetersäure und Ammoniumnitrat zum Molybdatüberschuß festlegt, abgelesen werden und beträgt unter den angegebenen Bedingungen 1 bis 2 cm³ der beschriebenen Reagenslösung. Die Titration wird analog der bekannten Phosphorsäurebestimmung durchgeführt.

[1] Das Ammoniumnitrat wird offenbar vor der Titration durch eine andere Waschflüssigkeit aus dem Niederschlag entfernt.

2. Sedimetrische Arsenbestimmung mit Ammoniummolybdat.

Prinzip. *Das Verfahren stellt eine mit kleinen Änderungen durchgeführte Übertragung der* COPAUX*schen Phosphorsäurebestimmung zur Ermittlung der Arsensäure dar. Die saure Arsenatlösung wird mit Äther und Alkalimolybdat versetzt, wodurch sich 3 Schichten bilden, von denen die schwerste (D 1,2 bis 1,3) gelb gefärbte aus einer Äther und Wasser enthaltenden Arsenmolybdän-Verbindung nicht ganz konstanter Zusammensetzung besteht, deren Volumen gemessen wird. Die Dichte dieser Schicht wechselt mit der Temperatur, der bei der Abscheidung gewählten Säure sowie deren Konzentration. Die Abscheidung gelingt aus schwefelsaurer, salzsaurer und salpetersaurer Lösung, wobei sich letztere als vorteilhafteste erwies.* COURTOIS *schlägt für das flüssige Reaktions-Produkt folgende annähernde Formeln vor:*

bei Abscheidung aus salzsaurer Lösung . . . . . $AsO_4 \cdot 12\,MoO_3 \cdot 26\,(C_2H_5)_2O \cdot 33\,H_2O$,
bei Abscheidung aus salpetersaurer Lösung . . . $AsO_4 \cdot 12\,MoO_3 \cdot 27\,(C_2H_5)_2O \cdot 24\,H_2O$,
bei Abscheidung aus schwefelsaurer Lösung . . . $AsO_4 \cdot 12\,MoO_3 \cdot 24\,(C_2H_5)_2O \cdot 33\,H_2O$.

Arbeitsweise nach POUSSIGUES.

Bereitung der Reagenslösung. Man löst 100 g Molybdänsäure in Soda, setzt 700 cm³ Salpetersäure (D 1,2) zu und verdünnt auf 1 l.

Apparatur. Als Reaktionsgefäß dient ein 110 cm³ fassendes, dem GERBERschen Butyrometer nachgebildetes Rohr von 36 mm Durchmesser, das einen 5 cm³ fassenden, außen 9 mm weiten und in 0,1 cm³ geteilten Ansatz trägt. Der Apparat wird durch Bestimmung von Arsensäurelösungen bekannten Gehaltes geeicht.

Arbeitsvorschrift. In dem Reaktionsgefäß mischt man 65 cm³ der Molybdatlösung mit 20 cm³ alkoholfreiem Äther, setzt 25 cm³ der Probelösung, die mindestens 0,003 g Arsentrioxyd entsprechen soll, zu, schüttelt gut durch und zentrifugiert nach $^3/_4$stündigem Stehen. Das Volumen der arsenhaltigen gelben Schicht wird abgelesen.

Bemerkungen. Für die beträchtliche Löslichkeit des öligen Produktes in den beiden anderen Schichten muß eine Korrektur angebracht werden, die durch einen Versuch gefunden wird. Vom Verfasser wurde durch Anbringung der Korrektur ein Gehalt von 0,0172 g Arsen für 1 cm³ der gelben Flüssigkeit ermittelt. Der durch die Löslichkeit verursachte Fehler kann durch entsprechendes Einengen der Lösung zwar verringert werden, andererseits darf aber die Dichte der wäßrigen Schicht nicht zu groß sein, da sich das Öl sonst nicht glatt abscheidet. Metalle stören nicht. Bei der Analyse von Mineralen mit einem Arsengehalt unter 1,16% muß das Arsen vorher als Sulfid abgetrennt werden. Zur Untersuchung antimonhaltiger Minerale wird die Probe in Salzsäure und Weinsäure gelöst. Citronensäure, Alkohol und ein großer Überschuß an Schwefelsäure stören. Phosphorsäure darf, da sie analog reagiert, naturgemäß nicht anwesend sein. Die Methode wurde durch gravimetrische Bestimmungen kontrolliert und eine gute Übereinstimmung festgestellt.

Arbeitsweise nach COURTOIS. Die bei der ähnlichen Vorschrift von COURTOIS verwendeten Mengen sind folgende: 20 cm³ Probelösung mit einem Gehalt von etwa 0,2% As_2O_5, 7 cm³ Salpetersäure, 10 cm³ Äther und 15 cm³ Molybdatlösung, die an Molybdänsäure 10%ig ist. Man ergänzt mit Wasser das Volumen auf 70 cm³.

Bemerkungen. Der Verfasser hat die Bedingungen dieser Bestimmung genau untersucht und kommt zu dem Schluß, daß wegen der Abhängigkeit der Niederschlagszusammensetzung von Temperatur und Säurekonzentration Parallelversuche mit bekannten Mengen Arsensäure unter genau den gleichen Bedingungen unerläßlich sind. Er untersuchte weiter die Möglichkeit einer Trennung von Arsensäure und arseniger Säure nach dieser Methode und fand, daß die Reaktion in salzsaurer Lösung die gesuchte Trennungsmöglichkeit bietet (aus schwefelsaurem Medium dauert die Abscheidung zu lange, während Salpetersäure auf das Arsenit oxydierend einwirkt). Für diese Trennung ist aber, offenbar wegen der Bildung von Arsenigsäure-Molybdänsäurekomplexen, ein viel größerer Reagensüberschuß und längere Zeit zur Abscheidung der öligen Verbindung nötig. $^1/_2$stündiges Stehen vor dem Zentrifugieren ergab die besten Resultate.

B. Bestimmung nach Abscheidung als Kobaltarsenat nach DUCRU.

Allgemeines. Die Methode beruht auf der Unlöslichkeit des Kobaltarsenats in schwach ammoniakalischer ammonsalzreicher Lösung.

Eigenschaften des Kobaltarsenats. Die Verbindung fällt als blauvioletter, voluminöser Niederschlag und geht beim Erwärmen in der Lösung in eine rote krystalline Form über. Bei Anwesenheit kleiner Arsenmengen fällt mitunter sofort die rote Modifikation. Bei 100° getrocknet hat es die Zusammensetzung: $Co_3(AsO_4)_2 \cdot NH_3 \cdot 7\,H_2O$. Der durch Glühen gewonnene Rückstand entspricht nicht ganz der Formel: $Co_3(AsO_4)_2$. Die Auswaage wird, offenbar durch Bildung von Kobaltperoxyd, um etwa 2% zu hoch gefunden.

Löslichkeit. Bei Gegenwart eines Überschusses an Kobaltchlorid ist der Niederschlag in ammoniumsalzhaltiger, schwach ammoniakalischer Lösung unlöslich.

Bestimmungsverfahren. *Erforderliche Lösungen.* Kobaltchloridreagens: 75 g krystallisiertes Kobaltchlorid ($CoCl_2 \cdot 6H_2O$) werden im Liter gelöst. 10 cm³ genügen zur Fällung von 0,1 g As.

Ammoniumacetat: 40%ige Essigsäure wird mit 20%igem Ammoniak bis zur schwach alkalischen Reaktion versetzt.

Abscheidung. Die Arsensäurelösung wird auf ein kleines Volumen gebracht, gegebenenfalls kann man zur Trockne verdampfen und mit einer gemessenen, möglichst kleinen Menge Wasser aufnehmen. Alkalicarbonate werden mit Salzsäure zersetzt, worauf man mit Ammoniak gegen Lackmus eben alkalisch macht. Man berechnet die voraussichtlich notwendige Menge Reagens und ermittelt durch Addition des Volumens der Probelösung das sich schließlich ergebende Endvolumen. Etwa $^1/_4$ dieses Volumens an Ammoniumacetatlösung fügt man nun zu der berechneten Reagensmenge und gibt noch 3% ebendieses Volumens an 20%igem Ammoniak aus einer Meßpipette zu. Diese Mischung gießt man zu der oben beschriebenen Probelösung, rührt tüchtig um und läßt am Wasserbad bedeckt absitzen. Sobald die Umwandlung der anfangs blauvioletten Fällung in die rote krystalline Form vollendet ist, was bei kleinen Mengen nur wenige Minuten, bei großen Mengen aber 1 bis 2 Std. dauert, läßt man erkalten und filtriert einige Stunden später. Der Niederschlag wird mit kaltem Wasser gründlich gewaschen.

Direkte Bestimmung. Der Niederschlag wird im Dampftrockenschrank getrocknet und als $Co_3(AsO_4)_2 \cdot NH_3 \cdot 7H_2O$ gewogen. Der Gehalt an Arsen beträgt 0,2506 g As je 1 g Niederschlag[1]. Unter Verwendung des empirischen Faktors 0,3193 wurden vom Verfasser auch Bestimmungen durch Verglühen des in Salpetersäure gelösten Niederschlages bei dunkler Rotglut ausgeführt.

Indirekte Bestimmung durch elektrolytische Abscheidung des im Niederschlag enthaltenen Kobalts. Der gewaschene Niederschlag wird in warmer Salzsäure (1:4) gelöst. Zur Trennung des Kobalts vom Arsen wird mit Natronlauge alkalisch gemacht und ohne Rücksicht auf den entstandenen Niederschlag mit Bromwasser gefällt. Man läßt die schwarze Fällung von Kobaltsesquioxyd einige Stunden absitzen, filtriert, wäscht und löst in verdünnter warmer Salzsäure. Nach Eindampfen der Lösung mit Schwefelsäure wird das Kobalt elektrolytisch abgeschieden. Da im Niederschlag 3 Kobalt 2 Arsen entsprechen, wird der Arsenwert durch Multiplikation des gefundenen Kobaltgewichtes mit dem Faktor 0,8473 ermittelt[1].

Genauigkeit. Nach den von Ducru angegebenen Beleganalysen liefert die Methode über einen großen Bereich (1 bis 500 mg) auch bei Gegenwart von sehr viel Alkalichlorid (1,6 g) genaue Werte. Der Fehler beträgt bei den meisten der angegebenen Analysen wenige Zehntel Milligramm. Bei Verglühen des Niederschlages wurde die Genauigkeit der beiden anderen Methoden nicht erreicht.

Bemerkungen zur Fällung. Zur Fällung ist die $1^1/_2$fache theoretische Reagensmenge notwendig. Es genügt zwar, wenn die Lösung $1^1/_2$ Vol.-% an 20%igem Ammoniak (frei) enthält, aber unter Berücksichtigung der Verdunstung wurden 3% zugesetzt. Die Lösung soll an Ammoniumsalzen 10%ig sein, wobei auch Ammoniumchlorid statt des Acetats verwendet werden kann. Ammoniumsulfat stört nicht.

C. Bestimmung unter Abscheidung als Trijodid.

Allgemeines. Die Methode beruht auf der Unlöslichkeit von Arsentrijodid in starker Salzsäure und Schwefelsäure. Durch Zusatz einer Kaliumjodidlösung zu der Arsen enthaltenden Säure bestimmter hoher Konzentration wird sowohl dreiwertiges als auch (unter Jodabscheidung) fünfwertiges Arsen als Trijodid gefällt[2]. Die Arsenbestimmung erfolgt nach Lösen des Niederschlages jodometrisch. Seybel und Wikander benützten diese Reaktion zum qualitativen Nachweis von Arsen in Säuren. Blattner und Brasseur zogen sie zur quantitativen Bestimmung heran, wobei sie sich durch die rasche Durchführbarkeit ausgezeichnet für Serienanalysen bewährte. Von Bressanin wurde der Anwendungsbereich erweitert und auf die Arsenbestimmung in organischen Substanzen und in Legierungen ausgedehnt. Eine volumetrische Methode von Fouchon und Vignoli beruht auf der Erscheinung, daß beim Zutropfen einer sauren Arsenitlösung zu einer Lösung von Kaliumjodid erst nach Zusatz einer gewissen, von der vorgelegten Kaliumjodidmenge abhängigen Menge Arsenit ein Niederschlag von Trijodid ausfällt.

Eigenschaften des Arsentrijodids. AsJ_3 ist ein gelber Niederschlag, nahezu unlöslich in Salzsäure von 20 bis 25° Bé und in Schwefelsäure von 45° Bé. In Wasser und verdünnten Säuren ist es löslich.

[1] Berechnet unter Verwendung der Atomgewichte 1941.

[2] In schwachsaurer Lösung dagegen ist das Trijodid löslich; Flajolot z. B. gründete eine Cu-As-Trennung auf den Löslichkeitsunterschied der Jodüre.

1. Schnellbestimmung von Arsen in Säuren nach BLATTNER und BRASSEUR.

Abscheidung aus Salzsäure. Die Arsenbestimmung gelingt am besten in Salzsäure von 20 bis 25° Bé. In verdünnterer Säure ist Arsentrijodid löslich. Liegt also eine solche vor, bringt man sie durch Zusatz von reiner Schwefelsäure von 45° Bé auf die genannte Dichte.

Arbeitsvorschrift. In ein Becherglas von 125 cm³ Inhalt bringt man 50 cm³ Salzsäure (20 bis 22° Bé) und gibt unter Umrühren nach und nach 5 cm³ 30%iger Kaliumjodidlösung zu. Nach etwa 1 Min. filtriert man über sorgfältig in einen Trichter eingelegte Baumwollwatte oder Glaswolle (bei ganz kleinen Niederschlagsmengen muß der Wattepfropf fest in den Trichter eingepreßt werden, um Verluste zu vermeiden) und überzeugt sich von der Vollständigkeit der Ausfällung durch Zusatz einiger Tropfen Kaliumjodidlösung zum Filtrat. Der Niederschlag wird nun einmal gewaschen, indem man das Becherglas mit einigen Kubikzentimetern reiner konzentrierter Salzsäure, die 10% an 30%iger Kaliumjodidlösung enthält, ausschwenkt und die Waschflüssigkeit über den Niederschlag gießt.

Lösen des Niederschlages und Titration. Man setzt den Trichter mit dem Niederschlag auf einen 300 cm³ fassenden ERLENMEYER-Kolben auf und löst das am Becherglas haftende Trijodid in Wasser, das dann über den Niederschlag im Trichter gegossen wird. Das Jodid wird anschließend durch Aufspritzen von Wasser vollständig gelöst und der Trichter samt Filtereinlage gut ausgewaschen. In der wäßrigen Lösung befindet sich arsenige Säure neben Jodwasserstoff. Nach Versetzen mit Natriumbicarbonat wird mit 0,1 n Jodlösung titriert.

Bestimmung in Schwefelsäure. Bei der Untersuchung von Schwefelsäure ist eine Dichte von 45° Bé erforderlich. Schwefelsäure über 50° Bé scheidet unter Umständen aus Kaliumjodid schon Jod aus, während die Arsentrijodidfällung aus verdünnterer Säure nicht quantitativ ist. Zinn und Blei bilden mit Kaliumjodid in Schwefelsäure Niederschläge, die aber in Salzsäure löslich sind. Da diese Metalle in Schwefelsäure anwesend sein können, setzt man, um Störungen zu vermeiden, vor der Abscheidung Salzsäure zu.

Arbeitsvorschrift. 25 cm³ der zu untersuchenden Säure, die man auf 45° Bé gebracht hat, werden mit 25 cm³ reiner Salzsäure versetzt. Die Fällung und weitere Behandlung wird unter Verwendung der beschriebenen Waschflüssigkeit genau wie bei der Bestimmung in Salzsäure durchgeführt.

Bemerkungen. Eine genauestens ausgeführte Bestimmung dauert etwa 10 Min. Der Arsengehalt der Säure kann nach dieser Methode auf 0,001% genau bestimmt werden. Die zu prüfende Säure soll nicht über 0,20% Arsen enthalten. Bei höherem Gehalt wendet man entsprechend weniger Probe an und verdünnt mit reiner konzentrierter Salzsäure auf 50 cm³. Die Kaliumjodidlösung muß frisch bereitet sein, damit sie kein freies Jod enthält. Schwefelsäure von 50° Bé läßt sich noch durch Baumwollwatte filtrieren. Erst bei 52° Bé tritt Koagulation ein. Außer Chlor, Stickoxyden und EisenIII-chlorid, was schon bei SEYBEL und WIKANDER festgestellt ist, stört nach den Erfahrungen der Verfasser Selen. Durch Zufügen einiger Tropfen starker ZinnII-chlorid-Lösung in Salzsäure von 20 bis 22° Bé werden Chlor, EisenIII-chlorid und Selen reduziert, wobei elementares Selen ausgefällt wird. Einige Zeit nach dem Zinnchlorürzusatz tritt allerdings bisweilen eine Fällung von Arsenzinn ein, und um dieser Reaktion zuvorzukommen, muß sofort nach der Reduktion mit Kaliumjodid gefällt werden.

Nach den Angaben von NYDEGGER und SCHAUS sind die nach der Methode von BLATTNER und BRASSEUR erhaltenen Resultate zuverlässig. Als geeignetste Säuremischung erwies sich HCl (20 bis 22° Bé): H_2SO_4 (37 bis 52° Bé) wie 1:1. Zur Entfernung der die Reaktion störenden Stickoxyde wird die Schwefelsäure mit Wasser verdünnt und durch Eindampfen wieder auf 45° Bé gebracht. Da EisenIII-chlorid in mäßigen Mengen (unter 5 g im Liter Säure von 60° Bé) und die in Salzsäure möglicherweise vorhandenen Spuren Chlor nach Ansicht der Verfasser nicht stören, wird die Zinnchlorürbehandlung in den meisten Fällen entbehrlich. Ein Gehalt an Salpetersäure beeinträchtigt die Fällung nicht und etwa ausgefälltes Bleijodid bleibt beim Lösen des Arsentrijodids zurück.

***Etwas abgeänderte Fällungsvorschrift nach* NYDEGGER *und* SCHAUS.**

Bestimmung in Salzsäure. Man bringt die Salzsäure (bei einem Gehalt von weniger als 20 mg Arsen im Liter 100 cm³, bei 20 bis 75 mg As/l 50 cm³ und bei über 75 mg As/l 25 cm³) durch Zusatz von Schwefelsäure von 66° Bé dadurch, daß der Überschuß an Wasser zum Verdünnen der Schwefelsäure verbraucht wird, auf 21° Bé an Salzsäure [man entnimmt die erforderliche Menge und das resultierende Verhältnis von HCl (21° Bé) zu H_2SO_4 (45° Bé) in dieser Mischung einer Tabelle] und ergänzt hierauf laut Tabelle mit Schwefelsäure von 45° Bé oder Salzsäure von 21° Bé, so daß ein Gemisch gleicher Raumteile dieser Säuren entsteht. Man fällt mit 5 cm³ 30%iger Kaliumjodidlösung, filtriert unter Absaugen über einen Asbestfiltertiegel und wäscht mit 1 bis 2 cm³ konzentrierter Salzsäure, die in 100 cm³ 5 cm³ 30%ige Kaliumjodidlösung enthält. Der Niederschlag wird rasch in Wasser gelöst, um die Oxydation von ArsenIII durch etwa vorhandenes Jod zu vermeiden. In der Lösung wird das Jod, wenn nötig durch Thiosulfat in Gegenwart von Stärke, entfernt. Dann wird mit Bicarbonat versetzt und je nach dem Arsengehalt mit 0,1 n, 0,02 n oder 0,01 n Jodlösung titriert.

Arbeitsbeispiel. Hat man aus einer verdünnten Salzsäure (von 5° Bé) durch Zusatz von Schwefelsäure von 66° Bé (64 cm³) eine Mischung bereitet, die 22 cm³ HCl von 21° Bé und 134 cm³ H_2SO_4 von 45° Bé entspricht, muß man noch, um ein Verhältnis 1:1 herzustellen, 112 cm³ reiner Salzsäure von 21° Bé zusetzen.

Abscheidung aus Schwefelsäure. Die Schwefelsäure wird durch Verdünnen oder Konzentrieren auf 45° Bé gebracht und weiter wie oben verfahren.

Bestimmung des Arsengehaltes von Arseniten und Arsenaten. Die Einwaage von 0,1 bis 0,5 g wird in Schwefelsäure von 45° Bé unter Erwärmen gelöst, dann das gleiche Volumen an konzentrierter Salzsäure zugesetzt und das Arsen wie oben abgeschieden.

Sonstige Fällungsvorschriften. Nach einer anderen Vorschrift von PIETERS und MANNENS wird die zu untersuchende Schwefelsäure durch Verdünnen auf 55% gebracht, das Arsen mit 10 cm³ 30%iger Kaliumjodidlösung gefällt, der Niederschlag auf ein Alundumfilter filtriert und mit 55%iger Schwefelsäure gewaschen. Nach Lösen in Wasser und Zusatz von Natriumbicarbonat wird mit 0,1 n Jodlösung titriert.

BRESSANIN (b) behauptet nach der Vorschrift von BLATTNER und BRASSEUR keine genauen Resultate erhalten zu haben, da das Arsentrijodid in Salzsäure merklich löslich sei. Er schlägt daher vor, weniger Salzsäure zu verwenden und zwar bei Bestimmung in Salzsäure 2 Teile Schwefelsäure (45° Bé) auf 1 Teil konzentrierter Salzsäure und bei der Bestimmung in Schwefelsäure nur $^1/_3$ des verwendeten Volumens an Schwefelsäure von 45° Bé. Zur Fällung verwendet er höchstens 2,5 cm³ Kaliumjodidlösung und als Waschflüssigkeit eine Mischung von 2 Teilen Schwefelsäure (45° Bé) und 1 Teil Salzsäure, jedoch ohne Kaliumjodidzusatz, um eine Jodausscheidung, die bei der Titration stören würde, zu vermeiden. Störende Stickoxyde entfernt er durch Behandeln mit Harnstoff. Nach dieser modifizierten Methode erhielt er gute Resultate und verwendete sie auch [BRESSANIN (a)] zur Bestimmung von Arsen in organischen Verbindungen, die dazu mit konzentrierter Schwefelsäure im langhalsigen Kolben aufgeschlossen werden. Das bei der Mineralisierung entstandene Schwefeldioxyd wird vor der Trijodidfällung mittels eines Luftstromes entfernt. Auch auf Handelskupfer wendete er diese Bestimmungsmethode [BRESSANIN (c)] an. Dabei wird der Eindampfrückstand der Königswasserlösung der Probe mit Schwefelsäure von 50° Bé aufgenommen, worauf man Kupfer und Arsen als Jodüre fällt. Durch Extraktion mit verdünnter schwefliger Säure wird unter Reduktion des freien Jods aus dem filtrierten und gewaschenen Niederschlag das Arsentrijodid abgetrennt. In dieser Lösung kann (nach Oxydation des Schwefeldioxyds mit Jod in schwefelsaurer Lösung) das Arsen nach Zusatz von Bicarbonat jodometrisch bestimmt werden. Außerdem gründet BRESSANIN (b) auf das Verfahren eine Trennungsmethode für Arsen und Antimon, da sich einerseits Antimontrijodid in Salzsäure löst, anderseits aus schwefelsaurer Lösung die Summe von Arsen und Antimon gefällt werden kann.

2. Volumetrische Bestimmung des Arsens nach FAUCHON und VIGNOLI.

Prinzip. *Tropft man eine saure Arsenitlösung zu einer Kaliumjodidlösung, erscheint nach Zusatz einer bestimmten Menge Arsen, die durch einen Parallelversuch unter genau den gleichen Bedingungen mit einer Testlösung bekannten Gehaltes ermittelt wird, eine Trübung von Trijodid, indem der anfänglich gebildete Komplex durch einen Überschuß an arseniger Säure zersetzt wird. Im Gegensatz zu Antimon und Wismut, die gleiche Reaktion zeigen und deren Komplexe lebhaft gefärbt sind, bleibt die Arsenlösung bis zum Auftreten der Fällung nahezu farblos.*

Erforderliche Lösungen. Kaliumjodidlösung: Ungefähr 10 g Kaliumjodid werden in 100 cm^3 Wasser gelöst.

Arsen-Vergleichslösung: Man bereitet sich eine 40 vol.-%ig schwefelsaure Lösung von arseniger Säure mit einem der Probelösung ungefähr entsprechenden, genau bekannten Gehalt.

Arbeitsvorschrift. Die Probe kommt in 40 vol.-%ig schwefelsaurer Lösung zur Anwendung.

Je gleiche Mengen der Kaliumjodidlösung werden in zwei gleiche Fällungsgefäße gebracht. Zu der einen Lösung läßt man nun tropfenweise unter Umrühren die Testlösung zufließen, bis eine bleibende Trübung entsteht. Es ergibt sich ein Verbrauch von V cm^3 der Testlösung.

In der gleichen Weise wird zu der im anderen Gefäß befindlichen Kaliumjodidlösung die Probelösung zugetropft. Es ergibt sich ein Verbrauch von V' cm^3 der Probelösung.

Berechnung des Arsengehaltes. Die Produkte aus der Anzahl der verbrauchten Kubikzentimeter und den Gehalten der Lösungen müssen gleich sein. Daher ist das Produkt aus dem Volumen V und dem Gehalt der Testlösung gleich dem Produkt aus dem Volumen V' und dem Gehalt der Probelösung; der Gehalt der Probelösung ist demnach gleich dem Produkt aus V/V' und dem Gehalt der Testlösung.

D. Bestimmung unter Abscheidung als Uranylarsenat bzw. Uranylammoniumarsenat.

Allgemeines. Die zuerst von WERTHER empfohlene Art der Bestimmung wurde von PULLER 1871 als die beste der damals bekannten Einzelbestimmungen bezeichnet. Sie beruht auf der Unlöslichkeit des Uranylarsenats, bzw. des Uranylammoniumarsenats in verdünnter Essigsäure. BRÜGELMANN arbeitete ein auf dieser Bestimmung beruhendes maßanalytisches Verfahren aus, das sich gut bewährte. Auch eine indirekte maßanalytische Bestimmung durch Fällen der Arsensäure mit einem Überschuß an Uranylacetat und oxydimetrische Bestimmung des Überschusses wurde veröffentlicht. Weiterhin existiert ein colorimetrisches Verfahren zur Bestimmung des Urans im Niederschlag.

Eigenschaften des Uranylarsenats und des Uranylammoniumarsenats. Der blaß gelblichgrüne schleimige Niederschlag [beim Fällen in der Hitze kann er in kompakterer Form erhalten werden (LEWIS und DAVIS)] entspricht bei Fällung aus ammoniumsalzhaltiger Lösung der Formel $NH_4UO_2AsO_4 \cdot nH_2O$. Aus ammoniumsalzfreier Lösung fällt $UO_2HAsO_4 \cdot 4H_2O$ (PULLER), das bei 120° sein Krystallwasser abgibt. Der Niederschlag läßt sich zum hellgelben Pyroarsenat verglühen. Sollte der Niederschlag grünlich gefärbt sein, deutet das auf teilweise Reduktion, die durch Befeuchten mit Salpetersäure und neuerliches Glühen rückgängig gemacht werden kann. Bei stärkerem Erhitzen verflüchtigt sich das Arsen und es bleibt U_3O_8 zurück. Beim Veraschen des Niederschlages tritt teilweise Reduktion zu niedrigerem Oxyd ein. Der moosgrüne Rückstand löst sich leicht in wenigen Tropfen konzentrierter Salpetersäure. Nach vorsichtigem Eindampfen und neuerlichem Glühen erhält man schwarzes U_3O_8.

Löslichkeit. Der Niederschlag ist in Wasser, verdünnter Essigsäure, Ammoniumsalzlösungen und Ammoniak unlöslich, dagegen leichtlöslich in Mineralsäuren.

1. Gewichtsanalytische Bestimmung nach Fällung als Uranylarsenat.

I. Bestimmung als Pyroarsenat.

Arbeitsvorschrift nach **C. R. FRESENIUS (a).** Die Arsensäurelösung wird mit Lauge oder Ammoniak im Überschuß versetzt und hierauf mit Essigsäure stark angesäuert (es muß eine klare Lösung resultieren). Man setzt einen Überschuß an Uranylacetat zu und kocht. Die schleimige Fällung wird durch Dekantieren mit heißem Wasser gewaschen und auf ein Filter gebracht. Nach dem Trocknen wird der Niederschlag vom Filter getrennt, dieses mit Ammoniumnitrat befeuchtet und nach Trocknen im Porzellantiegel vorsichtig verascht, der Rückstand zusammen mit der Hauptmenge langsam erhitzt und nach Zusatz von Salpetersäure oder im Sauerstoffstrom schwach geglüht. Der Rückstand entspricht der Formel $(UO_2)_2As_2O_7$ und enthält 18,68% As[1] bzw. 28,66% As_2O_5[1].

Bemerkungen. Ein Zusatz von einigen Tropfen Chloroform zur halberkalteten Lösung soll das Absitzen des schleimigen Niederschlages erleichtern. Wenn der Niederschlag bei Gegenwart von Ammoniumsalzen gefällt wurde und daher Ammoniak enthält, ist bei zu raschem Verglühen des Niederschlages die Gefahr der Reduktion durch Ammoniak vorhanden. Wurde in Abwesenheit von Ammoniak gefällt, braucht das Erhitzen nicht so vorsichtig zu erfolgen.

II. Bestimmung als U_3O_8 nach Lewis und Davis.

Zu 50 cm³ der Arsenatlösung, die etwa 0,4 g Arsen im Liter enthält, bringt man 10 cm³ 4 n Ammoniaklösung und säuert mit Essigsäure an, bis die Lösung schwach danach riecht. Man erhitzt zum Sieden, gibt 20 cm³ 0,1 n Uranylacetatlösung zu und filtriert nach einigen Stunden den bis dahin etwas gröber gewordenen Niederschlag über ein feinporiges quantitatives Filter. Man entfernt durch Auswaschen die löslichen Salze, faltet das den Niederschlag enthaltende Filter fest zusammen und verglüht es auf dem Boden eines Quarztiegels. Der moosgrüne Rückstand, der das Uran nicht zur Gänze in sechswertiger Form enthält, wird mit Salpetersäure befeuchtet und durch neuerliches Glühen in U_3O_8 übergeführt. Das Oxyd kann über einem Bunsen-Brenner zur Gewichtskonstanz geglüht werden. 1 g U_3O_8 entspricht 0,2668 g As.

Bemerkungen. Es ergab sich keine Gewichtsdifferenz beim Glühen des Niederschlages an der Luft oder im Sauerstoffstrom. Die nach dieser Methode erhaltenen Werte stimmen mit den theoretisch errechneten Zahlen auf wenige Zehntelprozente überein.

2. Maßanalytische Bestimmung unter Abscheidung als Uranylarsenat.

I. Direkte maßanalytische Bestimmung nach Brügelmann.

Das Verfahren ist eine Modifikation der von Boedecker angegebenen Vorschrift und ist in gleicher Ausführung auch zur Bestimmung der Phosphorsäure brauchbar. Die Uranlösung soll etwa 20 g Uranoxyd im Liter enthalten und wird auf eine Arsenlösung bekannten Gehaltes eingestellt.

Arbeitsvorschrift. Die Probe wird in Wasser, Salzsäure oder Salpetersäure gelöst, die Lösung in der Kälte mit Natronlauge oder Ammoniak gegen Lackmus deutlich alkalisch gemacht, worauf mit Essigsäure wieder stark angesäuert wird. Da auf diese Weise sehr wenig Natrium- bzw. Ammoniumacetat gebildet wird, läßt sich der Endpunkt durch Tüpfeln gegen Ferrocyankalium sehr scharf nachweisen. In der Lösung, die nicht mehr als 50 cm³ betragen soll, wird die Titration in der Weise durchgeführt, daß man die Hauptmenge der voraussichtlich benötigten Uranlösung der kalten Flüssigkeit zusetzt, einige Minuten zum Kochen erhitzt und in kleinen Anteilen zu Ende titriert, wobei man nach jedesmaligem Zusatz aufkocht und gegen Ferrocyankalium auf einer Porzellanplatte tüpfelt. Der Endpunkt ist erreicht, wenn bei Zusatz eines Tropfens Kaliumferrocyanid zu einem Tropfen der zu titrierenden Flüssigkeit eine eben erkennbare Braunfärbung einen Überschuß an Uran anzeigt, der durch nochmaliges Aufkochen nicht verschwindet.

Ist der Gehalt an Arsensäure nicht annähernd bekannt, führt man eine orientierende Titration in der Weise aus, daß man je 1 cm³ der Uranlösung zusetzt.

[1] Unter Verwendung der Atomgewichte 1941 berechnet.

Erst nachdem der Verbrauch so ungefähr ermittelt ist, titriert man wie oben beschrieben, auf 0,1 cm³ genau.

Bemerkungen. Durch das anfängliche Arbeiten in der Kälte wird eine teilweise Ausfällung etwa vorhandener alkalischer Erden vermieden. Ionen, die mit Arsensäure in Essigsäure unlösliche Verbindungen geben, oder solche, die mit Kaliumferrocyanid Farbreaktionen zeigen, dürfen nicht anwesend sein.

WARUNIS bestimmt mit Hilfe dieser Methode den Arsengehalt organischer Verbindungen nach Aufschluß mit Kaliumnitrat und Natriumperoxyd (s. dazu § 16, S. 373). Die Lösung der Schmelze wird mit Salzsäure angesäuert und wenn nötig filtriert. Nach dem Neutralisieren und Ansäuern mit Essigsäure füllt er auf ein bestimmtes Volumen auf und verwendet zu jeder Titration höchstens 50 cm³ dieser Lösung.

Von MILLOT und MAQUENNE wurde zur Abtrennung des Arsens von störenden Ionen die Behandlung im MARSH-Apparat empfohlen, wobei der entwickelte Arsenwasserstoff in rauchender Salpetersäure aufgefangen wird. Nach Verdampfen zur Trockne wird mit Natriumacetat aufgenommen und mit Uranylacetat titriert. Sie bestimmten auf diese Weise den Arsengehalt von Mineralwasser. Voraussetzung bei diesem Vorgehen ist allerdings, daß alles Arsen quantitativ als Arsenwasserstoff in die Salpetersäure übergeht und nichts davon im Entwicklungskolben zurückbleibt.

II. Indirekte maßanalytische Bestimmung nach LEWIS und DAVIS.

Die Fällung wird wie unter 1, II (S. 103) ausgeführt. Das Filtrat wird mit Schwefelsäure angesäuert und der Überschuß an Uran nach Reduktion im JONES-Reduktor durch Titration mit 0,05 n Kaliumpermanganat nach LUNDELL und KNOWLES bestimmt.

Bemerkungen. In 4 Bestimmungen wurden statt des berechneten Gehaltes von 40,3% Arsen Werte zwischen 40,2 und 40,4% gefunden. Bei einem Gehalt von 22,46% wurden 22,61 und 22,7% Arsen gefunden, was die Verläßlichkeit der Methode beweist.

In Gegenwart von Nitraten oder anderen durch nascierenden Wasserstoff reduzierbaren Stoffen ist diese Art der maßanalytischen Bestimmung nicht anwendbar. Ein Versuch, den Niederschlag in Schwefelsäure zu lösen und nach Reduktion mit Zink das darin enthaltene Uran zu titrieren, scheiterte an der Schwierigkeit, das Arsen in annehmbar kurzer Zeit zu verflüchtigen, was vor der Titration unbedingt erfolgen muß, da das Arsen natürlich stört. In diesen Fällen muß also auf die gravimetrische Auswertung des Niederschlages zurückgegriffen werden.

3. Colorimetrische Bestimmung nach Fällung mit Uranylacetat.

Prinzip. *Das Arsen wird durch Uranylacetat ausgefällt und das im Niederschlag enthaltene Uran colorimetrisch bestimmt. (Phosphorsäure darf nicht anwesend sein!)*

Arbeitsvorschrift nach AUTENRIETH *und* BREH.

Fällung. Die wäßrige Lösung der Arsensäure oder des Arsenats wird stark ammoniakalisch gemacht und mit Essigsäure wieder schwach angesäuert. Man setzt einen Überschuß an Uranylacetatlösung zu, kocht auf, läßt $^1/_4$ bis $^1/_2$ Std. absitzen und filtriert durch ein kleines Filter ab. (Falls das Filtrat trüb ist, wird so lange hin und her filtriert, bis eine klare Lösung resultiert.) Man wäscht mit warmem etwas Ammoniumchlorid enthaltendem Wasser so lange aus, bis das Filtrat nach Abkühlen und Ansäuern mit 2 bis 3 Tropfen verdünnter Salpetersäure mit Kaliumferrocyanid keine Reaktion mehr gibt.

Lösen des Niederschlages und Colorimetrieren. Der ausgewaschene Niederschlag wird mit wenig verdünnter Salpetersäure vom Filter gelöst (gegebenenfalls mehrmaliges Zurückgießen des Filtrats) und das Filter mit warmem Wasser gründlich nachgewaschen. Filtrat und Waschwasser werden in einen Meßzylinder gebracht, mit 2 bis 3 cm³ 10%iger Kaliumferrocyanidlösung versetzt und durchgeschüttelt. Nach 10 bis 20 Min. langem Stehen in der Kälte ist das Maximum der Farbintensität erreicht. Sollte die Färbung zu intensiv sein, verdünnt man mit Wasser, bis man in ein günstiges Ablesungsbereich gelangt. Die vollkommen klare und rein rotbraune Lösung (ist ein Niederschlag ausgeflockt, kann die Bestimmung nicht mehr verwertet werden) wird in den kleinen Trog des AUTENRIETH-KÖNIGSBERGERschen Keilcolorimeters gefüllt und durch Verschieben des geeichten Vergleichskeiles bis zur gleichen Farbstärke der Gehalt an Uran ermittelt.

Anwendungsbereich. Die Lösung soll nicht mehr als 3 bis 3,5 mg Arsen in 100 cm³ enthalten, da sonst bei längerem Stehen Flockung auftritt.

Füllung des Vergleichskeiles. Man verwendet dazu eine Mischung von Kobaltnitrat, Chromalaun, Kupfersulfat und Pikrinsäure.

Eichung des Vergleichskeiles. Die Eichung wird mit Hilfe einer Arsenlösung bekannten Gehaltes durchgeführt. Man fällt eine 3 mg Arsen entsprechende Menge Arsensäure mit Uranylacetat und stellt aus dem gelösten Niederschlag 100 cm³ Farblösung her. 10, 9, 8, ... usw. bis 2 cm³ der Lösung entsprechend 0,3, 0,27, ..., 0,06 mg As werden jeweils mit Wasser auf 10 cm³ verdünnt und in den Apparat gebracht. Die entsprechenden Skalenteile werden abgelesen. Durch Eintragen der Arsenwerte auf der Abscisse und der zugehörigen Skalenteile auf der Ordinate erhält man die Eichkurve.

E. Bestimmung unter Abscheidung als Silber-Thalliumarsenat.

Allgemeines. Der Niederschlag von Ag_2TlAsO_4 ist rein weiß und in Wasser, Alkohol und Äther praktisch unlöslich. Nach G. SPACU und P. SPACU ist er in warmer verdünnter Schwefelsäure und Salpetersäure löslich, zeigt mit konzentrierter Salpetersäure Gelbfärbung und Auflösung in der Wärme, wird aber von Ammoniak auch in der Hitze nicht zersetzt. Durch Alkalihydroxyd wird die Verbindung unter Abscheidung von Silberoxyd geschwärzt. Vor Licht geschützt verändert sie sich im Vakuum oder an der Luft nicht. Die Verbindung hat einen Gehalt von 24,85% AsO_4''' bzw. 13,40% As.

1. Gravimetrische Bestimmung nach SPACU und DIMA.

Arbeitsvorschrift. Die Probe, die in 50 cm³ Wasser eine 0,05 bis 0,1 g $Na_2HAsO_4 \cdot 7H_2O$ entsprechende Menge an Arsen enthält, wird, sofern sie sauer reagiert, mit verdünntem Ammoniak neutralisiert (ein geringer Überschuß an Ammoniak kann durch Erhitzen auf dem Wasserbad vertrieben werden). Die neutrale Lösung wird mit 5 bis 10 cm³ einer 4%igen wäßrigen ThalliumI-acetat-Lösung versetzt, worauf man unter Umrühren aus einer Bürette 5 bis 10 cm³ 0,1 n Silbernitratlösung zutropfen läßt. Der sofort ausfallende weiße Niederschlag wird unmittelbar nachher in einem Porzellanfiltertiegel[1] gesammelt, mit Wasser gut gewaschen, 3- bis 4mal mit Alkohol und 5- bis 6mal mit Äther nachgespült und im Vakuum 20 Min. getrocknet.

Bemerkungen. Zur Überprüfung der Methode wurde der AsO_4'''-Gehalt von $Na_2HAsO_4 \cdot 7H_2O$ p. a. (MERCK) mit einem theoretischen Gehalt an Arsenat-Ion von 44,52% bestimmt. Bei wechselnden Mengen (Auswaage an Ag_2TlAsO_4 0,0633 bis 0,1690 g) wurden 44,40 bis 44,85% AsO_4''' gefunden. Das Thalliumacetat muß in großem Überschuß (mindestens im Verhältnis 1 As : 4 Tl) vorhanden sein. Der Zusatz der Silbernitratlösung hat tropfenweise zu erfolgen, andernfalls der Niederschlag durch tertiäres Silberarsenat verunreinigt ist. Die Verfasser heben als Vorteile

[1] Der leere Tiegel wird zuerst mit Wasser, dann 3mal mit Alkohol und 5- bis 6mal mit Äther gewaschen und in einem Calciumchloridexsiccator im Vakuum 15 Min. getrocknet.

der Methode gegenüber der Bestimmung als Magnesium-Pyroarsenat die rasche Ausführbarkeit sowie den günstigen Faktor (13,07 %[1] As gegen 48,26 % bei $Mg_2As_2O_7$) hervor.

2. Potentiometrische Bestimmung nach SPACU und DRĂGULESCU.

SPACU und DRĂGULESCU gründen auf die Fällung von Ag_2TlAsO_4 ein maßanalytisches Verfahren zur Bestimmung von Arsenat mit potentiometrischer Endpunktsbestimmung. Die Titration wird vorteilhaft in stark alkoholischer Lösung unter Verwendung einer Kalomelelektrode als Bezugselektrode ausgeführt. Als Titerflüssigkeit dient eine Mischung von Thalliumacetat und Silbernitrat mit bekanntem Silbergehalt, in der die Thalliumkonzentration etwas größer ist als dem Verhältnis Thallium : Silber = 1 : 2 entspricht. Werden Thallium-Ionen in großem Überschuß (etwa das 3,5fache der stöchiometrischen Menge) angewendet, wird die Empfindlichkeit erhöht. Auch ein Zusatz von Alkohol wirkt sich in diesem Sinne aus.

F. Bestimmung nach Abscheidung als Calciumarsenat.

Allgemeines. Durch Zusatz von Calciumchlorid fällt aus einer ammoniakalischen Alkaliarsenatlösung tertiäres Calciumarsenat $[Ca_3(AsO_4)_2 \cdot 3H_2O]$, dem nach FIELD je nach den Konzentrationsverhältnissen mehr oder weniger Calciumammoniumarsenat beigemengt ist. [Reines Calciumammoniumarsenat ($CaNH_4AsO_4 \cdot nH_2O$) kann z. B. durch Zusatz eines Überschusses von Ammoniak und Ammoniumtriarsenat zu einer Calciumchloridlösung erhalten werden.] Untersuchungen über das System As_2O_5—CaO—H_2O bei verschiedenen Temperaturen wurden neuerdings von GUÉRIN (a) veröffentlicht. Die Fällung wurde lediglich zur Abtrennung der Arsensäure verwendet. Ein direktes Auswägen des Niederschlages ist nicht möglich.

Eigenschaften des Calciumarsenats. Die Löslichkeit ist in Wasser und Ammoniumsalzen bedeutend, wird aber durch Gegenwart von Ammoniak weitgehend herabgesetzt. Trotzdem ist die Löslichkeit so groß, daß man mit sehr wenig Waschflüssigkeit auskommen muß. Der Niederschlag fällt flockig aus und wird beim Umrühren krystallin.

Bestimmung von Arsen neben Kupfer in Pflanzenschutzmitteln nach WESSEL.

Die Substanz wird in verdünnter Essigsäure oder Salzsäure gelöst, im Meßkolben aufgefüllt und ein aliquoter Teil angewendet. Gegebenenfalls wird von unlöslichen Füllstoffen abfiltriert. Die Lösung, die etwa 0,03 bis 0,04 g As als Arsensäure neben KupferII enthalten soll, wird mit 1 cm³ 10 %iger Calciumchloridlösung versetzt und mit 10 %igem Ammoniak alkalisch gemacht. Man gibt noch 8 bis 10 cm³ Ammoniak im Überschuß zu und rührt einige Minuten stark, bis der flockige Niederschlag sich krystallin absetzt. Nach 10- bis 12stündigem Absetzen dekantiert man die Lösung möglichst vollständig durch ein kleines Filter ab, wäscht durch 1- bis 2maliges Dekantieren mit je 2 cm³ einer Waschflüssigkeit, die an Calciumchlorid 1- bis 2 %ig und an Ammoniak 2- bis 3 %ig ist, und benetzt hierauf das Filter noch 2- bis 3mal mit je 2 cm³, bis es farblos erscheint.

Der am Filter befindliche Anteil des Niederschlages wird in 5 cm³ 10 %iger Salzsäure gelöst, das Filter 2- bis 3mal mit je 2 cm³ der Säure nachgewaschen und die Lösung in dem Becherglas aufgefangen, das die Hauptmenge des Niederschlages enthält. Das Arsen wird in der Lösung maßanalytisch bestimmt.

G. Bestimmung nach Abscheidung als Bariumarsenat (und Bariumarsenit).

Allgemeines. Die Möglichkeit, die Arsensäure neben Kupfer, Kobalt und Nickel über das Bariumsalz abzuscheiden, wurde schon von FIELD untersucht. Aus einer ammoniakalischen Lösung von Arsensäure wird durch Zusatz von Bariumchlorid das tertiäre Arsenat ausgefällt. Eine Arbeit über das System As_2O_5—BaO—H_2O wurde in letzter Zeit von GUÉRIN (b) veröffentlicht. Eine auf der Fällung von sekundärem Bariumarsenat beruhende maßanalytische Methode ist § 9, S. 158 beschrieben.

Eigenschaften des Bariumarsenats. Der weiße pulvrige Niederschlag, der der Formel $Ba_3(AsO_4)_2$, vielleicht mit einem Gehalt an Krystallwasser, entspricht, kann durch Erhitzen auf 150° wasserfrei erhalten werden.

Löslichkeit. Der Niederschlag ist in kalter Salzsäure, Salpetersäure sowie in Essigsäure und Weinsäure löslich. FIELD fand folgende Löslichkeiten (s. Tabelle 5).

---

[1] Aus der Formel errechnet sich ein Arsengehalt von 13,40 %.

Tabelle 5.

Menge Bariumarsenat g	Lösungsmittel	Gelöste Menge g	Im Filtrat gefällt $BaSO_4$ g
10	2000 g H_2O (kalt)	1,10 (in 48 Std.)	0,9
10	2000 g 5%iges NH_4Cl	3,852	3,41
10	1800 g H_2O + 200 g NH_3 (D 0,88)	0,06	—

Durch einen Überschuß an Ammoniak wird also wie beim Magnesiumammoniumarsenat die Löslichkeit sehr heruntergesetzt und der lösende Einfluß der Ammoniumsalze weitgehend ausgeschaltet.

Abscheidungsverfahren. Ein Vorschlag von Filippi, Arsensäure und arsenige Säure bei Gegenwart von Ammoniak als Bariumsalze zu fällen, wird von Toneghutti negativ beurteilt. Nach seiner Erfahrung fällt anscheinend die Arsensäure quantitativ aus, nicht aber die arsenige Säure. Rosenthaler wieder behauptet, daß bei Anwesenheit von genügend Ammoniak wohl die arsenige Säure quantitativ ausgefällt werden könne, daß aber die Abscheidung der Arsensäure erst durch Zusatz von Lauge möglich sei. Unter diesen Bedingungen werden nach seinen Angaben AsIII und AsV vollständig ausgefällt.

H. Bestimmung nach Abscheidung als Wismutarsenat.

Eigenschaften des Wismutarsenats. Der Niederschlag stellt ein weißes Pulver dar (unter dem Mikroskop kugelige, sternförmige oder oktaedrische Gebilde). Bei 100 bis 120° getrocknet entspricht es der Formel $BiAsO_4 \cdot {}^1/_2H_2O$. Das Krystallwasser wird erst beim Glühen abgegeben. Die Verbindung ist in verdünnter Salpetersäure bei Gegenwart von Wismutnitrat schwer löslich, löst sich aber in Salzsäure.

***Arbeitsvorschrift nach* Wenger *und* Cimerman.** Die salpetersaure Arsensäurelösung (arsenige Säure wird mit Salpetersäure oxydiert, zur Trockne verdampft, mit Wasser aufgenommen und mit Salpetersäure angesäuert) wird mit einer salpetersauren Lösung von Wismutnitrat, die etwa 4- bis 5mal so viel Wismut enthält, als Arsen vorhanden ist, gefällt. Nach Filtrieren durch einen Gooch-Tiegel wird mit Salpetersäure (D 1,31) gewaschen, bei 105° getrocknet und als $BiAsO_4 \cdot {}^1/_2H_2O$ gewogen. Der Arsengehalt der Verbindung beträgt 20,99%

Bemerkungen. Von den angewendeten 0,25 g As_2O_3 wurden in 3 Versuchen 99,71, 99,53 und 99,84% wiedergefunden. Ist zu wenig Salpetersäure anwesend, bilden sich basische Wismutsalze, während bei zu hoher Säurekonzentration ein Teil des Niederschlages in Lösung bleibt.

Eine Arbeitsvorschrift von Carnot *findet sich § 3, S. 67.*

J. Bestimmung nach Abscheidung als basisches Eisenarsenat[1].

Allgemeines. Die Methode beruht auf der Eigenschaft von ArsenV in Gegenwart von EisenIII bei Neutralisation der Lösung mit Ammoniak oder Calciumcarbonat quantitativ in den Eisenniederschlag einzugehen und kann zur Abtrennung geringer Arsenmengen aus großem Volumen, zur Abscheidung neben Kupfer, Molybdän oder großen Mengen an Alkalisalzen sehr gute Dienste leisten. Allerdings eignet sich der Niederschlag nicht zur Wägung und man muß anschließend eine Abtrennung des Arsens vornehmen, was z. B. einfach durch Destillation oder Überführung in AsH_3 möglich ist. Sofern die Probe selbst nicht schon Eisen enthält, werden nach Hillebrand und Lundell je 10 mg Arsen 0,1 bis 0,2 g EisenIII-salz zugefügt. Se, Te, P, W, V, Sn und Sb werden ebenso wie Arsen gefällt und dürfen daher nicht anwesend sein oder müssen nachher abgetrennt werden. Franceschi machte den vereinzelt gebliebenen Versuch, die Arsensäure durch Titration mit Ferrichlorid (der Endpunkt wird mit Kaliumrhodanid ermittelt) zu bestimmen. Die Menge des im Niederschlag gebundenen Eisens ist jedoch davon abhängig, ob ein primäres, bzw. sekundäres oder tertiäres Arsenat zur Titration vorliegt.

[1] Nach Biltz sowie Lockemann und Paucke handelt es sich bei der Fällung von ArsenIII bzw. ArsenV durch EisenIII-hydroxyd oder Aluminiumhydroxyd um eine Adsorptionserscheinung. Nähere Angaben zur Adsorption von Arsen durch Eisen- und Aluminiumhydroxyd finden sich noch bei Lockemann und Lucius sowie bei Yoe. Bei der Fällung mit Aluminiumhydroxyd erhält man nicht so zuverlässige Resultate (die Fällung muß in der Wärme erfolgen und erfordert einen sehr großen Überschuß an Aluminiumsalz, wobei die höchste quantitativ erfaßbare Arsenmenge 20 γ in 100 cm^3 Lösung beträgt).

1. Bestimmung von Arsen in Mineralwasser nach R. FRESENIUS (c).

Der Inhalt von zwei großen Ballons (92650 g Wasser) wurde mit etwas Natriumhypochlorit oxydiert, mit Salzsäure bis zur deutlich sauren Reaktion und etwas EisenIII-chlorid versetzt und mit reinem, gefälltem Calciumcarbonat neutralisiert. Der entstandene ockerfarbige Niederschlag wurde nach dem Absetzen filtriert und gewaschen. Nach Lösen in Salzsäure wurde das Arsen durch Destillation abgetrennt.

Bei GRÜNHUT findet sich folgende, *etwas abgeänderte Vorschrift:* Man konzentriert 40 bis 60 l Wasser auf 4 l und filtriert. Nach schwachem Ansäuern mit Salzsäure und Zugabe von etwas EisenIII-chlorid wird die Lösung durch langsames Eintragen des hauptsächlich aus Calciumcarbonat bestehenden Filtrationsrückstandes wieder neutralisiert. Sofern ein Wasser beim Einengen kein Calciumcarbonat abscheidet, verwendet man zur Neutralisation reines Calciumcarbonat. Nach wiederholtem Mischen läßt man den Niederschlag, der alles Arsenat (und Phosphat) enthält, absetzen, filtriert und löst nach dem Waschen in Salzsäure. Aus der Lösung wird das Arsen isoliert (Schwefelwasserstoff-Fällung, Lösen des Sulfids in Ammoniak und Eindampfen der Lösung, Oxydation mit Salpetersäure und Abrauchen mit Schwefelsäure, Destillation als Trichlorid und Fällung mit Schwefelwasserstoff). Merklich eisenhaltige Wässer, die Hydrogencarbonat-Ion enthalten, scheiden bei Luftzutritt das Eisen und damit auch das ArsenV bei genügend langem Stehenlassen quantitativ ab, wodurch sich der oben beschriebene Arbeitsgang wesentlich vereinfacht, da nach Filtrieren und Lösen des Niederschlages in Salzsäure zur Abtrennung des Arsens geschritten werden kann.

2. Arsenbestimmung in Kupfer nach KASSLER.

Man löst 50 g Probe in 200 cm³ Salpetersäure (D 1,42), dampft 15 Min. stark ein und verdünnt nach dem Abkühlen auf 300 cm³. Nach Neutralisieren mit Ammoniak (bis der Kupferhydroxydniederschlag den Boden bedeckt) setzt man 5 g Ammoniumsulfat in wäßriger Lösung zu, verdünnt mit heißem Wasser auf 500 cm³ und füllt nach $^1/_2$stündigem Kochen auf 750 cm³ auf. Nun läßt man 1 bis 5 Std. auf einer heißen Platte absitzen und filtriert schnell im BÜCHNER-Trichter ab, wobei die Lösung warm bleiben muß. Die Farbe wird aus dem Filtrierpapier mit verdünntem Ammoniak ausgewaschen und das Filtrat zwecks Abscheidung der letzten Spuren EisenIII-hydroxyd durch ein zweites Filter gegossen. (Sind mehr als 0,002% As vorhanden, setzt man 1 g Ferrialaun zu, fällt mit Ammoniak wie vorher und bewahrt die beiden Niederschläge getrennt auf.) Der Hauptniederschlag wird in einem 400 cm³ fassenden Becherglas in verdünnter Schwefelsäure gelöst, mit möglichst wenig Ammoniak neuerlich gefällt und filtriert. Dem Filtrat setzt man zur Entfernung der letzten Arsenspuren das Filtrat der vorhergegangenen Arsenfällung zu. Gegebenenfalls wird angesäuert, mit Ammoniak gefällt und durch das Filter mit dem Hauptniederschlag filtriert. Man wäscht mit Ammoniak und heißem Wasser gut aus und bestimmt im Niederschlag As, Sb und Sn.

3. Eine Methode zur Abscheidung des Arsens aus einer alkalisalzreichen Aufschlußlösung wurde von LOCKEMANN ausgearbeitet und ist § 13, S. 197 beschrieben (s. auch § 13, S. 191).

K. Bestimmung durch Wägung als Bleiarsenat.

Eigenschaften des Bleiarsenats. Die Verbindung ist ein weißes, in der Hitze gelbliches Pulver, das bei stärkerem Erhitzen schmilzt. Bei starkem Glühen tritt ein Verlust an Arsensäure ein. Bei der Arsensäurebestimmung als Bleiarsenat hat man es stets mit einem Gemisch des Arsenats mit einem Überschuß an Bleioxyd zu tun.

***Arbeitsvorschrift nach* C. R. FRESENIUS (b).** Die wäßrige Lösung von Arsensäure wird in einem Platin- oder Porzellanschälchen nach Zusatz einer gewogenen Menge frisch geglühten reinen Bleioxyds (etwa 5- bis 6fache Menge in bezug auf die vorhandene Arsensäure) vorsichtig zur Trockne verdampft. Der Rückstand wird einige Zeit zur gelinden Rotglut erhitzt und nach dem Erkalten gewogen. Durch Abziehen des zugesetzten Bleioxyds wird die Menge an Arsensäure (As_2O_5) ermittelt.

Bemerkungen. Liegt eine Lösung von arseniger Säure vor, setzt man Salpetersäure und Bleioxyd zu, verdampft zur Trockne und glüht sehr vorsichtig bei bedecktem Tiegel, um Verluste durch „Decrepitieren“ zu vermeiden.

L. Bestimmung durch Wägung als Arsenpentoxyd.

Anläßlich der Überprüfung der von BÄCKSTRÖM angegebenen Methode (s. § 3, S. 67) wurde von FRIEDHEIM und MICHAELIS festgestellt, daß der Gehalt reiner salpetersaurer Arsensäurelösungen durch Eindampfen und vorsichtiges Erhitzen einfach und genau bestimmt werden kann. Die reine Arsensäurelösung wird dabei in einem Platintiegel auf dem Wasserbad eingedampft und der Rückstand auf einem FINKENER-Turm erhitzt, ohne daß der Tiegelboden zu glühen beginnt. FRIEDHEIM, DECKER und DIEM erhielten sehr gute Resultate durch Oxydieren eines Trichloriddestillats mit Chlorwasser und weitere Behandlung nach FRIEDHEIM und MICHAELIS. Durch eine Serie von Versuchen wurde als optimale Glühtemperatur 435 bis 450° festgestellt. Als Exsiccatorfüllung wurde Phosphorpentoxyd verwendet. Arsenpentoxyd ist hygroskopisch und muß daher rasch gewogen werden.

Literatur.

AUTENRIETH, W., u. F. BREH: W. AUTENRIETH, Die Auffindung der Gifte und stark wirkender Arzneistoffe, 5. Aufl., S. 486. Dresden u. Leipzig 1923.

BILTZ, W.: B. **37**, 3138 (1904). — BLATTNER, N. G., u. J. BRASSEUR: Ch. Z. **28**, 211 (1904). — BOEDECKER, C.: A. **117**, 195 (1861). — BRESSANIN, G.: (a) G. **42 I**, 451 (1912); (b) **42 I**, 494 (1912); (c) **42 II**, 97 (1912). — BRÜGELMANN, G.: Fr. **16**, 16 (1877).

CHAMPION, P., u. H. PELLET: Bl. (N. S.) **27**, 6 (1877). — COPAUX, H.: C. r. **173**, 656 (1921). — COURTOIS, J.: J. Pharm. Chim. (8) **23**, (128) 269 (1936).

DUCRU, O.: Bl. (3) **25**, 235 (1901); C. r. **131**, 675, 886 (1900).

FAUCHON, L., u. L. VIGNOLI: J. Pharm. Chim. (8) **26** (129), 337 (1937). — FIELD, F.: Soc. **11** 6 (1859). — FILIPPI: Tossicologia dei composte arsenicali. Firenze 1904; durch M. TONEGUTTI: Boll. chim. farm. **46**, 681 (1907) bzw. durch C. **78 II**, 1658 (1907). — FLAJOLOT: J. pr. **61**, 105 (1854). — FRANCESCHI, G.: L'Orosi **15**, 192; durch C. **63 II**, 549 (1892). — FRESENIUS, C. R.: (a) Anleitung zur quantitativen chemischen Analyse, 6. Aufl., Bd. I, S. 370. Braunschweig 1875; (b) S. 368. — FRESENIUS, R.: (c) Fr. **25**, 202 (1886). — FRIEDHEIM, C., O. DECKER u. E. DIEM: Fr. **44**, 684 (1905). — FRIEDHEIM, C., u. P. MICHAELIS: Fr. **34**, 538 (1895).

GRÜNHUT, L.: J. KÖNIG, Chemie der menschlichen Nahrungs- und Genußmittel, Bd. III, Teil 3, S. 677. Berlin 1918. — GUÉRIN, H.: (a) C. r. **208**, 1016 (1939); **212**, 544 (1941); (b) **206**, 1300 (1938).

HILLEBRAND, W. F., u. G. E. F. LUNDELL: Applied inorganic analysis, S. 213. New York 1929.

KASSLER, I.: Chem. eng. min. Rev. **21**, 192; durch C. **100 II**, 1043 (1929).

LEWIS, D. I., u. VIVIAN E. DAVIS: Soc. **1939**, 284. — LOCKEMANN, G., u. F. LUCIUS: Ph. Ch. **83**, 735 (1913). — LOCKEMANN, G., u. M. PAUCKE: Kolloid-Z. **8**, 273 (1911). — LUNDELL, G. E. F., u. H. B. KNOWLES: Am. Soc. **47**, 2637 (1925).

MADERNA, G.: Atti Accad. Lincei (5) **19**, 15 (1910 ?). — MILLOT, A., u. MAQUENNE: C. r. **86**, 1404 (1878). — MISSON, C.: Chim. Ind. **25**, Sond.-Nr. 3 bis 194 (1931); durch C. **102 II**, 280 (1931). — MOREAU, B.: J. Pharm. Chim. (5) **26**, 157 (1892).

NYDEGGER, O., u. A. SCHAUS: Bull. Fédération Industr. Chim. de Belgique **1923**, 283; durch C. **94 IV**, 519 (1923).

PELLET, H.: Ann. Chim. anal. **16**, 455 (1911); durch C. **83 I**, 376 (1912). — PIETERS, H. A. J., u. M. J. MANNENS: Chem. Weekbl. **26**, 559 (1929); durch C. **101 I**, 864 (1930). — POUSSIGUES, M.: Ann. Chim. anal. (2) **5**, 263 (1923); durch Bl. (4) **36**, 148 (1924) sowie C. **95 I**, 501 (1924) u. Soc. **124 II**, 786 (1923). — PULLER, R. E. O.: Fr. **10**, 41 (1871).

ROSENTHALER, L.: Apoth. Z. **22**, 982; durch C. **78 II**, 2078 (1907).

SEYBEL, E., u. H. WIKANDER: Ch. Z. **26**, 50 (1902). — SPACU, G., u. L. DIMA: Fr. **120**, 317 (1940). — SPACU, G., u. C DRĂGULESCU: Bl. Acad. Roum. **22**, 172 (1939); durch C. **111 I**, 2137 (1940). — SPACU, G., u. P. SPACU: Bl. Acad. Roum. **22**, 147 (1939); durch C. **111 I**, 2137 (1940).

TONEGUTTI, M.: Boll. chim. farm. **46**, 681 (1907); durch C. **78 II**, 1658 (1907).

WADA, I., S. KITAJIMA u. J. TAKAGI: Sci. Pap. Inst. Tôkyô **31**, 133 (1937); durch C. **108 II**, 2217 (1937) sowie Brit. chem. Abstr. A **1937 I**, 198 u. Fr. **114**, 215 (1938). — WARUNIS, TH. St.: Ch. Z. **36**, 1205 (1912). — WENGER, P., u. CH. CIMERMAN: Helv. **14**, 718 (1931). — WERTHER, G.: J. pr. **43**, 321 (1848). — WESSEL, F.: Ch. Z. **54**, 97 (1930).

YOE, J. H.: Am. Soc. **52**, 2785 (1930); **46**, 2390 (1924).

§ 7. Jodometrische Arsenbestimmung.

Allgemeines.

In annähernd neutraler Lösung reagiert arsenige Säure mit Jod nach dem Schema: $As_2O_3 + 2J_2 + 2H_2O = As_2O_5 + 4H^{\cdot} + 4J'$. Um den bei der Reaktion entstehenden Jodwasserstoff zu entfernen und so durch Störung des Gleichgewichtes eine quantitative

Oxydation des dreiwertigen Arsens zu erreichen, wird in der Regel ein Puffer verwendet, der jedoch selbst kein Jod verbrauchen darf. Neutrales Alkalicarbonat und Alkalihydroxyd scheiden daher aus. Am gebräuchlichsten ist der Zusatz von Natriumbicarbonat, d.h. Pufferung durch das System $NaHCO_3$—H_2CO_3, jedoch gelingt die Bestimmung auch unter Pufferung mit den Systemen Na_2HPO_4—NaH_2PO_4 und Borat-Borsäure (WASHBURN). Bei der Bestimmung des Arsens in Ammoniumeisencitroarsenit verwendet RUTHVEN einen Zusatz von Natriumhydrogentartrat (1 g auf 5 g Substanz in 50 cm^3 Wasser), weil bei Anwesenheit von Natriumhydrogencarbonat schwankende Arsenwerte erhalten werden infolge der Oxydation eines Teiles des Thiosulfates zu Sulfat bei der Rücktitration der überschüssig angewendeten Jodlösung. Vereinzelt wurde auch in salzsaurer, QuecksilberII-chlorid enthaltender Lösung und auch in einer mit Natriumacetat oder Ammoniumacetat gepufferten essigsauren Lösung gearbeitet, wobei aber die Reaktion weit träger verläuft. Bei Bestimmung extrem kleiner Mengen kann unter Umständen auf den Puffer verzichtet werden. Nach KOLTHOFF (a) ist die Titration von arseniger Säure mit Jod in einem p_H-Bereich zwischen 3,5 und 11 (bei Anwesenheit von etwas Jodid) durchführbar und der p_H-Wert darf im Endpunkt zwischen 5 und 11 liegen. Beim umgekehrten Vorgang (Jod wird mit arseniger Säure titriert) muß der p_H-Wert im Endpunkt zwischen 9 und 5 liegen. Auch bei Gegenwart von Ammoniumcarbonat liefert die Bestimmung noch quantitative Resultate. Eine eingehende Erörterung der theoretischen Grundlagen der Titration findet sich bei WASHBURN. Die Endpunktsbestimmung kann außer mit Hilfe der Jodstärkereaktion auch auf konduktometrischem und potentiometrischem Wege erfolgen. Obige Reaktion verläuft andererseits in genügend saurer Lösung quantitativ nach der anderen Richtung, so daß Arsensäure nach Zusatz von Kaliumjodid durch Titration des ausgeschiedenen Jods quantitativ bestimmt werden kann. Auch liegt der Versuch zur direkten Titration der Arsensäure mit Jodid unter potentiometrischer Endpunktsbestimmung vor. Weiterhin ergibt sich eine Möglichkeit der Bestimmung durch Titration der dabei gebildeten arsenigen Säure nach vollständiger Entfernung des ausgeschiedenen Jods und Einstellung des dafür erforderlichen p_H-Wertes. Außerdem können zur Reduktion der Arsensäure zu arseniger Säure zwecks nachfolgender Titration mit Jod andere Reduktionsmittel, z. B. schweflige Säure, herangezogen werden. Die jodometrische Arsensäurebestimmung kann zur Bestimmung jener Kationen dienen, die mit Arsensäure unlösliche Verbindungen konstanter Zusammensetzung liefern, wie Mg, Zn, Ba, Bi, Ca und Mn. Schließlich wurde die Bestimmung freier Arsensäure in Abwesenheit anderer freier Säuren über die von ihr aus einer Jodid-Jodat-Mischung ausgeschiedene Jodmenge versucht.

A. Bestimmung von arseniger Säure.

1. Titration in bicarbonatalkalischer Lösung.

I. Gebräuchlichste Vorschrift.

Die schwach saure ArsenIII-lösung (stark saure Lösungen werden mit Lauge oder Soda neutralisiert, anschließend schwach angesäuert) wird mit Natriumbicarbonat (etwa 1 bis 2 g Überschuß) und mit einigen Kubikzentimetern Stärkelösung versetzt und in einem Volumen von 100 bis 200 cm^3 mit 0,1 n Jodlösung auf schwach blauen Farbton titriert.

Bemerkungen. Diese schon von MOHR in der 3. Auflage seines Lehrbuches der chemisch-analytischen Titriermethoden beschriebene Arbeitsweise ist sehr verläßlich und kann bei Abwesenheit anderer mit Jod reagierender Substanzen angewendet werden. Die Titration kann auch in der Weise ausgeführt werden, daß man die bicarbonathaltige Arsenitlösung aus der Bürette zur vorgelegten Jodlösung fließen läßt, wobei der Stärkezusatz erst gegen Ende der Titration erfolgt. Das Entfernen der Kohlensäure aus der Lösung durch starkes Rühren wirkt nachteilig auf den Umschlag.

Von GENGRINOWITSCH wird bei gleichen Arbeitsbedingungen die Titration mit salzsaurer, 0,1 n Jodmonochloridlösung empfohlen. Er bereitet diese durch Übergießen von 5,54 g Kaliumjodid und 3,5 g Kaliumjodat mit 10 cm^3 Wasser in einer Stöpselflasche, Zusatz von 80 cm^3 19- bis 20%iger Salzsäure, Schütteln bis zur völligen Lösung des ausgeschiedenen Jods und Austitrieren der Lösung in Gegenwart von 10 cm^3 Chloroform unter starkem Schütteln mit 0,1 m Kaliumjodatlösung. Nach Entfernen des Chloroforms wird auf 1 l verdünnt.

Analyse von Arsenik. Die Probe (0,1 bis 0,15 g) wird unter Erwärmen in wenig Natronlauge gelöst. Nach dem Erkalten säuert man mit Schwefelsäure schwach an, wobei Phenolphthalein als Indikator verwendet wird. Man gibt 1 bis 2 g Natriumbicarbonat und, falls die Lösung danach alkalisch reagiert, noch etwas Säure zu, verdünnt und titriert nach Zusatz von Stärke. Zur Vermeidung der „zeitraubenden" Berechnung empfiehlt MALACHOW die Verwendung einer 10 cm^3-Bürette, die außer der cm^3-Skala eine zweite besitzt, die unter Zugrundelegung von 0,1 n Jodlösung und 10 cm^3 Analysenlösung gestattet, den Gehalt an As_2O_3 der Probe direkt abzulesen.

II. Mikrobestimmung nach BRUKL.

Bereitung der Jodlösung. Die 0,002 n Jodlösung wird durch Verdünnen einer genau eingestellten 0,1 n Lösung mit doppelt destilliertem Wasser hergestellt. Erst nach einem Tag kann eine merkliche Änderung des Titers festgestellt werden.

Arbeitsvorschrift. Man versetzt eine gesättigte Natriumbicarbonatlösung mit genügend Stärkelösung und tropft so viel 0,002 n Jodlösung zu, daß eine deutliche Blaufärbung eintritt. Gleiche Mengen dieser „Stammlösung" bringt man in zwei gleiche Porzellanschalen, pipettiert in die eine die zu bestimmende Arsenigsäurelösung und titriert mit der Jodlösung auf den Farbton der als Vergleichslösung dienenden anderen „Stammlösung", der man, um das Volumen anzugleichen, eine der zugefügten Arsenigsäurelösung und der verbrauchten Jodlösung gleiche Menge an destilliertem Wasser zugesetzt hat. Gegebenenfalls kann mit einer eingestellten Lösung von arseniger Säure zurücktitriert werden.

Genauigkeit (Tabelle 6).

Tabelle 6.

Gefunden mg	Berechnet mg	Fehler mg	Gefunden mg	Berechnet mg	Fehler mg	Gefunden mg	Berechnet mg	Fehler mg
1,040	1,038	+0,002	0,204	0,207	−0,003	0,0231	0,0208	+0,0023
1,037		−0,001	0,211		+0,004	0,0206		−0,0002

(Die Titration wird mit einer automatischen Glashahn-Mikrobürette durchgeführt.)

III. Mikrobestimmung nach ORMONT (a).

Der Verfasser führt die Mikrobestimmung der arsenigen Säure mit Hilfe der von ihm ausgearbeiteten Methodik der gravimetrischen Titration durch. Statt der üblichen Normallösungen verwendet er Maßflüssigkeiten, die das Äquivalentgewicht bzw. Bruchteile desselben im Kilogramm enthalten und ermittelt die verbrauchte Menge durch Wägung, ein Prinzip, das schon von WASHBURN für die Makrobestimmung vorgeschlagen wurde. Auch die zu titrierende Flüssigkeit wird gewogen. Es wurden Bestimmungen mit $7{,}399 \cdot 10^{-4}$ bis $3{,}538 \cdot 10^{-7}$ g As_2O_3 in Flüssigkeitsmengen von 0,1283 bis 0,0008 g durchgeführt, wobei bis 4 Tropfen einer 2%igen Stärkelösung und je nach der Menge der arsenigen Säure 6 bis 0,1 Tropfen 4%iger Natriumbicarbonatlösung zugesetzt wurden. Der Fehler beträgt im allgemeinen etwa bis 2%, bei den kleinsten Mengen bis zu 11%. Auf Grund der Versuche hält der Verfasser seine Methode für die empfindlichste quantitative Mikrotitration.

IV. Potentiometrische Schnellbestimmung nach ROBINSON und WINTER.

Die Bestimmung wird in einer der von HILDEBRAND angegebenen Anordnung entsprechenden Apparatur mit den in B 1 S. 115 angeführten Änderungen durchgeführt. Außer der üblichen Titrationsvorschrift mit graphischer Auswertung, wobei die mit Bicarbonat alkalisch gemachte ArsenIII-lösung in kleinen Anteilen mit 0,1 n Jodlösung versetzt wird und die zugehörigen Ablesungen des Millivoltmeters registriert werden, geben die Verfasser eine Arbeitsweise für Serienanalysen unter Gegenschaltung des Umschlagpotentials.

Arbeitsvorschrift. Die Lösung der Probe wird bis auf einen kleinen Rest in das Titrationsgefäß gebracht, mit Natriumbicarbonat alkalisch gemacht und der Schleifkontakt am Brückendraht so eingestellt, daß das Voltmeter die durch Vorversuch bekannte, dem Potential im Endpunkt entsprechende Spannungsdifferenz anzeigt. Nach Einschalten eines mechanischen Rührers wird mit 0,1 n Jodlösung titriert. Das Ende der Oxydation erkennt man nun am Galvanometer an der Richtungsänderung des Lichtstrahles bzw. am Passieren der Nullmarke, wenn die Titration bei geschlossenem Stromkreis ausgeführt wird. Der Jodzusatz wird nun unterbrochen, der zurückbehaltene Rest der Probe in das Titrationsgefäß gebracht und die Titration durch Zusatz der Jodlösung in genügend kleinen Anteilen, so daß eine genaue Bestimmung des Endpunktes möglich ist, zu Ende geführt.

Bemerkungen. Der Vorteil der Methode liegt darin, daß auch gefärbte Lösungen titriert werden können. Testversuche zeigen hervorragende Übereinstimmung mit der üblichen Titrationsmethode (Endpunktsbestimmung durch Auftreten der Jodfarbe bzw. Jodstärkefarbe).

2. Titration in Gegenwart von Ammoniumcarbonat.

Bestimmung des dreiwertigen Arsens neben Kupfer nach FESTER.

Analyse von Schweinfurtergrün. Die Probe wird unter Erwärmen in Salzsäure gelöst und die Lösung stark verdünnt. Man setzt Ammoniumcarbonatlösung zu, bis der kupferhaltige Niederschlag wieder vollständig gelöst ist, und titriert mit 0,1 n Jodlösung, bis die blaue Farbe der Lösung eine grünliche Tönung annimmt. Der Umschlag soll ohne Schwierigkeit zu erkennen sein.

Genauigkeit. In einem Pflanzenschutzmittel, das im wesentlichen aus Kupferarsenit-acetat und Calciumsulfat bestand, wurden in Übereinstimmung mit einem nach Abdestillieren des Arsens im Salzsäurestrom gefundenen Wert 39,5% Arsen ermittelt. Ein Testversuch mit reiner arseniger Säure ergab 99,9% As_2O_3.

3. Titration ohne Pufferzusatz.

Konduktometrische Mikrobestimmung nach JANDER und HARMS.

Die Methode ist wegen der zunehmenden H-Ionenkonzentration für Mengen über 0,1 mg As in 50 cm³ Lösung nicht mehr anwendbar.

Apparatur. Die Titration wird mit visueller Beobachtung durchgeführt, wobei die Leitfähigkeitsänderung unter Verwendung eines Zeigerinstrumentes (empfindliches Wechselstromgalvanometer mit 10^{-5} Ampere je Skalenteil oder Drehspulgalvanometer mit Gleichrichter mit $5 \cdot 10^{-5}$ bis $1 \cdot 10^{-7}$ Ampere je Skalenteil) durch Feststellung der ihr praktisch proportionalen Änderung des Zeigerausschlages festgestellt wird. Im Gegensatz zur Telephonmethode wird die Bestimmung auf diese Weise, da das jeweilige Aufsuchen des Tonminimums wegfällt, wesentlich rascher durchführbar. Als Aufbewahrungsgefäße für die Maßflüssigkeiten dienen Druckbüretten mit Vorratsflasche, in denen sie unter Stickstoff aufbewahrt werden. Die Bürette faßt 5 cm³ und ist in 0,01 cm³ geteilt. Die lang ausgezogene Spitze taucht während aller Titrationen in die Flüssigkeit ein. Bei Bestimmung extrem kleiner Mengen Arsen (unter 10^{-3} mg) findet eine in Anlehnung an die Angaben von DÜSING konstruierte Bürette Anwendung, die eine Entnahme von 0,0005 cm³ ermöglicht. Die Lösung wird nämlich aus der Bürette durch einen absolut dicht schließenden Stempel herausgedrückt und die Verschiebung des Stempels kann genauestens abgelesen werden.

Lösungen. Eine 0,01 n alkoholische Jodlösung wird konduktometrisch gegen eine Lösung von arseniger Säure eingestellt. Aus dieser Lösung werden durch Verdünnen mit reinem 99%igem Alkohol, der unter Durchleiten von Stickstoff von gelösten Gasen befreit worden ist, 0,001 und 0,0001 n Jodlösungen hergestellt. Der Titer dieser verdünnten Lösungen nimmt während einiger Tage ab und bleibt dann für längere Zeit praktisch konstant. (Auch mit 0,00005 n Lösung kann noch gearbeitet werden.) Die Lösungen werden gegen Lösungen von arseniger Säure, die man aus wäßriger 0,01 n Lösung durch entsprechendes Verdünnen mit doppelt destilliertem Wasser (bei den größten Verdünnungen wie $2 \cdot 10^{-6}$ normal mit kohlensäurefreiem Wasser) erhält, eingestellt. Erfahrungsgemäß ändert sich der Titer der Arsenigsäurelösungen nur entsprechend der Verdünnung.

Doppelt destilliertes Wasser. Bei Bestimmung von Mengen unter 0,02 mg As wird zum Verdünnen der Lösungen und zum Füllen des Leitfähigkeitsgefäßes destilliertes Wasser verwendet, das neuerlich über Kaliumpermanganat destilliert worden war. Die Destillationsapparatur hat weder Gummi- noch Kork- oder Schliffverbindungen, sondern besteht aus einem Destillierkolben, der mit dem Zinnrohr des Kühlers durch eine lose aufgesetzte Glashaube in Verbindung steht. Kohlensäurefreies Wasser wird unter Durchleiten von Stickstoff bei Siedetemperatur erhalten und in einer etwa 3 l fassenden Kochflasche mit aufgeschliffener Spritzflaschenkappe (Glashähne am Zuleitungs- und Abflußrohr) unter Stickstoffüberdruck aufbewahrt.

Aufbewahrung. Die für das Wasser und die Lösungen bestimmten Gefäße werden vor Gebrauch wiederholt und andauernd mit Wasserdampf behandelt. Die Lösungen sollen vor Licht geschützt aufbewahrt werden.

Bestimmung von 0,1 bis 0,02 mg As.

Arbeitsvorschrift. Die Lösung der arsenigen Säure wird in ein Leitfähigkeitsgefäß mit gegenüberliegenden unplatinierten Platinelektroden gebracht, mit doppelt destilliertem Wasser auf etwa 50 cm^3 verdünnt und mit 0,001 n alkoholischer Jodlösung titriert. Die Lösung wird durch einen mechanisch betriebenen Rührer gut gemischt. Nach jedem Reagenszusatz stellt sich die Leitfähigkeit sofort konstant ein, wonach der Galvanometerausschlag abgelesen werden kann. Eine Titration dauert etwa 3 Min.

Auswertung der Ergebnisse. Durch Eintragen der abgelesenen Reagensmengen und der zugehörigen Galvanometerausschläge in ein Koordinatensystem erhält man die Titrationskurve, die im Äquivalenzpunkt, der durch Verlängern der Äste gefunden wird, einen scharfen Knick aufweist.

Fehlerquellen und Genauigkeit. Wie erwähnt macht sich bei Mengen über 0,1 mg As in 50 cm^3 Lösung der Einfluß des entstandenen Jodwasserstoffs auf das Gleichgewicht bemerkbar. Die Kurven zeigen bereits in dem aufsteigenden Ast einen Knick und die Proportionalität zwischen Reagensverbrauch und Arsenmenge ist gestört. Eine bei Verwendung unplatinierter Platinelektroden leicht auftretende Polarisationsänderung kann unter normalen Bedingungen erfahrungsgemäß vermieden werden, wenn der Widerstand des Leitfähigkeitsgefäßes nicht unter 2000 Ω sinkt. Platinierte Elektroden sind, offenbar wegen Adsorptions- und Katalyseerscheinungen, die bis 50% Fehler ergeben können, nicht anwendbar, obwohl dabei die Gefahr der Polarisation nahezu ausgeschlossen wäre. Das erste Stück der Kurve erscheint durch Zurückdrängung der Dissoziation der im Wasser gelösten Kohlensäure durch die entstandene Jodwasserstoffsäure schwach gebogen, was jedoch die Resultate bei den hier behandelten Arsenmengen nicht beeinflußt, da das geradlinige Stück des aufsteigenden Astes zur Ermittlung des Äquivalenzpunktes ausreicht. Der Fehler beträgt je nach den Arsenmengen 1 bis 4%.

Bestimmung von 20 γ bis 1 γ As.

Arbeitsvorschrift. Die Probe wird in einem Leitfähigkeitsgefäß mit ringförmig angeordneten unplatinierten Elektroden, die einen Abstand von 2 mm und eine Größe von etwa 7 zu 25 mm haben, unter Verwendung von kohlensäurefreiem Wasser auf ein Volumen von 15 bis 20 cm^3 gebracht und mit $1{,}5 \cdot 10^{-4}$ n Jodlösung titriert.

Die Durchmischung erfolgt durch einen seitlich der Elektroden angebrachten schraubenförmigen Rührer. Während der Bestimmung wird, um die Aufnahme von Kohlensäure aus der Luft zu vermeiden, ein mäßiger Strom von Stickstoff über die Lösung geleitet.

Bemerkungen. Die Verwendung von kohlensäurefreiem Wasser ist in diesem Falle notwendig, da sonst fast bis zum Äquivalenzpunkt keine gerade verlaufende Kurve erhalten wird. Unter Verwendung eines empfindlichen Galvanometers ist die Bestimmung der in Frage stehenden Arsenmengen auch noch in der früher beschriebenen Anordnung möglich. 1 bis 2 γ Arsen sind mit 3 bis 6% Genauigkeit bestimmbar.

Bestimmung von Mengen unter 1 γ Arsen.

Arbeitsvorschrift. Die Probe wird in einem Volumen von 3 bis 4 cm^3 in einem kleinen Ringelektrodengefäß (Durchmesser 15 mm, Größe der Elektroden etwa 8 · 15 mm), aus dem die Luft vor dem Einfüllen der arsenigen Säure durch Stickstoff bzw. Argon verdrängt worden war, unter Überleiten von Argon mit Hilfe einer Bürette titriert, die die Entnahme von 0,0005 cm^3 Titrierflüssigkeit mit hinreichender Genauigkeit gestattet. Der Zusatz der Jodlösung erfolgt in gleichen Zeitabständen. Die Ausschlagsänderungen werden ebenfalls jeweils nach der gleichen Zeit abgelesen. Auf diese Weise kann der Einfluß der trotz aller Vorsichtsmaßregeln eintretenden geringen Leitfähigkeitszunahme ausgeschaltet werden. Zur Steigerung der Empfindlichkeit wird an Stelle der Wechselstrom-Galvanometer-Apparatur eine Motor-Generator-Apparatur mit Synchrongleichrichtung, die die Verwendung beliebig stromempfindlicher Gleichstrominstrumente erlaubt, verwendet. (Es wurde z. B. ein Meßinstrument von SIEMENS & HALSKE, dessen größte Empfindlichkeit 0,1 mA für die ganze Skala beträgt, sowie ein Millivoltmeter mit Bandaufhängung und einem inneren Widerstand von 950 Ω verwendet.)

Bemerkungen. Die Verwendung von Argon erwies sich zur Erlangung einer annähernd konstanten Anfangsleitfähigkeit als notwendig, da dies mit Stickstoff, offenbar wegen der darin spurenweise enthaltenen Verunreinigungen, unmöglich war.

Genauigkeit. Durch Verwendung der beschriebenen Bürette erübrigt sich die Herstellung allzu verdünnter Jodlösungen, da noch 0,5 cm^3 einer $2 \cdot 10^{-6}$ n Lösung von arseniger Säure in 3 cm^3 Wasser mit 10^{-4} n Jodlösung genau titriert werden konnten. Die Titrationskurve, die noch eine einwandfreie Bestimmung des Endpunktes ermöglicht, beweist, daß die Methode für diese extrem kleinen Mengen hervorragend geeignet ist.

Anwendungsmöglichkeiten des Verfahrens. Die Methode kann zur Arsenbestimmung in Aerosolen praktisch verwertet werden. Bei Titration einiger organischer Verbindungen nach diesem Verfahren in wäßriger und alkoholischer Lösung wurde eine rasche und glatte Oxydation des dreiwertigen Arsens festgestellt.

4. Titration in essigsaurer Lösung.

Die Titration der arsenigen Säure in essigsaurer Lösung ist möglich, die Oxydation verläuft aber weit langsamer. NAMIAS verwendete als Maßflüssigkeit für verschiedene Titrationen eine Lösung von arseniger Säure in Ammoniumacetat. Um eine eindeutige Endreaktion bei der Titration dieser Lösung mit Jod bei Verwendung von Stärke als Indicator zu erreichen, arbeitete er bei 60 bis 70°. Eine ähnliche Vorschrift unter Verwendung von Natriumacetat wurde auch von BIALOBRZESKI angegeben. Nach den Angaben DE BACHOS ergibt die Methode aber, da die Stärkereaktion nicht rasch genug eintritt, keine einwandfreien Resultate. Ein Verfahren von NIKOLAI, wonach in essigsaurer Lösung die Summe von ArsenIII und Sulfidschwefel des Arsentrisulfids bestimmt wird, wurde in § 3, S. 71 beschrieben.

5. Titration in salzsaurer Lösung bei Gegenwart von QuecksilberII-chlorid.

Jodometrische Bestimmung von arseniger Säure nach FURMAN und MILLER.

Prinzip. *Das zugesetzte Quecksilberchlorid bindet den entstehenden Jodwasserstoff entsprechend der Gleichung* $HgCl_2 + 4J' = [HgJ_4]'' + 2Cl'$, *so daß die Reaktion* *quantitativ abläuft. Ein Überschuß an Mercurichlorid ist dabei nötig, da sowohl das mit der Jodlösung zugesetzte Kaliumjodid als auch der während der Titration gebildete Jodwasserstoff gebunden werden muß. Der Endpunkt der Titration kann außer auf potentiometrischem Wege auch mit Hilfe von organischen Lösungsmitteln für Jod (Tetrachlorkohlenstoff) ermittelt werden. Die Jodstärkereaktion hingegen versagt bei Gegenwart von QuecksilberII-salzen. Die Säurekonzentration soll möglichst niedrig gehalten werden, um einen raschen Ablauf der Reaktion zu ermöglichen, muß aber andererseits ausreichen, um ein Ausfallen von QuecksilberII-jodid zu verhindern. Der Vorteil der Methode besteht in der Vermeidung von Puffergemischen und der Möglichkeit in saurer Lösung neben Substanzen zu titrieren, die bei dem sonst üblichen* p_H*-Wert durch Jod oxydiert werden oder mit Jod unerwünschte Niederschläge geben.*

Arbeitsvorschriften. Die Lösung von arseniger Säure, die 1,2 bis 3,8 n salzsauer sein darf, wird mit einem Überschuß an gesättigter QuecksilberII-chlorid-Lösung (50 cm³) versetzt und nach Zugabe von Tetrachlorkohlenstoff unter starkem Rühren mit eingestellter Jodlösung titriert, bis eine bleibende Verfärbung der Tetrachlorkohlenstoffschicht das Ende der Reaktion anzeigt. Das starke Durchrühren ist unbedingt nötig, da der Tetrachlorkohlenstoff dazu neigt, Jod festzuhalten, bevor noch die Reaktion beendet ist. Die Titration kann auch auf potentiometrischem Wege nach der kontinuierlichen Ablesemethode von FURMAN und WILSON durchgeführt werden. Dabei wird mit einer Platin- und einer Wolframelektrode gearbeitet. Ein Galvanometer mit einer Empfindlichkeit von 0,5 Mikroampere dient zur Feststellung der E.M.K.-Änderungen. Sofern andauernd kräftig gerührt wird, besteht keine Gefahr, beim Endpunkt zu niedrige Werte zu erhalten.

Genauigkeit. Bei der Titration jeweils gleicher Mengen einer Lösung von arseniger Säure in bicarbonatalkalischer Lösung und nach dem beschriebenen Verfahren wurde weitgehende Übereinstimmung festgestellt. In 5 Versuchen betrug die Differenz bei einem Jodverbrauch von 11,08 bis 38,73 cm³ wenige Hundertstel Kubikzentimeter. Vier Testversuche mit reiner arseniger Säure (0,0453 bis 0,1203 g) ergaben als größte Abweichung 0,0001 g.

B. Bestimmung von Arsensäure.

1. Direkte Titration der Arsensäure mit Natriumjodid.

Potentiometrische Bestimmung nach ROBINSON und WINTER.

Apparatur. Die Titration wird mit einer Platin-Indicatorelektrode und einer Kalomel-Bezugselektrode durchgeführt. Es wird in der Anordnung von HILDEBRAND gearbeitet, wobei aber ein mechanischer Rührer eingebaut und das Capillarelektrometer durch ein Reflexgalvanometer ersetzt ist. Der bis fast zum Boden des Titrationsgefäßes reichende Arm der Kalomelelektrode ist, um den Eintritt von Gasen zu verhindern, capillar ausgezogen und am Ende hakenförmig nach oben gebogen. Auch die lang ausgezogene Spitze der Bürette reicht bis zum Boden und ist in gleicher Weise umgebogen.

Vorbereitung der Probe. Die Probe wird mit Salpetersäure oxydiert und diese durch Abrauchen mit Schwefelsäure quantitativ entfernt.

Arbeitsvorschrift. 25 cm³ der schwefelsauren Arsensäurelösung werden in ein Becherglas (niedrige Form) gebracht, mit so viel Schwefelsäure versetzt, daß bei Ende der Titration eine Lösung von etwa 1:1 resultiert, auf 90 bis 95° gekühlt und mit 0,1 n Natriumjodidlösung titriert. Die Temperatur muß durch eine kleine Flamme unter dem Becherglas innerhalb von 5° konstant gehalten werden. Während der Titration muß ausreichend gerührt werden.

Endpunktsbestimmung. Der Endpunkt kann auf graphischem Wege oder, sofern der Potentialverlauf unter den gegebenen Bedingungen bekannt ist, bei geeigneter Einstellung des Schleifkontaktes am Brückendraht vor Beginn der Titration durch direkte Ablesung am Galvanometer (Richtungsänderung) ermittelt werden. In diesem Falle wird zweckmäßig ein kleiner Anteil der Probe (0,5 cm^3) zurückbehalten, nach Titration der Hauptmenge zugesetzt und nunmehr in kleinsten Anteilen zu Ende titriert.

Bemerkungen. Die Testbestimmungen wurden durch Parallelproben kontrolliert, in denen nach Reduktion zu ArsenIII mit Jod titriert wurde; die größte Abweichung in 6 Versuchen an Substanzen mit 23 bis 57% As_2O_5 betrug 0,35% (bei einem Gehalt der Substanz von etwa 32% As_2O_5). Die hohe Säurekonzentration ist ebenso wie die vorgeschriebene Temperatur für einen raschen Verlauf der Reaktion notwendig. Ein Überschreiten der Temperatur ist unbedingt zu vermeiden, da sonst Verluste an Jodwasserstoff oder Schwefeldioxyd eintreten können. Der Zusatz des Jodids muß langsam erfolgen, da die Einstellung des Voltmeters einige Zeit erfordert. Bei zu raschem Zusatz findet man zu tiefe Werte. Es erübrigt sich eine Zerstörung der organischen Substanz.

2. Titration der in Freiheit gesetzten Jodmenge nach Rosenthaler.

Prinzip. *Die Arsensäure wird in stark salz- oder schwefelsaurer Lösung mit Kaliumjodid reduziert und das dabei ausgeschiedene Jod mit Thiosulfat titriert. (Diese Art der Bestimmung wurde schon von* Williamson *und vorher von* Naylor *vorgeschlagen. Sie wird von* Casini *als die beste bezeichnet.)*

***I. Arbeitsvorschrift nach* Rosenthaler (b).** Die Arsensäure- bzw. Arsenatlösung wird in einer 200 cm^3 fassenden Glasstöpselflasche mit so viel konzentrierter Schwefelsäure versetzt, daß die Gesamtkonzentration $33^1/_3$% beträgt. Für die später zuzusetzenden 5 g Natriumbicarbonat sind weitere 3 g konzentrierte Schwefelsäure zuzugeben. Nach dem Abkühlen unter der Wasserleitung werden 5 g Natriumbicarbonat in kleinen Anteilen zugefügt. Man gibt eine konzentrierte Lösung von 1 bis 2 g Kaliumjodid zu, löst einen etwa entstandenen Niederschlag (AsJ_3) in wenig Wasser und titriert nach frühestens 10 Min. mit 0,1 n Thiosulfatlösung ohne Indicator (Stärke gibt in stark mineralsaurer Lösung keinen scharfen Umschlag) auf Entfärbung der Lösung. Falls die Titration in salzsaurer Lösung durchgeführt werden soll, ist eine Konzentration von mindestens 16,6% Salzsäure notwendig[1].

Reaktionsdauer. Die Titration des ausgeschiedenen Jods soll nach 10 bis 15 Min. erfolgen. Die nach 5 Min. erhaltenen Werte waren bei größeren Mengen wesentlich zu tief. Nach den Angaben von Rosenmund soll ein Zusatz von Kupferjodür (Cu_2J_2) in salzsaurer Lösung die Reaktion sehr beschleunigen, was aber von Kolthoff (c) nicht bestätigt werden konnte.

Andere Arten der Endpunktsbestimmung. Rosenthaler gibt in seiner ersten Veröffentlichung [Rosenthaler (a)] an, daß in salzsaurer Lösung unter Zusatz von Petroläther titriert werden kann. Acton verwendet Chloroform als Indicator, und Spacu und Drăgulescu ermitteln das ausgeschiedene Jod in salzsaurer Lösung durch potentiometrische Titration mit Thiosulfat unter Luftausschluß.

Bemerkungen. Gegen das ursprünglich von Rosenthaler (a) angegebene Verfahren wurden von Fleury verschiedene Einwände erhoben, die Rosenthaler in ausführlichen Versuchsreihen widerlegen konnte. So konnte er feststellen, daß während der von ihm vorgeschriebenen Reaktionsdauer von 10 bis 15 Min. durch Luftoxydation keine die Resultate beeinflussende Mehrausscheidung an Jod stattfindet. Um aber auch bei längerer Einwirkungsdauer den Einfluß der Luft auszuschalten, wurde in der oben wiedergegebenen neuen Vorschrift ein Zusatz von Natriumbicarbonat vorgesehen. Die Luft wird dabei durch die sich entwickelnde Kohlensäure aus dem Reaktionsgefäß verdrängt. Nebenbei wurde festgestellt, daß

[1] Feigl und Schorr schlagen wegen der Schwierigkeit, völlig jodatfreies Jodid und ganz chlorfreie Salzsäure zu erhalten, die Ausführung eines Blindversuches vor.

zerstreutes Licht ohne Einfluß auf die Reaktion ist. Auch ein Einwand von ORMONT (b), daß die Reaktion nicht quantitativ verläuft, erscheint durch die angeführten Resultate widerlegt. Von KOLTHOFF (b) wurde im Zusammenhang mit der Arbeit von FLEURY und der darin angegebenen Arbeitsvorschrift eine Arbeitsweise angegeben, die es durch Erwärmen ermöglicht, die Titration in n salzsaurer statt wie ursprünglich in 4 n saurer Lösung durchzuführen. Es erübrigt sich somit der Zusatz übermäßig starker Salzsäure.

***II. Arbeitsvorschrift nach* KOLTHOFF (b).** 10 cm³ 0,05 m Arsensäurelösung werden in einem Schliffkolben mit 2,5 cm³ 4 n Salzsäure versetzt, 3 Min. auf dem Wasserbad erwärmt und nach Zusatz von 3 g Kaliumjodid und sofortigem Verschließen des Kolbens neuerlich 5 bis 10 Min. auf dem Wasserbad erwärmt. Nach raschem Abkühlen wird mit Thiosulfat titriert. Zur Kontrolle kann nach Zufügen eines Überschusses an Natriumbicarbonat die arsenige Säure mit Jod titriert werden.

Bemerkungen. Eingehende Versuche von KOLTHOFF ergaben ebenfalls, daß bei höheren Arsensäurekonzentrationen die Störung durch Luftoxydation sehr gering ist. Bei Titration sehr verdünnter Lösungen allerdings (0,01 bis 0,001 n) kann der Fehler bedeutend werden, und KOLTHOFF empfiehlt in diesem Falle, die Titration nach der von FLEURY angegebenen Vorschrift (s. 3 I, S. 119) durchzuführen.

***III. Nach Angaben von* STALÉ** kann der Salzsäurezusatz weitgehend vermindert werden, wenn in einer mit Natriumchlorid gesättigten Lösung gearbeitet wird. Außerdem soll die Titration unter diesen Bedingungen mit Stärke als Indicator möglich sein.

Arbeitsvorschrift. Die Lösung des Alkali- oder Calciumarsenats (entsprechend etwa 0,1 g As_2O_5) wird in einer 300 bis 500 cm³ fassenden Flasche mit Natriumchlorid gesättigt. Man fügt 2 bis 3 g Kaliumjodid und $^1/_5$ des Volumens an konzentrierter Salzsäure zu und läßt die Flasche $^1/_4$ Std. verschlossen im Dunkeln stehen. Anschließend wird die Lösung mit der doppelten Menge Wasser verdünnt und das ausgeschiedene Jod mit Thiosulfat (Stärkezusatz gegen Ende der Titration) gemessen.

Bemerkungen. Falls eine Zerstörung organischer Substanz vorangegangen ist (Behandlung mit Salpetersäure und Schwefelsäure), wird die schließlich vorliegende schwefelsaure Lösung mit Natronlauge gegen Phenolphthalein neutralisiert, mit Salzsäure schwach angesäuert, mit Natriumchlorid versetzt und wie beschrieben weiter behandelt, wobei darauf zu achten ist, daß die Lösung vor dem Zusatz von Kaliumjodid erkaltet ist.

IV. Arsensäurebestimmung in Bleiarsenat nach K. BÖTTGER *und* W. BÖTTGER.

Arbeitsvorschrift. Die Einwaage von etwa 0,5 g Bleiarsenat wird mit 30 cm³ Salzsäure (D 1,19) in eine Glasstöpselflasche gespült und durch Schütteln bei Zimmertemperatur gelöst. Man setzt 0,5 g Kaliumjodid zu und titriert nach 15 Min. das ausgeschiedene Jod in flottem Tempo mit 0,1 n Thiosulfatlösung (kurz vor dem Umschlag werden 2 cm³ Stärkelösung zugesetzt).

Bemerkungen. Das Lösen des Bleiarsenats darf nicht unter Kochen erfolgen, da in diesem Falle Chlorverluste festgestellt werden konnten. Um eine unnötige Verdünnung der Lösung zu vermeiden, gibt man das Jodkalium am besten in festem Zustand zu. Der störende Einfluß des Luftsauerstoffes braucht nur bei Bestimmung sehr kleiner Arsenatmengen berücksichtigt zu werden (Blindversuch bzw. Titration in Kohlensäureatmosphäre).

V. Bestimmung der Arsensäure in Schwefelsäure nach KOHR.

Arbeitsvorschrift. 20 g Schwefelsäure werden in ein kleines Becherglas eingewogen und etwa 1 Std. auf 105 bis 110° erwärmt (Trockenschrank). Nach Verdünnen mit wenig Wasser wird mit gesättigter Sodalösung gegen Phenolphthalein neutralisiert. Man kocht, filtriert in einen ERLENMEYER-Kolben, wäscht aus und setzt 3 g Natriumbicarbonat sowie langsam unter gelegentlichem Rühren 150 cm³ starker Salzsäure zu. Nach Eintragen von 1 g Kaliumjodid in Krystallen wird der Kolben bedeckt. Man schüttelt um und titriert nach 5 Min. das freigewordene Jod mit 0,1 n Natriumthiosulfatlösung (Stärke als Indicator).

Bemerkungen. Sowohl die salpetrige Säure als auch die Salpetersäure werden durch das Erhitzen entfernt, während das Eisen durch Soda gefällt wird. Sollte Kupfer in nennenswerten Mengen anwesend sein, muß es bestimmt und eine entsprechende Korrektur für den Thiosulfatverbrauch in Rechnung gesetzt werden.

VI. Bestimmung des Arsens in Natriumkakodylat nach RUPP.

Zerstörung der organischen Substanz. 0,2 g Natrium kakodylicum werden mit 5 cm³ Wasser in einen KJELDAHL-Kolben gespült. Man setzt 10 cm³ konzentrierte Schwefelsäure und unmittelbar anschließend 2,5 g feingepulvertes Kaliumpermanganat in kleinen Anteilen zu, läßt die Mischung unter öfterem Schütteln 15 Min. stehen (Permanganatreste, die am Kolbenhals haften, werden nicht berücksichtigt) und erhitzt dann in schräger Lage mit eingehängtem Trichter erst vorsichtig, dann 15 bis 20 Min. stark.

Titration. Den ausgekühlten Kolbeninhalt spült man mit insgesamt 50 cm³ Wasser in einen Jodzahlkolben, entfärbt durch einige Kryställchen Oxalsäure und fügt nach völligem Erkalten 2 g Kaliumjodid zu. Nach 30 Min. wird das ausgeschiedene Jod mit 0,1 n Thiosulfatlösung titriert (ohne Indicator!).

Bemerkungen. Ebenso wird die Arsenbestimmung im Arrhenal durchgeführt. Durch weitere Vereinfachung eines von RUPP und LEHMANN ausgearbeiteten Verfahrens wird in ähnlicher Weise (s. § 16, S. 381) auch der Arsengehalt von Arsacetin und Atoxyl ermittelt. In einer Vorschrift, die LEHMANN für die Arsenbestimmung in Salvarsan und Neosalvarsan angibt und die mit einigen Änderungen bezüglich des mit Schwefelsäure, Permanganat und Wasserstoffperoxyd durchgeführten Aufschlusses von FARGHER für substituierte Phenylarsinsäuren angewendet wurde (s. § 16, S. 381), wird das ausgeschiedene Jod erst nach 1stündigem Stehen der mit Kaliumjodid versetzten Probe im verschlossenen Kolben ohne Indicator mit Thiosulfat titriert. FARGHER empfiehlt neben jeder Bestimmung die Durchführung eines Blindversuches, dessen Ergebnis in Rechnung gesetzt wird.

VII. Mikrobestimmung in organischen Substanzen nach WINTERSTEINER *und* HANNEL.

Bereitung der 0,01n Thiosulfatlösung. Die Lösung wird aus gealterter, konstant gewordener 0,1 n Thiosulfatlösung durch Verdünnen mit ausgekochtem Wasser hergestellt. Je Liter werden 0,2 g Natriumcarbonat zugefügt. Die Lösung wird in sorgfältig gereinigten Flaschen aus dunklem Glas aufbewahrt und muß von Zeit zu Zeit überprüft werden.

Zerstörung der organischen Substanz. Die Methode ist im wesentlichen dieselbe, wie sie von LIEB und WINTERSTEINER mit nachfolgender gewichtsanalytischer Bestimmung angegeben wurde (s. dazu § 1, S. 53): 7 bis 12 mg Probe werden in ein trockenes KJELDAHL-zersetzungskölbchen eingewogen und mit 1 cm³ 30 vol.-%iger Schwefelsäure versetzt, wobei man am Hals haftende Substanz in die Kugel hinunterspült. Nach Zusatz einiger Tropfen konzentrierter Salpetersäure wird erhitzt, bis SO_3-Dämpfe sichtbar werden. Man setzt noch einige Tropfen konzentrierter Salpetersäure zu, erhitzt neuerlich zum Rauchen, gibt 5 Tropfen MERCKsches Perhydrol zu und erhitzt wieder, wodurch die Lösung meist schon wasserklar wird. Ist es noch nicht der Fall, behandelt man unter Erhitzen so lange mit Perhydrol, bis die Flüssigkeit klar ist. Vorsichtshalber wiederholt man den Vorgang dann noch einmal nach Zugabe von 3 Tropfen Perhydrol, läßt abkühlen und versetzt mit 1 cm³ Wasser. Man engt bis zum Auftreten von Schwefelsäuredämpfen ein und wiederholt die Operation, wodurch die Sulfomonopersäure vollständig zerstört wird. (Das Eindampfen erfolgt am besten über freier Flamme und dauert je Kubikzentimeter höchstens 3 Min. Der ganze Aufschluß bis zu diesem Punkt erfordert etwa 20 Min.)

Vorbereitung zur Titration. Zum Kölbcheninhalt fügt man 1 cm³ Wasser, kocht zur Entfernung der Luft kurz auf und gießt die Lösung in ein etwa 150 cm³ fassendes Gefäß mit Schliffstopfen. Man wäscht das Kölbchen 5mal unter sorgfältigem Benetzen des Kölbchenhalses mit je 1 cm³ konzentrierter Salzsäure, die man vorher 2 Min. ausgekocht und nach raschem Abkühlen im verschlossenen Kolben (Wasserleitung) in eine gewöhnliche 50 cm³ fassende Bürette eingefüllt hatte.

Titration. Man setzt 2 cm³ 4%ige Lösung von reinem jodatfreiem Kaliumjodid zu, verschließt das Gefäß und läßt 10 Min. stehen. Das ausgeschiedene Jod wird mit 0,01 n Thiosulfatlösung aus einer 10 cm³ fassenden PREGLschen Mikrobürette mit Glashahn titriert. Sobald die Lösung nur mehr schwach gelb ist, wird mit Wasser auf 20 cm³ verdünnt und nach Zusatz von 5 Tropfen 1%iger Stärkelösung vorsichtig zu Ende titriert. Als Endpunkt wird das Auftreten eines charakteristischen schwach rötlichen Farbtones angesehen. Unter diesen Bedingungen erfolgt eine schwache Nachbläuung erst nach 10 bis 15 Min.

Verhalten halogenhaltiger Substanzen. Bei einem Jodgehalt der Probe ergeben sich wegen der Bildung von Jodsäure während des Aufschlusses zu hohe Resultate. Richtige Werte konnten erhalten werden, wenn nach Zerstörung der organischen Substanz und der Sulfomonopersäure die Lösung im Zersetzungskölbchen mit 0,3 cm³ 4%iger Kaliumjodidlösung und 1 cm³ Wasser versetzt wurde. Das ausgeschiedene Jod wurde durch Erhitzen vertrieben, die teilweise reduzierte Lösung neuerlich mit Perhydrol erhitzt und danach 2mal mit je 1 cm³ Wasser abgedampft. Die weitere Behandlung der Probe wurde wie beschrieben durchgeführt. Bromhaltige Verbindungen ergaben auch bei dieser Behandlung aus ungeklärten Gründen keine genauen Werte. Für chlorhaltige Substanzen erhielten die Verfasser vielleicht infolge eines Verlustes an Arsentrichlorid während des Aufschlusses etwas zu niedrige Werte.

Bemerkungen. Das Auskochen der Salzsäure erfolgt zu dem Zweck, um gelöste Gase (Luft, Chlor) zu entfernen. Es genügt im allgemeinen für eine Serie von Titrationen im voraus einen Blindwert zu bestimmen, der etwa 0,04 bis 0,07 cm³ 0,01 n Thiosulfatlösung entspricht.

Genauigkeit der Bestimmung. Die Abweichungen der gefundenen von den theoretisch errechneten Werten halten sich bei den verschiedenen für die Beleganalysen verwendeten Substanzen mit Arsengehalten zwischen 27,06 und 44,62% (außer bei Chlor- und Bromverbindungen, Jodverbindungen müssen nach der modifizierten Methode zerstört werden) durchwegs unter 0,3%. Die Resultate genügen demnach durchaus für die Elementaranalyse.

3. Bestimmung der Arsensäure nach Reduktion zu arseniger Säure.

I. Reduktion mit Jodwasserstoff.

a) Methode Fleury.

Prinzip. *Die stark saure Lösung wird mit Kaliumjodid versetzt, das ausgeschiedene Jod mit Thiosulfat gebunden und die arsenige Säure in bicarbonatalkalischer Lösung mit Jod titriert.*

Arbeitsweise in salzsaurer Lösung nach Fleury. Das Arsenat wird in Wasser gelöst, wobei das Volumen auf einen Verbrauch von 50 cm³ 0,1 n Jodlösung höchstens 30 cm³ betragen darf. Durch Zusatz von Salzsäure wird eine an dieser Säure 1 n Lösung hergestellt, 5 Min. auf dem Wasserbad erhitzt und so viel Kaliumjodid zugesetzt, daß eine 25%ige Lösung resultiert. Man beläßt 5 bis 10 Min. auf dem Wasserbad, kühlt ab und bindet das freie Jod mit Thiosulfat[1]. Nach Zusatz eines Überschusses an Natriumbicarbonat wird mit Jod titriert.

Bemerkungen. Die vorliegende Vorschrift wurde von Fleury im Anschluß an die Methode von Rosenthaler angegeben, um Schwierigkeiten zu umgehen, die sich nach seinen Erfahrungen bei der Titration des ausgeschiedenen Jods ergeben können. Durch Erwärmen auf dem Wasserbad vor dem Zusatz von Kaliumjodid wird aber die Luft weitgehend verdrängt und der von Fleury befürchtete Fehler durch Luftoxydation daher so gering, daß die unter 2 II, S. 117 beschriebene unmittelbare Titration des ausgeschiedenen Jods nach der Vorschrift von Kolthoff, sofern es sich nicht um allzu verdünnte Lösungen (0,01 bis 0,001 n) handelt, ebenfalls gute Werte ergibt.

Arbeitsweise in schwefelsaurer Lösung nach Taboury ***und*** Audidier. Die Verfasser kommen nach eingehender Untersuchung der Bedingungen, unter denen die Reduktion in schwefelsaurer Lösung quantitativ stattfindet, zu folgender praktischer Vorschrift: In einen konischen 200 bis 250 cm³ fassenden Kolben bringt man 10 cm³ der Probelösung, die an Arsensäure 0,0165 bis 0,000989 molar ist, gibt 2 cm³ konzentrierte Schwefelsäure (D 1,85) und nach 5 Min. langem Erhitzen auf dem kochenden Wasserbad 0,8 g Kaliumjodid in fester Form zu. Nach 10 Min. langem Erhitzen auf siedendem Wasserbad ist die Reduktion vollständig. Das Jod wird nach dem Abkühlen mit Thiosulfat gebunden und die gebildete arsenige Säure nach Neutralisieren in bicarbonatalkalischer Lösung mit Jod titriert.

b) Verfahren von Gooch und Morris.

Prinzip. *Die Methode entspricht mit einer kleinen Änderung bezüglich des Volumens der von* Gooch *und* Browning *angegebenen Vorschrift, wonach die Arsensäure in schwefelsaurer Lösung mit Jodwasserstoff reduziert, die Hauptmenge an Jod weggekocht und der Rest mit schwefliger Säure entfernt wird. Die gebildete arsenige Säure wird mit Jod titriert.*

Arbeitsvorschrift. Die Arsenatlösung wird im Erlenmeyer-Kolben mit einem Überschuß an Kaliumjodid (0,5 g mehr als theoretisch erforderlich) und 10 cm³ „halbverdünnter“ (offenbar 1:1) Schwefelsäure versetzt. Das Volumen beträgt 50 bis 75 cm³. Man erhitzt zum Sieden und kocht, bis keine Joddämpfe mehr sichtbar sind. Die noch heiße Lösung wird durch vorsichtiges Zusetzen von schwefliger Säure entfärbt, rasch mit kaltem Wasser verdünnt und abgekühlt.

[1] Bezüglich der Verwendung von Natriumsulfit zum gleichen Zweck vgl. bei Ormont (b), Bemerkungen S. 121.

Die Lösung wird mit Kalilauge annähernd und mit Kaliumbicarbonat schließlich vollständig neutralisiert und mit Jod titriert.

Bemerkungen. **Genauigkeit.** Bei den 13 angegebenen Beleganalysen (0,1559 bis 0,3119 g H_3AsO_4) hält sich der Fehler mit einer einzigen Ausnahme (angew. 0,3119, gef. 0,3132 g) unter 1 mg.

Ähnliche Vorschriften. KOELSCH gründet auf das Verfahren von GOOCH und BROWNING eine Schnellmethode zur Bestimmung von Arsen in Schwefelsäure und Salzsäure. Für letzteren Fall nimmt der Verfasser auf Grund von Modellversuchen an, daß trotz der hohen Salzsäurekonzentration unter den von ihm angegebenen Bedingungen keine Verluste an Arsentrichlorid eintreten. Zur Entfernung der Jodreste setzt er einen Überschuß an Natriumsulfit zu, der dann anschließend durch 5 Min. langes Kochen zerstört wird. Nach Erfahrung des Verfassers ist die Methode bei Anwesenheit größerer Mengen Salpetersäure unsicher, während ROBERTSON die Arsenbestimmung in organischen Substanzen mit guten Ergebnissen in ähnlicher Weise (die Reste Jod werden mit Thiosulfat gebunden) ohne Rücksicht auf die vom Aufschluß her noch vorhandene Salpetersäure durchführt. ROBERTSON zerstört lediglich die Stickoxyde durch Zusatz von Ammoniumsulfat.

WASSILJEW und ZYWINA modifizieren das von KOELSCH angegebene Verfahren zur Arsenbestimmung in Schwefelsäure, wonach 25 cm³ der zu prüfenden Säure mit 200 cm³ Wasser verdünnt und mit 5 cm³ 5%iger Kaliumjodidlösung versetzt werden, indem sie nach 5 Min. langem Kochen auf 400 cm³ verdünnen, nach Abkühlen mit 0,1 n Natriumthiosulfat entfärben und mit 20%iger Natronlauge gegen Methylorange fast neutralisieren. Jetzt geben sie 0,25 cm³ konzentrierte Salzsäure zu[1], versetzen mit festem Natriumbicarbonat (etwa 1 g im Überschuß) und titrieren die abgekühlte Lösung mit 0,1 n Jodlösung.

NEWBERY bestimmt den Arsengehalt organischer Verbindungen nach Aufschluß mit Ammoniumpersulfat und Zerstören des Überschusses mit Oxalsäure (s. § 16, S. 382). Der mit 20 cm³ 2 n Schwefelsäure versetzten Aufschlußlösung, deren Volumen höchstens 60 cm³ beträgt, werden 10 cm³ 10%iger Kaliumjodidlösung zugesetzt, worauf die Hauptmenge an Jod durch etwa 15 Min. langes Kochen mit Siedesteinchen entfernt wird. Das noch vorhandene Jod wird mit $^1/_{20}$ n Natriumthiosulfatlösung gebunden und die Lösung sofort auf etwa 100 cm³ verdünnt. Die Säure wird größtenteils mit 30 cm³ 2 n Sodalösung und der Rest mit festem Natriumbicarbonat neutralisiert, 1 g Natriumbicarbonat im Überschuß zugesetzt und bei 35 bis 40° mit 0,1 n Jodlösung titriert (Stärke als Indicator). Beleganalysen zahlreicher Verbindungen zeigen sehr gute Übereinstimmung mit den berechneten Werten.

c) Verfahren von ORMONT (b).

Prinzip. *Die Arsensäure wird mit Jodwasserstoff reduziert, das Jod größtenteils in der Hitze durch einen Strom von CO und CO_2 entfernt und die Reste durch schweflige Säure gebunden. Die arsenige Säure wird mit Jod titriert.*

Arbeitsvorschrift. Die etwa 45 cm³ betragende (bicarbonatalkalische) Arsenatlösung, die eine ausreichende Menge Kaliumjodid enthält, wird in einem enghalsigen Kolben von etwa 150 cm³ Inhalt aus einer Pipette unter häufigem Umschwenken mit 5 cm³ verdünnter Schwefelsäure (3 Teile Schwefelsäure und 1 Teil Wasser) angesäuert. Man schwenkt bis zur Lösung des entstandenen Niederschlages leicht um und gibt in der gleichen Weise weitere 7 cm³ Schwefelsäure zu. Die Konzentration der Schwefelsäure muß 15 bis 20 Vol.-% betragen. Die Lösung wird nun auf 85 bis 95° erwärmt und 25 bis 30 Min. ein rascher Strom von CO + CO_2 eingeleitet. (Das Gasgemisch erhält man durch Zersetzung von Oxalsäure mit Schwefelsäure unter

[1] Nach dem Referat in Fr. **99**, 56 (1934) wird vor dem Zusatz der 0,25 cm³ HCl, wodurch eine Bildung von Carbonat verhindert werden soll, mit Bicarbonat neutralisiert.

Erwärmen.) Danach ist die Lösung fast völlig entfärbt. (Wegen der in stark schwefelsaurer Lösung stattfindenden Bildung von schwefliger Säure, die bei der hohen Säurekonzentration sich nicht quantitativ mit Jod umsetzt, darf nicht alles Jod ausgetrieben werden, damit nach dem Verdünnen noch Jod zur Oxydation der schwefligen Säure vorhanden ist.) Das Erhitzen wird unterbrochen, das Gaseinleitungsrohr abgespült und das verdunstete Wasser ersetzt. Die danach noch vorhandenen Jodreste werden mit $^1/_{20}$ bis $^1/_{30}$ n Natriumsulfitlösung unter Vermeidung eines Überschusses entfernt. Die völlig farblose Lösung wird nach Zusatz von 20 cm^3 Wasser und 1 bis 2 Tropfen Phenolphthalein mit etwa 20 cm^3 gesättigter Natriumhydroxydlösung neutralisiert. Man säuert mit 1 bis 2 Tropfen Schwefelsäure (1:3) eben wieder an, läßt abkühlen und titriert nach Zusatz von Natriumbicarbonat die arsenige Säure mit Jod.

Bemerkungen. In salzsaurer Lösung arbeitet man am besten bei einem Salzsäuregehalt von 10 bis 12%. Bei Anwendung eines indifferenten Gasstromes, etwa CO_2 (wie z. B. WINKLER, der das Jod quantitativ mit CO_2 austreibt, vorschlägt), dauert die Entfernung des Jods nach Angabe des Verfassers wesentlich länger. Auch das Austreiben der letzten Reste Jod aus der Lösung würde bedeutend längere Zeit beanspruchen. Nach Ansicht ORMONTS ist die Entfernung der letzten Spuren Jod durch Natriumthiosulfat unzulässig, da bei der späteren Neutralisation infolge der Erwärmung eine Zersetzung des Tetrathionats und Bildung von SO_2 zu befürchten sei, wogegen Sulfit sofort zum Sulfat oxydiert werde. Der Verfasser erwähnt die Möglichkeit, das Verfahren wesentlich abzukürzen, indem das ausgeschiedene Jod durch 0,1 n Natriumsulfitlösung gebunden wird, befürchtet aber, daß dieser Vorgang ungenauer ist.

d) Bestimmung nach HÖLTJE (für Arsenmengen unter 2 mg).

Prinzip. *Nach Reduktion der Arsensäure mit Jodwasserstoff wird das ausgeschiedene Jod durch Einengen völlig entfernt.*

Arbeitsvorschrift. Die (in Gegenwart von Ammoniak mit Wasserstoffperoxyd oxydierte) Lösung wird auf 10 bis 15 cm^3 eingeengt, in einen 50 cm^3 fassenden ERLENMEYER-Kolben gebracht und bis zur vollständigen Entfernung des Ammoniaks gekocht. Man gibt dann je nach der zu erwartenden Arsenmenge 3 bis 5 cm^3 10%ige Schwefelsäure zu und engt auf 5 cm^3 ein. Die Reduktion der Arsensäure erfolgt nun durch Zufügen von 0,5 bis 1 cm^3 10%iger Kaliumjodidlösung, worauf man einengt, bis die Lösung fast farblos geworden ist, d. h. auf 2 bis 3 cm^3. Nach Verdünnen mit Wasser auf 10 bis 15 cm^3 wird neuerlich auf 5 bis 8 cm^3 konzentriert, wobei eine völlig farblose Lösung resultiert. Man kühlt ab, neutralisiert annähernd mit Natriumhydroxyd, fügt Stärkelösung zu (die Lösung muß farblos bleiben), versetzt mit Natriumbicarbonat und gibt einen Überschuß an 0,01 n Jodlösung zu. Die unverbrauchte Jodlösung wird mit 0,01 n Arsenigsäurelösung zurücktitriert.

Bemerkungen. Der größte beobachtete Fehler bei Mengen unter 1,5 mg betrug $\pm 0{,}02$ mg As. Die durchschnittlichen Abweichungen vom richtigen Wert bei den Testversuchen waren jedoch wesentlich geringer. Der Verfasser bediente sich des Verfahrens, um die Löslichkeit der Arsensulfide zu ermitteln. Es lagen Lösungen von As_2S_3 bzw. As_2S_5 in reinem Wasser und in Schwefelwasserstoffwasser bzw. angesäuertem Schwefelwasserstoffwasser mit einem Volumen von 400 bis 500 cm^3 vor. Die Methode eignet sich nur für kleine Mengen und wurde nur für Arsenmengen unter 2 mg geprüft.

e) Reduktion mit Jodwasserstoff in Gegenwart von rotem Phosphor.

Schnellbestimmung von Arsenaten nach FITZ GIBBON.

Arbeitsvorschrift. 0,25 bis 0,5 g Arsenat (entsprechend etwa 0,15 g As_2O_3) werden in einem Becherglas mit 20 cm^3 Wasser, 5 cm^3 konzentrierter Schwefelsäure (D 1,84), 2 cm^3 0,1 n Jodlösung und 0,2 g amorphem, sehr feinem Phosphor versetzt[1]. Man kocht, bis die Lösung farblos erscheint, da das Verschwinden der gelben Jodfarbe das Ende der Reduktion anzeigt (etwa 3 Min.), filtriert die noch warme Lösung durch einen GOOCH-Tiegel mit Asbesteinlage und wäscht den Rückstand

---

[1] Als Maß für die Partikelgröße gibt der Autor an, daß die Teilchen durch ein 100-Maschensieb nicht zurückgehalten werden dürfen.

3mal mit je 10 cm³ Wasser aus. Das Filtrat wird mit starker Natronlauge und schließlich mit Bicarbonat neutralisiert und mit 0,1 n Jodlösung titriert.

Bemerkungen. 50 cm³ einer genau 0,1 n Arsensäurelösung verbrauchten nach der beschriebenen Reduktion 49,95 cm³ 0,1 n Jodlösung, die auf As_2O_3 eingestellt worden war. Jeweils gleiche Mengen Bleiarsenat verbrauchten nach der angegebenen Methode 28,4 cm³, nach Reduktion durch schweflige Säure 28,25 cm³ und nach der Methode von K. und W. BÖTTGER (vgl. S. 117) 28,50 cm³ 0,1 n Lösung. Bei der beschriebenen Methode genügt eine sehr kleine Menge Jodwasserstoff zur quantitativen Reduktion, da das freie Jod sofort durch den Phosphor wieder in Jodwasserstoff übergeführt wird. Auch die Säurekonzentration kann ziemlich niedrig gehalten werden.

II. Reduktion mit schwefliger Säure.

a) Die schweflige Säure wird als wäßrige Lösung oder als Gas angewendet.

Vorbemerkungen. Die Reduktion der Arsensäure mit schwefliger Säure zwecks nachfolgender Titration der arsenigen Säure nach MOHR wurde zuerst von HOLTHOF durchgeführt. Er reduzierte durch Zusatz eines großen Überschusses an wäßriger schwefliger Säure unter Erwärmen bzw. Kochen im bedeckten Becherglas oder in einer Kochflasche mit doppelt durchbohrtem Stopfen und entfernte den Überschuß an schwefliger Säure durch Einengen der Lösung oder Durchleiten eines Luftstromes durch die heiße Lösung. MCCAY modifizierte das Verfahren, indem er die Lösung mit schwefliger Säure 1 Std. in einer Druckflasche im kochenden Wasserbad reduzierte. Der Überschuß an SO_2 wurde dann durch Eindampfen der Lösung entfernt. KÖHLER empfiehlt zweimaliges Reduzieren mit schwefliger Säure bei 60 bis 70° (in Gegenwart von etwas Schwefelsäure). Da der Überschuß an Schwefeldioxyd im allgemeinen durch Kochen bzw. Einleiten eines Gasstromes entfernt werden muß (KIRCHER und RUPPERT binden Reste SO_2 in der sauren Lösung durch Jod mit Stärke als Indicator), was immerhin eine zeitraubende Operation darstellt, findet sich die Methode nur vereinzelt in der neueren Literatur. In neuester Zeit wurden allerdings von GROS unter Verwendung von Natriumbisulfit Bedingungen festgelegt, die eine quantitative Reduktion in 2 Min. ermöglichen sollen und unter denen der Überschuß an Schwefeldioxyd in 5 Min. entfernt werden kann. Ein geringer, von der Menge des ursprünglich angewendeten Bisulfits abhängiger Blindwert, der von Schwefelsäuregehalt, Verdünnung und Kochdauer nicht beeinflußt wird, muß aber in Rechnung gesetzt werden. Die von GROS angegebene Vorschrift ist auf gründlichen systematischen Versuchen aufgebaut.

***Arbeitsvorschrift nach* GROS.** Man bringt die 5 bis 15 cm³ betragende Arsenatlösung in einen 250 cm³ fassenden Weithals-ERLENMEYER-Kolben, fügt 10 cm³ einer Natriumbisulfitlösung von 36° Bé zu und füllt auf 35 cm³ auf. Man gibt 4,5 cm³ verdünnter Schwefelsäure (Säure von 66° Bé auf das 3fache verdünnt) zu, verschließt sofort sorgfältig mit einem Korkstopfen und läßt 5 Min. reagieren. Nun versetzt man mit 0,5 cm³ konzentrierter Schwefelsäure und 10 bis 15 cm³ Wasser und kocht nach Einbringen von 3 bis 4 Stückchen Bimsstein 5 Min. zur Entfernung des Schwefeldioxyds (Verschwinden des Geruches). Anschließend wird mit fließendem Wasser abgekühlt, mit Soda gegen Methylrot eben neutralisiert (bei Überschreiten des Neutralpunktes Ansäuern mit 2 Tropfen Schwefelsäure), mit 1 bis 2 g Kaliumhydrogencarbonat versetzt, auf 100 cm³ verdünnt und bei Gegenwart von Stärke mit Jodlösung titriert. Das Ergebnis eines Blindversuches wird in Rechnung gesetzt (s. unter Vorbemerkungen).

Bemerkungen. Mit 0,1 n Jodlösung können 4 bis 100 mg, mit 0,01 n Jodlösung 0,4 bis 4 mg Arsen bestimmt werden, ohne daß für die kleinen Arsensäuremengen die Schwefeldioxydkonzentration zu vermindern ist. Es ist für die Reduktion wichtig, eine an Schwefeldioxyd annähernd gesättigte Lösung zu verwenden und das Schwefeldioxyd aus der unter Berücksichtigung dieser Tatsache bemessenen Bisulfitmenge mit Schwefelsäure eben völlig in Freiheit zu setzen (zur Zersetzung von 10 cm³ der Natriumbisulfitlösung sind 1,5 cm³ Schwefelsäure von 66° Bé erforderlich; die entwickelte SO_2-Menge reicht zur Sättigung von 25 cm³ Wasser; Löslichkeit: 110 mg SO_2 je Kubikzentimeter Wasser bei 20°).

Bestimmung von Arsen in Schwefelsäure nach LUNGE-BERL.

Arbeitsvorschrift. Man verdünnt 20 g Säure mit Wasser, filtriert von ausgeschiedenem Bleisulfat ab und leitet so lange einen Strom von Schwefeldioxyd ein, bis die Lösung stark danach riecht. Dazu ist längere Zeit und ein deutlicher Überschuß an SO_2 erforderlich. Dieser Überschuß wird durch Erhitzen der Flüssigkeit unter Einleiten von Kohlendioxyd vertrieben und die arsenige Säure nach Neutralisieren mit Natriumcarbonat und Natriumbicarbonat mit 0,1 n Jodlösung titriert.

Bemerkungen. FEDOROWA und SSOLOWJEWA reduzieren die Arsensäure in schwefelsauren Aufschlußlösungen durch 10 bis 12 Min. langes Einleiten von Schwefeldioxyd. Der Überschuß wird durch $^1/_2$stündiges Kochen vertrieben. Die so erhaltenen Werte sind jedoch um etwa 1,2% zu niedrig.. DAS GUPTA wendet die Reduktion mit Schwefeldioxyd an, um gleichzeitig von dem in der Lösung enthaltenen Selen zu trennen.

b) Reduktion durch organische Substanz in konzentriert schwefelsaurer Lösung.

Der von NORTON und KOCH vorgeschlagene Aufschluß organischer Verbindungen mit konzentrierter Schwefelsäure ohne Zusatz oxydierender Stoffe wurde von EWINS aufgegriffen und modifiziert; fünfwertiges Arsen wird dabei reduziert und kann unmittelbar mit Jod titriert werden.

Arsenbestimmung in organischen Substanzen nach EWINS.

Arbeitsvorschrift. 0,1 bis 0,2 g der organischen Substanz werden in einem langhalsigen KJELDAHL-Kolben mit 10 g Kaliumsulfat und 0,2 bis 0,3 g Stärke[1], sowie 20 cm³ konzentrierter Schwefelsäure versetzt und am Drahtnetz zuerst über größerer, später über kleiner Flamme erhitzt, bis das Schäumen der Flüssigkeit nachläßt, was nach 10 bis 15 Min. der Fall ist. Man dreht die Flamme wieder größer und erhitzt die Lösung, bis sie farblos oder schwach gelblich ist. Während dieser Operation, die etwa 4 Std. dauert, schüttelt man einige Male durch, um die an der Wand haftenden Substanzreste herabzuspülen. Nach dem Abkühlen und üblichen Neutralisieren wird in bicarbonatalkalischer Lösung mit Jod titriert.

Bemerkungen. Auf Grund der Beleganalysen kann angenommen werden, daß die Methode für Substanzen verschiedenster Zusammensetzung (neben C, H, N, O) durchaus brauchbare Resultate liefert. Auch GLYCART bestätigt die Brauchbarkeit der Methode zur Arsenbestimmung in Natriumkakodylat. Nach EWINS ist außer bei sehr flüchtigen Verbindungen kein Verlust an Arsen zu befürchten. KIRCHER und v. RUPPERT dagegen benützen bei dieser Art des Aufschlusses für Neosalvarsan (ohne Stärkezusatz) eine mit Wasser beschickte Vorlage, deren Inhalt nach dem Erkalten in den Kolben gespült wird[2]. Außerdem entfernen sie das beim Aufschluß gebildete Schwefeldioxyd aus der Lösung durch kurzes Kochen bzw. die letzten Reste durch Oxydation mit Jodlösung nach Neutralisation der Hauptmenge der Säure.

c) Reduktion auf trockenem Wege.

RYSHIKOW und PALATSCHEWA bestimmen Arsen in Arsen-Sodalösungen nach Reduktion des ArsenV mit Filtrierpapier, wobei im SO_2-Strom gerade bis zur beginnenden Verkohlung geglüht wird, durch Titration mit Jod. Der Fehler beträgt bis zu 4,12%.

[1] HUGHES ersetzt die Stärke durch Zigarettenpapier.

[2] Eine Beschreibung des Aufschlusses nach KIRCHER und RUPPERT findet sich § 8, S. 127.

4. Bestimmung freier Arsensäure durch deren Einwirkung auf Jodid-Jodat.

Nach KLASON und KÖHLER reagiert freie Arsensäure mit Kaliumjodid und Kaliumjodat unter Bildung von Kaliumdihydrogenarsenat und kann aus der in Freiheit gesetzten Jodmenge bestimmt werden. Die Titration muß, um eine Störung durch Luftkohlensäure zu vermeiden, rasch ausgeführt werden (während der Titration wird stark geschüttelt).

Literatur.

ACTON, M. G.: Am. J. Pharm. **102**, 159 (1930); durch C. **102 I**, 656 (1931).

BACHO, F. DE: Ann. Chim. applic. **12**, 136 (1919); durch C. **91 IV**, 62 (1920). — BIALOBRZESKI, M.: Pharm. Z. f. Rußl. **35**, 785; durch C. **68 I**, 259 (1897). — BÖTTGER, K., u. W. BÖTTGER: Fr. **70**, 106 (1927). — BRUKL, A.: Mikrochemie **1**, 54 (1923).

CASINI, A.: Ann. Chim. applic. **38**, 689 (1948); durch Brit. chem. Abstr. **1949**, 378.

DAS GUPTA, H. N.: J. Indian Chem. Soc. **14**, 358 (1937). — DÜSING, W.: Ch. Fabr. **7**, 313 (1934).

EWINS, A. J.: Soc. **109**, 1355 (1916).

FARGHER, R. G.: Soc. **115**, 992 (1919). — FEDOROWA, W. S., u. A. N. SSOLOWJEWA: Problems Nutrit. **6**, 123 (1937); durch C. **108 II**, 885 (1937). — FEIGL, F., u. REGINA SCHORR: Fr. **63**, 24 (1923). — FESTER, G.: Angew. Ch. **42**, 1040 (1929). — FITZ GIBBON, M.: Analyst **58**, 469 (1933). — FLEURY, P.: J. Pharm. Chim. (7) **21**, 385 (1920); durch C. **91 IV**, 108 (1920) u. KOLTHOFF, J. M.: Fr. **62**, 137 (1923). — FURMAN, N. H., u. C. O. MILLER: Am. Soc. **59**, 152 (1937). — FURMAN, N. H., u. E. B. WILSON: Am. Soc. **50**, 277 (1928).

GENGRINOWITSCH, A. I.: Pharmaz. J. **13**, Nr. 2, 27 (1940); durch C. **112 II**, 782 (1941); Pharmaz. J. **13**, Nr. 4, 23 (1940); durch C. **113 I**, 2434 (1942). — GLYCART, C. K.: J. Assoc. offic. agric. Chem. **9**, 286; durch C. **97 II**, 2464 (1926). — GOOCH, F. A., u. P. E. BROWNING: Am. J. Sci. **11**, 66 (1890); durch C. **61 II**, 325 (1890). — GOOCH, F. A., u. JULIA C. MORRIS: Z. anorg. Ch. **25**, 227 (1900). — GROS, R.: Bl. (5) 8, 521 (1941).

HILDEBRAND, J. H.: Am. Soc. **35**, 850 (1913). — HOLTHOF, C.: Fr. **23**, 378 (1884). — HÖLTJE, R.: Z. anorg. Ch. **181**, 395 (1929). — HUGHES, E. J.: J. Amer. pharmac. Assoc. **25**, 281 (1936); durch C. **107 II**, 2167 (1936).

JANDER, G., u. J. HARMS: Angew. Ch. 48, 267 (1935).

KIRCHER, A., u. F. v. RUPPERT: Ber. Dtsch. pharm. Ges. **30**, 419 (1920). — KLASON, P., u. J. KÖHLER: Bihang K. Sv. Vet. Akad. Handl. **28**, Nr. 4, 1; durch Fr. **45**, 666 (1906). — KOELSCH, H.: Ch. Z. **38**, 5 (1914). — KÖHLER, J.: Ark. Kem. Mineral. Geol. K. Sv. Westk. Akad. **1**, 167; durch C. **75 II**, 63 (1904). — KOHR, A. A.: Ind. eng. Chem. **12**, 580 (1920). — KOLTHOFF, I. M. (bzw. J. M.): (a) Die Maßanalyse, 2. Aufl., Teil 2, S. 372. Berlin 1931; (b) Fr. **62**, 137 (1923); (c) Die Maßanalyse, 2. Aufl., Teil 2, S. 439. Berlin 1931.

LEHMANN, F.: Apoth. Z. **27**, 545 (1912); durch C. **83 II**, 750 (1912). — LIEB, H., u. O. WINTERSTEINER: Mikrochemie **2**, 78 (1924). — LUNGE-BERL: 7. Aufl., Bd. I, S. 861. Berlin 1921.

MALACHOW, N. W.: Tierheilkunde (russ.) **25**, Nr. 4, 37 (1948); durch C. **120 I**, 99 (1949). — MCCAY, L. W.: Am. Chem. J. **7**, 373; durch C. **57**, 649 (1886). — MOHR, F.: Lehrbuch der chemisch analytischen Titriermethoden, 3. Aufl. Braunschweig 1870.

NAMIAS, R.: G. **22**, 508; durch C. **63 II**, 627 (1892). — NAYLOR: Pharm. J. a. Trans; Arch. Pharm. (3) **16**, 312; durch C. **51**, 315 (1880). — NEWBERY, G.: Soc. **127**, 1751 (1925). — NORTON, F. A., u. A. E. KOCH: Am. Soc. **27**, 1247 (1905).

ORMONT, B.: (a) Fr. **75**, 209 (1928); (b) **67**, 417 (1925/26).

ROBERTSON, G. R.: Am. Soc. **43**, 182 (1921). — ROBINSON, C. S., u. O. B. WINTER: Ind. eng. Chem. **12**, 775 (1920). — ROSENMUND, K. W.: Apoth. Z. **41**, 695 (1926); durch C. **97 II**, 1992 (1926). — ROSENTHALER, L.: (a) Fr. **45**, 596 (1906); (b) **61**, 222 (1922). — RUPP, E.: Ar. **256**, 194 (1918). — RUPP, E., u. F. LEHMANN: Apoth. Z. **26**, 203 (1911); durch C. **82 I**, 1082 (1911). — RUTHVEN, C. R. J.: Quart. J. Pharmac. Pharmacol. **15**, 368 (1942); durch C. **115 I**, 950 (1944). — RYSHIKOW, G. A., u. W. I. PALATSCHEWA: Betriebslab. **9**, 97 (1940); durch C. **112 I**, 1706 (1941).

SPACU, G., u. C. DRĂGULESCU: Bl. Acad. Roum. **22**, 1 (1940); durch C. **111 I**, 2990 (1940). — STALÉ, J.: Mitt. Gebiete Lebensmitteluntersuchung. Hyg. **23**, 72 (1932); durch Fr. **99**, 55 (1934).

TABOURY, M. F., u. H. AUDIDIER: Bl. (5) **1**, 1570 (1934).

WASHBURN, E. W.: Am. Soc. **30**, 32 (1908). — WASSILJEW, A. A. (bzw. A.), u. B. S. ZYWINA (bzw. B. ZÖIWINA): Betriebslab. **3**, 314 (1934); durch C. **107 I**, 1463 (1936) u. Fr. **99**, 56 (1934). — WILLIAMSON: J. Soc. Dyers Colourists **1896**, 86; durch F. A. GOOCH u. JULIA C. MORRIS: Z. anorg. Ch. **25**, 227 (1900). — WINKLER, P. E.: Bl. Soc. chim. Belg. **36**, 491 (1927); durch C. **99 I**, 231 (1928). — WINTERSTEINER, O., u. H. HANNEL: Mikrochemie **4**, 155 (1926).

§ 8. Titration der arsenigen Säure mit Bromat.

Allgemeines.

Die Methode wurde von GYÖRY in die analytische Chemie eingeführt und beruht darauf, daß arsenige Säure in stark saurer Lösung nach dem Schema: $2KBrO_3 + 2HCl + 3As_2O_3 = 3As_2O_5 + 2KCl + 2HBr$ oxydiert wird. Der Endpunkt kann durch reversible und irreversible Redoxindicatoren, durch die bei Auftreten von freiem Brom erscheinende Gelbfärbung sowie auf elektrochemischem und thermometrischem Weg ermittelt werden. Die Reaktion gelingt gleicherweise in salzsaurer und schwefelsaurer Lösung und ist innerhalb weiter Grenzen von der Säurekonzentration unabhängig. Mit Rücksicht auf die gewählte Art der Endpunktsbestimmung werden denn auch von den einzelnen Autoren verschiedene Säurekonzentrationen vorgeschrieben. Durch die auf potentiometrischem Wege ausgeführte Mikrobestimmung können kleinste Arsenmengen noch mit hoher Genauigkeit bestimmt werden. Besondere Bedeutung kommt der Methode dadurch zu, daß sie die rasche und genaue Bestimmung des Arsens in den nach dessen Abtrennung als Trichlorid erhaltenen Destillaten gestattet. Nach NISSENSON und MITTASCH kann Arsen ebenso wie Antimon bei Gegenwart von Weinsäure mit Kaliumbromat titriert werden. Fünfwertiges Arsen muß vor der Bestimmung naturgemäß reduziert werden, zu welchem Zweck von VILLECZ eine Behandlung mit Hydrazinsulfat in konzentrierter Schwefelsäure vorgeschlagen wurde. JÄRVINEN empfiehlt eine Reduktion mit Thiosulfat in konzentriert schwefelsaurer Lösung, während RUPP und SIEBLER Kaliumrhodanid verwenden. Ein Verfahren von NISSENSON und MITTASCH, bei dem nach Reduktion mit Schwefeldioxyd titriert wird, ist § 1, S. 56 beschrieben.

A. Endpunktsbestimmung durch Farbreaktionen.

1. Titration unter Verwendung irreversibler Indicatoren.

I. Endpunktsbestimmung mit Azofarbstoffen.

a) Bestimmung in salzsaurer Lösung.

***Arbeitsvorschrift nach* GYÖRY. Erforderliche Lösungen.** Die Kaliumbromatlösung wird aus frisch krystallisiertem und bei 110° getrocknetem Kaliumbromat hergestellt. Durch Lösen von $^1/_{10}$ des Äquivalentgewichtes in 1 l Wasser wird eine 0,1 n Lösung hergestellt. Als Indicator dient eine 0,1%ige Lösung von Methylorange in Wasser.

Ausführung der Titration. Die ArsenIII-lösung wird mit 10%iger Salzsäure angesäuert und nach Zusatz von 1 Tropfen Methylorange langsam unter beständigem Umrühren mit 0,1 n Kaliumbromatlösung auf Entfärbung titriert.

Bemerkungen. Fünf nach dieser Vorschrift ausgeführte Titrationen gaben identische Resultate, die von dem theoretischen Verbrauch um nicht ganz 0,1% abweichen. Der Endpunkt ist äußerst scharf und die Entfärbung wird schon durch $^1/_{10}$ Tropfen Kaliumbromatlösung bewirkt. Titriert man aber zu rasch, kann der Endpunkt durch Bromausscheidung aus überschüssigem Bromat undeutlich werden. Nach KOLTHOFF (a) können bei zu raschem Titrieren Fehler von 0,5% auftreten. Die Salzsäurekonzentration kann innerhalb weiter Grenzen schwanken. GYÖRY verwendete Lösungen mit etwa 2,5 bis 8% Gehalt an Salzsäure mit gleich guten Ergebnissen. Nach ZINTL und WATTENBERG ist der Endpunkt in Salzsäure unter 10% einwandfrei. Ein Gehalt von 10 bis 25% an Salzsäure der Dichte 1,19 (Mindestgehalt 10%!) wird von JANNASCH und SEIDEL als günstigster Bereich angegeben, während NAKAZONO und INOKO eine etwas geringere Säurekonzentration (0,3 bis 2 n) für zulässig erklären. Ursprünglich setzte der Verfasser 0,5 bis 1 g Kaliumbromid zu, unterließ es aber später, da ohne diesen Zusatz bedeutend bessere Resultate erhalten wurden. RUPP und SIEBLER führen die Titration in heißer Lösung (80 bis 90°) durch, um so eine Erhöhung der Umsetzungsgeschwindigkeit zu erreichen. KOLTHOFF (a) empfiehlt als Titrationstemperatur 50 bis 60°. Die Titration ist mit Dimethylaminoazobenzol und mit Methylrot ebenfalls gut durchführbar.

***Arbeitsvorschrift nach* KOLTHOFF (a).** Die Lösung wird mit reichlich 25%iger Salzsäure angesäuert (20 cm³ auf 100 cm³ Flüssigkeit im Endpunkt), mit 1 bis 2 Tropfen 0,1%iger Methylorange- oder 0,2%iger Methylrotlösung versetzt und bei Zimmertemperatur oder 60° mit 0,1 n Kaliumbromatlösung unter lebhaftem Umschütteln gegen Ende tropfenweise auf farblos titriert.

***Mikrotitration nach* ENGLESON.** Durch Ausarbeitung und Verfeinerung des von RAMBERG und SJÖSTRÖM angegebenen Verfahrens kommt ENGLESON zu der im folgenden beschriebenen Arbeitsweise.

Bromatlösung. 0,1485 g über Calciumchlorid getrocknetes reinstes Kaliumbromat werden in 1 l Wasser gelöst. 1 cm³ dieser Lösung entspricht 0,2 mg As. Die Lösung ist gut verschlossen aufbewahrt unbegrenzt haltbar.

Indicator. 0,2 g Methylorange werden in etwa 50 cm³ kochendem Wasser gelöst und die Lösung auf 250 cm³ verdünnt. Wenn nötig wird nach einigen Tagen filtriert.

Büretten. Die Titration wird mit Hilfe einer PREGLschen Mikrobürette mit Quetschhahn ausgeführt, die eine Schätzung auf 0,01 cm³ ermöglicht (10 cm³ Fassungsvolumen, in 0,05 cm³ geteilt).

Arbeitsvorschrift. Die 150 cm³ betragende salzsaure Lösung (die je 100 cm³ $3^1/_2$ bis 11 g Salzsäure enthalten darf) wird mit einem einzigen Tropfen der Indicatorlösung versetzt und auf 30 bis 40° erwärmt, indem man den Titrierkolben in Wasser der gewünschten Temperatur einstellt, das sich in einer weißen Porzellanschale befindet, die ihrerseits durch einen Brenner geheizt wird. Man titriert tropfenweise mit der Bromatlösung (höchstens 4 Tropfen je Minute) und hält dabei die Flüssigkeit ununterbrochen in rotierender Bewegung. Sobald die Lösung abzublassen beginnt, wartet man mindestens 1 Min. (bei hohem Salzsäuregehalt über 6,5% 2 bis 3 Min.) mit dem Zusatz des nächsten, höchstens 0,01 cm³ betragenden Tropfens. Dazu läßt man ein kleines Tröpfchen aus der Bürettenspitze austreten und nimmt es mit dem Flüssigkeitsniveau ab. Die Entfärbung wird am besten mit Hilfe einer Vergleichslösung festgestellt. Die richtig austitrierte Lösung muß nach Zusatz eines Tropfens Indicatorlösung noch nach 1 Min. schwach rötliche Färbung zeigen. Von dem Verbrauch wird das Ergebnis einer Blindtitration abgezogen.

Genauigkeit. 0,045 mg As konnten auf wenige Gamma genau bestimmt werden. Bei Titration stark saurer Trichloriddestillate, die bei Untersuchung organischer Substanzen nach deren Zerstörung erhalten wurden, betrug in 10 Versuchen die größte Abweichung vom theoretischen Wert (0,010 bis 0,890 mg As) $+ 5\gamma$ (Salzsäurekonzentration 9 bis 11%).

b) Bestimmung in schwefelsaurer Lösung.

Arsenbestimmung in Natriumkakodylat nach RUPP und SIEBLER.

Prinzip. *Bei dieser Methode wird die Substanz oxydierend aufgeschlossen und die dabei gebildete Arsensäure in konzentriert schwefelsaurer Lösung mit Kaliumrhodanid reduziert. Die Titration der arsenigen Säure erfolgt in der Hitze.*

Arbeitsvorschrift. 0,2 g Natriumkakodylat werden mit 5 cm³ Wasser in ein 50 cm³ fassendes KJELDAHL-Kölbchen gespült, mit 10 cm³ konzentrierter Schwefelsäure und innerhalb 1 Min. mit 2,5 g feinst gepulvertem Kaliumpermanganat in kleinen Anteilen unter stetem Umschwenken versetzt. Nach 15 Min. langem Stehen wird in Schrägstellung mit aufgesetztem Trichter 20 Min. gekocht. Nach Erkalten gibt man zur Reduktion der Arsensäure 2 g Kaliumrhodanid zu und kocht so lange, bis kein Schwefel mehr wahrzunehmen ist (Siedesteinchen). Nach dem Abkühlen spült man mit 100 cm³ Wasser in einen Titrierkolben über, kocht 10 Min. zur Entfernung von schwefliger Säure und titriert nach Zugabe von 1 Tropfen Methylorange noch heiß mit 0,1 n Kaliumbromatlösung.

Bemerkungen. Die Übereinstimmung mit jodometrischen Kontrollwerten ist befriedigend (63,21% mit Bromat und 63,25% mit Jod). Die Arsenbestimmung in anderen pharmazeutischen Präparaten (Natrium arsanilicum, Natrium-acetylarsanilicum und Salvarsan) erfolgt, abgesehen vom Aufschluß, der in kürzerer Zeit und mit weniger Permanganat gelingt, und der Reduktion mit nur 1 g Kaliumrhodanid, in gleicher Weise. Ein allmähliches Abblassen des Indicators ist ein Zeichen vorzeitiger Einwirkung der Bromsäure auf den Indicator. Man setzt nötigenfalls noch 1 Tropfen zu und titriert in mäßigerem Tempo. (Ein Zusatz von mehr Indicator würde einen zu großen Bromat-Blindverbrauch verursachen.)

Arsenbestimmung in Salvarsan und seinen Derivaten nach KIRCHER und v. RUPPERT (a).

Prinzip. *Die Substanz wird ohne oxydierenden Zusatz unter Verwendung einer Vorlage mit Schwefelsäure aufgeschlossen und das Arsen nach Zugabe von Kaliumbromid mit Bromat titriert.*

Arbeitsvorschrift. 0,25 bis 0,3 g Substanz werden in einen 500 cm³ fassenden Hartglasrundkolben gebracht, der durch ein spitzwinkelig nach abwärts gebogenes Kugelrohr mit einer wasserbeschickten Kugelvorlage verbunden ist, und durch Kochen mit 20 cm³ konzentrierter Schwefelsäure und 15 g gepulvertem Kaliumsulfat mineralisiert. Nach etwa 2 bis 3 Std. ist die Flüssigkeit farblos geworden, worauf man erkalten läßt und das Kugelrohr sowie den Inhalt der Vorlage mit insgesamt 200 cm³ Wasser in den Kolben zurückspült. Man kocht nun 10 Min., um etwa vorhandenes Schwefeldioxyd zu vertreiben, bringt die Lösung nach dem Erkalten in einen 250 cm³-Meßkolben und füllt mit Wasser auf. 100 cm³ dieser Lösung werden mit 1 g Kaliumbromid und 1 Tropfen 0,1%iger Methylorangelösung versetzt und mit 0,1 n Kaliumbromatlösung auf Entfärbung titriert. Der in einem Blindversuch ermittelte Bromatverbrauch wird als Korrektur abgezogen.

Bemerkungen. Auf einen Einwand von THOMANN, daß beim Wegkochen des Schwefeldioxyds Arsenverluste zu befürchten sind, belegen die Verfasser [KIRCHER und v. RUPPERT (b)] ihre Behauptung, daß die Methode auch bei ungewöhnlich hohem Halogengehalt bei genauer Einhaltung der gegebenen Vorschrift einwandfreie Resultate liefert, mit folgenden Analysen: Eine Neosalvarsanmischung ergab im Mittel aus je 3 Versuchen gemäß Tabelle 7:

Tabelle 7.

Nach KIRCHER und v. RUPPERT % As	STOLLÉ und FECHTIG % As	DE MYTTENAERE % As
19,23	19,15	19,07

Eine Mischung aus Arsentrioxyd und Milchzucker (theoretischer Gehalt an Arsen 18,70%) wurde nach Zusatz von 1 g Natriumchlorid nach der beschriebenen Methode analysiert. Es ergaben sich im Mittel aus 2 Versuchen 18,71% As. KEIMATSU und WADA modifizieren die Methode von KIRCHER und v. RUPPERT in der Weise, daß sie den Aufschluß unter Zusatz von Kaliumchlorat ausführen, mit Hilfe von Glucoselösung reduzieren und die Titration in der Hitze mit 0,05 n Kaliumbromatlösung durchführen (auf 500 cm³ der schwefelsauren Lösung 0,1 cm³ Methylorange 1:2000), wobei man nach Abblassen der Rosafärbung wieder 0,1 cm³ Indicator zusetzt und nach neuerlichem Erhitzen auf Entfärbung titriert. Für den Bromatverbrauch der 0,2 cm³ Methylorangelösung wird eine Korrektur von 0,05 cm³ der Bromatlösung angebracht.

II. Endpunktsbestimmung mit Indigo.

Die gegen Reduktionsmittel reversiblen Indigosulfonsäuren verhalten sich Kaliumbromat gegenüber als irreversible Indicatoren. Nach KOLTHOFF (a) ist Indigosulfonsäure bei Titration in salzsaurer Lösung an Stelle der Azoindicatoren gut verwendbar. Der Indicator wird nach KOLTHOFF (b) durch 1stündiges Erwärmen von 1 g Indigo mit 12 g Schwefelsäure auf dem Wasserbad und Auffüllen mit konzentrierter Schwefelsäure auf 500 cm³ hergestellt und ist demnach eine Lösung von 0,2 g Indigo in 100 cm³ konzentrierter Schwefelsäure. Zu 100 cm³ Titrierflüssigkeit gibt man 1 Tropfen Indigolösung und verfährt wie bei der Titration mit Azofarbstoffen (s. unter I).

ROWAAN verwendet als Indicator bei der Titration mit Bromat in etwa 20 cm³ kaliumbromidhaltiger stark schwefelsaurer Lösung 2 Tropfen einer Lösung von 0,1 g Indigotin in 100 cm³ Schwefelsäure (D 1,84) und titriert langsam mit 0,01 n Kaliumbromatlösung, bis die blaue Farbe der Lösung über hellgrün in farblos umschlägt. Der Verfasser zieht als Korrektur 0,1 cm³ 0,01 n Lösung vom Verbrauch ab.

2. Titration ohne Indicatorzusatz nach WINKLER (a).

I. Titrationsvorschrift für salzsaure Lösungen nach WINKLER (a).

Zu etwa 5 cm³ 1%iger Arsenigsäurelösung gibt man 10 cm³ 25%ige Salzsäure und titriert mit 0,1 n Kaliumbromatlösung tropfenweise unter Umschwenken bis zur eben bemerkbaren blaß citronengelben Färbung.

Bemerkungen. Die Titration ohne Indicator wurde von WINKLER anläßlich seiner Jodbromzahlbestimmung mit Kaliumbromat und arseniger Säure eingeführt. Nach SZEBELLÉDY und SCHICK liefert die Methode nur bei vollem Tageslicht unter den günstigsten Bedingungen (Vergleichslösung!) befriedigende Resultate.

II. Titration in schwefelsaurer Lösung.

Bestimmung von Arsen in organischen Substanzen nach SCHULEK und v. VILLECZ.

Prinzip. *Die organische Substanz wird mit Schwefelsäure und Perhydrol zerstört und das Arsen nach Reduktion mit Hydrazinsulfat durch Titration mit Kaliumbromat bestimmt.*

Aufschluß. Die 10 bis 100 mg Arsen entsprechende Einwaage an fein zerriebener Substanz wird in einem 100 cm³ fassenden Zerstörungskolben mit 2 bis 3 cm³ 30%igem Wasserstoffperoxyd übergossen. Nach Umschwenken werden vorsichtig 10 cm³, falls ein weiterer Säurezusatz oder eine Filtration folgen soll, wie bei Gegenwart von Ca, Sr, Ba, Fe, Pb und Ag (s. unter Bemerkungen) 5 cm³ konzentrierter Schwefelsäure zugefügt und neuerlich umgeschwenkt. Sofort setzt die Reaktion unter lebhaftem Aufschäumen ein und es entsteht meist sofort eine farblose Lösung, widrigenfalls noch 1 bis 2 cm³ Perhydrol zugesetzt werden müssen. Der Kolben wird nun mit kleiner Flamme erhitzt (bei etwa auftretender Gelbfärbung wird sofort Wasserstoffperoxyd zugesetzt) und die Flamme 1 Min. nach Auftreten dicker Schwefelsäuredämpfe entfernt. Besonders bei Gegenwart von Halogenen ist eine Nachbräunung der Lösung unbedingt zu vermeiden. Bei Zersetzung organischer Verbindungen, die zum Abspalten flüchtiger Arsenverbindungen neigen, oxydiert man die Substanz vor der üblichen Zerstörung nach Zusatz von Perhydrol in schwach alkalischer Lösung durch gelindes Erwärmen. Basische Substanzen müssen vor Zusatz von Perhydrol mit etwas Schwefelsäure versetzt werden.

Reduktion[1]. Zu der etwas abgekühlten Lösung, die das Arsen nunmehr in fünfwertiger Form enthält, bringt man durch einen langstieligen Pulvertrichter etwa 0,1 g Hydrazinsulfat (chloridfrei!), das auf keinen Fall an die Kolbenwand gelangen darf. Man erhitzt neuerlich und kocht zur Entfernung von Schwefeldioxyd 10 Min. lebhaft.

Titration. Der Kolbeninhalt wird nach dem völligen Erkalten mit 25 cm³ Wasser verdünnt, nach dem Umschwenken mit 0,1 g Kaliumbromid versetzt und mit 0,1 n Kaliumbromatlösung auf Gelbfärbung titriert.

Bemerkungen. **Genauigkeit.** Der in zahlreichen Modellversuchen bei Gegenwart von 0,05 g NaCl, KBr oder KJ mit 93,70 bis 3,78 mg Arsen beobachtete Fehler hielt sich im allgemeinen unter $\pm 0,2$ mg.

Arbeitsweise bei Gegenwart störender Substanzen. Bei Anwesenheit von Calcium wird durch Zusatz von Salzsäure das Calciumsulfat in Lösung gehalten; $SrSO_4$ und $BaSO_4$ müssen abfiltriert werden; etwa ausgeschiedenes Eisensulfat wird durch Kochen mit 25 cm³ Wasser in Lösung gebracht und die nunmehr gelbe Lösung durch 20%ige Phosphorsäure entfärbt. In diesem Falle wendet man außerdem möglichst wenig Kaliumbromid an. $PbSO_4$ kann durch konzentrierte Salzsäure in Lösung gebracht werden. Silber fällt beim Zusatz von Kaliumbromid als Bromid aus und wird abfiltriert, wobei das Filtrat nicht unbedingt klar zu sein braucht. Das Verfahren ist in Gegenwart von Quecksilber anwendbar, wenn man das Kaliumbromid in der Wärme zusetzt. Gleichzeitige Anwesenheit von Quecksilber und Halogen dagegen stört.

Ähnliche Arbeitsvorschriften. Die Titrationsmethode wurde von zahlreichen Autoren übernommen, bezüglich des Aufschlusses aber wurden verschiedene Abänderungen vorgeschlagen. Unter anderem wurde von CSABAY und TANAY die Zerstörung arsenhaltiger organischer Substanz im Trinkwasser in schwefelsaurer Lösung mit Perhydrol und rauchender Salpetersäure, von TARADOIRE bei Untersuchung von Schellack mit Salpetersäure und Schwefelsäure durchgeführt, worauf er zur völligen Entfärbung etwas Perchlorsäure zufügt. KAHANE schließt mit Schwefelsäure, Salpetersäure und Perchlorsäure auf (s. § 16, S. 378). Bei dem nach dem gleichen Prinzip ausgearbeiteten Mikroverfahren verwenden die Verfasser als Indicator eine Jodlösung, weshalb das Verfahren im folgenden Abschnitt beschrieben wird.

3. Titration mit Jod als Indicator[2].

I. Mikrobestimmung von Arsen in organischer Substanz nach SCHULEK und v. VILLECZ.

Aufschluß. Die 0,5 bis 10 mg Arsen entsprechende fein zerriebene Substanz (bzw. 1 bis 2 g Flüssigkeit; größere Flüssigkeitsmengen werden alkalisch eingeengt) wird bei Mengen unter 0,05 g zweckmäßig in einem 50 cm³ fassenden Reagensglas mit Schliffstopfen unter Verwendung

[1] In Gegenwart von Kupfersalzen ist die Reduktion mit Hydrazinsulfat immer unvollständig.

[2] Diese Art der Endpunktsbestimmung wurde von WINKLER (b) anläßlich der Jodbromzahlbestimmung angewendet.

von 1 cm^3 Perhydrol und 2 bis 3 cm^3 konzentrierter Schwefelsäure (Glasperle gegen Siedeverzug) wie unter 2 II beschrieben aufgeschlossen (bei Bräunung Zusatz einiger Tropfen Wasserstoffperoxyd). Substanzmengen über 0,05 g werden in einem Zerstörungskolben mit 2 cm^3 30%igem Wasserstoffperoxyd und 3 cm^3 konzentrierter Schwefelsäure aufgeschlossen. Übermäßiges Schäumen während des Aufschlusses wird durch kurz dauernde Abkühlung beseitigt.

Die Reduktion wird mit etwa 0,05 g Hydrazinsulfat ausgeführt (s. 2 II), wobei im Kolben 10 Min., im Reagensglas 6 bis 7 Min. zur Entfernung des Schwefeldioxyds gekocht wird.

Titration. Nach Aufschluß im Reagensglas verdünnt man die erkaltete Flüssigkeit mit 10 cm^3 Wasser, fügt 0,02 bis 0,03 g Kaliumbromid, 1 cm^3 Tetrachlorkohlenstoff und 2 Tropfen gesättigter wäßriger Jodlösung zu und titriert nach Umschütteln mit 0,01 n Kaliumbromatlösung, wobei nach jedem Zusatz durchgeschüttelt wird. Die Violettfärbung der CCl_4-Schicht blaßt anfänglich ab, vertieft sich aber später und verschwindet plötzlich im Endpunkt. Der Umschlag ist sehr scharf. Bei Zusatz eines weiteren Tropfens der Bromatlösung muß sich die CCl_4-Schicht gelb färben. Die zur Oxydation des Jods nötige Menge an Kaliumbromat (durchschnittlich 0,05 cm^3) wird in Rechnung gesetzt, wobei der genaue Betrag am besten durch einen Blindversuch ermittelt wird. Hat man den Aufschluß im Kolben ausgeführt, wird die erkaltete Lösung mit 3mal je 5 cm^3 Wasser in ein mit Schliffstopfen versehenes Reagensglas übergespült und wie oben titriert.

Bemerkungen. Der Fehler beträgt bei den zahlreichen angeführten Beleganalysen mit wenigen Ausnahmen höchstens $\pm 0,02$ mg (5,61 bis 0,187 mg As). Bezüglich der gegebenenfalls anwesenden Metalle ist folgendes zu beachten: $CaSO_4$ wird durch Salzsäurezusatz in Lösung gehalten, $BaSO_4$ und $SrSO_4$ müssen abfiltriert werden, wobei eine klare Lösung resultieren muß. Eisensulfat wird analog dem Makroverfahren mit 10 bis 15 cm^3 Wasser in Lösung gebracht und durch Phosphorsäure entfärbt. Blei und Silber müssen ausgefällt und abfiltriert werden, ersteres als Sulfat und letzteres, um ein klares Filtrat zu erhalten als Chlorid durch Zusatz von festem Natriumchlorid zur siedenden Lösung. Bei Gegenwart von Quecksilber kann Jod nicht als Indicator verwendet werden, so daß man zweckmäßig mit 0,05 n Bromatlösung titriert. Gleichzeitige Anwesenheit von Quecksilber und Halogen machen die Bestimmung unmöglich.

II. Verfahren von CHARLOT.

Man titriert in 9 bis 10 n schwefelsaurer Lösung in Gegenwart von Jodstärke, wobei die Entfärbung (über violett und rot zu blaßgelb) den Endpunkt der Reaktion anzeigt. In der Nähe des Äquivalenzpunktes, der übrigens potentiometrisch kontrolliert wurde, titriert man sehr langsam.

4. Titration mit α-Naphthoflavon als Indicator.

Vorbemerkungen. Das α-Naphthoflavon ist in neutralem oder saurem Medium reversibel bromierbar, wobei nach SCHULEK offenbar ein Dibromsubstitutionsprodukt entsteht, das in stark saurer Lösung intensiv rostbraun gefärbt ist (UZEL bezeichnet den in salzsaurer Lösung auftretenden Farbton als orange).

I. Titration in salzsaurer Lösung nach UZEL.

Als Indicator wird eine 0,1%ige Lösung von α-Naphthoflavon in Alkohol verwendet. Je 50 bis 100 cm^3 Reaktionsflüssigkeit setzt man 0,5 bis 1,0 cm^3 Indicatorlösung zu.

Arbeitsvorschrift. Die Arsenigsäurelösung wird mit Salzsäure so weit angesäuert, daß im Äquivalenzpunkt eine 4 bis 5%ig salzsaure Lösung resultiert. Nach Zugabe von 0,5 bis 1 cm^3 Indicatorlösung wird mit 0,1 n Kaliumbromatlösung titriert, bis die Flüssigkeit auf Zusatz eines Tropfens Bromat eine dauernde orangefarbene Tönung annimmt. Man kann auch einen leichten Überschuß (1 bis 2 cm^3) an Bromat zugeben und mit Arsenitlösung eben bis zur Entfärbung zurücktitrieren.

Bemerkungen. Die angeführten Titrationen zeigen befriedigende Übereinstimmung mit der Methode nach GYÖRY (Methylrot als Indicator).

As_2O_3 angewendet: 0,0546 g gefunden: 0,0541 g,
As_2O_3 angewendet: 0,1198 g gefunden: 0,1200 g.

Der Umschlag ist um so deutlicher, je vollständiger der Indicator in kolloidaler Form vorliegt, weshalb es sich empfiehlt, gleichzeitig mit dem Indicator etwas

Stärkekleister oder unmittelbar vor dem Äquivalenzpunkt etwas α-Naphthoflavonlösung zuzufügen. Nach SCHULEK wird durch Zugabe von viel Salzsäure (über 5%) die Empfindlichkeit des Indicators stark verringert.

II. Titration in schwefelsaurer Lösung nach SCHULEK.

Arbeitsvorschrift. Die ArsenIII enthaltende Lösung (etwa 20 cm³ betragend) wird mit 10 cm³ 50%iger Schwefelsäure versetzt. Hierauf löst man in der Flüssigkeit 0,2 g Kaliumbromid, setzt als Indicator 2 Tropfen einer 0,5%igen Lösung von α-Naphthoflavon in 96%igem Alkohol zu und titriert mit 0,1 bzw. 0,01 n Kaliumbromat, indem man die Lösung erst zufließen, später zutropfen läßt, bis die schwach grünlich opalisierende Flüssigkeit durch einen Tropfen der Bromatlösung eben eine ausgesprochen rostbraune Farbe annimmt.

Bemerkungen. Beim Äquivalenzpunkt wird das Bromsubstitutionsprodukt aus der Lösung ausgeflockt. Da die Reaktion reversibel ist, verschwindet die Farbe der Lösung bei Zusatz eines Tropfens einer 0,1 oder 0,01 n Arsenitlösung. Durch viel Salzsäure (über 5%) leidet die Empfindlichkeit des Indicators wesentlich. Eine Korrektur für den Indicator ist nach den Versuchen des Verfassers nicht erforderlich.

5. Titration mit p-Äthoxychrysoidin als Indicator.

Bestimmung von Arsen in Trinkwasser, das mit arsenhaltigen Kampfstoffen verunreinigt ist, nach SCHULEK und RÓZSA (a).

Prinzip. Das Wasser, das im Versuch mit Diphenylarsinchlorid versetzt ist, wird mit Aktivkohle ausgeschüttelt, die den Kampfstoff adsorbiert. Die Kohle wird in Anlehnung an das auf S. 128 beschriebene Verfahren von SCHULEK und v. VILLECZ mineralisiert, das Arsenat mittels Hydraziniumsulfat reduziert (s. dort) und das entstandene dreiwertige Arsen mit Bromat titriert.

Arbeitsvorschrift. 100 bis 2000 cm³ Wasser mit 0,1 bis 1 mg Kampfstoff werden 5 Min. lang mit 50 mg Aktivkohle geschüttelt und diese durch ein Faltenfilter (5 bis 7 cm Durchmesser) abfiltriert. Bei höheren Arsengehalten erfolgt zur quantitativen Anreicherung eine dreimalige „fraktionierte“ Adsorption mit je 50 mg Aktivkohle. Das Filter mit der Kohle wird mit 5 cm³ Perhydrol, 5 cm³ rauchender Salpetersäure und 5 cm³ konzentrierter Schwefelsäure mineralisiert. Um das gebildete Arsenat zu reduzieren, gibt man zu der etwas abgekühlten Lösung durch einen langstieligen Pulvertrichter etwa 0,2 g Hydraziniumsulfat, das auf keinen Fall an die Kolbenwand gelangen darf, und erhitzt 20 Min. lang zum Sieden. Das Arsenit wird nach Zusatz von 30 cm³ Wasser und 0,5 g Kaliumbromid mit 0,01 n Kaliumbromatlösung titriert, wobei als Indicator 1 bis 2 Tropfen einer alkoholischen 0,05%igen p-Äthoxychrysoidinlösung nach SCHULEK und RÓZSA (b) verwendet werden. Es empfiehlt sich, nach Verschwinden der roten Farbe der Lösung, also beim Endpunkt, 5 bis 6 Tropfen alkoholische 0,5%ige α-Naphthoflavonlösung (s. S. 129) zuzufügen. Hat man den Endpunkt richtig getroffen, so nimmt die farblose Lösung nach einem weiteren Tropfen Bromatlösung eine deutlich rotbraune Farbe an. In der austitrierten Lösung wird endlich das Arsen nach GUTZEIT oder in besonderen Fällen nach MARSH nachgewiesen (s. § 13).

6. Titration mit Ferroin als Indicator nach SZEBELLÉDY und MADIS (a).

Vorbemerkungen. Das von WALDEN, HAMMETT und CHAPMAN als reversibler Redoxindicator vorgeschlagene Ferroin (s. S. 148) ist bei Gegenwart freier Halogene nicht anwendbar, so daß einige Kunstgriffe nötig sind, um den Endpunkt der Titration von ArsenIII mit Bromat mit Hilfe dieses Indicators feststellen zu können. So wird durch Bindung des erzeugten Bromids mit Hilfe von Mercurioxyd die Bildung von freiem Brom verhindert. Außerdem kann durch die induzierende Wirkung eines minimalen Natriumvanadatzusatzes zur Bromatlösung der an sich zu spät eintretende Farbumschlag in den Äquivalenzpunkt verlegt werden. Weiters wird das Ferroin durch Zusatz von Osmiumtetroxyd unter den gegebenen Bedingungen reversibel gemacht.

Bereitung des Indicators. Man löst 1,624 g o-Phenanthrolinhydrochlorid und 0,695 g krystallisiertes Ferrosulfat in wenig Wasser und verdünnt auf 100 cm³.

Maßflüssigkeit. Zu je 100 cm³ der 0,1 n Kaliumbromatlösung werden 0,0025 g Natriumvanadat zugesetzt (diese geringe Menge Vanadat verursacht keinen merklichen Fehler im Verbrauch der Maßflüssigkeit).

Arbeitsvorschrift. Die neutrale ArsenIII-lösung wird mit Wasser auf 30 cm³ ergänzt und mit 0,5 bis 1 g feingepulvertem Mercurioxyd sowie 20 cm³ 4 n Schwefelsäure versetzt. Das Lösen des Quecksilberoxyds kann durch Erwärmen beschleunigt werden. Man setzt 1 Tropfen Ferroinlösung und 2 Tropfen 0,01 m Osmiumtetroxydlösung zu und titriert die vom Indicator rot gefärbte Lösung mit der natriumvanadathaltigen 0,1 n Bromatlösung. Etwa 1 cm³ vor Erreichung des Äquivalenzpunktes zeigt die Lösung einen Stich ins Blaue und etwa 0,2 cm³ vor dem Endpunkt beginnt die rote Farbe zu verblassen. Nun wird die Lösung auf 40 bis 50° erwärmt und weiter titriert, wobei nach Zusatz jedes Tropfens der Maßlösung 40 bis 50 Sek. gewartet werden muß. Im Endpunkt schlägt die Farbe deutlich nach Blau um.

Tabelle 8.

Potentiometrisch Mittel aus 3 Titrationen cm³	Mit Ferroin als Indicator Mittel aus 6 Titrationen cm³
20,005	19,99

Bemerkungen. Zur Kontrolle, ob der Indicator den wahren Endpunkt der Titration anzeigt, wurden Titrationen mit potentiometrischer Endpunktsbestimmung durchgeführt. Die Übereinstimmung war durchaus befriedigend (s. Tabelle 8). Parallel ausgeführte Titrationen mit Ferroin zeigen als größte Abweichung im Bromatverbrauch 0,04 cm³. Die Vorschrift muß genau eingehalten werden, da eine Änderung der Versuchsbedingungen Störungen verursachen kann. Von der Reversibilität des Indicators überzeugt man sich durch Zusatz von 2 Tropfen Arsenitlösung, die die Lösung wieder lebhaft rot färben.

7. Titration mit Rubrophen als Indicator nach SZEBELLÉDY und MADIS (b).

Vorbemerkungen. Das Rubrophen (Trimethoxy-dioxy-oxo-tritan) nimmt eine Mittelstellung zwischen den reversiblen und irreversiblen Indicatoren ein, da es durch das freiwerdende Brom bei gewöhnlicher Temperatur zu etwa $^2/_3$ zerstört wird. Wegen der leichten Angreifbarkeit des Rubrophens darf auch auf keinen Fall in der Wärme titriert werden. Die Reversibilität des Rubrophens steigt mit zunehmender Säurekonzentration, die jedoch durch den Umstand begrenzt ist, daß in übermäßig sauren Lösungen Äquivalenzpunkt und Umschlagspunkt nicht mehr zusammenfallen. Auch steigende Mengen an Kaliumbromid verbessern die Reversibilität, wobei aber über einer gewissen Menge keine wesentliche Änderung mehr wahrzunehmen ist.

Bereitung der Indicatorlösung. Man löst 0,01 g Rubrophen in 5 cm³ 2 n Natronlauge und versetzt bis zum Umschlag nach Rot mit 1 n Salzsäure. Nach Überspülen in einen Meßkolben wird auf 100 cm³ verdünnt.

Arbeitsvorschrift. Die Lösung, die das Arsen in dreiwertiger Form enthält, wird mit 15 cm³ konzentrierter Salzsäure versetzt und auf 50 cm³ verdünnt. Nach Zusatz von 3 g Kaliumbromid (gepulvert) wird die Lösung abgekühlt und mit 0,5 cm³ der 0,01%igen Indicatorlösung versetzt. Die intensiv rote Lösung wird allmählich mit 0,1 n Kaliumbromatlösung versetzt, bis etwa 0,3 bis 0,5 cm³ vor dem Äquivalenzpunkt die Lösung abzublassen beginnt. Von jetzt ab wird nach Zusatz jedes Tropfens der Maßlösung 20 bis 30 Sek. gewartet. Der Endpunkt ist erreicht, wenn die Lösung eben entfärbt ist.

Bemerkungen. Kontrolltitrationen mit potentiometrischer Endpunktsbestimmung hatten bei jeweils gleichen Mengen ArsenIII-lösung folgendes Ergebnis:

Tabelle 9.

Potentiometrisch, Mittel aus 3 Titrationen cm³	Mit 30 γ Rubrophen als Indicator, Mittel aus 3 Titrationen cm³	Mit 50 γ Rubrophen als Indicator, Mittel aus 6 Titrationen cm³
20,04	20,09	20,10

Parallel ausgeführte Titrationen mit 30 und 50 γ Rubrophen zeigen unter sich als größte Abweichung 0,03 cm³ im Kaliumbromatverbrauch. Bei Zusatz von Arsenitlösung zu der austitrierten Flüssigkeit erscheint die Farbe wegen der erwähnten Zerstörbarkeit des Indicators nicht mehr in der anfänglichen Intensität. Außerdem ist ein Überschuß von etwa 1 cm³ 0,1 n ArsenIII-lösung nötig, um die rote Färbung wieder herzustellen. Die Arbeitsvorschrift muß genau eingehalten werden.

8. Titration mit Fuchsin als Indicator.

Durch Messung des Redoxpotentials bei 30° stellen REICHINSTEIN und KOTSCHERYGINA fest, daß bei geringer Salzsäurekonzentration die Oxydation des dreiwertigen Arsens hauptsächlich direkt mit Bromat erfolgt, dabei die Oxydation durch freies Brom ständig ansteigt, daß von 0,3 bis 2 n HCl beide Oxydationen gleich stark verlaufen, daß ab 2 n HCl die Oxydation durch Brom vorwiegt. Die Verfasser prüfen die Brauchbarkeit von Fuchsin als Indicator und finden es für geeignet bei Zusätzen von 0,5 bis 20 cm³ konzentrierter Salzsäure. Am schärfsten ist der Übergang violett—hellhimbeerfarben—orange (gelb mit Rosatönung) bei Zusätzen von 1 bis 2 cm³ Salzsäure. Ein Tropfen 0,1 n Bromatlösung gibt sofort vollständigen Umschlag, bei 0,01 n Lösung sind mehrere Tropfen erforderlich. Bei Übertitrieren ist eine Rücktitration möglich, jedoch fällt ein Teil des Indicators aus, und die Farbe am Endpunkt ist weniger grell. Die Bestimmung ist sehr genau ausführbar.

9. Titration mit Selen als Indicator nach SZEBELLÉDY und SCHICK.

Vorbemerkungen. Bei Zusatz von seleniger Säure zur ArsenIII-lösung scheidet sich kolloidales Selen aus; durch das im Endpunkt ausgeschiedene Brom wird es zu seleniger Säure oxydiert, wobei die ihm zukommende rote Farbe verschwindet.

Arbeitsvorschrift. Man löst in der Flüssigkeit, die das Arsen in dreiwertiger Form enthält, 5 g Natriumbromid und verdünnt nach Lösen des Salzes auf 35 cm³. Nun setzt man 25 cm³ rauchende Salzsäure zu und erwärmt auf 55 bis 60°. Zur warmen Flüssigkeit gibt man 1 cm³ einer 1 m Lösung von seleniger Säure, wodurch die Lösung (infolge der Bildung kolloidalen Selens) dunkelrot gefärbt wird. Zu der so vorbereiteten Lösung läßt man 0,1 n Kaliumbromatlösung zutropfen, bis die sich langsam aufhellende Lösung durch den letzten Tropfen Maßflüssigkeit vollständig farblos und klar wird. Der Endpunkt ist scharf erkennbar.

Bemerkungen. Die bei zahlreichen Beleganalysen verbrauchten Mengen an Kaliumbromat (Mittelwerte aus je 5 Bestimmungen) weichen höchstens um 0,03 cm³ vom berechneten Verbrauch ab. Zahlreiche parallel ausgeführte Titrationen zeigen nur in einem Falle eine Abweichung über 0,03 cm³. Die Kontrolle des Endpunktes durch potentiometrische Titration ergab durchaus befriedigende Übereinstimmung mit den unter Verwendung von Selen als Indicator ausgeführten Bestimmungen (s. Tabelle 10). Die Vorschrift muß, um etwaige Störungen zu vermeiden, genau eingehalten werden. Zur Überprüfung der Reversibilität setzt man 0,2 bis 0,3 cm³ 0,1 n Arsenitlösung zu, worauf eine Rosafärbung und später eine rosawolkige Trübung der Flüssigkeit beobachtet wird. (Ausscheidungsdauer des Selens 20 bis 30 Sek.) Bei neuerlicher Titration mit Bromat wird genau die der zugesetzten Arsenitlösung entsprechende Menge an Maßflüssigkeit verbraucht.

Tabelle 10.

Potentiometrisch Mittel aus 2 Titrationen cm³	Mit Selen als Indicator Mittel aus 5 Titrationen cm³
9,85	9,83

10. Titration mit Osmiumsäure als Indicator nach SZEBELLÉDY und MADIS (c).

Vorbemerkungen. Die als Indicator zugesetzte geringe Menge an Osmiumsäure wird durch das anwesende Arsenit zu kolloidalem Osmium reduziert, das der Lösung eine schwarzblaue Färbung verleiht. Durch das im Endpunkt in Freiheit gesetzte Brom wird das Osmium unter Entfärbung der Lösung wieder zu Osmiumsäure oxydiert.

Makrobestimmung. Die neutrale Arsenitlösung wird mit 5 cm³ 0,1 n Schwefelsäure versetzt und mit destilliertem Wasser auf 50 cm³ aufgefüllt. Man fügt nun 0,25 g Natriumbromid und 2 cm³ einer 0,25%igen Lösung von Osmiumsäure zu. Zu der durch den Indicator tief schwarzblau gefärbten Lösung läßt man 0,1 n Kaliumbromatlösung fließen, bis die Farbe in Graublau übergeht (etwa 0,1 bis 0,2 cm³ vor Erreichung des Äquivalenzpunktes). Von jetzt ab setzt man die Bromatlösung nur tropfenweise zu und wartet nach jedem Zusatz 20 bis 30 Sek. Der Endpunkt ist erreicht, wenn die Flüssigkeit eben farblos wird.

Bemerkungen. Der Umstand, daß Parallelversuche im Bromatverbrauch höchstens um 0,02 cm³ voneinander abweichen, beweist die gute Beobachtbarkeit des Umschlages. Zur Kontrolle des Umschlagspunktes wurden potentiometrische Titrationen mit jeweils gleichen Mengen ArsenIII-lösung durchgeführt, die gute Übereinstimmung zeigen (s. Tabelle 11). Die Vorschrift muß, um Störungen zu vermeiden, möglichst genau eingehalten werden. Soll die fertig titrierte Lösung mit Arsenitlösung neuerlich reduziert werden, erwärmt man etwas und setzt einen Überschuß von etwa 0,3 cm³ 0,1 n Arsenitlösung zu. Nach 2 bis 3 Min. ist die Lösung wieder tiefblau gefärbt und kann neuerlich mit Bromat titriert werden.

Tabelle 11.

Potentiometrisch, Mittel aus 3 Titrationen cm³	Mit Osmiumsäure als Indicator, Mittel aus 6 Titrationen cm³
20,067	20,03

Mikrobestimmung. Die Verfasser führen die Bestimmung in einem 25 cm³ fassenden ERLENMEYER-Kölbchen in 10mal kleinerem Maßstab, jedoch mit nur $^{1}/_{20}$ der Indicatormenge unter Verwendung einer Mikrobürette durch. Als Vergleichslösung im Endpunkt dient reines Wasser in einem genau gleichen Kölbchen.

Genauigkeit. Die aus potentiometrischen Titrationen errechneten Verbrauche an Bromat weichen um höchstens 0,002 cm³ von den unter Einhaltung der Vorschrift mit Osmiumsäure als Indicator erhaltenen Werten ab (Verbrauch etwa 1 bis 3 cm³ 0,1 n Bromatlösung).

11. Titration mit Goldchlorid als Indicator nach MADIS.

Von MADIS wurde Goldchlorid, das von SZEBELLÉDY und MADIS (d) schon bei der Antimontitration als Indicator verwendet worden war, auch für die quantitative Arsenitbestimmung herangezogen.

B. Titration mit elektrochemischer Endpunktsbestimmung.

1. Potentiometrische Titration nach ZINTL und WATTENBERG.

Apparatur. Die Titration wird in einem Becherglas bei gewöhnlicher Temperatur ausgeführt. Die Durchmischung der Lösung erfolgt mit Hilfe eines Rührers, der bis nahe an den Boden des Becherglases reicht. Als Indicatorelektrode dient ein stärkerer glatter Platindraht und als Normalelektrode findet eine mit gesättigter Kaliumchloridlösung und festem Kaliumchlorid beschickte Kalomelzelle Verwendung. Ihr ebenfalls fast bis zum Boden des Becherglases reichendes Heberende ist capillar ausgezogen und häkchenförmig nach oben gebogen. Ein seitlich angesetzter Hahn, der durch einen Schlauch mit einer Kaliumchlorid-Vorratslösung in Verbindung steht, ermöglicht das Ausspülen der Hebercapillare (die Zelle kann dabei durch einen Hahn abgesperrt werden). Die Messung der E.M.K. erfolgt unter Verwendung eines Dekadenrheostaten (an Stelle des Meßdrahtes) mit Hilfe eines sehr empfindlichen aperiodischen Zeigergalvanometers. Ein dem Instrument vorgelegter Widerstand wird gegen Ende der Titration ausgeschaltet.

Arbeitsvorschrift. Die an HCl 5 bis 20%ige ArsenIII-lösung, die ein Volumen von 100 bis 500 cm³ haben kann, wird unter Rühren mit 0,1 n Kaliumbromatlösung versetzt, wobei sich die Potentiale praktisch augenblicklich einstellen. Nur kurz vor dem Endpunkt zeigt das Galvanometer nach jedem Tropfen infolge der nicht sofort erfolgten homogenen Verteilung einen großen Ausschlag, der aber sofort wieder zurückgeht. Im Endpunkt zeigt sich ein plötzlicher bedeutender Potentialsprung, der fast ganz innerhalb eines einzigen Tropfens 0,1 n Bromatlösung liegt. Das Umschlagspotential entspricht etwa 380 kompensierenden Ohm und hat in 5 und 20%iger Salzsäure praktisch den gleichen Wert.

Bemerkungen. Die Verfasser führen 7 Titrationen in 5 bis 20%iger Salzsäure mit Anfangsvolumen von 100, 200 und 500 cm³ an, die bei Verbrauchen von 10,13 bis 50,88 cm³ 0,1 n Bromatlösung maximal 0,1% Abweichung von den berechneten Werten zeigen. Der potentiometrische Endpunkt fällt mit der Entfärbung von Methylorange praktisch zusammen, wenn die Titration in einer Lösung mit einer Salzsäurekonzentration unter 10% ausgeführt wird. In 20%iger Salzsäure ist die Farbindikation schon stark verzögert und undeutlich. Der Potentialsprung bei dieser Säurekonzentration ist wohl auch schon sehr klein, aber noch deutlich erkennbar. Da das Umschlagspotential in 5 bis 20%iger Salzsäure praktisch den gleichen Wert hat, können nach Aufnahme der Titrationskurve weitere Titrationen in der Weise ausgeführt werden, daß das dem Endpunkt entsprechende Umschlagspotential einfach der Titrationskette entgegengeschaltet wird. Im Endpunkt geht dann das Galvanometer durch Null. In der Hitze ist das Bild der Titrationskurve das gleiche. Nach Angabe der Verfasser verflüchtigt sich innerhalb der für die Bestimmung nötigen Zeit aus 5%iger Salzsäure kein Arsentrichlorid. Antimon läßt sich in der Kälte unter den gleichen Bedingungen titrieren wie Arsen (Potentialsprung bei etwa 380 Ohm), so daß eine Summenbestimmung möglich ist, während andererseits das Antimon nach Reduktion mit Titantrichlorid für sich nochmals neben dem durch dieses Reduktionsmittel unter den gewählten Bedingungen nicht angegriffenen ArsenV titriert werden kann. NAKAZONO und INOKO geben als zulässige Säurekonzentration für die potentiometrische Arsentitration 0,3 bis 6 n Salzsäure an. CISLAK und HAMILTON bestimmen auf potentiometrischem Weg das Arsen in stark schwefelsauren Aufschlußlösungen organischer Substanzen, wobei sie in einem langsamen CO_2-Strom titrieren. Nach ZINTL und WATTENBERG ist das Arbeiten in Kohlensäureatmosphäre überflüssig. LAUR schlägt als Umschlagselektrode für die Reaktion ArsenIII-Bromat Pt, Br_2/gesätt. NaBr (18°) mit einem Potential gegen die n Kalomelelektrode von $\varepsilon_c = 0{,}798$ vor, deren praktische Brauchbarkeit der Verfasser überprüft hat und die von v. BRUCHHAUSEN mit bestem Erfolg angewendet wurde. KASSNER, HUNZE und CHATFIELD erreichen mit polarisierten Platinelektroden unter Verwendung einer Elektronenröhre (Elektrolytzelle mit 2 Platinelektroden im Gitterstromkreis) einen besonders deutlichen Endpunkt.

Tabelle 12.

Berechnet		Gefunden	
mg As	cm³ 0,001 n $KBrO_3$	mg As	cm³ 0,001 n $KBrO_3$
0,0930	5,01	0,0930	5,01
0,0930	5,01	0,0928	5,00
0,0930	5,01	0,0930	5,01
0,0186	1,00	0,0188	1,01
0,0186	1,00	0,0186	1,00

2. Potentiometrische Mikrotitration nach ZINTL und BETZ.

Apparatur. Als Titrationsgefäße dienen starkwandige Reagensgläser von etwa 2 cm Durchmesser und 50 cm³ Inhalt. Ein in den Rührer eingeschmolzener Platindraht dient als Indicatorelektrode. Als Vergleichselektrode wird eine Mercurosulfatzelle mit 2 n Schwefelsäure benutzt. Der Potentialverlauf wird mit Hilfe eines Meßdrahtes und eines Zeigergalvanometers ($1{,}8 \cdot 10^{-7}$ Ampere je Skalenteil) als Nullinstrument verfolgt. Die capillare Auslaufspitze der 10 cm³ fassenden Mikrobürette taucht in die Lösung ein.

Arbeitsvorschrift. Die am besten 10%ig salzsaure, 5 bis 10 cm³ betragende Lösung wird mit 0,001 n Kaliumbromatlösung titriert. Vor dem Endpunkt ruft die Zugabe der Maßlösung keine merkliche Potentialänderung hervor, während im Äquivalenzpunkt eine deutliche Stufe auftritt.

Bemerkungen. Die Verfasser geben für die Methode vorstehende Belege an (s. Tabelle 12).

Mengen von nur 0,002 mg Arsen wurden mit 0,0001 n Kaliumbromatlösung titriert und dabei etwa 8% zu hohe Resultate erhalten. Der Wendepunkt ist auch hier noch sehr gut zu erkennen. Die potentiometrische Bestimmung reicht also bis annähernd zur gleichen Größenordnung wie die MARSH-LIEBIGsche Probe. Da die Farbindikation bei Mengen unter 0,1 mg Arsen zu große Korrekturen erfordert, leistet die potentiometrische Endpunktsbestimmung in diesen Größenordnungen sehr gute Dienste. In Kupferlösungen können geringe Mengen an dreiwertigem Arsen in der beschriebenen Weise rasch bestimmt werden. BLEYER und THIESS, die in organischem Material nach Zerstörung der organischen Substanz mit Wasserstoffperoxyd und Schwefelsäure und Reduktion mit Hydrazinsulfat bei elektrometrischer Endpunktsbestimmung mit 0,01 n Bromatlösung titrieren, konnten kleinste Arsenmengen auf etwa 1 γ genau bestimmen.

3. Amperometrische Titration.

Die amperometrische Titration des dreiwertigen Arsens mit Bromat haben LAITINEN und KOLTHOFF ausgeführt. Als Indicatorelektrode verwenden sie einen Platindraht und als Bezugselektrode die gesättigte Kalomelelektrode. Die Arsenitkonzentration soll $\gtrless 1 \cdot 10^{-4}$ n sein (bei $1 \cdot 10^{-4}$ n ist die potentiometrische Bestimmung nicht mehr brauchbar). Als Maßlösung dient eine $1{,}67 \cdot 10^{-3}$ m Kaliumbromatlösung in n Salzsäure mit 0,05 m Kaliumbromid. Die Messung ist auf $\pm$ 0,3% genau. Da Arsenit unter den Versuchsbedingungen keine Elektrodenreaktion eingeht, so bleibt die Lösung bis zum Äquivalenzpunkt praktisch stromlos. Dann nimmt der Strom proportional der Konzentration des Bromatüberschusses zu. 0,001 m Arsenitlösungen titrieren BARREDO und TAYLOR mit der gleichen Maßlösung und einer rotierenden Platinmikroelektrode gegen die gesättigte Kalomelelektrode bei 0,3 V. Der Zusatz der Bromatlösung erfolgt automatisch. Der Endpunkt ist sehr gut definiert und das Verfahren, das ebenso genau ist wie das gravimetrische, allgemein anwendbar.

MYERS und SWIFT führen eine Mikrobestimmung von 30 bis 100 γ $As^{\cdots}$ mit $\pm$ 0,5% Fehler in 2 bis 4 Min. unter Verwendung einer komplizierten Apparatur durch (bezüglich der Apparatur muß auf das Original verwiesen werden). Sie oxydieren das dreiwertige Arsen mit freiem Brom, das sie in derselben Zelle elektrolytisch erzeugen und messen den Überschuß an Brom durch die Erhöhung des Stromes zwischen den Indicatorelektroden. In der Zelle, die 50 cm³ Flüssigkeit faßt, befinden sich 2 Generatorelektroden aus Platin für die Erzeugung des Broms aus Natriumbromid und zwei ebensolche Indicatorelektroden für die amperometrische Messung. Der im Generatorsystem entstehende Wasserstoff muß durch ein um die Kathode befindliches Glasrohr abgeleitet werden, weil er sonst die Messung stört.

Zur Bestimmung werden 5 cm³ m Schwefelsäure, 5 cm³ 4 m Natriumbromidlösung und die Arsenitlösung in die Zelle gebracht. Die Mischung wird auf 50 cm³ verdünnt und der Generatorstrom eingeschaltet. Die Mischung wird durch einen Rührer mit genau konstanter Umdrehungszahl gerührt. Die Erkennung des Endpunktes erfolgt durch die Erhöhung des Stromes im Stromkreis der Indicatorelektroden. (Wegen der komplizierten Schaltungen siehe das Original.)

Ríus und VALE SERRANO bestimmen Arsen amperometrisch durch Titration mit Bromat an der Quecksilberstrahlelektrode.

C. Titration mit thermometrischer Endpunktsbestimmung nach MAYR und FISCH.

Prinzip. *Bei entsprechender Säurekonzentration tritt bei Zusatz der Bromatlösung eine Temperatursteigerung auf, die zur Ermittlung des Endpunktes ausgewertet werden kann (Knickpunkt in der Temperaturkurve).*

Apparatur. Als Titrationsgefäß dient ein DEWAR-Gefäß von 165 cm³ Fassungsraum, das in ein zweites DEWAR-Gefäß eingepaßt ist und mit einem dicken Korkstopfen verschlossen wird, der 3 Bohrungen für einen thermisch gut isolierten Rührer, ein fast bis zum Boden reichendes BECKMANN-Thermometer und die Bürettenspitze aufweist. Die Bromatlösung wird aus einer Glashahnbürette zugesetzt, die in ihrer ganzen Länge von einem wassergefüllten Glasmantel umgeben ist (ein in 0,1° geteiltes Thermometer im oberen Teil des Mantels) und deren unterer Teil sowie der auf 10 cm verlängerte Hahngriff mit Asbest isoliert sind. Die nicht isolierte Ausflußspitze ist 5 cm lang.

Titerstellung der Bromatlösung. Die 0,1 n Kaliumbromatlösung wird gegen eine Arsenitlösung von genau bekanntem Gehalt thermometrisch eingestellt. Dieser empirische Titer kann bis zu einem Verbrauch von etwa 40 cm³ als Grundlage dienen.

Arbeitsvorschrift. Die etwa 60 cm³ betragende, 4 bis 9%ig salzsaure ArsenIII-lösung wird etwas unterkühlt und nach Erreichung der Temperaturkonstanz (die Lösung wird dabei mit 100 bis 130 Touren je Minute gerührt) in der Weise mit 0,1 n Bromatlösung titriert, daß man rasch in Abständen von 1 Min. je 1 cm³ der Titerlösung zufließen läßt und nach Erreichung des Temperaturmaximums (etwa nach $^3/_4$ Min.) die Einstellung am BECKMANN-Thermometer abliest. Man verfährt so, bis ein bedeutender Abfall der Temperaturdifferenzen (z. B. von 0,039 auf 0,023°) die Beendigung der Reaktion anzeigt. Jetzt setzt man noch 3mal je 1 cm³ zu und ermittelt schließlich den Endpunkt durch Auftragen von Temperatur und Verbrauch an Titerflüssigkeit in ein Koordinatensystem (0,1° = 1 cm der Ordinate, 1 cm³ Titerflüssigkeit = 5 mm der Abszisse).

Bemerkungen. Auf die beschriebene Weise wurde der As_2O_3-Gehalt einer Lösung zu 0,495 g ermittelt, während die jodometrische Titration 0,4948 g ergab. Der Raum, in dem titriert wird, soll möglichst wenig Temperaturschwankungen aufweisen. Eine Temperaturänderung von 1° während der Titration beeinflußt das Resultat nicht. Eine gewisse Unterkühlung der zu titrierenden Lösung gegenüber der Titrierflüssigkeit (bei den angeführten Titrationen 0,83 bzw. 1,27°) ist vorteilhaft.

Literatur.

BARREDO, J. M. G., u. J. K. TAYLOR: An. real Soc. esp. Fis. Quím. **44** B, 41 (1948); durch Brit. chem. Abstr. **1949**, 103. — BLEYER, B., u. H. THIESS: Vorratspflege u. Lebensmittelforsch. **2**, 281 (1939); durch C. **110 II**, 1343 (1939). — BRUCHHAUSEN, F. v.: Apoth. Z. **46**, 1130 (1931).

CHARLOT, G.: Bl. (5) 8, 222 (1941). — CISLAK, F. E., u. C. S. HAMILTON: Am. Soc. **52**, 638 (1930). — CSABAY, J., u. I. TANAY: Ber. ung. pharmaz. Ges. **15**, 83 (1939); durch C. **110 I**, 4513 (1939).

ENGLESON, H.: H. **111**, 201 (1920).

GYÖRY, ST.: Fr. **32**, 415 (1893).

JANNASCH, P., u. T. SEIDEL: J. pr. (2) **91**, 142 (1915). — JÄRVINEN, K. K.: Fr. **62**, 188 (1923).

KAHANE, E.: Bl. (5) **1**, 190 (1934). — KASSNER, J. L., R. B. HUNZE u. J. N. CHATFIELD: Am. Soc. **54**, 2278 (1932). — KEIMATSU, S., u. K. WADA: J. pharm. Soc. Japan **51**, 12 (1931); durch C. **102 I**, 3379 (1931). — KIRCHER, A., u. F. v. RUPPERT: (a) Ar. **262**, 613 (1924); (b) Angew. Ch. **41**, 161 (1928). — KOLTHOFF, I. M.: (a) Die Maßanalyse, 2. Aufl., Teil 2, S. 506. Berlin 1931; (b) S. 288.

LAITINEN, H. A., u. I. M. KOLTHOFF: J. physic. Chem. **45**, 1079 (1941); durch Fr. **128**, 316 (1948). — LAUR, A.: Acta Comment. Univ. Tartu., Ser. A, **16**, (2) 5 (1930); durch C. **102 I**, 3264 (1931).

MADIS, V.: Pharmacia **18**, 337 (1938); durch C. **110 II**, 1132 (1939). — MAYR, C., u. J. FISCH: Fr. **76**, 418 (1929). — MYERS, R. J., u. E. H. SWIFT: Am. Soc. **70**, 1047 (1948). — MYTTENAERE, F. DE: J. Pharm. Belg. **5**, 357 (1923); durch C. **94 IV**, 516 (1923).

NAKAZONO, T., u. S. INOKO: Sci. Rep. Tôhoku Imp. Univ., Ser. I, **26**, 303 (1937); durch C. **109 II**, 2624 (1938). — NISSENSON, H., u. A. MITTASCH: Ch. Z. **28**, 184 (1904).

RAMBERG, L., u. SJÖSTRÖM: Berichte der schwedischen Arsenkommission 1919; durch H. ENGLESON: H. **111**, 201 (1920). — REICHINSTEIN, Z. G., u. T. W. KOTSCHERYGINA: J. analytic. Chem. (russ.) **2**, 173 (1947); durch C. **119 II**, 1218 (1948). — RÍUS, A., u. J. F. VALE SERRANO: An. real Soc. esp. Fís. Quím. **45** B, 501 (1949); durch Brit. chem. Abstr. **1950**, 5. — ROWAAN, P. A.: Chem. Weekbl. **31**, 546 (1934); durch C. **106 I**, 443 (1935). — RUPP, E., u. G. SIEBLER: Ar. **262**, 14 (1924).

SCHULEK, E.: Fr. **102**, 111 (1935). — SCHULEK, E., u. P. RÓZSA: (a) P. C. H. **80**, 553 (1939); (b) Fr. **115**, 185 (1939). — SCHULEK, E., u. P. v. VILLECZ: Fr. **76**, 81 (1929). — STOLLÉ, R., u. O. FECHTIG: Ber. Dtsch. pharmaz. Ges. **33**, 5 (1923); durch C. **94 II**, 1137 (1923). — SZEBELLÉDY, L., u. W. MADIS: (a) Fr. **114**, 116 (1938); (b) **114**, 197 (1938); (c) Mikrochim. A. **1**, 226 (1937); (d) **3**, 1 (1938). — SZEBELLÉDY, L., u. K. SCHICK: Fr. **97**, 186 (1934).

TARADOIRE, F.: Bl. (5) **4**, 670 (1937). — THOMANN, J.: Angew. Ch. **40**, 1154 (1927).

UZEL, R.: Časopis českoslov. Lékárn. **15**, 143 (1935); durch Coll. Trav. chim. Tchécosl. **7**, 380 (1935).

v. VILLECZ, P.: Ber. ung. pharmaz. Ges. **4**, 313; durch C. **99 II**, 2173 (1928).

WALDEN, G. H., L. P. HAMMETT u. R. P. CHAPMAN: Am. Soc. **53**, 3908 (1931). — WINKLER, L. W.: (a) Z. Lebensm. **43**, 201 (1922); (b) Ar. **265**, 554 (1927).

ZINTL, E., u. K. BETZ: Fr. **74**, 330 (1928). — ZINTL, E., u. H. WATTENBERG: B. **56**, 472 (1923).

§ 9. Sonstige maßanalytische Methoden.

A. Titration der arsenigen Säure mit Kaliumjodat.

Allgemeines. In stark salzsaurer Lösung wird die arsenige Säure durch Kaliumjodat zu Arsensäure oxydiert, wobei das Jodat zu Jodmonochlorid reduziert wird. Die Reaktion erfolgt nach folgendem Schema:

$$As_2O_3 + KJO_3 + 2HCl = As_2O_5 + JCl + KCl + H_2O.$$

Außerdem entstehen durch Zwischenreaktionen sowohl Jodid als auch freies Jod, die aber bei genügender Säurekonzentration wieder zu Jodmonochlorid oxydiert werden. Nach R. LANG (b) kann unter Zusatz von HCN in bedeutend schwächer saurem Medium titriert werden, wobei als Endprodukt der Reduktion des Jodats JCN entsteht. In verdünnterer Salzsäure bzw. in Schwefelsäure gelang es SCHOONOVER und FURMAN durch Wahl geeigneter Bedingungen die Reduktion zu Jod und Jodid quantitativ auszuwerten und darauf Bestimmungsmethoden zu gründen. Bei übermäßig hoher Säurekonzentration verläuft die Reduktion zum Jodmonochlorid sehr langsam, so daß der Endpunkt unscharf wird. Ein Zusatz von Jodmonochlorid wirkt in diesem Fall günstig, indem er eine Voroxydation bewirkt, ohne an dem Jodatverbrauch etwas zu ändern. Diese Voroxydation mit JCl, bei der im Verlauf einer Reduktion Jod in Freiheit gesetzt wird, kann auch zur Bestimmung von elementarem Arsen und Arsenwasserstoff verwertet werden. Das Ende der Titration erkennt man an der Entfärbung einer Chloroform- oder Tetrachlorkohlenstoffschicht, die durch intermediär ausgeschiedenes Jod während der Bestimmung eine Violettfärbung aufweist (beim Verfahren von R. LANG kann Stärke als Indicator dienen). Die Endpunktsbestimmung kann auch auf potentiometrischem Wege erfolgen. Als besondere Vorteile der Methode führt JAMIESON die einfache Bereitung der Maßflüssigkeit durch direktes Einwägen sowie deren unbegrenzte Haltbarkeit an. Der Endpunkt ist äußerst scharf und EisenIII- und KupferII-verbindungen stören nicht. Ebenso sind zahlreiche organische Substanzen (nach KORENMAN und ANBROCH Filtrierpapier, Alkohol, Essigsäure, Weinsäure, Formaldehyd) ohne Einfluß. SCHWICKER gibt ein indirektes Verfahren an, bei dem mit einem Überschuß an Jodat oxydiert wird. Unverbrauchtes Jodat und Jod werden mit Sulfit zurücktitriert.

1. Die Reduktion des Jodats geht bis zum einwertig positiven Jod-Ion.

I. Titration in stark salzsaurer Lösung.

a) Arbeitsvorschrift nach ANDREWS. Man bringt die Lösung der arsenigen Säure in eine Flasche mit eingeschliffenem Stopfen (250 cm^3 Fassungsraum) und fügt so viel rauchende Salzsäure, daß am Ende der Titration eine 20%ig salzsaure Lösung resultiert und 5 cm^3 Chloroform zu. Man läßt nun aus der Bürette möglichst viel der voraussichtlich nötigen Menge an $^1/_{40}$ m Kaliumbijodatlösung zufließen, schüttelt gut durch und titriert nach frühestens 15 Min. unter kräftigem Schütteln mit der Jodatlösung weiter, bis die Chloroformschicht eben entfärbt ist. 1 cm^3 der Kaliumbijodatlösung (9,7465[1] g $HJO_3 \cdot KJO_3$ im Liter) entspricht 7,5 mg As bzw. 9,9 mg As_2O_3.

Zur Darstellung des Kaliumbijodats löst man 26 g KJO_3 in 125 cm^3 kochendem Wasser und versetzt die Lösung mit einer Auflösung von 21 g HJO_3 in 45 cm^3 warmem Wasser unter Zugabe von 6 Tropfen konzentrierter Salzsäure. Nach dem Abkühlen werden die erhaltenen Krystalle 3mal aus Wasser umkrystallisiert.

Bemerkungen. Nach ANDREWS ist die Titration in etwa 12 bis 25%iger Salzsäure möglich. Nach den Angaben KOLTHOFFS (a) muß die Lösung im Endpunkt wenigstens 10 bis 12% Salzsäure enthalten und BECKURTS verlangt im Endpunkt

[1] Unter Verwendung der Atomgewichte 1941 ergeben sich 9,7486 g.

eine 2 bis 4 n salzsaure Lösung. MUTSCHIN hat die Angaben ANDREWS', KOLTHOFFS und BECKURTS' überprüft und kommt auf Grund eingehender Versuche in weitgehender Übereinstimmung mit BECKURTS zu dem Ergebnis, daß die Titration bei einem Gehalt zwischen 15 und 40 cm³ konzentrierter Salzsäure je 100 cm³ Endvolumen einwandfrei durchführbar ist (1,8 bis 4,8 m HCl). Als günstigste Konzentration erwiesen sich 30 bis 40 cm³ konzentrierter Salzsäure je 100 cm³ Endvolumen. Bei dieser Menge ist auch ohne Zusatz von Jodmonochlorid (s. unter Allgemeines) der Endpunkt scharf zu erkennen, während über 40 cm³ trotz Zugabe von Jodmonochlorid deutliche Verzögerungserscheinungen auftreten.

b) Arbeitsvorschrift nach MUTSCHIN. **Erforderliche Lösungen.** Die 0,1 n Kaliumjodatlösung wird durch Lösen von $^1/_{40}$ Mol Kaliumjodat in 1 l destilliertem Wasser hergestellt.

Zur Bereitung der etwa 0,5 m Jodmonochloridlösung nach R. LANG (b) werden 27,7 g Kaliumjodid in wenig Wasser gelöst und zu 400 cm³ Salzsäure (1 : 1) in einen 1 l-Meßkolben gebracht. Man setzt eine konzentrierte wäßrige Lösung von 17,5 g Kaliumjodat, 10 cm³ Chloroform und tropfenweise eine $^1/_{40}$ m Lösung von Kaliumjodat zu, bis die Chloroformschicht nach Durchschütteln völlig entfärbt ist. Die mit Wasser auf 500 cm³ verdünnte Lösung ist unbegrenzt haltbar.

Ausführung der Titration. Man bringt 1 bis 50 cm³ der etwa 0,05 m Arsenitlösung in einen 200 cm³ (oder 250 cm³) fassenden Meßkolben, setzt je 100 cm³ Endvolumen vorteilhaft 30 bis 40 cm³ konzentrierter Salzsäure (D 1,19) zu und titriert nach Zufügen von 3 bis 5 cm³ Chloroform oder Tetrachlorkohlenstoff mit der 0,1 n Kaliumjodatlösung, bis die Indicatorschicht eben entfärbt ist. Das Endvolumen beträgt etwa 100 cm³.

Bei Zusatz von 2 bis 5 cm³ der etwa 0,5 m JCl-Lösung (s. unter Allgemeines!) muß die Bestimmung, um einen Plusfehler durch Hydrolyse zu vermeiden, in 3,6 bis 4,8 m Salzsäure (30 bis 40 cm³ konzentrierter Salzsäure je 100 cm³ Endvolumen) durchgeführt werden. Auch bei 40 bis 50 cm³ Salzsäure ist in diesem Fall die Titration noch möglich, der Verlauf ist aber durch Verzögerungserscheinungen schleppend.

Bemerkungen. Der Meßkolben wurde als Titrationsgefäß gewählt, da bei umgedrehtem Kolben die Farbe der CCl_4- bzw. $CHCl_3$-Schicht in dem engen Hals sehr gut beobachtet werden kann. Bezüglich der zulässigen Salzsäurekonzentration ohne JCl-Zusatz s. unter Bemerkungen zur Arbeitsvorschrift von ANDREWS.

c) Arsenbestimmung im Parisergrün nach **JAMIESON (a).** ***Arbeitsvorschrift.*** 0,15 bis 0,4 g (je nach dem zu erwartenden Arsengehalt) werden in eine 250 bis 500 cm³ fassende Schliff-Flasche eingewogen. Man fügt 30 cm³ Salzsäure (D 1,19), 20 cm³ Wasser und 6 cm³ Chloroform zu und titriert mit Kaliumjodat anfangs unter kreisendem Umschütteln rasch. Sobald das primär ausgeschiedene Jod wieder weitgehend oxydiert ist, wird die Flasche verschlossen und tüchtig durchgeschüttelt. Von da ab wird das Jodat in kleinen Anteilen zugesetzt und die Flüssigkeit nach jedem Zusatz kräftig durchgeschüttelt. Der Endpunkt ist erreicht, sobald die Chloroformschicht farblos ist. Man läßt 5 Min. stehen, schüttelt neuerlich durch und entfärbt, falls das Chloroform noch Spuren Jod anzeigt, mit möglichst wenig der Jodatlösung. 1 cm³ einer Jodatlösung, die 3,567 g KJO_3 im Liter enthält, entspricht 0,0033 g As_2O_3, bei einer Einwaage von 3,244 g KJO_3 im Liter 0,0030 g As_2O_3.

Bemerkungen. Das Durchschütteln in der Nähe des Endpunktes ist unbedingt erforderlich, da sonst leicht übertitriert werden kann. Je größer das Volumen ist, um so anhaltender muß geschüttelt werden, um das Chloroform mit der gesamten Flüssigkeitsmenge in Berührung zu bringen. Nach den Erfahrungen des Verfassers arbeitet man vorteilhaft in einer Lösung, die beim Endpunkt 11 bis 20% Salzsäure enthält. Die Dauer der Bestimmung beträgt bei einiger Übung 15 Min. Die nach diesem Verfahren erhaltenen Werte wurden durch eine Standardmethode kontrolliert, wobei eine durchaus befriedigende Übereinstimmung konstatiert werden konnte.

d) Mikrobestimmung nach **KORENMAN** ***und*** **ANBROCH.** ***Arbeitsvorschrift.*** 10 cm³ der ArsenIII-lösung bringt man in ein Gefäß mit eingeschliffenem Stopfen und setzt 5 cm³ konzentrierte Salzsäure sowie 3 bis 5 cm³ Chloroform zu. Man titriert nun zunächst unter Umschütteln aus einer Mikrobürette mit 0,01 bis 0,001 n Kaliumjodatlösung, bis die Chloroformschicht Violettfärbung annimmt. Von dem Zeitpunkt an wird nach Zugabe jedes Tropfens Kaliumjodat das Gefäß verschlossen und stark geschüttelt. Der Endpunkt wird durch vollständige Entfärbung des Chloroforms angezeigt. 1 cm^3 0,01 n Kaliumjodatlösung ($^1/_{400}$ Mol im Liter) entspricht 0,3748 mg As bzw. 0,4948 mg As_2O_3 (unter Zugrundelegung von As = 74,91 ergibt sich 0,3746 und 0,4946).

Bemerkungen. Die für die Mikrobestimmung günstigste Normalität an Salzsäure der austitrierten Lösung konnte mit 2,7 bis 3,5 festgelegt werden, was den oben vorgeschriebenen Mengen entspricht. Übersteigt die Salzsäurekonzentration die obere Grenze, wird die Umsetzung derart verlangsamt, daß die erhaltenen Resultate viel zu niedrig ausfallen. Als Beleganalysen werden 15 Titrationen mit 0,0468 bis 4,68 mg As_2O_3 angegeben. Zur Kontrolle wurden mikrojodometrische Bestimmungen nach PILCH durchgeführt. Die größte Abweichung war dabei + 0,044 mg (gefunden 0,980 mg gegenüber 0,936 nach PILCH), während die Differenzen im allgemeinen wesentlich unter 0,01 mg liegen.

e) Arsenbestimmung in Glas. WILSON beschreibt eine Arsenbestimmung in Glas, die auch bei Blei- und Borosilikatgläsern mit sehr hohen ArsenIII-oxydgehalten genau und in 2 Std. ausführbar ist.

0,5 g Glaspulver werden mit 3 g vorher geschmolzenem Natriumhydroxyd klar geschmolzen. Die Lösung der Schmelze in 30 bis 40 cm^3 Wasser wird im Destillierkolben mit 20 cm^3 konzentrierter Salzsäure, 30 cm^3 Wasser, Hydraziniumchlorid, 0,25 g Kaliumbromid versetzt und zu 120 cm^3 aufgefüllt. 60 cm^3 davon werden rasch abdestilliert und der Rest nach Zusatz von konzentrierter Salzsäure bei 110° destilliert. Unter Vermeidung von Luftzutritt werden 50 cm^3 konzentrierte Salzsäure zugesetzt, und die Mischung wird abermals bis auf 50 cm^3 abdestilliert. Danach wird noch einmal so und unter Umständen ein weiteres Mal so verfahren. Das in einem 500 cm^3-Meßkolben aufgefangene erste Destillat wird auf 20 bis 25° abgekühlt, mit 5 bis 10 cm^3 Tetrachlorkohlenstoff und aus einer Mikrobürette mit 2 cm^3 0,02 n Arsenitlösung (bei Gehalten über 2 mg As unnötig) versetzt und mit 0,005 m Kaliumjodatlösung bis zur Entfärbung titriert. Das zweite Destillat wird ohne Zusatz der Arsenitlösung titriert.

***f) Potentiometrische Titration nach* SINGH *und* ILAHI.** Die Autoren verwenden als Indicatorelektrode eine blanke Platinfolie und eine Kalomel-Bezugselektrode (Kaliumchlorid-Agar-Agar-Brücke) und titrieren bei 10° in mindestens 4 n salzsaurer Lösung (die arsenige Säure wird mit 20 cm^3 Wasser und 25 cm^3 konzentrierter Salzsäure versetzt) unter Verwendung eines mechanischen Rührers mit $^1/_{20}$ m Kaliumjodatlösung. 4 Beleganalysen mit Mengen von 0,0989 bis 0,4598 g As_2O_3 zeigen als größte Abweichung vom theoretischen Wert 0,2 mg.

II. Jodo-Cyanmethode nach R. LANG (b).

Vorbemerkungen. Die Reaktion verläuft nach den Gleichungen:

$$\begin{aligned} JO_3' + 3\,As^{\cdot\cdot\cdot} + 6\,H^{\cdot} &= J' + 3\,As^{\cdot\cdot\cdot\cdot\cdot} + 3\,H_2O;\\ JO_3' + 5\,J' + 6\,H^{\cdot} &= 3\,J_2 + 3\,H_2O;\\ JO_3' + 2\,J_2 + 6\,H^{\cdot} &= 5\,J^{\cdot} + 3\,H_2O;\\ J^{\cdot} + HCN &= JCN + H^{\cdot};\\ \hline JO_3' + 2\,As^{\cdot\cdot\cdot} + HCN + 5\,H^{\cdot} &= JCN + 2\,As^{\cdot\cdot\cdot\cdot\cdot} + 3\,H_2O. \end{aligned}$$

[KOLTHOFF (b)]. Intermediär entstehen sowohl Jodid als auch freies Jod, im Äquivalenzpunkt sind aber diese Zwischenprodukte wieder quantitativ zu Jodcyan oxydiert. Gegenüber der Methode von ANDREWS, bei der die Reduktion des Jodats zum Jodmonochlorid führt, bietet das Verfahren den Vorteil, daß in viel schwächer saurem Medium gearbeitet werden kann, da schon in einer Lösung, die n salzsauer ist, die Reaktion quantitativ verläuft. Der Endpunkt wird an der Entfärbung der Lösung erkannt. Die Titration kann außer in salzsaurer Lösung auch in verdünnter Schwefelsäure durchgeführt werden. Der schärfste Umschlag tritt aber in salzsaurer Lösung ein, weshalb R. LANG auch Rücktitrationen von überschüssigem Jodat mit ArsenIII-salz in salzsaurer Lösung durchzuführen empfiehlt, da an Maßflüssigkeit gespart und ein unnötiger Überschuß an Jodid vermieden wird.

***a) Arbeitsvorschrift nach* R. LANG (b).** Die ArsenIII-lösung wird mit dem gleichen Volumen an 2,5 n Salzsäure versetzt und nach Zufügen von 5 cm^3 0,5 n Kaliumcyanidlösung und etwas Stärke mit $^1/_{40}$ m Kaliumjodatlösung auf Entfärbung titriert.

Bemerkungen. **Genauigkeit.** Die zahlreichen von R. LANG angeführten Testversuche mit $^1/_{20}$ m ArsenIII-lösung und $^1/_{40}$ m Kaliumjodatlösung zeigen durchwegs Übereinstimmung auf 0,00 oder 0,01 cm^3. Ein Zusatz von 0,5 bis 1 g Kaliumbromid auf 100 cm³ Flüssigkeit zeigt keinen schädlichen Einfluß. Ebenso gelingt die Titration mit der gleichen Genauigkeit, wenn statt Salzsäure das gleiche Volumen an 5 n Schwefelsäure zugesetzt wird. Die Reaktion verläuft aber hier langsamer, so daß gegen Ende der Titration die Maßflüssigkeit sehr vorsichtig zugesetzt werden muß. Ist Salzsäure neben Schwefelsäure vorhanden, tritt diese Schwierigkeit nicht auf.

Einfluß der Konzentration. Auch in 700 cm³ Volumen sind 10 cm³ $^1/_{20}$ m ArsenIII-lösung in 1 n Salzsäure noch genau bestimmbar. Dagegen sind bei Titration kleiner Arsenmengen (bei Gegenwart von Bromid treten Schwierigkeiten erst bei geringerem Arsengehalt auf) die Ergebnisse von der Konzentration des Arsens, der Salzsäure und nach KOLTHOFF (b) offenbar auch der Cyanidkonzentration abhängig. Dies kann dadurch erklärt werden, daß das zugesetzte Jodat zunächst wohl die arsenige Säure oxydiert, später aber, wenn genügend Jod angereichert ist, vorherrschend zu dessen Oxydation verbraucht wird. Bei kleinen Mengen Arsen reicht nun die Konzentration des entstandenen Jodcyans nicht aus, um sich an der Oxydation von Arsen III zu beteiligen, was bei größeren Mengen ohne weiters möglich ist. Außerdem treten bei größerer Salzsäurekonzentration und geringerer Blausäurekonzentration mitunter Verzögerungen im Eintritt der Jodstärkereaktion auf. KOLTHOFF (b) vermutet, daß die Verwendung von Chloroform bzw. Tetrachlorkohlenstoff in diesem Falle ratsam wäre. Zur Umgehung dieser Schwierigkeiten stehen 3 Wege offen, nämlich Oxydation durch überschüssiges Jodat, Zusatz einer bekannten Menge Jodid oder ArsenIII oder Voroxydation mit Jodmonochlorid oder Jodcyan.

Arbeitsweise unter Voroxydation mit JCl oder JCN. Die 200 cm³ betragende n salzsaure ArsenIII-lösung wird mit 5 cm³ etwa 0,5 m Jodmonochloridlösung (Bereitung s. S. 138), dann mit 10 cm³ 0,5 n Kaliumcyanidlösung versetzt und nach Zugabe von Stärke (unmittelbar nach Eintreten der Blaufärbung) mit Jodat titriert. Auch bei Gegenwart von 1 g Kaliumbromid in 100 cm³ Lösung und nach Oxydation mit 5 cm³ 0,5 n Jodcyanlösung werden gute Werte erhalten, wobei allerdings bei geringen Arsenmengen einige Minuten bis zur Jodabscheidung gewartet werden muß. Die größte Differenz bei Jodatverbrauchen von etwa 0,5 bis 20 cm³ gegenüber dem theoretischen Wert betrug 0,02 cm³.

Titration bei Gegenwart von Eisen. EisenIII stört in 1 n salzsaurer Lösung nicht, während die Titration neben EisenII in schwefelsaurer Lösung durchgeführt werden muß, da sich in salzsaurer Lösung ein bedeutender Mehrverbrauch ergibt. Zur Erreichung eines scharfen Endpunktes setzt man vorteilhaft gegen Ende der Titration (Aufhellen der Jodstärkefarbe) etwas Chlorid zu.

b) Arbeitsvorschrift nach KOLTHOFF ***(b).*** Zu 10 cm³ der Probe gibt man in einen langhalsigen ERLENMEYER-Kolben mit eingeschliffenem Stöpsel 20 cm³ 25%ige Salzsäure, 4 bis 5 cm³ 10%ige Kaliumcyanidlösung und titriert mit $^1/_{60}$ m Jodatlösung. Anfangs wird die Flüssigkeit braun, gegen Ende hin hellgelb. Man fügt nun Stärke zu und titriert auf den Umschlag von Blau nach Farblos, der auf einen Tropfen scharf zu erkennen ist.

c) Verfahren unter vorhergehender Oxydation mit Jodmonochlorid. Bestimmung von Arsenwasserstoff nach KUBINA (a).

Prinzip. *Der Arsenwasserstoff wird mit JCl zur Reaktion gebracht, wobei für 1 AsH_3 8 Jod ausgeschieden werden. Dieses Jod wird dann bei Gegenwart von HCN durch Jodat zu JCN oxydiert.*

Arbeitsvorschrift. In einen 1 l-Meßkolben mit eingeschliffener Hahncapillare werden 10 cm³ der 0,5 m JCl-Lösung nach R. LANG (s. S. 138) gebracht und mit 50 bis 100 cm³ 2,8 n Salzsäure versetzt. (Die JCl-Lösung muß von Chloroform befreit sein, da dieses bei längerem Schütteln Arsenwasserstoff zersetzt.) Man bringt mit Wasser auf etwa 140 cm³, saugt das arsenwasserstoffhaltige Gas in den Kolben und schüttelt einige Minuten kräftig durch. Nach Einsaugen von etwas Wasser wird etwa 1 g Kaliumcyanid eingebracht und mit 0,1 n Jodatlösung unter Zusatz von Stärke auf Entfärbung titriert. 1 cm³ 0,1 n ($^1/_{60}$ m) Kaliumjodatlösung entspricht 0,1866 cm³ AsH_3 (0°, 760 mm).

Bemerkungen. Der Verfasser betont, daß die auftretenden Fehler alle innerhalb der bei Gasanalysen zulässigen Grenzen liegen. KUBINA (b) bestimmt auch elementares Arsen nach Lösen in salzsaurem Jodmonochlorid durch Titration mit Kaliumjodat.

Arsenbestimmung in Arsenspiegeln nach GANGL ***und*** VÁZQUEZ SÁNCHEZ. Das Verfahren ist auf den Untersuchungen KUBINAS bezüglich der Löslichkeit von Arsen in JCl aufgebaut.

Bereitung der Jodmonochloridlösung. 1,56 g Kaliumjodid und 1 g Kaliumjodat werden in 50 cm³ Wasser gelöst; diese Lösung wird unter Umrühren in etwa 50 cm³ konzentrierte Salzsäure eingegossen. Man fügt einige Tropfen Tetrachlorkohlenstoff zu und läßt so lange Kaliumjodatlösung zutropfen, bis die CCl_4-Schicht nach kräftigem Schütteln eben entfärbt ist.

Arbeitsvorschrift. Der Arsenspiegel wird durch mehrmaliges Aufsaugen von 0,5 cm³ der beschriebenen JCl-Lösung aus dem Rohr gelöst. Durch mehrmaliges Nachspülen mit einigen Tropfen JCl-Lösung und schließlich mit Salzsäure (1:1) ergibt sich ein Volumen von 1 bis 2 cm³. Man fügt 0,7 cm³ 10%ige Kaliumcyanidlösung und etwa 2 Tropfen CCl_4 zu und titriert mit 0,001 m Jodatlösung auf Entfärbung der Tetrachlorkohlenstoffschicht. 1 cm³ 0,001 m KJO_3-Lösung entspricht 59,9 γ As.

2. Die Reduktion des Jodats geht bis zum elementaren Jod.

I. Potentiometrische Titration in salzsaurer Lösung nach SCHOONOVER und FURMAN.

Prinzip. *Die arsenige Säure wird in schwach salzsaurer Lösung (vorteilhaft in Gegenwart eines indifferenten Lösungsmittels für Jod) durch Jodat nach folgender Gleichung oxydiert:* $5H_3AsO_3 + 2KJO_3 + 2HCl = J_2 + 5H_3AsO_4 + 2KCl + H_2O$. *Das Ende der Reaktion wird durch einen Potentialsprung angezeigt. Durch Erhöhung der Salzsäurekonzentration wird bei weiterem Jodatzusatz das Jod zu JCl oxydiert. Das Ende dieser Reaktion bewirkt wieder eine Stufe in der Potentialkurve.*

Apparatur. Als Indicatorelektrode dient ein blanker Platindraht und eine gesättigte $K_2SO_4/HgSO_4/Hg$-Elektrode als Bezugselektrode. Diese steht durch eine gesättigte Kaliumsulfatbrücke mit dem Titrationsgefäß in Verbindung. Die Messungen werden unter Verwendung eines Potentiometers und eines Galvanometers sowie eines WESTON-Elementes durchgeführt.

Arbeitsvorschrift. Die Arsenitlösung wird mit der entsprechenden Menge verdünnter Salzsäure, um eine 0,5 bis 1 n Lösung zu erhalten, und 15 bis 25 cm³ Tetrachlorkohlenstoff versetzt und bei einem Volumen von 70 bis 300 cm³ mit der eingestellten 0,1 n Kaliumjodatlösung titriert. [Eine Kaliumjodatlösung, die in bezug auf die erste Reaktion 0,1 n ist ($^1/_{50}$ Mol im Liter), hat in bezug auf die zweite Reaktion (Oxydation des Jods zu JCl) den Faktor 0,8.] Der Verlauf der Oxydation wird an dem Potentiometer kontrolliert.

Bemerkungen. Die Platinelektrode ist vorerst negativ. Die ersten Tropfen verursachen eine rasche Abnahme des negativen Potentials, d. h. einen Anstieg der Kurve. Eine Jodabscheidung ist mitunter erst nach Zusatz von 5 bis 6 cm³ Jodat zu beobachten. Das Potential wird nun annähernd konstant, bis eben vor dem Endpunkt die Indicatorelektrode positiv wird. Dieser Potentialsprung (quantitative Oxydation des ArsensIII) beträgt 0,07 bis 0,130 Volt bei Zusatz von 0,05 cm³ Jodat. Bei Abwesenheit eines indifferenten Lösungsmittels für Jod ist der Potentialsprung meist wesentlich kleiner (mitunter $^1/_3$). Die Oxydation der arsenigen Säure verläuft in der beschriebenen Weise in 0,1 bis 2 n salzsaurer Lösung, wobei die angegebene Konzentration das günstigste Bereich darstellt.

Kontrolle durch Oxydation des Jods zu JCl. Durch Zusatz von konzentrierter Salzsäure wird eine 4 bis 6 n salzsaure Lösung hergestellt, was ein starkes Absinken des Potentials zur Folge hat. Bei weiterem Jodatzusatz steigt die Kurve wieder langsam an, bis im zweiten Endpunkt, der die vollständige Oxydation zu Chlorjod anzeigt, bei Zusatz von 0,05 cm³ Jodat eine Steigerung um 0,100 bis 0,186 Volt eintritt.

Genauigkeit. Bei Einhaltung der angegebenen Bedingungen übersteigt der Fehler an As für beide Endpunkte im allgemeinen $\pm 0,1$ mg nicht.

II. Potentiometrische Titration in schwefelsaurer Lösung nach SCHOONOVER und FURMAN.

Prinzip. *Bei Abwesenheit von Salzsäure geht die Reduktion des zugesetzten Jodats in schwefelsaurer Lösung auch bei hoher Säurekonzentration quantitativ bis zum elementaren Jod.*

Apparatur. Die Titrationen wurden mit der gleichen Anordnung wie in salzsaurer Lösung durchgeführt (s. S. 141).

Arbeitsvorschrift. Die AsIII-lösung wird mit verdünnter Schwefelsäure und Wasser auf die gewünschte Normalität (0,5 bis 8) gebracht und in einem Gesamtvolumen von 55 bis 175 cm³ unter Zusatz von 10 bis 25 cm³ eines indifferenten Lösungsmittels für Jod mit Kaliumjodat titriert.

Bemerkungen. Nennenswerte Mengen an Chlorid stören, ganz geringe Spuren sind aber in Lösungen, die weniger als 1 n schwefelsauer sind, für eine rasche Oxydation nötig. Dazu genügt es, die Lösung 0,0002 n salzsauer zu machen. Die Indicatorelektrode ist anfangs positiv, wird aber bei Zusatz der ersten Tropfen Jodat negativ. Bei weiterem Jodatzusatz steigt das Potential der Indicatorelektrode wieder an, so daß sie schließlich wieder positiv ist. Im Endpunkt, der die quantitative Oxydation der arsenigen Säure unter Reduktion des Jodats zu Jod anzeigt, beträgt die Potentialänderung 0,085 bis 0,245 Volt (bei Zusatz von 0,05 cm³ Jodat). Ein indifferentes Lösungsmittel steigert den Potentialsprung. An Lösungsmitteln wurden Äthylacetat, Tetrachlorkohlenstoff, Chloroform, Schwefelkohlenstoff und Benzol auf ihre Brauchbarkeit untersucht, wobei sich letzteres als vorteilhaftester Zusatz erwies. Die unter den angegebenen Voraussetzungen bezüglich der Salzsäure durchgeführten Beleganalysen zeigen Abweichungen zwischen —0,12 und +0,16 mg As (Benzol als indifferentes Lösungsmittel).

3. Die Reduktion des Jodats geht bis zum Jodid.

Potentiometrische Titration in Gegenwart von QuecksilberII-salz nach SCHOONOVER und FURMAN.

Prinzip. *Bei Gegenwart von QuecksilberII-salz wird in schwach salzsaurer Lösung das beim Zusatz von Jodat zur arsenigen Säure intermediär gebildete Jodid durch Komplexbildung einer weiteren Oxydation entzogen, so daß die Reduktion quantitativ zum Jodid führt. Das Ende dieser Umsetzung zeigt sich durch einen Potentialsprung an. Durch Erhöhung der Säurekonzentration wird der Komplex zerstört und das Jodid demnach der Oxydation durch Jodat zum Chlorjod zugänglich. Dem Endpunkt entspricht wieder eine deutliche Potentialstufe.*

Die Titration wird in der unter 2, S. 141 verwendeten Anordnung durchgeführt.

Arbeitsvorschrift. Die Probe wird mit 10 bis 25 cm³ gesättigter QuecksilberII-sulfatlösung (n salzsauer) versetzt und mit 6 n Salzsäure und destilliertem Wasser auf die günstige Salzsäurekonzentration von 0,5 bis 2 n gebracht. Das Gesamtvolumen beträgt 50 bis 225 cm³. Die Jodatlösung wird bei Zimmertemperatur aus einer Bürette zugesetzt.

Bemerkungen. Die anfangs negative Indicatorelektrode wird am Endpunkt der Titration, der die vollständige Oxydation unter Reduktion des Jodats zu Jodid anzeigt, positiv. Der Potentialsprung beträgt 0,080 bis 0,220 Volt für 0,05 cm³ Jodat.

Kontrolle durch Oxydation des Jodids zu JCl. Man setzt so viel Salzsäure zu, daß die Lösung 4 bis 6 n salzsauer wird, wobei ein bedeutender Potentialabfall beobachtet wird und titriert weiter mit Jodat. Der zweite Endpunkt, entsprechend der Oxydation des Jodids zu JCl bewirkt eine Potentialänderung von 0,100 bis 0,180 Volt für 0,05 cm³ Jodatlösung. Eine Jodatlösung, die in bezug auf die erste Reaktion 0,12 n ist, hat für die zweite Reaktion nur $^2/_3$ des Wirkungswertes (0,08 n).

Genauigkeit. Aus zahlreichen Beleganalysen geht hervor, daß sich der Fehler für den ersten Endpunkt zwischen —0,11 und +0,20 mg As hält, während für den zweiten Endpunkt die größten Abweichungen —0,01 und +0,04 mg As betragen.

4. Indirekte Bestimmung nach SCHWICKER.

Prinzip. *Die arsenige Säure wird in mäßig saurer Lösung durch einen Überschuß an Jodat oxydiert, worauf man unverbrauchtes Jodat und das ausgeschiedene Jod mit Kaliumbisulfit titriert.*

Titerstellung der Kaliumbisulfitlösung. Man titriert eine gemessene Menge angesäuerter, 0,1 n Kaliumbijodatlösung (3,250 g im Liter) mit der etwa 0,1 n Kaliumbisulfitlösung (etwa 6 g im Liter; die Lösung kann gegebenenfalls durch Zusatz von 5 bis 10% Äthylalkohol stabilisiert werden) unter Verwendung von Stärke als Indicator. Man setzt die Bisulfitlösung anfangs rascher, gegen Ende aber langsam bis zur Entfärbung zu. Das Jodat wird hierbei bis zum Jodid reduziert.

Arbeitsvorschrift. Die gemessene Probe an arseniger Säure (in den Testversuchen bis 20 cm³ 0,1 n Lösung) wird mit überschüssiger 0,1 n Bijodatlösung (20 bzw. 30 cm³) versetzt und mit verdünnter Salzsäure oder Schwefelsäure angesäuert (in den angeführten Beispielen 10 bis 20 cm³ n Salzsäure, 10 bis 20 cm³ n Schwefelsäure und 5 bis 10 cm³ 3 n Schwefelsäure). Nach 5 bis 10 Min. titriert man den Überschuß an Jodsäure und das ausgeschiedene Jod mit einer eingestellten Bisulfitlösung (Stärke als Indicator) zurück.

Bemerkungen. Die Beleganalysen zeigen im allgemeinen Abweichungen unter $\pm 0{,}05$ cm³ 0,1 n Bijodatlösung (in einem Fall $+ 0{,}05$ cm³). Bestimmungen, die nach 10 Min. Wartezeit mit je 20 cm³ Wasser verdünnt wurden, weichen maximal um $\pm 0{,}02$ cm³ vom theoretischen Wert ab. Mitunter scheidet sich festes Jod ab, das aber bei der Titration mit Bisulfit wieder vollständig in Lösung geht. Zur Beschleunigung des Lösungsvorganges kann man auch 15 bis 20 cm³ Äthylalkohol als Lösungsmittel zusetzen. Innerhalb $^1/_2$ Std. erfolgt keine Nachbläuung der austitrierten Lösung.

B. Titration der arsenigen Säure mit Kaliumpermanganat.

Allgemeines. Die Methode beruht auf der schon von BUSSY veröffentlichten Beobachtung, daß arsenige Säure durch Kaliumpermanganat quantitativ zur Arsensäure oxydiert wird. Wegen der dabei auftretenden Schwierigkeiten, wonach die Reduktion des Kaliumpermanganats auch in stark saurer Lösung und bei höherer Temperatur nicht glatt zum ManganII-salz verläuft (Auftreten stark gefärbter ManganIII- und ManganIV-Verbindungen; eingehende Untersuchungen darüber liegen von ORYNG vor), wurde vielfach das indirekte Verfahren empfohlen, wobei ein Überschuß an Permanganat zugesetzt und das unverbrauchte Permanganat zurücktitriert wird [z.B. ST. GILLES, KESSLER (a), WAITZ, VANINO, BRAUNER, KLEMENC, KANÔ]. Unter Einhaltung bestimmter Bedingungen bzw. bei Verwendung geeigneter Katalysatoren gelingt jedoch auch die direkte Titration in salzsaurer und schwefelsaurer Lösung. Die Bestimmung wurde auch in essigsaurer und alkalischer Lösung versucht.

1. Titration in salzsaurer Lösung.

I. Arbeitsweise nach KOLTHOFF (c).

In Abänderung einer von MOSER und PERJATEL angegebenen Vorschrift, wonach die arsenige Säure in der Kälte langsam mit Permanganat titriert wird, arbeitet KOLTHOFF in der Hitze.

Arbeitsvorschrift. Die abgewogene Menge an arseniger Säure wird in 10 cm³ 4 n Lauge gelöst, dann mit 20 cm³ 25%iger Salzsäure und 100 cm³ Wasser versetzt, zum Sieden erhitzt und mit Permanganat unter fortwährendem Schütteln titriert. Gegen Ende der Titration erhitzt man noch einmal bis zur Siedetemperatur und fügt so lange Permanganat zu, bis die Rosafärbung kurze Zeit bestehen bleibt.

Bemerkungen. KOLTHOFF arbeitete diese Methode zwecks Titerstellung der Permanganatlösung auf arsenige Säure aus. Die so erhaltenen Werte stimmten mit den bei Verwendung anderer reiner Urtitersubstanzen gefundenen auf wenige hundertstel Prozente überein. Der Verfasser gibt an, daß die Einwaage an arseniger Säure auch unter Erwärmen in 15 cm³ 25%iger Salzsäure gelöst werden kann, ohne daß Verluste an Arsentrichlorid zu befürchten sind. Wie die Ergebnisse beweisen, verflüchtigen sich offenbar auch beim Erhitzen während der Titration keine nachweisbaren Mengen.

II. Titration mit „Jodkatalyse" nach R. LANG (c, d).

Vorbemerkungen. R. LANG (c) kommt nach Prüfung der von Č. LANG gemachten Vorschläge bezüglich reaktionsfördernder Substanzen (Chlorid, Bromid, Jodid) zu dem Ergebnis, daß Jod in jeder beliebigen Oxydationsstufe einen äußerst wirksamen Katalysator darstellt. Der zugesetzte Katalysator kann in der verwendeten Menge (1 Tropfen einer $^1/_{400}$ m Jodid- oder Jodatlösung) auch wenn er quantitativ zu Jodmonochlorid oxydiert (KJ) bzw. reduziert (KJO_3) wird, keinen störenden Fehler verursachen. Übrigens katalysiert noch 1 Tropfen einer $^1/_{4000}$ m Jodid- oder Jodatlösung in 100 cm³ der zu titrierenden Flüssigkeit in brauchbarer Weise.

Arbeitsvorschrift. Die 0,5 bis 2 n salzsaure Lösung von arseniger Säure wird mit 1 Tropfen einer etwa $^1/_{400}$ m Lösung von Kaliumjodid oder -jodat versetzt und mit Permanganat auf Rosa titriert.

Bemerkungen. **Genauigkeit.** Unter Verwendung eines Tropfens der Jodid- bzw. Jodatlösung als Katalysator wurden je 3 Titrationen und zwar in 0,5, 2 und 3 n salzsaurer Lösung ausgeführt, wobei die größte Abweichung vom theoretischen Verbrauch (etwa 20 cm³ 0,1 n $KMnO_4$-Lösung) 0,02 cm³ betrug.

Einfluß der Wasserstoff- und Chlor-Ionenkonzentration. Nach R. LANG (d) soll die H-Ionenkonzentration wenigstens 0,5 n und die Chlor-Ionenkonzentration mindestens 0,1 n sein. Die Konzentration einer dieser Ionenarten kann fast beliebig erhöht werden (stark schwefelsaure Lösung mit wenig Alkalichlorid bzw. schwach schwefelsaure Lösung mit viel Chlorid), ohne daß sie stört. Werden jedoch beide erhöht, verlangsamt sich die Reaktion, so daß in stärker salzsaurer Lösung (über 1,3 n) langsam bzw. tropfenweise titriert werden muß. Auf diese Weise ist, allerdings nur mit potentiometrischer Endpunktsbestimmung, die Titration noch in Salzsäure (1:1) durchführbar. Auch schwächer (unter 2 n) saure Lösungen titriert man nach R. LANG (c), wenn das Reaktionsvolumen groß ist, am besten potentiometrisch.

Anordnung zur potentiometrischen Titration. Als Indicatorelektrode dient ein Platindraht. Die Bezugselektrode besteht aus einem Platindraht, der in 50 cm³ Salzsäure ungefähr gleicher Konzentration wie die zu titrierende Lösung taucht, der man einen Tropfen 0,1 n Permanganatlösung zugesetzt hat. Die Verbindung wird durch einen mit konzentrierter Kaliumnitratlösung gefüllten Heber hergestellt, der anfangs mit einem Schraubenquetschhahn abgeklemmt ist und erst gegen Ende der Titration ganz geöffnet wird. Die Platindrähte sind durch ein Millivoltmeter kurzgeschlossen. In das Titrationsgefäß taucht ein Rührer.

Arbeitsvorschrift zur potentiometrischen Bestimmung nach **R. LANG (c).** Die Lösung wird in das Titrationsgefäß gebracht, entsprechend angesäuert und mit 1 Tropfen $^1/_{400}$ m Jodatlösung versetzt. Man titriert unter Rühren bis zur Nullstellung des Stromzeigers, was in der Regel 1 Tropfen vor der Rosafärbung erreicht wird.

Störende Ionen. Nach R. LANG (c, d) stören Cyanwasserstoffsäure und Orthophosphorsäure in kleinen Mengen nicht. QuecksilberII-salze wirken als Katalysatorengifte. Durch langsames Titrieren oder Erhöhung der Katalysatormenge, was ohne Beeinflussung des Permanganatverbrauches durch Zugabe von JCl zur 2 n salzsauren Lösung erreicht werden kann, ist die Bestimmung neben Mercurisalzen trotzdem möglich. Anionen, die mit MnIII wenig dissoziierte Komplexe liefern, wie HF, HPO_3, stören ebenso wie Wolframsäure, deren hemmende Wirkung aber bei Abwesenheit von Phosphorsäure durch EisenIII-salze aufgehoben werden kann (vielleicht Bildung eines Ferriwolframatkomplexes).

Die Titration mit Stärke als Indicator wurde von CHARLOT vorgeschlagen, wobei der Endpunkt durch Entfärbung angezeigt wird (sehr langsame Titration vor dem Endpunkt, um die der Entfärbung vorausgehende Blaufärbung nicht zu übersehen).

III. Titration mit Jodmonochlorid als Katalysator und Indicator nach SWIFT und GREGORY.

Prinzip. *Durch Zusatz von JCl zur Arsenigsäurelösung ergibt sich eine Jodausscheidung. Erst nach Oxydation der arsenigen Säure wird das Jod wieder zu Jodmonochlorid oxydiert. Das Verschwinden der Jodfarbe zeigt den Endpunkt an.*

Bereitung der JCl-Lösung. 20 cm³ 0,025 m Kaliumjodatlösung werden mit 25 cm³ 0,04 m Kaliumjodidlösung und 40 cm³ 12 m Salzsäure versetzt. Nach Zugabe einiger Kubikzentimeter Tetrachlorkohlenstoff wird mit Kaliumjodat- oder Jodidlösung versetzt, bis eine eben wahrnehmbare Jodfarbe bestehen bleibt. Die Lösung ist etwa 0,017 molar an JCl und 5,5 molar an Salzsäure.

Arbeitsvorschrift. Die Arsenitlösung wird in einen konischen 250 cm³ fassenden Schliffkolben gebracht und mit 12 n Salzsäure entsprechend angesäuert (die Lösung soll im Endpunkt der Titration 2 bis 4 n salzsauer sein). Man setzt 3 bis 4 cm³ CCl_4 und 5 cm³ der Jodmonochloridlösung zu und titriert mit Kaliumpermanganat bis zum Verschwinden der Jodfarbe. In der Nähe des Endpunktes muß stark geschüttelt werden.

Bemerkungen. Die Titration gelingt auch noch in n salzsaurer Lösung, wobei aber nach jedem Permanganatzusatz 2 bis 4 Min. geschüttelt werden muß. Da bei wenig Übung die Gefahr des Übertitrierens vorliegt, wählt man vorteilhafter eine höhere Säurekonzentration. Bemerkenswert ist, daß auch bei sehr raschem Zufließen von Kaliumpermanganat keine störenden Färbungen auftreten.

Genauigkeit. Gegenüber einem errechneten Verbrauch an Permanganat von 20,14 cm³ ergaben sich bei verschiedenen Salzsäurekonzentrationen folgende Werte:

I n HCl . . . . 20,27 cm³ (Reaktion gegen Ende sehr langsam),
2 n HCl . . . . 20,13 cm³,
3 n HCl . . . . 20,15 cm³,
4 n HCl . . . . 20,14 cm³.

Der Verfasser empfiehlt die Methode zur Titerstellung von Kaliumpermanganat.

IV. Sonstige Vorschläge zur Titration in salzsaurer Lösung.

Auch PROČKE und ŠVÉDA erreichen bei Verwendung von $J^{\cdot}$ als Katalysator in salzsaurer Lösung bei Titration in der Kälte einen scharfen Endpunkt und halten die Methode der jodometrischen Titration gleichwertig. BRIGHT verwendet als Katalysator, ebenso wie R. LANG (s. S. 144) 1 Tropfen 0,0025 m Kaliumjodid- oder Jodatlösung auf etwa 120 cm³ ungefähr $^1/_2$ n salzsaure Lösung und titriert potentiometrisch oder mit dem o-Phenanthrolinferrokomplex als Indicator.

Nach GLEU ist in 0,5 n Salzsäure die Bestimmung der arsenigen Säure mit Permanganat auch unter Verwendung von Osmiumtetroxyd als Katalysator bei langsamer Titration möglich. Der Verfasser hält aber selbst bei Titration in salzsaurer Lösung die Methode von R. LANG (s. S. 144) für vorteilhafter, während er in schwefelsaurer Lösung die Osmiumtetroxydkatalyse bevorzugt.

2. Titration in schwefelsaurer Lösung.

Vorbemerkungen. Die Titration in schwefelsaurer Lösung ist nur in der Hitze durchführbar, wobei aber gegen Ende außerdem sehr langsam titriert werden muß (VANINO, KÜHLING). Bei Verwendung eines geeigneten Katalysators dagegen verläuft die Reaktion auch bei gewöhnlicher oder wenig erhöhter Temperatur mit brauchbarer Geschwindigkeit und ohne störende Farberscheinungen.

I. Arbeitsweise mit „Jodkatalyse" nach R. LANG (c).

Die wenigstens 0,5 n schwefelsaure Lösung der arsenigen Säure (z. B. 10 bis 40 cm³ ArsenIII-lösung + 50 cm³ 5 n Schwefelsäure), die auf 100 cm³ etwa 1 g Natriumchlorid enthält, wird mit 1 Tropfen (0,03 cm³) einer etwa $^1/_{400}$ m Kaliumjodid- oder Jodatlösung versetzt und mit Kaliumpermanganat auf Rosa titriert. Chloridfreie schwefelsaure Lösungen (z. B. 10 bis 40 cm³ ArsenIII-lösung + 50 cm³ 5 n Schwefelsäure) erwärmt man auf 40 bis 50° und titriert nach Zusatz der gleichen Katalysatormenge.

Bemerkungen. Sowohl die Titration in natriumchloridhaltiger als auch in rein schwefelsaurer Lösung erbrachte befriedigende Ergebnisse. Vier in chloridfreier schwefelsaurer Lösung durchgeführte Testversuche mit einem Verbrauch von 10,12 bis 40,19 cm^3 an 0,1 n Permanganatlösung ergaben als größte Abweichung vom theoretischen Verbrauch 0,01 cm^3. In Gegenwart von Natriumchlorid ergab sich bei 4 Versuchen mit fast den gleichen Mengen in einem Falle eine Differenz von 0,02 cm^3, während die 3 anderen Versuche den theoretischen Wert ergaben. Die Titration kann auch mit der auf S. 144 beschriebenen Anordnung potentiometrisch mit annähernd der gleichen Genauigkeit durchgeführt werden. Auch ist die Titration mit Stärke als Indicator nach CHARLOT (s. S. 144) möglich. Bezüglich der Wasserstoff- und Chlor-Ionenkonzentration gilt das S. 144 Ausgeführte. Der etwa durch den Katalysator verursachte Fehler an Permanganat (Kaliumjodid wird zu Jodat oxydiert) ist weit geringer als 0,01 cm^3 0,1 n Permanganatlösung und kann daher vernachlässigt werden.

Ähnliche Vorschriften. CANTONI arbeitet nach einer ähnlichen Vorschrift: 25 cm^3 der Arsenigsäurelösung werden mit 5 cm^3 Schwefelsäure (1:5) versetzt, worauf man einige Tropfen 0,1%iger Kaliumjodidlösung zusetzt und mit 0,1 n Kaliumpermanganatlösung in der Kälte titriert. Nach Versuchen CANTONIs ergibt diese Arbeitsweise exakte Werte. GERMUTH verwendet als Katalysator einige Tropfen einer 0,2%igen Kaliumjodidlösung und bringt für die zur Oxydation des Katalysators nötige Permanganatmenge eine Korrektur an. Er erhielt bei Titration von Lösungen mit Temperaturen zwischen 15 und 95° die gleichen Resultate.

II. Titration mit Osmiumtetroxyd als Katalysator nach GLEU.

Als Katalysator verwendet man eine 0,01 m Osmiumtetroxydlösung in 0,1 n Schwefelsäure.

Arbeitsvorschrift. Die 0,5 n bis 1 n schwefelsaure Lösung der arsenigen Säure wird bei einem Titrationsvolumen von 100 bis 200 cm^3 mit 3 Tropfen des Katalysators versetzt und mit Kaliumpermanganat bei normaler Temperatur langsam titriert.

Bemerkungen. Je 20 cm^3 einer 0,1 n As_2O_3-Lösung wurden mit der gleichen Permanganatlösung nach verschiedenen Methoden titriert. Es ergaben sich:

nach SWIFT und GREGORY in 4 n HCl mit JCl als Katalysator und Indicator . 19,89 cm^3,
nach R. LANG in 1 n HCl mit einer Spur Jod als Katalysator . . . . 19,89 cm^3,
nach GLEU in 0,5 n H_2SO_4 mit OsO_4 als Katalysator . . . . 19,90 cm^3.

Diese Versuche ergeben demnach volle Übereinstimmung mit den gewählten Vergleichsmethoden. Die Titration darf nicht zu schnell durchgeführt werden, da in diesem Fall trotz des Katalysators störende Färbungen auftreten können. Im Gegensatz zu der Methode von R. LANG gelingt also hier die Titration rein schwefelsaurer Lösungen bei gewöhnlicher Temperatur mit deutlichem Endpunkt. Der Verfasser betont, daß die Schwefelsäurekonzentration in weiten Grenzen schwanken kann.

3. Titration in essigsaurer Lösung bei Gegenwart von Zinksulfat nach REINITZER und HOFFMANN.

Prinzip. *Die Reaktion verläuft nach der Gleichung:* $3As_2O_3 + 2Mn_2O_7 \rightarrow 3As_2O_5 + 4MnO_2$.

Erforderliche Lösungen. Essigsäure: 1 Teil gereinigte (über Chromsäure destillierte) Essigsäure wird mit 3 Teilen Wasser verdünnt. Zinksulfat: 100 g Zinksulfat werden in 1 l Wasser gelöst.

Arbeitsvorschrift. Die 300 cm^3 betragende Lösung der arsenigen Säure wird mit 2 cm^3 der verdünnten Essigsäure und 2 cm^3 der Zinksulfatlösung versetzt und nach Zugabe von Natriumacetat (1,5 bis 2 g je 10 cm^3 Verbrauch an Permanganatlösung) mit 0,1 n Kaliumpermanganat bei Siedehitze titriert, bis die Rosafarbe bei neuerlichem Aufkochen nicht mehr verschwindet. Dauer der Bestimmung: 15 bis 20 Min.

Genauigkeit. Die angeführten Beleganalysen zeigen als größte Abweichung vom theoretischen Wert $\pm 0,2\%$. Durch den Zusatz von Zinksulfat wird neben der günstigen Wirkung durch Bildung von Zinkmanganit auch ein rasches Absetzen des Braunsteins erreicht, was auf die

Bildung von schwerem, in Essigsäure schwer löslichem Zinkarsenat, das den Braunstein mitreißt, zurückzuführen ist. Größere Mengen Zinksalz wirken aber nachteilig, da — offenbar durch Ausfallen von Zinkarsenit — die Erkennung des Endpunktes erschwert wird. Sowohl die Essigsäure als auch das Natriumacetat dürfen natürlich mit Permanganat nicht reagieren.

4. Titration in alkalischer Lösung.

Vorbemerkungen. Schon KÜHLING beschreibt die Titration der arsenigen Säure in alkalischer Lösung bei Gegenwart von Zinksulfat als eine äußerst langwierige Methode, bei der das Permanganat gegen Ende der Titration sehr langsam zugegeben werden muß. BRAUNER dagegen bezeichnet die Titration der arsenigen Säure in alkalischer Lösung mit spektroskopischer Endpunktsbestimmung als eine der besten Methoden.

I. Arbeitsvorschrift nach* BRAUNER *mit spektroskopischer Endpunktsbestimmung. Oberhalb eines dünnwandigen konisch nach unten sich verengenden ,,Spitzglases" werden 2 Büretten befestigt, deren eine die mäßig alkalische Lösung des Arsenits, die andere die 0,1 n Kaliumpermanganatlösung enthält. Man läßt in der Kälte eine bestimmte Menge der Probe einfließen und fügt unter beständigem Rühren und dauernder Beobachtung mit dem Spektroskop so viel Permanganat zu, bis die charakteristischen MnO_4'-Streifen erscheinen. Nun wird wieder arsenige Säure zugetropft, bis die geringste, nicht sichtbare Intensität der Spektralstreifen erreicht ist. Durch Hin- und Hertitrieren kann der Endpunkt kontrolliert werden. Dauer der Bestimmung: 1 Min.

Bemerkungen. Ein Testversuch ergab für 10 cm^3 genau 0,1 n Arsenitlösung bei einem Permanganatzusatz von 16,7 cm^3 0,1 n Lösung noch kein Absorptionsspektrum, während es nach Zugabe von 2 weiteren Tropfen deutlich erkennbar war. Dies entspricht einer Abweichung vom theoretischen Wert um nur einige Hundertstel Kubikzentimeter Permanganat. BRAUNER nimmt auf Grund seiner Untersuchungen an, daß die Reaktion nach folgendem Schema verläuft: $3\,AsIII + 2\,MnVII \rightarrow 3\,AsV + 2\,MnIV$, wobei primär das Permanganat zu $Mn(OH)_3$ reduziert und dann erst durch weiteren Permanganatzusatz zu MnO_2 oxydiert wird. Nach FEIGL und WEINER trifft das aber nicht zu. Es bilden sich vielmehr unter Beteiligung des Luftsauerstoffes weitaus höhere Oxyde. Außerdem stellen sie auf Grund ihrer Untersuchungen fest, daß die Reaktion: $3\,As_2O_3 + 4\,KMnO_4 = 3\,As_2O_5 + 2\,K_2O + 4\,MnO_2$ nur bei Verwendung eines ständigen Überschusses an Permanganat der Formel entsprechend verläuft. Die gemessene Menge Arsenit wurde dazu in alkalischer Lösung mit einem Überschuß an Permanganat bis zur Ausflockung gekocht, über Glaswolle filtriert, heiß gewaschen und das unverbrauchte Permanganat im Filtrat mit Natriumoxalat zurückgemessen.

II. Potentiometrische Titration in alkalischer Lösung nach* TOMIČEK, PROČKE *und* PAVELKA. *Apparatur. Man arbeitet mit einer Platinspirale als Indicatorelektrode. Als Bezugselektrode dient eine gesättigte Kaliumchlorid-Kalomelelektrode und als Brückenflüssigkeit eine gesättigte Kaliumchloridlösung.

Ausführung. 5 bis 15 cm^3 0,1 n ArsenIII-lösung versetzt man mit 10 cm^3 2,5 n-Natronlauge und fügt 0,15 bis 0,45 g Tellursäure (H_6TeO_6) zu. Nach Verdünnen auf 75 cm^3 titriert man bei 20° mit 0,02 m Kaliumpermanganatlösung.

Bemerkungen. Bei gleichzeitiger Anwesenheit von ArsenIII und AntimonIII ergibt sich bei der Titration die Summe beider Ionen. Die Oxydation des dreiwertigen Arsens zu fünfwertigem erfolgt nur in Anwesenheit von Tellursäure, das siebenwertige Mangan wird zu vierwertigem reduziert.

***III. Titration mit visueller Endpunktsbestimmung nach* KATÔ.** Der Verfasser erreicht durch einen Zusatz von Silbersulfat zur Permanganatlösung ein rasches Absetzen des Mangandioxyds, wodurch die Erkennung des Endpunktes wesentlich erleichtert wird. Die Permanganatlösung ist bei Aufbewahrung in dunklen Flaschen ohne Veränderung des Titers 3 Monate haltbar. Nach längerer Zeit muß sie allerdings filtriert und neu eingestellt werden.

5. Indirekte Titration der arsenigen Säure unter Verwendung eines Überschusses an Permanganat.

Die unter ,,Allgemeines" erwähnten indirekten Methoden verwenden zur Rücktitration des Überschusses an Permanganat teils EisenII-sulfat, teils Wasserstoffperoxyd oder Oxalsäure.

I. Oxydation der arsenigen Säure in stark schwefelsaurer Lösung nach KLEMENC.

Der Verfasser arbeitet mit einem großen Überschuß an 0,1 n Permanganatlösung, die etwa $^1/_6$ ihres Volumens an ungefähr 75%iger Schwefelsäure enthält. Das unverbrauchte Permanganat wird in der Wärme mit 0,1 n Oxalsäure zurücktitriert. Die größte Differenz zwischen den auf diesem Wege und jodometrisch erhaltenen Werten beträgt bei 6 Beleganalysen $+0,5\%$.

II. Oxydation der arsenigen Säure in alkalischer Lösung nach KANÔ.

KANÔ erhält bei folgender indirekter Methode befriedigende Resultate: Man oxydiert durch Zufügen eines Permanganatüberschusses zu einer alkalischen Arsenitlösung. Das Gemisch wird mit Schwefelsäure und Wasserstoffperoxyd behandelt und der Überschuß an Wasserstoffperoxyd schließlich mit Permanganat zurücktitriert.

C. Titration der arsenigen Säure mit CerIV-salz.

Allgemeines. Die Titration erfolgt nach dem Schema

$$As_2O_3 + 4Ce(SO_4)_2 + 2H_2O = As_2O_5 + 2Ce_2(SO_4)_3 + 2H_2SO_4$$

und gelingt in salzsaurer, schwefelsaurer und perchlorsaurer Lösung unter Verwendung geeigneter Katalysatoren. Der Endpunkt kann auf elektrometrischem Wege oder mit Hilfe von Indicatoren bestimmt werden. (Nach RAGHAVA RAO ist Rhodamin 6 G als Fluoreszenzindicator nicht geeignet.)

1. Titration in salzsaurer Lösung.

I. Titration mit Jodmonochlorid als Katalysator nach WILLARD und YOUNG (a).

Prinzip. *Die arsenige Säure wird bei Gegenwart von JCl als Katalysator und des o-Phenanthrolin-Ferro-Komplexes nach* WALDEN, HAMMETT *und* CHAPMAN *(„Ferroin") als Indicator (oder potentiometrisch) mit Cerisulfat titriert. Das Kation des Ferroin-Komplexes ist* $Fe(C_{12}H_8N_2)_3^{\cdot\cdot}$.

Bereitung des Indicators. Durch Eintragen der genau gewogenen Menge an o-Phenanthrolin (1 Teil EisenII erfordert 3 Teile o-Phenanthrolin) in wäßrige, 0,025 m EisenII-sulfat-Lösung wird eine 0,025 m Lösung des o-Phenanthrolinferrokomplexes hergestellt.

Bereitung des Katalysators. Zur Herstellung der Jodmonochloridlösung nach den Angaben von JAMIESON (b) werden 0,279 g Kaliumjodid und 0,178 g Kaliumjodat in 250 cm³ Wasser gelöst und der Lösung 250 cm³ konzentrierter Salzsäure zugesetzt. Durch elektrometrisches Austitrieren mit Jodid oder Jodat wird die Lösung, die an JCl 0,005 molar ist, fertiggestellt.

Die Titerstellung der Cerisulfatlösung, die 0,5 m schwefelsauer sein soll, kann potentiometrisch gegen Natriumoxalat erfolgen.

Arbeitsvorschrift. Man bringt die Arsenitlösung in ein 400 cm³ fassendes Becherglas bzw. löst das Arsentrioxyd in 15 cm³ Wasser unter Zusatz von 1 g Natronlauge. Der Lösung werden 15 bis 20 cm³ Salzsäure (D 1,18) und 2,5 cm³ 0,005 m JCl-Lösung zugefügt, worauf man auf 100 cm³ verdünnt. Nach Zusatz von 1 Tropfen der 0,025 m Indicatorlösung wird die Titration bei Zimmertemperatur begonnen. Sobald die braune Farbe des Indicators nach Zusatz jedes Tropfens der Maßflüssigkeit nur langsam zurückkehrt, erhitzt man auf 50° (zweckmäßig verwendet man ein Thermometer als Rührstab) und tropft ganz langsam Cerisulfat zu, bis die braune Farbe des Indicators innerhalb einer Minute nicht wieder erscheint.

Bemerkungen. **Genauigkeit.** Die Verfasser empfehlen diese Methode zur Titerstellung von Cerisulfat, da die Übereinstimmung mit den bei Verwendung von Natriumoxalat erhaltenen Faktoren [Titerstellung nach WILLARD und YOUNG (c)] durchaus zufriedenstellend ist. Auch im Vergleich mit potentiometrisch auf Arsentrioxyd ermittelten Werten zeigt sich die Brauchbarkeit der Methode. Es wurden folgende Faktoren gefunden:

Tabelle 13.

Mit Na-Oxalat in der Hitze potentiometrisch, Mittel aus 4 Versuchen	Mit Na-Oxalat in der Kälte potentiometrisch (JCl), Mittel aus 5 Versuchen	Mit As_2O_3 (JCl, 3,4 n HCl im Endpunkt) in der Kälte potentiometrisch, Mittel aus 5 Versuchen	Mit As_2O_3 nach beschriebener Methode, Mittel aus 5 Versuchen
$0{,}05126_3$	$0{,}05121_0$	$0{,}05125_6$	$0{,}05124_2$

Endpunktsbestimmung mit Methylenblau. Die Titration wurde von WILLARD und YOUNG (b) auch mit Methylenblau als Indicator versucht, wobei eine 0,1%ige wäßrige Lösung des Indicators (2 Tropfen je 100 cm³ Flüssigkeit) knapp vor Erreichung des Endpunktes zugesetzt wurde. Die Verfasser erhielten unter Verwendung von 1 bis 5 Tropfen Indicator gute Resultate, ohne daß für die Indicatormenge eine Korrektur erforderlich war.

Titration mit potentiometrischer Endpunktsbestimmung. In einer früheren Arbeit [WILLARD und YOUNG (b)] beschrieben die Verfasser die Titration von arseniger Säure mit potentiometrischer Endpunktsbestimmung unter Verwendung von 5 cm³ der Katalysatorlösung. Sie arbeiteten dabei in nicht ganz 2 n salzsaurer Lösung (im Endpunkt) mit einer 1 m schwefelsauren Lösung von Cerisulfat, die für die Bestimmung auf arsenige Säure eingestellt werden mußte. War die Lösung z. B. auf Natriumoxalat eingestellt worden, ergab sich die Notwendigkeit, eine Korrektur von 0,3% anzubringen. Die Titerstellung mit arseniger Säure ergab z. B. den Faktor 0,09380 (Mittel aus 4 Titrationen) im Vergleich zu anderen Methoden, die folgende Werte lieferten (ebenfalls Mittel aus je 4 Titrationen): Titerstellung auf elektrolytisches Fe: 0,09410[1]; auf Natriumoxalat in der Hitze: 0,09410[1]; auf Natriumoxalat in der Kälte mit JCl als Katalysator: 0,09407[1]. SWIFT und GREGORY stellten fest, daß die in 4 m salzsaurer Lösung (im Endpunkt) durchgeführte Titerstellung der Cerisulfatlösung mit arseniger Säure um weniger als 0,1% von den mit Natriumoxalat erhaltenen Werten abweicht. Sie erhielten folgende Faktoren: 0,03714 (Natriumoxalat) und 0,03716 (arsenige Säure). Die großen Differenzen, die WILLARD und YOUNG (b) erhalten hatten, suchten sie durch zu langsamen Verlauf der Reaktion bei der von diesen Autoren gewählten niedrigen Säurekonzentration zu erklären, was durch eine spätere Versuchsreihe von WILLARD und YOUNG (a) bestätigt erscheint. Allerdings glauben WILLARD und YOUNG, daß die Verzögerung der Reaktion eher auf zu niedriger Chlor-Ionenkonzentration als zu geringer Wasserstoff-Ionenkonzentration beruht. Bei sehr langsamer Titration wird der durch zu niedrige Salzsäurekonzentration bedingte Fehler übrigens kleiner. WILLARD und YOUNG empfehlen in ihrer späteren Veröffentlichung (a) als günstigste Konzentration für die potentiometrische Bestimmung eine 3 bis 4,2 n salzsaure Lösung, was der von SWIFT und GREGORY angegebenen Konzentration weitgehend entspricht. In diesem Falle konnten sie befriedigende Übereinstimmung der auf verschiedenen Wegen erhaltenen Faktoren mit dem Arsenigsäurefaktor feststellen (s. unter „Genauigkeit“ S. 148). Die Titration gelingt potentiometrisch nach WILLARD und YOUNG (b) in der Hitze (75 bis 85° und mindestens 15 cm³ konzentrierter Salzsäure auf 100 cm³ Lösung) auch ohne Katalysator, wie auch von ATANASIU und STEFANESCU beobachtet wurde. Die Potentialstufe beträgt 100 bis 130 Millivolt je 0,03 cm³ Oxydationsmittel.

***Versuche mit anderen Katalysatoren nach* WILLARD *und* YOUNG (b).** Es wurde bei verschiedenen Temperaturen mit Kaliumbromid als Katalysator (0,12 bis 5,0 g) in Lösungen, die in 100 cm³ 15 bis 50 cm³ Salzsäure (D 1,18) enthielten, titriert, wobei sich zeigte, daß die Reaktion auch durch Kaliumbromid in brauchbarer Weise katalysiert wird. Die erforderliche Katalysatormenge nimmt mit steigender Temperatur und Salzsäurekonzentration ab. Die durch Jod bewirkte Katalyse ist aber weit wirkungsvoller, wobei wieder JCl, das keinen Einfluß auf die Menge der verbrauchten Maßflüssigkeit ausübt, als vorteilhaftester Zusatz erscheint. Jodid und Jodat erfordern Korrekturen, da sie zu JCl oxydiert bzw. reduziert werden.

II. Titration mit Jodmonochlorid als Katalysator und Indicator nach SWIFT und GREGORY.

Prinzip. *Das JCl wird durch die arsenige Säure reduziert, wobei das freigesetzte Jod in die Tetrachlorkohlenstoffschicht eintritt. Nach Oxydation der arsenigen Säure wird*

---

[1] Titration nach WILLARD und YOUNG (c).

auch das Jod wieder zu JCl oxydiert. Der Endpunkt wird an der Entfärbung der CCl_4-Schicht erkannt.

Erforderliche Lösungen. Als Indicator und Katalysator dient eine 0,017 m Lösung von Jodmonochlorid, deren Bereitung S. 145 beschrieben wurde. Die Cerisulfatlösung kann nach Willard und Young (c) bei über 70° unter Verwendung von 5 cm³ Schwefelsäure (D 1,83) auf Natriumoxalat eingestellt werden und ohne Anbringung einer Korrektur verwendet werden. Die früher von Willard und Young (b) beobachteten Schwierigkeiten bezüglich der Titerstellung wurden S. 149 erörtert.

Arbeitsvorschrift. Die Lösung der arsenigen Säure wird in einen konischen 250 cm³ fassenden Schliffkolben gebracht und mit so viel konzentrierter Salzsäure versetzt, daß am Ende der Titration eine 3 bis 4 n salzsaure Lösung resultiert. Nach Zusatz von 3 bis 4 cm³ Tetrachlorkohlenstoff und 5 cm³ der 0,017 m JCl-Lösung wird mit Cerisulfat auf Entfärbung der CCl_4-Schicht titriert. In der Nähe des Endpunktes muß kräftigst geschüttelt werden.

Bemerkungen. Der Arbeitsvorgang entspricht abgesehen von der Säurekonzentration der analogen Titration mit Kaliumpermanganat, die S. 145 beschrieben ist. Swift und Gregory erhielten für eine Cerisulfatlösung, deren elektrometrische Einstellung gegen Natriumoxalat den Faktor 0,05658 ergeben hatte, bei Titration gegen arsenige Säure unter Verwendung des JCl-Endpunktes in 4 m Salzsäure die Faktoren 0,05659 und 0,05655. Bei potentiometrischer Endpunktsbestimmung (ebenfalls in 4 m Salzsäure) ergaben sich folgende Werte: 0,05659 und 0,05661. Ein in 3 m salzsaurer Lösung ausgeführter Testversuch ergab bei ziemlich langsamem Reaktionsverlauf einen Verbrauch von 20,54 cm³ gegenüber einem theoretischen Verbrauch von 20,57 cm³. In 4 m Salzsäure wurden bei 4 Versuchen in einem Falle 20,54 und in 3 Fällen 20,55 cm³ verbraucht.

III. Titration mit Goldbromid als Katalysator und Redoxindicator nach Szebellédy und Tanay.

Prinzip. *Beim Zusatz von Goldtribromid zu einer Arsenitlösung wird dieses zu farblosem Goldmonobromid reduziert, das erst nach Oxydation der arsenigen Säure durch das Cerisulfat wieder oxydiert wird. Das Ende der Titration ist also am Erscheinen des intensiven, durch GoldIII-salz hervorgerufenen gelben Farbtones zu erkennen. Außerdem wirkt Goldbromid katalysierend, so daß der Zusatz eines anderen Katalysators unterbleiben kann.*

Arbeitsvorschrift. Die Arsenitlösung wird mit 10 cm³ rauchender Salzsäure, 1 cm³ 0,1%iger Goldtrichloridlösung, 2 g pulverisiertem Natriumbromid und soviel Wasser versetzt, daß das Volumen der Flüssigkeit 100 cm³ beträgt. Die farblose Lösung wird nun auf 50 bis 60° erwärmt und so lange mit der 0,1 n Cerisulfatlösung titriert, bis der Farbton einer Vergleichslösung erreicht ist. Diese Vergleichslösung kann man aus 90 cm³ Wasser, 10 cm³ rauchender Salzsäure, 1 cm³ Goldlösung und 2 g Natriumbromid herstellen.

Genauigkeit. Die so erhaltenen Ergebnisse wurden durch Titration jeweils gleicher Mengen der gleichen Arsenitlösung mit Kaliumbromat kontrolliert. Es ergaben sich im Mittel aus je 4 Versuchen, die untereinander um höchstens 0,02 cm³ differierten, folgende Verbrauche an 0,1 n Cerisulfatlösung: 10,01 cm³ . . . 15,02 cm³ . . . 20,04 cm³. Die parallel ermittelten Mengen an 0,1 n Kaliumbromatlösung (ebenfalls Mittelwerte aus je 4 gut übereinstimmenden Versuchen) waren: 10,02 cm³ . . . 15,02 cm³ . . . 20,05 cm³. Die Farbe, die beim ersten überschüssigen Tropfen Cerisulfatlösung in Gegenwart von Goldbromid entsteht, ist etwa 20mal intensiver als es der Eigenfarbe der Maßlösung entsprechen würde. Die Verfasser betonen, daß bei sorgfältigem Arbeiten der Farbton sehr genau getroffen und das Ende der Reaktion dadurch scharf erkannt werden kann.

2. Titration in schwefelsaurer Lösung.

Bestimmung mit Osmiumtetroxyd als Katalysator und „Ferroin“ als Indicator[1] nach GLEU.

Arbeitsvorschrift. Zu der 100 bis 200 cm³ betragenden 0,5 bis 2 n schwefelsauren Lösung der arsenigen Säure fügt man 3 Tropfen 0,01 m Osmiumtetroxydlösung sowie 3 Tropfen einer 0,01 m „Ferroin“-lösung und titriert mit Cerisulfat auf Entfärbung.

Bemerkungen. Die Methode liefert genau die gleichen Werte wie das Verfahren von WILLARD und YOUNG (a) (s. S. 148) bei Titration in 1,5 n Salzsäure mit JCl als Katalysator und Ferroin als Indicator und die Methode von SWIFT und GREGORY mit JCl als Katalysator und Indicator bei Titration in 4 n Salzsäure (s. S. 149). Für je 20 cm³ einer Arsenigsäurelösung wurden nach jeder der 3 Methoden 19,82 cm³ der gleichen Cerisulfatlösung verbraucht. Nach Angabe des Verfassers sind die Ergebnisse von der Schwefelsäurekonzentration in weiten Grenzen unabhängig. Obwohl die Titration in Salzsäure nicht durchführbar ist, stören geringe Mengen an Chlor-Ionen nur wenig. Übrigens können sie leicht durch Zusatz von QuecksilberII-perchlorat gebunden werden. Bei größeren Chlor-Ionenkonzentrationen hält allerdings der Verfasser das Verfahren von WILLARD und YOUNG (a) für vorteilhafter. Ohne Katalysator reagiert Cerisulfat in schwefelsaurer Lösung mit arseniger Säure praktisch überhaupt nicht. Es ergibt sich dadurch die Möglichkeit andere Substanzen neben der arsenigen Säure zuerst mit Cerisulfat zu titrieren [z. B. HNO_2, FeII, $Fe(CN)_6''''$, H_2O_2] und dann nach Zusatz des Katalysators die arsenige Säure zu bestimmen. Auffallenderweise wird „Ferriin“, das farblose Oxydationsprodukt des „Ferroins“ selbst bei Anwesenheit von Osmiumtetroxyd von arseniger Säure kaum reduziert. Bei Zugabe eines Tropfens Cerisulfat dagegen erscheint sofort die dem Ferroin zukommende Rotfärbung. Versetzt man z. B. eine austitrierte Lösung mit arseniger Säure, tritt die Ferroinfärbung nur äußerst schwach auf. Erst 1 Tropfen Cerisulfat bedingt das Erscheinen der Färbung in voller Stärke, die dann ohne vorübergehendes Verschwinden [Gegensatz zu der Methode von WILLARD und YOUNG (a)] bestehen bleibt, bis die arsenige Säure wieder völlig oxydiert ist.

3. Titration in perchlorsaurer Lösung.

Bestimmung mit Osmiumtetroxyd als Katalysator und Nitroferroin als Indicator nach SMITH und GETZ (b).

Prinzip. *Die arsenige Säure wird in perchlorsaurer Lösung mit einer Ceriperchloratlösung potentiometrisch titriert, wobei zur visuellen Kontrolle Nitroferroin als Indicator zugesetzt wird.*

***Apparatur nach* SMITH *und* GETZ (b).** In die zu titrierende Lösung taucht eine Platin-Indicatorelektrode. Durch eine gesättigte Natriumperchloratbrücke steht die Lösung mit der Kalomel-Bezugselektrode in Verbindung. Für die Potentiale wird eine Korrektur wegen des Berührungspotentials der Brücke notwendig, die durch Entfernen der Brücke bei Beendigung der Titration und Ablesen der entstehenden Potentialdifferenz ermittelt wird.

***Ceriperchloratlösung nach* SMITH *und* GETZ (b).** Durch Abrauchen einer Cerochloridlösung mit Perchlorsäure wird eine Ceroperchloratlösung hergestellt, die durch anodische Oxydation nach HENGSTENBERGER in Ceriperchloratlösung übergeführt wird. (Auf Grund ihrer Potentialmessungen kommen übrigens die Verfasser zu der Annahme, daß ein komplexes Perchlorato-Cerat-Ion vorliegt.) Der Grad der Oxydation sowie der Säuregehalt müssen genau ermittelt werden. (Die Verfasser arbeiteten mit Lösungen, die rund 0,05 bis 1 n an Oxydationswert und 1 bis 8 n perchlorsauer waren.)

[1] GLEU schlägt für den o-Phenanthrolin-Ferro-Redoxindicator nach WALDEN, HAMMETT und CHAPMAN den Namen „Ferroin“ vor.

***Arbeitsvorschrift nach* SMITH *und* GETZ (a).** Die arsenige Säure wird unter Verwendung von 1 g Natriumhydroxyd gelöst, mit Perchlorsäure angesäuert, so daß eine 2 n saure Lösung resultiert (die Verfasser erwähnen auch die Titration einer 1 n perchlorsauren Lösung von arseniger Säure) und nach Zusatz von 1 Tropfen einer 0,01 n Lösung von Osmiumtetroxyd in 0,1 n Schwefelsäure bei normaler Temperatur mit einer perchlorsauren CerIV-perchlorat-Lösung potentiometrisch titriert. Zum Vergleich der Endpunkte wird etwas Nitro-Ferroin als Indicator zugesetzt. Die Potentialstufe beträgt 600 Millivolt. Der Nitro-Ferroin-Endpunkt entspricht dem Wendepunkt der Potentialkurve.

Bemerkungen. Der für perchlorsaure CerIV-lösungen auf diese Weise ermittelte Faktor zeigt weitgehende Übereinstimmung mit den bei Verwendung von Natriumoxalat und EisenII-sulfat als Titersubstanzen erhaltenen Werten. Die Titration ist offenbar auch mit Ferroin als Indicator durchführbar. Nitroferroin hat ein Übergangspotential von 1,25 Volt gegenüber Ferroin mit 1,14 Volt. Die Verfasser halten ihre Methode der entsprechenden Titration in schwefelsaurer Lösung wegen des höheren Oxydationspotentials für überlegen. SMITH und FRITZ bestimmen 0,25 bis 0,15 mg As_2O_3 mit einer Genauigkeit von $\pm$ 0,57% durch Titration mit 0,001 n CerIV-perchloratlösung in perchlorsaurer Lösung mit OsmiumVIII-oxyd als Katalysator und einer 0,0005 m Indicatorlösung.

D. Titration der arsenigen Säure mit Kaliumdichromat.

Allgemeines. Die Methode wurde ursprünglich von KESSLER (a, b) als indirekte Bestimmung ausgearbeitet. Erst in neuerer Zeit wurde der Versuch gemacht, den Verbrauch an Dichromat durch direkte Titration zu bestimmen.

1. Indirekte Bestimmung nach KESSLER (b).

Die salzsaure Lösung der arsenigen Säure wird mit einem Überschuß an schwefelsaurer Dichromatlösung versetzt. Nach einigen Minuten wird EisenII-lösung zugegeben, bis durch Tüpfeln gegen Kaliumferricyanid ein Überschuß davon erkennbar ist, der wieder durch Dichromat zurücktitriert wird (der Endpunkt ist erreicht, wenn ein herausgenommener Tropfen keine Reaktion mit Kaliumferricyanid mehr gibt).

Bemerkungen. WAITZ hat die Methode einer Nachprüfung unterzogen. Dabei konnte er die von KESSLER gemachten Beobachtungen, daß zum Ablauf der Reaktion eine gewisse Menge freier Säure nötig ist, bestätigen [nach FRESENIUS soll die Lösung $^1/_6$ bis $^1/_2$ ihres Volumens an Salzsäure (D 1,12) enthalten]. VOHL bestimmte den Überschuß an Kaliumdichromat aus der mit Natriumoxalat entwickelten Kohlensäure. Eine indirekte Methode von BUNSEN beruht auf der Tatsache, daß aus einer konzentriert salzsauren Lösung von Dichromat und arseniger Säure beim Kochen so viel weniger Chlor entweicht, als zur Oxydation der arsenigen Säure notwendig ist. Die Differenz aus der dem Dichromat entsprechenden und der tatsächlich gefundenen Menge Chlor (durch Einleiten in Kaliumjodid ermittelt) entspricht der vorhandenen arsenigen Säure.

2. Indirekte potentiometrische Titration nach ZINTL und SCHLOFFER.

Prinzip. *Die arsenige Säure wird durch einen Überschuß an Kaliumdichromat zu Arsensäure oxydiert, worauf das unverbrauchte Oxydationsmittel potentiometrisch mit Chromosulfat zurückgemessen wird. (Die Verfasser bestimmen auf diese Weise ArsenIII neben EisenIII und KupferII, die anschließend ebenfalls mit Chromosulfat potentiometrisch titriert werden können, ohne daß die Arsensäure stört!)*

Arbeitsvorschrift. Die 5 bis 20%ig schwefelsaure Lösung wird unter Kohlendioxyd kurz ausgekocht und dann noch heiß mit 0,1 n Dichromatlösung versetzt, bis das Potential auf etwa 500 Millivolt gestiegen ist. Der Überschuß an Kaliumdichromat wird mit Chromosulfat potentiometrisch zurücktitriert, wobei der Endpunkt durch einen deutlichen Potentialsprung angezeigt wird.

Genauigkeit. Der im Dichromat gelöste Sauerstoff wird zusammen mit dem Überschuß an Dichromat titriert, so daß sich ein um etwa 0,3% zu hoher Oxydationswert ergibt. Es muß also bei der Berechnung des tatsächlichen Dichromatverbrauchs eine diesbezügliche Korrektur angebracht werden. Es werden 4 Testversuche in 5, 10, 12 und 20%iger Schwefelsäure angegeben, die durchwegs sehr gute Übereinstimmung der berechneten und gefundenen Arsenwerte zeigen. In keinem Fall ist die Abweichung größer als 0,2%. Die direkte potentiometrische Titration der arsenigen Säure mit Dichromat in heißer schwefelsaurer Lösung ist wohl möglich, liefert aber keinen so deutlichen Endpunkt, wie die Titration des Dichromatüberschusses mit Chromosulfat.

3. Direkte Titration mit Kaliumbromid als Indicator nach Meurice.

Arbeitsvorschrift. Die Lösung der arsenigen Säure wird in einem hohen Becherglas mit Salzsäure und Kaliumbromid versetzt. Unter Durchleiten eines Luftstromes, der anschließend in eine Jodkalistärkelösung[1] geleitet wird, setzt man Kaliumdichromatlösung zu, bis freies Brom auftritt, das eine Blaufärbung der vorgelegten Stärkelösung bewirkt.

Bemerkungen. Der Verfasser gibt an, daß die Titration in der beschriebenen Form auch mit Kaliumpermanganatlösung durchführbar ist.

E. Oxydation der arsenigen Säure mit Kaliumferricyanid.

Allgemeines. Dreiwertiges Arsen wird durch Kaliumferricyanid in alkalischer Lösung zu ArsenV oxydiert. Bei Gegenwart eines entsprechenden Überschusses an Oxydationsmittel verläuft die Reaktion bei gewöhnlicher Temperatur quantitativ.

1. Indirekte Bestimmung nach Palmer.

Prinzip. *Das Arsenit wird durch einen Überschuß an Kaliumferricyanid oxydiert und das dabei gebildete Kaliumferrocyanid nach Fällung des Arsenats mit Magnesiamischung in saurer Lösung mit Permanganat bestimmt.*

Erforderliche Lösungen. Magnesiamischung: 55 g krystallisiertes Magnesiumchlorid und 25 g Ammoniumchlorid werden unter Zusatz von 5 cm^3 konzentriertem Ammoniak in 1 l Wasser gelöst. Kaliumferricyanid: 20 g des umkrystallisierten Salzes werden in 100 cm^3 Wasser gelöst.

Arbeitsvorschrift. Zu der Lösung, die das Arsen in dreiwertiger Form enthält, wird wenigstens die 5fache, zur Oxydation des Arsens theoretisch erforderliche Menge an Kaliumferricyanid (in Lösung) hinzugefügt. Nach Zusatz von 25 cm^3 einer 20%igen Kaliumhydroxydlösung wird auf höchstens 100 cm^3 verdünnt und nach einigen Minuten durch Zusatz von 10 g Ammoniumsulfat ammoniakalisch gemacht. Die Arsensäure wird nun durch 100 cm^3 der Magnesiamischung ausgefällt und das Magnesiumammoniumarsenat nach dem Absetzen über Asbest abfiltriert. Man wäscht den Niederschlag mit schwach ammoniakalischem Wasser, säuert das Filtrat mit verdünnter Schwefelsäure stark an (so daß eine 10%ig schwefelsaure Lösung entsteht) und titriert das gebildete Kaliumferrocyanid mit Kaliumpermanganat. Die zur Anfärbung der ferricyanidhaltigen Lösung notwendige und in einem Blindversuch ermittelte Menge Permanganat ist als Korrektur anzubringen (nach Angabe des Verfassers handelt es sich in der Regel um 0,1 cm^3 Permanganatlösung).

Genauigkeit. 14 Beleganalysen, die teilweise unter Verwendung von weniger Alkali, dafür aber mit wenigstens 10fachem Überschuß an Ferricyanid ausgeführt wurden, zeigen bei verschiedenen Mengen Arsentrioxyd (0,0499 bis 0,1994 g) als größte Abweichungen zwischen angewendeter und gefundener Menge −0,0004 und +0,0003 g. Der notwendige Überschuß an Kaliumferricyanid ist um so geringer, je mehr Alkali angewendet wird. Bei 3 Versuchen mit größerer Verdünnung (über 100 cm^3) erhielt der Verfasser viel zu tiefe Resultate.

2. Gasvolumetrisches Verfahren nach Quincke.

Bei einer älteren indirekten Bestimmung der arsenigen Säure mit Kaliumferricyanid von Quincke wird ebenfalls in alkalischer Lösung mit einem Überschuß von Kaliumferricyanid oxydiert, der aber genau gemessen werden muß. Das nicht verbrauchte Ferricyanid wird gasvolumetrisch aus der Menge des mit Wasserstoffperoxyd entwickelten Sauerstoffs ermittelt.

[1] Das Zentralblattreferat spricht von einer cadmiumjodidhaltigen Stärke.

Die Differenz aus der dem gesamten zugesetzten Ferricyanid entsprechenden und der tatsächlich gefundenen Menge Sauerstoff gibt dann an, wieviel arsenige Säure vorhanden war. Auf Grund zahlreicher Beleganalysen hält QUINCKE seine Methode für ebenso genau wie die jodometrische Bestimmung.

3. Direkte Titration mit Ferricyanid nach FRESNO und VALDÉS.

Die Verfasser titrieren die arsenige Säure potentiometrisch mit Ferricyanid. Sie arbeiten dabei in alkalischer Lösung bei 70° an der Luft (Platinblech als Indicatorelektrode, Normal-Kalomelelektrode als Bezugselektrode und gesättigte Kaliumsulfatlösung als Brückenflüssigkeit). Wenn zu 10 cm³ 0,1 n ArsenIII-lösung 40 cm³ 50%ige Natronlauge zugesetzt werden, beträgt das Umschlagspotential für AsO_3''' —0,160 Volt (gegen N. E.). Bei steigender Alkalität verschiebt sich das Umschlagspotential nach negativen Werten. Die angeführten Beleganalysen zeigen als maximale Abweichung vom berechneten Wert —0,38%.

F. Titration der arsenigen Säure mit Chlorlösungen (Natriumhypochlorit, Chloramin).

Allgemeines. Schon GAY-LUSSAC bestimmte den Bleichwert von Chlorkalklösungen durch Einfließenlassen einer Suspension in saure Arsenitlösung oder den umgekehrten Vorgang, wobei er Indigo zur Endpunktsbestimmung verwendete. DENIGÈS führte später Kaliumbromid als Indicator ein. In neuerer Zeit wurde von JELLINEK und KRESTEFF der Versuch gemacht, arsenige Säure durch Titration mit einer Natriumhypochloritlösung bekannten Gehaltes zu bestimmen, wobei, um Chlorverluste zu vermeiden, in schwach saurer Lösung gearbeitet wird. Schließlich wurde von NOLL „Chloramin" als haltbare und billige Titerflüssigkeit empfohlen.

1. Bestimmung mit Hypochlorit nach JELLINEK und KRESTEFF.

Herstellung der Maßflüssigkeit. In eine etwa 1n Natronlauge wird bei Zimmertemperatur so lange Chlor eingeleitet, bis die Lösung im Liter etwa 0,15 Oxydationsäquivalente enthält. Die unter diesen Umständen entstehende Chloratmenge ist nach Angaben des Verfassers unbedeutend, so daß eine Kühlung der Lösung überflüssig ist.

Die Titerstellung der Lösung kann mit Thiosulfat durch Titration der aus saurer Kaliumjodidlösung ausgeschiedenen Jodmenge erfolgen. Allerdings liegt der so festgestellte Wirkungswert auch im günstigsten Falle etwa 1% über dem bei Titration gegen arsenige Säure sich ergebenden. Es empfiehlt sich daher die Hypochloritlösung auf arsenige Säure einzustellen, wobei natürlich genau die gleichen Arbeitsbedingungen wie bei der Bestimmung eingehalten werden müssen.

Haltbarkeit der Maßflüssigkeit. Der Titer der in einer hellen Vorratsflasche aufbewahrten Lösung änderte sich innerhalb von 7 Tagen nicht, dagegen zeigte er nach weiteren 10 Tagen eine Abnahme um 1,5%.

Endpunktsbestimmung. Bei Titration in der Wärme kann Kaliumjodid und Stärke als Indicator Verwendung finden. Bei Zugabe von 1 cm³ 0,1 n Kaliumjodidlösung ist ein Übersehen der Jodausscheidung (infolge weiterer Oxydation zu Jodsäure) nicht zu befürchten. Vorteilhafter aber erweist sich ein Zusatz von 1 cm³ gesättigter Kaliumbromidlösung, da die Titration unter Verwendung dieses Indicators auch in der Kälte durchgeführt werden kann. Im Endpunkt färbt sich die Lösung durch das in Freiheit gesetzte Brom intensiv gelb.

Arbeitsvorschrift. Die schwach saure Arsenitlösung, die bei einem Volumen von 100 cm³ 10 cm³ 14 bis 25%ige Salzsäure über den Neutralpunkt enthält, wird mit 1 cm³ gesättigter Kaliumbromidlösung versetzt und in der Kälte mit der Hypochloritlösung titriert, bis die Lösung durch ausgeschiedenes Brom gelb erscheint. (Bei Titration mit Kaliumjodid und Stärke als Indicator wird in schwach salzsaurer Lösung bei 40 bis 50° gearbeitet.)

Genauigkeit. Bei der Titration mit Kaliumjodid und Stärke als Indicator ergab sich in zwei Testversuchen bei Verwendung einer jodometrisch eingestellten Hypochloritlösung ein Mehrverbrauch von 1,8 und 1,9% über den theoretischen Wert. Bei den mit Kaliumbromid als Indicator unter Verwendung der angegebenen Säuremenge ausgeführten Testversuchen betrug der Mehrverbrauch nur etwa 1%. In schwächer saurer Lösung steigert sich der Fehler, was vielleicht auf eine von der Säurekonzentration abhängige Beteiligung des Chlorats an der Oxydation hinweist. Da die erhaltenen Zahlen nach Angaben der Verfasser gut reproduzierbar sind, liefert die Titration bei empirischer Eichung (Titerstellung gegen arsenige Säure) offensichtlich brauchbare Werte. Bei der Titration muß sorgfältig darauf geachtet werden, daß keine Chlorentwicklung auftritt. Schon geringe Chlormengen lassen sich durch den Geruch erkennen.

2. Titration mit „Chloramin" nach Noll.

Herstellung der Maßflüssigkeit. Die entsprechende Menge an Chloramin (p-Toluolsulfochloramidnatrium $CH_3\langle\quad\rangle SO_2{-}N{<}^{Na}_{Cl} \cdot 3H_2O$, Molekulargewicht 281,70, Äquivalentgewicht 140,85) wird in Wasser gelöst (etwa 15 g in 1 l). Die *Titerstellung* erfolgt gegen arsenige Säure oder jodometrisch, indem man eine gemessene Menge in angesäuerte Kaliumjodidlösung einfließen läßt und das ausgeschiedene Jod mit Thiosulfat titriert. Bei Aufbewahrung in dunkler Flasche ändert sich der Titer der Lösung innerhalb mehrerer Wochen nicht.

Arbeitsvorschrift. Man titriert die arsenige Säure nach Zusatz von etwas Jodkaliumstärkelösung als Indicator mit der Chloraminlösung. Der Endpunkt wird durch Blaufärbung angezeigt.

Bemerkungen. Van Eck arbeitet mit einem Überschuß an Chloramin, den er durch Zusatz von Kaliumjodid in essigsaurer Lösung und Titration des ausgeschiedenen Jods mit Thiosulfat ermittelt. Nach Tomíček und Sucharda kann ArsenIII mit Chloramin in salzsaurer Lösung bei potentiometrischer Endpunktsbestimmung und mit Methylrot als Indicator titriert werden. Charlot titriert die arsenige Säure in 1 n salzsaurer Lösung mit Chloramin (Jodstärke als Indicator), wobei der Endpunkt durch Verschwinden der Blaufärbung angezeigt wird (sehr langsame Titration gegen Ende!).

G. Titration der arsenigen Säure mit Bromlösungen.

Allgemeines. Arsenige Säure wird durch eine Lösung von Brom in Wasser, Salzsäure oder Kaliumbromid in salzsaurer bzw. bicarbonatalkalischer Lösung quantitativ zu Arsensäure oxydiert. (Die Titration von Hypobromitlösungen mit arseniger Säure gelingt potentiometrisch in alkalischer Lösung oder bei Tüpfeln gegen Kaliumjodid, wenn gegen Ende der Titration der alkalischen Lösung Bicarbonat zugesetzt wird.) Eine amperometrische Bestimmung mit elektrolytisch erzeugtem Brom ist auf S. 135 beschrieben.

Titration mit salzsaurer Bromlösung nach Manchot und Oberhauser (a).

Erforderliche Lösungen. 0,1 n Bromlösung in 20 bis 22%iger Salzsäure. Die Lösung wird auf reine arsenige Säure eingestellt und behält ihren Titer wochenlang bei. Indicator: 0,2%ige Lösung von Indigokarmin.

Arbeitsvorschrift. Die in einer Stöpselflasche mit ziemlich enger Öffnung befindliche Lösung von arseniger Säure, die nach Manchot und Oberhauser (b) nur so viel Salzsäure enthalten darf, daß ihre Konzentration im Endvolumen unter 24% liegt, wird mit etwas Indicator versetzt und mit der Bromlösung bis zum Umschlag titriert (der Indicator kann auch erst gegen Ende der Titration zugefügt werden).

Bemerkungen. Bei 6 Titrationen mit 0,03748 bis 0,11244 g As betrug der Fehler mit einer einzigen Ausnahme (angew. 0,03748 g, gef. 0,03793 g) weniger als 1%. Methylorange ist ebenfalls als Indicator verwendbar, eignet sich jedoch weniger gut als Indigokarmin für stark salzsaure Lösungen. Der während der Titration entstehende Bromwasserstoff wirkt unter den gegebenen Verhältnissen keinesfalls reduzierend auf die Arsensäure. Ebenso schadet eine der Lösung zugesetzte mäßige Menge Kaliumbromid nicht. Die Titration ist übrigens mit der gleichen

Genauigkeit auch in bicarbonatalkalischer Lösung mit einer wäßrigen, höchstens $^1/_{30}$ n Bromlösung ausführbar, wobei auch Malachitgrün und Krystallviolett als Indicatoren verwendet werden können, die man zweckmäßig gegen Schluß der Titration zusetzt. Der Endpunkt der Reaktion kann nach MÜLLER sehr gut potentiometrisch ermittelt werden und zwar sowohl in salzsaurer als auch in bicarbonatalkalischer Lösung. Die obersten in der Bürette befindlichen Kubikzentimeter der Bromlösung werden wegen der leichten Flüchtigkeit des Broms nicht mehr verwendet.

H. Titration der arsenigen Säure mit Kaliumchlorat.

Potentiometrische Bestimmung nach B. SINGH und S. SINGH.

Apparatur. Die Titration wird unter Verwendung einer Indicatorelektrode aus blankem Platin und einer gesättigten Kalomelelektrode als Bezugselektrode ausgeführt. Die Zelle wird in ein konstant auf 25° gehaltenes Wasserbad eingesenkt und die Lösung während der Titration durch ein mechanisches Rührwerk in Bewegung gehalten.

Arbeitsvorschrift. Man bringt die Probe in das Titrationsgefäß, macht die Lösung unter Zusatz konzentrierter Salzsäure über 5 n salzsauer und fügt Jodmonochlorid als Katalysator zu. Nun läßt man unter Rühren eine Lösung von Kaliumchlorat entsprechender Molarität (die Verfasser führen in einem die Titration von Jodid betreffenden Beispiel $^1/_{20}$ m Lösung an) zufließen und verfolgt die Oxydation am Potentiometer.

Genauigkeit. Der Potentialverlauf zeigt einen ausgeprägten Sprung im Äquivalenzpunkt (die E.M.K. ändert sich vorerst nicht und steigt erst nahe dem Endpunkt). 0,0890 bis 0,4452 g As_2O_3 wurden mit Abweichungen von —0,2 bis —0,8 mg (der Fehler steigt mit der Menge) bestimmt.

J. Titration der arsenigen Säure mit Kaliummanganat.

JOLLES versuchte Kaliummanganat als Maßflüssigkeit einzuführen. Da die Methode zahlreiche Fehlerquellen einschließt und gegenüber anderen Verfahren keinerlei Vorteile bietet, wurde sie später nicht mehr aufgegriffen.

K. Oxydation der arsenigen Säure mit QuecksilberII-chlorid.

Mercurimetrische Bestimmung der arsenigen Säure nach IONESCO-MATIU und POPESCO.

Prinzip. *In bicarbonatalkalischer Lösung wird das Arsenit durch Mercurichlorid quantitativ zu Arsenat oxydiert, während das Sublimat zu metallischem Quecksilber reduziert wird, was folgendem Schema entspricht:*

$$As_2O_3 + 2\,HgCl_2 + 2\,H_2O = 2\,Hg + 4\,HCl + As_2O_5.$$

Aus der Menge des abgeschiedenen Quecksilbers kann das Arsenit berechnet werden.

Arbeitsvorschrift. Die 0,5 bis 2 cm³ betragende Probelösung, die eine etwa 1%ige Lösung des Arsenits darstellt, wird in einem Zentrifugengläschen mit dem gleichen Volumen an 3%iger Mercurichloridlösung und dem doppelten Volumen an 30%iger Kaliumbicarbonatlösung versetzt und erhitzt. In der Kälte fällt zuerst ein weißer Niederschlag von Kalomel, der sich beim Erhitzen auf siedendem Wasserbad aber rasch dunkel färbt. Nach 5 Min. sammelt sich das metallische Quecksilber am Boden, und die überstehende Lösung erscheint klar. Man zentrifugiert und wäscht den Niederschlag 3mal mit destilliertem Wasser. Das Quecksilber wird in der Hitze mit 1 cm³ konzentrierter Salpetersäure und 5 cm³ konzentrierter Schwefelsäure in Lösung gebracht, die Flüssigkeit nach Umfüllen in ein größeres Gefäß (ERLENMEYER-Kolben) auf 100 cm³ verdünnt und nach dem Abkühlen zur Zerstörung der Stickoxyde mit 25%iger Kaliumpermanganatlösung bis zur dauernden Rosafärbung versetzt. Man fällt anschließend durch Zusatz von 20 Tropfen einer 10%igen Lösung von Natriumnitroprussid und titriert tropfenweise mit 0,1 n Natriumchloridlösung auf Verschwinden der Trübung.

Berechnung. 1 cm³ 0,1 n Natriumchloridlösung entspricht 0,004996 g As_2O_3.

Bemerkungen. Vier Beleganalysen mit 0,5 bis 2 cm³ einer 1%igen Arsenitlösung ergaben in allen Fällen 99,92% der angewendeten Menge. Die Methode ist nach Angabe der Verfasser zur Bestimmung des ArsenIII-gehaltes in der FOWLERschen Lösung außerordentlich geeignet, wobei der anwesende Alkohol nicht stört.

L. Bestimmung der Arsensäure mit TitanIII-chlorid.

Vorbemerkungen. Eine direkte Titration der Arsensäure wurde bisher nicht durchgeführt. Wohl aber gelingt die Bestimmung indirekt durch Zurückmessen des unverbrauchten Titantrichlorids mit Eisenalaun.

Indirekte Bestimmung nach FRANCIS.

Arbeitsvorschrift[1]. Die 25 cm^3 betragende Lösung, die etwa 1 Millimol Arsensäure enthält, wird in einem 500 cm^3 fassenden ERLENMEYER-Kolben mit 25 cm^3 50%iger Schwefelsäure versetzt und zum Sieden erhitzt. Nachdem man die Luft durch 5 Min. langes Einleiten von Kohlensäure verdrängt hat, gibt man durch die Bohrung des Stopfens einen bedeutenden Überschuß an Titantrichlorid (50 cm^3 einer 0,25 n Lösung) zu, kocht wenigstens 10 Min. unter Durchleiten von Kohlendioxyd und titriert den Überschuß an Titantrichlorid mit Eisenalaun zurück.

Genauigkeit. In 6 Testversuchen ergaben sich folgende Werte:

AsV gef.	99,8%	100%	65,3%	66,4%	49,1%	33,6%,
AsV ber.	100%	100%	66,7%	66,7%	50,0%	33,3%.

M. Bestimmung der Arsensäure mit QuecksilberI-nitrat.

Potentiometrische Titration nach SPACU.

Prinzip. *Die Methode beruht auf der Bildung eines orange gefärbten Niederschlages, dem die Formel $(Hg_2)_3(AsO_4)_2$ zukommt und der in verdünntem Alkohol unlöslich ist. Das Löslichkeitsprodukt wurde zu* $4{,}98 \cdot 10^{-20}$ *errechnet.*

Maßflüssigkeit. Die 0,1 m QuecksilberI-nitrat-Lösung darf kein QuecksilberII-salz enthalten. Der Titer wird elektrolytisch ermittelt.

Apparatur. Als Indicatorelektrode dient ein verquecksilberter Platindraht. Eine Kalomel-Normalelektrode dient als Bezugselektrode.

Arbeitsvorschrift. 10 cm^3 der Mercuronitratlösung werden mit 80 cm^3 24%igem Alkohol verdünnt. Diese Lösung wird mit der etwa 0,1 n Natriumarsenatlösung (Na_2HAsO_4) titriert. Nach jedem Arsenatzusatz wartet man mit der Ablesung zweckmäßig einige Minuten, um Potentialschwankungen zu vermeiden. Aus dem Gang der Potentiale wird durch Interpolation der Äquivalenzpunkt berechnet. Das Umschlagspotential gegenüber der Kalomelelektrode beträgt 0,407 Volt, bei einem Anfangspotential von +0,465 bis +0,469 Volt.

Bemerkungen. Der absolute Titrationsfehler beträgt, sofern in 24%igem Alkohol gearbeitet wird, maximal 2%. Die Bestimmung dauert höchstens $^1/_2$ Std. Da der Niederschlag von Mercuroarsenat adsorptionsunfähig ist, erübrigt sich ein starkes Umrühren. Bei weiterer Titration tritt ein zweites Maximum auf, das dem Verhältnis 1 AsO_4 : 1 Hg entspricht.

N. Oxydimetrische Schnellmethode zur Bestimmung von Arsensäure nach ERDHEIM und ZAHARIA.

Prinzip. *Die Methode ist der von* BRESTAK *und* DAFERT *beschriebenen Phosphorsäurebestimmung nachgebildet, nach der die durch Reduktion mit Sulfit in Gegenwart von Ammoniummolybdat entstandene Verbindung* $H_3PO_4 \cdot 11\,MoO_3 \cdot MoO_2$ *mit Kaliumpermanganat titriert wird.*

Erforderliche Lösungen. Natriumsulfitlösung: 160 g Natriumsulfit (mit Ammoniummolybdat darf sich im Blindversuch keine Blaufärbung zeigen) werden in 1 l Wasser gelöst. Ammoniummolybdat: 3%ige Lösung in Wasser. Schwefelsäure: 200 g konzentrierte Schwefelsäure werden auf 1 l verdünnt.

Arbeitsvorschrift. Die schwach alkalische Arsenatlösung (Arsenit wird in alkalischer Lösung mit Wasserstoffperoxyd oxydiert und der Überschuß an Superoxyd durch Kochen zerstört) wird mit 30 bis 40 cm^3 Natriumsulfitlösung, 40 bis 50 cm^3 Ammoniummolybdatlösung und 60 bis 70 cm^3 der verdünnten Schwefelsäure versetzt und so lange gekocht, bis kein Geruch nach Schwefeldioxyd mehr

[1] Die Arbeitsweise entspricht weitgehend der von FRANCIS und HILL zur Bestimmung von Nitroverbindungen angegebenen Vorschrift.

wahrnehmbar ist. Die blaue Lösung wird sofort mit 0,1 bis 0,02 n Permanganatlösung titriert, wobei die Farbe bei den ersten Tropfen abblaßt, dann eine grünliche Tönung annimmt und schließlich ganz verschwindet. Der Endpunkt ist erreicht, wenn die Permanganatfarbe einige Zeit bestehen bleibt. 1 cm^3 0,1 n Kaliumpermanganatlösung entspricht 0,0037455 g As.

Bemerkungen. Die Verfasser geben eine Anzahl Titrationen unter Kontrolle durch parallel durchgeführte jodometrische Bestimmungen an, wobei sich unter anderem (besonders bei kleinen Mengen von 0,01 g As_2O_3) Abweichungen von 2 bis 3% ergaben. Bei geringen Arsengehalten in Mineralen wirkt sich der Fehler bezogen auf die Einwaage an Mineral natürlich entsprechend geringer aus. Einige diesbezügliche Testversuche mit Pyroarsenatkontrollwerten zeigen gute Übereinstimmung. Die Normalität der verwendeten Permanganatlösung richtet sich nach der zu erwartenden Menge Arsen. Die Verfasser bestimmten mit dieser Methode Arsen in Mineralen nach Aufschluß mit Natriumperoxyd. Nach Auslaugen mit Wasser und Filtration wird in dem mit Schwefelsäure neutralisierten und mit etwas Bicarbonat versetzten Filtrat die Arsenbestimmung wie beschrieben durchgeführt. Die Methode wird auch zur Arsenbestimmung in Schwefelsäure empfohlen, wobei aber größere Mengen Eisen stören, da sie nach der Reduktion mit Schwefeldioxyd Permanganat verbrauchen.

O. Acidimetrische Bestimmungsmethoden für Arsensäure und arsenige Säure.

1. Bestimmung der Arsensäure.

Allgemeines. Die Arsensäure verhält sich gegenüber Alkali ebenso wie Phosphorsäure und kann in genau der gleichen Weise titriert werden, wobei dem primären Arsenat annähernd der Umschlagspunkt von Methylorange (Dimethylgelb) entspricht (besseren Umschlag zeigt nach THOMSON Lackmoidpapier), während die Neutralisation des zweiten Wasserstoffatoms ungefähr durch den Äquivalenzpunkt von Phenolphthalein oder Thymolphthalein (nach ROSENTHALER kann auch Thymolblau verwendet werden) angezeigt wird. In bezug auf Erdalkali verhält sich die Arsensäure etwas anders als die Phosphorsäure, da das in der Kälte durch Erdalkalichlorid und überschüssiges Alkali gefällte tertiäre Arsenat beim Rücktitrieren des Alkaliüberschusses gegen Phenolphthalein in sekundäres Arsenat übergeht. Das in der Hitze gefällte tertiäre Arsenat dagegen ist unlöslich wie tertiäres Phosphat (ASTRUC und TARBOURIECH). Auf das Verhalten der Arsensäure gegen Bariumhydroxyd, nämlich die Bildung von sehr unlöslichem sekundärem Bariumarsenat gründete schon JOLY eine maßanalytische Bestimmung. Auch die direkte Titration der Arsensäure mit Alkali ist möglich, wobei aber Methylorange bzw. Dimethylgelb und Phenolphthalein keinen genügend scharfen Endpunkt zeigen und gewisse Kunstgriffe erfordern (Vergleichslösung von primärem Arsenat für die Endpunktsbestimmung mit Dimethylgelb; Zusatz von so viel Natriumchlorid, daß im Äquivalenzpunkt eine halbgesättigte Lösung entsteht, bei Titration gegen Phenolphthalein). Bei Verwendung von Thymolphthalein wird kein Natriumchlorid zugesetzt. Auch primäre Arsinsäuren können acidimetrisch titriert werden, wobei in natriumchloridhaltiger Lösung Thymolphthalein als Indicator angewendet wird (KING und RUTTERFORD).

Arsensäurebestimmung nach MENZIES und POTTER.

Prinzip. *Durch Zusatz von Erdalkalichlorid und nachfolgende Titration mit Lauge wird ein scharfer Umschlag gegen Phenolphthalein erreicht.*

Maßflüssigkeit. Die Lauge, die Bariumhydroxyd enthalten soll, um sicher kohlensäurefrei zu sein, wird am besten auf Arsensäure, die aus reiner arseniger Säure durch Oxydation mit Salpetersäure erhalten werden kann, eingestellt.

Arbeitsvorschrift. Man fügt zu der 30 bis 40 cm³ 1 n Lauge entsprechenden Arsensäurelösung [arsenige Säure wird durch Abrauchen mit Salpetersäure oxydiert und durch zweimaliges Abdampfen mit Wasser von überschüssiger Salpetersäure befreit (MENZIES und McCARTHY)] 15 cm³ gesättigter Bariumchloridlösung, verdünnt die Lösung auf 250 cm³ und kocht zur Entfernung der gelösten Kohlensäure 15 Min. Nach Abkühlen und Zugabe von Phenolphthalein titriert man langsam unter Rühren mit Lauge, bis sich der lokal bildende Niederschlag von tertiärem Arsenat nur langsam wieder löst. Dieser Punkt ist ungefähr nach Zusatz der halben zur Titration erforderlichen Menge an Alkali erreicht. Die Becherglaswandung wird jetzt unter der Oberfläche der noch klaren Flüssigkeit leicht angekratzt, was die Ausscheidung des sekundären Bariumarsenats aus der übersättigten Lösung zur Folge hat. Sobald die seidig glänzenden feinen Kryställchen in der Lösung erscheinen, wird nach MENZIES und McCARTHY noch 1 Min. gerührt und dann bis zum Umschlag titriert.

Genauigkeit. 19 Parallelversuche, die im Mittel um etwa 0,067% differieren, beweisen die Reproduzierbarkeit der Ergebnisse. Mit Rücksicht auf den äußerst scharfen Endpunkt empfehlen MENZIES und McCARTHY die Methode zur Titerstellung von Alkali gegen arsenige Säure, wobei sie für 30 bis 40 cm³ 0,1 n Arsensäurelösung 3 bis 4 cm³ gesättigter Bariumchloridlösung zusetzen und, offenbar ohne die Kohlensäure auszukochen, titrieren. Als Belege geben sie folgende mit verschiedenen Titersubstanzen erhaltene Faktoren an:

Benzoesäure	1,0040	
Salzsäure	1,0039	(Faktor der HCl nach Dest.-Methode von HULETT und BONNER[1])
Salzsäure	1,0037	(Faktor der HCl aus AgCl-Bestimmung)
Arsenige Säure . .	1,0036	

Das Ankratzen der Wände wird überflüssig, wenn sich an dem gut mit Wasser ausgespülten Titrationsgefäß von einer früheren Titration her noch Krystalle von $BaHAsO_4$ befinden (MENZIES und McCARTHY). Wird der Übersättigungszustand nicht auf irgend eine Weise aufgehoben, ergibt sich ein viel zu hoher Alkaliverbrauch, der annähernd der Neutralisation aller 3 Wasserstoffatome entspricht.

2. Bestimmung der arsenigen Säure.

I. Bromacidimetrische Bestimmung nach ROSENTHALER.

Prinzip. *Die arsenige Säure wird durch Brom oxydiert und der nach der Gleichung:* $As_2O_3 + 2\,Br_2 + 2\,H_2O = As_2O_5 + 4\,HBr$ *gebildete Bromwasserstoff zusammen mit der Arsensäure titriert. Der Umschlag von Thymolblau zeigt die Überführung in sekundäres Arsenat an:* $As_2O_5 + 4\,KOH = 2\,K_2HAsO_4 + H_2O$; $1\,As_2O_3$ *entspricht* $8\,KOH$.

Arbeitsvorschrift. Die arsenige Säure wird in 0,1 n Lauge (10 bis 20 cm³) gelöst. Nach Zusatz der genau gleichen Menge an Säure und Erkalten der Lösung wird in einer Saugflasche mit Bromwasser versetzt und der Überschuß an Brom durch Absaugen entfernt. Man setzt Thymolblau zu und titriert bis zur Blaufärbung. 1 cm³ 0,1 n Lauge = 2,473 mg As_2O_3. (14 Analysen mit 0,0470 bis 0,1120 g As_2O_3 zeigen als maximale Abweichungen ± 0,6 mg.)

II. Titration der arsenigen Säure mit Trübungsindicatoren nach NAEGELI.

Indicatoren. Die verwendeten Körper gehören zur Klasse der Semikolloide und besitzen die Fähigkeit bei einem bestimmten p_H-Wert den Dispersitätsgrad automatisch so stark zu verringern, daß dieser Vorgang als Flockung in Erscheinung tritt. Die Bestimmung wurde mit Isonitrosoacetyl-p-aminoazobenzol

$$C_6H_5\text{-}N{=}N\text{-}C_6H_4\text{-}NHCO\cdot CH{=}NOH$$

[1] HULETT, G. A., u. W. D. BONNER: J. Am. chem. Soc. 31, 390 (1909).

(Indicator *a* mit einem Umschlagspunkt bei einem p_H-Wert von etwa 11) und mit Isonitrosoacetyl-p-toluolazo-p-toluidin

$$CH_3\langle\bigcirc\rangle N{=}N\langle\bigcirc\rangle(CH_3)(NH\cdot CO\cdot CH{=}NOH)$$

(Indicator *b* mit einem Umschlagspunkt bei einem p_H-Wert von etwa 11,5) versucht.

Erforderliche Lösungen. Indicator: Die gewogene Menge der aus Alkohol umkrystallisierten und getrockneten Substanz wird mit der äquimolekularen Menge an 0,1 n Natronlauge versetzt und das Gemenge in so viel Alkohol gelöst, daß die Lösung 1%ig an Indicatorsäure ist [z.B. 0,1086 g Indicator *a* werden in 3,37 cm^3 NaOH (Titer 0,004815) gelöst und 7,49 cm^3 96%iger Alkohol zugefügt bzw. 0,2342 g Indicator *b* werden in 6,57 cm^3 NaOH (Titer 0,004815) gelöst und mit 16,85 cm^3 96%igem Alkohol verdünnt]. Die Überführung in das Natriumsalz ist notwendig, da die freie Säure selbst in Alkohol nicht genügend löslich ist.

Die Titerflüssigkeiten Salzsäure und Natronlauge müssen mit Hilfe des betreffenden Trübungsindicators aufeinander eingestellt werden.

Arbeitsvorschrift. Die etwa 10 bis 20 cm^3 0,1 n Natronlauge entsprechende Einwaage an arseniger Säure wird in einem bedeutenden Überschuß an 0,1 n Lauge vollständig gelöst und nach Zusatz von 1 cm^3 der Indicatorlösung auf je 40 cm^3 Endvolumen mit 0,1 n Salzsäure titriert, bis der Indicator ausflockt, d.h. bis die Trübung von selbst weiterschreitet, so daß die Lösung undurchsichtig wird. Eine während der Titration auftretende geringe und sich nicht verändernde Trübung kann mitunter vernachlässigt werden. Die arsenige Säure verhält sich als einbasische Säure.

Genauigkeit. Mit Indicator *a* wurden in 2 Versuchen 99,5 und 100% der angewendeten Menge und mit Indicator *b* bei einem Versuch 101,0% wiedergefunden. Die vorgeschriebene Indicatorkonzentration ist genau einzuhalten. Größere Mengen von Neutralsalzen stören. Die Indicatoren sind sehr empfindlich gegen Ammonium-Ionen und Kohlensäure.

III. Thermometrische Bestimmung nach Mondain-Monval und Pâris.

Die Methode beruht auf der Registrierung der bei der Neutralisation auftretenden Wärmetönung. Bei Zusatz von Natronlauge zu der Lösung der arsenigen Säure steigt die Temperatur rasch an, erreicht im Neutralpunkt das Maximum und sinkt dann langsam wieder ab. Die Verfasser titrierten eine 0,216 m Lösung von arseniger Säure mit 1,73 m Natronlauge und erhielten ein äußerst scharfes Maximum der Temperaturkurve entsprechend dem primären Natriumarsenit. Auch beim umgekehrten Vorgang, wenn man die Säure zur Lauge fließen läßt, soll sich ein ebenso deutlicher Endpunkt ergeben.

Literatur.

Andrews, L. W.: Am. Soc. **25**, 756 (1903); Z. anorg. Ch. **36**, 76 (1903). — Astruc, A., u. J. Tarbouriech: C. r. **133**, 36 (1901). — Atanasiu, J. A., u. V. Stefanescu: B. **61**, 1343 (1928).

Beckurts, H.: Die Methoden der Maßanalyse, 2. Aufl., S. 659. Braunschweig 1931. — Brauner, B.: Fr. **55**, 242 (1916). — Brestak, L., u. O. A. Dafert: Angew. Ch. **43**, 216 (1930). — Bright, H. A.: J. Res. Nat. Bureau of Standards **19**, 691 (1937); durch C. **109 I**, 4210 (1938). — Bunsen, R.: A. **86**, 290 (1853). — Bussy, A.: C. r. **24**, 774 (1847); durch J. M. Kolthoff: Fr. **64**, 257 (1924).

Cantoni, O.: Ann. Chim. applic. **16**, 153 (1926); durch C. **97 II**, 1081 (1926). — Charlot, G.: Bl. (5) **8**, 222 (1941).

Denigès, G.: J. Pharm. Chim. (5) **23**, 101 (1891); durch K. Jellinek u. W. Kresteff: Z. anorg. Ch. **137**, 333 (1924).

Eck, P. N. van: Pharm. Weekbl. **63**, 1117; durch C. **97 II**, 2206 (1926). — Erdheim, E., u. N. Zaharia: Öst. Ch. Z. **41**, 242 (1938).

Feigl, F., u. F. Weiner: Fr. 64, 319 (1924). — Francis, A. W.: Am. Soc. 48, 655 (1926). — Francis, A. W., u. A. J. Hill: Am. Soc. 46, 2503 (1924). — Fresenius, C. R.: Anleitung zur quantitativen chemischen Analyse, 6. Aufl., Bd. 1, S. 374. Braunschweig 1875. — Fresno, C. del, u. L. Valdés: Z. anorg. Ch. 183, 258 (1929).

Gangl, J., u. J. Vázquez Sánchez: Fr. 98, 81 (1934). — Gay-Lussac: A. Ch. 60, 225 (1835); durch C. 7, 193 (1836). — Germuth, F. G.: Am. J. Pharm. 99, 751 (1927); durch C. 99 I, 1307 (1928). — Gleu, K.: Fr. 95, 305 (1933).

Hengstenberger: Elektrolytic Oxydation of Cerous Salts and Chlorination Experiments in Contact with Cerous Chloride. München, J. Fuller 1914; durch Smith, G. F., u. C. A. Getz: Ind. eng. Chem. Anal. Edit. 10, 191 (1938).

Ionesco-Matiu, Al., u. A. Popesco: J. Pharm. Chim. (8) 13, 12 (1931).

Jamieson, G. S.: (a) Ind. eng. Chem. 10, 290 (1918); (b) Volumetric Jodate Methods, S. 8 u. 9. New York 1926; durch H. H. Willard u. Philena Young: Am. Soc. 50, 1372 (1928). — Jellinek, K., u. W. Kresteff: Z. anorg. Ch. 137, 333 (1924). — Jolles, A.: Angew. Ch. 6, 160; durch C. 59, 643 (1888). — Joly, A.: C. r. 102, 316 (1886).

Kanô, N.: Sci. Rep. Tôhoku Imp. Univ. 16, 873 (1927); durch C. 99 I, 1442 (1928). — Katô, H.: Sci. Rep. Tôhoku Imp. Univ., Ser. I, 28, 570 (1940); durch C. 111 II, 2512 (1940). — Kessler, F.: (a) Pogg. Ann. 118, 17 (1863); (b) 95, 204 (1855). — King, H., u. G. V. Rutterford: Soc. 1930, 2138. — Klemenc, A.: Fr. 61, 450 (1922). — Kolthoff, I. M. (bzw. J. M.): (a) Die Maßanalyse, 2. Aufl., Teil 2, S. 496. Berlin 1931; (b) S. 593; (c) Fr. 64, 257 (1924). — Korenman, I. M., u. Z. A. Anbroch: Mikrochemie 21, 60 (1936). — Kubina, H.: (a) Fr. 76, 46 (1929); (b) 78, 1 (1929). — Kühling, O.: B. 34, 404 (1901).

Lang, Č.: Ch. Z. Repert. 1905, 48. — Lang, R.: (a) Die chemische Analyse 33; Neuere maßanalytische Methoden, S. 62. Stuttgart 1937; durch A. Mutschin: Fr. 106, 1 (1936); (b) Z. anorg. Ch. 142, 229 (1925); (c) 152, 197 (1926); (d) Fr. 85, 176 (1931).

Manchot, W., u. F. Oberhauser: (a) Z. anorg. Ch. 130, 161 (1923); (b) 138, 367 (1924). — Menzies, A. W. C., u. F. N. McCarthy: Am. Soc. 37, 2021 (1915). — Menzies, A. W. C., u. P. D. Potter: Am. Soc. 34, 1455 (1912). — Meurice, R.: Ann. Chim. anal. (2) 3, 85; durch C. 92 IV, 167 (1921) u. Soc. 120 II, 347 (1921). — Mondain-Monval, P., u. R. Pâris: C. r. 207, 338 (1938). — Moser, L., u. F. Perjatel: M. 33, 751 (1912). — Müller, E.: Die elektrometrische Maßanalyse, S. 202. Dresden 1932. — Mutschin, A.: Fr. 106, 1 (1936).

Naegeli, K.: Kolloidchem. Beih. 21, 305 (1925). — Noll, A.: Ch. Z. 48, 845 (1924).

Oryng, T.: Z. anorg. Ch. 163, 195 (1927).

Palmer, H. E.: Z. anorg. Ch. 67, 317 (1910). — Pilch, F.: M. 32, 21 (1911). — Pročke, O., u. J. Švéda: Časopis českoslov. Lékárn. 5, 68 (1925); durch C. 97 I, 1859 (1926).

Quincke, J.: Fr. 31, 33 (1892).

Raghava Rao, Bh. S. V.: Current Sci. 16, 378 (1947); durch C. 119 II, 1217 (1948). — Reinitzer, B., u. F. Hoffmann: Fr. 77, 429 (1929). — Rosenthaler, L.: Pharmac. Acta Helvetiae 7, 88 (1932).

Schoonover, C., u. N. H. Furman: Am. Soc. 55, 3123 (1933). — Schwicker, A.: Fr. 77, 161 (1929). — Singh, B., u. I. Ilahi: J. Indian chem. Soc. 13, 717 (1936). — Singh, B., u. S. Singh: J. Indian chem. Soc. 16, 27 (1939). — Smith, G. F., u. J. S. Fritz: Anal. Chem. 20, 874 (1948). — Smith, G. F., u. C. A. Getz: (a) Ind. eng. Chem. Anal. Edit. 10, 304 (1938); (b) 10, 191 (1938). — Spacu, P.: Fr. 100, 187 (1935). — StGilles, L. Péan de: A. Ch. 55, 385 (1859); durch L. Moser u. F. Perjatel: M. 33, 752 (1912). — Swift, E. H., u. C. H. Gregory: Am. Soc. 52, 901 (1930). — Szebellédy, L., u. St. Tanay: P. C. H. 79, 383 (1938).

Thomson, R. T.: Chem. N. 52, 18; durch Fr. 27, 51 (1888). — Tomíček, O., O. Pročke u. V. Pavelka: Coll. Trav. chim. tchèques 11, 449 (1939); durch C. 111 II, 800 (1940); Chem. Listy 34, 185 (1940); durch C. 113 II, 78 (1942). — Tomíček, O., u. B. Sucharda: Časopis českoslov. Lékárn. 11, 285, 309, 320 (1931); durch C. 103 I, 1123 (1932).

Vanino, L.: Fr. 34, 426 (1895). — Vohl, H.: A. 94, 219 (1855).

Waitz, E.: Fr. 10, 158 (1871). — Walden, G. H., L. P. Hammett u. R. P. Chapman: Am. Soc. 55, 2649 (1933). — Willard, H. H., u. Philena Young: (a) Am. Soc. 55, 3260 (1933); (b) 50, 1372 (1928); (c) 50, 1322 (1928). — Wilson, H. N.: Analyst 68, 361 (1943); durch C. 115 II, 572 (1944).

Zintl, E., u. F. Schloffer: Angew. Ch. 41, 959 (1928).

§ 10. Colorimetrische und nephelometrische Methoden.

A. Bestimmung mit Hilfe der Molybdänblaureaktion.

Allgemeines. Die Reaktion beruht auf der Bildung einer intensiv blauen komplexen Verbindung, die sechswertiges und vierwertiges Molybdän und Arsensäure enthält und die bei Gegenwart von Arsensäure mit MolybdänIV und MolybdänVI oder mit MolybdänVI unter dem Einfluß von Reduktionsmitteln entsteht, und eignet sich zur Bestimmung geringer Arsenmengen (unter 1 mg). DENIGÈS (a) unterscheidet abgesehen von einer „instabilen" Blaufärbung, die eine schwefelsaure Ammoniummolybdatlösung im Sonnenlicht oder mit Reduktionsmitteln bei einem bestimmten Säuregrad und bei entsprechender Temperatur geben kann, zwei „stabile" Molybdänblauarten, deren eine in Äther löslich ist und der die Formel $(4MoO_3 \cdot MoO_2)_2H_3AsO_4 \cdot 4H_2O$ zukommt, während die andere (nach DENIGÈS das eigentliche Molybdänblau, unlöslich in Äther und durch dieses Reagens koagulierbar) der Formel $4MoO_3 \cdot MoO_2$ entspricht, also keine Arsensäure enthält. Je nachdem, ob man zum teilweise reduzierten schwefelsauren Ammoniummolybdatreagens weiteres Alkalimolybdat oder Arsensäure bringt, entsteht die letztere oder die erstgenannte Verbindung. Die arsensäurefreie Verbindung $(4MoO_3 \cdot MoO_2)$ kann nach ZINZADZE (a, b) als Reagens verwendet werden, da die Färbung bei entsprechender Verdünnung verschwindet. Die Farbtönung wird colorimetrisch ausgewertet. WOODS und MELLON stellen fest, daß das BEERsche Gesetz bis zu Mengen von 8 Teilen Arsen in 1000 Teilen Lösung Gültigkeit besitzt; die Lösungen sind beständiger als die mit Phosphorsäure erzeugten. Phosphorsäure zeigt die gleiche Reaktion, und es kann gegebenenfalls bei Wahl einer geeigneten Arbeitsweise die Summe von Arsensäure und Phosphorsäure ermittelt werden. Andererseits kann nach Reduktion oder Entfernung des Arsens die Phosphorsäure allein mit Hilfe der Molybdänblaureaktion bestimmt werden (s. unter Trennungen § 15 W, S. 360).

1. Bestimmung mit MoIV-MoVI-Reagens.

I. Arbeitsweise nach ZINZADZE (b).

Erforderliche Lösungen[1]. 25 n Schwefelsäure (arsen- und phosphorfrei).

1 n Schwefelsäure: 40 cm³ der 25 n Schwefelsäure werden mit destilliertem Wasser auf 1 l verdünnt.

Natriumbicarbonatlösung: die 2%ige Lösung wird jeden Monat frisch bereitet.

α-Dinitrophenol (2,4-Dinitrophenol): Man bereitet eine bei 50° gesättigte wäßrige Lösung und dekantiert nach Stehen über Nacht.

Herstellung des „Molybdänblaureagens". Man benötigt dazu sehr fein gepulvertes Molybdänsäureanhydrid, das mindestens 99,5% MoO_3 enthält und dessen Gehalt genau bekannt sein muß, sowie Molybdänmetall in feinster Pulverform mit wenigstens 99,5% Molybdän.

Lösung 1. 1010 cm³ 25 n Schwefelsäure werden im 3 l-ERLENMEYER-Kolben mit einer genau 40,11 g MoO_3 enthaltenden Menge Molybdänsäureanhydrid versetzt und sehr vorsichtig unter gelegentlichem Schütteln gekocht, bis sich eben alles gelöst hat (es dürfen keine weißen Dämpfe entweichen). Man kühlt auf Raumtemperatur ab, verdünnt mit destilliertem Wasser auf etwa 998 cm³, kühlt neuerlich ab und füllt auf genau 1 l auf. Die Lösung wird gut durchgemischt (die Flüssigkeit ist bläulich).

Lösung 2. 500 cm³ der Lösung 1 werden in einem 3 l-ERLENMEYER-Kolben mit 1,78 g fein gepulvertem Molybdänmetall versetzt und unter den gleichen Vorsichtsmaßregeln, wie bei Lösung 1 unter gelegentlichem Schütteln sehr vorsichtig genau 15 Min. (vom Beginn des Siedens an gerechnet) gekocht. Man läßt auf Raumtemperatur abkühlen, dekantiert von dem gegebenenfalls vorhandenen geringen Rückstand in einen 500 cm³-Meßkolben ab, verdünnt mit Wasser auf etwa 498 cm³, füllt nach neuerlichem Abkühlen genau auf 500 cm³ auf und mischt gut durch (die Lösung ist grünlich blau).

Das Reagens wird bereitet, indem man Lösung 1 und Lösung 2 in solchen Mengenverhältnissen mischt, daß 5 cm³ der entstehenden Mischung 5 cm³ 0,1 n

[1] Nach ZINZADZE (c).

Kaliumpermanganatlösung verbrauchen. Dazu orientiert man sich, indem man 5 cm³ der Lösung 2 auf etwa 50 cm³ verdünnt und mit 0,1 n Permanganatlösung titriert. (Zum Abmessen der viscosen Flüssigkeit benützt man eine nasse Pipette und spült nachher mit einigen Kubikzentimetern Wasser nach!) Das Reagens muß nach Verdünnen auf das 10fache genau 2,5 n schwefelsauer sein und wird durch Titration mit Lauge kontrolliert. Das Reagens ist praktisch unbegrenzt haltbar, sofern es genügend rein ist und vor nachträglichen Verunreinigungen geschützt aufbewahrt wird. Der MoO_2-Gehalt muß jeden Monat durch Titration mit Permanganat kontrolliert werden. Verbrauchen 5 cm³ Reagens weniger als 4,9 cm³ 0,1 n Permanganat, ist es nicht mehr brauchbar.

Bereitung der Vergleichslösung. 0,0200 g reines As_2O_5 werden in etwa 5 cm³ 2%iger Natriumbicarbonatlösung und 100 cm³ Wasser gelöst. Man setzt 6 cm³ 1 n Schwefelsäure und 3 Tropfen 0,1 n Permanganatlösung zu und füllt auf 1 l auf. 1 cm³ der Lösung enthält 0,02 mg Arsenpentoxyd. Die Standardlösungen werden bereitet, indem man die entsprechenden Mengen in 50 cm³ fassende Kolben bringt und wie unten beschrieben behandelt.

Arbeitsvorschrift. 0,5 bis 30 cm³ der Arsensäurelösung entsprechend 0,005 bis 0,3 mg As_2O_5 werden in einen 50 cm³-Meßkolben, der außerdem eine 40 cm³-Marke besitzt, einpipettiert und nach Zusatz von 5 Tropfen α-Dinitrophenol, wenn sauer, mit 2%igem Natriumbicarbonat, wenn alkalisch mit 1 n Schwefelsäure neutralisiert (schwache Gelbfärbung). Nun setzt man 5 cm³ 10fach verdünntes Molybdänblaureagens zu, füllt auf 40 cm³ mit destilliertem Wasser auf und mischt gut durch. Man erhitzt am Wasserbad 30 Min., läßt auf Zimmertemperatur abkühlen und füllt genau auf 50 cm³ auf. Nach gutem Durchmischen wird in einem gewöhnlichen oder einem photoelektrischen Colorimeter gemessen.

Einfachere Arbeitsweise nach ZINZADZE (d).

***Vorschrift nach* VON DER HEIDE *und* HENNIG.** Man verreibt zur Herstellung der Reagenslösung 3 g gepulvertes MoO_3 (für Glühfäden von KAHLBAUM) in einem Porzellanmörser mit etwas reiner Schwefelsäure (D 1,84). Die sehr feine Aufschwemmung spült man mit so viel der konzentrierten Schwefelsäure in einen KJELDAHL-Kolben, daß insgesamt genau 50 cm³ für Anreiben und Überspülen verbraucht werden. Der Kolben wird unter Umschütteln über freier Flamme erhitzt (das Trioxyd löst sich leicht), die Lösung abgekühlt und in 50 cm³ Wasser gegossen. In die noch heiße Lösung gibt man 0,15 g reines Molybdänmetall (KAHLBAUM, in Pulverform), erhitzt 1 bis 2 Min. zum Sieden und saugt die blaue Flüssigkeit nach 10 Min. von den Metallresten durch einen Glassintertiegel G 3 ab. Die Einstellung der Reagenslösung erfolgt gegen Permanganat, wozu man 0,2 cm³ n Kaliumpermanganatlösung in ein 10 cm³ fassendes ERLENMEYER-Kölbchen bringt und aus einer in 0,01 cm³ geteilten Meßpipette Molybdänblaulösung zutropfen läßt, bis Entfärbung eintritt. Dabei sollen 2,5 cm³ der Reagenslösung verbraucht werden. Bei größerem Verbrauch wird das Reagens neuerlich unter Zusatz von Molybdänmetall aufgekocht; bei kleinerem Verbrauch wird mit einer Lösung von 3 g MoO_3 in 50 cm³ Schwefelsäure + 50 cm³ Wasser auf das mit Hilfe einer Proportion berechnete Volumen verdünnt.

Die Bestimmung mit dem Reagens wird dann in der Weise durchgeführt, daß die (gegen Dinitrophenol) neutralisierte Probe (1 bis 10 cm³, enthaltend 0,1 bis 1 mg As_2O_5)[1] in einen 100 cm³-Meßkolben gebracht wird, worauf man 1,4 cm³ der Reagenslösung zusetzt und unter Umschütteln mit siedendem Wasser zur Marke verdünnt. Nach langsamem Abkühlen, das man durch Kühlen nicht beschleunigen soll (20 bis 30 Min. nach Zusatz des kochenden Wassers erreicht die Färbung ihren Höhepunkt und erhält sich tagelang unverändert) füllt man endgültig auf, schüttelt durch und colorimetriert mit Hilfe von Vergleichslösungen, die 0,1, 0,3 und 0,5 mg As in 100 cm³ enthalten. Zur Herstellung der Vergleichslösungen werden 1,3202 g As_2O_3 in Platin mit verdünnter Salpetersäure übergossen und auf dem Wasserbad mit konzentrierter Salpetersäure mehrmals abgeraucht. Man füllt auf 1 l auf, verdünnt 100 cm³ dieser Lösung neuerlich auf 1000 cm³ und verwendet von dieser Lösung 1, 3 und 5 cm³. Man wählt die der Probe in der Farbtiefe am nächsten kommende Standardlösung zum Vergleich im Colorimeter.

[1] BURKARD und WULLHORST stellten fest, daß Extinktionswerte über 0,8 mg As_2O_5 nicht mehr in die Kurve fallen.

Bemerkungen. Das Reagens stellt eine schwefelsaure Lösung von reinem Molybdänblau dar, die sich beim Verdünnen entfärbt. Da kein Reduktionsmittel zugegen ist, ist das Reagens überaus haltbar und auch die damit erzeugten Färbungen bleiben lange unverändert bestehen. Die diesbezüglichen Versuche des Verfassers erstreckten sich auf 20 Tage [ZINZADZE (a)]. Die Probe darf für die Vorschrift nach ZINZADZE (b) nicht mehr als 2 mg EisenIII und 10 mg Nitrat enthalten. Mäßige Mengen Kieselsäure stören offenbar die Bestimmung nicht. [SCHRICKER und DAWSON beschreiben ein anderes Molybdänblaureagens (Reduktionskonzentration 0,04 n und 0,32 molar an MoO_3). Zur Einstellung des p_H-Wertes wird Chinaldinrot empfohlen. Außerdem beschreiben sie eine Methode mit metolhaltigem Molybdänblaureagens.]

RABOWSKI und SCHAPOSCHNIKOWA bestimmen Arsen nach dem Verfahren von ZINZADZE in Kontaktgasen, die in Schlangenkühlern gekühlt werden. Watte soll zur Adsorption der arsenhaltigen Gase wegen ihres Phosphatgehaltes ungeeignet sein.

II. Arbeitsweise nach DENIGÈS (a).

Erforderliche Lösungen. Ammoniummolybdatlösung: Eine 10%ige Lösung von Ammoniummolybdat wird mit dem gleichen Volumen an konzentrierter Schwefelsäure versetzt.

Reagens **1.** 15 cm^3 der auf das 4fache verdünnten Ammoniummolybdatlösung werden bei 18 bis 20° genau 1 Std. mit 0,3 g Kupferspänen unter etwa 10maligem Schütteln in einem 20 cm^3 fassenden Schliffkölbchen teilweise reduziert. Danach wird das fertige gelblichbraune Reagens, das MoIV und MoVI enthält, zur Aufbewahrung in eine andere Flasche abdekantiert. Es bleibt etwa 1 Woche verwendungsfähig.

Reagens **2.** 30 cm^3 der auf das 4fache verdünnten Ammoniummolybdatlösung werden mit 0,5 bis 0,6 g Kupferspänen unter mehrmaligem Schütteln in einem fast vollen Kölbchen in einigen Stunden nahezu vollständig reduziert. Die gelbbraune MoIV-lösung wird über dem restlichen Kupfer aufbewahrt. Da das Reagens praktisch nur die eine notwendige Komponente (MoIV) enthält, ist zur Ausführung der Reaktion jeweils ein Zusatz von nicht reduzierter Ammoniummolybdatlösung notwendig. Die Lösung bleibt sehr lange verwendungsfähig.

Arbeitsvorschrift. Man bringt 5 cm^3 der Arsensäurelösung, die einige Milligramme Arsen im Liter enthalten soll, in ein 18 cm hohes Probegläschen von 18 mm innerem Durchmesser, fügt 6 Tropfen Reagens **1** oder 3 Tropfen Reagens **2** und 6 Tropfen 4fach verdünnter Ammoniummolybdatlösung zu und erhitzt unter fortwährendem Umschütteln der Flüssigkeit zum Sieden. Sobald dies erreicht ist, wird durch fortwährendes Auf- und Abführen des etwas schräg gehaltenen Gläschens die Flüssigkeit dauernd in Bewegung gehalten (dieses Bewegen ist für die Entwicklung der Färbung wesentlich) und in dem heißen Raum über der Flamme etwa 12 Sek. gekocht. Die nunmehr blaue Lösung wird in ein Probegläschen gegossen, das genau den Gläschen der Vergleichsskala entspricht, und nach dem Auskühlen auf genau 5 cm^3 ergänzt.

Auswertung der Färbung. Man vergleicht mit einer Vergleichsskala, die auf gleiche Weise mit Dinatriumarsenatlösungen entsprechenden bekannten Gehaltes hergestellt wird und die, wenn die Gläschen etwas Kupfer enthalten und gut verschlossen sind, länger als 1 Monat unverändert haltbar ist. Zweckmäßig wird man Lösungen mit 2, 4, 6 usw. mg As_2O_5 im Liter verwenden. (Gefärbte Lösungen können auch direkt colorimetriert werden, wenn man jeweils ein Gläschen mit der angesäuerten gefärbten Probe gleicher Konzentration vor oder hinter die Vergleichsprobe schaltet und als Kompensation die Probe selbst zusammen mit einem gleichen wassergefüllten Gläschen beobachtet.) Ist die Farbreaktion der Probe schwächer als der kleinste Standard, muß eine entsprechende neue Skala hergestellt werden. Bei zu hoher Intensität verdünnt man die Probe entsprechend und führt dann die Reaktion aus.

Arsenbestimmung in Arsenflecken. Das Arsen wird in Salpetersäure gelöst. Nach Eindampfen zur Trockne wird mit Wasser aufgenommen und in der beschriebenen Weise colorimetriert.

Bemerkungen. 0,001 mg Arsen können auf diese Weise noch exakt bestimmt werden. Phosphorsäure gibt wie erwähnt genau die gleiche Reaktion. Eine Bestimmung ist daher bei deren Anwesenheit mit dem Verfahren nur indirekt durchführbar. Der störende Einfluß von Flußsäure kann nach DENIGÈS (b) durch Zusatz von Borsäure aufgehoben werden. Verschiedene organische Substanzen, wie sie z.B. in Wein und Harn vorkommen (große Mengen Eiweiß ausgenommen), stören die Reaktion nicht.

2. Bestimmung unter Reduktion mit ZinnII-chlorid.

I. Vorschrift nach ZINZADZE (b).

Erforderliche Lösungen[1]. Molybdänsäurereagens: Die Lösung von MoO_3 wird bereitet, indem man in einem 500 cm³ fassenden ERLENMEYER-Kolben 101 cm³ 25 n Schwefelsäure mit 4,01 g MoO_3 versetzt, vorsichtig wie unter 1 I (s. S. 162) beschrieben löst, abkühlt und schließlich auf 1 l verdünnt. Die Lösung muß 2,5 n schwefelsauer sein und wird durch Titration mit kohlensäurefreier Lauge (Phenolphthalein als Indicator) kontrolliert. Die Lösung ist unbegrenzt haltbar, wenn sie gut verschlossen aufbewahrt wird.

Gummiarabicum: 10 g reines Gummiarabicum werden in 1 l warmem Wasser (50°) in $^1/_2$ Std. unter gelegentlichem Schütteln in Lösung gebracht. Man kühlt auf Zimmertemperatur ab, gibt 1 cm³ Toluol zu, das die Lösung für 3 bis 4 Wochen konserviert und bewahrt in einer Schliff-Flasche auf. Von einem nach einigen Tagen entstehenden Bodensatz kann abgehebert werden. Die Lösung ist jeden Monat frisch zu bereiten.

ZinnII-chlorid-Lösung: 0,16 g $SnCl_2 \cdot 2H_2O$ (ohne Rückstand löslich) werden mit 200 cm³ der 1%igen Gummiarabicumlösung sorgfältig geschüttelt. Die leichte Trübung der Lösung verschwindet bei der Bestimmung. Die Lösung ist höchstens 12 Std. brauchbar.

Arbeitsvorschrift. Die Probe wird in der gleichen Weise, wie unter 1 I (S. 163) beschrieben, zur Bestimmung vorbereitet. Statt der 5 cm³ 10fach verdünnter Molybdänblaulösung setzt man aber 5 cm³ der Molybdäntrioxydlösung zu, bringt auf 40 cm³ und mischt durch. Man bereitet alle Lösungen und Standardversuche in dieser Weise vor und setzt dann rasch zu jeder Probe unter Umschütteln 5 cm³ der ZinnII-chlorid-Lösung. Nach Auffüllen auf 50 cm³ mischt man sorgfältig und vergleicht nach 20 Min. Die Bestimmung darf nicht länger als 6 Std. stehen.

Bemerkungen. Bis 2 mg EisenIII und 10 mg Nitrat stören nicht.

II. Vorschrift nach DENIGÈS (a).

Erforderliche Lösungen. Ammoniummolybdatreagens: Eine 10%ige Lösung von Ammoniummolybdat wird mit dem gleichen Volumen an konzentrierter Schwefelsäure versetzt.

ZinnII-chlorid-Lösung: 0,1 g Zinnfolie werden in der Wärme unter Zusatz von 1 Tropfen 3 bis 4%iger Kupfersulfatlösung in 2 cm³ reiner Salzsäure gelöst. Man fügt 10 cm³ Wasser zu, läßt abkühlen und dekantiert oder filtriert wenn nötig.

Arbeitsvorschrift. In einem Probegläschen von etwa 15 bis 16 mm innerem Durchmesser werden 5 cm³ der Arsensäurelösung, die wenige Milligramme As_2O_5 im Liter enthalten soll, mit 3 bis 4 Tropfen Ammoniummolybdatreagens und 1 bis 2 Tropfen Stannochloridlösung versetzt und durchgeschüttelt. Es tritt sofort in der Kälte eine Blaufärbung auf, die sich bei Anwesenheit größerer Mengen Arsensäure durch weiteren Zusatz von ZinnII-chlorid vertieft. Sobald die Färbung nicht mehr intensiver wird, kann mit einer Skala, die mit bekannten Mengen Arsensäure auf gleiche Weise erhalten wurde und die unter Verwendung genau gleicher Gläschen hergestellt sein muß, verglichen werden.

[1] Nach ZINZADZE (c).

Bemerkungen. Nach ZINZADZE (c) ist die Farbintensität bei Bestimmung von Phosphorsäure von der Menge des zugesetzten Zinnchlorürs abhängig, und er setzt daher (auch bei der Arsensäurebestimmung) jeweils genau gleiche Mengen zu. Um genauer messen zu können, verwendet er auch eine verdünntere Lösung. Bezüglich störender Substanzen s. unter 1 II Bemerkungen S. 165.

III. Vorschrift nach TRUOG und MEYER.

Die beiden Autoren schlagen einige Abänderungen bezüglich der Methode von DENIGÈS (a) vor, wobei sich die Reaktion durch Erhöhung der Reagensmenge und der Acidität bei kleinen Mengen empfindlicher gestalten soll. Außerdem vermeiden sie den Kupferzusatz bei Bereitung der Zinnchlorürlösung.

Erforderliche Lösungen. Ammoniummolybdatreagens: Man löst 25 g Ammoniummolybdat in 200 cm^3 Wasser von 60° und filtriert. 280 cm^3 arsen- und phosphorfreie konzentrierte Schwefelsäure (etwa 36 n) werden auf 800 cm^3 verdünnt. Nach dem Abkühlen gießt man die Ammoniummolybdatlösung langsam unter gelindem Umschütteln zur Schwefelsäure, läßt auf Raumtemperatur abkühlen und verdünnt mit Wasser genau auf 1 l. Das Reagens stellt also eine 10 n Schwefelsäure dar, die in 100 cm^3 2,5 g Ammoniummolybdat enthält.

ZinnII-chlorid-Lösung: 25 g $SnCl_2 \cdot 2H_2O$ werden in 1 l 10 vol.-%iger Salzsäure gelöst. Die Lösung wird, wenn nötig, filtriert und 5 mm hoch mit weißem Mineralöl bedeckt in einer Flasche aufbewahrt, die durch einen nahe dem Boden gelegenen Tubus eine tropfenweise Entnahme der Lösung ermöglicht. Auf diese Weise wird die Lösung vor der Einwirkung der Luft geschützt und bleibt dadurch länger gebrauchsfähig.

Herstellung des Vergleichsstandards. Aus einer Arsenatlösung bekannten Gehaltes wird der Standard in der Weise hergestellt, daß man die betreffende Anzahl Kubikzentimeter in einem ERLENMEYER-Kolben auf 95 cm^3 verdünnt, mit 4 cm^3 Ammoniummolybdatreagens versetzt und gut durchschüttelt. Man setzt 6 Tropfen der ZinnII-chlorid-Lösung zu, schüttelt durch und verdünnt genau auf 100 cm^3. Nach neuerlichem Schütteln ist der Standard gebrauchsfertig. Nach 10 bis 12 Min. beginnt er abzublassen, erhält aber bei Zusatz von 1 Tropfen ZinnII-chlorid-Lösung wieder für 10 bis 12 Min. seine volle Farbintensität. (Man kann die Färbung auf diese Weise 1 Std. lang erhalten.)

Arbeitsvorschrift. Die neutralisierte Probe wird wie bei der Herstellung des Standardversuchs beschrieben mit 4 cm^3 der Ammoniummolybdatlösung und 6 Tropfen der ZinnII-chlorid-Lösung versetzt und auf 100 cm^3 verdünnt. Innerhalb von 10 Min. wird colorimetriert.

Bemerkungen. Die Verfasser betonen, daß die Färbung sich sofort voll entwickelt, während nach anderen Verfahren 5 Min. und mehr zur Erreichung der maximalen Farbintensität nötig sind. Auch große Mengen Kieselsäure stören die Bestimmung nicht, da sich bei der hohen Säurekonzentration keine durch die Kieselsäure bedingte Färbung ausbilden kann. EisenIII wird durch Reduktion im JONES-Reduktor unschädlich gemacht. Geringe Mengen Titan sowie Aluminium, Nitrat, Mangan, Calcium und Magnesium stören nicht.

IV. Andere Vorschriften zur Reduktion durch ZinnII-chlorid.

ESCOLAR arbeitet mit folgenden Reagenzien:

Natriummolybdatlösung. Gleiche Volumen 7,5%iger Natriummolybdatlösung und 10 n Schwefelsäure werden vermischt und mit dem doppelten Volumen Wasser versetzt.

ZinnII-chlorid-Lösung. 10 g Zinn werden in 25 cm^3 konzentrierter Salzsäure gelöst. 0,5 cm^3 dieser Lösung werden auf 100 cm^3 verdünnt.

Sie bestimmt den Arsengehalt (Medikamente schließt man mit Oxylith auf, einem brikettierten Gemenge von Chlorkalk und Natriumperoxyd, und zerstört das Wasserstoffperoxyd durch Kochen) in 25 cm^3 Lösung durch Zusatz von 1 cm^3 der Molybdatlösung und 0,5 cm^3

der Stannochloridlösung. Die Blaufärbung vertieft sich anfänglich und erreicht nach 10 Min. ihr Maximum. Nach dieser Zeit wird sie mit einem Standard, der aus einer Arsenatlösung bekannten Gehaltes bei gleicher Behandlung gewonnen wird, verglichen. Die Methode soll gute Ergebnisse liefern.

RASCHKOWAN benutzt die Reaktion von DENIGÈS zur Bestimmung kleiner Mengen Arsenwasserstoff in Luft nach deren Oxydation mit Salpetersäure. Der Verfasser glaubt durch eingehende Untersuchungen über den Einfluß von Säure und Zinnchlorür eine Vorschrift zur Erlangung der besten Farbtönungen festgelegt zu haben. Er colorimetriert nach 15 Min. Wartezeit.

COAKILL versetzt die neutralisierte Lösung (etwa 10 cm³) mit 1 cm³ Reagens, das durch Eingießen von 100 cm³ 10%iger Ammoniummolybdatlösung in 300 cm³ Schwefelsäure (1:1) gewonnen wird, und reduziert mit 4 Tropfen 2%iger ZinnII-chlorid-Lösung in 10%iger Salzsäure. Das Maximum der Farbintensität wird nach einigen Minuten erreicht.

Ein Verfahren, bei dem Arsenwasserstoff in eine Mischung von Molybdat-, Sulfit- und ZinnII-chlorid-Lösung eingeleitet wird, ist auf S. 245 beschrieben.

3. Bestimmung unter Reduktion mit Hydrazin nach MORRIS und CALVERY.

Die Methode wurde von den Verfassern zur Arsenbestimmung in Arsenspiegeln ausgearbeitet. Da die entstehenden Farbtönungen entsprechend den geringen Arsenmengen sehr schwach sind, wird die Messung in einem Spektrophotometer mit Filter empfohlen (10 cm langes Rohr kleiner Bohrung).

Erforderliche Lösungen. Ammoniummolybdat: 1 g Ammoniummolybdat $(NH_4)_6Mo_7O_{24} \cdot 4H_2O$ wird in 100 cm³ 5 n Schwefelsäure gelöst.

Hydrazinsulfat: 0,15 g Hydrazinsulfat werden in 100 cm³ Wasser gelöst.

Reagens: 10 cm³ der sauren Molybdatlösung werden auf 90 cm³ verdünnt, mit 1 cm³ der Hydrazinsulfatlösung versetzt, auf 100 cm³ aufgefüllt und gut durchgemischt.

Arbeitsvorschrift. Zu dem in einem 25 cm³ ERLENMEYER-Kolben befindlichen Arsenpentoxyd (Arsenspiegel werden in 0,2 cm³ konzentrierter Salpetersäure gelöst, die Lösung wird unter Nachwaschen in den 25 cm³-Kolben übergespült, am Wasserbad zur Trockne verdampft und der Rückstand, um alle Salpetersäure zu entfernen, 1 Std. auf 120 bis 125° erhitzt) bringt man 10 cm³ Reagens und erhitzt den mit einer Glaskugel versehenen Kolben 10 Min. im kochenden Wasserbad. Nach dem Abkühlen wird die Farbe in einem Spektrophotometer gemessen. Die Arsenmenge wird mit Hilfe einer Standardkurve ermittelt, die mit bekannten Mengen Arsen auf gleiche Weise erhalten wird.

Bemerkungen. Antimon stört die Bestimmung nicht. Die Ausführung der Reaktion in einer Quecksilber und Mangan enthaltenden Lösung ist auf S. 241 beschrieben. Die Ablesungen werden bei größeren Wellenlängen höher, weshalb die Verfasser bei 6100 mμ[1] messen. Nach RODDEN, der auf diese Weise Arsen in Stahl und Legierungen nach Destillation als Trichlorid und Abrauchen des Destillats mit Salpetersäure bestimmt, versetzt man die As_2O_5-Probe für je 30 γ As mit 10 cm³ der Reagenslösung (1 cm³ der endgültigen Lösung darf nicht mehr als 3 γ Arsen enthalten) und erwärmt 10 bis 15 Min. auf dem Wasserbad. Der Arsengehalt wird aus einer unter Berücksichtigung des Blindwertes empirisch hergestellten Kurve ermittelt.

***Verfahren von* BOLTZ *und* MELLON.** Die Verfasser stellen aus Messungen des Absorptionsspektrums das Maximum der Absorption bei 840 mμ fest. Nach ihren Befunden gilt das BEERsche Gesetz für 0 bis 3,5 Teile As in 1 Million Teilen Lösung (ppm).

Zur *Bereitung des Reagenses* werden eine 2,5%ige Lösung von Natriummolybdat $(Na_2MoO_4 \cdot 2\,H_2O)$ in 10 n Schwefelsäure und eine 0,15%ige Lösung von Hydraziniumsulfat hergestellt. Vor Gebrauch werden jedesmal frisch 25 cm³ Molybdatlösung

[1] Die Verfasser geben keine Einzelheiten zur Messung in diesem ungewohnten Wellenbereich an. Die Angabe beruht vielleicht auf einem Druckfehler im Original, derart, daß die Messung tatsächlich bei 610 mμ durchgeführt wird, zumal auch andere Autoren Molybdänblau mittels Rotfilters photometrieren.

und 10 cm³ Hydrazinlösung mit doppelt destilliertem Wasser auf 100 cm³ aufgefüllt.

Zur *Bestimmung* wird eine Lösung mit nicht mehr als 0,15 mg As gegen Lackmus neutralisiert und auf 100 cm³ aufgefüllt. 25 cm³ dieser Lösung werden in ein 50 cm³-Meßkölbchen abgefüllt, mit 20 cm³ des Reagenses versetzt und umgeschüttelt. Der Meßkolben wird 10 Min. lang in kochendes Wasser gestellt, dann schnell gekühlt, umgeschüttelt und zur Marke aufgefüllt. Man mißt bei 840 mμ in einer 1 cm-Küvette.

Verfahren von **CASE (a)** zur Arsenbestimmung in Kupfer, Kupferlegierungen, Blei-, Zinn- und Eisenlegierungen. Das Arsen wird in bekannter Weise mit Natriumhypophosphit gefällt, in Jodlösung gelöst und in Arsenomolybdänblau übergeführt. Das Verfahren ist etwas schneller ausführbar als die Destillation und Maßanalyse und erfordert kleinere Probemengen.

An *Reagenzien* werden benötigt: 50%ige unterphosphorige Säure oder Natriumhypophosphitlösung, 0,02 n Jodlösung, 10%ige Aerosollösung (?), Molybdat- und Hydraziniumsulfatlösungen wie bei MORRIS und CALVERY und eine Standardlösung mit 0,10 mg As/cm³, zu deren Bereitung 132,0 mg As_2O_3 in 5 cm³ 5%iger Natronlauge gelöst, mit Wasser verdünnt, mit Schwefelsäure (1:1) gegen Lackmus neutralisiert und auf 1000 cm³ aufgefüllt werden.

Zur *Herstellung der Eichkurve* werden 7mal 1,00 g Elektrolytkupfer mit weniger als 0,001% As in 150 cm³-Bechergläser eingewogen. Aus einer Mikrobürette werden 1,0 bis 7,0 cm³ Standard-Arsenlösung, entsprechend 0,10 bis 0,70 mg As zugefügt. Das Kupfer wird in 4 cm³ Salpetersäure gelöst, die Lösung mit 2 cm³ Schwefelsäure eingedampft, bis die Salze grau aussehen, der Rückstand mit Schwefelsäure befeuchtet und in 25 cm³ Wasser gelöst. Nach Zugabe von 30 cm³ Salzsäure und 5 cm³ Hypophosphitlösung wird das bedeckte Glas 15 bis 25 min. lang auf 80 bis 90° erhitzt. Das ausgefällte Arsen wird auf einem Glasfiltertiegel, der nur $^2/_3$ gefüllt werden darf (der Niederschlag neigt zum Kriechen!), abgesaugt und ausgewaschen. Den Tiegel setzt man mit dem Vorstoß auf einen 200 cm³-Meßkolben, gibt in das Becherglas 10 cm³ Jodlösung und 1 Tropfen Aerosollösung, bringt die Lösung in den Tiegel und löst darin den Niederschlag auf. Glas und Tiegel werden mit heißem Wasser ausgespült und die Lösung im Meßkolben bis zur Marke aufgefüllt. 20 cm³ dieser Lösung werden in einen 25 cm³-Meßkolben gebracht, mit 2,5 cm³ Ammoniummolybdatlösung und 1 cm³ Hydraziniumsulfatlösung versetzt und wie bei BOLTZ und MELLON weiterbehandelt. Die Eichkurve soll eine Gerade sein.

Zur *Bestimmung* in Kupfer und in Legierungen werden 0,2 g Kupfer (0,15 bis 0,50% As), 5 g feuerraffiniertes Kupfer (0,002 bis 0,012% As), 1 g Messing (0,02 bis 0,10% As) mit den entsprechenden Mengen Salpetersäure, Schwefelsäure (s. oben) usw., wie bei der Herstellung der Eichkurve beschrieben, behandelt und gemessen.

Kleine Mengen Selen und Tellur stören ebensowenig wie Zinn und Antimon (entgegen den Angaben von EVANS [siehe § 5, S. 82]). SiO_2 muß vor der Bestimmung abfiltriert werden. — Zum Auswaschen des ausgefällten Arsens genügt heißes, frisch ausgekochtes Wasser, außer bei größeren Einwagen (5 g), bei denen eine salzsaure Hypophosphitlösung angebracht ist (siehe § 5, S. 81). Vor allen Dingen muß der gesamte Phosphor (als Phosphat vorliegend) entfernt werden, da dieser wie Arsen reagiert. — Das Verfahren ist auch brauchbar für Weißmetalllegierungen, die in Königswasser gelöst werden (wenn die Legierungen nicht genügend Kupfer enthalten, setzt man 0,5 g Kupferchlorid vor der Reduktion des Arsens hinzu). — Es werden konstant nur etwa 95% des Arsens gefunden bei Mengen von 0,1 bis 0,7 mg. Dennoch liegen die nach dem hier beschriebenen Verfahren gefundenen Arsenwerte der Legierungen etwas höher als die nach dem Destillationsverfahren ermittelten, was der Verfasser auf Verluste bei der Destillation zurückführt. — Das gleiche Verfahren wendet CASE (b) zur quantitativen Bestimmung des Arsens in Drogen und Pharmaka an.

4. Bestimmung unter Reduktion mit Ascorbinsäure oder Eikonogen nach Ammon und Hinsberg.

Erforderliche Lösungen. 2,5%ige Lösung von Ammoniummolybdat in 5 n Schwefelsäure.

20%ige Lösung von Trichloressigsäure.

Diese Lösungen müssen von Zeit zu Zeit erneuert werden und werden im Eisschrank aufbewahrt.

Die Ascorbinsäurelösung wird jedesmal als letzter Teil des Arbeitsganges frisch bereitet.

Arbeitsvorschrift. Die Arsenatlösung wird in ein 25 cm³ fassendes Meßkölbchen einpipettiert und mit 5 cm³ Trichloressigsäure und 1 cm³ der Ammoniummolybdatlösung versetzt. Man mischt durch, gibt 5 mg Ascorbinsäure (in Lösung) zu und füllt das Kölbchen auf 25 cm³ auf, worauf man es 15 Min. in ein Wasserbad von 70° einhängt. Anschließend wird die Probe bis zum Colorimetrieren in ein Wasserbad von Zimmertemperatur gebracht. Da das Beersche Gesetz nicht ganz erfüllt ist, müssen Eichkurven angelegt werden.

Nach Angabe der Verfasser gelingt die Bestimmung unter ähnlichen Bedingungen mit einem Eikonogen-Sulfitgemisch, wobei das Arsenat mit 5 cm³ Trichloressigsäure, 1 cm³ Ammoniummolybdat und 1 cm³ Eikonogen-Sulfitlösung (offenbar ist die Eikonogenlösung nach Lohmann und Jendrassik gemeint, die man durch Lösen von 0,5 g 1,2,4-Aminonaphtholsulfosäure in 195 cm³ 15%iger Natriumbisulfitlösung und Zusatz von 5 cm³ 20%iger Natriumsulfitlösung erhält) ebenfalls in einem Wasserbad von 70° erwärmt wird.

Bemerkungen. Die durch die Arsensäure und Phosphorsäure bedingten Färbungen addieren sich nicht, so daß keine Summenbestimmung vorgenommen werden kann. Nach Zinzadze (b) sind sulfithaltige Reduktionsmittel zur Bestimmung von Arsensäure nicht brauchbar.

5. Bestimmung unter Reduktion mit Hydrochinon nach Wachsmuth.

Erforderliche Lösungen. 15%ige Lösung von Natriummolybdat.

Hydrochinonlösung. 1 g Hydrochinon und 8,5 g Natriumsulfit werden in 90 cm³ Wasser gelöst.

Arbeitsvorschrift. 2 cm³ der Natriummolybdatlösung werden mit 2,5 cm³ Hydrochinonlösung zum Kochen erhitzt und mit 1 cm³ der zu bestimmenden Arsenatlösung versetzt. Nach Zugabe von 1,6 cm³ 10%iger Schwefelsäure und 0,2 cm³ 5 n Salpetersäure wird die dunkelblaue Färbung colorimetriert.

Bemerkungen. Die Bestimmung ist für Mengen unter 1 mg geeignet. Nach Angabe des Verfassers stört Antimon kaum. Arsenspiegel können nach Lösen in Königswasser auf diese Weise bestimmt werden. Zinzadze (b) hält allerdings sulfithaltige Reduktionsmittel wegen ihrer Wirkung auf ArsenV für Arsensäurebestimmungen für ungeeignet.

***Verfahren von* Visintin *und* Gandolfo.** Da das Beersche Gesetz nicht erfüllt ist, muß mit einer Eichkurve gearbeitet werden. Hierzu wird eine Arsenstandardlösung (30 cm³) 2 Min. nach dem Eintauchen des 100 cm³-Meßkolbens, in den sie eingemessen ist, in ein 50° warmes Bad mit 5 cm³ Molybdatlösung und 5 cm³ Hydrochinonlösung (s. oben) versetzt, nach 10 Min. unter Wasser abgekühlt, mit 32 cm³ Natriumcarbonat-sulfitlösung gemischt (man löst 15 g wasserfreies Natriumsulfit in 100 cm³ Wasser und gießt diese Lösung in 400 cm³ 20%iger Lösung von wasserfreiem Natriumcarbonat) und zur Marke aufgefüllt. Man colorimetriert oder mißt im Pulfrich-Photometer. Die Bestimmung in einer Analysenlösung erfolgt auf analoge Weise. Blindprobe ist erforderlich. — Um Arsen von störenden Elementen zu trennen, wird es mit KupferI-chlorid reduziert, abdestilliert und im Destillat mit Wasserstoffperoxyd oxydiert und dann wie oben bestimmt.

6. Bestimmung unter Reduktion mit Kupfer nach DENIGÈS (a).

Bei Anwesenheit von EisenIII oder Quecksilber empfiehlt DENIGÈS (a) die Molybdänblaureaktion in der Weise auszuführen, daß zur 5 cm^3 betragenden, Hundertstelmilligramme As_2O_5 enthaltenden Probe 3 Tropfen einer mit dem gleichen Volumen konzentrierter Schwefelsäure versetzten 10%igen Ammoniummolybdatlösung sowie 0,05 bis 0,2 g (bei Anwesenheit von Quecksilber 0,05 bis 0,06 g) Kupferspäne zugesetzt werden, worauf man 30 Sek. kocht. Bei diesem Verfahren wird das dreiwertige Eisen durch Vermittlung des MoO_2 zu nichtstörendem EisenII reduziert. Quecksilber, das durch das vierwertige Molybdän reduziert wurde, wird durch das Kupfer als Amalgam festgehalten, wobei allerdings ein Überschuß an Kupfer stört. Die weitere Behandlung erfolgt wie unter 1 II S. 164 beschrieben.

B. Bestimmungsmethoden mit organischen Reagenzien.

1. Nephelometrische Bestimmung kleiner Arsenmengen mit Cocainmolybdat nach KLEINMANN und PANGRITZ (a).

Bereitung der Reagenslösung. Zu 1 Volumteil 1%iger Kaliummolybdatlösung bringt man 2 Volumteile 1 n Salzsäure, schüttelt um und setzt dann weiter unter Schütteln 1 Volumteil 2%iger Cocainlösung (Hydrochlorid) hinzu. Die auftretende Trübung kann sofort durch ein quantitatives Filter abfiltriert werden. Das Reagens ist wasserhell und bleibt monatelang brauchbar. Ein geringer nach 1 bis 2 Tagen auftretender Bodensatz stört nicht, da das Reagens abpipettiert werden kann. Das Reagens kann mit destilliertem Wasser auf das 10fache des Volumens verdünnt werden, ohne daß eine Trübung auftritt.

Anwendungsbereich. Die obere Grenze der Bestimmbarkeit ist mit 0,130 mg Arsensäure (etwa 0,065 mg As) in 8 cm^3 Flüssigkeit erreicht. Als kleinste Menge wurden 0,005 mg H_3AsO_4 bestimmt. Durch Übergang zur Mikrotechnik, die mit $^1/_5$ des Volumens arbeitet, sind jedoch noch 0,001 mg Arsensäure (etwa 0,0005 mg As) exakt bestimmbar.

Arbeitsvorschrift. Die 3 cm^3 betragende neutrale oder schwach saure Probe, die das Arsen als Arsensäure enthält und optisch völlig klar sein muß, wird mit destilliertem Wasser auf 8 cm^3 verdünnt und mit dem gleichen Volumen an Reagens versetzt. (Bei 12 bis 14 cm^3 fassenden Nephelometergläschen wird man, da einige Kubikzentimeter zum Vorspülen nötig sind, das Trübungsvolumen wie beschrieben auf 16 cm^3 festlegen.) Bei Mengen über 10 γ Arsensäure kann nach 15 Min. im Nephelometer nach KLEINMANN gegen einen Trübungsstandard gemessen werden, wobei die Trübung je nach der Arsenkonzentration 20 Min. bis 1 Std. meßbar bleibt. Bei Mengen unter 10 γ Arsensäure wartet man 25 bis 30 Min. und hat dann über 1 Std. Zeit zur Messung. Sonderbarerweise beeinträchtigt eine Flockung die Meßbarkeit der Lösungen vorerst nicht, und erst bei gröberer Sedimentation der Flockung fällt die Trübungsstärke ab.

Bemerkungen. Verhalten bei Gegenwart von Salzen. Ein Salzgehalt (NaCl, $NaNO_3$, NH_4Cl) unterhalb der Normalität stört nicht, verzögert aber die Einstellung des Trübungsmaximums etwas. Das fällt besonders bei der Bestimmung verhältnismäßig großer Arsenmengen, die das Trübungsmaximum sehr bald nach dem Mischen erreichen, auf. Die Messung wird daher bei Gegenwart von Natriumchlorid bei Arsensäuremengen über 10 γ erst nach 20 Min., bei Mengen unter 10 γ nach 30 Min. vorgenommen, wobei dann für die Messung der höchsten bestimmbaren Arsenkonzentrationen noch 10 bis 15 Min. bzw. bei allen anderen Konzentrationen $^1/_2$ Std. und mehr Zeit bleibt. Schon bei wenig stärkerer Salzkonzentration, wie in 1,25 n Lösung, ergaben sich bereits Abweichungen von 5 bis 6%.

Störende Substanzen. Die störende Wirkung von Beimischungen, die eine Anfärbung der Lösung verursachen, müßte durch besondere Maßnahmen (z. B.

durch Verwendung geeigneter Farbfilter bei der Messung) ausgeglichen werden, so daß man vorteilhaft solche Beimengungen vorher entfernt bzw. vermeidet. Phosphorsäure darf auf keinen Fall anwesend sein, da sie die gleiche Reaktion gibt. Spuren Antimon stören die Bestimmung nicht.

Reproduzierbarkeit und Genauigkeit. 10 Parallelversuche mit 0,075 mg H_3AsO_4 ergaben eine durchschnittliche Abweichung von 0,2% (größte Abweichung +0,6%) während bei Versuchen mit 0,008 mg bis 3% Fehler auftraten. Bei einiger Übung kann die Arsenbestimmung mit einem durchschnittlichen Fehler von 1 bis 2% ausgeführt werden. Selten auftretende Ausfälle werden durch Parallelablesungen vermieden (stetes Arbeiten mit mindestens 3 Parallelen).

Anwendung der Methode auf biologisches Material und auf Legierungen nach KLEINMANN und PANGRITZ (b). Die Verfasser bestimmen nach dieser Methode den Arsengehalt organischen Materials, das vorerst mit rauchender Salpetersäure, konz. Schwefelsäure und Kupfersulfat verlustfrei in etwa 7 bis 8 Std. aufgeschlossen wird. Das Verfahren ist § 16, S. 375 beschrieben. Aus dem durch Kochen mit Wasser von Salpetersäure und Nitrosylschwefelsäure befreiten Veraschungsgemisch wird das Arsen durch Destillation als Trichlorid abgetrennt (s. § 14, S. 265). Das Arsentrichlorid wird in Natronlauge aufgefangen und mit Wasserstoffperoxyd oxydiert. Man neutralisiert dann die Lösung und führt die Arsensäurebestimmung in einem aliquoten Teil wie beschrieben durch. Trübungsversuche mit Arsensäurelösungen verschiedener bekannter Konzentration werden gleichzeitig mit der Probe angesetzt, mit deren Hilfe dann der Arsengehalt im Nephelometer nach KLEINMANN ermittelt wird. Der Fehler der Gesamtbestimmung beträgt bis 5 γ Arsen 2 bis 3%, unter dieser Menge etwas mehr. Legierungen werden unter Vorschalten von Brom in verdünnter rauchender Salpetersäure gelöst oder wenn angängig direkt der Destillation unterworfen. GRANT empfiehlt die nephelometrische Bestimmung mit Cocainmolybdatreagens für die Metallindustrie.

2. Colorimetrische Bestimmung der Arsensäure mit Chininmolybdat nach CHOUCHAK.

Erforderliche Lösungen. Natriummolybdatlösung: 3,5 g getrocknetes Natriumcarbonat und 9,5 g Molybdänsäure werden unter Erwärmen in etwa 50 cm³ Wasser gelöst, worauf man auf 100 cm³ verdünnt.

Salpetersäure: 25 cm³ Salpetersäure (D 1,34) werden auf 100 cm³ verdünnt.

Arsensäurelösung: 1,3207 g Arsentrioxyd werden mit Salpetersäure auf dem Wasserbad oxydiert, zur Trockne verdampft, mit Wasser aufgenommen und auf 1 l verdünnt. 10 cm³ dieser Lösung werden weiter auf 1 l verdünnt. 1 cm³ dieser Lösung enthält 0,01 mg As.

Herstellung der Reagenslösung. 0,5 g neutrales Chininchlorhydrat werden in 10 cm³ Wasser gelöst und mit 5 cm³ der Arsensäurelösung sowie 10 cm³ der verdünnten Salpetersäure versetzt. Unter Umrühren wird nun 1 cm³ der Natriummolybdatlösung zugetropft. Es bildet sich ein Niederschlag, der sich bis auf eine leichte Opalescenz wieder löst. Man verdünnt auf 120 cm³ mit Wasser und filtriert durch ein mit verdünnter Salpetersäure und heißem Wasser gewaschenes Filter. Das fertige Reagens soll nach Angabe des Verfassers einige Monate haltbar sein [KLEINMANN und PANGRITZ (a) gelang es nicht, nach dieser Vorschrift eine klarbleibende Reagenslösung zu erhalten]. Die Sättigung der Lösung mit Chininarsenomolybdat soll dem Reagens eine besondere Empfindlichkeit verleihen.

Arbeitsvorschrift. Die Arsensäurelösung wird zur Trockne verdampft, mit 0,5 cm³ der verdünnten Salpetersäure aufgenommen und mit 4,5 cm³ Wasser und 20 cm³ Reagens versetzt. Nach $^1/_4$ Std. kann gegen eine Vergleichslösung, die aus 2,5 cm³ der beschriebenen Arsensäurelösung, 0,5 cm³ der verdünnten Salpetersäure, 2 cm³ Wasser und 20 cm³ Reagens bereitet wird, colorimetriert werden.

Bemerkungen. Phosphorsäure, freie Säuren, Salze des Antimons, Wismuts, Kupfers, Quecksilbers u. a. stören. Als günstigster Bereich für die Bestimmung wird ein Arsengehalt von 0,008 bis 0,035 mg Arsen in 25 cm^3 Lösung angegeben. Nach KLEINMANN und PANGRITZ (a) beschränkt sich die Empfindlichkeit der Methodik auf Arsenmengen in der Größenordnung von etwa 10^{-5} g As in 25 cm^3. Als wesentlichen Nachteil der Methode heben die genannten Autoren außerdem hervor, daß die Trübung wegen der Opalescenz der Chininlösung nicht nephelometrisch ausgewertet werden kann.

3. Arsensäurebestimmung mit Strychninmolybdat nach BELLADEN, U. SCAZZOLA und R. SCAZZOLA.

Herstellung der Reagenslösung. 6 g trockenes Natriumcarbonat werden in 140 cm^3 Wasser gelöst. In die Lösung werden in kleinen Anteilen 19 g MoO_3 eingetragen, wobei man bis zur vollständigen Lösung erhitzt. Nun gibt man 50 cm^3 konzentrierte Salzsäure und 20 cm^3 20%ige Strychninsulfatlösung zu und filtriert nach eintägigem Stehen.

Arbeitsvorschrift zur Arsenbestimmung in Arsenkupfer. 1 g Metall wird in 10 cm^3 50%iger Salpetersäure gelöst und das Kupfer durch einen geringen Überschuß an 25%iger Kalilauge unter Kochen abgeschieden. Nach Verdünnen wird filtriert und in einem aliquoten Teil des Filtrats (10 cm^3) nach genauem Neutralisieren mit verdünnter Salzsäure die Bestimmung in der Weise durchgeführt, daß man auf 40 cm^3 verdünnt, mit 3 cm^3 Reagens versetzt, wieder etwas verdünnt und durchschüttelt. Nach 10 Min. langem Stehen wird gegen eine Vergleichslösung nephelometriert, die aus einer Arsensäurelösung bekannten Gehaltes unter Zusatz von 2 cm^3 einer 10%igen Kaliumnitratlösung auf 50 cm^3 Lösung bereitet wird (vgl. S. 332).

4. Nephelometrische Bestimmung mit „Thionalid" nach ROEBLING.

Als Reagens wird eine 1%ige Lösung von Thioglykolsäure-β-Aminonaphthalid („Thionalid") in Eisessig verwendet.

Arbeitsvorschrift. Die zu bestimmende Arsensäurelösung, die ein Gesamtvolumen von 15 cm^3 aufweist, wird mit 5 Tropfen 2 n Schwefelsäure versetzt und zum Sieden erhitzt. Unmittelbar darauf fügt man 3 Tropfen Reagenslösung zu und vergleicht nach 2 bis 3 Std. (bei kleinsten Mengen nach etwa 5 bis 6 Std.) im Nephelometer mit einem gleichzeitig angesetzten Versuch, der eine bekannte Menge Arsen gleicher Größenordnung enthält. Als Ergebnis nimmt man den Durchschnitt aus 5 Ablesungen.

Bemerkungen. 6 Bestimmungen mit 30 bis 1 γ Arsen ergaben als größte Differenz in einem Fall eine Abweichung um 1 γ (angew. 20 γ, gef. 19 γ); in den anderen Fällen betrug der Fehler 0,1 bzw. in einem Fall 0,4 γ. Die Vorschrift spricht von der zu bestimmenden Metallsalzlösung, mit der offensichtlich eine ArsenIII-lösung gemeint ist, da das Reagens gegen Oxydationsmittel sehr empfindlich ist. Die Messungen wurden in einem Nephelometer nach KLEINMANN durchgeführt.

C. Sonstige Verfahren.

Colorimetrische und nephelometrische Verfahren im Anschluß an die Abscheidung des Arsens in Form der üblichen Fällungen und nach Überführung in Arsenwasserstoff sind in den betreffenden Abschnitten behandelt (s. Bestimmungsmöglichkeiten, S. 47).

Literatur.

AMMON, R., u. K. HINSBERG: H. **239**, 207 (1936).

BELLADEN, L., U. SCAZZOLA u. R. SCAZZOLA: Ann. Chim. applic. **23**, 517 (1933); durch C. **105 I**, 2008 (1934). — BOLTZ, D. F., u. M. G. MELLON: Anal. Chem. **19**, 873 (1947). — BURKARD, J., u. B. WULLHORST: Z. Lebensm. **70**, 310 (1935).

CASE, O. P.: (a) Anal. Chem. **20**, 902 (1948); (b) Food Ind. **20**, 208 (1948); durch C. **120 II**, 1431 (1949). — CHOUCHAK, D.: Ann. Chim. anal. (2) **4**, 138 (1922); durch C. **93 IV**, 611 (1922). — COAKILL, E. A.: Analyst **63**, 801 (1938).
DENIGÈS, G.: (a) Mikrochemie **1929**, PREGL-Festschrift, S. 27; (b) C. r. **171**, 804 (1920).
ESCOLAR, CARMEN G.: An. Españ. **28**, 167 (1930); durch C. **101 II**, 952 (1930).
GRANT, J.: Metal Ind. (London) **46**, 457 u. 459 (1935); durch C. **107 I**, 2394 (1936).
HEIDE, C. VON DER, u. K. HENNIG: Z. Lebensm. **66**, 342 (1933).
KLEINMANN, H.: Bio. Z. **99**, 115 (1919); **137**, 144 (1923) u. **179**, 301 (1926). — KLEINMANN, H., u. F. PANGRITZ: (a) Bio. Z. **185**, 14 (1927); (b) **185**, 44 (1927).
LOHMANN, K., u. L. JENDRASSIK: Bio. Z. **178**, 424 (1926).
MORRIS, H. J., u. H. O. CALVERY: Ind. eng. Chem. Anal. Edit. **9**, 447 (1937).
RABOWSKI, G. W., u. A. D. SCHAPOSCHNIKOWA: Betriebslab. **9**, 1092 (1940); durch C. **113 II**, 2930 (1942). — RASCHKOWAN, B. A.: Chem. J. Ser. A **5**, (67), 675 (1935); durch C. **107 I**, 120 (1936). — RODDEN, C. J.: J. Res. Nat. Bureau of Standards **24**, 7 (1940); durch C. **111 II**, 1907 (1940). — ROEBLING, W.: Diss. Königsberg 1934; durch R. BERG, E. S. FAHRENKAMP u. W. ROEBLING: MOLISCH-Festschrift 1936, S. 42.
SCHRICKER, J. A., u. P. R. DAWSON: J. Assoc. offic. agric. Chem. **22**, 167 (1939); durch C. **110 II**, 1539 (1939).
TRUOG, E., u. A. H. MEYER: Ind. eng. Chem. Anal. Edit. **1**, 136 (1929).
VISINTIN, B., u. N. GANDOLFO: Ann. Chem. applic. **33**, 111, 117 (1943); durch C. **114 II**, 2254, 2255 (1943).
WACHSMUTH, H.: J. Pharm. Belg. **29**, 575, 593, 609, 627 (1937); durch C. **108 II**, 3626 (1937). — WOODS, J. T., u. M. G. MELLON: Ind. eng. Chem. Anal. Edit. **13**, 760 (1941); durch C. **114 I**, 1301 (1943).
ZINZADZE, SCH. R. (CH., bzw. SCH. R.): (a) Öst. Ch. Z. **32**, 116 (1929); (b) Ind. eng. Chem. Anal. Edit. **7**, 230 (1935); (c) **7**, 227 (1935); (d) Z. Pflanzenernähr. A **16**, 129 (1930); durch C. VON DER HEIDE u. K. HENNIG: Z. Lebensm. **66**, 342 (1933) sowie C. **101 II**, 771 (1930) u. Fr. **82**, 383 (1930).

§ 11. Spektralanalytische Verfahren.

Allgemeines.

Die analytisch brauchbaren Linien und ihre Empfindlichkeit. Von DE RUBIES und BARGUES werden für das Bogenspektrum (das beste quantitativ zugängliche Gebiet liegt zwischen 2400 und 3400 Å) die in Tabelle 14 angeführten Linien als „analytische" Linien festgelegt, wobei 1, 2, 3, 4 die Empfindlichkeit bei quantitativer Verflüchtigung von 0,05 g der betreffenden Mischung bedeutet. Schwache Linien, die nur bei einem Gehalt von 1% ($=5 \cdot 10^{-4}$ g) erscheinen, sind mit 1 bezeichnet; erscheinen sie noch bei $5 \cdot 10^{-5}$ g, mit 2, und sind sie noch bei Anwesenheit von nur $5 \cdot 10^{-6}$ g (entsprechend 0,01%) sichtbar, mit 3. Die Zahl 4 entspricht also $5 \cdot 10^{-7}$ g (entsprechend 0,001%). In der Spalte der Bemerkungen sind störende Beimengungen angegeben, die die Linie unterhalb der angegebenen Konzentration verschleiern. *K*, *M* und *G* bedeutet kleine, mittlere und große Auflösung, für welche das Spektrum zwischen 2400 und 3400 Å auf 3 cm, 12 cm oder 24 cm erscheint. Die entsprechenden Konzentrationen an Arsen wurden durch Verdünnen mit Silbernitrat erhalten (als Referenzelement 10^{-4} g Molybdän). Die Verdampfung der zu untersuchenden Substanz wurde ohne Rücksicht auf die erforderliche Zeit quantitativ durchgeführt. Als Elektroden dienten Kohlenstifte von 7 mm

Tabelle 14.

Wellenlänge	Wellenlänge nach KAYSER und KONEN	*K*	*M*	*G*	Bemerkungen
2860	2860,44	2	2	2	—
2780	2780,22	[1]	1	1	Mo
2745	2745,80	1	2	2	—
2492	2492,91	2 ?	2	2	—
2456	2456,53	2	2	2	—
2381	2381,18	1	1	1	Ag-Breite
2370	2370,77	1	1	1	auf Ag-Bande
2369	2369,67				auf Ag-Bande
2349	2349,84	3 ?	3	3 ?	in der Kohle
2288	2288,12	4 ?			—

[1] Übereinstimmung mit einer anderen Linie wegen Mangel an Dispersion.

Durchmesser. Die zu untersuchende Substanzmischung (0,05 g) wurde in eine entsprechende Aushöhlung der Anode eingebracht. Die Entfernung der Kohlenstifte betrug $^1/_2$ bis 1 cm (die Bilder der leuchtenden Elektrodenspitzen dürfen nicht in den Spalt des Spektrographen fallen). Diese Spektrallinien sind weitgehend von den Anionen und dem verwendeten Verdünnungsmittel unabhängig, wie durch zahlreiche Variationen festgestellt werden konnte. (Bor und Silicium erzeugen Bandenspektren gegen $\lambda = 2500$ Å; Alkalicarbonate und Phosphate sowie Salze mit hohem Wassergehalt sind wegen des Überschusses an Dämpfen nicht als Verdünnungssubstanz geeignet.) Eine quantitative Schätzung wurde von den Verfassern an Hand der Anzahl der Linien und durch Schätzung der Intensität im Verhältnis zu einer Eichreihe unter der Bedingung, daß das Aussehen und die allgemeine Intensität aller Spektren unter sich gleich ist, vorgeschlagen. Sie weisen auf die Möglichkeit hin, den annähernden Prozentsatz aus der ersten zur qualitativen Bestimmung benützten Aufnahme direkt abzuschätzen.

GERLACH und RIEDEL geben für qualitative Zwecke folgende Analysenlinien (sämtliche sind Bogenlinien) an: $\lambda = 2860{,}5$, 2780,2, 2349,8 und 2288,1; nach der Intensität geordnet: $2349{,}8 \geq 2288{,}1 > 2780{,}2 > 2860{,}5$ (für unsensibilisierte Platten). Für diese Linien werden die störenden Elemente, die starken Störungslinien unter Angabe der Wellenlänge und die Kontrollinien, ebenfalls in Ångström angegeben. Die empfindlichste Analysenlinie ist nach ELSE RIEDL die ArsenI-linie 2349,8, die für kondensierten Funken und für den Abreißbogen geeignet ist und die durch kein anderes Element vorgetäuscht werden kann. Es ist einzig auf die wohl immer getrennte Berylliumlinie 2348,6 zu achten. 2288,1 ist etwas weniger empfindlich und wegen der stärksten Cadmiumlinie 2288,0 immer bedenklich. Bei größerem Arsengehalt können außerdem die Linien 2780 und 2860 verwertet werden. In festen Metallproben können etwa $2 \cdot 10^{-8}$ g As und in schwermetallfreien Flüssigkeiten bei Verdampfung von 2 cm³ im Abreißbogen oder Flammenbogen noch 0,01% As nachgewiesen werden. Durch elektrolytische Konzentration (s. A 1) können bei Verwendung von 1 cm³ Lösung mit dem Abreißbogen 0,5 γ As nachgewiesen werden (ELSE RIEDL).

Anwendungsgebiete. Das hauptsächliche Anwendungsgebiet liegt in der Legierungsanalyse. Die Einordnung der verschiedenen Verfahren wurde mit Rücksicht auf das zu untersuchende Material durchgeführt.

A. Arsenbestimmung in Lösungen.

1. Orientierende quantitative Bestimmung kleinster Arsenmengen nach Else Riedl.

Arbeitsweise. Hat eine orientierende Aufnahme z. B. 10^{-2} bis 10^{-4}% As ergeben, setzt man der Lösung eine bekannte Menge Tellur zu und dampft die salzsaure Lösung unter Abscheidung auf Kupfer ein. Dazu wird in einem kleinen Glasschälchen mit rundem Boden die 1 cm³ betragende Lösung mit einem Tropfen konzentrierter Salzsäure versetzt. Darauf senkt man zwei 0,7 mm starke Kupferdrähte, die bis auf die blanke Spitze mit Emaillack isoliert sind, bis dicht über den Boden des Glasschälchens ein und erwärmt schwach, sodaß die Flüssigkeit in 8 bis 10 Std. verdampft. In dieser Zeit geht etwas Kupfer in Lösung, das als Chlorid in dem Schälchen zurückbleibt. Die beschlagenen Kupferdrähte werden als Elektroden verwendet, und man erhält unabhängig von den Entladungsbedingungen (Abreißbogen oder kondensierter Funke), sofern man nur so lange exponiert, bis der ganze Niederschlag sicher verdampft ist, folgende Intensitätsbeziehungen zwischen Arsenlinien und Tellurlinien (es muß ein Spektrograph so hoher Dispersion zur Anwendung kommen, daß die Linien von den Kupferlinien 2385,1, 2380,8 und von der sehr empfindlichen Eisenlinie 2382,0 getrennt sind!):

Zugesetzte Tellurmenge 2γ je Kubikzentimeter oder $2 \cdot 10^{-4}$% bezogen auf die Lösung.

Bei $1 \cdot 10^{-2}$% As ist Te 2383,3 gleich As 2381,2,
bei $5 \cdot 10^{-4}$% As ist Te 2385,8 gleich As 2349,8,
bei $2 \cdot 10^{-4}$% As ist Te 2383,3 gleich As 2349,8,
bei $5 \cdot 10^{-4}$% As ist Te 2265,5 gleich As 2288,1.

Ein weiteres homologes Paar ergibt sich bei $2 \cdot 10^{-5}$% Te und $5 \cdot 10^{-3}$% As (Te 2385 gleich As 2381).

Anwendungsbereich. In einem Antimontrichloridpräparat konnten 0,3% As bestimmt werden, wenn etwa 1 mg des Antimontrichlorids verarbeitet wurde (1 cm³ einer Lösung, enthaltend $5 \cdot 10^{-5}$ g Sb).

2. Bestimmung mit Hilfe der „Flammen-Funken-Methode" nach LUNDEGÅRDH.

Der Verfasser bestimmt unter anderem auch Arsen in Lösungen, indem er in einen mit Acetylen betriebenen Brenner die mit zerstäubter Lösung beladene Luft seitlich einführt. Senkrecht zu dem Flammenkegel springt zwischen Elektroden ein kondensierter Funke über (es wird mit intermittierendem Funkenstrom gearbeitet, der ohne Linsen genau in dem Blickfeld des Spektrographen steht). Der Lösung wird eine gegebene Menge Alkali (z. B. 0,05 Mol/Liter Na) zugesetzt, um die Leitfähigkeit der Flamme konstant zu erhalten. Der Verfasser gibt die Arsenlinien 2288,1 Å und 2349,8 Å als zur quantitativen Auswertung im Flammenfunken geeignet an. Der mittlere Fehler einer Einzelbestimmung nach der Methodik wird zu 1 bis 2% angegeben. Angaben über die Transparenz der geeigneten Linien in Abhängigkeit von der Konzentration der Lösung finden sich bei LUNDEGÅRDH und PHILIPSON.

B. Bestimmung in Medikamenten nach HARPER und STRAFFORD.

Die Verfasser bestimmen sehr kleine Arsenmengen in Medikamenten und Nährmittelfarbstoffen nach deren Aufschluß und der Fällung von ArsenIII-sulfid neben Cadmiumsulfid als Trägersubstanz.

Es werden zweimal je 1 g der Substanz mit Salpetersäure und Schwefelsäure aufgeschlossen (s. § 16). Ein etwaiger Rückstand wird abfiltriert, in heißer Salzsäure (1:1) gelöst und die Lösung mit Ammoniak fast neutralisiert. Man fügt 5 cm³ 1%ige Cadmiumsulfatlösung zu und leitet dann Schwefelwasserstoff ein. Der Niederschlag wird über ein besonders hergerichtetes Mikrofilter über 15 mg spektrographisch reinen Graphit filtriert und dann dieses bei 100° getrocknet. Auf die gleiche Weise werden Vergleichsniederschläge mit Arsenit-, Blei- und Kupferlösungen bekannten Gehaltes hergestellt sowie Blindversuche durchgeführt. Das Graphitpulver und der Sulfidniederschlag werden innig gemischt und im Quarzspektrographen aufgenommen, und zwar so, daß die Spektrogramme der Vergleichsproben auf der Platte zwischen die der beiden Hauptproben zu liegen kommen. Weitere Einzelheiten sind im Original beschrieben.

C. Arsenbestimmung in Blei.

1. Schnellverfahren zur annähernden Bestimmung kleiner Arsengehalte im Funken nach BALZ (a).

Die Aufnahmen werden nach der Methode der Vergleichsspektren durch visuellen Vergleich mit abgestuften Testproben ohne Photometer ausgewertet.

Verwendete Linien. Von dem Verfasser werden die Linien As 2349,8 Å, As 2369,7 Å, As 2370,8 Å, As 2745,0 Å und As 2780,2 Å[1] als Analysenlinien herangezogen.

[1] Nach ELSE RIEDL ist die Arsenlinie 2780 Å wegen Koinzidenz im Blei ungeeignet. Dagegen stellt sie fest, daß bei höheren As-Gehalten (Größenordnung $^1/_{10}$%) die Linie 2860 auch in Blei verwendbar ist.

Bei höheren Gehaltsstufen werden schwächere Linien benutzt, da die empfindlichen Linien zu intensiv werden.

Herstellung der Testlegierungen durch Synthese. Für Testlegierungen höherer Gehalte bzw. Vorlegierungen wurde technisch reines Weichblei(As-Gehalt $< 0{,}001\,\%$) und für niedrige Gehaltsstufen „KAHLBAUM“-Blei, das sich als spektrographisch sehr rein erwies, angewendet. Das Arsen wurde durch Sublimation in Wasserstoff (50 mm Hg) gereinigt. Für Hartblei-Arsen-Testlegierungen wurde arsenfreies Blei mit einem Gehalt von 7% Antimon benutzt. Die Legierungen werden in Mengen von etwa 500 g in einseitig geschlossenen Röhren aus Jenaer Geräteglas in reinem Wasserstoff (sauerstofffrei und trocken) bei 100 mm Quecksilber eingeschmolzen und sorgfältig gemischt. (Bei Gefahr einer Entmischung beim Erstarren muß die Schmelze durch Abschrecken mit Wasser sehr rasch abgekühlt werden.) Zur Homogenitätsprüfung entnimmt man dem erstarrten Block oben und unten Proben und prüft spektrographisch auf Intensitätsgleichheit der Linien des Zusatzelementes und auf Abstufung der Linienintensität in Abhängigkeit von der Konzentration. Dieses Vorgehen führt zu rechtzeitiger Entdeckung von Fehlern. Die Abstufung der Gehalte beträgt zweckmäßig 1,0; 0,5; 0,3; 0,2; 0,1; 0,05; 0,02; 0,01; 0,005 und 0,002% As.

Aufnahmebedingungen. Spektrograph Q 24, Blende 15, Zwischenabbildung, Spaltweite 0,03 mm, 7-Stufen-Blende, Elektrodenabstand 4 mm. Anregung nach FEUSSNER Stufe 4, Kapazität $C = {}^3/_5$, Selbstinduktion $L = {}^1/_{10}$. Zwischenblende 5 mm, Vorfunkzeit 30 Sek., Belichtungszeit 60 Sek. Das Vorfunken und Belichten erfolgt mit einer automatischen elektrischen Schaltuhr und elektromagnetischem optischem Verschluß (Entwurf Dr. Ing. K. POTTHOFF). Der Verfasser verwendete mit gutem Erfolg einen Quarzspektrographen von 24 cm Plattenlänge mit optischer Bank, Quarzlinsen zur direkten und Zwischenabbildung (C. ZEISS, *Jena* Mess 266/II) des Funkens und Funkenstativ, eine Projektionsvorrichtung zur Justierung der Elektroden (Abbildung auf der Zwischenblende), einen Funkenerzeuger nach FEUSSNER (W. C. HERAEUS, *Hanau*) und einen Spektrenprojektor.

Vorbereitungen zur Aufnahme. Die Analysen- und Testproben werden in gleiche Form gebracht (schmale meißelförmige Elektroden von etwa 40 mm Länge mit einer Anfunkfläche von 1 zu 6 mm). Die Analysenproben werden in einer Eisenkokille gegossen und die abzufunkenden Enden durch Bearbeitung mit Messer oder Feile vom Grat und von oberflächlichen Verunreinigungen befreit. Die Elektrodenform und Oberfläche muß peinlich eingehalten werden. Die Testproben werden vor jeder Aufnahme gereinigt. Linsenabstände, Elektrodenjustierung usw. sind genau einzuhalten. Die Elektroden werden auf Abstand mit einem Glasplättchen und in der optischen Achse mit der Projektionsvorrichtung justiert. In der Nähe der Elektroden befindet sich zur Entfernung des gesundheitsschädlichen Bleirauches der Saugstutzen eines kräftigen Ventilators.

Aufnahme der Spektren. Die Analysenproben werden zusammen mit den Testproben auf einer Platte unter festgelegten, genau einzuhaltenden Versuchsbedingungen so aufgenommen, daß die Linien des Grundmetalls (Pb, Pb + Sb) in allen Spektren praktisch völlig gleich geschwärzt sind. Die Spektren werden mit Zwischenabbildung mittels einer HARTMANNschen 7-Stufenblende aufgenommen, so daß eine Platte 6 zu 24 cm insgesamt 56 Spektren fassen kann. Ein Festfressen des Funkens kann durch entsprechende Abstimmung der Entladung vermieden werden. Bei sorgfältiger Einhaltung aller Versuchsbedingungen werden sehr gleichmäßig geschwärzte Spektren erhalten.

Auswertung der Platten. Die Auswertung der Platten erfolgt mit Hilfe des Spektrenprojektors, der ein 20fach vergrößertes Bild der Aufnahme auf einer horizontalen Projektionsfläche liefert. Bei 0,03 mm Spektrographenspaltweite erscheinen die Linien flächenhaft, und ihre Schwärzung kann bequem mit dem Auge beurteilt werden.

Bemerkungen. **Genauigkeit.** Die Fehlergrenze beträgt etwa $\pm 25\%$ des absoluten Gehaltes und reicht für technische Zwecke völlig aus. Die Genauigkeit der Analysen kann durch photometrische Arbeitsweise gesteigert werden. Bei niedrigen Arsenkonzentrationen, bei der Bleilinien geeigneter Intensität nicht vorhanden sind, kann man sich mit einem Platinstufenfilter[1] und allenfalls durch das Verfahren der Messung der Linienverbreiterung[2] behelfen. Die quantitative Bestimmung sehr niedriger Arsengehalte ($< 0{,}01\%$) dürfte nach Ansicht des Verfassers nur nach der Methode der Vergleichsspektren ausführbar sein und er betont, daß die sichere Erfassung und Beurteilung von Gehalten unter 0,005% As eine besondere Erfahrung voraussetzt (der Arsengehalt von technisch reinem Weichblei beträgt weniger als 0,001%, von Hartblei 0,001 bis 0,1%).

Störung der Bestimmung durch Antimon. Bei Gehalten von 0,1 bis 0,5% Arsen scheint nach photometrischen Bestimmungen die Intensität der Arsenlinien durch Zusatz von Antimon zum Blei etwas gesteigert zu werden. Die Intensitätsänderung hält sich aber innerhalb der Fehlergrenzen bei visueller Auswertung (eine rechnerische Korrektur erübrigt sich daher). Zu Eichzwecken hergestellte Testlegierungen sind nach BALZ (b) allerdings möglichst der Zusammensetzung der zu untersuchenden Probe anzupassen. BRECKPOT, CREFFIER und PERLINGHI stellten im Bogen (1 Ampere, 25 Volt, 2,8 mm Bogenlänge, 2 bis 3 cm^2 Elektrodenquerschnitt) ebenfalls eine Erhöhung des Intensitätsverhältnisses As:Pb durch Antimon fest. Gleichzeitige Anwesenheit von Zinn verringert nach ihren Angaben den Effekt. Die Beeinflussung ist aber in der Nähe der Kathode nicht wahrnehmbar und kann daher ausgeschaltet werden, wenn das zu untersuchende Metall als Kathode eingesetzt und Licht aus der Nähe der Kathode analysiert wird.

2. Exakte Bestimmung von Arsen in Bleilegierungen im Hochspannungsfunken nach WERNER und RUDOLPH.

Aus dem Schwärzungsverhältnis je einer Blei- und Arsenlinie, das photometrisch festgestellt wird, wird auf Grund der Konzentrationsabhängigkeit dieser Größe der Arsengehalt bestimmt.

Aufnahmebedingungen. Spektrograph Q 24, Funkenerzeuger nach FEUSSNER, Kapazität $^2/_5$, Selbstinduktion $^1/_{10}$, Widerstand 75 Ω, Trafo 4, Zwischenblende 5 mm, Spalt 0,07 mm, Vorfunkzeit 6 Min., Belichtungszeit 3 Min. Die Elektroden haben zweckmäßig einen Querschnitt von 6×6 mm und als Endfläche eine flache Kalotte angedreht (Fläche während der eigentlichen Aufnahme etwa 7 mm^2; die Elektrodenform ist auf der Drehbank leicht herzustellen und bedingt während der Aufnahme nur eine geringe Vergrößerung des Abstandes). Zur Konstanthaltung des Elektrodenabstandes erwähnen die Verfasser zwei Verfahren, nämlich Kontrolle der Helligkeit des Funkens während der Aufnahme mit Hilfe einer Photozelle und dauerndes Nachstellen der Elektroden nach BADUM und LEILICH oder eine Projektionsvorrichtung, die die Elektroden auf dem Schirm der Zwischenblende abbildet, so daß mit Hilfe zweier Marken der Elektrodenabstand vor jeder Belichtung kontrolliert werden kann. Platten: Die Verfasser verwendeten Agfa-Diapositiv (Normal) und Agfa-Normal.

Verwendete Analysenlinien. Zum Vergleich wird die empfindlichste Arsenlinie 2349,8 und als Vergleichslinie die Bleilinie 2332,5 herangezogen. Die ebenfalls verhältnismäßig empfindliche Arsenlinie 2288,1 scheidet wegen der Gefahr einer Störung durch die Cadmiumlinie 2288,0 aus.

[1] SCHEIBE, G., C. F. LINSTRÖM u. O. SCHNETTLER: Z. Angew. **44**, 147 (1931).
[2] GERLACH, W., u. W. ROLLWAGEN: Metallwirtsch., Metallwiss., Metalltechn. **16**, 1093 (1937).

Genauigkeit. Nach der Methode der Fehlerquadrate berechnen sich für vier Konzentrationen, die durch den Mittelwert aus zahlreichen Bestimmungen festgelegt sind, folgende mittlere Fehler:

Konzentrationen	0,0073%	0,038%	0,084%	0,47%
Mittlerer Fehler	6,8%	3,7%	4,7%	3,8%.

Im Durchschnitt über den ganzen untersuchten Konzentrationsbereich ergibt sich also ein mittlerer Fehler von 4,8%. Das bezeichnete Linienpaar liegt zwar für Agfa-Normal-Platte im ansteigenden Teil der Gradationskurve, was aber in Anbetracht des geringen Abstandes der beiden Linien (17 Å) nicht sehr schwer ins Gewicht fällt. Die den Konzentrationsverlauf der Schwärzungsdifferenz Pb 2332,5 — As 2349,8 wiedergebende Kurve (auf der Ordinate wird die Konzentration und auf der Abszisse die Schwärzungsdifferenz $\Delta S = \lg \text{Pb } 2332{,}5 - \lg \text{As } 2349{,}8$ aufgetragen) zeigt ein Abbiegen von der Geraden nach rechts unterhalb einer Konzentration von 0,01% As. Die Verfasser stellen zur Diskussion, ob diese Abweichung mit Unterbelichtung zusammenhängt ($S < 0{,}4$), durch Untergrundschwärzung oder andere Umstände bedingt wird.

3. Untersuchungen von Bleilegierungen im kontinuierlichen Bogen nach Breckpot und Sempels.

Die Verfasser arbeiten nach der Methode der homologen Linienpaare und machen ausführliche Angaben über gut zu verwendende Paare, die Abhängigkeit der Schwärzung von der Konzentration, Überdeckung von Linien durch Fremdbeimengungen und Vergleiche mit chemischen Analysenergebnissen. Das untersuchte Gebiet erstreckt sich von der Erscheinungsgrenze bis zu 1 bis 3%. Bezüglich der Störung durch Antimon s. S. 177.

D. Bestimmung von Arsen in Kupfer.

1. Analyse von technischen Kupfersorten nach Schleicher und Wunderlich.

Nach den Untersuchungen der Verfasser zeigen die Kurven, die durch photometrische Auswertung der beiden Linien As 2349,84 und Cu 2356,63 und Eintragen in ein Koordinatensystem (ΔS als Abszisse, % As als Ordinate) für Werte unter 0,36% beim Arbeiten in Luft Richtungsänderungen im Sinne eines hyperbelähnlichen Verlaufs, die eine Arsenbestimmung unter diesem Gehalt überhaupt unmöglich machen. Nachdem festgestellt worden war, daß diese Erscheinung mit dem Gehalt an Kupferoxydul, der mit fallendem Arsengehalt ansteigt, zusammenhängt, konnten durch Anbringung von Korrekturwerten, entsprechende Vorbehandlung der Elektroden bzw. Heranziehung von Luftlinien an Stelle der durch den Oxydulgehalt beeinflußten Kupferlinien Verfahren auch zur Bestimmung geringer Arsengehalte festgelegt werden. Wunderlich gibt im einzelnen folgende Vorschriften an:

Bestimmung von Mengen zwischen 0,56 und 0,36% As durch Abfunken in Luft.

Versuchsbedingungen. „Quarzspektrograph für Chemiker" (Zeiss, Jena); keilförmige Elektroden: Längskante 5 mm, Schrägkante 4 mm, Winkel 70°, Länge 30 mm, Horizontalschnitt quadratisch; Abstand im Funken 2 mm; Abstand Funke vom Spalt 425 mm, Linse vom Spalt 300 mm; Funkenerzeugung mit Schaltung der Fa. Magnus (Nürnberg) für normale Stoßkreisschaltung und Resonanzschaltung; ständige Beobachtung der Spannung der Lichtquelle des Photometers an einem Voltmeter; als feinkörnige und schleierfreie Platte wurde die Silbereosinplatte von Perutz (München) benutzt.

Genauigkeit im angegebenen Gebiet. Bei Auswertung von As 2349,84 und Cu 2356,63 ergab sich im günstigsten Fall der Selbstinduktion (etwa $0{,}2 \cdot 10^{-4}$ Henry, bei einer Kapazität von 8000 cm) zwischen 0,56 und 0,36% Arsen ein maximaler Fehler von 2,5%. (Jeder Punkt der vom Verfasser angegebenen Kurven stellt einen Durchschnittswert aus 40 verschiedenen Spektren derselben Probe dar, die unter gleichen Bedingungen auf eine Platte aufgenommen worden waren.) Der mittlere Fehler der Messungen bezogen auf % As schwankt zwischen 0,006 und 0,046. Ein Abfunkeffekt ist bei den Kupferproben nicht beobachtet worden, d. h. es ergibt sich keine Beeinträchtigung der Linienverhältnisse infolge Oxydation durch Luftsauerstoff oder Erhitzung der Elektroden.

Möglichkeiten zur richtigen Erfassung geringerer Arsengehalte.

Die Verfasser zeigen, wie bereits erwähnt, 3 Wege zur Bestimmung geringer Arsengehalte.

I. Korrektur der Werte durch Extrapolation für die Intensität der Kupferlinie.

Nachdem erwiesen worden war, daß der abnormale Verlauf der Schwärzungskurve bei Proben mit niedrigem Arsen- und hohem Oxydulgehalt auf einer Intensitätsschwächung der Kupferlinien, nicht aber auf einer Beeinflussung der Arsenlinien beruht, konnte eine Korrektur durch Extrapolation vorgenommen werden. Das Einsetzen von Kupfer-Mittelwerten (aus Proben höheren Arsengehaltes erhalten) statt der abgelesenen Photometerwerte ermöglicht nämlich eine Eingliederung der Verhältniswerte der niedrigprozentigen Proben in die Gerade. Eine solche Korrektur durch Extrapolation der Kupferschwärzungen ist natürlich nicht für jeden ausfallenden Wert anwendbar.

II. Aufnahme in Wasserstoff nach kathodischer Polarisation der Elektroden.

Apparatur zur Aufnahme in Wasserstoff. Ein nach beiden Seiten offener Glaszylinder (Durchmesser 33 mm, Länge 80 mm) ruht horizontal mit Gummidichtung in der Fassung der Sammellinse; in diesen Zylinder ist mit Hilfe eines Gummiringes leicht verstellbar ein kleineres zylindrisches Glasrohr (Durchmesser 23 mm) eingesetzt, das in 60 mm Abstand vom eingesetzten Ende etwas verengt ist, dahinter zwei in der Vertikalen gegenüberliegende offene kurze Ansätze zum Einführen der Elektroden aufweist und sich schließlich auf 5 mm Durchmesser verjüngt. Die Elektroden werden mit Asbestringen und Gummidichtungen eingesetzt. Der Zylinder trägt ein Ansatzröhrchen zum Einleiten von Wasserstoff, der gegen die Elektroden strömt und über das verjüngte Rohr mit Gummischlauch aus der Nähe des Spektrographenspaltes geleitet und beim Austritt an einem Glasansatz verbrannt wird. Die Höhe der Flamme ist ein Maß für die Strömungsgeschwindigkeit (Abstand Linse—Spalt 140 mm; Funke—Spalt 260 mm; der Abstand Funke—Linse ist durch Verschieben des Glasrohres im Zylinder einstellbar). Durch Benutzung der Quarzlinse als Abschluß der Apparatur erübrigt sich ein zusätzliches Quarzfenster, und es findet daher keine Intensitätsschwächung des Emissionslichtes statt. Die Anwesenheit des Wasserstoffs steigert den Bogencharakter des Spektrums. Die Intensitäten der für Kupfer und Arsen gewählten Linien sind andererseits in Wasserstoff etwas geringer, und zwar wirkt sich das für die Kupfer-Funkenlinie stärker aus als für die Arsen-Bogenlinie, die durch Kompensation ungefähr gleich bleibt.

Vorbehandlung der Elektroden. Die Elektroden werden in 10%ige Schwefelsäure eingehängt, die sich in einer Platinschale befindet. Man schaltet die Elektroden als Kathode und die Schale als Anode und hält die kathodische Wasserstoffentwicklung 60 Min. in Gang. Die Schwefelsäure muß nach je 1-stündigem Polarisieren erneuert werden, widrigenfalls die Gefahr einer Schwefelwasserstoffentwicklung gegeben ist.

Durchführung der Aufnahmen und Ergebnisse. Die Aufnahmen werden anschließend in Wasserstoff durchgeführt (Belichtungszeit 15 Sek.). Man erhält bei dieser Arbeitsweise eine gerade einwandfreie Eichkurve zur Bestimmung von sauerstoffhaltigen Kupferproben bis zu den kleinsten beobachtbaren Arsenwerten. Der größte prozentuale Fehler beträgt 2%. Die Werte der Schwärzungen können über 35 Aufnahmen zu je 15 Sek. konstant gehalten werden. Erst dann tritt ein kaum merklicher Gang in der Kurve auf, der auf das Nachlassen der Wasserstoffeinwirkung zurückzuführen ist. Wird statt in Wasserstoff in Luft gearbeitet, ist die Wirkung der Vorbehandlung weit weniger nachhaltig, und man erhält nur bei Auswertung der ersten Aufnahmen eine Gerade.

III. Bestimmung durch Auswertung des O_2/As-Verhältnisses.

Unter Umgehung der oxydulabhängigen Kupferwerte kann zum Vergleich die Intensität von Sauerstofflinien herangezogen werden[1]. (Zur Einführung der Sauerstofflinien führten die Beziehungen zwischen Sauerstoff- und Arsengehalt der Kupferprobe und zwischen Dampfdruck der Elektrode und Menge des angeregten Sauerstoffs.) Verwendet wurden die Luftlinien 2445,55 und als Kontrolle 2433,56 Å, die durch Vergleich eines in Luft aufgenommenen Kupferspektrums mit einem in Wasserstoff erregten Spektrum identifiziert wurden. Die Identifizierung der Linien als dem Sauerstoff zugehörig ist unbedingt erforderlich. Mit der Aufstellung der Beziehung O_2/As ist die Möglichkeit der quantitativen Bestimmung von Arsen in technischem Kupfer durch Abfunken in Luft mit einer Genauigkeit von 4% gegeben. Sauerstoff und Arsen liegen dann wie zwei einzelne Bestandteile einer Legierung gewissermaßen nebeneinander vor.

Bemerkungen. Nach VAN CALKER ist das Verfahren von SCHLEICHER und WUNDERLICH zu umständlich. Die durch die Bildung von KupferI-oxyd an den Elektroden auftretende Störung läßt sich einfach dadurch vermeiden, daß eine Gegenelektrode aus Kohle als untere Elektrode der zugespitzten Metallelektrode gegenübergestellt wird. So wird eine völlig geradlinige Eichkurve erhalten.

2. Bestimmung kleiner Arsenmengen in Kupfer mit Hilfe des Bogens nach BRECKPOT (a).

Bei sehr kleinen Gehalten an Verunreinigungen (10^{-5} bis 10^{-6}% As, Sb, Sn, Bi, Pb) bedient sich der Verfasser einer Kombination mit chemischen Anreicherungsverfahren und bestimmt Arsen und andere Beimischungen mit einem Materialaufwand von 10 bis 30 g. Die Anreicherung erfolgt durch Zusatz von EisenIII-chlorid (entsprechend 100 mg Fe), Fällung mit Ammoniak, Lösen des Niederschlages und Schwefelwasserstoffällung nach Zugabe von etwas Kupferlösung. Die Sulfide werden nach Lösen in Salpetersäure kalziniert und der oxydische Rückstand auf die Kathode eines Kohlebogens gebracht. Das beim Verdampfen im Bogen (1 Ampere) sich ergebende Spektrum wird mit rotierendem Sektor aufgenommen und nach der Methode der homologen Paare ausgewertet. Der Verfasser gibt an anderer Stelle [BRECKPOT (b)] eine Zusammenstellung der für diesen Zweck geeignetsten Linien.

Bemerkungen. Angaben über homologe Linienpaare zur Arsenbestimmung in Kupfer finden sich auch bei WINKLER, der Zusätze bis 0,01% bestimmen konnte, nachdem er eine Induktorentladung zwischen Elektroden aus dem schwer verdampfenden Kupfer mit ausgeprägtem Bogencharakter erreichen konnte. RATZBAUM versuchte eine Bestimmung der Verunreinigungen im Elektrolytkupfer im unterbrochenen Lichtbogen (rasche Bewegung der Kathode) mit Hilfe homologer

[1] Anläßlich der Untersuchung von Al-Legierungen wurde schon von G. SCHEIBE und A. SCHÖNTAG die Heranziehung von Luftlinien als Bezugslinien vorgeschlagen [Metallwirtsch., Metallwiss., Metalltechn. **15**, 139 (1936)].

Paare, konnte aber noch keine befriedigenden Resultate erzielen. Nach PANTSCHENKO hat der aktivierte Wechselstrombogen eine höhere Empfindlichkeit als der FEUSSNER-Funken und eine günstigere Expositionszeit von 10 bis 40 Sek. bei 2 bis 3 Ampere.

E. Arsenbestimmung in Eisen, Stahl und deren Legierungen.

HOLZMÜLLER gibt in seiner Zusammenstellung analytisch brauchbarer Linien bei Stahluntersuchungen im Funkenspektrum für Arsen 2288,1 und 2349,8 als Nachweislinien an (Wellenlängen und Intensitäten nach H. KAYSERs Tabelle der Hauptlinien der Linienspektra aller Elemente [1926] auf 0,1 Å abgerundet):

Tabelle 15.

Wellenlänge	Abgerundet: Intensität		Störmöglichkeiten[1]	Auch bei hohem Gehalt nicht gestört durch	Bemerkungen
	Bogen	Funken			
2288,1	10 R	3	88,0 Cd (10 R, 10 R) Nickellinie benachbart	Mn, Mo, V, W	Vorsicht bei cadmiertem Material!
2349,8	10 R	5	Nickellinie benachbart	Co, Cr, Mn, Mo, V	rechts von Fe 48,1

Von KRAEMER[2] wurde eine Reihe von Arbeiten zur Feststellung der empfindlichen Linien verschiedener Elemente im Funkenspektrum in dem der Glasoptik zugänglichen Gebiet ausgeführt. Die Untersuchungen wurden mit folgenden optischen und elektrischen Daten

Tabelle 16.

Untersuchte Legierung	Wellenlänge (Klein-Spektrograph, Glasoptik)	Wellenlänge nach KAYSER[3]
Hochprozentige Ni-Fe-Cr-V-Sonderlegierung	5161	5161,1 As
	4915	4915,3 As
	4888	4888,6 As
	4812	4811,8 As
	4800	4799,5 As
	4540	4539,8 As evtl. 4539,7 Cu
	4352	4352,1 As evtl. 4352,1 MgI
	3552	3551,7 As evtl. 3551,95 Zr
Selen-Chromnickelstahl	5161	5161,1 As
	3513	3513,0 As
Hochprozentige Mo-Eisenlegierung	4088	4087,9 As
Kobalt-Eisenlegierung	5685	5684,8 As
	5621	5620,6 As
	4800	4799,5 As
	4549	4549,0 As
	4540[4]	4539,8 As
	4088[5]	4087,9 As
Schwefelhaltige Cr-Ni-C-Sonderlegierung	5657	5657,0 As
	5498	5497,8 As (EXNER-HASCHEK)

[1] Wellenlänge, Element, in Klammer Intensitäten im Bogen und im Funken; R bedeutet, daß gelegentlich Selbstumkehr auftreten kann.
[2] KRAEMER: Z. Instrumentenkde. 52, H. 10 (1932).
[3] KAYSER, H.: Handbuch der Spektroskopie, Bd. VII_1; H. KAYSER, Tabelle der Hauptlinien der Linienspektra aller Elemente. 1926.
[4] Fällt nahe zusammen mit 4539,7 Cu.
[5] Fällt nahe zusammen mit 4088,86 SiIV.

durchgeführt: Geradsichtprisma nach AMICI mit 5 Einzelprismen; Kameraobjektiv: verkittetes Triplet, Brennweite 35 mm, Apertur 0,11; Auflösungsvermögen: etwa 6000; Dispersion: etwa 10 ÅE/mm bei 3800 Å; Plattenformat 4,5 zu 6. Hochspannungsanlage: Induktorium von PFEIFFER-Wetzlar, Type 9 FD, Funkenlänge 50 mm; Primärspule: 1,6 mm, 146 Wdgn., 0,16 Ω; Sekundärspule: 0,15 mm, 27300 Wdgn., 5200 Ω; Deprez-Unterbrecher, Stromverbrauch: 8 Volt, 5 Ampere; Kapazität: Leidener Flasche 1400 cm Kapazität; Induktorium: Deprez-Unterbrecher, keine zusätzliche Selbstinduktion.

Bezüglich Arsen gibt er folgendes an (die Auswertung erfolgte im Anschluß an die zahlreichen, im Spektrum beobachteten internationalen Fe-Wellennormalen) (s. Tabelle 16).

SCHLIESSMANN hat die Erfassungsgrenze des Arsens in Eisenlegierungen aus reinen Lösungen zu 10^{-4} bis 10^{-5} g/cm³ bei Funkenlicht festgestellt. — Bei vorhergegangener Abtrennung des Eisens lassen sich bei 5 g Einwaage bis herab zu 10^{-3}% As bestimmen. Hierfür wird das Arsen als Ammoniumarsenomolybdat in salpetersaurer Lösung in der Siedehitze gefällt. Der Niederschlag wird mit Magnesiamischung zu Ammoniummagnesiumarsenat umgefällt und dieses dann in Säure gelöst. 0,1 cm³ der Lösung wird in poröser Spektralkohle von 4 bis 5 mm Durchmesser aufgesaugt und abgefunkt. (Gleichzeitig kann Phosphor bestimmt werden, der mit dem Arsen gemeinsam gefällt wird.) Ohne Abtrennung vom Eisen liegt die Erfassungsgrenze um eine Zehnerpotenz höher. — Beim Abfunken von festen Proben ist die Arsenbestimmung von einem Gehalt von 0,1% ab möglich. Dieser hohe Prozentsatz ist aber meist nicht vorhanden, daher hat diese Arbeitsweise praktisch kaum Bedeutung. — Mit dem empfindlicheren Abreißbogen können bis herab zu 0,02% As bestimmt werden. Aussichtsvoll erscheint die Anregung im Vakuum. Alle Bestimmungen beziehen sich auf die Linien As 2288,1 und As 2349,8.

F. Bestimmung in anderen Metallen.

ROLLWAGEN und RUTHARDT gelang *im Platin* mit Hilfe der Arsenlinie 2349,8 im kondensierten Funken die Erfassung von 0,05% As. Etwas weniger empfindlich ist die Arsenlinie 2780,2 (2288,1 kommt wegen Koinzidenz mit Platin nicht in Frage). Im stark belasteten Abreißbogen steigert sich die Empfindlichkeit wesentlich (Arsengehalte unter 0,005% nachweisbar).

Bei der Arsenbestimmung in Nickel wählte VAN SOMEREN folgenden Weg zur Ausschaltung des linienreichen Nickelspektrums: Das Nickel wird in Schwefelsäure gelöst. In der Lösung wird nach Zusatz von Cadmiumsulfat und Zinnchlorür in bekanntem Verhältnis eine Schwefelwasserstoff-Fällung vorgenommen. Der Niederschlag wird abfiltriert, worauf man Teile des Filters mit Niederschlag zwischen Graphitelektroden im Bogen verbrennt (Bogen 25 cm vor dem Spalt des Hilger E 316-Spektrographen; der Bogen wird nicht abgebildet; Elektrodenabstand 4 mm). Der Verfasser gibt für verschiedene Mengenverhältnisse homologe Linienpaare an. Der Fehler soll $\pm 20\%$ betragen.

Bei Antimon gilt als Grenze für die Verunreinigung mit Arsen ein Gehalt von 0,02%. Zur Bestimmung stellt ASRIJELJAN Eichkurven mittels künstlicher Legierungen her. Die Aufnahmen erfolgen unter Verwendung des ZEISS-Spektrographen Q 24 unter normalen Bedingungen während 4 Min. Die Spektrogramme werden im Aceton-Entwickler in 8 Min. entwickelt, und die Schwärzung der Linien wird gemessen. Der Verfasser gibt geeignete Linien und passende Antimon-Vergleichslinien an.

SCRIBNER teilt die Bedingungen für die Bestimmung des Arsens in Zinn mit.

Literatur.

ASRIJELJAN, O. P.: Bl. Acad. Sci. URSS Sér. physique **4**, 20 (1940); durch C. **113 II**, 2396 (1942).

BADUM, E., u. K. LEILICH: Angew. Ch. **50**, 279 (1937). — BALZ, G.: (a) Angew. Ch. **51**, 365 (1938); (b) Z. Metallk. **30**, 206 (1938); durch C. **109 II**, 2308 (1938). — BRECKPOT, R.: (a) Ann. Soc. Sci. Bruxelles, Ser. B **55**, 173 (1935); durch C. **106 II**, 2412 (1935); (b) **53**, 219 (1933); durch C. **105 II**, 2108 (1934). — BRECKPOT, R., J. CREFFIER u. O. PERLINGHI: Ann. Soc. Sci. Bruxelles, Ser. I **57**, 295 (1937); durch C. **109 II**, 564 (1938). — BRECKPOT, R., u. G. SEMPELS: Bl. Soc. chim. Belg. **46**, 619 (1937); durch C. **109 I**, 4508 (1938).

CALKER, J. VAN: Spectrochim. Acta [Berlin] **2**, 340 (1944).

FEUSSNER, O.: Z. techn. Physik **13**, 573 (1932); durch O. WERNER u. W. RUDOLPH: Angew. Ch. **51**, 899 (1938).

GERLACH, W., u. ELSE RIEDL: Die chemische Emissions-Spektralanalyse, Teil 3, S. 27. Leipzig 1936.
HARPER, D. A., u. N. STRAFFORD: J. Soc. chem. Ind. **61**, 74 (1942); durch C. **114 I**, 2707 (1943). — HOLZMÜLLER, W.: Fr. **115**, 81 (1938/39).
KAYSER, H., u. H. KONEN: Handbuch der Spektroskopie, Bd. VIII, S. 105/106. Leipzig 1932. — KRAEMER, W.: Z. Instrumentenk. **52**, H. 10 (1932); Fr. **97**, 14, 89 (1934); **98**, 240 (1934); **99**, 410 (1934); **101**, 23 (1935).
LUNDEGÅRDH, H.: Metallwirtsch., Metallwiss., Metalltechn. **17**, 1222 (1938). — LUNDEGÅRDH, H., u. T. PHILIPSON: Lantbruks-Högskol. Ann. **5**, 249 (1938); durch C. **109 II**, 358 (1938).
PANTSCHENKO, G. E.: Bl. Acad. Sci. URSS Sér. physique **4**, 222 (1940); durch C. **113 II**, 2621 (1942).
RATZBAUM, JE. A.: Betriebslab. **6**, 191 (1937); durch C. **109 I**, 2412 (1938). — RIEDL, ELSE: Z. anorg. Ch. **209**, 356 (1932). — ROLLWAGEN, W., u. K. RUTHARDT: Metallwirtsch., Metallwiss., Metalltechn. **15**, 187 (1936). — RUBIES, S. PIÑA DE, u. M. A. BARGUES: Z. anorg. Ch. **215**, 205 (1933).
SCHLEICHER, A., u. H. D. WUNDERLICH: Metallwirtsch., Metallwiss., Metalltechn. **18**, 229 (1939). — SCHLIESSMANN, O.: Arch. Eisenhüttenwesen **15**, 167 (1941/42). — SCRIBNER, B. F.: J. Res. Nat. Bureau of Standards **28**, 165 (1942); durch C. **114 I**, 2424 (1943). — SOMEREN, E. H. S. VAN: J. Soc. chem. Ind. **55**, Trans. 136 (1936); durch C. **107 II**, 1032 (1936).
WERNER, O., u. W. RUDOLPH: Angew. Ch. **51**, 899 (1938). — WINKLER, J. E. R.: Veröffentlichung der Landesanstalt für Volkheitskunde zu Halle **1935**, H. 7; durch C. **106 II**, 1222 (1935). — WUNDERLICH, H. D.: Die quantitative spektralanalytische Bestimmung von Arsen in technischen Kupfersorten. (Beiträge zur Wirtschaft, Wissenschaft und Technik der Metalle und ihrer Legierungen, H. 9.) Berlin 1939.

§ 12. Polarographisches Verfahren.

Arsenige Säure ergibt in saurer Lösung polarographische Stufen. Nach BAYERLE erfolgt die Abscheidung aus salzsaurer Lösung um etwa —0,3 bis —0,4 Volt; nach KAČÍRKOWÁ, die Untersuchungen in salzsauren und schwefelsauren Lösungen vornahm, ergeben sich 3 Stufen und zwar die erste, entsprechend der Arsenabscheidung bei —0,3 bis —0,4 Volt (Verdünnung der arsenigen Säure und Verminderung der H-Ionenkonzentration bedingt negativere Werte), die zweite bei etwa —0,7 Volt, die der Bildung von Arsenwasserstoff entspricht, und eine dritte, die bei etwa —0,9 Volt ein scharfes Maximum erreicht. Besonders die letzte Stufe ist von der H-Ionenkonzentration sehr abhängig. HEYROVSKÝ empfiehlt in Anbetracht der durch die Stufen möglichen Überdeckungen bei Gegenwart mehrerer Bestandteile eine „Vortrennung" der Schwermetalle auszuführen. Nach KAČÍRKOWÁ ergibt die Analyse einer 1 n schwefelsauren Lösung, die Wismut, AntimonIII und ArsenIII enthält, ein gut auswertbares Polarogramm.

Die undeutliche Biegung, die arsenige Säure in alkalischer Lösung ergibt, kann durch Anwesenheit von zweiwertigen Kationen (in Calcium- oder Bariumhydroxydlösungen) in die Form einer Stufe verwandelt werden.

Arsensäure ist polarographisch nicht reduktionsfähig. Ihre Bestimmung muß indirekt erfolgen, indem man mit Kaliumjodid in 20%iger Salzsäure oder mit Hydrazin in konzentrierter Schwefelsäure (Phosphorsäure) reduziert und dann die Kurve aufnimmt. Somit ergibt sich die Möglichkeit, arsenige Säure und Arsensäure nebeneinander polarographisch zu bestimmen.

Wegen der Kompliziertheit der polarographischen Wellen nutzen CHLOPIN, RAFALOWITSCH und AXENOWA die auf den Volt-Amperekurven auftretenden Maxima zur quantitativen Arsenbestimmung aus. Die Höhe der Maxima innerhalb der angelegten Spannung (—1,2 bis 1,5 V) ist der Arsenkonzentration proportional. Das Auftreten der Maxima ist an 3 Bedingungen gebunden: an die Anwesenheit einer schwachen Säure, der Kationen von Kobalt, Nickel oder Eisen und eines indifferenten Elektrolyten (Na, K, NH_4, Mg als Sulfat, Chlorid oder Salz einer schwachen Säure). Ameisensäure, Essigsäure, Oxalsäure, Malonsäure, Bernsteinsäure, Milchsäure, Weinsäure, Citronensäure, Benzoesäure, Salicylsäure, Monochloressigsäure und

Orthophosphorsäure ergeben Maxima, nur Borsäure und Anthranilsäure zeigen kein Maximum. Von den Kationen der Eisengruppe gibt Kobalt die höchsten Maxima, die Kalibrierkurven mit MOHRschem Salz sind aber bequemer für die Messung. Der indifferente Elektrolyt (0,01 bis 0,8 Mol/l) bewirkt Lostrennung der Arsen- von der Wasserstoffwelle. Die Tropfzeit beträgt am besten 2 bis 2,5 Sek. Die Abscheidung des Arsens aus Lösungen erfolgt als basisches EisenIII-arsenat, das danach in der Apparatur von v. FELLENBERG (s. § 14, S. 266) destilliert wird. Praktisch bewährt haben sich bei 0,01 bis 0,05 mmol As_2O_5/l folgende Kombinationen:

1. 0,5 mol/l NaCl; 15 mmol/l Essigsäure; 0,15 mmol/l MOHRsches Salz.

2. 0,4 mol/l Na_2SO_4; 0,35 mol/l NaCl; 15 mmol/l Essigsäure; 0,15 mmol/l MOHRsches Salz.

3. 0,4 mol/l $MgSO_4$; 0,35 mol/l $MgCl_2$; 15 mmol/l Essigsäure; 0,15 mmol/l MOHRsches Salz.

Polarographische Arsenbestimmungen in Phosphorsäure und Schwefelsäure wurden von KRJUKOWA durchgeführt. In Phosphorsäure konnte KRJUKOWA (a) bis zu 0,0001% As bestimmen. Die Ausführung gestaltet sich so, daß zu 10 cm³ der verdünnten Phosphorsäure (bei vorangegangener polarographischer Bleibestimmung liegt eine 12- bis 14%ige luftfreie Säure vor) 0,5 bis 0,7 cm³ konzentrierte Salzsäure gebracht werden. Die Kurve wird nun in Wasserstoffatmosphäre aufgenommen. ArsenV wird durch Behandeln der konzentrierten Phosphorsäure mit Hydrazin in der Hitze reduziert. Bei Arsengehalten unter 0,0004% wird die unverdünnte Phosphorsäure mit Natriumcarbonat neutralisiert, hierauf mit 1 bis 2 Tropfen 1%iger Phosphorsäure angesäuert und so weit verdünnt, daß eine an P_2O_5 etwa 10%ige Lösung vorliegt. Die Stufen von Blei und Arsen liegen nahe beieinander, weshalb ein 2 Volt-Akkumulator verwendet wird (kleiner Potentialabfall von 100 Millivolt je Windung im Meßdraht). Der absolute Fehler der Bestimmung beträgt höchstens 5%.

Zur Arsenbestimmung in Kontaktschwefelsäure nach KRJUKOWA (b) muß zuerst mit Natriumcarbonat neutralisiert und nach neuerlichem Ansäuern mit Kaliumtartrat versetzt werden. Die Empfindlichkeit beträgt 0,00005%. Es stören nicht: EisenII bis 0,01% und EisenIII bis 0,7%, SO_2 bis 0,015%, NO_3' (als N_2O_5 gerechnet) bis 0,1%, Cl′ bis 0,4%, Se bis 0,005% und Blei bis 0,005%. Dagegen beeinträchtigt NO_2' die Bestimmung sogar unter 0,001% N_2O_3. Arsensäure muß durch Kochen mit Hydrazin reduziert werden (konzentriert schwefelsaure Lösung). Bei Arsenmengen unter 0,00005% wird die Schwefelsäure (etwa 25 g) vorerst auf $^1/_{50}$ des Volumens eingeengt, wobei zur Vermeidung von Arsenverlusten Salpetersäure zugesetzt und dann wieder mit 0,2 bis 0,3 g Hydrazinsulfat reduziert wird. Man arbeitet in diesem Fall nach Neutralisieren mit Natriumcarbonat und Sättigen mit Tartrat in Wasserstoffatmosphäre.

Ein wichtiges Anwendungsgebiet der polarographischen Arsenbestimmung scheint nach BRDIČKA die Giftigkeitsprüfung von Salvarsanpräparaten zu sein, da die As=As-Gruppe polarographisch nicht in Erscheinung tritt. Die bei ihrer Untersuchung erhaltenen Stufen sind demnach den etwa anwesenden Spuren an Oxydationsprodukten zuzuschreiben, die ja die Toxizität der Präparate auszumachen scheinen. Zum polarographischen Nachweis dieser giftigen Verbindungen löst man den Inhalt einer Salvarsanampulle unter Luftausschluß in 50 cm³ 0,01 n Lithiumchloridlösung und tropft diese Lösung in Wasserstoffatmosphäre aus einer Bürette zu 20 cm³ im Elektrolysengefäß befindlicher 0,01 n Lithiumchloridlösung. Die Kurve zeigt die den giftigen Verunreinigungen entsprechenden Stufen.

Zur polarographischen Arsenbestimmung in biologischem Material verascht BAMBACH dieses feucht mit Salpetersäure (s. § 16). Der Aufschlußrückstand wird in 50 cm³ 4%iger Schwefelsäure gelöst. Diese Lösung wird mit 10 bis 15 cm³ Salzsäure versetzt, mit Wasser auf 70 cm³ verdünnt und dann mit 5 cm³ Kaliumjodidlösung,

1 cm³ ZinnII-chlorid-Lösung und 10 bis 12 g Stangenzink versetzt. Ein mit Gaseinleitungsrohr, das auf den Boden eines mit Teilung versehenen 15 cm³-Zentrifugenglases mit 2 cm³ 1,6%iger QuecksilberII-chlorid-Lösung reicht, versehener KJELDAHL-Aufsatz wird dann mit dem ERLENMEYER-Kolben mit der Arsenlösung verbunden und dieser auf einem Wasserbade erwärmt. Unter Umständen wird Schwefelwasserstoff in einer Waschflasche abgefangen. Nachdem die Wasserstoffentwicklung 30 Min. angehalten hat, wird das Zentrifugenglas mit dem Einleitungsröhrchen 5 Min. im Wasserbade erwärmt, wobei die Quecksilberarsenide in QuecksilberI-chlorid und ArsenIII-oxyd übergehen. Das Rohr wird mit warmem Wasser abgespült, die Lösung auf 2 cm³ eingedampft, mit 1 Tropfen Bromthymolblaulösung, 0,2 cm³ 40%iger Hydroxylammoniumsulfatlösung und tropfenweise mit Ammoniak bis zur gelbgrünen Färbung ($p_H \approx 6$) versetzt. Die Mischung wird erwärmt, bis die Stickstoffentwicklung aufhört, und ihr Volumen nach dem Erkalten abgelesen. Zur polarographischen Bestimmung werden 2 cm³ klare Lösung in die Zelle gebracht und mit 0,4 cm³ 9 n Salzsäure (bei weniger als 20 γ As mit 3 n HCl) versetzt. Man leitet Stickstoff durch die Lösung und polarographiert von 0 bis —0,7 Volt. Da das Halbwellenpotential für As_2O_3 von der Salzsäurekonzentration abhängt, sind Vergleichskurven mit bekannten Arsengehalten erforderlich. Der Erfassungsbereich erstreckt sich von 1 γ bis 1 mg As_2O_3.

Literatur.

BAMBACH, K.: Ind. eng. Chem. Anal. Edit. **14**, 265 (1942); durch C. **114 II**, 1905 (1943). — BAYERLE, V.: R. **44**, 514 (1925). — BRDIČKA, R.: Časopis českoslov. Lékárn. **13**, 51 (1933); durch J. HEYROVSKÝ: Polarographie, S. 334. Wien 1941.

CHLOPIN, N. JA., N. A. RAFALOWITSCH u. G. P. AXENOWA: J. analyt. Chem. (russ.) **3**, 16 (1948); durch C. **120 I**, 328 (1949).

HEYROVSKÝ, J.: Polarographie, S. 333. Wien 1941.

KAČÍRKOWÁ, K.: Coll. Trav. chim. Tchécosl. **1**, 477 (1929); durch J. HEYROVSKÝ: Polarographie, S. 333. Wien 1941. — KRJUKOWA, T. A.: (a) Betriebslab. **6**, 1385 (1937); durch C. **110 I**, 3039 (1939) u. J. HEYROVSKÝ: Polarographie, S. 334. Wien 1941; (b) Betriebslab. **7**, 273 (1938); durch C. **111 I**, 434 (1940) u. J. HEYROVSKÝ: Polarographie, S. 333. Wien 1941.

§ 13. Arsenbestimmung in Arsenwasserstoff.

Allgemeines.

Die Bestimmung des bereits als Arsenwasserstoff in irgendwelchen Gasgemischen vorliegenden oder aus Arseniden in Form dieser Verbindung in Freiheit gesetzten Arsens ist nur von untergeordneter Bedeutung, obwohl natürlich für gewerbehygienische Zwecke Arsenwasserstoffbestimmungen in Gasgemischen eine große Rolle spielen. Eine besondere Wichtigkeit kommt dagegen der richtigen Erfassung der Arsenwasserstoffmengen zu, die bei Einwirkung von nascierendem Wasserstoff auf die Arsensauerstoffverbindungen nebst überschüssigem Wasserstoff entweichen, da bei Einhaltung gewisser Vorsichtsmaßregeln eine praktisch quantitative Abtrennung des Arsens in dieser Form möglich ist. Der Arsennachweis nach Überführung in die flüchtige Wasserstoffverbindung wurde erstmalig von MARSH vorgeschlagen. Die Abscheidung des Arsens in Form eines Spiegels dagegen stammt von LIEBIG. Nach LOCKEMANN (a) wird dieses Verfahren von keinem anderen an Empfindlichkeit übertroffen. Infolge der außerordentlichen Empfindlichkeit der Methode liegt allerdings die Gefahr nahe, daß durch arsenhaltige Reagenzien bzw. Gefäße die Ergebnisse beeinträchtigt werden. Der vorerst qualitative, auf diesem Verfahren beruhende Nachweis wurde später zu quantitativen Bestimmungsmethoden ausgebaut, die hauptsächlich dort Anwendung finden, wo es sich um die Bestimmung relativ kleiner und kleinster Mengen Arsen handelt, wie bei der Arsenbestimmung in organischem Material für physiologische und toxikologische Untersuchungen. LOCKEMANN (a) gibt in seiner ersten diesbezüglichen Arbeit einen kurzen Überblick über die Entwicklung dieses Verfahrens. In neuerer Zeit wurden zahlreiche Bestimmungsmethoden ausgearbeitet, bei denen der Wasserstoff, statt mit Metall und Säure, mit Hilfe des elektrischen Stromes erzeugt wird. Ein Verfahren von VOURNASOS zur Überführung von Arsenverbindungen in Arsenwasserstoff auf trockenem Wege durch Erhitzen mit Natriumformiat bzw. einem äquimolekularen Natriumformiat-Natriumhydroxydgemisch wurde bisher noch nicht quantitativ ausgewertet.

Je nach der vorliegenden Arsenmenge erfolgt die Bestimmung des Arsenwasserstoffes auf verschiedene Weise. Außer der direkten Abschätzung der Spiegel, bzw. der gravimetrischen Erfassung des abgeschiedenen Arsens, existieren zahlreiche Methoden, die das Arsen nach Lösen des Spiegels auf maßanalytischem (auch colorimetrischem) Wege zu bestimmen gestatten oder den Arsenwasserstoff unmittelbar auf ein Reagens einwirken lassen, das eine colorimetrische oder (hauptsächlich bei größeren Arsenmengen) maßanalytische bzw. gewichtsanalytische Bestimmung der Reaktionsprodukte ermöglicht.

Eigenschaften des Arsenwasserstoffs. Die Verbindung stellt ein farbloses unangenehm riechendes Gas dar, dessen Dichte von DUMAS zu 2,695 ermittelt wurde (Schmelzpunkt —113,5°, Erstarrungspunkt —118,9°, Siedepunkt —54,8°). CORRIEZ und GROSS finden folgende Dichtewerte: bei —60° C 1,626, bei —45° C 1,461 und bei +30,5° C 1,304. Arsenwasserstoff verbrennt mit blauweißer Flamme je nach der vorhandenen Sauerstoffmenge unter Abscheidung von elementarem Arsen oder Arsentrioxyd. Das Gas zerfällt bei längerem Aufbewahren (bei Abwesenheit von Sauerstoff konnten RECKLEBEN, LOCKEMANN und ECKARDT Wasserstoff-Arsenwasserstoffgemische bis zu einem Gehalt von 26% AsH_3 mehrere Monate aufbewahren, ohne daß der Arsengehalt um mehr als 0,5% abnahm), beim Leiten über feinfaserige und scharfkantige Körper und beim Erhitzen. Alkalien wirken auf Arsenwasserstoff zersetzend ein. KupferI-chlorid, Bleiacetat, Bleitartrat und Natriumplumbit zersetzen nach RECKLEBEN, LOCKEMANN und ECKARDT das Gas ebenfalls und sind daher zur Entfernung von Schwefelwasserstoff aus Arsenwasserstoff-Wasserstoffgemischen ungeeignet.

Löslichkeit. In Wasser ist das Gas weitgehend löslich (1 Volumen Wasser absorbiert $^1/_5$ Volumen AsH_3); durch Terpentinöl wird es reichlich und durch fette Öle etwas absorbiert. Als Absperrflüssigkeit für gasometrische Methoden leistet gesättigte Natriumchloridlösung gute Dienste.

Als *Absorptionsmittel für Arsenwasserstoff* bei den verschiedenen Verfahren wurden Silbernitrat, QuecksilberII-chlorid, QuecksilberII-bromid, Hypochlorit, Hypobromit, Chlorwasser, Brom, Jod, Jodsäure und Jodate, Bromat, Jodmonochlorid, Permanganat, CerIV-sulfat, Salpetersäure (auch mit Wasserstoffperoxyd), KupferII-salz, Aktivkohle, Goldchlorid, Cadmiumacetat, Zinn und Natronlauge verwendet.

Zulässige Trockenmittel. Ätzalkalien, auch geschmolzenes Kaliumcarbonat und Natronkalk dürfen, da sie auf Arsenwasserstoff zersetzend wirken, zum Trocknen nicht benützt werden [LOCKEMANN (a), SOUBEIRAN, KÜHN und SAEGER, RIND]; Schwefelsäure hält ebenfalls Arsen zurück und ist auch wegen des Widerstandes, den sie dem Gasstrom entgegensetzt, für diesen Zweck unbrauchbar [LOCKEMANN (a) SOUBEIRAN]. Calciniertes Chlorcalcium enthält immer basische Bestandteile, wodurch Arsenverluste entstehen können [LOCKEMANN (a)]. Die von BERTRAND (a) bzw. später von COLLEY und LOCKWOOD als Trockenmittel empfohlene Baumwolle ist wegen ihrer feinfaserigen Struktur nach LOCKEMANN (a, b, d) in feuchtem Zustand durchaus nicht indifferent (nach WARD zersetzt sie sich unter Einwirkung der aus dem Entwicklungskolben mitgeführten Säure, wobei die Zersetzungsprodukte Arsenverluste verursachen können). Auch Glaswolle, die z. B. von WARD empfohlen wurde, wirkt als feinfaseriger Körper auf den Arsenwasserstoff zersetzend [LOCKEMANN (a, b, d)]. LOCKEMANN (a) empfiehlt krystallisiertes Calciumchlorid als geeignetes Trockenmittel, das sich dem Kaliumbisulfat (diese Verbindung wurde von ihm ebenfalls auf ihre Eignung als Trockenmittel geprüft) überlegen erwies. GANGL und VÁZQUEZ SÁNCHEZ konnten dagegen bei Verwendung von Watte, Glaswolle, geschmolzenem und gekörntem Calciumchlorid sowie Natriumsulfat keine Arsenverluste feststellen, was LOCKEMANN (d) dadurch erklärt, daß die genannten Autoren mit fast 1000mal mehr Arsen arbeiteten (71,5 γ gegen 0,1 γ bei LOCKEMANN) und die von ihm beobachteten Verluste natürlich innerhalb der Fehlergrenzen ihrer Methode liegen.

A. Der Arsenwasserstoff liegt in einem Gasgemisch vor.

Vorbemerkungen. Bei Arsenwasserstoffbestimmungen in Gasgemischen ist die gasvolumetrische Methode dann anzuwenden, wenn der Arsenwasserstoffgehalt des Gemisches groß ist. In diesen Fällen arbeitet man mit relativ kleinen Gasvolumen, so daß die Fehler, die durch Löslichkeit der indifferenten Gase oder durch unvollkommene Absorption der letzten Spuren Arsenwasserstoff entstehen, das Resultat nicht wesentlich beeinflussen. (Alkoholische, tetrachlorkohlenstoff- und chloroformhaltige Lösungen sind zu vermeiden, da durch deren Dampftension die Volummessungen ungenau werden.) Bei kleinem Arsenwasserstoffgehalt bestimmt man vorteilhafter eines der Reaktionsprodukte.

1. Bestimmung unter Absorption mit Silbernitrat.

Bestimmung von Arsenwasserstoff in Gasgemischen nach RECKLEBEN und LOCKEMANN (a).

I. Gasvolumetrisches Verfahren.

Apparatur nach RECKLEBEN, LOCKEMANN *und* ECKARDT. Das Messen der Gasvolumina erfolgt in einer mit engem Wassermantel umgebenen Bürette von 100 bis 200 cm^3 Inhalt, deren unteres, in $^1/_{10}$ cm^3 geteiltes Rohr 50 cm^3 faßt. Die Absorption wird in Gaspipetten vorgenommen. Als Absperrflüssigkeit dient konzentrierte, frisch ausgekochte Natriumchloridlösung.

Durchführung der Bestimmung. Das Gas wird in die mit 2 bis 10%iger Silbernitratlösung beschickte Pipette übergetrieben, etwa $^1/_4$ Min. geschüttelt und seine Volumabnahme bestimmt. Bei neuerlichem Übertreiben und Schütteln darf sich keine weitere Volumverminderung ergeben. Die Volumdifferenz wird der Berechnung des Arsenwasserstoffgehaltes zugrunde gelegt.

Bemerkungen. Die von den Verfassern angeführten Parallelversuche zeigen ausreichende Übereinstimmung. Auch der Vergleich mit anderen Absorptionsmitteln befriedigt. Drei Versuche, die von RECKLEBEN, LOCKEMANN und ECKARDT angegeben werden und in denen der Arsenwasserstoffgehalt einerseits aus der Absorption, andererseits aus dem Gewicht des abgeschiedenen Silbers (s. unter II, S. 188) berechnet wurde, zeigen folgende Resultate:

% AsH_3 aus Absorption	14,81	14,85	14,73,
% AsH_3 aus Silber	14,69	14,67	14,62.

Im allgemeinen wird eine neutrale Silbernitratlösung verwendet. Soll ausnahmsweise eine ammoniakalische Lösung Verwendung finden, ist die Sperrflüssigkeit in der Meßbürette schwach anzusäuern, damit die in das Gas diffundierten Ammoniakdämpfe rascher absorbiert werden. Die Anwesenheit von Methan und Äthylen stört nicht. Acetylen wirkt auf Silbernitrat zersetzend ein, weshalb bei Anwesenheit dieses Gases eine andere Absorptionsflüssigkeit gewählt werden muß.

II. Absorption mit nachfolgender Bestimmung der Reaktionsprodukte.

Arbeitsvorschrift. Der Arsenwasserstoff wird aus dem Gasgemisch mit Hilfe der gasanalytischen Methodik wie unter I, s. oben beschrieben, durch 2- bis 10%ige

Silbernitratlösung absorbiert. Unter Umschütteln ist die Absorption in etwa $^1/_4$ Min. beendet. Die Reaktionsflüssigkeit wird mit überschüssigem Ammoniak unter öfterem Ersatz desselben erhitzt (etwa $^1/_2$ Std.). Dadurch werden die darin enthaltenen Arsenverbindungen quantitativ in Arsensäure übergeführt.

Die Bestimmung des Arsens kann erfolgen: a) Indirekt durch Wägung des abfiltrierten und bei 105° getrockneten Silbers oder durch Titration des abfiltrierten Silbers nach Lösen in Salpetersäure (bei der kurzen Einwirkungsdauer des Gasgemisches ist ein durch Wasserstoff verursachter Fehler zu vernachlässigen).

b) Direkt durch Fällung des gebildeten Arsenats als Magnesiumsalz nach REICHARDT (s. C 2, S. 217) oder durch maßanalytische bzw. gewichtsanalytische Bestimmung des in der Reaktionsflüssigkeit als Arsensäure enthaltenen Arsens nach dessen Abtrennung als Trichlorid, die zweckmäßig nach ROHMER (s. § 14, S. 278) erfolgt.

Für die Destillation geben die Verfasser folgende Vorschrift: Die Flüssigkeit wird in eine tubulierte Retorte mit einem in der Mitte gebogenen Hals gespült und durch den Tubus ein trockenes Gemisch von Salzsäure und Schwefeldioxyd bis zur Sättigung eingeleitet. Nun wird die Retorte zuerst mit kleiner, später mit größerer Flamme erhitzt, bis der Rückstand etwa 50 cm³ beträgt. Die übergehenden Dämpfe werden in einem Kühler kondensiert und in einer etwas Wasser enthaltenden und mit einer Eis-Kochsalzmischung gekühlten Vorlage aufgefangen. Das Schwefeldioxyd wird unter Kochen am Rückflußkühler durch Einleiten von Kohlendioxyd ausgetrieben. Das entstehende Silberchlorid stört nicht.

2. Bestimmung unter Absorption durch Halogene und Hypochlorit.

Bestimmung von Arsenwasserstoff in Gasgemischen nach RECKLEBEN und LOCKEMANN (a).

I. Gasvolumetrisches Verfahren.

Die Bestimmung wird unter Verwendung der in 1, S. 187 beschriebenen Methodik durchgeführt.

Ausführung. Das Gasgemisch wird mit einer mit Chlor gesättigten 10%igen Natronlauge, mit Chlorwasser oder Bromwasser behandelt (unter Ausschluß von Sonnenlicht), wobei der Arsenwasserstoff fast augenblicklich absorbiert wird. Man entzieht hierauf dem Restgas die beträchtlichen hineindiffundierten Mengen an Halogen durch Schütteln mit Natronlauge oder Kalilauge und mißt das Volumen. Ebenso kann auch Jod-Jodkaliumlösung zur Absorption verwendet werden.

Bemerkungen. Die Abweichungen von den mit den oben genannten und anderen Absorptionsmitteln erhaltenen Werten liegen im allgemeinen unter 1% (Mittelwerte aus mehreren Bestimmungen). In einzelnen Fällen allerdings ergaben sich größere Differenzen (bis über 5%). Hypochloritlösungen, wie Chlorkalk und Eau de Javelle, sind nicht in allen Fällen verläßlich. Am besten überzeugt man sich durch Prüfen des Gasrestes an mit Silberlösung betupftem Papier von der Vollständigkeit der Absorption. Hypochlorit ist bei Anwesenheit von Äthylen in Gasgemischen zur Absorption unbrauchbar.

II. Absorption mit nachfolgender gewichtsanalytischer oder maßanalytischer Arsenbestimmung.

Nach erfolgter Absorption (wie unter I s. oben) durch Chlor- oder Bromwasser wird mit Ammoniak übersättigt und unmittelbar auf ein geeignetes Volumen eingedampft (wenn die Menge der vorhandenen Salze ein entsprechendes Einengen unmöglich macht, wird das Arsen durch Destillation nach 1 II, s. oben, abgetrennt). Anschließend kann die Arsensäure als Magnesiumammoniumsalz gefällt oder titrimetrisch ermittelt werden. War mit gemessenen Mengen Jod-Jodkaliumlösung oder Hypochlorit absorbiert worden, wird die Absorptionsflüssigkeit mit einer bekannten Menge an 0,1 n arseniger Säure versetzt und der Überschuß, der mindestens 5 cm³ betragen soll, wie üblich mit Jodlösung in bicarbonatalkalischer Lösung zurücktitriert. Der Verbrauch von 1 AsH_3 beträgt 8 J oder 4 NaOCl [RECKLEBEN und LOCKEMANN (b)].

III. Bestimmung geringer Mengen Arsenwasserstoff in großem Gasvolumen (Bestimmung von Arsenwasserstoff in Leuchtgas).

Das Gas wird in langsamem Strom (1 l in 20 Min.) durch Brom geleitet, welches man mit Wasser überschichtet hat. Bei geeigneter Anordnung kann der Versuch selbst tagelang ohne ständige Aufsicht fortgeführt werden. Die Bestimmung erfolgt dann wie S. 188 beschrieben gravimetrisch oder titrimetrisch. Geringste Mengen werden in der Weise bestimmt, daß man das Brom mit überschüssigem Ammoniak einengt und diese Lösung direkt in einen MARSH-Apparat bringt, worauf das Arsen in Spiegelform (Auswertung durch Vergleich oder Mikrowägung) abgeschieden wird. Gegebenenfalls kann das Arsen vorher durch eine Fällung mit EisenIII-hydroxyd in der Kälte abgetrennt und dann im MARSH-Apparat weiterverarbeitet werden.

Von LOCKEMANN (h) wird später noch folgende Vorschrift zur Arsenwasserstoffbestimmung in Leuchtgas angegeben: Man läßt das Gas durch 2 Waschflaschen streichen, von denen die erste, engere, mit 30 g Brom (mit Wasser überschichtet), die zweite, mit breiter Bodenfläche, zur Absorption von Bromdämpfen mit einem Gemisch von Kaliumhydroxyd und Ammoniak beschickt ist. Nach Entfärbung der ersten Waschflasche werden neuerlich 30 g Brom vorgelegt. Nach Beendigung des Durchleitens (im Arbeitsbeispiel wurden 357 l durchgeleitet) werden die Füllungen der ersten Waschflasche zusammen in einer Porzellanschale auf dem Wasserbad eingedampft. Der dunkle Rückstand wird tropfenweise mit 15 cm^3 eines Säuregemisches aus 9 Teilen rauchender Salpetersäure und 1 Teil konzentrierter Schwefelsäure versetzt, mit 20 cm^3 einer 23%igen Lösung von Natrium-Kaliumnitrat eingedampft und geschmolzen. In der Lösung der Schmelze wird dann die Arsenbestimmung durchgeführt (s. C 1, S. 197).

Bemerkungen. BRUNN trennt Arsenwasserstoff aus Gasgemischen (H_2S!) durch Leiten über trockenes elementares Jod ab.

3. Bestimmung unter Absorption mit Jodsäure bzw. Jodat.

Bestimmung von Arsenwasserstoff in Gasgemischen nach RECKLEBEN und LOCKEMANN (a).

I. Gasvolumetrisches Verfahren.

Die Bestimmung erfolgt mit Hilfe der unter 1, S. 187 beschriebenen Methodik.

Arbeitsweise. Als Absorptionsmittel eignet sich eine Lösung von Jodsäure (etwa 7%ig), Bijodat oder angesäuerte Jodatlösung. Neutrales Jodat muß zuvor durch minimale Spuren Jod oder Silbernitrat aktiviert werden.

Genauigkeit. Die Abweichungen im Vergleich mit den unter Verwendung anderer Absorptionsmittel erhaltenen Werten betragen etwa 1% (Mittelwert aus mehreren Versuchen). In einzelnen Fällen ergaben sich Unterschiede bis zu etwa 4%.

II. Maßanalytische Bestimmung der ausgeschiedenen Jodmenge.

Nach RECKLEBEN und LOCKEMANN (b) verläuft die Reaktion in saurer Lösung nach der Gleichung: $5AsH_3 + 8HJO_3 = 5H_3AsO_4 + 8J + 4H_2O$. In neutraler Lösung wird neben Jod auch Kaliumjodid gebildet, etwa nach der Gleichung: $2AsH_3 + 3KJO_3 = 2KH_2AsO_4 + KJ + 2J + H_2O$. Da Kaliumdihydrogenarsenat aber als schwache Säure wirkt, bildet sich etwas mehr Jod als der angeführten Gleichung entspricht (beim Ansäuern setzt sich bekanntlich Kaliumjodid und Jodat unter Abscheidung von freiem Jod um).

Arbeitsvorschrift. Der Arsenwasserstoff wird wie unter I, s. oben, mit Jodsäurelösung absorbiert. Zur Titration verfährt man nun in der Weise, daß das in Freiheit gesetzte Jod mit Chloroform ausgeschüttelt und dann titriert wird.

4. Bestimmung unter Absorption mit Bromat.

Absorption mit nachfolgender maßanalytischer Bestimmung nach KUBINA.

Die Reaktion verläuft bei genügendem Überschuß an Bromsäure nach den Gleichungen:

$$8\,BrO_3' + 5\,AsH_3 = 5\,AsO_4''' + 8\,Br + 7\,H^{\cdot} + 4\,H_2O;$$
$$AsH_3 + 8\,Br + 4\,H_2O = AsO_4''' + 8\,Br' + 11\,H^{\cdot}.$$

Apparatur. Die Bestimmung wird in einer Flasche mit eingeschliffener Hahncapillare nach TREADWELL und MAYR durchgeführt.

Arbeitsvorschrift. Ein Überschuß an 0,1 n Bromatlösung wird in der Flasche mit 10 cm³ 10%iger Kaliumbromidlösung versetzt. Die Flasche wird evakuiert, worauf zuerst das Gas und dann 25 cm³ Schwefelsäure (1:5) eingesaugt werden. Man schüttelt mindestens 5 Min. gut durch und setzt anschließend einen Überschuß an 0,1 n Arsenitlösung zu. Schließlich wird der nicht verbrauchte Teil der arsenigen Säure mit 0,1 n Bromatlösung, die auf 0,1 n Arsentrichloridlösung eingestellt worden war, zurücktitriert.

Genauigkeit. In Gasgemischen von 13,63 bis 90,72 cm³ konnten 3,95 bis 36,20 cm³ Arsenwasserstoff in den meisten Fällen auf weniger als 0,2 cm³ genau gefunden werden (die theoretischen Werte wurden aus dem durch Absorption mit 5%iger neutraler Silbernitratlösung ermittelten Gehalt des Gases an Arsenwasserstoff errechnet). Unter ungünstigen Bedingungen kann eine Entflammung im Reaktionsgefäß auftreten. Infolge thermischer Zersetzung von AsH_3 in Arsen und Wasserstoff wird danach ein zu geringer Bromatverbrauch gefunden.

5. Bestimmung unter Absorption mit Jodmonochlorid.

Die Absorption mit nachfolgender maßanalytischer Bestimmung nach KUBINA wurde § 9, S. 140 beschrieben.

6. Bestimmung unter Absorption mit Salpetersäure.

Bestimmung von Arsenwasserstoff in Luft nach RASCHKOWAN.

Arbeitsvorschrift. Ein gemessenes Volumen der arsenwasserstoffhaltigen Luft wird in eine Flasche gebracht, in der sich 10 cm³ Salpetersäure (D 1,4) befinden. Man schüttelt wiederholt durch und läßt die Lösung bis zum nächsten Tag stehen[1]. Die Lösung wird dann in einer Porzellanschale auf dem Wasserbad zur Trockne verdampft und der Rückstand mit heißem Wasser in Lösung gebracht. In einem Teil der Lösung wird das Arsen mit Hilfe der Molybdänblaureaktion bestimmt. Nach dieser Methode können bis 0,02 γ AsH_3 in Luft bestimmt werden.

Bemerkungen. Die Bestimmung von Arsenwasserstoff neben Phosphorwasserstoff in Luft wird von GUREWITSCH und RASCHKOWAN in der Weise durchgeführt, daß beide Gase vorerst durch Salpetersäure absorbiert werden. Ein aliquoter Teil der Säure wird eingedampft, der Rückstand 2mal mit Wasser abgedampft und schließlich mit Wasser aufgenommen. Zur Bestimmung des Arsens wird die Hälfte dieser Lösung mit Zink und Schwefelsäure reduziert und der entweichende Arsenwasserstoff in 2 mit Salpetersäure (D 1,4) beschickte Vorlagen (mit Glasfrittenplatten) geleitet. Nach Eindampfen der Säure wird das Arsen wie oben colorimetriert.

7. Bestimmung unter Absorption mit CerIV-sulfat.

Absorption mit nachfolgender titrimetrischer Bestimmung nach MANNELLI.

Die Reaktion erfolgt nach dem Schema:

$$8\,Ce(SO_4)_2 + AsH_3 + 4\,H_2O = 4\,Ce_2(SO_4)_3 + H_3AsO_4 + 4\,H_2SO_4.$$

Ausführung. Ein abgemessenes Gasvolumen wird in eine teilevakuierte MAYERsche Flasche gesaugt, in der sich ein Überschuß an 0,1 n CerIV-sulfat-Lösung sowie als Katalysator 1 cm³ gesättigte wäßrige Jodlösung befindet. Man

[1] Nach RECKLEBEN und LOCKEMANN (b) wird Arsenwasserstoff aus einem Gasgemisch von 25%iger Salpetersäure schon nach 10 Min. langem Schütteln quantitativ aufgenommen.

schüttelt 2 bis 3 Min. (nach dieser Zeit ist die Absorption beendet) und titriert das unverbrauchte CerIV-salz mit einer Lösung von MOHRschem Salz (Ferrophenanthrolin als Indicator) zurück.

Bemerkungen. Bei diesem Verfahren soll eine Selbstentzündung des Arsenwasserstoffes, wie sie bei der Absorption in Bromatlösung (s. 4, S. 190) vorkommen kann, ausgeschlossen sein.

8. Bestimmung unter Absorption mit Cadmiumacetat.

WILMET schlägt zur Analyse eines Gasgemisches, enthaltend H_2S, CO_2, AsH_3, PH_3 und C_2H_2, Cadmiumacetat als Absorptionsmittel für Arsenwasserstoff vor, nachdem Schwefelwasserstoff durch Zinkacetat und Kohlensäure durch Kali entfernt worden ist. Phosphorwasserstoff wird anschließend durch Selenigsäureanhydrid und Acetylen durch alkalische Kaliumquecksilberjodidlösung absorbiert.

Als Reagens dient eine 80%ige Lösung von Cadmiumacetat. Die Reaktion verläuft langsam, und man muß das Ende der Absorption durch Prüfung des Gasgemisches mit einem Tropfen frischer Reagenslösung, der dabei keine Dunkelfärbung mehr zeigen darf, feststellen.

Genauigkeit. In einem Gasgemisch wurden statt 15,6, 2,9 und 1,6% Arsenwasserstoff 15,5, 2,8 und 1,5% gefunden (nach Anbringung von Korrekturen für die Löslichkeit in den anderen Absorptionsmitteln).

9. Adsorption durch Aktivkohle.

Bestimmung von Arsenwasserstoff in Gasen nach LOCKEMANN (h).

(Das Verfahren eignet sich besonders zur Bestimmung von AsH_3 in Wasserstoff.)

Vorbereitung der Adsorptionskohle. Die Kohle wird zur Entfernung darin enthaltener Arsenspuren mit arsenfreier Natronlauge ausgekocht und anschließend in der Wärme mit verdünnter Schwefelsäure behandelt. Man wäscht mit heißem Wasser gut nach und trocknet.

Erforderliche Lösungen. Eisenalaunlösung. Durch Lösen von 225 g krystallisiertem Eisenammoniumsulfat in 1 l Wasser wird eine 1,4 n Lösung hergestellt. 1 cm^3 entspricht 50 mg Eisenhydroxyd.

Ammoniaklösung. Man bereitet eine 1,4 n Lösung von Ammoniak.

Absorption. Das Gas wird in langsamem Strom durch ein mit Adsorptionskohle (z. B. 10 g) gefülltes Rohr geleitet.

Isolierung des Arsens aus der Kohle. Die Aufarbeitung von 10 g der Adsorptionskohle geschieht in folgender Weise: Die aus dem Rohr entfernte Kohle wird in einer Porzellanschale mit 20 cm^3 reiner 1 n Natronlauge versetzt und $^1/_2$ Std. auf dem Wasserbad erwärmt oder vorsichtig über freier Flamme erhitzt. Man gießt die Natronlauge durch ein Filter in eine Porzellanschale und erwärmt die Kohle mit 20 cm^3 1 n Schwefelsäure kurze Zeit. Man filtriert durch das gleiche Filter in die gleiche Porzellanschale und wäscht mit heißem Wasser nach. Das neutrale Gemisch von Lauge und Säure wird in einem Becherglas nach dem Abkühlen mit 3 cm^3 Eisenlösung und unter Umrühren mit 3 cm^3 Ammoniak versetzt. Das ausgefällte Eisenhydroxyd wird abfiltriert, auf dem Filter in 20 cm^3 3 n Schwefelsäure gelöst und zur Feststellung des Arsengehaltes im MARSH-Apparat verwendet (man nimmt einen aliquoten Teil, der 5 bis 10 γ Arsen enthält, und vergleicht mit Normalspiegeln).

Bemerkungen. Versuche, bei denen ein mit 10 g Kohle gefülltes Adsorptionsrohr bei der Bestimmung bekannter Arsenmengen in den MARSH-Apparat zwischen Trockenrohr und Glührohr geschaltet wurde, ergaben keine Arsenspiegel. Der Arsenwasserstoff war also quantitativ zurückgehalten worden. Auch zeigten Versuche, daß alles Arsen auf die beschriebene Weise wiedergefunden werden kann. Die Methode ist zur Analyse von Leuchtgas ungeeignet. Es ergeben sich dabei, vermutlich infolge Vergiftung der Kohle durch schwere Kohlenwasserstoffe, zu tiefe Werte. Zur Leuchtgasanalyse erwies sich, wie bereits erwähnt, Brom als das beste Absorptionsmittel.

10. Sonstige Bestimmungsmethoden für Arsenwasserstoff in Gasgemischen.

WINOGRADOW und TICHWINSKAJA bestimmen den Arsengehalt in Gasen der Kontaktschwefelsäurefabrikation nach Absorption der Gase in 10 bis 30%iger Natronlauge (unter Anwendung von 4 Waschflaschen) durch 2- bis 3stündige Reduktion der alkalischen Lösung mit arsenfreiem Aluminium im Dunkeln und Auffangen des Arsenwasserstoffes in 10 cm^3 0,01 n Silbernitrat nach MAI und HURT (s. D, S. 247).

VOURNASOS zersetzt in dem über Quecksilber in einer Glocke befindlichen Gasgemisch den Arsenwasserstoff durch heißes Zinn. Das gebildete Arsenzinn wird sorgfältig gesammelt und in der Glocke selbst mit Salpetersäure behandelt, die man tropfenweise zugibt. Die Flüssigkeit wird auf dem Wasserbad zur Trockne eingedampft, der weiße arsenhaltige Rückstand im Verbrennungsrohr mit einem Strom von Schwefelwasserstoff behandelt (man erhitzt zuerst wenig, später bis zur beginnenden Rotglut) und das abdestillierende Arsensulfid in Ammoniakwasser aufgefangen. Das am Ende des Rohres abgesetzte Arsensulfid wird nach Abschneiden des Rohrteiles ebenfalls in Ammoniak gelöst und mit der Hauptmenge in der Vorlage vereinigt. Der Verfasser fällt das Arsensulfid durch Ansäuern, oxydiert es mit Königswasser und fällt schließlich als Magnesiumammoniumarsenat. Aus der gefundenen Arsenmenge wird der ursprünglich vorhandene Arsenwasserstoff berechnet.

In MUSPRATTS Chemie (s. RECKLEBEN, LOCKEMANN und ECKARDT) ist eine Methode zur Bestimmung von Arsenwasserstoff angegeben, bei der das Gas in Abwesenheit von Sauerstoff über erhitzten Platinasbest geleitet wird. Aus der Volumzunahme oder dem abgeschiedenen Arsen kann die ursprünglich vorhanden gewesene Menge Arsenwasserstoff ermittelt werden.

Nach BJERRUM kann Arsenwasserstoff mit Hilfe von Reagenspapier durch Vergleich der Verfärbung mit Standardfarbtafeln erfaßt werden (Giftgasanzeiger).

B. Der Arsenwasserstoff wird aus Arseniden in Freiheit gesetzt.

Gasanalytisches Verfahren zur Analyse von Calciumarsenid von THOMS und HESS (die Absorption erfolgt mit Kupferchlorid).

Apparatur. An das zur Messung des Gasvolumens dienende Azotometer ist durch einen Gummischlauch ein Entwicklungskölbchen angeschaltet. Das Azotometer ist andererseits mit Hilfe eines Capillarschlauches mit einer Absorptionspipette verbunden. Das Entwicklungskölbchen trägt einen mit durchbohrtem Stopfen verschlossenen seitlichen Tubus. Durch den Tubusstopfen führt ein Glasstäbchen, an dem mit Gummistopfen ein kurzes Wägegläschen befestigt ist, in welches zur Bestimmung das zu analysierende Arsenid in fein gepulverter Form und darüber Quarzsand gebracht wird (das darin verbleibende Luftvolumen wird vorher in einem Versuch bestimmt, bei dem Wasser aus einer Bürette in das mit feinem Sand gefüllte Wägegläschen getropft wird).

Ausführung der Bestimmung. Die Absorptionspipette wird mit Kupferchlorid beschickt und der capillare Verbindungsschlauch zum Azotometer mit Kupferchlorid gefüllt. Azotometer, Entwicklungskölbchen und sonstige Schlauchverbindungen werden mit konzentrierter arsenwasserstoffgesättigter Natriumchloridlösung gefüllt. Nachdem alle Luftblasen aus der Apparatur entfernt sind, wird das Wägegläschen durch entsprechende Bewegung des Glasstabes gegen die Wand des Kolbens losgestoßen, und es beginnt durch den Zutritt des Wassers sofort die Zersetzung des Arsenids. Arsenwasserstoff und Wasserstoff sammeln sich im Azotometer, werden gemessen und nach Übertreiben in die Gaspipette mit der Kupferchloridlösung kräftig geschüttelt, bis der Arsenwasserstoff völlig absorbiert ist. Der Gasrest wird in die Bürette zurückgesaugt und sein Volumen bestimmt. Unter Berücksichtigung von Temperatur, Druck und Wasserdampftension der Kochsalzlösung wird der Arsenwasserstoffgehalt des Gasgemisches berechnet.

C. Der Arsenwasserstoff wird mit Hilfe von Metallen entwickelt.

Vorbemerkungen. MARSH verwendete zur Wasserstoffentwicklung Zink und Schwefelsäure. Verschiedentlich wurde jedoch später über die Verwendung von Salzsäure zu diesem Zwecke berichtet, z. B. von BECKURTS (a), SCHMIDT, REICHARDT, HARKINS, RIND, COLLEY und LOCKWOOD, SANGER und BLACK, BECK und MERRES, LACHELE, WINTERFELD, DÖRLE und RAUCH, und NITSCHE. Besonders für colorimetrische Methoden nach GUTZEIT wird vielfach Salzsäure verwendet, da sie den Vorteil bietet, daß keine Störung durch Schwefelwasserstoff auftreten kann, sofern die Probe nicht selbst reduzierbare Schwefelverbindungen enthält. Wegen der Trägheit, mit der manche Zinksorten reagieren, wurden verschiedene Aktivierungsmethoden versucht, wobei zuweilen die widersprechendsten Beobachtungen veröffentlicht wurden [THIELE, GAUTIER (b, c, d, e), BERTRAND (b), CHAPMAN und LAW (a, b), CHAPMAN, JADIN und ASTRUC, STRZYZOWSKY, PEDERSEN, LOCKEMANN (a, c), DE VAMOSSY, MAI und HURT (a), BISHOP, HARKINS, THOMSON (b), CHAIT (a, b), BIRCKENBACH, DIEMAIR und FOX, ALLCROFT und GREEN, HOW, NIKOLAJEW, VITALI (a), HILLEBRAND und LUNDELL, BARNES, CLARKE, DECKERT (a), HÜNERBEIN, MOREAU und VINET, GREAVES, STROCK, HOLLINS, F. P. TREADWELL (a), SWESCHNIKOW und SMIRNOWA, BLOEMENDAL, GRIFFON und BUISSON (b), LEHMANN, SANGER und BLACK, MÜHLSTEPH, HEFTI, SCHRÖDER und LÜHR, LACHELE].

Zur Frage der Aktivierung ist zu beachten, daß eine intensivere Wasserstoffentwicklung nicht in allen Fällen zu einer Verstärkung der Arsenwasserstoffentwicklung führen muß. Eingehende Untersuchungen über die Geschwindigkeit der Wasserstoffentwicklung in Abhängigkeit von der vorhandenen Arsenmenge liegen von GRIFFON und BUISSON (a) vor.

Verschiedene Literaturangaben finden sich außerdem bezüglich der Brauchbarkeit anderer Metalle (Sn, Mg, Al) zur Wasserstoffentwicklung [BODNÁR, SZÉP und CIELESZKY (a, b), BRINN, DRAPER, MAYRAND, KOHN-ABREST, BOLOTOW, LURJE, STENBERG, REITH (a)], wobei vereinzelt auch Aluminium in alkalischer Lösung zur Erzeugung von Wasserstoff verwendet wurde (WINOGRADOW und TICHWINSKAJA, WINOGRADOW und JEFREMOWA). KOSLOWSKI, WAGAPOWA und SAWALISCHTSCHEWA haben Versuche unternommen, die Reduktion des Arsens mit 0,79%igem Natriumamalgam und mit metallischem Aluminium in saurer und alkalischer Lösung durchzuführen. Das Natrium enthielt nur spektroskopisch nachweisbare Verunreinigungen, das Aluminium nur Silicium, Eisen und Kupfer. In saurer und alkalischer Lösung werden aus 1 bis 4 mg $As^{\cdots}$ 80 bis 95% als Arsin gefunden, bei größeren Mengen weniger. Die Versuche zeigen aber bessere Konstanz der Ausbeute als bei Anwendung von Zink. Fünfwertiges Arsen wird in alkalischer Lösung nicht reduziert. Reduktion mit Natriumamalgam in saurer Lösung zeigt noch bessere Konstanz als die mit Aluminium, ist also zu empfehlen. Überhaupt zeichnet sich das zu dieser Methode erschienene Schrifttum durch besondere Fülle aus, und die Uneinheitlichkeit der Ergebnisse wirkt äußerst verwirrend.

Wegen der Empfindlichkeit der Methode (s. Allgemeines) müssen die verwendeten Reagenzien arsenfrei sein, bzw. ihr Arsengehalt muß unter der Erfassungsgrenze der betreffenden Methode liegen oder darf nur eine geringfügige Korrektur erfordern. Angaben über die Reinigung von Zink, Salzsäure, Schwefelsäure, Salpetersäure, Wasserstoff u. a. finden sich z.B. bei LOCKEMANN (a, h, i, j, k), LING und RENDLE, BEAL und SPARKS, VAN RIJN (a), BISHOP, HARKINS, GAUTIER (g), FOKINA, BILLETER (a), BILLETER und MARFURT, VAN ITALLIE, BECKURTS (b).

Die quantitative Überführung in Arsenwasserstoff wird durch Anwesenheit von organischer Substanz, Eisen, Quecksilber, Platin und Kupfer, nach Angabe einzelner Autoren auch Kobalt, Nickel, Silber und Palladium bzw. deren Salzen im Entwicklungskolben erschwert oder verhindert. Nach NIKOLAJEW (b) hemmen zweiwertiges Quecksilber und zweiwertiges Platin die Arsin-Entwicklung besonders stark. Zweiwertiges Zinn und Magnesium sind ohne Einfluß. Nach REITH (b) stören außerdem Wismut und Selensäure. Antimon kann durch nascierenden Wasserstoff ebenfalls in die flüchtige Wasserstoffverbindung übergeführt werden und darf daher im allgemeinen nicht anwesend sein oder muß anschließend abgetrennt werden. Seine Gegenwart beschleunigt nach CATOGGIO aber die Entwicklung des Arsins. Auch große

Mengen unlöslicher Substanz im Entwicklungskolben (Calciumsulfat) beeinträchtigen die quantitative Bestimmung [BARTHE und MASSY, GRIFFON und BUISSON (b)]. Zur Ausschaltung störender Substanzen ist je nach den Umständen das Arsen durch Destillation, durch Adsorptionsfällung mit Eisenhydroxyd (Aluminiumhydroxyd) oder auf andere Weise vor der Reduktion abzutrennen. Organische Substanz wird zerstört. Daneben existieren zahlreiche Arbeitsvorschriften, bei denen durch Modifikation der Versuchsbedingungen im jeweils speziellen Fall eine Aufhebung des störenden Einflusses bewirkt werden kann.

Sowohl ArsenIII als auch ArsenV läßt sich durch nascierenden Wasserstoff in Arsenwasserstoff überführen, wobei allerdings die Reduktion von ArsenV nach Angabe der meisten Autoren wesentlich längere Zeit erfordert.

1. Bestimmung des Arsens nach dessen quantitativer Abscheidung in elementarer Form.

I. Bestimmung durch Vergleich mit einer Standardskala.

Bemerkungen zu den Grundlagen des Verfahrens. Die MARSH-LIEBIGsche Methode des Arsennachweises erlaubt eine quantitative Schätzung der erzeugten Spiegel. Unter Verwendung einer mit bekannten Mengen Arsen hergestellten Skala läßt sich daher bei Einhaltung genau festgelegter Bedingungen eine quantitative Bestimmung durchführen. Allerdings weist diese Methode auch bei äußerster Sorgfalt einige Unsicherheiten auf, da z. B. die Färbung der Spiegel, die mit der Teilchengröße zusammenhängt, sowie die durch den Spiegel bedeckte Glasoberfläche die Schätzung wesentlich beeinflussen. So bestätigte ACKROYD auf Grund seiner Untersuchungen über verschieden gefärbte Spiegel die Berechtigung der Forderung, daß nur gleichmäßig braune Spiegel verglichen werden dürfen. MURPHY verwies darauf, daß Zinkkorngröße und Schwefelsäurekonzentration einen wesentlichen Einfluß auf die in einer bestimmten Zeit entstehenden Spiegel ausübt. Er schlug daher die parallele Durchführung von 3 ganz gleichartig ausgeführten MARSH-Proben vor, wobei in einem Apparat ein Blindversuch mit den Reagenzien, im 2. Apparat eine Bestimmung mit der in einem Vorversuch ermittelten Menge arseniger Säure und im 3. Apparat endlich der eigentliche Versuch durchgeführt werden sollte. Auf eine weitere Schwierigkeit haben in jüngerer Zeit COLLEY und LOCKWOOD aufmerksam gemacht, die bei Verwendung von zu konzentrierter Salzsäure störende Zinkspiegel beobachteten. Sie setzen daher dem Zink die gleiche Gewichtsmenge Wasser zu und lassen dann erst die Salzsäure (D 1,1) zutropfen. Die Möglichkeit einer Störung durch eine flüchtige Zinkverbindung beim Arbeiten in salzsaurer Lösung wurde übrigens auch schon von GAUTIER (c) und BECKURTS (a) bzw. später von RIND diskutiert.

a) Bestimmung sehr geringer Arsenmengen in organischem Material nach LOCKEMANN (e).

Apparatur. Als Entwicklungsgefäß dient eine 100 cm^3 fassende weithalsige Glasflasche *a* mit 3fach durchbohrtem Gummistopfen *b* (ein eingeschliffener Glaseinsatz ist weniger empfehlenswert, da bei etwaigem Einfetten Fett auf die Oberfläche der im Entwicklungskolben befindlichen Lösung gelangen kann, was das Entweichen der entwickelten Gase wesentlich behindert), durch dessen Bohrungen der Meßhahntrichter *c*, ein Steigrohr *d* und das Trockenrohr *e* in die Entwicklungsflasche reichen. Der Hahn des Meßhahntrichters *c* darf nur sehr schwach beiderseits der Bohrung gefettet werden. Das unten abgeschrägte Steigrohr *d* sitzt am Boden auf, das obere Ende (etwa 5 cm) ist derart schräg nach abwärts gebogen, daß gegebenenfalls austretende Flüssigkeit (z. B. bei Zuschmelzen der Glühröhre) in den Meßhahntrichter fließt. Das Trockenrohr *e* hat sehr nahe dem mit einem Gummistopfen *f* verschlossenen Ende ein Ansatzrohr *g* (der tote Raum, in dem Luft zurückbleiben kann, wodurch dann während der Bestimmung Wassertröpfchen hinter der Glühstelle auftreten könnten, soll möglichst klein sein). Zum Trocknen des Gasgemisches wird krystallisiertes Calciumchlorid verwendet, das gegenüber anderen Trockenmitteln bedeutende Vorteile aufweist (s. Allgemeines). Zur Vermeidung scharfer Kanten, die Arsenwasserstoff durch physikalische Einwirkung zersetzen können, füllt man das Trockenrohr der Länge nach zu etwa $^2/_3$ des Querschnittes mit Calciumchloridkrystallen, verschließt es mit dem Gummistopfen *f*, bringt es durch Aufsetzen von *b* auf *a* in waagrechte Lage und erwärmt gelinde mit fächelnder Flamme

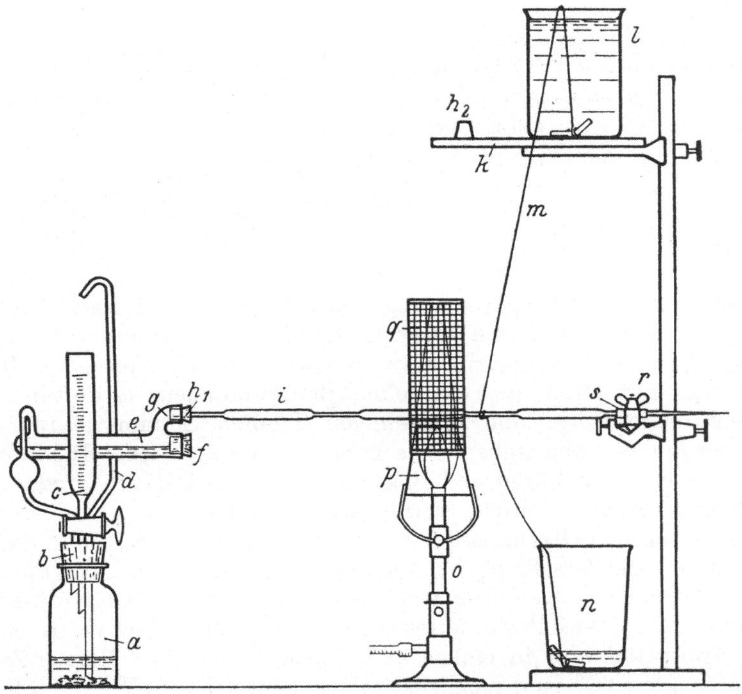

Abb. 1. Anordnung nach LOCKEMANN.

bis zum beginnenden Schmelzen, wobei die Krystalle zusammenfließen. Die entstehende glatte Oberfläche genügt zum Trocknen der darüberstreichenden Gase. Durch Aufnahme der Feuchtigkeit entsteht nach und nach eine dickflüssige Schicht, die jeweils in einer Versuchspause abgelassen wird. Bei Nichtgebrauch verschließt man das Ansatzrohr zum Schutz gegen die Luftfeuchtigkeit mit dem undurchbohrten Stopfen h_2. Mit Hilfe des durchbohrten Gummistopfens h_1 wird die Glühröhre *i* an das Trockenrohr angeschlossen. Das andere Ende von *i* wird mit Fließpapier *s* umwickelt und durch die in entsprechender Höhe eingestellte Stativklammer *r* gehalten. Die sog. „Arsendoppelröhren" nach LOCKEMANN (g) sind etwa 42 cm lang und weisen 4 Glühstellen auf, die bei jeweiligem Umdrehen für 3 bis 4 Spiegel verwendet werden können. Da Arsenspiegel durch Überleiten von Wasserstoff verhältnismäßig leicht wieder verflüchtigt werden können, darf der Arsenwasserstoff führende Gasstrom keinen Spiegel passieren, bevor er zur Glühstelle gelangt, widrigenfalls der neu entstehende Spiegel größere Mengen anzeigen würde, als dem tatsächlichen Gehalt der Probe entspricht. Zur Herstellung der Glühröhren muß eine Glassorte Verwendung finden, die 2stündiges Erhitzen in der Bunsenbrennerflamme aushält, ohne zusammenzuschmelzen, z. B. Röhren aus SCHOTTschem

Supremaxglas von 5 mm innerem und 8 mm äußerem Durchmesser [LOCKEMANN (e)].

Nach LOCKEMANN (e) erweist sich folgende Reihenfolge in der Benutzung der Glühstellen als zweckmäßig: Glühstelle *III* (bei *d*), nach Umdrehen Glühstelle *IV* (bei *e*). Nach neuerlichem Umdrehen Glühstelle *I* (bei *b*). Glühstelle *II* (bei *c*) könnte nach Umdrehen und Vertreiben der in *III* und *IV* vorhandenen Spiegel ebenfalls noch verwendet werden. In Fällen, wo es sich um den Nachweis geringster Spuren (unter 1 γ) handelt, ist das aber nicht zulässig. Beim Umdrehen des Rohres wird der capillare Ansatz entfernt und der Rand rundgeschmolzen. Am anderen Ende des Rohres wird dann eine entsprechende Capillare gezogen (Abb. 2).

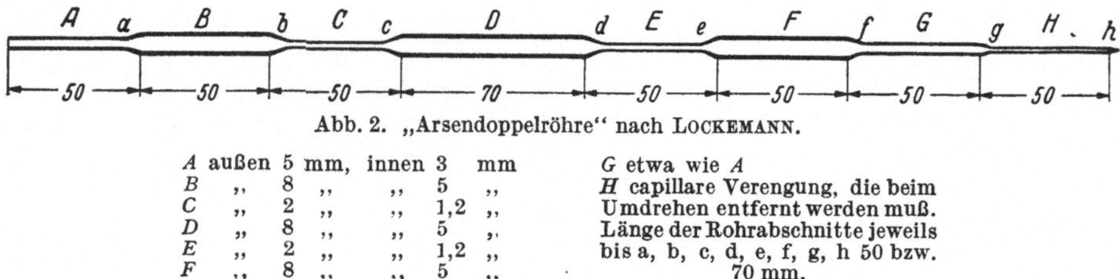

Abb. 2. „Arsendoppelröhre" nach LOCKEMANN.

A	außen 5 mm,	innen 3 mm		*G* etwa wie *A*
B	„ 8 „	„ 5 „		*H* capillare Verengung, die beim
C	„ 2 „	„ 1,2 „		Umdrehen entfernt werden muß.
D	„ 8 „	„ 5 „		Länge der Rohrabschnitte jeweils
E	„ 2 „	„ 1,2 „		bis a, b, c, d, e, f, g, h 50 bzw.
F	„ 8 „	„ 5 „		70 mm.

Die Kühlvorrichtung zur Erlangung scharf abgegrenzter Spiegel besteht aus einem hochgestellten Becherglas *l* von 300 cm³ Inhalt (Abb. 1), das auf einem 10 cm breiten und 18 cm langen, in 40 cm Höhe auf einem Stativring montierten Brett *k* steht und aus dem mit Hilfe eines doppelten Baumwollfadens *m* destilliertes, vorteilhafterweise eisgekühltes und mit einigen Tropfen Sublimatlösung sterilisiertes Kühlwasser in das unten stehende Becherglas *n* gesaugt wird. (Die Sublimatlösung soll das Ansetzen von Pilzen und Bakterien in den Kühlfäden, wodurch diese ihre Saugfähigkeit verlieren würden, verhindern.) Der Kühlfaden wird im Becherglas *l* mit einem gebogenen Glasstabstück beschwert, um ein Aufsteigen in der Flüssigkeit zu verhindern. Die Zersetzung des Arsenwasserstoffes erfolgt mit Hilfe des Bunsenbrenners *o* der einen Kamin *p* trägt, auf den dann das Kupferdrahtnetz *q*, das 2 Ausschnitte für das Glührohr aufweist, aufgesetzt wird. Zur Vertreibung der Luft aus der Apparatur wird in einem KIPP-Apparat aus einer Kupfer-Zinklegierung (10% Kupfer) mit 20%iger, möglichst reiner Schwefelsäure Wasserstoff entwickelt, der nach Passieren eines mit Aktivkohle gefüllten Trockenturmes durch das Steigrohr in die Apparatur eingeleitet wird. Bequemer ist es, den Wasserstoff aus einer Bombe mit Reduzierventil zu entnehmen und auf gleiche Weise zu reinigen[1].

Zerstörung der organischen Substanz nach LOCKEMANN (a). 20 g Fleisch werden in einer Porzellanschale mit einigen Kubikzentimetern einer Mischung von 10 Teilen rauchender Salpetersäure und $^1/_2$ bis 1 Teil konzentrierter Schwefelsäure übergossen und auf dem Wasserbad erwärmt. Etwa 5 cm³ des Säuregemisches verwandeln die Masse in eine dicklölige gelbliche Flüssigkeit. Bei Zusatz von zuviel Säure kann plötzliche Verkohlung und damit ein Verlust an Arsen eintreten. Man verwendet daher 10 bis 20 cm³ des Säuregemisches, die man in Anteilen von je 1 bis 2 cm³ jeweils dann zusetzt, wenn die Entwicklung von braunen Dämpfen aufgehört hat. Die Masse wird schließlich dunkelgelb und bei längerem Erhitzen auf dem Wasserbad braun. Das Zersetzungsprodukt wird nun mit einer konzentrierten wäßrigen Lösung von 30 g einer Mischung gleicher Teile von Natrium- und Kaliumnitrat verrührt und eingedampft. Der citronengelbe fein krystalline Rückstand von etwa 35 g, der die noch vorhandene organische Substanz mit Salpeter innig gemischt enthält, wird zur Vollendung der Oxydation allmählich messerspitzenweise in einen Platintiegel eingetragen, der 5 g geschmolzener Nitratmischung enthält. (Man kann auch mit 20 g Nitrat eindampfen, wenn man später in eine Schmelze von 10 g Nitrat einträgt.) Man wartet mit jedem weiteren Zusatz, bis die Oxydation der Kohlenstoffverbindungen, die bei möglichst kleiner Flamme ruhig und höchstens gegen Schluß unter

[1] Verschiedentlich wurde auch vorgeschlagen, die Luft durch Einleiten von Kohlendioxyd, bzw. einem Gemisch von Wasserstoff und Kohlendioxyd zu verdrängen [BERTRAND (c), STRZYZOWSKI, BERNTROP (a)].

geringer Feuererscheinung verläuft, vollendet ist, und erhitzt, nachdem alles eingetragen ist, noch kurze Zeit mit voller Flamme. Nach dem Erkalten wird die Schmelze in Wasser gelöst. Wurden kleinere Materialmengen zerstört, kann nach Abrauchen mit Schwefelsäure die Lösung unmittelbar im MARSH-Apparat untersucht werden (die Salpetersäure muß jedenfalls quantitativ entfernt werden, da sie die Arsenwasserstoffentwicklung stört; außerdem können bei nicht quantitativer Entfernung der Salpetersäure nach SCHOOFS im MARSH-Apparat heftige Explosionen erfolgen; die Abwesenheit von Nitrat wird mit Diphenylamin festgestellt). Bei Anwendung größerer Mengen an Untersuchungsmaterial machen die voluminösen Massen der zur Zerstörung notwendigen Reagenzien eine unmittelbare Verwendung der Aufschlußlösung unmöglich, und das Arsen wird durch eine Eisenhydroxydfällung abgetrennt.

Bemerkungen zur Zerstörung der organischen Substanz. LOCKEMANN (a) hält die Zerstörung der organischen Substanz nach FRESENIUS und v. BABO (mit Salzsäure und Kaliumchlorat) wegen der Schwierigkeit, arsenfreie Salzsäure zu erhalten, für unvorteilhaft. Auch die zuerst von GAUTIER (a, c, f) angegebene Zerstörungsmethode (ähnlich dem Verfahren von ORFILA bzw. CHITTENDEN und DONALDSON) mit Salpetersäure und konzentrierter Schwefelsäure, wobei schließlich die zurückbleibende Kohle mit Wasser in der Hitze extrahiert wird, lehnt LOCKEMANN ab, da durch Überhitzung und die Schwierigkeit, die Kohle quantitativ zu extrahieren, Verluste an Arsen eintreten können.

Abtrennung kleiner Arsenmengen mit Hilfe von Eisenhydroxyd nach LOCKEMANN (e). Zur Fällung befreit man die mit verdünnter Schwefelsäure schwach angesäuerte Lösung der Salpeterschmelze durch Erhitzen von Stickoxyden und Kohlensäure. Die Lösung muß dauernd schwach sauer bleiben und wird daher mit Lackmus kontrolliert. Man setzt eine gemessene Menge einer Lösung von 225 g Ferriammoniumsulfat $[FeNH_4(SO_4)_2 \cdot 12H_2O]$ in 1 l Wasser (entsprechend 1,400 n), z. B. 5 cm^3, unter Umrühren zu und kühlt das Gemisch wenn möglich durch Einsetzen in Eis. Eine Abkühlung mindestens auf Zimmertemperatur ist zur Erreichung einer guten Adsorptionswirkung notwendig. Durch Zusatz der gleichen Menge einer Ammoniaklösung etwa der gleichen Normalität (1,47 n), die man durch Verdünnen von 250 cm^3 10%iger Ammoniaklösung auf 1 l bereitet und durch Titration mit Salzsäure kontrolliert (ein Überschuß an Ammoniak wirkt nachteilig!), wird das Eisenhydroxyd unter Umrühren ausgefällt. Der Niederschlag wird abfiltriert und mit destilliertem Wasser bis zum Verschwinden der Nitratreaktion gewaschen (Tüpfelprobe mit Diphenylaminschwefelsäure auf Porzellan). Man löst auf dem Filter mit heißer 4 n Schwefelsäure und verdünnt mit der gleichen Schwefelsäure auf ein bestimmtes Volumen (40 bzw. 60 oder 100 cm^3). Die Lösung, die Eisen und Arsen in der höheren Oxydationsstufe enthält, wird im MARSH-Apparat verwendet.

Bemerkungen zur Abtrennung des Arsens. Auch GAUTIER (g) trennte kleine Mengen Arsen mit Hilfe von EisenIII-hydroxyd ab, wobei er in der Hitze fällte. Nach LOCKEMANN und PAUCKE ist aber die Adsorptionsfähigkeit des in der Kälte gefällten Eisenhydroxyds bedeutend höher (zur Adsorption von Arsen durch Eisen- und Aluminiumhydroxyd s. S. 107, Fußnote). Von verschiedenen Autoren wird nun die Ansicht vertreten, daß die Gegenwart von Eisen im Entwicklungskolben eine quantitative Überführung des Arsens in Arsenwasserstoff unmöglich mache [HEADDEN und SADLER, HARKINS, PARSONS und STEWART, MAI und HURT (a), GREAVES, CHAPMAN und LAW (a) u. a.]. Nach KOSLOWSKI und NIKOLAJEWA-KOSLOWSKAJA bewirkt schon ein Eisengehalt des Zinks von 0,14%, daß nur 44 bis 88% des Arsens in Arsenwasserstoff übergeführt werden. LOCKEMANN (a) verwendete vorerst auch Aluminiumhydroxyd zur Ausfällung der Arsenspuren, konnte aber später [LOCKEMANN (e)] bei Verwendung von Eisen für die in Frage stehenden Mengenverhältnisse keine nachteiligen Wirkungen feststellen. HILLEBRAND und LUNDELL empfehlen bei der Arsenbestimmung nach SANGER und BLACK sogar einen Zusatz von einer 0,05 bis 0,1 g FeO entsprechenden Eisenmenge, allerdings nebst etwas ZinnII-chlorid. Dieses Vorgehen ist auch vereinbar mit den Beobachtungen von HARKINS, der die schädliche Wirkung des Eisens außer durch Erhitzen des Entwicklungsgefäßes auch durch Zusatz von Zinn, Cadmium, Blei oder Wismut ausgleichen konnte.

Zur Abtrennung des Arsens aus schwermetallhaltigen Lösungen (besonders von Quecksilber) schlägt BILLETER (a) vor, aus der schwefelsauren Aufschlußlösung nach Zusatz von Natriumchlorid und Kaliumbromid das Arsen abzudestillieren. Die Salzsäure im Destillat zerstört er mit rauchender Salpetersäure [BILLETER (b)] und verwendet den Eindampfrückstand, der das Arsen in Form von Arsensäure enthält, zur Bestimmung im MARSH-Apparat.

Bemerkungen zur Wertigkeit des Arsens. Obwohl ArsenV weit langsamer in Arsenwasserstoff übergeführt wird als dreiwertiges Arsen, macht dieser Umstand bei den hier zu bestimmenden, äußerst geringen Arsenmengen (im Einzelfall nicht mehr als etwa 0,010 mg As) für die Spiegelbildung keinen Unterschied aus. HEADDEN und SADLER verlangten z. B., daß Arsen in fünfwertiger Form in den MARSH-Apparat gebracht werde. GANGL und VÁZQUEZ SÁNCHEZ geben übrigens an, daß ArsenV ebenso rasch und vollständig reduziert wird wie ArsenIII.

Abscheidung des Arsens in Form eines Spiegels. Man bringt in das Entwicklungskölbchen *a* mit Hilfe einer Pinzette 4 bis 6 etwa 1 cm lange Stückchen Stangenzink von 4 mm Durchmesser, die vorher mit 0,5%iger Kupfersulfatlösung behandelt und anschließend mit Wasser mehrmals abgespült worden waren, und läßt aus dem Meßhahntrichter *c* 10 cm³ Wasser einlaufen. Abflußrohr und Hahnbohrung müssen ganz mit Wasser gefüllt bleiben. Der Rohransatz *g* des Trockenrohres *e* wird mit dem undurchbohrten Gummistopfen h_2 verschlossen und das umgebogene Ende des Steigrohres *d* mit dem Gummischlauch der Wasserstoffzuleitung verbunden. Durch Öffnen der Wasserstoffzuleitung prüft man, ob der Apparat gasdicht ist. Wenn nach dem Druckausgleich keine Gasblasen mehr im Entwicklungskolben auftreten, schaltet man die Wasserstoffzuleitung aus und baut die Glühröhre *i* mit Hilfe des durchbohrten Gummistopfens h_1 in *g* ein. Das andere Ende der Glühröhre befestigt man in der Klammer *r*. Die Wasserstoffzuleitung wird wieder geöffnet und der Strom durch einen Schraubenquetschhahn auf 3 Blasen je Sekunde eingestellt. Nach $^1/_2$ Std. ist unter normalen Verhältnissen die Luft vollständig durch Wasserstoff verdrängt. Man stellt danach die Zuleitung ab, entfernt den Gummischlauch von dem Steigrohr und läßt aus dem Meßhahntrichter *c* 10 cm³ 8 n Schwefelsäure (32%ig) in das Entwicklungsgefäß *a* einfließen. Durch die gleiche Menge des darin befindlichen Wassers resultiert eine 4 n Säure. Während die Wasserstoffentwicklung aus Zink und Säure einsetzt, entzündet man die Gasflamme unter der Glühstelle. (Vertreibt man die Luft nicht durch einen von außen zugeleiteten Wasserstoffstrom, läßt man zu Beginn des Versuches 20 cm³ 4 n Schwefelsäure — statt der 10 cm³ Wasser — zum Zink fließen und entzündet die Bunsenflamme erst nach etwa $^3/_4$ Std.) Die Flamme des Brenners wird so einreguliert, daß der innere Flammenkegel das Glührohr nicht erreicht, da die Abscheidung des Spiegels durch die kältere Flammenzone gestört würde. Der Brenner wird so gestellt, daß die Flammengrenze das Rohr genau dort schneidet, wo die Verengung des Rohres beginnt. Ist der Brenner zu weit entfernt, tritt ebenfalls eine Störung in der Spiegelbildung auf. Nach richtigem Einstellen der Flamme wird das Schutzdrahtnetz *q* aufgesetzt, der doppelte Kühlfaden *m* in 10 mm Entfernung vom Flammenrand 2mal um das verengte Rohr geschlungen und sein unteres Ende in das Becherglas *n* gelegt. Nach einigen Minuten schiebt man zur Prüfung auf Luftfreiheit die Kühlfäden etwas beiseite und kontrolliert, ob etwa an der gekühlten Stelle eine Wasserabscheidung stattgefunden hat. Eine Wasserabscheidung an der für die Spiegelbildung vorgesehenen Stelle würde nämlich die Arsenabscheidung verhindern und Anlaß zu einer unregelmäßigen Spiegelbildung geben. Der schädliche Einfluß des Wassers ist der Grund für die Forderung nach absoluter Luftfreiheit der Apparatur. Man entfernt, wenn ein Wasserbeschlag sichtbar ist, die Kühlfäden und vertreibt das Wasser durch vorsichtiges Erwärmen. Nach einiger Zeit bringt man die Kühlfäden wieder an die entsprechende Stelle und wiederholt die Probe auf Wasserabscheidung. Sollten die Kühlfäden austrocknen, benetzt man sie vorsichtig von unten nach oben gehend mit Hilfe einer kleinen Pipette, wobei man auf die heiße Glühröhre zu achten hat. Zur Prüfung der Reagenzien (jede neue Lieferung muß geprüft werden) läßt man die Wasserstoffentwicklung ohne Zusatz $1^1/_2$ Std. als Blindversuch laufen. Hat sich nach dieser Zeit keine Spur von Arsen abgeschieden, sind Zink und Säure genügend arsenfrei. Steht die Arsenfreiheit der Reagenzien bereits fest, kann sofort nach Prüfung auf etwaige Wasserabscheidung, sofern diese negativ verlaufen ist, die zu untersuchende Lösung zugesetzt werden. Zweckmäßig wählt man die Menge der Probe so, daß Arsenspiegel von 2 bis 10 γ entstehen, da sich diese Mengen am besten schätzen lassen. Falls man keinen Anhaltspunkt bezüglich des Arsengehaltes hat, nimmt man für den ersten Versuch $^1/_4$ der Gesamtmenge. Man bringt die Lösung in den Meßhahntrichter und läßt sie unter 2maligem Nachspülen mit etwas 4 n Schwefelsäure in das Entwicklungsgefäß einfließen. Der Versuch wird nach $1^1/_2$ Std.

unterbrochen und der entstandene Spiegel geschätzt, worauf man je nach dem Ergebnis für die 2. und 3. Probe mehr oder weniger der Versuchslösung anwendet. Die erhaltenen Spiegel werden mit Hilfe einer Vergleichsskala ausgewertet. Bei jeder Untersuchung sollen möglichst 3 Proben verschiedener Größe geprüft werden, worauf man jeden Spiegel unabhängig von den anderen schätzt. Aus den auf die Gesamtmenge umgerechneten 3 Werten ergibt sich als Mittelwert der Arsengehalt des Materials.

Herstellung der Normalspiegel. Es werden Spiegel mit bekannten Mengen Arsen unter genau gleichen Bedingungen erzeugt. Diese Normalspiegel werden nach PANZER in der Weise haltbar gemacht, daß man die Röhren nach Zusatz von etwas Phosphorpentoxyd abschmilzt. LOCKEMANN (e) bezeichnet diese Methode als sehr brauchbar, da er derart konservierte Spiegel bei Aufbewahrung im Dunkeln 30 Jahre unverändert erhalten konnte. An sich sind Arsenspiegel wenig beständig. Sie können z.B. in einem Wasserstoffstrom verhältnismäßig rasch wieder verflüchtigt werden und sie verblassen auch unter der Einwirkung von Spuren Feuchtigkeit in offenen oder geschlossenen Röhren rasch. Versuche von LOCKEMANN (a), sie durch Einschmelzen in Wasserstoffatmosphäre haltbarer zu machen, verliefen negativ, während BIRCKENBACH bei Gegenwart von P_2O_5 in Wasserstoff große Haltbarkeit der Spiegel erzielen konnte.

Parallele Ausführung mehrerer Versuche. Sollen mehrere Versuche nebeneinander durchgeführt werden, ordnet man sie paarweise hintereinander an. Die anfangs erforderliche Wasserstoffzufuhr erfolgt dann aus einer einzigen Quelle, wobei der Wasserstoff nach Passieren des Trockenturmes mit Aktivkohle unter Verwendung von T-Rohren den einzelnen Apparaten zugeführt wird. Mit Hilfe von Quetschhähnen läßt sich der Gasstrom so regulieren, daß alle Apparate mit der gleichen Geschwindigkeit durchströmt werden. Die Speisung der Kühlfäden erfolgt dann für je 2 Versuche aus einem hochgestellten Becherglas.

Bemerkungen. **Genauigkeit.** Die in der Probe enthaltene Arsenmenge wird nach den Versuchen von PAUCKE bei entsprechend langsamer Zufuhr zum Entwicklungsgefäß, d. h. stündlich 0,015 mg As, annähernd quantitativ als Spiegel wiedergefunden (0,09 mg Arsen angewendet, davon 96 bis 97% als Spiegel wiedergefunden). Kleinste Mengen, wie z.B. 0,1 γ, ergeben noch immer sichtbare Spiegel. LOCKEMANN (e) vermutet, daß es sich in diesem Falle um eine ähnliche prozentuale Ausbeute handelt. Eine gravimetrische Überprüfung ist mangels einer genügend empfindlichen Waage leider nicht möglich. Durch entsprechende Verkleinerung des Entwicklungskolbens ließ sich die Empfindlichkeit von BILLETER (a) noch um zwei Zehnerpotenzen steigern. Das Optimum der Vergleichbarkeit liegt bei Spiegeln mit 2 bis 10 γ Arsen. Die absolut quantitative Abscheidung des Arsens als Spiegel ist letzten Endes für die Genauigkeit der Methode nicht maßgebend, sofern es gelingt, durch möglichst gleiche Ausführung der Versuche bei jeweils gleichem Arsengehalt der Lösung im Entwicklungsgefäß identische Arsenspiegel zu erhalten. Nach GANGL und VÁZQUEZ SÁNCHEZ findet man bei genauer Einhaltung der LOCKEMANNschen Vorschrift jedoch für 10 bis 100 γ das Arsen nur zu 60 bis 70% als Spiegel wieder.

Bemerkungen zur Aktivierung des Zinks. Als Aktivierungsmittel wurde von GAUTIER (b, c, d, e) Platinchlorid empfohlen, wogegen LOCKEMANN (c) ausdrücklich betont, daß Kupfersulfat als Aktivierungsmittel am empfindlichsten ist. Allerdings muß die anhaftende Kupfersulfatlösung nachher sorgfältig entfernt werden, bevor das Zink im Apparat zur Verwendung kommt, da sonst tatsächlich erhebliche Arsenverluste entstehen können. HARKINS fand anläßlich seiner Untersuchungen mit bedeutend größeren Arsenmengen, daß geringe Mengen Kupfersulfat (0,04 g Cu) selbst im Entwicklungskolben nicht stören. CHAIT (b) gibt als höchste zulässige Kupfermenge 0,9 mg Kupfersulfat je 1 g Zink an. LOCKEMANN erreichte mit verkupfertem Zink eine Empfindlichkeit von 0,1 γ, während er mit Platinchlorid nur die 10fache Menge nachweisen konnte. Zur Verkupferung darf jedoch nur reinstes Kupfersulfat, das durch Umkrystallisieren weiter gereinigt wurde, verwendet werden. Auch MAI und HURT (a) gelangten unabhängig von LOCKEMANN zu der Ansicht, daß Kupfersulfat das beste Aktivierungsmittel darstellt, und BISHOP konnte die Angaben LOCKEMANNs bezüglich der mit Kupfer erreichbaren Empfindlichkeit bestätigen. Völlig gegenteilige Beobachtungen teilen CHAPMAN und LAW (b) mit, die feststellen, daß nur Blei, Cadmium und Zinn zur Aktivierung brauchbar sind. HARKINS führt außerdem noch Wismut an. CHAPMAN empfiehlt zur Erzielung eines zusammenhängenden Cadmiumüberzuges 4 g Cadmiumsulfat mit 10 bis 15 g Zink in die Entwicklungsflasche zu bringen. Die von LOCKEMANN und BISHOP gemachten Beobachtungen bezüglich der erreichbaren Empfindlichkeit halten CHAPMAN und LAW (b) für unrichtig. CHAIT (b) empfiehlt als vorteilhaftestes Aktivierungsmittel einen Zusatz von Magnesium zum Zink (das Zink wird in geschmolzenem Zustand mit 1 bis 1,5% seines Gewichts an wasserfreiem Magnesiumchlorid versetzt und dann granuliert).

Fehler durch Arsengehalt der Reagenzien und Gefäße. Die Reagenzien müssen vor Verwendung auf ihren Arsengehalt geprüft und nötigenfalls gereinigt werden (Säuren durch Destillation, Salze durch Umkrystallisieren, bzw. durch Eisenhydroxydfällungen in ihren wäßrigen Lösungen zwecks Mitfällung von Arsenspuren). Auch die Glasgefäße sind in die Untersuchung einzubeziehen, da die schwerschmelzbaren Gläser bis zu 0,5% und mehr Arsen enthalten können. Für einen Aufschluß organischer Substanzen mit einer Schwefelsäure-Salpetersäuremischung (NEUMANNsches Säuregemisch) sollen daher je nach der erforderlichen Genauigkeit Quarzkolben, bzw. Kolben aus arsenfreiem oder gealtertem Glas Verwendung finden [LOCKEMANN (f), DECKERT (b), BERG und SCHMECHEL]. Porzellangefäße können als praktisch arsenfrei bezeichnet werden. Zur Aufbewahrung von Ammoniak und starken Säuren sowie zur Destillation der rauchenden Salpetersäure erscheinen deswegen Porzellangefäße am geeignetsten. Jedenfalls muß der Arsengehalt der Reagenzien, da eine absolute Arsenfreiheit kaum zu erreichen ist, unter der durch die Methode erfaßbaren Arsenmenge liegen.

b) Modifikation der LOCKEMANNschen Methode nach BIRCKENBACH.

Abänderung der Apparatur. Die Genauigkeit der Methode hängt davon ab, daß die Bedingungen bei Erzeugung der Arsenspiegel bzw. der Vergleichsspiegel jeweils möglichst ähnlich sind. Vor allem ist es wichtig, daß die Röhren an den für die Spiegelbildung vorgesehenen Stellen den gleichen inneren Durchmesser aufweisen. Da sich dies bei der von LOCKEMANN vorgeschlagenen Form nicht mit absoluter Sicherheit durchführen läßt, schlägt BIRCKENBACH folgende Form der Glühröhre vor (Abb. 3):

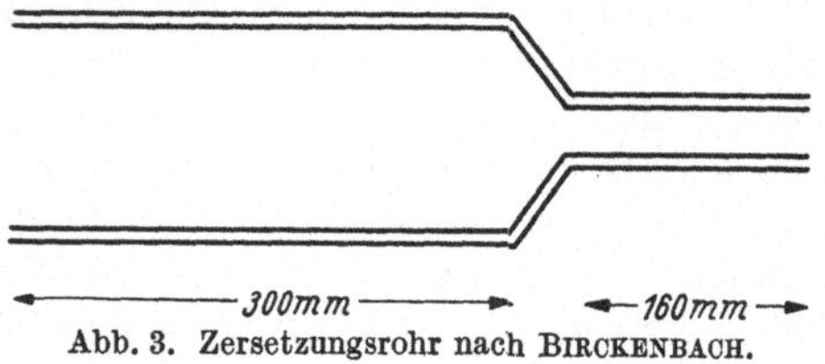

Abb. 3. Zersetzungsrohr nach BIRCKENBACH.

Der weite Teil der Röhre hat einen inneren Durchmesser von 6 mm (Wandstärke 1 mm), an den sich eine kalibrierte Capillare von 1 mm innerem Durchmesser und 1 mm Wandstärke anschließt. Als Material für die Röhre dient ein schwerschmelzbares Glas von SCHOTT & GEN. Die kalibrierte Capillare schaltet nun alle aus verschiedener Weite sich ergebenden Unsicherheiten aus und kann nach Beendigung des Versuches zwecks Aufbewahrung des Spiegels abgeschnitten werden. An das 6 mm weite Rohr setzt man für eine weitere Bestimmung eine neue Capillare an. Als wesentliche Abänderung schlägt BIRCKENBACH auch den Ersatz des Bunsenbrenners durch einen elektrischen Ofen vor, um Unsicherheiten, die sich aus Gasdruck, Hahnstellung und wechselnder Gaszusammensetzung ergeben können, zu vermeiden. Der Ofen besteht aus Diatomitstein und ist in einen mit einer horizontalen Rinne versehenen Unterteil sowie einen ebenfalls eine entsprechende Rinne aufweisenden Oberteil zerlegbar, der seinerseits wieder aus einem längeren, dem Entwicklungskolben zugekehrten und einem kürzeren Teil besteht. Beide Teile tragen an der Wand, mit der sie zusammenstoßen, eine senkrecht verlaufende Rille, die beim Zusammensetzen eine zylindrische Bohrung ergibt. Beim Auflegen auf den Unterteil steht diese Bohrung senkrecht auf dem durch die großen Rinnen gebildeten waagrechten Hohlraum, der bis dorthin mit Asbestpappe und einer Heizspirale ausgekleidet ist. In die Heizspirale wird das Glührohr eingeschoben, und durch die senkrechte Bohrung werden die Kühlfäden geführt, die dann durch eine entsprechende Aussparung am Unterteil aus dem Ofen wieder austreten. Für die zweckmäßig gefundene Zersetzungstemperatur von 700° muß die mit dem Material der Spirale wechselnde Volt- und Amperezahl ermittelt werden (bei einer Chromnickelstahlspirale mit 1 mm Drahtstärke genügen 105 Volt und 4 Ampere).

Zur Wasserstoffentwicklung wird eine Legierung von Kupfer und Zink benutzt, die durch Zusammenschmelzen von 500 g reinstem, arsenfreiem Zink und 0,625 g ebensolchem Kupfer im Porzellantiegel erhalten und durch Eingießen in Wasser granuliert wird. Durch dieses völlig gleichartige Material wird eine sehr regelmäßige Wasserstoffentwicklung gewährleistet.

Arbeitsvorschrift. In das 150 cm³ fassende Entwicklungsgefäß bringt man 8 bis 10 g der granulierten Zink-Kupferlegierung und 25 cm³ reinster verdünnter Schwefelsäure, erhalten aus 1 Volumteil konzentrierter Schwefelsäure und 7 Volumteilen Wasser. Nach kurzer Zeit beginnt die sehr regelmäßige Wasserstoffentwicklung, und nach 25 bis 30 Min. ist der Apparat luftfrei. Nun wird der Heizstrom eingeschaltet, worauf man die Teile von Rohr und Capillare, die nicht im Ofen liegen, durch Befächeln mit einer Alkoholflamme völlig trocknet. Der aus der Capillare austretende Wasserstoff wird entzündet und die Capillare zur Erzielung eines scharf begrenzten Spiegels mit dem Kühlfaden umschlungen. Die arsenhaltige schwefelsaure Lösung wird durch das Zuflußrohr in den Entwicklungskolben gebracht, worauf man 2mal mit je 30 cm³ Schwefelsäure (1:7) nachspült. Nach 1 Std. ist alles Arsen ausgetrieben. Man schaltet den Heizstrom aus und läßt im Wasserstoffstrom erkalten. Der in der Capillare abgeschiedene Spiegel wird mit einer Skala von Normalspiegeln verglichen. Steht die Arsenfreiheit der Reagenzien nicht fest, muß ein Blindversuch von gleicher Dauer ausgeführt werden.

Bemerkungen. Der Autor betont, daß die zu untersuchende Lösung frei von organischen Stoffen, Sulfiden, Chloriden, Nitraten, Selen und oxydierenden Stoffen sein muß. Eine ähnliche elektrische Heizvorrichtung zum Zersetzen des Arsenwasserstoffes wurde auch von Zwicknagl beschrieben, der außerdem die Möglichkeit erwähnt, den Arsenwasserstoff in Ermangelung eines elektrischen Ofens mittels eines Heizblockes oder Metallbades zu zersetzen, was er immer noch für vorteilhafter hält als die direkte Flamme. Weiter schlägt Zwicknagl ein Glührohr vor, das an der Glühstelle flachgedrückt ist, um so eine quantitative Zersetzung des Arsenwasserstoffes zu erreichen.

c) Arbeitsvorschrift nach Sanger.

Die seinerzeit von Sanger angegebene Vorschrift berücksichtigt die verschiedenen Fehlerquellen noch nicht in dem Maße, wie die vorstehend angeführten Methoden. Die Bestimmung ist demnach in der Ausführung einfacher, aber die erreichbare Genauigkeit dementsprechend geringer. Man verfährt in der Weise, daß man den aliquoten Teil einer kohlefreien schwefelsauren Aufschlußlösung von Tapeten- bzw. Stoffmaterial in einen Marsh-Apparat der damals üblichen Form (s. Fresenius: Anleitung zur qualitativen Analyse, 16. Aufl., S. 236) brintg, dem zur Erreichung eines konstanten Wasserstoffstromes ein Wasserstoffentwicklungsapparat vorgeschaltet ist, und den wie bei der qualitativen Prüfung erhaltenen Spiegel mit einer Skala von Normalspiegeln vergleicht. Diese werden unter Verwendung einer aus frisch sublimiertem

As_2O_3 bereiteten Lösung bekannten Gehaltes mit dem gleichen Apparat hergestellt, wobei Mengen von 0,005 bis 0,1 mg As_2O_3 angewendet werden. Das Vergleichen der Spiegel wurde von SANGER im durchfallenden Licht ausgeführt.

II. Das im Glührohr abgeschiedene Arsen wird ausgewogen.

Bemerkungen zur Entwicklung des Verfahrens. POLENSKE versuchte größere, als Spiegel abgeschiedene Arsenmengen (4 bis 5 mg) in der Weise zu bestimmen, daß er nach Herausschneiden des beschlagenen Rohrteiles Glas und Spiegel auswog, den Spiegel mit konzentrierter Salpetersäure unter Erwärmen herauslöste und das Glas zurückwog. Durch Einführen von 2 Glühstellen suchte er eine quantitative Zersetzung des Arsenwasserstoffs zu erreichen. Nach Beendigung des Versuches sammelte er das Arsen mit Hilfe eines entgegengesetzt gerichteten Wasserstoffstromes an einer Stelle des Rohres. Das Gewicht des Spiegels konnte von ihm auf 0,1 mg genau bestimmt werden. Im Anschluß an diese Arbeit bemühten sich KÜHN und SAEGER noch größere Arsenmengen, etwa 0,084 bis 0,092 g As, im MARSH-Apparat quantitativ abzuscheiden. Das Verfahren erwies sich aber wegen der auftretenden großen Arsenverluste für eine quantitative Bestimmung ungeeignet. HARKINS dagegen gelang es offenbar, wie aus seinen Ergebnissen hervorgeht, Mengen von 0,75 bis 112,40 mg in einem Glührohr abzuscheiden und zwar in Gegenwart von Eisenmengen, die unter anderen Versuchsbedingungen wesentliche Verluste an Arsen verursachen würden.

Arbeitsweise nach HARKINS.

Apparatur. Der Entwicklungskolben trägt im doppelt durchbohrten Stopfen einen Eingußtrichter mit eingebautem Gaseinleitungsrohr und das Ableitungsrohr, das über eine KJELDAHL-Kugel zur Trockenröhre führt. Dieser Entwicklungskolben taucht in ein Wasserbad, das durch einen Gasbrenner erhitzt werden kann. An das mit Calciumchlorid gefüllte Trockenrohr schließt die Glühröhre, die für die Abscheidung größerer Arsenmengen (über 0,5 mg) nebenstehende Form aufweist. Der weite Teil der Röhre liegt in einem Ziegel-Glühofen und die blasige Erweiterung *b* wird mit Hilfe eines feuchten Filtrierpapierstreifens gekühlt. An das erste Rohr wird zur Kontrolle ein zweites Glührohr angesetzt, das durch einen zweiten ebensolchen Ofen geheizt und an der Abscheidungsstelle ebenso wie das erste Rohr gekühlt wird. Zum Auswägen der Spiegel wird der Rohrteil zwischen *a* und *c* herausgeschnitten. Zur Vermeidung von Wägefehlern muß man sich bemühen, das Arsen in einem möglichst kleinen Röhrchen abzuscheiden.

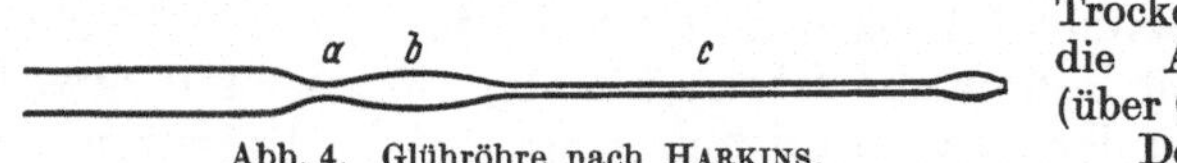

Abb. 4. Glühröhre nach HARKINS.

Reinigung der Salzsäure. Salzsäure (D 1,1) wird mit QuecksilberII-chlorid oder Kupfersulfat versetzt (10 bis 20 g auf 6 l Säure). Man leitet Schwefelwasserstoff ein, bis das zugesetzte Metall vollständig als Sulfid gefällt ist, verstopft das Gefäß und läßt 4 bis 5 Tage absitzen. Nach dieser Zeit wird die Säure vom Niederschlag durch Filtration getrennt und destilliert, wobei man das 1. Viertel des Destillats verwirft.

Ausführung der Bestimmung. Für jede Analyse bringt man etwa 40 g arsenfreies Zink in den Entwicklungskolben, verdrängt die Luft durch Einleiten von arsenfreiem Wasserstoff vollständig und beginnt die Bestimmung in der Weise, daß man die kalte salzsaure Arsenlösung im Verlauf einer halben Stunde zum Zink tropfen läßt (das Glührohr muß zu diesem Zeitpunkt bereits die erforderliche Temperatur von etwa 700° haben). Nun erhitzt man das Entwicklungsgefäß langsam mit Hilfe des Wasserbades und setzt, sobald die Reaktion nachläßt, noch weitere Salzsäure (D 1,1) zu. Im ganzen werden etwa 100 bis 150 cm^3 der Salzsäure angewendet. Schließlich läßt man ein Gemisch von 25 cm^3 konzentrierter Schwefelsäure und 25 cm^3 Wasser zufließen. Sofort, nachdem alles Zink gelöst ist, löscht man die Brenner im Ofen, entfernt die Deckkacheln und läßt möglichst rasch erkalten, um eine durch eindringende Luft verursachte Wasserabscheidung zu vermeiden. Das den Arsenniederschlag enthaltende Stück der Glühröhre *a* bis *c* wird herausgeschnitten, mit einem etwas feuchten Tuch abgewischt und nach längerem Verweilen im Waagekasten unter Verwendung eines möglichst gleichartigen Gegengewichtes auf einer Mikrowaage genau gewogen. Das Arsen wird hierauf in Salpetersäure gelöst, das Röhrchen mit destilliertem Wasser nachgewaschen und nach Trocknen an der Luft wie zuvor gewogen. Die Hantierungen mit dem Röhrchen werden mittels einer Platinspitzenpinzette und eines Platindrahtes ausgeführt.

Bemerkungen. Der Verfasser erreicht durch das Erhitzen des Entwicklungsgefäßes die Ausschaltung des schädlichen Einflusses von Eisensalzen. Bei Anwesenheit von bis zu 1 g Eisen wurden nach dieser Methode Arsenmengen gefunden, die höchstens um 0,08 mg vom theoretischen Wert abweichen. Im allgemeinen beträgt die Differenz unter 0,06 mg (Versuche mit 1,88 und 3,76 mg Arsen). Im Verlauf weiterer Versuche gelang es, die Arsenbestimmung neben Mengen bis zu 0,3 g Eisen auch in der Kälte durch Zusatz von Blei-, Zinn-, Wismut- und Cadmiumsalzen quantitativ zu gestalten. Unter Verwendung von 100 g Zink und 5 g

ZinnII-chlorid konnten noch über 0,1 g Arsen mit gutem Erfolg bestimmt werden (1 l-Entwicklungskolben).

Angewendet . . . 112,40 mg	gefunden . . . . 113,50 mg	neben 0,17 g Fe
Angewendet . . . 112,40 mg	gefunden . . . . 112,80 mg	

Auf Grund dieser Versuche hält der Verfasser die Methode auch zur Arsenbestimmung in Mineralen für brauchbar.

In manchen Fällen, wenn die Abscheidung des Arsens sehr rasch erfolgte, zeigte ein Teil des Spiegels dunkel-ziegelrote Färbung, was HARKINS durch eine andere Modifikation des Arsens zu erklären versuchte. Der Autor bestimmte nach dieser Methode den Arsengehalt von Böden, wobei der Eisengehalt natürlich eine große Rolle spielt. Im Anschluß an diese Untersuchungen wurde von GREAVES für den gleichen Zweck ein Verfahren ausgearbeitet, bei dem unter Verwendung von verdünnter Schwefelsäure und 2 g ZinnII-chlorid die quantitative Abscheidung des Arsens neben 1 g Eisen erreicht wurde. GREAVES wischt das Rohr mit dem Arsenspiegel feucht ab, trocknet über Calciumchlorid und läßt es nach einer Rohwägung 10 Min. im Waagkasten liegen, bevor er die genaue Wägung durchführt. Den Arsenspiegel löst er in verdünnter Salpetersäure (1:3), wäscht mit Wasser, Alkohol und Äther nach, trocknet und wägt wieder. Nach BERTRAND und VÁMOSSY wird das Glas durch Salpetersäure so stark angegriffen, daß ein störender Gewichtsverlust auftreten kann. Die Verfasser schlagen daher NaOCl als Lösungsmittel vor. Einige Bemerkungen über die sich beim Auswägen der Spiegel ergebenden Schwierigkeiten finden sich auch bei GANGL und VÁZQUEZ SÁNCHEZ.

Abscheidung des Arsens auf Kupfer und Platin.

MEILLÈRE gibt ein Verfahren an, bei dem sich das Arsen auf einem Kupferdrahtnetz niederschlägt, das sich in einer Quarzröhre befindet. Die Arsenmenge ermittelt man durch Wägung des ganzen Rohres vor und nach der Bestimmung (die Zersetzung des Arsenwasserstoffs erfolgt durch vorsichtiges Erhitzen).

Zur Wägung nach Abscheidung auf Platin s. § 16, S. 370.

III. Maßanalytische Arsenbestimmung nach Lösen des Spiegels.

a) Bestimmung nach GANGL und VÁZQUEZ SÁNCHEZ (der Spiegel wird in Jodmonochlorid gelöst).

α) Originalvorschrift der Verfasser.

Apparatur. An das Entwicklungskölbchen E (Abb. 5), das eine Erhitzung des Inhaltes gestattet, ist mittels Schliffs der kurze Rückflußkühler R angesetzt. Die Probe wird durch H eingebracht. Das Zuflußrohr reicht bis auf den Boden des Kölbchens und ist mit einem seitlichen Anschluß W versehen, durch den Wasserstoff eingeleitet werden kann. Das Glührohr U besteht aus Quarz und ist durch einen Schliff mit dem oberen Kühlerende verbunden (gegebenenfalls Schlauchverbindung, die den gleichen Dienst leistet). Das Quarzrohr ist dickwandig, hat 1 mm innere Weite und besteht an dem dem Kühler zugewendeten Ende (a bis b) aus einem capillaren Ansatz von 0,2 mm innerem Durchmesser. Der Teil des Rohres G, der geglüht wird, ist zur Spirale ausgebildet. Die Heizung erfolgt mit Hilfe eines Schnittbrenners von 8 cm Flammenbreite oder durch einen elektrischen Ofen. Bei wirklich gleichmäßiger Erhitzung aller Gasteilchen tritt über 500° vollständige Zersetzung des Arsenwasserstoffs ein. Der Glühraum wird mit Asbestscheiben abgegrenzt. Die Erhitzung ist so zu leiten, daß der Gasstrom noch teilweise im capillaren Teil auf Glühtemperatur gebracht wird. Zur Verdrängung der Luft wird Wasserstoff durch W eingeleitet. An das Glührohr wird ein Glasröhrchen mit 1 mm lichter Weite angesetzt, das in Wasser taucht und eine Schätzung der Geschwindigkeit des Gasstromes ermöglicht. Die

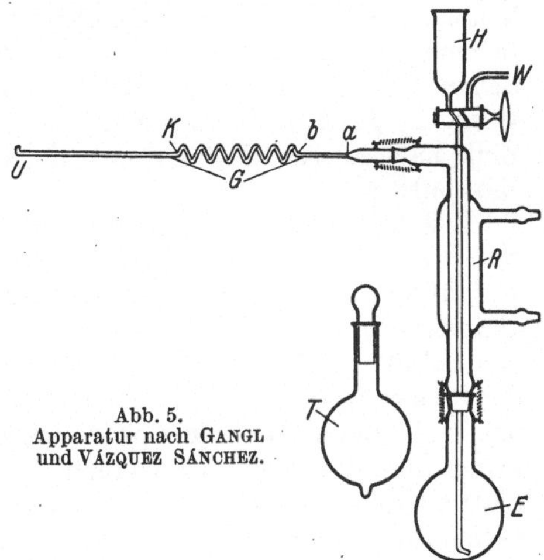

Abb. 5. Apparatur nach GANGL und VÁZQUEZ SÁNCHEZ.

Kühlung der für die Spiegelbildung bestimmten Rohrstelle K erfolgt durch einen feuchten Wattebausch, bzw. nach GANGL und DIETRICH durch einen nassen Wollfaden oder dünnen Docht, der aus einem hochgestellten Wasserbehälter gespeist wird. GANGL und DIETRICH geben auch einige Maße an; so erwähnen sie, daß der Kühlraum des kleinen Kühlers 10 cm lang und die 0,2 mm weite Capillare am Beginn der Glühröhre 2 cm lang ist.

Bemerkungen zur Apparatur. Bei einer Überprüfung der Methode von LOCKEMANN konnten die Verfasser bei entsprechender Kühlung eine Spiegelbildung vor der Glühstelle beobachten, die sie durch den Umstand erklären, daß die zur Spiegelbildung bestimmte Capillare den engsten Teil der Gasleitung darstellt und somit bei nicht ganz konstanter Temperatur Anlaß zu Wirbelbildungen des Gasstromes gibt. Um diesem Übelstand zu begegnen, wird die 0,2 mm weite Capillare vorgeschaltet. Da zwecks quantitativer Zersetzung des Arsenwasserstoffes Glühröhren mit möglichst kleiner innerer Weite verwendet werden sollen und Glasröhren dieser Form ein längeres Erhitzen nicht aushalten, wurde Quarz als Material gewählt, das sich als praktisch unbegrenzt haltbar erwies. Schon bei einem geraden Röhrchen genügte ein 8 cm langer Glühraum zur quantitativen Zersetzung des Arsenwasserstoffes. Trotzdem wurde, um Fehler durch plötzliche Gasstöße auszuschalten, dieser Rohrteil spiralig geformt.

Reagenzien. Die verdünnte Schwefelsäure wird aus 1 Teil konzentrierter Säure und 5 Teilen Wasser bereitet.

Das Zink wird in Pulverform bzw. als Zinkstaub angewendet und muß arsenfrei sein.

Der Wasserstoff wird durch Kaliumpermanganat und konzentrierte Schwefelsäure gereinigt.

Bemerkungen zur Verwendung von Zinkstaub. Zur Erhöhung der Konzentration des atomaren Wasserstoffes wählten die Verfasser das Zink in einer Form mit möglichst großer Oberfläche. Tatsächlich gelang es ihnen auch, die Menge des zur quantitativen Austreibung des Arsens notwendigen Zinks auf etwa 5% der Flüssigkeitsmenge zu beschränken, während Versuche mit granuliertem Zink zur quantitativen Überführung etwa 100% erforderten. Zudem entfällt bei der außerordentlichen Reaktionsfähigkeit dieser Zinkform die Notwendigkeit einer Aktivierung. BODNÁR, SZÉP und CIELESZKY (a) erhielten bei Verwendung von granuliertem Zink nach dieser Methode allerdings bessere Resultate als bei Verwendung von Zinkpulver.

Reduktion und Abscheidung des Arsens als Spiegel. Ungefähr 2 g chemisch reines arsenfreies Zink in Pulverform werden in das Entwicklungsgefäß gebracht, worauf man die Apparatur vollständig zusammensetzt. Die Schliffe sind ganz leicht zu fetten (DIEMAIR und WAIBEL empfehlen konzentrierte Schwefelsäure zum Dichten der Schliffe). Man verdrängt die Luft durch einen lebhaften Wasserstoffstrom, der vorher je eine Waschflasche mit Kaliumpermanganat und Schwefelsäure passiert hat, vollständig aus der Apparatur, was nach etwa 5 Min. erreicht ist. Hierauf bringt man das Rohr zum Glühen, wobei der Glühraum G beiderseits durch Asbestplatten isoliert wird, und kühlt bei K. Die Prüfung auf Luftfreiheit führt man wie üblich durch (s. S. 198). Nunmehr läßt man durch den Hahntrichter etwa 1 cm^3 Schwefelsäure (1:5) zufließen, wodurch gleichzeitig die Gaszuleitung abgestellt wird. Nachdem sich die Gasentwicklung auf die richtige Geschwindigkeit von etwa 20 cm^3 je Minute (die in der Sperrflüssigkeit austretenden Gasbläschen können eben noch unterschieden werden) eingestellt hat, läßt man die Arsenlösung, die ebenfalls zu $^1/_5$ aus konzentrierter Schwefelsäure besteht, so in das Kölbchen fließen, daß die Geschwindigkeit der Gasentwicklung der Größenordnung nach konstant bleibt. 1 cm^3 der Lösung wird daher in etwa 3 bis 4 Min. zugeflossen sein. Der Trichter wird noch mehrmals mit kleinen Anteilen Schwefelsäure (1:5) nachgespült, wobei insgesamt etwa 10 cm³ Schwefelsäure verbraucht werden. Etwa 30 Min. nach Beginn des Versuches ist der letzte Teil der Schwefelsäure zugefügt. Die Gasentwicklung läßt bald etwas nach und wird durch langsames Erhitzen des Kolbens mit kleiner Flamme bis schließlich zum Sieden wieder in Gang gebracht. Der Wasserstoffstrom kann dabei durch zusätzliches Einleiten von Wasserstoff reguliert werden. Die Kochdauer beträgt etwa 15 Min., und der ganze Versuch ist nach etwa 1 Std. abgeschlossen. Man läßt das Rohr im Wasserstoffstrom erkalten.

Bemerkungen zur Reduktion. Das Auskochen der Lösung ist wegen der hohen Löslichkeit von Arsenwasserstoff unbedingt notwendig, da durch einen Gasstrom allein, selbst bei stundenlangem Durchleiten, Verluste nicht vermieden werden können. BODNÁR, SZÉP und CIELESZKY (a) fanden entgegen den Angaben der Autoren, daß die Spiegelbildung erst nach etwa 2 Std. beendet ist.

Lösen des Spiegels. Das Quarzrohr wird äußerlich mit wenig Salzsäure (1:1) abgespült. In das etwa 15 cm³ fassende Titrierkölbchen T (s. Abb. 5) bringt man 0,5 cm³ Jodmonochloridlösung[1] und löst darin den Spiegel durch mehrmaliges Aufsaugen der Lösung mit Hilfe eines kleinen Kautschukballons, den man auf das Schliffende aufsetzt. Das Rohrinnere wird mehrmals mit einigen Tropfen JCl und dann mit Salzsäure (1:1) nachgewaschen, wobei sich insgesamt 1 bis 2 cm³ Lösung ergeben.

Titration. Nach Zugabe von 0,7 cm³ 10%iger Kaliumcyanidlösung und etwa 2 Tropfen Tetrachlorkohlenstoff wird mit 0,001 m Kaliumjodatlösung bis zur Entfärbung titriert[1].

Genauigkeit. Die Verfasser geben als Belege 6 Versuche an, die mit Mengen von 3,57 bis 714,9 γ Arsen ausgeführt wurden und bei denen sich als größte Fehler Abweichungen von —1,1 und +0,7% ergaben. Im Widerspruch dazu stehen Beobachtungen von DIEMAIR und WAIBEL bzw. DIEMAIR und FOX, die Fehler von —10 bis —30% trotz genauer Einhaltung der Vorschrift erhalten zu haben angeben. KANIUK konstatierte je Bestimmung einen Verlust von 4,507 γ As. Bei einer neuerlichen Überprüfung der Methode konnten BODNÁR, SZÉP und CIELESZKY (a) die hohen Fehler nicht bestätigen, aber auch bei größter Sorgfalt die von GANGL und VÁZQUEZ SÁNCHEZ angeführte Genauigkeit nicht erreichen. Sie konstatierten vielmehr einen durchschnittlichen Fehler von etwa —5%. Das nicht erfaßte Arsen befindet sich nach ihren Erfahrungen teils nicht reduziert im Entwicklungskolben. Ein Teil dagegen passiert unzersetzt das Glührohr.

β) Bestimmung kleiner Arsenmengen neben Quecksilber nach GANGL *und* DIETRICH.

Bemerkungen zu den Grundlagen der Methode. Die bekannte Trägheit der Wasserstoffentwicklung aus Zink und Säure bei Gegenwart von Quecksilber wird von den Verfassern entgegen der seinerzeit von VITALI (c) gemachten Annahme einer Arsen-Quecksilber-Verbindung durch Einhüllung der Zinkoberfläche durch das Quecksilber erklärt. Durch entsprechende Vermehrung des Zinkzusatzes erreichten sie denn auch eine quantitative Verflüchtigung des Arsens als Arsenwasserstoff, sofern die Menge des zugesetzten Quecksilbersulfates 50% des angewendeten Zinks (gewichtsmäßig) nicht überstieg. Die von GANGL und VÁZQUEZ SÁNCHEZ angegebene Zinkmenge gestattet also selbst noch neben 1 g Quecksilbersulfat eine quantitative Bestimmung des Arsens.

Apparatur. Die Apparatur ist die von GANGL und VÁZQUEZ SÁNCHEZ angegebene, wobei die Heizung durch einen elektrischen Ofen erfolgt. Die Abscheidungsstelle wird durch Umwickeln mit einem feucht gehaltenen Wollfaden gekühlt.

Arbeitsvorschrift. Die Bestimmung wird mit 2 g grob gepulvertem Zink wie unter α, S. 204 beschrieben begonnen. Nachdem man die Abwesenheit von Sauer-

[1] Die Bereitung der JCl-Lösung, sowie die Titration sind § 9, S. 141 beschrieben.

stoff festgestellt hat, läßt man die zu prüfende Substanz in etwa 3 n schwefelsaurer Lösung durch den Hahntrichter langsam zufließen, wobei die unter α beschriebene Gasentwicklungsgeschwindigkeit von 20 cm³ je Minute eingehalten wird. Die Wasserstoffentwicklung ist von der vorhandenen Quecksilbermenge abhängig. Bei Gegenwart von mehr als 1 mg Quecksilber kommt es in der Kälte zu keiner merkbaren Wasserstoffentwicklung, und die gesamte Lösung kann demnach sofort zugesetzt werden. In diesen Fällen muß die Bestimmung auf jeden Fall unter Verwendung eines Mehrfachen der Zinkmenge wiederholt werden, da man nicht in der Lage ist zu entscheiden, ob nicht mehr als die mit 2 g Zink auszugleichende Quecksilbermenge zugegen ist. Nach Zusatz der gesamten Lösung wird mehrmals mit kleinen Anteilen 3 n Schwefelsäure nachgespült und die Gasentwicklung durch entsprechendes Erhitzen des Reduktionskolbens auch weiterhin konstant gehalten. Bei geringen Quecksilbermengen wird man etwa nach 15 Min. mit dem Erhitzen beginnen können, während bei Anwesenheit von viel Quecksilber sofort erhitzt werden kann. Das Erhitzen hat vorsichtig zu erfolgen, da bei größerem Quecksilbergehalt bei etwa 70° plötzlich eine lebhafte Gasentwicklung einsetzt, worauf man unter Umständen den Brenner entfernen und den Kolben kühlen muß. Man steigert die Temperatur schließlich bis zum Sieden und beendet den Versuch nach 1stündiger Reduktionsdauer. Der Arsenspiegel wird wie unter α, S. 205 beschrieben weiter behandelt.

Genauigkeit. Die Abweichungen bei den angeführten Beleganalysen betragen bei Einhaltung des zulässigen Quecksilber-Zink-Verhältnisses fast durchwegs weniger als 1 γ Arsen.

γ) Verbesserungsvorschläge von DIEMAIR *und* FOX.

Da DIEMAIR und WAIBEL bzw. DIEMAIR und FOX nach der von GANGL und VÁZQUEZ SÁNCHEZ angegebenen Methodik nur 70 bis 90% der vorhandenen Arsenmenge finden konnten[1], schlagen DIEMAIR und FOX folgende Abänderungen vor:

1. Der Wasserstoffstrom wird durch ein Feinventil an der Bombe genauestens regulierbar gemacht.

2. Durch Zusatz einer 2%igen Platinchloridlösung als Katalysator wird für vollständige Überführung in Arsenwasserstoff gesorgt. Das Austreiben des Arsenwasserstoffes erfolgt unter Einhaltung der sonst üblichen Versuchsbedingungen bei gleichzeitigem 15 Min. langem Durchleiten von Wasserstoff.

3. Die für die Lösung des Spiegels notwendige Menge an Jodmonochlorid wird mit 1,5 cm³ Salzsäure (1:1) und 1 cm³ 10%iger Kaliumcyanidlösung versetzt und $^1/_4$ Std. später bei Gegenwart einiger Tropfen Tetrachlorkohlenstoff mit Jodat austitriert. Der Spiegel wird dann mit dieser vollkommen farblosen Lösung behandelt, wobei die Löslichkeit des Spiegels durch die Gegenwart von Kaliumcyanid nicht beeinträchtigt wird. [BODNÁR, SZÉP und CIELESZKY (b) lehnen das Arbeiten mit austitrierter Jodmonochloridlösung ab; s. S. 210.]

Bemerkungen. Durch die beiden erstangeführten Abänderungen konnten die Verfasser den mittleren Fehler auf 11% herabsetzen (Bestimmung von 5 bis 50 γ As), während sie ihn mit der vorbehandelten Jodmonochloridlösung auf 4,5% reduzieren konnten (Bestimmung von 5 bis 40 γ As). Von DIEMAIR und WAIBEL wurde schon früher eine Modifikation der Apparatur vorgeschlagen, so eine Erweiterung der vorgeschalteten Capillare auf 0,4 mm inneren Durchmesser, da eine Capillare von 0,2 mm lichter Weite nach Erfahrung der Verfasser bei den hier möglichen Druckverhältnissen je Minute höchstens 10 bis 12 cm³ Gas passieren läßt, Verkürzung des Zulaufrohres auf $^2/_3$, um die Tropfgeschwindigkeit zu kontrollieren und Einbau feiner Kerben in den Hahn des Einfülltrichters, um den Zusatz der sauren Lösung genau dosieren zu können. Die Bohrung des Hahnes, welcher die Verbindung des Zulauf-

[1] Nach DIEMAIR und WAIBEL vermindert sich der Fehlbetrag auf etwa 10 bis 15%, wenn das Arsen in dreiwertiger Form vorliegt.

trichters zum Einleitungsrohr darstellt, wurde dazu nach Art der Tropfhähne oben und unten, jedoch in einander entgegengesetzter Richtung mit einer an der Schliff-Fläche fein auslaufenden Einkerbung versehen. Die Dichtung des Schliffes am Entwicklungskolben wurde mit konzentrierter Schwefelsäure erreicht.

δ) Arsenbestimmung neben Antimon nach BODNÁR, SZÉP *und* CIELESZKY (a).

Bemerkungen zu den Grundlagen des Verfahrens. Die Reduktion wird mit Zinnschwamm und Salzsäure in der Wärme durchgeführt, wobei das Antimon quantitativ im Entwicklungskolben zurückbleibt. Die von GANGL und VÁZQUEZ SÁNCHEZ befürchteten Störungen bei Reduktion mit Salzsäure (Bildung flüchtiger Chloride) erscheinen durch die Ergebnisse widerlegt.

Apparatur. Die Bestimmung wird im Apparat von GANGL und VÁZQUEZ SÁNCHEZ durchgeführt. Das an das Glührohr mit Gummischlauch angeschlossene 1 mm weite Glasröhrchen taucht in 1%ige Silbernitratlösung. Diese Sperrflüssigkeit erlaubt neben der Schätzung der Gasgeschwindigkeit eine Kontrolle bezüglich der Verflüchtigung von Salzsäure und Arsenwasserstoff. Zur Kühlung der Abscheidungsstelle am Quarzrohr wird diese mit einem Wollfaden mehrmals umwickelt und unter dessen herabhängende Enden ein Becherglas gestellt. Man tropft mit Hilfe eines Tropftrichters Wasser auf den Faden, das dann in das untergestellte Gefäß abfließt. Der gekühlte Teil des Quarzrohres wird von der Glühstelle durch eine Asbestscheibe isoliert. Eine vereinfachte Apparatur zu dieser Bestimmung wurde nachträglich von SZÉP und CIELESZKY konstruiert, bei der das Entwicklungsgefäß ein 100 cm³-Weithals-ERLENMEYER-Kolben mit 3fach durchbohrtem grauem Gummistopfen ist, durch den ein bis zum Boden reichendes Gaseinleitungsrohr, ein Hahntrichter und als Ableitungsrohr das rechtwinkelig abgebogene obere Ende einer 10 cm³-Pipette geführt sind. Der demnach waagrecht liegende, als Kühler dienende bauchige Teil der Pipette wird in gleicher Weise wie die Abscheidungsstelle gekühlt (mehrere Wicklungen Wollfaden und Tropftrichter), wobei aber je Bestimmung etwa 400 cm³ Wasser erst langsam, während des Kochens rascher aufgetropft werden, gegenüber nur 100 cm³ am Quarzrohr. Die Pipette wird so zugeschnitten, daß der waagrechte Rohrteil etwa 7 cm lang ist. An diesen Pipettenkühler wird mit Gummischlauch das Quarzrohr (ohne Schliff!) und an dieses das 1 mm weite, am Ende häkchenförmig aufgebogene Glasröhrchen (ebenfalls mit kurzem Gummischlauch) angesetzt. Das Röhrchen taucht in ein Becherglas mit Wasser und dient als Blasenzähler. Tatsächlich konnte durch die äußerst einfache Kühlvorrichtung eine Wasserabscheidung an der gekühlten Stelle des Quarzrohres vermieden werden. Die erreichbare Genauigkeit ist bei beiden Apparaturen gleich. Eine weitere Vereinfachung der Apparatur durch Weglassen des Hahntrichters ist möglich, wenn die Probelösung das Arsen in fünfwertiger Form enthält (s. unter ε, S. 208).

Herstellung des Zinnschwammes. Man löst in der Kälte Zinnchlorür p. a. in rauchender Salzsäure p. a., verdünnt mit der gleichen Menge Wasser und stellt 3 bis 4 Stück Zinkstangen (Zincum metall. chem. pur in bacill. 4 mm pro usu forensi Kahlbaum) hinein. In einer späteren Veröffentlichung [BODNÁR, SZÉP und CIELESZKY (b)] geben die Verfasser an, daß die Abscheidung aus der mit etwa der 4fachen Menge Wasser verdünnten ZinnII-lösung auch mit Aluminiumstangen (Draht) von 2 bis 4 mm Durchmesser erfolgen kann. Das Zinn scheidet sich unter Wasserstoffentwicklung rasch auf den Zinkstangen schwammig aus und wird nach Aufhören der Ausscheidung entfernt. Die von Zinn befreiten Zinkstangen werden wieder in die ZinnII-chlorid-Lösung gestellt. Man wiederholt die Operation, bis sich kein Zinn mehr ausscheidet. Das gesammelte schwammige Zinn wird mit destilliertem Wasser mehrmals gewaschen, in einer Porzellanschale durch gelindes Erhitzen von Wasser befreit und im Lufttrockenschrank ganz ausgetrocknet. Nach BODNÁR, SZÉP und CIELESZKY (b) ist zur Bestimmung von Arsenmengen unter 5 γ dieses

Zinn nicht rein genug und wird daher noch 1 bis 2 Std. mit Salzsäure (1 Teil rauchende Salzsäure und 1 Teil Wasser) gekocht. Dadurch werden etwa vorhandene Arsenspuren zu Arsenwasserstoff reduziert, der aus der Lösung entweicht. Man gießt von dem schwammigen Zinn ab, wäscht mit destilliertem Wasser und trocknet es. Die abfiltrierte Lösung wird zur weiteren Darstellung von schwammigem Zinn verwendet.

Arbeitsvorschrift. Man bringt 2 g schwammiges Zinn in das Entwicklungskölbchen der ausgetrockneten Apparatur, stellt diese zusammen und verdrängt die Luft aus dem Apparat durch Einleiten von mit Permanganat und Schwefelsäure gereinigtem Wasserstoff. (Bei der vereinfachten Apparatur muß das Rohr des Einfülltrichters unter dem Hahn mit Wasser gefüllt sein.) Man setzt die Kühlvorrichtungen in Gang und bringt die Quarzspirale zum Glühen (Asbestplatten zum Abschirmen). Nun läßt man bei abgestellter Wasserstoffzufuhr die etwa 12% Salzsäure enthaltende Versuchslösung, die das Arsen in dreiwertiger Form enthält, durch den Trichter einfließen und wäscht diesen mit 12%iger Salzsäure nach. Man erwärmt nun die Lösung, die 10 bis 20 cm^3 beträgt, sofort unter Benutzung eines Asbestdrahtnetzes mit kleiner Flamme und regelt die Temperatur so, daß die in der Sperrflüssigkeit aufsteigenden Gasblasen eben noch zu unterscheiden sind. Später wird zur Erreichung dieser Geschwindigkeit die Lösung zum Sieden gebracht und zusätzlich Wasserstoff in die Apparatur eingeleitet. Nach 10 Min. langem Einleiten von Wasserstoff wird der Versuch, dessen Gesamtdauer etwa 30 Min. beträgt, beendet (bei Verwendung von Zink und Schwefelsäure dauerte der Vorgang nach Angabe der Verfasser etwa 2 Std.), indem man die Brenner abdreht und im Wasserstoffstrom erkalten läßt. Nach dem Erkalten des Quarzrohres wird auch das Kühlwasser abgestellt.

Die Auswertung der Spiegel erfolgt nach GANGL und VÁZQUEZ SÁNCHEZ und zwar nach den Angaben von SZÉP und CIELESZKY unter Ausführung eines parallelen Blindversuches mit der gleichen Menge an JCl-Lösung (s. dazu S. 210).

Genauigkeit. 5 bis 100 γ Arsen wurden nach vorliegender Methode auf etwa —5% genau bestimmt. Nur in wenigen Fällen, hauptsächlich bei der Bestimmung von 100 γ Arsen, betrugen die Arsenverluste etwas über 6%. Man wird daher zweckmäßig Mengen unter 100 γ bestimmen! Es wurde durchwegs weniger Arsen gefunden als zugesetzt. Auch in Gegenwart großer Mengen Antimon (20 bis 300 γ) konnte die gleiche Genauigkeit erreicht werden. Die Verfasser konstatierten bei einer Nachprüfung der von GANGL und VÁZQUEZ SÁNCHEZ angegebenen Vorschrift unter genauer Einhaltung der Bedingungen ebenfalls einen durchschnittlichen Fehler von etwas unter —5%, so daß die mit ihrer Methode erreichbare Genauigkeit der des ursprünglichen Verfahrens nicht nachsteht, wobei nebst der Zeitersparnis als wesentlicher Vorteil die Ausschaltung der störenden Wirkung von Antimon hinzukommt. Die Verfasser betonen, daß das schwammige Zinn leicht ganz arsenfrei hergestellt werden kann, während es bei Zink nur selten gelingt, ein wirklich arsenfreies Präparat zu erhalten. Die Salzsäurekonzentration läßt sich nach SZÉP und CIELESZKY auf etwa 18% und das Gesamtvolumen der Lösung auf 30 bis 35 cm^3 erhöhen, wobei der Versuch dann entsprechend länger dauert.

ε) Bestimmung kleinster Arsenmengen in biologischem Material (unter 5 γ) ohne vollständige Zerstörung der organischen Substanz nach BODNÁR, SZÉP *und* CIELESZKY (b).

Apparatur. Die Anordnung wurde in der von SZÉP und CIELESZKY vereinfachten Form mit Ausnahme des Hahntrichters, der entbehrlich wird, beibehalten. Da nämlich in diesem Fall das Arsen in fünfwertiger Form vorliegt, erübrigen sich die bei der Bestimmung von ArsenIII-lösungen (die von Zinn und Salzsäure schon in der Kälte reduziert werden) angewendeten Vorsichtsmaßregeln (Füllen der Apparatur mit Wasserstoff vor Zugabe der Arsenlösung).

Dadurch wird der Hahntrichter überflüssig, was eine neuerliche Vereinfachung der Apparatur bedeutet. Das Gaseinleitungsrohr hat eine lichte Weite von 2 mm. Die Zersetzung der organischen Substanz wird im Entwicklungskolben ausgeführt.

Aufschluß des Materials. Die Untersuchungssubstanz (höchstens 15 g an frischem Organbrei, höchstens 3 g Organ- oder Körperflüssigkeitstrockensubstanz oder etwa 7 g Harntrockensubstanz) wird in den 100 cm³ fassenden weithalsigen ERLENMEYER-Kolben aus Jenaer Glas eingewogen. Flüssigkeiten (Harn, Blut usw.) werden in einer Glasschale im Wasserbad eingedunstet, worauf der Rückstand mit etwa 5 cm³ verdünnter Salzsäure (1 Teil rauchende Salzsäure und 2 Teile Wasser) quantitativ in den Kolben übergeführt wird. Trockene Untersuchungssubstanzen werden mit Wasser zu einem Brei verrührt. Zur Einwaage bringt man in den ERLENMEYER-Kolben 1 cm³ einer Lösung von 50 g Natriumchlorat in 100 cm³ Wasser, rührt mit einem Glasstab um und verschließt den Kolben mit einem grauen Gummistopfen, durch den zwei Hahntrichter und ein Steigrohr geführt sind. In einen der Trichter bringt man 4 cm³ rauchende Salzsäure, stellt den Kolben in ein Wasserbad ein und läßt nach einigen Minuten unter ständigem Schütteln zuerst 1 cm³ Salzsäure einfließen und anschließend weitere 2 cm³ zutropfen. Die Zersetzung wird durch wiederholtes Umschütteln unterstützt. Falls der Inhalt des Kolbens stark zu schäumen beginnt, nimmt man den Kolben für kurze Zeit vom Wasserbad. Etwa 15 bis 20 Min. nach Beginn der Chlorentwicklung wird in den noch leeren Trichter 1 cm³ Natriumchloratlösung gebracht, die dann parallel mit der im anderen Trichter noch vorhandenen Salzsäure (1 cm³) in den Kolben eingetropft wird, jedoch so, daß die Natriumchloratlösung rascher in den Kolben gelangt. Man beläßt den Kolben noch einige Minuten im Wasserbad. Nach Beendigung der Zersetzung entfernt man den Gummistopfen, spült ihn mit wenig verdünnter Salzsäure in den Kolben ab und zerdrückt etwa noch zusammenhängende bzw. nicht völlig zerstörte Brocken mit einem Glasstab. Man erwärmt, bis alles Chlor vertrieben ist (Prüfung mit Kaliumjodid-Stärkepapier), und verwendet die weingelbe Lösung samt dem Unlöslichen nach dem Abkühlen unmittelbar zur Arsenbestimmung (Dauer der Zerstörung einschließlich der zur Entfernung des Chlors nötigen Zeit 50 Min.). Für Haare und Nägel wird von SZÉP ein Aufschlußverfahren angegeben, bei dem 0,1 bis 0,3 g Nägel bzw. 1 bis 3 g Haare erst nach einer Vorbehandlung mit Salzsäure (für Nägel 1,5 cm³ Wasser und 3 cm³ rauchende Salzsäure, für Haare 5 cm³ Wasser und 10 cm³ rauchende Salzsäure) durch Natriumchlorat zersetzt werden. Zur Reinigung der Haare werden verschiedene Verfahren herangezogen wie Behandlung mit Seife, mit Seife + Alkohol + Äther, mit Wasser + Alkohol oder mit Ammoniak. Die Nägel werden mit heißem Wasser, kaltem Alkohol und Äther gewaschen. Zum Aufschluß wird dann die Substanz im 100 cm³-ERLENMEYER-Kolben mit 1 m langem engem Steigrohr (für Nägel 3 mm äußerer Durchmesser, für Haare 5 mm innerer Durchmesser) mit der entsprechenden Menge an Salzsäure auf siedendem Wasserbad so lange erwärmt, bis die ursprüngliche Struktur der Substanz nicht mehr zu erkennen ist ($^1/_2$ Std. bei Nägeln, 1 Std. bei Haaren). Dann läßt man abkühlen, entfernt den Stopfen mit dem Steigrohr (Abspülen mit wenig Wasser in den Kolben) setzt etwas 50%ige Natriumchloratlösung (3 Tropfen für Nägel, 2 cm³ für Haare) zu und erhitzt auf dem Wasserbad bis zur vollständigen Entfernung des Chlors. Die Aufschlußlösung der Nägel wird dann mit 8 bis 10 cm³ Salzsäure (1 Teil rauchende Salzsäure und 2 Teile Wasser) und 5 g Zinn reduziert. Zur Aufschlußlösung der Haare bringt man 18 bis 20 cm³ der verdünnten Salzsäure und 20 g Zinn. (Bei sehr kleinen Mengen Haarsubstanz [0,2 g feinst zerkleinertes Material] konnte sogar ohne Zersetzung bei direkter Behandlung mit Zinn und Salzsäure ein richtiger Arsenwert erhalten werden.)

Überführung in Arsenwasserstoff und Abscheidung als Spiegel. Man bringt in den Kolben zur Zerstörungsflüssigkeit 20 g schwammiges Zinn (das nach Beendigung der Reduktion zurückbleibende Zinn wird gesammelt, mit destilliertem Wasser mehrmals ausgekocht und darauf mit Salzsäure, wie bei der Herstellung des schwammigen Zinns beschrieben, behandelt), dann 6,5 cm³ mit Wasser etwas verdünnte rauchende Salzsäure und so viel destilliertes Wasser, daß das Zinn von der Flüssigkeit eben bedeckt ist. Man verschließt den Kolben mit dem das Einleitungsrohr und das Ableitungsrohr tragenden Gummistopfen, beginnt mit dem Auftropfen von Wasser auf den Kühler und leitet in lebhaftem, aber nicht zu raschem Strom Wasserstoff durch den Kolben. Nach etwa 10 Min. schließt man das Quarzrohr an, leitet 2 bis 3 Min. Wasserstoff durch und beginnt dann, ebenfalls unter Einleiten von Wasserstoff, das Quarzrohr mit der 8 cm langen und 3 bis 4 cm hohen Flamme eines Schnittbrenners zu erhitzen. Hinter der Spirale des Quarzrohres sich abscheidendes Wasser wird mit kleiner Flamme vertrieben, dann die Kühlung an der für den Spiegel vorgesehenen Stelle in Betrieb gesetzt und der Blasenzähler mit dem Quarzrohr verbunden. Man stellt nun den Wasserstoffstrom ab und beginnt gleich darauf die Erwärmung des Kolbens (zur Erreichung gleichmäßiger Wärmezufuhr wird ein Asbestdrahtnetz 1 bis 2 cm unter dem Kolben montiert und dieses erhitzt). Man fängt mit kleiner Flamme an und steigert das Erwärmen schließlich soweit, daß man die im Blasenzähler aufsteigenden Gasblasen eben noch zählen kann. Bei Steigerung des Erhitzens wird auch die Kühlwasserzufuhr entsprechend verstärkt. Etwa 30 bis 40 Min. nachdem man mit dem Erhitzen des Kolbens begonnen hat, fängt die Lösung zu kochen an. Bei Nachlassen der Wasserstoffentwicklung verstärkt man den Strom durch Zuleiten von Wasserstoff. Nach 10 Min. langem

Einleiten von Wasserstoff stellt man beide Brenner ab und läßt das Quarzrohr im Wasserstoffstrom erkalten (Dauer der Reduktion und Spiegelbildung höchstens 90 Min.). Mitunter scheidet sich hinter dem Arsenspiegel (etwa $^1/_2$ cm entfernt) Wasser ab, das aber nicht stört. Ebenso beeinträchtigt eine aus organischer Substanz stammende Kohlenstoffabscheidung, die im erhitzten Teil des Quarzrohres entstehen kann, die Ablagerung des Spiegels und die Titration nicht.

Lösen des Spiegels und Titration. *Die Jodmonochloridlösung* wird wie bei GANGL und VÁZQUEZ SÁNCHEZ (S. 141) bereitet, aber nicht wie dort mit Kaliumjodat völlig austitriert. Ein geringer Jodatüberschuß würde nämlich bei Arsenmengen unter 5 γ schon einen bedeutenden Fehler verursachen. Die Jodmonochloridlösung ist vor Licht und Wärme geschützt aufzubewahren.

Arbeitsweise. Der Spiegel wird in der von GANGL und VÁZQUEZ SÁNCHEZ beschriebenen Weise (durch Aufsaugen der JCl-Lösung in das Quarzrohr mittels eines auf das entgegengesetzte Ende aufgezogenen Gummischlauches) in 0,2 cm³ der JCl-Lösung, die sich in einem 5 cm³ fassenden Titrierkölbchen nach GANGL und VÁZQUEZ SÁNCHEZ befindet, gelöst und das Rohr nach Entfernen des Gummischlauches durch Einbringen von 0,06 cm³ JCl-Lösung (Einführen mittels einer feinen Pipette) und einigen Tropfen verdünnter Salzsäure nachgewaschen, wobei man die letzten Reste der Waschflüssigkeit mit Hilfe des wieder aufgesetzten Gummischlauches auspreßt. Das in das Titrierkölbchen reichende Ende des Quarzrohres wird mit einigen Tropfen verdünnter Salzsäure gewaschen und das Quarzrohr entfernt. Man schüttelt den Inhalt des Kölbchens nach Verschließen desselben, setzt 0,3 cm³ 10%iger Kaliumcyanidlösung zu, schüttelt wieder, gibt 3 bis 4 Tropfen Tetrachlorkohlenstoff zu und schüttelt anfangs schwach, nach Herausnehmen und Wiedereinsetzen des Stöpsels stark und läßt 15 Min. lang stehen. Das ausgeschiedene Jod wird mit 0,001 m Kaliumjodatlösung unter Schütteln des Kolbeninhalts bis zur Entfärbung des Tetrachlorkohlenstoffes titriert. (Die Verfasser bedienten sich einer 0,1 cm³ fassenden, in 0,001 cm³ geteilten hahnlosen Mikrobürette, aus der die Maßlösung durch Verstellen von Quetschhähnen an einem der Meßcapillare angeschlossenen [mit einem Glasstäbchen verschlossenen] Gummischlauch ausgepreßt wird und die eine Titriergenauigkeit von $\pm$ 0,0012 cm³, entsprechend $\pm$ 0,07 γ Arsen, ermöglicht.) Die an der Bürettenspitze haftende Maßlösung wird durch Berühren mit dem inneren glatten (nicht dem geschliffenen) Rand des Titrierkölbchens abgenommen. Durch Einsetzen des Stöpsels und Schütteln des verschlossenen Kölbchens kann die Lösung in das Kölbchen übergeführt werden. Die Dauer der Titration beträgt 40 Min. Es empfiehlt sich, besonders wenn es sich um einige Zehntelgamma Arsen handelt, die Durchführung der Titration bei Tageslicht vorzunehmen.

Bestimmung der Blindwerte. Die Titration wird jeweils von einer ebenso ausgeführten Blindbestimmung der Jodmonochloridlösung begleitet, die unmittelbar vor oder nach der Titration des gelösten Spiegels erfolgen soll. Beim Aufbewahren der Jodmonochloridlösung scheiden sich nämlich manchmal geringe Jodspuren aus. Außerdem wird ein sog. „Gesamtblindwert" bestimmt, der sich bei Titration des Arsenspiegels der zur Zerstörung und Reduktion angewendeten Reagenzien ergibt. Aus der Differenz dieser beiden Werte errechnet sich der „Reagensblindwert". (In 3 Fällen ergaben sich mit Salzsäure verschiedener Herkunft als Summe des in den zur Reduktion benützten Reagenzien vorhandenen Arsens, also in 20 g schwammigem Zinn und 6,5 cm³ rauchender Salzsäure, 0,36, 0,18 und 0,18 γ As.)

Bemerkungen. Bei Bestimmung von 0,3 bis 5 γ Arsen aus reinen Lösungen ergaben sich bei dem Verfahren Fehler von +2 bis —4%. Bei Zugabe gemessener Arsenmengen zu biologischem Material bekannten Arsengehaltes betrugen die Abweichungen zwischen tatsächlich in Summe vorhandenem und gefundenem Arsen +3,7 bis —3,4% (Gesamtmenge des vorhandenen Arsens 0,63 bis 5,33 γ As). Die Gesamtanalyse beansprucht etwa 3 Std. Zeit. Antimon wird bei diesem Verfahren nicht mitbestimmt. Die Verfasser betonen ausdrücklich, daß zur Durchführung derartiger Arsenbestimmungen eine gewisse Erfahrung unbedingt notwendig ist und daß mit größter Sorgfalt und Reinheit gearbeitet werden muß. Die Methode liefert für Mengen von 5 bis zu einigen zehntel Gamma gute Resultate und ermöglicht daher schon in wenigen Grammen Untersuchungsmaterial exakte Arsenbestimmungen.

b) Maßanalytische Bestimmung nach Lösen des Spiegels in Jod.

Bemerkungen zur Entwicklung des Verfahrens. Schon ANDREWS und FARR sprachen die Vermutung aus, daß der Arsengehalt eines Spiegels nach Lösen in Jod sehr genau bestimmt werden könnte. Später wurde die Methode unter anderen [RAMBERG (a), KEILHOLZ] auch von VAN ITALLIE aufgegriffen, der den Arsenspiegel in $^1/_{500}$ bis $^1/_{2000}$ n Jodlösung auflöst (Behandlung des Röhrchens in einer Schüttelflasche) und den Überschuß an Jod mit $^1/_{2000}$ n Arsenigsäurelösung bei Gegenwart von Stärkelösung zurücktitriert. Die Versuchsfehler der Methode liegen nach Angabe des Verfassers nicht über 0,0001 bis 0,0003 mg. BILLETER und MARFURT konnten jedoch bei diesem Lösungsverfahren Verluste nicht vermeiden. Nach

GANGL und VÁZQUEZ SÁNCHEZ lösen sich Arsenspiegel überhaupt nur sehr schwer in Jod, weshalb diese Autoren auch Jodmonochlorid als Lösungsmittel verwendeten.

***Arbeitsweise von* BILLETER *und* MARFURT.**

Lösen des Spiegels. Das den Spiegel enthaltende Stück des Glührohres wird herausgeschnitten (möglichst knapp) und in ein 5 cm^3 fassendes Probegläschen mit eingeschliffenem Stopfen gebracht. Man fügt die 5 bis 10fache theoretisch erforderliche Menge an Jodlösung (im allgemeinen 0,002 n; bei Mengen über 0,01 mg As 0,005 bzw. 0,01 n) und 1 Tropfen kaltgesättigter Natriumbicarbonatlösung zu, verschließt das Probegläschen und beläßt es 2 bis 3 Std. unter einer Glasglocke über Wasser, um jede Verdunstung sicher zu vermeiden. Nach dieser Zeit ist der Spiegel gelöst und der Überschuß an Jod kann zurücktitriert werden. Bei gelegentlichem Schütteln kann der Spiegel in kürzerer Zeit in Lösung gebracht werden.

Titration. Das überschüssige Jod wird unter Verwendung einer Mikrobürette (2 cm^3 Fassungsraum, in 0,01 cm^3 untergeteilt für Mengen von 2 bis 100 γ As bzw. bei Arsenmengen unter 2 γ 0,5 cm^3 fassend und in 0,002 cm^3 geteilt) titriert. Man setzt 4 bis 5 Tropfen 2 n Natriumacetatlösung und 1 Tröpfchen Stärkelösung zu, säuert mit 1 Tropfen 2 n Salzsäure an und titriert mit Natriumthiosulfatlösung einer der Jodlösung entsprechenden Normalität. Gegen Ende der Titration wird die Lösung mittels eines feinen Glasstäbchens aus der Bürettenspitze in Anteilen von 0,001 cm^3 entnommen.

***Bemerkungen.* Genauigkeit.** Die Titration ist, da die Endreaktion scharf erkennbar ist und 1 cm^3 0,002 n Jodlösung 0,03 mg Arsen entspricht, mit einer Genauigkeit von etwa 0,03 γ Arsen ausführbar. Mit Hilfe des von BILLETER (a) konstruierten extrem klein gehaltenen MARSH-Apparates konnten 100 bis 1 γ As zu 92,5 bis 97,5% wiedergefunden werden, wobei die Resultate mit steigender Verdünnung besser werden. Da die Ergebnisse für eine bestimmte Konzentration bemerkenswert konstant sind, diskutieren die Verfasser die Anbringung einer Korrektur, mit deren Hilfe Resultate mit etwa 1% Genauigkeit erreicht werden könnten. Unter Durchführung des ganzen für biologisches Material vorgesehenen Arbeitsganges, jedoch nur mit den Reagenzien und ohne organische Substanz, wurden von 20 bis 2 γ zugefügtem Arsen 91,8 bis 97% wiedergefunden. (Die kleinsten Mengen ergaben wieder die zufriedenstellendsten Resultate.)

Behandlung biologischen Materials. Biologisches Material wird mit rauchender Salpetersäure und Schwefelsäure behandelt, die Lösung nach Austreiben der Salpetersäure mit Soda neutralisiert, eingedampft und der Rückstand getrocknet. Nach Zusatz von Kaliumperchlorat und Kaliumbromid wird die Mischung geschmolzen und aus dem zerkleinerten Schmelzkuchen das Arsen als Trichlorid abdestilliert. Im Destillat wird die Salzsäure mittels rauchender Salpetersäure zerstört und die zurückbleibende Arsensäure im MARSH-Apparat verwendet [BILLETER (a, b), BILLETER und MARFURT].

c) Bestimmung nach Lösen des Spiegels in Dichromat und Schwefelsäure nach BERNTROP (a).

Das elementare Arsen löst sich in schwefelsaurer Dichromatlösung nach der Gleichung:

$$5K_2Cr_2O_7 + 20H_2SO_4 + 6As = 5K_2SO_4 + 20H_2O + 5Cr_2(SO_4)_3 + 3As_2O_5.$$

Arbeitsvorschrift. Der Arsenspiegel wird bei etwa 60° in einer schwefelsauren Lösung von Kaliumdichromat unter Oxydation zu Arsensäure gelöst und das unverbrauchte Chromat nach Zusatz von Kaliumjodid durch Titration mit Thiosulfat ermittelt. Störende Spuren Fett werden nach BERNTROP (b) vorher aus den Glasgeräten durch Behandeln mit Chromschwefelsäure entfernt.

Bemerkungen. Der Verfasser erhielt unter gewissen Bedingungen (mit der im Entwicklungsgefäß zurückbleibenden noch arsenhaltigen Lösung wird die Bestimmung noch einmal durchgeführt) annähernd richtige Werte:

As gefunden	1,007 mg	As angewendet	1,000 mg
As gefunden	1,010 mg	As angewendet	1,000 mg
As gefunden	0,493 mg	As angewendet	0,500 mg
As gefunden	0,504 mg	As angewendet	0,500 mg
As gefunden	0,105 mg	As angewendet	0,100 mg

KAM und SCHERINGA warnen bezüglich dieser Methode vor übertriebenem Optimismus, d ein Überschuß von 2 Tropfen einer 0,001 n Thiosulfatlösung bereits einen Fehler von 0,001 m Arsen bedingt und ihrer Erfahrung nach der Farbumschlag bei Verwendung von 0,001 n Lösunge nicht mehr auf einen Tropfen scharf ist. (BLOEMENDAL arbeitet bei Mengen unter 10 γ As soga mit $^1/_{4000}$ n Thiosulfat.) In einer Erwiderung an KAM und SCHERINGA betont VAN RIJN (b der mit Hilfe dieser Titration sehr genaue Ergebnisse erhalten zu haben angibt [VAN RIJN (a)] daß zur genauen Durchführung dieser Titration allerdings eine sehr große Übung erforderlic ist. BERNTROP (a) kühlt die Abscheidungsstelle am Glührohr durch einen kleinen übergezogene Kühler. Als Entwicklungsgefäß verwendet er einen Trockenturm mit einem unten in eine eng Öffnung auslaufenden Einsatzrohr und vertreibt die Luft aus dem Apparat durch ein Gemisc von Kohlensäure und Wasserstoff. Zu dem Zweck bringt er vor dem Zusatz der Schwefelsäur Sodalösung in das Entwicklungsgefäß, das auch das nach LOCKEMANN (a) verkupferte Zinl allerdings gesondert, im Einsatzrohr enthält.

Der Autor betont, daß aus der austitrierten Lösung das Arsen nach Zusatz von konzen trierter Salpetersäure und Erhitzen bis zur Entwicklung schwerer Schwefelsäuredämpfe (da Jod und die Salpetersäure müssen entfernt werden) neuerlich als Spiegel gewonnen werden kanı

LECOQ und ULRIX bezeichnen die Arbeitsweise von BERNTROP als ungenau, weil ein Te des Kaliumjodides durch die gebildete Arsensäure oxydiert wird. Es ist deshalb angezeigt, di Lösung vor der Titration zu neutralisieren. Die Verfasser arbeiten folgendermaßen: Der Arsen spiegel wird in 20 cm³ 10% Schwefelsäure enthaltender Kaliumdichromatlösung (über 1 mg A 0,1 n, unter 1 mg As 0,01 n) auf dem Wasserbade gelöst. Nach dem Erkalten fügt man 5 cm 10%ige Kaliumjodidlösung hinzu und läßt den Lösungskolben 15 Min. im Dunkeln verschlosse stehen. Unter ständiger Bewegung und Kühlung werden 15 cm³ Natronlauge vom gleiche Titer wie die Dichromatlösung und 2 g Calcium- oder Magnesiumcarbonat zugefügt. Nachden der verschlossene Kolben einige Zeit lang geschüttelt wurde, setzt man nochmal 0,5 g Carbona und 10 cm³ eines organischen Lösungsmittels (CCl_4, $CHCl_3$, CS_2) zu und titriert das freie Jo mit Thiosulfatlösung, deren Titer dem der Dichromatlösung entspricht.

IV. Colorimetrische Bestimmung des Arsens nach Lösen des Spiegels.

Die von MORRIS und CALVERY vorgeschlagene colorimetrische Bestimmung nacl Lösen des Spiegels in Salpetersäure wurde anläßlich der Molybdänblaureaktioı beschrieben (s. § 10, S. 167).

Neuerdings empfehlen JANKE, GARZULY-JANKE und BERAN diese Art der Spiegel auswertung (Ausführung der Molybdänblaureaktion nach ZINZADZE; s. § 10) zu Bestimmung geringster Arsenmengen nach Abscheidung des Arsens im Appara von GANGL und VÁZQUEZ SÁNCHEZ (s. § 13, S. 203).

2. Bestimmung des Arsenwasserstoffs durch Einwirkung auf Silbersalze.

Bemerkungen zu Grundlagen und Entwicklung des Verfahrens. Bei Einwirkung von Arsenwasserstoff auf sehr konzentrierte Silbernitratlösung bildet sich eine gelbe Verbindung:

$$Ag_3As \cdot 3\,AgNO_3.$$

Diese Verbindung wird durch Wasser unter Abscheidung von Silber zersetzt:

$$3\,H_2O + Ag_3As \cdot 3\,AgNO_3 = 6\,Ag + H_3AsO_3 + 3\,HNO_3.$$

Aber auch überschüssiger Arsenwasserstoff bedingt eine Dunkelfärbung, da in diesem Falle Ag_3As abgeschieden wird:

$$Ag_3As \cdot 3\,AgNO_3 + AsH_3 = 2\,Ag_3As + 3\,HNO_3.$$

Zur colorimetrischen Auswertung der gelben Verbindung nach GUTZEIT ist also ein bedeutender Silbernitratüberschuß erforderlich. Außerdem muß die Lösung zur Vermeidung störenden Wassers möglichst konzentriert sein. Unter Anwendung einer 50%igen Lösung von Silbernitrat wurde die GUTZEIT-Reaktion schon von TREADWELL und COMMENT zur colorimetrischen Bestimmung vorgeschlagen. Bezüglich der Haltbarkeit der auf Papier erzeugten citronengelben Verfärbungen geben LOCKEMANN und v. BÜLOW an, daß sie unter Kohlensäure in braunen Gefäßen längere Zeit haltbar sind (beobachtet 3 Wochen). Auch die mit verdünnter Silbernitratlösung sich ergebenden Dunkelfärbungen wurden colorimetrisch ausgewertet. Neuerdings versuchte TRUFFERT den Arsenwasserstoff auf mit Silbernitrat präpariertes photographisches Papier einwirken zu lassen, worauf er mit 5%iger Natriumthiosulfatlösung fixiert. Die Methode soll die Erfassung von 0,5 γ As gestatten. Auf verdünnte Silbernitratlösung wirkt Arsenwasserstoff nicht einheitlich. Es tritt auch schon in der Kälte teilweise Oxydation zu Arsensäure ein, und andererseits enthält das ausfallende Silber mitunter wesentliche Mengen an Arsen bzw. Ag_3As. Eine maßanalytische oder gewichtsanalytische Bestimmung der Reaktionsprodukte wurde auf verschiedenen Wegen versucht, so z.B. durch direktes Titrieren der gebildeten arsenigen Säure nach Fällung des Silberüberschusses. HOUZEAU titrierte die arsenige Säure mit „Chamäleonlösung", BRUNN, SCHMIDT und auch in neuester Zeit ALLCROFT und GREEN bestimmen sie jodometrisch. Durch Verwendung einer $^1/_{495}$ n Jodlösung wollen letztere 1 γ bzw. unter besonders günstigen Umständen bis zu 0,1 γ As_2O_3 mit Sicherheit bestimmt haben. POZZI titrierte nach Filtration des ausgeschiedenen Silbers und Ansäuern der bis dahin ammoniakalischen Lösung mit Salpetersäure den Silberüberschuß nach VOLHARD (auch HOUZEAU hatte schon die verbrauchte Silbermenge durch Ermittlung des Überschusses bestimmt). KŘEPELKA und FANTA (b) bestimmen bei ihren Versuchen das ausgeschiedene Silber (die Bestimmung des Silbers durch Wägung wurde auch schon von LASSAIGNE durchgeführt) oder den Silberüberschuß. Unter Anbringung eines Korrekturgliedes für die reduzierende Wirkung des Wasserstoffes finden KŘEPELKA und FANTA (a) 90 bis 101,5% der vorhandenen Arsenmenge. Bei Verwendung einer ammoniakalischen Silbernitratlösung wird der durch den Wasserstoff verursachte Fehler, der auch von der Dauer der Einwirkung und der Konzentration der Lösung abhängt, am kleinsten (die Verfasser geben Versuchsdauern von 12 bis 14 Std. an). Sie betonen auch, daß ein Teil des Arsens im Silberrückstand enthalten ist. Weiterhin wurde die Bestimmung der während der Reaktion in Freiheit gesetzten Salpetersäure von VITALI (b) versucht. Nach eingehenden Studien gelangten RECKLEBEN, LOCKEMANN und ECKARDT, die auch die einschlägige Literatur erörtern, zu dem Ergebnis, daß eine quantitative Bestimmung der Reaktionsprodukte durchführbar ist, wenn das Arsen ohne Filtration des Niederschlages in der Reaktionsflüssigkeit bis zur Arsensäure oxydiert wird, da ja einerseits Arsen im Silberniederschlag verbleibt, anderseits die Oxydation teilweise schon bis zur Arsensäure fortgeschritten sein kann, entsprechend der Gleichung

$$Ag_3As + 5AgNO_3 + 4H_2O = H_3AsO_4 + 5HNO_3 + 8Ag.$$

Dieser Tatsache wurde auch schon von REICHARDT in seiner Methode Rechnung getragen.

I. Colorimetrische Auswertung der gelben Verfärbung.

***Arbeitsvorschrift nach* LOCKEMANN *und* v. BÜLOW.**

Apparatur. In einen 100 cm³ fassenden Stehkolben wird mit Hilfe eines durchbohrten Korkstopfens ein ALLIHNsches Rohr (18 mm obere Weite, 60 mm obere Rohrlänge, 26 mm Kugeldurchmesser, 5 mm weites Endrohr, das am unteren Ende abgeschrägt ist) eingesetzt. Zur Bestimmung kleinerer Arsenmengen (0,1 bis 2 γ) wird auf dieses Rohr mit einem durchbohrten Stopfen ein 40 mm langes und 5 mm weites Glasröhrchen aufgesetzt. Auf dem ALLIHNschen Rohr bzw. auf dem Glasröhrchen wird dann eine Scheibe Filtrierpapier mittels eines Gummiringes befestigt.

Erforderliche Reagenzien. *Zink.* Stangenzink p. a. (4 mm) für forensische Zwecke wird mit Hilfe vernickelter Flachzangen in 5 bis 10 mm lange Stückchen gebrochen. Das Zink darf nicht mit der Hand berührt werden. Man verkupfert durch Übergießen mit einer 0,5%igen Kupfersulfatlösung und spült die Stückchen danach gut ab.

Schwefelsäure. Durch Verdünnen von 223 cm³ konzentrierter Schwefelsäure auf 1 l wird eine 8 n Lösung hergestellt.

Silbernitratlösung. Die 66%ige wäßrige Lösung wird in braunen Flaschen aufbewahrt.

Filtrierpapierscheiben von 5,5 cm Durchmesser, weiß und ohne Musterung (glatt).

Herstellung der Vergleichsskala. Die Vergleichsskala wird jeweils frisch bereitet, indem man mit Hilfe einer Lösung von arseniger Säure, die im Kubikzentimeter 1 γ Arsen enthält, Versuche mit 0,2, 0,5, 1,0, 3, 5, 10 und 15 γ Arsen in genau gleicher Weise durchführt.

Erzeugung der Flecken. Die zu untersuchende Lösung wird auf 50 bis 100 cm^3 aufgefüllt und davon für die erste Bestimmung ein aliquoter Teil, etwa $^1/_4$, verwendet. Man bringt die Lösung, die nicht über 50 cm^3 betragen darf, in das Entwicklungsgefäß, fügt bei sehr schwach sauren Flüssigkeiten 10 bis 20 cm^3 8 n Schwefelsäure zu bzw. bringt stärker saure Lösungen durch Zusatz von Schwefelsäure auf 4 bis 5 n (17,5 bis 21,3% H_2SO_4) und verschließt die obere Öffnung des ALLIHNschen Rohres mit einer Filtrierpapierscheibe. Der überstehende Rand des Papierfilters wird gleichmäßig gefaltet, nach unten umgebogen und mit Hilfe eines Gummibandes befestigt. Die runde obere Papierfläche wird mit 6 bis 8 Tropfen 66%iger Silbernitratlösung getränkt. Nachdem der Apparat in dieser Weise vorbereitet ist, bringt man mit Hilfe einer Pinzette 8 Stückchen verkupfertes Zink in den Kolben und setzt sofort das Rohr auf. Das silbernitratgetränkte Papier darf nicht mit der Hand berührt werden (schwarze Flecken). Falls die Gasentwicklung zu schwach ist, setzt man nachträglich noch etwas 8 n Schwefelsäure zu. Die silbernitratgetränkte Stelle des Papiers färbt sich alsbald citronengelb. Nach 45 Min. wird der Versuch beendet und das Filtrierpapier abgenommen. Auf Grund des ersten Versuches wird die 2. Probe so bemessen, daß sie 3 bis 15 γ Arsen enthält, da diese Mengen am sichersten zu schätzen sind.

Für Mengen unter 2 γ wird das beschriebene Aufsatzröhrchen in das ALLIHNsche Rohr eingebaut und seine obere Öffnung mit einem entsprechend kleineren Stück Filtrierpapier verschlossen. In diesem Fall benetzt man mit 1 Tropfen Silbernitratlösung. Durch diese Verkleinerung der Reaktionsfläche auf $^1/_{12}$ wird die Gelbfärbung deutlicher.

Auswertung der Flecken. Man vergleicht die Unterseite der Papiere unmittelbar nach dem Versuch mit stets frisch hergestellten Normalfärbungen. Bei sehr großen Arsenmengen, etwa von 40 bis 50 γ ab, wird der gelbe Fleck zuerst an der Unterseite des Papiers allmählich dunkel gefärbt, was auf die Bildung von Arsensilber zurückzuführen ist. Nach DIEMAIR und WAIBEL sind beide Seiten zur Beurteilung heranzuziehen. Diese Verfasser beobachteten nämlich mitunter, daß Unstimmigkeiten auf der Oberseite weniger zur Geltung kommen, und werteten in solchen Fällen die Oberseiten aus. Von jeder Untersuchungslösung müssen wenigstens 2 verschieden große Proben geprüft werden. Die durch die Schätzung bei den einzelnen Prüfungen gefundenen Werte werden jeweils auf die Gesamtmenge der Untersuchungslösung bezogen und daraus der Mittelwert errechnet.

Identifizierung der Arsenflecken. Zur qualitativen Prüfung des entstandenen Flecks befeuchtet man mit nur 1 Tropfen Wasser. Liegt die Silber-Arsenverbindung vor, entsteht ein brauner Fleck in Größe des Wassertropfens, der sich sehr langsam ausbreitet. Bei Anwesenheit von Schwefelsilber färbt sich die ganze Fläche sofort grünlich.

Anwendungsbereich. Mit der normalen Apparatur können 1 bis 20 γ, mit Hilfe des Aufsatzröhrchens 0,1 bis 2 γ Arsen geschätzt werden.

Bemerkungen. Nach DIEMAIR und WAIBEL ist die Schätzung von Mengen über 2 γ auf etwa $^1/_2$ γ genau. Falls beim Zusatz von Schwefelsäure zur Probelösung eine Gasentwicklung auftritt (CO_2, H_2S, Stickoxyde), muß nach Ansäuern mit verdünnter Schwefelsäure so lange gelinde gekocht werden, bis die entwickelten Gase vollständig vertrieben sind (unter Umständen Ansäuern mit konzentrierter Schwefelsäure — 20 bis 25 cm^3 je 100 cm^3 Lösung —, wobei durch die entwickelte Wärme das gleiche erreicht wird). LOCKEMANN und v. BÜLOW lehnen die Absorption etwa vorhandenen Schwefelwasserstoffes durch Bleiacetat ebenso wie eine Trocknung des

Gasgemisches wegen der Gefahr einer teilweisen vorzeitigen Zersetzung ab. DIEMAIR und WAIBEL führten anläßlich ihrer Weinuntersuchungen die Bestimmung in etwas abgeänderter Form (die Überführung in Arsenwasserstoff wird gleich anschließend an den Aufschluß im KJELDAHL-Kolben durchgeführt, wobei die mit dem Reagens benetzte Filtrierpapierscheibe auf dem trockenen Hals des Kolbens befestigt wird) auch unter Verwendung eines mit Quecksilberbromid getränkten Papiers durch. Zum Benetzen wurde gesättigte wäßrige Quecksilberbromidlösung verwendet, wobei sie beständigere Verfärbungen erhielten, die bei größeren Mengen leichter zu schätzen waren.

II. Colorimetrische Auswertung der mit verdünnter Silbernitratlösung sich ergebenden Verfärbungen.

a) Verfahren nach MARTIN und PIEN.

Die Verfasser geben für die Methode, bei der der Arsenwasserstoff auf Filtrierpapier, das mit verdünnter Silbernitratlösung getränkt ist, geleitet wird, je nach der zu untersuchenden Materialmenge 2 Arbeitsweisen an.

Arbeitsweise 1 (für größere Substanzmengen und Serienanalysen).

Apparatur. Das als Entwicklungsgefäß dienende 250 cm³ fassende Pulverglas trägt einen doppelt durchbohrten Gummistopfen, durch dessen eine Bohrung das Rohr eines Einfülltrichters fast bis zum Boden des Pulverglases reicht. In die andere Bohrung ist ein Waschaufsatz eingesetzt, dessen verengtes, durch den Stopfen führendes Rohr sich in dem Waschaufsatz fortsetzt und so umgebogen ist, daß es in die Waschflüssigkeit taucht. Der Aufsatz trägt einen in ein 6 cm langes und 6 bis 7 mm weites Röhrchen übergehenden eingeschliffenen Hohlstopfen. In dieses Röhrchen wird der silbernitratgetränkte Papierstreifen eingehängt. Während der Bestimmung wird eine schwarze Papierhülse darüber gestülpt.

Erforderliche Reagenzien. Zink in Drahtform.

Säure: 15 vol.-%ige Schwefelsäure oder Salzsäure (1:1).

Waschflüssigkeit: 3 Volumen Natronlauge (36° Bé) werden mit 1 Volumen Eau de Javelle vermischt.

5%ige Lösung von Silbernitrat.

5%ige Lösung von Paraffin in Petroläther.

1%iges Ammoniak.

Vorbereitung der Apparatur und des Papierstreifens. Man bringt in das Entwicklungsgefäß 10 g Zink und 25 cm³ destilliertes Wasser. Der Waschaufsatz wird mit so viel Waschflüssigkeit beschickt, daß das umgebogene Röhrchen etwa 2 cm tief eintaucht. Ein Streifen aus dickem aschefreiem Papier (7 bis 8 cm lang und 6 mm breit) wird in die 5%ige Silbernitratlösung getaucht und zwischen aschefreiem Filtrierpapier abgepreßt. Der Streifen wird in die röhrchenförmige Verengung des Hohlstopfens eingehängt und die Papierhülse aufgesetzt.

Durchführung der Bestimmung. Man bringt durch die Trichterröhre 25 cm³ Säure in das Entwicklungsgefäß, fügt nach 5 Min. die zu prüfende Substanz, gelöst in 25 cm³ Wasser, zu und läßt nach $^1/_2$ Std. nochmals 25 cm³ Säure und 25 cm³ destilliertes Wasser einfließen (die zu untersuchende Substanz kann auch in der Säure gelöst zugesetzt werden). Eine Stunde später ist praktisch alles Arsen ausgetrieben, auch wenn das Zink nicht vollständig gelöst ist.

Konservierung und Schätzung der erhaltenen Färbungen. Man taucht den Streifen in schwach ammoniakalisches destilliertes Wasser und erneuert das Bad während einer Stunde nach jeweils 5 Min. Nach dieser Zeit wird der Streifen mit Alkohol gespült, getrocknet und in eine 5%ige Lösung von Paraffin in Petroläther getaucht. Nach Abpressen zwischen Filtrierpapier wird das Papier getrocknet und, zwischen zwei Glasplatten eingespannt, mit einer auf gleiche Weise mit bekannten Arsenmengen (0,5 bis 20 γ As_2O_3) vorher hergestellten Skala verglichen. Zur Beurteilung der Streifen müssen beide Seiten herangezogen werden. Die Überprüfung der Reagenzien erfolgt durch einen Blindversuch.

Bemerkungen. Die Verfasser sind im Gegensatz zu LOCKEMANN und v. BÜLOW der Ansicht, daß durch die alkalische Hypochloritlösung kein Arsenwasserstoff zersetzt wird.

Arbeitsweise 2 für geringere Materialmengen (die hier zur Verwendung kommenden Reagensmengen sind weit geringer und die durch einen Arsengehalt derselben verursachten Fehler dementsprechend kleiner).

Apparatur. Als Entwicklungsgefäß dient ein dickes Reagensglas von 7 cm Höhe und 2 cm Durchmesser, das mit einem doppelt durchbohrten Gummistopfen verschlossen wird. Durch eine Bohrung führt das Rohr eines Einfülltrichters, das bis an den Boden reicht und dessen Ende unten häkchenförmig aufgebogen ist. Durch die 2. Bohrung ist das verjüngte Ende eines einfachen 2 cm weiten und 5 cm langen Aufsatzrohres geführt, auf das Reagenspapierscheiben aufgelegt werden.

Erforderliche Reagenzien. Zink in Drahtform wird in 2 mm lange Stücke geschnitten.
Schwefelsäure (1 : 1).
Lösung von basischem Bleiacetat.
1%ige wäßrige Lösung von Tragantgummi.
Außerdem Silbernitrat, Paraffinlösung in Petroläther und Ammoniak wie unter 1.

Vorbereitung der Apparatur und der Papierscheiben. Ein Wattebausch wird mit der Bleiacetatlösung getränkt, gut ausgedrückt und auf den Boden des Aufsatzrohres gebracht. Darüber legt man ein trockenes Wattebäuschchen. In das Entwicklungsgefäß bringt man 0,5 g Zink und 5 cm³ destilliertes Wasser, das die zu untersuchende Substanz enthält. Man taucht eine Filtrierpapierscheibe (40 mm Durchmesser), die vorher mit 1%iger Tragantlösung behandelt und getrocknet worden war, in 5%ige Silbernitratlösung, preßt zwischen Filtrierpapier ab und legt sie oben auf das Aufsatzrohr. Man beschwert mit einer umgekehrten Krystallisierschale von 40 mm Durchmesser und 30 mm Höhe und stülpt darüber eine entsprechend größere Hülse aus schwarzem Papier.

Durchführung der Bestimmung. Man läßt durch die Trichterröhre 1 cm³ Schwefelsäure (1:1) zufließen und setzt $^1/_2$ Std. später noch 1 cm³ der Säure zu. Nach weiteren 40 bis 50 Min. ist alles Zink gelöst, und der Versuch kann beendet werden. Die Papierscheibe, die nur an der Unterseite geschwärzt ist, wird abgenommen und mit Hilfe einer Skala, die 0,5 bis 10 γ As_2O_3 entspricht, geschätzt. Die Konservierung der Scheiben geschieht abgesehen von einer längeren Behandlung mit sehr verdünntem Ammoniak, die in diesem Falle wegen der Vorbehandlung mit Tragant 2 Std. dauert, in der gleichen Weise wie bei den Streifen in Verfahren 1.

Erhöhung der Empfindlichkeit von Arbeitsweise 2. Durch Einbau eines in das Aufsatzrohr genau passenden Einsatzes, der sich auf 2 mm verengt und 1 mm unter dem oberen Rand des Aufsatzrohres (Ebene der Papierscheibe) endet, kann die Bestimmung noch für Mengen von 0,1 bis 0,5 γ arseniger Säure angewendet werden, da in diesem Falle kleine runde Flecken von nur 2 bis 3 mm Durchmesser entstehen, wobei die Farbintensität natürlich entsprechend größer ist. Man arbeitet bei dieser Modifikation mit 0,25 g Zink und 1 cm³ Schwefelsäure (1:1), sowie mit 5 cm³ Wasser bzw. wäßriger Lösung der Substanz. Die Säure wird gleich zu Beginn auf einmal zugesetzt, so daß der Versuch in 30 bis 50 Min. beendet ist.

b) Verfahren von Moreau und Vinet.

Prinzip. *Der Arsenwasserstoff trifft in einer engen Röhre auf eine verdünnte Silbernitratlösung. Das abgeschiedene Silber setzt sich in Form eines Ringes ab und kann durch Vergleich mit Standardringen geschätzt werden.*

Apparatur. Als Entwicklungsgefäß für den Arsenwasserstoff dient eine 1 cm weite und 14 bis 15 cm hohe U-Röhre, die mit Hilfe von durchbohrten Gummistopfen einerseits mit einer Wasserstoffentwicklungsapparatur (Entwicklungsflasche und silbernitratbeschicktes Waschgefäß) in Verbindung steht und andererseits durch ein U-förmig abwärts gebogenes, mit etwas Watte beschicktes dünnes Rohr mit dem kürzeren Schenkel eines doppelt rechtwinkelig gebogenen Röhrchens verbunden ist, in dem der Silberring erzeugt wird. Dieses Röhrchen ist 0,5 cm weit und enthält am Ende des kürzeren, etwa 7 cm langen, dem Gasstrom zugekehrten Schenkels einen Wattebausch. In den längeren Schenkel (15 cm) wird ein dünner Glasstab eingehängt, um ein Austreten der Silbernitratlösung zu verhindern. Der Abstand der Schenkel beträgt 3 bis 4 cm. Der Stopfen des Entwicklungsgefäßes, durch den der Wasserstoff eingeleitet wird, trägt in einer 2. Bohrung einen capillar ausgezogenen Tropftrichter zum Einbringen der Säure und der Versuchslösung.

Arbeitsvorschrift. Man bringt in das Entwicklungsgefäß 0,5 g frisch platiniertes Zink und einige Tropfen destilliertes Wasser und verdrängt die Luft aus dem Apparat durch einen Strom von gereinigtem Wasserstoff. Nach 10 Min. beschickt man das Glasröhrchen bei entsprechender Neigung (das Röhrchen steht auf der zweiten rechtwinkeligen, beim längeren Schenkel liegenden Biegung) mit 0,5 cm³ einer 0,1 n Silbernitratlösung, die mit Essigsäure leicht angesäuert wurde. Nun läßt man aus dem Tropftrichter 0,5 cm³ 20%ige Schwefelsäure nach und nach eintropfen und regelt den Gasstrom, der aus eingeleitetem und entwickeltem Wasserstoff zusammengesetzt ist, so, daß 15 bis 20 Blasen je Minute durch das Silbernitrat streichen. Nach 10 Min. darf sich kein sichtbarer Ring abgeschieden haben. Wenn diese Blindprobe negativ verlaufen ist, läßt man die Probelösung eintropfen (das Arsen liegt als Natriumarsenat vor) und wäscht mehrmals mit einigen Kubikzentimetern 20%iger Schwefelsäure nach. Die Silbernitratlösung steigt nach Durchgang jeder Gasblase bis zu einer bestimmten Stelle, die sie nie überschreitet und an der sich nach etwa 5 Min. der Silberring abzuscheiden beginnt. In dem Maße, wie er sich verstärkt, neigt man das Röhrchen leicht, so daß er sich in der Richtung des Gasstromes verbreitert[1]. Für den Fall, daß die vorhandene Arsenmenge 5 γ übersteigt, kann man bei genügender Übung mehrere Ringe zu je 0,002 mg Arsen erzeugen oder besser die Probe entsprechend verdünnen. Nach etwa 1 Std. überzeugt man sich von der Vollständigkeit der Abscheidung (bei anderer Einstellung des Silbernitratniveaus darf sich in 15 Min.

[1] Das Silber scheidet sich als festhaftender Ring völlig ab, und die Lösung zeigt weder einen Niederschlag noch eine Trübung.

kein neuer Ring zeigen), löst dann das Röhrchen vorsichtig, so daß die Flüssigkeit den Ring nicht benetzt, ab und läßt es unter Lichtabschluß austropfen. Dann trocknet man mit einem Wattebäuschchen und vergleicht, am besten am folgenden Tag, mit Standardringen, die unter genau gleichen Bedingungen mit 0,5, 1, 2, 3 ... γ erhalten wurden.

Bemerkungen. Die Ringe dunkeln nach und werden mit der Zeit glänzender. Entsprechende Ringe aus Antimonsilber sind tiefschwarz, während Schwefelsilber erst gelbliche und später graubraune Ringe liefert, die metallischen Glanz haben und auch leicht von Silberringen zu unterscheiden sind. Das Verfahren scheint nur orientierende Werte zu liefern; auch geben die Verfasser keine Beleganalysen an. Auf dem gleichen Prinzip beruht übrigens ein Mikroverfahren zum Nachweis von AsH_3 bzw. PH_3 und P von WOLF, DÜSING und MARTOS, die mit 1%iger stark ammoniakalischer Silbernitratlösung arbeiten.

c) Colorimetrische Bestimmung nach SCHLUTY.

Der entwickelte Arsenwasserstoff wird in 2 cm³ einer Lösung von 2 Tropfen 20%iger Silbernitratlösung in Glycerin eingeleitet und die auftretende Braunfärbung mit Hilfe eines Parallelversuches mit 0,015 mg As_2O_3 colorimetriert.

Bemerkungen. Die von RECKLEBEN, LOCKEMANN und ECKARDT untersuchte Reaktion verläuft nicht streng nach der Gleichung $AsH_3 + 6\,AgNO_3 + 3\,H_2O = 6\,Ag + H_3AsO_3 + 6\,HNO_3$, sondern nach Mengenverhältnis und Verdünnungsgrad verschieden. Die Silberabscheidung ist daher auch nicht streng proportional der vorhandenen Arsenmenge. Anderseits wirkt auch Wasserstoff an sich auf Silbernitrat ein. Durch Kompensation der Fehler können sich allerdings unter Umständen richtige Resultate ergeben. Dagegen betonen KŘEPELKA und FANTA (b), daß eine nephelometrische Auswertung der Silbertrübung bei kleinsten Arsenmengen keine exakten Resultate ergeben kann.

III. Gravimetrische Arsenbestimmung nach Einleiten in Silbernitrat.

Arbeitsvorschrift nach REICHARDT.

Prinzip. *Der Arsenwasserstoff wird durch Silbernitratlösung absorbiert und das Arsen nach Oxydation zu Arsensäure gravimetrisch bestimmt.*

Arbeitsvorschrift. Das mit Zink und Schwefelsäure oder Salzsäure entwickelte Gasgemisch wird in einer Vorlage aufgefangen, die mit 1 bis 2 cm³ einer Silbernitratlösung (1 Teil Silbernitrat und 24 Teile Wasser), ebensoviel konzentrierter Salpetersäure und der 4- bis 5fachen Menge Wasser beschickt ist. Sicherheitshalber wird daran noch eine zweite ebensolche Vorlage geschaltet. (Vor dem Zusatz der Probelösung überzeugt man sich durch einen mehrere Minuten dauernden Blindversuch von der Reinheit der Reagenzien.) Die Gasentwicklung während der Bestimmung muß langsam erfolgen. Nach wenigen Sekunden beginnt die Abscheidung des hellbraunen Silbers (bei kleinsten Mengen setzt sich das Silber an dem Einleitungsrohr ab) und ist im allgemeinen beendet, wenn sich die Flüssigkeit klärt, indem sich das abgeschiedene Silber niederschlägt. Man überzeugt sich von der vollständigen Überführung des Arsens durch Vorlage einer frischen Silbernitratlösung.

Zur Oxydation versetzt man die in der Vorlage befindliche Lösung mit Bromwasser im Überschuß, schüttelt durch und filtriert nach einigen Minuten. (Die Oxydation kann auch mit Salzsäure und Kaliumchlorat durchgeführt werden.) Das vom Brom gelbgefärbte Filtrat wird mit Ammoniak übersättigt und die Arsensäure mit Magnesiamischung ausgefällt.

Bemerkungen. Die Methode eignet sich zur Bestimmung von bis zu 20 mg Arsen. Der Verfasser gibt an, daß 0,0014 mg arseniger Säure noch so deutlich erkennbar waren, daß $^1/_{10}$ dieser Menge nicht hätte übersehen werden können. RECKLEBEN und LOCKEMANN (a) bezeichnen diese Arbeitsweise als die einzige der bis dahin bekannten diesbezüglichen Methoden, die als einwandfrei gelten kann. REICHARDT verweist auf die Tatsache, daß Antimon mit Magnesiamischung nicht ausfällt, und die sich daraus ergebende Trennungsmöglichkeit.

IV. Sonstige Verfahren.

TAUBMANN fängt den Arsenwasserstoff in Silbersulfat auf, oxydiert mit Brom und bestimmt die Arsenmenge mit Hilfe der Molybdänblaureaktion. Die Überführung in Arsenwasserstoff dient in diesem Fall zur Abtrennung von der ebenfalls die Molybdänblaureaktion gebenden

Phosphorsäure. McCHESNEY oxydiert das Silber mit Hilfe von CerIV-sulfatlösung, deren Überschuß colorimetrisch bestimmt wird. Bei 0 bis 100 γ As beträgt der Fehler $\pm$ 1,8 γ, bei 100 bis 700 γ As $\pm$ 4 γ.

3. Bestimmung des Arsenwasserstoffs durch Einwirkung auf Quecksilbersalze.

Bemerkungen zu Grundlagen und Entwicklung des Verfahrens. Bei Einwirkung von Arsenwasserstoff auf QuecksilberII-chlorid ergeben sich gelbe bis rotbraune Verbindungen, die durch Ersatz der Wasserstoffatome des Arsenwasserstoffes durch den HgCl-Rest entstehen und die colorimetrisch ausgewertet werden können (ROSE, MAYENÇON und BERGERET, FLÜCKIGER, LOHMANN, FRANCESCHI, PARTHEIL und AMORT). In den meisten Fällen wird die Reaktion so ausgeführt, daß man den Arsenwasserstoff auf entsprechend präpariertes Reagenspapier einwirken läßt. Die Reaktion ist zwar nicht so empfindlich wie die ursprünglich von GUTZEIT angegebene Probe mit Silbernitrat (etwa 0,0015 mg As gegenüber 0,00075 mg), ist aber von Nebenwirkungen durch Wasser und Licht unabhängiger. Die Imprägnierung des Reagenspapiers erfolgt durch Behandeln mit wäßriger oder alkoholischer Sublimatlösung und nachfolgendes Trocknen. Nach SANGER und BLACK hinterläßt eine alkoholische Lösung beim Verdampfen eine weniger ebene Oberfläche. So behandelte Papiere sind im Dunkeln über Calciumchlorid mehrere Monate haltbar. Die durch den Arsenwasserstoff erzeugten Färbungen sind aber sehr unbeständig und schon nach Stunden für eine exakte colorimetrische Bestimmung ungeeignet. GOODE und PERKIN hielten daher eine quantitative Bestimmung ohne parallel ausgeführte Testversuche überhaupt für unmöglich. Durch geeignete Aufbewahrung, Entwicklung und Fixierung kann aber die Notwendigkeit, jeweils frische Farbskalen aufzustellen, umgangen werden. IWANOW gibt an, durch Konservieren mit einer Kollodium-Äther-Mischung eine Haltbarkeit von einem Jahr erreicht zu haben. Andere Verfahren der Konservierung finden sich bei SANGER und BLACK, HILLEBRAND und LUNDELL und CRIBIER (s. auch HOW, LACHELE und CROSSLEY). Durch das Entwickeln kann mitunter eine mit freiem Auge nicht mehr sichtbare Veränderung erkannt werden. Das gleiche erreicht KING durch Ultraviolettbestrahlung. Übrigens wurde auch die Verwendung von sublimatgetränkter Baumwolle vorgeschlagen. Da das Arsen in fünfwertiger Form langsamer reduziert wird und bei der colorimetrischen Bestimmung die nach einer gegebenen Zeit vorhandene, von der Geschwindigkeit der Arsenwasserstoffentwicklung abhängige Verfärbung beurteilt wird, muß das Arsen in allen Fällen in die dreiwertige Form übergeführt werden. Vorteilhaft geschieht dies durch Behandlung mit schwefliger Säure (SANGER und BLACK) oder Hydrazinsulfat. Ein Zusatz von ZinnII-chlorid oder Kaliumjodid genügt nach SANGER und BLACK nicht. DAVIS und MALTBY erhielten nach Reduktion mit Kaliumjodid und ZinnII-chlorid, was auch schon von MEHURIN und BECK und MERRES vorgeschlagen worden war, gute Werte. Die Anwesenheit von Schwefelwasserstoff sowie Phosphorwasserstoff und Antimonwasserstoff stört. Es wurde daher zur Entfernung des Schwefelwasserstoffes verschiedentlich eine Vorlage von Bleiacetat eingeschaltet. Als Absorptionsmittel für alle genannten Beimengungen empfahl DOWZARD eine Lösung von KupferI-chlorid, was später von LACHELE wieder aufgegriffen wurde. Nach den Untersuchungen von RECKLEBEN, LOCKEMANN und ECKARDT verhalten sich KupferI-chlorid und Bleiacetat aber auch dem Arsenwasserstoff gegenüber durchaus nicht indifferent.

Von SMITH und anderen Autoren wurde die Verwendung von QuecksilberII-bromid nach GOODE und PERKIN an Stelle von Sublimat wegen der angeblich höheren Empfindlichkeit und größeren Beständigkeit der sich ergebenden Färbungen vorgeschlagen. SANGER und BLACK, sowie LERRIGO betonen jedoch, daß dies keine Vorteile bietet. Eine übersichtliche Darstellung zahlreicher Bestimmungsmethoden auf Grund der GUTZEIT-Reaktion mit Erörterung der verschiedenen Fehlerquellen wird von MÜHLSTEPH gegeben. Ersatz von QuecksilberII-chlorid durch Kaliumquecksilberjodid $K_2[HgJ_4]$ bringt nach CATOGGIO keinen Vorteil.

Einige maßanalytische Verfahren beruhen auf der von SMITH vorgeschlagenen Methode, wonach Arsenwasserstoff in QuecksilberII-chlorid eingeleitet wird. Bei nachfolgender Oxydation mit Jodlösung entsprechen einem Arsenwasserstoff 8 Jod, während nach vollständiger Zersetzung des gelben Niederschlages und Abfiltrieren des Kalomels, das gewogen werden kann, nur die Oxydation von AsO_3''' zu AsO_4''' maßanalytisch ausgewertet werden kann.

I. Colorimetrische Bestimmung unter Verwendung von quecksilberchloridgetränktem Material (Papier oder Baumwolle).

a) Methode von HEFTI.

Apparatur (Abb. 6). Als Entwicklungsgefäß dient ein 100 bis 150 cm³ fassender ERLENMEYER-Kolben *K*, durch dessen doppelt durchbohrten Stopfen das Rohr eines graduierten Hahntrichters *T* und ein Ableitungsrohr geführt sind. Der waagrecht verlaufende Teil des Ableitungsrohres ist zu einer Trockenröhre erweitert, die offenbar mit krystallisiertem Calciumchlorid beschickt wird. Auf die senkrecht nach oben gebogene, etwas erweiterte Düse *D* werden die Reagenspapierscheiben aufgelegt und mit einer Mattglasscheibe beschwert. Arsenmengen unter 0,02 mg werden mittels einer 8 mm weiten Düse bestimmt. Für größere Mengen verwendet man eine solche von 16 mm Weite.

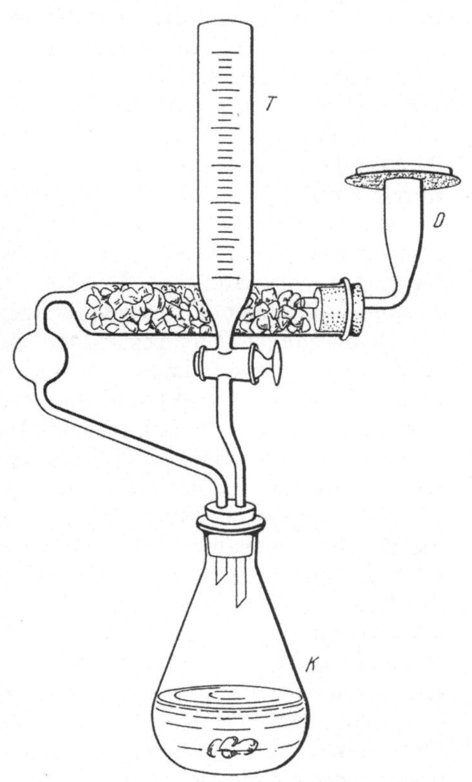

Abb. 6. Apparatur zum Verfahren von HEFTI.

Herstellung der Quecksilberchloridscheiben. Man taucht Scheiben aus reinem Filtrierpapier in warm gesättigte QuecksilberII-chlorid-Lösung und trocknet sie bei 60 bis 70° im Trockenschrank.

Herstellung der Zink-Kupfer-Legierung zur Wasserstoffentwicklung. 20 g KAHLBAUMsches Zink (für forensische Zwecke) werden in einem HESSEschen Tiegel geschmolzen. In das flüssige Metall rührt man mit einer Zinkstange eine Spur Kupfer ein und granuliert durch Eingießen in Wasser.

Vorbereitung der Probelösung. Das Arsen muß in dreiwertiger Form vorliegen. Zur Reduktion etwa vorhandener Arsensäure dampft man die Lösung, die keine Salzsäure enthalten darf, mit schwefliger Säure auf dem Wasserbad ein, bis der Überschuß an schwefliger Säure vertrieben ist.

Durchführung der Bestimmung. Man bringt in das Entwicklungskölbchen 6 bis 8 g granuliertes kupferhaltiges Zink und etwa 20 cm³ arsenfreie Schwefelsäure (1 Volumen Säure der Dichte 1,82 + 7 Volumen Wasser). Nach 10 Min. ist die Luft aus dem Apparat verdrängt, worauf man die Düse *D* mit einer Scheibe Mercurichloridpapier bedeckt und diese mit der Mattglasscheibe beschwert. Man läßt nun aus *T* die zu untersuchende Lösung bzw. einen aliquoten Teil derselben einfließen und beendet den Versuch nach 20 Min. Die entstandene Färbung wird durch Vergleich mit einer Standardskala ausgewertet.

Herstellung der Vergleichsskala. Man führt Versuche mit 1 bis 20 γ As_2O_3 (0,05 bis 1 cm³ einer Standardlösung, die 20 mg As_2O_3 im Liter enthält) durch. Zur

Bestimmung geringerer Arsengehalte bereitet man sich durch Verdünnen auf das 10fache jeweils eine entsprechende Standardlösung und verwendet die gewünschte Menge zur Herstellung der Vergleichsfärbungen. In trockenem Zustand und im Dunkeln sind die Färbungen wohl einige Tage haltbar, aber nicht mehr verläßlich. Nachdem man also mit Hilfe einer älteren Skala den Arsengehalt annähernd ermittelt hat, muß man unbedingt einige frisch bereitete Vergleichsfärbungen zur endgültigen Auswertung heranziehen. Über die Konservierung der Färbungen vgl. die Angaben bei SANGER und BLACK (S. 221).

Bemerkungen. **Ältere Verfahren** zur Auswertung der Verfärbung von Mercurichlorid stammen von KELYNACK und KIRKBY, BIRD, THOMSON (a) (der mit Papierstreifen bzw. Baumwollfäden arbeitete), HARVEY, sowie DOWZARD. Letzterer verwendete zur Absorption von Schwefelwasserstoff eine Lösung von Bleiacetat. Bei Anwesenheit von Phosphor- Schwefel- und Antimonwasserstoff leitete er das Gas durch Kupferchlorürlösung.

Andere Verfahren zur Imprägnierung der Reagenspapierscheiben. IWANOW imprägniert die Papierscheibe durch Auftropfen alkoholischer Sublimatlösung. DOWZARD verwendete je Bestimmung 1 Tropfen 5%iger QuecksilberII-chlorid-Lösung auf feinem Filtrierpapier (getrocknet!).

Abänderungen der Apparatur. Späterhin wurden zahlreiche apparative Verbesserungen vorgeschlagen, die es ermöglichen sollen, scharfrandige Flecken zu erhalten. KASARNOWSKI und später LINSEY empfehlen, die Ränder der Düse zu verbreitern und planzuschleifen und einen ebenso geformten Aufsatzteil mit Hilfe von angesetzten Häkchen und Gummiringen zu befestigen. Zwischen den Flansch wird das Reagenspapier eingelegt. Es ist ungefähr das gleiche, was schon HARVEY vorschlug und was STUBBS mit 2 zentral durchbohrten Korkstopfen erreicht, zwischen die das Reagenspapier eingelegt wird und die dann in einen entsprechend weiten Glasring eingepreßt werden. Ein Glasrohr reicht durch den unteren Stopfen bis an das Papier. Offenbar eine ähnliche Anordnung, bei der das Reagenspapier zwischen Glasplatten liegt, findet sich auch bei BUSQUETS. WHITE beschreibt einen von HIBBERT konstruierten Springfederaufsatz, der eine Scheibe mit einer der Düse entsprechenden Bohrung nach Einlegen des Reagenspapiers gegen diese preßt. CRIBB, der übrigens über der Düse ein Glasrohr montiert, das sich wieder zu einer Düse verengt, klebt die Scheiben einfach auf. SCOTT-DODD benützt zum Festhalten des Papiers einen Deckel, der ein dem Lumen der Düse entsprechendes Loch aufweist und mit Hilfe eines Metallringes an dieser montiert wird. Die primitivste überhaupt mögliche Anordnung zur annähernden Bestimmung beschreibt neuerdings BRINN. Zur Ermittlung des Arsengehaltes in Letternmetall löst er etwa 1 g der Legierung in konzentrierter Schwefelsäure, kühlt ab, setzt Salzsäure und Zinnfolie zu (bei dieser Art der Reduktion wird Antimon zu Metall reduziert und Blei überhaupt nicht angegriffen), bedeckt das Becherglas mit einer sublimatgetränkten Papierscheibe und kocht 1 bis 2 Min. Die Auswertung der Verfärbung erfolgt durch Vergleich mit Standardversuchen.

b) Verfahren nach SANGER und BLACK.

α) Originalvorschrift.

Apparatur. Die als Entwicklungsgefäß dienende 30 cm³ fassende weithalsige Glasflasche ist mit einem doppelt durchbohrten Gummistopfen verschlossen, durch den ein etwa 15 cm langer Einfülltrichter, der bis an den Boden reicht und unten auf 1 mm verengt ist, und ein Ableitungsrohr geführt sind. Dieses Ableitungsrohr ist knapp über dem Stopfen im rechten Winkel abgebogen und später in der gleichen senkrechten Ebene zurückgebogen, so daß es die Form eines auf dem einen Schenkel liegenden U erhält. Daran wird mit Gummistopfen ebenfalls waagrecht ein Kugelrohr (etwa 12 mm Durchmesser) angeschlossen, das in ein längeres, etwas über

4 mm weites Röhrchen übergeht. Die Kugel des Rohres, das als Niederschlagsrohr bezeichnet wird, wird mit jeweils möglichst gleichen Mengen über Schwefelsäure getrockneter Baumwolle beschickt. Nach 10 bis 12 Versuchen wird die Baumwolle zu feucht, wodurch zu kurze Banden entstehen. Sie muß daher erneuert werden. Die jeweils neue Füllung wird durch 1stündige Wasserstoffentwicklung im zusammengesetzten Apparat vor dem nächsten Versuch wieder hinreichend mit Feuchtigkeit gesättigt. In das Ende des Niederschlagsrohres wird der Reagenspapierstreifen eingeschoben. Bei Anwesenheit von Schwefelwasserstoff wird zwischen Watte und Quecksilberchloridpapier ein mit Bleiacetat getränkter und getrockneter Papierstreifen eingelegt. Die Gummistopfen werden vor dem Gebrauch mit verdünntem Alkali gekocht und gewaschen.

Herstellung der Reagenspapierstreifen. Kalt gepreßtes Zeichenpapier wird mit Hilfe eines Messinglineals entsprechender Breite in gleichmäßig 4 mm breite Streifen geschnitten (Green beschreibt eine Vorrichtung zum mechanischen Schneiden der Papierstreifen, wodurch sie auf 0,05 mm genau gleich hergestellt werden können) und diese werden wiederholt durch eine 5%ige Lösung von umkrystallisiertem QuecksilberII-chlorid gezogen, bis sie vollständig durchweicht sind. Die Streifen werden auf einem horizontalen Gestell aus Glasröhren oder Glasstäben getrocknet und dann in 7 cm lange Stücke geschnitten (die Enden, an denen die Streifen während des Imprägnierens gehalten wurden, werden verworfen). Die Streifen werden über Calciumchlorid im Dunkeln aufbewahrt. Es muß jedenfalls für die Streifen steifes Papier verwendet werden, damit es sich während der Bestimmung im feuchten Gasstrom nicht rollt.

Ausführung der Bestimmung. Man bringt 3 g gleichförmig granuliertes Zink in den Entwicklungskolben und schiebt einen Streifen Mercurichloridpapier in das Niederschlagsrohr vollständig ein. Dann läßt man 15 cm³ Salzsäure (1:6; etwa 1,5 n) durch das Trichterrohr einfließen, worauf die Wasserstoffentwicklung einsetzt. Nach mindestens 10 Min. darf sich das Reagenspapier nicht verfärbt haben. Nach dieser Zeit hat sich die Wasserstoffentwicklung möglichst gleichmäßig eingestellt. Außerdem hat die Atmosphäre im Niederschlagsrohr einen bestimmten Grad der Sättigung mit Wasserdampf erreicht. Die zu prüfende Lösung kann nun eingeführt werden. Schon nach wenigen Minuten erscheint die Farbe auf dem Papier und erreicht nach etwa 30 Min. ihr Maximum. Der Versuch wird beendet und die Färbung mit Normalbanden verglichen, wobei beide Seiten beurteilt werden müssen (vgl. Bemerkungen bei Cribier, S. 225). Gegebenenfalls geht der Schätzung eine Entwicklung mit Salzsäure, Ammoniak oder Goldchlorid (s. unten) voraus.

Herstellung der Normalbanden. Mit Hilfe einer Lösung, die 10 γ As_2O_3 je Kubikzentimeter enthält (die Lösung ändert nach einigen Wochen ihren Titer; verdünntere Lösungen müssen jeweils frisch bereitet werden), werden in genau gleicher Weise Färbungen erzeugt. Für geringere Arsenmengen verdünnt man die Standardlösung auf das 10- bzw. 100fache. Man stellt Streifen her, die 2, 5, 10, 15, 20 usw. bis 70 γ As_2O_3 entsprechen. Bei den niedrigsten Arsenwerten ist der Streifen nur am Ende und zwar citronengelb gefärbt. Größere Mengen ergeben längere Verfärbungen, die an dem dem Gasstrom zugekehrten Ende entsprechend dunkler (über orange und rot nach rotbraun) erscheinen.

Aufbewahrung und Entwicklung der Verfärbungen. Die Streifen können nach dem Vorschlage von Panzer für die Konservierung von Normalspiegeln über Phosphorpentoxyd, das mit etwas Watte bedeckt ist, in Glasröhrchen eingeschmolzen werden. Der Glanz der Färbungen verliert sich nach einigen Wochen, die so konservierten Sätze sind aber mehrere Monate haltbar. Andererseits besteht die Möglichkeit, die Streifen mit Salzsäure zu „entwickeln“. Dazu behandelt man die Streifen in einem kleinen Reagensglas mit Salzsäure (1:1) (etwa 6 n) längstens 2 Min. bei einer Temperatur von nicht über 60°. Das Papier wird hierauf sorgfältig mit fließendem Wasser gewaschen und getrocknet. Die Farben vertiefen sich bei dieser Behandlung, und der Streifen erscheint auf ein längeres Stück hin verfärbt. Beim Trocknen werden die Farben matter. Die Streifen werden danach ebenfalls über Phosphorpentoxyd eingeschmolzen und sind etwas haltbarer als die ursprünglichen Färbungen. Durch eine einige Minuten dauernde Behandlung der ursprünglichen Verfärbung mit 1 n Ammoniak entsteht eine dichte kohlschwarze Färbung von ebenfalls größerer Ausdehnung als zuvor. Nach dieser Behandlung werden die trockenen Streifen über frischem gepulvertem Calciumoxyd eingeschmolzen. Die so erhaltene Skala ist die weitaus haltbarste. Die Entwicklung mit Goldchlorid erfolgt nach der Behandlung mit Salzsäure unter Verwendung von $^1/_{100}$ n Goldchloridlösung. Nach 5 bis 10 Min. tritt eine schöne Purpurfärbung auf.

***Bemerkungen.* Die Streifenform der Reagenspapiere** wurde gewählt, um durch das Entlangstreichen des Gases gleichmäßig dichte Beschläge zu erhalten. Bei senkrechtem Auftreffen des Gases vollzieht sich nämlich die Reaktion teilweise auf der Oberfläche und teilweise in der Faser des Papiers. Ein geringes ringförmiges Sublimat im Niederschlagsrohr ist ohne Einfluß auf das Resultat, muß aber vor der nächsten Bestimmung entfernt werden. Antimonwasserstoff und Phosphorwasserstoff stören ebenso wie Schwefelwasserstoff. Nach SCHITIKOWA kann die Bestimmung neben großen Mengen Fluor ohne Störung durchgeführt werden.

Bei Gegenwart von Arsensäure muß diese durch Behandlung mit schwefliger Säure reduziert werden (s. bei HEFTI, S. 219). Annähernde Werte erhält man, wenn die Vergleichsskala ebenfalls aus Arsensäure hergestellt wird, und für eine rohe Schätzung kann der durch Vergleich mit der üblichen Skala erhaltene Wert mit 2 bis 2,5 multipliziert werden.

Genauigkeit. Unter Einhaltung möglichst gleicher Bedingungen bei dem Versuch und der Herstellung der Normalfärbungen kann nach Meinung der Verfasser eine Genauigkeit von 5 bis 10% erreicht werden. Beleganalysen mit aliquoten Teilen von 0,05 bis 2,5 mg As_2O_3 enthaltenden Proben ergaben im allgemeinen Resultate zwischen 90 und 100% und nur in je einem Fall wurden 76 bzw 88% gefunden.

Anwendungsbereich. In der geschilderten Form eignet sich die Methode für Arsenmengen von 2 bis 70 γ As_2O_3. Durch Verwendung eines etwas über 2 mm weiten Niederschlagsrohres und Einführung von 2 mm breiten und 35 mm langen Reagenspapierstreifen, sowie nachfolgendes Entwickeln können Mengen von 0,1 bis 10 γ bestimmt werden (0,08 γ As_2O_3 konnten noch nachgewiesen werden).

β) Arbeitsvorschrift nach F. P. TREADWELL (a).

Apparatur. Das 30 cm³ fassende Entwicklungsgefäß (weithalsige Flasche) trägt einen durchbohrten Stopfen, durch den das senkrecht stehende, sich über dem Stopfen auf 1 cm erweiternde Ableitungsrohr geführt ist. Das Rohr ist 7 cm lang und mit einigen Streifen Filtrierpapier beschickt, die mit 5%iger Bleiacetatlösung getränkt sind. Auf das Rohr ist mit Hilfe eines durchbohrten Stopfens ein ebenso geformtes, etwas kürzeres Rohr aufgesetzt, in dem sich etwas mit 1%iger Bleiacetatlösung getränkte Watte befindet. Dieses Rohr ist wieder mit einem durchbohrten Stopfen verschlossen, in dessen Bohrung ein 2,5 mm weites Röhrchen steckt, in das der Quecksilberchloridstreifen entsprechender Breite eingehängt wird.

Zur Herstellung der Quecksilberchloridstreifen läßt man die Papierstreifen 1 Std. in 5%iger alkoholischer QuecksilberII-chlorid-Lösung liegen und trocknet wie bei SANGER und BLACK.

Ausführung der Bestimmung. 10 g Stangenzink und einige Krystalle ZinnII-chlorid, sowie ein kleines, mehrfach durchlochtes Platinblech bringt man in den Entwicklungskolben, setzt die zu prüfende arsenhaltige Flüssigkeit zu und füllt die Flasche fast vollständig mit Schwefelsäure (1:4). Man setzt sofort den Stopfen mit den Absorptionsröhrchen auf. Nach wenigen Minuten beginnt sich das Quecksilberchloridpapier zu färben, und nach 45 Min. ist das Maximum der Färbung erreicht. Die Färbungen werden mittels einer jeweils frisch hergestellten Skala geschätzt.

Bemerkungen. Eine Modifikation der Methode zur Bestimmung von 0,2 bis 5γ gibt v. FELLENBERG an, der den Apparat wesentlich verkleinert und vereinfacht (5 cm^3 fassendes Entwicklungskölbchen, ein einziges, sich oben zu einem knapp 2 mm weiten Röhrchen verengendes Aufsatzrohr und 1 mm breite Streifen aus imprägniertem Schreibmaschinenpapier). Eine weitere Abänderung der v. FELLENBERGschen Methodik stammt von REITH (a), der zur Wasserstoffentwicklung Aluminiumplättchen und Salzsäure (bei Gegenwart von ZinnII-chlorid) vorschlägt.

γ) *Arbeitsvorschrift nach* HILLEBRAND *und* LUNDELL.

Apparatur. Die Anordnung ist im wesentlichen so wie bei F. P. TREADWELL (a) angegeben und unterscheidet sich nur in den Abmessungen. Das Entwicklungsgefäß faßt 60 cm^3, das mit Bleiacetatpapier (qual. Filtrierpapier, 5 zu 7 cm groß, mit Bleiacetatlösung behandelt und getrocknet) beschickte Aufsatzrohr ist 1,25 cm weit und 7 cm lang, und das darüber montierte Rohr wird bei gleichem Durchmesser wie das untere Röhrchen als 4 cm lang beschrieben. Das oberste Röhrchen, in das der Reagenspapierstreifen eingehängt wird, ist 10 cm lang und 4 mm weit. 6 cm von dem oberen Ende entfernt ist das Rohr etwas verengt. An Stelle der bleiacetatgetränkten Watte wird ebensolche Glaswolle verwendet.

Erforderliche Reagenzien. *Bleiacetatlösung.* 1 g Bleiacetat wird in Wasser gelöst, die Lösung mit Essigsäure versetzt, bis sie völlig klar ist und auf 100 cm^3 aufgefüllt.

Zink. Arsenfreies Zink in kleinen Stücken ($^1/_3$ bis $^1/_6$ inch mesh; CROSSLEY gibt als Zinkkorngröße 0,86 : 0,43 cm an) wird mit Salzsäure behandelt, bis die Oberfläche blank ist, mit Wasser gewaschen und unter Wasser aufbewahrt.

ZinnII-chlorid. 8 g Stannochlorid werden in 9,5 cm^3 Wasser, die 0,5 cm^3 Salzsäure enthalten, gelöst.

Eisenalaunlösung. 30 g krystallisierter Eisenammoniumalaun werden in Wasser, das 1 g Natriumchlorid und 2 cm^3 konzentrierte Schwefelsäure enthält, gelöst. Man verdünnt auf 100 cm^3 (2 cm^3 dieser Lösung entsprechen etwa 0,1 g Fe_2O_3).

Die Reagenspapierstreifen werden in 4 mm Breite in der von SANGER und BLACK beschriebenen Weise hergestellt.

Herstellung der Standardskala. Die mit bekannten Mengen As_2O_3 (0,001 bis 0,05 mg) erhaltenen gefärbten Streifen können zur Konservierung in geschmolzenes Paraffin (wasserfrei) getaucht und über P_2O_5 im Dunkeln aufbewahrt werden.

Durchführung der Bestimmung. Man bereitet eine 50 cm^3 betragende Lösung, die das Arsen, 2,5 bis 3,5 cm^3 Schwefelsäure, 2 cm^3 der Eisenalaunlösung und 0,5 cm^3 ZinnII-chlorid-Lösung enthält, und erwärmt auf etwa 25°. Man beschickt die Aufsatzröhrchen mit Bleiacetatpapier (bei jeder Bestimmung frisch) und bleiacetatgetränkter Glaswolle und verbindet mit dem das Reagenspapier enthaltenden obersten Röhrchen. Nun fügt man 35 g Zinkschrot zu und setzt den Stopfen mit den Röhrchen auf. Nach leichtem Durchschütteln läßt man 1 Std. in einem Wasserbad von 25° stehen. Danach wird der Reagenspapierstreifen mit ebenso erhaltenen frisch hergestellten Standardfärbungen verglichen (gegebenenfalls nach Eintauchen in Paraffin mit ebenfalls präparierten Normalfärbungen).

Bemerkungen. Zur Entfernung störender Beimengungen (Cl, Br, J oder Substanzen, die H_2S, SO_2 oder PH_3 abgeben können) wird empfohlen, mit Salpetersäure zu kochen und diese dann durch Abrauchen mit Schwefelsäure zu entfernen. Zur Reduktion des fünfwertigen Arsens wird EisenII-sulfat vorgeschlagen. Quecksilber, Platin, Silber, Palladium, Nickel, Kobalt und größere Mengen Kupfer stören. Auch Mengen über 0,1 mg Antimon müssen abgetrennt werden.

δ) *Modifikation nach* GEILMANN *und* MEYER-HOISSEN.

Eine Abänderung der Arbeitsweise unter Verwendung der ursprünglich von SANGER und BLACK angegebenen Apparatur, aber in größerem Maßstab (Entwicklungsgefäß mit 80 bis 100 cm^3 Fassungsraum) und in Anlehnung an einige bei HILLEBRAND und LUNDELL angegebene Einzelheiten findet sich bei GEILMANN und MEYER-HOISSEN. In den senkrecht stehenden, die beiden Schenkel verbindenden Teil des in Form eines liegenden U gebogenen Ableitungsrohres wurde als Rückflußkühler bzw. Tropfenfänger eine kugelförmige Erweiterung eingeblasen. Die Verfasser beschicken die Kugel des Niederschlagsrohres mit Bleiacetatwatte, wodurch sich das Vorlegen von Bleiacetatpapier (s. bei SANGER und BLACK, S. 221) erübrigt. Dazu wird fettfreie Verbandwatte mit 1%iger, gegebenenfalls mit Essigsäure angesäuerter Bleiacetatlösung getränkt, ausgedrückt und getrocknet.

Die Bestimmung wird in der Weise durchgeführt, daß 8 bis 10 g Zinkgranalien (2 bis 3 mm Korngröße) in den Apparat gebracht werden, worauf man durch den Trichter 10 cm³ Schwefelsäure (1:1), 2 cm³ Eisenalaunlösung (s. bei HILLEBRAND und LUNDELL, S. 223) und 0,5 cm³ ZinnII-chlorid-Lösung (8 g Zinnchlorür + 1 cm³ Salzsäure + 9 cm³ Wasser) einfüllt, das Niederschlagsrohr ansetzt und das Reagenspapier so einlegt, daß es genau in der Achse des Rohres senkrecht steht. Nachdem einige Minuten später die Wasserstoffentwicklung gleichmäßig geworden ist, wird die Arsenlösung durch den Trichter eingefüllt und der Versuch 40 bis 60 Min. in Gang gehalten (bei Nachlassen der Wasserstoffentwicklung werden einige Kubikzentimeter Schwefelsäure nachgefüllt).

Bemerkungen. Die Verfasser bestimmen nach diesem Verfahren Arsen in Glas nach Aufschluß durch Schmelzen von 0,5 bis 1 g feingepulverter Probe mit 3 bis 4 g Natriumhydroxyd und 0,1 bis 0,2 g Natriumperoxyd im Nickel- oder Silbertiegel, Lösen der Schmelze in 30 cm³ Wasser und Reduktion der mit Schwefelsäure neutralisierten und mit 3 bis 4 cm³ konzentrierter Schwefelsäure angesäuerten Lösung durch Behandlung mit 2 bis 3 cm³ wäßriger schwefliger Säure (bzw. einigen Stückchen Natriumsulfit), worauf bis zum Verschwinden des Schwefeldioxydgeruches gekocht wird. Die filtrierte und erkaltete Lösung (30 bis 50 cm³) wird dann wie beschrieben untersucht. Der Aufschluß kann übrigens auch mit Soda im Platintiegel erfolgen. Die Verfasser betonen, daß als störende Beimengungen bei der Untersuchung von Glas wohl nur Antimon und Selen in Betracht kommen. Selen, das in Mengen über 0,2 mg die Entwicklung der Färbungen verzögert, und Antimon über 0,1 mg müssen daher abgetrennt werden (bei Anwesenheit größerer Selenmengen setzt man anläßlich der Reduktion etwas Hydrazinsulfat zu; von Antimon wird vorteilhaft durch Destillation als Trichlorid getrennt). Als Genauigkeit des Verfahrens (Vergleichsfärbungen zu 2, 5, 10, 15, 20, 25, 30, 40, 50 und 60 γ As_2O_3) wird von den Verfassern für Mengen bis zu 50 γ As 10% angegeben.

ε) Andere Modifikationen der Methode.

LURJE ersetzt das Zink durch eine Aluminiumspirale. STENBERG empfiehlt nach BOLOTOW zur Wasserstoffentwicklung amalgamiertes Aluminium (Amalgamierungsdauer 1 Min.) und eine Reaktionstemperatur von 8 bis 9°. SWESCHNIKOW und SMIRNOWA erwärmen zu Ende der Bestimmung, die sie nach der Modifikation von F. P. TREADWELL (a) ausführen, das Reaktionsgefäß schwach. HOLLINS schützt den Sublimatstreifen während der Bestimmung vor Licht. Die Reagenspapiere stellt er durch Behandeln mit 1%iger QuecksilberII-chlorid-Lösung, Trocknen im Trockenschrank und nachfolgendes Schneiden der Streifen her.

c) Bestimmung nach CRIBIER.

Apparatur. Ein Kolben von 150 cm³ Fassungsraum trägt in seinem einfach durchbohrten Gummistopfen ein 30 cm langes und 5 mm weites Rohr. Dieses Rohr ragt mit dem unteren, etwas verengten Ende einige Zentimeter in das Entwicklungsgefäß und trägt knapp unter dem Stopfen in 25 mm Abstand vom Ende eine seitliche Öffnung. In den unteren Teil des Rohres wird, um mechanisch mitgerissene Feuchtigkeit aufzuhalten, eine etwa 10 cm lange Rolle Filtrierpapier eingelegt. In den oberen Teil wird dann ein 5 mm breiter und 12 bis 15 cm langer Streifen mit 5%iger Sublimatlösung imprägniertes und getrocknetes Papier so eingelegt, daß er mindestens auf 2 cm an die Filtrierpapierrolle heranreicht.

Ausführung der Bestimmung. **Vorbehandlung.** Die zu untersuchende Lösung wird zur Ausschaltung des störenden Einflusses von Schwefelwasserstoff und Phosphorwasserstoff mit etwas Kaliumpermanganat behandelt und der Überschuß durch Wasserstoffperoxyd zerstört.

Erzeugung der Färbungen. Die arsenhaltige Lösung (entsprechend 1 g Substanz) wird mit 8 g Zink [das Zink wird nach GRIFFON und BUISSON (b) vorher mit 1 Tropfen 10%iger Kupfersulfatlösung in 10 cm³ Wasser aktiviert; nach 10 Min. Einwirkungsdauer spült man 2mal mit Wasser ab] und 60 cm³ Schwefelsäure (1:4) in den Kolben gebracht. Man füllt auf 75 cm³ auf, verschließt sofort mit dem Stopfen und schützt den Reagenspapierstreifen durch Umwickeln des Rohres mit Filtrierpapier vor der Einwirkung des Lichtes. Nach Beendigung des Versuches (2 bis 6 Std.) wird der verfärbte Streifen in 10%ige Kaliumjodidlösung gebracht und die so erhaltene Braunfärbung mit einer Standardskala verglichen. Diese braunen Farbtöne sind gegen Licht und Feuchtigkeit beständig. Flecken, die nicht von Arsen herrühren, verhalten sich bei der Behandlung mit Kaliumjodid anders, so daß eine qualitative Unterscheidung möglich ist.

Bemerkungen. **Anwendungsbereich.** 0,1 bis 100 γ Arsen können auf diese Weise bestimmt werden.

Genauigkeit. Unter genauer Einhaltung der von CRIBIER gegebenen Vorschrift und jeweils gleicher Bedingungen ist die Methode nach GRIFFON und BUISSON (a) eine der verläßlichsten und empfindlichsten Bestimmungsmethoden, obwohl nach ihren Untersuchungen höchstens 30% des vorhandenen Arsens auf das Reagenspapier zur Einwirkung kommen.

Verbesserungsvorschläge bezüglich der Arbeitsweise. CRIBIER macht keine Angaben bezüglich der Reduktionstemperatur; LÉONARDON und DELÉPINE stellten sie dann durch Wasserkühlung auf 15° ein. GRIFFON und BUISSON (a) empfehlen einige weitere Vorsichtsmaßregeln: So muß die Skala von dem betreffenden Analytiker selbst und zwar bei jeder Änderung in bezug auf Reagenzien neu aufgestellt werden. Dabei sind die Einzelheiten des Arbeitsganges genau zu definieren und die Reagensmengen auch bezüglich etwa verwendeter Aktivierungsmittel peinlichst gleich zu wählen. Die Autoren führen die Verschiedenheit in der Färbung der beiden Reagenspapierseiten auf die ungleiche Narbung des Papiers zurück und empfehlen die Papierseiten zu bezeichnen. Man vergleicht dann jeweils die gleichartig genarbten Seiten und zwar die, auf der sich die Verfärbung exakter auswerten läßt. Bei Gegenwart großer Salzmengen wird das Verfahren unempfindlich, weshalb GRIFFON und BUISSON (b) in solchen Fällen den Arsenwasserstoff vorerst austreiben, in Kaliumpermanganat auffangen und dann erst die Bestimmung durchführen (s. unter 4, S. 243). LÉONARDON und DELÉPINE empfehlen das Verfahren von CRIBIER zur Arsenbestimmung in Mineralwasser, von dem 5 bis 50 cm³ zur Untersuchung gelangen (ein etwa ausgefallener Niederschlag wird in Schwefelsäure gelöst und ebenso untersucht).

Verbesserungsvorschläge bezüglich der Apparatur. LÉONARDON und DELÉPINE konstruierten eine Ganzglasapparatur, bei der das Ableitungsrohr in den Hohlschliffstopfen des Entwicklungskolbens eingebaut ist. Von GRIFFON und BUISSON (a) wurde der Apparat dann ähnlich der Anordnung bei SANGER und BLACK (s. S. 220) weiter modifiziert, und zwar ist das in den Hohlschliffstopfen eingebaute Gasableitungsrohr nur 10 cm lang und erhält mit Hilfe eines Schliffes ein Rohr von 5 mm innerer Weite angesetzt, das noch ein kleines Stück senkrecht nach oben führt und dann zu einem liegenden U mit ungleichen Schenkeln gebogen ist. In den längeren (10 cm messenden) Schenkel, der das Ende des Rohres darstellt, wird der Reagenspapierstreifen eingeschoben. Der Schliff ermöglicht ein bequemes Einbringen der zur Trocknung des Gasstromes dienenden 10 cm langen Filtrierpapierrolle in den unteren Teil des Ableitungsrohres.

d) Verfahren von HÜNERBEIN.

Apparatur. Der als Entwicklungskolben dienende ERLENMEYER-Kolben ist mit einem 3fach durchbohrten Kork verschlossen. Durch die Bohrungen führen ein Hahntrichter, ein bis zum Boden reichendes Steigrohr und ein Tropfenfänger, der aus einem sich über dem Stopfen erweiternden und später wieder verengenden und mit kurzen Glasrohrstücken gefüllten Rohr besteht. Auf den oberen verengten Rohrteil ist mit Hilfe eines durchbohrten Korkes ein mit krystallisiertem Calciumchlorid gefülltes Trockenrohr mit etwa dem gleichen Durchmesser wie der erweiterte Teil des Tropfenfängers, und zwar mit diesem weiten Teil nach unten senkrecht aufgesetzt. Das enge Ansatzrohr oben ist doppelt rechtwinkelig gebogen, so daß es senkrecht nach abwärts führt und durch Gummischlauch mit dem „Indicatorrohr" verbunden, das 5 mm weit ist und in der Mitte mit einer 3 cm langen Schichte imprägnierter Watte beschickt wird. Da das obere verengte Ende des Tropfenfängers in das Calciumchloridrohr reicht, wird dieses Rohrende zum Schutz gegen abtropfende Calciumchloridlösung so ausgeschliffen, daß es in 3 Zacken endet, über die eine kleine Glocke gestülpt werden kann, ohne daß der Gasstrom behindert wird. Der Kork des Trockenrohres besitzt außerdem eine enge Bohrung, die durch einen Glasstab verschlossen wird und die das Ablassen des verflüssigten Anteils der Calciumchloridfüllung gestattet.

Herstellung der imprägnierten Watte. Langfaserige Verbandwatte wird mit einer wäßrigen warmgesättigten Lösung von QuecksilberII-chlorid getränkt und nach Auspressen der überschüssigen Flüssigkeit bei 60 bis 70° im Trockenschrank getrocknet. Diese Watte wird in Form eines mäßig dichten Pfropfens in das „Indicatorrohr" eingebracht. Wurde die Watte zu dicht gestopft, erkennt man das zu Beginn der Gasentwicklung am Flüssigkeitsstand im Steigrohr.

Ausführung der Bestimmung. Der ERLENMEYER-Kolben wird mit kupferhaltigem Zink (s. HEFTI, S. 219) beschickt. (Statt eine Kupfer-Zinklegierung anzuwenden, kann angeblich mit gleichem Erfolg 1 cm³ einer schwach sauren gesättigten Lösung von Kupfersulfat zu dem reinen Zink und der Schwefelsäure in den Entwicklungskolben gebracht werden. Bei Serienbestimmungen wird dann, obwohl das Zink für mehrere Bestimmungen reicht, vor jedem Versuch Kupfersulfat zugesetzt.) Nach Zusammenstellen des Apparates werden 50 cm³ Schwefelsäure (1:4) und die zu prüfende Lösung, die zwischen 0,01 und 0,1 mg Arsen enthalten soll, durch den Trichter eingefüllt. Man spült die Versuchslösung mit etwas Wasser quantitativ in den Kolben und läßt das entwickelte Gasgemisch durch 20 Min. auf die präparierte Watte einwirken. Nach dieser Zeit beendet man den Versuch.

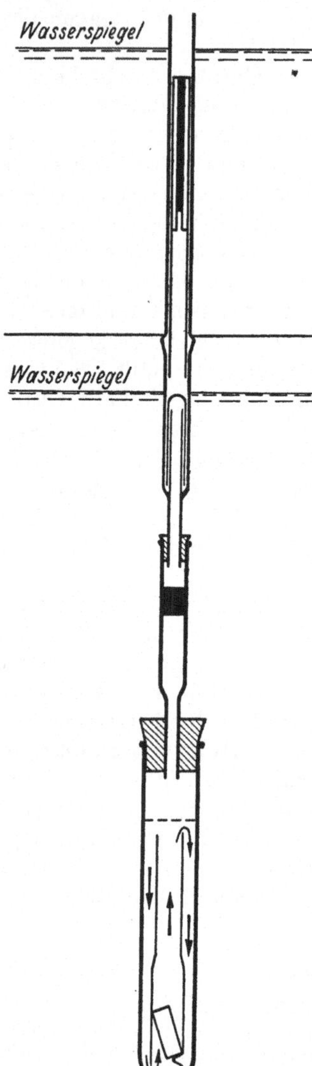

Abb. 7. Apparat nach HOW.

Auswertung der verfärbten Watteschicht. Die Länge der verfärbten Zone ist nach Angabe des Verfassers proportional der anwesenden Arsenmenge und die Intensität der Färbung von der Strömungsgeschwindigkeit des Gasgemisches unabhängig. Die verfärbte Schicht wird mit Hilfe eines Maßstabes möglichst auf 0,5 mm genau abgemessen. Die den verschiedenen Arsenmengen entsprechenden Verfärbungen sind etwa:

für 0,01 mg As . . . . 2,5 mm verfärbte Schichte,
für 0,05 mg As . . . . 13 mm verfärbte Schichte,
für 0,10 mg As . . . . 26 mm verfärbte Schichte.

Bemerkungen. Organische Substanzen (besonders Mineralöl) stören die Bestimmung.

e) Methode von How.

Apparatur. Als Entwicklungsgefäß dient ein Pyrex-Probegläschen von 23 mm Weite und 15 cm Länge. In dieses Probeglas wird ein Röhrchen eingesetzt, das so groß gewählt wird, daß sein oberes Ende 4 bis 4,5 mm unter dem tiefsten Punkt des Meniscus liegt, wenn es ein Zinkstück von 20 mm Länge und 8 mm Durchmesser enthält und 40 cm³ Flüssigkeit in dem Entwicklungsgefäß sind. Das Probeglas wird mit einem Stopfen verschlossen, in dessen Bohrung das verjüngte Ende eines Waschrohres eingesetzt ist (10 zu 65 mm), das mit einem Pfropfen Organtin (ein vierfacher Streifen 9 zu 90 mm wird zusammengerollt) beschickt wird. Darüber befindet sich ein gleiches Rohr mit eingebautem Gaswäscher. In dieses wieder ist ein 6 cm langes Rohr von 7,5 mm äußerem Durchmesser und 4,3 mm innerer Weite eingepaßt, an das eine 6 cm lange und 1,3 mm weite Capillare von ebenfalls 7,5 mm äußerem Durchmesser aufgeschmolzen ist (die Capillare darf an der Ansatzstelle nicht verengt sein). In diese Capillare wird ein imprägnierter Baumwollfaden eingezogen. Entwicklungskolben und Waschaufsätze werden in ein Wasserbad von 30° eingesenkt. Das den Faden enthaltende oberste Rohr wird von einem dicht schließenden Kupfermantel umgeben, der mit Wasser von 25° gefüllt wird.

Erforderliche Reagenzien. Bleiacetatlösung: 2 n Lösung, die mit Essigsäure angesäuert ist. Legierung zur Wasserstoffentwicklung: Sie besteht aus 99,5 Teilen Zink, 0,5 Teilen Zinn, 0,01 Teilen Blei und 0,0028 Teilen Eisen. Die Legierung wird in 8 mm dicke Stangen gegossen (Gußform aus Kohlenplatten) und diese schneidet man in 20 mm lange Stücke. Diese Stücke werden für 5 Min. in Salzsäure (1:3) gebracht, hierauf mit destilliertem Wasser gewaschen und nach Abtrocknen auf einer reinen Glasplatte in einem Schliffgefäß aufbewahrt. Die so behandelten Stücke dürfen nur mehr mit der Pinzette angefaßt werden. Silbernitratlösung: 2%ige Lösung in Ammoniak 1:10.

Bereitung der imprägnierten Baumwollfäden. Strickgarn (MORSE & KALEY Nr. 88) wird möglichst locker um ein Glasrohr von 5 cm Durchmesser und 35 cm Länge gewickelt (Abstand der Windungen 1 bis 2 mm) und das Rohr in einen Glascylinder von 6,5 cm innerer Weite und 45 cm Höhe eingestellt. Gläserne Einsatzstücke verhindern, daß der Faden die Wand des Cylinders berührt. Der Cylinder wird bis 5 cm über das eingestellte Rohr mit einer 5 bzw. 0,25%igen alkoholischen Lösung von Sublimat gefüllt und verschlossen. (Eine 0,25%ige Lösung wird bei Bestimmung von Mengen unter 4 γ angewendet. Bei Anwesenheit von 4 bis 100 γ Arsen imprägniert man mit 5%iger Lösung.) Nach 15 bis 20 Std. wird der Faden direkt in eine Wringmaschine abgespult (bestehend aus gummibezogenem Glasstab und kleinem Motor), worin der Überschuß an Flüssigkeit abgepreßt wird. Danach wird der Faden auf einer Trommel an der Luft getrocknet und in 18 bis 20 cm lange Stücke geschnitten, die dann vor Licht geschützt in einem Schliffglas aufbewahrt werden. Die ganze Behandlung des Fadens soll möglichst unter Ausschluß des Tageslichtes vorgenommen werden.

Vorbereitung organischen Materials. Organische Substanz wird in einem etwa 12 cm^3 fassenden KJELDAHL-Kolben aus arsenfreiem Glas (handelt es sich um Arsenmengen unter 4 γ wird ein Quarzprobegläschen von 23 mm Weite und 150 mm Länge verwendet) mit 6 cm^3 einer Säuremischung aus 1 Teil 60%iger Perchlorsäure, 1 Teil konzentrierter Salpetersäure und 4 Teilen konzentrierter Schwefelsäure nach Einbringen von 2 Glasperlen von 5 mm Durchmesser aus arsenfreiem Pyrexglas gekocht, bis 5 Min. lang schwere Schwefelsäuredämpfe entweichen, und abgekühlt. Die Lösung wird unter 3- bis 4maligem Nachspülen mit wenig destilliertem Wasser in einen 50 cm^3 fassenden ERLENMEYER-Kolben übergespült und auf 15 cm^3 verdünnt. Man kühlt ab, setzt 0,1 g Natriumhydrogensulfit zu, bedeckt mit einer Glaskugel und erhitzt 30 Min. in einem Wasserbad von 80 bis 85°. Anschließend kocht man 2 bis 3 Min., bis alles Schwefeldioxyd vertrieben ist, und bringt die Flüssigkeit in das Entwicklungsgefäß, wo man ohne weiteren Säurezusatz auf 40 cm^3 verdünnt.

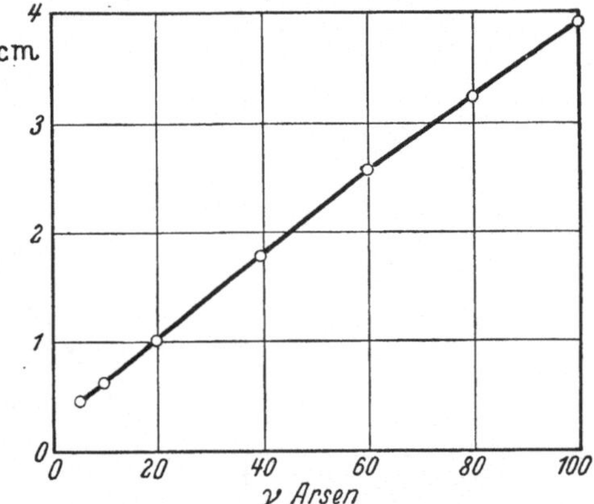

Abb. 8. Eichkurve nach HOW für größere Arsenmengen.

Überführung in Arsenwasserstoff. Man bringt die Probe in das Entwicklungsgefäß, verdünnt auf 36 cm^3 und fügt 4 cm^3 konzentrierte Schwefelsäure zu (die Aufschlußlösung wird wie erwähnt ohne Säurezusatz auf 40 cm^3 verdünnt) und stellt in ein Wasserbad von 30° ein. Das Absorptionsaggregat wird in der folgenden Weise vorbereitet: Man tränkt den Gazepfropfen im unteren Waschrohr mit 5 Tropfen der Bleiacetatlösung und beschickt den Gaswäscher mit 5 Tropfen destilliertem Wasser. In das capillare Ende des obersten Röhrchens wird ein imprägnierter Faden so eingezogen (Vakuum!), daß er unten 3 bis 4 cm und oben aus der Capillare 1 cm vorsteht. Man schneidet nun unten etwa 2 cm ab (es soll nur dieses untere Ende beim Einziehen berührt worden sein) und zieht so weit nach oben, daß das frisch abgeschnittene Ende 1 cm über der Ansatzstelle der Capillare zu liegen kommt. Der überschüssige Faden wird abgeschnitten und das Röhrchen auf den Gaswäscher aufgesetzt.

Man nimmt das Entwicklungsgefäß aus dem Wasserbad, setzt das innere Röhrchen, das 1 Stück der Legierung enthält, ein und verschließt sofort durch Aufsetzen des Stopfens mit den Absorptionsröhrchen. Entwicklungsgefäß und Waschröhren werden in ein Wasserbad von 30° eingesenkt und der mit Wasser von 25° beschickte Kupfermantel wird über das den Faden enthaltende Röhrchen montiert. Nach 45 Min. wird der Versuch beendet und die Apparatur auseinander genommen.

Entwickeln der Färbungen. Der Faden wird aus der Capillare gezogen und für einen Augenblick in die Silbernitratlösung getaucht. Dann wird er auf eine weiße Platte (Tüpfelplatte oder Opalglas) aufgelegt und die Länge der Verfärbung mit einem fein einstellbaren Maßstab auf 0,01 cm genau gemessen. Beträgt das verfärbte Stück weniger als 1 cm, macht man mehrere (etwa 5) Messungen unabhängig voneinander und verwendet den Mittelwert. Ein unvermeidliches schwaches Abblassen der Färbung beim Vermessen verursacht einen geringen Ablesefehler.

Ermittlung des Arsengehaltes. Die Auswertung erfolgt mit Hilfe einer Eichkurve, die man nach dem Verfahren mit bekannten Mengen Arsen aufgestellt hat. Die dafür erforderliche Stammlösung enthält zweckmäßig 1,3208 g As_2O_3 im Liter (nach Lösen von 1,3208 g As_2O_3 in 25 cm^3 20%iger Natronlauge wird mit Kohlendioxyd gesättigt und auf 1 l verdünnt). Zur Bereitung der Standardlösung verdünnt man davon 5 cm^3 in einem 50 cm^3-ERLENMEYER-Kolben auf 15 cm^3, säuert mit 1 Tropfen konzentrierter Schwefelsäure an und setzt $^1/_2$ g Natriumhydrogensulfit zu. Man erhitzt im Wasserbad 30 Min. auf 80 bis 85°, kocht dann das Schwefeldioxyd in 2 bis 3 Min. vollständig weg und verdünnt die Lösung auf 500 cm^3 (1 cm^3 enthält 10 γ Arsen). Verdünntere Lösungen werden jeweils vor Gebrauch frisch hergestellt.

Man trägt die Menge Arsen in Gamma auf die Abscisse und die Länge der Verfärbungen auf die Ordinate auf (in Zentimetern).

Bemerkungen. **Genauigkeit.** Unter genauer Einhaltung der Versuchsbedingungen zeigt die Methode eine außerordentliche Reproduzierbarkeit. Die aus den Mittelwerten zahlreicher Versuche (je 5 bis 10) konstruierten Eichkurven haben fast linearen Verlauf, gehen aber nicht durch den Koordinatenschnittpunkt und zeigen für die größeren Mengen eine geringe Richtungsänderung. Daß die Verlängerung des geraden Astes der so erhaltenen Kurven nicht durch den Schnittpunkt der Achsen geht, kommt besonders bei den in bezug auf die Eichkurve kleinen Mengen Arsen zur Geltung. So steigert sich der wahrscheinliche Fehler nach der letzteren Abb. 9 für 0,1 γ auf 5%, während er bei 0,2 γ nur 3,5% und bei 0,7 γ 3% beträgt. Für 1,5 γ erreicht er ein Minimum von 1,8%. Die Richtungsänderung der Kurve bedingt dann bei 2,5 γ einen Fehler von 2,2% und bei 3 γ von 2,8%. Ähnlich ergibt sich aus der ersteren

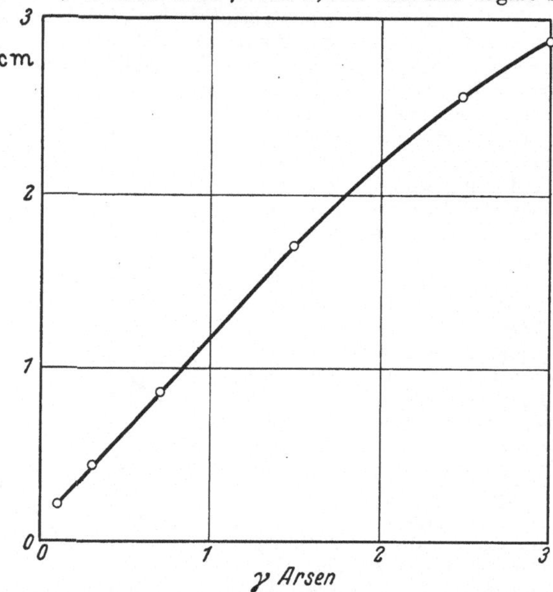

Abb. 9. Eichkurve nach How für Mengen unter 3 γ Arsen.

Abb. 8 (die dieser Kurve zugrunde liegenden Analysen wurden noch nicht mit der später verwendeten Legierung durchgeführt; außerdem wirken sich die Abweichungen bei Versuchsreihen mit stärker imprägnierten Wollfäden — bei der Versuchsreihe zu dieser Abbildung wurde mit 5%iger QuecksilberII-chlorid-Lösung gearbeitet, gegenüber 0,25%iger Lösung im anderen Fall — stärker aus) für 5 γ eine Abweichung von 6%, die sich bei 20 γ auf 4% und für 100 γ auf 1,6% verringert.

Erfassungsgrenze. 0,01 γ Arsen können unter Verwendung einer sehr reinen Zinklegierung noch deutlich erkannt werden. Zur Bestimmung eignen sich Mengen von 0,1 bis 100 γ.

Bemerkungen zur Auswertung. COLLINS hat als erster die graphische Auswertung der Verfärbungen vorgeschlagen, was später auch noch von einigen anderen Autoren angewendet wurde [BARNES und MURRAY, GRIFFON und BUISSON (a), HYNDS, KLEIN, NELLER].

II. Colorimetrische Bestimmung unter Verwendung von quecksilberbromidgetränktem Papier.

a) Verfahren zur Bestimmung sehr kleiner Arsenmengen nach SMITH.

α) Arbeitsvorschrift von BECK *und* MERRES.

Apparatur. Die Anordnung ist sehr ähnlich dem von F. P. TREADWELL (a), sowie von HILLEBRAND und LUNDELL für die Bestimmung nach SANGER und BLACK angegebenen Apparat. Auf einen Entwicklungskolben entsprechender Größe ist mittels durchbohrten Stopfens ein 15 cm langes und 1 bis 1,5 cm weites Aufsatzrohr montiert, das bleiacetatgetränkte Papierstreifen enthält. Auf dieses wird ein zweites Rohr von ähnlichen Dimensionen, das mit bleiacetatgetränkten Baumwollfäden beschickt wird, aufgesetzt. (KÜNKELE beschickt das untere Aufsatzrohr mit Wolle und das obere mit Papier.) Ein in dieses eingesetztes 15 cm langes und 3 mm weites

Glasrohr dient zur Aufnahme des Reagenspapierstreifens. GNESSIN schlägt vor, die Apparatur durch einen Einfülltrichter zu vervollständigen, der durch eine zweite Bohrung des Stopfens bis unter den Flüssigkeitsspiegel reicht.

Herstellung der Reagenspapierstreifen. Zeichenpapierstreifen (KÜNKELE verwendet gutes Maschinenschreibpapier; weiches Papier würde sich unter dem Einfluß der feuchten Gase einrollen) werden mit 5%iger alkoholischer QuecksilberII-bromid-Lösung getränkt und getrocknet. Die Streifen sollen so breit gewählt werden, daß sie sich eben in die hierfür bestimmte Glasröhre einführen lassen.

Ausführung der Bestimmung. Man entwickelt das Gasgemisch mit Hilfe von 130 cm³ 10%iger Salzsäure und 15 g Zink in Stangenform. Es empfiehlt sich jeweils 2 Stücke Zink und zwar ein bereits gebrauchtes und ein neues zu verwenden, damit die Entwicklung nicht zu träge verläuft. Außerdem setzt man 4 bis 5 Tropfen einer 40%igen Lösung von ZinnII-chlorid in konzentrierter Salzsäure zu und reduziert vor dem Zusatz des Zinnchlorürs etwa vorhandenes Chlor oder Chlorat durch Zugabe von 1 bis 2 g Kaliumjodid. Je nach der vorhandenen Arsenmenge färbt sich der Reagenspapierstreifen hellgelb bis orange bzw. dunkelbraun. Nach 50 bis 60 Min. beendet man den Versuch und vergleicht die Färbungen mit einer aus bekannten Arsenmengen auf gleiche Weise hergestellten Skala. Nach GNESSIN sind die Färbungen über Phosphorpentoxyd oder frisch geglühtem Calciumoxyd längere Zeit haltbar.

Bemerkungen. **Genauigkeit.** Mit Hilfe einer jeweils frisch hergestellten Skala kann der Arsengehalt auf $\pm 15\%$ genau geschätzt werden. WINTERFELD, DÖRLE und RAUCH fanden, daß das Verfahren bestenfalls Ablesungen innerhalb einer Fehlergrenze von 10 bis 20 γ gestattet. SCHRÖDER und LÜHR bezeichnen die nach der Methode von BECK und MERRES erhaltenen Verfärbungen als sehr ungleichmäßig und durchaus nicht zufriedenstellend. Die Methode ist für Mengen unterhalb 0,07 mg geeignet. Bezüglich des Einwandes von ECKARDT, daß Bleiacetat auch Arsenwasserstoff zersetzt, konnten BECK und MERRES durch besondere Versuche nachweisen, daß bei geringen Mengen stark verdünnten Arsenwasserstoffs eine Dunkelfärbung des Bleiacetats durch reinen Arsenwasserstoff nicht verursacht wird. Diese Tatsache wird auch von DECKERT (a) bestätigt.

Untersuchung organischen Materials. Bei Verarbeitung organischer Substanz (Nahrungsmittel) reduzieren BECK und MERRES nach Zerstören mit $HCl + Br_2$ oder $HCl + KClO_3$ oder HNO_3 durch Zusatz von 1 bis 2 g Kaliumjodid, entfernen das in Freiheit gesetzte Jod mit 4 bis 5 cm³ salzsaurer ZinnII-chlorid-Lösung und führen dann in Arsenwasserstoff über. Die Autoren geben auch folgende Methode der Abtrennung aus der Aufschlußlösung an: Man macht die saure Lösung ammoniakalisch und fällt die Arsensäure zusammen mit Phosphorsäure durch Zusatz von 100 cm³ Magnesiamischung quantitativ aus, löst nach Abfiltrieren in Salzsäure, versetzt dann mit Kaliumjodid und Zinnchlorür und bringt die so erhaltene Lösung in den Entwicklungskolben. COLLINS, der ähnlich verfuhr, setzte 2 g Natrium- oder Ammoniumphosphat zu und fällte mit einem Überschuß an Magnesiamischung und Ammoniak. KÜNKELE setzt zum gleichen Zweck 10 cm³ 10%iges Natriumphosphat zu. WÜHRER hält diese Art der Aufarbeitung zur Abscheidung etwa in der Lösung enthaltener Substanzen, die eine regelmäßige Gasentwicklung verhindern, für geeignet.

Ähnliche Vorschriften. Ein sehr ähnliches Verfahren beschreibt KÜNKELE zur Arsenbestimmung in Urin und Haaren. BARNES reduziert in schwefelsaurer Lösung (einer schwefelsauren Aufschlußlösung werden noch 5 cm³ konzentrierter Schwefelsäure zugefügt) mit Zink, das durch Behandeln mit ZinnII-chlorid aktiviert wurde, nach Zusatz von 1 g Kaliumjodid und 3 Tropfen 40%iger Zinnchlorürlösung in konzentrierter Salzsäure bei einem Gesamtvolumen von 35 cm³. Ebenfalls in schwefelsaurer Lösung, aber in größerem Volumen arbeitete COLLINS, der jedoch die Zugabe von Kaliumjodid vermied, um eine Schwefelwasserstoffentwicklung zu verhindern. SPLITTGERBER und NOLTE referieren ein Verfahren der KOHOLYT-Werke, bei dem der Arsenwasserstoff aus 15% H_2SO_4 enthaltender Lösung entwickelt wird und auf eine Reagenspapierscheibe einwirkt. SCHRÖDER und LÜHR finden diese Art der Anordnung aber sehr unvorteilhaft, da sie bedeutend unempfindlicher ist.

Verbesserungsvorschläge zur Auswertung. COLLINS legte durch Vermessen der Verfärbungen auf beiden Seiten des Papierstreifens einen Mittelwert für die Länge der Anfärbung fest und konstruierte aus solchen Mittelwerten zahlreicher Standardversuche eine Kurve (auf der Abscisse werden die Gamma As_2O_3, auf der Ordinate die Längen in Millimetern aufgetragen), die die Beziehung zwischen Arsengehalt und Länge sowie die Fehlergrenze der Methode für Einzelbestimmungen anschaulich darstellt (s. dazu auch How, S. 227). BARNES und MURRAY erwähnen die Möglichkeit, die Gleichung der Eichkurve zur Ermittlung der Arsenmengen heranzuziehen, und empfehlen die Berücksichtigung des wahrscheinlichen Fehlers. Um die Unsicherheit, die sich aus der Streuung der einzelnen, für die Konstruktion der Kurve ermittelten Punkte ergibt, auszuschalten, empfiehlt THOMAS, die berechneten Punkte in Tabellenform aufzuzeichnen und für den zu bestimmenden Wert zu interpolieren.

β) Abänderung des Verfahrens nach DECKERT (a) *zur Bestimmung des Arsens in menschlichen Ausscheidungen und Hautanhängen.*

Vorbereitung des Untersuchungsmaterials. Untersuchung von Urin. 500 cm³ werden nach Zusatz von 3 Tropfen Natronlauge in einer Porzellanschale zur Sirupdicke konzentriert (ohne zu kochen), mit 50 cm³ rauchender Salpetersäure (D 1,5) und nach Beendigung der Reaktion mit 40 cm³ konzentrierter Schwefelsäure versetzt. Nach dem Abkühlen spült man in einen 500 cm³ fassenden KJELDAHL-Kolben über.

Untersuchung von Stuhl. 100 g frischer Stuhl oder die entsprechende Menge Trockensubstanz, die man zuerst mit 50 cm³ Salpetersäure (D 1,15) durchfeuchtet, werden in einer Porzellanschale mit 50 cm³ rauchender Salpetersäure versetzt, worauf man nach Abklingen der ersten heftigen Reaktion 40 cm³ konzentrierte Schwefelsäure zufügt. Die höchstens einige ungelöste Fetteilchen enthaltende Flüssigkeit wird in einen 500 cm³-KJELDAHL-Kolben gebracht.

Untersuchung von Haaren und Nägeln. 1 g Haare oder Nägel bzw. weniger werden in einem Becherglas mit 5 cm³ 30%igem Wasserstoffperoxyd und 20 cm³ konzentrierter Schwefelsäure in Lösung gebracht, nach dem Abkühlen in einen 300 cm³ fassenden KJELDAHL-Kolben übergespült und mit 20 cm³ rauchender Salpetersäure versetzt.

Veraschung der Substanz nach KLEINMANN und PANGRITZ. Die Lösung des zu untersuchenden Materials in Salpetersäure und Schwefelsäure wird in dem senkrecht in einem Trichterblech stehenden KJELDAHL-Kolben aus arsenfreiem Glas[1] mit schwachem Flämmchen eingedampft, bis die nach einer Weile einsetzende Stickoxydentwicklung beendet ist. Man erhitzt nun stärker und beobachtet, ob innerhalb von 10 Min. eine Dunkelfärbung auftritt. Bleibt die Lösung klar, was bei einer aus Haaren gewonnenen Lösung der Fall sein kann, ist der Aufschluß beendet. Wenn sich die Flüssigkeit dunkel färbt, läßt man sofort aus einem 25 cm³ fassenden Tropftrichter mit S-förmigem Auslauf, dessen Mündung sich senkrecht über dem KJELDAHL-Kolben befindet, 10 bis 20 Tropfen Salpetersäure je Minute zufließen, wobei die Flamme so einreguliert wird, daß der Kolbenhals stets von Stickoxyden rot gefärbt erscheint. (Nach BARNES und MURRAY sowie How entstehen allerdings auch bei Verkohlung keine Verluste!) Ist der Tropftrichter leer, stellt man die Flamme wieder größer und wartet 10 Min., ob die Flüssigkeit hell bleibt. Bei neuerlicher Dunkelfärbung wird der Zusatz rauchender Salpetersäure in gleicher Weise wiederholt. Nach 2- bis 3maliger Füllung des Tropftrichters ist die Veraschung fast stets beendet. Die von gebundenen Stickoxyden schwach gelb gefärbte Lösung wird nach dem Abkühlen zur Entfernung dieser Stickoxyde mit 50 cm³ Wasser versetzt und bis zum Auftreten von Schwefelsäuredämpfen gekocht.

Reduktion des fünfwertigen Arsens. Zur Aufschlußlösung im KJELDAHL-Kolben bringt man 0,2 bzw. 0,4 g Hydrazinsulfat (die bei Untersuchung von Urin und Stuhl erhaltene Lösung reduziert man mit 0,4 g und verdünnt später auf 160 cm³; die Aufschlußlösung von Haaren und Nägeln wird mit 0,2 g reduziert und später auf 80 cm³ verdünnt), ohne daß etwas davon an der Kolbenwand hängen bleibt und erhitzt für 10 Min. zum Kochen. Das überschüssige Hydrazin muß, da es die Arsenwasserstoffentwicklung hemmt, vollständig zerstört werden. Man kühlt ab und verdünnt auf 160 bzw. 80 cm³. Die Lösungen haben also etwa einen Schwefelsäuregehalt von $^1/_4$ ihres Volumens.

Apparatur. Als Entwicklungsgefäß in dem Apparat nach BECK und MERRES (s. S. 228) verwendet DECKERT einen 100 cm³-ERLENMEYER-Kolben. Das untere

[1] Zur Ausschaltung etwaiger Fehlerquellen, die sich aus einem Arsengehalt der Gefäße und Reagenzien ergeben können, schaltete WÜHRER regelmäßig Blindversuche ein. Der durch Arsengehalt der Gefäße mögliche Fehler wurde schon bei LOCKEMANN, S. 200, besprochen.

Waschrohr wird mit locker zusammengeknäulten feuchten Streifen käuflichen Bleiacetatpapiers und das obere mit einem kleinen aufgelockerten Wattebäuschchen, das mit 1%iger Bleiacetatlösung getränkt und zwischen Fließpapier gut ausgepreßt worden war, beschickt. Die Füllung genügt bei fast täglichem Gebrauch für etwa 3 Monate. Bei stärkerer Schwärzung der Unterseite dieser Filtereinlagen ist eine frühere Erneuerung notwendig.

Herstellung der Reagenspapierstreifen. Harte Zeichenpapierstreifen absolut gleicher Breite werden mit 5%iger alkoholischer QuecksilberII-bromid-Lösung getränkt und nach scharfem Abschwenken einzeln liegend getrocknet. Die Streifen sind bestimmt 3 Monate brauchbar.

Bemerkungen zur Bereitung der Reagenspapiere. Bezüglich der Reagenspapierstreifen betont der Verfasser, daß sie mit größter Sorgfalt herzustellen sind. (Nach ROSENFELS soll übrigens eine filtrierte alkoholische 4%ige Lösung von Quecksilberbromid 3 bis 4 Monate haltbar und beliebig oft zum Tränken der Papierstreifen verwendbar sein.) NELLER empfiehlt, das Papier zuerst mit Quecksilberbromid zu imprägnieren und dann erst zu schneiden. Nach KEMMERER und SCHRENK wird das Papier vor dem Schneiden und vor der Behandlung mit 1,5%iger QuecksilberII-bromid-Lösung in 95%igem Alkohol 1 Std. bei 105° getrocknet und im Exsiccator über Calciumchlorid abgekühlt. WÜHRER verwendet je nach der zu erwartenden Menge Arsen 1,8 bis 3 mm breite Streifen (die zugehörigen Röhrchen müssen so weit gewählt werden, daß sich die Streifen eben noch einführen lassen; die Ränder des Papierstreifens sollen also an der Röhrchenwandung anliegen) und verlangt, daß sie möglichst maschinell geschnitten sein sollen. Das Imprägnieren der 12 cm langen Streifen führt er durch 1stündiges Einlegen in 5%ige alkoholische Mercuribromidlösung und Trocknen an der Luft (Auflegen auf Glasstäbe, wobei die Streifen möglichst nicht mit der Hand berührt werden sollen) durch. Die trockenen Streifen schneidet er in je zwei 6 cm lange Stücke und führt diese Hälften mit der Schnittstelle voran in das Rohr ein. Außerdem schützt er den Reagenspapierstreifen während der Bestimmung durch eine Hülle vor der Einwirkung des Lichtes.

Herstellung der Vergleichsproben. Gleichzeitig mit der Probe werden mit Hilfe einer Standardlösung, die 10 γ As je Kubikzentimeter enthält (man löst 13,3 mg As_2O_3 in etwas verdünnter Natronlauge oder Kalilauge, setzt 10 cm^3 konzentrierter Schwefelsäure zu und dampft bis zum Auftreten von Schwefelsäurenebeln ein; dann versetzt man mit 0,1 g Hydrazinsulfat, kocht 10 Min. und verdünnt nach Abkühlen auf 1 l; die Lösung ist mindestens 1 Monat haltbar), die für die Herstellung der Skala erforderlichen Versuche entsprechend 2, 4, 7, 10, 15, 20, 30, 40 und 50 γ Arsen angesetzt. (Den ungefähren Gehalt der Probe ermittelt man vorteilhaft in einem Vorversuch.) Dazu pipettiert man 0,2, 0,4, ... 5 cm^3 der Lösung in die Entwicklungskölbchen und führt die Versuche in genau gleicher Weise wie den mit der unbekannten Arsenmenge aus, wobei man statt der Aufschlußlösung die gleiche Menge Schwefelsäure entsprechender Konzentration anwendet. Da die Vergleichsproben parallel mit dem Versuch laufen, braucht man mindestens 10 Apparaturen. Die Vergleichsskala muß nämlich jeweils frisch hergestellt werden und kann höchstens am gleichen Tag nochmals verwendet werden.

Durchführung der Bestimmung. Die Entwicklungskölbchen werden bereitgestellt und die mit den Reagenspapierstreifen beschickten Aufsätze daneben gelegt, wobei zu beachten ist, daß die Streifen genau gleich tief in die Röhrchen hineinragen müssen. In jedes Kölbchen werden 5 g Zink (Zincum metall. pur. As-frei in einem Stück) und ein blankes Stückchen Platinblech oder Platindraht gebracht, wobei Größe und Form der Platinstückchen nicht absolut übereinzustimmen braucht. Die Veraschungslösung und die Schwefelsäure (1:3) für die Vergleichsproben wurden auf gleiche Temperatur — am vorteilhaftesten Eisschranktemperatur — gebracht und die entsprechenden Mengen in die Entwicklungskölbchen gegeben. Man achtet darauf, daß das Platin das Zink berührt, da sonst keine gleichmäßige Wasserstoffentwicklung erreicht wird. Nach 2 bis 3 Std. haben sich die Zinkstücke in allen Gefäßen aufgelöst, worauf man die Versuche beendet.

Auswertung der Verfärbungen. Man legt die Farbstreifen der Vergleichslösungen der Reihe nach auf ein weißes Papier, deckt eine Glasplatte darüber und ordnet die zu bestimmende Färbung in diese Skala ein.

γ) *Modifikation des Verfahrens nach* Schröder *und* Lühr.

Apparatur. Als Entwicklungsgefäß dient ein 200 cm³ fassendes Pulverglas, in dessen Stopfen ein kurzes Aufsatzrohr montiert ist, das mit zusammengeknäultem, mit 5%iger Bleiacetatlösung getränktem Filtrierpapier beschickt wird. Auf dieses ist ein engeres und bedeutend längeres Rohr aufgesetzt, das ein lockeres, mit 1%iger Bleiacetatlösung getränktes und nachher getrocknetes Wattebäuschchen enthält. In den Gummistopfen dieses Rohres ist ein dünnes, zu einer engen Capillare ausgezogenes Röhrchen eingesetzt, über das ein mit Reagenspapier gefüttertes Glasröhrchen gestülpt wird. Dieses Röhrchen wird in der Weise vorbereitet, daß man einen 15 cm langen und 2 cm breiten, mit Mercuribromid getränkten und an der Luft getrockneten Filtrierpapierstreifen (engporiges Filtrierpapier extra hart Nr. 602 Schleicher & Schüll) um einen dünnen Glasstab oder Draht wickelt und in ein Glasröhrchen von 15 cm Länge und 5 mm lichter Weite so tief einführt, daß die Capillare etwa 1 cm in das Papierröhrchen hineinragt, wenn das Glasröhrchen auf der Erweiterung der Capillare aufsitzt (Abb. 10).

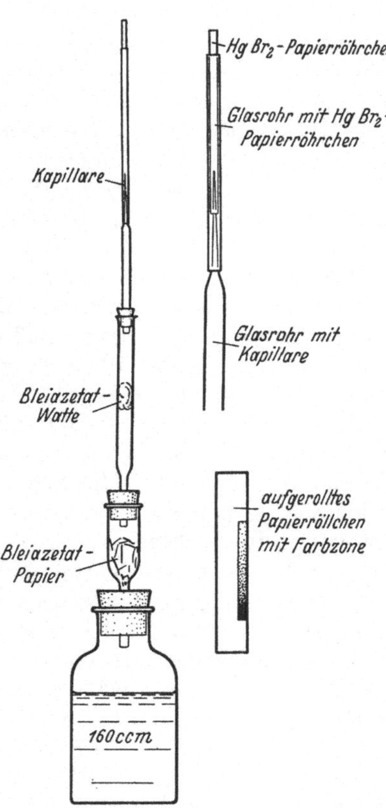

Abb. 10. Anordnung nach Schröder und Lühr.

Ausführung der Bestimmung. Man reduziert unter Verwendung von 160 cm³ Schwefelsäure 1:4 und 20 g arsenfreien Zinks in Stangen und mit Hilfe eines das Zink berührenden Stückchens Platin als Katalysator. Das Entwicklungsgefäß wird während der Reduktion in ein mit Eiswasser beschicktes Bad eingestellt. Nach etwa 2 Std. (vor der vollständigen Auflösung des Zinks wird nicht unterbrochen) wird der Versuch beendet. Hierauf zieht man das Röllchen aus dem Glasröhrchen und vergleicht nach Aufrollen die etwa 7 mm breite Farbzone mit einer Vergleichsskala. Je nach der vorhandenen Arsenmenge zeigen sich 0,5 bis 12 cm lange Verfärbungen (entsprechend 2 bis 160 γ As_2O_3), deren Länge neben der Intensität zur Schätzung herangezogen wird.

Herstellung der Vergleichsskala. Die unter genau gleichen Bedingungen hergestellten Vergleichsfärbungen werden vor Licht geschützt aufbewahrt. Eine jedesmalige Neuanfertigung ist unter diesen Umständen nicht notwendig. Nach Berg und Schmechel sind die Färbungen bei geeigneter Aufbewahrung mehrere Tage haltbar (s. S. 233). Die für die Standardversuche nötigen Lösungen mit 1 bzw. 10 γ As_2O_3 je Kubikzentimeter werden jeweils aus einer 1 mg As_2O_3 je Kubikzentimeter enthaltenden Stammlösung frisch hergestellt.

Bemerkungen. Arsenmengen von 2, 5, 10, 20, 30, ... bis 150 γ As können nach dieser Methode gut unterschieden werden. Durch die Anordnung von Schröder und Lühr wird erreicht, daß nur eine Papierseite angefärbt wird. Die beim Arbeiten mit Streifen durch die ungleichmäßige Verfärbung der beiden Seiten bedingte Unsicherheit fällt somit weg, während der von Sanger und Black betonte Vorteil des Entlangstreichens des Gasstromes erhalten bleibt (s. unter Bemerkungen S. 222). Fünfwertiges Arsen muß vor der Bestimmung unbedingt reduziert werden, was die Verfasser durch Behandeln der konzentriert schwefelsauren Lösung mit Hydrazinsulfat erreichen. Die Verfasser bestimmten nach dem angegebenen Verfahren Arsen in Wässern, die mit einem Gemisch von Schwefelsäure und rauchender Salpetersäure (1:9) vorbehandelt wurden. Nach erreichter Farblosigkeit des Rückstandes wurden die Stickoxyde durch mehrmaliges Behandeln mit Wasser und folgendes Einkochen bis zum Auftreten von Schwefelsäuredämpfen entfernt und das Arsen wurde mit 0,3 g Hydrazinsulfat reduziert (15 Min. kochen). Nun wurde mit Wasser und Schwefelsäure auf 160 cm³ (bei einer Säurekonzentration von 20%)

gebracht und die Überführung in Arsenwasserstoff durchgeführt. Die Untersuchung harter Wässer bietet insofern Schwierigkeiten, als die Auflösung des Zinks viel langsamer erfolgt und an den Zinkstangen störende Zinksulfat- und Calciumsulfatabscheidungen auftreten. In solchen Fällen wurde mit 400 cm³ 8 bis 10%iger Schwefelsäure in einem 750 cm³ fassenden KJELDAHL-Kolben gearbeitet, wobei die Vergleichslösungen natürlich in gleicher Weise behandelt werden. Auch bei Verarbeitung stark schäumender Flüssigkeiten müssen entsprechend größere Gefäße verwendet werden.

Arsenbestimmung in Most und Wein ohne vorherige Zerstörung des organischen Materials nach BERG *und* SCHMECHEL.

Die Apparatur ist sehr ähnlich der von SCHRÖDER und LÜHR angegebenen Anordnung. Als Entwicklungsgefäß dient ein 200 cm³ fassender ERLENMEYER-Kolben mit zwei übereinander montierten Aufsatzröhrchen (12 und 16 cm lang bzw. 2 und 1,5 cm weit), die mit bleiessiggetränkter Glaswolle locker gestopft sind. Auf die obere Röhre ist ein 8 cm langes, in eine 3 cm lange Capillare ausgezogenes Glasröhrchen aufgesetzt, über das ein 6 cm langes enges braunes Glasrohr gestülpt wird, das in der von SCHRÖDER und LÜHR beschriebenen Weise mit einem Röllchen aus Reagenspapier (4 cm Höhe und 3 cm Breite) beschickt wird. Das Reagenspapier wird durch Tränken von Filtrierpapier mit 5%iger alkoholischer QuecksilberII-bromid-Lösung und Trocknen an der Luft hergestellt.

Durchführung der Bestimmung. 50 cm³ Untersuchungsmaterial (Wein, Most u. a.) werden mit 20 cm³ 96%igem Alkohol (um ein Schäumen zu verhindern) in den ERLENMEYER-Kolben gebracht, dieser wird durch Einstellen in Eiswasser auf 3 bis 5° gekühlt und die Flüssigkeit tropfenweise unter beständigem Umschütteln und Kühlen (die organische Substanz soll nicht zersetzt werden) mit 10 cm³ konzentrierter Schwefelsäure versetzt. Man trägt nun 10 bis 12 Zinkgranalien (entsprechend 5 g Zink) ein, verschließt die Apparatur und überläßt die Bestimmung bei Zimmertemperatur sich selbst. Nach 3 bis 4 Std. wird die Reaktion abgebrochen und die verfärbte Zone auf dem auseinandergerollten Quecksilberbromidpapier mit Hilfe einer Skala ausgewertet.

Herstellung der Vergleichsskala. Zur möglichst genauen Nachahmung der Bedingungen wird die jeweils bekannte Arsenmenge zu 50 cm³ Wasser, 20 cm³ Alkohol und 1 g Tannin gegeben. Die Herstellung der Skala erfolgt mit Hilfe einer jeweils frisch bereiteten Lösung von arseniger Säure, die je Kubikzentimeter 10 γ Arsen enthält. 0,5 bis 5 cm³ dieser Lösung werden demnach zur Herstellung einer 5 bis 50 γ anzeigenden Skala verwendet. Die Vergleichsskala hält sich einige Tage, wenn die Papiere eng zusammengerollt in einem kleinen braunen gut verschlossenen Glasröhrchen oder zwischen den Blättern eines Schreibheftes aufbewahrt werden.

Bemerkungen. Am besten lassen sich Arsenflecken, die 5 bis 50 γ entsprechen, vergleichen. Zur genauen Schätzung stellt man mehrere Untersuchungen mit verschiedenen Mengen Material an (man ergänzt dann mit Wasser bzw. Tanninlösung auf das erforderliche Volumen). Der Mittelwert entspricht dann mit ziemlicher Genauigkeit dem tatsächlichen Arsengehalt. BURKARD und WULLHORST konnten mit dem Verfahren nicht zu befriedigenden Ergebnissen gelangen. Sie beobachteten, daß durch den Tanninzusatz der Unterschied in der Wasserstoffentwicklung nicht ausgeglichen werden konnte bzw. daß der Standardversuch mit Tannin wesentlich langsamer Wasserstoff entwickelte. Durch die Methode wird hauptsächlich das als technische Verunreinigung in den Wein gebrachte Arsen bestimmt; das von den Pflanzen biologisch verarbeitete Arsen spielt bei der Bewertung eines Weines — dafür ist die Methode gedacht — nur eine untergeordnete Rolle. Das Arsen im Wein liegt infolge des in der Kellerwirtschaft üblichen Gebrauchs von schwefliger Säure in der Regel in der dreiwertigen Form vor. Wein, der die Anwesenheit von Schwefeldioxyd nicht erkennen läßt, wird zweckmäßig mit 1 cm³ 5%iger Natriumsulfitlösung versetzt. Bezüglich der Apparatur wurde von DIEMAIR und WAIBEL an Stelle der Papierhülse die Verwendung einer Reagenspapierscheibe, die zwischen einen mit Zugfedern zusammengehaltenen Flansch eingespannt wird, vorgeschlagen, da die ursprüngliche Versuchsanordnung angeblich 20 bis 30% Verlust an Arsen zuläßt.

b) Die von HILLEBRAND und LUNDELL angegebene Form der Arsenbestimmung nach SANGER und BLACK wird mit Quecksilberbromidpapier ausgeführt[1].

α) HERTZOG verwendet eine vereinfachte Form eines von SCOTT angegebenen Apparats. An Stelle der 2 Aufsatzröhrchen bei HILLEBRAND und LUNDELL tritt ein 10 mm weites und 12 cm langes Rohr, das im unteren Teil mit einer Rolle Bleiacetatpapier und ein Stück höher mit bleiacetatgetränkter Watte beschickt wird. Das obere Röhrchen für den Reagenspapierstreifen ist 5 mm weit, 11 cm lang und 7 cm vom oberen Rand entfernt etwas verengt, so daß das Reagenspapier aufsteht und in der gewünschten Lage festgehalten wird. Zur Reduktion werden 2 Stückchen Stangenzink verwendet. Die Standardskala aus mit Paraffin konservierten

[1] Siehe S. 223.

Streifen wird über Calciumchlorid im Dunkeln aufbewahrt. Um sich von dem langsamen Verblassen der Färbungen unabhängig zu machen, empfiehlt er Photographien in natürlicher Größe anzufertigen und die Vergleiche dann damit durchzuführen. Bei etwas Übung gelingt der Vergleich nach Angabe des Autors ebenso gut wie mit Originalfärbungen. HERTZOG bestimmte nach dieser Arbeitsweise Arsen in Kohle, die er zu diesem Zwecke mit einer Mischung von Natriumcarbonat, Magnesiumoxyd und Kaliumnitrat veraschte (s. § 16, S. 386).

β) CROSSLEY modifiziert das von HILLEBRAND und LUNDELL beschriebene Entwicklungsgerät durch Aufsetzen eines Kühlers, in den der mit Quecksilberbromid getränkte Papierstreifen eingehängt wird.

Apparatur. Die als Entwicklungsgefäß dienende weithalsige Pulverflasche trägt im Stopfen ein längeres Glasrohr, das über den am unteren Teil befindlichen Gaseintrittsöffnungen mit einem Glaswollebausch zum Zurückhalten mechanisch mitgerissener Flüssigkeitsteilchen beschickt ist. Über diesem befindet sich senkrecht zusammengefaltetes, mit 1%iger Bleiacetatlösung getränktes Papier (qual. Filtrierpapier 7 zu 5 cm) und darüber eine Schichte von bleiacetatgetränkter Glaswolle. Mittels eines durchbohrten Stopfens ist auf dieses Rohr ein kleiner Wasserkühler aufgesetzt, dessen Kühlrohr nur ganz wenig weiter ist als das einzuführende Reagenspapier und eine Vorrichtung zum Stützen der Streifen aufweist. Der Apparat steht auf dem ringförmigen Bleiboden eines Stativs, dessen Klammern den oberen Teil festhalten. Der untere Teil mit dem Stativ kann in ein breites Gefäß mit Wasser entsprechender Temperatur eingestellt werden.

Vorbereitung der Reagenspapierstreifen. Streifen von 2,5 zu 50 mm aus dünnem Filtrierpapier für quantitative Zwecke (qualitatives Filtrierpapier ergab ungleichmäßige Flecke; das quantitative Papier braucht zudem vor der Imprägnierung nicht vorgetrocknet zu werden) werden mit einer $1^1/_2$%igen Lösung von QuecksilberII-bromid in 95%igem Äthylalkohol getränkt. Man läßt auf einem Glasrechen unter öfterem Umdrehen 5 Min. ablaufen und bewahrt vor Gebrauch genau 2 Std. über Calciumchlorid auf. Kürzeres oder längeres Trocknen über Calciumchlorid beeinträchtigt die Ausbildung der Arsenflecken. Nach 24stündigem Trocknen entstanden überhaupt keine Flecken mehr. Gut aufnahmefähige Streifen wurden auch erhalten, wenn man sie bei trockenem und warmem Wetter 20 Min. der Luft aussetzte. Die Streifen von 2,5 zu 50 mm reichen zur Bestimmung von höchstens 12 γ As_2O_3 aus. Bei größeren Mengen (bis zu 18 γ As_2O_3) genügt eine Verlängerung auf 115 mm. Darüber hinaus bis 45 γ As_2O_3 verwendet man zweckmäßig Streifen von 5 zu 115 mm (bei entsprechend weiterem Kühlrohr).

Die Bereitung der erforderlichen Reagenzien erfolgt wie bei HILLEBRAND und LUNDELL, S. 223, beschrieben.

Ausführung. Die Untersuchungslösung wird im Entwicklungsgefäß auf 50 cm³ verdünnt und mit 3 cm³ konzentrierter Schwefelsäure, 2 cm³ Ferrialaunlösung und 0,5 cm³ Zinnchlorürlösung versetzt. Das so beschickte Entwicklungsgefäß wird in Wasser von 19° C eingestellt; nach 10 Min. wird der Apparat zusammengebaut und der Reagenspapierstreifen in den Kühler eingeführt (das Kühlwasser hält den Streifen auf unter 20° C). Man füllt möglichst rasch 20 g Zink (Korngröße s. bei HILLEBRAND und LUNDELL) ein und läßt die Entwicklung 45 Min. laufen, wobei die Reaktionswärme durch Einstellen des Apparats in Wasser von 20° C zurückgedämmt wird. Nach dieser Zeit nimmt man den angefärbten Reagenspapierstreifen aus dem Kühlrohr. Nach kurzem Abpressen zwischen trockenem Filtrierpapier wird er mit Celluloselack bestrichen und mit einer Skala von Standardstreifen verglichen.

Herstellung der Standardfärbungen. Zweckmäßig werden 2 Sätze von Vergleichsstreifen hergestellt und zwar bis zu 18 γ As_2O_3 auf Streifen von 2,5 zu 115 mm und für größere Mengen bis zu 45 γ As_2O_3 auf Streifen von 5 zu 115 mm. Die Länge der Verfärbungen in der Skala für niedrige Gehalte beträgt laut angegebener Tabelle für 2 bis 18 γ As_2O_3 9 bis 72 mm; auf der Skala für höhere Gehalte ergeben 5 bis 45 γ As_2O_3 13 bis 95 mm lange Flecken.

c) Methode von LACHELE.

Die auf Quecksilberbromidscheiben erzeugte Färbung wird durch Behandeln mit Cadmiumjodid entwickelt und konserviert.

Apparatur. Auf einen 1000 cm³-ERLENMEYER-Kolben ist mit Hilfe eines 2fach durchbohrten Stopfens, durch dessen eine Bohrung ein Gaseinleitungsrohr fast bis zum Boden reicht, ein Kühler (nach LIEBIG oder ALLIHN) senkrecht aufgesetzt. Das obere Kühlerende wird mit einem Wattepfropfen beschickt, dessen untere Hälfte mit Kupferchlorürlösung getränkt wurde. Durch das Kupferchlorür wird Phosphor-, Antimon- und Schwefelwasserstoff absorbiert. (Nach RECKLEBEN, LOCKEMANN und ECKARDT verhält sich Kupferchlorür aber auch dem Arsenwasserstoff gegenüber durchaus nicht indifferent!) Der Kühler ist mit einem durchbohrten Stopfen verschlossen, durch den ein dünnes Röhrchen geführt ist, dessen anderes Ende wieder in jenem durchbohrten Stopfen steckt, der die „Kammer“ unten abschließt. Diese „Kammer“ besteht aus 2 gleichen dickwandigen Glasröhren von 20 mm Durchmesser, die an den zusammenstoßenden Enden einander aufgeschliffen sind und durch ein außen übergezogenes Stück Gummischlauch zusammengehalten werden. Zwischen den Schliff wird eine Reagenspapierscheibe eingelegt.

Erforderliche Reagenzien. *Zinnchlorür.* 40 g $SnCl_2 \cdot 2H_2O$ werden in konzentrierter Salzsäure gelöst, worauf man mit Salzsäure gleicher Konzentration auf 100 cm³ verdünnt.

Quecksilberbromidpapier. Schwarzbandfilter (S & S Nr. 589) werden für 1 Std. in gesättigte alkoholische QuecksilberII-bromid-Lösung gelegt und darauf in einem Luftstrom getrocknet. Daraus schneidet man Scheiben mit dem der „Kammer" entsprechenden Durchmesser (20 mm). Die Scheiben sollen mit den Händen möglichst nicht berührt werden und sind nur 5 bis 6 Tage zu verwenden.

Zink. Arsenfreies Zink wird in etwa 1 cm lange Stücke (ungefähr 5 g) geschnitten und durch 15 Min. langes Behandeln mit Salzsäure (1:3), der je 100 cm³ 2 cm³ Zinnchlorürlösung zugesetzt wurden, aktiviert und mit destilliertem Wasser gut gewaschen.

Kupferchlorür. 15 g KupferI-chlorid werden in 100 cm³ Salzsäure (1:1) gelöst.

Cadmiumjodid. 20 g Cadmiumjodid werden in Wasser gelöst und auf 100 cm³ verdünnt.

Herstellung der Standardlösung. 1 g As_2O_3 wird in 25 cm³ 20%iger Natronlauge gelöst. Man sättigt mit Kohlendioxyd und verdünnt mit frisch ausgekochtem Wasser auf 1 l. 40 cm³ dieser Lösung werden dann auf 1 l verdünnt. Die Standardlösung wieder erhält man aus 50 cm³ der verdünnteren Lösung durch Auffüllen auf 1 l. Sie wird jeweils frisch bereitet und enthält 0,002 mg As_2O_3 im Kubikzentimeter.

Ausführung der Reduktion. Die mit Schwefelsäure und Salpetersäure gewonnene Aufschlußlösung des organischen Materials bzw. ein aliquoter Teil derselben wird in den ERLENMEYER-Kolben gebracht, mit Wasser auf 200 cm³ verdünnt und mit 2 bis 3 g festem Ferroammoniumsulfat oder Ferrosulfat, 10 bis 15 Tropfen Zinnchlorürlösung und 50 cm³ Salzsäure (1:1) versetzt. Nun fügt man 2 bis 3 Stücke aktiviertes Zink zu und verschließt den Kolben sofort durch den das Einleitungsrohr, den Kühler und die mit Reagenspapier beschickte „Kammer" tragenden Stopfen. Man leitet einen gleichmäßigen Strom Stickstoff durch das Einleitungsrohr in die Apparatur, erhitzt zum Sieden und kocht, bis der Arsenwasserstoff völlig ausgetrieben ist, was nach etwa 15 Min. der Fall ist. Danach beendet man den Versuch und nimmt die Reagenspapierscheibe aus der „Kammer".

Entwicklung der Färbungen. Man legt die Scheibe in Cadmiumjodidlösung, bis das sich vorerst bildende Mercurijodid wieder gelöst ist. Bei längerem Gebrauch wird die Cadmiumjodidlösung durch das darin gelöste Cadmium-Mercurijodid gelb und muß erneuert werden. Anschließend wird mit Wasser und Alkohol gewaschen und zwischen Löschpapier getrocknet. Man vergleicht sodann mit ebenso erhaltenen Standardfärbungen einer Skala, die man mit Mengen von 0,0025 bis 0,04 mg (Differenz zwischen den einzelnen Proben je 0,0025 mg) in genau gleicher Weise erhalten hat. Die Flecken werden durch die Behandlung mit Cadmiumjodid nach braun verfärbt und gegen Licht und Wasser beständiger. [Eine Behandlung mit Cadmiumjodid ist nach Angabe des Autors wirkungsvoller als eine solche mit Kaliumjodid, wie sie z. B. von CHAIT (a) vorgeschlagen wird.] Da die Färbungen aber trotzdem etwas abblassen, empfiehlt es sich, häufig neue Standardfärbungen herzustellen.

Anwendungsbereich. Die in der Veröffentlichung wiedergegebenen Photographien der Standardversuche zeigen eine deutliche Abstufung zwischen 0,0025 und 0,04 mg.

Bemerkungen. LACHELE verwendet die Methode auch für Arsenbestimmungen in organischem Material, ohne vorher zu veraschen. Die Bestimmung dauert dann im ganzen 15 bis 30 Min. Dazu werden 5 bis 100 g Probe direkt in den ERLENMEYER-Kolben gebracht, mit 100 cm³ Salzsäure (1:1), 1 bis 2 cm³ Zinnchlorür, 15 cm³ 15%iger Kaliumjodidlösung und 1 bis 2 g Ferrosulfat versetzt, worauf man 3 bis 4 Stücke aktiviertes Zink einträgt und den Apparat verschließt. Die weitere Behandlung erfolgt wie beschrieben, und nur bei Verwendung sehr großer Probenmengen muß länger als 15 Min. gekocht werden. Gelangt trotz des mit Kupferchlorür getränkten Wattepfropfens etwas Schwefel-, Antimon- oder Phosphorwasserstoff auf die Reagenspapierscheibe, wird der Fleck beim Entwickeln mit Cadmiumjodid nicht braun verfärbt. Bei Aufarbeitung großer Probemengen mit bedeutendem Gehalt an reduzierbaren Schwefel- und Phosphorverbindungen wird durch kurzes Erhitzen in alkalischer Lösung vorbehandelt und nach schwachem Ansäuern mit Salzsäure der Schwefelwasserstoff ausgekocht. Zurückgebliebene Phosphor- und Schwefelverbindungen oxydiert man mit Bromwasser und entfernt den Bromüberschuß vor der Reduktion durch Kochen. Bei Anwesenheit großer Mengen Antimon wird zwischen Kühler und „Kammer" eine mit 100 cm³ KupferI-chlorid beschickte Waschflasche eingeschaltet. 0,005 mg As_2O_3 konnten neben 500 mg Sb_2O_3 noch exakt wiedergefunden werden. Der Verfasser konnte mit diesem verkürzten Verfahren in vielen Fällen unter Verwendung pflanzlichen Materials den Originalarsengehalt und das in Form anorganischer Verbindungen zugesetzte Arsen in befriedigender Weise bestimmen. Anderseits konnte z. B. der Arsengehalt von Garneelen ohne Zerstörung der organischen Substanz nicht ermittelt werden, obwohl zugesetztes Arsen bestimmt werden konnte. Auch der Arsengehalt organischer Verbindungen wie Tryparsamid, Neoarsphenamin, Trikakodylat, Carbason und Arsphenamin konnte ohne Vorbehandlung ermittelt werden. Eine Modifikation der Apparatur wird von SNIJDERS und VAN DER DRIFT angegeben, die auf den Kühler eine mit Kupferchlorür beschickte Gaswaschflasche aufsetzen und darüber ein Röhrchen montieren, das unten mit Bleiacetatwatte beschickt ist und oben zwischen Flansch die Reagenspapierscheibe trägt.

d) Arbeitsvorschrift für Reihenuntersuchungen von UHL.

Apparatur[1]. Als Entwicklungsgefäß dient eine weithalsige Glasflasche mit durchbohrtem Gummistopfen, durch den ein am unteren Ende ausgezogenes und unterhalb des Stopfens eine seitliche Öffnung tragendes Glasrohr ziemlich tief in das Entwicklungsgefäß reicht. In das Rohr, das über dem Stopfen etwa 12 cm lang ist, wird trockenes Bleiacetatpapier eingelegt. Der obere Rand ist mit einem Wulst versehen und plangeschliffen. Auf diesen Schliff wird ein Stück Reagenspapier gelegt, worauf man die überstehenden Teile nach unten faltet und das Käppchen mit Hilfe eines Gummiringes befestigt. Der arsenwasserstoffbeladene Wasserstoff durchstreicht bei dieser Anordnung eine scharf begrenzte Kreisfläche. Mit frisch in Betrieb genommenen Apparaturen werden vor Gebrauch einige Blindversuche durchgeführt, um Arsenspuren aus Glas und Gummistopfen zu entfernen. Die Einfachheit der Anordnung erlaubt, daß viele dieser Apparaturen gleichzeitig in Betrieb gehalten werden können.

Reagenzien. MERCKsches granuliertes arsenfreies Zink. Nach Beendigung einer Versuchsserie werden die nicht gelösten Zinkstückchen aus allen Entwicklungsgefäßen gesammelt, mit verdünnter Salpetersäure kurz gewaschen und mit doppelt destilliertem Wasser gründlich nachgespült. Man mischt nun neue Granalien dazu und verteilt das Ganze wieder auf die einzelnen Entwicklungsfläschchen. Man erreicht durch dieses Vorgehen nach Angabe des Verfassers die denkbar beste Übereinstimmung in den Wasserstoff-Entwicklungsgeschwindigkeiten.

Schwefelsäure. Konzentrierte Schwefelsäure wird mit der 7fachen Menge an doppelt destilliertem Wasser verdünnt.

Bleiacetatpapier. Glattes Filtrierpapier wird mit 10%iger Bleiacetatlösung getränkt und an der Luft getrocknet.

Reagenspapier. Weiches, nicht zu dickes Filtrierpapier (S & S., Nr. 598) wird in Blättern von 10 zu 10 cm durch eine 5%ige alkoholische Mercuribromidlösung gezogen und sofort in einem nicht zu hellen Raum zum Trocknen aufgehängt. Daraus schneidet man 2 zu 2 cm große Stückchen, wobei man die Streifen, die beim Trocknen den unteren Rand gebildet haben, verwirft. Man bewahrt die Papiere in einer dunklen Glasflasche auf. 1 γ Arsen ruft auf einer derart imprägnierten Scheibe bereits eine deutliche Gelbfärbung hervor, während, wie der Verfasser betont, Quecksilberchlorid bei dieser Menge noch keine einwandfrei sichtbare Färbung ergibt.

Durchführung der Bestimmung. Man bringt in das Entwicklungsgefäß 10 g Zinkgranalien und so viel doppelt destilliertes Wasser, daß diese eben bedeckt sind. Nun setzt man 0,5 bis 5 g Substanz (von festen Proben, die keine Vorbehandlung erfordern, löst man eine größere Menge und nimmt einen entsprechenden Bruchteil der Lösung, um Fehler durch ungleichmäßige Verteilung, wie sie z. B. beim „Mitauskrystallisieren" vorkommen können, auszuschalten) und 25 cm³ verdünnte Schwefelsäure zu und setzt den Stopfen mit dem reagenspapierbedeckten Röhrchen auf. Die Flasche wird bis zum Hals sofort in Wasser von 25° eingestellt. Nach $1^1/_2$ Std. wird der Versuch beendet. Sonnenlicht ist während der Bestimmung peinlichst auszuschalten.

Auswertung der Färbungen. Die erzeugten Farbflecken werden an Hand einer Vergleichsskala, die man sich nach einer auf genau gleiche Weise gewonnenen Testreihe mit bekannten Arsenmengen auf einem glatten Filtrierpapier mit Pastellfarben herstellen kann, ausgewertet. Es ist wichtig, nach Neuherstellung eines Vorrates an Reagenspapierstückchen die Skala durch Bestimmungen bekannter Arsenmengen zu kontrollieren.

Bemerkungen. 1 bis 12 γ As ergeben deutlich unterscheidbare Abstufungen. Es ist unbedingt nötig, je 2 bis 3 Proben der zu untersuchenden Substanz (vorteil-

[1] Die Apparatur wurde der in „The British Pharmacopoeia 1914" [durch Fr. 58, 568 (1919)] beschriebenen Anordnung mit geringen Änderungen nachgebildet.

haft verschiedene Mengen) zu analysieren und jeweils Blindwerte einzuschalten. Der Verfasser empfiehlt, eine Vorbehandlung des Materials wegen der damit verbundenen Fehlermöglichkeiten möglichst zu vermeiden, d. h. sich durch Parallelbestimmungen mit und ohne Vorbehandlung zuerst von deren Notwendigkeit zu überzeugen. Ein Verfahren mit Hilfe einer sehr ähnlichen Apparatur wurde neuerdings von NITSCHE beschrieben, wobei das Reagenspapier auf dem plangeschliffenen Rand durch eine dunkle Glaskappe festgehalten wird. Die Reduktion erfolgt mit Zink und einem Gemisch aus Schwefelsäure und Salzsäure. Das Anwendungsbereich dieser Bestimmung ist 0,5 bis 25 γ.

e) Schnellverfahren durch Modifikation der Methode von LOCKEMANN und v. BÜLOW.

Eine von DIEMAIR und WAIBEL angegebene Modifikation des Verfahrens von LOCKEMANN und v. BÜLOW wurde anläßlich der Beschreibung dieses Verfahrens bereits erwähnt (S. 215).

Auch HERSCHLER bestimmt den Arsengehalt von Spritzbrühen in ähnlicher Weise, indem er die Probe $^1/_2$ Std. im KJELDAHL-Kolben unter Kühlung mit verdünnter Schwefelsäure und mit durch Kupfersulfat aktiviertem Zink reduziert, wobei er den Kolbenhals mit einem Rundfilter bedeckt, das mit 3 Tropfen wäßriger gesättigter Quecksilberbromidlösung befeuchtet wurde.

III. Bestimmung der Reaktionsprodukte nach Einleiten des Arsenwasserstoffs in Sublimatlösung.

Vorbemerkungen. Die Bestimmung wurde von SMITH in folgender Form vorgeschlagen: Das Arsenwasserstoff-Wasserstoffgemisch wird durch Überleiten über Bleiacetatwatte von Schwefelwasserstoff befreit und in 20 cm³ 5%iger QuecksilberII-chlorid-Lösung eingeleitet. Zu der den gelben Niederschlag enthaltenden Flüssigkeit fügt man die gleiche Menge 15%iger Kaliumjodidlösung und so viel 0,01 n Jodlösung, bis der Niederschlag sich völlig löst. Der Jodüberschuß wird mit Thiosulfat gemessen (1 Arsen entspricht 8 Jod). Wegen der je nach Temperatur und Belichtung mehr oder weniger raschen Zersetzung des Niederschlages in Kalomel und arsenige Säure schlugen nun BECK und MERRES vor, den Niederschlag durch Erhitzen des Inhaltes der Vorlage vollständig zu zersetzen und nach Filtrieren des Mercurochlorids die arsenige Säure mit 0,01 n Jodlösung zu titrieren (nach Zugabe von Kaliumjodid und Natriumhydrogencarbonat). Das Kalomel kann nach dem Trocknen ausgewogen werden. Die Bestimmung des abgeschiedenen Kalomels bedingt aber bis —10% Fehler, was auch von STROCK festgestellt wurde, während die Titration des ArsensIII auf $\pm 3\%$ genaue Werte ergibt. SCHRÖDER und LÜHR fanden trotz mehrfach erneuter Zugabe von Zink und Säure immer viel zu wenig Arsen und führen das darauf zurück, daß der Endpunkt der längere Zeit erfordernden Umwandlung in Arsenwasserstoff schwer festzustellen ist. Spätere Untersuchungen von STROCK, sowie von WINTERFELD, DÖRLE und RAUCH zeigten, daß durch eine etwaige Zersetzung der gelben Verbindung die Bestimmung nicht beeinträchtigt wird, da ja das abgeschiedene Kalomel seinerseits die entsprechende Jodmenge verbraucht. Dies bedeutet für die Bestimmung kleiner Arsenmengen einen beträchtlichen Vorteil, da in diesem Falle wieder 8 Atome Jod auf 1 Atom Arsen verbraucht werden gegenüber nur 2 Jod bei Einhaltung des von BECK und MERRES vorgeschlagenen Vorganges. Anderseits wurde aber von obigen Autoren festgestellt, daß wegen der Gegenwart von QuecksilberII-chlorid in bicarbonatalkalischer Lösung bei der Titration keine richtigen Werte erhalten werden können, was zu Abänderungen des Verfahrens führte.

a) Mikroanalytische Bestimmung nach WINTERFELD, DÖRLE und RAUCH.

Apparatur. Das Gasgemisch wird in einem 200 cm³ fassenden ERLENMEYER-Kolben entwickelt, der mit einem durchbohrten Gummistopfen verschlossen ist.

Durch die Bohrung führt das Gasableitungsrohr, das sich über dem Stopfen auf eine Länge von etwa 15 cm etwas erweitert, dann wieder verengt und durch doppelt rechtwinkelige Biegung nach abwärts führt. Die Erweiterung wird ganz lose mit etwa 1 g Mull gestopft, der zur Absorption von Schwefelwasserstoff mit 5%iger Bleiacetatlösung getränkt und wieder ausgedrückt wurde. Nach einigen Versuchen ist der Mull zu erneuern! [Die von LOCKEMANN (b) beobachtete Zersetzung von Arsenwasserstoff an der Faser tritt in diesem Fall wegen großer Verdünnung des Arsenwasserstoffes und kurzer Einwirkungsdauer nicht störend in Erscheinung.] An das Ableitungsrohr wird mit einem Stückchen Vakuumschlauch ein Röhrchen angesetzt, das sich unten auf 1 bis 1,5 mm lichter Weite verengt und bis in die Spitze eines birnenförmigen spitzkonischen Absorptionsgefäßes mit eingeschliffenem Stopfen reicht, das so dimensioniert ist, daß 20 cm^3 vorgelegte Flüssigkeit eine Schichthöhe von 10 cm ergeben. Das Röhrchen steht während der Bestimmung auf, wodurch die Blasen zerteilt werden.

Ausführung der Reduktion. Das salzsaure Destillat einer Arsentrichloridabtrennung (s. § 14, S. 267) wird unter Nachspülen mit Wasser in den ERLENMEYER-Kolben gebracht und $^1/_4$ Std. in Eiswasser eingestellt. Inzwischen beschickt man die Vorlage mit 20 cm^3 0,2%iger Sublimatlösung, stellt sie in einen Stativring und senkt das Einleitungsrohr bis zur Spitze ein. Hierauf gibt man 15 g arsenfreies Stangenzink in den ERLENMEYER-Kolben, verschließt sofort und nimmt, sobald die Gasentwicklung etwas nachgelassen hat, aus dem Kühlbad. Nach spätestens 5 Std. ist alles Arsen übergetrieben.

Maßanalytische Bestimmung des Arsens in der Vorlage.

Bereitung der Jodlösung. 50 cm^3 0,1 n Jodlösung, 20 g Kaliumjodid, 7,1 g $Na_2HPO_4 \cdot 12H_2O$ und 3,6 g KH_2PO_4 werden in 1 l Wasser gelöst. 1 cm^3 dieser 0,005 n Jodlösung entspricht 46,82 γ Arsen (die Autoren geben 46,89 γ an!). Da das Sublimat einen geringen Jodverbrauch hat, wird der Wirkungswert der Jodlösung in folgender Weise bestimmt: 20 cm^3 Sublimatlösung werden mit 10 cm^3 Jodlösung ebenso lange wie im Versuch stehen gelassen und dann mit Thiosulfat titriert.

Titration. Man bringt 10 cm^3 der 0,005 n Jodlösung in die Vorlage und titriert das unverbrauchte Jod nach frühestens $^1/_2$ Std. und spätestens nach 2 Std. mit 0,005 n Thiosulfatlösung zurück (frisch bereitete Stärkelösung als Indicator).

Genauigkeit. 30 bis 300 γ Arsen wurden organischem Material zugesetzt und nach Zerstörung desselben, Destillation des Arsens als Trichlorid und nachfolgende Bestimmung in der beschriebenen Weise im allgemeinen auf mindestens 1% genau wiedergefunden. Nur bei der Bestimmung von 30 und 60 γ ergaben sich Fehler bis zu 3%. Bis 15 γ Arsen sind durch das Verfahren erfaßbar. Zur Titration ist zu bemerken, daß eine geringe Zersetzung in Mercurochlorid und arsenige Säure nicht stört, da durch das Mittitrieren des dabei gebildeten Kalomels wieder auf 1 Arsen 8 Jod verbraucht werden. Das Phosphatpuffergemisch wurde angewendet, da bei Titration in bicarbonatalkalischer Lösung, wie auch von STROCK festgestellt wurde, keine richtigen Werte erhalten werden. Auch aus einer stark kupferhaltigen Lösung konnte das Arsen auf die beschriebene Weise ohne Beeinträchtigung der Genauigkeit als Arsenwasserstoff verflüchtigt werden.

***Ausführung der Reduktion nach* NITSCHE.**

Apparatur. Das Entwicklungsgefäß, ein Rundkolben, ist durch Schliff mit einem Kühler verbunden, durch den das Rohr des Einfülltrichters bis zum Boden des Entwicklungsgefäßes reicht (Abb. 11). Durch einen 3-Weghahn kann dieses Rohr anderseits mit einer Wasserstoffquelle verbunden werden. Ein seitlicher waagrechter Ansatz über dem Kühler ist wieder durch einen Schliff mit einem etwas weiteren Stutzen verbunden, der mit 5%iger Bleiacetatlösung getränkte und möglichst gut abgepreßte Watte enthält (durch das Abpressen wird eine größere Gasdurchlässigkeit erzielt). Die verengte Verlängerung des Stutzens ist rechtwinkelig nach abwärts gebogen und wird an das Gaseinleitungsrohr angeschlossen, das bis zum Boden der Vorlage reicht. Die Vorlage wurde in der von WINTERFELD, DÖRLE und RAUCH beschriebenen Form beibehalten.

Aufschluß organischer Substanz. 10 g Organteile werden im 250 cm³-Kolben mit 20 cm³ Wasser übergossen und mit 2 cm³ 5%iger Kupfersulfatlösung versetzt. Man fügt 20 cm³ konzentrierter Schwefelsäure und nach gutem Durchschütteln 5 cm³ konzentrierter Salpetersäure (D 1,4) zu und kühlt, bis die gegebenenfalls einsetzende Reaktion etwas abklingt. Dann erwärmt man vorsichtig bis zur leichten Bräunung und gibt wieder 5 cm³ konzentrierter Salpetersäure zu. Der Zusatz von Salpetersäure wird so lange fortgesetzt, bis keine Bräunung mehr auftritt und sich weiße Nebel im Kolben zeigen. Man läßt abkühlen, setzt zur Entfernung der Salpetersäure 10 cm³ konzentrierter Ammoniumoxalatlösung zu und kocht wieder bis zum Auftreten weißer Nebel. Die Lösung wird mit 50 cm³ Wasser in einen 100 cm³-Meßzylinder gespült und durch Zusatz von 30 cm³ konzentrierter Salzsäure auf 100 cm³ aufgefüllt.

Durchführung der Reduktion. In den Entwicklungskolben bringt man 20 g möglichst fein granuliertes Zink und beschickt die Vorlage mit 20 cm³ 0,2%iger QuecksilberII-chlorid-Lösung und so viel Glasperlen, daß sich der Flüssigkeitsspiegel 5 mm über den Perlen befindet. Man setzt den Kühler in Gang und bringt die Aufschlußlösung oder einen aliquoten Teil derselben durch den Trichter in den Entwicklungskolben, worauf der Trichter mit wenig Wasser nachgespült wird. Nach etwa 10 Min. hat sich die anfangs heftige Gasentwicklung etwas beruhigt (auch wenn die Gasentwicklung sehr heftig einsetzt, geht kein Arsenwasserstoff verloren), und man schickt nun einen langsamen Wasserstoffstrom durch die Flüssigkeit. Nach weiteren 20 Min. läßt man durch den Trichter 2 bis 3 cm³ 5%ige Kupfersulfatlösung unter Nachspülen mit wenig Wasser einfließen, wodurch die Gasentwicklung nochmals heftig einsetzt. Der zusätzliche langsame Wasserstoffstrom wird jedoch nicht unterbrochen, da mit dessen Hilfe alle Reste Arsenwasserstoff in die Vorlage übergespült werden. Nach 10 Min. läßt die Gasentwicklung wieder nach, worauf man mit kleiner Flamme bis zum Sieden erhitzt und etwa 5 Min. kocht. Man entfernt den Brenner und läßt im Wasserstoffstrom erkalten. Die Titration erfolgt in der von WINTERFELD, DÖRLE und RAUCH beschriebenen Weise nach einer Stunde.

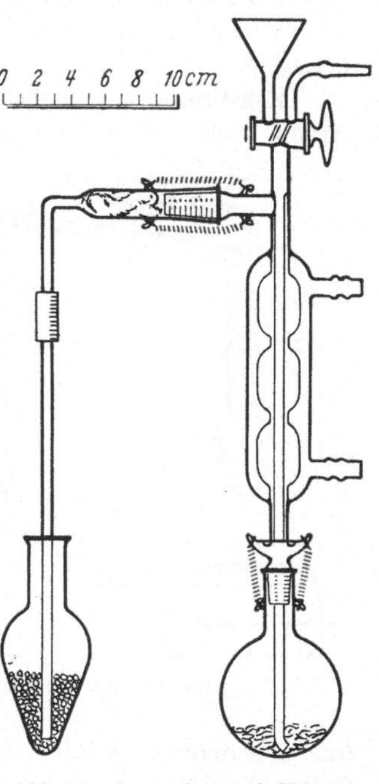

Abb. 11. Apparatur nach NITSCHE.

Bemerkungen. Der Verfasser bestimmt nach dieser Methode auch den Arsengehalt von Messing nach Lösen der Legierung in Salpetersäure und Abrauchen mit Schwefelsäure.

b) Verfahren von STROCK.

Apparatur. Die Reduktion zu Arsenwasserstoff erfolgt in einem ERLENMEYER-Kolben, dem mit Normalschliff ein Gasüberleitungsrohr angeschlossen ist, das im senkrecht aufsteigenden, etwas weiteren Teil über dem Kolben bleiacetatgetränktes, gefaltetes Papier (das Papier wird nach jeder Bestimmung erneuert) und einen Glaswollebausch enthält, sich dann verengt und fast rechtwinkelig abgebogen ist, so daß es nur ganz wenig ansteigt. Später ist es in etwas spitzem Winkel senkrecht nach abwärts gebogen und durch Normalschliff mit dem in die Vorlage eingebauten Gaseinleitungsrohr verbunden. Die Vorlage ist mit einem seitlichen Ansatzgefäß versehen und so dimensioniert, daß 10 cm³ vorgelegte Flüssigkeit den seitlichen Ansatz abschließen. Die Glashähne werden am äußeren Rande leicht gefettet (Abb. 12).

Ausführung der Reduktion. Die zu reduzierende, bis 5 mg Arsen enthaltende Lösung beträgt 150 bis 200 cm³ und weist eine Schwefelsäurekonzentration von 1:5 auf. Dieser Lösung werden 1 g krystallisiertes Ferrosulfat und 0,5 g krystallisiertes Stannochlorid zugesetzt. Zur Reduktion fügt man 20 bis 30 g vorher aktiviertes granuliertes Zink zu und läßt das entwickelte Gasgemisch durch die Vorlage streichen. Wenn es sich um Arsenmengen unter 1 mg handelt, legt man 10 bis 15 cm³ 2%ige Sublimatlösung vor und bemißt Zink- und Säuremenge so, daß die Wasserstoffentwicklung zu Anfang langsam vor sich geht. Auf diese Weise entsteht ein feiner Kalomelniederschlag, der mit Jod glatt reagiert. Bei der Bestimmung größerer Arsenmengen legt man 6%ige QuecksilberII-chlorid-Lösung vor. Bei reinen Arsenlösungen wird der Versuch nach 1 Std., bei unbekannten Lösungen nach 2 bis 3 Std. beendet.

Titration. *α) Mengen von 1 bis 0,01 mg.* Bei der Bestimmung von 1 bis 0,01 mg Arsen gießt man die mercurochloridhaltige Lösung in einen 300 cm³ fassenden Erlenmeyer-Kolben, spült das Absorptionsgefäß mit Wasser nach, verdünnt auf 100 cm³ (die Mercurichloridkonzentration in der zu titrierenden Lösung soll 0,5% nicht überschreiten) und versetzt mit 15 cm³ kalt gesättigter Natriumhydrogencarbonatlösung. Man fügt 2 Tropfen Methylorange als Indicator zu, neutralisiert mit Salzsäure (1:10) bei bedecktem Kolben unter nicht zu heftigem Schütteln und gibt dann tropfenweise Natriumhydrogencarbonatlösung zu, bis die rote Farbe eben wieder verschwindet. Nun setzt man 10 cm³ 15%ige Kaliumjodidlösung zu (der gebildete Niederschlag muß sofort wieder in Lösung gehen), die man vorher in das Absorptionsgefäß gebracht hatte. Dann bringt man einen Überschuß an 0,01 n Jodlösung, mit der ebenfalls vorher das Absorptionsgefäß ausgespült worden war, um an der Wand haftende Reste von Kalomel zu lösen, in den Erlenmeyer-Kolben, läßt 15 Min. verschlossen im Dunkeln stehen und titriert nach vollkommenem Lösen des Kalomels mit 0,01 n Thiosulfatlösung wie üblich zurück. Bei Auftreten einer rotblauen Farbe vor dem Umschlag gibt man einige Tropfen Natriumhydrogencarbonatlösung zu. Man kann während der Titration Kohlendioxyd einleiten, was aber nicht unbedingt nötig ist, da vom Neutralisieren her Kohlendioxyd in der Flüssigkeit gelöst ist. 1 mg Arsen entspricht 10,68 cm³ (der Verfasser gibt 10,62 cm³ an) 0,01 n Jodlösung. Unter Verwendung einer auf 0,01 cm³ geeichten Bürette ist 0,01 mg Arsen die kleinste praktisch bestimmbare Menge. Zur Feststellung der durch das QuecksilberII-chlorid verbrauchten Jodmenge ist ein Blindversuch durchzuführen.

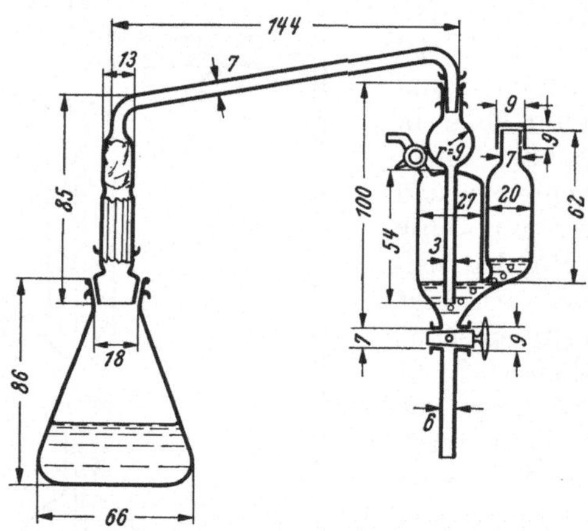

Abb. 12. Apparat von Strock (Maße in Millimetern).

Genauigkeit. Der Fehler in der Arsenbestimmung nach diesem Verfahren beträgt —2 bis —5% der vorhandenen Menge.

β) Mengen von 1 bis 10 mg. Zur Bestimmung von Arsenmengen zwischen 1 und 10 mg wird die Flüssigkeit aus der Vorlage samt dem Niederschlag in ein Becherglas gespült, die Vorlage gut nachgewaschen, um jede Spur des gelben Niederschlages zu zerstören (zweckmäßig läßt man Wasser im Absorptionsgefäß etwa 15 Min. stehen), auf 100 bis 150 cm³ verdünnt und zum Sieden erhitzt. Dabei zersetzt sich die gelbe Verbindung in arsenige Säure und leicht filtrierbares Mercurochlorid. Man läßt die Lösung abkühlen, filtriert und bestimmt im Filtrat nach Zusatz von Hydrogencarbonat und Neutralisieren in der oben beschriebenen Weise die arsenige Säure durch Zusatz von Kaliumjodid und Jod und Titration mit Thiosulfat. 1 mg Arsen entspricht 2,67 cm^3 (nach Angabe des Autors 2,66 cm^3) 0,01 n Jodlösung. Auch in diesem Fall ist das Ergebnis eines Blindversuches zu berücksichtigen.

Genauigkeit. 0,5 bis 10 mg Arsen können mit einer Abweichung von höchstens —1% bestimmt werden. Bei Gegenwart von QuecksilberII-chlorid werden in bicarbonatalkalischer Lösung keine richtigen Werte für die Titration der arsenigen Säure erhalten, weshalb STROCK in der beschriebenen Weise neutralisiert.

Arsenbestimmung in Eisenerz. 1 Teil Mineral wird mit 2 Teilen Borax und 4 Teilen Soda gemischt, in einem Platintiegel aufgeschlossen und die Schmelze in 50 cm^3 Schwefelsäure (1:5), die 2 g $Na_2HPO_4 \cdot 12\,H_2O$ enthält, gelöst. Man fügt der Lösung 1 g krystallisiertes Ferrosulfat, 0,5 g Stannochlorid und weitere 100 cm^3 Schwefelsäure (1:5) zu, bringt 20 bis 30 g aktiviertes Zink in den Kolben und schließt sofort an das bereitstehende Absorptionsgefäß an. Eine 2stündige starke Wasserstoffentwicklung ist zur vollkommenen Überführung des Arsens nötig.

Eine ähnliche Vorschrift zur Überführung in Arsenwasserstoff für diese Art der Arsenbestimmung wird von GEILMANN und MEYER-HOISSEN angegeben. Diese Autoren bringen in das Entwicklungsgefäß 10 bis 15 g Zink, 40 cm^3 Schwefelsäure (1:4), 2 cm^3 Eisenalaunlösung und 0,5 cm^3 Zinnchlorürlösung (bezüglich der Lösungen s. S. 224) und fügen nach Einsetzen der Wasserstoffentwicklung und Vorlegen von 10 bis 15 cm^3 5%iger wäßriger Sublimatlösung die arsenhaltige Probe zu. Nach 40 Min. wird noch etwas Säure zugesetzt und nach 1 bis $1^1/_2$ Std. wird der Versuch beendet.

c) Mikroschnellmethode von CASSIL und WICHMANN.

Die Verfasser reduzieren bei Gegenwart von Kaliumjodid und Zinnchlorür mit Zink. Der Arsenwasserstoff wird nach Leiten über Bleiacetat in Sublimatlösung, die etwas Gummi arabicum enthält, aufgefangen. Nach Zugabe eines Überschusses an 0,001 n Jodlösung wird in Gegenwart von 10%iger Na_2HPO_4-Lösung als Puffer mit arseniger Säure zurücktitriert. Das Verfahren eignet sich für 5 bis 500 γ As_2O_3; die Dauer der Analyse wird mit 10 Min. angegeben. Ein Blindversuch ist erforderlich. Phosphite und Hypophosphite stören nicht, wohl aber Pyridin und Nicotin, die vorher zerstört werden müssen ($HClO_4$), und Antimon. Bei einer Genauigkeit von über 99% konnte die Methode später von CASSIL auch für die Bestimmung größerer Arsenmengen (bis zu 10 mg As_2O_3) modifiziert werden.

d) Colorimetrische Bestimmung von SANDELL.

Der Verfasser bestimmt kleine Mengen Arsen (15 γ) durch Absorption des Arsins in permanganathaltiger, schwefelsaurer QuecksilberII-chlorid-Lösung, Bildung von Arsenomolybdänblau und dessen photometrische Messung.

25 cm^3 einer nicht mehr als 15 γ As enthaltenden Lösung werden in einem 50 cm^3-ERLENMEYER-Kolben mit konzentrierter Salzsäure, 2 cm^3 16%iger Kaliumjodidlösung und 0,5 cm^3 ZinnII-chlorid-Lösung (40 g/100 cm^3 konzentrierte Salzsäure) versetzt, um das vorhandene Arsen in die dreiwertige Stufe zu überführen. Dann wird der ERLENMEYER-Kolben mit einer Vorlage verbunden, in der sich folgende Mischung befindet: 1 cm^3 1,5%ige QuecksilberII-chlorid-Lösung, 0,2 cm^3 6 n Schwefelsäure und 0,15 cm^3 0,1%ige Kaliumpermanganatlösung. In den Kolben werden 2 g Zink gebracht, und das entwickelte Arsin wird in der Vorlage absorbiert. Nach 20 bis 30 Min. werden in die Vorlage 5 cm^3 Reagens gebracht (aus 10 cm^3 10%iger Ammoniummolybdatlösung, 90 cm^3 6 n Schwefelsäure und 100 cm^3 0,1%iger Hydraziniumsulfatlösung jedesmal frisch bereitet). Nachdem die Mischung 15 Min. lang auf 95 bis 100° erwärmt worden ist, wird sie auf ein bestimmtes Volumen verdünnt, über Glaswolle filtriert und photometriert. Man vergleicht mit einer ebenso behandelten Standardlösung.

4. Sonstige Bestimmungsverfahren für den mit Metallen entwickelten Arsenwasserstoff.

I. Absorption durch Halogene.

a) Maßanalytisches Verfahren von Wiley, Bewley und Irey nach Absorption in Jodlösung.

Apparatur. Ein Stehkolben trägt in seinem doppelt durchbohrten Stopfen einen kleinen Hahntrichter und ein Gasableitungsrohr, das in das erste von 4 hintereinander geschalteten Meyerschen Kugelrohren mündet. Die beiden ersten sind in Wannen mit kaltem Wasser eingesetzt. Alle Gummischläuche und Stopfen werden vorbehandelt, indem man sie mit Natronlauge auskocht, wäscht und nach Kochen mit verdünnter Salzsäure über Nacht in Wasser liegen läßt.

Ausführung der Reduktion. Man bringt die 20 bis 30 cm^3 betragende Probelösung, die das Arsen in dreiwertiger Form enthalten muß, und 10 g Zink (20 mesh) in den Kolben und setzt den Stopfen auf. In die beiden ersten Absorptionsgefäße bringt man eine ausreichende gemessene Menge an 0,1 bis 0,01 n Jodlösung und verdünnt in jedem Rohr mit Wasser auf etwa 75 cm^3. Das Jod darf nicht völlig durch den Arsenwasserstoff verbraucht werden. Will man mit acidimetrischer Kontrolltitration arbeiten (s. unter Titration!), dürfen auf 100 cm^3 0,05 n Jodlösung nicht mehr als 0,05 bis 0,07 g As_2O_3 anwesend sein. Das nächste Kugelrohr wird mit 1%iger Kaliumjodidlösung (zur Absorption etwa entweichender Joddämpfe) und das letzte mit Wasser beschickt. Außerdem wird zur Prüfung des abziehenden Gasstromes ein Sublimatpapier angebracht. Nun füllt man den Hahntrichter mit 75%iger Schwefelsäure und läßt etwa 5 cm^3 in den Kolben fließen. Die Säure wird hierauf in Abständen von ungefähr 10 Min. 40 Min. lang in Anteilen von je 10 cm^3 in den Kolben gebracht. Nach dieser Zeit ist das Zink größtenteils gelöst, worauf der Kolbeninhalt für 5 Min. zum schwachen Sieden erhitzt wird (die Lösung in der ersten Absorptionsröhre darf nicht warm werden).

Titration. Sämtliche Absorptionsgefäße werden in ein Becherglas gespült, worauf der Jodüberschuß mit Thiosulfatlösung entsprechender Normalität (Stärke als Indicator) titriert wird. Nach der Titration mit Thiosulfat wird bei Mengen über 0,05 bis 0,07 g arseniger Säure die Lösung mit Natriumhydrogencarbonat neutralisiert und die arsenige Säure mit Jod titriert. Große Mengen Arsenwasserstoff werden teils zu arseniger Säure, teils zu Arsensäure oxydiert. Man addiert daher die vorgelegte und schließlich zur Titration verbrauchte Jodlösung und subtrahiert davon das dem Thiosulfat entsprechende Volumen. $As_2O_3 = 16$ J. *(Verfahren I.)*

Bei kleineren Arsenmengen (weniger als 0,05 bis 0,07 g arseniger Säure) wird anschließend an die Titration des Jodüberschusses die während der Absorption entstandene Säure mit 0,1 n Natriumhydroxyd titriert (Phenolphthalein als Indicator). Bei Anwesenheit der genannten geringen Arsenmengen findet unter den gegebenen Verhältnissen eine quantitative Oxydation zu Arsensäure statt. Die Titration mit Alkali ergibt dann außer dem Verbrauch von

$$8\,NaOH \text{ für } 8\,HJ (AsH_3 + 4\,J_2 + 4\,H_2O \rightarrow H_3AsO_4 + 8\,HJ)$$

je Arsensäuremolekül einen Verbrauch von

$$2\,NaOH (H_3AsO_4 + 8\,HJ + 10\,NaOH \rightarrow Na_2HAsO_4 + 8\,NaJ + 10\,H_2O)$$

und man erhält somit Kontrollwerte für die jodometrische Titration. *(Verfahren II.)*

Bemerkungen. **Anwendungsbereich.** Unter Verwendung einer 0,01 n Jodlösung können bis zu 0,00002 g Arsen bestimmt werden; die größte in den Testversuchen angeführte Menge beträgt 0,1200 g As_2O_3.

Genauigkeit. Nach Verfahren I: 0,09893 bis 0,1200 g As_2O_3 wurden in 8 Testversuchen mit einer einzigen Ausnahme auf mindestens 1% genau bestimmt. Nach Verfahren II: 11 Versuche mit 0,02475 bis 0,04950 g As_2O_3 ergaben durch

Titration des Jodüberschusses Abweichungen von höchstens +0,7% und —0,6%. 0,002475 g wurden auf 0,00012 g genau wiedergefunden. Die acidimetrischen Kontrollwerte ergaben ähnliche, teilweise etwas größere Abweichungen.

Ähnliche Verfahren. Es ist unmöglich alles Arsen als Arsenwasserstoff überzutreiben, wenn man nicht kocht. KOSLOWSKI und NIKOLAJEWA-KOSLOWSKAJA allerdings verwenden bei ihrer sehr ähnlichen Methode viel verdünntere Schwefelsäure (1:5) und arbeiten in der Kälte, um die Bildung von Schwefelwasserstoff zu verhindern. Nach ihren Angaben bleiben dabei weniger als 0,2 mg Arsen im Rückstand, sofern das Zink genügend eisenfrei ist (bezüglich des Einflusses von Eisen auf die Überführung in Arsenwasserstoff s. S. 197). Auch KŘEPELKA und RAKUŠAN (a, b) bestimmen 0,0008 bis 0,0280 g As_2O_3 durch Einleiten des Arsenwasserstoffes in 0,1 n Jodlösung und Rücktitration des Überschusses an Jod in schwach saurem Medium mit 0,1 n Natriumthiosulfat. TARBELL ermittelt den Überschuß an vorgelegter Jodlösung durch Zusatz von Natriumarsenit und Rücktitration des unverbrauchten Anteils mit Jod. Er bestimmt den Arsengehalt von Salzsäure und Schwefelsäure, indem er die zu prüfende Säure auf eine bestimmte Dichte bringt und ebenso wie anschließend auch etwas Zinnchlorür zum Zink fließen läßt. Der Arsenwasserstoff wird unter Erwärmen am Wasserbad ausgetrieben. Als Absorptionsflüssigkeit dient Jod in Gasolin. AISENSTEIN bestimmt auf die hier beschriebene Weise Arsen in „Arbeitslösungen“ (?), Schwefelpaste und geschmolzenem Schwefel.

b) Bestimmung von Arsen in Schwefelsäure nach NISSENSON durch Absorption des Arsenwasserstoffes in Brom.

Apparatur. Ein 1000 cm³ fassender ERLENMEYER-Kolben ist mit einem doppelt durchbohrten Stopfen versehen, durch dessen eine Bohrung ein Einfülltrichter bis zum Boden reicht und durch dessen andere Bohrung das Gasableitungsrohr zu dem als Vorlage dienenden kleinen ERLENMEYER-Kolben führt.

Vorbereitung der Probe. 100 cm³ der zu untersuchenden Säure werden zur Vertreibung der salpetrigen Säure auf dem Sandbad erhitzt, bis keine nitrosen Dämpfe mehr entweichen, und mit der 3fachen Menge an destilliertem Wasser verdünnt.

Ausführung der Reduktion. In den großen ERLENMEYER-Kolben bringt man 60 g feinkörniges eisenfreies Zink, verschließt den Kolben und beschickt die Vorlage mit etwa 1 cm³ Brom und 100 cm³ mit etwas Schwefelsäure angesäuertem destilliertem Wasser. Nun gießt man durch das Trichterrohr nach und nach die vorbereitete kalte Schwefelsäure zu und achtet, daß die Wasserstoffentwicklung nicht zu heftig wird. Nach etwa $1^1/_2$ Std. ist die Säuremenge verbraucht und man überzeugt sich, ob praktisch alles Zink in Lösung gegangen ist. Dann wird der Trichter mit wenig verdünnter Schwefelsäure nachgespült und schließlich der etwa abgeschiedene Metallschwamm abfiltriert und gewaschen.

Bemerkungen zur Reduktion. Auf die beschriebene Art kann in einem Arbeitsgang neben Arsen auch der Quecksilber- und Eisengehalt bestimmt werden. Das Quecksilber scheidet sich dabei als Metallschwamm im Kolben ab. Das Eisen wird zu EisenII reduziert.

Titration. Das unverbrauchte Brom der vorgelegten Lösung wird durch mäßiges Erwärmen auf dem Sandbad vertrieben [nach RECKLEBEN und LOCKEMANN (b) ist ein Einengen der sauren Lösung mit der Gefahr von Arsenverlusten verbunden, weshalb diese Autoren vor dem Vertreiben des Broms mit Ammoniak übersättigen] und die völlig farblose Lösung mit Natriumsulfit reduziert. Nach Entfernen der schwefligen Säure und starkem Ansäuern mit Salzsäure wird die arsenige Säure mit 0,1 n Kaliumbromatlösung titriert (Indigo als Indicator).

II. Bestimmung nach Absorption in Hypobromit.

DEEMER und SCHRICKER absorbierten den aus reinen Arsenlösungen entwickelten Arsenwasserstoff in Natriumhypobromit und bestimmten das Arsen anschließend nach dem Molybdänblauverfahren von ZINZADZE (s. § 10).

III. Bestimmung nach Absorption in Kaliumpermanganat.

Bestimmung von Arsenspuren in salzreichen Aufschlußrückständen nach GRIFFON und BUISSON (b).

Apparatur. In den Hohlstopfen eines 90 bis 120 cm³ fassenden Entwicklungsgefäßes, der ein seitliches Gasableitungsrohr trägt, ist zentral ein bis zum Boden reichendes, über dem Stopfen erweitertes Rohr eingebaut. In den erweiterten Teil wird ein Tropftrichter eingesetzt. Das Gasableitungsrohr ist mit einer aus 2 Blasenzählern bestehenden Vorlage verbunden.

Ausführung. 15 g zerkleinertes Zink werden mit 10 cm^3 Wasser und 2 Tropfen 10%iger Kupfersulfatlösung in die Entwicklungsflasche gebracht. Nach 10 Min. wird die Flüssigkeit abdekantiert und das aktivierte Zink 2mal mit destilliertem Wasser gewaschen. Die beiden Blasenzähler werden mit je 3 cm^3 einer Mischung aus gleichen Volumen 5%iger Kaliumpermanganatlösung und Schwefelsäure (1:4) beschickt und die Apparatur zusammengestellt. Man fügt nun durch den Tropftrichter vorerst 10 bis 15 cm^3 und später tropfenweise den Rest der Aufschlußlösung zu, die 25 bis 30 cm^3 beträgt und 6 bis 10 cm^3 Schwefelsäure enthält (s. § 16, S. 377). Das Zink wird lebhaft angegriffen und die Temperatur im Reaktionsgefäß steigt etwas (etwa entstandener Schwefelwasserstoff oder Phosphorwasserstoff wird durch das Permanganat wieder oxydiert). Man regelt den Zusatz der sauren Lösung so, daß höchstens 2 Blasen je Sekunde durch die Vorlage streichen. Bei Verlangsamung der Gasentwicklung werden 25 cm^3 Schwefelsäure (1:4) in den Apparat gebracht. Wenn die Gasentwicklung fast aufgehört hat, wird dieser Zusatz wiederholt. Die Überführung in Arsenwasserstoff dauert etwa 7 bis 8 Std. Anschließend wird die Flüssigkeit aus den Blasenzählern in den von den Verfassern modifizierten Apparat nach CRIBIER gebracht (s. S. 225,) worauf man die Absorptionsapparatur sorgfältig mit 60 cm^3 20%iger Schwefelsäure unter Zusatz einiger Tropfen Wasserstoffperoxyd (zur Lösung etwa abgeschiedenen Braunsteins) und schließlich mit einigen Tropfen destillierten Wassers nachspült. Nun reduziert man das Permanganat mit Wasserstoffperoxyd, zerstört einen Überschuß desselben gegebenenfalls mit Permanganat und bringt das Volumen auf 75 cm^3. Die Bestimmung des Arsens erfolgt anschließend nach CRIBIER (s. S. 224). Anwendungsbereich: 0,001 bis 0,1 mg.

Bemerkungen. Zugesetzte Arsenmengen konnten in befriedigender Weise wiedergefunden werden. Die Unterschiede in der theoretisch der Arsenmenge entsprechenden und tatsächlich gefundenen Länge der Verfärbung des Reagenspapierstreifens (etwa 2 bis 20 mm) betrug höchstens 1 mm. Auch GAUDY und ANTOLA führen das Arsen zwecks Abtrennung von störenden Beimengungen in Arsenwasserstoff über, der dann in Kaliumpermanganatlösung aufgenommen wird.

IV. Die Möglichkeit Arsenwasserstoff in rauchender Salpetersäure oder einem Gemisch von Salpetersäure und Wasserstoffperoxyd zu absorbieren, wird von TOUGARINOFF erwähnt (Arsenbestimmung in Zinn).

V. Bestimmung unter Absorption durch Goldchlorid.

a) Colorimetrische Bestimmung mit Goldchlorid nach HINSBERG und KIESE.

Apparate. Eine etwa 13 cm hohe weithalsige Flasche von 32 mm Durchmesser ist mit einem durchbohrten Stopfen versehen, durch den ein 21 cm langes und 7 mm weites Glasrohr geführt ist, das an dem in die Flasche ragenden Ende etwas ausgezogen und mit einer seitlichen Öffnung versehen ist. Das obere Ende ist plangeschliffen. Das Rohr wird mit Bleiacetatpapier ausgekleidet und mit einem Käppchen aus Filtrierpapier versehen. Die beschriebene Anordnung eignet sich zur Bestimmung von 0,05 bis 1 γ Arsen, während bei Mengen von 0,5 bis 20 γ eine gedrungenere Flasche von 100 cm^3 Inhalt mit Hahntrichter als Entwicklungsgefäß dient und das Gasgemisch durch eine kleine Waschflasche von etwa 12 cm^3 Inhalt mit konzentrierter Natronlauge geleitet wird, bevor es auf ein mit 2 Tropfen der Goldlösung benetztes, über einen Trichter von 20 mm Durchmesser gespanntes Filtrierpapier zur Einwirkung kommt.

Ausführung. Man tränkt das Käppchen des Apparats zur Bestimmung kleinster Mengen mit 1%iger Goldchloridlösung, bringt 10 g Zink und die Probe mit 25 cm^3 etwa 10%iger Salzsäure oder Schwefelsäure in das Entwicklungsgefäß und setzt sofort den Stopfen auf. Das Entwicklungsgefäß wird in ein Wasserbad von 25° eingestellt. Die entstehenden violetten Farbflecke werden mit Standardfärbungen verglichen. Die Reagenzien werden durch einen Blindversuch geprüft. Der Ablesefehler beträgt 0,05 γ, und die von den Verfassern erzielte Genauigkeit reicht etwa an den Ablesefehler heran.

Im Apparat für größere Mengen werden 15 bis 20 g granuliertes Zink in 20 cm³ Wasser durch 3 bis 4 Tropfen 10%iger Kupfersulfatlösung verkupfert. Die Waschflasche wird mit 7 bis 8 cm³ 10 n Natronlauge beschickt und die Arsenlösung (das salzsaure Arsentrichloriddestillat oder die Aufschlußlösung) mit 4 bis 5 Tropfen einer Lösung von 20% Zinnchlorür in konzentrierter Salzsäure durch den Trichter in das Entwicklungsgefäß gebracht. Der Ablesefehler beträgt, mit der Menge steigend, 0,5 bis 1 γ.

Herstellung der Vergleichsskala. Die mit bekannten Mengen arseniger Säure erhaltenen Testflecke werden mehrere Stunden mit absolutem Alkohol, dann mit Äther behandelt und nach dem Trocknen mit Lack überzogen. Sie sind unter Lichtabschluß einige Wochen haltbar und zeigen höchstens eine geringe Verfärbung gegen Rot, die bei einiger Übung den Vergleich nicht stört.

Bemerkungen. Das Goldchlorid wurde von den Verfassern wegen der angeblich viel deutlicheren Differenzierung der Farbintensitäten herangezogen. Auch die absolute Empfindlichkeit gegenüber Silbernitrat und Quecksilberbromid wurde größer befunden. Außerdem sind wegen der raschen Reduzierbarkeit durch Arsenwasserstoff auch bei heftiger Gasentwicklung keine Verluste zu befürchten. Die Reaktion soll weiters durch den beigemischten Wasserstoff nicht beeinträchtigt werden.

b) Ein Versuch von JAQUELAIN aus dem Jahr 1843, der den Arsenwasserstoff in Goldchlorid auffing, den Goldüberschuß anschließend mit schwefliger Säure fällte und in dem Filtrat das Arsen bestimmte, wurde späterhin nicht mehr aufgegriffen.

VI. MILTON und DUFFIELD entwickeln in bekannter Weise Arsin, das sie in einer (in einem oben etwas erweiterten Reagensglas von 10 cm³ Inhalt befindlichen) Mischung (2 cm³) aus gleichen Teilen 13 n Schwefelsäure und 9,5%iger Natriummolybdatlösung, 0,1 cm³ 5%iger Natriumpyrosulfitlösung, 0,9 cm³ Wasser und 1 cm³ frischer 0,2%iger Zinn II-chlorid-Lösung auffangen. Die entstehende Blaufärbung wird frühestens nach 5 Min. und spätestens nach mehreren Stunden gemessen. Ein Blindversuch muß angestellt werden. Das Verfahren liefert zuverlässige Werte von 0 bis 100 γ As und wird verwendet für die Untersuchung von Böden, Lebensmitteln und organischen Verbindungen, die zuvor in üblicher Weise aufgeschlossen werden (siehe § 16).

VII. Verbrennen des arsenwasserstoffhaltigen Gasgemisches und Absorption der Verbrennungsprodukte in Natriumhydroxyd.

Bestimmung von Arsen in flüchtigen Flüssigkeiten nach FAUST und FISCHER.

Apparatur. An einen Gasentwicklungskolben mit Trockenrohr nach LOCKEMANN (s. S. 194) ist ein Rohr mit einer schräg nach aufwärts gerichteten Düse angeschaltet, an der das ausströmende Gasgemisch verbrannt wird. Über diese Düse ist ein Auffangrohr montiert, dessen Ableitungsrohr mit einer an der Saugpumpe hängenden Vorlage (50 cm³-Jenaer-Verbrennungskölbchen mit langem Einleitungs- und kurzem Ableitungsrohr) verbunden ist. Bei einer Modifikation der Apparatur ist das Auffangrohr dem Ableitungsrohr des Entwicklungskolbens unterhalb der Düse luftdicht aufgeschliffen, und die angesaugte Luft tritt durch ein seitlich angebrachtes Röhrchen ein, nachdem sie gegebenenfalls Waschflaschen passiert hat. Bei dieser Anordnung kann auch ein anderes Gas, z. B. Sauerstoff, angesaugt werden.

Ausführung der Bestimmung. Man beschickt die Vorlage mit 30%iger Natronlauge und bringt in den Entwicklungskolben einige nach LOCKEMANN verkupferte Zinkstücke (s. S. 198), sowie 30 bis 40 cm³ 10 bis 15%ige Schwefelsäure. Nach der völligen Verdrängung der Luft (1/2 Std.) wird der aus der Düse strömende Wasserstoff entzündet und die Pumpe in Tätigkeit gesetzt. Hierauf trägt man die zu prüfende Flüssigkeit (CS_2) durch den Einfülltrichter tropfenweise in längeren Zeitspannen ein, wobei allmählich teils Vergasung, teils Reduktion eintritt. Die Dämpfe und Reduktionsprodukte werden mit dem Wasserstoff an der Düse verbrannt und die Verbrennungsprodukte in die mit Natriumhydroxyd beschickte Vorlage gesaugt (an Verbrennungsdauer für 5 cm³ Schwefelkohlenstoff beträgt etwa 1 1/2 bis 2 Std.). Das Auffangrohr wird nach Beendigung der Reduktion mit etwas Natriumhydroxyd sorgfältig in einen geräumigen Porzellantiegel gespült, die vorgelegte Lauge dazu gebracht und die Lösung vorsichtig mit Perhydrol oxydiert. Der Überschuß an Wasserstoffperoxyd wird in der Hitze zerstört, die Lösung mit Schwefelsäure angesäuert, kurz ausgekocht und dann nach LOCKEMANN (S. 194) aufgearbeitet.

Bemerkungen. Die Arsenfreiheit der Reagenzien wird in einem Blindversuch festgestellt, wobei höchstens ein minimaler Arsenspiegel entstehen darf. Der während der Verbrennung durchgesaugte Luftstrom muß so stark sein, daß die Flamme nicht erlischt und die gebildeten Verbrennungsprodukte restlos abgesaugt werden. Mit der modifizierten Apparatur können beliebige, nicht zu schwer flüchtige Stoffe in der Wasserstoffflamme verbrannt werden.

D. Der Arsenwasserstoff wird mit Hilfe des elektrischen Stromes entwickelt.

Vorbemerkungen. Die elektrolytische Überführung in Arsenwasserstoff wurde erstmalig von BLOXAM vorgeschlagen, der Platinelektroden verwendete und der bereits mit einem durch eine Membran abgetrennten Kathodenraum arbeitete. Sie bietet den Vorteil einer sehr gleichmäßigen Wasserstoffentwicklung und bedeutender Materialersparnis. Die Wasserstoffentwicklung ist dabei nicht, wie bei Verwendung von Zink und Schwefelsäure, von der Menge des anwesenden Arsens, sondern lediglich von der Stromstärke abhängig. Außerdem gelingt die Bestimmung neben größeren Mengen an Neutralsalzen als bei der chemischen Überführung in Arsenwasserstoff (GRIFFON und THURET). Durch vergleichende Versuche konnte von THOMSON (c) festgestellt werden, daß Blei und Zink als Kathodenmaterial am besten geeignet waren. Platin steht bei den 13 untersuchten Metallen erst an 8. Stelle bei Reduktion von arseniger Säure bzw. an 10. Stelle bei Reduktion von Arsensäure. Auch SAND und HACKFORD empfehlen das Arbeiten mit einer Bleikathode. Nach F. P. TREADWELL (b) läßt sich die Elektrolyse, wie verschiedentlich vorgeschlagen wurde, auch mit blankem Platin als Kathode ohne Verluste durchführen. Es besteht jedoch bei längerem Gebrauch die Gefahr einer Aufrauhung der Oberfläche, wie auch THORPE (a) betont, wodurch dann allerdings Arsen zurückgehalten werden kann. Fünfwertiges Arsen wird an einer Platinkathode nicht reduziert. Trotzdem erreichte TROTMAN (a) die Reduktion von Arsensäure an einer Platinkathode durch Zusatz von Zinksulfat zum Elektrolyten. Nach SAND und HACKFORD ist der Zusatz von Bleiacetat prinzipiell ebenso wirksam. RAMBERG (b) gelangte durch seine Versuche zu dem Schluß, daß eine schnelle und restlose Reduktion von Arsensäure zu Arsenwasserstoff nur an einer Quecksilberkathode möglich sei. Bei Anwesenheit von arseniger Säure dagegen ist Quecksilber als Kathodenmetall ungeeignet (übermäßig rasche Reduktion zu Arsen, mit der die Überführung in Arsenwasserstoff nicht Schritt halten kann). In diesem Falle empfiehlt RAMBERG als Kathodenmaterial Blei, Silber oder Zinn, wobei er im Gegensatz zu anderen Autoren nicht Blei, sondern blankes Zinn für das brauchbarste Material hält. SAND und HACKFORD sind der Ansicht, daß Quecksilber als Kathodenmaterial trotz der hohen Überspannung wegen der Löslichkeit des Arsens in Quecksilber völlig ungeeignet ist. Dem widerspricht jedoch die von CALLAN und PARRY JONES in neuerer Zeit ausgearbeitete Methode zur Bestimmung kleiner Arsenmengen mit Hilfe einer Quecksilberzelle.

Zur Entfernung störenden Bleisulfats oder basischen Sulfats von der Bleikathode schlägt CALLAN eine Behandlung mit verdünnter Salpetersäure vor, wodurch die volle Wirksamkeit wiederhergestellt werden soll. Außerdem will der Autor bei Verwendung von bloß „reinem“ Blei bessere Resultate erzielt haben als mit „chemisch reinem“ Blei. Bei Anwesenheit metallischer Verunreinigungen an der Kathodenoberfläche kann nach seinen Angaben eine Aktivierung außer durch Behandlung mit Salpetersäure auch durch Zusatz von Cadmiumsulfat bewirkt werden. QUINCKE und SCHNETKA finden, daß kathodisch abgeschiedenes Kupfer einen Teil des Arsens bindet und der Reduktion entzieht. Eine derartige Beobachtung machten auch SAND und HACKFORD. Nach THOMSON (b) stört bei der elektrolytischen Bestimmung die Gegenwart von Salpetersäure, weshalb vorher mit Schwefelsäure abgeraucht werden muß.

In alkalischer Lösung wird mit Blei- und Zinkkathoden nach SAND und HACKFORD etwa nur $^1/_{30}$ der Empfindlichkeit erreicht. Platin ist dabei völlig unbrauchbar.

Durch Verwendung eines den Kathoden- und Anodenraum trennenden Diaphragmas läßt sich die Dauer der Elektrolyse bedeutend abkürzen und das Verfahren daher auch für größere Mengen Arsen verwendbar machen. Eine Pergamentmembran setzt zwar dem Strom wenig Widerstand entgegen, ist aber auch wenig haltbar, so daß in den meisten Fällen trotz der damit verbundenen Erwärmung des Elektrolyten ein Tondiaphragma verwendet wird.

1. Reduktion an einer Bleikathode.

I. Bestimmung ohne Diaphragma.

a) Verfahren nach MAI und HURT (b).

Prinzip. *Der elektrolytisch entwickelte Arsenwasserstoff wird in Silbernitrat geleitet und der Überschuß an Silber titrimetrisch ermittelt.*

Apparatur. Als Elektrolysengefäß dient ein U-Rohr von etwa 4 cm Durchmesser und 18 cm Höhe, dessen Schenkel mit Gummistopfen verschlossen sind (Abb. 13). Durch den einen Stopfen

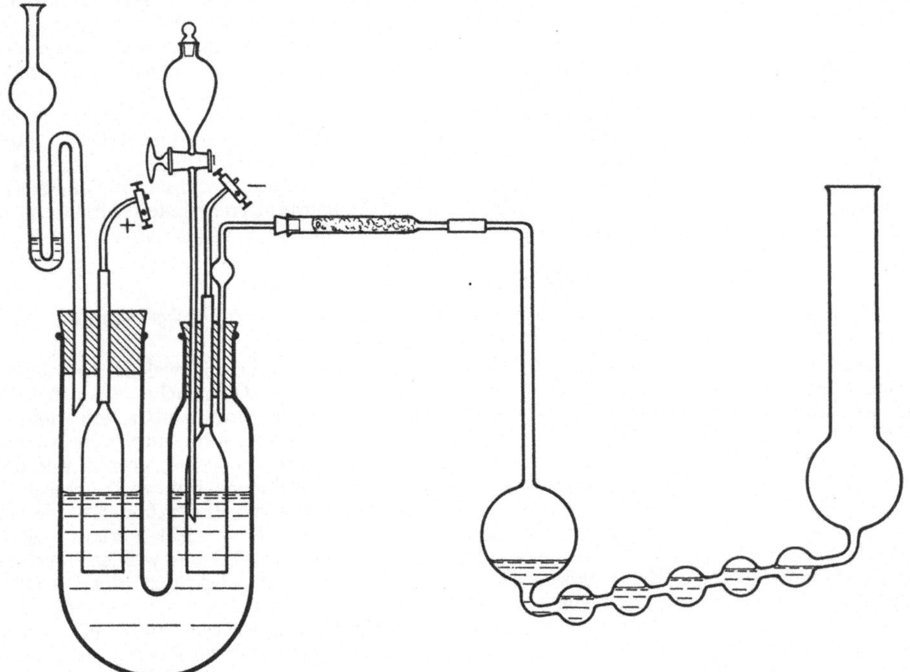

Abb. 13. Anordnung zur elektrolytischen Reduktion nach MAI und HURT.

führt neben der Anode ein doppelt gebogenes Absperrohr, das mit etwas Wasser als Absperrflüssigkeit beschickt ist. Durch den Stopfen, der den anderen etwas eingezogenen Schenkel verschließt, reicht die Kathode, ein 25 cm³ fassender Tropftrichter, der so eingestellt wird, daß sein capillares Ablaufrohr 2 cm unter dem Flüssigkeitsspiegel des Elektrolyten endet, und ein Gasableitungsrohr. Als Elektroden dienen Bleiplatten aus reinstem Metall von 1 bis 2 mm Dicke, deren etwa 3 mm starke, stielförmig verjüngte Enden in Glasröhrchen eingekittet sind, die luftdicht in den Bohrungen der Stopfen sitzen. An das Gasableitungsrohr schließt ein kleines, mit alkalischer Bleilösung getränkte Bimssteinstückchen oder ebensolche Glaswolle enthaltendes Glasrohr. Das anschließende Absorptionsgefäß ist ein besonders konstruiertes Kugelrohr, dessen 5 bis 6 Kugeln schwach ansteigend angeordnet sind. Die Elektrolyse wird mit 110 Volt Gleichstrom unter Verwendung eines Widerstandes durchgeführt.

Ausführung der Bestimmung. Das U-Rohr wird etwa bis zur halben Höhe mit 12%iger Schwefelsäure gefüllt und das Absorptionsrohr mit 10 cm³ 0,01 n Silbernitratlösung beschickt. Man elektrolysiert bei 6 bis 8 Volt und 2 bis 3 Ampere 1 Std., um die Arsenfreiheit der Materialien festzustellen, und fügt, sofern sich die Silbernitratlösung in dieser Zeit nicht verändert hat, ohne den Strom zu unterbrechen, die höchstens 10 cm³ betragende Probelösung durch den Tropftrichter möglichst langsam zu. Der Tropftrichter wird mit Wasser nachgespült und die Elektrolyse 2 bis 3 Std. fortgesetzt. In der vorgelegten Silbernitratlösung wird nach Filtration der Überschuß an Silber durch Titration mit 0,01 n Ammoniumrhodanidlösung festgestellt (dieses Verfahren ist nicht ganz exakt; s. dazu S. 213).

Bemerkungen. Als unterste Grenze der Bestimmbarkeit geben die Verfasser $^1/_{50}$ mg As_2O_3 an: angewendet 0,02 mg As_2O_3, gefunden 0,0247 mg As_2O_3. Bis zu Mengen von 0,25 mg As_2O_3 bzw. 0,1 mg As_2O_5 erhielten sie im allgemeinen befriedigende Resultate. Auch FRERICHS und RODENBERG konnten nach dieser Methode für sehr kleine Mengen (bis 0,5 mg As_2O_3) brauchbare Werte erzielen, wobei der Fehler allerdings fallweise 7% erreichte. Sie fanden aber, daß schon bei wenig größeren Mengen (1 mg As_2O_3) die Reduktion zu Arsenwasserstoff in 3 Std. nicht beendet ist. Von UTZ wurde eine Abänderung der Apparatur vorgeschlagen. (Bei den geringen nach dem Verfahren bestimmbaren Arsenmengen spielt es keine Rolle, ob AsIII oder AsV vorliegt.)

b) Bestimmung von Arsenik in Insektengeweben nach FINK.

Prinzip. *Der elektrolytisch entwickelte Arsenwasserstoff wirkt auf Quecksilberbromidpapierstreifen.*

Die Bestimmung wird ohne Zerstörung des feinst zerkleinerten organischen Materials durch Elektrolyse in 12,5%iger Schwefelsäure und Einwirkenlassen des Arsenwasserstoffes auf quecksilberbromidgetränkte Papierstreifen vorgenommen. Der dazu erforderliche Apparat besteht aus einem U-Rohr mit 2 Glasstopfen, die eine Öffnung zu seitlichen Ansätzen gestatten und in welche die Elektroden (Blei und Platin) eingelassen sind. Der Kathodenschenkel trägt ein längeres Ansatzrohr, in dem der Reagenspapierstreifen untergebracht ist. Das Verfahren stellt eine Modifikation der Methode von LAWSON und SCOTT dar, die nach Veraschen des Materials und Reduktion von AsV in etwa 4%iger Schwefelsäure mit 0,9 Ampere und 5 Volt 1 Std. bei 10 bis 20° elektrolysieren (Bleikathode!). Die Empfindlichkeit der Methode von FINK beträgt 0,001 mg Arsensäure bzw. 0,00002 mg arseniger Säure. Eine weitere Modifikation der FINKschen Apparatur unter Anbringung einer Anoden- und Kathodenraum trennenden Alundumscheibe wird später von OSTERBERG beschrieben.

c) Verfahren von SCHEERMESSER.

Prinzip. *Der elektrisch entwickelte Arsenwasserstoff wird durch hochgespannten Wechselstrom zersetzt und derart das Arsen als Spiegel abgeschieden.*

Anordnung. Das Entwicklungsgefäß besteht aus einer U-Röhre, in welche die aus arsenfreien Bleistreifen hergestellten Elektroden mit möglichst großer Oberfläche ragen (man kann sich aus arsenfreien Bleisalzen chemisch reines Blei herstellen und dieses zu Streifen auswalzen). Der im Anodenschenkel aufsteigende Sauerstoff entweicht ins Freie, während der im Kathodenschenkel entstehende arsenwasserstoffhaltige Wasserstoff über ein leeres, gegebenenfalls mit einer Kühlschlange umgebenes U-Rohr in ein Dissoziationsrohr geleitet wird, dessen Ende zu einer Spitze ausgezogen ist, an welcher der entweichende Wasserstoff entzündet werden kann. Ein in den Stopfen des Kathodenschenkels eingesetzter kleiner Tropftrichter erlaubt die langsame Zugabe des zu prüfenden Materials. Anoden- und Kathodenschenkel werden durch etwas Glaswolle getrennt. Die Elektrolyse wird mit 2 bis 3 Ampere durchgeführt (der Strom kann einem 4 Volt-Akkumulator oder einem 110 Volt-Gleichstromnetz entnommen werden). In das Dissoziationsrohr führt ein sehr dünner Platin- oder Golddraht, während außen ein verschiebbarer Metallring angebracht ist. Der Draht in der Röhre und der Ring werden mit den Polen eines hochgespannten Wechselstromes (etwa 30000 Volt, wie sie ungefähr 1 cm Schlagweite eines Funkeninduktors entsprechen) verbunden. Der Arsenring entsteht stets dort, wo sich der äußere Pol befindet. Als Elektrolyt dient 10%ige Phosphorsäure.

Bemerkungen. Der an der Spitze des Dissoziationsrohres entzündete Wasserstoff zeigt bei eingeschaltetem Wechselstrom die von dem Glas herrührende Natriumflamme, während nach Ausschalten sofort der dem Arsen zukommende fahlgrüne Farbton erscheint. Auch entsteht in diesem Augenblick ein vorher nicht auftretender Arsenfleck an kaltem Porzellan. Bei Gegenwart von Schwefelwasserstoff und Antimonwasserstoff scheidet sich mit dem Arsen auch Antimon und Schwefel ab.

d) Verfahren nach DAMANY.

Prinzip. *Der elektrolytisch erzeugte Arsenwasserstoff wird in einem Glühofen zersetzt. Die Spiegel werden ausgewertet.*

Anordnung. Das Elektrolysiergefäß besteht aus einer 200 bis 250 cm³ fassenden Flasche. Durch den Stopfen führt ein Einleitungsrohr für Kohlendioxyd, ein unterhalb des Stopfens zu einer „Glocke" erweitertes und am unteren Ende wieder verjüngtes Glasrohr, das die aus

Platinband bestehende Anode enthält und weiters ein mit Quecksilber gefülltes Rohr, das über einen Platindraht die Kathode mit der Stromquelle verbindet. Die Kathode besteht aus einem Bleiband, das spiralig um die Anodenglocke gewunden ist. Außerdem führt durch den Stopfen ein Ableitungsrohr für das arsenwasserstoffhaltige Gas. Dieses passiert eine Kugel, ein auf 10 cm Länge mit Baumwolle beschicktes Trockenrohr und anschließend einen auf 500° geheizten Ofen, wobei die Drahtnetzumhüllung des Glührohres 2 mm aus dem Ofen herausragt. 6 mm dahinter wird die dort mit Filtrierpapier umhüllte Capillare durch auftropfendes Wasser gekühlt (die lichte Weite der Capillare an der gekühlten Stelle beträgt 1 bis 1,5 mm). Als Absperrflüssigkeit wird am Ende etwas Silbernitratlösung vorgelegt. Die Elektrolyse wird mit etwa 1,2 bis 1,4 Ampere durchgeführt.

Bemerkungen. Mengen von 0,005 bis 0,030 mg können durch Auswertung des Arsenspiegels in befriedigender Weise bestimmt werden. Da sich Antimon bei dieser Anordnung schon vor der Kühlstelle in Kryställchen abscheidet, soll dadurch nach Angabe des Verfassers Arsen neben größeren Mengen Antimon bestimmbar sein.

II. Methoden unter Verwendung eines Diaphragmas.

a) Bestimmung von größeren Mengen Arsen als Arsenwasserstoff nach Hefti.

Apparatur. Das Elektrolysiergefäß besteht aus einer etwa 120 cm³ fassenden weiten U-Röhre die aus 2 Hälften mit geschliffenen Rändern besteht und nach Einlegen einer Membran aus dünnem Pergamentpapier mit Hilfe eines Gummischlauches zusammengesetzt wird. Der überstehende Rand des Pergamentpapiers

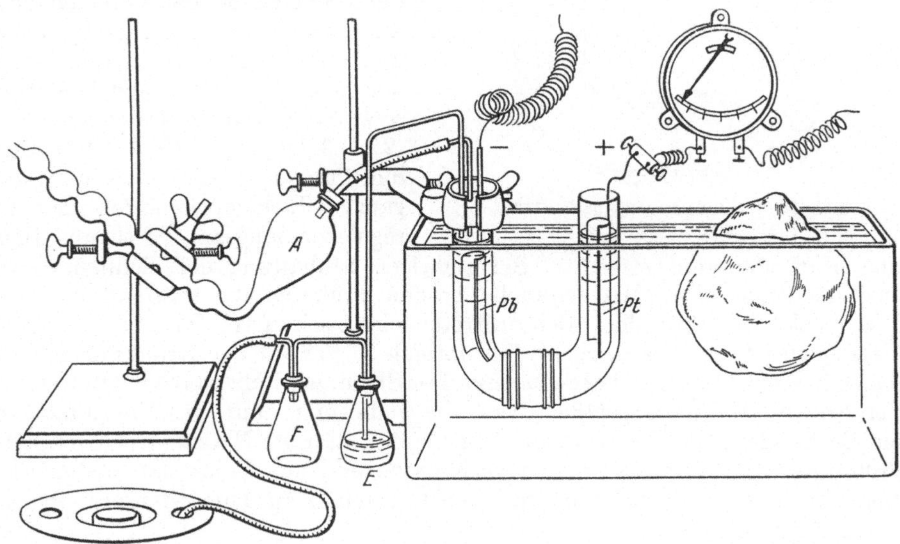

Abb. 14. Apparatur zur Arsenbestimmung nach Hefti bei elektrolytischer Reduktion.

wird dabei über einen Schenkel zurückgebogen, worauf man die Apparatur mit Hilfe des Gummischlauches und mit Hilfe von Drahtligaturen fixiert (der Pergamentrand muß innerhalb der Drahtligatur zu liegen kommen). Der als Anodenraum dienende Schenkel bleibt während des Versuches offen. Die Anode ist ein in Form eines halben Zylindermantels gebogenes Platinblech. Der Kathodenraum ist durch einen 3fach durchbohrten Gummistopfen verschlossen. Durch eine der Bohrungen führt ein mit Quecksilber gefülltes Glasrohr, in dessen Boden ein Platindraht eingeschmolzen ist, an den das als Kathode dienende Bleiblech ähnlicher Form wie die Anode angeschlossen wird. Das Quecksilber stellt den Kontakt mit dem negativen Pol einer Batterie her. Durch die 2. Bohrung führt ein Gasableitungsrohr zu der Vorlage *A*. In der 3. Bohrung steckt ein Glasrohr, das über einen mit Wasser beschickten und einen leeren Erlenmeyer-Kolben (*E* und *F*) eine

Verbindung zum Außendruck herstellt. An die zweite der als Absorptionsgefäße dienenden 10-Kugelröhren (auf der Skizze nicht mehr gezeichnet) ist eine Saugpumpe angeschlossen, so daß während der Bestimmung der Druck der Flüssigkeitsschicht im Absorptionsgefäß überwunden werden kann, und zwar dank der Verbindung über *E* und *F* zur Außenluft, ohne daß durch zu großen Minderdruck die Membran zerreißt. Das Elektrolysiergefäß wird in eine Wanne mit Kühlwasser eingesetzt.

Ausführung der Bestimmung. Man füllt den Anodenraum bis 3 cm vom oberen Rand mit 10%iger Schwefelsäure, bringt die zu analysierende Lösung, die das Arsen in dreiwertiger Form enthalten und frei von oxydierenden und organischen Substanzen sein muß, in den Kathodenraum und füllt mit verdünnter Schwefelsäure bis auf $3^1/_2$ cm vom oberen Rand auf (Flüssigkeitsniveau also $^1/_2$ cm tiefer als im Anodenraum). 50 cm³ der Lösung sollen danach höchstens 80 mg As_2O_3 enthalten. Man setzt die U-Röhre in ein Bad von 0° ein, beschickt die erste Vorlage mit einer gemessenen Menge 0,1 n Jodlösung, die zweite mit 10 cm³ 0,1 n Thiosulfatlösung und etwa 40 cm³ Wasser und verbindet mit dem Entwicklungsgefäß. Während der Beschickung der Vorlagen hat sich die Arsenlösung genügend abgekühlt, und man beginnt die Reduktion, nachdem man die Saugpumpe in Betrieb gesetzt hat, durch Einschalten des Stromes (2 bis 3 Ampere, 7 Volt). Man reguliert die Pumpe so ein, daß während der ganzen Elektrolyse durch den Druckregulator langsam Blase um Blase in den Kathodenraum streicht. Bei richtiger Einhaltung der Bedingungen zeigt sich höchstens eine ganz schwache braune Trübung, die während der Elektrolyse wieder verschwindet. Bei Auftreten einer schwarzen Trübung ist die Fortsetzung des Versuches nutzlos. Bei normalem Verlauf der Reduktion sind 50 mg As_2O_3 in einer Stunde sicher reduziert. Der Strom wird unterbrochen und der Inhalt der beiden Absorptionsgefäße, zuerst die Jodlösung, dann die Thiosulfatlösung in ein Becherglas gebracht, das 3 bis 5 cm³ reine gesättigte Natriumhydrogencarbonatlösung enthält, worauf das noch verbliebene Jod mit Thiosulfat austitriert wird. Bei vollständiger Entfärbung wird der Überschuß an Thiosulfat mit Jod titriert (AsH_3 äquivalent 8 J).

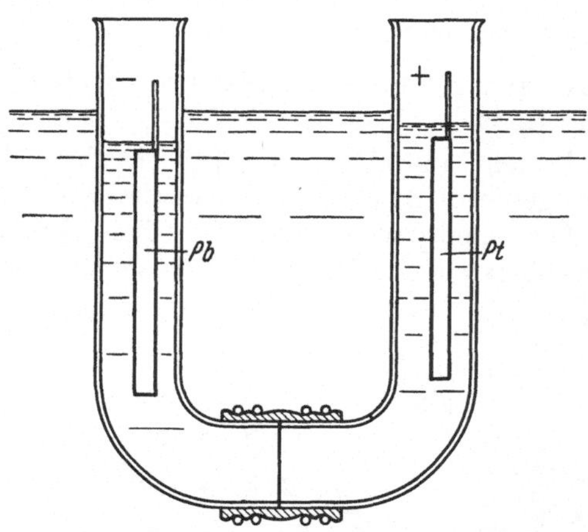

Abb. 15. Elektrolysiergefäß nach HEFTI.

Bemerkungen. Die Methode liefert auch bei Anwesenheit von Eisen recht genaue Resultate. Einen anderen Apparat mit resistenterem Diaphragma gibt W. D. TREADWELL (a) an (Abb. 16). Der Kathodenraum ist dabei ein etwa 2,5 cm weites Glasrohr von etwa 12 cm Länge, auf dessen unteren Rand (plangeschliffen) genau der als Diaphragma dienende untere Teil einer Tonzelle *T* mit 1 cm hohem, ebenfalls geschliffenem Rand paßt. Die beiden Teile werden durch Überziehen eines kurzen Gummischlauches *G* zusammengesetzt. Die Kathode besteht aus einem spiralig gewundenen 2 bis 3 mm dicken Bleidraht *K*, der am oberen Ende bis zum äußeren Durchmesser der Glasführung verdickt ist. Ein übergezogener Gummischlauch ergibt auch hier einen luftdichten Abschluß. Das Kathodengefäß wird mit einer Platindrahtnetzelektrode *A* als Anode umgeben und in einen Becher mit 20%iger arsenfreier Schwefelsäure eingesetzt. Der ganze Apparat hängt in einem Kühlbad. Die Arsenlösung wird in den Kathodenraum eingefüllt (das Niveau steht etwa 2 cm tiefer als die Anodenflüssigkeit). An das Gasableitungsrohr schließt man 2 Absorptionsgefäße, von denen das erste J mit 25 cm³ 0,1 n Jodlösung und das zweite (in der Skizze nicht mehr gezeichnet) mit 25 cm³ 0,1 n Thiosulfatlösung beschickt ist. Durch die Apparatur wird während der Elektrolyse ein langsamer Luftstrom gesaugt, der durch die Capillare H eintritt. Die Badtemperatur wird durch Eiskühlung unter 10° gehalten. Elektrolyse und Titration werden wie oben ausgeführt. Die Reduktion von größeren Mengen Arsensäure zu arseniger Säure mit Schwefeldioxyd vor der Elektrolyse kann nach W. D. TREADWELL (b) durch Zusatz von etwas Alkalimolybdat als Katalysator umgangen werden.

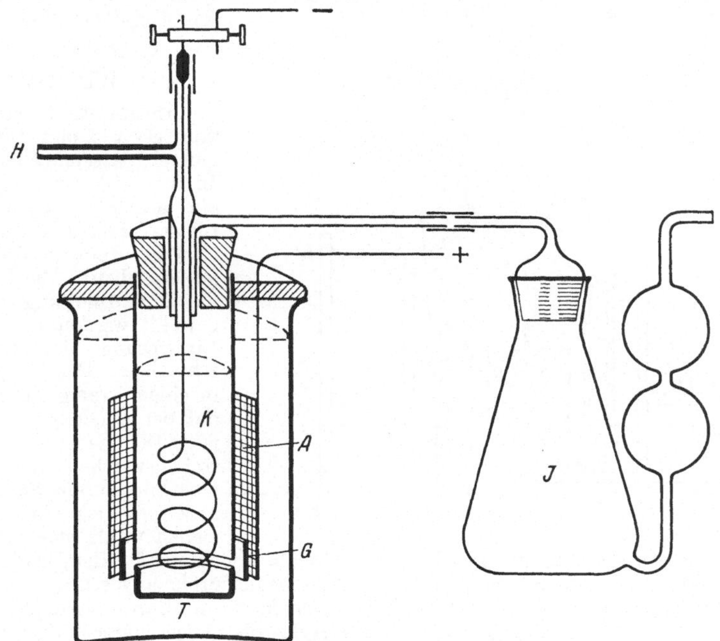

Abb. 16. Apparat nach W. D. TREADWELL.

b) Modifikationen der THORPEschen Anordnung [THORPE (a)].

α) *Vorschrift von* F. P. TREADWELL (c).

Apparatur. Auf der Tonzelle D ruht die 50 bis 70 cm³ fassende Glasglocke A, in deren eingeschliffenem Hohlstopfen ein Einfülltrichter B, ein Gasableitungsrohr C und die Kathodenzuleitung eingebaut sind. Die Kathode ist ein mehrfach perforierter Konus K aus dünnem Bleiblech und hängt an dem als Zuleitung dienenden Platindraht. Die Anode ist außen an der Tonzelle angebracht und besteht aus einem 2 bis 3 cm breiten Platinblech. Durch Einsetzen des Diaphragmas in ein etwas größeres Glasgefäß E ergibt sich der Anodenraum. Der Apparat wird in ein Kühlbad W eingestellt. An das Gasableitungsrohr schließt ein mit krystallisiertem Calciumchlorid beschicktes Trockenrohr mit einer trichterförmigen Düse F nach HEFTI, auf die eine Reagenspapierscheibe aufgelegt wird (es kann natürlich auch ein vertikales Rohr zur Bestimmung nach SANGER und BLACK oder ein Glührohr zur Abscheidung von Arsenspiegeln angeschlossen werden) (Abb. 17).

Ausführung der Bestimmung. In die Tonzelle D wird so viel Schwefelsäure (1:7) gebracht, daß die Flüssigkeit 2 bis 3 cm hoch steht. Ebensolche Schwefelsäure wird in E und zwar $^1/_2$ cm höher eingefüllt. Man bringt die Arsenlösung, die das Arsen in dreiwertiger Form enthält (Arsensäure wird durch Eindampfen mit schwefliger Säure reduziert), zu der Säure in die Tonzelle, bedeckt die Düse F mit einer Scheibe Sublimatpapier nach HEFTI (s. S. 219) und elektrolysiert mit 2 bis 3 Ampere (etwa 7 Volt). Nach 20 Min. wird die Verfärbung des Reagenspapieres ausgewertet.

Soll der Arsenwasserstoff als Arsenspiegel bestimmt werden, muß die Luft vor Zugabe der Probe aus dem Apparat vertrieben werden.

Bemerkungen. Es wurden Testversuche mit 1 bis 40 γ A_2O_3 ausgeführt. F. P. TREADWELL (c) hebt hervor, daß die Anordnung wegen der stark gehemmten Elektrolytzirkulation im Kathodenraum nicht besonders vorteilhaft ist.

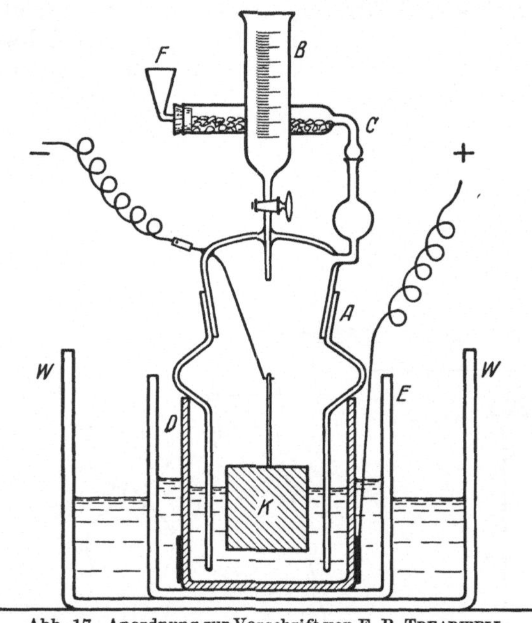

Abb. 17. Anordnung zur Vorschrift von F. P. TREADWELL.

β) Arsenbestimmung in Lebensmitteln nach MONIER-WILLIAMS (a).

Apparatur. In ein Diaphragma von etwa 1 mm Wandstärke ist eine engpassende Glocke eingesetzt. In diese ist ein Hahntrichter und ein Gasableitungsrohr mit Zuleitung für die Kathode, die an einem Glasstab bzw. einem Glasrohr befestigt ist, eingebaut. Die Bleistreifen für die Stromzuleitung müssen so breit gewählt werden, daß sie unter der Einwirkung des Stromes nicht schmelzen. Das Diaphragma steht in einem wenig größeren Glas, so daß der Anodenraum möglichst eng ist. Der Sauerstoff kann daraus frei entweichen. Als Kathode dient eine horizontale Scheibe (bei Verarbeitung dicker und viscoser Materialien wählt man einen vertikalen Streifen) von etwa 2,5 cm im Durchmesser und als Anode ein Streifen, beide aus Bleifolie. An das Gasableitungsrohr ist mit Schliff ein Calciumchloridrohr angesetzt, das mit Bleiacetatpapier und krystallisiertem Calciumchlorid beschickt wird. Daran wird mit einem kurzen Stück Gummischlauch eine Hartglasröhre angeschlossen, die zur Abscheidung des Arsens als Spiegel dient und deren innerer Durchmesser 2 mm beträgt. Das Rohr wird an der Glühstelle mit einem Metallnetz umgeben. Die für die Spiegelbildung vorgesehene Stelle wird durch einen Streifen Filtrierpapier, dessen eines Ende in Wasser taucht, gekühlt. Man elektrolysiert mit 5 bis 6 Ampere bei 7 bis 9 Volt. Der dabei entwickelte Wasserstoff gibt am ausgezogenen Ende der Glühröhre eine ruhige Flamme von 3 bis 4 mm Höhe).

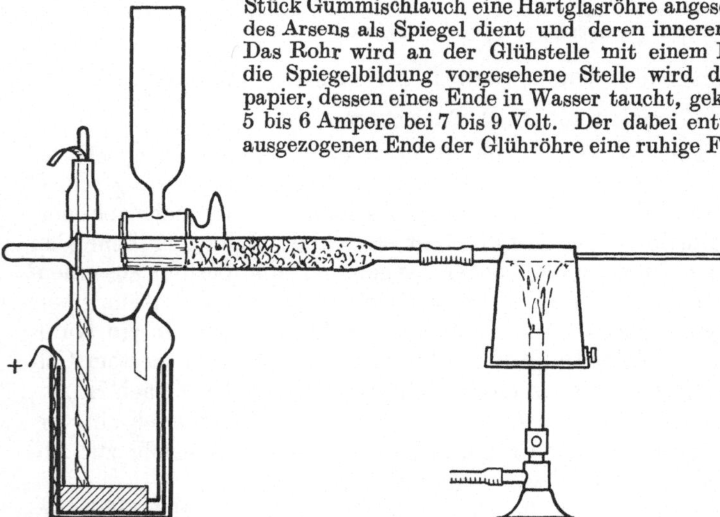

Abb. 18. Apparatur zum Verfahren von MONIER-WILLIAMS.

Ausführung der Bestimmung. Vorerst wird ein Blindversuch ausgeführt, indem man 20 cm³ Schwefelsäure (1:8) in den Kathodenraum bringt und soviel der gleichen Schwefelsäure in den Anodenraum einfüllt, daß die Anode eben bedeckt ist. Dann wird eine entsprechende Menge der Probe durch den Trichter eingebracht. Bei Vorliegen von arseniger Säure dauert die Bestimmung 20 Min. und bei Gegenwart von Arsensäure etwas länger. Nach Erfahrung des Verfassers werden arsenige Säure und Arsensäure an einer Bleikathode vollständig reduziert, wobei aber die Überführung von Arsensäure in Arsenwasserstoff längere Zeit erfordert. Ist die Konsistenz der Probe so, daß ein Einfüllen durch den Trichter unmöglich ist, wird die Substanz von vornherein direkt mit der Schwefelsäure des Kathodenraumes gemischt und die Apparatur von außen her mit Wasserstoff gefüllt, den man durch das als Stütze für die Kathodenzuleitung statt eines Glasstabes in diesem Fall gewählte Glasrohr (mit kleiner Öffnung über dem Flüssigkeitsspiegel) einleitet. Wenn die Luft vollständig verdrängt ist, wird der Wasserstoffapparat ausgeschaltet und die Elektrolyse durch Einschalten des Stromes begonnen.

Herstellung der Standardspiegel. Man überzeugt sich, ob die wie üblich hergestellten Standardspiegel auf die betreffenden zur Untersuchung vorliegenden Materialien anwendbar sind, da sich immerhin gewisse Unterschiede ergeben können.

Bemerkungen. Die Empfindlichkeit der Methode wird mit $^1/_{1000}$ mg As_2O_3 angegeben. Das Verfahren soll die Arsenbestimmung in Lebensmitteln ohne vorherige Zerstörung des organischen Materials ermöglichen. Ein Zusatz von 1 bis 2 cm³ Amylalkohol verhindert das Schäumen. Das Diaphragma wird von Zeit zu Zeit in einem Muffelofen ausgeglüht. Eisen stört angeblich bei Gegenwart von organischer Substanz nicht, und es wirken eigentlich nur große Mengen Phosphat, wie z. B. in Phosphatbackpulvern, nachteilig. Durch Verwendung einer jeweils frischen Bleikathode kann aber nach Erfahrung des Verfassers [MONIER-WILLIAMS (b)] auch diese störende Wirkung behoben werden. Zur Analyse stark eisenhaltigen Calciumphosphats gibt MONIER-WILLIAMS (b) schließlich folgende Vorschrift: $3^1/_2$ g Probe werden mit 20 cm³ Wasser und 5 cm³ konzentrierter Schwefelsäure sowie $2^1/_2$ g organischer Substanz (Trockenmilch) vermischt. Es müssen 20 bis 25% freie Schwefelsäure anwesend sein. Die Mischung wird in den Kathodenraum gebracht und mit 2 cm³ Amylalkohol versetzt. Der Apparat wird von außen her mit Wasserstoff gefüllt und die Elektrolyse wie üblich durchgeführt.

γ) Verfahren nach GRIFFON *und* THURET.

Prinzip. *Der elektrolytisch entwickelte Arsenwasserstoff wirkt auf Quecksilberchloridpapierstreifen.*

Apparatur. In ein etwa 300 cm³ fassendes Becherglas wird ein 100 mm hoher poröser Tonzylinder mit ebensolchem Boden von 40 mm äußerem Durchmesser und 75 cm³ Fassungsraum eingestellt. Der Kathodenraum wird durch ein unten ausgezacktes, auf dem Boden des Tonzylinders aufstehendes, ziemlich weites Glasrohr gebildet, das oben (in Höhe des oberen Randes des Tonzylinders) mit einem Gummistopfen verschlossen ist, durch den das Ableitungsrohr für das kathodisch entwickelte Gasgemisch und die Zuleitung der Kathode führen. Die Kathode in Form eines Zylinders von 45 mm Höhe und 25 mm äußerem Durchmesser besteht aus 1 mm dickem Bleiblech und hängt an einem zylindrischen Stiel von 60 mm Länge und 3 mm Durchmesser. Das Gasableitungsrohr verbreitert sich oberhalb des Stopfens auf 20 mm Durchmesser (Länge 70 mm) und wird zwischen 2 Glaswollepfropfen mit bleiacetatgetränktem Papier beschickt (5 mm breite Streifen gewöhnlichen Filtrierpapiers werden zickzack gelegt, in den erweiterten Teil des Ableitungsrohres über dem Glaswollebausch eingebracht und mit 1 bis 2 cm³ 2%iger Bleiacetatlösung imprägniert). Oben ist es mit einem durchbohrten Stopfen abgeschlossen, durch den das senkrecht nach unten gebogene Ende des in Form eines auf dem einen kürzeren Schenkel liegenden U geformten „Niederschlagsrohres" (s. bei SANGER und BLACK, S. 220) mit 3 mm innerem Durchmesser führt. In den längeren, offenen Schenkel dieses Rohres wird der Reagenspapierstreifen eingelegt. Die Anode, ein Platinblatt von 25 zu 62,5 mm (0,5 mm stark), das an einem zylindrischen 2 mm starken und 60 mm langen Stiel hängt (Gewicht etwa 4 g), reicht in den Raum zwischen Tonzylinder und Becherglaswand.

Herstellung der Quecksilberchloridstreifen. Man stellt eine 5%ige Lösung von Sublimat in 75%igem Alkohol her (unter leichtem Erwärmen) und filtriert über Glaswolle in eine photographische Wanne, in der die Imprägnierung vorgenommen wird. In diese Lösung legt man für 1 Std. 15 zu 18 cm große Blätter aus Zeichenpapier (CANSON-Papier ergab ebenso gute Resultate wie das teurere WHATMAN-Papier) und achtet darauf, daß keine Luftblasen daran hängen bleiben (gegebenenfalls Abstreifen der Oberfläche mit dem Finger). Anschließend hängt man die Papiere im Dunkeln zum Trocknen auf, was 2 bis 3 Std. beansprucht. An den Schmalseiten zieht man nun, je 1 cm vom Rand entfernt, zu diesem parallel einen Bleistiftstrich und schneidet das Blatt der Länge nach in 3 mm breite Streifen, die dann noch in der Mitte geteilt werden, so daß Streifen von 3 mm zu 90 mm entstehen, deren jeder am Ende einen Bleistiftstrich aufweist, der die Unterscheidung der beiden Papierseiten gestattet[1]. Die Streifen werden jeweils mit dem dem Strich entgegengesetzten Ende voran in das „Niederschlagsrohr" eingeführt. Man bewahrt sie im Dunkeln über Wasser auf, um sie mit Feuchtigkeit gesättigt zu erhalten (die Verfasser konnten mit solchen sehr schwach feuchten Streifen die am besten auswertbaren Verfärbungen erhalten).

Reduktion von ArsenV zu ArsenIII. Die höchstens 60 cm³ betragende Lösung, die wenigstens 4 cm³ reine Schwefelsäure (die verwendete Schwefelsäure darf nicht mehr als 0,02 mg Arsen in 1 kg enthalten) und höchstens 0,1 mg Arsen enthält, wird in ein ERLENMEYER-Kölbchen gebracht und mit 0,5 cm³ 75%iger ZinnII-chlorid-Lösung in verdünnter Salzsäure versetzt. Man erhitzt 15 bis 20 Sek. zum Kochen, kühlt ab und verdünnt mit destilliertem Wasser auf etwa 75 cm³.

Überführung in Arsenwasserstoff. Der Anodenraum außerhalb des Tonzylinders wird mit $2^1/_2$%iger Schwefelsäure so hoch gefüllt, daß das Flüssigkeitsniveau über dem des Kathodenraumes (s. unten!) liegt (zur Verhinderung einer Diffusion des Arsens in den Anodenraum). Man gießt nun die reduzierte Lösung und die Waschwässer in den Tonzylinder, wobei dieser bis 2 cm unter den Rand gefüllt wird, und montiert die Elektroden sowie das mit Bleiacetat beschickte Gasableitungsrohr und schiebt in den längeren offenen Schenkel des „Niederschlagsrohres" einen Reagenspapierstreifen, dessen Breite genau dem Durchmesser entsprechen muß, exakt in vertikaler Lage ein. Das Becherglas wird nun in eine Krystallisierschale mit kaltem Wasser eingestellt, worauf man 1 Std. mit 0,9 Ampere elektrolysiert.

Auswertung der Streifen. Die gelbbraunen Verfärbungen der Papierstreifen, die im hellen Licht abblassen, werden nach CRIBIER (s. S. 224) für einige Minuten in eine 10%ige Kaliumjodidlösung getaucht, bis das Quecksilberjodid wieder in Lösung gegangen ist. Dann wäscht man mit 10%igem Ammoniak und trocknet zwischen 2 Filtrierpapierblättern. Man vergleicht die Färbungen mit einer auf gleiche Weise mit bekannten Arsenmengen (0,001 bis 0,100 mg As) erhaltenen Skala. Zur Erhöhung der Genauigkeit kann an Hand der Skala die Länge der Flecken als Funktion der zugehörigen Arsenmengen in ein Koordinatensystem eingetragen und die unbekannte Arsenmenge mit Hilfe dieser Eichkurve bestimmt werden.

Bemerkungen. **Erfassungsgrenze und Genauigkeit.** 0,001 mg Arsen ergeben eine etwa 4 mm lange Verfärbung. Zur exakten Bestimmung kleinerer Mengen eignet sich das Verfahren nicht. Für Mengen zwischen 0,001 und 0,050 mg As wurde von den Verfassern ein maximaler Fehler von 5% festgestellt.

Verlauf der Arsenwasserstoffentwicklung. Die angegebene Stromstärke soll nicht überschritten werden, da ein stärkerer Strom eine heftigere Wasserstoffentwicklung bedingt, wodurch sich schlecht auswertbare Flecken ergeben. Eine systematische Untersuchung über die Menge des entwickelten Arsenwasserstoffes als Funktion der Zeit ergab nach raschem Anstieg etwa von der 5. Min. an, ein Maximum der Entwicklung 15 Min. nach Beginn (ohne Rücksicht auf die Arsenmenge) und ein etwas langsameres Absinken bis etwa 45 Min. nach Beginn der Reduktion. Dann geht die Kurve ganz allmählich in eine Parallele zur Abszisse über. Der asymptotische Verlauf der Kurve zeigt an, daß auch nach mehr als 1 Std. das Arsen noch nicht quantitativ aus der Lösung entfernt ist. Die Wasserstoffentwicklung verläuft von der 5. Min. an völlig gleichmäßig und zwar zum Unterschied von chemischen Reduktionsmethoden völlig unabhängig von der vorhandenen Arsenmenge. Neutralsalze, bis zu 5% der Lösung, beeinträchtigen die Arsenwasserstoffentwicklung nicht, sofern die Stromstärke konstant gehalten wird.

c) Methode von FRERICHS und RODENBERG.

Apparatur. Der Kathodenraum besteht aus einem 20 cm langen Glasrohr *b*, das in eine 3 bis 4 cm im Durchmesser betragende und in etwa 5 cm Höhe

[1] Schon GRIFFON und BUISSON (a) vertraten die Ansicht, daß die Länge der Verfärbungen weitgehend von der Narbung des Papiers abhängig ist (s. S. 225).

abgeschnittene Tonzelle *c* paßt und mit Kautschukkitt eingeklebt wird. Das Rohr wird oben durch einen Stopfen verschlossen, durch den ein Tropftrichter, die Zuleitung für die Kathode *a* [1] und das Gasableitungsrohr geführt sind. Die Kathodenzelle wird zum Teil von der Anode *d*, einer Bleiplatte, umgeben, deren unterer Rand mehrfach 1 cm tief eingeschnitten ist. Einzelne dieser Abschnitte sind nach innen umgebogen und halten so die auf ihnen ruhende Kathodenzelle etwa 1 cm über dem Boden des Becherglases, in das die Anordnung eingesetzt wird. Dieses Becherglas steht in einem größeren, mit Kühlwasser gefüllten Gefäß *g*. An das Gasableitungsrohr schließt ein mit bleiessiggetränkten Bimssteinstückchen beschicktes Rohr *e*, dem eine 5-Kugelröhre *f* nach MAI und HURT angeschlossen ist, die mit eingestellter Silbernitratlösung beschickt wird. Die Elektrolyse wird mit 2 bis 3 Ampere bei

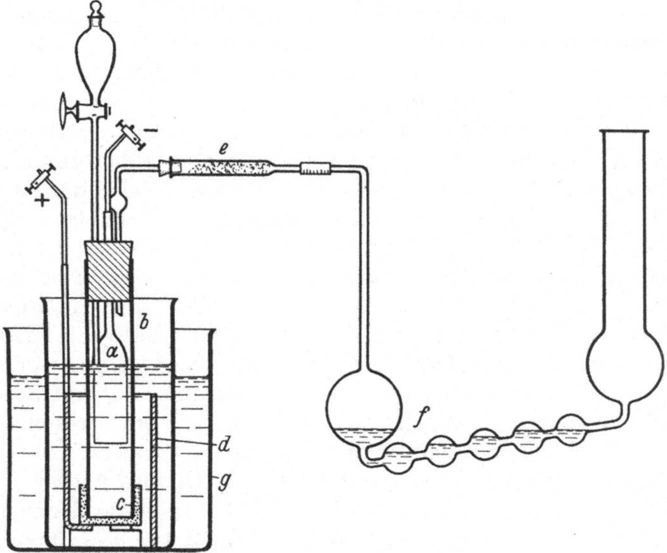

Abb. 19. Apparat nach FRERICHS und RODENBERG.

16 Volt Spannung durchgeführt. (Die Verfasser machen keine Angaben über die Säurekonzentration der Anoden- und Kathodenflüssigkeit) (Abb. 19).

Bemerkungen. **Genauigkeit.** 21 bis 0,1 mg As_2O_3 wurden durch $^1/_2$stündige Elektrolyse in den meisten Fällen auf wenige hundertstel Milligramme genau bestimmt. Bei den verarbeiteten Mengen unter 1 mg betrug die Abweichung nur in einem Fall 0,015 mg, sonst 0,006 und 0,007 mg. Bis 15 mg As_2O_5 konnten nach Reduktion mit schwefliger Säure in $^1/_2$- bis 1stündiger und ohne Reduktion in 3stündiger Elektrolyse mit der gleichen Genauigkeit ermittelt werden. Die Dauer der Elektrolyse beträgt für Mengen bis 21 mg As_2O_3 $^1/_2$ Std.; As_2O_5 erfordert wesentlich längere Zeit zur Überführung, da Mengen bis 15 mg As_2O_5 erst nach 3 Std. quantitativ reduziert sind. ArsenV wird daher vor der Elektrolyse zweckmäßig mit schwefliger Säure in ArsenIII übergeführt.

Abänderungen der Anordnung. Der Apparat ist unter Anbringung einiger Änderungen aus der TROTMANschen Anordnung entwickelt. TROTMAN (b) arbeitete mit einer Pergamentmembran und Platinelektroden. (Eine Modifikation unter Verwendung von Bleielektroden wird von SAND und HACKFORD beschrieben.) BLOEMENDAL beschreibt einen ähnlichen Apparat, bei dem der Kathodenraum wieder durch einen Boden aus Pergamentpapier abgeschlossen wird und der Anodenraum

[1] In der Veröffentlichung ist nicht angegeben, aus welchem Material die Kathode besteht, doch ist aus dem Inhalt zu entnehmen, daß sie ebenso wie die Anode aus Blei hergestellt ist.

sehr eng gehalten ist. Pergamentmembranen haben sich aber im allgemeinen als wenig haltbar erwiesen, weshalb z.B. auch FRERICHS und RODENBERG den TROTMANschen Apparat unter Anbringung eines Tondiaphragmas modifizierten und W. D. TREADWELL (a) für das Verfahren von HEFTI einen anderen Apparat vorschlug (s. S. 250). Die Kathode bei dem Apparat von BLOEMENDAL ist aus Blei und die Anode aus Platin. Die Elektrolyse wird mit $2^1/_2$ bis 3 Ampere durchgeführt. Das Gas wird über Bleiacetatpapier und krystallisiertes Calciumchlorid geleitet und das Arsen in einer Glühröhre als Spiegel abgeschieden. Die endgültige Bestimmung erfolgt nach Lösen des Spiegels in Dichromat-Schwefelsäure auf jodometrischem Wege (s. S. 211).

d) Verfahren von QUINCKE und SCHNETKA.

Apparatur. Die Anordnung von MAI und HURT (b) (s. S. 247) wird folgendermaßen abgeändert: Die Anode wird in eine Tonzelle eingeschlossen und der Tropftrichter so eingestellt, daß das Abflußrohr kurz über der Flüssigkeitsebene des Kathodenraumes endet. Die an der Kathode entstehenden Gase werden durch ein vertikales 10 cm langes Glasröhrchen von 9 mm Durchmesser geleitet, in das für die Bestimmung ein mit 5%iger alkoholischer Quecksilberbromidlösung getränkter und getrockneter, etwa 6 mm breiter Streifen aus Zeichenpapier eingehängt wird.

Überführung in Arsenwasserstoff. Nach Einschalten eines Stromes von etwa 2 Ampere und 10 bis 12 Volt läßt man die zu untersuchende Lösung, die das Arsen in dreiwertiger Form enthält, langsam in die in der Apparatur befindliche 12%ige Schwefelsäure eintropfen. Nach 45 Min. wird der Quecksilberbromidstreifen mit einer aus bekannten Arsenmengen auf gleiche Weise erhaltenen Farbskala verglichen.

Bemerkungen. Die Arbeitsweise kann zur Bestimmung von 0,002 bis 0,4 mg As_2O_3 dienen. Die Probelösung muß frei von Halogenwasserstoffsäuren, oxydierenden Substanzen, Antimon und Kupfer sein und darf kein größeres spezifisches Gewicht haben als der Elektrolyt. Auch durch nascierenden Wasserstoff reduzierbare Schwefelverbindungen dürfen nicht anwesend sein. As_2O_5 wird vorher durch Eindampfen mit wäßriger schwefliger Säure reduziert. Da bei erhöhter Temperatur die größere Feuchtigkeit des Gasgemisches die Stärke des Farbtones beeinflußt, wird bei Reihenbestimmungen die durch den Stromdurchgang erwärmte Schwefelsäure vor jeder Bestimmung gewechselt oder das Elektrolysengefäß gekühlt. Spuren Schwefelwasserstoff, die sich durch Reduktion der 12%igen Schwefelsäure bilden, sind ohne Einwirkung auf Quecksilberchlorid- oder -bromidpapiere und ein Zwischenschalten von Bleiacetat oder Cadmiumcarbonat ist daher überflüssig. Die Verfasser lehnen eine Nachentwicklung des Reagenspapierstreifens wegen der sich praktisch auf jeden Fall, auch bei Abwesenheit von Arsenwasserstoff ergebenden Verfärbung ab. Um sich von der relativ rasch verblassenden Skala unabhängig zu machen, empfehlen die Verfasser die Herstellung einer lichtechten Farbtafel.

2. Reduktion an einer Platinkathode.

Verfahren nach THORPE (a).

Apparatur. In ein poröses Tongefäß D von 1 bis 1,5 mm Wandstärke ist eine 2 bis 3 mm im Durchmesser und in der Höhe ihres zylindrischen Teils kleinere Glasglocke A eingesetzt. Diese Glocke trägt einen Hohlschliffstopfen, in den ein Hahntrichter B, ein Gasableitungsrohr B und die Zuleitung zur Kathode (ein starker Platindraht) eingebaut sind. Die Kathode a ist ein perforierter Platinkonus und wird so eingerichtet, daß die Glocke bei zusammengesetzter Apparatur 1 mm über die Kathode hinausragt. Der Anodenraum wird durch Einstellen der Kathodenzelle in ein Glasgefäß E gebildet. Die Anode b ist ein 2 cm breites Platinband, das locker um das Diaphragma gelegt wird und durch einen starken Platindraht mit dem positiven Pol in Verbindung steht. Um die Temperatur im Apparat unter 50° zu halten, wird sie in eine Kühlwanne *F* eingestellt. An das Gasableitungsrohr schließt mit Schliff ein Trockenrohr *C*, das mit einem Wattepfropfen und auf 5 cm Länge mit calciniertem Chlorcalcium in Gerstenkorngröße, das nach jeweils 3 bis 4 Bestimmungen zu erneuern ist, beschickt wird. Danach folgt wieder ein Wattepfropfen und eine Rolle Bleiacetatpapier (Filtrierpapier wird mit kalt gesättigter Bleiacetatlösung getränkt und an der Luft getrocknet; man schneidet es in 1 cm breite Streifen und rollt sie so, daß sie lose in die Röhre passen). Auch in das Zuleitungsrohr zu *C* wird ein Röllchen davon eingelegt. An das Trockenrohr ist mit Gummischlauch eine Hartglasröhre *G* angesetzt. Zu deren Herstellung wird eine Jenaer Glasröhre (Durchmesser außen 5 mm, innen 3,5 mm) durch Behandeln mit Säure, Wasser und Alkohol gereinigt und 5 cm vom Ende entfernt zu einer 7 bis 8 cm langen Capillare von 2 mm äußerem Durchmesser ausgezogen. Man schneidet das nicht ausgezogene

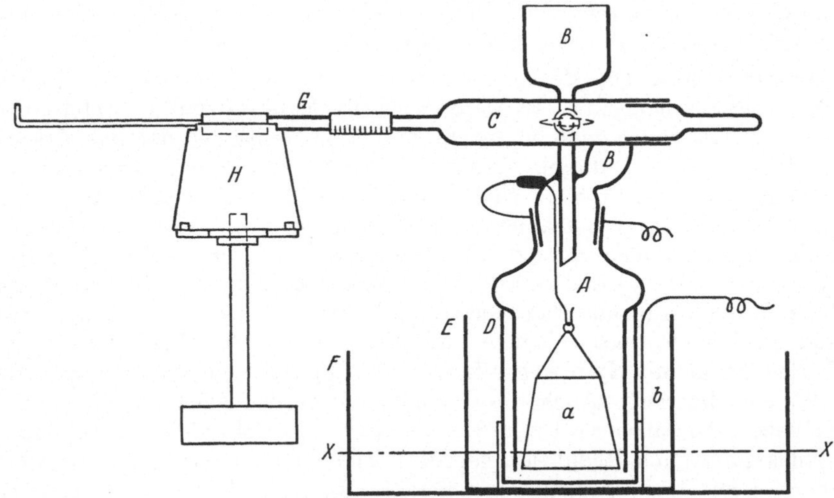

Abb. 20. Apparatur nach THORPE.

Ende ab und biegt dann den letzten Zentimeter der Capillare rechtwinklig nach oben (Düse zum Entzünden des Wasserstoffs). Die Glühstelle an der Verengung wird mit einem Platindrahtnetz von 2 cm² Oberfläche umgeben und durch einen kleinen Bunsenbrenner mit Kamin *H* geheizt. Die Glühröhre wird in entsprechende Ausnehmungen des Kamins eingeschoben. Die Flammengrenze muß dabei eben vor der Verengung zu liegen kommen. Durch den verwendeten Strom von 5 Ampere und 7 Volt ergibt sich eine ruhige Wasserstoffflamme von 2 mm Höhe. Als Elektrolyt dient arsenfreie Schwefelsäure (1:7). Der Verfasser empfiehlt, die Schwefelsäure vorher durch Einhängen von Platinelektroden mit den Elektrolyseprodukten zu sättigen. Das Diaphragma wird von Zeit zu Zeit im Muffelofen ausgeglüht.

Ausführung der Bestimmung. Der Apparat wird zusammengesetzt, worauf man 30 cm³ der verdünnten Schwefelsäure in den Anodenraum und 20 cm³ durch den Trichter in den Kathodenraum bringt (das Einfüllrohr des Trichters muß mit Flüssigkeit gefüllt bleiben). Man schaltet den Strom ein und zündet 10 Min. später, nach welcher Zeit der Apparat praktisch luftfrei ist, den ausströmenden Wasserstoff an. Gleichzeitig wird auch der Bunsenbrenner angezündet und die Flamme so eingestellt, daß das Platindrahtnetz während der Bestimmung auf Rotglut gehalten wird. Man läßt den Versuch 15 Min. blind laufen und bringt dann, sofern sich kein Spiegel abgeschieden hat, vorerst 2 cm³ Amylalkohol durch den Hahntrichter in den Kathodenraum. Anschließend wird die vorbereitete Probelösung unter Nachspülen mit 5 cm³ Wasser zugesetzt (dabei darf keine Luft in die Apparatur eintreten). Bei Anwesenheit von Arsen zeigt sich bereits nach wenigen Minuten 1 bis 2 cm vom

Ende der Glühstelle entfernt eine Arsenabscheidung. Im allgemeinen ist nach 30 Min. das gesamte Arsen als Spiegel niedergeschlagen. Das Glührohr wird nun in folgender Weise unter Wasserstoffatmosphäre abgeschmolzen: Nachdem der Hahn des Trichters geöffnet wurde, richtet man die Spitze einer kleinen Flamme 3 cm hinter dem Spiegel gegen das ausgezogene Glührohr (das aufgebogene Ende der Capillare wird mit einer Pinzette gehalten). Sobald das Rohr einfällt, wird das Ende durch Ausziehen abgeschmolzen. Man unterbricht den Strom und schmilzt das Rohr in gleicher Weise eben unter der Verjüngung ab (der Spiegel darf dabei nicht erhitzt werden!). Das den Spiegel enthaltende etwa 4 cm lange Röhrchen kann auf einem Karton montiert werden.

Herstellung der Vergleichsspiegel. Um eine verläßliche Skala zu erhalten, fügt man bekannte Mengen einer 10 γ As_2O_3 im Kubikzentimeter enthaltenden Standardlösung zu einer arsenfreien Probe der jeweils zur Untersuchung vorliegenden Substanz und bereitet dann wie üblich zur Elektrolyse vor.

Bemerkungen. Die Methode wurde in bezug auf Produkte und Rohstoffe der Bierbrauerei ausgearbeitet. Es werden jeweils 20 bis 30 cm³ schwefelsaure Lösung angewendet, in denen man in jedem Fall unmittelbar vorher das ArsenV durch Behandeln mit 0,5 g Kaliumhydrogensulfit reduziert und den Überschuß an schwefliger Säure weggekocht hat. Nicht zerriebenes Malz wird z. B. mit warmer verdünnter Schwefelsäure extrahiert und der Extrakt nach Reduktion direkt geprüft. Gemahlene Malzproben werden mit Kalk und Magnesia verascht (s. § 16, S. 385), worauf man den Rückstand verarbeitet. Hopfen und Ersatzmittel werden zerkleinert und ebenfalls mit Kalk und Magnesia mineralisiert. Glukose, Invertzucker und Caramel werden in Wasser gelöst. Würze und Bier können ohne besondere Vorbereitung nach Reduktion mit Hydrogensulfit in den Apparat gebracht werden. Hefe wird mit Wasser digeriert. Auch die Chemikalien werden nach der gleichen Methode untersucht. Salzsäure wird mit Salpetersäure und Schwefelsäure abgedampft und der Rückstand nach Reduktion geprüft, Schwefelsäure wird nach Verdünnen und Behandeln mit Hydrogensulfit untersucht. Sulfit wird angesäuert und nach Auskochen des Schwefeldioxyds untersucht. Schwefel und Brennmaterialien werden im Sauerstoffstrom verbrannt, worauf das in der Vorlage und im Rückstand befindliche Arsen bestimmt wird. Im allgemeinen löst man von festen Stoffen 1 g in 25 cm³ Wasser, von Flüssigkeiten verwendet man 25 cm³. Alkalische Lösungen werden vor dem Reduzieren mit Schwefelsäure neutralisiert und dann angesäuert.

Nach Veraschen mit Kalk und Magnesiumoxyd bestimmt THORPE (b) nach dieser Methode auch den Arsengehalt von Tapeten, Wolle u. dgl.

THORPE empfiehlt zur Reduktion von AsV eine Behandlung mit Kaliumhydrogensulfit. Demgegenüber stehen CHATTERJI, GANGULY und FARUQI auf dem Standpunkt, daß dieses Reduktionsmittel nicht ausreicht, und schlagen eine Reduktion mit Pyrogallussäure und schwefliger Säure vor. (Außerdem schirmen sie die Glühstelle am Dissoziationsrohr mit einer Asbestscheibe ab.) SJOLLEMA und VAN'T KRUYS geben an, nach dem Verfahren von THORPE in Verbindung mit der BERNTROPschen Methode zur Arsenbestimmung in Spiegeln (s. S. 211) gute Resultate erhalten zu haben.

3. Reduktion an einer Kathode aus anderem Material.

I. Bestimmung kleiner Arsenmengen an einer Quecksilberkathode nach CALLAN und PARRY JONES.

Anordnung. Ein Glasrohr mit flachem Boden von etwa 5 in. Länge und $1^3/_8$ in. Durchmesser hat $^1/_4$ in. vom Boden entfernt einen 1 in. weiten kurzen Ansatz mit etwas verbreitertem Rand, so daß eine Pergamentmembran mit Hilfe eines Gummibandes eng darübergespannt werden kann. Zur Herstellung des Pergamentpapiers wird Filtrierpapier einige Sekunden mit 80%iger Schwefelsäure behandelt, mit

Wasser gewaschen und bis zum Gebrauch unter Wasser aufbewahrt. (KRYLOWA schlägt zur Trennung von Anoden- und Kathodenraum eine Kollodiummembran vor.) Die Zelle ist oben mit einem Gummistopfen verschlossen (der Apparat wurde auch mit einem hohlen Schliffstopfen und in einem Stück geblasen konstruiert), durch den das Gasableitungsrohr mit einer kleinen seitlichen Öffnung unterhalb des Stopfens, ein 20 cm³ fassender Tropftrichter und die Kathodenzuleitung führen. Diese Zuleitung ist ein enges, fast bis zum Boden reichendes Röhrchen, in dessen unteres Ende ein Platindraht eingeschmolzen ist und in dem sich etwas Quecksilber befindet. In das Quecksilber taucht ein Kupferdraht, der die Verbindung zum negativen Pol herstellt. Der flache Boden der Kathodenzelle wird, so hoch es der seitliche Ansatz für die Membran gestattet, mit Quecksilber bedeckt, in das der eingeschmolzene Platindraht der Zuleitung vollständig eintaucht. Die Zelle wird in ein Becherglas eingesetzt, in das auch die Anode, ein 2 zu 1 in. großes Stück Platinfolie, das an einen dicken Platindraht angeschmolzen ist, ragt. Die ganze Apparatur wird in ein Kühlbad von Raumtemperatur eingesetzt. An das Gasableitungsrohr schließt je nach der gewählten Bestimmungsform für den Arsenwasserstoff die Anordnung zur Aufnahme von Quecksilberchloridpapier oder ein MARSHsches Glührohr. Als Elektrolyt dient Schwefelsäure (1:8). Die Elektrolyse wird 15 Min. bei 2 Ampere und anschließend 15 Min. bei 4 Ampere durchgeführt (Abb. 21).

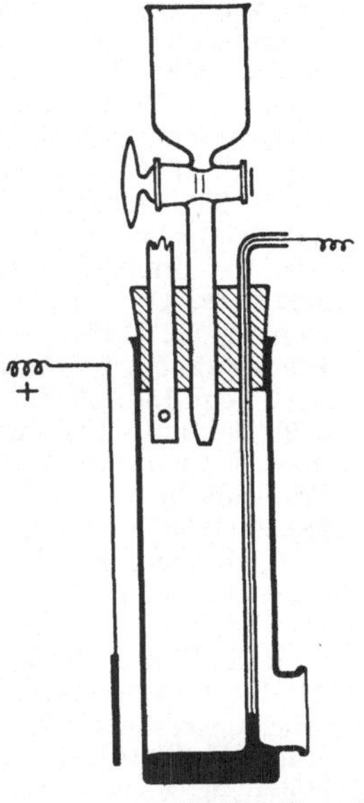

Abb. 21. Kathodenzelle und Anode nach CALLAN und PARRY JONES.

Bemerkungen. Die Quecksilberkathode hat sich nach Angabe der Verfasser bestens bewährt, und es wurde keine „Vergiftung" des Quecksilbers beobachtet. Allerdings wird das Quecksilber täglich durch Eintropfen in eine hohe Schichte verdünnter Salpetersäure gereinigt. Eine einfache Quecksilberkathode für Arsenbestimmungen wurde schon früher von AUMONIER beschrieben.

II. Reduktion an einer Silberkathode nach KUNKEL.

Der Verfasser verwendete als Kathode einen Streifen Silber, erwähnt aber, daß die Reduktion an Blei rascher vor sich geht[1]. Die Silberkathode wurde durch Polieren mit Calciumcarbonat und Waschen mit Schwefelsäure und Wasser peinlich rein gehalten. Als Grund für die Wahl der Silberkathode gibt der Verfasser den Umstand an, daß Silber im Gegensatz zu Blei sehr leicht arsenfrei zu erhalten ist. Als Anode wird ein breites Platinblech verwendet. Arsensäure soll mit der Anordnung ebensogut wie arsenige Säure zu Arsenwasserstoff reduziert werden.

III. Kontinuierliche Elektrolyse an einer Cadmiumkathode nach LOCKWOOD.

Der Apparat weist eine Cadmiumkathode und eine Platinanode auf und ermöglicht die Bestimmung von bis zu 0,7 γ As_2O_3 in 10 cm³ Lösung. Als Reduktionsmittel verwendet der Verfasser Hydroxylamin.

IV. Reduktion an einer Zinkkathode nach THOMSON (d).

Der Verfasser schlug Zink als Kathodenmaterial vor und hielt hierbei eine Vorreduktion des Arsens^{V} zu Arsen^{III} für unnötig.

V. Versuche mit einer Kupferkathode.

Eine von JAMES-LEWI ausgearbeitete Methode wurde von TATARSKI nachgeprüft und als unzulänglich bezeichnet. (Siehe auch diesbezügliche Angaben unter Vorbemerkungen!)

[1] Die Reduktion von 2 mg Arsen erforderte mit der Silberkathode mindestens 3 Std. (unter Verwendung eines Tondiaphragmas).

Literatur.

Ackroyd, W.: J. Soc. chem. Ind. **21**, 900; durch C. **73 II**, 539 (1902). — Aisenstein, L. S.: Betriebslab. **9**, 1326 (1940); durch C. **113 II**, 321 (1942). — Allcroft, Ruth, u. H. H. Green: Biochem. J. **29**, 824 (1935); durch C. **107 I**, 1065 (1936). — Andrews, L. W., u. H. V. Farr: Z. anorg. Ch. **62**, 123 (1909). — Aumonier, F. S.: J. Soc. chem. Ind. **46**, T. 341; durch C. **98 II**, 1738 (1927).

Barnes, J. W.: Ind. eng. Chem. **21**, 172 (1929). — Barnes, J. W., u. C. W. Murray: Ind. eng. Chem. Anal. Edit. **2**, 29 (1930). — Barthe, L., u. R. Massy: Bl. Soc. Pharm. Bordeaux **64**, 66; durch C. **97 II**, 275 (1926). — Beal, G. D., u. K. E. Sparks: Ind. eng. Chem. **16**, 369; durch C. **95 II**, 86 (1924). — Beck, K., u. E. Merres: Experimentelle und kritische Beiträge zur Neubearbeitung der Vereinbarungen zur einheitlichen Untersuchung und Beurteilung von Nahrungs- und Genußmitteln. Herausgegeben vom Reichsgesundheitsamt III, 18 (1923); durch Fr. **63**, 478 (1923); Arb. Kais. Gesundh.-Amt **50**, 38 (1917); durch W. Deckert: Fr. 88, 7 (1932). — Beckurts, H.: (a) Ar. (3) **22**, 681 (1884); (b) **22**, 684 (1884). — Berg, P., u. S. Schmechel: Ch. Z. **57**, 262 (1933). — Berntrop, J. C.: (a) Chem. Weekbl. **3**, 315 (1906); durch C. **77 II**, 156 (1906); (b) **18**, 299; durch C. **92 IV**, 317 (1921). — Bertrand, G.: (a) A. Ch. (7) **29**, 259 (1903); durch G. Lockemann: Fr. **99**, 178 (1934); (b) **28**, 242 (1903); durch G. Lockemann: Angew. Ch. 18, 416 (1905); (c) Ann. Inst. Pasteur **16**, 553 (1902); durch C. **73 II**, 1218 (1902). — Bertrand, G., u. Z. Vámossy: A. Ch. (8) **7**, 523 (1906); durch C. **77 I**, 1461 (1906). — Billeter, O.: (a) Helv. **1**, 475 (1918); (b) **6**, 258 (1923). — Billeter, O., u. E. Marfurt: Helv. **6**, 771 (1923). — Bird, F. C. J.: Analyst **26**, 181 (1901); durch Soc: **80 II**, 576 (1901). — Birckenbach, L.: Ch. Z. **45**, 61 (1921). — Bishop, H. B.: Am. Soc. **28**, 178 (1906). — Bjerrum, N.: Chem. Ind. **56**, 821 (1937); durch C. **109 II**, 1092 (1938). — Bloemendal, W. H.: Ar. **246**, 599 (1908). — Bloxam, C. L.: Soc. **13**, 12 (1860). — Bodnár, J., E. (bzw. Ö.) Szép u. W. (bzw. V.) Cieleszky: (a) Fr. **115**, 412 (1938/39); (b) H. **264**, 1 (1940). — Bolotow, M. P.: Problems Nutrit. **3**, Nr 4, 1 (1934); durch C. **106 II**, 1221 (1935). — Brinn, J.: Chemist-Analyst **28**, 39 (1939); durch C. **110 II**, 3318 (1939). — Brunn, O.: B. **21**, 2546 (1888). — Burkard, J., u. B. Wullhorst: Z. Lebensm. **70**, 308 (1935). — Busquets, C.: An. Españ. **34**, 557 (1936); durch C. **107 II**, 1978 (1936).

Callan, T.: J. Soc. chem. Ind. **43**, T. 168 (1924); durch C. **95 II**, 731 (1924). — Callan, T., u. R. T. Parry Jones: Analyst **55**, 90 (1930). — Cassil, C. C.: J. Assoc. offic. agric. Chem. **24**, 196 (1941); durch C. **112 II**, 1299 (1941). — Cassil, C. C., u. H. J. Wichmann: J. Assoc. offic. agric. Chem. **22**, 436 (1939); durch C. **112 I**, 934 (1941). — Catoggio, J. A.: Rev. Fac. Cienc. quím. [La Plata] **20**, 121 (1945); durch Brit. chem. Abstr. **1950**, 50. — Chait, K. B.: (a) Problems Nutrit. **6**, Nr 2, 71 (1937); durch C. **108 II**, 2089 (1937); (b) Laboratoriumsprax. **14**, Nr. 8, 22 (1939); durch C. **111 I**, 3962 (1940). — Chapman, A. C.: Analyst **32**, 247 (1907); durch C. **78 II**, 740 (1907). — Chapman, A. C., u. H. D. Law: (a) Analyst **31**, 3 (1906); durch C. **77 I**, 784 (1906); (b) Angew. Ch. **20**, 67 (1907). — Chatterji, D. N., K. R. Ganguly u. M. Z. Faruqi: J. Indian chem. Soc. **13**, 751 (1936). — Chittenden, R. H., u. H. H. Donaldson: Am. Chem. J. **2**, 235 (1880); durch G. Lockemann: Angew. Ch. **18**, 416 (1905). — Clarke, W. F.: J. Assoc. offic. agric. Chem. **10**, 425 (1927); durch C. **99 I**, 983 (1928). — Colley, A. T. W., u. H. C. Lockwood: J. Soc. chem. Ind. **48**, Trans. 226 (1929); durch C. **100 II**, 3240 (1929) u. Fr. **80**, 299 (1930). — Collins, W. D.: Ind. eng. Chem. **10**, 360 (1918). — Corriez, P., u. A. Gross: Bl. [5] **15**, 203 (1948); durch C. **120 I**, 178 (1949). — Cribb, C. H.: Analyst **52**, 701 (1927). — Cribier, J.: J. Pharm. Chim. (7) **24**, 241 (1921); durch C. **93 II**, 110 (1922) u. Soc. **120 II**, 653 (1921). — Crossley, H. E.: J. Soc. chem. Ind. **55**, Trans. 272 (1936); durch Fr. **114**, 216 (1938).

Damany, G.: Chim. Ind. **27**, Sond.-Nr. 3 bis 167 (1932); durch C. **103 I**, 3089 (1932). — Davis, W. A., u. J. G. Maltby: Analyst **61**, 96 (1936). — Deckert, W.: (a) Fr. 88, 7 (1932); (b) **101**, 338 (1935). — Deemer, R. B., u. J. A. Schricker: J. Assoc. offic. agric. Chem. **16**, 226 (1933); durch C. **104 II**, 596 (1933). — Diemair, W., u. H. Fox: Mikrochemie **26**, 343 (1939). — Diemair, W., u. J. Waibel: Z. Lebensm. **72**, 223 (1936). — Dowzard, E.: Soc. **79**, 715 (1901). — Draper, J. C.: Polyt. J. **204**, 320 (1872). — Dumas: Pogg. Ann. **9**, 308 (1827); A. Ch. **33**, 355 (1826); durch Landolt-Börnstein, 5. Aufl., Hauptwerk Bd. I, S. 269. Berlin 1923.

Eckardt, A.: Reaktionen und Bestimmungsmethoden von Arsenwasserstoff. Dissertation Leipzig 1907, S. 68; durch K. Beck u. E. Merres, siehe Fr. **63**, 478 (1923).

Faust, O., u. E. Fischer: Z. anorg. Ch. **158**, 181 (1926). — Fellenberg, Th. v.: Bio. Z. **218**, 292 (1930). — Fink, D. E.: J. biol. Chem. **72**, 737 (1927); durch C. **98 II**, 612 (1927) u. Brit. chem. Abstr. A **1927**, 600. — Flückiger, F. A.: Ar. **227**, 1 (1889). — Fokina, M. K.: Laboratoriumsprax. **12**, Nr. 7, 42 (1937); durch C. **109 I**, 666 (1938). — Franceschi, G.: L'Orosi **13**, 289 (1890); durch C. **61 II**, 900 (1890). — Frerichs, H., u. G. Rodenberg: Ar. **243**, 348 (1905). — Fresenius, R., u. L. v. Babo: A. **49**, 308 (1844).

Gangl, J., u. H. Dietrich: Mikrochemie, N. F. 13, **19**, 253 (1935/36). — Gangl, J., u. J. Vázquez Sánchez: Fr. **98**, 81 (1934). — Gaudy, F., u. M. P. Antola: An. Argentina **25**, 76 (1937); durch C. **109 I**, 2593 (1938). — Gautier, A.: (a) C. r. **81**, 239 (1875); (b) **81**, 286 (1875); (c) Bl., N. S. **24**, 250 (1875); (d) (3) **35**, 207 (1906); (e) (3) **27**, 1030 (1902); (f) (3) **29**,

639 (1903); (g) C. r. **137**, 158 (1903). — GEILMANN, W., u. O. MEYER-HOISSEN: Glastechn. Ber. **13**, 420 (1935). — GNESSIN, J. D.: P. C. H. **75**, 719 (1934). — GOODE, J. A., u. F. M. PERKIN: J. Soc. chem. Ind. **25**, 507 (1906); durch C. **77 II**, 630 (1906) u. C. R. SANGER u. O. F. BLACK: Z. anorg. Ch. **58**, 121 (1908). — GREAVES, J. E.: Am. Soc. **35**, 150 (1913). — GREEN, E. L.: Ind. eng. Chem. **19**, 424 (1927). — GRIFFON, H., u. M. BUISSON: (a) Bl. (4) **53**, 1548 (1933); (b) (5) **1**, 815 (1934). — GRIFFON, H., u. J. THURET: Bl. (5) **5**, 1129 (1938). — GUREWITSCH, W. G., u. B. A. RASCHKOWAN: Chem. J. Ser. A. **5** (67) 1317 (1935); durch C. **107 I**, 3545 (1936). — GUTZEIT, H. W.: Pharm. Z. **24**, 236 (1879); durch G. LOCKEMANN u. B. Fr. v. BÜLOW: Fr. **94**, 322 (1933).

HARKINS, W. D.: Am. Soc. **32**, 518 (1910). — HARVEY, T. F.: Chemist and Druggist **67**, 168 (1905); durch H. D. RICHMOND: Analyst **53**, 90 (1928). — HEADDEN, W. P., u. B. SADLER: Am. Chem. J. **7**, 338; durch C. **57**, 378 (1886). — HEFTI, F.: Diss. Zürich 1907; durch F. P. TREADWELL: Kurzes Lehrbuch der analytischen Chemie, 11. Aufl., Bd. II, S. 170 bzw. 175. Leipzig u. Wien 1923. — HERSCHLER, A.: Nachrichtenbl. dtsch. Pflanzenschutzdienst **18**, 60 (1938); durch C. **109 II**, 2994 (1938). — HERTZOG, E. S.: Ind. eng. Chem. Anal. Edit. **7**, 163 (1935). — HIBBERT, J. CH.: J. Soc. chem. Ind. **35**, 672 (1916); durch H. D. RICHMOND: Analyst **53**, 90 (1928). — HILLEBRAND, W. F., u. G. E. F. LUNDELL: Applied inorganic analysis, S. 217. New York 1929. — HINSBERG, K., u. M. KIESE, Bio. Z. **290**, 41 (1937). — HOLLINS, C.: J. Soc. chem. Ind. **36**, 576; durch C. **88 II**, 564 (1917). — HOUZEAU, A.: C. r. **75**, 1823 (1872). — HOW, A. E.: Ind. eng. Chem. Anal. Edit. **10**, 226 (1938). — HÜNERBEIN, R.: Ch. Z. **48**, 380 (1924). — HYNDS: N. Y. State Dept. Agr. & Markets, Ann. Rept. **1931**, 96 (1932); durch A. E. HOW: Ind. eng. Chem. Anal. Edit. **10**, 226 (1938).

ITALLIE, L. VAN: Chem. Weekbl. **18**, 247; durch C. **92 IV**, 5 (1921). — IWANOW, W. N.: Ch. Z. **36**, 31 (1912).

JADIN, F., u. A. ASTRUC: J. Pharm. Chim. (7) **5**, 233 (1912). — JAMES-LEWI, M. J.: Betriebslab. **5**, 734 (1936); durch C. **108 I**, 1201 (1937). — JANKE, A., R. GARZULY-JANKE u. F. BERAN: Vorratspflege u. Lebensmittelforsch. **4**, 410 (1941); durch C. **113 I**, 390 (1942). — JAQUELAIN: A. Ch. (3) **9**, 472 (1843); durch C. **15**, 569 (1844).

KAM, A. J. H., u. K. SCHERINGA: Pharm. Weekbl. **56**, 1333; durch C. **90 IV**, 988 (1919). — KANIUK, E.: Diss. Wien. 1935; durch J. BODNÁR, E. SZÉP u. W. CIELESZKY: Fr. **115**, 412 (1938/39). — KASARNOWSKI, H.: Ch. Z. **34**, 299 (1910). — KEILHOLZ, A.: Pharm. Weekbl. **58**, 1482 (1921); durch C. **93 II**, 112 (1922). — KELYNACK u. KIRKBY: Arsenical Poisoning in Beer Drinkers, S. 88. London 1901; durch C. R. SANGER u. O. F. BLACK: Z. anorg. Ch. **58**, 121 (1908). — KEMMERER, G., u. H. H. SCHRENK: Ind. eng. Chem. **18**, 707 (1926). — KING, A. A.: J. Soc. chem. Ind. **47**, 301 (1928); durch C. **99 I**, 2631 (1928). — KLEIN: J. Assoc. offic. agric. Chem. **3**, 512 (1920); durch A. E. HOW: Ind. eng. Chem. Anal. Edit. **10**, 226 (1938). — KLEINMANN, H., u. F. PANGRITZ: Bio. Z. **185**, 48 (1927). — KOHN-ABREST, E.: Ann. Falsific. **5**, 384; durch C. **83 II**, 1697 (1912). — KOSLOWSKI, M. T., u. M. I. NIKOLAJEWA-KOSLOWSKAJA: Betriebslab. **9**, 33 (1940); durch C. **112 I**, 1706 (1941). — KOSLOWSKI, M. T., R. S. WAGAPOWA u. N. N. SAWALISCHTSCHEWA: Betriebslab. **13**, 549 (1947); durch C. **119 II**, 1327 (1948). — KŘEPELKA, J. H., u. J. FANTA: (a) Chem. Listy **31**, 153 (1937); durch C. **109 I**, 1168 (1938); (b) Coll. Trav. chim. Tchécosl. **9**, 47 (1937); durch C. **110 I**, 738 (1939). — KŘEPELKA, J. H., u. B. RAKUŠAN: (a) Časopis československ. Lécárn. **14**, 290 (1934); durch C. **106 I**, 757 (1935); (b) III. Kongres slovenskih Aptekara u Jugoslaviji **1935**, 186; durch C. **108 I**, 2415 (1937). — KRYLOWA, M. I.: Betriebslab **8**, 1043 (1939); durch C. **112 I**, 1072 (1941). — KUBINA, H.: Fr. **76**, 39 (1929). — KÜHN, B., u. O. SAEGER: B. **23**, 1798 (1890). — KUNKEL, A. J.: H. **44**, 511 (1905). — KÜNKELE, F.: Ch. Z. **64**, 29 (1940).

LACHELE, C. E.: Ind. eng. Chem. Anal. Edit. **6**, 256 (1934). — LASSAIGNE: J. de chim. med. **16**, 685 (1840); durch H. RECKLEBEN, G. LOCKEMANN u. A. ECKARDT, Fr. **46**, 671 (1907). — LAWSON, W. E., u. W. O. SCOTT: J. biol. Chem. **64**, 23; durch C. **96 II**, 843 (1925). — LECOQ, H., u. F. ULRIX: Bl. Soc. roy. Sci. Liège **11**, 386 (1942); durch C. **114 I**, 188 (1943). — LEHMANN, E.: Pharm. Z. f. Rußland **27**, 193; durch C. **59**, 643 (1888). — LÉONARDON, M., u. M. DELÉPINE: Bl. Sci. pharmacol. **31**, 193 (1924); durch C. **95 II**, 103 (1924) u. H. GRIFFON u. M. BUISSON: Bl. (4) **53**, 1548 (1933). — LERRIGO, A. F.: Analyst **53**, 90 (1928). — LIEBIG, J.: A. **23**, 223 (1837). — LING, A. R., u. TH. RENDLE: Analyst **31**, 37 (1906); durch C. **77 I**, 897 (1906). — LINSEY, A. J.: Analyst **55**, 503 (1930). — LOCKEMANN, G.: (a) Angew. Ch. **18**, 416 (1905); (b) **18**, 491 (1905); (c) **19**, 1362 (1906); (d) Fr. **99**, 178 (1934); (e) Angew. Ch. **48**, 199 (1935); (f) Fr. **100**, 20 (1935) u. **101**, 340 (1935); (g) Angew. Ch. **34**, 396 (1921); (h) **39**, 1125 (1926); (i) **35**, 357 (1922); (j) Bio. Z. **35**, 478 (1911); (k) Ch. Z. **31**, 977 (1907). — LOCKEMANN, G., u. B. FR. v. BÜLOW: Fr. **94**, 322 (1933). — LOCKEMANN, G., u. M. PAUCKE: Kolloid-Z. **8**, 273 (1911). — LOCKWOOD, H. C.: Analyst **64**, 657 (1939); durch C. **111 I**, 1082 (1940). — LOHMANN, P.: Pharm. Z. **36**, 748 (1891). — LURJE, J. J.: Arb. VI. allruss. Mendelejew-Kongr. theoret. angew. Chem. 1932, **2**, Nr. 2, 348 (1935); durch C. **107 II**, 3450 (1936).

MAI, C., u. H. HURT: (a) Fr. **43**, 557 (1904); (b) Z. Lebensm. **9**, 193 (1905). — MANNELLI, G.: Ann. Chim. applic. **29**, 533 (1939); durch C. **111 I**, 3962 (1940). — MARSH, J.: Edinb. new. philos. Journ. **21**, 229 (1836); durch C. 8, 101 (1837). — MARTIN, F., u. J. PIEN: Bl. (4) **47**,

646 (1930). — MAYENÇON u. BERGERET: C. r. 79, 118 (1874). — MAYRAND, L. P.: J. Am. pharm. Assoc. 20, 637 (1931); durch C. 103 II, 95 (1932). — MCCHESNEY, E. W.: Analytic. Chem. 21, 880 (1949); durch Brit. chem. Abstr. 1950, 5. — MEHURIN, R. M.: Ind. eng. Chem. 15, 942 (1923); durch C. 94 IV, 925 (1923). — MEILLÈRE, G.: J. Pharm. Chim. (7) 7, 425 (1913). — MILTON, R., u. W. D. DUFFIELD: Analyst 67, 279 (1942); durch C. 114 II, 934 (1943). — MONIER-WILLIAMS, G. W.: (a) Analyst 48, 112 (1923); (b) 48, 262 (1923). — MOREAU, L., u. E. VINET: C. r. 158, 869 (1914). — MÜHLSTEPH, W.: Fr. 104, 333 (1936). — MURPHY, A. J.: J. Soc. chem. Ind. 21, 957; durch C. 73 II, 713 (1902).

NELLER, J. R.: J. Assoc. offic. agric. Chem. 12, 332 (1929); durch A. E. HOW: Ind. eng. Chem. Anal. Edit. 10, 226 (1938) u. C. 100 II, 2481 (1929). — NEUMANN, A.: H. 37, 115 (1902); 43, 32 (1904). — NIKOLAJEW, A. W.: (a) Problems. Nutrit. 8, Nr. 4, 68 (1939); durch C. 111 I, 1085 (1940); (b) Laboratoriumspraxis 16, Nr. 5, 19 (1941); durch C. 113 II, 988 (1942). — NISSENSON, H.: Ch. Z. 38, 1097 (1914). — NITSCHE, P.: P. C. H. 80, 701 (1939).

ORFILA: Traité de toxicologie 1, 494. Paris 1852; durch A. GAUTIER: Bl. N. S. 24, 250 (1875). — OSTERBERG, A. E.: J. biol. Chem. 76, 19 (1928); durch C. 99 II, 798 (1928) u. Brit. chem. Abstr. A 1928, 336.

PANZER, TH.: Verh. Naturf. Vers. Karlsbad 1902 II, 79; durch C. 74 II, 821 (1903). — PARSONS, CH. L., u. M. A. STEWART: Am. Soc. 24, 1005 (1902). — PARTHEIL, A., u. E. AMORT: B. 31, 594 (1898). — PAUCKE, M.: Beitrag zum Nachweis von Arsen. Diss. Leipzig 1907; durch G. LOCKEMANN, Angew. Ch. 48, 199 (1935). — PEDERSEN, C.: C. r. Carlsberg 5, 108 (1902); durch C. 74 I, 250 (1903). — POLENSKE, E.: Arb. Gesundh.-Amtes 5, 357 (1889); durch C. 60 II, 58 (1889). — POZZI, Z.: Ind. chimica 6, 144; durch C. 75 II, 476 (1904).

QUINCKE, G. A., u. M. SCHNETKA: Z. Lebensm. 66, 581 (1933).

RAMBERG, L.: (a) Ber. der schwed. Arsenkommission (1919); H. 114, 262 (1921); durch O. BILLETER u. E. MARFURT: Helv. 6, 771 (1923); (b) Lunds Universitets Arsskrift, N. F. Abt. 2, 14, Nr. 21, 1 (1918); durch C. 90 I, 905 (1919). — RASCHKOWAN, B. A.: Chem. J., Ser. A 5 (67) 675 (1935); durch C. 107 I, 120 (1936). — RECKLEBEN, H., u. G. LOCKEMANN: (a) Fr. 47, 126 (1908); (b) 47, 105 (1908). — RECKLEBEN, H., G. LOCKEMANN u. A. ECKARDT: Fr. 46, 671 (1907). — REICHARDT, E.: Ar. 217, 1 (1880). — REITH, J. F.: (a) Pharm. Weekbl. 70, 369 (1933); (b) 69, 1358 (1932). — RIJN, W. VAN: (a) Pharm. Weekbl. 56, 1072 (1919); durch C. 90 IV, 767 (1919); (b) 56, 1334 (1919); durch C. 90 IV, 988 (1919). — RIND, O.: Öst. Ch. Z. (2) 17, 208 (1914). — ROSE, H.: Pogg. Ann. 51, 423 (1840); durch C. 12, 157 (1841). — ROSENFELS, R. S.: J. Assoc. offic. agric. Chem. 21, 493 (1938); durch C. 110 I, 477 (1939).

SAND, H. J. S., u. J. E. HACKFORD: Soc. 85, 1018 (1904). — SANDELL, E. B.: Ind. eng. Chem. Anal. Edit. 14, 82 (1942); durch C. 114 II, 1983 (1943). — SANGER, CH. R.: Pr. Am. Acad. Arts Sci. 26; durch Fr. 38, 377 (1899). — SANGER, C. R., u. O. F. BLACK: Z. anorg. Ch. 58, 121 (1908). — SCHEERMESSER: Pharm. Z. 77, 112 (1932). — SCHITIKOWA, W. S.: Laboratoriumsprax. 13, Nr. 3, 26 (1938); durch C. 110 I, 192 (1939). — SCHLUTY: Chim. Ind. 31, Sond.-Nr. 4 bis 244 (1934); durch C. 105 II, 2762 (1934). — SCHMIDT, F. W.: Z. anorg. Ch. 1, 353 (1892). — SCHOOFS, F.: Bl. Soc. chim. Belg. 35, 121; durch C. 97 II, 2209 (1926). — SCHRÖDER, H., u. W. LÜHR: Z. Lebensm. 65, 168 (1933). — SCOTT, W. W.: Standard Methods of Chem. Analysis, 4. Aufl., S. 46. New York 1925; durch E. S. HERTZOG: Ind. eng. Chem. Anal. Edit. 7, 163 (1935). — SCOTT-DODD, A.: Analyst 53, 152 (1928). — SJOLLEMA, B., u. M. J. VAN'T KRUYS: Chem. Weekbl. 4, 547; durch C. 78 II, 1115 (1907). — SMITH, C. R.: United States Department of Agriculture Bureau of Chemistry, Circular 102, 5 (1907); durch Fr. 63, 478 (1923). — SNIJDERS, C. J. jr., u. A. J. W. VAN DER DRIFT: Chem. Weekbl. 32, 275 (1935); durch C. 106 II, 1221 (1935). — SOUBEIRAN: A. Ch. (2) 23, 307 (1823); 43, 207 (1830); durch G. LOCKEMANN: Angew. Ch. 18, 416 (1905). — SPLITTGERBER, A., u. E. NOLTE: ABDERHALDENS Handbuch der biologischen Arbeitsmethoden, Abt. IV, Teil 15, S. 495. Berlin-Wien 1931. — STENBERG, A. I.: Problems Nutrit. 7, Nr. 3, 101 (1938); durch C. 110 I, 4508 (1939). — STROCK, L. W.: Fr. 99, 321 (1934). — STRZYZOWSKI, C.: Öst. Ch. Z. 7, 77 (1904). — STUBBS, J. R.: Analyst 52, 699 (1927). — SWESCHNIKOW, A. T., u. J. W. SMIRNOWA: Betriebslab. 5, 271 (1936); durch C. 108 I, 3188 (1937). — SZÉP, Ö.: H. 267, 29 (1941). — SZÉP, E., u. W. CIELESZKY: Fr. 116, 34 (1939).

TARBELL, R. F.: Ind. eng. Chem. 6, 400 (1914). — TATARSKI, A. W.: Betriebslab. 6, 1499 (1937); durch C. 110 I, 5014 (1939). — TAUBMANN, G.: Arch. exp. Pathol. 176, 751 (1934); durch C. 106 I, 3450 (1935). — THIELE, J.: A. 265, 62 (1891). — THOMAS, B. D.: Ind. eng. Chem. 26, 356 (1934). — THOMS, H., u. L. HESS: Ber. Dtsch. pharm. Ges. 30, 483 (1920). — THOMSON, W.: (a) Royal Commission on Arsenical Poisoning, Final Rep. II, S. 58. London; durch C. R. SANGER u. O. F. BLACK: Z. anorg. Ch. 58, 121 (1908); (b) Chem. N. 94, 156, 166; durch C. 77 II, 1583 (1906); (c) 99, 157; durch C. 80 I, 1462 (1909); (d) Mem. Proc. Manchr. Lit. Phil. Soc. 48 (17), 1 (1904); durch Soc. 86 II, 777 (1904). — THORPE, T. E.: (a) Soc. 83, 974 (1903); (b) 89, 408 (1906). — TOUGARINOFF, B.: Bl. Soc. chim. Belg. 46, 141 (1937); durch Fr. 113, 48 (1938). — TREADWELL, F. P.: (a) Kurzes Lehrbuch der analytischen Chemie, 11. Aufl., Bd. II, S. 171. Leipzig u. Wien 1923; (b) S. 174; (c) S. 172. — TREADWELL, F. P., u. COMMENT: F. P. TREADWELLS Kurzes Lehrbuch der analytischen Chemie, 11. Aufl., Bd. II, S. 170. Leipzig

u. Wien. 1923. — TREADWELL, F. P., u. C. MAYR: Z. anorg. Ch. **92**, 127 (1915). — TREADWELL, W. D.: (a) Elektroanalytische Methoden, S. 101. Berlin 1915; durch F. P. TREADWELLS Kurzes Lehrbuch der analytischen Chemie, 11. Aufl., Bd. II, S. 178. Leipzig u. Wien 1923; (b) S. 106. — TROTMAN, S. R.: (a) Brewers J. **1902**, 445; durch H. J. S. SAND u. J. E. HACKFORD: Soc. **85**, 1018 (1904); (b) J. Soc. chem. Ind. **23**, 177 (1904); durch C. **75 I**, 1295 (1904). — TRUFFERT, L.: Ann. Falsific. **31**, 73 (1938).

UHL, K.: Angew. Ch. **50**, 164 (1937). — UTZ: Dtsch. Parfümerieztg. **7**, 105; durch C. **92 IV**, 480 (1921).

VAMOSSY, ZOLTAN DE: Bl. (3) **35**, 24 (1906). — VITALI, D.: (a) Boll. chim. farm. **46**, 89; durch C. **78 I**, 1095 (1907); (b) L'Orosi **15**, 397 (1892); durch C. **64 I**, 466 (1893); (c) Boll. chim. farm. **44**, 49 (1905); durch J. GANGL u. H. DIETRICH: Mikrochemie **19**, 253 (1935/36). — VOURNASOS, A. C.: B. **43**, 2264 (1910).

WARD, T. J.: Analyst **51**, 457 (1926). — WHITE, J.: Analyst **52**, 700 (1927). — WILEY, R. C., J. P. BEWLEY u. R. IREY: Ind. eng. Chem. Anal. Edit. **4**, 396 (1932). — WILMET, M.: C. r. **185**, 1136 (1927). — WINOGRADOW, A. W., u. T. N. JEFREMOWA: J. chem. Ind. **1932**, Nr. 10, 76; durch C. **104 II**, 1557 (1933). — WINOGRADOW, A. W., u. E. I. TICHWINSKAJA: J. chem. Ind. **1932**, Nr. 4, 51; durch C. **104 I**, 2584 (1933). — WINTERFELD, K., E. DÖRLE u. C. RAUCH: Ar. **273**, 457 (1935). — WOLF, L., W. DÜSING u. A. MARTOS: Mikrochemie **18**, 185 (1935). — WÜHRER, J.: Bio. Z. **294**, 401 (1937).

ZWICKNAGI, K.: Ch. Z. **45**, 418 (1921).

§ 14. Abtrennung des Arsens durch Destillation.

Allgemeines.

Die 1851 von SCHNEIDER und fast gleichzeitig von FYFE veröffentlichte Abtrennungsmethode für Arsen durch Destillation des Trichlorids wurde von ROSE durch Einführung einer zweiten, nach Zugabe von schwefliger Säure (und EisenIII-chlorid) ausgeführten Destillation wesentlich verbessert, wobei er schon der Tatsache Rechnung trug, daß Arsensäure selbst in stark salzsaurer Lösung nur in äußerst geringem Maße, und zwar wie JANNASCH und SEIDEL ausführen, durch Spaltung von Pentachlorid in Trichlorid und Chlor, flüchtig ist. Erst durch die Arbeitsweise von FISCHER, der zur Reduktion des fünfwertigen Arsens EisenII-chlorid verwendete, wurde die Grundlage zu einer quantitativen Trennungsmethode geschaffen. CLASSEN und LUDWIG führten dann an Stelle des Ferrochlorids Ferrosulfat bzw. MOHRsches Salz ein. Diese Autoren führten die Destillation ebenso wie HUFSCHMIDT in einem Strom von Salzsäuregas aus. Die weitere Entwicklung der Methode brachte zahlreiche andere Reduktionsmittel wie Schwefelwasserstoff (PILOTY und STOCK), Methylalkohol (FRIEDHEIM und MICHAELIS), schweflige Säure (ROHMER), Hydrazin (JANNASCH und SEIDEL) u. a. wie z. B. Kupferchlorür[1], Jodwass rstoffsäure, Bromwasserstoffsäure, Zinnchlorür und Phosphortrichlorid.

Das Verfahren gestattet, in Spezialfällen unter Anbringung gewisser Änderungen, die Abtrennung von allen Metallen, mit Ausnahme von Germanium. Anfänglich bereitete die Trennung von größeren Mengen Antimon gewisse Schwierigkeiten, die MOSER und EHRLICH (a) durch Arbeiten bei Wasserbadtemperatur und Verflüchtigung des Trichlorids im Luftstrom zu umgehen versuchten, die aber erst durch Verwendung geeigneter Fraktionieraufsätze (JÄRVINEN, HAHN und WOLF) wirksam vermieden werden konnten. Ein wichtiges Anwendungsbereich ist neben der Erz- und Legierungsanalyse das Problem der Abtrennung geringer und geringster Arsenmengen aus salzreichen Aufschlußlösungen organischer Substanzen. Besonders vorteilhaft erscheint das Verfahren auch durch den Umstand, daß unter Einhaltung gewisser Bedingungen anschließend ein Abdestillieren des Antimons und Zinns möglich ist.

[1] ROARK und McDONNELL empfehlen eindringlich die Verwendung von KupferI-chlorid, da damit vollständige Reduktion und glatte Trennung von Sb, Pb, Cu, Zn, Fe und Ca erreicht werden könne. Allerdings wird nach GRAHAM und SMITH die maßanalytische Bestimmung des Arsens im Destillat bei Gegenwart von Stickoxyden unverläßlich, so daß sie auf die Reduktion mit Hydrazin zurückgreifen, wodurch diese Fehlerquelle ausgeschaltet wird.

SCHAAF und MAURER prüften das Destillationsverfahren bei Vorliegen sehr kleiner Arsenmengen (23 γ As) in bezug auf die Grenzen der Destillationsdauer und fanden, daß das ArsenIII-chlorid schon bald nach Beginn der Destillation übergeht. Es darf angeblich nicht länger als 4 bis 6 Min. destilliert werden, weil sonst bei der Bromattitration des Destillates zu hohe Werte gefunden werden. — PLOUM verkürzt die Destillationsdauer bei Makrobestimmungen durch Zusatz von übersättigter Zinkchloridlösung (4 Teile $ZnCl_2$, reinst, trocken auf 1 Teil Wasser) auf 20 Min. Die Destillationstemperatur steigt auf 135 bis 140°, und es braucht nur einmal destilliert zu werden. Die Gegenwart von EisenIII-chlorid, EisenII-sulfat oder Hydrazinium-sulfat beeinträchtigt die Wirkung nicht. Bei Anwesenheit von EisenIII-chlorid soll kein Kaliumbromid zugefügt werden, weil sich sonst freies Brom entwickelt.

Eigenschaften des Arsentrichlorids und anderer zur Abtrennung geeigneter Verbindungen. Arsentrichlorid siedet unter Atmosphärendruck bei 130,2° und erstarrt bei —16°. Die Dichte der Flüssigkeit bei 20° beträgt 2,167. Unter vermindertem Druck bzw. im Gasstrom (Chlorwasserstoff oder indifferentes Gas) geht es entsprechend leichter über, ohne daß sich das Verhältnis zu den Temperaturen, bei denen Antimon und Zinn übergehen, wesentlich ändert.

Das Tribromid ist ein krystalliner Körper von der Dichte 3,66 bei 15°, der sich unter der Einwirkung von Feuchtigkeit zersetzt. Der Schmelzpunkt liegt bei etwa 31°, der Siedepunkt bei 221°.

Arsenigsäuremethylester siedet bei 128° (MOSER und PERJATEL).

A. Reduktion durch EisenII-salze.

1. Destillation aus schwefelsauren Aufschlußlösungen unter Zugabe von Kaliumbromid.

I. Verfahren von BANG zur Abtrennung von 0,02 bis 5 mg Arsen.

Apparatur. Ein schräg eingespannter, 300 cm³ fassender KJELDAHL-Kolben ist durch Schliff oder Gummistopfen mit einem Destillationsrohr verbunden, das so im spitzen Winkel abgebogen ist, daß es senkrecht nach unten führt. Dieser senkrechte Schenkel ist pipettenartig erweitert, verengt sich dann wieder auf die ursprüngliche Rohrweite und ist durch Schliff- oder Gummistopfen in den Hals eines 300 cm³-FRESENIUS-Kolbens eingesetzt und zwar derart, daß das Ende des Destillationsrohres die Flüssigkeit in der Vorlage (130 cm³) nicht berührt. — Dadurch wird die Gefahr des Zurücksteigens bei unregelmäßigem Anheizen vermieden. Der FRESENIUS-Kolben wird während der Destillation durch Einstellen in Wasser gekühlt.

Bemerkungen zur Apparatur. Die Destillation erfolgt direkt aus dem KJELDAHL-Kolben, in dem die Zersetzung der organischen Substanz vorgenommen worden war. Bei Schliffverbindung zwischen KJELDAHL-Kolben und Destillationsrohr wird diese durch Befeuchten mit konzentrierter Schwefelsäure abgedichtet. Die verwendeten Gummistopfen müssen arsen- und antimonfrei sein und dürfen keine reduzierenden Substanzen (Schwefelwasserstoff) abgeben. Man verwendet zweckmäßig graue, mit Salzsäure vorbehandelte Stopfen. Auch BINDER destillierte bei der Analyse von Ferromolybdän und anderen Legierungen unmittelbar aus dem zum Aufschluß verwendeten KJELDAHL-Kolben. Dagegen erhielten KLEINMANN und PANGRITZ bei Destillation aus langhalsigen KJELDAHL-Kolben schlechte Resultate und empfehlen eine andere Anordnung (s. S. 265).

Ausführung. Die etwa 20 cm³ konzentrierte Schwefelsäure enthaltende und absolut stickoxyd- und salpetersäurefreie Aufschlußlösung im KJELDAHL-Kolben (s. § 16, S. 373) wird mit 30 cm³ Wasser versetzt. Man beschickt den FRESENIUS-Kolben mit 30 cm³ 20%iger Natronlauge (nitritfrei!), 100 cm³ Wasser und 2 Tropfen Phenolphthaleinlösung und stellt ihn in eine Schale mit kaltem Wasser. In den KJELDAHL-Kolben führt man einen weithalsigen Trichter ein, gibt einen „Teelöffel" MOHRsches Salz oder EisenII-sulfat (etwa 2 g) durch den Trichter zu, kühlt den Kolben ab und setzt auf die gleiche Art einen „Teelöffel" (2 g) Kaliumbromid zu der vollständig abgekühlten Flüssigkeit. Nun gibt man 20 g Kaliumchlorid zu und verbindet ohne umzuschütteln mit dem Destillationsrohr, das anderseits in die Vorlage eingebaut ist. Der Kolben wird über einem Drahtnetz mit einem kräftigen Bunsenbrenner angeheizt, worauf eine starke Gasentwicklung einsetzt. Anfangs entweicht ein Teil des Salzsäuregases durch das Seitenrohr der Vorlage (Arsen geht dabei erfahrungsgemäß nicht verloren). Nach einigen Minuten wird die Destillation ruhig, und die Salzsäure beginnt als Flüssigkeit zu destillieren. Der Inhalt der Vorlage wird dabei schwach, später intensiver rot, bis plötzlich Entfärbung eintritt. Die Destillation wird hierauf beendet und die Vorlage entfernt. Nach Abkühlen der Vorlage, Zusatz von Natriumhydrogencarbonat und 50 cm³ Wasser wird mit $^{1}/_{200}$ n Jodlösung titriert (Zugabe von 10 Tropfen 1%iger Stärkelösung und einem Krystall Kaliumjodid).

Bemerkungen. **Genauigkeit.** Zahlreiche Beleganalysen, die mit organischem Material unter Zusatz von bekannten Arsenmengen ausgeführt wurden, ergaben befriedigende Resultate. Nach Cox liefert das Verfahren von RAMBERG (a), der den Aufschluß und die Entfernung der Stickoxyde etwas anders ausführte (s. § 16, S. 375) und die Endbestimmung mit Kaliumbromat vornahm, allerdings für geringere Arsenmengen bessere Resultate als die Methode von BANG. (RAMBERG versetzt die ähnlich erhaltene stickoxydfreie Aufschlußlösung nach Verdünnen mit 20 cm³ Wasser und 50 cm³ Salzsäure mit 2 g EisenII-sulfat und 10 bis 15 mg Kaliumbromid und destilliert während 10 Min. 20 bis 25 cm³ in eine mit 150 cm³ Wasser beschickte Vorlage ab.) Cox gibt in seiner Veröffentlichung Analysenbelege unter ausführlicher Erörterung der beiden Arbeitsvorschriften.

Erforderliche Kaliumbromidmenge. Nach RAMBERG (Bericht der schwedischen Kommission 1919) ist zur quantitativen Reduktion der letzten Reste Arsensäure in angemessen kurzer Zeit durch EisenII-sulfat Kaliumbromid unbedingt notwendig. Die von BANG vorgeschriebene, verhältnismäßig große Menge Kaliumbromid wird angewendet, weil sofort nach Zusatz von EisenII-sulfat und Kaliumbromid destilliert wird. Für den Fall, daß die Arsensäure vorher durch Kochen mit dem Ferrosalz reduziert wird, hält der Verfasser weniger Kaliumbromid für ausreichend. Nach der Arbeitsvorschrift von RAMBERG (s. unter Genauigkeit) werden ja übrigens auch nur 10 bis 15 mg Kaliumbromid angewendet. Die Destillation aus konzentriert salzsaurer Lösung gelingt jedoch auch ohne Kaliumbromid.

Arbeitsweise nach KLEINMANN und PANGRITZ. Eine andere Apparatur für die Destillation geringerer Arsenmengen wird von diesen Autoren angegeben. Als Destillationsgefäß dient ein 500 cm³ fassender JENAER Destillationskolben mit tiefem seitlichem Ansatzrohr, der oben mit einem grauen Gummistopfen verschlossen wird. Ebenfalls mit Gummi wird an das Ansatzrohr ein schräg absteigender Kugelkühler angesetzt, dessen stumpfwinkelig nach unten gebogenes Ableitungsrohr senkrecht in eine besonders konstruierte Vorlage mündet. Diese besteht aus einer 300 cm³ fassenden Saugflasche mit möglichst kleinem Bodendurchmesser, in die mit Gummi oder Schliff ein starkwandiges Reagensglas eingesetzt ist, das bis zum Boden reicht und mit einem seitlichen, möglichst hoch angesetzten Ableitungsrohr versehen ist. Auch dieses knapp parallel zum Reagensglas nach unten gebogene Ableitungsrohr reicht fast bis zum Boden der Saugflasche. In das Reagensglas wird die erforderliche Menge Lauge eingefüllt und so viel Wasser zugegeben, daß das seitliche Ableitungsrohr gut in die Vorlageflüssigkeit eintaucht. Das abgebogene Ende des Kühlers wird mit einem Stopfen so in das Reagensglas der Vorlage eingesetzt, daß es fast bis zum Boden desselben reicht. Die Destillation wird dann in der Weise ausgeführt, daß zuerst 5 Min. vorsichtig erhitzt wird (die Luftblasen passieren die vorgelegte Flüssigkeit in langsamer Folge). Erst wenn die Lösung aus der Vorlage zurückzusteigen beginnt, wird mit voller Flamme 25 bis 30 Min. destilliert. Da die Autoren mit höchstens 0,5 mg Arsensäure arbeiten (zum Aufschluß s. § 16, S. 375), verwenden sie nebst 2 g EisenII-sulfat nur 2 g Kaliumchlorid und 0,2 g Kaliumbromid und legen je 1 g angewendetes Kaliumchlorid 15 cm³ n Natriumhydroxyd vor. Bei Destillation von weniger als 0,0075 mg Arsensäure werden mit Rücksicht auf die nephelometrische Endbestimmung (s. § 10, S. 170) 0,4 bis 0,5 g Kaliumchlorid und nur eine Spur Kaliumbromid angewendet.

II. Verfahren zur Abtrennung von 10 bis 120 mg Arsen nach TERÉNYI und PÁSKUJ (Analyse von quecksilber- und kupferhaltigen Pflanzenschutzmitteln).

Apparatur. Die Destillation wird aus einem hochgestellten, in der unteren Hälfte kalibrierten 200 cm³-Destillationskolben ausgeführt, an den mit Schliff ein zweimal annähernd rechtwinkelig gebogenes Destillierrohr angeschlossen ist, das in einen Kugelkühler übergeht. Das Ende des Kühlers wird mit einem grauen Gummistopfen in den Hals eines 300 cm³ fassenden Absorptionskolbens nach FRESENIUS bzw. VOLHARD[1] eingesetzt, der zum Zurückhalten des Trichlorids mit 100 cm³ Wasser beschickt wird. (Die Verfasser konnten bei Verwendung grauer Gummistopfen niemals eine Schwefelwasserstoffentwicklung feststellen.) Die Vorlage wird in ein Gefäß mit Kühlwasser eingestellt. Um gleichmäßiges Kochen zu erreichen, gibt man einige Bimssteinstückchen in den Kolben und erhitzt über einem vertieften Asbestdrahtnetz.

Destillation. Zu der schwefelsauren Aufschlußlösung, die keine Salpetersäure und Stickoxyde enthalten darf, gibt man so viel Wasser, daß der Schwefelsäuregehalt der Lösung etwa 50% beträgt, bringt die Flüssigkeit aus dem KJELDAHL-Kolben, in dem die Zerstörung der organischen Substanz ausgeführt wurde, in den Destillationskolben und wäscht mit 50 cm³ konzentrierter Salzsäure nach. Nun setzt man 5 g krystallisiertes EisenII-sulfat und 2 g Kaliumbromid hinzu, destilliert 25 cm³ ab und titriert im Destillat mit Kaliumbromat.

Bemerkungen. Eine sehr ähnliche Vorschrift für weit geringere Arsenmengen wird von HINSBERG und KIESE angegeben. Dabei wird die Aufschlußlösung, die außer konzentrierter Schwefelsäure auch Perchlorsäure enthält (s. § 16, S. 379), mit dem gleichen Volumen Wasser verdünnt und mit 8 g EisenII-sulfat und 2 g Kaliumbromid sowie 50 cm³ Salzsäure (D 1,19) versetzt. Man destilliert in 8 bis 10 Min. etwa 20 cm³ Flüssigkeit in einen 100 bis 150 cm³ fassenden, mit 30 bis 40 cm³ Wasser beschickten und gut gekühlten FRESENIUS-Kolben über.

III. Destillation kleinster Arsenmengen (unter 0,1 mg) nach v. FELLENBERG.

Apparatur. Ein langhalsiges Schliffkölbchen, dessen Kugel etwa 30 cm³ faßt, trägt knapp unter dem Stopfen ein schräg nach aufwärts und dann im spitzen Winkel senkrecht nach abwärts führendes Ansatzrohr, das kurz unter dem spitzen Winkel zu einer Kugel erweitert ist. An diese Kugel schließt ein weit unter das Kölbchen ragendes Rohr, das in die Vorlage taucht. Das Kölbchen muß zur Destillation demnach hochgestellt werden. Als Vorlage dient für Mengen unter 10 γ Arsen, die zweckmäßig nach dem „Destillationsverfahren" isoliert werden sollen, wieder ein Fraktionierkölbchen bzw. bei größeren Arsenmengen ein 8 bis 10 cm³ fassendes Reagensglas, das in einen kleinen Absaugkolben paßt (bei der folgenden Behandlung wird in diesem Fall das Arsen als Sulfid gefällt, filtriert und von dem Trichterchen mit Natronlauge unter Ansaugen zurückgelöst).

Ausführung. Man ermittelt durch Vergleich mit einer gemessenen Wassermenge, die sich in einem dem verwendeten Zersetzungskolben genau gleichen KJELDAHL-Kolben befindet, das Volumen der schwefelsauren, von oxydierenden Substanzen und Salpetersäure freien Aufschlußlösung (der Aufschluß wird je nach der Substanz unter Verwendung von Perhydrol, bis 6 cm³ konzentrierter Schwefelsäure und gegebenenfalls etwas Salpetersäure durchgeführt; s. dazu § 16, S. 380), verdünnt mit dem gleichen Volumen Wasser, kühlt ab und gießt in das Destillierkölbchen über. Man fügt etwa 0,25 g reines EisenII-sulfat und etwa 0,02 g Kaliumbromid zu, spült den Aufschlußkolben mit 2,5 cm³ reinster konzentrierter Salzsäure nach und bringt die Salzsäure in das Destillierkölbchen. Die Vorlage wird mit 2,5 cm³ Wasser beschickt und durch Einstellen in Wasser gekühlt. Man beginnt die Destillation mit kleinem Flämmchen, wobei zuerst Salzsäuregas entweicht. Sobald die Flüssigkeit überzudestillieren beginnt (die Kugel wird heiß), ist das Arsen praktisch bereits übergegangen. Man erhitzt noch 20 Sek. und hebt dann das Ableitungsrohr aus der Vorlage ohne die Flamme zu entfernen, damit ein Zurücksteigen der Vorlageflüssigkeit vermieden wird. (Dauer der Destillation etwas über 1 Min.)

Bemerkungen. Einige kleine Änderungen der Methode beschreibt REITH. So spült er die etwa 5 cm³ konzentrierte Schwefelsäure enthaltende Aufschlußlösung mit 2mal je 2,5 cm³ Wasser in den Fraktionierkolben und oxydiert mit 0,1 n Kaliumpermanganatlösung bis zur bleibenden Rotfärbung, bevor er EisenII-sulfat, Salzsäure und Kaliumbromid zusetzt. Außerdem legt er 4 cm³ Wasser vor und destilliert nach Vertreiben der Luft aus dem Apparat 40 Sek.

[1] Siehe Fr. **14**, 333 (1875).

Bei Anwesenheit von Antimon, Quecksilber oder Selen wird nach REITH das Destillat in 6 cm³ Wasser aufgefangen, die sich wieder in einem Destillationskölbchen befinden. Nach Zugabe von 5 cm³ konzentrierter Schwefelsäure, 1 cm³ 37%iger Salzsäure, 250 mg Ferrosulfat und 0,1 cm³ 20%iger Kaliumbromidlösung wird die Destillation wiederholt.

2. Destillation aus schwefelsauren Aufschlußlösungen ohne Verwendung von Kaliumbromid.

I. Arbeitsweise nach WINTERFELD, DÖRLE und RAUCH.

Apparatur. Die Destillation wird aus einem 100 cm³-KJELDAHL-Kolben ausgeführt, der einen Hahntrichter und ein Ableitungsrohr in seinen Schliffstopfen eingebaut trägt. Das schwach absteigende Ableitungsrohr mündet (mit Schliff) in einen senkrecht nach abwärts führenden Intensivkühler, der am unteren Ende zwei 75 cm³ fassende Kugeln trägt. An den Kühler ist durch Schliff oder mit Gummistopfen das als Vorlage dienende PELIGOT-Rohr angeschlossen (das untere bauchige Stück faßt 50 cm³), das während der Destillation in Eiswasser eingehängt wird.

Ausführung. Man verdünnt die schwefelsaure Aufschlußlösung (es werden 8 bis 10 g Substanz mit 20 cm³ Schwefelsäure und einer zur vollständigen Oxydation notwendigen Menge Salpetersäure aufgeschlossen [s. § 16, S. 376], dann bis auf wenige Kubikzentimeter eingeengt und mit Ammoniumoxalat behandelt; nach Überspülen in den Destillationskolben wird neuerlich bis zum Auftreten von SO_3-Nebeln eingeengt und 10 Min. gekocht) mit Wasser auf etwa 20 cm³, fügt einige in Salzsäure ausgekochte Tonsplitter und 3 g EisenII-sulfat zu, füllt die unterste Kugel des PÉLIGOT-Rohres mit Wasser und setzt die Apparatur zusammen. Durch den Hahntrichter gibt man nun sehr vorsichtig unter Umschwenken 50 cm³ arsenfreie Salzsäure (D 1,18) zu, erhitzt langsam zum Sieden und destilliert, bis nur noch 30 cm³ Flüssigkeit im Kolben sind. Nach Abkühlen des Kolbenrückstandes fügt man wieder 50 cm³ Salzsäure langsam zu und destilliert bis auf 40 cm³ ab. Die Destillation ist danach beendet und die Vorlageflüssigkeit wird unter Nachspülen mit Wasser in einen 200 cm³-ERLENMEYER-Kolben übergeführt. (Bezüglich der weiteren Aufarbeitung s. § 13, S. 237.)

II. Destillation nach einer älteren Vorschrift von RUPP und LEHMANN[1].

Arbeitsweise. Die durch Behandeln von 5 bis 20 g Probe (Fleischmaterial) mit 10 g Kaliumpermanganat (die Zerstörung kann auch unter Verwendung von Persulfat als Oxydationsmittel durchgeführt werden), 10 cm³ verdünnter Schwefelsäure und später mit 25 cm³ konzentrierter Schwefelsäure und 30 cm³ 3%igem Wasserstoffperoxyd erhaltene Lösung (s. § 16, S. 381 und 383) wird unter Nachspülen mit 30 cm³ konzentrierter Schwefelsäure in einen KJELDAHL-Kolben gebracht, mit 10 g krystallisiertem oder 5 g wasserfreiem Ferrosulfat versetzt und abgekühlt. Nun werden 50 g Natriumchlorid zugesetzt, worauf unter Verwendung eines KJELDAHL-Kugelaufsatzes und eines 30 bis 40 cm langen Ableitungsrohres auf dem Sandbad so lange in eine Vorlage mit 100 cm³ Wasser und 40 g Natriumhydrogencarbonat destilliert wird, bis das feste Bicarbonat vollständig verschwunden ist (zeitweiliges Umschwenken). Die Destillation wird dann unterbrochen und das Destillat jodometrisch ausgewertet (Titration mit 0,1 bzw. 0,01 n Jodlösung, wobei 0,05 bzw. 0,5 cm³ als Korrektur abgezogen werden). Der zur Destillation erforderliche Salzsäurestrom kann auch durch Eintropfen von rauchender Salzsäure in die schwefelsaure Zerstörungslösung erzeugt werden.

Bemerkungen. In einer späteren Veröffentlichung empfiehlt LEHMANN (a) bei aus Blut erhaltenen Aufschlußlösungen (s. § 16, S. 381) zur Verhinderung lästigen Schäumens vor der Destillation etwas Olivenöl zuzusetzen. Bei Anwendung des Verfahrens auf die Untersuchung von Eisenarsenpillen verzichtet LEHMANN (b) auf den Zusatz von EisenII-sulfat, da die in dem zur Mineralisierung ohne Kaliumpermanganat durchgeführten Verkohlungsprozeß mit konzentrierter Schwefelsäure entwickelte schweflige Säure zur Reduktion des Arsens ausreicht. Die Destillation wird dann wieder nach Zugabe von Natriumchlorid und Olivenöl durchgeführt, wobei das Destillat in 25%iger Salpetersäure aufgefangen wird. Etwa vorhandene jodbindende Spaltstücke der organischen Substanz im Destillat werden durch Eindampfen zur Trockne zerstört. Durch Aufnehmen mit Natriumhydroxyd und Filtrieren werden Spuren Eisen abgetrennt. Das Filtrat wird mit Schwefelsäure angesäuert, mit Kaliumjodid versetzt und das

[1] Eine sehr ähnliche Destillationsvorschrift, jedoch unter Verwendung von 1 g Kaliumbromid, gibt JOACHIMOGLU an.

Jod mit Thiosulfat titriert. Kontrollversuche durch Zerstörung der organischen Substanz, Fällung mit Schwefelwasserstoff, Oxydation und Titration ergaben annähernd übereinstimmende Werte.

3. Destillation aus salzsaurer Lösung.

I. Arbeitsweise nach FISCHER-HUFSCHMIDT (Vorschrift von CLASSEN).

Apparatur. In einen schräg eingespannten 500 cm³ fassenden Fraktionierkolben wird ein bis zum Boden reichendes, am unteren Ende stumpfwinkelig abgebogenes Gaseinleitungsrohr eingebaut, das mit einem Salzsäureentwicklungsapparat (die Salzsäure wird durch Eintropfen von konzentrierter Schwefelsäure in konzentrierte Salzsäure oder aus Schwefelsäure und Natriumchlorid entwickelt) in Verbindung steht. Das seitliche, rechtwinkelig angesetzte Rohr des Fraktionierkolbens ist später im stumpfen Winkel senkrecht nach abwärts gebogen und reicht durch den Stopfen eines 1 l-Stehkolbens eben bis in die vorgelegte Flüssigkeit. Durch eine zweite Bohrung des Stopfens führt ein Ableitungsrohr, das durch wenig in einem Becherglas befindliches Wasser abgesperrt ist. Die Vorlage wird mit Wasser gekühlt. Der Destillationskolben ruht auf einem Drahtnetz und wird durch einen Brenner geheizt.

Ausführung. Der das Arsen enthaltende Eindampfrückstand (bei vorangegangener Oxydation mit Salzsäure und Kaliumchlorat wird die Säure im Wasserbad verdampft; wurde vorher mit Salpetersäure behandelt, muß allerdings zur Entfernung von Stickoxyden mit Schwefelsäure abgeraucht werden) wird ohne Rücksicht auf etwa ungelöste Anteile mit möglichst konzentrierter Salzsäure in den Destillationskolben gespült. Man setzt 20 bis 25 cm³ gesättigte EisenII-chlorid-Lösung (bzw. 25 g „Eisendoppelsalz") zu und ergänzt mit konzentrierter Salzsäure auf etwa 200 cm³. Die Vorlage wird mit 400 bis 500 cm³ Wasser beschickt, die Apparatur zusammengestellt und die Lösung im Destillationskolben mit Salzsäuregas gesättigt. Nach etwa 1 Std. wird kein Gas mehr absorbiert, worauf man zum Sieden erhitzt und unter dauerndem Durchleiten eines lebhaften Salzsäurestromes 80 bis 100 cm³ abdestilliert. Das Arsen im Destillat kann als Arsentrisulfid oder jodometrisch bestimmt werden.

Bemerkungen. Wie aus den von HUFSCHMIDT angeführten Beleganalysen hervorgeht, ermöglicht das Verfahren eine Trennung von Antimon und Zinn. Die Methode soll auch zur quantitativen Trennung von Quecksilber genügen. Nach dieser Arbeitsweise können bis zu 0,5 g arseniger Säure in einer einzigen Operation überdestilliert werden.

II. Abtrennung von Arsen aus Eisen und Stahl (Vorschrift von WEIHRICH).

Apparatur. Der Destillationskolben trägt in seinem doppelt durchbohrten Stopfen einen Tropftrichter und ein schräg nach aufwärts führendes Ableitungsrohr. Dieses ist später im spitzen Winkel senkrecht nach abwärts gebogen und durch Schliff mit einem Kühler verbunden, dessen Ableitungsrohr auf ein kurzes Stück pipettenartig erweitert ist. Das Ende taucht eben in die vorgelegte Flüssigkeit, die sich in einem 600 cm³ fassenden ERLENMEYER-Kolben befindet.

Vorbereitung der Probe. 10 g Stahlspäne werden in einem mit Tropftrichter versehenen Lösungskolben mit 10 g Kaliumchlorat vermengt. Über ein doppelt rechtwinkelig gebogenes Rohr ist der Kolben mit einer Vorlage verbunden, in die man 60 cm³ 5%iger Kaliumchloratlösung und 2 cm³ Salzsäure (1:1) gebracht hat. Durch den Trichter setzt man tropfenweise 100 cm³ Salzsäure (1:1) zu und kühlt wenn nötig. Gegen Ende wird schwach erwärmt und die aus Kolben und Vorlage vereinigte Lösung in einer Porzellanschale bei 80 bis 90° eingeengt (ein unlöslicher Rückstand wird mit Natriumperoxyd und Natriumhydroxyd aufgeschlossen und ebenfalls auf Arsen untersucht).

Destillation. Die auf 80 cm³ eingeengte salzsaure Lösung wird in den Destillierkolben gespült und mit einer Lösung von 25 g EisenII-chlorid in 50 cm³ Salzsäure (1:1) versetzt. Man legt 30 cm³ Wasser vor und destilliert auf 30 cm³ ab. Zur Sicherheit destilliert man nochmals mit 50 cm³ Salzsäure (1:1) unter Zusatz von Ferrochlorid.

Bemerkungen. Antimon unter 1% stört nicht. Bei größeren Antimonmengen wird im Destillat durch Einleiten von Schwefelwasserstoff in die stark salzsaure Lösung (3 Teile konzentrierter Salzsäure auf 1 Teil Wasser) eine Arsen-Antimon-Trennung durchgeführt. HOLLARD und BERTIAUX destillierten das Arsen aus Metallen und Legierungen (Einwaage 5 g) nach Zusatz von 50 g EisenIII-sulfat und 150 cm³ Salzsäure direkt ab. In der Literatur älteren und neueren Datums finden sich überhaupt viele Vorschriften zum direkten Abdestillieren des Arsens aus Metallen, Legierungen oder auch Sulfiden nach Zusatz von EisenIII-salzen [z. B. TOUGARINOFF, SCHWEITZER, FEDOROWA, MARR, C. C. D., HINRICHSEN und FRANK, NORIS, GIBB, DUCRU, DE KONINGH, CLARK (a), ATTERBERG]. Die Destillation nach der Vorschrift von WEIHRICH kann übrigens auch mit Hydrazinsulfat und Salzsäure durchgeführt werden (6 g Hydrazinsulfat gelöst in wenig Wasser und 50 cm³ Salzsäure 1:1).

III. Sonstige industrielle Schnellmethoden.

Arsenbestimmung in Glanzmetallen nach SCHWEITZER.

2 bis 5 g Substanz werden mit etwa 5 g festem Kaliumbromid, 50 cm³ gesättigter Eisenchloridlösung, 165 cm³ konzentrierter Salzsäure und 35 cm³ Wasser destilliert, bis der Kolbeninhalt zu stoßen beginnt (bei Gegenwart von Antimon dürfte es allerdings schwer sein, auf diese Weise ein antimonfreies Destillat zu erhalten). Als Vorlageflüssigkeit dient verdünnte Salzsäure. Die Endbestimmung erfolgt jodometrisch. Auf sehr ähnliche Weise, jedoch ohne Zusatz von Kaliumbromid, destilliert FEDOROWA das Arsen aus Letternlegierungen ab.

Bestimmung von Arsen in metallischem Zinn nach TOUGARINOFF.

Ausführung. 25 g Zinn in Form von Bohr- oder Feilspänen werden in dem 750 cm³ fassenden Kolben der Ganzglas-Destillationsapparatur mit 220 cm³ EisenIII-chlorid-Lösung (1000 g $FeCl_3 \cdot 6\,H_2O$ arsenfrei gelöst in 250 cm³ Wasser) durch gelindes Erwärmen und gelegentliches Umschwenken in längstens 20 Min. in Lösung gebracht. Nun läßt man durch den Tropftrichter 100 cm³ konzentrierter Salzsäure eintropfen und destilliert im Kohlensäurestrom.

Genauigkeit. 50 bis 60 mg Arsen gehen nahezu quantitativ mit den ersten 100 cm³ des Destillats über. Im zweiten 100 cm³ betragenden Teil des Destillates befanden sich (jodometrisch ermittelt) nur 0,02 bis 0,2 mg Arsen. Ein drittes Destillat enthielt höchstens Spuren (bis 0,05 mg Arsen). Durch Testversuche, bei denen 50 bzw. 100 mg Sb_2O_3 zugesetzt wurden, ergab sich, daß Antimon nicht in nennenswerten Mengen in das Destillat übergeht (bis 0,03 mg Sb im zweiten 100 cm³-Destillat und 0,003 bis 0,05 mg im dritten Destillat). Allerdings geht auch etwas Zinn über, das aber nicht stört (0,06 bis 0,3 mg wurden im zweiten Destillat und 0,1 bis 0,4 mg im dritten Destillat gefunden).

Arsenbestimmung in Hölzern.

Nach einer Vorschrift der RÜTGERS-Werke wird das Arsen aus der auf Streichholzgröße zerkleinerten Holzprobe (20 bis 50 g) nach Zusatz von 6 g Bariumchlorid, das die Hydrolyse von Arsentrichlorid zurückdrängen soll, 10 g EisenII-sulfat und 37%iger Salzsäure (die Probe muß davon fast vollkommen bedeckt sein; nach Aufhören der Salzsäuregasentwicklung werden weitere 100 cm³ rauchende Salzsäure zugetropft) unter Durchleiten von Luft abdestilliert. In etwa 3 Std. werden 150 cm³ Flüssigkeit in die mit 300 cm³ Wasser beschickte Vorlage übergetrieben. Das Arsen wird im Destillat jodometrisch bestimmt. Da keine Beleganalysen mitgeteilt sind, ist nicht zu ersehen, ob etwa mitdestillierte organische Substanz die Titration stört.

Arsenbestimmung in Schweinfurter Grün nach HEIDUSCHKA *und* REUSS.

Nach dieser älteren Methode, die aus dem Verfahren von KOCH für Kupferlaugen entwickelt wurde, wird die Destillation in einer Apparatur ausgeführt, die aus einem 150 bis 200 cm³ fassenden Rundkolben mit KJELDAHL-Kugelaufsatz besteht, an den mit Gummischlauch Glas an Glas ein Rohr angeschlossen ist. Mit Hilfe eines doppelt durchbohrten Stopfens wird dieses in einen 700 cm³-ERLENMEYER-Kolben so eingesetzt, daß es fast den Boden berührt. Die andere Bohrung dient zur Verbindung mit einem PÉLIGOT-Rohr.

Ausführung. 0,5 g Probe werden mit 5 g klein krystallisiertem EisenII-sulfat und 60 cm³ Salzsäure (D 1,19) in den Destillationskolben gebracht. Man beschickt die Vorlagen mit verdünnter Kalilauge (insgesamt etwa 40 g KOH enthaltend) und stellt den ERLENMEYER-Kolben in Eiswasser ein. Man verbindet und destilliert über freier Flamme $^3/_4$ der Salzsäure über. Darauf wird die Destillation beendet und die arsenige Säure in den vereinigten Vorlageflüssigkeiten jodometrisch bestimmt.

Bemerkungen. Eine große Anzahl von Kontrollbestimmungen soll nach Angabe der Verfasser die Verläßlichkeit der Methode bestätigt haben.

Eine ähnliche Vorschrift zur Arsendestillation in Pflanzenschutzmitteln, die keine Mineralisierung erfordern, geben TERÉNYI und PÁSKUJ an. Diese Autoren verwenden 0,1 bis 2 g Material (entsprechend 10 bis 120 mg Arsen), setzen 5 g krystallisiertes EisenII-sulfat, 2 g Kaliumbromid und 50 cm³ konzentrierte Salzsäure (D 1,19) zu und destillieren 25 cm³ ab. Die dazu verwendete Apparatur wurde S. 266 beschrieben. Die Titration des Arsens im Destillat erfolgt mit Kaliumbromat.

B. Reduktion durch Hydraziniumsalze.

1. Trennung des Arsens von Antimon und Zinn nach der „Breslauer Vorschrift" (Arbeitsvorschrift von H. BILTZ und W. BILTZ).

H. BILTZ änderte auf Grund eingehender Versuche Apparatur und Methodik des Verfahrens von PLATO-HARTMANN (s. S. 292) ab und gelangte so zu der „Breslauer Vorschrift".

Apparatur. Als Destillationskolben dient ein weithalsiger Rundkolben von 150 cm³ Inhalt, 150 mm Halslänge und 25 mm innerer Halsweite, der in das runde, konzentrische Loch (6 cm Durchmesser) einer 14 zu 14 cm großen Asbestplatte eingesetzt wird (Abb. 22). Dieser Kolben wird mit einem 2fach durchbohrten, grauen (antimonfreien) Gummistopfen verschlossen, durch dessen eine Bohrung ein bis dicht auf den Boden des Kolbens führendes Glasrohr reicht, das sich oberhalb des Stopfens erweitert, und einen Tropftrichter sowie einen Ansatz zum Einleiten von Kohlensäure trägt. In die 2. Bohrung des Stopfens paßt das auf 8 mm verengte und unterhalb des Stopfens abgeschrägte Rohr eines etwa $2^1/_2$ cm weiten Fraktionieraufsatzes, der oben mit einem Glasstopfen verschlossen ist. Der Aufsatz ist mit dünnwandigen Glasscherben 15 bis 30 cm hoch beschickt. An das schräge Ableitungsrohr schließt ein Kühler von 20 cm Kühllänge. Das Ende des senkrechten, 50 cm langen Kühlrohres ist unten auf 2 mm verjüngt und taucht in einen als Vorlage dienenden, etwa 750 cm³ fassenden ERLENMEYER-Kolben.

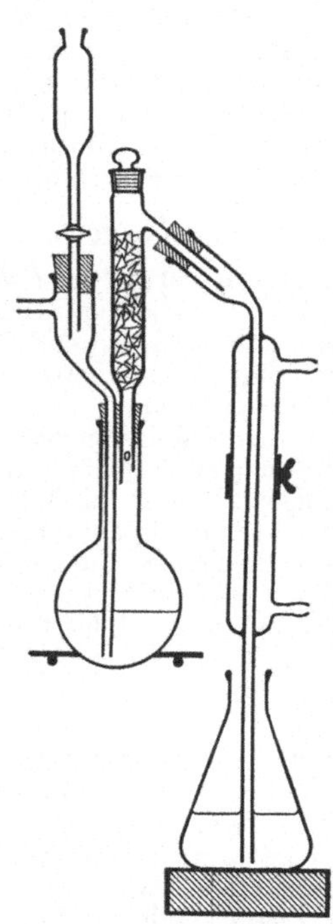

Abb. 22. Destillationsapparatur zur „Breslauer Vorschrift".

Bemerkungen zur Apparatur. In dem gleichen Kolben wird zweckmäßig vorher der Aufschluß des Untersuchungsmaterials durchgeführt, wobei der Kolben schräg in das Loch der Asbestplatte eingelegt werden kann. Zur Destillation kann auch ein anderer gleichwertiger Fraktionieraufsatz verwendet werden. Nach HÖLTJE ist der oben beschriebene Fraktionieraufsatz von BILTZ unnötig. Der vom Chemiker-Fachausschuß Metall und Erz in dem Buche Analyse der Metalle, Band I, S. 59 (Berlin 1942), empfohlene Aufsatz mit Spritzerfänger ist völlig ausreichend, wenn als Rundkolben ein solcher mit mindestens 15 cm langem Halse verwendet wird. Sehr zweckmäßig ist das Durchleiten eines schwachen Kohlendioxydstromes.

Ausführung der Destillation. Die Aufschlußlösung, die nicht mehr als etwa 4 cm³ konzentrierte Schwefelsäure enthalten darf und frei von Stickoxyden, schwefliger Säure und Schwefel sein muß und die sich bereits im Destillierkolben befindet, wird mit 1 bis 1,5 g reinem Hydrazinsulfat versetzt. Der Kolben wird an die Apparatur angeschlossen und die Vorlage mit 50 bis 100 cm³ Wasser beschickt. Man gibt 25 bis 50 cm³ konzentrierte Salzsäure und eine Lösung von 1 g Borax in 25 cm³ konzentrierter Salzsäure in den Kolben und läßt durch den Tropftrichter noch so viel konzentrierte Salzsäure zufließen, daß der Destillierkolben zu $^2/_3$ bis $^3/_4$ gefüllt ist. (In der diesbezüglichen Veröffentlichung aus dem Jahr 1930 empfiehlt H. BILTZ die Destillation nach Zusatz einer Lösung von 1 g Kaliumbromid oder Borax in 3 cm³ Wasser auszuführen; Brom geht erfahrungsgemäß nur dann in die Vorlage, wenn das Kaliumbromid der Aufschlußlösung vor dem Verdünnen mit Salzsäure zugesetzt wurde.) Die Destillation wird nun in Gang gesetzt und ein Strom von schwefelwasserstofffreiem Kohlendioxyd so schnell durch die Apparatur geleitet, daß man die Blasen in der Waschflasche eben noch zählen kann. Der Rest von

100 cm³ Salzsäure wird später zugesetzt. Man erhitzt mit kleiner freier Flamme, wobei die Masse zunächst etwas aufschäumt. Die Kohlensäure sorgt aber für genügend Bewegung und außerdem lösen sich die ausgeschiedenen Sulfate in der Salzsäure, so daß ein Stoßen kaum zu befürchten ist. In 40 Min. destillieren etwa 80 cm³ über. Bei hohen Arsengehalten kann man vorsichtshalber noch 30 cm³ konzentrierte Salzsäure nachfüllen und ebenfalls überdestillieren. Zum Schluß wechselt man die Vorlage, worauf nochmals 20 bis 30 cm³ konzentrierte Salzsäure zugegeben und überdestilliert werden. Dieses letzte Destillat wird für sich auf das 5fache verdünnt und nach Zusatz von 1 g Kaliumbromid mit 0,1 n Kaliumbromatlösung geprüft. Wenn ein Tropfen davon einen Farbumschlag bewirkt, befindet sich alles Arsen in der ersten Vorlage. Die Endbestimmung erfolgt in dem (zur Erreichung der für die Bromattitration günstigen Salzsäurekonzentration) auf das 5fache verdünnten Destillat durch Titration mit Kaliumbromat. Nach dem beschriebenen Verfahren können 0,5 g Arsen in kaum einer Stunde überdestilliert werden.

Bemerkungen. Die nach der Destillation im Kolben verbleibende Flüssigkeit darf höchstens 20 Vol.-% konzentrierter Schwefelsäure enthalten, d. h. bei einem Schwefelsäuregehalt von 4 cm³ der Aufschlußlösung darf nicht weiter als auf 20 cm³ abdestilliert werden (zweckmäßig wird eine entsprechende Marke am Kolben angebracht). Aus dem Destillationsrückstand kann nach Zugabe von Phosphorsäure und Salzsäure das Antimon abdestilliert werden, und schließlich trennt man unter Eintropfen von Bromwasserstoffsäure und Salzsäure auch noch das Zinn durch Destillation ab. Über Schwierigkeiten, die bei Verwendung zu verdünnter Salzsäure anläßlich der Arsendestillation auftreten können (Arsenabscheidung in Kolben, Kühler und Vorlage), liegen eingehende Untersuchungen von KUBINA und PLICHTA sowie von KUBINA vor.

Abänderung von HÖLTJE. Die Arsen und Antimon enthaltende Lösung, die höchstens 10 cm³ konzentrierte Schwefelsäure enthält, wird in das Destilliergerät nach den Angaben des Chemiker-Fachausschusses Metall und Erz gebracht. Das Zulaufrohr für Salzsäure muß bis dicht über den Boden des Kolbens geführt werden und wird zum Durchleiten von Kohlendioxyd benutzt. Die Lösung wird mit 100 cm³ konzentrierter Salzsäure, 0,5 g Hydraziniumsulfat und 1 g Kaliumbromid versetzt und auf ein Gesamtvolumen von 150 cm³ gebracht. Es werden 50 cm³ abdestilliert, die in einem 100 cm³ Wasser enthaltenden Becherglase aufgefangen werden. Dann werden zu dem Rückstand im Kolben 50 cm³ konzentrierte Salzsäure zugefügt und wieder 50 cm³ abdestilliert. Das Destillat wird in üblicher Weise mit 0,1 n Kaliumbromatlösung titriert. Nur wenn das 2. Destillat mehr als 0,6 bis 0,8 cm³ Bromatlösung verbraucht, wird eine 3. Destillation nach Zusatz von 50 cm³ Salzsäure ausgeführt. Nach dieser Vorschrift gelingt die Trennung des Arsens von Antimon in einer Menge bis zu 1 g.

Bestimmung des Arsens in Bleiglanzen nach BILTZ *und* HOEHNE.

Die Einwaage von etwa 5 g an fein gepulvertem Mineral wird im Destillationskolben mit einigen Tropfen Wasser umgeschwenkt. Nun gibt man in mehreren Anteilen 15 cm³ reine, etwa 98%ige Salpetersäure zu, schwenkt wiederholt um und erwärmt nach 10 Min. auf einer Asbestplatte mit einem Loch von 6 cm Durchmesser. Nach beendeter Umsetzung dampft man die Stickoxyde und die Hauptmenge der Salpetersäure aus dem schräg gestellten Kolben weg (5 bis 10 Min.), kühlt ab und versetzt mit 15 cm³ konzentrierter Schwefelsäure. Man erwärmt unter Umschwenken, bis sich alles von der Kolbenwand losgelöst hat, erhitzt bei aufrecht stehendem Kolben zum Kochen, dampft den Rest Salpetersäure und Schwefel unter Umfächeln des Kolbenhalses weg (5 bis 10 Min.) und kocht schließlich bei schräg gestelltem Kolben ein, bis nur noch etwa 3 cm³ freie Schwefelsäure vorhanden sind (10 bis 15 Min.). Auch dabei wird der Kolbenhals durch Umfächeln warmgehalten[1]. Manche Materialien müssen

[1] Der Schwefel muß quantitativ entfernt werden, da er bei der bromatometrischen Arsenbestimmung einen Plusfehler verursacht.

durch zwei- oder mehrmaliges Abrauchen mit Salpetersäure aufgeschlossen werden. Mit dieser über 6 g Bleisulfat enthaltenden Aufschlußmasse wird die Destillation wie beschrieben durchgeführt, wobei unter genauer Einhaltung der Temperatur und bei richtiger Destillationsgeschwindigkeit das störende Stoßen weniger hervortritt. Als Katalysator wird Borax in salzsaurer Lösung und zwar 1 g in 25 cm^3 konzentrierter Salzsäure zugefügt, und außerdem werden 50 cm^3 konzentrierte Salzsäure zugesetzt. Praktischerweise wird die Flamme mit einem Windschutz versehen. Die Arsenbestimmung erfolgt durch Titration mit 0,1 n Kaliumbromatlösung unter Verwendung einer 5 cm^3 fassenden, in 0,01 cm^3 geteilten Bürette.

Bemerkungen. Bei Gegenwart von Selen ergab sich eine Rosafärbung bzw. Opalescenz des Destillats, die jedoch keinen in Betracht kommenden Fehler verursachte, da sie nur etwa 0,02 cm^3 der Bromatlösung verbrauchte (Selen wird bekanntlich durch Behandeln mit Hydrazin ausgefällt). Leerbestimmungen zeigten in gut übereinstimmenden Versuchen einen Verbrauch von etwa 0,025 cm^3 0,1 n Lösung. Versuche mit bekannten Arsenmengen ergaben: 4,31 mg As statt 4,31 mg bzw. 4,20 mg As statt 4,16 mg.

Schnellbestimmung des Arsens in Erzen nach FRANKEL.

0,2 g des Erzes werden im Destillationskolben mit 7 cm^3 10 n Salpetersäure und 5 cm^3 12 n Schwefelsäure aufgeschlossen. Die Mischung wird nach Zugabe von unglasierten Porzellanstücken als Siedesteine 25 bis 30 Min. lang im Sieden erhalten. Nach dem Abkühlen werden 5 cm^3 Wasser, 1 g Hydraziniumchlorid, 1 g Kaliumbromid und 10 cm^3 Salzsäure zugegeben. Die Hälfte der Lösung wird in eine mit Natriumhydrogencarbonatlösung beschickte Vorlage abdestilliert und darin mit 0,01 n Jodlösung titriert. Die Bestimmung dauert weniger als 1 Std. — FEDORKIN schließt Erze mit Natriumcarbonat und Natriumperoxyd auf, löst die Schmelze in Salzsäure, kocht die Lösung 5 Min. und destilliert sie in üblicher Weise 80 bis 100 Min. lang, wobei die Salzsäure 2 mal in einer Menge von je 25 cm^3 ergänzt wird.

2. Vorschrift nach JANNASCH und SEIDEL (a).

Apparatur. Der etwa 1 l fassende Kochkolben ist durch Schliff mit dem 2 mal gebogenen und über der Vorlage pipettenartig erweiterten Ableitungsrohr verbunden. Der mittlere, schwach absteigende Teil ist von einem Kühlmantel umgeben.

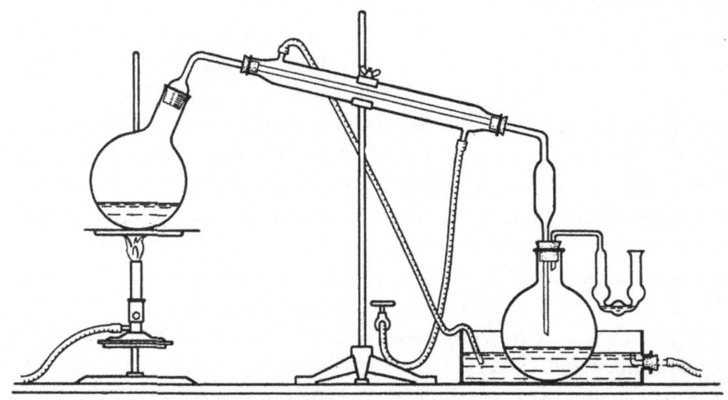

Abb. 23. Anordnung nach JANNASCH und SEIDEL.

Die Winkel werden so gewählt, daß bei schwach geneigter Lage des Kochkolbens das in die Vorlage mündende Rohr senkrecht steht. Als Vorlage dient ein etwa 1 l fassender Rundkolben mit doppelt durchbohrtem Gummistopfen, durch den das Ableitungsrohr des Kühlers und der verlängerte Schenkel einer mit etwas Wasser beschickten PÉLIGOT-Röhre führt. Die Vorlage wird in eine Wanne mit fließendem Kühlwasser eingesetzt. Die Destillation wird mit freier Flamme ausgeführt (Abb. 23).

Bemerkungen zur Apparatur. KLEINE führt die Destillation aus einem 300 cm^3 fassenden ERLENMEYER-Kolben aus, durch dessen Gummistopfen eine lange, in der Hauptsache senkrechte Glasrohrleitung führt, die von oben her in einen Schlangenkühler mündet. Das untere Ende des Kühlers reicht in den Hals eines als Vorlage dienenden 500 cm^3-ERLENMEYER-Kolbens, der weit höher als der Kochkolben montiert ist. Die lange senkrechte Leitung verhindert ein Mitreißen der Flüssigkeit aus dem Kolben (Abb. 24).

HAHN und WOLF geben eine Anordnung an, bei der ein Übergehen von Antimon mit dem Arsen auch bei unregelmäßigem Erhitzen des Destillationskolbens nach Erfahrung der Verfasser unmöglich ist. Die dabei verwendete Apparatur besteht aus einem Rundkolben, in dessen Hals ein in den Hohlschliffstopfen des Kolbens eingebauter Destilliereinsatz hängt, der mit Glasringen gefüllt ist. Das Destillat passiert anschließend einen schräg absteigenden Kühler und wird in einem FRESENIUS-Kolben aufgefangen, in dessen Hals das Ableitungsrohr mit Schliff eingesetzt ist (es reicht nur wenig in den Kolben und ist am Ende abgeschrägt) und der durch Einstellen in Wasser gekühlt wird. Zur Destillation wurden auf je 50 cm³ Arsen- und Antimonlösung 100 cm³ 36%ige Salzsäure, 1 g Kaliumbromid und 3 g Hydrazinsulfat zugesetzt. In $^1/_2$ Std. wurden dann ohne jede Vorsicht 80 bis 90 cm³ überdestilliert, wonach das gesamte Arsen übergetrieben war. Der erfolgreiche Verlauf der Trennung wird von den Autoren mit 3 Testversuchen belegt, bei denen das Arsen im Destillat durch Titration mit Bromat bestimmt wurde.

Ausführung. Die zweckmäßig vorbereitete Probe wird mit Wasser und Salzsäure in den Destillationskolben gebracht und mit 3 g Hydrazinsalz (Sulfat oder Chlorid) und 1 g Kaliumbromid, sowie 100 cm³ Salzsäure (D 1,19) versetzt. Man beschickt die Vorlage mit 300 cm³ Wasser und stellt den Apparat zusammen (das Abflußrohr des Kühlers endet 2 bis 3 cm über dem Niveau des vorgelegten Wassers). Man setzt die Kühlwasserleitung in Betrieb und erwärmt zuerst gelinde, dann zum lebhaften Sieden und destilliert bis auf etwa 25 bis 30 cm³ ab, was nach ungefähr einer Stunde erreicht ist. Bei dieser Arbeitsweise werden 0,3 g arseniger Säure sicher in die Vorlage übergetrieben und weder der Rückstand noch die PÉLIGOT-Röhre enthalten Arsen. Gegebenenfalls können noch 30 cm³ Salzsäure (D 1,19) zugesetzt und in eine neue Vorlage abdestilliert werden. Dieses Destillat wird dann mit Kaliumbromat auf Arsen geprüft. Der etwa 400 cm³ betragende Inhalt der ersten Vorlage kann direkt zur maßanalytischen Bestimmung des Arsens mit Kaliumbromat verwendet werden. KUBINA und PLICHTA erwähnen, daß trotz Einhaltung der Bedingungen [Vorschrift von A. STOCK und A. STÄHLER, Praktikum der quantitativen anorganischen Analyse, 2. Aufl., S. 100. (1918)] in einigen Fällen gegen Ende der Destillation Bildung von As_2S_3 und SO_2 beobachtet werden konnte.

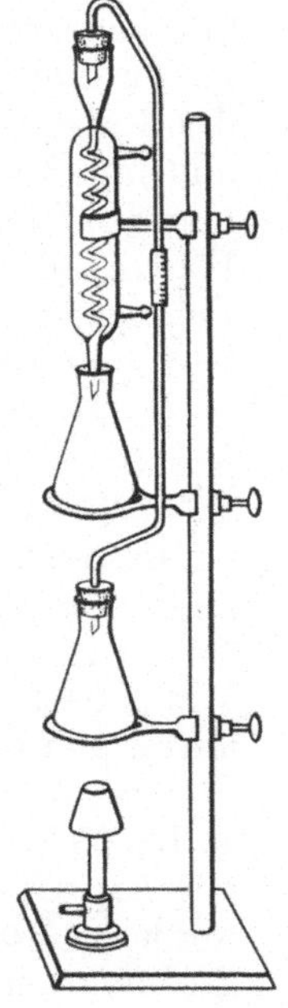

Abb. 24. Apparat nach KLEINE.

Bemerkungen. **Trennungsmöglichkeiten und Genauigkeit.** JANNASCH und SEIDEL (a) trennten auf diese Weise Arsen von Antimon, Quecksilber, Kupfer, Zinn, Wismut, Cadmium, Silber, Blei, Gold, Phosphorsäure, Vanadinsäure, Molybdänsäure und Wolframsäure. Diese letzte Trennung verläuft bei Gegenwart von bis zu 0,3 g Arsensäure normal, erfordert aber bei Anwesenheit von wesentlich mehr Arsen ein 3maliges Abdestillieren. Bei Trennung von Silber ermöglicht ein Zusatz von Platinschnitzchen aus dünnem Blech die Destillation trotz des ausgeschiedenen Halogensilbers; zur Trennung von Blei ist zu bemerken, daß sich bei Verwendung von Hydrazinsulfat bis zum Ende der Destillation kein Bleisulfat abscheidet, und bei Abtrennung des Arsens aus einer Gold enthaltenden Lösung wird dieses im Kochkolben fast quantitativ abgeschieden. Die für die Trennungen angeführten Beleganalysen zeigen befriedigende Resultate. Die Differenz zwischen angewendeter und gefundener Menge Arsentrioxyd überstieg fast ausnahmslos 1 mg nicht.

Modifikation des Verfahrens nach TARUGI. Das von JANNASCH und SEIDEL (b) schon 1910 in einer vorläufigen Mitteilung angegebene Verfahren wurde von TARUGI in der Weise modifiziert, daß die alkalische Arsenatlösung mit Hydrazinsulfat reduziert und das Arsen anschließend mit konzentrierter Salzsäure abdestilliert wurde. So versetzte er 10 cm³ 0,1 n Natriumarsenatlösung mit 10 cm³ 30%iger Natronlauge und 2 bis 3 g Hydrazinsulfat und erhitzte $^1/_2$ Std. Nach dem Abkühlen setzte er 100 cm³ konzentrierte Salzsäure zu und destillierte 1 bis 2 Std., wobei das Arsen meist schon nach $1^1/_4$ Std. quantitativ übergegangen war. Auf diese Weise gelang ihm die Abtrennung von Antimon, Zinn, Kupfer, Blei, Quecksilber und Eisen.

3. Trennung von Antimon und Zinn durch Destillation im Luftstrom nach MOSER und EHRLICH (a).

Apparatur. Ein weithalsiger Kolben von 300 cm³ Inhalt trägt einen 3fach durchbohrten Kautschukstopfen. Durch eine Bohrung führt ein Einleitungsrohr für den Luftstrom, das zur Regelung der Geschwindigkeit ein Stück Gummischlauch mit einem Schraubenquetschhahn trägt. Durch die zweite Bohrung reicht ein Tropftrichter mit Glashahn, und in der dritten steckt ein einfacher Kugelaufsatz, an den sich ein etwa 60 cm langes Glasrohr anschließt, das die Verbindung zur Vorlage vermittelt. Als Vorlage dient ein 400 cm³ fassendes Becherglas, das mit 250 cm³ Wasser beschickt und während der Destillation mit fließendem Wasser gekühlt wird. Das Destillierrohr reicht bis auf den Boden des Becherglases und ist etwas verengt. Die Luft wird einem Gasometer entnommen und durch einen mit konzentrierter Schwefelsäure beschickten Blasenzähler geleitet.

Ausführung (nach Angaben von SCHLEICHER und TOUSSAINT). Die festen Salze der 3 Metallsäuren werden im Destillierkolben in 50 cm³ Salzsäure (D 1,19) gelöst und mit 2 bis 3 g Hydrazinsulfat sowie 1,5 g Kaliumbromid versetzt. Man setzt nun den Stopfen auf und taucht den Kolben sofort bis zum Hals in ein kochendes Wasserbad. Gleichzeitig leitet man einen sehr lebhaften Luftstrom durch die Flüssigkeit. Unter zeitweiligem weiterem Zusatz von konzentrierter Salzsäure (nach MOSER und EHRLICH werden in Zeitabständen von 10 Min. je 20 cm³ konzentrierter Salzsäure zugegeben) durch den Tropftrichter wird das Arsen in etwa 40 Min. quantitativ übergetrieben. Die nunmehr in der Vorlage befindliche arsenige Säure wird direkt mit 0,1 n Kaliumbromatlösung titriert.

Bemerkungen. Die von SCHLEICHER und TOUSSAINT angeführten Beleganalysen zeigen für die Arsenbestimmung Abweichungen, die bei 0,1404 bis 0,2410 g Arsen 0,5 mg nicht übersteigen. MOSER und EHRLICH erhalten noch bessere Resultate. Von MOSER und EHRLICH wurde die Destillation von ArsenIII ohne Reduktionsmittel und ohne Kaliumbromid durchgeführt. In diesem Falle dauert die Destillation bei Zugabe von je 20 cm³ konzentrierter Salzsäure in Abständen von 10 Min. 40 bis 60 Min. Bei Vorliegen von Arsensäure kann nach ihren Angaben ebensogut mit EisenII-sulfat als Reduktionsmittel oder mit Kaliumbromid allein gearbeitet werden. MOSER und EHRLICH trennten nach dem Verfahren Arsen außer von Antimon und Zinn auch von Kupfer, Blei, Zink, Barium, Vanadin, Molybdän und Quecksilber mit gutem Erfolg. SCHLEICHER und TOUSSAINT bestimmen Antimon und Zinn im Destillationsrückstand elektrolytisch, wobei ohne weiteren Hydrazinsulfatzusatz vorerst das Antimon und anschließend, gegebenenfalls nach Zugabe von Hydroxylaminhydrochlorid, das Zinn abgeschieden wird.

4. Verfahren von RAMBERG und SJÖSTRÖM zur Abtrennung aus schwefelsauren Aufschlußlösungen organischer Substanzen (Vorschrift von ENGLESON).

Apparatur. Die Destillation wird aus einem schräg gestellten 300 cm³ fassenden KJELDAHL-Kolben aus *Jenaer* Glas ausgeführt, dem ein Destillations- und Kühlrohr eingeschliffen ist, das im spitzen Winkel nach abwärts gebogen, erst zu einem pipettenartigen Hohlkörper und gleich unterhalb durch eine Abschnürung getrennt, zu einer Kugel erweitert ist und sich dann wieder auf die ursprüngliche Weite verengt. Das Ende des Kühlrohres ist zu einer Spitze von 3 mm Öffnung ausgezogen. Als Vorlage dient ein 300 cm³-ERLENMEYER-Kolben, der vorteilhaft Marken für 150 und 170 cm³ aufweist und bis zum Hals in ein Gefäß mit Kühlwasser eingesenkt wird (Abb. 25).

Destillation. Die schwefelsaure Aufschlußlösung (der Aufschluß von Harn wird z. B. mit rauchender Salpetersäure und 20 bis 22 cm³ konzentrierter Schwefelsäure ausgeführt; etwas von der Schwefelsäure wird im Verlauf der Operation weggeraucht; Reste von Stickoxyden werden durch Zusatz von Ammoniumoxalat entfernt; die genaue Arbeitsvorschrift findet sich § 16, S. 375) wird vorsichtig mit 20 cm³ Wasser verdünnt, bzw. wenn der Aufschluß in einem anderen Kolben durchgeführt wurde, unter zweimaligem Nachspülen mit je 10 cm³ Wasser in den Destillationskolben umgegossen. Man fügt zu der abgekühlten Lösung 1 g Hydrazinsulfat, 30 g Kaliumchlorid und 25 cm³ Salzsäure (D 1,19) (statt der 30 g Kaliumchlorid können besser weitere 25 cm³ Salzsäure zugesetzt werden), sowie eine kleine Messerspitze Kaliumbromid (10 bis 15 mg), schüttelt gut um und verbindet mit dem Destillationsrohr. Die Schliffstelle wird mit etwas Schwefelsäure gedichtet. Die Vorlage wird mit 150 cm³ Wasser beschickt und so befestigt, daß die ausgezogene Spitze des Kühlrohres 1 cm in das Wasser eintaucht. Nun wird die Destillation begonnen und die Flamme so eingestellt, daß der gekrümmte Teil des Kühlrohres nach $2^1/_2$ bis $2^3/_4$ Min. heiß wird, und daß in 10 Min. 20 bis 25 cm³ der Flüssigkeit überdestillieren. Der Kolbeninhalt darf nach dieser Zeit nicht soweit eingeengt sein, daß sich (bei erfolgter Verwendung von Kaliumchlorid) eine Haut auskrystallisierender Salze zeigt. Man beendet die Destillation durch Herausheben des Kühlrohres aus der Vorlage, entfernt den Brenner und löst den Kühler vom Kolben. Nach gutem Ausspülen des Kühlrohres wird das Destillat mit Bromatlösung (0,1485 g $KBrO_3$ im Liter) titriert. Der Bromatverbrauch der Reagenzien wird in einem Blindversuch ermittelt und berücksichtigt.

Bemerkungen. Das beschriebene Verfahren ist im wesentlichen eine Übersetzung der Vorschrift von RAMBERG und SJÖSTRÖM, wobei einige kleine Änderungen angebracht wurden. So wird im Original die Reduktion mit 2 g MOHRschem Salz oder EisenII-sulfat vorgeschrieben, während ENGLESON 1 g Hydrazinsulfat anwendet. RAMBERG (b) betont in seinen Bemerkungen zu dieser Arbeit allerdings, daß in diesem Fall die Anwendung von Hydrazin gegenüber EisenII-sulfat keine Vorteile bietet. Weiter destillieren RAMBERG und SJÖSTRÖM 25 bis 30 cm³ ab (in der endgültigen Vorschrift 18 bis 20 cm³) gegenüber 20 bis 25 cm³ bei ENGLESON.

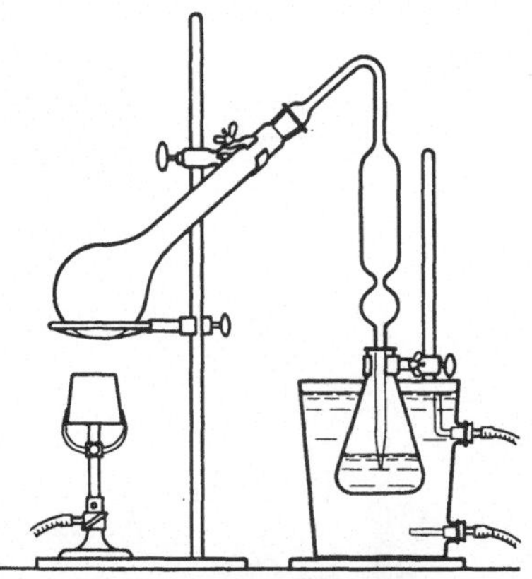

Abb. 25. Destillationsanordnung zur Vorschrift von ENGLESON.

Auch TERÉNYI und PÁSKUJ geben ein Verfahren zur Mikrodestillation aus Aufschlußlösungen an. Die Destillation wird in dem S. 266 für Makrodestillationen beschriebenen Apparat durchgeführt, wobei das Destillat aber in einem 500 cm³ fassenden Kolben aufgefangen wird, da zur Titration der kleinen Mengen stärker verdünnt werden muß. Auf 15 cm³ der 0,03 bis 3,5 mg ArsenV enthaltenden 50%igen Schwefelsäure verwenden sie 1 g Hydrazinsulfat, 20 mg Kaliumbromid und 50 cm³ konzentrierte Salzsäure. Das Arsen geht dabei mit 25 cm³ Flüssigkeit quantitativ über (es werden 100 cm³ Wasser vorgelegt). Die Endbestimmung erfolgt nach Verdünnen mit weiteren 150 cm³ Wasser durch Titration mit Bromat.

Eine ähnliche Methode zur Untersuchung von Lebensmittelfarben wird auch von CALLAN und CLIFFORD referiert, wonach die mit Salpetersäure und 10 cm³ Schwefelsäure erhaltene Aufschlußlösung mit 5 g einer Mischung von 5 g Natriumchlorid, 0,5 g Hydrazinsulfat und 0,02 g Kaliumbromid und 10 cm³ konzentrierter Salzsäure versetzt und das Arsen in eine Mischung von 10 cm³ Wasser und 2 cm³ Salpetersäure (D 1,42) abdestilliert wird. Für orientierende Bestimmungen wird auch die Möglichkeit erwähnt, das Arsen ohne vorherige Zerstörung der organischen Substanz durch zweimaliges Abdestillieren mit je 10 cm³ Salzsäure aus der mit 5 g der Salzmischung und 20 cm³ konzentrierter Schwefelsäure sowie 14 cm³ Wasser versetzten Probe zu isolieren.

5. Destillation sehr kleiner Arsenmengen aus Urin oder Geweben nach CHANEY und MAGNUSON.

Prinzip. Das Material wird mit Salpetersäure, Schwefelsäure und Perchlorsäure aufgeschlossen. Das Aufschlußgut wird in einer Spezialapparatur der Destillation unterworfen, die nur 5 Min. dauert. Das überdestillierte ArsenIII-chlorid wird durch Jodat zu Arsenat oxydiert und dieses colorimetrisch als Arsenomolybdänblau bestimmt (s. § 10 A). Das Verfahren eignet sich am besten für Arsenmengen von 1 bis 100 γ As.

Apparate. 1. Aufschlußapparatur. Die in Abb. 26 gezeigte Apparatur erlaubt den Aufschluß mit Säuren im Laboratorium ohne Belästigung durch die Säuredämpfe, die in dem mit Natronkalk gefüllten Rohre zurückgehalten werden. 2. Destillationsapparatur. Der Destillieraufsatz *a* hat eine gewisse Ähnlichkeit mit einem *Soxhlet*apparat (s. Abb. 27). Unter das Abtropfende des Kühlers ist eine kleine Lippe angebracht, mit deren Hilfe die zurückfließende Flüssigkeit in das Capillarrohr, das etwa 1 mm weit und etwa 10 cm lang sein soll, geleitet wird. Gerade unterhalb der Lippe befindet sich eine Prallplatte *b*, die ein Spritzen in den Capillarrücklauf verhüten soll. Eine zweite Prallplatte *b'* ist gerade oberhalb des Destillierkolbens angebracht, um mechanische Verunreinigung durch Spritzer aus dem

Kolben auszuschließen. Die Falle *t* hat eine Reihe von Einschnürungen, um ein wirksameres Waschen des Dampfes und Absorbieren des Arsens zu gewährleisten. *f* ist ein Tropftrichter. Die Erhitzung der Kolben erfolgt durch eine elektrische Heizplatte, deren Strom durch einen Transformator geregelt wird.

Reagenzien. Konzentrierte Schwefelsäure, konzentrierte Salpetersäure, 60%ige Perchlorsäure, sämtlich arsenfrei. — Reduktionsreagens: In 100 cm³ Wasser werden gelöst: 5 g Hydraziniumsulfat, 17 g Kaliumchlorid und 4 g Kaliumbromid. — 0,3%ige Kaliumjodatlösung. — 0,5%ige Ammoniummolybdatlösung (nur 1 Woche haltbar). — 0,15%ige Hydraziniumsulfatlösung.

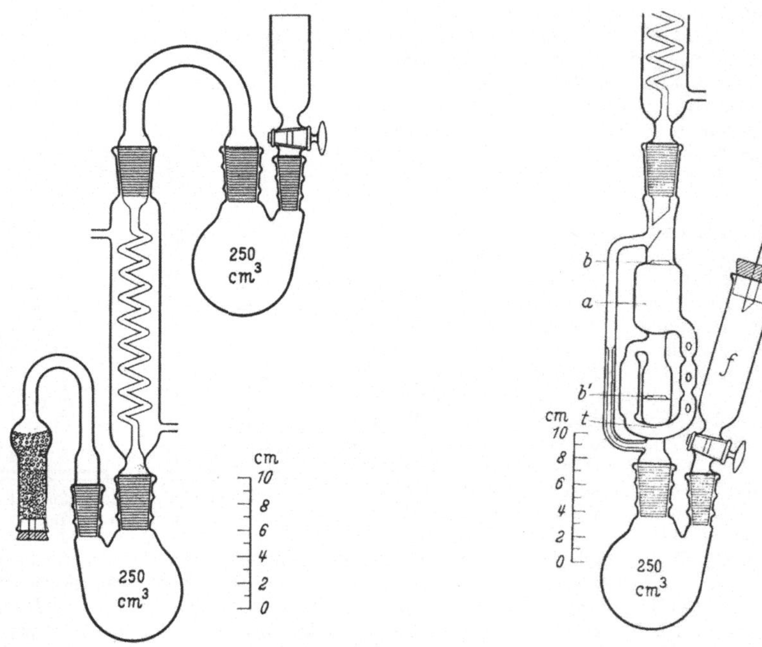

Abb. 26. Aufschlußapparatur nach CHANEY und MAGNUSON.

Abb. 27. Mikrodestillationsapparatur nach CHANEY und MAGNUSON.

Aufschluß. 5 bis 20 g Gewebe oder 5 bis 100 cm³ Urin werden in den Aufschlußkolben gebracht. Es werden 10 cm³ konzentrierte Salpetersäure, 5 cm³ konzentrierte Schwefelsäure und einige Siedesteinchen zugefügt. Der Kolben wird mittels einer Heizplatte mit regelbarem Transformator vorsichtig erhitzt. Salpetersäure wird durch den Tropftrichter von Zeit zu Zeit ergänzt. Wenn der Aufschluß fast vollendet ist, was an der schwach gelben Farbe der Lösung erkennbar ist, werden 0,5 cm³ Perchlorsäure zugefügt, um die Lösung zu klären und den Aufschluß zu vervollständigen. Nach ausreichender Abkühlung wird der Inhalt des Aufschlußkolbens mit 10 bis 15 cm³ Wasser, die durch den Tropftrichter zugegeben werden, verdünnt. Der verdünnte Aufschluß wird kräftig gekocht, bis alle Perchlorsäure vertrieben ist und dicke Dämpfe von Schwefelsäure auftreten. Nach dem Abkühlen erfolgt die

Destillation. Man fügt 5 cm³ Wasser hinzu und bringt in den Tropftrichter *f* (Abb. 27) 2 cm³ Reduktionsreagens. Der Kolben wird mit dem Aufsatz *a* verbunden und auf eine angeheizte Heizplatte (350 Watt) gestellt. Nach dem Beginn des Siedens und nach der beginnenden Kondensation des Dampfes in der Falle *t* bringt man 3 cm³ 0,3%ige Kaliumjodatlösung durch das obere Ende des Aufsatzes in die Falle. Danach wird der Rückflußkühler aufgesetzt. Der Inhalt des Tropftrichters wird in den Kolben gedrückt und der Trichter mit 2 cm³ Wasser nachgespült. Die Destillation wird etwa 4 bis 6 Min. lang fortgesetzt, bis sich Joddämpfe in Form von

Krystallen im Rückflußkühler absetzen. Nun wird der Aufsatz vom Kolben abgenommen und der Inhalt der Falle durch das obere Ende des Aufsatzes in ein 25 cm³-Meßrohr gegossen. Die Falle wird 2- bis 3mal mit je 3 cm³ Wasser ausgespült, so daß das Volumen im Meßrohr etwa 15 bis 17 cm³ beträgt. Das Destillat sollte wegen der Anwesenheit von freiem Halogen schwach gelb sein. Das Arsen befindet sich darin im fünfwertigen Zustande.

Man kann auch die Destillation so ausführen, daß man an Stelle der Kaliumjodatlösung destilliertes Wasser in die Falle einfüllt und dann 4 bis 6 Min. lang nach dem Zusatz des Reduktionsreagenses destilliert. In diesem Falle wird die Oxydation des Arsens durch Zusatz von 0,2 cm³ Kaliumjodatlösung zu dem Destillat im Meßrohr ausgeführt. Dieses Verfahren soll aber nur dann angewendet werden, wenn bei dem Aufschluß eingetretene Schwefelsäureverluste durch Zusatz von Schwefelsäure wettgemacht werden, damit genau 5 cm³ Schwefelsäure im Destillationskolben vorhanden sind.

Farbentwicklung. Die Meßröhre wird in ein siedendes Wasserbad gebracht, und es werden 2 cm³ Ammoniummolybdatlösung und danach 2 cm³ Hydraziniumsulfatlösung zugefügt. Dann wird noch 10 Min. lang erhitzt. Nach dem Abkühlen und Verdünnen auf 25 cm³ wird photometriert, wobei eine 1- oder 2-cm-Küvette und ein Filter von 725 mμ benutzt wird. Standardlösungen mit 0,01 bis 0,05 mg As werden in derselben Weise behandelt, und jeder Standardlösung werden 5 cm³ n Salzsäure und 0,3 cm³ Kaliumjodatlösung zugefügt.

Bemerkungen. Der Fehler beträgt etwa ±10%. — Antimon, Germanium und Selen können bei der Destillation mit verflüchtigt werden, stören aber unter den angegebenen Bedingungen die Farbentwicklung nicht. Phosphat ist nicht flüchtig, aber bei Anwesenheit sehr großer Mengen, z. B. bei der Untersuchung von Knochen, werden trotz der Prallplatte *b'* in dem Destillieraufsatz beträchtliche Mengen in die Falle *t* übergeführt. Diese Störung kann nur durch eine zweite Destillation unter Zusatz von 5 cm³ konzentrierter Schwefelsäure ausgeschaltet werden. Nitrat und Perchlorat stören die Farbentwicklung und müssen daher vor der Destillation entfernt werden.

6. Destillation mit vorangegangener Reduktion in konzentriert schwefelsaurer Lösung durch Hydrazin.

Verfahren zur Trennung von Antimon nach SCHULEK und WOLSTADT.

Apparatur (nach SCHULEK und VASTAGH). Als Destillationskolben dient ein senkrecht stehender, mit Schliff versehener KJELDAHL-Kolben, dessen Hohlstopfen einen Hahntrichter und einen Kugelaufsatz trägt. An den Kugelaufsatz schließt sich ein senkrecht absteigender Kühler, dessen Abflußrohr in die Vorlage (nach SCHULEK und WOLSTADT einen 25 cm³ fassenden Meßzylinder) mündet. Die Destillation wird mit Hilfe eines Kaminbrenners durchgeführt.

Ausführung. Die im Destillationskolben befindliche konzentriert schwefelsaure auf 2 cm³ eingeengte Aufschlußlösung (die 1 bis 40 mg Arsen bzw. 2 bis 80 mg Antimon enthaltende Probe [von Mineralen sind höchstens 0,1 g fein gepulvertes Material anzuwenden, da größere Mengen nicht aufgeschlossen werden] wird vorteilhaft im Destillationskolben mit 2 bis 5 cm³ konzentrierter Schwefelsäure und Perhydrol, gegebenenfalls nach Vorbehandlung mit Salpetersäure oder Wasserstoffperoxyd aufgeschlossen; wurden mehr als 2 cm³ Schwefelsäure angewendet, wird unter lebhaftem Durchleiten von Luft auf etwa 2 cm³ eingekocht; s. dazu auch § 16, S. 380) wird mittels eines langstieligen Pulvertrichters mit 0,2 g Hydrazinsulfat versetzt. Man kocht 20 Min. lebhaft, verdünnt mit 5 cm³ Wasser, läßt abkühlen und versetzt mit 10 cm³ 20%iger Salzsäure. Nach Zugabe von 0,2 g Kaliumbromid und Eintragen einer Glasperle wird die Apparatur zusammengestellt und der Schliff mit konzentrierter Schwefelsäure gedichtet. Man destilliert etwa 5 cm³ ab, entfernt die Flamme und gibt durch den Hahntrichter 5 cm³ 20%ige

Salzsäure zu. Nun destilliert man wieder 5 cm³ ab und wiederholt den Vorgang noch einmal. Das Destillat wird in einen 100 cm³ fassenden ERLENMEYER-Kolben gespült, auf etwa 50 cm³ gebracht, mit 0,2 g Kaliumbromid versetzt und mit 0,1 n Kaliumbromatlösung titriert.

Bemerkungen. Bei Gegenwart von viel Antimon enthält das Destillat Spuren davon, die aber nach Ansicht der Verfasser neben großen Arsenmengen vernachlässigt werden können (es befinden sich maximal 0,07 mg Antimon im Destillat). Allerdings muß bei Gegenwart von viel Antimon und wenig Arsen die Destillation nach Überspülen in einen Destillierkolben zu einem abgekühlten Gemisch von 2 cm³ konzentrierter Schwefelsäure und 5 cm³ Wasser und Nachspülen mit 1 bis 2 cm³ Wasser, unter Zusatz von 0,2 g Kaliumbromid wiederholt werden, wobei man 10 cm³ abdestilliert und 2mal je 5 cm³ 20%ige Salzsäure nachfüllt und wieder abdestilliert (in Anwesenheit von Glasperlen). Bei Gegenwart von wenig Arsen wird, sofern mit 0,01 n Kaliumbromatlösung titriert werden soll, die Salzsäure im Destillat durch Behandeln mit 5 cm³ Perhydrol und 2 bis 3 cm³ konzentrierter Schwefelsäure (im KJELDAHL-Kolben) vertrieben. Nach Reduzieren mit 0,2 g Hydrazinsulfat, Verdünnen und Zusatz von 0,2 g Kaliumbromid wird dann unter Verwendung von α-Naphthoflavonlösung als Indicator mit 0,01 n Bromatlösung titriert.

Der Fehler bei den angeführten Beleganalysen übersteigt nur in wenigen Fällen und zwar bei Mengen von etwa 1 mg 1%. Die Abweichungen betrugen allerdings in diesen Fällen 2,8 bzw. 5,3 bzw. 6,0%.

Eine ähnliche Arbeitsvorschrift wird von BURKARD und WULLHORST angegeben, welche die konzentriert schwefelsaure Aufschlußlösung durch $^1/_2$stündiges Erhitzen mit 1 g Hydrazinsulfat reduzieren, dann erst verdünnen, Kaliumbromid und Salzsäure zusetzen und destillieren.

7. Abtrennung des Arsens aus Pflanzenschutzmitteln nach GRAHAM und SMITH.

Arbeitsvorschrift. Die nicht mehr als 0,6 g Arsenpentoxyd entsprechende Probe wird in einen Destillierkolben gebracht, mit 50 cm³ einer Lösung von 20 g Hydrazinsulfat und 20 g Natriumbromid in 1 l Salzsäure (1:4)[1] versetzt und der Kolben durch einen Stopfen, der einen Tropftrichter trägt, verschlossen. Man verbindet mit einem Kühler und der Vorlage und kocht 2 bis 3 Min. Nun gibt man 100 cm³ konzentrierte Salzsäure durch den Tropftrichter zu und destilliert bis auf 40 cm³ ab. Nach neuerlicher Zugabe von 50 cm³ konzentrierter Salzsäure wird wieder auf 40 cm³ abdestilliert. In einem aliquoten Teil des Destillats wird das Arsen jodometrisch oder durch Titration mit Kaliumbromat bestimmt.

Bemerkungen. Aus einer 0,6 g As_2O_5 entsprechenden Probe geht nach Angabe der Verfasser praktisch alles Arsen mit den ersten 50 cm³ des Destillats über. 150 cm³ Destillat enthalten demnach sicher das gesamte Arsen. Das Verfahren eignet sich zur Analyse von Calcium- und Bleiarsenat und anderen gegebenenfalls nitrathaltigen Arsenpräparaten dieser Art.

8. Abtrennung des Arsens aus Eisen und Stahl.

Das unter A S. 268 beschriebene Verfahren nach WEIHRICH kann, wie dort erwähnt wurde, auch unter Verwendung von Hydrazinsulfat durchgeführt werden.

C. Reduktion durch schweflige Säure und Bromwasserstoffsäure.

1. Verfahren von ROHMER (a) zur Trennung des Arsens von Antimon und anderen Metallen.

Apparatur. Ein schief gestellter (45° geneigter) Rundkolben von 500 cm³ Inhalt ist mit einem doppelt durchbohrten Gummistopfen verschlossen, durch den ein entsprechend abgebogenes, fast bis zum Boden reichendes Gaseinleitungsrohr und ein kurzes abgeschrägtes Ableitungsrohr führen. Das Einleitungsrohr wird durch ein T-Stück mit einem Chlorwasserstoff- und einem Schwefeldioxydentwicklungsapparat verbunden. Das Ableitungsrohr ist im stumpfen Winkel schwach abwärts geneigt abgebogen, in diesem Teil etwa 40 cm lang und durch einen Gummistopfen

---

[1] FENNER verwendete zur Trichloriddestillation aus verschiedenen Metallen und Erzen bis 50 cm³ einer Lösung von 10 g technischem Hydrazinsulfat und 20 g NaBr in 1 l Wasser. Diese Menge soll sicherlich für 0,02 g Arsen ausreichen.

mit einem Vorstoß verbunden, der bis auf den Boden des als Vorlage dienenden Literkolbens reicht. Die Vorlage wird durch Einstellen in eine Kochsalz-Eismischung gut gekühlt.

Ausführung. Die stark salzsaure Lösung wird mit rauchender Salzsäure unter Zusatz von 1 g Bromwasserstoff (etwa 1,5 g Kaliumbromid oder 1 g Brom, das man mit schwefliger Säure reduziert hat; die Reduktion des elementaren Broms darf aber, wie TREADWELL aufmerksam macht, nicht im Destillierkolben vorgenommen werden, da die in die Vorlage gelangenden Bromdämpfe eine teilweise Oxydation des überdestillierten Arsens und somit eine Komplikation der Arsenbestimmung im Destillat zur Folge hätten) bis auf $^1/_3$ des Kolbeninhaltes aufgefüllt. Man beschickt die Vorlage mit 300 cm³ Wasser und destilliert in einem lebhaften Strom von Salzsäuregas unter fortwährendem Zuleiten von wenig Schwefeldioxyd in etwa 45 Min. bis auf 40 cm³ ab. Man entfernt die Flamme, löst das T-Stück von dem Einleitungsrohr und spült den Vorstoß in die Vorlage ab. Nach Erneuerung der Vorlage überzeugt man sich durch eine zweite Destillation von der Vollständigkeit der Trennung. Durch eine Destillation werden bis 0,15 g Arsen vollständig abgetrennt.

Das Destillat wird, sofern die Bestimmung des Arsens auf gewichtsanalytischem Wege (als As_2S_3) erfolgen soll, mit 200 cm³ Wasser verdünnt und 20 Min. am Rückflußkühler gekocht, wobei man durch ein entsprechend dünnes Röhrchen, das durch das Kühlrohr geführt wird, Kohlendioxyd durch die Flüssigkeit leitet. Für eine nachfolgende maßanalytische Bestimmung auf jodometrischem Wege soll nach Angabe des Verfassers ein aliquoter Teil des Destillats mit mindestens dem $1^1/_2$fachen Volumen Wasser verdünnt und nach Zusatz von Siedesteinchen in einem mit Uhrglas bedeckten Becherglas kurze Zeit gekocht werden.

***Bemerkungen.* Genauigkeit.** Die angegebenen Beleganalysen zeigen bei Mengen von 0,0042 bis 0,1689 g Arsen eine Übereinstimmung auf mindestens 0,6 mg. In verschiedenen Versuchen wurde die Abtrennung von Antimon, QuecksilberII, ZinnII, ZinnIV, Aluminium, Eisen, Blei, Cadmium, Wismut, Kupfer, ChromVI, Nickel, Kobalt, Mangan, Zink, Kalium und Ammonium teilweise bei Gegenwart von Schwefelsäure mit der oben genannten Genauigkeit erreicht.

Einige kleine Abänderungen der Methode gibt TREADWELL in seinem Lehrbuch an. So wird z. B. die 1,5 bis 2 l fassende Vorlage mit 800 cm³ Wasser beschickt. Das Destillationsrohr wird mit einem Kühlermantel umgeben und die Vorlage mit dem daraus abfließenden Wasser gekühlt. Das Anfangsvolumen wird mit rauchender Salzsäure auf 200 cm³ eingestellt. Genauere Angaben werden auch über die Art des Erhitzens gegeben. Der schräg liegende Kolben ruht nämlich seicht in einem Asbestring und wird von unten her mit freier Flamme erhitzt. Das Auskochen des Schwefeldioxyds aus dem auf etwa $1^1/_4$ l verdünnten Destillat erfolgt im Kohlendioxydstrom ohne Rückflußkühlung.

STRECKER und RIEDEMANN versuchten den Salzsäurestrom mit schwefliger Säure zu beladen, indem sie ihn durch einen mit festem Natriumhydrogensulfit beschickten Trockenturm leiteten, wobei sich aber das feste Sulfit ziemlich rasch verbrauchte.

Der Arsengehalt von Schwefelsäure wurde von ROHMER (b) nach seinem Verfahren bestimmt, indem er 50 bis 100 g der Säure in den mit 30 cm³ konzentrierter Salzsäure und etwas Kaliumbromid (HBr) beschickten Kolben einfließen ließ und wie oben verfuhr.

Modifikation des Verfahrens zur Abtrennung des Arsens aus schwefelsauren Aufschlußlösungen organischer Substanzen nach BERAT.

Apparatur. Der von TREADWELL angegebene Apparat wird in der Weise modifiziert, daß ein aufrecht stehender, 250 cm³ fassender ERLENMEYER-Kolben als Destillationskolben Verwendung findet, durch dessen Stopfen nebst der Gaszuleitung und dem Destillationsrohr ein kalibrierter Tropftrichter mit Hahn geführt ist. Außerdem ist zwischen den Gasentwicklungsapparaten und dem Destillationskolben als Schutz gegen etwaiges Zurücksteigen ein leeres U-Rohr eingeschaltet. Das Schwefeldioxyd wird mit Wasser, der Chlorwasserstoff mit rauchender Salzsäure gewaschen. Als Vorlage dient ein 1 l-Kolben.

Vorbereitung der organischen Substanz. Die Probe (z. B. 10 cm^3 Blut) wird in dem ERLENMEYER-Kolben mit 10 cm^3 Salpetersäure (D 1,39) digeriert und eingeengt (Dauer etwa 30 Std.), dann mit 15 cm^3 konzentrierter Schwefelsäure versetzt und bei höchstens 115° 4 Std. am Sandbad erhitzt. Nun werden tropfenweise 30 cm^3 5%ige Kaliumpermanganatlösung unter Wasserkühlung zugefügt, worauf man 2 Std. am Wasserbad beläßt. Dann versetzt man unter den gleichen Vorsichtsmaßregeln mit 10 cm^3 Perhydrol und läßt schließlich auf $^1/_3$ des ursprünglichen Volumens eindampfen (105° dürfen nicht überschritten werden).

Ausführung. Die schwefelsaure Aufschlußlösung wird im ERLENMEYER-Kolben mit 15 cm^3 Wasser verdünnt, abgekühlt und mit 2 g Kaliumbromid versetzt. Der Apparat wird zusammengebaut und der vorgelegte Kolben mit 500 cm^3 Wasser beschickt. Man fügt 30 cm^3 Salzsäure (D 1,19) durch den Tropftrichter zu und schaltet den Gasstrom ein. Nach Verdrängen der Luft erhitzt man mäßig, bringt schließlich zum Kochen und läßt 30 cm^3 überdestillieren. Darauf gibt man 30 cm^3 konzentrierte Salzsäure durch den Tropftrichter zu und destilliert neuerlich 30 cm^3 ab. Man beendet nun die Destillation, löst das U-Rohr vom Gaseinleitungsrohr des Destillationskolbens und entfernt die Vorlage. Der Vorstoß wird in die Vorlage abgespült und die schweflige Säure durch Kochen des Destillats im Kohlensäurestrom ausgetrieben. Das Arsen wird anschließend jodometrisch bestimmt.

Genauigkeit. 0,5 bis 20 cm^3 0,1 n Arsenigsäurelösung wurden mit und ohne Zerstörung organischer Substanz auf wenige Prozente genau wiedergefunden (größte Differenz $\pm$ 5%).

2. Destillation unter Verwendung von Thionylchlorid nach STRECKER und RIEDEMANN (Trennung von Sb, Sn, Cu, Pb, Hg und Fe).

Apparatur. Ein 300 cm^3 fassender langhalsiger Rundkolben trägt in seinem doppelt durchbohrten Kork einen Tropftrichter und ein Ableitungsrohr, an das ein senkrecht nach abwärts führender Schlangenkühler angeschlossen ist. Der Kühlerabfluß mündet in eine Vorlage, die andererseits mit einem PÉLIGOT-Rohr in Verbindung steht und nicht gekühlt zu werden braucht.

Ausführung. Man bringt die salzsaure Lösung des Arsenats in den Kolben, ergänzt das Volumen mit konzentrierter Salzsäure auf die Hälfte des Kolbeninhaltes und fügt 1,5 g Kaliumbromid und einige Siedesteinchen zu. Die Vorlage wird mit 300 cm^3 Wasser beschickt und das PÉLIGOT-Rohr so weit mit Wasser gefüllt, daß ein Abschluß zustande kommt. Man erhitzt zum Sieden und läßt in die siedende Flüssigkeit langsam 10 cm^3 Thionylchlorid so einfließen, daß die Destillation gerade nach $^1/_2$ Std. beendet ist. Nach Beendigung der Destillation werden Kühler und Stopfen der Vorlage gut abgespült und die Flüssigkeiten aus Vorlage und PÉLIGOT-Rohr vereinigt. Man verdünnt auf 700 bis 800 cm^3 und erhitzt unter Einleiten eines lebhaften Kohlendioxydstromes (unter Rückfluß) zum Sieden. Nach höchstens $^1/_2$ Std. ist das Schwefeldioxyd ausgetrieben, und der Schwefel hat sich nach dieser Zeit so zusammengeballt, daß er abfiltriert werden kann. Das Arsen kann anschließend als As_2S_3 gefällt werden.

Genauigkeit. 0,0568 bis 0,0794 g Arsen konnten von Mengen etwa der gleichen Größenordnung der oben genannten Metalle mit bestem Erfolg getrennt werden. Die Differenz zwischen berechneter und gefundener Arsenmenge betrug höchstens 0,3 mg.

3. Trennung von Antimon und Zinn nach Reduktion mit Thiosulfat und Zusatz von Natriumsulfit und Kaliumbromid. Arbeitsweise nach JÄRVINEN.

Apparatur. Auf einen 400 cm^3-Stehkolben wird ein 3teiliger, 50 cm langer JOUNGscher Dephlegmator mit Thermometer aufgesetzt, der mit einem aufrecht stehenden Kühler verbunden ist. Als Vorlage dient ein 500 cm^3 fassender Stehkolben. Das Kühlrohr braucht nicht in das vorgelegte Wasser einzutauchen.

Ausführung. Die zusammen etwa 0,3 g der Metalle enthaltende Lösung wird, sofern sie z. B. Salpetersäure, Jodwasserstoffsäure, organische Stoffe oder Sulfide enthält (eine Lösung, die nur Salzsäure und Schwefelsäure und das Arsen in dreiwertiger Form enthält, kann unmittelbar destilliert werden), in einen 300 cm^3-KJELDAHL-Kolben gebracht und mit einer den anwesenden Halogenwasserstoffsäuren äquivalenten Menge an konzentrierter Salpetersäure versetzt. Weiterhin gibt man soviel Schwefelsäure zu, daß insgesamt etwa 15 cm³ davon vorhanden sind. Nach Zugabe von etwas Bimssteinpulver engt man auf direkter Flamme ein, bis die Schwefelsäure siedet und den Kolbenhals gut abgespült hat. Nach fast völligem Erkalten gibt man 1 g Natriumthiosulfat zu, kocht erst mit voller Flamme, bis nahezu aller Schwefel aus dem Kolbenhals vertrieben ist, und dann mit kleiner Flamme, bis der fast immer vorhandene sulfidhaltige Schwefeltropfen verschwunden ist. Man läßt erkalten, spült den Rückstand mit 80 cm³ Wasser, dann mit 60 cm³ konzentrierter Salzsäure in den Destillationskolben (ein unlöslicher Anteil muß gegebenenfalls durch Behandeln mit einigen Kubikzentimetern heißer Natronlauge, die man dann mit der Hauptmenge vereinigt, in Lösung gebracht werden) und versetzt mit 25 cm³ einer 20%igen Kaliumbromidlösung und 1 g Natriumsulfit, oder den entsprechenden Mengen der Säuren. Man beschickt die Vorlage mit 200 cm³ Wasser und destilliert ab, bis der Rückstand nur noch das 5fache Volumen der vorhandenen Schwefelsäure aufweist. Man unterbricht, setzt nach einigen Minuten 50 cm³ Salzsäure (1:1) und etwas Sulfit zu und destilliert die letzten Spuren Arsen über, indem man wie zuvor bis auf das 5fache Volumen der anwesenden Schwefelsäure abdestilliert. Jetzt werden 40 cm³ Wasser zugefügt und etwa 20 cm³ Flüssigkeit zum Ausspülen der Apparatur übergetrieben. Das rund 400 cm³ betragende Destillat wird 10 bis 15 Min. gekocht, bis die schweflige Säure (mit höchstens 50 cm³ Wasser) vertrieben ist und das Arsen durch Titration der heißen Lösung mit Kaliumbromat bestimmt. Ein Blindversuch (gewöhnlich 0,3 bis 0,5 cm³ einer 0,05 n Kaliumbromatlösung) wird in Rechnung gesetzt.

Bemerkungen. Bei den ausgeführten Testversuchen konnten 56,2 mg Arsen und die doppelte Menge neben jeweils etwa den 2fachen Mengen an Antimon und Zinn auf 0,0 bis 0,3% genau wiedergefunden werden. Der Verfasser wählte zur Vorreduktion Thiosulfat, da er mit schwefliger Säure (und auch mit EisenII-sulfat) auch bei Gegenwart von Kaliumbromid nur teilweise Reduktion erreichen konnte. Nach MOSER (a) ist dieser Umstand auf die prinzipiell unrichtige Verwendung der verdünnten Salzsäure zurückzuführen, wobei durch eintretende Hydrolyse das quantitative Übergehen des Arsens verhindert wird.

4. Destillation unter Einbringen eines wäßrigen Salzsäure-Schwefligsäure-Gemisches in die konzentriert schwefelsaure Arsenlösung nach BISHOP.

Apparatur. Durch den Stopfen eines Fraktionierkolbens reicht eine Capillare bis zum Boden. Über dem Stopfen erweitert sie sich zu einem Rohr, das einen Hahn trägt, 2mal rechtwinkelig gebogen ist und (durch eine Bohrung ihres Stopfens) bis auf den Boden einer Flasche reicht, in der sich ein Gemisch von wäßriger Salzsäure und schwefliger Säure befindet. Durch eine andere Bohrung ihres Stopfens führt eine unter dem Stopfen endende Zuleitung für Preßluft, die die Flüssigkeit durch die Capillare in den Kolben preßt (Druckregelung durch eine entsprechende Wassersäule). Das schräg abwärts gerichtete Destillationsrohr des Fraktionierkolbens ist mit Stopfen in einen Vorstoß eingesetzt, der seinerseits durch den Stopfen eines als Vorlage dienenden ERLENMEYER-Kolbens tief in diesen hineinragt. In die 2. Bohrung des Stopfens der Vorlage ist ein U-förmiges Kugelrohr eingesetzt. Vorlage und Kugelrohr werden durch Einsenken in kaltes Wasser gekühlt (es wurden durchweg Korkstopfen verwendet).

Ausführung. Die Vorlagen werden mit etwa 50 cm³ kaltem Wasser beschickt. Die konzentriert schwefelsaure Arsenlösung im Destillationskolben wird auf 150 bis 200° erhitzt und die Zufuhr des Gemisches von schwefliger Säure und Salzsäure so reguliert, daß 50 bis 75 cm³ davon bei 1stündiger Destillationsdauer verbraucht werden. Die kleinen an der Capillare entstehenden Gasblasen bewirken eine Durchmischung der Lösung. Durch eine zweite derartige Destillation werden die letzten Spuren Arsen übergetrieben. Der Inhalt von ERLENMEYER-Kolben und Kugelrohr wird vereinigt und das Arsen nach Entfernen der Salzsäure (das vom Verfasser angegebene Verfahren, nämlich Behandlung des Destillats mit Kaliumchlorat wird von verschiedenen Autoren als nicht verlustfrei abgelehnt) mit Hilfe der MARSHschen Methode ermittelt.

Bemerkungen. 0,004 mg Arsen wurden 2 l arsenfreier Schwefelsäure (die Schwefelsäure wurde vorher mit Hilfe der beschriebenen Methode von Arsen befreit) zugesetzt und konnten exakt wiedergefunden werden.

Der Verfasser bestimmte den Arsengehalt von Schwefel, indem er die Probe in 250 cm³ heißer, durch vorherige Zugabe von 16 g Natriumhydroxyd natriumsulfathaltiger und von Arsen befreiter Schwefelsäure schmolz und aus der entstehenden Emulsion das Arsen nach dem geschilderten Verfahren abdestillierte. Auch aus getrocknetem organischem Material wurde ohne vorherige Zerstörung nach Digerieren mit 250 cm³ der arsenfreien Schwefelsäure direkt abdestilliert. Der Verfasser hält die Methode allgemein zur Untersuchung von Substanzen brauchbar, die in heißer konzentrierter Schwefelsäure löslich sind oder durch sie zersetzt werden.

D. Reduktion durch KupferI-salze.

Vorbemerkungen. SCHÜRMANN und BÖTTCHER heben als besonderen Vorteil des KupferI-chlorides als Reduktionsmittel gegenüber dem EisenII-chlorid hervor, daß dadurch auch das dreiwertige Eisen, das nach ihren Erfahrungen das Übergehen des Arsens erschwert, reduziert wird. Das KupferI-chlorid wurde als Reduktionsmittel für die Arsendestillation schon von CLARK (b) verwendet. FENNER erwähnt übrigens als einfache Methode zur Abtrennung des Arsens aus schwefelfreien Metallen, das in feinsten Spänen vorliegende Material direkt mit KupferII-chlorid und Salzsäure (1:1) zu destillieren, da das KupferII-chlorid sofort in KupferI-chlorid übergeht.

1. Trennung des Arsens von Wolfram nach DIECKMANN und HILPERT.

Apparatur. Die Destillation wurde von den Verfassern im Apparat von LEDEBUR[1] (Abb. 28) oder, was besonders empfohlen wird, im Apparat von KLEINE[2] ohne Kühlung der Vorlage ausgeführt.

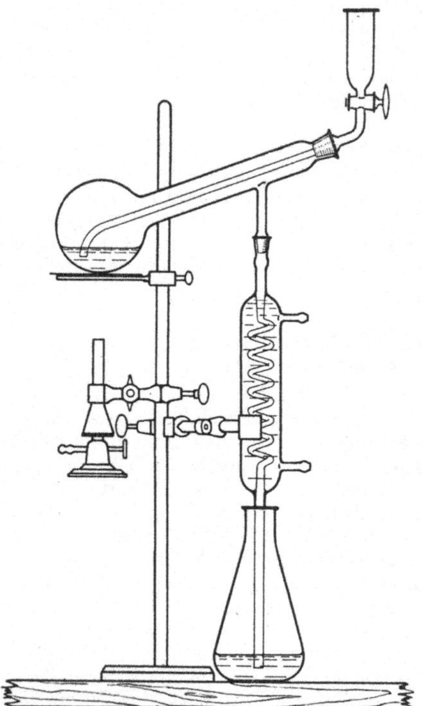

Abb. 28. Apparat nach LEDEBUR.

Arbeitsvorschrift. Das annähernd neutrale Arsenat-Wolframat-Gemisch wird mit 7 bis 12 cm³ Phosphorsäure (D 1,7) versetzt. Ein dabei ausfallender Niederschlag (Phosphorwolframsäure) löst sich in Ammoniak wieder. Die etwas eingeengte Lösung wird in den Destillationskolben übergespült und nach Zusatz des Reduktionsmittels (es wurden 10 bis 12 g KupferI-bromid oder 10 bis 15 g KupferI-chlorid + 1 g Kaliumbromid angewendet) sowie von 150 cm³ Salzsäure (D 1,16) destilliert. Zur Kontrolle wird nach Zugabe von 100 cm³ Salzsäure neuerlich destilliert. Das so erhaltene 2. Destillat ist vollkommen arsenfrei. Die Arsenbestimmung im Destillat erfolgt jodometrisch durch Titration mit $^1/_{20}$ n Jodlösung.

Bemerkungen. **Genauigkeit.** 0,0155 bis 0,0599 g Arsen konnten neben 0,07 bis 2,1 g WO_3 auf 0,0001 g genau wiedergefunden werden.

In einer früheren Vorschrift von HILPERT und DIECKMANN wird die Trennung von Wolframsäure ohne Phosphorsäure in der Weise ausgeführt, daß nach Zusatz von KupferI-chlorid 2mal destilliert, der Rückstand alkalisch gekocht, neuerlich angesäuert und auch das Restarsen durch zweimalige Destillation abgetrennt wurde. Diese Methode gibt nur brauchbare Werte, wenn das Verhältnis Wolframsäure zu Arsensäure nicht allzu groß ist (als ungünstigstes Verhältnis wurde bearbeitet: 0,2626 g WO_3 zu 0,0646 g As).

Zur Analyse von Wolframerzen werden diese durch Schmelzen mit der 6fachen Menge Soda und 1 g Natriumperoxyd im Platintiegel aufgeschlossen. Nach Lösen der Schmelze in Wasser wird filtriert, der Rückstand gewaschen, das Filtrat eingeengt und neutralisiert. Nach Zugabe von 10 cm³ Phosphorsäure und etwa 150 cm³ Salzsäure wird destilliert.

Zur Trennung von Molybdän- und Vanadinsäure genügt auch ohne Phosphorsäurezusatz eine einmalige Destillation mit KupferI-chlorid und Kaliumbromid.

[1] LEDEBUR: Leitfaden für Eisenhüttenlaboratorien, 11. Aufl., S. 42. 1923.
[2] KLEINE, A.: Stahl u. Eisen **24**, 248.

2. Modifikation des Verfahrens von Dieckmann und Hilpert zur Bestimmung sehr kleiner Arsenmengen neben Wolfram nach Millner und Kúnos.

Apparatur. Der 500 cm³ fassende Fraktionierkolben besitzt ein schräg nach abwärts geneigtes Ansatzrohr, das in einen Schlangenkühler eingeschliffen ist. Die Apparatur wird so montiert, daß der Kühler senkrecht nach unten führt. Das Abflußrohr des Kühlers ist mit einem Wattepfropfen in einen als Vorlage dienenden weithalsigen Stehkolben eingesetzt. In den Hals des Fraktionierkolbens ist ein mit Hahn versehener Einfülltrichter eingeschliffen, dessen Rohr über dem Stopfen und im Kolben der Lage des Kolbens entsprechend stumpfwinkelig abgebogen ist und bis an dessen Boden reicht. Beim Arbeiten im Gasstrom wird dieser durch den Trichter eingeleitet (der Trichter wird durch einen Stopfen verschlossen, durch dessen Bohrung ein Glasrohr führt). Vgl. hierzu die Abbildung des Apparates nach Ledebur, S. 282.

Ausführung. Die Einwaage an arsenhaltigem Wolframsäurehydrat (10,8 g, entsprechend 10,0 g WO_3) wird mit 10 cm³ Wasser durchfeuchtet und mit 10 cm³ 40%iger Natronlauge in Lösung gebracht. Diese alkalische, mitunter trübe Flüssigkeit wird mit 10 cm³ konzentrierter Phosphorsäure (D 1,70) versetzt und die heiße, klare, hellgrüne Lösung 1 Std. auf dem Wasserbad erhitzt. Nach dem Erkalten bringt man die Lösung durch den Trichter in den Destillationskolben und spült mit möglichst wenig Wasser nach. In 60 cm³ einer verdünnten Salzsäure (84 cm³ Salzsäure der Dichte 1,19 werden auf 100 cm³ verdünnt) löst man 10 g KupferI-chlorid und danach 1 g Kaliumbromid, bringt diese Lösung ebenfalls in den Destillationskolben und spült mit 20 cm³ der verdünnten Salzsäure nach (die letzten 20 cm³ stellt man beiseite). Der Kolbeninhalt wird vorsichtig durchgemischt und davon in einer $^3/_4$ Std. durch mäßiges Erhitzen etwa 80 bis 90 cm³ Flüssigkeit abdestilliert. Man stellt das Erhitzen ein, öffnet den Hahn des Einfülltrichters und setzt die restlichen 20 cm³ der verdünnten Salzsäure zu. Nach weiterem $^1/_4$stündigem Erhitzen ist die Destillation beendet. Im Destillat wird das Arsen nach Neutralisieren mit Natriumhydrogencarbonat (Methylorange als Indicator) und Zugabe eines Überschusses an Hydrogencarbonat mit 0,02 n Jodlösung titriert. Der Arsengehalt der verwendeten Reagenzien muß durch Blindversuch festgestellt und berücksichtigt werden, wobei ein Mittelwert aus mehreren Bestimmungen eingesetzt wird.

Tabelle 17.

Angewendet mg As neben 10 g WO_3	Gefunden mg As ohne Gasstrom	Gefunden mg As mit Gasstrom
0,73	0,65	0,72
0,80	0,72	0,78
0,83	0,75	0,83
0,87	0,80	0,89
1,00	0,86	0,97
1,20	0,98*	1,19*
3,00	2,78	3,02

Die Resultate sind mit 2 Ausnahmen (*) Mittelwerte aus 2 bis 4 Bestimmungen.

Genauigkeit. Bei Destillation kleiner Arsenmengen ergab sich ein etwa 10%iger Verlust, der durch Arbeiten in einem lebhaften Gasstrom (100 l je Stunde) von 70 Vol.-% Stickstoff und 30 Vol.-% Wasserstoff (durch Überleiten bei 500° über Kupfer gereinigt) ausgeschaltet werden konnte (s. Tabelle 17).

Die Verfasser vermuten, daß die besseren Resultate beim Arbeiten im Gasstrom darauf zurückzuführen sind, daß ein Vorrat an reduzierendem KupferI-chlorid während der Destillation erhalten bleibt.

3. Abtrennung des Arsens aus Stahl nach Cameron.

Apparatur. Ein 500 cm³ fassender Rundkolben trägt in seinem Stopfen einen Scheidetrichter mit Hahn und ein Ableitungsrohr mit einer kleinen seitlichen Öffnung (etwa 1 cm über dem im Destillationskolben befindlichen Ende). Die Kühlung des Destillats erfolgt in einem Spiralkühler, dessen Ableitungsrohr etwa 1 cm in das vorgelegte Wasser (100 cm³ in einem 400 cm³ fassenden Becherglas) taucht. Die Vorlage wird gekühlt.

Vorbereitung der Probe. 5 g Stahlspäne werden im Destillationskolben in Salpetersäure (D 1,2) gelöst, die Lösung wird eingedampft und bis zum Aufhören der Stickoxydentwicklung erhitzt. (Ein Schwefelsäurezusatz würde den Vorgang durch Bildung von EisenIII-sulfat, das beim Eindampfen stört, komplizieren und wird daher vermieden.)

Ausführung. Der von Stickoxyden befreite Eindampfrückstand wird mit 100 bis 150 cm³ konzentrierter Salzsäure unter leichtem Erwärmen gelöst. Die abgekühlte Lösung wird mit 20 g KupferI-chlorid versetzt, der Kolben mit dem Kühler verbunden und das Arsen langsam abdestilliert. (Bei Auftreten brauner Dämpfe muß die Bestimmung verworfen werden.) Man unterbricht nach Übergehen von 60 bis 75 cm³ durch Entfernen der Flamme, kühlt ab und setzt 50 cm³ Salzsäure zu. Nunmehr werden wieder 50 cm³ überdestilliert, worauf das Arsen quantitativ übergetrieben ist. Die Bestimmung im Destillat erfolgt jodometrisch. Das Ergebnis eines Blindversuches wird in Rechnung gesetzt.

Bemerkungen. Eine sehr ähnliche allgemeine Destillationsvorschrift findet sich bei Hillebrand und Lundell, nach der man der Arsenlösung 150 bis 300 cm³ Salzsäure und 15 bis 30 g KupferI-chlorid (oder auch EisenII-sulfat) zusetzt und 100 bis 200 cm³ abdestilliert (die Temperatur darf nicht über 108° steigen). Wenn mehr als 0,01 g Arsen anwesend sind, wird die

Destillation nach Zugabe von 100 cm³ unterphosphoriger Säure und 50 cm³ Salzsäure wiederholt. Bei größeren Arsenmengen wird ein Arbeiten im Salzsäurestrom empfohlen. Andere Vorschriften geben weit geringere Mengen an KupferI-chlorid an. So destillieren DEEMER und SCHRICKER das Arsen bei der Untersuchung von Bodenerzeugnissen unter Zusatz von 2 g KupferI-chlorid ab. JAMIESON gibt in seiner Vorschrift zur Analyse von Pflanzenschutzmitteln einen Zusatz von 5 g CuCl an.

4. Destillation im Salzsäurestrom nach ACKERMANN.

ACKERMANN führt das von CLASSEN beschriebene Verfahren (s. S. 268), das in einer Destillation des Arsentrichlorids im Salzsäurestrom besteht, nach Reduktion mit 2 g KupferI-chlorid[1], statt wie im Original angegeben, mit EisenII-salz durch.

E. Reduktion durch Schwefelwasserstoff.

Verfahren von PILOTY *und* STOCK *zur Trennung von Antimon.*

Apparatur. Ein schräg gestellter 300 cm³ fassender Rundkolben ist mit einem passenden Stopfen verschlossen, durch den ein bis zum Boden des Kolbens reichendes und unten im stumpfen Winkel abgebogenes Gaseinleitungsrohr und ein kurzes Ableitungsrohr (Destillationsrohr) führen. Dieses verläuft eine kurze Strecke waagrecht, ist dann rechtwinkelig abwärts gebogen und taucht 1 cm in die vorgelegte Flüssigkeit. Als Vorlage dient ein weithalsiger 600 cm³ fassender ERLENMEYER-Kolben, der mit Eis gekühlt wird und mit einem durchbohrten Uhrglas bedeckt ist, durch dessen Bohrung das Destillationsrohr führt. Dem Gaseinleitungsrohr können durch einen Verteiler gleichzeitig Chlorwasserstoff- und Schwefelwasserstoffgas zugeführt werden. (Eine Schliffapparatur für die Destillation mit aufrecht stehendem Destillationskolben und mit einer in das Ableitungsrohr eingebauten KJELDAHL-Kugel wurde von MORGAN angegeben.)

Ausführung. Man bringt das Gemenge von Arsenat und Antimonsalz in den Destillationskolben, löst in 100 cm³ konzentrierter Salzsäure und beschickt die Vorlage mit 250 cm³ schwach salzsaurem Wasser. Nach Zusammenbauen der Apparatur wird der Kolbeninhalt zum Sieden erhitzt und ein lebhafter Salzsäurestrom durchgeleitet. Sobald der ganze Apparat Dampftemperatur angenommen hat, wird mit dem Einleiten von Schwefelwasserstoff begonnen, wobei man den Strom so reguliert, daß je Sekunde höchstens 2 kleine Blasen eintreten. Durch Ausscheidung von Schwefel trübt sich die Flüssigkeit im Kolben alsbald milchig weiß, ohne daß jedoch Sulfid ausfällt. Man destilliert rasch bis auf einige Kubikzentimeter ab ($^1/_2$ bis $^3/_4$ Std.), wobei die milchige Trübung gewöhnlich wieder verschwindet (Verflüchtigung des Schwefels bzw. Zusammenschmelzen zu öligen Tröpfchen). In der Vorlage ist das gesamte Arsen als flockiges Sulfid gefällt. Man unterbricht den Schwefelwasserstoffstrom kurze Zeit vor Beendigung der Destillation durch Abklemmen der Verbindung und destilliert zur Vertreibung des Schwefelwasserstoffs aus dem Kolben noch einige Kubikzentimeter ab. Dann entfernt man die Flamme und löst sofort die Verbindung des Zuleitungsrohres mit dem Verteiler. Das in der Vorlage befindliche Arsensulfid wird nach Filtrieren in Alkali gelöst, mit Brom oxydiert und schließlich als Pentasulfid (nach BUNSEN) gefällt und gewogen (s. S. 66 und 78).

Bemerkungen. Die angeführten Testanalysen gaben ausgezeichnete Werte für die Trennung von Antimon. Die Verfasser führen als besonderen Vorteil des Verfahrens den Umstand an, daß der Destillationsrückstand frei von störenden Beimengungen ist. MORGAN verwendet das Verfahren in Abwesenheit von Antimon zur annähernden Bestimmung von ArsenIII und ArsenV nebeneinander, indem er vorerst nur im Salzsäurestrom das dreiwertige Arsen abdestilliert und dann unter Reduktion mit Schwefelwasserstoff das fünfwertige Arsen übertreibt.

---

[1] In der Veröffentlichung ist $CuCl_2$ angegeben, was offensichtlich einen Druckfehler darstellt.

F. Destillation bei Gegenwart von Methylalkohol.

1. Abtrennung im Salzsäurestrom nach FRIEDHEIM und MICHAELIS.

Apparatur. Als Destillationsgefäß dient ein 250 cm^3 fassender Rundkolben, der mit einer Schliffkappe versehen ist, in die durch Schliff ein Tropftrichter eingebaut ist. Der Tropftrichter reicht bis fast auf den Boden des Kolbens. Die Schliffkappe ist direkt an den Kühler angeschmolzen. Die Vorlage ist ein $^3/_4$ l-Kolben mit einer als Verschluß dienenden, bis in die Mitte reichenden Röhre, die mit dem Kühlerabfluß durch Schliff verbunden ist. Seitlich am Kolbenhals befindet sich eine Schliffverbindung für eine 3-Kugelvorlage. Der Salzsäurestrom wird offenbar, wie aus der Beschreibung des Arbeitsganges hervorgeht, durch den Tropftrichter in den Destillationskolben eingeleitet, wobei zwischen Entwicklungsgefäß und Destillationskolben eine Trockenflasche eingeschaltet wird.

Ausführung. Die zu analysierende Lösung wird im Destillationskolben mit 50 cm^3 Methylalkohol versetzt. Der Alkohol soll möglichst wasserfrei sein. Wurde die Probe mit Wasser in den Kolben gespült, verdampft man im allgemeinen vor dem Zusatz des Methylalkohols so weit als möglich (Ausnahmen bilden die später angeführten Trennungen). Man beschickt die Vorlage mit 20 cm^3 konzentrierter Salpetersäure und die Kugelvorlage mit destilliertem Wasser. Die Salzsäureentwicklung wird nun sehr energisch in Gang gesetzt, um ein Zurücksteigen des Methylalkohols zu vermeiden, während der Destillationskolben durch Wasser gekühlt wird. Nach vollständiger Sättigung wird in einem ganz schwachen Salzsäurestrom aus dem Wasserbad abdestilliert. Die Destillation muß je nach der Menge Arsensäure 1- bis 2mal (wenn der Methylalkohol durch viel Wasser verdünnt war, 3mal) wiederholt werden, wozu der Trichterhahn geschlossen, der Destillationskolben abgekühlt und der Tropftrichter mit der entsprechenden Menge Alkohol gefüllt wird. Dann läßt man den Alkohol in den Destillationskolben einfließen und verfährt wie oben.

Aufarbeitung des Destillats. Der Inhalt beider Vorlagen wird unter Nachspülen mit Wasser in eine 1 l-Porzellanschale gebracht (Bedecken mit einem Uhrglas). Man gibt 20 bis 30 cm^3 konzentrierte Salpetersäure zu, erwärmt auf dem Wasserbad, bis die bald eintretende heftige Chlorentwicklung aufgehört hat, und engt dann auf 100 cm^3 ein. Man setzt nochmals die gleiche Menge Salpetersäure zu, dampft völlig ein, nimmt den Rückstand mit Wasser auf, filtriert und fällt z. B. mit Magnesiamischung.

Bemerkungen. Vier mit etwa 0,25 g As_2O_3 entsprechenden Mengen von Arsensäure durchgeführte Testanalysen (3malige Destillation mit 50, 40 und 30 cm^3 Methylalkohol) ergaben als größte Differenz + 0,25%. Die Verfasser nahmen an, daß Arsensäure durch den Methylalkohol vorerst zu arseniger Säure reduziert wird, die dann offenbar als Ester übergeht. Untersuchungen über den Gegenstand liegen auch von MOSER und PERJATEL vor. Der Zusatz eines anderen Reduktionsmittels war bei obiger Arbeitsweise nicht erforderlich (vgl. dagegen die Vorschriften von MOSER und PERJATEL, sowie von COLLINS). Zur Abtrennung des Arsens von Vanadinsäure werden dem Methylalkohol 20 cm^3 Wasser zugefügt. Außerdem wird vor Zusatz des Methylalkohols mit wenig schwefliger Säure unter Erwärmen reduziert. Vor der 2. Destillation wird dann das Wasser so weit als möglich weggedampft. Die Destillation wird 4- bis 5mal wiederholt (50 cm^3 Methylalkohol zur ersten und 30 bis 40 cm^3 zu jeder weiteren Destillation). Bei Trennung von Molybdänsäure genügt ein Zusatz von Wasser, um jedes Übergehen von Molybdän zu vermeiden. Sonst verfährt man wie beim Vanadin. Die Abtrennung des Arsens von Wolframsäure auf diesem Wege gelingt nicht! COLLINS konnte nach der Methode keine quantitative Trennung vom Antimon erreichen. Nach DUPARC und RAMADIER ist AntimonIII bei Abwesenheit von Wasser (unter Verwendung von salzsäuregesättigtem Methylalkohol) ja weitgehend flüchtig.

2. Modifikation des Verfahrens von FRIEDHEIM und MICHAELIS zur Trennung des Arsens von Antimon nach COLLINS.

Apparatur (Abb. 29). Ein birnenförmiger 300 cm³ fassender Kolben mit 4 cm weitem und 8 cm langem Hals trägt knapp über dem unteren Ansatz des Halses einen Tubus von $1^1/_2$ cm Weite und 2 cm Länge zum Einbringen der Probe, dem dann ein Tropftrichter mit Kork oder Schliff eingesetzt wird. Der Hals ist oben verengt und mit einem durchbohrten Stopfen verschlossen, durch den ein unten ausgezogenes Gaseinleitungsrohr fast bis auf den Boden des Kolbens führt. (Der Stopfen kann auch durch einen Schliff ersetzt werden.) Weiterhin ist an den Hals des Kolbens 4 cm vom Ansatz, also in halber Höhe, ein schräg nach aufwärts gerichtetes Ableitungsrohr (der Winkel zum Kolbenhals beträgt 60°) von 1 cm Weite angesetzt, das dann im spitzen Winkel nach abwärts führt und von oben her in das senkrecht stehende 40 cm lange und 1 cm weite Kühlrohr mündet (Schliff). Die Länge des Kühlermantels beträgt 17 cm. Als Vorlage dient ein konischer Kolben mit doppelt durchbohrtem Stopfen. Durch eine Bohrung reicht das Abflußrohr des Kühlers bis etwa zur halben Höhe des Kolbens, und in der anderen Bohrung steckt ein mit Glaskugeln beschickter kleiner Aufsatz.

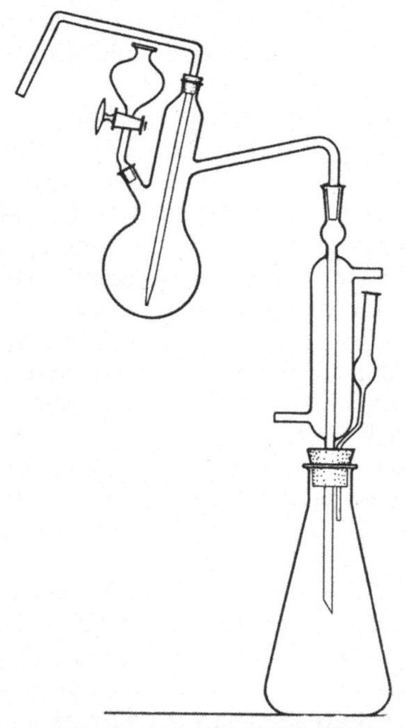

Abb. 29. Anordnung zur Modifikation von COLLINS.

Trennung fünfwertigen Arsens von Sb, HgI, HgII und Bi. Die Mischung der Oxyde bzw. Chloride wird mit 5 g EisenII-chlorid und 50 cm³ Methylalkohol in den Kolben gebracht und mit 10 cm³ Schwefelsäure (D 1,84) versetzt. Man leitet vor und während der Destillation Salzsäuregas in den Kolben (s. bei der nachfolgend beschriebenen Trennung des dreiwertigen Arsens von Antimon) und wiederholt die Destillation 2mal mit 50 cm³ und 2mal mit 20 cm³ Methylalkohol. Im Destillat wird nach Verdünnen auf das doppelte Volumen das Arsen mit Schwefelwasserstoff gefällt. (Bei Gegenwart größerer Antimonmengen wird mehr Schwefelsäure zugesetzt; s. unten!)

Trennung des dreiwertigen Arsens von Antimon. Die Mischung der Oxyde wird mit 30 cm³ Methylalkohol und einer Mischung von 6 cm³ Schwefelsäure (D 1,84) und 20 cm³ Alkohol in den Destillationskolben gebracht. Man leitet 10 Min. Salzsäure ein, erhitzt den Kolben auf einem Wasserbad und destilliert im Salzsäurestrom. Gelegentlich gießt man eine kleine Menge Wasser über den Glaskugelaufsatz in die Vorlage. Die Destillation wird 2mal mit 50 cm³ Methylalkohol wiederholt. Die Vorschrift gilt für 0,08 g As_2O_3 und 0,08 g Sb_2O_3. Bei größeren Antimonmengen muß mehr Schwefelsäure zugesetzt werden, bei der Trennung von 0,1 g As_2O_3 und 2 g Sb_2O_3 z. B. 15 cm³ Schwefelsäure (D 1,84). Bei größeren Antimonmengen wurde die Destillation auch mit 50, 50, 20 und 20 cm³ Methylalkohol wiederholt.

Bemerkungen. Testversuche mit

0,08 g As_2O_3 + 0,08 g Sb_2O_3 bzw. 0,2 g As_2O_3 + 0,2 g Sb_2O_3 bzw. 0,1 g As_2O_3 oder As_2O_5 + 2 g Sb_2O_3

ergaben ein antimonfreies Destillat und sehr gute Übereinstimmung zwischen angewendeter und gefundener Arsenmenge. Bei Gegenwart von Schwefelsäure ist ArsenV ohne Reduktionsmittel mit Methylalkohol im Salzsäurestrom nicht flüchtig. Durch den Schwefelsäurezusatz wird aber erreicht, daß das Antimon im Destillationskolben zurückbleibt. Phosphorpentoxyd wirkte in dieser Hinsicht ähnlich, aber nicht quantitativ. Der Methylalkohol braucht nicht besonders entwässert zu werden. Versuche ergaben, daß durch 50 cm³ Methylalkohol etwa 1 g As_2O_3 verflüchtigt werden kann. Die Hauptmenge des Arsens (60%) geht demnach (wenn unter 0,2 g As_2O_3 und nicht allzuviel Antimon vorhanden ist) bereits mit den ersten 50 cm³ Alkohol und der Rest fast ganz bei der 2. Destillation über. Die letzten Spuren werden bei der 3. Destillation verflüchtigt. Bei Verwendung von Äthylalkohol geht nur etwa die Hälfte des mit Methylalkohol destillierenden Arsens über. Da fünfwertiges Arsen ohne Reduktionsmittel nicht überdestilliert, ergibt sich eine Trennungsmöglichkeit von ArsenIII und ArsenV. Ein qualitativer Versuch ergab außerdem die Möglichkeit der Abtrennung von Cadmium und Zinn. Nicht organisch gebundenes Arsen konnte aus organischem Material ohne vorhergehende Mineralisierung abgetrennt werden, nicht aber das Arsen aus organischen Verbindungen.

3. Trennung von Antimon und anderen Metallen bei Gegenwart von Methylalkohol im Luftstrom.

Vorbemerkungen. Die Ausarbeitung der Methode wurde durch eine Veröffentlichung von Cantoni und Chautems angeregt. Die dort angegebene Arbeitsweise, nach welcher der Arsenigsäure-Methylester bei gewöhnlicher Temperatur durch Vorbeiführen eines Luftstromes an der Flüssigkeitsoberfläche quantitativ ausgetrieben werden soll, wurde von Moser und Perjatel nachgeprüft und als völlig unzulänglich erkannt. Auch Collins kam zu dem Ergebnis, daß die Methode für eine quantitative Bestimmung durchaus ungeeignet sei. Duparc und Ramadier stellten durch spätere Versuche fest, daß 0,1 g As_2O_3 bei 55° durch 45 cm³ salzsäuregesättigten Methylalkohol in einer Stunde quantitativ verflüchtigt werden kann. Durch eingehende Versuche wurde von Moser und Perjatel dann die folgende Arbeitsweise festgelegt.

Apparatur. Die im wesentlichen der Apparatur von C. Thaddeeff[1] nachgebildete Anordnung besteht aus einem weithalsigen 300 cm³-Kolben, der mit einem 3fach durchbohrten Stopfen aus Gummi verschlossen wird, durch den ein Lufteinleitungsrohr, ein Tropftrichter mit Hahn und ein Ableitungsrohr mit einfachem Kugelaufsatz geführt sind. An das Rohr des Aufsatzes wird mit Schlauch ein 60 cm langes, an einem Ende gebogenes Glasrohr angesetzt, das bis auf den Boden der Vorlage reicht und unten in eine nicht zu enge Spitze ausgezogen ist. Als Vorlage dient ein 400 bis 500 cm³ fassendes Becherglas, das mit fließendem Wasser gekühlt wird. Während der Destillation wird der Kolben ungefähr bis zum Ansatz des Halses in ein Wasserbad getaucht. Die Luftzuleitung wird durch einen mit Schraubenquetschhahn versehenen Gummischlauch reguliert und die verwendete Luft mit Calciumchlorid oder konzentrierter Schwefelsäure getrocknet.

Trennung von Antimon nach Moser und Perjatel. Die Vorlage wird mit 200 cm³ Wasser beschickt und die zu untersuchende trockene Substanz, die nicht mehr als 0,22 g arsenige Säure enthalten soll, in den Destillationskolben gebracht. Auch eine etwa nötige Oxydation mit Salpetersäure und das folgende Abrauchen mit Schwefelsäure werden vorteilhaft im Destillationskolben selbst ausgeführt. Zurückbleibende Schwefelsäure in geringen Mengen stört nicht, dagegen dürfen Wasser und Salpetersäure keinesfalls anwesend sein. Man fügt bei Anwesenheit von Arsensäure 5 bis 8 g EisenII-sulfat (die Verfasser verwendeten auch EisenII-chlorid und Hydrazinsulfat als Reduktionsmittel; der Methylalkohol selbst wirkt unter den gewählten Bedingungen nicht reduzierend; ist nur arsenige Säure vorhanden, erübrigt sich die Reduktion, und es werden in diesem Falle 40 bis 50 cm³ konzentrierte Salzsäure und 30 bis 40 cm³ Methylalkohol zugesetzt, worauf man die Destillation beginnt) und 40 bis 50 cm³ Salzsäure (D 1,19) zu und bringt den Kolbeninhalt durch Eintauchen in das Wasserbad nach etwa ½ Std. zum Sieden. Man

[1] Fr. **36**, 632 (1897).

kocht zur Reduktion 5 bis 10 Min., setzt nun unter vorübergehendem Einleiten von Luft, um die plötzliche Abkühlung auszugleichen und ein Zurücksteigen der Vorlageflüssigkeit zu verhindern, 30 cm³ Methylalkohol zu und kocht vorerst 1/4 Std. ohne Durchleiten von Luft und dann 1/2 Std. im lebhaften Luftstrom. Man setzt noch 20 cm³ Methylalkohol zu, kocht 1/4 Std. und wiederholt denselben Vorgang, indem man noch 1/4 Std. erhitzt. Der Alkohol muß unter leichtem Blasen in den Destillationskolben eingebracht werden (mit Hilfe eines am Tropftrichter befestigten Gummischlauches), wobei man aber zu achten hat, daß keine Anteile der Lösung in das Lufteinleitungsrohr geschleudert werden. Die Gesamtkochdauer beträgt 1 1/2 Std., wobei etwa 1 Std. im Luftstrom erhitzt wird. Die arsenige Säure kann bei entsprechender Verdünnung des Destillats ohne Rücksicht auf den Methylalkohol jodometrisch bestimmt werden.

Bemerkungen. Die angegebenen Beleganalysen, die teils nach Oxydation der arsenigen Säure mit Salpetersäure und Abrauchen mit Schwefelsäure ausgeführt wurden, zeigen Abweichungen, die $\pm 0{,}2\%$[1] im allgemeinen nicht übersteigen.

Aus Erzen kann nach Aufschließen mit Salpetersäure und Abrauchen mit Schwefelsäure oder Aufschließen mit Schwefelsäure das Arsen wie beschrieben abgetrennt werden. Auch die Trennung von Zinn, Cadmium, Nickel, Mangan und Silber gelingt, nicht aber die Trennung von Quecksilber, das teilweise als Chlorid in das Destillat gelangt.

Trennung von Vanadin, Molybdän und Wolfram nach Moser und Ehrlich (b). Die Trennung von Molybdän und von Vanadin ergab nach der Methode nicht die geringsten Schwierigkeiten, sofern man für genügend Reduktionsmittel sorgt. Für die Trennung von Wolfram wurden folgende 2 Vorschriften ausgearbeitet: Die Trennung gelingt unter Verwendung von Pyrogallol, wobei die Lösung höchstens 10 cm³ betragen und eine nicht mehr als 0,2 g As_2O_3 entsprechende Arsenmenge enthalten darf. Man versetzt mit der etwa 3fachen Gewichtsmenge der Einwaage an festem Pyrogallol, senkt in das bis nahe zum Sieden erhitzte Wasserbad ein und wartet, bis das Wasser kocht. Dann wird ein sehr langsamer Luftstrom eingeleitet. Durch den Tropftrichter setzt man 100 cm³ Salzsäure (D 1,19) bzw. bei größeren Wolframmengen etwas mehr und 30 cm³ reinen Methylalkohol unter Einblasen, um den Druck zu überwinden, zu. Der Luftstrom wird nach einigen Minuten verstärkt. Nach etwa 1/2stündigem Destillieren fügt man ein Gemisch von 15 cm³ konzentrierter Salzsäure und 15 cm³ Methylalkohol durch den Tropftrichter zu und wiederholt den Vorgang nach 1/4 Std. Nach einer weiteren 1/4 Std. ist die Destillation bei einer Gesamtdauer von etwa 1 1/4 Std. beendet. Die Ergebnisse waren gut! Das andere Verfahren, das die Verfasser als den besseren Trennungsvorgang bezeichnen (bei Verwendung von Pyrogallol ist die Zerstörung desselben im Destillationsrückstand äußerst zeitraubend und unangenehm), bedient sich der Essigsäure, um die Wolframsäure in Lösung zu halten. Dabei wird die auf ein kleines Volumen gebrachte Lösung des Wolframats und der arsenigen Säure (bei Gegenwart von Arsensäure wird eines der gebräuchlichen Reduktionsmittel zugesetzt) mit 20 cm³ Eisessig und 120 bis 150 cm³ konzentrierter Salzsäure versetzt. Nach Zugabe von 30 cm³ Methylalkohol wird die Destillation im Luftstrom wie früher angegeben durchgeführt. Außerdem gelang die Trennung unter Verwendung von Oxalsäure und bei Vorliegen geringer Mengen Wolframsäure auch mit Weinsäure.

4. Modifikation der Destillationsmethode im Luftstrom zur Arsenbestimmung in Kupfer und Calcium enthaltenden Pflanzenschutzmitteln nach L. A. Deshusses und J. Deshusses.

Apparatur. Ein 300 cm³ fassender Fraktionierkolben trägt in seinem Stopfen einen bis an den Flüssigkeitsspiegel reichenden Tropftrichter mit Hahn, in den das Rohr der Luftzuleitung eingesetzt werden kann (die Luft passiert eine mit konzentrierter Schwefelsäure beschickte

[1] Die Prozente sind von der Summe des zur Analyse verwendeten Gemisches von Arsentrioxyd und Brechweinstein gerechnet.

Waschflasche). An das seitliche Ansatzrohr des Fraktionierkolbens ist ein 1 cm weites Ableitungsrohr angeschlossen, dessen rechtwinkelig nach unten gebogene Verlängerung durch den Stopfen des als Vorlage dienenden 500 cm³ fassenden ERLENMEYER-Kolbens bis fast zu dessen Boden reicht. Durch zwei andere Bohrungen dieses Stopfens führt ein ebenfalls in die Flüssigkeit ragendes Steigrohr und ein kurzes Ableitungsrohr, das über eine Vorschaltflasche die Verbindung zur Wasserstrahlpumpe herstellt. Der Luftstrom wird auf etwa 30 l je Stunde eingestellt. Die Vorlage wird offenbar mit Wasser beschickt.

Ausführung der Destillation. I. Mit Salzsäure und Methylalkohol. Die 0,2 g betragende Einwaage (Schweinfurtergrün oder Calciumarsenit) wird durch den Tropftrichter mit insgesamt 30 cm³ wasserfreiem Methylalkohol in den Kolben gebracht, worauf man durch Schließen des Sicherheitsrohres mit dem Durchleiten von Luft beginnt. Nach Einbringen von 50 cm³ 40%iger Salzsäure in den Tropftrichter verbindet man diesen mit der Schwefelsäurewaschflasche der Luftzuleitung, taucht den Kolben in ein kochendes Wasserbad und destilliert. Nach $^1/_2$ Std. fügt man, ohne den Luftstrom zu unterbrechen, 20 cm³ Methylalkohol und nach 1 Std. 10 cm³ Methylalkohol und 10 cm³ Salzsäure zu. Die Destillation dauert mindestens 2 Std. Im Destillat kann das Arsen jodometrisch oder durch Titration mit Kaliumbromat bestimmt werden.

II. Mit salzsäuregesättigtem Methylalkohol. Zur Vermeidung der übermäßig langen Destillationszeit wurde die Bestimmung andererseits unter Verwendung von salzsäuregesättigtem Methylalkohol (20%ig) durchgeführt. Dazu wird die höchstens 0,2 g As_2O_3 enthaltende Substanz mit wenig wasserfreiem Methylalkohol in den Destillationskolben gebracht. Man schaltet den Luftstrom ein und bringt 50 cm³ des gesättigten Alkohols in den Einfülltrichter, worauf man den Kolben in kochendes Wasser taucht und nach 10 Min. noch 15 cm³ gesättigten Alkohol zufügt. Die Zugabe wird wiederholt, sobald nur noch einige Kubikzentimeter Flüssigkeit im Kolben sind. Bei diesem Verfahren dauert die Destillation 25 bis 30 Min. Diese Zeit kann durch Zugabe von 2 g Kaliumbromid noch auf die Hälfte reduziert werden.

Die beiden Arbeitsmethoden geben übereinstimmende Resultate.

G. Destillation unter Reduktion mit Brom- oder Jodwasserstoffsäure.

1. Destillation geringster Arsenmengen unter Reduktion mit Bromwasserstoffsäure nach BILLETER (a).

Apparatur. Ein 30 bis 50 cm³ fassender Fraktionierkolben mit 10 bis 12 cm langem Hals und hoch oben im rechten Winkel angesetztem 10 bis 15 cm langem Destillationsrohr trägt einen dem oben etwas verengten Hals eingeschliffenen Tropftrichter, dessen Abflußrohr bis nahe an den Boden reicht. Das Ende des Destillationsrohres ist stumpfwinkelig nach abwärts gebogen (beim Zusammenstellen der Apparatur liegt dieses abgebogene Stück annähernd waagrecht und der Destillationskolben demnach schwach geneigt) und mit einem Gummischlauch Glas an Glas (die Rohre sollen genau aufeinanderpassen) mit der Vorlage verbunden, die aus 2 Blasenzählern zusammengesetzt ist, deren Einleitungsrohre zusammengeschmolzen sind. (Die Vorlage wird mit dem verkehrt geschalteten Blasenzähler an das Destillationsrohr angeschlossen.) Für besonders heikle Bestimmungen verwendeten die Autoren einen Quarzapparat.

Vorbereitung des organischen Untersuchungsmaterials. Das Arsen liegt je nach der dem biologischen Material angepaßten Aufschlußmethode in konzentriert schwefelsaurer Lösung vor oder ist einer beträchtlichen geschmolzenen Salzmasse beigemengt. In vielen Fällen wurde mit konzentrierter Schwefelsäure und rauchender Salpetersäure mit nachfolgendem Entfernen der Salpetersäurereste aufgeschlossen. Bei der Untersuchung von Harn aber wurde z. B. nach Eindampfen der mit Natriumcarbonat alkalisierten Probe zur Sirupkonsistenz auf je 100 cm³ verwendeten Harn mit 2 g Kaliumperchlorat und 4 g Kaliumsulfat zur Trockene gebracht und geschmolzen. In ersterem Fall werden dann auf je 20 cm³ der Schwefelsäure 2 g Natriumchlorid und 0,2 g Kaliumbromid in den Destillationskolben gegeben. Andernfalls wird der Chloridgehalt des Schmelzkuchens berücksichtigt (ursprünglicher Gehalt der Probe + das aus dem Kaliumperchlorat entstehende Chlorid), und es werden bei 100 g Urin mit einem mittleren Gehalt von 1 g Natriumchlorid nur 0,1 bis 0,2 g Kaliumbromid zugegeben, worauf man unter Zusatz von 6 g 90%iger Schwefelsäure destilliert. In einer späteren Veröffentlichung von BILLETER und

MARFURT wird dann folgende Aufschlußmethode für Blut und Organe beschrieben: 20 g Substanz werden mit rauchender Salpetersäure und 10 cm³ konzentrierter Schwefelsäure behandelt. Die Salpetersäure wird wie üblich durch wiederholtes Eindampfen entfernt und die Schwefelsäure durch Eintragen von Natriumcarbonat neutralisiert. Nach dem Eindampfen wird der Trockenrückstand mit 2 g Kaliumperchlorat und 0,3 g Kaliumbromid gemischt, in kleinen Anteilen in einen auf dunkle Rotglut erhitzten Platintiegel eingetragen und bis zum ruhigen Schmelzen erhitzt. Der grob zerkleinerte Schmelzkuchen enthält dann bereits das zur Destillation nötige Kaliumbromid in entsprechend gleichmäßiger Verteilung. (Zur Destillation werden in diesem Fall 10 cm³ 85%ige Schwefelsäure verwendet.)

Destillation. Man saugt in die Vorlage 4 bis 5 cm³ rauchende Salpetersäure [BILLETER (b); in der ursprünglichen Vorschrift wurde das Destillat in etwa 15 cm³ Wasser aufgefangen und durch Behandeln mit unterchloriger Säure oxydiert; das Verfahren wurde aber wegen der umständlichen Herstellung der unterchlorigen Säure aufgegeben] und spannt die Apparatur gut ein, so daß der Kolben, der auf einem Drahtnetz ruht, etwas schräg zu liegen kommt. Die zerkleinerte, das Arsen enthaltende Salzmasse bzw. bei vorangegangenem Schwefelsäureaufschluß das Gemisch von Natriumchlorid und Kaliumbromid wird in den Destillationskolben gebracht und die Schwefelsäure gegebenenfalls unter Nachspülen durch den Tropftrichter zugegeben. Man erhitzt über sehr kleiner Flamme unter häufigem Schütteln, bis der Inhalt des Kolbens nicht mehr schäumt, öffnet dann den Hahn des Tropftrichters und saugt 2 bis 3 Min. Luft durch die Apparatur, während man mit kleiner Flamme das Destillationsrohr bestreicht, um alle Flüssigkeit in die Vorlage überzutreiben. Die Destillation dauert etwa $^1/_4$ Std. Durch Eindampfen der vorgelegten Flüssigkeit erhält man das Arsen in Form reiner Arsensäure.

Bemerkungen. Die nach Abscheidung des derart destillierten Arsens (2 bis 20 γ) als Arsenspiegel durch jodometrische Titration der Spiegel erhaltenen Resultate sind in § 13, S. 211 angegeben.

Die anwesende Bromwasserstoffsäure genügt nach BILLETER (a) zur Reduktion des Arsens, und auf das ursprünglich verwendete Hydrazinsulfat konnte verzichtet werden. Schon von GOOCH und PHELPS wurde Bromwasserstoff als Reduktionsmittel für die Arsendestillation vorgeschlagen. Allerdings wird das Arsen im Destillat teilweise wieder durch die anfänglich übergehenden Bromdämpfe oxydiert, so daß GOOCH und PHELPS vor der Fällung des Arsens als Trisulfid aus stark salzsaurer Lösung durch ZinnII-chlorid reduzierten. RÖHRE erwähnt die quantitative Abtrennung des Arsens aus 1 g Natriumarsenat durch Versetzen mit 60 cm³ 47%iger Bromwasserstoffsäure und Abdestillieren auf 10 cm³ (konstante Siedetemperatur 125°). MOSER und EHRLICH (a) nennen Kaliumbromid neben EisenII-sulfat und Hydrazinsulfat als empfehlenswertes Reduktionsmittel bei Vorliegen von Arsensäure.

Trennung von Antimon und Quecksilber. Bei dem Destillationsverfahren gelangt kein Quecksilber ins Destillat. Bei Anwesenheit größerer Antimonmengen muß der Eindampfrückstand des ersten Destillats nach Aufnehmen mit 5 bis 6 g 90%iger Schwefelsäure mit Natriumchlorid und Kaliumbromid neuerlich destilliert werden, worauf die Trennung quantitativ ist.

2. Destillation im Luftstrom unter Reduktion mit Bromwasserstoffsäure nach MOSER und EHRLICH (a).

Die unter B, S. 274 beschriebene Methode kann auch nur mit Kaliumbromid als Reduktionsmittel durchgeführt werden.

3. Destillation unter Reduktion mit Jodwasserstoffsäure.

Vorbemerkungen. Eine Destillationsmethode unter Reduktion mit Jodwasserstoff im Salzsäurestrom wurde schon von GOOCH und DANNER angegeben. GOOCH und PHELPS betonen aber in ihrer Veröffentlichung, daß größere Mengen Arsen mit

Kaliumbromid viel schneller destillieren als mit Kaliumjodid, vermutlich wegen unlöslicher und schwer zersetzbarer Arsen-Jodverbindungen, die beim Arbeiten mit Jodid entstehen. JÄRVINEN konnte 56,36 mg als Arsensäure in Lösung vorliegendes Arsen nach Zusatz von 5 cm³ konzentrierter Schwefelsäure, 100 cm³ Salzsäure (1:1) (D 1,10) und 1 g Kaliumjodid durch Abdestillieren von 90 cm³ quantitativ übertreiben (gefunden 56,6 mg). Nach Hinzufügen von 50 cm³ Salzsäure wurde neuerlich destilliert und die Abwesenheit von Arsen im Destillat festgestellt. Andere unter Verwendung von 100 cm³ Salzsäure in der beschriebenen Art durchgeführte Destillationen ergaben 99,7, 100,0 und 100,2% Arsen. Nach seinen Erfahrungen gehen mit Jodwasserstoffsäure die letzten Spuren Arsen leichter über als mit Bromwasserstoffsäure. Diesbezüglich ist zu bemerken, daß JÄRVINEN mit Salzsäure (1:1) arbeitet. Eine direkte maßanalytische Bestimmung des Arsens im Destillat ist ebenso wie bei Verwendung von Bromwasserstoff unmöglich.

Trennung des Arsens von Molybdän und Vanadin nach FRIEDHEIM, DECKER und DIEM.

Apparatur. Die Operation wird in einem BUNSEN-FINKENER-Apparat[1] ausgeführt (100 cm³ fassender Destillationskolben mit etwa 125 mm langem Hals, der zwei 160 bzw. 120 cm³ fassende eiförmige Erweiterungen aufweist; Absorptionsretorte von 340 cm³ Inhalt).

Durchführung. 1 g der Substanz wird in den Kolben eingewogen und mit 1 bis $1^1/_2$ g Kaliumjodid und 70 cm³ Salzsäure (D 1,19) versetzt. Der Kolben wird mit dem gut eingeschliffenen Ableitungsrohr verschlossen und die Destillation ohne Rücksicht auf etwa noch ungelöste Substanz durch heftiges Kochen begonnen. Die Vorlage wird durch fließendes Wasser gut gekühlt. Tritt eine Verstopfung des Ableitungsrohres durch Jod ein, wird mit kleinerer Flamme erhitzt, bis das Jod aus dem Rohr vollständig ausgetrieben ist, und die Destillation dann wieder mit starker Flamme fortgesetzt. Nach 20 Min. ist das Arsen vollständig abdestilliert. Die in der Vorlage befindliche stark salzsaure Lösung wird durch Filtration über Glaswolle von ausgeschiedenem Jod getrennt und das Filtrat durch Zusatz von einigen Tropfen schwefliger Säure entfärbt. Nach einigen Stunden kann das Arsen mit Schwefelwasserstoff gefällt werden. Sofort nach Entfärben der Lösung mit Schwefeldioxyd fällt erst nach längerem Einleiten von Schwefelwasserstoff ein mißfarbener schlecht filtrierbarer Niederschlag. Wird die Fällung jedoch einige Stunden später vorgenommen, verläuft sie normal. Die Verfasser beschreiben auch die direkte Oxydation des Destillats mit Kaliumchlorat, Brom oder Chlorwasser zwecks nachfolgender Bestimmung des Arsens als Magnesiumpyroarsenat bzw. Arsenpentoxyd.

Der Destillationsrückstand, der Molybdän und Vanadin in bereits reduziertem Zustand enthält, wird mit heißem Wasser in eine Druckflasche gespült, in der das Molybdänsulfid wie üblich abgeschieden wird. Das im Filtrat befindliche Vanadin wird oxydimetrisch bestimmt.

Die Verfasser betonen, daß das Verfahren mit größtem Vorteil auch zur Trennung des Arsens von anderen Elementen verwendbar ist.

H. Sonstige Destillationsmethoden.

1. Abtrennung des Arsens als Trichlorid unter Zusatz von Schwefelsäure oder Calciumchlorid als destillationsfördernde Mittel nach RÖHRE[2].

I. Destillation mit Schwefelsäurezusatz.

Apparatur. Der als Destillationskolben dienende 100 cm³-Fraktionierkolben ist mit einem doppelt durchbohrten Stopfen verschlossen. Durch eine Bohrung reicht

[1] Vgl. FRIEDHEIM, Quantitative Analyse, 2. Aufl., S. 114.

[2] RÖHRE macht im Zusammenhang mit der Destillationsvorschrift keine Angaben, auf welche Weise fünfwertiges Arsen zu reduzieren ist. An anderer Stelle empfiehlt er Bromwasserstoffsäure als Reduktionsmittel.

ein Thermometer bis in die Lösung und durch die andere ein unten spitz ausgezogenes, dicht über dem Kolbenboden endendes Glasrohr, das oben in eine Glastulpe ausläuft, in die mit Gummistopfen ein Tropftrichter eingesetzt ist. Außerdem trägt sie einen seitlichen Ansatz zum Einleiten von Kohlendioxyd. Über das auf etwa 80 cm verlängerte und senkrecht nach unten gebogene Ansatzrohr des Fraktionierkolbens wird ein 40 cm langer LIEBIG-Kühler geschoben. Ein ERLENMEYER-Kolben mit doppelt durchbohrtem Gummistopfen dient als Vorlage, wobei das Kühlrohr durch die eine Bohrung möglichst tief in das vorgelegte Wasser eintaucht. Durch die 2. Bohrung führt ein etwa 40 cm langes Glasrohr (Rückflußkühlung zur Vermeidung von Arsenverlusten). Erhitzt wird direkt über kleiner leuchtender Flamme.

Ausführung. Die möglichst stark salzsaure ArsenIII-lösung wird in den Kolben gebracht, die Vorlage mit 80 cm³ Wasser beschickt und die Apparatur aufgebaut. In den Tropftrichter bringt man konzentrierte Schwefelsäure und beginnt die Destillation unter langsamem Durchleiten von Kohlendioxyd und Eintropfen von etwa 10 cm³ Schwefelsäure. Man erhitzt vorerst vorsichtig mit kleiner Flamme (wegen der heftigen Salzsäureentwicklung), bis die Temperatur unter stetigem langsamem Durchleiten von Kohlendioxyd auf etwa 130° gestiegen ist. Der Tropftrichter wird nun abgenommen und ausgespült und die Flamme entfernt. Man beschickt den Tropftrichter mit rauchender Salzsäure, setzt ihn wieder auf, tropft jetzt innerhalb von etwa 5 Min. 25 cm³ Salzsäure ein und treibt die Temperatur mit der Flamme nochmals auf 130°. Danach ist die Destillation beendet und das Destillat kann mit Bromat titriert werden.

II. Destillation unter Zusatz von Calciumchlorid.

Apparatur. In die oben unter I beschriebene Apparatur wird statt der Glastulpe mit Tropftrichter ein kurzes, nur einige Zentimeter in den Kolbenhals reichendes Glasrohr zum Einleiten von Kohlendioxyd eingesetzt.

Ausführung. Die ArsenIII-lösung wird je nach der schon vorhandenen Salzsäurekonzentration mit 25 bis 40 cm³ rauchender Salzsäure und 15 g festem Calciumchlorid (in Stangen) versetzt. Man verschließt den Kolben sofort (durch den Lösungsvorgang des Calciumchlorids in der Salzsäure steigt die Temperatur an, und es ergibt sich die Gefahr von Arsentrichloridverlusten), verbindet mit der Vorlage und leitet langsam Kohlendioxyd durch. Wegen der anfänglich starken Salzsäureentwicklung wird vorsichtig erhitzt. Man treibt die Temperatur auf 130° und bricht die Destillation dann ab.

Bemerkungen. Testversuche nach beiden Methoden ergaben bei Mengen von etwas mehr oder weniger als 0,2 g As_2O_3 0,0002 g als größte Abweichung.

Fast ebenso gute Resultate erhielt RÖHRE, wenn er die Abtrennung bei Wasserbadtemperatur durchführte (Destillationsdauer 2 Std.). Die Apparatur wurde für diesen Zweck dahin modifiziert, daß an die Vorlage ein 2. Kölbchen angeschaltet wurde, da bei dem nunmehr notwendigen stärkeren Kohlensäurestrom das Steigrohr zur Verhütung von Arsenverlusten nicht mehr zu genügen schien. Außerdem wurde bei beiden Arten der Destillation mehr Salzsäure angewendet. Da Antimon im Wasserbad praktisch nicht flüchtig ist, ergibt sich eine Trennungsmöglichkeit. Nach dem Calciumchloridverfahren kann Arsen auch von Quecksilber am Wasserbad getrennt werden.

2. Abtrennung des Arsens zusammen mit Antimon von Zinn und Trennung des Arsens vom Antimon nach PLATO.

Ausführung. Die 5 bis 6 cm³ Schwefelsäure enthaltende Lösung von ArsenIII, AntimonIII und ZinnIV (die Einwaage an Legierung oder ein vorliegendes Sulfidgemisch wird mit konzentrierter Schwefelsäure aufgeschlossen) wird im Destillationskolben mit 7 cm³ Phosphorsäure (D 1,70, d. h. 84%ig) und nach dem Erkalten mit 10 cm³ Salzsäure versetzt. Ein in den Stopfen des Kolbens eingesetzter Tropftrichter wird einschließlich des Abflußrohres mit rauchender Salzsäure gefüllt. Die mit Vorstoß an den Kühler anschließende und mit einem zweiten offenen, durch den gleichen Kühlermantel geführten Kühlrohr verbundene Vorlage wird mit starker Salzsäure (50 bis 75 cm³) beschickt, in die der Vorstoß eintaucht. Man destilliert nun unter Durchleiten eines mäßigen Kohlendioxydstromes bei 155 bis 165° (Erwärmen mit kleiner Flamme), indem man diese Temperatur durch Eintropfen von 50 bis 60 Tropfen der rauchenden Salzsäure je Minute annähernd konstant erhält. Nach $1^1/_2$ Std. sind Arsen und Antimon übergegangen. Nach den Erfahrungen HARTMANNS werden die letzten Reste Antimon erst in wesentlich längerer Zeit (2 bis 3 Std.) quantitativ übergetrieben (Abb. 30).

Zur Trennung von Arsen und Antimon wird das Destillat nach Zusatz von 5 g Weinsäure in einem mäßigen Kohlensäurestrom bis auf etwa 70 cm³ einfach abdestilliert. Dabei geht das Arsen leicht und vollständig über, während Antimon zurückbleibt.

Bemerkungen. Die angeführten Beleganalysen beweisen die Brauchbarkeit des Verfahrens.

Um die beiden Trennungen in eine Operation zusammenzufassen, ging PLATO bei weiteren Versuchen in der Weise vor, daß er zwischen Kühler und Vorlage einen 500 cm³ fassenden Kolben schaltete, dessen Inhalt, salzsaure Weinsäurelösung, im Sieden erhalten wurde. Das Antimon bleibt darin zurück, während das Arsen in die Vorlage übergeht. Durch Versuche stellte der Verfasser fest, daß dabei meßbare Mengen Antimon nicht mit übergehen.

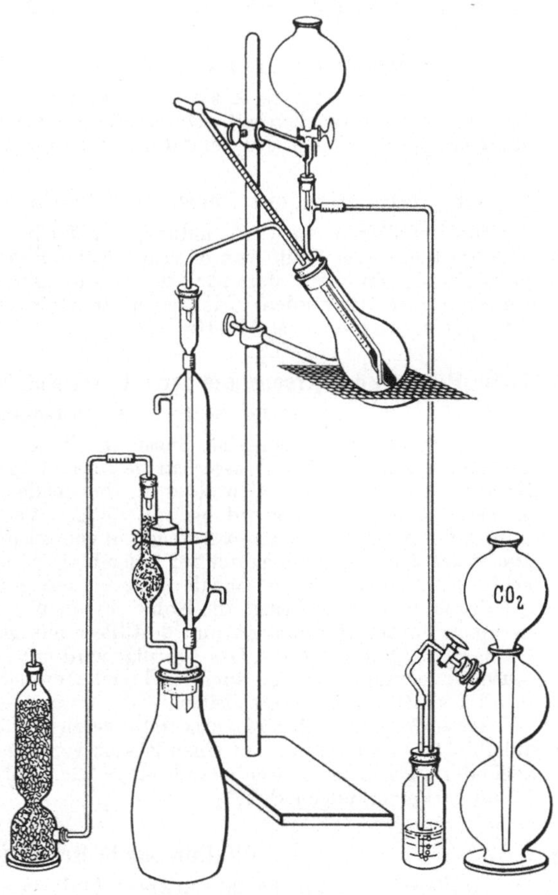

Abb. 30. Vereinfachte Anordnung zur Trennung nach PLATO.

HARTMANN brachte auf Grund seiner Erfahrungen einige Änderungen an. So entfernte er die unter Umständen über 6 cm³ hinaus vorhandene Schwefelsäuremenge (z. B. werden die im Gang der Analyse erhaltenen Sulfide gut getrocknet und samt dem Filter in dem Kölbchen mit Schwefelsäure aufgeschlossen, bis die Kohle vollständig zerstört ist, wozu mitunter bedeutend mehr Schwefelsäure erforderlich ist) und den beim Lösen bzw. Aufschließen der Probe im Kolbenhals sich abscheidenden Schwefel vor Beginn der Destillation durch Befächeln mit einem Brenner. Auch verwendete er Salzsäure der Dichte 1,17. Ferner legte er an Stelle der von PLATO angegebenen Salzsäure reines Wasser vor und vereinfachte die Apparatur wesentlich. Um sich von der Vollständigkeit der Destillation zu überzeugen, prüfte er je 20 Tropfen des Destillats mit Schwefelwasserstoff. Über die Abänderung des Verfahrens von PLATO-HARTMANN durch H. BILTZ (Breslauer Vorschrift) s. S. 270.

3. Destillation unter Reduktion mit Hypophosphit nach FENNER.

Der Verfasser erzielte eine vollständige Reduktion und glatte Destillation, wenn genügend Hypophosphit zugesetzt wurde, um beinahe alles in der Probe vorhandene reduzierbare Metall (Fe, Cu) in die niedrigere Wertigkeitsstufe überzuführen. Die Menge des Hypophosphits ist also bei nicht zu großem Arsengehalt von der Menge der EisenIII- und KupferII-verbindungen abhängig. Bei Zugabe eines Überschusses scheidet sich allerdings elementares Arsen ab, und die Bestimmung ist zu verwerfen. So empfiehlt FENNER bei 1 g Kupfer etwa $3^1/_2$ cm³ einer Lösung zuzusetzen, die 200 g reines oder etwa 250 g technisches Hypophosphit im Liter enthält. Eisen- und kupferfreies Material müßte am besten mit etwas Kupferchlorid versetzt werden.

Auch HILLEBRAND und LUNDELL erwähnen die Möglichkeit, anläßlich der Arsendestillation mit unterphosphoriger Säure zu reduzieren.

Die Tatsache, daß FENNER nach dem Verfahren brauchbare Werte erhielt, ist nach MOSER (b) nur dem Umstand zuzuschreiben, daß die eben eingetretene Reduktion der KupferII- und

EisenIII-Ionen ein Maß für die Menge an Hypophosphit bot, und daß sehr wenig Arsen vorhanden war.

Zinnchlorür als Reduktionsmittel verhält sich nach Angabe FENNERS ähnlich wie Hypophosphit.

4. Destillation unter Zusatz von ZinnII-chlorid.

Zur Abtrennung aus Eisenerzen destillierte GUEDRAS nach Zusatz von 5 g ZinnII-chlorid und etwa 150 cm³ Salzsäure zu 1 g des feinst gepulverten Minerals aus einem 300 cm³-Kolben 40 cm³ ab. Das Destillat wurde in 50 cm³ Wasser aufgefangen, die sich in einer 100 cm³ fassenden graduierten Vorlage befanden, und die Endbestimmung jodometrisch ausgeführt.

5. Destillation unter Zusatz von Elektrolytkupfer nach COMPAGNO.

Der Verfasser isolierte Arsen aus Eisenmaterialien durch Destillation des nach Lösen in Salpetersäure, Abrauchen mit Schwefelsäure und Glühen bis zum Verschwinden der Schwefelsäuredämpfe erhaltenen Rückstandes mit Salzsäure und Elektrolytkupfer.

6. Destillation mit Phosphortrichlorid nach STRECKER und RIEDEMANN.

Die Destillation wird wie unter C, S. 280 beschrieben ausgeführt, wobei man statt des Thionylchlorids im Laufe von 45 Min. 25 cm³ Phosphortrichlorid eintropfen läßt. Das übergetriebene Arsen kann sofort nach der Destillation ohne weitere Vorbehandlung mit Schwefelwasserstoff gefällt werden. Die beiden angeführten Beleganalysen mit 0,0564 und 0,0828 g As ergaben ausgezeichnete Werte.

7. Destillation des Arsens aus der mit Schwefelsäure verkohlten organischen Substanz ohne weiteres Reduktionsmittel nach MAI.

Vorbereitung der organischen Substanz. Die entsprechend zerkleinerte Probe wird in einer Porzellanschale auf dem Wasserbad getrocknet, gegebenenfalls weiter zerkleinert und nach Zusatz des etwa gleichen Gewichtes an rauchender Salpetersäure, der 5% Schwefelsäure beigemischt sind, am Wasserbad bis zur völligen Verflüssigung erwärmt. Die Flüssigkeit wird nun, wenn nötig, in mehreren Anteilen in eine kleinere Porzellanschale übergeführt und darin zuerst auf dem Sandbad, später auf freier Flamme bis zur Bildung einer harten glasigen Kohle erhitzt, die leicht aus der Schale entfernt und gepulvert werden kann.

Destillation. Man bringt die Kohle mit dem 5- bis 6fachen Gewicht an Salzsäure (D 1,19) in einen Jenaer Rundkolben und destilliert mit gut wirkendem Kühler über freier Flamme $^1/_4$ bis $^1/_3$ des Volumens ab. Das Destillat wird mit $^1/_4$ seines Volumens an rauchender Salpetersäure eingedampft und der Rückstand nach Abrauchen mit Schwefelsäure nach MAI und HURT (s. § 13, S. 247) weiter verarbeitet.

Bemerkungen. Auch LEHMANN (b) verzichtet bei der Untersuchung von Eisenarsenpillen anläßlich der Destillation auf einen Zusatz von EisenII-sulfat, da bei dem mit Schwefelsäure allein durchgeführten Aufschluß schweflige Säure entsteht, die zur Reduktion des Arsens genügt (s. unter Bemerkungen S. 267).

8. Destillation nach Reduktion durch Schwefel.

Arbeitsweise zur Destillation von Arsen, Antimon und Zinn nach SCHERRER. Die konzentriert schwefelsaure und stickoxydfreie Aufschlußlösung der Legierung (höchstens 10 cm³ konzentrierte Schwefelsäure enthaltend; s. § 15, S. 312 und 339) wird mit 0,2 g Schwefelblume versetzt und etwa 10 Min. gelinde gekocht. Nach Erkalten der Lösung wird mit 25 cm³ Wasser und 10 cm³ konzentrierter Salzsäure (D 1,19) versetzt, bis zur vollständigen Lösung der Salze umgerührt und durch ein grobporiges Filter filtriert. Man wäscht mit 20 cm³ Salzsäure (1:1) nach und spült das Filtrat mit konzentrierter Salzsäure in die Destillationsapparatur. Das Gemisch soll schließlich ein Volumen von 100 cm³ besitzen. (Die Destillationsapparatur ist ähnlich der von H. BILTZ und W. BILTZ angegebenen Anordnung [s. S. 270], jedoch mit einem Einführungsrohr für das Thermometer und ohne Fraktionieraufsatz [Ganzglas ohne Schliffe]; aus der Apparatur wird sowohl Arsen als auch Antimon und Zinn abdestilliert.) Das Arsen wird nun im Kohlendioxydstrom (6 bis 8 Blasen je Sekunde) unter ruhigem Sieden des Kolbeninhalts übergetrieben, indem man bis auf 50 cm³ abdestilliert (Temperatur im Innern des Kolbens konstant 110 bis 111° und dementsprechende Einstellung des Kohlensäurestroms während der Destillation). Das Destillat wird in 50 bis 100 cm³ Wasser aufgefangen, wobei das Kühlrohr in das vorgelegte Wasser eintauchen muß. Bis zu 1 mg As genügt einmaliges Überdestillieren; andernfalls erneuert man die Vorlage, läßt 25 cm³ konzentrierte Salzsäure (D 1,19) in den Kolben einfließen und destilliert wie vorher. Bei Anwesenheit großer Mengen Antimon muß das gesammelte Arsendestillat nochmals destilliert werden. Antimon und Zinn werden aus dem Destillationsrückstand abgetrennt.

Ähnlich verfuhr STIEF, der Arsen und Antimon nach Lösen von 0,5 g Probematerial in Schwefelsäure und Oxydieren mit Salzsäure und Kaliumchlorat (sowie Vertreiben des Chlors) mit etwa 0,1 g Schwefel reduzierte. STIEF bestimmte das Arsen allerdings nicht, sondern entfernte bloß das Trichlorid durch Kochen.

9. Destillation in einem Strom von Halogenwasserstoff im Verbrennungsrohr.

I. Trennung des Arsens von Vanadin nach FIELD und SMITH.

Das Gemisch der vollkommen trockenen Sulfide ($As_2S_3 + V_2S_5$), die mit Alkohol, Schwefelkohlenstoff und Äther gewaschen und bei 100° getrocknet worden waren, wird in ein Schiffchen gebracht und in ein Verbrennungsrohr eingeschoben. Nun wird im Chlorwasserstoffstrom erhitzt, wobei die letzten Spuren Arsen etwas über 150° übergehen. Die Temperatur soll, um ein Übergehen von Vanadin zu vermeiden, nicht über 250° steigen.

II. Trennung von Arsensäure und Wolframsäure nach SWEENEY.

Durch einen komplizierten Arbeitsgang trennte SWEENEY Arsen und Wolfram in Komplexsalzen. Die Probe wurde dazu in einem Verbrennungsrohr im trockenen Chlorwasserstoffstrom mit zahlreichen Unterbrechungen, bei denen die Probe jeweils mit Wasser befeuchtet wurde, und unter mehrfachem Wechseln der Vorlage erhitzt.

III. Trennung von Arsensäure und Phosphorsäure nach SMITH und HIBBS.

Das Gemisch von Natriumpyroarsenat und Natriumpyrophosphat oder der entsprechenden Magnesiumsalze wird in ein Schiffchen gebracht und im Verbrennungsrohr in einem Strom von trockenem Chlorwasserstoffgas erhitzt. Dabei wird das Arsen quantitativ übergetrieben und in einer mit Wasser beschickten Vorlage aufgefangen. Man muß darauf achten, daß das Natriumpyroarsenat nicht schmilzt, da aus der Schmelze das Arsen schwerer auszutreiben ist. Auch aus Bleiarsenat konnte das Arsen mit ebensogutem Erfolg abdestilliert werden.

Das Arsen geht sicher nicht quantitativ in der höheren Oxydationsstufe über, da in der Vorlage ohne vorhergehende Oxydation nur ein Teil des Arsens mit Magnesiamischung ausgefällt werden konnte.

IV. Abtrennung des Arsens aus Nitrat-Arsensäuregemischen nach JANNASCH und SCHMITT.

Die Verfasser benützen statt eines Verbrennungsrohres eine kleine Destillationsröhre aus Kaliglas, in der die eingewogene Substanz mit Salpetersäure abgeraucht werden kann. Das Erhitzen erfolgt mittels eines Paraffin- oder Phosphorsäurebades oder in einem Heizkästchen. Nach ihren Angaben läßt sich Arsen von Blei, Kupfer und Eisen mit gutem Erfolg trennen, wenn man das Nitrat-Arsensäuregemisch, das im Luftstrom bei 120 bzw. 120 bis 130° unter Überleiten von Luft getrocknet worden war, bei entsprechender Temperatur (zur Abtrennung von Blei bei 200°, von Kupfer bei 300° und von Eisen bei 110 bis 120°) mit einem Strom von trockenem Salzsäuregas behandelt. Das übergehende Arsenchlorid wird in 10%iger Salpetersäure aufgefangen.

V. Destillation im Bromwasserstoffstrom nach ATKINSON.

Durch Erhitzen in einem trockenen Bromwasserstoffstrom, der durch Eintropfen von Brom in Anthrazen erzeugt, durch Leiten über Anthrazen von Bromresten befreit und über Calciumchlorid getrocknet wurde, konnte das Arsen aus Kupfer-, Silber-, Cadmium- und Kobaltarsenat quantitativ als Bromid abdestilliert werden. Das Destillat wurde in verdünnter Salpetersäure aufgefangen.

Literatur.

ACKERMANN, K. L.: Ch. Z. **55**, 702 (1931). — ATKINSON, ELIZABETH A.: Am. Soc. **20**, 797 (1898). — ATTERBERG, A.: Ch. Z. **25**, 264 (1901).

BANG, I.: Bio. Z. **161**, 195 (1925). — BERAT, A.: J. Pharm. Chim. (8) **10**, 49 (1929). — BILLETER, O.: (a) Helv. **1**, 475 (1918); (b) **6**, 258 (1923). — BILLETER, O., u. E. MARFURT: Helv. **6**, 771 (1923). — BILTZ, H.: Fr. **81**, 82 (1930). — BILTZ, H., u. W. BILTZ: Ausführung quantitativer Analysen, 2. Aufl., S. 338. Leipzig 1937. — BILTZ, H., u. K. HOEHNE: Fr. **99**, 1 (1934). — BINDER, O.: Ch. Z. **42**, 619 (1918). — BISHOP, H. B.: Am. Soc. **28**, 178 (1906). — BURKARD, J., u. B. WULLHORST: Z. Lebensm. **70**, 312 (1935).

CALLAN, T., u. S. G. CLIFFORD: Analyst **55**, 102 (1930). — CAMERON, A. E.: Ind. eng. Chem. **17**, 965 (1925). — CANTONI, H., u. J. CHAUTEMS: Arch. Sci. phys. nat. Genève (4) **19**, 364; durch C. **76 I**, 1481 (1905) bzw. L. MOSER u. F. PERJATEL: M. **33**, 797 (1912). — C. C. D.: Metal Ind. (London) **27**, 599 (1925); durch C. **97 I**, 1863 (1926). — CHANEY, A. L., u. H. J. MAGNUSON: Ind. eng. Chem. Anal. Edit. **12**, 691 (1940). — CLARK, J.: (a) J. Soc. chem. Ind. **10**, 444; durch C. **62 II**, 221 (1891) u. Chem. N. **65**, 213; durch C. **63 I**, 965 (1892); (b) J. Soc. chem. Ind. **6**, 352 (1887); durch Fr. **28**, 702 (1889). — CLASSEN, A.: Ausgewählte Methoden der analytischen Chemie, Bd. I, S. 128. Braunschweig 1901. — CLASSEN, A., u. R. LUDWIG: B. 18, 1110 (1885). — COLLINS, ST. W.: Analyst 37, 229 (1912). — COMPAGNO, I.: Giorn. Chim. ind. ed applic. 2, 493 (1920); durch C. 92 II, 155 (1921). — COX, H. E.: Analyst 50, 3 (1925).

DEEMER, R. B., u. J. A. SCHRICKER: J. Assoc. offic. agric. Chem. 16, 226 (1933); durch C. 104 II, 596 (1933). — DESHUSSES, L. A., u. J. DESHUSSES: Helv. 10, 517 (1927). — DIECKMANN, T., u. S. HILPERT: B. 47, 2444 (1914). — DUCRU, O.: C. r. 127, 227 (1898). — DUPARC, L., u. L. RAMADIER: Helv. 5, 552 (1922).

ENGLESON, H.: H. 111, 201 (1920).

FEDORKIN, T. A.: Betriebslab. 9, 1324 (1940); durch C. 113 II, 321 (1942). — FEDOROWA, N. W.: Polygraph. Betrieb 1939, Nr. 7, 40; durch C. 111 I, 1878 (1940). — FELLENBERG, TH. v.: Bio. Z. 218, 283 (1930). — FENNER, G.: Ch. Z. 41, 793 (1917). — FIELD, CH., u. E. F. SMITH: Am. Soc. 18, 1051 (1896). — FISCHER, E.: B. 13, 1778 (1880), u. A. 208, 182 (1881). — FRANKEL, E.: Min. J. 210, 752 (1940); durch C. 116 II, 859 (1945). — FRIEDHEIM, C., O. DECKER u. E. DIEM: Fr. 44, 675 (1905). — FRIEDHEIM, C., u. P. MICHAELIS: B. 28, 1414 (1895). — FYFE, A.: J. pr. 55, 103 (1852).

GIBB, A.: J. Soc. chem. Ind. 20, 184; durch C. 72 I, 1065 (1901). — GOOCH, F. A., u. E. W. DANNER: Am. J. Sci. 42, 308 (1891); durch Fr. 32, 473 (1893). — GOOCH, F. A., u. I. K. PHELPS: Z. anorg. Ch. 7, 123 (1894). — GRAHAM, J. J. T., u. C. M. SMITH: Ind. eng. Chem. 14, 207 (1922). — GUEDRAS, M.: Rev. gén. Chimie pure appl. 11, 251; durch C. 79 II, 444 (1908).

HAHN, F. L., u. H. WOLF: B. 57, 1858 (1924). — HARTMANN, W.: Fr. 58, 148 (1919). — HEIDUSCHKA, A., u. A. REUSS: Fr. 50, 269 (1911). — HILLEBRAND, W. F., u. G. E. F. LUNDELL: Applied inorganic analysis, S. 210. New York 1929. — HILPERT, S., u. T. DIECKMANN: B. 46, 152 (1913). — HINRICHSEN, F. W., u. M. FRANK: Mitt. K. Materialprüfungsamt Groß-Lichterfelde West 25, 293, Abt. 5 (allg. Chem.); Stahl Eisen 28, 295; durch C. 79 I, 1327 (1908). — HINSBERG, K., u. M. KIESE: Bio. Z. 290, 39 (1937). — HÖLTJE, R.: Met. Erz 41, 205 (1944). — HOLLARD, A., u. L. BERTIAUX: Bl. (3) 23, 300 (1900). — HUFSCHMIDT, F.: B. 17, 2245 (1884).

JAMIESON, G. S.: Ind. eng. Chem. 10, 290 (1918). — JANNASCH, P., u. F. SCHMITT: Z. anorg. Ch. 9, 274 (1895). — JANNASCH, P., u. T. SEIDEL: (a) J. pr. 91, 133 (1915); (b) B. 43, 1218 (1910). — JÄRVINEN, K. K.: Fr. 62, 184 (1923). — JOACHIMOGLU, G.: Arch. exp. Pathol. 78, 1 (1914); durch Fr. 54, 390 (1915).

KLEINE, A.: Ch. Z. 39, 43 (1915). — KLEINMANN, H., u. F. PANGRITZ: Bio. Z. 185, 44 (1927). — KOCH, H.: Fr. 46, 35 (1907). — KONINGH, L. DE: Nederl. Tijdschr. Pharm. 7, 330; durch C. 66 II, 1132 (1895). — KUBINA, H.: Fr. 78, 1 (1929). — KUBINA, H., u. J. PLICHTA: Fr. 74, 235 (1928).

LEHMANN, F.: (a) Ar. 251, 1 (1913); (b) 255, 305 (1917).

MAI, C.: Z. Lebensm. 10, 290 (1905). — MARR, H. NORRISON: Metal Ind. (London) 22, 97 (1923); durch C. 94 IV, 974 (1923). — MILLNER, TH., u. F. KÚNOS: Fr. 107, 96 (1936). — MORGAN, G. T.: Soc. 85, 1001 (1904). — MOSER, L.: (a) Fr. 63, 40 (1923); (b) Ch. Z. 42, 344 (1918). — MOSER, L., u. J. EHRLICH: (a) B. 55, 437 (1922); (b) 55, 430 (1922). — MOSER, L., u. F. PERJATEL: M. 33, 797 (1912).

NORIS, G. L.: J. Soc. chem. Ind. 21, 393; durch C. 73 I, 1026 (1902).

PILOTY, O., u. A. STOCK: B. 30, 1649 (1897). — PLATO, W.: Z. anorg. Ch. 68, 26 (1910). PLOUM, H.: Arch. Eisenhüttenwesen 20, 107 (1949).

RAMBERG, L.: (a) Svensk. Kem. Tidskr. 31, 145, 163 (1919); durch C. 92 II, 212 (1921) u. H. E. COX: Analyst 50, 3 (1925); (b) H. 114, 270 (1921). — RAMBERG, L., u. SJÖSTRÖM: Ber. schwed. Arsenkommission 1919; durch L. RAMBERG: H. 114, 262 (1921) u. H. ENGLESON: H. 111, 201 (1920). — REITH, J. F.: Pharm. Weekbl. 69, 1358 (1932); durch C. 104 I, 3746 (1933). — ROARK, R. C., u. C. C. MCDONNELL: Ind. eng. Chem. 8, 327 (1916); durch C. 89 I, 474 (1918). — ROHMER, M.: (a) B. 34, 33 (1901); (b) F. P. TREADWELL, Kurzes Lehrbuch der analytischen Chemie, 11. Aufl., Bd. II, S. 204. Leipzig u. Wien 1923. — RÖHRE, K.: Fr. 65, 109 (1924/25). — ROSE, H.: Pogg. Ann. 105, 571 (1858). — RUPP, E., u. F. LEHMANN: Ar. 250, 382 (1912). — RÜTGERSWERKE A.-G. Berlin, Mitteilung aus dem Laboratorium für Holzkonservierung der: Ch. Z. 56, 730 (1932).

SCHAAF, E., u. J. MAURER: Fr. 126, 298 (1943). — SCHERRER, J. A.: J. Res. Nat. Bureau of Standards Paper R. P. 1116, 21, 95 (1938); durch Fr. 118, 353 (1939/40). — SCHLEICHER, A., u. L. TOUSSAINT: Z. anorg. Ch. 159, 319 (1927). — SCHNEIDER, F. C.: Wien. Akad. Ber. 6, 409 (1851); durch Pogg. Ann. 85, 433 (1852). — SCHULEK, E., u. G. VASTAGH: Fr. 84, 175 (1931). — SCHULEK, E., u. R. WOLSTADT: Fr. 108, 400 (1937). — SCHÜRMANN, E., u. W. BÖTTCHER: Ch. Z. 37, 49 (1913). — SCHWEITZER, L.: Ch. Z. 53, 457 (1929). — SMITH, E. F., u. J. G. HIBBS: Am. Soc. 17, 682 (1895). — STIEF, F. A.: Ind. eng. Chem. 7, 211 (1915). — STRECKER, W., u. A. RIEDEMANN: B. 52, 1935 (1919). — SWEENEY, O. R.: Am. Soc. 38, 2377 (1916).

TARUGI, N.: G. 52 II, 323 (1922); durch C. 94 IV, 763 (1923). — TERÉNYI, A., u. J. PÁSKUJ: Fr. 84, 416 (1931). — TOUGARINOFF, B.: Bl. Soc. chim. Belg. 46, 141 (1937); durch Fr. 113, 48 (1938). — TREADWELL, F. P.: Kurzes Lehrbuch der analytischen Chemie, 11. Aufl., Bd. II, S. 201. Leipzig u. Wien 1923.

WEIHRICH, R.: Die chemische Analyse in der Stahlindustrie, 2. umgearb. Aufl. von J. KASSLER, Untersuchungsmethoden für Roheisen, Stahl und Ferrolegierungen, S. 104. Stuttgart 1939. — WINTERFELD, K., E. DÖRLE u. C. RAUCH: Ar. 273, 457 (1935); 274, 214 (1936).

§ 15. Trennungen.

Allgemeines.

Zur Trennung von allen Metallen mit Ausnahme des Germaniums kann die Destillation des Arsens als Trichlorid herangezogen werden, wobei eine den vorhandenen Elementen rechnungtragende Arbeitsweise einzuhalten ist (s. § 14). Auch von nicht flüchtigen Anionen kann auf diese Weise getrennt werden. Von allen Metallen, die in Säure leichter lösliche Sulfide geben als das Arsen (auch von Blei, Wismut, Cadmium, Antimon und Zinn) kann durch Fällung als Sulfid in stark saurer Lösung getrennt werden. Auch dieses Verfahren ermöglicht eine Abtrennung von störenden Anionen. Von den Sulfobasen der Schwefelwasserstoffgruppe kann zusammen mit den anderen Sulfosäuren nach dem aus der qualitativen Analyse bekannten Verfahren durch Digerieren des Sulfidgemisches mit polysulfidhaltiger Schwefelnatriumlösung bzw. bei Anwesenheit von Quecksilber mit Schwefelammonium abgetrennt werden. Bei Ausfällung der Sulfide durch Ansäuern der Sulfosalzlösung wird zweckmäßig noch etwas Schwefelwasserstoff eingeleitet und erst nach längerem Stehen filtriert. Kupfer bereitet aber bei dieser Art der Trennung Schwierigkeiten, so daß RÖSSING zu dem Schluß kam, daß eine Trennung praktisch nur mit farblosem Natriumsulfid ausführbar sei. Angaben über die Abscheidung von Spuren Kupfer mit K_2O_2 finden sich bei CRAIG. Bei Fällung einer alkalischen weinsäurehaltigen Lösung mit Schwefelwasserstoff befindet sich das Arsen zusammen mit Antimon, Zinn und den anderen Sulfosäuren im Filtrat. Hierher gehört auch ein Verfahren, bei dem nach Aufschluß mit Salpetersäure und Weinsäure in eine warme Natriumpolysulfidlösung eingegossen wird. Allerdings gehen dabei nach H. BILTZ und W. BILTZ (a) merkliche Mengen von Zink, Nickel, Eisen, Wismut, Blei und besonders Kupfer, offenbar durch Thioarsenatbildung, in Lösung. Trennungsmöglichkeiten, die sich bei Abscheidung des Arsens in elementarer Form ergeben, sind § 5, S. 80 und 88 erwähnt. Ein Verfahren von DE CLERMONT und FROMMEL aus der älteren Literatur verwertet die Eigentümlichkeit des Arsensulfids durch Kochen mit Wasser zu dissoziieren und in Lösung zu gehen, um Arsen von anderen Elementen, deren Sulfide nicht gespalten werden oder unlösliche Verbindungen ergeben, zu trennen. Die Methode gestattet aber nach LESSER keine exakte Trennung.

Im allgemeinen verwendet man die den anwesenden Ionen angepaßten Spezialmethoden und sorgt unter Umständen schon beim Aufschluß für eine Gruppentrennung. Als Beispiel dafür mögen der Aufschluß im Chlorstrom und der Freiberger Aufschluß angeführt werden. Das Arsen befindet sich dabei zusammen mit anderen Elementen, von denen es anschließend getrennt werden muß, im Destillat bzw. im Filtrat. Auch Trennungen durch Aufschluß im Halogenwasserstoffstrom wurden vorgeschlagen. So trennt z. B. ANDREWS aus bleihaltigen Legierungen As, Sb und Sn durch Erhitzen im Salzsäuregasstrom ab (das Destillat wird in Kaliumbromid aufgefangen).

In vielen Fällen wird es genügen, Arsen neben verschiedenen Ionen, bzw. diese Ionen neben Arsen zu bestimmen, ohne daß tatsächlich getrennt zu werden braucht, wozu zahlreiche maßanalytische oder colorimetrische Bestimmungsmethoden mit bestem Erfolg verwendet wurden. Wird auf die Bestimmung des Arsens kein Wert gelegt, kann es einfach als Trichlorid, Trifluorid oder in Form einer anderen geeigneten Verbindung verflüchtigt werden. Auch erscheint eine Abscheidung als Ferriarsenat nach dem Vorbild der zur Abtrennung der Phosphorsäure üblichen

Acetattrennung möglich, was eine Trennung von den Alkali- und Erdalkalimetallen sowie von den Monoxyden der 3. Gruppe gestattet.

In dem folgenden Teil werden nun spezielle in der Literatur beschriebene Trennungsverfahren behandelt, wobei jeweils bei dem betreffenden Ion auf früher erwähnte oder beschriebene Methoden hingewiesen wird.

A. Trennung von Antimon.

1. Trennung von Arsen und Antimon durch Destillation.

Arbeitsvorschriften und Hinweise zur Abtrennung des Arsen als Trichlorid bzw. als Methylester finden sich in § 14 auf S. 263, 268, 269, 270, 272, 273, 274, 277, 278, 280, 284, 286, 287, 290, 292, 293 und 294.

2. Fällung von AntimonV neben ArsenV mit Schwefelwasserstoff aus schwach saurer Lösung.

I. Vorschrift von Bunsen (a).

Ausführung. Die schwach salzsaure Lösung von ArsenV und AntimonV, für die F. P. Treadwell (a) ein Volumen von etwa 600 cm^3 vorschreibt (Bunsen oxydierte nach Lösen der Sulfide in Kalilauge mit Chlor und zerstörte das Chlorat unter Eindampfen mit Salzsäure; Weinsäure soll nicht anwesend sein), und die sich in einem geräumigen Becherglas befindet, wird je 0,1 g (oder weniger) Antimonsäure mit etwa 100 cm^3 frisch bereitetem gesättigtem Schwefelwasserstoffwasser versetzt. Sobald sich das Antimonsulfid ausgeschieden hat, wird der Überschuß an Schwefelwasserstoff durch Einleiten eines heftigen, durch Watte filtrierten Luftstromes ausgetrieben (Bedecken mit einem durchbohrten Uhrglas). Nach 15 bis 20 Min. ist kein Geruch nach Schwefelwasserstoff mehr wahrzunehmen. Der Antimonsulfidniederschlag wird filtriert, mit Wasser gewaschen, und um die darin befindlichen Reste von Arsensulfid zu entfernen, neuerlich in Kaliumhydroxyd gelöst, worauf man die Trennung wiederholt. Aus den vereinigten Filtraten kann das Arsen (nach Oxydation mit einigen Tropfen Chlorwasser) nach Bunsen als As_2S_5 gefällt werden (s. § 4, S. 78).

II. Vorschrift von Thürmer.

Ausführung. Die Lösung wird mit reinster Natronlauge bzw. Salpetersäure gegen Lackmus neutralisiert. Einem Volumen von mindestens 150 cm^3 werden dann einige Tropfen Natriumhydroxyd zugesetzt. In dieser schwach alkalischen Lösung oxydiert man mit Wasserstoffperoxyd, setzt hierauf etwa 10 g festes Ammoniumchlorid zu, um das Arsen in Lösung zu halten, und zerstört den Überschuß an Peroxyd durch reichlich 1stündiges Kochen, während welcher Zeit das Volumen mit Hilfe einer am Fällungsgefäß angebrachten Marke konstant gehalten wird. Dann läßt man auf 30° abkühlen, fügt 1 bis 2 cm^3 Salzsäure zu und leitet etwa 30 bis 40 Min. Schwefelwasserstoff ein. Man filtriert und wäscht den Niederschlag mit Ammoniumchlorid enthaltendem Wasser. Das Arsen kann nach Entfernen des Schwefelwasserstoffs und Oxydieren mit Wasserstoffperoxyd in alkalischer Lösung als Magnesiumammoniumarsenat gefällt werden.

Genauigkeit. Ein Beweis für die Brauchbarkeit der Methode wird nicht gegeben. Der Verfasser betont lediglich die Übereinstimmung der Analysenwerte untereinander und mit früheren Beobachtungen.

3. Trennung des Arsens von Antimon auf Grund der verschiedenen Löslichkeit der Sulfide in Säure.

I. Fällung des Arsenpentasulfids aus stark salzsaurer Lösung nach Neher [Vorschrift von F. P. Treadwell (b)].

Ausführung. Die Fällung wird wie in § 4, S. 77 beschrieben ausgeführt. Der Niederschlag wird nach 1- bis 2stündigem Absitzen filtriert (Neher filtrierte das

Arsenpentasulfid nach Austreiben des Schwefelwasserstoffüberschusses durch einen Luftstrom) und nun zur Entfernung des Antimons aus dem Niederschlag mit starker Salzsäure (1 Teil Wasser + 2 Teile konzentrierter Salzsäure) gewaschen, bis 1 cm³ des Filtrats nach starkem Verdünnen mit Wasser bei Zusatz von Schwefelwasserstoff keine Fällung mehr gibt. Nun wäscht man wie üblich mit Wasser, spült mehrmals mit heißem Alkohol nach und trocknet bei 110°.

Bemerkungen. Liegt ein aus Arsen- und Antimonsulfid bestehender Niederschlag vor, wird dieser gelöst und oxydiert. Nach F. P. TREADWELL (b) geschieht dies durch Behandeln mit Kalilauge und Chlor, mit nachfolgendem Ansäuern und Eindampfen mit Salzsäure. Nach einer Arbeitsvorschrift von LUFF werden die Sulfide in 5 g reinstem Natriumhydroxyd oder besser Kaliumhydroxyd gelöst, das Filter wird reingewaschen und die Lösung im Becherglas bei aufgesetztem Uhrglas tropfenweise mit Perhydrol bis zur Entfärbung versetzt. Man kocht, zuletzt bei abgenommenem Uhrglas etwa 1 Std., und engt auf 100 cm³ ein. Nach dem Erkalten neutralisiert man mit konzentrierter Salzsäure gegen Methylorange und kühlt ab (das Volumen wird am Becherglas durch eine Marke gekennzeichnet), gießt die Lösung in einen 500 cm³ fassenden Zylinder mit Schliffstopfen oder einen entsprechenden ERLENMEYER-Kolben, kühlt in Eis und setzt aus dem gleichen Becherglas unter Verwendung der Marke das doppelte Volumen an eiskalter konzentrierter Salzsäure zu. Schließlich wäscht man mit einem Gemisch von 2 Teilen Salzsäure und 1 Teil Wasser nach und leitet in die abgekühlte durchgemischte Lösung, aus der Natriumchloridkrystalle ausfallen, $^1/_2$ Std. einen kräftigen Schwefelwasserstoffstrom ein. Das Arsenpentasulfid wird nach mehrstündigem Absitzen im verschlossenen Fällungsgefäß filtriert, mit Salzsäure (2:1) und heißem Wasser zur Entfernung des Natriumchlorids und etwa vorhandenen, in Salzsäure unlöslichen Na_2SnCl_6 gewaschen und weiterverarbeitet (Lösen in Ammoniak, Oxydieren mit Wasserstoffperoxyd und Fällung als Silber- bzw. Magnesiumammoniumarsenat).

II. Sonstige Verfahren, die auf der Unlöslichkeit der Arsensulfide in Salzsäure beruhen.

Da auch das Arsentrisulfid in Salzsäure weitgehend unlöslich ist, ergibt sich daraus ebenfalls eine Abtrennungsmöglichkeit von Antimon. Eine diesbezügliche Arbeitsvorschrift wird z. B. von LOW gegeben, der das Arsentrisulfid neben Antimon (und Zinn) aus stark salzsaurer Lösung fällt, anschließend in Ammoniumsulfid löst, mit Kaliumbisulfat und Schwefelsäure abraucht und endlich jodometrisch bestimmt. Auch HARTMANN fällt As_2S_3 neben Antimon aus stark salzsaurer Lösung.

DINAM brachte das Gemisch der Sulfide mit Kalilauge in Lösung, erhitzte mit Salzsäure bis zur Verjagung des Schwefelwasserstoffs auf dem Wasserbad und filtrierte das ungelöste Arsensulfid. J. PATTINSON und H. S. PATTINSON lösten die Sulfide in Ammoniumpolysulfid und sättigten nach Eingießen dieser Lösung in Salzsäure (D 1,16) bei 45° mit Schwefelwasserstoff. LUFFS Versuche in dieser Hinsicht ergaben keine brauchbaren Resultate.

Nach LANG und CARSON kann Arsentrisulfid auch in der Wärme mit Salzsäure (D 1,16) behandelt werden, ohne daß Lösung eintritt, wenn das Gemisch mit Schwefelwasserstoff gesättigt erhalten wird. (Bei diesem Verfahren muß ein stärkeres Erhitzen unbedingt zu Verlusten führen; bezüglich der Erfahrungen von PILOTY und STOCK s. Allgemeines zu § 3, S. 63.) Die Verfasser geben auch ein darauf beruhendes Trennungsverfahren an, wobei das Gemisch der Sulfide mit Salzsäure (D 1,16), der nicht mehr als $^1/_3$ des Volumens an Wasser zugesetzt wurde, unter Sättigen mit Schwefelwasserstoff behandelt wird. Das unangegriffene Arsentrisulfid wird mit schwefelwasserstoffgesättigter ebenso starker oder noch stärkerer Salzsäure ausgewaschen (vgl. unter B., S. 308, wonach LUFF auf diesem Weg nicht zu brauchbaren Resultaten gelangte).

4. Fällung des Arsens neben Antimon als Magnesiumammoniumarsenat aus tartrathaltiger Lösung[1].

I. Vorschrift nach H. BILTZ und W. BILTZ (b) (nach vorangegangener Sulfidfällung).

Ausführung. Die abfiltrierten Sulfide werden auf dem Filter mit warmem 10%igem Ammoniak, dem 3 bis 4 cm³ 30%iges Wasserstoffperoxyd und etwas

[1] Das Verfahren wurde schon 1849 von ROSE (a) empfohlen.

Weinsäure zugesetzt wurden, in Lösung gebracht. Die Menge der Weinsäure richtet sich nach dem vorhandenen Antimon. Es kann etwa die 10fache stöchiometrisch nötige Menge zugesetzt werden, also im allgemeinen einige Zehntelgramme. Ein übermäßiger Zusatz, z. B. mehrere Gramme, behindert die Arsenfällung. Ist zu wenig Weinsäure anwesend, kann bei Zugabe von Ammoniak allein (also ohne Magnesium) eine durch Antimon verursachte Trübung eintreten. Der Trichter ist während des Lösungsvorganges wegen des heftigen Schäumens bedeckt zu halten. Man wäscht das Filter mit möglichst wenig heißem Wasser und fügt dem Filtrat noch 1 cm³ Perhydrol zu. Zur Zerstörung des Wasserstoffperoxydüberschusses engt man unter Kochen ein. Sollte sich die Lösung dabei trüben, erhitzt man neuerlich mit Perhydrol. Anschließend trennt man das Arsen durch doppelte Fällung nach § 1, S. 51 ab. Aus dem Filtrat kann das Antimon als Sulfid abgeschieden werden.

Bemerkungen. Nach H. Biltz und W. Biltz (b) ist das Verfahren dann zu empfehlen, wenn neben Arsen wenig Antimon vorliegt!

II. Vorschrift nach F. P. Treadwell (c).

Ausführung. Zur salzsauren Lösung von ArsenV und AntimonV (sofern eine Sulfidfällung vorangegangen ist, werden die Sulfide in Kalilauge gelöst und durch Einleiten von Chlor oxydiert; das dabei gebildete Chlorat wird durch Behandeln mit Salzsäure zerstört) gibt man Weinsäure und einen Überschuß an Ammoniak, wobei sich keine Trübung zeigen darf. Sollte zu wenig Weinsäure vorhanden sein und ein Niederschlag entstehen, wird die klare Lösung abgegossen, der Rückstand durch Erwärmen mit Weinsäure in Lösung gebracht und mit dem dekantierten Anteil vereinigt. Zu dieser klaren Lösung bringt man unter Umrühren Magnesiamischung (s. § 1, S. 52), läßt 12 Std. stehen, filtriert das Magnesiumammoniumarsenat, das meist durch basisches Magnesiumtartrat verunreinigt ist, ab und wäscht einige Male mit $2^1/_2$%igem Ammoniak. Man löst in Salzsäure, gibt neuerlich einige Tropfen der Magnesiamischung zu, fällt mit überschüssigem Ammoniak und filtriert nach 12stündigem Stehen. Man wäscht mit $2^1/_2$%igem Ammoniak, trocknet, glüht und wägt nach § 1 A.

III. Trennung des Arsens vom Antimon nach Nissenson und Mittasch.

Die Verfasser trennten, nachdem sie die Sulfide von Arsen, Antimon und Kupfer durch Erhitzen mit konzentrierter Schwefelsäure in Lösung gebracht und die Summe As + Sb durch Titration mit Kaliumbromat ermittelt hatten, das Arsen in Anlehnung an die von F. P. Treadwell gegebene Vorschrift folgendermaßen ab: Zu der titrierten Lösung von As + Sb wird noch etwas Kaliumbromat gegeben, ein Teil der Flüssigkeit abgedampft, nach dem Erkalten $^1/_2$ bis 1 g Weinsäure hinzugefügt und die Lösung mit Ammoniak übersättigt. Man setzt nun 30 cm³ Magnesiamischung zu (falls das Magnesiumammoniumarsenat gewichtsanalytisch bestimmt werden soll, müssen Gangart und Schwefel vorher abfiltriert werden). Nach vielstündigem Stehen wird filtriert und mit wenig ammoniakhaltigem Wasser gewaschen. Aus dem Filtrat kann das Antimon (zusammen mit Kupfer) als Sulfid gefällt und nach Lösen in Schwefelsäure mit Bromat titriert werden. Das Arsen kann auch maßanalytisch nach § 1 D, S. 56 durch Titration mit Bromat bestimmt werden.

Bemerkungen. Nissenson und Mittasch konstatierten einen etwa 0,3 cm³ zu hohen Verbrauch an 0,1 n Kaliumbromatlösung für Antimon, während Arsen annähernd um diese Menge zu tief gefunden wurde. Ihrer Ansicht nach führt ein unter gleichen Bedingungen angestellter Kontrollversuch mit reinen Lösungen, durch den man eine entsprechende Korrektur ermittelt, bei Serienanalysen am einfachsten zu brauchbaren Resultaten. Anderseits diskutieren sie aber auch die Möglichkeit, etwa noch vorhandenes Arsensulfid aus dem Antimonsulfid mit Ammoniumcarbonat zu extrahieren (s. dazu S. 306).

IV. Mikrotrennung nach Hecht und v. Mack.

Die § 1, S. 55 beschriebene Fällung des Arsens kann bei Gegenwart von etwas Weinsäure („wenig") zur Trennung von Antimon dienen. Das Filtrat (ohne Alkohol und Äther) wird eingeengt, angesäuert und in den für die Antimonfällung bestimmten Filterbecher übergeführt.

5. Trennung von Arsen und Antimon durch Fällung des Arsens mit Silbernitrat.

I. Fällung in essigsaurer Lösung nach CHIRNOAGA.

Trennung und Bestimmung des Arsens. 10 bis 20 cm³ der ArsenIII und (oder) ArsenV sowie AntimonIII enthaltenden sauren Lösung werden in einem ERLENMEYER-Kolben mit 3 bis 15 Tropfen Perhydrol versetzt, wobei man um so mehr Perhydrol anwendet, je mehr Antimon im Vergleich zu Arsen vorhanden ist. Nach Zugabe von 5 cm³ einer 20%igen Ammoniumnitratlösung und 1 Tropfen Methylrot (der Umschlag von Methylorange ist nicht scharf genug!) neutralisiert man mit 10%igem Ammoniak bis zum Umschlag nach Gelb, fügt nun tropfenweise 1 n Essigsäure zu, bis die Lösung wieder rot erscheint und versetzt mit 10 cm³ 20%iger Ammoniumacetatlösung sowie 20 bis 25 cm³ destilliertem Wasser. Die Lösung wird auf einem Asbestdrahtnetz erhitzt, bis ein in die Flüssigkeit tauchendes Thermometer 103 bis 105° anzeigt und die Lösung zu sieden beginnt. Man nimmt den Kolben vom Drahtnetz, rührt, bis die Temperatur auf 92 bis 93° gesunken ist, und gibt 0,1 n Silbernitratlösung in einem Überschuß von 3 bis 4 cm³ zu (die notwendige Menge wird in einem Vorversuch ermittelt). Man spült Thermometer und Kolbenrand mit wenig destilliertem Wasser ab und läßt die Fällung 12 Std. oder über Nacht absitzen. Der Niederschlag wird abfiltriert (das Filtrat muß klar und farblos sein), 3 mal mit 0,001 n Silbernitratlösung und 1 mal mit destilliertem Wasser gewaschen und durch dreimaliges Füllen des Filters mit 2 n Salpetersäure gelöst. Auf dem Filter verbleibende Spuren eines schwärzlichen Pulvers (wahrscheinlich reduziertes Antimon) brauchen nicht berücksichtigt zu werden. Man titriert das Silber in der Lösung nach VOLHARD mit Rhodanid (EisenIII-lösung als Indicator).

Bestimmung des Antimons. Die Bestimmung des AntimonIII erfolgt indirekt durch Titration eines bestimmten Volumens der Probe mit 0,1 n Kaliumbromatlösung, wodurch man die Summe AsIII + SbIII erhält. Das Gesamtarsen wird wie beschrieben gefällt und in einer dritten Probe das fünfwertige Arsen durch Titration des in salzsaurer Lösung (vor Zugabe der Salzsäure fügt der Verfasser etwas Natriumhydrogencarbonat zu, um die Luft auszuschließen) aus Kaliumjodid (2 g) in Freiheit gesetzten Jods mit Thiosulfat ermittelt.

Genauigkeit. Der Arsengehalt (0,0102 bis 0,0510 g) konnte neben wechselnden Mengen Antimon gleicher Größenordnung mit einer maximalen Abweichung von +0,0004 g (sämtliche Fehler positiv) wiedergefunden werden. Ist weniger Arsen als $^1/_5$ der Antimonmenge vorhanden, werden die Resultate für Arsen zu tief. In diesem Falle kann man durch Zusatz von genau bekannten Mengen Arsenit richtige Werte erzielen.

II. Fällung aus fluoridhaltiger Lösung nach McCAY (a).

Fällung und Bestimmung des Arsens. Die Lösung von ArsenV und AntimonV, die Salpetersäure, 2 bis 3 cm³ 48%ige Flußsäure sowie gegebenenfalls von einer vorhergegangenen teilweisen Neutralisation her Ammoniumnitrat enthält und sich in einer Platinschale von reichlich 250 cm³ Fassungsraum befindet (die Trennung wurde mit gutem Erfolg auch in Pyrexglas ausgeführt), wird auf 100 cm³ verdünnt, mit 1 Tropfen Methylorange und soviel starkem Ammoniak tropfenweise versetzt, bis die Lösung rein goldgelbe Farbe aufweist und schwach, aber deutlich alkalisch gegen empfindliches Lackmuspapier reagiert. Man erhitzt die Lösung zum Sieden und fällt das Arsen mit Silbernitrat in geringem Überschuß als Silberarsenat. Dabei wird lange und kräftig mit einem Platinspatel umgerührt, bis sich der Niederschlag zusammenballt und absetzt. Die überstehende klare Lösung wird mit Lackmus geprüft und falls die Reaktion nicht ausgesprochen alkalisch ist, mit einigen Tropfen verdünntem Ammoniak (1:4) versetzt, bis das Papier deutlich blau wird und ein einfallender Tropfen in der klaren Lösung keine Spur von Trübung hervorruft (eine Fällung von Silberoxyd ist an dieser Stelle unmöglich). Nach dem Erkalten wird durch ein Papierfilter oder einen Filtertiegel abfiltriert (das Filtrat kann in einem Gefäß aus Pyrexglas aufgefangen werden) und mit Ammoniumnitrat und Silbernitrat enthaltender Waschflüssigkeit (5 g Ammoniumnitrat + 0,25 g Silbernitrat in 1 l Wasser) gewaschen. Die davon im Niederschlag verbleibende Silbermenge kann vernachlässigt werden. Immerhin kann man sicherheitshalber mit etwas Alkohol nachwaschen. Dieser Waschalkohol ist antimonfrei und wird daher verworfen. Der Niederschlag wird schließlich in Salpetersäure gelöst und das darin enthaltene Silber nach VOLHARD titriert.

Bestimmung des Antimons. Aus dem Filtrat wird das Silber mit möglichst wenig Salzsäure ausgefällt, worauf man die Lösung in eine große Quarzschale bringt, 10 bis 15 cm³ konzentrierte Schwefelsäure zusetzt, abraucht, das Antimon durch Kochen der konzentriert schwefelsauren Lösung mit etwas Schwefel reduziert und nach Zusatz von Salzsäure mit Kaliumpermanganat oder Bromat titriert (auch nach mehreren Versuchen wurde bei diesem Arbeitsvorgang die Quarzschale nicht merklich angegriffen).

Arbeitsweise nach vorangegangener Sulfidfällung. Der Sulfidniederschlag wird in einer Platinschale mit rauchender Salpetersäure behandelt und die Hauptmenge an Salpetersäure abgedampft. Man setzt 2 cm³ Flußsäure und etwas Wasser zu, erwärmt, bis die Lösung klar ist, und verdünnt auf 100 cm³. Die mäßig saure Lösung (gegebenenfalls müßte die Hauptmenge an Salpetersäure mit Ammoniak neutralisiert werden) erhitzt man zu gelindem Sieden und fügt Kaliumpersulfat in kleinen Anteilen zu. Während der Oxydation hält man die Schale mit einem Uhrglas aus Quarz bedeckt. Nach dem Abkühlen wird die Trennung wie beschrieben durchgeführt.

Bemerkungen. 0,0126 bis 0,0630 g As wurden in zahlreichen Testversuchen neben 0,0960 bis 0,1932 g Antimon mit maximalen Abweichungen von + 0,5 und — 0,2 mg bestimmt. Die Fehler bei der Antimonbestimmung halten sich in ähnlichen Grenzen.

Liegt ein Gemisch von Arsen-, Antimon- und Zinnsulfid vor, löst man die Sulfide vorteilhaft in einer kleinen Platin- oder Quarzschale in kochender konzentrierter Schwefelsäure, wobei man durch Zusatz von etwas Schwefel Arsen und Antimon quantitativ in die dreiwertige Form überführt. Nach Verdünnen der Lösung und Zugabe von Flußsäure wird in eine große Platinschale filtriert, worauf man Arsen und Antimon mit Schwefelwasserstoff fällt und wie oben trennt (s. dazu B, S. 310).

6. Trennung von Arsen und Antimon durch Abscheidung des Antimons als Natriumpyroantimonat.

I. Fällung mit Wasserstoffperoxyd aus der Lösung der Sulfosalze nach HAHN und PHILIPPI (mit Berücksichtigung der Abtrennung von etwa vorhandenem Zinn).

Ausführung. Das Gemenge der Sulfide wird in möglichst wenig (je 0,1 g Metall etwa 2 cm³) einer mit etwas Natriumhydroxyd versetzten 10%igen Natriumsulfidlösung gelöst. Man versetzt mit der gleichen Menge 20%iger Natronlauge (eher mehr als weniger), verdünnt auf 50 bis 100 cm³ und setzt unter ständigem Rühren 10 bis 30%iges Wasserstoffperoxyd in kleinen Anteilen zu. Die Lösung färbt sich vorübergehend jedesmal hellgelb. Bei dauernder Bräunung wird mehr Natriumhydroxyd zugesetzt. Da sich bei größeren Substanzmengen die Lösung stark erwärmt, muß man das Peroxyd sehr vorsichtig zusetzen. Sobald die Lösung farblos bleibt und Sauerstoff sich zu entwickeln beginnt, ist die zugesetzte Peroxydmenge ausreichend. Während dieser Operation fällt oft schon Natriumpyroantimonat aus. Nach kurzem Aufkochen und längerem Erwärmen auf dem Wasserbad läßt man abkühlen, fällt durch Zusatz von $^1/_3$ des Volumens an 80%igem Alkohol, filtriert nach 24 Std. und wäscht mit zunehmend stärkerem Alkohol (vorerst

1 Volumen 80%iger Alkohol + 1 Volumen Wasser, schließlich mit 3 Volumen Alkohol und 1 Volumen Wasser), dem man etwas Soda zusetzt. Etwa vorhandenes Zinn wird nach Wegdampfen des Alkohols und Verdünnen der Lösung auf 300 cm³ unter ständigem Umrühren mit 50%iger Ammoniumnitratlösung, und zwar ebensoviel, als vorher 20%ige Natronlauge angewendet wurde, ausgefällt. [Das Vorgehen ist nach H. BILTZ und W. BILTZ (c) bedenklich, da Arsensäure mitfällt.] Nach Aufkochen bis zum Verschwinden des Ammoniakgeruches wird dekantiert und mit heißer verdünnter Ammoniumnitratlösung gewaschen. Aus dem stark eingedampften Filtrat wird das Arsen als Magnesiumammoniumarsenat abgetrennt und der Niederschlag wegen der Anwesenheit der großen Menge an Natriumsalzen durch Umfällen gereinigt. [Nach HAMPE (s. unten) ist diese Art der Abscheidung des Arsens wegen der großen Menge an Fremdsalzen unzulässig!]

Bemerkungen. Die angeführten Beleganalysen zeigen für Arsen Abweichungen, die im allgemeinen unter $\pm 0{,}5\%$ liegen.

Nach H. BILTZ und W. BILTZ (c) ist das Verfahren brauchbar, wenn nur Antimon bestimmt werden soll.

Die Abscheidung des Antimons durch Oxydation der Sulfosalzlösung mit Natriumperoxyd wurde schon von HAMPE (a) zur quantitativen Trennung von Arsen herangezogen. HAMPE war allerdings der Ansicht, daß wegen der vielen Natriumsalze das Arsen nicht quantitativ mit Magnesiamischung ausgefällt werden könne, und schlug daher eine Sulfidfällung vor (s. unter II).

II. Überführung des Antimons in Natriumpyroantimonat durch Schmelzen mit Natriumhydroxyd nach ROSE (a) [Vorschrift von F. P. TREADWELL (d)].

Ausführung. Arsen und Antimon werden aus der vorliegenden Lösung als Sulfide ausgefällt und mit rauchender Salpetersäure oxydiert. Die salpetersaure Lösung, die Arsen und Antimon in fünfwertiger Form enthält, wird in eine Porzellanschale gespült und zur Vertreibung der überschüssigen Säure auf dem Wasserbad eingeengt. Der fast trockene Eindampfrückstand wird mit starker Natronlauge versetzt, verlustfrei in einen Silbertiegel gebracht und darin nach Zugabe von festem Natriumhydroxyd im Luftbad getrocknet. Man schmelzt, wobei der Silbertiegel zum Schutze gegen die Flamme in einen Porzellantiegel eingestellt wird, und erhält 20 Min. über einem Teklubrenner im Schmelzen. Nach dem Erkalten wird die Schmelze mit Wasser digeriert, bis der Schmelzkuchen zerfallen ist, worauf man $^1/_3$ des Volumens an Alkohol (D 0,833) zusetzt. Man filtriert nach 12stündigem Stehen, spült die an der Schalenwandung haftenden Anteile des Niederschlages mit verdünntem Alkohol (1 Teil Alkohol + 3 Teile Wasser) auf das Filter, wäscht mit Alkohol (1:1) und schließlich mit einem Gemisch aus 3 Teilen Alkohol und 1 Teil Wasser nach, bis das Filtrat nach Ansäuern mit Salzsäure bei Zusatz von Schwefelwasserstoff keine Gelbfärbung mehr zeigt. (Sämtlichen alkoholischen Waschflüssigkeiten fügt man einige Tropfen Natriumcarbonatlösung zu.) Bei Anwesenheit von großen Zinnmengen muß der Pyroantimonatniederschlag neuerlich mit Natriumhydroxyd aufgeschlossen werden.

Das Filtrat wird von Alkohol befreit, mit Salzsäure angesäuert und mit Schwefelwasserstoff gesättigt. Der Niederschlag wird abfiltriert. Bei Anwesenheit von Zinn wird nach Lösen des Sulfids in Salzsäure und Kaliumchlorat (um Verluste zu vermeiden, verwendet man dabei einen Rückflußkühler) eine Arsen-Zinn-Trennung durchgeführt.

7. Maßanalytische Methoden zur Titration der Ionen nebeneinander.

Bestimmung von Antimon und Arsen durch potentiometrische Titration mit Cerisulfat nach FURMAN (a).

Ausführung. Zu der Arsen und Antimon in dreiwertiger Form enthaltenden Lösung bringt man mindestens 40% des Anfangsvolumens, das 40 bis 70 cm³ betragen soll, an Salzsäure (D 1,19) und titriert mit schwefelsaurer, etwa 0,1 n Cerisulfatlösung[1], bis der Potentialverlauf die beendete Oxydation des Antimons anzeigt. Nun gibt man als Katalysator 10 cm³ einer 0,005 m Jodmonochloridlösung nach WILLARD und YOUNG (a) (s. § 9, S. 148) zu und titriert das Arsen [s. WILLARD und YOUNG (b), § 9, S. 149]. Der 2. Potentialsprung zeigt dann die vollendete Oxydation des Arsens an. Wenn nötig, wird die Acidität der Lösung nach SWIFT und GREGORY (s. § 9, S. 149) eingestellt.

Bemerkungen. Der Verfasser führt für die Methode folgende Belege an:

Tabelle 18.

Sb angewendet	Sb gefunden	As angewendet	As gefunden	Sb angewendet	Sb gefunden	As angewendet	As gefunden
0,1256	0,1259	0,0375	0,0374	0,1256	0,1260	0,0375	0,0378
0,0503	0,0504	0,0937	0,0943	0,1261	0,1265	0,0374	0,0374
0,0503	0,0504	0,0375	0,0379	0,1261	0,1265	0,0374	0,0375
0,0503	0,0505	0,0375	0,0378				

Anfangskonzentration an . . . HCl (D 1,19) 40 bis 50 Vol.-%,
Endkonzentration an . . . . . HCl (D 1,19) 32 bis 43 Vol.-%.

Die Titration gelingt in der beschriebenen Form, wenn weit mehr Antimon als Arsen vorhanden ist. Wird die Salzsäuremenge wesentlich unter 40 Vol.-% gehalten, oder ist die Menge des Arsens verhältnismäßig groß, kann die Antimontitration durch vorzeitige Oxydation des Arsens gestört werden. Allerdings kann durch Verdünnen mit 40%iger Salzsäure (D 1,19) die absolute Arsenkonzentration so weit verringert werden, daß die Mitoxydation weitgehend verhindert wird. So konnte Antimon noch neben der 1,8fachen Menge an Arsen in befriedigender Weise bestimmt werden (s. Tabelle 18).

Die potentiometrische Titration der beiden Ionen nebeneinander war schon früher von RATHSBURG durchgeführt worden, wobei bezüglich der Arsentitration Versuchsergebnisse von ATANASIU und STEFANESCU bestätigt werden konnten (die genannten Verfasser erhielten bei 70° in stark salzsaurer Lösung einen deutlichen und plötzlich eintretenden Potentialsprung). Die Bestimmung wurde aber außerdem von RATHSBURG auch mit Farbindicatoren durchgeführt. So titrierte er zunächst das Antimon mit 0,1 bis 0,01 n Cerisulfatlösung bei Zimmertemperatur bis zur Entfärbung eines zugesetzten Indicators (Methylenblau, Kongorot, Methylorange, Methylrot). Die Bestimmung des Arsens erfolgte dann durch Weitertitrieren mit Kaliumbromatlösung (Methylorange als Indicator). Die Titerstellung der Cerisulfatlösung wird bei der Indicatormethode mit Brechweinstein, bei der elektrometrischen Methode durch Festlegen der Titrationskurve mit einer ebenfalls elektrometrisch gegen Kaliumpermanganatlösung eingestellten Lösung von MOHRschem Salz durchgeführt. Je nach dem Antimongehalt werden von Legierungen 0,1 bis 0,4 g entsprechende Mengen einer größeren Einwaage verwendet. Um eine Hydrolyse der Antimonlösungen zu verhindern, bediente sich der Verfasser 15%iger Salzsäure.

8. Indirekte Verfahren durch maßanalytische Ermittlung der Summe von As + Sb und nachfolgende Bestimmung des Antimons oder Arsens.

I. Verfahren nach ZINTL und WATTENBERG.

Ausführung. Man titriert die Summe Arsen + Antimon potentiometrisch mit Bromat (s. § 8 B, S. 133). Nun reduziert man unter potentiometrischer Kontrolle das Antimon mit Titantrichloridlösung, die man aus dem käuflichen KAHLBAUM-Präparat durch Verdünnen mit Salzsäure auf Fünftelnormalität herstellt (ein

[1] Eine 1 n schwefelsaure Vorratslösung kann (durch Ausfallen von Ceriphosphat, das im Gemisch der seltenen Erden enthalten sein kann) allmählich schwächer werden, während eine an Schwefelsäure 3 bis 4 n Lösung sich als haltbar erwies [N. H. FURMAN u. O. M. EVANS: J. Am. Chem. Soc. 51, 1129 (1929)].

Eisengehalt der Lösung erfordert eine kleine Korrektur, die durch potentiometrische Titration einer größeren Menge der Lösung ermittelt wird). Dazu wird die an Salzsäure mindestens 5%ige Lösung nahe zum Sieden erhitzt und die Titantrichloridlösung aus einer Bürette zugesetzt, bis das Galvanometer bei 150 Ω durch Null geht (s. Bemerkungen S. 134). Man steckt darauf 250 Ω ab, setzt 3 Tropfen 1%iger Kupfersulfatlösung, welche die Oxydation des Titantrichlorids durch die Luft erheblich beschleunigt, zu und läßt unter gutem Rühren die Luft möglichst ungehindert zutreten. Nach einigen Minuten bleibt die Galvanometernadel stehen, worauf man zur Bestimmung des Antimons sofort mit Bromatlösung bis 380 Ω titriert.

Bemerkungen. Die für Arsen und Antimon gefundenen Verbrauche (rund 10 bis 20 cm³) stimmten durchwegs auf 0,00 bis 0,02 cm³ mit den berechneten Werten überein.

Für rasche Näherungsanalysen kann die Reduktion des Antimons auch unter Verwendung von Phosphorwolframsäure als Indicator ausgeführt werden (Bildung von Wolframblau).

II. Verfahren von WILLEMME.

Der Autor arbeitet für die Bestimmung von Arsen und Antimon in Hartblei mit zwei Proben. Vorerst ermittelt er nach Abscheidung des Bleis als Sulfat, Reduktion mit Zinnspänen und Zusatz von Salzsäure die Summe von Arsen und Antimon durch Titration mit Kaliumbromat. In der mit Salzsäure und Bromsalzsäure in Lösung gebrachten zweiten Probe (2 g) wird das Arsen durch ½stündiges Kochen mit 75 cm³ Salzsäure und 10 cm³ Methylalkohol und Eindampfen auf das halbe Volumen nach Zugabe von weiteren 50 cm³ Salzsäure und 10 cm³ Methylalkohol entfernt. Man setzt 50 cm³ heißes Wasser zu, reduziert mit 3 bis 4 g krystallisiertem Natriumsulfit und kocht den Überschuß an schwefliger Säure weg. Anschließend kann das Antimon neuerlich mit Kaliumbromat titriert werden.

Bemerkungen. NISSENSON und MITTASCH verfuhren zur Bestimmung von Arsen und Antimon in Nickelspeisen ähnlich und bestimmten schließlich das Antimon nach Fällung mit Schwefelwasserstoff und Lösen des Niederschlages in Natriumsulfid elektrolytisch. Andererseits schlugen sie auch eine Entfernung des Arsens durch Fällung mit Magnesiamischung in tartrathaltiger Lösung (s. 4, S. 300) vor.

III. Sonstige Vorschläge.

Da man die Summe von Arsen und Antimon durch Titration ermitteln kann, ergibt sich die Möglichkeit durch Bestimmung des Arsens mit Hilfe einer Methode, die eine Fällung neben Antimon gestattet, dieses aus der Differenz zu berechnen. MISSON ging z. B. in der Weise vor, daß er nach Titration der Summe mit Kaliumbromat das Arsen als Ammoniummolybdatverbindung fällte. BERTIAUX titriert die Summe von Arsen und Antimon in siedender, 50vol.-%ig schwefelsaurer Lösung mit Kaliumpermanganat. Dann wird das Arsen durch Destillation abgetrennt und jodometrisch bestimmt.

9. Trennung durch elektrolytische Abscheidung des Antimons nach CLASSEN [Vorschrift von E. F. SMITH (a)].

Ausführung. Die beiden Metalle oder ihre Verbindungen werden mit Königswasser zur Trockne verdampft. Der Rückstand wird in 2 bis 3 cm³ Wasser aufgenommen und mit soviel konzentrierter Natronlauge versetzt, daß 2,5 g Alkali in der Lösung vorhanden sind. Dazu bringt man 80 cm³ Natriumsulfidlösung (D 1,13 bis 1,15), verdünnt auf 150 cm³ und elektrolysiert bei 25 bis 38° mit einem Strom von ND_{100} = 1,5 bis 1,6 Ampere und 2,1 Volt (zu Ende der Elektrolyse 1,45 Volt). Nach 6 Std. ist die Abscheidung gewöhnlich beendet.

Bemerkungen. E. F. SMITH führt außerdem folgende Schnellmethode an: Man bringt zur Antimon und Arsen (SMITH gibt 0,1268 g Sb und 0,2000 g As an) enthaltenden Lösung 15 cm³ Natriumsulfidlösung (D 1,18) und 3 g Kaliumcyanid und verdünnt auf 70 cm³. Bei rotierender Anode kann mit 6 Ampere und 4 Volt das Antimon in 20 Min. quantitativ abgeschieden werden.

10. Weitere Verfahren.

I. Abtrennung des Arsens durch Verflüchtigung auf trockenem Wege.

Eine annähernd quantitative Arsenbestimmung führten FRESENIUS und v. BABO durch, indem sie den bei 100° getrockneten und gewogenen Sulfidniederschlag mit der 12fachen Menge eines Gemisches von 3 Teilen Natriumcarbonat und 1 Teil Kaliumcyanid mischten und in einer waagrecht liegenden Röhre im Kohlensäurestrom erhitzten. Das abdestillierende Arsen wurde durch entsprechendes Erhitzen der Röhre als Spiegel abgeschieden und durch Bestreichen mit einer Flamme möglichst an einer Stelle gesammelt. Es war aber nicht möglich, das Arsen quantitativ niederzuschlagen. Bezüglich der Trennung des Arsens von Antimon und Zinn führen die Verfasser daher aus, daß beide im Rückstand zu finden wären [nach ROSE (b) verflüchtigt sich beim Schmelzen mit Kaliumcyanid aber auch etwas Antimon], und daß nach ihrer Bestimmung die ihnen entsprechende Menge an Sulfid vom Gewicht der getrockneten Sulfide in Abzug zu bringen sei. Die Differenz ergibt nach ihren Angaben das Arsensulfid. Nach ROSE (d) findet indessen mit Kaliumcyanid keine quantitative Reduktion der Schwefelverbindungen statt.

Auch WILL benützte dieses Prinzip zur Bestimmung von Arsen, Antimon und Zinn in Mineralwässern. In der neueren Literatur erscheint das Verfahren als quantitative Trennungsmethode jedoch nicht mehr.

Eine Methode zur Verflüchtigung des Arsens aus dem getrockneten Sulfidgemisch durch Erhitzen im Wasserstoffstrom und ein Verfahren zur Trennung von metallischem Antimon und Arsen im Kohlendioxydstrom wurde von ROSE (c) beschrieben.

II. Bestimmung von Arsen neben Antimon mittels Hypophosphits.

a) Fällung von ArsenV neben AntimonV und Zinn mit salzsaurer Hypophosphitlösung nach PLUCHON.

Ausführung. 25 cm³ einer etwa 0,1 g Arsen enthaltenden Lösung werden mit 50 cm³ BOUGAULTschem Reagens (s. § 5, S. 86) versetzt, $^1/_2$ Std. im Ölbad auf 120 bis 125° erhitzt und darauf schnell abgekühlt. Man filtriert und wäscht 4mal mit kaltem ausgekochtem Wasser. Die weitere Behandlung wurde in § 5, S. 86 beschrieben.

b) Vorschrift von FAUCHON und VIGNOLI.

Prinzip. *Eine salzsaure Hypophosphitlösung reduziert Antimonverbindungen nicht, während eine schwefelsaure Lösung das Antimon quantitativ und unter gleichen Bedingungen das Arsen nur zu etwa 30% fällt.*

Ausführung. Man bestimmt das Arsen nach Fällung mit salzsaurer Hypophosphitlösung (BOUGAULT-Reagens, s. § 5, S. 86). Zur Bestimmung des Antimons wird die Summe Arsen + Antimon ermittelt, indem man mit schwefelsaurem Reagens (100 g Natriumhypophosphit $NaH_2PO_2 \cdot H_2O$ + 200 cm³ destilliertes Wasser + 150 cm³ Schwefelsäure [D 1,83]) fällt und den Niederschlag jodometrisch auswertet. Das noch in Lösung befindliche Arsen wird anschließend nach BOUGAULT ausgefällt und ebenfalls jodometrisch bestimmt.

c) Weitere Hinweise zur Trennung von Arsen und Antimon mit unterphosphoriger Säure finden sich § 5, S. 80 und 85.

III. Trennung des Arsens von Antimon mit ZinnII-chlorid.

Trennungsmöglichkeiten sind § 5, S. 88 und 89 erwähnt.

IV. Bestimmung von AntimonV neben ArsenV mit Zinnamalgam in schwefelsaurer Lösung nach TANANAJEW und DAWITASCHWILI.

Die Verfasser benutzen den Umstand, daß Antimon unter bestimmten Bedingungen durch Zinnamalgam reduziert wird, während ArsenV nicht angegriffen wird, zu einer Trennung der beiden Elemente (s. § 5 E, S. 92).

V. Trennung des Arsens von Antimon (und Zinn) nach LANG, CARSON und MACKINTOSH.

Die Verfasser behandelten das Gemisch der Sulfide mit konzentrierter Salpetersäure, wobei das Arsensulfid in Arsensäure übergeführt wird, die dann mit Wasser extrahiert werden konnte.

VI. Trennung durch Behandeln der Sulfide mit Ammoniumcarbonat nach HOERTEL.

Der Autor erwärmt die abfiltrierten Sulfide samt Filter mit 100 cm³ Wasser und 15 g Ammoniumcarbonat 15 bis 30 Min. und wiederholt das Auslaugen mit Ammoniumcarbonat ein zweites Mal. Diese Art der Abtrennung ist aus der qualitativen Analyse bekannt und wurde auch schon von WACKENRODER für quantitative Zwecke herangezogen. Nach LUFF ist jedoch ein derartiges Vorgehen nicht exakt, wenn das Ammoniumcarbonat einen Gehalt an Ammoniak aufweist, da in diesem auch Antimonsulfid löslich ist. Zudem ist durch den etwa dem Niederschlag beigemischten Schwefel die Möglichkeit der Bildung von geringen Mengen Schwefelammon gegeben.

VII. Ein altes Verfahren von BUNSEN (a, b) beruht darauf, daß aus einer Lösung der Sulfide in Kaliumsulfid beim Kochen mit einem großen Überschuß gesättigter Schwefligsäurelösung das Antimon- (und Zinn-)sulfid ausfällt, während das Arsen in Lösung geht. BUNSEN gab für die Methode befriedigende Belege, während NILSON auf verschiedene Schwierigkeiten, die bei der Trennung auftreten, aufmerksam machte und zu dem Schluß kam, daß eine exakte Trennung danach nicht möglich sei. Sehr ähnlich ist auch ein Trennungsverfahren von CARNOT (a), der allerdings keinerlei analytische Belege anführt. In einem Trennungsgang für Arsen, Antimon und Zinn kombinierte er die Methode mit dem Verfahren von CLARKE (s. unter B, S. 308) und hält durch Zugabe von Oxalsäure auch das Zinn in Lösung, von dem dann das Arsen mit Schwefelwasserstoff in salzsaurer Lösung getrennt werden kann.

VIII. Trennung durch Fällung des Antimons aus der mit Essigsäure neutralisierten Lösung der Sulfosalze nach DANCER.

Die nach Abtrennung des Zinns (s. B., S. 311) erhaltenen vereinigten Filtrate, die einen Überschuß an Calciumhydroxyd enthalten, werden auf 400 cm^3 eingedampft, mit 30 cm^3 Ammoniak (D 0,88) und tropfenweise mit Essigsäure versetzt, bis ein geringer bleibender Niederschlag entsteht. Man kocht nun, bis sich das Antimon völlig als dichter Niederschlag abgeschieden hat und filtriert. Um Reste Arsen aus dem Niederschlag zu entfernen, löst man in Ammoniak und Calciumhydroxyd, gibt gegebenenfalls einige Tropfen Schwefelammon zu und kocht wieder nach Zugabe von Essigsäure. (Nach MARBURG bleibt das Antimonsulfid aber offenbar auch nach mehrmaliger Umfällung arsenhaltig.)

Aus den vereinigten Filtraten vom Antimonsulfid wird das Arsen mit ziemlich viel konzentrierter Salzsäure gefällt und nach längerem Stehen filtriert. (Die Fällung des Arsens ist nach LUFF erst sicher quantitativ, wenn vor dem Filtrieren noch etwas Schwefelwasserstoff eingeleitet wird.)

Bemerkungen. LUFF versuchte durch Kochen von Sulfosalzlösungen (erhalten durch Lösen der Sulfide und gegebenenfalls Zusatz von Ammoniumsalzen, z. B. Lösen in Ammoniak, in Natriumcarbonat + Ammoniumchlorid, in Natriumhydroxyd + Ammoniumchlorid oder Ammoniumsulfat, in Natriumsulfid + Ammoniumsalz) bis zur neutralen Reaktion (Lackmus) Antimon und Zinn neben Arsen, dessen Sulfosalz beständiger ist, als Sulfide zu fällen. Es gelang ihm jedoch nicht, dem Sulfidgemisch trotz mehrmaliger Wiederholung der Operation alles Arsen zu entziehen. Zudem zeigte der Arsenauszug häufig einen Antimon- und Zinngehalt, was anscheinend auch durch Zusatz von Calciumchlorid nach Lösen des Sulfidniederschlages nicht mit Sicherheit vermieden werden konnte, da der Verfasser trotz diesbezüglicher Versuche von dem Verfahren Abstand nahm.

IX. Trennung des Arsens von Antimon unter Überführung in die Wasserstoffverbindung.

Ein Verfahren, das eine Abtrennung des Arsens vom Antimon durch Überführung des Arsens in AsH_3 ermöglicht, wurde § 13, S. 207 beschrieben. Weitere Trennungsmöglichkeiten sind § 13, S. 220, 235 und 249 erwähnt.

Ein Versuch HOUZEAUS, Arsenwasserstoff und Antimonwasserstoff durch ein indirektes Verfahren, bei dem das Gasgemisch in Silbernitrat geleitet und einerseits das unverbrauchte Silber, anderseits die arsenige Säure ermittelt wird, nebeneinander zu bestimmen, scheint aus den in § 13, S. 213 dargelegten Gründen für eine exakte quantitative Bestimmung nicht geeignet.

FRESENIUS (a) gibt ein Verfahren zur Trennung von Arsenwasserstoff und Antimonwasserstoff an, bei dem nach Einleiten in Silbernitratlösung und Filtrieren von Silber und Antimonsilber das Arsen in der Lösung und das Antimon in Niederschlag und Lösung bestimmt wird.

X. TAMM machte den Vorschlag, AntimonIII von ArsenIII mit Gallussäure abzutrennen. Unter Einhaltung gewisser Vorsichtsmaßregeln konnte er Antimon auch von Arsen und Zinn trennen.

XI. Trennungsmöglichkeiten anläßlich anderer Verfahren zur Arsenbestimmung sind außerdem § 6, S. 98 und 101, und § 10, S. 167, 168, 169 und 171, sowie § 14, S. 277 erwähnt. § 11, S. 175, 177 und 182 finden sich Angaben über die Beeinflussung der spektralanalytischen Arsenbestimmung durch Antimon. Zur polarographischen Bestimmung neben Antimon siehe § 12, S. 183.

B. Trennung von Zinn.

1. Trennung von Arsen und Zinn durch Destillation.

Trennungsvorschriften zur Destillationsmethode und diesbezügliche Hinweise finden sich in § 14, S. 268, 269, 270, 273, 274, 279, 280, 287, 292 und 294.

2. Fällung von Zinn neben ArsenV mit Schwefelwasserstoff aus schwach saurer Lösung.

Während BUNSEN (a) in seiner Veröffentlichung (s. A, S. 298) nicht erwähnt, wieweit die Trennung von Zinn möglich ist, gibt THÜRMER an, daß bei der von ihm ausgearbeiteten Fällungsvorschrift (s. S. 298) nebst Antimon auch das Zinn quantitativ ausfällt, während Arsen in Lösung bleibt.

3. Trennung von Arsen und Zinn auf Grund der verschiedenen Löslichkeit der Sulfide in Säure.

I. Fällung des Arsens als Pentasulfid aus stark salzsaurer Lösung.

Obwohl NEHER in seiner Veröffentlichung Schwierigkeiten erwähnt, die bei der Fällung des ArsensV neben ZinnIV mit Schwefelwasserstoff aus stark salzsaurer Lösung auftreten (Ausfallen einer unlöslichen Zinnverbindung), gibt F. P. TREADWELL (e) an, daß die Trennung des Arsens vom Zinn in genau gleicher Weise wie vom Antimon gelingt (s. A, S. 298 bzw. § 4, S. 77). Nach LUFF kann das in starker Salzsäure unlösliche Natriumzinnchlorid (Na_2SnCl_6) mit heißem Wasser aus dem Pentasulfidniederschlag herausgewaschen werden (siehe Bemerkungen zu A 3 I, S. 299). Er empfiehlt als vorteilhafteste Arbeitsweise für das Auswaschen, den Niederschlag vom Filter zu spritzen, mit etwas Salzsäure zu erwärmen, wieder auf das Filter zu bringen und schließlich bis zum Verschwinden der Chlorreaktion mit heißem Wasser nachzuwaschen. Falls das Zinn unvollständig herausgewaschen wurde, was bei der beschriebenen Operation kaum möglich ist, zeigt sich nach Lösen des Arsenpentasulfids in Ammoniak, Oxydieren der Lösung mit Perhydrol und Neutralisieren eine Trübung von Stanniarsenat. LUFF empfiehlt für diesen Fall, die Trübung abzufiltrieren, zu waschen und zu veraschen und nach Prüfung auf Alkali- und Kieselsäuregehalt als reines Zinndioxyd in Rechnung zu setzen. Für jedes Milligramm Zinndioxyd sind dem schließlich erhaltenen Arsenwert dann 0,5 mg Arsen hinzuzuzählen. LUFF bezeichnet allerdings dieses Vorgehen als ungewöhnlich und rechtfertigt es damit, daß es sich dabei höchstens um wenige Milligramme Zinndioxyd handeln kann.

II. Fällung des Arsentrisulfids aus stark salzsaurer Lösung neben Zinn.

ArsenIII-sulfid läßt sich ebenso wie neben Antimon auch neben Zinn aus stark salzsaurer Lösung niederschlagen. Eine von Low angegebene Vorschrift wurde unter A 3, S. 299 erwähnt.

VOHL beschreibt ein Verfahren, bei dem Arsensulfid (zusammen mit Antimonsulfid) neben Zinn aus relativ stark salzsaurer Lösung mit Thiosulfat gefällt werden kann.

III. Trennung durch Digerieren der gefällten Sulfide mit Salzsäure.

LANG und CARSON gaben ein Verfahren an, wonach das Gemisch aus Arsentrisulfid, Antimontrisulfid und Stannosulfid mit Salzsäure (D 1,16), der höchstens $^1/_3$ des Volumens an Wasser zugesetzt worden war, behandelt wird. Nach Sättigen mit Schwefelwasserstoff konnte das ungelöste Arsensulfid filtriert, mit ebenso konzentrierter oder stärkerer schwefelwasserstoffgesättigter Salzsäure gewaschen und bestimmt werden. LUFF führte ähnliche Versuche aus und stellte abschließend fest, daß eine Behandlung der gefällten Sulfide mit starker Salzsäure weder in der Kälte noch in der Wärme (Kühler) erfolgreich war. Etwas Zinn oder Antimon oder beides blieb beim Arsen, von dem anderseits etwas in Lösung ging. (Auch beim Eingießen der fast neutralisierten Sulfosalzlösung in eiskalte konzentrierte Salzsäure, was dem von J. PATTINSON und H. S. PATTINSON vorgeschlagenen Verfahren zur Trennung von Arsen und Antimon bzw. Zinn ähnlich ist, konnten keine besseren Resultate erzielt werden.)

4. Trennung von Arsen und Zinn durch Fällung mit Schwefelwasserstoff in oxalsaurer Lösung nach CLARKE.

I. Vorschrift von CLARKE.

Ausführung. Die Arsen, ZinnIV (zweiwertiges Zinn bedingt eine Abscheidung von ZinnII-oxalat) und gegebenenfalls Antimon enthaltende Lösung wird mit so viel Oxalsäure versetzt, daß ihre Menge gewichtsmäßig etwa das 20fache[1] des

[1] Nach dem Zentralblattreferat wird nur die doppelte Menge an Oxalsäure, bezogen auf das vorhandene Zinn, zugesetzt.

vorhandenen Zinns beträgt. Die Lösung soll so konzentriert sein, daß die Oxalsäure in der Kälte auskrystallisiert. Man erhitzt zum Sieden und leitet etwa 20 Min. Schwefelwasserstoff ein. Sobald die Flüssigkeit mit dem Gas gesättigt ist, fällt der Sulfidniederschlag in kurzer Zeit quantitativ aus. Man läßt $^1/_2$ Std. in der Wärme stehen, bevor man filtriert. Das Arsensulfid wird auf diese Weise frei von Zinn erhalten, während bei Gegenwart von Antimon das Sulfidgemisch mitunter Spuren Zinn enthält und daher umgefällt werden muß (Lösen in Alkalisulfid, Zugabe eines Überschusses an Oxalsäure und Kochen mit starkem Schwefelwasserstoffwasser).

Bemerkungen. Eine Überprüfung der Methode, die WITTSTEIN durchführen ließ, ergab trotz variierender Versuche durchaus unbefriedigende Resultate, während z. B. RÖSSING die Brauchbarkeit der Methode zur Trennung von Antimon und Zinn bestätigt. F. P. TREADWELL (f) gibt für die Trennung des Antimons vom Zinn eine von HENZ ausgearbeitete Modifikation des Verfahrens an und bezeichnet sie als die zur Zeit sicherste Trennungsmethode für diese beiden Metalle. Wieweit sich das Verfahren auch zur Abtrennung des Arsens verwenden läßt, wird von F. P. TREADWELL leider nicht erörtert.

JACOBSON bestimmt Arsen in raffiniertem Zinn nach Lösen von 8 g des Metalls in Salzsäure unter Zugabe von etwas Salpetersäure. Er engt anschließend ein, verdünnt dann wieder, neutralisiert mit Ammoniak und setzt 85 g Oxalsäure zu. Nach Verdünnen auf 500 cm³ wird gekocht und 20 Min. ein Schwefelwasserstoffstrom eingeleitet, wobei Arsen und Antimon ausfallen.

II. Vorschrift von P. E. WINKLER.

Abtrennung des Arsens. Man bringt die Arsen und Zinn enthaltende Lösung zu 10 cm³ 20%iger Weinsäurelösung in ein 600 cm³ fassendes Becherglas, neutralisiert mit Kaliumcarbonat gegen Phenolphthalein und setzt dann 10 cm³ einer 20%igen Kaliumcarbonatlösung sowie 5 cm³ reines Wasserstoffperoxyd zu. Die Lösung wird auf 80 cm³ eingekocht (das Wasserstoffperoxyd wird dabei zerstört) und nach Zusatz von einigen Tropfen Phenolphthalein mit Salzsäure neutralisiert. Man fügt eine warme Lösung von 10 g Oxalsäure in 20 cm³ Wasser in kleinen Anteilen[1] zu und kocht gelinde, wobei man 20 Min. Schwefelwasserstoff einleitet. Das verdampfende Wasser wird ersetzt. Nach Verdünnen auf 200 cm³ wird noch weitere 10 Min. und unter Abkühlung auf 90° schließlich nochmals 10 Min. Schwefelwasserstoff eingeleitet. Man filtriert den Niederschlag rasch und wäscht mit 50 cm³ heißer 1%iger Oxalsäure und 50 cm³ heißem Wasser.

Arsenbestimmung. Der Sulfidniederschlag wird in dem Fällungsgefäß in 5%iger Natronlauge unter Erwärmen gelöst, die Lösung nach dem Erkalten mit 5 bis 10 cm³ 20%iger Natronlauge, sowie 5 cm³ Wasserstoffperoxydlösung versetzt und bis zur Zerstörung des Wasserstoffperoxydüberschusses vorsichtig gekocht. Man neutralisiert mit Schwefelsäure (1:1), fügt einen Überschuß von 10 cm³ dieser Säure und 10 cm³ konzentrierte Salzsäure zu, bringt das Volumen auf etwa 110 cm³ und reduziert mit Kaliumjodid (20 cm³ 10%iger Lösung). Das Jod wird durch Kochen, schließlich im Kohlendioxydstrom entfernt und das nunmehr dreiwertige Arsen wie üblich titriert.

Zinnbestimmung. Das Filtrat vom Arsensulfid wird mit 20 cm³ konzentrierter Salzsäure versetzt und verdünnt. Der Schwefelwasserstoff wird daraus durch 10 bis 15 Min. langes Kochen größtenteils vertrieben. Nach Zugabe von 6 g Kaliumchlorat wird 75 Min. gekocht, nach dem Erkalten mit Natronlauge gegen Phenolphthalein neutralisiert, dann mit 2 cm³ konzentrierter Salzsäure angesäuert und das Zinn nach Verdünnen auf 400 cm³ bei 80° C mit Schwefelwasserstoff ausgefällt.

Bemerkungen. Die Arsenbestimmungen lieferten zwar bisweilen gute Werte (Fehler 0,2 bis 0,3 mg bei 0,15 g), aber die Abweichungen der Zinnwerte betrugen 5 bis 7 mg. Um nun die Arsenfällung sicherer zu gestalten, wurde ein größerer Salzsäuregehalt gewählt, wodurch auch eine bessere Trennung des Zinns von Arsen erreicht wurde (der Zinnfehler sinkt auf 3 bis 4 mg). Antimonsulfid wird zusammen mit dem Arsensulfid abgeschieden.

III. Verfahren zur Aufarbeitung Arsen und Antimon enthaltender Zinnsäure.

Liegt eine Mischung von Zinnsäure, Antimonsäure und Zinnarsenat vor, wie sie sich bei Behandeln einer, diese 3 Elemente enthaltenden Legierung mit Salpetersäure abscheidet, bringt man nach DINAM den Niederschlag bei Siedehitze mit 10 g Oxalsäure und 4 bis 5 g

[1] Die Referate im Zentralblatt und in Brit. Chem. Abstr. erwähnen hier einen Zusatz von 10 cm³ konzentrierter Salzsäure; s. auch Bemerkungen!

Ammoniumoxalat in Lösung. Nach Zugabe einiger Tropfen Salzsäure leitet man 2 Std. unter Erhitzen bis nahe zum Sieden einen lebhaften Schwefelwasserstoffstrom ein. Arsen und Antimon werden unter diesen Bedingungen gefällt.

5. Fällung des Arsens als Magnesiumammoniumarsenat neben Zinn aus tartrathaltiger Lösung nach HAMPE (b).

Vorschrift nach F. P. TREADWELL (g).

Die unter A 4 II, S. 300 gegebene Vorschrift kann auch zur Trennung von Arsen und Zinn herangezogen werden, sofern man das Zinn durch Zusatz von genügend Weinsäure in Lösung hält. Liegt ein Gemisch der frisch gefällten Sulfide vor, löst man in frisch bereitetem Ammoniumsulfid, verdampft fast zur Trockne und oxydiert mit Salzsäure und Kaliumchlorat unter Rückflußkühlung.

6. Trennung von Arsen und Zinn in flußsaurer Lösung nach McCAY (b).

Ausführung. Die mäßig verdünnte salzsaure (bei den Testanalysen wurden dem Gemisch aus salzsaurer Arsen- und Zinnlösung noch bis 10 cm³ konzentrierte Salzsäure zugesetzt) oder schwefelsaure Lösung, die das Arsen in dreiwertiger und das Zinn in vierwertiger Form enthält, wird mit 2 bis 5 cm³ 48%iger Flußsäure (es liegen auch gelungene Testversuche unter Zugabe von 7 cm³ vor) versetzt und in einer großen Platinschale einige Minuten mäßig erhitzt. Man kühlt ab, verdünnt auf etwa 300 cm³ und leitet $^1/_2$ Std. einen raschen Schwefelwasserstoffstrom durch ein Rohr aus Platin oder paraffiniertem Glas ein. Das Gaseinleitungsrohr, das durch einen Gummischlauch mit dem Entwicklungsapparat in Verbindung steht, wird so montiert, daß es sich gerade über dem Zentrum der Schale befindet. Durch Heben oder Senken wird es dann so eingestellt, daß es bis auf etwa 1 cm an den Boden der Schale heranreicht. Auf diese Weise verspritzt nichts, und es bleibt nur wenig oder gar kein Sulfid an der Schale haften. Das Arsensulfid wird in einem NEUBAUER-Tiegel gesammelt und das Filtrat in einem Ceresinbecher, der unter die Glocke der Absaugvorrichtung gestellt wird, aufgefangen. Dabei wird er vorteilhaft mit einem paraffinierten durchlochten Uhrglas bedeckt, durch dessen Bohrung das ebenfalls paraffinierte Rohr der Absaugtulpe führt. Der Niederschlag wird sorgfältig mit Schwefelwasserstoffwasser, das etwas Salzsäure oder Schwefelsäure enthält, und schließlich mit reinem 95%igem Alkohol (zur Entfernung der Säure und von Spuren Schwefel) gewaschen. Unter Umständen ergibt sich die Notwendigkeit mit frisch destilliertem Schwefelkohlenstoff nachzuwaschen. Waschalkohol und Schwefelkohlenstoff enthalten kein Zinn und können daher verworfen werden. Das Arsensulfid wird bei 110° zur Gewichtskonstanz getrocknet. Im Filtrat wird das Zinn bestimmt und zwar, sofern es sich um eine schwefelsaure Lösung handelt, nach Eindampfen in einer Platinschale durch Fällung der Zinnsäure. Lag eine salzsaure Lösung vor, verfährt man nach Entfernen des Schwefelwasserstoffs vorteilhaft nach N. H. FURMAN[1] bzw. A. KLING und A. LASSIEUR[2].

Bemerkungen. Testanalysen, bei denen 0,0097 bis 0,0968 g Arsen neben wechselnden Mengen Zinn (0,1327 bzw. 0,0531 g) bestimmt wurden, ergaben Abweichungen von höchstens 0,0002 g gegenüber den berechneten Werten. 0,1016 g Arsen konnten neben 0,1377 g Zinn mit einer maximalen Abweichung von +0,4 mg bestimmt werden.

Bei Anwesenheit von Antimon fällt das Antimonsulfid zusammen mit dem Arsensulfid aus. Legierungen werden mit 10 cm³ konzentrierter Schwefelsäure versetzt und 15 bis 20 Min. gekocht. Falls ein Gemisch der Sulfide vorliegt, bringt man außerdem ein etwas über erbsengroßes Stück Schwefel auf die Säure und kocht 15 bis 20 Min. Arsen und Antimon werden auf diese Weise in dreiwertiger Form erhalten, während Zinn in der höheren Oxydationsstufe vorliegt.

[1] FURMAN, N. H.: J. Am. chem. Soc. **40**, 900 (1918).
[2] KLING, A., u. A. LASSIEUR: C. r. **170**, 1112 (1920).

7. Fällung von Zinn neben Arsen mit Cupferron.

I. Vorschrift nach TSCHERWIAKOW und OSTROUMOW.

Das Gemisch der Sulfide wird je 0,1 g der Kationen mit 2 g Natriumcarbonat gelöst und mit Wasserstoffperoxyd oxydiert. Man kocht 15 Min., setzt Methylrot und Salzsäure zu und kühlt die Lösung mit Eis auf 3 bis 5° ab. Aus dieser Lösung fällt man das Zinn mit einer auf 5° abgekühlten, 5%igen wäßrigen Lösung von Cupferron im Überschuß. Man rührt gut durch, dekantiert und wäscht den Niederschlag 3mal mit einer auf 5° abgekühlten wäßrigen Lösung von 0,5 g Cupferron im Liter. Im Filtrat kann das Arsen bestimmt werden (PINKUS und CLAESSENS halten eine Zerstörung des Cupferrons bei Anwendung eines geringen Überschusses für überflüssig).

II. Vorschrift von PINKUS und CLAESSENS.

Die Lösung, die nicht mehr als 1 n salzsauer oder schwefelsauer sein darf, wird mit dem 1,5- bis 2fachen Überschuß an wäßriger 5%iger Cupferronlösung gefällt (bei einem größeren Überschuß tritt Verharzung ein). Man filtriert nach einigen Minuten und wäscht mit 0,05%iger Cupferronlösung nach. Im Filtrat wird das Arsen als Magnesiumammoniumarsenat gefällt. Bei dem geringen Überschuß ist nach Erfahrung der Verfasser keine Zerstörung des Cupferrons im Filtrat notwendig.

8. Sonstige Verfahren.

I. Abscheidung von Zinn neben Arsen (und Antimon) aus weinsäurehaltiger Lösung mit Kaliumcyanid nach CL. WINKLER (a).

Arbeitsvorschrift. Die weinsäurehaltige Lösung von ArsenV, AntimonV und ZinnIV (Legierungen werden unter Zusatz von genügend Weinsäure in verdünntem Königswasser gelöst; gefällte Sulfide werden in Kalilauge gelöst und nach Zugabe von Weinsäure durch Einleiten von Chlor oder Zufügen von Brom oxydiert, worauf man die Lösung mit Salzsäure neutralisiert) wird in einem Becherglas auf 300 bis 400 cm³ verdünnt und, um einen filtrierbaren Zinniederschlag zu erzielen, mit einem großen Überschuß an Calciumchlorid versetzt. Die Menge des schließlich gefällten Calciumcarbonats soll gewichtsmäßig die der Zinnsäure um das 15fache übersteigen. Man neutralisiert mit Kaliumcarbonat, fügt Kaliumcyanid zu, fällt anschließend durch Zugabe von Kaliumcarbonat das Calcium vollständig aus und erhitzt zum beginnenden Sieden, wobei das in die krystalline Form übergehende Calciumcarbonat den Zinnniederschlag vollkommen umhüllt und leicht filtrierbar macht. Nach dem Absetzen wird durch ein Filter abdekantiert, der Niederschlag mit Wasser aufgekocht und die Flüssigkeit neuerlich abdekantiert. Der im Becherglas verbliebene Niederschlag wird in wenig konzentrierter Salzsäure gelöst. Man gibt noch etwas Weinsäure zu, neutralisiert mit Kaliumcarbonat und fällt neuerlich mit Kaliumcyanid. Nun wird aufgekocht, durch das früher verwendete Filter dekantiert und unter nachfolgendem Dekantieren 3mal mit Wasser ausgekocht. Endlich wird der Niederschlag auf das Filter gebracht, ausgewaschen, verascht und geglüht und durch Behandeln mit verdünnter Salpetersäure von dem beigemengten Calcium befreit. Aus den vereinigten Filtraten wird das Arsen (und Antimon) mit Schwefelwasserstoff gefällt.

Genauigkeit. Zwei Testversuche mit As, Sb und Sn, und ein Versuch mit As und Sn gaben für das Zinn Abweichungen von weniger als 1%, während ein anderer Versuch mit As und Sn etwa 4% zu wenig Zinn ergab.

II. Abtrennung des Zinns von Arsen (und Antimon) mit Calciumhydroxyd nach DANCER.

Ausführung. Die durch einen Schwefel-Soda- bzw. Schwefel-Kaliumcarbonataufschluß erhaltene Sulfosalzlösung, die 50 bis 60 cm³ beträgt und nicht mehr als 0,1 g Zinn enthalten darf, wird mit Salzsäure neutralisiert und ein geringer Überschuß derselben mit Calciumcarbonat entfernt. Man fügt 300 cm³ klares Kalkwasser zu, erhitzt 4 bis 5 Min. auf 80° und prüft durch Filtrieren eines Teiles und Zusatz von Calciumhydroxyd auf Vollständigkeit der Fällung. Wenn sich dabei kein Niederschlag mehr ausscheidet, wird zu Ende filtriert, durch Dekantieren mit Kalkwasser und schließlich mit heißem Wasser gewaschen und das Filtrat eingedampft. Der Niederschlag wird möglichst vollständig in das Fällungsgefäß zurückgebracht, das Filter mit gelbem Ammoniumsulfid befeuchtet und mit heißem Wasser in das Fällungsgefäß nachgewaschen. Nach Zugabe von 2 bis 3 cm³ Ammoniumsulfid füllt man auf 400 cm³ auf, kocht, versetzt mit reinem Calciumoxyd (etwa 1 g) und kocht, bis alles Ammoniak vertrieben und das Zinn vollkommen ausgefallen ist. Bei Anwesenheit großer Mengen Arsen enthält auch dieser Niederschlag noch etwas Arsen und die Operation muß wiederholt werden. Der Zinniederschlag wird geglüht, durch Kochen mit verdünnter Salpetersäure von Calcium befreit, filtriert, gewaschen, geglüht und als Zinndioxyd ausgewogen. Aus den vereinigten Filtraten kann zuerst das Antimon- und nachher das Arsensulfid, wie unter A 10, S. 307 beschrieben, abgeschieden werden.

Bemerkungen. Die Trennung wurde von MARBURG nachgeprüft und mit einigen kleinen Änderungen besonders für den Fall, daß verhältnismäßig wenig Arsen (bei wenigen Prozenten Arsen, bezogen auf die Zinnmenge, genügt eine einmalige Kalkfällung zur Trennung) anwesend ist, empfohlen. Die Abänderungen beziehen sich hauptsächlich auf die Fällung mit Calciumhydroxyd, wobei man nach Angaben MARBURGS eher etwas mehr anwendet und zweckmäßiger 15 bis 20 Min. fast bis zum Sieden erhitzt. Es resultiert dabei ein krystalliner, sich rasch absetzender Niederschlag. Allerdings muß man, um ein Stoßen zu vermeiden, dauernd rühren. Weiterhin verwendet er an Stelle von Schwefelammon zum Lösen des Niederschlages schwach gelb gefärbtes Kaliumsulfid und erwärmt. Die Zinnverbindung löst sich, wenn lange mit Kalkwasser erhitzt wurde, allerdings nur sehr schwer wieder auf (das Arsen geht aber leicht in Lösung). Das Zinn wird anschließend genau wie vorher aus dem Aufschluß abgeschieden.

III. Fällung des Zinns neben Arsen aus Sulfosalzlösungen mit schwefliger Säure nach BUNSEN (b).

Die Methode wurde unter A 10 VII, S. 307, beschrieben. An dieser Stelle wurde auch ein kombiniertes Verfahren von CARNOT (a) zur Trennung von Arsen, Antimon und Zinn erwähnt.

IV. Abscheidung von Zinn neben Arsen aus alkalischer Lösung mit Ammoniumnitrat nach HAHN und PHILIPPI.

Das Verfahren wurde unter A 6 I, S. 303, im Anschluß an die Beschreibung der Antimonfällung referiert. Die Differenzen zwischen angewendeter und gefundener Zinnmenge halten sich bei den angeführten Beleganalysen fast durchwegs unter $\pm 0{,}5\%$.

V. Ein Verfahren von PLUCHON zur Fällung des Arsens neben Zinn und Antimon mit salzsaurer Hypophosphitlösung wurde unter A 10 II, S. 306 beschrieben. Zur Abtrennung des Arsens von Zinn mit unterphosphoriger Säure siehe auch Vorbemerkungen zu § 5 A, S. 80, und Bemerkungen zur Methode von EVANS (a), S. 82 sowie S. 85.

VI. Die Abscheidung des Arsens in elementarer Form durch ZinnII-chlorid beinhaltet sinngemäß auch die Trennungsmöglichkeit von Zinn, dessen Bestimmung allerdings danach nicht mehr möglich ist. Siehe dazu Vorbemerkungen zu § 5 B, S. 87.

VII. Elektrolytische Trennung von Zinn und Arsen nach LAMPÉN.

Die konzentrierte, ArsenV und ZinnIV enthaltende Lösung (größere Mengen ZinnII-salz müssen vorher oxydiert werden, widrigenfalls sich schlecht haftende Metallniederschläge ergeben) wird je 0,1 bis 0,2 g Zinn mit 3,0 bis 3,5 g Kaliumhydroxyd versetzt (Ammoniumsalze stören die Elektrolyse und müssen daher berücksichtigt werden), auf rund 50 cm³ verdünnt und 5 bis 10 Min. gekocht, wobei sie klar bleiben muß. Man bringt die Lösung in das Elektrolysiergefäß, verdünnt auf etwa 100 cm³ und elektrolysiert anfangs bei 50° mit 3,6 bis 4,2 Volt ($N\,D_{100} = 0{,}5$ Ampere). Innerhalb von $^1/_2$ Std. erhitzt man auf 80 bis 85° und führt die Abscheidung bei 0,75 Ampere zu Ende. Die Elektrolyse dauert 3 bis 4 Std. Das Ende wird mittels einer Hilfskathode festgestellt, an welcher in 15 Min. kein Zinnbeschlag entstehen darf. Nach W. D. TREADWELL (e) ist das Verfahren wegen der Gefahr von AsH_3-Verlusten nicht einwandfrei. Zudem scheidet sich aus dem Bad sehr leicht SnO_2 ab.

VIII. Trennung von Arsen und Zinn auf trockenem Wege.

ROSE (a) empfahl zur Trennung von Arsen und Zinn, das Gemisch der Sulfide in einer Atmosphäre von Schwefelwasserstoff zu erhitzen. Das Zinnsulfid bleibt dabei zurück, während sich das Arsensulfid verflüchtigt und gegebenenfalls in Ammoniak aufgefangen werden kann. WÖHLER und SPENGEL bemerken zu der Methode, daß nur bei vorsichtigstem Arbeiten ein brauchbares Resultat erhalten werden kann, da schon bei leuchtender Flamme Mussivgold sich verflüchtigt.

Ein altes Verfahren von FRESENIUS und v. BABO, wonach das Arsen aus dem mit Natriumcarbonat und Kaliumcyanid erhitzten Sulfidgemisch im Kohlensäurestrom ausgetrieben wird, ist unter A 10 I, S. 305 beschrieben.

ELSNER erreichte die Verflüchtigung des Arsens unter gleichzeitiger Reduktion des Zinns durch Erhitzen des getrockneten Sulfidgemisches im Wasserstoffstrom und errechnete den Arsengehalt aus dem Gewichtsverlust. LEVOL (a) betont allerdings, daß bei dieser Methode etwas Arsen beim Zinn verbleibt. Siehe auch die unter IX angegebenen Verfahren dieser Art.

IX. Verfahren zur Bestimmung des mit Zinndioxyd zusammen abgeschiedenen Arsens.

SCHERRER scheidet Arsen und Antimon aus Kupferlegierungen durch Behandeln mit Salpetersäure zusammen mit Zinndioxyd ab. Nötigenfalls setzt er, da zur quantitativen Mitfällung von Arsen und Antimon die 10fache Menge an Zinn erforderlich ist, noch entsprechende Mengen an Zinn (jedoch dürfen zusammen nicht mehr als 0,5 g Zinn anwesend sein, weshalb die Einwaage entsprechend zu wählen ist) zu. (Auch MISSON arbeitete bei der Untersuchung von Kupfer mit einem Zusatz von Bankazinn, und zwar 300 mg Zinn auf je 5 g Einwaage an Kupfer. Das Prinzip der Arsenabscheidung zusammen mit Zinndioxyd war übrigens schon 1846 von LEVOL empfohlen worden.) Die Legierung wird in einem 250 cm³ fassenden Becherglas mit 20 bis 50 cm³ Salpetersäure (1:1) versetzt, mit einem Uhrglas bedeckt und bis zur Vertreibung der Stickoxyde gekocht. Nun setzt man 150 cm³ heißes Wasser zu und läßt mehrere Stunden auf dem Wasserbad oder über Nacht stehen. Man filtriert durch ein feinporiges Filter und wäscht mit heißer verdünnter Salpetersäure (1:99). Filter und Niederschlag werden in einem KJELDAHL-Kolben mit konzentrierter Schwefelsäure (8 cm³ der Dichte 1,84) und der nötigen Menge an konzentrierter Salpetersäure (D 1,4) erhitzt, bis eine farblose Lösung resultiert und die Stickoxyde durch Eindampfen und mehrmaliges Abdampfen nach Zusatz von Wasser vertrieben. Der Verfasser reduziert anschließend die konzentriert schwefelsaure Lösung mit Schwefel und destilliert das Arsen wie § 14, S. 294 beschrieben ab.

Ein Verfahren von DINAM zur Aufarbeitung arsen- und antimonhaltiger Zinnsäure wurde anschließend an die Methode von CLARKE, S. 309 erwähnt.

MISSON reduziert den arsen- und antimonhaltigen Zinndioxydrückstand nach Lösen in konzentrierter Schwefelsäure mit reinem Zinn und bestimmt das Arsen und Antimon titrimetrisch mit Kaliumbromat.

KASSNER und später ANGENOT lösten das Zinnarsenatmetazinnsäuregemisch in Natriumhydroxyd bzw. wäßriger Natriumcarbonatlösung und leiteten Kohlendioxyd bis zur beginnenden Trübung ein. Nach Zugabe von Ammoniumchlorid wird $^1/_2$ Std. gekocht und nach 24 Std. filtriert. Die so umgefällte Metazinnsäure soll arsenfrei sein. Aus dem Filtrat kann das Arsen abgeschieden werden.

LENSSEN digerierte den mit Salpetersäure erhaltenen, Zinndioxyd und Arsensäure enthaltenden Rückstand mit Ammoniak und Ammoniumsulfid im Überschuß und fällte aus der klaren Lösung das Arsen als Magnesiumammoniumarsenat.

LANG, CARSON und MACKINTOSH schlugen vor, den nach Behandeln der Sulfide von Arsen, Antimon und Zinn mit Salpetersäure erhaltenen Eindampfrückstand mit Wasser zu extrahieren und das Arsen aus dieser Lösung als Magnesiumammoniumarsenat zu fällen.

EBELMEN versuchte durch Glühen im Schwefelwasserstoffstrom das Arsen aus einem Arsensäure-Metazinnsäurerückstand abzudestillieren. Ebenso verfährt VOURNASOS (s. dazu VIII, S. 312, Bemerkungen von WÖHLER und SPENGEL).

LEVOL (a) reduzierte das arsenhaltige Zinndioxyd im Wasserstoffstrom, wobei aber etwas Arsen beim Zinn verblieb und auf umständliche Weise abgetrennt werden mußte.

X. Die Möglichkeit, das Arsen von Zinn durch Verflüchtigung als AsH_3 (elektrolytische Reduktion in schwefelsaurer Lösung) zu trennen, wird von W. D. TREADWELL (a) erwähnt.

Die Überführung in Arsenwasserstoff mit Hilfe von metallischem Zinn beinhaltet die Trennung von diesem Metall (s. § 13 C).

XI. Zur spektralanalytischen Bestimmung des Arsens neben Zinn s. § 11, S. 182.

C. Trennung von Vanadin.

1. Trennung von Arsen und Vanadin durch Destillation.

Destillationsvorschriften zur Trennung von Vanadin und diesbezügliche Anmerkungen finden sich § 14, S. 273, 274, 282, 285, 288, 291 und 295.

2. Abtrennung des Arsens durch Fällung als Sulfid.

Analyse von Arsenvanadinmolybdat nach FRIEDHEIM, DECKER und DIEM.

Ausführung. Die schwefelsaure Lösung des Salzes wird mit Schwefelwasserstoff unter Druck gefällt, das Gemisch aus Arsensulfid und Molybdänsulfid abfiltriert und mit schwefelsäurehaltigem Wasser gewaschen. Der Niederschlag wird in eine Schale gebracht (Reste davon werden mit Bromwasser vom Filter gelöst) und mit Salpetersäure oder Königswasser oxydiert. Anschließend wird das Arsen vom Molybdän nach F, S. 321 abgetrennt.

Im Filtrat der Schwefelwasserstoffällung befindet sich das Vanadin teils in vierwertiger, teils in dreiwertiger Form und wird daher nach Eindampfen der Lösung durch Kaliumpermanganat oxydiert, dann wieder mit schwefliger Säure reduziert und oxydimetrisch bestimmt.

Bemerkungen. GIBBS reduzierte zwecks Arsenbestimmung in Arsenovanadaten mit schwefliger Säure und fällte dann das Arsen als Sulfid. Die Fällung unter Druck, wie sie von FRIEDHEIM, DECKER und DIEM angegeben wird, gewährleistet jedoch auch eine quantitative Abscheidung des in fünfwertiger Form vorliegenden Arsens. F. P. TREADWELL (h) empfiehlt in verdünnt schwefelsaurer Lösung mit schwefliger Säure in der Hitze zu reduzieren und den Überschuß an schwefliger Säure mit Kohlendioxyd unter Kochen zu entfernen. Das Arsen wird dann als Sulfid gefällt. Das Filtrat wird von Schwefelwasserstoff befreit, mit Salpetersäure oxydiert und die Vanadinsäure mit Bleiacetat oder Mercuronitrat gefällt.

3. Trennung durch Fällung des Vanadins mit organischen Reagenzien.

Vanadinsäure kann neben Arsensäure nach JÍLEK und VIKOVSKÝ in saurem Medium mit o-Oxychinolin, Brucin, Strychnin und Chinolin ausgefällt werden, da sie mit diesen Basen unlösliche Niederschläge ergibt. Beim Glühen hinterlassen diese Verbindungen einen Rückstand von V_2O_5. Aus dem Filtrat kann das Arsen nach Ansäuern mit Salzsäure als Sulfid gefällt werden, wobei allerdings etwas zu hohe Resultate erhalten werden. TURNER konnte bei Fällung der Vanadinsäure mit Kupferron keine störende Wirkung der Arsensäure feststellen.

4. Fällung der Arsensäure neben Vanadinsäure als Strontiumarsenat.

CARNOT (b) schlug als Trennungsmethode eine Fällung der Arsensäure als Strontiumsalz aus schwach ammoniakalischer, ammoniumsalzhaltiger Lösung vor. Vanadin wird unter diesen Bedingungen weder in der Hitze noch in der Kälte durch Strontiumverbindungen niedergeschlagen.

5. Ein Verfahren von DOERNER, der Vanadinsäure neben Arsensäure und Phosphorsäure durch schwaches Ansäuern der alkalischen Aufschlußlösung mit Schwefelsäure (so daß eine 0,05 n schwefelsaure Lösung resultiert), mehrstündiges Kochen und Absitzenlassen in der Hitze abscheidet, hat, wie aus den angeführten Zahlen hervorgeht, wohl nur präparativen Wert.

6. Maßanalytische Verfahren.

Jodometrisches Verfahren nach EDGAR.

Prinzip. *Ein aliquoter Teil der Lösung wird mit Weinsäure oder Oxalsäure behandelt, wobei nur das Vanadin reduziert wird und jodometrisch bestimmt werden kann. Anderseits wird nach Reduktion mit schwefliger Säure die Summe* $As_2O_5 + V_2O_5$ *ermittelt.*

Bestimmung des Vanadins. Die Hälfte der Lösung wird mit 1 bis 2 g Weinsäure oder Oxalsäure gekocht, bis die Blaufärbung die erfolgte Reduktion anzeigt. Man kühlt nun ab, neutralisiert fast mit Kaliumhydrogencarbonat und fügt einen Überschuß an Jodlösung zu. Anschließend wird durch weiteren Zusatz von Bicarbonat vollständig neutralisiert, ein Überschuß davon zugefügt und das unverbrauchte Jod $^1/_4$ bis $^1/_2$ Std. später mit arseniger Säure zurücktitriert. V_2O_5 ist dabei äquivalent 2 J.

Bestimmung der Summe. Der Rest der Lösung wird in eine kleine Druckflasche gebracht, mit Schwefelsäure schwach angesäuert und mit 25 cm³ einer starken Lösung von schwefliger Säure versetzt. Die Flasche wird verschlossen 1 Std. im Dampfbad erhitzt, nach dem Abkühlen geöffnet und in einen ERLENMEYER-Kolben entleert. Der Überschuß an schwefliger Säure wird unter Durchleiten von Kohlendioxyd weggekocht, die Lösung abgekühlt und mit Kaliumhydrogencarbonat nahezu neutralisiert. Nach Zugabe eines Überschusses an Jodlösung, Beendigung der Neutralisation und Zusatz von überschüssigem Bicarbonat läßt man $^1/_2$ Std. stehen und titriert das unverbrauchte Jod mit arseniger Säure.

V_2O_5 ist dabei äquivalent 2 J und As_2O_5 äquivalent 4 J.

Genauigkeit. In 12 Versuchen betrugen die Abweichungen für 0,0591 bis 0,2366 g V_2O_5 höchstens 0,5 mg. 0,0480 bis 0,1440 g As_2O_5 konnten mit einer einzigen Ausnahme (Differenz + 0,3 mg) mit einem Fehler unter 0,3 mg bestimmt werden.

Sonstige diesbezügliche Vorschläge.

TRAUTMANN versuchte durch Behandeln mit schwefliger Säure VanadinV allein neben ArsenV zu reduzieren und darauf ein maßanalytisches Verfahren zur Bestimmung beider Ionen nebeneinander zu gründen. Er versetzte dazu die verdünnt schwefelsaure Lösung mit wäßriger schwefliger Säure und vertrieb den Überschuß durch Kochen unter gleichzeitigem Durchleiten von Kohlendioxyd. AUGER und ODINOT stellten jedoch bei einer Überprüfung dieser Methode fest, daß bei $^1/_4$- bis $^1/_2$stündigem Durchleiten von Schwefeldioxyd durch eine kochende Lösung von ArsenV und VanadinV in 10%iger Schwefelsäure 0,5 bis 5% der Arsensäure reduziert werden.

AUGER und ODINOT suchten nun anderseits ein Verfahren zur quantitativen Reduktion der Arsensäure mit schwefliger Säure unter Vermeidung einer Druckflasche zu finden und beschreiben schließlich folgenden Vorgang als vollständig zufriedenstellend: 100 cm³ der 10% freie Schwefelsäure enthaltenden Lösung werden mit 0,01 g Kaliumjodid versetzt und $^1/_4$ Std. in der Hitze mit schwefliger Säure behandelt. Der Überschuß an schwefliger Säure wird unter Kochen vertrieben und das Jod durch Zugabe von Silbernitrat gefällt, worauf die Titration mit Permanganat durchgeführt werden kann.

7. Weitere Trennungsmöglichkeiten durch Abscheidung des Arsens in elementarer Form sind § 5, S. 80 und 88 erwähnt.

Hinweise zur spektralanalytischen Bestimmung des Arsens neben Vanadin finden sich § 11, S. 181.

D. Trennung von Germanium.

1. Trennung durch Destillation des Germaniumtetrachlorids bei Gegenwart eines Oxydationsmittels.

I. Destillation im Chlorstrom nach DENNIS und PAPISH (Analyse von rohem Zinkoxyd).

Apparatur. In den 3fach durchbohrten Stopfen des Destillationskolbens ist ein Gaseinleitungsrohr, eine kleine VIGREUX-Destillationskolonne und ein kleiner Scheidetrichter eingesetzt. An den Aufsatz schließt ein LIEBIG-Kühler mit Vorstoß, der in die Vorlage (2 hintereinander geschaltete ERLENMEYER-Kolben) mündet. Die ERLENMEYER-Kolben werden mit Wasser beschickt (der erste 3 cm hoch und der zweite zur Hälfte) und mit Eis gekühlt.

Ausführung. Der Destillationskolben, der die Probe und Alkali (z. B. 2 Teile bei 110° getrocknetes rohes Zinkoxyd — etwa 20 bis 100 g — werden mit 5 Teilen Wasser zu einem Brei angerührt und in eine Lösung von 1 Teil Natriumhydroxyd eingetragen) enthält, wird in Eis eingestellt. Man sättigt die Flüssigkeit mit Chlor, bis ein Überschuß erkennbar ist, und fügt nun reine konzentrierte Salzsäure langsam durch den Tropftrichter zu, bis die Lauge neutralisiert ist. Darüber hinaus wird ein Überschuß (gewichtsmäßig doppelt so viel, als rohes Zinkoxyd angewendet wurde) zugegeben. Während des Salzsäurezusatzes wird weiter gekühlt und Chlor eingeleitet. Darauf wird die Schale mit Eis entfernt, der Kolben auf einen Asbestzylinder aufgesetzt, erhitzt und das Germaniumchlorid in einem langsamen Chlorstrom abdestilliert. Nach Übergehen der halben Flüssigkeitsmenge wird ein gleiches Volumen an konzentrierter Salzsäure zugefügt, neuerlich auf das halbe Volumen abdestilliert und die Zugabe der Salzsäure und das Abdestillieren auf die Hälfte noch einmal wiederholt. Das Germaniumchlorid befindet sich quantitativ in der ersten Vorlage (sollte etwas davon im 2. ERLENMEYER-Kolben sein, wird die Bestimmung verworfen). Nach starkem Ansäuern mit Schwefelsäure unter Eiskühlung wird es als Sulfid abgeschieden.

Bemerkungen. Parallelversuche ergaben bei sehr geringem Germaniumgehalt gute Übereinstimmung: 0,247 und 0,248 bzw. 0,19 und 0,18% GeO_2.

DENNIS und JOHNSON verbesserten die Methode durch einen praktisch konstruierten Fraktionieraufsatz für präparative Zwecke soweit, daß sie 99% des vorhandenen Germaniums im arsenfreien Destillat erhalten konnten.

II. Destillation mit Dichromat als Oxydationsmittel nach BROWNING und SCOTT.

Ausführung. Man bringt das Gemisch von arseniger Säure und Germaniumoxyd in den als Destillationsgefäß dienenden 75 cm³ fassenden Pyrex-ERLENMEYER-

Kolben (durch den Stopfen führt ein Einleitungsrohr für Kohlensäure und das Ableitungsrohr, das 2mal gebogen ist und zu einer mit etwa 3 cm^3 gekühltem Wasser beschickten Vorlage führt), setzt 5 cm^3 einer 10%igen Kaliumdichromatlösung (diese Menge genügt zur Oxydation von 0,25 g As_2O_3) und einige Tropfen Schwefelsäure zu und erwärmt einige Minuten zur Lösung der Oxyde und zur Oxydation der arsenigen Säure. Nach Zugabe von 10 cm^3 starker Salzsäure wird das Germaniumchlorid im Kohlendioxydstrom abdestilliert, indem man die Hälfte der Flüssigkeit übertreibt. Man läßt im Kohlensäurestrom erkalten.

Bemerkungen. Nach den Beleganalysen sollen noch 0,0005 g GeO_2 auf diese Weise von 0,1 g Arsentrioxyd getrennt werden können.

Das Destillat ist nach Angabe der Verfasser arsenfrei (Prüfung mit Schwefelwasserstoff). Schon in einer früheren Arbeit[1] hatten die Verfasser versucht, für qualitative Zwecke Kaliumpermanganat, Mangandioxyd oder Kaliumchlorat als Oxydationsmittel einzuführen.

2. Fällung des Arsens als Sulfid neben Germanium.

I. Fällung aus schwach schwefelsaurer Lösung bei Gegenwart von Ammoniumsulfat nach Abrahams und Müller.

Prinzip. *Germaniumsulfid fällt aus schwachsaurer (unter 0,09 n) Lösung nicht aus, während die Abscheidung des Arsens durch Zusatz eines Elektrolyten erreicht werden kann.*

a) Verfahren bei Gegenwart von 1 bis 50 mg Arsentrioxyd. Die 60 bis 70 cm^3 betragende Arsen und Germanium enthaltende Lösung wird mit 3 cm^3 etwa 0,1 n Schwefelsäure und 1 g Ammoniumsulfat versetzt und im geschlossenen System unter Druck mit Schwefelwasserstoff gesättigt. Das Arsensulfid wird abfiltriert und sorgfältig mit ammoniumsulfathaltigem Schwefelwasserstoffwasser gewaschen. Nach Lösen in Ammoniak und Oxydation mit Wasserstoffperoxyd wird das Arsen schließlich als Magnesiumpyroarsenat zur Wägung gebracht. Aus dem Filtrat wird das Germanium nach starkem Ansäuern (aus 6 n schwefelsaurer Lösung) mit Schwefelwasserstoff gefällt, das Sulfid durch Kochen mit Wasser in das Dioxyd übergeführt und nach Behandeln mit Salpetersäure als solches gewogen. Bei kleinen Mengen Germanium wird das Sulfid in Ammoniak gelöst und mit Wasserstoffperoxyd oxydiert).

b) Verfahren bei Anwesenheit größerer Mengen arseniger Säure (mehr als 15 bis 20% des Oxydgemisches).

Vorbemerkungen. Da bei Gegenwart größerer Mengen Arsensulfid das Germanium aus dem Niederschlag nicht quantitativ entfernt werden kann, ist eine weitere Trennung nötig, die nach einem schon von Cl. Winkler (b) angegebenen Trennungsprinzip durchgeführt wird.

Ausführung. Die 150 cm^3 betragende Lösung wird mit 1 g Ammoniumsulfat und 0,5 cm^3 1 n Schwefelsäure versetzt, mit Schwefelwasserstoff wie beschrieben gesättigt und durch Dekantieren gewaschen. Man löst in möglichst wenig Ammoniak (1:2), verdünnt auf etwa 150 cm^3 und neutralisiert sorgfältig unter dauerndem Rühren mit 1 n Schwefelsäure [Cl. Winkler (b) bestimmte in einem aliquoten Teil die zur Neutralisation nötige Menge an Säure durch Kochen mit einem Überschuß und Rücktitration des unverbrauchten Anteils]. Nun fügt man weiter so viel Schwefelsäure zu, daß eine 0,05 bis 0,1 n schwefelsaure Lösung resultiert, sättigt mit Schwefelwasserstoff und filtriert. (Die beständigere Thiogermaniumsäure wird bei der Operation nicht zersetzt.) Aus dem Filtrat kann der Rest an Germanium abgeschieden werden.

[1] Browning, P. E., u. S. E. Scott: Am. chem. J. Sci. (Sill.) (4) **44, 313** (1917); durch Chem. Zbl. **1918 I,** 948.

Bemerkungen. Die angegebenen Beleganalysen zeigen für die Bestimmung kleiner Mengen Arsen neben viel Germanium sehr gute Resultate. 50,0 bis 1,1 mg As_2O_3 wurden neben 0,2417 g GeO_2 bzw. 1,1 mg As_2O_3 neben 0,4840 g GeO_2 mit einer maximalen Abweichung von 0,3 mg bestimmt. Die Bestimmung des Germaniums ergab 0,6 mg als größten Fehler. Versuche, die Arsen- und Germaniummengen etwa gleicher Größenordnung enthielten und demnach unter Einhaltung des für diesen Fall angeführten Arbeitsganges durchgeführt wurden (0,1210 g GeO_2 neben 0,1250 g As_2O_3), ergaben für Arsentrioxyd Fehler von +0,2 und —0,3 mg, während die Abweichungen für Germaniumdioxyd —0,5 und —0,4 mg betrugen. Schließlich konnten 0,1250 g As_2O_3 neben 1,2 bis 60,5 mg GeO_2 mit ebensolcher Genauigkeit für beide Elemente ermittelt werden.

Die Versuche wurden in schwefelsaurer Lösung ausgeführt, um die Bildung der leicht flüchtigen Chloride auszuschließen. Das an sich schneeweiße Germaniumsulfid wird schon durch geringste Mengen Arsensulfid deutlich angefärbt (mehr als 0,2% Arsen verleihen dem Sulfid bereits eine merkbare gelbliche Tönung), so daß die Reinheit des gefällten Germaniumsulfids leicht kontrolliert werden kann.

Von den anderen Elementen können Germanium und Arsen durch Destillation der Chloride abgetrennt werden.

II. Fällung in Gegenwart von Flußsäure nach Müller.

Prinzip. *Durch Zusatz von Flußsäure wird die Germaniumsäure in Fluorgermaniumsäure übergeführt und der Einwirkung des Schwefelwasserstoffs entzogen, so daß nur Arsentrisulfid ausgefällt wird.*

Ausführung. Die ArsenIII und Germanium IV enthaltende Lösung[1] wird in eine Platinschale gebracht, mit Flußsäure versetzt (bei den angeführten Versuchen enthielt die Lösung in einem Gesamtvolumen von 100 bis 350 cm³ 30 bis 55 cm³ 48%ige Flußsäure) und in der Kälte mit Schwefelwasserstoff gesättigt. Das Arsensulfid wird auf einem im Platintrichter befindlichen Papierfilter gesammelt und zuerst mit H_2S-gesättigter (offenbar verdünnter) Flußsäure und später mit reinem Wasser bis zur annähernd neutralen Reaktion gewaschen. Das Sulfid wird hierauf mit verdünntem Ammoniak vom Filter gelöst, die Lösung in einem Quarzgefäß eingedampft und mit konzentrierter Salpetersäure oxydiert. Der Überschuß an Säure wird durch Eindampfen entfernt und das Arsen als Magnesiumammoniumarsenat gefällt.

Das die Germaniumsäure enthaltende Filtrat wird durch Abrauchen mit Schwefelsäure von der Flußsäure befreit und verdünnt. Etwa an der Schalenwand haftende Germaniumsäure wird durch Zusatz von Ammoniak in Lösung gebracht, worauf man mit Salzsäure neutralisiert und das Germanium nach Zugabe eines großen Überschusses an Salzsäure (es soll eine 15 bis 20%ige Lösung resultieren) mit Schwefelwasserstoff fällt.

Genauigkeit. 0,0005 bis 0,4851 g Arsentrioxyd wurden neben wechselnden Mengen (0,0010 bis 10,0006 g) Germaniumdioxyd bestimmt. Die Abweichungen der Arsenwerte waren dabei ziemlich groß: So ergaben sich Fehler bis zu +1,6 und —1,2 mg. 1 mg As_2O_3 kann von 10 g GeO_2 (entsprechend 0,01% Arsenik in einer Germaniumverbindung) nach dem Verfahren noch abgetrennt werden.

3. Hillebrand und Lundell glauben durch Fällung des Arsens als Magnesiumammoniumarsenat bei Gegenwart von Weinsäure oder Citronensäure eine quantitative Abtrennung von Germanium erreichen zu können.

4. Reduktion des Germaniums und Fällung des Arsens mit Hypophosphit nach Iwanow-Emin.

Prinzip. *Vierwertiges Germanium wird durch Hypophosphit zu zweiwertigem reduziert, das jodometrisch bestimmt werden kann, während Arsen gleichzeitig in elementarer Form gefällt wird (s. § 5 A).*

[1] Die Oxyde wurden durch Schmelzen mit Soda und Behandeln der Schmelze mit Wasser in Lösung gebracht.

Arbeitsvorschrift. Der Niederschlag von GermaniumIV-sulfid und Arsensulfid wird in 5 bis 10 cm³ 5%iger Natronlauge gelöst. Zur Oxydation wird zu der Lösung Wasserstoffperoxyd zugefügt, dessen Überschuß verkocht wird. Die Lösung wird auf etwa 50 cm³ verdünnt und mit soviel konzentrierter Salzsäure versetzt, daß deren Konzentration etwa 20% beträgt. Nach Zusatz von 2 bis 3 g Natriumhypophosphit wird 45 Min. lang unter Rückfluß und unter Einleiten von Kohlendioxyd gekocht. Um Hydrolyse des GermaniumIV-chlorides zu vermeiden, wird die Apparatur mit Salzsäure (D 1,12) ausgespült. Das Arsen wird abfiltriert und nach dem Auswaschen mit Salzsäure jodometrisch bestimmt. Das Filtrat wird 15 Min. lang nach Zusatz von 2 bis 3 g Natriumhypophosphit unter Rückfluß im Kohlendioxydstrom gekocht. Nach dem Erkalten werden 250 cm³ einer frisch gekochten Lösung aus 10 g Citronensäure, 0,4 g Kaliumjodid und 5 cm³ Stärkelösung und dann schnell aus einer Bürette ein geringer Überschuß an 0,05 n Jodlösung zugegeben, der mit Thiosulfatlösung zurücktitriert wird.

5. Bestimmung kleiner Mengen Germanium neben Arsen durch Überführung in Germaniumwasserstoff aus alkalischer Lösung nach Coase (a, b).

Prinzip. *Germaniumdioxyd wird in alkalischer Lösung durch kathodische Reduktion oder Reduktionsmittel in Germaniumwasserstoff übergeführt, während Arsensäure unter den gegebenen Bedingungen nicht reduziert wird.*

I. Anordnung für elektrolytische Reduktion nach Coase (a). Die Reduktion erfolgt an einer in ein Glasrohr eingebauten Nickelkathode, die sich in einer Glasglocke befindet, die ihrerseits wieder in ein zylindrisches Gefäß taucht, jedoch nicht bis zum Boden reicht. Durch ein 2mal rechtwinkelig gebogenes Rohr kann ein Wasserstoffstrom von unten her in den Kathodenraum geleitet werden. Die Anode besteht aus einem außen um die Glocke gelegten Nickelblech. Das Gasgemisch wird durch ein an die Glocke angesetztes Ableitungsrohr (in Form eines verkehrt stehenden U mit 30 cm langen Schenkeln) in eine Glühröhre geleitet, wo der Germaniumwasserstoff (GeH_4) thermisch zersetzt wird. Die Germaniumbestimmung erfolgt durch Auswertung der Metallspiegel.

Ausführung. Liegt das Arsen in der Lösung als Arsenit vor, muß man es in ArsenV überführen, indem man für je 0,2 g As_2O_3 in 25 cm³ Wasser 25 cm³ konzentrierte Salpetersäure zufügt und auf dem Wasserbad zur Trockne verdampft. Hierauf bestimmt man das Germanium nach Lösen des Eindampfrückstandes in verdünnter Natronlauge. Man bringt dazu die 70 cm³ betragende, 1,5% Natriumhydroxyd enthaltende Lösung in das Elektrolysiergefäß, leitet einen Wasserstoffstrom ein, erhitzt die Glühröhre zur dunklen Rotglut und reduziert mit 4 Ampere (Kathodenoberfläche 1,4 cm²).

Anwendungsbereich und Dauer der Bestimmung. Die Methode wurde zur Bestimmung von 0,0189 bis 0,1 mg Germanium ausgearbeitet, wobei bis 340 mg As_2O_3 die Germaniumbestimmung nicht beeinträchtigten. Die Dauer der Reduktion wird in 3 qualitativen Versuchen zu 15 bis 45 Min. (steigend bei abnehmender Germaniummenge) angegeben.

II. Anordnung zur Reduktion mit Natriumamalgam nach Coase (b). Der Apparat besteht aus einem Entwicklungsgefäß mit Luftkühler, der seinerseits mit der Zersetzungsröhre in Verbindung steht. In das Entwicklungsgefäß führt ein Gaseinleitungsrohr für Wasserstoff und ein Tropftrichter zum Einbringen von Flüssigkeit.

Ausführung. Die Oxydation etwa vorhandenen dreiwertigen Arsens wird wie oben beschrieben ausgeführt. In das Entwicklungsgefäß bringt man 25 g Natriumamalgam (etwa 3% Natrium enthaltend) und läßt dazu, sobald der Apparat mit Wasserstoff gefüllt ist, die Probelösung und 10 cm³ 10%ige Natronlauge einfließen. Die Glühröhre wird zur Rotglut gebracht und die Reduktion durch gelindes Erhitzen des Zersetzungsgefäßes in Gang gesetzt, während man den Wasserstoffstrom auf 3 Blasen je Sekunde einstellt.

Anwendungsbereich. 0,05 bis 0,1 mg Germanium konnten derart bestimmt werden, wobei bis 120 mg Kaliumarsenat nicht störten.

6. Zur Ausführung der Molybdänblaureaktion neben Germanium siehe S. 277.

E. Trennung von Wolfram.

1. Trennung von Arsen und Wolfram durch Destillation.

Zur Trennung von Wolfram geeignete Destillationsverfahren sind § 14, S. 273, 282, 283, 288 und 295 beschrieben bzw. erwähnt.

Zur *Arsenbestimmung in Ferrowolfram* muß die Probe zuerst aufgeschlossen werden. Hierfür kommt ein Lösungs- oder ein Schmelzverfahren in Betracht. Nach WEIHRICH und HAAS gibt das Lösungsverfahren große Fehler. Folgender Aufschluß führt zu richtigen Werten:

5 (2) g Ferrowolfram werden in einer Nickelschale mit 15 (7) g Natriumperoxyd vollständig aufgeschlossen. Die Schmelze wird in einer Porzellanschale mit Wasser ausgelaugt und das überschüssige Peroxyd durch Kochen zerstört. Nun werden 50 (20) cm^3 Phosphorsäure (D 1,7) zugefügt und das Arsen unter Zusatz von 100 cm^3 konzentrierter Salzsäure, 5 g Hydraziniumsulfat und 1 g Kaliumbromid destilliert, wobei die Temperatur nicht über 145° steigen soll. Im Destillat wird das ArsenIII-chlorid potentiometrisch mit Bromat bestimmt.

WIRTZ bestätigt die Befunde von WEIHRICH und HAAS; denn bei der üblichen Auflösung des Ferrowolframs in Salpetersäure und Flußsäure verflüchtigt sich derjenige Teil des Arsens, der durch die Salpetersäure nicht oxydiert ist. Wenn aber das Lösen in einer Mischung von Phosphorsäure mit Salpetersäure und Salzsäure im Verhältnis $HNO_3:HCl = 3:1$ erfolgt, so tritt keine Verflüchtigung von Arsen ein und es werden genaue Werte gefunden. Hierbei wird folgendermaßen vorgegangen:

3 g feinstgepulvertes Ferrowolfram werden in einem 800 cm^3 fassenden Becherglase mit einem Gemisch aus 100 cm^3 Phosphorsäure (1:1) und 60 cm^3 eines Gemisches aus konzentrierter Salpetersäure und konzentrierter Salzsäure (3:1) auf dem Sandbade bei mäßiger Wärme so lange erhitzt, bis Salpetersäure und Chlor verschwunden sind. Wenn noch nicht alles gelöst ist, werden 30 cm^3 Wasser und 20 cm^3 des obigen Gemisches zugesetzt und abgedampft. Nach dem vollständigen Abrauchen der Salpetersäure und der Salzsäure wird das Arsen in üblicher Weise destilliert.

2. Verfahren von FRIEDHEIM und MICHAELIS[1].

Ausführung. Man bestimmt vorerst die Summe Arsensäure + Wolframsäure, indem man die wäßrige Lösung auf dem Wasserbad erhitzt und unter gutem Umrühren mit soviel QuecksilberI-nitrat versetzt, bis kein Niederschlag mehr ausfällt. Die dabei freiwerdende Salpetersäure wird durch Zusatz von in Wasser suspendiertem Quecksilberoxyd neutralisiert. Man erhitzt bei aufgelegtem Uhrglas 20 Min. auf dem Wasserbad, läßt erkalten, filtriert den Niederschlag, wäscht mit mercuronitrathaltigem Wasser und trocknet. Der Niederschlag wird möglichst quantitativ vom Filter getrennt, der am Filter haftende Rest in warmer verdünnter Salpetersäure gelöst und die Lösung in einem Platintiegel verdampft. Anschließend bringt man die Hauptmenge des Niederschlages in den Tiegel (das Filter, an dem sich noch kleine Mengen Wolframsäure befinden, ist für sich zu verbrennen und die Asche mit

[1] Die Methode wurde unter Verwertung eines zur Bestimmung der Wolframsäure von GIBBS (Pr. Am. Acad. **16**, 134) gemachten Vorschlages ausgearbeitet.

der Hauptmenge zu vereinigen), überschichtet mit einer großen Menge (15 bis 20 g) gewogenen wasserfreien normalen Natriumwolframats, füllt den Tiegel mit Wasser und dampft auf dem Wasserbad zur Trockne ein. Auf diese Weise wird eine innige Durchdringung des Niederschlages mit dem Natriumwolframat erreicht. Der bedeckte Tiegel wird im Luftbad langsam auf 200° erhitzt (dabei entweicht der Rest des Wassers) und zuerst mäßig, später stark geglüht (Abzug!). Nach $^1/_2$stündigem Glühen ist Gewichtskonstanz erreicht. Aus der Auswaage ergibt sich die Summe Arsensäure + Wolframsäure.

Zur Bestimmung der Wolframsäure allein wird die Fällung und das Trocknen des Niederschlages in genau gleicher Weise durchgeführt. Nach Entfernen des Niederschlages wird jedoch das Filter ohne vorherige Behandlung mit Salpetersäure direkt verbrannt. Die Hauptmenge des Niederschlages wird mit der Asche vereinigt und ohne Zugabe von Natriumwolframat geglüht. Bei der Bestimmung der Wolframsäure läßt sich der Arbeitsgang durch Verwendung eines Filtertiegels wesentlich abkürzen, da man das Veraschen des Filters erspart.

Genauigkeit. Die Summe $As_2O_5 + WO_3$ konnte bei Mengen zwischen etwa 0,5 und 0,6 g in 3 Versuchen mit Fehlern von +0,40, —0,03 und ±0,00% ermittelt werden. Die Abweichungen bei Bestimmung der Wolframsäure allein waren von ungefähr gleicher Größe. Bei einem Gehalt von 77,38% WO_3 wurden 77,19 und 77,31% WO_3 gefunden.

3. Fällung der Arsensäure neben Wolframsäure als Magnesiumammoniumarsenat nach Kehrmann.

Der Verfasser bestimmt Arsensäure in Arsenwolframsäuren ebenso wie Phosphorsäure in Phosphorwolframsäuren auf folgende Weise: $1^1/_2$ bis 2 g der zu analysierenden Verbindung werden mit der doppelten stöchiometrisch erforderlichen Menge an verdünnter Natronlauge $^1/_2$ Std. in einer bedeckten Porzellan- oder Silberschale gekocht, um eine Spaltung in die Komponenten zu erreichen. Die klare Lösung wird nach dem Erkalten mit der doppelten, zur Überführung des vorhandenen Alkalis in Chlorid nötigen Menge an Ammoniumchlorid versetzt, in ein Becherglas gebracht und mit $^1/_4$ des Volumens an Ammoniak und mit Magnesiamischung versetzt. Nach 12stündigem Stehen wird filtriert (Friedheim und Michaelis referieren das Verfahren und geben dabei an, daß nach 2 Std. filtriert werden kann) und mit ammoniumnitrathaltigem verdünntem Ammoniak gewaschen. Aus dem Filtrat wird die Wolframsäure durch wiederholtes Eindampfen mit Salzsäure abgeschieden.

Bemerkungen. Nach F. P. Treadwell (i) wird der Niederschlag in Salzsäure gelöst (Nachwaschen des Filters mit Wasser und Ammoniak) und die Fällung wiederholt. Nach Friedheim und Michaelis läßt sich aber auch bei mehrmaliger Wiederholung der Fällung kein absolut wolframfreier Niederschlag erzielen. In neuerer Zeit benutzten Agte, Becker-Rose und Heyne die Fällung mit Magnesiamischung zur Trennung der Summe Arsensäure + Phosphorsäure von Wolfram.

4. Fällung der Wolframsäure neben Arsensäure durch Benzidinchlorhydrat.

Nach Lukas und Jílek läßt sich Wolframat neben Arsenat ebenso wie neben Phosphat mit Benzidinchlorhydrat fällen. Die Fehlergrenze wird bei nicht zu geringer Wolframatkonzentration zu ±1% angegeben.

5. Trennung durch Abscheidung der Wolframsäure mit Salpetersäure.

Cobenzl trennte bei Analyse eines „Pseudometeoriten" Wolframsäure von Arsen und anderen Beimengungen (Sb, Fe, Al, Ca) durch mehrtägiges Digerieren der Probe mit konzentrierter Salpetersäure unter Zugabe von Salzsäure, Eindampfen und viermaliges Abdampfen mit sehr verdünnter Salpetersäure am Wasserbad zur staubigen Trockne. Der Rückstand wurde mit sehr verdünnter Salpetersäure unter Zusatz von etwas Weinsäure aufgenommen, die Flüssigkeit nach Erwärmen auf dem Wasserbad abdekantiert, die Wolframsäure unter mehrmaligem Dekantieren mit schwach angesäuertem siedendem Wasser gewaschen und schließlich auf das Filter gebracht. Aus dem Filtrat wurden nach Übersättigen mit gelbem Ammoniumsulfid die Sulfide von Arsen und Antimon durch Ansäuern mit Salzsäure ausgefällt. Der Verfasser konnte bei Parallelanalysen recht gut übereinstimmende Werte für Wolfram und Arsen erhalten.

6. Sonstige Trennungsmöglichkeiten.

Nach einem alkalischen Aufschluß können Arsen und Wolfram durch Fällung von ArsenIII-sulfid aus weinsaurer-schwefelsaurer Lösung getrennt werden. Nach dem Auflösen des ArsenIII-sulfides wird das Arsen in üblicher Weise abdestilliert („Chemiker-Fachausschuß Metall und Erz").

Eine weitere Abtrennungsmöglichkeit ergibt sich nach § 5, S. 88 durch Fällung des Arsens in elementarer Form mit ZinnII-chlorid.

Die maßanalytische Arsenbestimmung mit Kaliumpermanganat neben Wolframsäure wurde § 9, S. 144 erwähnt.

§ 11, S. 181 finden sich ferner Angaben zur spektralanalytischen Arsenbestimmung neben Wolfram.

F. Trennung von Molybdän.

1. Trennung von Arsen und Molybdän durch Destillation.

Vorschriften und Hinweise zur Abtrennung des Arsens durch Destillation finden sich § 14, S. 273, 274, 282, 285, 288 und 291.

2. Fällung des Arsens mit Magnesiamischung.

Vorschrift von FRIEDHEIM, DECKER und DIEM[1].

Arbeitsweise bei Abwesenheit von Sulfat. 50 cm^3 der Arsensäure und MolybdänVI enthaltenden Lösung werden mit 10 cm^3 konzentriertem Ammoniak versetzt, worauf man das Arsen durch Zugabe von 25 cm^3 Magnesiamischung (die Verfasser machen keine Angaben über ihre Zusammensetzung) und des halben Volumens an absolutem Alkohol ausfällt. Der Niederschlag wird nach 48stündigem Stehen abfiltriert (Filtertiegel) und mit einer Mischung von 1 Teil Ammoniak, 2 Teilen starkem Alkohol und 3 Teilen Wasser bis zum Verschwinden der Chlorreaktion ausgewaschen.

Verfahren bei Gegenwart sehr großer Mengen Molybdäntrioxyd oder bei Anwesenheit von Sulfat. Übersteigt das Molverhältnis As_2O_5 zu MoO_3 den Wert 1:9 oder enthält die Lösung, wie es bei vorhergegangener Sulfidfällung und Oxydation des Niederschlages bzw. bei Aufspaltung einer Komplexverbindung mit Schwefelsäure der Fall ist, Sulfat, wird der Magnesiumammoniumarsenat-Niederschlag in verdünnter heißer Salzsäure gelöst und nach Zusatz von einigen Kubikzentimetern Magnesiamischung neuerlich durch Übersättigen mit Ammoniak ausgefällt. Aus dem Filtrat oder den vereinigten Filtraten wird das Molybdän nach Wegdampfen des Alkohols durch Erwärmen mit Ammoniumsulfid und Ansäuern dieser Lösung abgeschieden.

Bemerkungen. Noch bei einem Molverhältnis As_2O_5:MoO_3 wie 1:9 ergaben sich bei einmaliger Fällung sehr gute Resultate (angew. 0,2000 g As_2O_5, gef. 0,1999 g As_2O_5). Auch noch größere Molybdänmengen störten bei Abwesenheit von Sulfat nicht wesentlich. Wie in weiteren Testanalysen angeführt ist, wurden bei Gegenwart von Molybdän und Sulfat, also bei doppelter Fällung, Abweichungen erhalten, die 1% des berechneten As_2O_5-Wertes nicht übersteigen.

Das Verfahren ist trotz des leichten Eingehens von Molybdän in den Niederschlag, wie FRIEDHEIM und MICHAELIS in einer früheren Veröffentlichung betonen, einer indirekten Methode vorzuziehen, bei welcher beide Säuren zusammen als Quecksilbersalze gefällt und im Wasserstoffstrom geglüht werden. Es verflüchtigt

[1] Die Arbeitsvorschrift wurde in Anlehnung an ein von PUFAHL (Diss. Leipzig 1888) ausgearbeitetes Verfahren festgelegt.

sich nämlich nebst Arsen auch etwas Molybdän, während anderseits eine vollständige Reduktion des Molybdäns schwer zu erreichen ist. F. P. TREADWELL (j) scheidet das Arsen ohne Alkohol mit Magnesiamischung ab und fällt im Filtrat nach Ansäuern mit Schwefelsäure das Molybdän mit Schwefelwasserstoff.

3. Sonstige Trennungsmöglichkeiten.

Die Trennung durch Abscheidung des Arsens mit Zinnchlorür ist § 5, S. 88 erwähnt.

§ 6, S. 107 finden sich Angaben zur Abscheidung des Arsens neben Molybdän durch Adsorptionsfällung mit Eisenhydroxyd.

Zur spektralanalytischen Arsenbestimmung neben Molybdän s. § 11, S. 181.

Nach W. D. TREADWELL (a) kann Arsen durch elektrolytische Reduktion in schwefelsaurer Lösung neben Mo quantitativ als AsH_3 verflüchtigt werden.

G. Trennung von Selen und Tellur.

1. Trennung durch Destillation.

Angaben zur Trennung von Arsen und Selen durch Destillation des Arsens als Trichlorid finden sich § 14, S. 272.

2. Fällung der Arsensäure neben Selensäure als Magnesiumammoniumarsenat nach FRIDLI.

Der Verfasser scheidet vorerst Arsen und Selen gemeinsam mit BETTENDORF-Reagens ab, indem er zu der 5 bis 6 cm³ betragenden salzsauren Lösung 15 cm³ siedend heiße Reagenslösung (s. § 5 B, S. 89) bringt und die Flüssigkeit nach $^1/_4$ Std. für 10 Min. zum Kochen erhitzt. Am nächsten Tag werden 80 cm³ Wasser zugesetzt, worauf man den Niederschlag in einem 5 cm³ fassenden Kelchtrichter sammelt und auswäscht. Bei Anwesenheit nur geringer Arsenmengen (5 mg) setzt sich oftmals ein Arsenspiegel an (s. dazu § 5, S. 89). Der Trichter wird verkehrt in ein Becherglas eingestellt, mit Bromwasser bedeckt und der Niederschlag bei bedecktem Becherglas in Lösung gebracht. Die Lösung wird am nächsten Tag entsprechend eingeengt, nach Entfernen und Abspülen des Trichters mit 1 %igem Ammoniak wird durch den gleichen Trichter filtriert, der Trichter mit Bromwasser nachgespült, die Flüssigkeit neuerlich eingedampft (auf 5 cm³) und daraus das Arsen mit Magnesiamischung gefällt. Der Niederschlag wird in einem 1 cm³ fassenden Kelchtrichter gesammelt und durch etwa 20maliges Aufgießen von je 1 cm³ heißer 5 %iger Salzsäure in Lösung gebracht. Man engt neuerlich auf 5 cm³ ein und wiederholt die Fällung mit BETTENDORF-Reagens und als Magnesiumammoniumarsenat.

Bemerkungen. Die Differenzen zwischen berechneten und gefundenen Mengen Magnesiumammoniumarsenat betrugen bei Mengen von etwa 1 bis 10 mg Arsen neben 10 bis 50 mg Selen maximal 0,5 mg.

MILBAUER bestimmt Arsensäure neben Selensäure und seleniger Säure sowie arseniger Säure[1] in 160 cm³ Volumen durch Fällung mit 5 bis 15 cm³ Magnesiamischung (der Verfasser gibt die Zusammensetzung der Mischung nicht an). Nach seinen Angaben ergibt eine doppelte Fällung auch bei größeren Konzentrationen absolut sichere Resultate. Arsenit kann nach Oxydation (besonders vorteilhaft mit ammoniakalischer Wasserstoffperoxydlösung) auf gleiche Weise ausgefällt werden. Die vom Verfasser angeführten zahlreichen Beleganalysen zeigen ausgezeichnete Resultate.

[1] Der Verfasser vertritt die Ansicht, daß Arsenit bei der Fällung der Arsensäure mit Magnesiamischung keine Schwierigkeiten bereitet, was durch die von ihm angeführten Testversuche bestätigt erscheint. Allerdings steht das in Widerspruch zu Beobachtungen anderer Autoren (s. Trennung von ArsenIII und ArsenV).

3. Fällung des Selens bzw. Tellurs durch Reduktionsmittel.

I. Trennung von Arsen und Selen mit Hydroxylamin nach gemeinsamer Destillation als Bromide.

ROBINSON, DUDLEY, WILLIAMS und BYERS fällen aus dem mit Bromwasserstoffsäure erhaltenen noch bromhaltigen Destillat das Selen nach Einleiten von schwefliger Säure bis zur Entfärbung durch Zusatz von 0,25 bis 0,5 g salzsaurem Hydroxylamin. Das locker verschlossene Fällungsgefäß wird 1 Std. auf dem Wasserbad belassen und bleibt dann bei Zimmertemperatur über Nacht stehen. Das Selen wird abfiltriert und mit etwas hydroxylaminhaltiger Bromwasserstoffsäure gewaschen. Das Arsen befindet sich quantitativ im Filtrat.

II. Fällung des Selens mit Hydrazinsulfat neben ArsenIII und ArsenV nach MILBAUER.

Die zu analysierende Lösung, die ArsenIII, ArsenV, SelenIV und SelenVI enthält, wird mit 10 bis 15 cm^3 konzentrierter Salzsäure angesäuert und auf 300 bis 400 cm^3 verdünnt. Man versetzt mit Hydrazinsulfat, bedeckt mit einem Uhrglas und erhitzt bis zum beginnenden Sieden. Anschließend wird das Becherglas auf das Wasserbad gesetzt und die Reduktion durch langsames Anwärmen begünstigt. Die langsame Erwärmung ist zu beachten, damit Arsen nicht durch die Fällung mitgerissen wird. Man setzt das Erwärmen so lange fort, bis das gefällte Selen eine graue bis rötlichgraue Farbe angenommen hat und zu Boden gesunken ist. Es darf sich nicht zu größeren dunklen Klumpen zusammenballen. Man sammelt den Niederschlag in einem Sintertiegel (A 2), wäscht mit heißem Wasser aus und trocknet bei 105°.

Genauigkeit. 75,6 bzw. 378,0 mg Selen ($SeO_2 + SeO_3$) wurden neben 10,2 bzw. 203,2 mg As_2O_3 oder (und) 11,5 bzw. 230,0 mg As_2O_5 in 6 Versuchen mit durchwegs positiven Fehlern und zwar maximal +0,71% wiedergefunden.

III. Trennung des Selens und Tellurs von Arsen, Antimon und Zinn mit schwefliger Säure.

Nach ROSE (e, f) wird bei Gegenwart größerer Mengen Antimon mit Weinsäure versetzt und Selen und Tellur mit schwefliger Säure gefällt. (Das dabei praktisch eintretende Mitfallen von Antimon kann nach GUTBIER nur durch Reduktion mit Hydrazinhydrat bzw. -chlorhydrat oder Hydroxylaminchlorhydrat verhindert werden.)

Zur Abscheidung des Selens mit Schwefeldioxyd neben Arsen s. auch § 7, S. 123.

IV. Trennung von Selen, Tellur und Arsen nach PIERSON (a).

Die 1 bis 2%ig salzsaure Lösung, aus der Gold, Platin und Palladium mit Kalomel abgeschieden wurden (die Lösung enthält daher etwas QuecksilberII-chlorid) und die Arsen, Selen und Tellur enthält, wird auf etwa 20% an Salzsäure gebracht und mit etwa 5% an Natriumhydrogensulfit versetzt. Nach 15 Min. langem Stehen wird für einige Minuten zu gelindem Sieden erhitzt und dadurch das Selen quantitativ ausgefällt. Aus dem Filtrat scheidet man das Tellur nach dem Abkühlen durch Zusatz von QuecksilberI-chlorid ab. Zur Arsenfällung bringt man schließlich auf eine Salzsäurekonzentration von mindestens 30% [nach PIERSON (b) mindestens 28%] und fällt mit Mercurochlorid nach § 5, S. 93 (s. auch § 5, S. 94 und § 15 H, S. 326).

V. Die Reduktion von Selen und Tellur mit Hypophosphit wurde § 5, S. 82 beschrieben.

4. Fällung der Selensäure neben Arsensäure und arseniger Säure als Bariumselenat.

MILBAUER gibt eine Vorschrift zur Fällung der Selensäure in perchlorsaurer, etwas Silberperchlorat enthaltender Lösung mit Bariumperchlorat.

5. Maßanalytische Verfahren von LANG und FAUDE.

Prinzip. *ArsenIII bzw. die Summe von ArsenIII und AntimonIII wird neben TellurIV maßanalytisch bestimmt und anschließend das Tellur chromatometrisch ermittelt. Die Anwesenheit von seleniger Säure stört nicht.*

I. Jodat-Dichromatmethode.

Das Lösungsgemisch, das ArsenIII und TellurIV enthält, wird auf einen Gehalt von 10 cm³ konzentrierter Schwefelsäure und 5 cm³ konzentrierter Salzsäure gebracht, mit 3 g Mangansulfat, 5 cm³ 0,5 m Kaliumcyanid- und etwas Stärkelösung versetzt und auf 100 cm³ verdünnt. Man kühlt nötigenfalls ab und titriert nach der Methode von R. LANG (s. § 9, S. 139) mit $^1/_{40}$ m Kaliumjodatlösung. Dabei wird die arsenige Säure oxydiert, während die tellurige Säure nicht angegriffen wird. Zu deren Bestimmung fügt man gegebenenfalls noch 5 bis 10 cm³ Schwefelsäure zu, kühlt ab und setzt mittels einer Pipette 25 oder 50 cm³ 0,1 n Dichromatlösung zu. Nach 15 Min. wird mit 0,1 n EisenII-sulfat-Lösung zurücktitriert (offenbar mit Ferroin als Indicator).

Bemerkungen. Die Beleganalysen, die teils die Bestimmung von Arsen, teils von Arsen + Antimon neben TellurIV (auch in Gegenwart von SelenIV) behandeln, zeigen ausgezeichnete Resultate. Die Abweichungen betragen sowohl für Arsen (bzw. Sb) als auch für Tellur gegenüber den theoretischen Werten maximal 0,02 cm³ 0,1 n Lösung. Wenn zu Anfang der Titration außer der Salzsäure nur 5 cm³ konzentrierte Schwefelsäure vorhanden sind, wird ein glatterer Reaktionsverlauf mit Jodat erreicht, und man braucht gegen Ende der Titration nicht so lange auf das Wiedererscheinen der Stärkereaktion zu warten. Sehr geringe Arsen- (oder Antimon-) Mengen titriert man unter Zugabe einiger Tropfen Jodmonochloridlösung.

II. Bromat-Dichromatmethode.

Das Lösungsgemisch von ArsenIII und TellurIV soll bei einem Volumen von 50 bis 60 cm³ einen Gehalt von 10 cm³ konzentrierter Schwefelsäure und 5 cm³ konzentrierter Salzsäure aufweisen. Man titriert nach GYÖRY ArsenIII und gegebenenfalls AntimonIII mit 0,1 n Kaliumbromatlösung (Methylorange als Indicator; s. § 8 A 1 I, S. 125). Die für die Bestimmung des Tellurs zu wählende Methode richtet sich dann nach dem Verbrauch an Bromat bzw. nach der dabei entstandenen Bromidmenge, wobei ein Verbrauch von 18 cm³ Bromatlösung den Grenzfall für die beiden Verfahren (α und β) darstellt. Bei Anwesenheit von Bromid soll die zu bestimmende Menge Tellur 64 mg nicht übersteigen. Im Falle α (Titration bei Gegenwart von nicht über 24 mg Bromidbrom) gibt man 3 g Mangansulfat und 5 g Metaphosphorsäure (in Lösung) zu, verdünnt auf 100 cm³ und kühlt auf Zimmertemperatur ab. Nach Einpipettieren von 25 cm³ 0,1 n Dichromatlösung wird 15 Min. gewartet, auf 500 bis 600 cm³ verdünnt und nach Zugabe von 3 Tropfen (0,1 cm³) Diphenylaminlösung (1 g Diphenylamin gelöst in 100 cm³ sirupöser Phosphorsäure) mit 0,1 n Ferrosulfatlösung titriert. Die Indicatorkorrektur beträgt +0,07 cm³ 0,1 n Ferrosulfatlösung.

Für den Fall β (es sind nicht über 80 mg Bromidbrom anwesend) wird die Probe mit 3 g reinem CerIII-nitrat, das zuvor in wenig Wasser gelöst worden war, und soviel konzentrierter Metaphosphorsäurelösung (100 cm³ der Lösung sollen etwa 50 g HPO_3 enthalten), als zur Lösung des entstandenen Niederschlages nötig ist, versetzt, auf 100 cm³ verdünnt (bei einem größeren Bromatverbrauch ergibt sich nach der Vorschrift bereits ein Volumen von 100 oder etwas über 100 cm³) und nach Abkühlen auf Zimmertemperatur wie im ersten Falle oxydiert und titriert.

Genauigkeit. Bei diesen Verfahren erreichten die Abweichungen zwischen angewendeter und verbrauchter Kubikzentimeteranzahl 0,1 n Lösung für beide Ionen höchstens 0,03 cm³.

III. CerIV-sulfat-Dichromatverfahren.

a) Verfahren zur Bestimmung von Arsen (nicht von Antimon!) neben TellurIV. Die 5 bis 10 cm³ konzentrierte Schwefelsäure und 5 cm³ konzentrierte Salzsäure enthaltende Lösung von ArsenIII und TellurIV wird mit 3 g Mangansulfat versetzt, auf 100 cm³ verdünnt und auf eine Temperatur von 45 bis 55° gebracht. Nach Zugabe von 3 bis 4 Tropfen einer $^1/_{400}$ m Jodatlösung und 2 Tropfen 0,01 n Ferroinlösung wird mit 0,1 n CerIV-sulfat-Lösung auf bleibende Entfärbung (Temperatur im Endpunkt nicht unter 40°) titriert. Anschließend ergänzt man auf einen Gehalt von 15 cm³ konzentrierter Schwefelsäure, kühlt ab und bestimmt die tellurige Säure nach der Dichromatmethode. Beim Zurücktitrieren gibt man noch 1 bis 2 Tropfen Ferroinlösung zu.

b) Verfahren zur Bestimmung von Arsen + Antimon neben Tellur. Da die analoge Titration von Antimon eine Temperatur von wesentlich über 55° erfordert und Ferroin dabei als Indicator nicht mehr gut zu gebrauchen ist, wird zur Summenbestimmung folgende, bei Zimmertemperatur auszuführende Titration vorgeschlagen: Das 5 bis 10 cm^3 konzentrierte Schwefelsäure, 5 cm^3 konzentrierte Salzsäure und 3 g Mangansulfat enthaltende Lösungsgemisch wird mit 10 cm^3 0,5 m Kaliumcyanidlösung, 3 bis 5 cm^3 0,5 m Jodmonochloridlösung und 2 Tropfen 0,01 n Ferroinlösung versetzt. Nach Verdünnen auf 100 cm^3 wird mit 0,1 n CerIV-sulfat-Lösung auf bleibende Entfärbung titriert. Die anfangs trübe Lösung hellt sich mit fortschreitender Titration auf, so daß noch vor Erreichung des Endpunktes völlige Klärung eintritt. Die tellurige Säure wird dann wieder nach der Dichromatmethode bestimmt, wobei ein neuerlicher Ferroinzusatz bei der Rücktitration nicht nötig ist.

Genauigkeit. Die Fehler bei den angeführten Testanalysen halten sich ebenso wie bei den beiden anderen Verfahren innerhalb der Ablesefehler (größte Differenz 0,03 cm^3 0,1 n Lösung).

Bemerkungen. Die Verfasser bezeichnen die Jodat-Dichromatmethode, sowie die CerIV-Dichromatmethode als die allgemeiner anwendbaren und zuverlässigeren Verfahren. Die Methoden werden durch Gegenwart von seleniger Säure nicht beeinträchtigt.

Zur getrennten Ermittlung von Arsen und Antimon empfehlen die Verfasser nebst der maßanalytischen Summenbestimmung, Arsen in einer besonderen Probe durch Destillation abzutrennen und (nach Filtration des gegebenenfalls im Destillat abgeschiedenen elementaren Selens) zu titrieren.

6. Sonstige Verfahren.

Zur Trennung von Arsen und Selen laugte SCHMIDT den in der Wärme aus saurer Lösung (H_2SO_4 + HCl) mit Schwefelwasserstoff erhaltenen Niederschlag zur Entfernung des Arsens mit warmer Ammoniumcarbonatlösung aus. Nach Lösen des Rückstandes in Königswasser wurde neuerlich mit Schwefelwasserstoff gefällt und das Auslaugen mit Ammoniumcarbonat wiederholt.

KLASON und MELLQUIST behandelten den durch Zinnchlorür abgeschiedenen und über Asbest filtrierten Niederschlag von Arsen und Selen zwecks Abtrennung des Arsens mit Kaliumcyanid und fällten aus der Lösung das Selen mit Salzsäure wieder aus.

Über die Ausschaltung der störenden Wirkung des Selens anläßlich der Arsentrijodidfällung s. § 6, S. 100.

Hinweise zur spektralanalytischen Arsenbestimmung neben Tellur bzw. Selen finden sich § 11, S. 174 und 181.

Zur Ausführung der Molybdänblaureaktion neben Selen und Tellur s. S. 168 und 277.

Siehe auch § 12, S. 184.

H. Trennung von Gold und Platinmetallen.

1. Trennung durch Destillation.

Die Abtrennung des Arsens von Gold und Platin durch Destillation als Trichlorid ist möglich. Die Trennung von Gold wurde § 14, S. 273 erwähnt.

Ein altes Verfahren zur Abtrennung des Arsens, Antimons und Zinns von Gold und Platin durch Erhitzen der Sulfide im Salzsäuregasstrom stammt von DE KONINCK und LECREMIER. Der feuchte oder trockene Niederschlag der Sulfide wird dabei in einem Strom von Salzsäuregas erhitzt. Sb, Sn und As verflüchtigen sich und werden zum Teil in den kälteren Teilen der Apparatur niedergeschlagen und zum Teil in der mit verdünnter Salzsäure beschickten Vorlage zurückgehalten. Gold und Platin bleiben quantitativ im Rückstand. Diese Methode wurde im Anschluß an ein ähnliches qualitatives Trennungsverfahren von R. FRESENIUS (b), wobei die getrockneten Sulfide mit Ammoniumchlorid und Ammoniumnitrat im Luftstrom erhitzt werden, veröffentlicht. Nach einem älteren bei C. R. FRESENIUS (c) angegebenen Verfahren werden die Legierungen oder Sulfide in einem Strom von Chlorgas erhitzt, wobei ebenfalls Gold und Platin zurückbleiben.

2. Trennung durch elektrolytische Abscheidung des Edelmetalles.

I. Elektrolytische Abscheidung des Goldes neben Arsen.

Nach FREUDENBERG ist eine elektrolytische Abtrennung des Goldes von Arsen aus Kaliumcyanidlösung möglich. E. F. SMITH (b) spricht die Vermutung aus, daß die Abscheidung aus Sulfauratlösung auch bei der Trennung des Goldes von Arsen mit gutem Erfolg verwendbar wäre.

II. Elektrolytische Abscheidung von Platin neben Arsensäure nach FREUDENBERG.

Man versetzt die Lösung mit wenig Schwefelsäure und elektrolysiert mit einer Spannung von 1,6 Volt in der Kälte (Kathodenmaterial Silber, Quecksilber oder Gold).

3. Abscheidung des Edelmetalles durch Reduktionsmittel.

I. Abscheidung von Gold und Platin mit Chloral nach DIRVELL.

DIRVELL trennte Gold und Platin von Arsen, Antimon und Zinn nach Lösen der Sulfide in Königswasser, Zugabe von wenig gesättigter Natriumoxalatlösung und etwas Oxalsäure, deren Menge sich nach dem anwesenden Antimon richtet, sowie eines großen Überschusses an alkoholischer Natronlauge bei etwa 100° durch tropfenweisen Zusatz von Chloral in geringem Überschuß. Bei weiterem Erhitzen scheiden sich Gold und Platin ab und werden noch kochend heiß abfiltriert. Aus dem Filtrat wird nach Verdünnen das Chloral durch Kochen entfernt.

II. Die Fällung von Gold neben Arsen durch Reduktion mit Oxalsäure erwähnt PIERSON (a, b) in seinem Trennungsverfahren für Gold, Palladium, Platin, Selen, Tellur und Arsen.

III. Abtrennung von Gold, Platin und Palladium mit Kalomel nach PIERSON (a) (Trennung des Arsens von Ru, Rh, Ir und Os).

Der Verfasser verwertet die Tatsache, daß Gold, Platin und Palladium im Gegensatz zu Arsen durch Mercurochlorid auch aus schwach salzsaurer Lösung gefällt werden (Gold und Palladium in der Kälte, Platin in der Hitze) zur Abtrennung dieser Metalle. Arsen kann anschließend nach Erhöhung der Salzsäurekonzentration auf mindestens 30% [bei PIERSON (b) wird als Grenze 28% Salzsäure angegeben] ebenfalls mit Hg_2Cl_2 ausgefällt werden. Siehe unter § 5, S. 93 und 94.

Ru, Rh, Ir und Os werden durch Kalomel nach PIERSON (b) nicht gefällt!

4. Bestimmung des Arsens neben Platin durch Überführung in Arsenwasserstoff nach FISCHER.

Aus der Platin und Arsen enthaltenden salzsauren Lösung (die Königswasserlösung von Geräteplatin wird zur Entfernung der Salpetersäure unter Vernachlässigung der Flüchtigkeit von fünfwertigem Arsen mit Salzsäure abgeraucht) wird das Platin mit Ammoniak in geringem Überschuß (0,5 bis 1 cm^3) ausgefällt, der Platinsalmiak mit Hydrazinchlorid (0,3 g) reduziert, die noch warme Lösung samt dem Niederschlag in das Entwicklungsgefäß nach UHL (s. § 13, S. 236) gebracht und nach dessen Methode weiterverfahren. Zur Verflüchtigung des gesamten Arsens sind unter diesen Umständen aber etwa 8 Std. erforderlich. Die Bestimmung erfolgt durch Vergleich der Färbung mit einer Skala. Mengen von 0,5 γ Arsen in 0,1 g Geräteplatin können noch erfaßt werden.

5. Sonstige Verfahren.

Zur spektralanalytischen Arsenbestimmung in Platin s. § 11, S. 182.

I. Trennung von Kupfer.

1. Trennung von Arsen und Kupfer durch Destillation.

Auch von Kupfer ist eine Abtrennung des Arsens auf diesem Wege möglich. Vorschriften und Hinweise dazu finden sich § 14, S. 263, 266, 269, 273, 274, 279, 280, 288, 293 und 294.

2. Abtrennung des Arsens auf trockenem Wege.

Eine Möglichkeit, das Arsen aus Legierungen oder Sulfidgemischen im trockenen Chlorstrom abzudestillieren (200° dürfen nicht überschritten werden) wird bei C. R. FRESENIUS (d) erwähnt. Das Arsenchlorid wird dabei in Chlorwasser aufgefangen.

Zur Abtrennung des Arsens im Bromwasserstoffstrom s. § 14, S. 295.

Eine Verflüchtigung des Arsens durch wiederholtes Erhitzen der mit Schwefel vermengten arsensauren Verbindung im Wasserstoffstrom wird bei C. R. FRESENIUS (e) beschrieben. Das zurückbleibende Kupfersulfür kann direkt ausgewogen werden.

3. Trennung durch Fällung des Arsens.

I. Fällung des Arsens als Calciumarsenat nach WESSEL.

Fällung und Bestimmung des Arsens. Das Arsen wird nach § 6, S. 106 ausgefällt und der Niederschlag wie dort beschrieben gelöst. Die Gesamtmenge der Flüssigkeit soll 15 bis 16 cm^3 nicht übersteigen. Nach völligem Lösen des Niederschlages werden 1 bis 2 g Kaliumjodid zugefügt und ebenfalls aufgelöst. Man setzt nun soviel konzentrierte Salzsäure (etwa 7 bis 8 cm^3) zu, bis ein gelber Niederschlag auszufallen beginnt, löst diesen in einigen Tropfen Wasser und läßt im Dunkeln 15 Min. bedeckt stehen. Anschließend titriert man das ausgeschiedene Jod ohne Indicator mit 0,1 n Thiosulfatlösung. Gegen Ende der Titration fügt man noch 1 bis 2 cm^3 konzentrierte Salzsäure zu.

Bestimmung des Kupfers. Das ammoniakalische Filtrat der Calciumarsenatfällung wird zur Verjagung der Hauptmenge an Ammoniak 5 bis 10 Min. gekocht, dann mit verdünnter Schwefelsäure angesäuert und mit einer Lösung von 1 bis 2 g Kaliumjodid versetzt. Das ausgeschiedene Jod wird mit 0,1 n Thiosulfatlösung titriert (Stärke als Indicator).

Bemerkungen. Bei Anwesenheit von ArsenIII und KupferII ist die Trennung durch Fällung überflüssig. Liegt ArsenIII neben KupferI vor, wird mit Wasserstoffperoxyd unter Zusatz von 10 cm^3 konzentrierter Schwefelsäure oxydiert und dann ohne Rücksicht auf etwa ausgeschiedenes Calciumsulfat wie beschrieben getrennt.

II. Fällung des Arsens als Magnesiumammoniumarsenat nach GOOCH und PHELPS.

Bereitung der Magnesiamischung. 110 g krystallisiertes Magnesiumchlorid werden gelöst, mit einer schwach ammoniakalischen Lösung von 56 g Ammoniumchlorid vermischt, auf 2 l verdünnt und mit 10 cm^3 starkem Ammoniak versetzt. Jeweils vor Gebrauch wird die Lösung filtriert.

Arbeitsvorschrift. Die ammoniakalische Kupfer und ArsenV enthaltende Lösung wird mit einem Überschuß an Magnesiamischung gefällt. Nach 2stündigem Absitzen (einzelne Versuche wurden unmittelbar nach Absetzen des Niederschlages filtriert, ohne daß das Resultat beeinflußt erscheint) wird der Niederschlag über Asbest abfiltriert und mit möglichst wenig ammoniakhaltigem Wasser (20 bis 50 cm^3) gut gewaschen. (Die Verfasser hielten Filtrierpapier wegen der Angreifbarkeit durch ammoniakalische Kupferlösung für ungeeignet.) Bei Anwesenheit von mehr als einigen Milligrammen Arsen wird der Niederschlag nach einmaligem Waschen mit sehr verdünntem Ammoniak in heißer Salzsäure (1:4) gelöst und durch Eingießen der mit Ammoniak annähernd neutralisierten Lösung in überschüssige ammoniakalische Magnesiamischung neuerlich gefällt. Der Niederschlag wird mit dem Filtrat quantitativ in den Tiegel gebracht und dann ausgewaschen. Bei Mengen über 0,2 g Arsen ist eine nochmalige Umfällung nötig.

Bemerkungen. 0,0015 bis 0,7724 g $Mg_2As_2O_7$ entsprechende Mengen Arsen wurden jeweils neben 2 g Kupfersulfat mit Abweichungen bis zu +0,4 und —0,6 mg bestimmt. Kleine Arsenmengen (unter 5 mg) scheiden sich nur schwierig aus. In solchen Fällen wird die mit Magnesiamischung und überschüssigem Ammoniak versetzte Lösung durch etwa 5 Min. langes Einstellen in ein Kältebad zum Gefrieren gebracht. Dabei scheidet sich der Niederschlag ab und bleibt nach dem Schmelzen der Masse zurück. NEUMANN schlug zur Arsenbestimmung in Kupferraffinationslaugen ein sehr ähnliches Verfahren vor, wobei nach Übersättigen der salpetersauren Lösung mit Ammoniak und Filtrieren Magnesiamischung zugesetzt wird. Der

Niederschlag wird nun durch 15 bis 20 Min. langes Rühren vollständig ausgefällt. Bezüglich dieser Methode bemerkt FENNER, daß bei Anwesenheit von Eisen Ferriarsenat durch den Ammoniakzusatz gefällt würde, was jedoch durch Weinsäurezusatz verhindert werden könnte. Allerdings ergibt sich dann die Notwendigkeit, das Magnesiumammoniumarsenat wegen des mitfallenden basischen Tartrats wiederholt zu fällen.

III. Fällung des Arsens mit Ammoniummolybdat nach MISSON.

Zur Arsenbestimmung in Kupfer und Bronzen werden 5 g mit einem Gemisch von 15 cm³ Salpetersäure und 10 cm³ Salzsäure auf dem Wasserbad aufgeschlossen und nach dem Erkalten mit 10 cm³ Salpetersäure und 20 cm³ Wasser versetzt. Man erhitzt kurze Zeit, um den Aufschluß zu beenden, gibt 20 cm³ Ammoniumnitratlösung (D 1,21) zu und fällt nach dem Aufkochen das Arsen mit 20 cm³ einer 10%igen Ammoniummolybdatlösung. Der Niederschlag wird nach dem Absitzen und Erkalten der Flüssigkeit in einem Filtertiegel gesammelt, mit salpetersäurehaltigem Wasser gewaschen und bei 100° getrocknet ($f = 0{,}0411$; Dauer der Bestimmung höchstens 3 Std.).

IV. Sonstige Verfahren zur Abscheidung des Arsens neben Kupfer.

Die Abtrennung durch Fällung als Silberarsenat ist nach § 2, S. 58 möglich.

Durch Abscheidung des Arsens in elementarer Form gelingt die Trennung nach § 5, S. 80, 82, 88, 91, 92 und 94.

Weiter ist die Abscheidung mittels EisenIII-hydroxydfällung § 6, S. 107 und 108 behandelt.

Eine Trennung durch Fällung der Arsensäure als Mercurosalz wird bei C. R. FRESENIUS (h) erwähnt. Siehe auch § 6, G, S. 106.

4. Trennung durch elektrolytische Abscheidung des Kupfers.

I. Abscheidung aus ammoniakalischer Lösung nach SIEVERTS und WIPPELMANN.

Die Verfasser geben in Anlehnung an eine von ASHBROOK gegebene Vorschrift folgendes Verfahren zur elektrolytischen Bestimmung von Kupfer mit nachfolgender Fällung des Arsens in Legierungen an:

Apparatur. Die Bestimmung wird unter Verwendung konzentrischer Netzelektroden nach A. FISCHER[1] (Kathodenoberfläche 66 cm²) ausgeführt. Die Durchmischung wird von einem Glasrührer (500 bis 550 Umdrehungen je Minute) besorgt.

Ausführung. Die Legierung wird in Salpetersäure gelöst, die Lösung eingedampft und der Rückstand unter Zusatz von 2,5 g Ammoniumnitrat in 125 cm³ 5%igem Ammoniak gelöst. Aus dieser Lösung wird das Kupfer mit 5 Ampere (Stromdichte 7,5 Ampere je dm²) bei 90° gefällt. 0,3 g Kupfer sind in 15 Min. abgeschieden. Die Kathode wird unter Stromschluß ausgewaschen, getrocknet und gewogen. Die von Kupfer befreite Lösung wird eingeengt und daraus das Arsen als Magnesiumammoniumarsenat gefällt.

Genauigkeit. 108,0 bis 318,0 mg Kupfer wurden neben 216,4 mg ArsenV im allgemeinen auf $\pm$ 0,2 mg genau wiedergefunden (unter 9 Bestimmungen ergab sich je ein Fehler von +0,8 und +0,5 mg). In 2 Versuchen wurde das Arsen bestimmt und zu 216,5 und 216,2 mg wiedergefunden. Die Kupferwerte leiden nicht, wenn die Elektrolyse auch wesentlich länger ausgedehnt wird, als für die Ausfällung des Kupfers nötig ist. [Die Beobachtung, daß Kupfer aus ammoniakalischer Lösung neben ArsenV elektrolytisch quantitativ abgeschieden werden kann, war übrigens schon 1890 von McCAY (c) veröffentlicht worden.]

II. Abscheidung des Kupfers aus ammoniakalischer, fluoridhaltiger Lösung nach FURMAN (b).

Überführung des Arsens (und Antimons) in die höhere Wertigkeitsstufe. Die 3 bis 5 cm³ 48%ige Flußsäure und 25 cm³ Salpetersäure (1 Volumen HNO_3 der Dichte 1,42 + 4 Volumen Wasser) enthaltende Lösung wird mit einem mäßigen Überschuß (1 bis 2 g) an Kaliumpersulfat versetzt. [Die Säuremischung wurde nach McCAY (d) im Hinblick auf die Löslichkeit von Arsen, Antimon und Kupfer enthaltenden Niederschlägen — etwa durch gemeinsame Elektrolyse erhalten — gewählt.] Man oxydiert nun durch 2 bis 3 Min. langes Kochen bei unmittelbar folgender Neutralisation mit Ammoniak (einige Versuche waren auch durch 30 Min. langes Kochen der stark sauren Lösung oxydiert worden).

[1] FISCHER, A.: Elektroanalytische Schnellmethoden, S. 78. Stuttgart 1908.

Abscheidung des Kupfers. Die Elektrolyse wird in einem paraffinierten Becherglas mit paraffinierten Deckgläsern ausgeführt. Das Kupfer wird aus der kalten, 100 cm³ betragenden und einen Überschuß von 5 bis 10 cm³ Ammoniak (D 0,90) enthaltenden Lösung bei unbewegten Elektroden mit einer Stromdichte von 0,1 bis 0,3 Ampere je dm² und 2 bis 4 Volt abgeschieden. Die Elektrolyse dauert 5 bis 8 Std. (Einzelne Versuche wurden 15 bis 18 Std. elektrolysiert.) Anderseits konnte bei 4 bis 8 Ampere je dm² Stromdichte, 8 bis 12 Volt und rotierender Anode (das Platinblatt wurde mit 500 bis 700 Umdrehungen je Minute bewegt) das Kupfer in 35 bis 45 Min. quantitativ abgeschieden werden.

Bemerkungen. 0,1992 und 0,3984 g Kupfer konnten bei unbewegten Elektroden neben Arsen (0,0758 bis 0,1582 g) und Antimon (0,1058 bis 0,2110 g) unter Anbringung einer Korrektur für das an der Kathode abgeschiedene Platin mit Abweichungen von +0,2 bis —0,7 mg bestimmt werden. Unter Verwendung einer Platin-Iridiumanode konnten im Kupferniederschlag keine wägbaren Platinmengen festgestellt werden. Mit rotierender Anode wurden 0,1992 und 0,3984 g Kupfer neben ähnlichen Mengen Arsen und Antimon mit —0,5, +0,6 und —0,3 mg Fehler bestimmt. Qualitative Prüfung der Niederschläge ergab deren praktische Arsen- und Antimonfreiheit.

III. Abtrennung des Kupfers von Arsen (und Selen) aus kaliumcyanidhaltiger, ammoniakalischer Lösung nach Raeder und Hoifors.

Die Kupfer, Arsen und Selen enthaltende Lösung wird tropfenweise mit Kaliumcyanid versetzt, bis sich der Niederschlag von Kupfercyanür gelöst hat. Man setzt einen geringen Überschuß (0,03 bis 0,05 g KCN) und 15 cm³ Ammoniak zu und elektrolysiert bei rotierender Netzkathode (600 Umdrehungen) mit 4 Volt und 2 bis 4 Ampere (Temperatur 70 bis 75°; Analysendauer etwa 20 Min.).

Bemerkungen. Arsen muß auch in diesem Falle in fünfwertiger Form vorliegen (Selen als Selenit). Höhere Spannungen verursachen eine Arsenabscheidung. Geringere Spannungen ebenso wie ein übermäßiger Kaliumcyanidzusatz verlängern die Analysendauer und vergrößern dadurch die kathodische Reduktionswirkung. (Eine Trennung des Kupfers vom Arsen durch Elektrolyse der in Kaliumcyanid gelösten Metallarsenate war schon 1890 von Smith und Frankel vorgeschlagen worden.)

IV. Elektrolyse des Kupfers neben Arsen, Antimon und Zinn aus ammoniakalischer, tartrathaltiger Lösung nach Schmucker.

Der Verfasser trennte Kupfer von ArsenV, AntimonV und ZinnIV durch Elektrolyse einer 8 g Weinsäure und 30 cm³ Ammoniak enthaltenden, 175 cm³ betragenden Lösung. Bei 5stündiger Einwirkung eines Stromes, der 0,8 cm³ Knallgas je Minute entwickelte [E. F. Smith(c) gibt für die Methode 0,04 Ampere und 1,8 Volt sowie eine Temperatur von 50° an], konnte das zugefügte Kupfer neben je 0,1 g der genannten Metalle quantitativ abgeschieden werden.

Angewendet 0,1016 g gefunden 0,1019 g Kupfer.
Angewendet 0,1016 g gefunden 0,1010 g Kupfer.

V. Elektrolyse aus salpetersaurer Lösung nach Richardson.

Apparatur. Die Kupferabscheidung wird mit einer rotierenden Perkin-Elektrode von 4,5 cm Höhe, 1,3 cm Durchmesser und etwa 17 g Gewicht als Anode (etwa 700 Umdrehungen je Minute) und einer Winklerschen Netzkathode von 5 cm Höhe, 3,7 cm Durchmesser und etwa 21 g Gewicht durchgeführt.

Ausführung. Die Lösung, die bis etwa 0,1 g ArsenV und bis 0,27 g Kupfer enthält, wird mit 0,6 cm³ Salpetersäure (D 1,4) versetzt, auf 70 cm³ gebracht und mit 2 Ampere (Änderung der Stromstärke bei anderen Dimensionen der Elektroden) je nach dem Kupfergehalt etwa 20 Min. elektrolysiert (Temperatur 50°). Angeführte Testversuche zeigen im allgemeinen Abweichungen unter ±0,5 mg.

Bemerkungen. Richardson kommt auf Grund systematischer Versuche zu dem Ergebnis, daß ArsenV in salpetersaurer Lösung durch den elektrischen Strom reduziert werden kann. Der Kupferniederschlag enthält auch mitunter minimale Arsenmengen, die jedoch für quantitative Bestimmungen nicht ins Gewicht fallen. Hollard und Bertiaux versuchten eine Reduktion des Arsens während der Elektrolyse und eine Abscheidung desselben an der Kathode durch Zugabe von 0,1 g EisenIII-sulfat zu verhindern.

Ashbrook trennte mit rotierender Spiralanode in einem Volumen von 125 cm³ unter Zusatz von 1 cm³ Salpetersäure (D 1,43) mit ND_{100} = 3 Ampere und 4 bis 5 Volt (Dauer 20 Min.) 0,2742 g Kupfer von 0,2500 g Arsen (offenbar ArsenV) mit bestem Erfolg (gefunden 0,2741, 0,2742 und 0,2742 g Cu).

Sieverts und Wippelmann gaben die Abscheidung aus salpetersaurer Lösung wegen der nur schwierig einzuhaltenden günstigen Bedingungen zugunsten der Elektrolyse aus ammoniakalischer Lösung auf.

VI. Elektrolyse aus schwefelsaurer Lösung.

Arbeitsweise nach KATZ und ARONTSCHIKOWA. Als Anode dient eine Platinspirale und als Kathode ein Platinnetz. Die Lösung, die auf 100 bis 120 cm³ 10 cm³ freie Schwefelsäure und das Arsen in fünfwertiger Form enthält, wird bei 70 bis 75° elektrolysiert (das Referat enthält keine Angaben über Stromstärke und Spannung). Die Abscheidung wird unterbrochen, sobald sich eine Schwärzung des Netzes zeigt. Nach den Beleganalysen scheint das Verfahren wohl nur für annähernde Bestimmungen brauchbar zu sein. In den 3 angeführten Versuchen wurden für Kupfer etwa 2% zu hohe Resultate erhalten.

Sonstige Verfahren. Eine Trennung aus schwefelsaurer Lösung wurde seinerzeit schon von FREUDENBERG angegeben, der gute Resultate erhielt, wenn die angelegte Spannung 1,9 Volt nicht überstieg. FREUDENBERG arbeitete unter Zusatz von 10 bis 20 cm³ verdünnter Schwefelsäure (das Gesamtvolumen wird nicht angegeben, betrug aber offenbar unter 100 cm³, da als Kathode eine 100 cm³ fassende Platinschale verwendet wurde) mit 1,85 Volt und dehnte die Abscheidung über Nacht aus. Die dabei erhaltenen Abweichungen betrugen bis —0,6 mg. Allerdings soll die Trennung auch bei Anwesenheit von ArsenIII geglückt sein, was nach den späteren Untersuchungen von RICHARDSON unverständlich erscheint. Ähnlich arbeitete REVAY in einer 10 bis 20 cm³ Schwefelsäure und das Arsen in fünfwertiger Form enthaltenden Lösung (das Gesamtvolumen wird ebenfalls nicht erwähnt) mit 1,6 bis 1,8 Volt (0,008 bis 0,04 Ampere). Die Versuche wurden bei gewöhnlicher Temperatur vorgenommen und dauerten etwa 12 Std. Bei zu hoher Spannung wurde eine Arsenabscheidung an der Kathode beobachtet.

VII. Elektrolyse bei Gegenwart mehrerer Säuren.

Abscheidung aus Phosphorsäure, Schwefelsäure und Salpetersäure enthaltender Lösung nach STETTBACHER.

Bei der Analyse von Beizmitteln trennte der Verfasser aus 50 cm³ der Salzsäure, Schwefelsäure (150 cm³ Schwefelsäure in 3 l Lösung), ArsenV, QuecksilberII und KupferII enthaltenden Lösung das Quecksilber durch Zugabe von Salzsäure und 10 bis 20 cm³ 10%iger phosphoriger Säure als Kalomel ab. Das Filtrat wird 2mal nach Zugabe von Salpetersäure bis zum Rauchen der Schwefelsäure erhitzt und nach Verdünnen auf 120 bis 150 cm³ und Zugabe von 5 cm³ Salpetersäure bei 2,2 Volt elektrolysiert (Schale als Kathode). Die Genauigkeit wird nach Angabe des Verfassers durch eine etwaige Bräunung unter der Anode nicht beeinflußt. Beleganalysen werden nicht angegeben.

Eine Vorschrift zur Elektrolyse des Kupfers aus Schwefelsäure und Salpetersäure enthaltender Lösung wurde § 5, S. 94 (Kontrollbestimmung des Kupfers) gegeben.

Arbeitsweise nach PARK (b). PARK (b) scheidet das Kupfer neben ArsenV aus schwefelsaurer Lösung (die Lösung enthält offenbar auch noch etwas Salpetersäure) bei Gegenwart von Weinsäure mit 2,5 Volt und etwa 4 Ampere größtenteils ab und bestimmt anschließend das Arsen neben dem Restkupfer auf anderem Wege (spektrographisch).

VIII. Trennung durch Abscheidung des Kupfers aus laugenalkalischer Lösung nach BALLS und McDONNELL.

Apparatur. Als Kathode dient eine Schale (das Material wird nicht angegeben; für die Bestimmung des Zinks wird bei ähnlicher Arbeitsweise eine Nickel- und für die Bestimmung des Eisens eine Platinschale empfohlen) und als Anode ein in Form einer flach ovalen Schaufel, deren Blatt etwa 2,5 zu 2 cm groß ist, gebogener Platindraht, der durch ein Rührwerk bewegt wird. Das Blatt muß vollkommen in die Flüssigkeit eintauchen.

Ausführung. Man setzt der Lösung, die das Arsen in der höheren Wertigkeitsstufe enthält, bis etwa 2 g Kaliumnitrat und Weinsäure ($^1/_2$ bis 4 g) zu, worauf man mit Kalilauge stark alkalisch macht (Überschuß 10 bis 20 g Kaliumhydroxyd). Das Volumen der Lösung beträgt 100 cm³. Während der Elektrolyse wird die Anode mit 1000 bis 1600 Umdrehungen je Minute angetrieben. Die Abscheidung wird mit 3,6 bis 5,5 Volt und $ND_{100} = 3$ bis 6 Ampere durchgeführt und dauert, mit der Menge des vorhandenen Arsens zunehmend, 20 bis 55 Min. Die Gegenwart von Arsenat wirkt offenbar ebenso wie die von Nitrat verzögernd auf die Abscheidung. Die Kathodenschale wird nach dem Entfernen der Lösung und Waschen mit destilliertem Wasser mit absolutem Alkohol gespült, an der Luft und $^1/_2$ Std. bei 110° im Trockenschrank getrocknet. Anschließend läßt man wenigstens 1 Std. über Schwefelsäure im Exsiccator abkühlen. Die Wägung erfolgt mit Hilfe eines gleichartigen Gegengewichtes.

In der abgeheberten Flüssigkeit wird das Arsen jodometrisch bestimmt (Konzentrieren der Lösung auf 200 cm³, Ansäuern mit Schwefelsäure, Zusatz von 8 bis 10 cm³ konzentrierter Schwefelsäure im Überschuß, Reduktion mit 2 bis 3 g Kaliumjodid, Einkochen auf 90 cm³, Abkühlen und Entfernen der Spuren Jod mit Natriumthiosulfat, Zusatz von Natriumbicarbonat im Überschuß und Titration mit Jod). Die Anwesenheit von Weinsäure stört die Titration nicht.

Genauigkeit. 0,0800 bis 0,2065 g Kupfer wurden in 14 Versuchen neben 0,0434 bis 0,5000 g As_2O_5 mit Abweichungen von —0,8 bis +0,6 mg wiedergefunden; die folgende Bestimmung des Arsens ergab Differenzen bis +1,6 und —1,0 mg As_2O_5. Der Arsengehalt der Kupferniederschläge wurde durchwegs kleiner als 0,2 mg As_2O_5 gefunden. Um zu verhindern, daß sich das Kupfer aus der alkalischen Lösung schwammig abscheidet, wurde die Abscheidung durch Zusatz von Kaliumnitrat und hohe Tourenzahl der Anode verzögert. Ein zu geringer Alkaliüberschuß und die Gegenwart von ArsenIII bedingt eine Abscheidung des Arsens an der Kathode. Bei zu hoher Stromdichte kann eine Arsenabscheidung an der Anode erfolgen.

5. Trennung durch andere Fällungsmethoden für Kupfer.

I. Abtrennung des Kupfers durch Fällung aus alkalischer Lösung bei Gegenwart einer reduzierenden Substanz.

a) Vorschrift von Jannasch und Routala.

Prinzip. *Aus einer rohrzuckerhaltigen alkalischen Lösung wird durch Wasserstoffperoxyd bei folgendem Kochen das Kupfer quantitativ als Kupferoxydul abgeschieden. Im Filtrat wird das Arsen als Magnesiumammoniumarsenat ausgefällt.*

Fällung und Bestimmung des Kupfers. Die Kupfer und Arsen enthaltende Lösung wird in einer geräumigen Porzellanschale mit 5 g Rohrzucker und bei einem Gesamtvolumen von etwa 100 cm³ mit 5 g reinem Natriumhydroxyd versetzt. Man erwärmt auf dem Wasserbad, setzt 10 cm³ 7%iges Wasserstoffperoxyd zu und läßt das Kupferoxydul bei Dampfbadhitze in etwa 15 Min. sich abscheiden. Die Flüssigkeit wird vorerst braunrot und trübe, allmählich wieder klar, über verschiedene grüne Nuancen rein blau und jetzt erst nach 2 bis 3 Min. dauernd trübe. Sobald sich der Niederschlag am Boden der Schale gesammelt hat, gibt man noch einmal vorsichtig wenigstens 5 cm³ an Wasserstoffperoxyd zu. Anschließend wird das Kupferoxydul auf einem Blaubandfilter (Schleicher und Schüll, Nr. 589 Blauband oder gehärtetes Filter Nr. 575) gesammelt (die Filtration muß, um Verluste durch eine teilweise Oxydation zu vermeiden, ohne Unterbrechung durchgeführt werden), mit siedendem Wasser ausgewaschen und in einem Platintiegel oder dünnwandigen Quarztiegel verascht. Man glüht mit vollkommen entleuchteter Flamme im unbedeckten Tiegel bis zum konstanten Gewicht.

Tabelle 19.

CuO (theoretisch) g	CuO (gefunden) g	$Mg_2As_2O_7$ (theoretisch) g	$Mg_2As_2O_7$ (gefunden) g
0,0908	0,0899	0,2934	0,2936
0,0909	0,0906	0,3598	0,3588

Bestimmung des Arsens. Das Filtrat wird mit einem genügenden Überschuß an konzentrierter Salpetersäure versetzt und auf 50 cm³ eingeengt. Die klare hellgelbliche Lösung macht man ammoniakalisch und versetzt sie tropfenweise unter dauerndem Rühren mit einer Lösung von 1,5 g krystallisiertem Magnesiumchlorid in 10 cm³ Wasser. Der graugefärbte, groß krystalline Niederschlag muß mindestens 24 Std. in der Kälte (vorteilhaft im Eisschrank) absitzen. Vor der Filtration wird noch einige Zeit tüchtig gerührt, um eine nach der Filtration auftretende Nachfällung, die man auf keinen Fall vernachlässigen dürfte, zu vermeiden. Der Niederschlag wird gelöst und das Magnesiumammoniumarsenat neuerlich ausgefällt.

Genauigkeit. Die Verfasser führen die Ergebnisse zweier Versuche an (s. Tabelle 19). Im Filtrat der Kupferabscheidung waren keine Kupferspuren mehr nachzuweisen.

b) Abscheidung des Kupfers durch Hydroxylamin nach Bayer.

Man versetzt die 50 cm³ betragende KupferII und ArsenV enthaltende Lösung mit 50 cm³ einer Lösung von 170 g Seignettesalz in 500 cm³ Wasser und macht mit Natronlauge alkalisch (25 cm³ einer Lösung von 40 g Natriumhydroxyd in 250 cm³ Wasser). Man erhitzt zum Kochen und fügt etwa 2 cm³ 5%iger Hydroxylaminchloridlösung zu. Das Kochen wird 1 Min. fortgesetzt und die Lösung noch heiß filtriert. (Nach Bodnár und Terényi wird 2 Min. gekocht und dann rasch filtriert.) Das Kupferoxydul wird in einem Asbeströhrchen gesammelt und mit heißem Wasser gewaschen. Durch Glühen im Luftstrom wird in Kupferoxyd übergeführt und gewogen.

Nach dieser Arbeitsweise wurden neben 0,4 g Natriumarsenat 0,3893 g CuO statt $0{,}3888_5$ g gefunden.

c) Fällung des Kupfers mit Hydrazin nach Jannasch und Biedermann.

Ausführung. Die Flüssigkeit, die ArsenV und KupferII enthält, wird unter Umrühren tropfenweise zu 40 bis 50 cm³ 10%iger Natronlauge gegeben. Man setzt 4 bis 5 cm³ 3%ige Hydrazinsulfatlösung zu und fällt das Kupfer durch Erwärmen aus. Nach Verdünnen mit kaltem ausgekochtem Wasser wird über ein doppeltes Filter filtriert. Der Niederschlag wird mit heißem Wasser ausgewaschen, bis das Filtrat nicht mehr alkalisch reagiert, verascht und zu Kupferoxyd verglüht (gegebenenfalls im Sauerstoffstrom).

Aus dem Filtrat kann das Arsen nach Ansäuern mit Salzsäure, Eindampfen mit Salpetersäure und Abfiltrieren der Kieselsäure als Magnesiumammoniumarsenat gefällt werden.

Tabelle 20.

Substanzmenge g	theoretisch As %	gefunden As %	theoretisch Cu %	gefunden Cu %
0,4056	23,41	23,37	17,53	17,46
0,4786	35,29	35,24	13,68	13,56

Genauigkeit (siehe Tabelle 20).

Bemerkungen zur Fällung. Bei Zugabe der Lösung zur Lauge scheidet sich das Kupfer als blaßblauer Hydroxydniederschlag ab, der sich bei Zugabe von heißer Hydrazinsulfatlösung unter Gasentwicklung zu Cu_2O umsetzt. Bei weiterem Hydrazinsulfatzusatz erfolgt unter Farbumschlag nach Braunrot Reduktion zum metallischen Kupfer.

II. Fällung des Kupfers mit Lauge ohne Reduktionsmittel.

a) Verfahren zur Analyse von Kupferarsenit nach TH. SMITH.

Prinzip. *Das Kupfer wird aus alkalischer Lösung als Kupferoxydul abgeschieden, während gleichzeitig eine Oxydation des Arsens zu ArsenV stattfindet. Im Filtrat wird das Arsen jodometrisch bestimmt.*

Arbeitsvorschrift. 2 g Parisergrün werden mit etwa 100 cm³ Wasser und 2 g Natriumhydroxyd versetzt. Man erhitzt zum Sieden und kocht einige Minuten. Nach Abkühlen auf Zimmertemperatur wird auf 250 cm³ aufgefüllt, durch ein trockenes Filter filtriert und ein aliquoter Teil (50 cm³) des Filtrats zur Bestimmung des Arsens herangezogen.

Bestimmung des Arsens. Man dampft auf ungefähr die Hälfte ein, läßt auf 80° abkühlen und setzt ein gleiches Volumen an starker Salzsäure sowie 3 g Kaliumjodid zu. Nach 10 Min. langem Stehen wird die tiefrote Lösung vorsichtig mit Wasser verdünnt, bis sich der Niederschlag gelöst hat und durch Zusatz von Natriumthiosulfat eben entfärbt. Man neutralisiert mit Soda, gibt einen Überschuß an Natriumbicarbonat zu und titriert mit 0,1 n Jodlösung (Stärke als Indicator; bei einiger Übung ist der Farbumschlag trotz auftretender Rotfärbung leicht zu erkennen). Die Bestimmung dauert weniger als 1 Std.

Bemerkungen. Der Verfasser gibt an, bei Parallelversuchen eine Übereinstimmung von 0,05% erhalten zu haben. Weiterhin soll die Übereinstimmung mit gravimetrisch erhaltenen Werten befriedigend gewesen sein. Die Bestimmung des Kupfers kann nach Filtrieren und Lösen des Cu_2O-Niederschlages durch Titration erfolgen. Nach FESTER ergibt ein derartiges Vorgehen bei Gegenwart von Calciumarsenit zu niedrige Arsenwerte, da Calciumarsenit durch Lauge nicht vollkommen zersetzt wird. RICE und DATTA ROY lösen in Salzsäure, filtrieren und machen dann erst alkalisch.

b) Fällung des Kupfers neben ArsenV mit Lauge.

Von GUCCI wurde ein Arbeitsgang vorgeschlagen, bei dem das Kupfer neben ArsenV mit Lauge gefällt und als Kupferoxyd gewogen wird. Das gleiche Trennungsprinzip empfiehlt später auch WEDDING bei der Eisenanalyse. Siehe dazu auch § 10, S. 172.

III. Fällung des Kupfers mit anderen Reagenzien.

a) Fällung des Kupfers neben ArsenV mit Oxychinolin nach BERG.

Ausführung. Das Kupfer wird aus der 3 bis 5 g Weinsäure enthaltenden Lösung nach Neutralisieren mit 20%iger Natronlauge und Zugabe eines Überschusses von 20 cm³ an 2 n Natriumhydroxyd bei einem Volumen von 100 cm³ durch Zutropfen von 2%iger alkoholischer Oxychinolinlösung in geringem Überschuß gefällt. Man erwärmt auf 60 bis 70°, filtriert nach dem Abkühlen und wäscht mit einer 1% Natriumtartrat enthaltenden schwach alkalischen Waschflüssigkeit nach. (Soll der Niederschlag getrocknet und ausgewogen werden, wird außerdem mit reinem Wasser nachgewaschen.) Nach Lösen in 5%iger Salz- oder Schwefelsäure kann das Kupfer jodometrisch bestimmt werden.

b) Abtrennung des Kupfers mit Chinaldinsäure nach RÂY und BOSE.

Das Kupfer wird aus essigsaurer Lösung (6 bis 10 cm³ Eisessig für 200 cm³ Lösung), die ArsenIII oder ArsenV enthalten kann, mit dem Reagens gefällt. An anderer Stelle erwähnen die Verfasser, daß die Reagenslösung eine 5 g Chinaldinsäure entsprechende Menge des Natriumsalzes in 150 cm³ enthält. Man dekantiert nun mit sehr verdünnter Essigsäure (1:40), der einige Tropfen der Reagenslösung (Natriumsalz der Chinaldinsäure) zugesetzt worden sind, und wäscht schließlich mit heißem Wasser aus. Über die Fällung werden keine genaueren Angaben gemacht. Offenbar wird diese wie bei anderen Trennungen durch tropfenweisen Zusatz der Reagenslösung in der Hitze unter dauerndem Rühren ausgeführt.

Genauigkeit. 0,0814 g Kupfer wurden in 3 Versuchen neben 0,1 g As_2O_3 bzw. As_2O_5 mit Abweichungen von $\pm 0{,}0000$, $+0{,}0003$ und $+0{,}0004$ g bestimmt.

c) Fällung des Kupfers mit Dimercaptothiodiazol nach RÂY und GUPTA.

Die Kupfer und Arsen (AsIII oder AsV) enthaltende Lösung wird mit der in bezug auf das vorhandene Arsen 15fachen Menge an Ammoniumfluorid versetzt und auf etwa 180 cm^3 verdünnt. Man säuert mit 5 cm^3 2 n Schwefelsäure an (auch mehr Säure schadet nicht) und fällt das Kupfer aus der heißen Lösung tropfenweise unter Rühren mit dem Reagens (Ammoniumsalz des Dithiols). Der Niederschlag wird 2mal mit heißem Wasser, das etwas Ammoniumfluorid enthält, und später mit reinem Wasser dekantiert. Der Niederschlag wird in Salpetersäure gelöst und das Kupfer maßanalytisch bestimmt.

Genauigkeit. 0,0211 bis 0,0739 g Kupfer wurden neben 0,015 bis 0,1 g Arsen in 3 Testversuchen mit einem maximalen Fehler von —0,0003 g bestimmt.

d) Fällung des Kupfers mit Nitroso-β-Naphthol.

Nach BURGASS läßt sich Kupfer neben Arsen aus einer mit Salzsäure schwach angesäuerten und reichlich Essigsäure enthaltenden Lösung mit Nitroso-β-Naphthol quantitativ fällen. Das Arsen wird im Filtrat nach Behandeln mit Salzsäure und Kaliumchlorat als Magnesiumammoniumarsenat gefällt.

e) Fällung des Kupfers als Oxalat.

Nach WARD kann man Kupfer von fünfwertigem Arsen zufriedenstellend trennen, wenn aus stark essigsaurer Lösung (auf 100 cm^3 Lösung 50 cm^3 Eisessig) bei Gegenwart von Salpetersäure (0,2 bis 10 cm^3) mit 2 bis 5 g Oxalsäure gefällt wird.

Auch beim Eindampfen der Lösung mit Oxalsäure und Extrahieren des Rückstandes mit verdünnter Salpetersäure konnten, wie diesbezügliche Beleganalysen zeigen, brauchbare Ergebnisse erzielt werden, obwohl die Extraktion größerer Mengen Schwierigkeiten bereitete.

Ein älteres bei C. R. FRESENIUS (f) angegebenes Verfahren zur Fällung aus ammoniumnitrat- und ammoniumoxalathaltiger, schwach angesäuerter Lösung ermöglicht nur eine annähernde Abtrennung des Kupfers.

f) Fällung des Kupfers als Rhodanür.

DEMOREST fällte Kupfer aus Arsen, Antimon und Wismut enthaltenden, weinsäurehaltigen Aufschlußlösungen unter Reduktion durch Natriumsulfit mit Kaliumrhodanid in der Hitze. Die Möglichkeit, Kupfer neben Arsen wie üblich in der Kälte als Rhodanür zu fällen, erwähnte C. R. FRESENIUS (f) in seinem Lehrbuch.

g) Fällung des Kupfers mit Acetylen nach SÖDERBAUM.

Man leitet in die arsenige Säure oder Arsensäure als Natriumsalz und Kupfer enthaltende Lösung, die mit schwefliger Säure und Ammoniak versetzt worden war, in der Hitze Acetylen in ziemlich raschem Strom ein. Liegen die Säuren des Arsens ausschließlich als Ammoniumsalze vor, reißt der Kupferniederschlag mitunter geringe Mengen Arsen mit. Das verwendete Acetylengas wurde durch Waschen mit Bleiacetat und saurer Sublimatlösung gereinigt. Das Einleiten wird fortgesetzt, bis sich das Acetylenkupfer vollständig abgesetzt hat und die darüber stehende Flüssigkeit geklärt erscheint. Man filtriert den Acetylenkupferniederschlag ab, verdampft das Filtrat zur Trockne, oxydiert mit konzentrierter Salpetersäure und fällt als Magnesiumammoniumarsenat.

Die Überführung des Acetylenkupfers in Kupferoxyd kann durch Zersetzen mit verdünnter Salpetersäure und folgendes Glühen des Nitrats erfolgen.

Genauigkeit (s. Tabelle 21).

Tabelle 21.

gefunden Cu g	berechnet Cu g	gefunden As g	berechnet As g	gefunden Cu g	berechnet Cu g	gefunden As g	berechnet As g
0,1279	0,1280	0,0384	0,0385	0.1007	0,1005	0,1005	0,1005
0,1032	0,1035	0,0938	0,0935	0,0642	0,0640	0,1710	0,1715

h) Nach CURTIS ist die Fällung des Kupfers neben ArsenV mit Benztriazol vollständig.

6. Maßanalytische Verfahren zur Bestimmung von Arsen und Kupfer nebeneinander.

I. Titration von ArsenIII neben KupferII.

a) Jodometrische Titration nach KOLTHOFF.

Prinzip. *Das KupferII wird durch Zusatz von Natriumphosphat in einen Komplex übergeführt (Seignettesalz zeigt den gleichen Effekt), der bei der Titration des Arsens mit Jodlösung durch das Kaliumjodid nicht angegriffen wird. Durch mäßiges Ansäuern wird dieser Komplex zerstört (die Wasserstoff-Ionenkonzentration wird jedoch so tief gehalten, daß das Arsenat noch nicht in Reaktion tritt), worauf das Kupfer jodometrisch bestimmt werden kann.*

Ausführung. Man bringt zur neutralen Lösung von KupferII und ArsenIII 5 g Natriumpyrophosphat und titriert das ArsenIII ohne Stärkezusatz mit Jod. Der Umschlag von Hellblau nach Grünblau kann bei einiger Übung leicht erkannt werden. Die grünblaue Farbe darf auch nach 1 Min. Stehen nicht mehr zurückgehen. Nach Oxydation des Arsens bringt man 10 cm³ 4 n Schwefelsäure und 2 g Kaliumjodid zur Lösung und titriert nach 10 Min. mit Thiosulfat bis zur Entfärbung (Stärke als Indicator), die 3 bis 5 Min. bestehen bleiben muß.

Bemerkungen. KOLTHOFF und CREMER analysierten nach diesem Verfahren Schweinfurtergrün. Sie brachten dazu 0,5 bis 0,8 g durch Zugabe von 5 g Natriumpyrophosphat und 25 cm³ Wasser unter Erwärmen in Lösung, titrierten nach Abkühlen auf gewöhnliche Temperatur das Arsen mit Jod und bestimmten weiter wie beschrieben das Kupfer.

b) Sonstige jodometrische Verfahren.

AVERY und BEANS bestimmten As_2O_3 im Parisergrün nach Lösen der Probe in Salzsäure, Neutralisieren mit Natriumcarbonat und Lösen des Niederschlages in Kaliumnatriumtartrat durch Titration mit Jod in bicarbonatalkalischer Lösung. Eine ähnliche Vorschrift gibt auch HOLLAND.

Nach WESSEL ist eine Titration des dreiwertigen Arsens neben Kupfer einfach dadurch möglich, daß man bei Gegenwart eines großen Natriumbicarbonatüberschusses (5 bis 10 g) mit Jod titriert. WESSEL bestimmt das Kupfer in einer gesonderten Probe in sehr verdünnt salzsaurer Lösung jodometrisch.

Die Titration von arseniger Säure neben Kupfer nach FESTER in Ammoniumcarbonatlösung wurde § 7, S. 112 beschrieben.

c) Titration der arsenigen Säure mit Jodat.

α) Die Arsenbestimmung in Parisergrün nach JAMIESON (a) *wurde § 9, S. 138 beschrieben.*

β) Verfahren nach LANG (b) *zur Bestimmung von ArsenIII, EisenIII und KupferII nebeneinander.*

Man reduziert unter Einleiten von Kohlendioxyd das EisenIII durch Behandeln mit Natriumsulfit in schwach schwefelsaurer Lösung, entfernt den Überschuß an Schwefeldioxyd wie üblich und titriert das Arsen nach stärkerem Ansäuern in Gegenwart von HCN mit Jodat (s. Titration von ArsenIII neben Eisen unter P, S. 351). Anschließend titriert man das Eisen mit Permanganat. Zur Bestimmung des Kupfers wird dann die Lösung in einer Porzellanschale auf dem Sandbad bis zum Entweichen von Schwefelsäuredämpfen eingeengt, um das Jodcyan quantitativ zu entfernen. Man spült in einen enghalsigen Kolben über, fügt 2 g Natriumpyrophosphat zu und versetzt mit so viel Ammoniak, daß der ausgefallene Niederschlag sich eben wieder löst. Das Kupfer wird nun nach der von LANG (b) angegebenen direkten Methode mit Jodat titriert.

d) Das ArsenIII kann neben KupferII durch Titration mit Bromat in salzsaurer Lösung bestimmt werden. (Siehe dazu auch §8, S. 135.) Für die Kupferbestimmung gelten dann die für den Fall von KupferII neben ArsenV angeführten Methoden.

e) Ein Verfahren zur Titration von ArsenIII neben KupferII mit Dichromat ist §9, S. 152 beschrieben.

II. Titration von ArsenV neben KupferII.

ArsenV kann durch Zink in konzentriert schwefelsaurer Lösung zu ArsenIII reduziert werden. Danach ist es möglich z. B. in der von Lang (b) angeführten Weise ArsenIII und KupferII nacheinander mit Jodat zu titrieren (s. S. 334).

III. Titration von KupferII neben ArsenV.

a) Verfahren in ammoniumacetatgepufferter Lösung nach Foote und Vance (a).

Prinzip. *Das Kupfer wird bei einem p_H-Wert von etwa 4, bei dem ArsenV noch kein Jod ausscheidet, mit Kaliumjodid versetzt und das ausgeschiedene Jod titriert, wobei zur quantitativen Erfassung der Jodmenge zu Ende der Titration mit Thiosulfat etwas Ammoniumrhodanid zugesetzt wird.*

Ausführung. Die salpetersaure Lösung wird mit 9,3 cm³ 6 n Schwefelsäure versetzt und zur vollständigen Entfernung der Salpetersäure abgeraucht. Der Rückstand wird in 20 cm³ Wasser aufgenommen, mit 22,8 cm³ 6 n Essigsäure und 12,6 cm³ 6 n Ammoniak versetzt (die Essigsäure muß zuerst zugefügt werden, um zu verhindern, daß aus der ammoniakalischen Lösung ein Niederschlag ausfällt). In einer späteren Veröffentlichung [Foote und Vance (b)] werden 10 cm³ 6 n Schwefelsäure, 20 bis 40 cm³ Wasser, 25 cm³ 6 n Essigsäure und 12 cm³ 6 n Ammoniak angegeben. Bei Anwesenheit von Eisen färbt sich die Lösung dunkel. Außerdem scheidet sich bei Gegenwart von ArsenV ein eisenhaltiger Niederschlag ab. Bei Zusatz von 1 bis 2 g Natriumfluorid (1 g genügt für etwas mehr als 0,1 g Eisen) wird die Lösung sofort entfärbt und ein etwa ausgefallener Niederschlag gelöst. (Der Natriumfluoridzusatz ist nur bei Anwesenheit von Eisen notwendig.) Ein geringer sich dabei zeigender krystalliner Niederschlag stört die Titration nicht. Nach Zusatz von Kaliumjodid wird mit Thiosulfat titriert, bis die Hauptmenge an Jod verbraucht ist, dann Stärke zugefügt und endlich, nahe dem Endpunkt, Ammoniumrhodanid (2 bis 3 g) in die Lösung gegeben. Anschließend wird austitriert.

Genauigkeit. 0,1033 bis 0,4412 g Kupfer wurden neben 0,04 bis 0,33 g ArsenV in 17 Versuchen im allgemeinen mit Fehlern von wenigen Zehntelmilligrammen bestimmt (in je einem Fall als größte Fehler +0,6 und +1,0 mg). Die Abweichungen waren bis auf eine Ausnahme (Differenz —0,1 mg) positiv. Etwa gleiche Kupfermengen wurden neben 0,04 bis 0,17 g ArsenV und 0,035 bis 0,139 g EisenIII in 9 Versuchen mit maximalen Abweichungen von —0,4 und +0,5 mg bestimmt. Bei Gegenwart größerer Mengen ArsenV (bis 0,42 g) und EisenIII (bis 0,207 g) stieg der Fehler bis auf —3,1 mg an. Obwohl also ziemlich viel Arsen, wenn es allein neben Kupfer vorhanden ist, die Bestimmung nicht beeinträchtigt (EisenIII verhält sich ebenso), tritt eine Störung auf, wenn beide Beimengungen gleichzeitig in größerer Menge anwesend sind. Die Verfasser empfehlen in solchen Fällen, entsprechend kleinere Probemengen zu verarbeiten und so die Konzentration der störenden Ionen herabzusetzen. Eine genaue Grenze für die störenden Mengen kann nach ihrer Meinung nicht festgelegt werden. Die aus 9,3 cm³ 6 n Schwefelsäure, 22,8 cm³ 6 n Essigsäure und 12,6 cm³ 6 n Ammoniak bei einem Volumen von 60 cm³ sich ergebende Pufferlösung hat einen p_H-Wert von etwa 3,7. Eine vollständige Entfernung der Salpetersäure bzw. der beim Abrauchen entstehenden Stickoxyde ist, um eine spätere Jodabscheidung durch diese Stickoxyde zu verhindern, unbedingt notwendig. (Außer durch Erhitzen bis zum starken Rauchen der Schwefelsäure konnte sie auch beim Abrauchen nach Zusatz von Salzsäure erfolgreich entfernt werden.)

b) Verfahren in ammoniumbifluoridgepufferter Lösung nach Crowell, Silver und Spiher.

Prinzip. *Die Lösung wird durch Zusatz von Ammoniumbifluorid soweit gepuffert, daß bei Zugabe von Kaliumjodid nur die dem Kupfer entsprechende Menge an Jod ausgeschieden wird. Bei der Titration mit Thiosulfat wird gegen Ende durch Zugabe von Kaliumrhodanid eine quantitative Erfassung des Jods erreicht.*

Ausführung. Die stark schwefelsaure Lösung, die das Arsen in fünfwertiger Form enthält, wird bis zum Auftreten eines schwachen Ammoniakgeruches mit Ammoniak versetzt; weiters werden 1,5 g Ammoniumbifluorid sowie Kaliumjodid zugefügt. Man titriert anschließend das ausgeschiedene Jod, wobei man knapp vor Erreichung des Endpunktes 2 g Kaliumrhodanid zufügt.

Bemerkungen. In Testversuchen mit Kupfersulfid betrugen die größten Abweichungen bei einem Kupfergehalt von 64,37 bis 64,12% in Gegenwart von bis zu 0,3 g Eisen oder bis 0,3 g Arsen bzw. bis 0,2 g Eisen und 0,2 g Arsen —0,20 und +0,10% von dem bei einem Blindversuch festgestellten Kupferwert. Bei Zusatz von 0,3 g Arsenopyrit ergab sich ein Fehler von —0,23%. Auch bei Gegenwart großer Mengen Eisen und Arsen genügen 1,5 g Bifluorid. Bei Gegenwart von Mangan und Eisen wird das Ammoniak nach dem Bifluorid zugefügt, wobei die zur Neutralisation nötige Menge in einem parallel ausgeführten Versuch bestimmt wird. Das Verfahren stellt eine Verbesserung der von CROWELL, HILLIS, RITTENBERG und EVENSON angegebenen Methode dar (Zusatz von Bifluorid zur neutralisierten Lösung und Titration nach Zugabe von Kaliumjodid), indem eine von FOOTE und VANCE (a, b) bei der Kupferbestimmung eingeführte Verbesserung (Kaliumrhodanidzusatz vor Erreichung des Endpunktes) Berücksichtigung fand. FOOTE und VANCE (b) hatten die Methode auch noch dahin abgeändert, daß zu der nicht mit Ammoniak neutralisierten, also noch schwefelsauren Lösung das Bifluorid zugesetzt wurde. Dabei ergab sich ein etwas unscharfer Endpunkt und eine Unzuverlässigkeit des Verfahrens bei Gegenwart von mehr als 0,15 g EisenIII, wogegen bei Anwesenheit von großen Mengen Arsenopyrit bessere Resultate erhalten werden konnten als mit dem von FOOTE und VANCE (a) (s. unter a, S. 335) angegebenen Verfahren. Die Ungenauigkeit dieses abgeänderten Verfahrens in bezug auf den Endpunkt sowie bei Anwesenheit relativ geringer Eisenmengen wird von CROWELL, SILVER und SPIHER mit der Tatsache erklärt, daß bei dem von FOOTE und VANCE (b) angegebenen Vorgang (Bifluoridzusatz zu der stark schwefelsauren Lösung) sich ein p_H-Wert von etwa 1,1 ergibt, wogegen das Optimum bei einem p_H-Wert von 3 bis 4 liegt, der sich auch bei vorhergegangener Neutralisation ergibt. Zur Anwendung ihrer Arbeitsweise auf die Analyse von Kupfersulfid geben CROWELL, SILVER und SPIHER folgende Vorschrift: Die Probe (0,3 bis 0,4 g) wird in einem 250 cm³ fassenden ERLENMEYER-Kolben mit 20 cm³ Königswasser und 10 cm³ 18 n Schwefelsäure versetzt. Man läßt bei bedecktem Kolben reagieren, bis kein freier Schwefel mehr wahrzunehmen ist, erhitzt dann auf dem Sandbad zum beginnenden Rauchen und setzt neuerlich 20 cm³ Königswasser zu. Nun wird bis zum Auftreten dicker weißer Dämpfe erhitzt und hierauf mit 20 cm³ Wasser verdünnt.

c) Verfahren in mit Biphthalat gepufferter Lösung nach PARK (a).

Prinzip. *Um zu verhindern, daß sich das ArsenV an der Jodausscheidung bei Zugabe von Kaliumjodid beteiligt, wird die H-Ionenkonzentration durch Zusatz von Biphthalat entsprechend niedrig gehalten (p_H-Wert etwa 4). Das vom Kupfer ausgeschiedene Jod wird mit Thiosulfat titriert.*

Ausführung. Die Vorbereitung der Probe erfolgt durch Lösen in Salpetersäure, Konzentrieren auf 5 cm³, Verdünnen mit 30 cm³ Wasser (unter Umständen werden hier 10 cm³ Bromwasser zugefügt) und Wegkochen der Stickoxyde. Gegebenenfalls wird filtriert und mit heißer verdünnter Salpetersäure nachgewaschen. Man bringt die Lösung auf 30 cm³. Die 30 cm³ betragende, salpetersaure Lösung wird mit Ammoniak versetzt, bis das Eisen quantitativ ausgefällt ist und die Lösung schwach nach Ammoniak riecht. Ein Überschuß ist zu vermeiden. Man setzt jeweils unter Schütteln Ammoniumbifluorid (je 0,1 g Eisen oder Aluminium 1 g)[1], 1 g Kaliumbiphthalat und 3 g Kaliumjodid zu und titriert sofort mit Thiosulfat (gegen Ende zu langsam und mit Stärkezusatz). Nach Entfärbung darf innerhalb von 30 Min. kein Nachbläuen stattfinden. Die Thiosulfatlösung wird zweckmäßig auf Kupfer eingestellt.

Bemerkungen. Bei einem p_H-Wert von 3,82 bis 4,3 konnten 0,2 g Kupfer neben je 0,1 g Eisen oder Arsen oder 0,1 bis 0,2 g Eisen und 0,1 g bis 0,4 g Arsen auf ±0,1% genau bestimmt werden. Ein rasches Wiedererscheinen der blauen Farbe kann auf ungenügendem Ammoniumbifluoridzusatz, zu geringer H-Ionenkonzentration oder der Anwesenheit von Brom oder Stickoxyden beruhen.

Nach CROWELL, HILLIS, RITTENBERG und EVENSON kann der Biphthalatzusatz unterbleiben, da das Ammoniumbifluorid zur Einstellung des günstigen p_H-Wertes genügt. Aus dieser Erkenntnis heraus wurde die unter b, S. 335 wiedergegebene Arbeitsweise festgelegt.

d) Titration in citronensaurer Lösung nach HEATH.

Bestimmung des Kupfers. Die ArsenV und KupferII enthaltende neutrale Lösung wird mit 1 bis 2 g Citronensäure versetzt. Zur Fällung von nicht über 0,3 g Kupfer in einem Volumen von 50 cm³ setzt man 3 g, in einem Volumen von 100 cm³, 5 g Kaliumjodid zu und titriert unverzüglich das ausgeschiedene Jod mit Thiosulfat.

Bestimmung des Arsens. Das Kupferjodür wird über Asbest filtriert und das Filtrat nach Zusatz von 1 cm³ Brom in einem bedeckten ERLENMEYER-Kolben gekocht. Sollte die Lösung nach kurzem Kochen nicht klar sein, wird abgekühlt und nach neuerlichem Bromzusatz (0,5 cm³) weitergekocht. Nachdem die Lösung klar geworden ist, engt man, um das Brom quantitativ zu entfernen, auf etwa 60 cm³ ein, verdünnt auf 100 cm³ und reduziert durch Zugabe

[1] Die Genauigkeit der Methode leidet, wenn zu viel Eisen anwesend ist.

von 2 g Kaliumjodid. Nach Einkochen auf 50 cm³ und Abkühlen der Lösung entfärbt man durch Zusatz von schwefliger Säure (Stärke als Indicator), verdünnt auf 100 cm³, färbt mit Jodlösung an und entfärbt neuerlich durch Zugabe von verdünnter schwefliger Säure. Man neutralisiert mit Bicarbonat und titriert das Arsen mit Jodlösung.

Genauigkeit. 0,0700 bis 0,1400 g Kupfer konnten mit maximalen Fehlern von +0,0010 und —0,0015 g neben 0,1238 g Arsen bzw. in einem Fall 0,0495 g Arsen bestimmt werden. Die Bestimmung des Arsens ergab als größte Abweichungen +0,0009 und —0,0007 g.

Auf gleiche Weise konnte Kupfer von Arsen und Antimon getrennt werden. Die Werte für Kupfer waren dabei allerdings etwas zu hoch, während die Summe Arsen + Antimon etwas zu tief gefunden wurde. Bei der Kupferbestimmung in Anwesenheit von Arsen muß das abgeschiedene Jod unverzüglich titriert werden, andernfalls die von ArsenV verursachte Jodausscheidung die Resultate beeinflußt.

e) Titration des Kupfers nach Maskierung des Arsens durch Pyrophosphat.

α) *Titration in essigsaurer Lösung nach* Moser.

Prinzip. *Natriumpyrophosphat gibt mit KupferII und ArsenV Niederschläge, die sich im Überschuß an Pyrophosphat wieder lösen. Bei Zusatz von Kaliumjodid und Essigsäure wird nur die dem Kupfer entsprechende Menge an Jod ausgeschieden.*

Ausführung. Man gibt zu der KupferII und ArsenV enthaltenden Lösung (bis 30 cm³) festes Natriumpyrophosphat, schüttelt gut durch, um es zu lösen und fügt noch so viel konzentrierte Pyrophosphatlösung zu, daß eine klare blaue Flüssigkeit resultiert. Man setzt 3 bis 4 g Kaliumjodid zu und säuert mit 10 cm³ 80%iger Essigsäure an, worauf die Abscheidung von Kupferjodür und Jod einsetzt. Unter oftmaligem Umschütteln wartet man 10 Min. und titriert dann mit Thiosulfat.

Bemerkungen. 0,1560 g Kupfer konnten neben wechselnden Arsenmengen bestimmt werden, wobei der Fehler bei 10 Versuchen nur in einem Fall — 0,3 mg erreichte (die anderen Resultate stimmten mit den theoretischen Werten auf ±0,0 bis ±0,2 mg überein. Bei dem Verfahren schaden auch größere Arsenmengen nicht, da sich der mit Pyrophosphat entstehende Niederschlag im Überschuß sehr leicht löst. In Anlehnung an diese Arbeitsweise führten Bodnár und Terényi Kupferbestimmungen nach der Methode von Bruhns aus. Dabei wurde die etwa 30 cm³ betragende Kupfer-Arsenlösung mit 2 bis 3 g Natriumpyrophosphat versetzt und mit Essigsäure stark angesäuert. Es ergab sich ein ebenso hoher Thiosulfatverbrauch wie für die gleiche Menge Kupfer in Abwesenheit von Arsen.

β) *Titration in schwefelsaurer Lösung nach* Bodnár *und* Terényi.

Prinzip. *Bei Gegenwart von EisenIII wird das ArsenV durch Zugabe von Natriumpyrophosphat so unwirksam gemacht, daß sogar in schwach schwefelsaurer Lösung eine Reaktion mit Kaliumjodid erst nach 1 bis 2 Std. eintritt.*

Ausführung. Man setzt der KupferII und ArsenV enthaltenden Lösung, die etwa 25 cm³ beträgt, 2 bis 4 cm³ 2%ige Ferrisulfatlösung und soviel Natriumpyrophosphat zu, daß sich der entstandene Niederschlag wieder auflöst. Nun säuert man mit Schwefelsäure an, so daß sich eine 3%ig schwefelsaure Lösung ergibt und bestimmt das Kupfer nach Bruhns.

Genauigkeit. In etwa 5 bis 11 g Untersuchungsmaterial wurden unter Verwendung von je $^1/_{10}$ der Probelösung 15,26 bis 2,75% Kupfer bestimmt, wobei die Abweichungen von elektrolytischen Kontrollwerten bis —0,1 und +0,06% betrugen.

f) Bestimmung des Kupfers neben ArsenV durch Oxydation des Kupferrhodanürs mit Jodlösung nach Lang (a).

Ausführung. Die Lösung, die höchstens 0,28 g Kupfer enthalten soll, wird in einem langhalsigen Kolben (etwa von der Form eines Meßkolbens) ammoniakalisch gemacht und mit $^1/_2$ n Kaliumcyanidlösung bis zur Entfärbung versetzt. Man fügt 1 g Ammoniumrhodanid zu, säuert unter Kühlhalten des Reaktionsgemisches mit Essigsäure an, so daß alles Kupfer als Rhodanür gefällt wird, und läßt unter Umschwenken des Kolbens 0,1 n Jodlösung zufließen, bis man eine klare Lösung erhält. Das überschüssige Jod wird mit Thiosulfat zurücktitriert.

Genauigkeit. 0,0630 g Kupfer wurden neben 0,14 bzw. 0,28 g Arsen bestimmt. Es wurden 0,0633 und 0,0631 g Kupfer gefunden.

g) Titration des Kupfers mit Natriumsulfid in ammoniakalischer Lösung und nachfolgende Bestimmung der Arsensäure mit Uranylacetat nach Jean.

Ausführung. Die schwefelsaure Lösung, die KupferII und ArsenV enthält, wird mit so viel Ammoniak versetzt, daß eine klare Lösung resultiert. Man titriert nun das Kupfer mit einer

Lösung von Natriumsulfid, wobei der Endpunkt durch Tüpfeln gegen alkalische Bleilösung festgestellt wird. Nach beendigter Kupfertitration wird mit Salzsäure angesäuert und das Kupfersulfid abfiltriert (in ammoniakalischer Lösung ist nämlich eine quantitative Abtrennung des Kupfersulfids kaum möglich). Das Filtrat wird mit einigen Krystallen Kaliumchlorat versetzt und auf etwa 20 cm³ eingekocht. Man neutralisiert fast völlig mit Ammoniak, fügt 5 cm³ einer Natriumacetatlösung zu und titriert die Arsensäure mit Uranylacetatlösung.

Genauigkeit (s. Tabelle 22).

Tabelle 22.

Angewendet	Gefunden
0,0200 g Cu	0,0200 g Cu
0,0375 g As	0,0370 g As

IV. Titration von KupferII neben ArsenIII.

Schnellbestimmung des Kupfers in arsenigessigsauren Kupfersalzen nach SOLOTUCHIN.

Der Verfasser bestimmt das Kupfer nach Übersättigen mit Ammoniak durch Titration mit Kaliumcyanid und gibt an, genügend genaue Resultate erhalten zu haben.

7. Colorimetrische Kupferbestimmung neben Arsen.

I. Bestimmung nach FISCHER und LEOPOLDI.

Die neutrale Lösung, die 0,3 bis 6 γ Kupfer je Kubikzentimeter und das Arsen als Natriumarsenit ($NaAsO_2$) enthält, wird auf je 10 cm³ mit 2 cm³ 10%iger Schwefelsäure versetzt und mit je 5 cm³ einer Lösung von etwa 6 mg Dithizon in 100 cm³ Tetrachlorkohlenstoff erschöpfend ausgeschüttelt. In den vereinigten Tetrachlorkohlenstoffphasen wird das Kupfer colorimetrisch ermittelt.

II. Verfahren nach BOSEE und FEHDER.

Die das Kupfer als Chlorid enthaltende Lösung (10 cm³ entsprechen etwa 0,4 mg Kupfer) wird genau neutralisiert und mit 1 cm³ 10%iger Kaliumrhodanidlösung, 15 Tropfen Pyridin und 10 cm³ Chloroform versetzt und geschüttelt. Die Chloroformlösung wird gegen einen Standard colorimetriert.

8. Sonstige Verfahren.

Eine Trennung nach gemeinsamer Jodidfällung findet sich § 6, S. 101.

Die spektralanalytischen Arsenbestimmungen in Kupfer sind § 11, S. 178 und 180 beschrieben.

Ein spezieller Hinweis zur Abtrennung des Arsens vom Kupfer anläßlich der Überführung in Arsenwasserstoff wurde § 13, S. 238 gegeben. Siehe dazu auch § 13, S. 193 (Vorbemerkungen) und S. 199 (Bemerkungen zur Aktivierung).

J. Trennung von Blei.

1. Trennung von Arsen und Blei durch Destillation.

Verfahren und Hinweise zu dieser Art der Abtrennung finden sich § 14, S. 263, 271, 273, 274, 278, 279 und 280.

Eine Methode zur Entfernung des Arsens zwecks nachfolgender Bleibestimmung auf Grund der Flüchtigkeit des Arsentrichlorids gibt JONES an. Dieser Autor bestimmte Blei in Arsenik, indem er 20 g davon in 500 cm³ Salzsäure löste, rasch auf 100 cm³ eindampfte und nach Zugabe von weiteren 500 cm³ Salzsäure auf 50 cm³ einengte. Aus der Lösung fällte er nach Verdünnen und Neutralisieren mit Natriumhydroxyd das Blei mit Natriumsulfidlösung als Sulfid.

2. Abtrennung des Arsens auf trockenem Wege.

C. R. FRESENIUS (d, e) gibt in seinem Lehrbuch 2 Methoden an, nach denen das Arsen von Blei getrennt werden kann und zwar durch Erhitzen der Sulfide bzw. der Legierung im trockenen Chlorstrom und durch Glühen der mit Schwefel gemischten arsensauren Verbindung in Wasserstoffatmosphäre.

Zwei weitere Verfahren zur Abtrennung des Arsens auf trockenem Wege sind § 14, S. 295 beschrieben.

3. Trennung durch Fällung des Arsens.

I. Trennung durch Fällung des Arsens als Sulfid.

Da das Bleisulfid relativ säureempfindlich ist, anderseits Arsensulfid auch aus konzentrierter Salzsäure (D 1,16) fällbar ist, ergibt sich die Möglichkeit, das Arsen aus sehr stark salzsaurer Lösung neben Blei abzuscheiden. Siehe dazu S. 63 und 77 über die Löslichkeit der Arsensulfide in Salzsäure.

II. Das Arsen in fünfwertiger Form kann durch Fällung mit Ammoniummolybdat (längeres Erhitzen auf 100°) von Blei getrennt werden [C. R. FRESENIUS (g)].

III. Fällung des Arsens neben Blei in elementarer Form.

Hinweise zu dieser Möglichkeit finden sich § 5, S. 80, 85 und 88.

IV. Die Möglichkeit der Fällung von Arsensäure neben Blei als Mercurosalz erwähnt C. R. FRESENIUS (h).

4. Trennung durch Fällung des Bleis.

I. Abscheidung des Bleis als Sulfat.

a) Fällung mit Schwefelsäure und Alkohol.

Das Blei kann neben Arsensäure als Bleisulfat mit Schwefelsäure und Alkohol gefällt werden. HEDGES und STONE bestimmten z. B. Blei und Arsen in Bleiarsenat, indem sie aus 0,7360 g der fein gepulverten Probe das Blei durch 10 Min. langes Kochen mit 20 cm³ 6 n Schwefelsäure unter fortwährendem Umrühren, Verdünnen mit 50 cm³ Wasser und Zusatz von 100 cm³ Alkohol[1] ausfällten. Im Filtrat vom Bleisulfat wurde das Arsen jodometrisch bestimmt. Andere unlösliche Sulfate fallen bei dieser Methode natürlich zusammen mit Bleisulfat aus.

b) Abtrennung des Bleis als Sulfat bei Gegenwart von Flußsäure nach SCHERRER.

Der Verfasser empfiehlt zur Abtrennung der Hauptmenge an Blei von Arsen, Antimon und Zinn anläßlich der Analyse von Bleilegierungen die Abscheidung als Sulfat bei Gegenwart von Flußsäure. Dazu löst er die Einwaage an Legierung (höchstens 5 g Blei, 100 mg Antimon und 200 mg Zinn enthaltend) in einer 200 cm³ fassenden Platinschale in einer Mischung von 50 cm³ destilliertem Wasser, 10 cm³ Salpetersäure (D 1,4) und 10 cm³ 48%iger Flußsäure bei aufgelegtem Platin- oder Golddeckel auf dem Wasserbad. Nach vollständiger Lösung wird bis zum Verschwinden der Stickoxyde bei unbedeckter Schale erhitzt. Anschließend fügt man 16 cm³ Schwefelsäure (1:1) zu, läßt nach gutem Umrühren 30 Min. oder länger absitzen und filtriert das Bleisulfat mit Hilfe eines Hartgummitrichters (das Filtrat wird in einer Platinschale aufgefangen). Man wäscht mit einer 25 cm³ Wasser, 5 cm³ konzentrierte Salpetersäure, 5 cm³ 48%ige Flußsäure und 2 cm³ konzentrierte Schwefelsäure enthaltenden Waschflüssigkeit in Anteilen zu je 5 cm³ und dann 2mal mit Wasser nach. Um etwa noch im Niederschlag befindliche Spuren von Arsen, Antimon und Zinn zu gewinnen, schlägt der Verfasser folgende Arbeitsweise vor: Der Niederschlag von Bleisulfat wird mit Wasser in ein Becherglas gespült und mit 20 cm³ konzentrierter Salzsäure (D 1,19) versetzt. Nach kräftigem Umschwenken fügt man so viel 40%ige Natronlauge zu, bis die Lösung alkalisch ist und sich alles Bleichlorid gelöst hat. Unter beständigem Umschwenken setzt man nun 20 cm³ einer Lösung von gelbem Schwefelnatrium (250 g farbloses Natriumsulfid werden in 1 l Wasser gelöst, mit 20 g Schwefelblume versetzt und bei gelegentlichem Umschwenken digeriert, bis die Flüssigkeit hellgelbe Färbung angenommen hat) zu und erhitzt nach Verdünnen auf 300 cm³ wenigstens 1 Std. auf dem Wasserbad. Man filtriert und wäscht mit einer 2%igen Lösung von gelbem Natriumsulfid. Das Filtrat wird mit Eisessig neutralisiert und mit 5 cm³ davon im Überschuß versetzt. Nach 5 bis 10 Min. langem Durchleiten von Schwefelwasserstoff läßt man mehrere Stunden (über Nacht) absitzen, filtriert durch ein Papierfilter und wäscht mit 1%iger schwefelwasserstoffgesättigter Essigsäure. Diese Spuren Arsen, Antimon und Zinn können nun mit der Hauptmenge, d. h. dem Filtrat der Bleisulfatfällung, das bis zum Rauchen der Schwefelsäure eingedampft und nach Abspülen der Schalenwände neuerlich bis zum Entweichen von SO_3-Dämpfen konzentriert worden war, und das man mit möglichst wenig Wasser in einen KJELDAHL-Kolben übergeführt hat (das Wasser wird über freier Flamme wieder entfernt), vereinigt werden (Veraschen des Filters samt Niederschlag im KJELDAHL-Kolben durch Zusatz von Salpetersäure). Bezüglich des weiteren Arbeitsganges nach Vertreiben der Stickoxyde s. § 14, S. 294.

Genauigkeit. Die Überprüfung des Verfahrens zur Abscheidung des Bleisulfats in Gegenwart von Flußsäure ergab in 2 Versuchen, daß bloß 0,1 bzw. 0,2 mg Arsen, Antimon und Zinn vom Bleisulfat zurückgehalten wurden, während bei 2 anderen Versuchen ohne Flußsäure 2 bis 4 mg davon im Bleisulfat verblieben.

[1] Offenbar wurde 95%iger Alkohol verwendet, da der Zusatz von 0,95%igem Alkohol, wie im Referat angegeben wird, keine wesentliche Herabsetzung der Löslichkeit bewirken würde.

c) Sonstige Verfahren.

TABOURY und AUDIDIER behandeln 1 bis 1,5 g Bleiarsenat in der Kälte mit reiner Schwefelsäure, verdünnen (ohne Alkoholzusatz) und filtrieren das Bleisulfat ab.

WILLEMME fällt, um ein Eingehen von Arsen und Antimon in den Bleisulfatniederschlag zu verhindern, die salpetersaure Lösung von Blei, Arsen und Antimon tropfenweise unter Umschütteln mit einer Mischung aus 2 Raumteilen konzentrierter Schwefelsäure und 1 Raumteil Wasser und filtriert nach dem Verdünnen. Er legt dabei scheinbar keinen Wert auf quantitative Abscheidung des Bleis.

II. Fällung des Bleis mit Dimercaptothiodiazol nach RÂY und GUPTA.

Nach Angabe der Verfasser läßt sich Blei neben Arsen in weinsäurehaltiger Lösung mit Dimercaptothiodiazol fällen. Eine genaue Vorschrift wird von ihnen nicht gegeben.

III. Abtrennung des Bleis als Nitrat nach WILLARD und GOODSPEED.

Die trockenen Salze (Chloride dürfen nicht anwesend sein) werden in 2,5 cm^3 Wasser gelöst. Man bringt durch tropfenweisen Zusatz von 5 cm^3 70%iger Salpetersäure und 13 cm^3 100%iger Salpetersäure auf einen Säuregehalt von 84% und läßt $^1/_2$ Std. bei Zimmertemperatur stehen. Danach wird das Bleinitrat filtriert und 10mal mit kleinen Anteilen 84%iger Salpetersäure gewaschen.

Bemerkungen. 162,5 mg Bleinitrat wurden von arseniger Säure (500 mg As) mit einer Abweichung von —0,1 mg Blei getrennt. Bei Anwesenheit sehr geringer Niederschlagsmengen empfehlen die Verfasser 45 Min. mechanisch zu rühren.

IV. Abtrennung des Bleis nach der Sulfitmethode von HOVORKA.

Ausführung. Man bringt das Bleiarsenat ($PbHAsO_4$) mit Salzsäure und Ammoniumacetat oder mit konzentrierter Salpetersäure in Lösung, versetzt mit Natriumpyrosulfit ($Na_2S_2O_5$, Natriummetabisulfit) im Überschuß und macht schwach ammoniakalisch. Das in feiner Verteilung ausfallende Bleisulfit wird beim Erhitzen auf dem Wasserbad leicht filtrierbar.

Bemerkungen. $PbHAsO_4$ kann mit $Na_2S_2O_5$ in ammoniakalischer oder schwach saurer Lösung auf dem Wasserbad auch direkt zu Bleisulfit umgesetzt werden. Bei Fällung aus ammoniakalischer Lösung ergeben sich zu hohe Bleiwerte (mitgerissene „Elektrolytmengen“), während aus saurem Medium sehr reines Bleisulfit gefällt wird.

V. Elektrolytische Abscheidung des Bleis.

Arbeitsweise nach ALDERS und STÄHLER.

Prinzip. *Bei Zugabe von gemessenen Mengen Quecksilbersalz zum schwach salpetersauren Elektrolyten wird ein fest haftender Amalgamniederschlag an der Kathode erhalten, sofern man durch Zusatz von Phosphorsäure die Bleiperoxydbildung an der Anode verhindert.*

Ausführung. Man bringt die Blei und ArsenV enthaltende Lösung mit einer gemessenen Menge an Mercuronitrat (entsprechend etwa 0,1 bis 0,5 g Hg) in eine gewogene Platinschale, setzt etwas Salpetersäure (s. unter Bemerkungen) und 1 bis 2 cm^3 etwa 33%ige Phosphorsäure zu und erwärmt, bis klare Lösung eintritt. Man verdünnt mit Wasser auf 100 bis 125 cm^3 und elektrolysiert unter Rühren (500 Touren je Minute) mit einer Stromdichte $ND_{100} = 5$ Ampere und 10 bis 11 Volt Spannung. Die Lösung erwärmt sich allmählich auf 60 bis 70°. Anfangs an der Anode gebildetes Bleiperoxyd geht nach 8 bis 10 Min. in Lösung. Nach 12 Min. entnimmt man mit einer Capillare 1 Tropfen und prüft durch Tüpfeln mit Ammoniumsulfid. Sofern keine deutliche Färbung entsteht, sind nur noch wenige Milligramme Blei in Lösung, die wegen zu hoher Säurekonzentration nicht abgeschieden werden können. Man neutralisiert daher das Bad weitgehend mit 10%iger Natronlauge, und zwar darf man nicht zu früh und nicht zu rasch neutralisieren, da sonst Bleiphosphat ausfällt, das nur schwer wieder in Lösung zu bringen ist. Die Lösung soll danach schwach sauer reagieren und muß klar sein (Prüfung durch Hochsaugen in einer Pipette). Nach weiteren 5 Min. ist die Abscheidung des Bleis in der Regel beendigt. Man entnimmt mit einer Pipette 5 cm^3 der Lösung, setzt Ammoniumsulfid zu und bestimmt den Bleigehalt durch colorimetrischen Vergleich mit Lösungen, die 0,00000 bis 0,00005 g Blei in 5 cm^3 enthalten. Falls der Bleigehalt höher als 0,05 mg gefunden wird, bringt man für die entnommenen 5 cm^3 eine entsprechende Korrektur an. Sobald die Fällung beendet ist, wird Natriumhydroxyd zugesetzt, bis die Lösung neutral oder fast neutral ist (Prüfung mit Lackmus), und die Rührung ausgeschaltet. Unter Stromschluß wird nun die Schale 2mal mit Wasser, Alkohol und Äther gewaschen und durch Schwenken und Aufblasen von Luft getrocknet. Nach 15 Min. langem Belassen im Exsiccator wird gewogen.

Bemerkungen. 0,0998 bis 0,1996 g Blei wurden neben 0,0485 bis 0,1938 g Arsen nach Zugabe einer 0,1078 bis 0,5390 g Quecksilber entsprechenden Menge Quecksilbernitrat mit Abweichungen von $\pm 0,0000$ bis $+0,0002$ mg bestimmt. Bei Zugabe von Quecksilberchlorid ergaben sich zu hohe Bleiwerte. Das Verfahren entspricht bis auf das zugesetzte Quecksilbersalz (im anderen Falle wurde QuecksilberII-chlorid verwendet) dem Vorgang bei der Abscheidung von Blei in Gegenwart von Phosphorsäure. Die Verfasser betonen, daß wegen der aus dem Quecksilbernitrat während der Elektrolyse freiwerdenden Säure, beim Salpetersäurezusatz vorsichtig verfahren werden muß, geben aber nicht an, inwiefern das zu geschehen hat. Vermutlich soll statt der für die Bleibestimmung neben Phosphorsäure vorgesehenen Menge von 1 cm³ konzentrierter Salpetersäure weniger zugefügt werden. Die Verfasser bestimmten das Arsen in der zurückbleibenden Flüssigkeit nicht.

Abscheidung von Blei zusammen mit Zink.

Ein Verfahren, bei dem geringe Mengen Blei zusammen mit Zink abgeschieden werden, ist bei der Trennung As—Zn beschrieben.

5. Maßanalytische Bestimmung von Arsensäure bzw. arseniger Säure neben Blei.

Eine Vorschrift von K. Böttger und W. Böttger zur jodometrischen Analyse von Bleiarsenat wurde § 7, S. 117 gegeben. Wenn die Jodidkonzentration entsprechend niedrig gehalten wird, was in der Vorschrift berücksichtigt wurde, tritt eine Störung durch ausfallendes Bleijodid nicht ein. Eine gegen Ende auftretende Fällung stört die Erkennung des Umschlages in keiner Weise.

Zur Analyse von Bleiarsenat nach Selaw wird die Probe in wäßriger Natronlauge gelöst und die Arsensäure nach Ansäuern mit Schwefelsäure mit Kaliumjodid reduziert. Nach Entfärben der Lösung mit Thiosulfat, Neutralisieren mit Ammoniak und Natriumbicarbonat wird mit 0,1 n Jodlösung (Stärke als Indicator) titriert.

Bemerkungen zur Titration von arseniger Säure neben Blei mit Bromat finden sich § 8, S. 128 und 129.

6. Colorimetrische Bestimmung von Blei neben Arsen nach Fischer und Leopoldi.

Ausführung. Die 0,5 bis 6 γ Blei enthaltende Lösung wird mit Ammoniak neutralisiert, mit Seignettesalz und auf je 10 cm³ Lösung mit 5 cm³ 5%iger Kaliumcyanidlösung versetzt. Nun wird bis zum Verschwinden der Rotfärbung mit je 5 cm³ einer Lösung von etwa 6 mg Dithizon in 100 cm³ Tetrachlorkohlenstoff ausgeschüttelt. Die Reinigung der vereinigten Tetrachlorkohlenstoffphasen erfolgt durch Ausschütteln mit verdünntem Ammoniak, wobei das überschüssige Dithizon entfernt wird. Nach Auffüllen auf ein bestimmtes Volumen mit Tetrachlorkohlenstoff wird angesäuert, filtriert und colorimetriert.

Das Colorimeter wird mit Bleilösungen bekannten Gehaltes geeicht.

7. Sonstige Verfahren.

Spektralanalytische Arsenbestimmungen in Blei wurden § 11, S. 175, 177 und 178 beschrieben. Siehe auch § 12, S. 184.

K. Trennung von Quecksilber.

1. Trennung von Arsen und Quecksilber durch Destillation.

Verfahren und diesbezügliche Hinweise finden sich § 14, S. 266, 268, 273, 274, 279, 280, 286, 290 und 292.

2. Trennung durch Fällung des Arsens.

I. Fällung des Arsens als Magnesiumammoniumarsenat und nachfolgende Abscheidung des Quecksilbers als Sulfid nach Haack.

Vorbereitung der Lösung und Fällung des Arsens. Die Substanz, die ArsenV und QuecksilberII enthält, wird in wenig Salzsäure gelöst und diese Lösung mit Ammoniak übersättigt. Dazu wird tropfenweise eine nicht zu verdünnte Lösung von Kaliumcyanid gebracht, bis der weiße Niederschlag wieder vollkommen in Lösung gegangen ist. Man verdünnt mit $^1/_3$ des Volumens an Ammoniak, fügt ebensoviel absoluten Alkohol zu und fällt die Arsensäure mit Magnesiamischung.

Tabelle 23.

Gefunden As_2O_5 %	Berechnet As_2O_5 %	Gefunden Hg %	Berechnet Hg %
15,76	15,85	42,09	42,08
15,55	15,51	42,67	42,75

Fällung des Quecksilbers. Aus dem verdünnten und schwach angesäuerten Filtrat wird das Quecksilber durch Schwefelwasserstoff gefällt.

Bemerkungen. Die Analyse von Mischungen aus Natriumarsenat und Quecksilberchlorid ergab die in Tabelle 23 angeführten Werte.

STETTBACHER fällte das Arsen ohne Rücksicht auf das Quecksilber nach Zusatz von Ammoniumchlorid und Magnesiamischung durch Übersättigen mit Ammoniak und bestimmte es als Magnesiumpyroarsenat. Er führt keine Beleganalysen an.

II. Nach C. R. FRESENIUS (g) gelingt die Abtrennung des fünfwertigen Arsens von Quecksilber, wenn man mit Ammoniummolybdat fällt und dabei längere Zeit auf 100° erhitzt.

3. Trennung durch Fällung des Quecksilbers.

I. Fällung des Quecksilbers als Kalomel.

a) Fällung unter Reduktion mit phosphoriger Säure nach STETTBACHER[1].

Aus 50 cm³ einer Lösung, die auf 3 Liter 150 cm³ Schwefelsäure und 100 cm³ Salzsäure enthält, wird das Quecksilber nach Zusatz von etwas konzentrierter Salzsäure mit 10 bis 20 cm³ 10%iger phosphoriger Säure (H_3PO_3) ausgefällt.

BRANDT fällte das Quecksilber neben Arsen mit Ameisensäure und phosphoriger Säure in der Kälte als Kalomel.

b) Abscheidung des Quecksilbers unter Reduktion mit Natriumhypophosphit aus einer Hg, As, Cu und Fe enthaltenden Lösung nach FOERSTER.

Die zu untersuchende Lösung wird mit 5 g Natriumchlorid (bei Gegenwart von Salpetersäure oder Schwefelsäure mindestens die der vorhandenen Säure äquivalente Menge an Natriumchlorid) und 10 bis 15 cm³ 10 Vol-%iger Salzsäure versetzt und auf 150 bis 180 cm³ verdünnt. Nach Zugabe von 12 bis 14 cm³ 10 Vol-%igen Wasserstoffperoxyds wird unter Schütteln in Abständen von einigen Minuten 0,1 n Hypophosphitlösung in Anteilen von je 2 cm³ zugefügt. Von Beginn der Fällung an setzt man nur je 1 cm³ zu. Nach 20 bis 30 Min. wird durch einen GOOCH-Tiegel in eine Saugflasche filtriert, die zur Prüfung auf Vollständigkeit der Fällung 2 bis 3 cm³ der Hypophosphitlösung enthält. Man wäscht 10mal mit kaltem Wasser aus und ermittelt die Quecksilbermenge durch Wägung und zur Kontrolle durch nachfolgende Titration. Die Aufarbeitung des Filtrats erfolgt durch Eindampfen nach Zusatz von Kaliumhydroxyd bis zur stark alkalischen Reaktion und Zugabe von Wasserstoffperoxyd, elektrolytische Abscheidung des Kupfers aus dem dabei ausfallenden Niederschlag und Fällung des Eisens und Arsens aus dem Filtrat der ersten alkalischen Fällung, das mit der Elektrolysenlösung der Kupferabscheidung vereinigt worden war.

II. Fällung des Quecksilbers als Sulfid.

a) Abscheidung aus der Sulfosalzlösung mit Ammoniumchlorid nach BÜLOW.

Die Sulfide werden in einer Mischung gleicher Teile 15%iger Kalilauge und einer aus 15%iger Kalilauge hergestellten Kaliumsulfidlösung (15%ige Kalilauge wird mit Schwefelwasserstoff gesättigt und danach mit dem gleichen Volumen 15%iger Kalilauge versetzt) gelöst. Die klare Lösung wird etwas verdünnt, aufgekocht und so lange mit Ammoniumchlorid versetzt, bis sich kein Quecksilbersulfid mehr abscheidet. Man erwärmt auf dem Wasserbad und filtriert das Quecksilbersulfid ab.

b) Fällung aus ammoniakalischer Lösung nach COCKING.

50 cm³ der Lösung werden mit Ammoniak stark alkalisch gemacht, worauf das Quecksilber als Sulfid ausgefällt und bei 120° getrocknet wird.

III. Fällung des Quecksilbers aus alkalischer Lösung mit Formalin nach ACTON.

Man macht 25 cm³ der ArsenIII und QuecksilberII enthaltenden Lösung mit Kalilauge alkalisch, setzt 5 cm³ Formalin zu und erwärmt auf dem Wasserbad bis zur völligen Reduktion. Man dekantiert, wäscht 2mal mit je 25 cm³ Wasser und löst den Niederschlag in Salpetersäure, worauf das Quecksilber mit Kaliumrhodanid titriert wird.

IV. Elektrolytische Verfahren zur Abscheidung des Quecksilbers neben Arsen.

a) Elektrolyse aus salpetersaurer Lösung nach ALDERS und STÄHLER.

Ausführung. Zu der QuecksilberII-chlorid und ArsenV enthaltenden Lösung, die 100 cm³ beträgt und sich in einer Platinschale befindet, bringt man 1 cm³ konzentrierte Salpetersäure

[1] Schon ROSE (g) erwähnte die Möglichkeit, Quecksilber neben Arsen unter Reduktion mit phosphoriger Säure als Kalomel zu fällen.

und elektrolysiert bei $ND_{100} = 5$ Ampere und $5^1/_2$ bis 5 Volt. (Die Elektrolyse wird offenbar, obwohl es von den Verfassern nicht ausdrücklich erwähnt wird, unter Rühren und zwar mit 400 bis 600 Umdrehungen je Minute ausgeführt.) Nach 15 Min. wird bis zur schwach sauren Reaktion mit Natronlauge abgestumpft, noch 5 Min. lang weiter elektrolysiert und wie üblich unter Stromschluß gewaschen. Das Quecksilber ist glänzend und festhaftend. Das Arsen wird aus der zurückbleibenden Flüssigkeit als Magnesiumammoniumarsenat abgeschieden.

Bemerkungen. **Genauigkeit.** Hg berechnet 0,0855 g As berechnet 0,1938 g
Hg gefunden 0,0853 g As gefunden 0,1950 g.

Ähnliche Verfahren. Ein Verfahren zur Trennung von Quecksilber und Arsen durch Elektrolyse in salpetersaurer Lösung wurde schon von FREUDENBERG beschrieben, wobei als Abscheidungsspannung 1,7 bis 1,8 Volt angegeben wurden. ILLARI arbeitet neuerdings mit der gleichen Spannung und 0,05 Ampere (ebenfalls in salpetersaurer Lösung).

b) Sonstige elektrolytische Verfahren.

Nach SCHMUCKER wird die Lösung mit 5 g Weinsäure und 15 cm³ Ammoniak versetzt und auf 175 cm³ verdünnt. In 5 Std. konnte das Quecksilber mit einem Strom, der 0,33 cm³ Knallgas je Minute entwickelte, annähernd quantitativ abgeschieden werden: angewendet 0,0933 g, gefunden 0,0928 g Hg. FREUDENBERG empfiehlt für eine Trennung des Quecksilbers von Arsen aus Weinsäure und Ammoniak enthaltender Lösung eine Spannung von 1,8 Volt. SMITH und FRANKEL trennten Quecksilber von ArsenV und ArsenIII durch Elektrolyse aus Cyankalilösung. Man fügt nach der Vorschrift von E. F. SMITH (d) 3 g reines Kaliumcyanid zu der Lösung von 0,5 g der vereinigten Metalle, verdünnt auf 200 cm³ und elektrolysiert bei $ND_{100} =$ 0,015 Ampere, 2,3 bis 3,5 Volt und 65° 5 Std.

Für die Elektrolyse aus Alkalisulfidlösung gibt E. F. SMITH (d) außerdem folgende Vorschrift: Man bringt zur Lösung 25 cm³ Natriumsulfidlösung (D 1,19), verdünnt mit Wasser auf 125 cm³, erwärmt auf 70° und elektrolysiert bei einem Strom von $ND_{100} = 0{,}11$ Ampere und 2,5 Volt (Dauer ungefähr 5 Std.).

4. Trennung durch Extraktion des Sulfidgemisches nach WENGER und SCHILT.

I. Trennung durch Ammoniak.

Das Gemisch der Sulfide wird bei gewöhnlicher Temperatur mit Ammoniak beliebiger Konzentration behandelt. Man setzt, um ein kolloidales Durchlaufen des Quecksilbersulfids zu verhindern, Ammoniumchlorid zu und filtriert durch einen Filtertiegel. Das Sulfid wird bis zur neutralen Reaktion mit Ammoniumchlorid enthaltendem Wasser und 3mal mit Alkohol gewaschen. Anschließend wird mit Schwefelkohlenstoff extrahiert (Kondensieren des Schwefelkohlenstoffdampfes an einer gekühlten Kugel, von der die Flüssigkeit in den Tiegel abtropft und mit Schwefel beladen abfließt), wieder mit Alkohol und endlich mit Äther gewaschen und bei 105 bis 120° getrocknet. Die Ergebnisse sind etwas hoch, was die Verfasser auf die Waschmethode zurückführen. Im Filtrat wurde in einigen Versuchen nach Oxydation mit Wasserstoffperoxyd das Arsen mit Magnesiamischung gefällt, wobei etwas zu tiefe Werte erhalten wurden.

II. Trennung mit Natriumbicarbonat.

Die Extraktion wird in der Wärme mit einer bei gewöhnlicher Temperatur gesättigten Natriumbicarbonatlösung durchgeführt, indem man die Sulfide in einen Kolben zu dem Bicarbonat bringt und 6 bis 8 Std. auf dem Wasserbad beläßt. Die Bestimmung des Quecksilbers erfolgt nach dem oben beschriebenen Verfahren. Die für Quecksilbersulfid sich ergebenden Werte sind ebenfalls etwas zu hoch.

5. Maßanalytische Verfahren zur Bestimmung von Arsen neben Quecksilber.

Zur Titration mit Bromat neben QuecksilberII s. § 8, S. 128 und 129. Auch die Titration mit Jod in bicarbonatalkalischer Lösung kann zur Bestimmung des dreiwertigen Arsens neben Quecksilber herangezogen werden (ACTON). Außerdem scheint die Titration des von Arsensäure in saurer Lösung abgeschiedenen Jods (nach ACTON mit Chloroform als Indicator) ohne Störung möglich zu sein (COCKING, ACTON).

Die Titration der arsenigen Säure mit Kaliumpermanganat unter „Jodkatalyse“ ist neben Quecksilber nach § 9, S. 144 möglich.

6. Sonstige Verfahren.

Eine Methode zur Abtrennung vom Quecksilber durch Überführung des Arsens in Arsenwasserstoff ist § 13, S. 205 beschrieben.

Angaben zur Arsensäurebestimmung mit Hilfe der Molybdänblaureaktion neben Quecksilber finden sich § 10, S. 170 und § 13, S. 241.

Siehe auch § 12, S. 185.

L. Trennung von Silber.

1. Trennung von Arsen und Silber durch Destillation.

Die Trennung gelingt durch Abdestillieren des Arsens als Trichlorid und ist § 14, S. 273 besonders erwähnt. Siehe dazu auch § 2, S. 62.

2. Abtrennung des Arsens auf trockenem Wege.

Die Abtrennung des Arsens durch Erhitzen der Sulfide bzw. der fein zerkleinerten Legierung im trockenen Chlorstrom wird bei C. R. FRESENIUS (d) erwähnt. Eine Trennung durch Destillation im trockenen Bromwasserstoffstrom ist § 14, S. 295 beschrieben.

3. Trennung durch Fällung des Arsens.

Nach C. R. FRESENIUS (g) ist eine Fällung der Arsensäure neben Silber mit Ammoniummolybdatlösung möglich.

4. Trennung durch Fällung des Silbers.

I. Fällung des Silbers als Chlorid bzw. Bromid.

Das Silber kann neben Arsensäure als Silberchlorid gefällt werden. KIRCHER und v. RUPPERT setzten bei Bestimmung des Arsengehaltes von Silbersalvarsan nach Mineralisierung der Substanz (0,25 bis 0,3 g) mit 20 cm^3 konzentrierter Schwefelsäure und 15 g Kaliumsulfat (s. § 8, S. 127) in stark schwefelsaurer Lösung 2 cm^3 1 n Salzsäure zu. Das gefällte Silberchlorid wurde filtriert, gewaschen und das Arsen im Filtrat nach 10 Min. langem Kochen, Abkühlen und Auffüllen durch Titration eines aliquoten Teiles mit Bromat bestimmt. CAZZANI fällte nach oxydierendem Aufschluß auf ganz ähnliche Weise das Silber aus der etwa 50 cm^3 betragenden, stark schwefelsauren Lösung mit 2 cm^3 konzentrierter Salzsäure und bestimmte die Arsensäure anschließend jodometrisch. Die Silberbestimmung wird in einer anderen Probe durch Titration mit Ammoniumrhodanid durchgeführt.

BINZ führte die Zerstörung des Silbersalvarsannatriums nach einer Vorbehandlung mit Wasserstoffperoxyd und Salpetersäure mit Natriumhypochlorit (Kochen am Rückflußkühler) durch (s. § 16, S. 384). Dabei scheidet sich das Silber als Silberchlorid ab und kann nach Zerstören des Überschusses an Natriumhypochlorit mit Salzsäure und Verdünnen abfiltriert werden. Im Filtrat bestimmte BINZ die Arsensäure durch Fällung mit Magnesiamischung.

SCHULEK und v. VILLECZ erwähnen, daß es für das von ihnen vorgeschlagene Makroverfahren zur Bestimmung der arsenigen Säure mit Bromat (§ 8, S. 128) bei Gegenwart von Silber genügt, das bei Zusatz von Kaliumbromid gefällte Silberbromid abzufiltrieren, obwohl kein völlig klares Filtrat erhalten wird. Beim Mikroverfahren muß allerdings das Silber quantitativ ausgefällt werden, da sonst eine Bindung des als Indicator zugesetzten Jods durch das im Filtrat vorhandene Silber stattfindet. Die Verfasser scheiden bei diesem Verfahren das Silber vor dem Kaliumbromidzusatz durch Fällen der verdünnten, zum Sieden erhitzten Lösung mit festem Natriumchlorid, 1 bis 2 Min. langes Durchschütteln und Filtration des Silberchlorids ab.

II. Elektrolytische Abscheidung des Silbers neben ArsenV.

Man scheidet das Silber aus ammoniakalischer ammoniumsulfathaltiger Lösung mit 1,7 bis 1,8 Volt ab (FREUDENBERG). Nach SMITH und FRANKEL gelingt die Abscheidung von Silber neben ArsenV auch aus Kaliumcyanidlösung, was von FREUDENBERG bestätigt wird.

Nähere Angaben zur elektrolytischen Trennung finden sich auch bei W. D. TREADWELL (d).

5. Maßanalytische Bestimmung des Silbers neben Arsen.

Die Titration des Silbers neben Arsensäure nach VOLHARD oder mit Kaliumjodid ist Grundlage der in § 2, S. 60 angegebenen direkten maßanalytischen Verfahren.

6. Sonstige Verfahren.

Die spektralanalytische Bestimmung des Arsens neben Silber ist § 11, S. 173 behandelt.

M. Trennung von Wismut.

1. Trennung von Arsen und Wismut durch Destillation.

Spezielle Hinweise zu dieser Art der Abtrennung des Arsens finden sich § 14, S. 273, 279 und 286.

2. Trennung durch Fällung des Arsens.

I. Fällung des Arsens als Sulfid.

Nach J. PATTINSON und H. S. PATTINSON kann Arsen aus konzentriert salzsaurer Lösung (D 1,16 bis 1,17) neben Wismut als Sulfid abgeschieden werden, ohne daß Wismutsulfid ausfällt (s. dazu auch § 4, S. 77 Bemerkungen).

II. Fällung des Arsens als Magnesiumammoniumarsenat in Gegenwart von Weinsäure.

Nach § 1, S. 57 kann Arsensäure aus tartrathaltiger Lösung neben Wismut mit Magnesiamischung gefällt werden.

III. Wie bei C. R. FRESENIUS (g) erwähnt wird, kann Arsensäure neben Wismut mit Ammoniummolybdat gefällt werden, wobei längeres Erhitzen auf 100° unerläßlich ist.

IV. Zur Fällung des Arsens in elementarer Form neben Wismut s. § 5, S. 80, 85 und 88.

3. Trennung durch Fällung des Wismuts.

I. Elektrolytische Abscheidung des Wismuts.

a) Vorschrift nach RICHARDSON.

Anordnung. Als Anode dient eine PERKIN-Elektrode (4,5 cm Höhe, 1,3 cm Durchmesser und etwa 17 g Gewicht) und als Kathode eine WINKLERsche Netzelektrode (5 cm Höhe, 3,7 cm Durchmesser und etwa 21 g Gewicht). Die Anode wird mit etwa 700 Umdrehungen je Minute bewegt. Als Elektrolysiergefäß dient ein 8 cm hohes, zylindrisches Glasgefäß von etwa 70 cm³ Fassungsraum mit Ansatz und Abflußhahn am Boden (nach Art eines Scheidetrichters).

Arbeitsweise. Man bringt die Wismut und ArsenV enthaltende, schwach salpetersaure Lösung (in den angeführten Versuchen enthielt die Lösung 0,6 bis 1,8 cm³ Salpetersäure der Dichte 1,4), die 30 bis 50 cm³ beträgt, in das Elektrolysiergefäß, setzt 10,5 bis 22,5 g Weinsäure und 4,5 bis 9,5 cm³ 8 n Natronlauge zu und elektrolysiert 3 bis 5 Min. mit 1,9 Volt, 10 Min. mit 1,7 und 20 Min. mit 1,5 Volt bei 60° (1,0 bis 0,006 Ampere). Als Höchstdauer bei den angeführten Beleganalysen sind 43 Min. angegeben.

Genauigkeit. 0,0803 bis 0,2410 g Bi wurden neben etwa 0,12 bzw. 0,15 g Arsen in 3 Versuchen mit einer maximalen Abweichung von +0,4 mg bestimmt. Nur in einem Fall enthielt das Wismut Spuren Arsen.

b) Vorschrift nach SCHMUCKER.

Man bringt zu 10 cm³ der schwach salpetersauren Lösung 5 g Weinsäure und 15 cm³ Ammoniak, überführt in eine 200 cm³ fassende Platinschale, verdünnt auf 175 cm³ und läßt 16 Std. einen Strom, der je Minute 0,3 cm³ Knallgas entwickelt, einwirken [E. F. SMITH (e) gibt als Bedingungen $ND_{100} = 0{,}022$ Ampere, 1,8 Volt und 50° an, wobei die Analysendauer von 6 Std. zur Abscheidung ausreicht]. Nach vollendeter Abscheidung wird die Anode, eine flache Platinspirale, entfernt, die Lösung vorsichtig, aber rasch vom Wismutniederschlag abdekantiert und auf gleiche Weise 3- bis 4mal mit Wasser gewaschen. Man wäscht noch ebensooft mit absolutem Alkohol nach und trocknet die Schale durch mäßiges Erwärmen.

II. Fällung des Wismuts mit Dimercaptothiodiazol nach RÂY und GUPTA.

Da Wismut aus essig- oder weinsaurer Lösung bei Gegenwart eines Überschusses an Ammoniumfluorid, das ein Mitfallen von Arsen verhindert, quantitativ fällbar ist, halten die Verfasser eine quantitative Trennung des Wismuts von Arsen auf diesem Wege für möglich.

III. Fällung des Wismuts mit Natriumsulfid nach WENGER und CIMERMAN.

Die salpetersaure Lösung wird so weit mit Ammoniak neutralisiert, daß eben noch kein Niederschlag ausfällt und bei Wasserbadtemperatur in kleinen Anteilen mit 10%iger Natriumsulfidlösung versetzt. Nach Zusatz eines Überschusses an

Natriumsulfid wird filtriert und aus dem Filtrat das Arsensulfid durch Ansäuern mit Salzsäure ausgefällt. Nach Lösen des Arsensulfids in Ammoniak und Wasserstoffperoxyd wird schließlich als Magnesiumpyroarsenat gewogen. Die Verfasser empfehlen dringend vor der Fällung des Arsenats die angesäuerte Lösung zur Abscheidung etwa vorhandenen Schwefels zum Sieden zu erhitzen und einige Zeit bei Wasserbadtemperatur zu belassen.

Bei dem Verfahren wurden 99,80 bis 99,85% des angewendeten Arsens und 99,77 bis 100,20% des angewendeten Wismuts wiedergefunden.

IV. Fällung des Wismuts als Phosphat.

Vorschrift nach WENGER und CIMERMAN. Man fällt aus der schwach salpetersauren Lösung das Wismut als Phosphat und scheidet das Arsen aus dem Filtrat als Sulfid ab. Nach Lösen in Ammoniak und Wasserstoffperoxyd wird das Arsen als Magnesiumpyroarsenat bestimmt.

Es wurden auf diese Weise 99,71 bis 99,88% des theoretischen Arsenwertes und 100,09 bis 100,21% des theoretischen Wismutwertes wiedergefunden.

4. Trennung durch Extraktion des Sulfidgemisches.

WENGER und CIMERMAN empfehlen nach Fällung der Sulfide bis zur Verjagung des Schwefelwasserstoffes zu erhitzen und nach dem Absitzen des Niederschlages zu dekantieren. Dieser wird dann bei mäßiger Temperatur mit konzentriertem Ammoniak behandelt (man kann auch filtrieren und die Sulfide auf dem Filter mit heißem Ammoniak extrahieren) und das Arsen aus der Lösung nach Oxydation mit Wasserstoffperoxyd als Magnesiumammoniumarsenat gefällt.

Die angeführten Beleganalysen zeigen gute Übereinstimmung der theoretischen und gefundenen Werte für Arsen und Wismut.

5. Zur polarographischen Bestimmung neben Wismut siehe § 12, S. 183.

N. Trennung von Cadmium.

1. Trennung von Arsen und Cadmium durch Destillation.

Die Möglichkeit einer Abtrennung des Arsens von Cadmium durch Destillation als Trichlorid bzw. Methylester ist § 14, S. 273, 279 und 287 besonders erwähnt.

2. Abtrennung des Arsens auf trockenem Wege.

Die Trennung von Cadmium und Arsen durch Verflüchtigung des Arsens im trockenen Bromwasserstoffstrom wurde § 14, S. 295 beschrieben.

3. Trennung durch Fällung des Arsens.

I. J. PATTINSON und H. S. PATTINSON geben an, daß Arsen aus konzentriert salzsaurer Lösung (D 1,16 bis 1,17) neben Cadmium mit Schwefelwasserstoff frei von Cadmiumsulfid fällbar ist (s. dazu auch § 4, S. 78).

II. Trennung durch Fällung des Arsens zusammen mit einem Überschuß an Ferrihydroxyd nach LURJE und TROITZKAJA.

Die Lösung, die Cadmium, ArsenV und EisenIII enthält, und deren Volumen 200 cm^3 nicht übersteigen darf, wird in dünnem Strahl unter häufigem Umschwenken in 100 cm^3 verdünntes Ammoniak (30 cm^3 25%iges Ammoniak + 70 cm^3 Wasser) gegossen. Nachdem sich der Niederschlag zusammengeballt hat, wird durch ein Schwarzbandfilter filtriert und 8- bis 10mal mit heißem Wasser gewaschen.

Die Verfasser benutzten das Verfahren, um in Zinkkonzentraten Arsen, Antimon und Wismut von Cadmium und Zink zu trennen. Bei den dabei vorhandenen geringen Cadmiummengen erübrigte sich eine doppelte Fällung.

III. Nach einer bei C. R. FRESENIUS (h) angegebenen Vorschrift kann ArsenV von Cadmium durch doppelte Fällung als Magnesiumammoniumarsenat aus tartrathaltiger Lösung abgetrennt werden.

IV. Die Trennung durch Fällung als Silberarsenat ist § 2, S. 58 erwähnt.

V. Nach C. R. FRESENIUS (g) ist eine Abscheidung des Arsens mit Ammoniummolybdat neben Cadmium möglich (längeres Erhitzen auf 100°).

VI. Nach § 5, S. 80 ist das Arsen neben Cadmium mit unterphosphoriger Säure fällbar. Allerdings muß der Arsenniederschlag durch wiederholtes Kochen mit verdünnter Salzsäure von der etwa mitgefallenen Cadmiumverbindung befreit werden.

VII. Die Fällung des Arsens als Mercuroarsenat neben Cadmium ist nach C. R. FRESENIUS (h) möglich.

4. Trennung durch Fällung des Cadmiums.

Elektrolytische Abscheidung des Cadmiums.

I. Arbeitsweise nach SCHMUCKER. Man löst 5 g Weinsäure in Wasser, setzt 15 cm³ Ammoniak[1] und die ArsenV und Cadmium (als Nitrat) enthaltende Lösung zu, bringt die Lösung in eine 200 cm³ fassende Platinschale und verdünnt auf 175 cm³. Man elektrolysiert mit einem Strom, der 0,2 bis 0,3 cm³ Knallgas je Minute entwickelt, 16 Std. [nach E. F. SMITH (f) bzw. (g) wird mit ND_{100} = 0,08 bis 0,1 Ampere und 1,8 bis 2 Volt bei 50° 5 Std. elektrolysiert]. Der Niederschlag wird mit Wasser gewaschen.

Genauigkeit. Cd angewendet 0,0916 g Cd gefunden 0,0913 g
Cd angewendet 0,0916 g Cd gefunden 0,0921 g.

II. Arbeitsweise nach SMITH und FRANKEL zur Elektrolyse aus Alkalicyanidlösung. Man bringt zu der ArsenV und Cadmium enthaltenden Lösung etwa 2 bis 3 g Kaliumcyanid und elektrolysiert mit einer Maximalspannung von 2,6 Volt.

III. Eine Vorschrift zur Fällung des Cadmiums neben AsV in ammoniakalischer, ammoniumsulfathaltiger rasch bewegter Lösung findet sich bei W. D. TREADWELL (c).

5. Eine spektrographische Bestimmung des Arsens neben Cadmium ist möglich.

Siehe § 11, S. 175 und 182.

O. Trennung von Thallium.

1. Trennung von Arsen und Thallium durch Destillation.

MOSER und BRUKL betonen, daß zur Abtrennung des Arsens von Thallium das Verfahren von MOSER und EHRLICH unter Verwendung von Kaliumbromid (s. § 14, S. 290 bzw. 274) dienen kann.

2. Trennung durch Fällung des Thalliums.

I. Fällung mit Thionalid nach BERG und FAHRENKAMP (a).

Erforderliche Lösungen. 5%ige Lösung von Thionalid (Thioglykolsäure-β-Aminonaphthalid) in Aceton. Die Lösung ist nur wenige Stunden unzersetzt haltbar und muß daher jeweils frisch hergestellt werden.

20%ige Lösung von Kaliumcyanid in Wasser. Man läßt, falls kein analysenreines Kaliumcyanid zur Verfügung steht, 24 Std. verschlossen stehen und filtriert nötigenfalls. Frisch bereitete Kaliumcyanidlösung gibt bei Komplexbindung mit etwa anwesendem Blei und Wismut wie auch bei Thallium eine in der Wärme verschwindende geringe Braunfärbung.

Arbeitsvorschrift. Die Lösung wird für je 100 cm³ Gesamtvolumen mit 10 bis 25 cm³ Natriumtartratlösung versetzt und mit 2 n Natriumhydroxyd gegen Phenolphthalein neutralisiert. Anschließend setzt man so viel 20%ige Kaliumcyanidlösung zu, daß im Endvolumen etwa 5% Kaliumcyanid enthalten sind, und bringt durch Zusatz von 2 n Natriumhydroxyd die Alkalität auf etwa 1 n Konzentration. (5 g Kaliumcyanid in 100 cm³ entsprechen einer Alkalität von 0,75 n. Ein Zusatz von 10 cm³ 2 n Natriumhydroxyd ergibt eine Gesamtalkalikonzentration von etwa 1 n. Der Verbrauch an Kaliumcyanid für Komplexbildung der anwesenden Ionen muß natürlich berücksichtigt werden.) Man fällt mit der 5%igen Reagenslösung in der Kälte, indem man etwa die 4- bis 5fache theoretisch erforderliche Menge zusetzt (z. B. für 100 mg Thallium etwa 0,4 bis 0,5 g Thionalid in 8 bis 10 cm³ Aceton). Man erhitzt unter gelindem Rühren bis zum Sieden, wobei sich die durch feinverteilten Niederschlag milchig gewordene Flüssigkeit klärt und die Fällung zusammenballt. In der Hitze nimmt die hellgelbe Komplexverbindung intensiv citronengelbe Farbe und krystalline Beschaffenheit an. Man kühlt durch Einstellen in kaltes Wasser auf Zimmertemperatur ab und filtriert durch einen Glasfrittetiegel (G 4) ab. Der Niederschlag darf nicht zu kräftig abgesaugt werden, da in diesem

[1] Zur Trennung des Cadmiums von Arsen, Antimon und Zinn setzt man 8 g Weinsäure und 30 cm³ Ammoniak zu und verfährt wie oben.

Fall ein restloses Auswaschen der Fremdbestandteile erschwert würde. Man wäscht mit kaltem Wasser cyanidfrei (Probe mit Silbernitrat in salpetersaurer Lösung) und dann mit Aceton in Anteilen von je 2 bis 3 cm³, bis im ablaufenden Waschaceton kein Thionalid mehr nachgewiesen werden kann (Verdünnen mit Wasser auf das 2- bis 3fache, Ansäuern mit Schwefelsäure und Zusatz einiger Tropfen etwa 1 n Jodlösung; es darf sich keine Trübung oder Opalescenz, die von unlöslichem Dithionalid herrührt, zeigen). Der Niederschlag wird getrocknet und gewogen. Falls das Thallium maßanalytisch bestimmt werden soll, wird statt durch den Filtertiegel durch Weißband filtriert.

Bemerkungen. 0,02500 und 0,01000 g Tl wurden neben je 0,5 g Arsen mit Fehlern von —0,09 und +0,18% bestimmt. 0,05000 g Tl wurden bei Gegenwart von je 0,1 g As, Sb und Sn mit einer Abweichung von —0,10% wiedergefunden. Über eine Bestimmung des Arsens im Filtrat der Thalliumfällung werden keine Angaben gemacht.

Zur Mikrobestimmung des Thalliums durch Titration wird von ArsenIII und anderen Metallen getrennt, indem die etwa 1 n natronalkalische und 5% Kaliumcyanid enthaltende Lösung bei 40 bis 50° mit dem 10fachen Überschuß an Thionalid (2%ige Lösung in Aceton) in einem Guß versetzt wird [Berg und Fahrenkamp (b)]. Die weitere Behandlung erfolgt wie beschrieben.

II. Fällung des Thalliums als Chromat nach Mach und Lepper.

Die Lösung, die das Arsen in fünfwertiger Form enthalten muß (AsIII wird mit Wasserstoffperoxyd in stark verdünnter ammoniakalischer Lösung oxydiert, wobei TlI nicht in TlIII übergeführt wird), wird mit 5 cm³ 20%igem Ammoniak alkalisch gemacht, bis zum Auftreten der ersten Kochblasen erhitzt und mit 25 cm³ 4%iger Kaliumchromatlösung gefällt. Der Niederschlag wird nach sehr langem Stehen (12 bis 18 Std.) in einem Filtertiegel gesammelt, mit 1%iger Kaliumchromatlösung und anschließend mit wenig 80%igem Aceton gewaschen und bei 120 bis 130° getrocknet.

Genauigkeit. Statt 0,2019 g Tl_2SO_4 wurden neben ArsenV (AsIII wurde wie beschrieben oxydiert) im Mittel aus 3 Fällungen 0,2022 g Tl_2SO_4 gefunden.

Moser und Brukl empfehlen diese Trennung auf Grund eigener Erfahrungen.

P. Trennung von Eisen, Aluminium, Chrom und Titan.

1. Trennung durch Destillation.

Die Trennung von Arsen und Eisen durch Abdestillieren des Arsens ist § 14, S. 263, 267, 268, 273, 278, 279, 280, 282, 283, 293 und 294 beschrieben bzw. erwähnt. Ein Hinweis zur Trennung von Aluminium und Chrom findet sich S. 279.

2. Trennung von Arsen und Eisen auf trockenem Wege.

Die arsensaure Verbindung wird mit reinem Schwefel vermengt und in Wasserstoffatmosphäre geglüht (die Operation wird wiederholt, bis keine Gewichtsabnahme mehr stattfindet). Das Eisensulfid kann unmittelbar ausgewogen werden [C. R. Fresenius (e)].

Nach Ebelmen kann das Arsen aus der arsensauren Verbindung durch Erhitzen im Schwefelwasserstoffstrom als Arsensulfid quantitativ ausgetrieben werden.

Eine Abtrennung des Arsens aus dem Arsensäure-Nitratgemisch im trockenen Salzsäuregasstrom ist § 14, S. 295 beschrieben.

3. Trennung durch Fällung des Arsens.

I. Trennung von Eisen und Aluminium durch Fällung mit Magnesiamischung bei Gegenwart von Weinsäure oder Citronensäure.

Vorschrift von Jellinek und Winogradoff zur Trennung von Eisen. Man fügt der 5 bis 20 cm³ betragenden Lösung von ArsenV und Eisen 2 g Weinsäure und etwa 15 cm³ Magnesiamischung (55 g krystallisiertes Magnesiumchlorid und 105 g Ammoniumchlorid auf 1 l Wasser) zu und fällt mit 20 cm³ konzentriertem Ammoniak. Nach 24stündigem Stehen wird filtriert, mit 2%igem Ammoniak gewaschen und nach Lösen in verdünnter Salzsäure und Zugabe einer Messerspitze Weinsäure, sowie von 1 cm³ der Magnesiamischung neuerlich mit 20 cm³ konzentriertem Ammoniak gefällt. Nach 24 Std. wird filtriert und der Niederschlag wie üblich weiter verarbeitet.

Bemerkungen. Die Verfasser führten die Fällung aus, um ArsenV von ArsenIII, EisenII und EisenIII zu trennen. Bei Gegenwart größerer Mengen an zweiwertigem

Eisen wirkt dieses in ammoniakalischer Lösung dem Arsen gegenüber als Sauerstoffüberträger, so daß in solchen Fällen das 24stündige Stehen unter Ausschluß von Sauerstoff erfolgen muß. Die Gegenwart von ArsenIII scheint nicht störend gewirkt zu haben (vgl. dazu unter Y, S. 364).

Sonstige Verfahren. BAILLY hält Eisen und Aluminium durch einen Zusatz von 2 g Citronensäure in Lösung. Auch JANNASCH empfahl schon Aluminium durch Citronensäure (etwa 0,5 g) in Lösung zu halten. Siehe dazu auch § 1, S. 50, 56 und 57.

II. Fällung des Arsens mit Schwefelwasserstoff.

Die Abtrennung des Arsens durch Schwefelwasserstoff-Fällung in saurer Lösung ist möglich. Offenbar, um eine übermäßige Schwefelausscheidung zu verhindern, reduzierten J. PATTINSON und H. S. PATTINSON das dreiwertige Eisen mit Zinnchlorür bis zum Farbumschlag und fällten anschließend mit Schwefelwasserstoff.

III. Fällung des Arsens mit Ammoniummolybdat.

Nach C. R. FRESENIUS (g) kann das Arsen neben Eisen, Aluminium und Chrom mit Ammoniummolybdat abgeschieden werden, wobei längere Zeit auf 100° erhitzt wird.

IV. Fällung des Arsens in elementarer Form.

Die Trennung des Arsens von Eisen, Aluminium und Chrom mit unterphosphoriger Säure ist § 5, S. 80 mehrfach erwähnt. Nach BRANDT ist die Fällung neben 6,6 g Aluminium noch möglich. Siehe zur Abtrennung von Eisen auch S. 93.

Bemerkungen zur Abtrennung des Arsens von Eisen, Aluminium, Chrom und Titan unter Fällung mit Zinnchlorür finden sich § 5, S. 88.

Die Reduktion des Arsens mit QuecksilberI-chlorid neben geringen Eisenmengen .st nach § 5, S. 94 möglich.

4. Trennung durch Fällung des anderen Ions.

I. Fällung des Eisens mit Alkali.

a) Fällung mit Kaliumhydroxyd nach HILPERT und DIECKMANN.

In einer Platinschale wird Kalilauge zum Sieden erhitzt und die EisenIII und ArsenV enthaltende Lösung tropfenweise zugesetzt. Man filtriert, löst und fällt das EisenIII-hydroxyd neuerlich aus. Im Filtrat kann die Arsensäure nach Angabe der Verfasser mit Uranylacetat gefällt werden.

b) Fällung mit Lauge und Wasserstoffperoxyd nach JANNASCH und KAMMERER.

Ausführung. 5 g Natriumhydroxyd werden in 50 cm³ Wasser gelöst und mit 30 cm³ Wasserstoffperoxyd versetzt. [Die Verfasser geben die Konzentration des Wasserstoffperoxyds nicht an; in einer späteren Veröffentlichung, betreffend Trennung As—Co(Ni) wird eine 3%ige Lösung vorgeschrieben.] In diese Mischung gießt man die etwa 10 cm³ betragende schwach saure und mit Wasserstoffperoxyd versetzte Lösung von ArsenV und EisenIII, erhitzt zum Kochen, verdünnt mit 250 bis 300 cm³ Wasser und filtriert. Der Niederschlag wird mit kochendem Wasser gut gewaschen und in 10 cm³ heißer verdünnter Salpetersäure unter Zusatz von etwas Wasserstoffperoxyd vom Filter gelöst. Diese Lösung gießt man in eine Mischung von 30 cm³ Ammoniak, 30 cm³ Wasserstoffperoxyd und 20 cm³ Wasser, erhitzt auf dem Wasserbad bis zum Absetzen des Niederschlages, filtriert, wäscht kochend heiß und bestimmt das Eisen wie üblich.

Arsenbestimmung. Die vereinigten Filtrate werden in einer Porzellanschale bis zum Verschwinden des Ammoniakgeruches eingedampft, mit konzentrierter Salpetersäure angesäuert und weiter eingeengt, bis sich eine Salzausscheidung zeigt. Die Lösung wird wieder etwas verdünnt (wenn nötig filtriert) und nach Zusatz von Ammoniak mit Magnesiamischung gefällt.

Genauigkeit. Das angewendete Eisen wurde mit Abweichungen von etwa +1% wiedergefunden, während die Fehler bei den Arsenwerten kleiner als 0,2% sind.

c) Eine Abtrennung durch Fällung des Eisens mit Soda ist § 7, S. 117 erwähnt.

II. Fällung des Eisens mit Nitroso-β-Naphthol nach BURGASS.

Eisen fällt nach BURGASS quantitativ aus einer mit Salzsäure schwach angesäuerten und mit reichlich Essigsäure versetzten Lösung bei Zugabe einer essigsauren Lösung von Nitroso-β-Naphthol, während Arsen vollständig in Lösung bleibt. Das Filtrat wird mit Salzsäure und Kaliumchlorat behandelt und das Arsen als Magnesiumammoniumarsenat gefällt.

III. Fällung von EisenII mit Kaliumferricyanid nach JELLINEK und WINOGRADOFF.

Ausführung. Das Gemisch von ArsenV, ArsenIII, EisenIII und EisenII[1] wird in salzsaurer Lösung mit Kaliumferricyanid versetzt und in ein Zentrifugengläschen entsprechender Größe gebracht. Der Niederschlag wird durch 10 Min. langes Zentrifugieren zum Absetzen gebracht. Die klare blaue Lösung wird durch ein Filter abdekantiert, der Niederschlag mit Kaliumferricyanidlösung aufgewirbelt, neuerlich durch Zentrifugieren abgetrennt und die Lösung durch das gleiche Filter abgegossen. Man versetzt die Filtrate mit Weinsäure, um das dreiwertige Eisen in Lösung zu halten, mit Stärke und einem Überschuß an Natriumhydrogencarbonat und titriert mit 0,1 n Jodlösung das dreiwertige Arsen.

Genauigkeit. Ein Testversuch ergab einen bedeutend zu tiefen Jodverbrauch (3,58 cm^3 statt 3,68 cm^3), was durch Adsorption von dreiwertigem Arsen an dem Niederschlag zu erklären ist. Wird der Niederschlag nämlich in Ammoniak gelöst, die Lösung mit Kaliumferricyanid versetzt, mit Salzsäure angesäuert und der Niederschlag wieder durch Zentrifugieren abgetrennt, kann in den vereinigten Filtraten das ArsenIII auf 0,5% genau wiedergefunden werden.

IV. Elektrolytische Abtrennung des Eisens nach BALLS und MCDONNELL.

Apparatur. Als Kathode dient eine Platinschale und als Anode eine Spirale, die gegebenenfalls bewegt werden kann.

Ausführung. Die Lösung, die EisenIII oder EisenII und ArsenV enthält, wird mit 3 bis 5 g Weinsäure versetzt und in Kalilauge (in einem Überschuß von 10 bis 20 g) eingetragen. (Wenn sich ein Niederschlag bildet, ist er nur sehr schwer wieder in Lösung zu bringen; größere Mengen an Sulfat müssen wegen der Schwerlöslichkeit von Alkalisulfat in starken Laugen vermieden werden.) Man verdünnt auf 100 cm^3 und elektrolysiert mit 0,8 bis 2,8 Volt und $ND_{100} =$ 0,3 bis 1,3 Ampere bei ruhender Anode 6 bis 24 Std. (mit der Arsenmenge steigend).

Arsenbestimmung. Das Arsen wird wie S. 330 beschrieben, jodometrisch bestimmt, wobei die Weinsäure nicht stört.

Genauigkeit. 0,0800 bis 0,3000 g Eisen wurden neben 0,0434 bis 0,5000 g As_2O_5 mit Abweichungen bis zu —0,9 und +1,1 mg wiedergefunden. Die Fehler der Arsenbestimmung erreichten +0,9 und —1,0 mg As_2O_5.

In einem Fall wurde mit 700 Umdrehungen je Minute der Anode, $ND_{100} = 1,7$ Ampere und 2,8 Volt $3^1/_2$ Std. elektrolysiert. Die Abweichung für Eisen betrug —1,0 mg, der Arsenwert war theoretisch.

Der Arsengehalt des Eisenniederschlages überstieg in keinem Fall 0,2 mg As_2O_5. Bei höherer Stromdichte (über 1,7 Ampere je 100 cm^2) enthält der Eisenniederschlag störende Mengen an Kohlenstoff. Ein Absetzen von Eisenoxyd an der Anode kann durch Zusatz von einigen Kubikzentimetern Alkohol vermieden werden. Bei zu geringem Alkaliüberschuß scheidet sich Arsen an der Kathode aus.

V. Fällung des Aluminiums neben ArsenIII mit Oxin aus ammoniakalischer Lösung nach LUNDELL und KNOWLES.

Man bringt zu der schwach salz- oder schwefelsauren Lösung, die in 100 cm^3 höchstens 0,1 g Aluminium enthalten soll, einen Überschuß von 2,5%iger Oxychinolinlösung in verdünnter Essigsäure. Nun gibt man verdünntes Ammoniak bis zur alkalischen Reaktion zu, versetzt je 100 cm^3 Lösung mit einem Überschuß von 5 cm^3 konzentriertem Ammoniak und erhitzt auf 70°, bis der Niederschlag krystallin geworden ist. Nach Filtrieren des Niederschlages wird dieser wie üblich weiter behandelt.

VI. Fällung des Titans neben Arsen mit Guanidincarbonat.

Titan läßt sich nach JÍLEK und KOŤA (a) aus weinsäurehaltiger Lösung neben Arsen mit Guanidincarbonat fällen. Wenn die Arsenmenge den Titangehalt übersteigt, ergeben sich allerdings zu hohe Werte für Titan.

---

[1] Die Verfasser bedienten sich des Verfahrens bei Gleichgewichtsuntersuchungen zwischen den 4 Ionenarten.

5. Maßanalytische Methoden zur Bestimmung von Eisen und Arsen nebeneinander.

I. Titration von EisenIII und ArsenV nebeneinander mit Jodat nach LANG (b)[1].

Reduktion von ArsenV. Man führt durch Abdampfen mit Schwefelsäure in Sulfat über (bei Anwesenheit von Salzsäure werden mindestens halb soviel Kubikzentimeter an konzentrierter Salpetersäure zugefügt, als Salzsäure zugegen ist) und reduziert das fünfwertige Arsen in der konzentriert schwefelsauren Lösung mit Metallen (granuliertes Zink, Zinkstaub oder Kupferpulver).

Reduktion des Eisens. Man verdünnt, neutralisiert die Säure größtenteils, versetzt mit Natriumsulfit (eine auftretende dunkelbraune Färbung wird mit verdünnter Schwefelsäure entfernt) und vertreibt den Überschuß an schwefliger Säure durch Kochen im Kohlendioxydstrom.

Titration des Arsens. Die 2n schwefelsaure Lösung wird mit 12 cm^3 0,1 n Kaliumcyanidlösung und Stärke versetzt und langsam mit Jodat titriert, bis die Blaufärbung sich aufzuhellen beginnt. Nun fügt man 2 g Natriumchlorid zu und titriert scharf auf farblos.

Titration des Eisens. Man versetzt anschließend mit 10 cm^3 $^1/_2$ m JCl-Lösung, läßt $^1/_2$ Std. verschlossen stehen und titriert das Eisen mit Jodat.

Bemerkungen. Verwendet man von vornherein mehr Kaliumcyanid, muß vor Zusatz des Jodmonochlorids der größte Teil an HCN durch einen raschen Kohlendioxydstrom beseitigt werden. Übrigens läßt sich das zweiwertige Eisen anschließend an die Arsentitration rascher durch Titration mit Kaliumpermanganat bestimmen, wobei man aber durch die anwesende Blausäure etwas zu hohe Werte erhält (die Stärke stört nicht). Man kann das Eisen auch in einer gesonderten Probe nach Reduktion mit Kupferjodür (Zusatz von etwas Kupfersulfat, Kaliumjodid und Stärke zur schwefelsauren Lösung und Zufügen von Sulfit, bis keine Blaufärbung mehr auftritt, Zugabe von Kaliumcyanid) mit $^1/_{40}$ m Jodatlösung, wobei gegen Ende Natriumchlorid zugesetzt wird, oder Kaliumpermanganat titrieren.

II. Zur Bromattitration der arsenigen Säure neben Eisen s. § 8, S. 128 und 129.

III. Indirektes Verfahren von BĂLĂNESCU und IONESCU.

Die Verfasser bestimmen die Summe ArsenV + EisenIII jodometrisch, scheiden in einem anderen Teil der Probe das Arsen ab und bestimmen neuerlich das Eisen.

IV. Verfahren zur maßanalytischen Bestimmung von EisenII und ArsenIII neben ArsenV, EisenIII und organischer Substanz in Mineralwässern mit Permanganat wurden von AGENO und GUICCIARDINI angegeben.

V. Die Titration von EisenII mit CerIV-Lösung neben ArsenIII ist § 9, S. 151 erwähnt.

VI. ArsenIII kann mit Dichromat neben EisenIII nach § 9, S. 152 bestimmt werden.

6. Sonstige Verfahren.

Nach § 10, S. 164 und 165 kann das Arsen neben sehr geringen Mengen EisenIII mit Hilfe der Molybdänblaureaktion bestimmt werden (S. 166 und 170 finden sich Angaben zur Ausschaltung der störenden Wirkung von dreiwertigem Eisen durch Reduktion). Auch neben geringen Mengen an Aluminium und Titan kann die Molybdänblaureaktion nach S. 166 durchgeführt werden.

Die § 7, S. 122 beschriebene jodometrische Arsensäurebestimmung ist neben Al ausführbar.

Die spektralanalytische Arsenbestimmung in Eisen und Stahl ist § 11, S. 181 behandelt. Zur Bestimmung des Arsens neben Chrom s. S. 181.

Zur polarographischen Arsenbestimmung neben Eisen siehe § 12.

Bezüglich der Überführung des Arsens in Arsenwasserstoff aus eisenhaltiger Lösung s. § 13, S. 193, 197, 241 und 253.

[1] Siehe dazu auch § 9, S. 137 und 140.

Q. Trennung von Beryllium.

1. Trennung durch Abdestillieren des Arsens nach MOSER und EHRLICH.

Nach MOSER und LIST gelingt die Abtrennung des Arsens von Beryllium aus salzsaurer Lösung bei Gegenwart von Kaliumbromid in der von MOSER und EHRLICH angegebenen Methodik (s. § 14, S. 290 bzw. 274). Aus dem Rückstand kann das Beryllium durch doppelte Fällung mit Tannin abgeschieden werden.

Genauigkeit (s. Tabelle 24).

Tabelle 24.

As_2O_3 angewendet g	As_2O_3 gefunden g	BeO angewendet g	BeO gefunden g
0,0989	0,0985	0,0555	0,0557
0,0494	0,0491	0,1110	0,1113
0,1237	0,1230	0,0555	0,0556

2. Fällung des Arsens mit Schwefelwasserstoff.

ArsenIII oder ArsenV wird aus stark saurer Lösung mit Schwefelwasserstoff abgeschieden (s. dazu § 3 und § 4). Die Bestimmung des Berylliums in dem Filtrat erfolgt nach MOSER und LIST mit Tannin.

Genauigkeit. 0,0247 bis 0,0989 g As_2O_3 wurden neben 0,0555 bzw. 0,1110 g BeO mit Abweichungen von — 0,4, + 0,3 und — 0,2 mg As_2O_3 bestimmt. Die Fehler bei der Berylliumbestimmung halten sich in etwa den gleichen Grenzen.

3. Trennung durch Fällung des Berylliums mit Guanidincarbonat nach JÍLEK und KOŤA (b, c).

Erforderliche Lösungen. Ammoniumtartrat: Eine Lösung von 42,5 g Weinsäure wird gegen Methylrot mit verdünntem Ammoniak neutralisiert und mit Wasser auf 2 l verdünnt.

Formaldehydlösung: 40%ige, annähernd neutrale Lösung.

Reagens: 4%ige Lösung von Guanidincarbonat, die nötigenfalls filtriert wird.

Waschflüssigkeit: 150 cm³ 4%ige Guanidincarbonatlösung, 50 cm³ Ammoniumtartratlösung und 2,5 cm³ Formalinlösung werden auf 250 cm³ verdünnt.

Ausführung. Die schwach salzsaure oder salpetersaure Lösung von ArsenIII und Berylliumoxyd (maximal 0,1 g) wird mit 50 cm³ Ammoniumtartratlösung versetzt, die Hauptmenge der Säure mit Lauge bis zur eben noch sauren Reaktion gegen Methylrot abgestumpft und unter Zugabe von 2,5 cm³ Formalinlösung in der Kälte unter ständigem Rühren mit 150 cm³ Reagenslösung gefällt (Fällungsdauer bei den angeführten Versuchen 25 bis 80 Sek.). Man verdünnt mit Wasser auf 250 cm³ und filtriert nach 12stündigem Stehen durch ein Blaubandfilter. Der Niederschlag wird mit etwa 200 cm³ kalter Waschflüssigkeit bis zum Verschwinden der Chlorreaktion gewaschen und zu Berylliumoxyd verglüht.

Genauigkeit. 22,2 bzw. 44,4 mg BeO wurden neben je 100 mg Arsen bestimmt. Gefunden: 22,7 und 44,6 mg BeO.

R. Trennung von Uran.

Die Trennung des Arsens von Uran ist durch die Destillationsmethode (s. § 14) und die Fällung der Arsensulfide aus saurer Lösung (s. § 3 und § 4) möglich.

FRESENIUS und HINTZ fällten das Uran zusammen mit Kupfer und Eisen zwecks Abtrennung von Phosphorsäure und Arsensäure mit Kaliumferrocyanid. Die schwach salzsaure Lösung wurde dazu mit Kaliumferrocyanid im Überschuß versetzt und anschließend mit Natriumchlorid gesättigt. Die Ferrocyanide wurden abfiltriert, mit natriumchloridhaltigem Wasser gewaschen und schließlich mit verdünnter Kalilauge ohne Erwärmen zersetzt. Der Niederschlag wurde durch Dekantieren mit Wasser gewaschen, mit Ammoniak und Ammoniumchlorid enthaltendem Wasser auf das Filter gebracht und mit der gleichen Waschflüssigkeit ausgewaschen.

Nach KAUFMANN kann Uran neben ArsenV quantitativ mit Tannin gefällt werden. Allerdings ergab die Arsenbestimmung im Filtrat unbefriedigende Ergebnisse.

S. Trennung von Zink.

1. Trennung von Arsen und Zink durch Destillation.

Besonders erwähnt wurde die Abtrennung des Arsens vom Zink durch Destillation § 14, S. 263, 274 und 279.

RAYMOND bestimmte das Zink in arsenreichen Erzen nach reduzierendem Aufschluß mit Natriumsulfat, Schwefelsäure und Filtrierpapier, Aufnehmen mit 10 cm³ Wasser und Entfernen des Arsens durch zweimaliges Abdampfen mit je 20 cm³ Salzsäure.

2. Abtrennung des Arsens auf trockenem Wege.

Nach C. R. FRESENIUS (e) kann aus der arsensauren Verbindung nach Vermischen mit Schwefel das Arsen im Wasserstoffstrom als Sulfid ausgetrieben werden. Das zurückbleibende Zinksulfid ist direkt auswägbar, sofern man den Vorgang bis zur Gewichtskonstanz wiederholt.

3. Trennung durch Fällung des Arsens.

I. Fällung der Arsensäure als Silberarsenat.

§ 2, S. 58 ist die Möglichkeit der Trennung auf diesem Wege erwähnt.

II. Fällung des Arsens als Sulfid.

Die Fällung des Arsens aus stark saurer Lösung als Trisulfid kann ohne weiteres zur Trennung herangezogen werden. Bezüglich der Fällung des Pentasulfids neben Zink s. § 4, S. 78 unter Bemerkungen zu A.

III. Abscheidung des Arsens in elementarer Form.

Zur Fällung des Arsens neben Zink mit unterphosphoriger Säure und CrII-sulfat s. § 5, S. 80 und 92.

IV. Die Abtrennung der Arsensäure von Zink durch Fällung mit Ammoniummolybdat ist nach C. R. FRESENIUS (g) möglich (längeres Erhitzen der Fällung auf 100°).

V. Die Fällung des Arsens als Mercuroarsenat neben Zink wird bei C. R. FRESENIUS (h) erwähnt.

VI. Ein Hinweis zur Abscheidung des Arsens neben Zink als Magnesiumammoniumarsenat aus tartrathaltiger Lösung findet sich in § 1, S. 56.

4. Trennung durch Fällung des Zinks.

I. Mikrofällung des Zinks mit Oxychinolin neben Arsen nach CIMERMAN und WENGER (a, b).

Ausführung. Die neutrale oder schwach saure Lösung (1 bis 5 cm³), die 2 bis 3 mg Zink und höchstens 8 mg ArsenIII oder ArsenV enthalten darf, wird in einen 50 cm³ fassenden ERLENMEYER-Kolben gebracht und mit 1 cm³ 30%iger Weinsäure sowie 1 Tropfen 0,2%iger alkoholischer Methylrotlösung versetzt. Man gibt 8%ige Natronlauge bis zum Umschlag und weiterhin 1,3 bis 1,4 cm³ davon zu, ergänzt das Volumen auf 10 cm³ und fällt in der Kälte mit frisch bereiteter 1%iger alkoholischer o-Oxychinolinlösung im Überschuß (0,62 bis 0,75 cm³ Reagens je Milligramm Zink, was einem Überschuß von 40 bis 70% entspricht). Unter zeitweiligem Umschütteln läßt man in der Kälte 15 Min. absitzen, erhitzt 2 Min. auf einem Kupferblock von 120 bis 130° (Umschwenken nach der ersten Minute) und filtriert nach weiterem 45 Min. langem Absitzen im bedeckten Kölbchen mittels eines Jenaer Glasfilterstäbchens G 4 unter leichtem Ansaugen. Der Niederschlag von Zinkoxinat wird 5mal mit je 2 cm³ heißen Wassers gewaschen, in Salzsäure gelöst und mit Bromid-Bromat titriert.

Genauigkeit. Je 1,963 mg Zink wurden neben 7,6 mg AsIII oder 5,6 mg bzw. 8,4 mg AsV mit Abweichungen von +0,009, +0,005 und +0,010 mg bestimmt.

II. Elektrolytische Abscheidung des Zinks neben ArsenV nach BALLS und MCDONNELL.

Apparatur. Als Kathode dient eine aufgerauhte Nickelschale von etwa 70 g Gewicht, 125 cm³ Fassungsraum und einer für die Metallabscheidung in Frage kommenden Oberfläche von etwa 90 cm². Die Anode besteht aus einem Platindraht, der in Form einer flachen ovalen Schaufel (Blattgröße 2,5 zu 2,0 cm) gebogen ist. Sie wird so in ein Rührwerk eingesetzt, daß das Schaufelblatt in die Flüssigkeit eben vollständig eintaucht und während der Elektrolyse mit 600 bis 1000 Umdrehungen je Minute bewegt.

Arbeitsweise. Die Zink und ArsenV enthaltende Lösung wird mit Natronlauge oder Kalilauge in 50%iger Lösung versetzt, bis sich der Niederschlag wieder gelöst hat, und ein etwa 20 g Alkalihydroxyd entsprechender Überschuß zugegeben. Man verdünnt auf 95 cm³ und elektrolysiert ohne zu erwärmen (die Lösung erhitzt sich während der Elektrolyse nahe bis zum Siedepunkt) mit 4,0 bis 5,5 Volt und ND_{100} = 2,0 bis 5,5 Ampere. Sobald sich das Zink abgeschieden hat (die in den Beleganalysen angegebene Elektrolysendauer beträgt mit der Menge des vorhandenen Arsens steigend 45 bis 135 Min.), wird die Lösung abgehebert, der

Niederschlag mit destilliertem Wasser und absolutem Alkohol nachgewaschen und nach Trocknen an der Luft $^1/_2$ Std. im Trockenschrank bei 110° belassen. Man läßt im Exsiccator über Schwefelsäure wenigstens 1 Std. erkalten und wägt mit Hilfe eines gleichartigen Gegengewichtes.

Bemerkungen zur Wahl des Alkalis. Bei Gegenwart von Natriumhydroxyd neigt das Zink zu schwammiger Abscheidung, was durch höhere Umdrehungszahl der Anode, Zusatz von Glycerin oder einer Mischung von Glycerin und Alkohol (Alkohol allein genügt auch, jedoch entsteht ein rotbrauner harziger Körper, der das Auswaschen erschwert) oder Zugabe von 0,1 bis 0,2 g Kaliumnitrat weitgehend verhindert werden kann. Arbeitet man aber in Kalilauge, erübrigen sich diese Maßnahmen.

Arsenbestimmung. Diese erfolgt auf maßanalytischem Wege wie bei der Trennung von Arsen und Kupfer unter I, S. 330 angegeben wurde.

Bemerkungen. Genauigkeit. 0,0995 bis 0,3000 g Zink wurden neben 0,0500 bis 0,5000 g As_2O_5 mit maximalen Abweichungen von —0,4 und +0,8 mg bestimmt. Die Fehler der Arsenbestimmung betrugen bis ±2,0 mg As_2O_5.

Die Zinkniederschläge wurden auf einen etwaigen Arsengehalt geprüft, der in keinem Fall mehr als 0,2 mg (offenbar As_2O_5) betrug.

Anwesenheit von Blei. Geringe Mengen Blei (bis 0,1 g Metall je 100 cm² Kathodenoberfläche) scheiden sich, ohne die Konsistenz des Zinkniederschlages zu beeinträchtigen, mit dem Zink zusammen an der Kathode ab. Außerdem ist infolge der Einhüllung des Bleis durch das später abgeschiedene Zink keine Gefahr einer Luftoxydation für das Blei vorhanden

T. Trennung von Kobalt und Nickel.

1. Trennung des Arsens von Kobalt und Nickel durch Destillation.

Besonders erwähnt ist die Abtrennung des Arsens nach diesem Verfahren § 14, S. 279.

2. Abtrennung des Arsens auf trockenem Wege.

Nach C. R. Fresenius (d) kann durch Erhitzen der Sulfide oder Metalle im trockenen Chlorgasstrom oder nach C. R. Fresenius (e) durch Glühen der mit Schwefel vermischten arsensauren Verbindung eine Trennung erreicht werden. Die Abtrennung von Kobalt ist bei letzterem Verfahren nur bei nachfolgender Oxydation mit Salpetersäure und neuerlichem Glühen mit Schwefel möglich.

Die Verflüchtigung des Arsens im trockenen Bromwasserstoffstrom zwecks Abtrennung von Kobalt wurde § 14, S. 295 erwähnt.

3. Trennung durch Fällung des Arsens.

Nach C. R. Fresenius (h, g) kann Arsensäure neben Kobalt und Nickel als Mercuroarsenat aus tartrathaltiger Lösung mit Magnesiamischung oder aus salpetersaurer Lösung mit Ammoniummolybdat gefällt werden.

Field erwähnte 1859 ein Verfahren, wonach bei Fällung der Arsensäure mit Bariumchlorid in ammoniakalischer Lösung als Bariumarsenat kein Nickel in den Niederschlag gehen soll.

Die Fällung der Arsensäure als Silberarsenat neben Kobalt und Nickel ist nach § 2, S. 58 möglich.

Eine Trennung von Kobalt und Nickel durch Abscheidung des Arsens in elementarer Form unter Reduktion mit unterphosphoriger Säure wurde § 5, S. 80 erwähnt. Auch bei Reduktion mit Zinnchlorür gelingt nach § 5, S. 88 die Abscheidung neben Kobalt und Nickel.

Weiterhin ist durch Schwefelwasserstoff-Fällung in saurer Lösung Arsen von Kobalt und Nickel trennbar.

4. Trennung durch Fällung des Kobalts bzw. Nickels.

I. Elektrolytische Trennung des Nickels (und Kobalts) von ArsenV nach Furman (c).

Arbeitsweise bei 10- bis 12stündiger Elektrolysendauer.

Apparatur. Als Kathode dient ein Platinkonus, eine Platinschale oder ein Platinnetz.

Abscheidung des Nickels. Die Lösung, die das Arsen in fünfwertiger Form und das Nickel enthält, wird mit 2 g Ammoniumsulfat und 15 cm³ Ammoniak (D 0,90) versetzt, auf ein Volumen von 100 bis 125 cm³ gebracht und mit einem Strom von $ND_{100} = 0{,}40$ bis 0,61 Ampere und 3,3 bis 4,2 Volt 10 bis 12 Std. elektrolysiert.

Bestimmung des Arsens. Nach der Abscheidung des Nickels kann das Arsen als Magnesiumammoniumarsenat oder Pentasulfid gefällt werden.

Genauigkeit. 0,1783 bzw. 0,3566 g Nickel wurden in 3 Versuchen auf +0,0002, +0,0001 und —0,0004 g genau bestimmt. Anwesend waren 0,1623, 0,4060 und 0,2403 g Arsen, welche Mengen mit Abweichungen von —0,0009, +0,0011 und +0,0009 g wiedergefunden wurden.

Schnellelektrolytische Abscheidung des Nickels.

Als Kathode dient eine 125 cm^3 fassende Schale. Die Anode wird mit 600 bis 800 Umdrehungen je Minute bewegt. Mit einem Strom von ND_{100} = 1,25 bis 3,75 Ampere und 3,6 bis 8,6 Volt wurde die Abscheidung aus der wie oben vorbereiteten Lösung in 75 bis 25 Min. beendet.

Genauigkeit. 0,1783 bis 0,3566 g Nickel wurden neben 0,4060 bis 0,8120 g Arsen mit Abweichungen bis ±0,0004 g bestimmt.

Bemerkungen. Während eine elektrolytische Abscheidung des Nickels neben ArsenV möglich ist, gelingt es nicht, arsenfreie Kobaltniederschläge zu erhalten. Werden daher Kobalt und Nickel zusammen neben Arsen niedergeschlagen, ist der Arsengehalt des ausgeschiedenen Metalls von dem Mischungsverhältnis abhängig. Bis zu einem Verhältnis von 2,5 Teilen Nickel zu 1 Teil Kobalt wurden z. B. bei einem Gesamtvolumen von 100 cm^3 und einer Kathodenoberfläche von 55 cm^2 (bei einer Gesamtmenge von 0,1 g Metall) noch praktisch arsenfreie Niederschläge erhalten. War das Verhältnis 1:1, wurden 0,5 bis 1 mg Arsen in 0,1 g des abgeschiedenen Metallgemisches gefunden.

W. D. Treadwell (b) dagegen erwähnt in seinem Lehrbuch über elektroanalytische Methoden keine Schwierigkeiten bei der Trennung von Kobalt und Arsensäure und gibt an, daß die Trennung analog der Abtrennung von Nickel, allerdings bei etwas größerem Ammoniakbedarf durchgeführt werden kann. Demnach wäre also bei ruhenden Elektroden neben geringen Mengen Arsensäure bei einer Badspannung unter 2,5 Volt (etwa 30 cm^3 konzentriertes Ammoniak und 3 bis 5 g Ammoniumsulfat auf 120 cm^3 Lösung) ein arsenfreier Kobaltniederschlag zu erhalten. Bei rotierender Netzkathode (500 Umdrehungen) könnte neben 1 g Na_3AsO_4 (etwas über 20 cm^3 konzentriertes Ammoniak und 5 g Ammoniumsulfat auf 120 cm^3 Lösung) bei 2,4 Volt Spannung und 0,7 Ampere Stromstärke die Abscheidung in höchstens 2 Std. beendet werden.

II. Fällung von Kobalt und Nickel neben Arsen in natronalkalischer Lösung mit Wasserstoffperoxyd nach Jannasch und Lehnert.

Fällung des Nickels bzw. Kobalts. 10 g reine Natronlauge werden in einer geräumigen Porzellanschale in 20 bis 25 cm^3 Wasser gelöst und nach Erkalten mit 30 cm^3 3%igen Wasserstoffperoxyds versetzt. Man tropft nun unter Umrühren die etwa 10 cm^3 betragende Lösung von ArsenV und Kobalt bzw. Nickel ein, erwärmt bedeckt 30 Min. auf dem Wasserbad und verdünnt anschließend mit heißem Wasser auf etwa 250 cm^3. Die Fällung wird abfiltriert, mit viel heißem Wasser gründlich ausgewaschen und nach Glühen bzw. Reduzieren ausgewogen.

Arsenbestimmung. Das arsenhaltige, stark alkalische Filtrat wird mit konzentrierter Salpetersäure angesäuert, auf ein kleines Volumen (50 bis 60 cm^3) eingedampft und mit 2 g Citronensäure versetzt. Man macht mit konzentriertem Ammoniak stark alkalisch (es darf keine Trübung entstehen) und fällt das Arsen mit einer 25%igen Lösung von krystallisiertem Magnesiumchlorid (mindestens 3 cm^3 je 0,3 g As_2O_3). Nach 24 Std. wird filtriert und mit verdünntem Ammoniak gewaschen.

Bemerkungen. Genauigkeit. Die angeführten Beleganalysen zeigen für Kobalt, Nickel und Arsen verhältnismäßig gute Ergebnisse (Co bis +1%, Ni bis +2%, As unter ±1% Fehler), trotzdem man bei Fällung aus der alkalischen Lösung und der Abscheidung des Arsens bei Gegenwart so bedeutender Salzmengen (die Verfasser führen keine doppelte Fällung aus) weit höhere Resultate erwarten könnte.

Ähnliche Verfahren. Bei C. R. Fresenius (d) wird eine Methode angegeben, bei der in alkalischer Lösung durch Einleiten von Chlor oxydiert wird.

Eine Abtrennung von Kobalt aus der Arsensäure enthaltenden Lösung mit Natronlauge und Bromwasser wurde § 6, S. 99 beschrieben.

III. Fällung des Kobalts mit Nitroso-β-Naphthol nach Burgass.

Der Autor fällte das Kobalt neben Arsen aus einer mit Salzsäure schwach angesäuerten Lösung, die mit 10 bis 20 cm^3 Essigsäure versetzt worden war, mit essigsaurer Nitroso-β-Naphthollösung. Aus dem Filtrat wurde nach Behandeln mit Kaliumchlorat und Salzsäure das Arsen als Magnesiumammoniumarsenat abgeschieden.

5. Sonstige Verfahren.

Wöhler schlug 1877 zur Trennung des Arsens von Nickel und Kobalt eine Fällung der sauren Lösung (Erze wurden mit Königswasser gelöst und der große Überschuß an Säure abgedampft) bei Siedehitze mit Natriumcarbonat vor. Der ausgewaschene Niederschlag wurde noch naß mit konzentrierter Oxalsäure übergossen, wobei das etwa darin enthaltene Eisen sowie mitgefällte Arsensäure quantitativ in Lösung gehen sollen.

Zur spektralanalytischen Arsenbestimmung neben Kobalt und Nickel s. § 11, S. 181 und 182. Siehe auch § 12, S. 183.

U. Trennung von Mangan.

1. Trennung von Arsen und Mangan durch Destillation.

Die Trennungsmöglichkeit durch Abdestillieren des Arsens ist § 14, S. 279 besonders erwähnt.

2. Verflüchtigung des Arsens auf trockenem Wege.

Die trockene arsensaure Verbindung wird mit reinem Schwefel gemischt und in einer Atmosphäre von Wasserstoff geglüht [C. R. FRESENIUS (e)]. Der Vorgang wird bis zum konstanten Gewicht wiederholt.

3. Trennung durch Fällung des Arsens.

Die Trennung des Arsens von Mangan gelingt durch doppelte Fällung als Magnesiumammoniumarsenat in tartrathaltiger Lösung [C. R. FRESENIUS (h)] und Abscheidung als Ammoniumarsenmolybdat [C. R. FRESENIUS (g)].

Arsensäure kann auch als Silberarsenat nach § 2, S. 58 neben Mangan gefällt werden.

Weiter ist Arsen durch Fällung mit Schwefelwasserstoff aus saurer Lösung von Mangan zu trennen.

Die Abscheidung des Arsens durch Reduktion mit unterphosphoriger Säure ermöglicht nach § 5, S. 80 eine Trennung von Mangan. Ebenso ist nach § 5, S. 88 die Fällung des Arsens neben Mangan mit Stannochlorid möglich.

4. Trennung durch Fällung des Mangans.

Trennung in alkalischer Lösung mit Wasserstoffperoxyd nach JANNASCH und KAMMERER.

Ausführung. Man löst 7,5 g Natriumhydroxyd in 30 cm^3 Wasser, setzt 30 cm^3 Wasserstoffperoxyd (die Konzentration wird nicht angegeben; bei anderen Trennungen dieser Art wurde 2- bis 6%iges Wasserstoffperoxyd verwendet) zu und gießt die salzsaure Wasserstoffperoxyd enthaltende Lösung von $Arsen^V$ und Mangan in diese Mischung ein. Man kocht auf, verdünnt mit warmem Wasser auf etwa 300 cm^3 und filtriert den Manganniederschlag ab. Nach Auswaschen mit siedendem Wasser wird in heißer verdünnter Salpetersäure, der etwas Wasserstoffperoxyd zugesetzt worden war, gelöst und mit der erforderlichen Menge Ammoniak, Wasser und Wasserstoffperoxyd (s. unter P, S. 349) neuerlich ausgefällt. Die vereinigten Filtrate werden eingeengt, sobald das Ammoniak vertrieben ist, mit konzentrierter Salpetersäure angesäuert und weiter bis zur Salzausscheidung eingedampft. Man verdünnt wieder etwas (gegebenenfalls wird filtriert) und übersättigt mit Ammoniak, worauf das Arsen mit Magnesiamischung gefällt werden kann.

Genauigkeit. Bei 2 Testanalysen ergab sich für Mangan in einem Fall eine Abweichung von etwa +0,8%, während die andere den theoretischen Wert ergab. Die Fehler bei der Arsenbestimmung hielten sich unter 0,4%.

5. Sonstige Verfahren.

Die Arsenbestimmung mit Hilfe der Molybdänblaureaktion ist nach § 10, S. 166, und § 13, S. 241 neben Mangan ausführbar.

Zur spektralanalytischen Arsenbestimmung neben Mangan s. § 11, S. 181.

V. Trennung von Erdalkalien, Alkalien und Ammonium.

1. Abtrennung des Arsens durch Destillation.

Wie § 14, S. 263 betont wurde, ist die Abtrennung des Arsens aus Alkalisalze enthaltenden Aufschlußlösungen ein wichtiges Anwendungsgebiet des Verfahrens und bietet keine Schwierigkeiten. Die Möglichkeit Arsen auf diese Weise von Kalium und Ammonium zu trennen wurde § 14, S. 279 besonders erwähnt. Hinweise zur Trennung von Calcium nach diesem Verfahren finden sich S. 263, 278, 288 und 292; die Abtrennung von Barium ist S. 274 berücksichtigt.

2. Abtrennung des Arsens auf trockenem Wege.

Trennung von Alkali- und Erdalkalimetallen nach MOSER und MARIAN.

Prinzip. *Das Arsen wird durch Erhitzen mit Ammoniumchlorid bzw. Ammoniumjodid verflüchtigt, wobei Alkali- oder Erdalkalihalogenid (bzw. ein Gemisch mit Oxyd) zurückbleibt.*

Analyse von Alkaliarsenaten. Die Substanz (bis 0,18 g) wird in einem Porzellan- oder Quarztiegel mit 1,5 bis 2 g Ammoniumchlorid abgeraucht (Tiegelluftbad). Durch 1- bis 2maliges Abrauchen wird das Arsen vollkommen verflüchtigt. (Mit trockenem Salzsäuregas wird für etwa gleiche Einwaagen eine quantitative Verflüchtigung des Arsens als Trichlorid bei 350° im Tiegelluftbad erst nach 4- bis 6stündiger Einwirkung erreicht). Die Differenz zwischen berechneten und gefundenen Mengen Alkalichlorid beträgt nur wenige Zehntelmilligramme.

Analyse von Erdalkaliarsenaten. Die Probe wird mit der ungefähr 10fachen Menge an Ammoniumjodid (1,5 bis 2 g) in einem Porzellantiegel, der mit einem durchlochten Glimmerplättchen bedeckt wird, bei etwa 400° 1- bis 3mal abgeraucht. Bei Analyse von Magnesiumarsenat wird der aus Oxyd und Jodid bestehende Rückstand vorteilhaft durch Abrauchen mit Schwefelsäure in das Sulfat übergeführt und ausgewogen.

Bemerkungen. Die Abtrennung des Arsens von Alkali- und Erdalkalimetallen durch Abrauchen mit Ammoniumchlorid wurde schon von ROSE (h) versucht. Sie gelingt auch bei Alkali-, Barium- und Strontiumarsenat. Calcium- und besonders Magnesiumarsenat werden aber auf diese Weise nicht quantitativ zersetzt. Das beschriebene Verfahren mit Ammoniumjodid ermöglicht nun auch in diesen Fällen eine quantitative Verflüchtigung des Arsens.

3. Trennung durch Fällung des Arsens.

I. Abtrennung von Arsensäure zusammen mit Phosphorsäure als Silbersalze nach DESBOURDEAUX.

Ausführung. Die Flüssigkeit wird, sofern sie nicht sauer reagiert, mit 5 bis 10 cm³ Salpetersäure von 40° Bé und einer den anwesenden Chlor-, Phosphorsäure- und Arsensäure-Ionen entsprechenden Menge an Silbernitrat, sowie einem Überschuß von wenigstens 2 g je 1 l Flüssigkeit versetzt, worauf mit Ammoniak genau neutralisiert wird (der Äquivalenzpunkt wird durch Tüpfeln ermittelt). Man läßt $^1/_2$ Std. stehen, neutralisiert nötigenfalls neuerlich, filtriert und wäscht in 4 Anteilen mit 100 cm³ 0,2%iger Silbernitratlösung. Der Niederschlag wird 1 Std. mit einer Lösung von 40 cm³ Salpetersäure von 40° Bé und 4 g Bariumnitrat (zur Fällung vorhandenen Sulfats) im Liter auf dem Wasserbad erwärmt, filtriert und mit einer Lösung von 20 cm³ Salpetersäure, 0,5 g Bariumnitrat und 4 g Silbernitrat im Liter Flüssigkeit nachgewaschen. Das Filtrat wird genau mit Ammoniak neutralisiert, der Niederschlag abfiltriert, mit 50 bis 100 cm³ 0,2%iger Silbernitratlösung und anschließend mit Wasser gewaschen und bei 150°, später bei 400 bis 500° getrocknet.

Bemerkungen. Nitrate der Alkalien, Erdalkalien, Alkalisulfate und Chlorate stören nicht. Von großen Mengen Chromat und Chlorid trennt man durch Fällung der Phosphor- und Arsensäure als tertiäre Erdalkalisalze mit Lauge. Größere Chloridmengen werden bei Gegenwart von viel Sulfat zweckmäßig durch Abrauchen mit Schwefelsäure und Salpetersäure in Sulfate übergeführt. Kieselsäure wird aus der salpetersauren Lösung der Silbersalze durch Eindampfen abgeschieden.

Zur Fällung der Arsensäure als Silberarsenat s. auch § 2, S. 58.

II. Fällung als Magnesiumammoniumarsenat.

Bei der von BARBER und KOLTHOFF angegebenen Abscheidung des Natriums als Natrium-Zink-Uranylacetat stört die Arsensäure, da sie ebenfalls einen Niederschlag gibt. Sie wird daher in kalter ammoniakalischer Lösung mit Magnesiamischung entfernt. Das Natrium wird dann nach Eindampfen des Filtrats zur Trockne wie üblich gefällt.

Der Fehler der Natriumbestimmung (0,01124 bis 0,01259 g NaCl neben 0,033 bis 0,086 g K_2HAsO_4) überstieg 0,5% nicht.

Zur Fällung des Arsens neben Alkalisalzen als Magnesiumammoniumarsenat s. auch § 1, S. 50.

III. Sonstige Verfahren zur Fällung von Arsen.

Die Fällung des Arsens neben Alkalien und Erdalkalien gelingt als Sulfid nach § 3 und § 4 sowie in elementarer Form nach § 5.

Nach C. R. FRESENIUS (h, g) ist die Trennung von Alkalien und Erdalkalien durch Fällung als Mercuroarsenat und als Ammoniumarsenmolybdat möglich.

Besonders geeignet zur Trennung von großen Alkalimengen ist die Fällung des Arsens zusammen mit einem Überschuß an Eisen nach § 6, S. 107 bzw. § 13, S. 197.

4. Trennung durch Fällung der anderen Ionen.

I. Abtrennung des Calciums durch Fällung als Oxalat.

Arbeitsvorschrift nach DOBBINS und MEBANE. Die Calcium und ArsenV enthaltende Lösung wird schwach ammoniakalisch gemacht (einige Tropfen Überschuß) und zum Sieden erhitzt. Man fällt mit einem Überschuß an Ammoniumoxalat, erhält 10 Min. bei beginnendem Sieden und rührt gelegentlich um (die Lösung kann auch nach dem Zusatz des Ammoniumoxalats ammoniakalisch gemacht werden). Nach 1stündigem Stehen wird filtriert, mit schwach ammoniakalischem Wasser gewaschen und nach Lösen in Schwefelsäure mit Permanganat titriert.

Die angeführten, unter den beschriebenen Bedingungen ausgeführten Beleganalysen zeigen sehr gute Übereinstimmung zwischen angewendeter und gefundener Calciummenge.

Eine sehr ähnliche Vorschrift gibt ERDHEIM, nach der Calcium von allen Schwermetallen mit Ausnahme von CrIII und EisenII (Zinn soll als ZinnIV vorliegen, und die Lösung soll das Calcium und die Metalle als Chloride, Nitrate oder Acetate enthalten) bei Gegenwart von Ammoniumcitrat mit Ammoniumoxalat abgetrennt wird. Man versetzt dazu die Lösung mit Methylorange, und bei nur schwach saurer Reaktion mit einigen Tropfen Salzsäure und fügt 25 cm³ einer Ammoniumcitratlösung (100 g Citronensäure in 650 cm³ Wasser + 350 cm³ 25%iges Ammoniak) sowie 5 bis 10 Tropfen 25%iges Ammoniak zu (nötigenfalls wird auf 200 bis 250 cm³ verdünnt). Die zum Sieden erhitzte Lösung wird mit 1 g Ammoniumoxalat versetzt, kurz aufgekocht und nach 3- bis 4stündigem Stehen filtriert. Man wäscht mit heißem verdünntem Ammoniak und bestimmt das Calcium durch Titration mit Kaliumpermanganat.

II. Abtrennung des Strontiums als Nitrat nach WILLARD und GOODSPEED.

Ausführung. Die Chloride, Perchlorate oder Nitrate (letzteres ist am vorteilhaftesten) werden zur Trockne verdampft und mit 10 cm³ Wasser aufgenommen. Man fällt nun das Strontiumnitrat unter ständigem Rühren (am besten durch ein Rührwerk) durch tropfenweisen Zusatz von 26 cm³ 100%iger Salpetersäure aus. Nach $^1/_2$stündigem Stehen wird durch einen GOOCH-Tiegel filtriert und, nachdem man den Niederschlag mit 80%iger Salpetersäure in den Tiegel gebracht hat, 10mal mit ungefähr je 1 cm³ 80%iger Salpetersäure nachgewaschen. Man trocknet 2 Std. bei 130 bis 140° und wägt als Strontiumnitrat.

Bemerkungen. 61,8 mg Strontium wurden neben Arsensäure (500 mg As) mit einem Fehler von —0,1 mg Sr wiedergefunden.

Bei geringen Niederschlagsmengen wird 45 Min. mechanisch gerührt. Wenn nötig, wird in größerem Volumen und gegebenenfalls doppelt gefällt.

III. Abtrennung des Bariums als Nitrat nach WILLARD und GOODSPEED.

Ausführung. Die trockenen Salze werden in 5 cm³ Wasser gelöst, das Barium wird vorerst teilweise unter Rühren durch langsames Zutropfen von 3 cm³ 70%iger Salpetersäure ausgefällt und die Lösung schließlich durch Zugabe von 11 cm³ 100%iger Salpetersäure (ebenfalls langsam unter Rühren) auf die erforderliche Konzentration von 76% gebracht. Nach $^1/_2$stündigem Stehen wird das Bariumnitrat abfiltriert, 10mal mit 76%iger Salpetersäure gewaschen und 2 Std. bei 130 bis 140° getrocknet.

Bemerkungen. Die Verfasser betonen, daß Barium zweifellos auf diese Weise von allen Metallen getrennt werden kann, von denen eine Abtrennung des Strontiums gelang (also auch von Arsen!). Unter den angeführten Beleganalysen ist allerdings keine Barium-Arsentrennung.

IV. Nach C. R. FRESENIUS (f) sind Ca, Sr und Ba neben Arsensäure als Sulfate fällbar, und zwar Calcium und Strontium unter Zusatz von Alkohol.

5. Besondere Vorschriften zur maßanalytischen Bestimmung des Arsens neben Ca, Sr und Ba.

Die maßanalytische Bestimmung mit Bromat in schwefelsaurer Lösung neben Ca, Sr und Ba wurde § 8, S. 128 und 129 erörtert.

Eine maßanalytische Bestimmung mit Silbernitrat unter Fällung des Calciums als Fluorid ist § 2, S. 61 erwähnt.

6. Sonstige Verfahren.

Die Arsenbestimmung mit Hilfe der Molybdänblaureaktion ist nach § 10, S. 166 neben geringen Mengen Calcium und Magnesium durchführbar und die Arsenbestimmung mit Cocainmolybdat ist nach § 10, S. 170 neben wenig Ammonium- und Natriumsalz möglich.

Die Überführung des Arsens in Arsenwasserstoff wird durch mäßige Mengen an Alkali- und Erdalkalisalzen nicht beeinträchtigt. Siehe auch § 12, S. 183.

W. Trennung von Phosphorsäure.

1. Trennung von Arsen und Phosphorsäure durch Destillation.

Allgemein anwendbar ist das Verfahren, das Arsen nach Reduktion als Trichlorid abzudestillieren bzw. wenn nur die Phosphorsäure bestimmt werden soll, das Arsen als Trichlorid oder in Form einer anderen geeigneten Verbindung einfach zu verflüchtigen. Die Abtrennung des Arsens von Phosphorsäure auf diesem Wege wurde auch § 14, S. 273 besonders erwähnt.

Wlassowa und Marunowa-Schadrina schlagen zur Entfernung des Arsens anläßlich der Phosphorbestimmung in Stahl Bromwasserstoffgas vor. Nach einem Verfahren von Travers und Lu trennt man Vanadin und Arsen von Phosphorsäure und Aluminium durch eine Destillation im Salzsäurestrom bei 400 bis 450°. Eine Trennung im trockenen Salzsäurestrom im Verbrennungsrohr ist auch § 14, S. 295 beschrieben.

2. Trennung durch Fällung des Arsens.

Die Fällung neben Phosphorsäure gelingt in saurer Lösung in Form der Sulfide. Siehe dazu auch unter 5, S. 361.

3. Trennung durch Fällung der Phosphorsäure.

I. Sedimetrische Phosphorsäurebestimmung (Verfahren von Copaux) neben Arsensäure nach Courtois.

Vorbemerkungen. Obwohl Arsensäure ebenso wie Phosphorsäure einen schweren, Wasser und Äther enthaltenden Molybdänsäurekomplex gibt (s. § 6, S. 98), gelingt es doch durch Einhaltung einer ziemlich hohen Schwefelsäurekonzentration die Phosphorsäure allein als besagten Komplex abzuscheiden, da die Bildung der entsprechenden Arsensäureverbindung in schwefelsaurer Lösung weitgehend verzögert wird. (Bei noch höherer Schwefelsäurekonzentration wird allerdings auch die Bildung des Phosphorsäurekomplexes verzögert.) Wird erst nach längerer Zeit zentrifugiert, ist jedoch auch etwas von der Arsensäureverbindung beigemischt, und nach 3 bis 5 Tagen ist die Arsensäure ebenfalls quantitativ ausgeschieden. Anderseits gelingt die Trennung der Phosphorsäure von der Arsensäure auf diesem Wege auch in schwächer schwefelsaurer Lösung, wenn das Arsen vorher zu arseniger Säure reduziert wurde.

a) Direkte Bestimmung. Man setzt der Lösung, die Arsensäure und Phosphorsäure enthält und sich in dem Copauxschen Spezialgefäß befindet, 15 cm³ einer 20 vol-%igen Schwefelsäure, 10 cm³ Äther und je nach der vorhandenen Arsen- bzw. Phosphorsäuremenge 10 bis 15 cm³ Natriummolybdatlösung (an Molybdänsäure 10%ig) zu, verdünnt auf 70 cm³ und zentrifugiert nach höchstens $^1/_2$ Std.

Die angeführten Resultate zeigen, daß die Bestimmung von 5 bis 20 mg P_2O_5 selbst neben 40 mg As_2O_5 noch befriedigende Resultate liefert. Die Abweichungen betragen im allgemeinen 0,01 bis 0,02 cm³ bei Volumen von 0,22 bis 0,95 cm³.

b) Bestimmung nach Reduktion der Arsensäure mit schwefliger Säure. Man bringt die Lösung, die höchstens 175 mg As_2O_5 enthalten darf, in einen 125 cm³ fassenden Erlenmeyer-Kolben und gibt 10 cm³ 20 vol-%ige Schwefelsäure sowie 10 cm³ einer 20%igen Natriumsulfitlösung zu. Der Kolben wird unverschlossen 30 Min. auf ein kochendes Wasserbad gestellt, dann unter fließendem Wasser gekühlt und der Rest an Schwefeldioxyd durch Zusatz von 0,1 n Jodlösung bis zur blaßgelben Färbung, die nach Umschütteln wenigstens 5 Min. bestehen bleiben muß, entfernt (ein kleiner Jodüberschuß schadet nicht, wohl aber würde zurückbleibende schweflige Säure stören). Die Lösung wird neuerlich gekühlt und die Phosphorsäure wie üblich als wasser- und ätherhaltiger Molybdänsäurekomplex abgeschieden. Man zentrifugiert möglichst schnell.

10 bzw. 20 mg P_2O_5 wurden neben 20 bzw. 30 mg As_2O_5 mit einer maximalen Abweichung von 0,03 cm³ gefunden. Auch in salzsaurer Lösung (15 cm³ HCl und 15 cm³ Sulfitlösung) werden fast identische Resultate erhalten.

c) Bestimmung nach Abtrennung mit Magnesiamischung. Man reduziert die Arsensäure in schwefelsaurer Lösung mit Jodwasserstoffsäure, entfernt das in Freiheit gesetzte Jod durch Thiosulfat, kühlt ab und versetzt mit ammoniakalischer Magnesiamischung. Schließlich fügt man Ammoniak zu und filtriert nach 24stündigem Stehen bei gewöhnlicher Temperatur den aus Arsenit und Phosphat bestehenden Niederschlag. Man löst in 15 cm³ 20 vol.-%iger Schwefelsäure und bestimmt die Phosphorsäure wie beschrieben nach COPAUX, wobei man aber bereits nach $^1/_4$ Std. zentrifugiert.

Bemerkungen. Sonderbarerweise wurde beobachtet, daß nach Reduktion mit schwefliger Säure und Entfernen des Überschusses mit Jod in ammoniakalischer Lösung eine Reoxydation zu Arsenat stattfindet (wahrscheinlich durch Spuren katalytisch wirkender Schwefelverbindungen). Dagegen ist bei dem beschriebenen Reduktionsverfahren keine merkliche Oxydation zu befürchten.

II. Fällung der Phosphorsäure neben Arsensäure mit Triäthanolaminmolybdat nach TETTAMANZI.

Erforderliche Lösungen. Triäthanolaminmolybdat: 15 g Ammoniummolybdat werden in 50 cm³ Wasser gelöst und nach dem Abkühlen mit reinem wasserfreiem Äthanolamin auf 100 cm³ aufgefüllt.

Reagens. Man fügt zu 100 cm³ der Triäthanolaminmolybdatlösung 20 cm³ 10%iger Citronensäure, kühlt unter fließendem Wasser, versetzt langsam mit 100 cm³ 30 bis 32%iger Salpetersäure (D 1,19 bis 1,20) und kühlt neuerlich ab. Das Reagens wird jeweils vor Gebrauch frisch bereitet.

Ausführung. Die etwa 50 cm³ betragende, neutrale oder schwach salpetersaure Lösung von Arsenat und Phosphat wird in einem 250 cm³ fassenden Becherglas in der Kälte mit etwa dem 3fachen Volumen an Reagenslösung versetzt. Nach ungefähr 4 Std. hat sich der Niederschlag quantitativ abgesetzt und kann abgesaugt werden. Man wäscht mit 5 cm³ Reagenslösung nach. Im Filtrat kann die Arsensäure mit Magnesiamischung gefällt werden.

4. Colorimetrische und nephelometrische Phosphorsäurebestimmungen neben Arsensäure.

I. Colorimetrische Bestimmung von Phosphat neben Arsenat nach TSCHOPP und TSCHOPP.

Erforderliche Lösungen. Molybdänsäurelösung: 25 g reinstes pulverisiertes Ammoniummolybdat werden in 500 cm³ 1 n Schwefelsäure gelöst.

Monomethyl-p-aminophenolsulfat-Reagens: 0,2 g Monomethyl-p-aminophenolsulfat (Photo-Rex) werden in 100 cm³ destilliertem Wasser zusammen mit 20 g Natriumbisulfit und 1 g Natriumsulfit aufgelöst. Die Lösung ist gut verschlossen lange haltbar.

Ausführung. Die zu untersuchende, eiweißfreie und schwach saure Flüssigkeit, die 0,05 bis 0,2 mg Phosphor enthält, wird in einem Mikro-KJELDAHL-Kolben (Marke bei 25 cm³) mit destilliertem Wasser auf etwa 20 cm³ gebracht. Man fügt 1 cm³ 20%ige Natriumbisulfitlösung, 1 cm³ Molybdänsäurelösung und 1 cm³ an Monomethyl-p-aminophenolsulfat-Reagens zu. In einem zweiten Kolben werden je nach dem zu erwartenden Phosphorsäuregehalt 5 bis 10 cm³ einer Standard-Phosphatlösung (enthaltend 0,1 mg Phosphor je 10 cm³) mit etwa 10 cm³ destilliertem Wasser und wie bei der Probe mit je 1 cm³ Bisulfit-, Molybdänsäure- und Monomethyl-p-aminophenolsulfatlösung versetzt. Man senkt beide Kolben für 5 Min. in ein Wasserbad von 60° ein, bringt anschließend in kaltes Wasser, füllt auf 25 cm³ auf und vergleicht im Colorimeter. Als Kontrolle wird außerdem eine Bestimmung des unbekannten Materials nach Zugabe von 5 cm³ Standardphosphatlösung ausgeführt.

Genauigkeit. Die Menge gleichzeitig anwesenden Arsens wird von den Verfassern in einem Fall mit 0,05 mg As_2O_3 angegeben. 0,1 mg Phosphor wurden dabei exakt wiedergefunden. Zur Anwendung der Methode in eiweißhaltigem Medium geben die Verfasser spezielle Vorschriften. BARRENSCHEEN, BANGA und BRAUN kontrollierten das Verfahren unter Verwendung von 1-Amino-2-naphthol-4-sulfosäure als Reduktionsmittel, wobei sie jedoch neben Arsenat keine brauchbaren Resultate erhalten konnten (Maximum der Störung durch Arsenat bei einer schließlichen Arsenatkonzentration von $^1/_{600}$ m).

II. Andere colorimetrische Vorschriften.

ZINZADZE (c) reduziert zur Bestimmung von Phosphorsäure neben Arsensäure diese mit Sulfit, indem er der in einem 50 cm³ fassenden Meßkolben befindlichen und neutralisierten Probe (0,01 bis 0,3 mg P_2O_5 enthaltend) 5 cm³ 1 n Schwefelsäure und 5 cm³ 8%iger Natriumbisulfitlösung zusetzt. Danach füllt er auf 30 cm³ auf, läßt zur vollständigen Reduktion der Arsensäure über Nacht stehen oder erhitzt wenigstens 1 Std. auf dem Wasserbad und setzt dann erst das Molybdänblaureagens (s. § 10, S. 162) zu. Die Färbung wird dann wie üblich durch 30 Min. langes Erhitzen auf dem Wasserbad entwickelt und nach Abkühlen und Auffüllen colorimetrisch ausgewertet. Es dürfen bei dem Verfahren nicht mehr als 20 mg As_2O_5 in 50 cm³ Lösung anwesend sein.

Ähnlich gehen auch PETT (Molybdänblauentwicklung mit Eikonogen bei 50°) und AMMON und HINSBERG (Molybdänblauentwicklung mit Ascorbinsäure bei 70°) vor (s. dazu auch § 10, S. 169).

BRAUNSTEIN gibt eine colorimetrische Phosphorbestimmung in Gegenwart von Arsen an, bei der die 3 cm^3 betragende Probe (0,060 bis 0,120 mg P_2O_5 und 1 cm^3 $^1/_{600}$ m Na_2HAsO_4-Lösung enthaltend) mit 1 cm^3 22%iger Trichloressigsäure, 2 cm^3 5 n Schwefelsäure, 2 cm^3 2,5%iger Molybdatlösung und 2 cm^3 Eikonogenlösung (1,2,4-Aminonaphtholsulfosäure; siehe § 10, S. 169) (1:5) versetzt wird. Man erwärmt 5 Min. auf 37°, kühlt unter der Wasserleitung und colorimetriert innerhalb von 5 Min. zu einer genau registrierten Zeit. Für den Arsengehalt wird eine Korrektur in Rechnung gesetzt, die nach Angabe des Verfassers für die in Frage stehenden Arsenmengen innerhalb des Fehlerbereiches der Colorimetrie zu liegen kommt.

BARRENSCHEEN, BANGA und BRAUN konnten nach der Methode von BRAUNSTEIN neben Arsen keine auch nur annähernd brauchbaren Werte erhalten, da es sich, wie diese Autoren feststellten, um eine induzierte Reaktion handelt und konstante Korrekturwerte auch bei gleichbleibender Arsenatmenge daher nicht angebracht werden können. In seiner Erwiderung betont BRAUNSTEIN, daß die Anwesenheit von Trichloressigsäure-Ionen die Induktion der Reaktion mit Arsensäure sehr stark hemmt und daher unbedingt erforderlich ist, bzw. daß also bei Gegenwart dieser Ionen eine Korrektur anwendbar ist. Er gibt aber zu, daß das Verfahren nur mit Vorbehalt zu quantitativen Schlußfolgerungen herangezogen werden kann. Bei Konzentrationen über $^1/_{200}$ molar an Arsenat ist z. B. eine genaue Phosphorsäurebestimmung nicht mehr möglich, so daß die Methode nur in einem eng begrenzten Gebiet und nur als Näherungsverfahren brauchbar erscheint.

III. Nephelometrische Phosphorsäurebestimmung neben Arsen mit Strychninmolybdat nach KORENMAN.

Man gibt zu der 3 cm^3 betragenden Lösung 2 cm^3 2 n Schwefelsäure und je 0,2 cm^3 6%ige Molybdänsäurelösung und 3%ige Strychninnitratlösung. 4 bis 18 γ PO_4''' können nach Angabe des Verfassers mit einem mittleren Fehler von etwa 8% bestimmt werden und geringe Mengen Phosphat sollen auch neben einem 2- bis 3fachen Überschuß an Arsensäure befriedigend bestimmbar sein.

5. Sonstige Verfahren zur Ermittlung der beiden Säuren nebeneinander.

Die maßanalytische Bestimmung der arsenigen Säure mit Permanganat ist nach § 9, S. 144 neben kleinen Mengen Orthophosphorsäure möglich.

Eine indirekte Bestimmung durch Ermittlung der Summe ArsenV + P_2O_5 mit Uranylnitrat und jodometrische Titration des Arsens nach Reduktion wurde von FOUILLOUZE vorgeschlagen. BĂLĂNESCU und IONESCU ermitteln die Arsensäure neben Phosphorsäure durch Titration des in stark salzsaurer Lösung (mindestens 16% HCl) aus Kaliumjodid in Freiheit gesetzten Jods. Die Phosphorsäure bestimmen sie nach Entfernung des Arsens als Pentasulfid mit Molybdat, oder sie ermitteln die Summe der beiden Säuren durch Fällung der Silbersalze und in einer anderen Probe die Arsensäure durch Fällung als Sulfid.

ZINZADZE (d) schlug vor, in einer Probe die Summe $As_2O_5 + P_2O_5$ mit Hilfe der Molybdänblaureaktion zu bestimmen und in einer anderen Probe die Arsensäure nach SCHULEK und v. VILLECZ (Titration mit Bromat; s. § 8, S. 128) zu ermitteln. TRUOG und MEYER empfehlen die Fällung des Arsens als Sulfid nebst colorimetrischer Summenbestimmung mittels Molybdänblaureaktion.

Die Abtrennung der Arsensäure von Phosphorsäure durch Überführung in Arsenwasserstoff wurde von GUREWITSCH und RASCHKOWAN durchgeführt (s. § 13, S. 190), während anderseits die Phosphorsäure nach Verflüchtigen des Arsens als Trichlorid (Reduktion mit Kaliumbromid) mit Hilfe der Molybdänblaureaktion bestimmt wurde. Auch die Überführung des Arsens in Arsenwasserstoff durch kathodische Reduktion kann nach § 13, S. 253, neben Phosphaten ausgeführt werden.

Zur spektralanalytischen Arsenbestimmung neben Phosphorsäure s. § 11, S. 182.

X. Trennung von anderen Anionen[1].

1. Titration von Ferrocyanid und arseniger Säure nebeneinander nach LANG (c).

Ausführung. Das ungefähr 1 n schwefelsaure, etwa 100 cm^3 betragende Lösungsgemisch von Ferrocyanid und arseniger Säure wird mit 2 Tropfen 0,01 n Ferroinlösung versetzt und das Ferrocyanid durch Titration mit 0,1 n CerIV-sulfat-Lösung bis zum Farbumschlag von Bräunlich nach Hellgrün titriert. Man fügt 1 bis 2 g Natriumchlorid und 5 Tropfen einer 0,0025 m Kaliumjodatlösung zu (die Lösung

[1] Siehe auch § 12, S. 183.

färbt sich wieder bräunlich) und titriert die arsenige Säure mit 0,1 n Kaliumpermanganatlösung. Mit dem Farbumschlag nach Hellgrün (die Farbe darf nicht mehr nach Braun zurückgehen) ist die Titration des Arsens beendet.

Bemerkungen. Die Beleganalysen zeigen bei Verbrauchen von 10 bis 40 cm^3 0,1 n Lösung für beide Maßflüssigkeiten höchstens Abweichungen von $+0{,}02$ cm^3 0,1 n Lösung. In keinem Fall ergaben sich negative Fehler.

Bei Anwesenheit großer Mengen Ferricyanid (über 40 cm^3 0,1 n Lösung) ist der Endpunkt der Permanganattitration unscharf und die Titration wird in diesem Falle zweckmäßig potentiometrisch ausgeführt. Das Verfahren wurde neben größeren Mengen ChromIII-sulfat geprüft und verläßlich befunden (die Notwendigkeit, die genannten Ionen nebeneinander zu bestimmen, ergab sich bei der Betriebskontrolle der Zinkgrünherstellung).

Zur Titration von Ferrocyanid neben arseniger Säure mit CerIV-sulfat s. auch § 9 S. 151.

2. Bestimmung von arseniger Säure neben salpetriger Säure nach KLEMENC und POLLAK.

Ausführung. Man bestimmt die Summe von arseniger Säure und salpetriger Säure mit Kaliumpermanganat, indem man einen gemessenen großen Überschuß an 0,1 n Kaliumpermanganatlösung, die mit rund $^1/_6$ ihres Volumens an etwa 75%iger Schwefelsäure versetzt ist, in einen Kolben mit eingeschliffenem Stopfen bringt, gegebenenfalls mit Eis abkühlt und die Luft aus dem Kolben durch Kohlendioxyd verdrängt. Anschließend läßt man die Lösung, die Nitrit und arsenige Säure enthält, einfließen, erwärmt den geschlossenen Kolben auf etwa 40° und titriert den Überschuß an Kaliumpermanganat nach etwa 4 bis 5 Min. mit Oxalsäure zurück. Ein anderer Teil der Probe wird zur Bestimmung der arsenigen Säure allein mit Hydrogencarbonat übersättigt und mit Jod titriert. Eine Oxydation der salpetrigen Säure findet dabei nicht statt.

Bemerkungen. Die Differenzen zwischen gefundenen und berechneten Mengen salpetriger Säure in 8 Testversuchen neben 0,04 bis 0,05 g H_3AsO_3 betragen $+1{,}6$ bis $-4{,}1$ mg HNO_2 (bei etwa 0,02 g salpetriger Säure).

Zur Bestimmung von Nitrit neben arseniger Säure mit CerIV-sulfat s. § 9, S. 151.

3. Bestimmung von Thiosulfat und arseniger Säure nebeneinander.

I. Verfahren von WAWILOW zur Bestimmung von arseniger Säure in Thiosulfat.

Man führt in bicarbonatalkalischer Lösung (30 cm^3 Wasser + 1 g Natriumbicarbonat) das Thiosulfat durch Zusatz von Jod in Tetrathionat über, wobei auch das dreiwertige Arsen oxydiert wird. Zur Reduktion des Arsens versetzt der Verfasser je 10 cm^3 Flüssigkeit mit 2,5 cm^3 4 n Salzsäure und 3 g Kaliumjodid (im Referat wird hier außerdem ein Zusatz von 3 g Natriumbicarbonat angegeben), erhitzt auf dem Wasserbad und entfernt das ausgeschiedene freie Jod mit Thiosulfat. Das Arsen kann dann bei Gegenwart von Bicarbonat mit 0,1 n Jodlösung titriert werden.

II. Arbeitsweise von HOLLAND und STRACHOWA zur Bestimmung von Thiosulfat neben Thio- und Oxythioarsensalzen.

Das Gemisch von Thio- und Oxythioarsensalzen sowie Natriumthiosulfat wird 5 bis 10 Min. mit Schwefelwasserstoffgas behandelt und mit Kaliumaluminiumsulfat versetzt. (Das Verhältnis von Aluminium zu Thiosulfat muß kleiner als 3 sein; anderseits muß das Verhältnis zum Thioarsenigsäurerest $[HAsS^{\cdot\cdot}]$ größer als 2 sein, um vollständige Ausfällung des Arsens zu erreichen.)

Nach Auffüllen auf ein bestimmtes Volumen wird durch ein trockenes Filter filtriert und ein aliquoter Teil des Filtrats mit Zinkacetat durchgeschüttelt. Man füllt neuerlich auf ein bestimmtes Volumen auf, filtriert durch ein trockenes Filter und bestimmt das Thiosulfat in diesem Filtrat jodometrisch. Die Bestimmung dauert 40 bis 60 Min. Der Fehler bei Bestimmung von Thiosulfat in technischen Laugen beträgt nach Angabe der Verfasser 0,5 bis 1% und ist von der Konzentration der Arsensalze abhängig.

4. Bestimmung von Arseniten und Arsenaten neben Chloraten nach DRANOWSKI.

Vorerst wird die arsenige Säure in bicarbonatalkalischer Lösung (Volumen 25 cm^3) mit 0,1 n Jodlösung titriert. Anschließend wird das vom Chlorat in salzsaurer Lösung aus KJ (2 g KJ + 10 cm^3 konzentrierte HCl) in der Hitze abgeschiedene Jod nach Abkühlen und Abstumpfen mit 20 g Natriumacetat mit Thiosulfat titriert. Bei diesem Zusatz von Natriumacetat wird offenbar das vom Arsen in Freiheit gesetzte Jod wieder zur quantitativen Oxydation des dabei gebildeten dreiwertigen Arsens verbraucht. Das ArsenV scheidet nach Zugabe von weiteren 50 cm^3 konzentrierter Salzsäure die ihm entsprechende Jodmenge aus, die nach 5 Min. mit Thiosulfat gemessen wird. Auf diese Weise wird demnach das Gesamtarsen ermittelt.

5. Bestimmung von Sulfiten, Sulfaten, Arseniten und Arsenaten nebeneinander nach MALINOWSKI und LOPATINA.

Die Verfasser schlagen folgende Arbeitsgänge vor: Die Summe der arsenigen Säure und der Arsensäure wird nach Oxydation mit Brom in natronalkalischer Lösung, Ansäuern mit Salzsäure und Wegkochen des Bromüberschusses sowie Reduktion des Arsens mit Jodwasserstoff in schwefelsaurer Lösung jodometrisch ermittelt (Titration in bicarbonatalkalischer Lösung). Anderseits wird eine Summenbestimmung für schweflige Säure und arsenige Säure vorgeschlagen, wobei man 20 cm^3 der zu analysierenden Lösung zu einem Gemisch von 30 bis 50 cm^3 Wasser, 2 cm^3 Salzsäure (D 1,19), überschüssiger 0,1 n Jodlösung und Stärke einfließen läßt, nach 10 Min. langem Stehen im verschlossenen Kolben 25 cm^3 gesättigte Bicarbonatlösung zusetzt und nach weiteren 5 bis 10 Min. den Jodüberschuß mit Thiosulfat zurücktitriert. Das Arsenit wird in 20 cm^3 der Lösung nach Zusatz von 5 cm^3 40%igem Formaldehyd, 2 bis 3 g Natriumacetat und verdünnter Essigsäure bis zur schwach sauren Reaktion und 5 Min. langem Stehen durch Titration mit 0,1 n Jodlösung ermittelt. Außerdem wird eine Summenbestimmung von Sulfit und Sulfat nach Oxydation mit Bromwasser in alkalischer Lösung durch Fällung als Bariumsulfat durchgeführt.

6. Trennung von Flußsäure.

Die Abscheidung des Arsens aus Arsentrifluorid wurde von MOISSAN durch Fällung mit Schwefelwasserstoff in Platin- und Kautschukgeräten ausgeführt.

Eine Arbeitsweise zur Abscheidung der Arsensäure als Silberarsenat aus fluoridhaltiger Lösung ist § 2, S. 62 und § 15, S. 301 beschrieben.

Zur colorimetrischen Arsenbestimmung mittels Molybdänblaureaktion neben Flußsäure s. § 10, S. 165.

Nach den Erfahrungen von SCHITIKOWA stört Fluor die Arsenbestimmung nach SANGER und BLACK (s. § 13, S. 220) nicht, so daß Spuren Arsen in Natriumfluorid nach dieser Methode bestimmt werden konnten.

7. Die Veraschung organischer Substanz neben Chloriden ohne Oxydationsmittel mit nachfolgender Titration der arsenigen Säure mit Bromat wurde § 8, S. 127 beschrieben. Bemerkungen zur nephelometrischen Arsenbestimmung mit Cocainmolybdat neben mäßigen Mengen Chlorid finden sich § 10, S. 170.

8. Neben geringen Mengen Cyanwasserstoffsäure ist die Titration der arsenigen Säure mit Permanganat nach § 9, S. 144 möglich.

9. Zur Arsenbestimmung mittels Molybdänblaureaktion neben Nitrat s. § 10, S. 164, 165 und 166. Der Einfluß von Nitrat auf die nephelometrische Arsenbestimmung mit Cocainmolybdat ist § 10, S. 170 erwähnt.

10. SZEGEDY trennt Fumarsäure von arseniger Säure durch Fällung als Mercurofumarat. Die Fehler halten sich unter 2%.

11. Neben Kieselsäure kann Arsensäure mit Hilfe der Molybdänblaureaktion nach § 10, S. 164 und 166 bestimmt werden.

12. Zur Trennung von Arsenwasserstoff und Schwefelwasserstoff s. § 13, S. 189 und 191.

13. Trennung von Phosphit, Hypophosphit und Phosphorwasserstoff. Zur Abtrennung des Arsens von Phosphit und Hypophosphit unter Überführung in Arsenwasserstoff wurde § 13, S. 241 ein Verfahren angegeben. Zwei Methoden zur Trennung von Arsenwasserstoff und Phosphorwasserstoff sind § 13, S. 190 und 191 beschrieben.

14. Eine Bestimmung von Kohlendioxyd neben Arsenwasserstoff wurde § 13, S. 191 beschrieben.

15. Die acidimetrische Borsäurebestimmung unter Zusatz von Invertzucker und mit Bromkresolpurpur als Indicator ist nach SCHÄFER und SIEVERTS neben As_2O_3 und geringen Mengen As_2O_5 (bis zu 10 mg) möglich.

Y. Trennung von dreiwertigem und fünfwertigem Arsen.

1. Trennung durch Abdestillieren des dreiwertigen Arsens.

Zur Trennung von ArsenIII und ArsenV wurde vielfach in der Weise verfahren, daß das dreiwertige Arsen vorerst abdestilliert und anschließend, nach Zusatz eines Reduktionsmittels, auch das fünfwertige Arsen übergetrieben wurde (Wechseln der Vorlage). Zu diesem Vorgehen ist zu bemerken, daß auch ArsenV unter Umständen eine geringe Flüchtigkeit aufweist (s. § 14, Allgemeines) und die Resultate je nach den Bedingungen mehr oder weniger exakt ausfallen werden.

In der älteren Literatur wird von RIECKHER schon 1870 eine Abtrennung des dreiwertigen von fünfwertigem Arsen durch Destillation angegeben. Nach dem Prinzip geht auch DUBROWIN vor, der die Probe in einem Gemisch von konzentrierter Salzsäure und Schwefelsäure löst, das dreiwertige Arsen abdestilliert und nach Zugabe weiterer konzentrierter Salzsäure und eines Reduktionsmittels neuerlich destilliert. Ein derartiges Verfahren unter Reduktion mit Schwefelwasserstoff ist auch § 14, S. 284 erwähnt. Durch Destillation als Methylester bei Gegenwart von Schwefelsäure ist die Trennung von ArsenIII und ArsenV nach § 14, S. 287 ebenfalls möglich.

2. Trennung geringer Mengen von ArsenIII und ArsenV durch Verflüchtigung des dreiwertigen Arsens mit Flußsäure.

Arbeitsvorschrift nach GEILMANN und MEYER-HOISSEN.

Die Verfasser bestimmen die Wertigkeitsstufen des Arsens im Glas durch zwei *Arbeitsgänge*. Einerseits wird die Gesamtmenge an Arsen nach Aufschluß von 0,5 bis 1 g Glaspulver mit 3 bis 4 g Ätznatron und 0,1 bis 0,2 g Natriumperoxyd im Nickel- oder Silbertiegel und Reduktion mit schwefliger Säure, je nach der vorhandenen Arsenmenge nach SANGER und BLACK oder C. R. SMITH, bestimmt (siehe § 13, S. 223 und 241). Anderseits werden 0,5 bis 1 g Glas im Platintiegel mit 3 cm^3 Schwefelsäure (1:1) und 6 bis 8 cm^3 konzentrierter Flußsäure, die keine organische Substanz (Paraffinpartikel oder gelöste organische Substanz) enthalten darf, übergossen und bis zum starken Rauchen der Schwefelsäure erhitzt. Der Rückstand wird mit Wasser aufgenommen, das ArsenV mit schwefliger Säure reduziert und ebenso wie das Gesamtarsen ermittelt. Aus der Differenz ergibt sich der Gehalt an ArsenIII.

Genauigkeit. 6 Testversuche, bei denen einem arsenfreien Glas wechselnde Mengen an ArsenIII und ArsenV zugesetzt wurden (0,052 bis 1,015 mg As_2O_3 und 0,035 bis 0,822 mg As_2O_5) zeigen für die beiden Ionenarten Abweichungen, die sich mit einer Ausnahme (+ 13,3%) unter ± 10% halten.

3. Trennung durch Fällung der Arsensäure als Magnesiumammoniumarsenat.

Die von LEVOL (b) vorgeschlagene Trennungsmethode wurde von LUTZ und SWINNE überprüft. Auf Grund zahlreicher Versuche kamen die Verfasser zu dem Resultat, daß bei Anwesenheit einigermaßen erheblicher Mengen an arseniger Säure und besonders Alkaliarsenit eine Trennung durch Fällung mit Magnesiamischung nicht möglich ist, da auch die arsenige Säure durch Magnesiumsalz gefällt wird. (TANANAEFF und POTSCHINOK versuchten die Fällung der arsenigen Säure durch Luftoxydation und sukzessive Ausfällung des so gebildeten Arsenats zu erklären, wogegen aber COURTOIS zu dem Resultat kommt, daß der unter verschiedenen Bedingungen gefällte Niederschlag Mono- und vorherrschend Dimagnesiumarsenit enthält.) Bei Gegenwart von bedeutenden Mengen an Ammoniumsalzen verringert sich allerdings die Fällbarkeit des Arsenit-Ions, aber auch die Fällung des Arsenats wird, wie LUTZ und SWINNE betonen, dadurch empfindlich verzögert. Systematische Untersuchungen zu diesem Problem von BRÜNNICH und SMITH ergaben, daß eine Fällung von Arsenat neben Arsenit unter Einhaltung bestimmter Bedingungen innerhalb engster Grenzen möglich ist. So konnte Arsensäure von geringen Mengen arseniger Säure in alkalisalzarmen Lösungen getrennt werden, wenn eine möglichst schwach ammoniakalische Magnesiamischung, enthaltend 5,5% $MgCl_2 \cdot 6H_2O$, 10,5% NH_4Cl und 1,4% NH_3, verwendet und auf einen Zusatz von Ammoniak zur Fällung verzichtet wurde. MILBAUER dagegen geht bei seiner Methode zur Bestimmung der Arsensäure neben seleniger Säure, Selensäure und arseniger Säure (s. § 15, S. 322) von der Voraussetzung aus, daß letztere, wie er sich ausdrückt, „bekanntlich keine Schwierigkeiten dabei verursacht". Er empfiehlt also die Arsensäure als Magnesiumammoniumarsenat in 160 cm^3 Volumen mit 5 bis 15 cm^3 Magnesiamischung zu fällen und bei größeren Konzentrationen den Niederschlag zu lösen und neuerlich zu fällen. 3 Beleganalysen, bei denen 863 bzw. 287 bzw. 575 mg As_2O_5 neben 762 bzw. 508 bzw. 254 mg As_2O_3 (und wechselnden Mengen SeO_2 sowie SeO_3) bestimmt wurden, zeigen Abweichungen von +0,02, +0,34 und +0,17% für den As_2O_5-Wert. Unter den von MILBAUER angegebenen Bedingungen scheint demnach eine Trennung mit guten Ergebnissen durchführbar zu sein. Auch JELLINEK und WINOGRADOFF scheinen bei der Fällung von ArsenV neben ArsenIII (s. § 15, S. 348, Bemerkungen) keine Schwierigkeiten gefunden zu haben. Zur Fällbarkeit des Arsenits mit Magnesiamischung vgl. auch § 15, S. 360 (Trennung von Arsensäure und Phosphorsäure nach COURTOIS).

4. Trennung von ArsenIII und ArsenV mit alkoholischer Lithiumchloridlösung nach GASPAR y ARNAL.

Der Verfasser benutzt die Fällbarkeit des Lithiums durch Natriumarsenat aus ammoniakalischer oder alkalischer Lösung in Gegenwart von 60 bis 70% Alkohol, um das Arsenat mit einer ammoniakalischen Lithiumchloridlösung unter Zusatz von Alkohol neben Arsenit auszufällen. Im Filtrat bestimmt er das Arsenit durch Fällung mit Magnesiumchloridlösung.

5. Maßanalytische Verfahren zur Bestimmung der beiden Wertigkeitsstufen nebeneinander.

Sinngemäß wird jede Titration, in deren Verlauf ArsenIII in ArsenV übergeführt wird, auch neben bereits vorhandenem ArsenV ausgeführt werden können. Anderseits kann natürlich auch ArsenV neben bereits vorhandenem ArsenIII durch entsprechende Verfahren, etwa durch Titration des in saurer Lösung in Freiheit gesetzten Jods oder durch potentiometrische Titration, mit Kaliumjodid ermittelt werden.

DUBROWIN bediente sich z. B. zu diesem Zweck der Titration mit Kaliumbromat, während er anschließend oder in einer gesonderten Probe unter Reduktion mit Hydrazinsulfat das gesamte Arsen abdestillierte, im Destillat titrierte und auf diese Weise indirekt den Gehalt an ArsenV ermittelte. Auch CHIRNOAGA titriert ArsenIII mit Bromat und bestimmt in einem anderen Teil der Lösung nach Oxydation mit Wasserstoffperoxyd das Gesamtarsen mit Silbernitrat (s. § 2, S. 60). Bei LEWIS und DAVIS wird ArsenIII ebenfalls mit Bromat titriert und anschließend die Summe mit Uranylacetat gefällt. Die Möglichkeit, ArsenIII neben ArsenV durch Titration mit Jod zu bestimmen, verwerten außer ORMONT, der nach Reduktion des fünfwertigen Arsens die Summe und in einer anderen Probe ArsenIII titriert [s. § 7, S. 120; ORMONT (b)], MALINOWSKI und LOPATINA in ihrem Verfahren zur Bestimmung von Arsenit, Arsenat, Sulfit und Sulfat nebeneinander und DRANOWSKI bei der Bestimmung von Arsenit neben Arsenat und Chlorat (s. § 15, S. 363). Bei einem Verfahren von FULLER zur ArsenIII-Bestimmung in Konservierungsflüssigkeiten geht der Titration mit Jod eine Extraktion mit Äther voraus. Dabei wird die mit Schwefelsäure angesäuerte Lösung erschöpfend (3mal) mit Äther ausgeschüttelt, der nach Abdampfen des Äthers verbleibende Rückstand mit Wasser aufgenommen und diese Lösung nach Zusatz von Bicarbonat mit 0,1 n Jodlösung titriert.

6. Bestimmung von ArsenIII neben ArsenV durch die Reduktionswirkung gegenüber Edelmetallösungen.

ROSE (a) schlug zur Bestimmung von ArsenIII neben ArsenV eine Behandlung mit Goldchloridlösung und Berechnung des dreiwertigen Arsens aus der Menge des reduzierten Goldes vor. MAYER verwendete zu diesem Zweck einen Überschuß an Silbernitrat in ammoniakalischer Lösung. Dabei wurde das Silber nach $^1/_2$stündigem Kochen filtriert, mit warmem Ammoniak und etwas Ammoniumchlorid enthaltendem Wasser gewaschen und ausgewogen. Die Differenzen für die Bestimmung des Arsentrioxyds bei den angeführten Beleganalysen überstiegen ± 1 mg nicht.

Die nachfolgende Bestimmung des nunmehr in seiner Gesamtheit in fünfwertiger Form vorliegenden Arsens ergab indirekt den Gehalt an ArsenV.

7. Nach dem § 6, S. 98 beschriebenen sedimetrischen Arsensäurebestimmungsverfahren ist ebenfalls eine Trennung der beiden Wertigkeitsstufen möglich.

8. Nach § 12, S. 183 ist weiterhin eine Bestimmung der Wertigkeitsstufen nebeneinander auf polarographischem Wege ausführbar.

Z. Sonstige Trennungen.

Die Trennung von Bor durch Abscheidung des Arsens in elementarer Form wurde § 5, S. 88 erwähnt.

Die Trennung von Jod bei der Abscheidung des Arsens mit QuecksilberI-chlorid ist § 5, S. 94 beschrieben.

Besonders erwähnt ist die Trennung von Zirkon anläßlich der Abscheidung des Arsens in elementarer Form § 5, S. 88.

Die Titration von Wasserstoffperoxyd neben arseniger Säure mit CerIV-sulfat ist § 9, S. 151 erwähnt.

Eine Bestimmung von Arsenwasserstoff neben Methan bzw. Äthylen ist § 13, S. 187 und neben Acetylen S. 191 erwähnt.

Literatur.

ABRAHAMS, H. J., u. J. H. MÜLLER: Am. Soc. **54**, 86 (1932). — ACTON, M. G.: Am. J. Pharm. **102**, 159 (1930); durch C. **102 I**, 656 (1931). — AGENO, F., u. N. GUICCIARDINI: G. **41 I**, 473 (1911); durch C. **82 II**, 721 (1911). — AGTE, K., H. BECKER-ROSE u. G. HEYNE: Angew. Ch. **38**, 1121 (1925). — ALDERS, H., u. A. STÄHLER: B. **42**, 2685 (1909). — AMMON, R., u. K. HINSBERG: H. **239**, 207 (1936). — ANDREWS, L.: Am. Soc. **17**, 869 (1895). — ANGENOT, H.: Angew. Ch. **17**, 1274 (1904). — ASHBROOK, D. S.: Am. Soc. **26**, 1285 (1904). — ATANASIU, J. A., u. V. STEFANESCU: B. **61**, 1343 (1928). — AUGER, V., u. L. ODINOT: C. r. **178**, 213 (1924). — AVERY, S., u. H. T. BEANS: Am. Soc. **23**, 485 (1901).

BAILLY, O.: J. Pharm. Chim. (7) **20**, 55; durch C. **90 IV**, 990 (1919). — BĂLĂNESCU, GR., u. V. IONESCU: Bl. Soc. România **17**, 93 (1935); durch C. **107 I**, 1272 (1936). — BALLS, A. K., u. C. C. MCDONNELL: Ind. eng. Chem. **7**, 26 (1915). — BARBER, H. H., u. I. M. KOLTHOFF: Am. Soc. **51**, 3237 (1929). — BARRENSCHEEN, H. K., J. BANGA u. K. BRAUN: Bio. Z. **265**, 148 (1933). — BAYER, A.: Fr. **51**, 729 (1912). — BERG, R.: Fr. **70**, 345 (1927). — BERG, R., u. E. S. FAHRENKAMP: (a) Fr. **109**, 305 (1937); (b) Mikrochim. A. **1**, 64 (1937). — BERTIAUX, L.: Ann. Chim. anal. **19**, 49; durch C. **85 I**, 1302 (1914). — BILTZ, H., u. W. BILTZ: (a) Ausführung quantitativer Analysen, 2. Aufl., S. 330. Leipzig 1937; (b) S. 331; (c) S. 332. — BINZ, A.: Arb. Inst. exp. Therapie in d. Georg Speyer-Hause, H. 7, 43; durch C. **90 IV**, 37 (1919). — BODNÁR, J., u. A. TERÉNYI: Fr. **69**, 276 (1926). — BÖTTGER, K., u. W. BÖTTGER: Fr. **70**, 97 (1927). — BOSEE, R. A., u. P. FEHDER: J. Am. pharm. Assoc. **29**, 141 (1940); durch C. **113 I**, 229 (1942). — BRANDT, L.: Ch. Z. **38**, 461, 474 (1914). — BRAUNSTEIN, A. E.: Bio. Z. **267**, 400 (1933). — BROWNING, P. E., u. S. E. SCOTT: Am. J. Sci. (4) **46**, 663 (1918); durch C. **90 II**, 546 (1919) u. Soc. **116 II**, 36 (1919). — BRÜNNICH, J. C., u. F. SMITH: Z. anorg. Ch. **68**, 292 (1910). — BRUHNS, G.: Fr. **59**, 337 (1920). — BÜLOW, K.: Diss. Göttingen 1890; durch Fr. **31**, 697 (1892). — BUNSEN, R.: (a) A. **192**, 305 (1878); (b) **106**, 1 (1858). — BURGASS, R.: Angew. Ch. **1896**, 596; durch Fr. **36**, 706 (1897).

CARNOT, A.: (a) C. r. **103**, 343 (1886) u. Bl. (N. S.) **47**, 54 (1887); (b) C. r. **104**, 1803 (1887). — CAZZANI, U.: Boll. chim. farm. **64**, 513 (1925); durch C. **97 I**, 1243 (1926). — „Chemiker-Fachausschuß des Metall und Erz E. V.“: Analyse der Metalle. Springer Berlin: 1942, S. 400, 404; durch WIRTZ, H. (s. dort). — CHIRNOAGA, E.: Fr. **120**, 9 (1940). — CIMERMAN, CH., u. P. WENGER: (a) Mikrochemie **27**, 76 (1939); (b) **24**, 153 (1938). — CLARKE, F. W.: Am. J. Sci. (2) **49**, 48; durch C. **41 I**, 720 (1870); Chem. N. **21**, 124; durch Fr. **9**, 487 (1870). — CLASSEN, A.: Z. El. Ch. **1**, 291 (1894/95). — CLERMONT, PH. DE, u. J. FROMMEL: Bl. (N. S.) **29**, 290 (1878). — COASE, S. A.: (a) Analyst **59**, 462 (1934); (b) **59**, 747 (1934). — COBENZL, A.: M. **2**, 259 (1881). — COCKING, T. TUSTING: Quart. J. Pharm. Pharmacol. **3**, 575 (1930); durch C. **102 II**,

97 (1931). — Copaux, H.: C. r. **173**, 656 (1921). — Courtois, J.: J. Pharm. Chim. (8) **23**, (128) 404 (1936). — Craig, A.: Chemist-Analyst **28**, 48 (1939); durch C. **110 II**, 3454 (1939). — Crowell, W. R., T. E. Hillis, S. C. Rittenberg u. R. F. Evenson: Ind. eng. Chem. Anal. Edit. **8**, 9 (1936). — Crowell, W. R., S. H. Silver u. A. T. Spiher: Ind. eng. Chem. Anal. Edit. **10**, 80 (1938). — Curtis, J. A.: Ind. eng. Chem. Anal. Edit. **13**, 349 (1941); durch C. **113 I**, 2305 (1942).

Dancer, W.: J. Soc. chem. Ind. **16**, 403; durch C. **68 II**, 224 (1897) u. Fr. **39**, 47 (1900). — Demorest, D. J.: Ind. eng. Chem. **5**, 216 (1913); durch C. **84 I**, 1630 (1913). — Dennis, L. M., u. E. B. Johnson: Am. Soc. **45**, 1380 (1923). — Dennis, L. M., u. J. Papish: Am. Soc. **43**, 2131 (1921). — Desbourdeaux, L.: Bl. Sci. pharmacol. **27**, 225, 300, 363, 424 (1920); durch C. **92 II**, 475 (1921). — Dinam: Monit. scient. (4) **22 II**, 600; durch C. **79 II**, 1207 (1908). — Dirvell, Ph. J.: Bl. (N. S.) **46**, 806 (1886). — Dobbins, J. T., u. W. M. Mebane: Am. Soc. **52**, 4285 (1930). — Doerner, H. A.: Ind. eng. Chem. **15**, 1014 (1923). — Dranowski, A. B.: Betriebslab. **7**, 108 (1938); durch C. **109 II**, 3278 (1938). — Dubrowin, I. M.: Betriebslab. **4**, 888 (1935); durch C. **108 I**, 4998 (1937).

Ebelmen: A. Ch. (3) **25**, 92; durch C. **20**, 169 (1849). — Edgar, G.: Am. J. Sci. (4) **27**, 299; durch Z. anorg. Ch. **62**, 77 (1909). — Elsner: J. pr. **17**, 233; durch C. **10**, 644 (1839). — Erdheim, E.: Roczniki Chem. **13**, 64 (1933); durch C. **105 I**, 2625 (1934).

Fauchon, L., u. L. Vignoli: J. Pharm. Chim. (8) **25** (129), 541 (1937). — Fenner, G. G.: Ch. Z. **31**, 872 (1907). — Fester, G.: Angew. Ch. **42**, 1040 (1929). — Field, F.: Soc. **11**, 6 (1859). — Fischer, H., u. Grete Leopoldi: Wiss. Veröffentl. Siemens-Konzern **12**, 44 (1933); durch C. **104 II**, 1399 (1933). — Fischer, J.: Ch. Fabr. **11**, 406 (1938). — Foerster, M.: Ann. Chim. anal. (2) **13**, 225 (1931); durch Fr. **93**, 471 (1933). — Foote, H. W., u. J. E. Vance: (a) Ind. eng. Chem. Anal. Edit. **8**, 119 (1936); (b) **9**, 205 (1937). — Fouillouze, G.: Chimie qualit. et quant. appl. Essais des médicaments et des aliments, analyse des eaux. Lyon 1931; durch J. Courtois: J. Pharm. Chim. (8) **23** (128), 404 (1936). — Fresenius, C. R.: (a) Anleitung zur quantitativen chemischen Analyse, 6. Aufl., Bd. I, S. 641. Braunschweig 1875; (c) S. 631; (d) S. 626; (e) S. 627; (f) S. 630; (g) S. 629; (h) S. 628. — Fresenius, R.: (b) Fr. **25**, 200 (1886). — Fresenius, R., u. L. v. Babo: A. **49**, 287 (1844). — Fresenius, R., u. E. Hintz: Fr. **34**, 437 (1895). — Freudenberg, H.: Ph. Ch. **12**, 97 (1893). — Fridli, R.: P. C. H. **67**, 369 (1926). — Friedheim, C., O. Decker u. E. Diem: Fr. **44**, 665 (1905). — Friedheim, C., u. P. Michaelis: B. **28**, 1414 (1895). — Fuller, A. V.: U. S. P. Department of Agriculture, Circ. **182**, 1 (1911); durch C. **83 I**, 675 (1912). — Furman, N. H.: (a) Am. Soc. **54**, 4235 (1932); (b) Ind. eng. Chem. Anal. Edit. **3**, 217 (1931); (c) Am. Soc. **42**, 1789 (1920).

Gaspar y Arnal, T.: Ann. Chim. anal. (2) **15**, 193 (1933); durch C. **104 II**, 417 (1933). — Geilmann, W., u. O. Meyer-Hoissen: Glastechn. Ber. **13**, 420 (1935). — Gibbs, W.: Am. Chem. J. **7**, 209; durch C. **57**, 29 (1886). — Gooch, F. A., u. M. A. Phelps: Z. anorg. Ch. **52**, 292 (1907). — Gucci, P.: Atti Soc. Toscana Sci. Naturali **5**, 287; durch C. **58**, 1528 (1887). — Gurewitsch, W. G., u. B. A. Raschkowan: Chem. J., Ser. A **5**, (67) 1317 (1935); durch Fr. **105**, 156 (1936). — Gutbier, A.: Z. anorg. Ch. **32**, 263 (1902).

Haack, K.: A. **262**, 194 (1891). — Hahn, F. L., u. P. Philippi: Z. anorg. Ch. **116**, 201 (1921). — Hampe, W.: (a) Ch. Z. **18**, 1899 (1894); (b) **15**, 443 (1891). — Hartmann, W.: Fr. **58**, 148 (1919). — Heath, F. H.: Z. anorg. Ch. **59**, 87 (1908) u. Am. J. Sci. (4) **25**, 513; durch C. **79 II**, 636 (1908). — Hecht, F., u. M. v. Mack: Mikrochim. A. **2**, 218 (1937). — Hedges, C. C., u. W. A. Stone: J. Assoc. offic. agric. Chem. **7**, 321 (1924); durch C. **95 II**, 1626 (1924). — Hillebrand, W. F., u. G. E. F. Lundell: Applied inorganic analysis, S. 212. New York 1929. — Hilpert, S., u. Th. Dieckmann: B. **44**, 2378 (1911). — Hoertel, F. W.: U. S. Dep. Interior, Bur. Mines, Rep. Invest. **3425**, 33 (1938); durch C. **110 I**, 5014 (1939). — Holland, E. B.: Ind. eng. Chem. **3**, 168 (1911); durch C. **82 I**, 1654 (1911). — Holland (Goljand), S. M., u. A. J. Strachowa: Betriebslab. **4**, 175 (1935); durch C. **107 I**, 4333 (1936). — Hollard, A., u. L. Bertiaux: Bl. (3) **31**, 900 (1904). — Houzeau, A.: C. r. **75**, 1823 (1872). — Hovorka, V.: Chem. Listy **31**, 414 (1937); durch C. **109 I**, 2408 (1938).

Illari, G.: Ann. Chim. applic. **22**, 261 (1932); durch C. **103 II**, 1481 (1932). — Iwanow-Emin, B. N.: Betriebslab. **13**, 161 (1947); durch C. **119 II**, 1219 (1948).

Jacobson, W. H.: Chemist-Analyst **1923**, Nr 39, 10; durch C. **95 I**, 690 (1924). — Jannasch, P.: Z. anorg. Ch. **6**, 307 (1894). — Jannasch, P., u. K. Biedermann: B. **33**, 631 (1900). — Jannasch, P., u. H. Kammerer: Z. anorg. Ch. **10**, 408 (1895). — Jannasch, P., u. H. Lehnert: Z. anorg. Ch. **12**, 124 (1896). — Jannasch, P., u. O. Routala: B. **45**, 598 (1912). — Jean, F.: J. Pharm. Chim. (6) **7**, 230 (1898). — Jellinek, K., u. L. Winogradoff: Z. El. Ch. **30**, 477 (1924). — Jílek, A., u. J. Kořa: (a) Coll. Trav. chim. Tchécosl. **4**, 412 (1932); durch C. **104 I**, 1977 (1933); (b) Fr. **89**, 345 (1932); (c) **87**, 437 (1932). — Jílek, A., u. V. Vikovský: Chem. Listy **26**, 16 (1932); durch C. **103 I**, 1807 (1932). — Jones, H. W.: Chemist-Analyst **18**, Nr 2, 11; durch C. **100 II**, 916 (1929).

Kassner, O.: Ar. **232**, 226 (1894). — Katz, S. A., u. N. S. Arontschikowa: Betriebslab. **6**, 240 (1937); durch C. **109 I**, 2412 (1938). — Kaufmann, L. E.: Betriebslab. **9**, 106 (1940); durch C. **112 II**, 238 (1941). — Kehrmann, F.: A. **245**, 56 (1888) u. B. **20**, 1813 (1887). —

KIRCHER, A., u. F. v. RUPPERT: Ar. **262**, 613 (1924). — KLASON, P., u. H. MELLQUIST: Angew. Ch. **25**, 514 (1912). — KLEMENC, A., u. F. POLLAK: Fr. **61**, 450 (1922). — KOLTHOFF, I. M.: Die Maßanalyse, 2. Aufl., Teil 2, S. 465. Berlin 1931. — KOLTHOFF, I. M., u. C. J. CREMER: Pharm. Weekbl. **58**, 1620 (1921); durch Bl. (4) **32**, 1162 (1922). — KONINCK, L. L. DE, u. A. LECREMIER: Fr. **27**, 462 (1888). — KORENMAN, I. M.: Chem. J. Ser. B **9**, 1507 (1936); durch C. **108 II**, 631 (1937) u. Brit. chem. Abstr. A **1937**, 97.

LAMPÉN, A.: Chem. Ind. **30**, 128 (1907); durch C. **78 I**, 1224 (1907). — LANG, R.: (a) Z. anorg. Ch. **120**, 198 (1922); (b) **142**, 251 (1925); (c) Fr. **115**, 103 (1938/39). — LANG, R., u. E. FAUDE: Fr. **108**, 258 (1937). — LANG, W. R., u. C. M. CARSON: J. Soc. chem. Ind. **21**, 1018; durch C. **73 II**, 821 (1902). — LANG, W. R., C. M. CARSON u. J. C. MACKINTOSH: J. Soc. chem. Ind. **21**, 748; durch C. **73 II**, 231 (1902). — LENSSEN, E.: A. **114**, 116 (1860). — LESSER, E.: Diss. Berlin 1886; durch Fr. **27**, 218 (1888). — LEVOL, A.: (a) A. Ch. (3) **16**, 493; durch C. **17**, 423 (1846); (b) (3) **17**, 501 (1846); durch C. **17**, 686 (1846). — LEWIS, D. T., u. V. E. DAVIS: Soc. **1939 I**, 284. — LOW, A. H.: Am. Soc. **28**, 1715 (1906). — LUFF, G.: Ch. Z. **47**, 601 (1923). — LUKAS, J., u. A. JÍLEK: Chem. Listy **24**, 320 (1930); durch C. **101 II**, 2549 (1930). — LUNDELL, G. E. F., u. H. B. KNOWLES: Research Paper **3**, Nr. 86 (1929); durch Fr. **83**, 299 (1931). — LURJE, J. J., u. M. I. TROITZKAJA: Fr. **107**, 34 (1936). — LUTZ, O., u. R. SWINNE: Z. anorg. Ch. **64**, 298 (1909).

MCCAY, L. W.: (a) Am. Soc. **50**, 368 (1928); (b) **45**, 1187 (1923); (c) Ch. Z. **14**, 509 (1890); (d) Am. Soc. **36**, 2375 (1914). — MACH, F., u. W. LEPPER: Fr. **68**, 36 (1926). — MALINOWSKI, W. S. (bzw. MALINOVSKI, V. S.), u. J. P. (bzw. E. P.) LOPATINA: Chem. J. Ser. B **8**, 944 (1935); durch C. **107 II**, 511 (1936) u. Brit. chem. Abstr. A **1935**, 1336. — MARBURG, R.: Fr. **39**, 47 (1900). — MAYER, L.: J. pr. (N. F.) **22**, 103 (1880). — MILBAUER, J.: Fr. **109**, 171 (1937). — MISSON, G.: Chim. Ind. **31**, Sond.-Nr. 4, bis 438 (1934); durch Fr. **108**, 355 (1937). — MOISSAN, H.: A. Ch. (6) **19**, 280; durch C. **61 I**, 417 (1890). — MOSER, L.: Fr. **43**, 612 (1904). — MOSER, L., u. A. BRUKL: M. **47**, 709 (1926). — MOSER, L., u. J. EHRLICH: B. **55**, 437 (1922). — MOSER, L., u. F. LIST: M. **51**, 186 (1929). — MOSER, L., u. S. MARIAN: B. **59**, 1335 (1926). — MÜLLER, J. H.: Am. Soc. **43**, 2549 (1921).

NEHER, F.: Fr. **32**, 45 (1893). — NEUMANN, B.: Ch. Z. **31**, 843 (1907). — NILSON, L. F.: Fr. **16**, 417 (1877); **18**, 165 (1879). — NISSENSON, H., u. A. MITTASCH: Ch. Z. **28**, 184 (1904).

ORMONT, B.: Fr. **67**, 417 (1925/26).

PARK, B.: (a) Ind. eng. Chem. Anal. Edit. **3**, 77 (1931); (b) **12**, 97 (1940); durch C. **111 II**, 1478 (1940). — PATTINSON, J., u. H. S. PATTINSON: J. Soc. chem. Ind. **17**, 211 (1898); durch C. **69 I**, 1036 (1898). — PETT, L. B.: Biochem. J. **27**, 1672 (1933); durch C. **105 II**, 2422 (1934) sowie R. AMMON u. K. HINSBERG: H. **239**, 207 (1936). — PIERSON, G. G.: (a) Ind. eng. Chem. Anal. Edit. **6**, 437 (1934); (b) **11**, 86 (1939). — PINKUS, A., u. J. CLAESSENS: Bl. Soc. chim. Belg. **36**, 413; durch C. **98 II**, 1872 (1927). — PLUCHON, J. P.: Bl. Soc. Pharm. Bordeaux **70** (2), 140 (1932); durch C. **104 I**, 1816 (1933).

RAEDER, M. G., u. R. HOIFORS: Kong. Norske Vidensk Selsk. Forh. **5**, 171 (1933); durch C. **104 I**, 3602 (1933). — RATHSBURG, H.: B. **61**, 1663 (1928). — RÂY, P., u. M. K. BOSE: Fr. **95**, 400 (1933). — RÂY, P., u. J. GUPTA: J. Indian chem. Soc. **12**, 308 (1935). — RAYMOND, L. R.: Chemist-Analyst **17**, Nr. 2, 6; durch C. **99 II**, 87 (1928). — REVAY, N.: Z. El. Ch. **4**, 329 (1897/98). — RICE, E. M., u. B. K. DATTA ROY: J. Malaria Inst. India **1**, 123 (1938); durch C. **110 II**, 4321 (1939). — RICHARDSON, B. P.: Z. anorg. Ch. **84**, 277 (1914). — RIECKHER: N. Jahrb. Pharm. **32**, 257; durch C. **41**, **67** (1870). — ROBINSON, W. O., H. C. DUDLEY, K. T. WILLIAMS u. H. G. BYERS: Ind. eng. Chem. Anal. Edit. **6**, 274 (1934). — RÖSSING, A.: Fr. **41**, 1 (1902). — ROSE, H.: (a) Monatsber. Acad. Wissensch. Berlin **1849**, 124; durch C. **20**, 388 (1849); (b) Ber. Acad. Wissensch. Berlin **1853**, **441**; durch C. **24**, 593 (1853); (c) H. ROSE u. R. FINKENER: Handbuch der analytischen Chemie, 6. Aufl., Bd. II, S. 421, 422. Leipzig 1871; (d) S. 424; (e) S. 438; (f) S. 449; (g) Pogg. Ann. **110**, 537 (1860); (h) **73**, 582 (1848); **116**, 464 (1862) u. Fr. **1**, 422 (1862).

SANGER, C. R., u. O. F. BLACK: Z. anorg. Ch. **58**, 121 (1908). — SCHÄFER, H., u. A. SIEVERTS: Fr. **121**, 170 (1941). — SCHERRER, J. A.: J. Res. Nat. Bureau of Standards, Res. Paper RP. 1116, **21**, 95 (1938); durch Fr. **118**, 353 (1939/40). — SCHITIKOWA, W. S.: Laboratoriumsprax. **13**, Nr. 3, 26 (1938); durch C. **110 I**, 192 (1939). — SCHMIDT, M.: Met. Erz **22**, 511 (1925); durch Fr. **73**, 429 (1928). — SCHMUCKER, S. C.: Am. Soc. **15**, 195 (1893) u. Z. anorg. Ch. **5**, 199 (1894). — SCHULEK, E., u. P. v. VILLECZ: Fr. **76**, 81 (1929). — SELAW, A.: Chemist-Analyst **20**, Nr. 5, 6 (1931); durch C. **102 II**, 2923 (1931). — SIEVERTS, A., u. W. WIPPELMANN: Z. anorg. Ch. **87**, 169 (1914). — SMITH, C. R.: U. S. Dep. Agriculture Bur. Chem. Circ. **102** (1912); durch Fr. **63**, 479 (1923). — SMITH, E. F.: (a) Quantitative Elektroanalyse (nach der 4. Auflage deutsch von A. STÄHLER), S. 246. Leipzig 1908; (b) S. 245; (c) S. 199; (d) S. 211; (e) S. 220; (f) S. 201; (g) S. 180. — SMITH, E. F., u. L. K. FRANKEL: Am. Chem. J. **12**, 428; durch C. **61 II**, 267 (1890). — SMITH, TH.: Am. Soc. **21**, 769 (1899). — SÖDERBAUM, H. G.: B. **30**, 3014 (1897). — SOLOTUCHIN, W. K.: Betriebslab. **4**, 111 (1935); durch C. **107 I**, 2981 (1936). — STETTBACHER, A.: Ch. Z. **50**, 829 (1926). — SWIFT, E. H., u. C. H. GREGORY: Am. Soc. **52**, 901 (1930). — SZEGEDY, E.: Fr. **109**, 328 (1937).

TABOURY, M. F., u. H. AUDIDIER: Bl. (5) 1, 1578 (1934). — TAMM, H.: Chem. N. 24, 207, 221; durch Fr. 14, 351 (1875). — TANANAEFF, N. A., u. CH. N. POTSCHINOK: Fr. 88, 271 (1932). — TANANAJEW, I. W., u. J. G. DAWITASCHWILI: Betriebslab. 6, 1382 (1937); durch C. 110 I, 2834 (1939). — TETTAMANZI, A.: Atti Accad. Sci. Torino 71 I, 125 (1935); durch C. 108 I, 938 (1937). — THÜRMER, A.: Fr. 73, 196 (1928). — TRAUTMANN, W.: Fr. 50, 371 (1911). — TRAVERS, A., u. LU.: C. r. 196, 703 (1933). — TREADWELL, F. P.: (a) Kurzes Lehrbuch der analytischen Chemie, 11. Aufl., Bd. II, S. 198. Leipzig u. Wien 1923; (b) S. 200; (c) S. 201; (d) S. 211 bzw. 207; (e) S. 210; (f) S. 204; (g) S. 211; (h) S. 263; (i) S. 258; (j) S. 246. — TREADWELL, W. D.: (a) Elektroanalytische Methoden, S. 187. Berlin 1915; (b) S. 196; (c) S. 191; (d) S. 176; (e) S. 186. — TRUOG, E., u. A. H. MEYER: Ind. eng. Chem. Anal. Edit. 1, 136 (1929). — TSCHERWIAKOW, N. J., u. E. A. OSTROUMOW: Ann. Chim. anal. (3) 18, 201 (1936); durch C. 108 I, 670 (1937). — TSCHOPP, ERNST, u. EMILIO TSCHOPP: Helv. 15, 793 (1932). — TURNER, W. A.: Am. J. Sci. (4) 42, 109 (1916); durch C. 89 I, 870 (1918).

VOHL, H.: A. 96, 240 (1855). — VOURNASOS, A. C.: B. 43, 2264 (1910).

WACKENRODER, H.: Ar. 71, 257; durch C. 23, 782 (1852). — WARD, H. L.: Z. anorg. Ch. 77, 257 (1912). — WAWILOW, N. W.: Laboratoriumsprax. 1939, Sammelbd. 90; durch C. 111 I, 763 (1940). — WEDDING: Die Eisenprobierkunst, S. 177; durch Fr. 43, 250 (1904). — WEIHRICH, R., u. J. HAAS: Arch. Eisenhüttenwesen 16, 129 (1942/43). — WENGER, P., u. CH. CIMERMAN: Helv. 14, 736 (1931). — WENGER, P., u. M. SCHILT: Helv. 7, 907 (1924). — WESSEL, F.: Ch. Z. 54, 97 (1930). — WILL, H.: A. 61, 192 (1847). — WILLARD, H. H., u. E. W. GOODSPEED: Ind. eng. Chem. Anal. Edit. 8, 414 (1936). — WILLARD, H. H., u. PHILENA YOUNG: (a) Am. Soc. 55, 3260 (1933); (b) 50, 1372 (1928). — WILLEMME, J.: Chim. Ind. 1, 166 (1935); durch Fr. 110, 358 (1937). — WINKLER, CL.: (a) Fr. 14, 156 (1875); (b) J. pr. 34, 228 (1886). — WINKLER, P. E.: Bl. Soc. chim. Belg. 42, 503 (1933); durch Fr. 100, 287 (1935) sowie C. 105 I, 2626 (1934) u. Brit. chem. Abstr. A 1934, 269. — WIRTZ, H.: Met. Erz 40, 67 (1943). — WITTSTEIN, G. C.: Vjschr. prakt. Pharm. 19, 551; durch Fr. 9, 490 (1870). — WLASSOWA, A. G., u. A. M. MARUNOWA-SCHADRINA: Betriebslab. 4, 584 (1935); durch C. 107 I, 2781 (1936). — WÖHLER, F.: B. 10, 546 (1877). — WÖHLER, L., u. A. SPENGEL: Fr. 50, 167 (1911).

ZINTL, E., u. H. WATTENBERG: B. 56, 472 (1923). — ZINZADZE, CH. (bzw. SCH. R.): (c) Ind. eng. Chem. Anal. Edit. 7, 227 (1935); (d) Z. Pflanzenernähr. 16, 129 (1930); durch Fr. 82, 383 (1930).

§ 16. Arsenbestimmung in organischen Substanzen.

Allgemeines.

Eine direkte Arsenbestimmung unter Zersetzung der organischen Substanzen im Wasserstoffstrom wurde von TER MEULEN durchgeführt. Auch die Verbrennung im Sauerstoffstrom zwecks nachfolgender Arsenbestimmung in Rückstand und Verbrennungsgasen wurde mehrfach versucht. Im allgemeinen wird das organische Material durch eine geeignete Aufschlußmethode vollständig oder zumindestens so weit zerstört, daß es die jeweils nachfolgende Bestimmung des Arsens nicht mehr behindert. Vielfach wurde auch so vorgegangen, daß nach Abtrennung des Arsens ohne vorherige Zerstörung des organischen Materials (Schwefelwasserstoff-Fällung, Trichloriddestillation) dann erst die noch beim Arsen befindliche organische Substanz vollkommen oxydiert wurde, was aber für quantitative Bestimmungen nicht empfehlenswert erscheint.

Nebst der Mineralisierung auf nassem Wege, die hauptsächlich mit oxydierenden Stoffen, wie Salpetersäure, Wasserstoffperoxyd, Permanganat, Chlorat, Perchlorsäure, Persulfat u. a. meist bei Anwesenheit von Schwefelsäure oder auch ohne Schwefelsäurezusatz durchgeführt wurde (gegen die sauren Aufschlußverfahren ohne oxydierenden Zusatz wurden vielfach Einwände erhoben, die in Anbetracht der leichten Flüchtigkeit von Arsentrioxyd und Trihalogenid berechtigt erscheinen, sofern nicht apparative Vorkehrungen getroffen werden), existieren mehrere Sinterungsverfahren unter Verwendung von Magnesiumoxyd, Magnesiumnitrat, Calciumoxyd oder Soda, gegebenenfalls mit Zusätzen und oxydierende Schmelzverfahren. Weiters gibt es Methoden, die eine Vorbehandlung auf nassem Wege mit nachfolgender Oxydationsschmelze vorsehen, Bombenaufschlüsse in Sauerstoffatmosphäre und elektrolytische Zersetzungsverfahren. Auch der Aufschluß nach CARIUS im Einschlußrohr gestattet die nachfolgende Bestimmung der Arsensäure.

Eine Übersicht über alte Verfahren zur Arsenbestimmung in organischen Verbindungen findet sich bei WARUNIS.

Da zur nassen Veraschung größerer organischer Substanzmengen beträchtliche Mengen an Reagenzien erforderlich sind, ist deren Arsenfreiheit sicherzustellen, bzw. der durch den Arbeitsgang verursachte Blindwert in Rechnung zu setzen. Zur Reinigung der üblichen Reagenzien wurden § 13, S. 193 und 200, einige Hinweise gegeben. Genaue Angaben zur Reinigung von Schwefelsäure und Kaliumchlorid nach dem Prinzip der „Schneiderdestillation“ (Verflüchtigung des Arsens als Trichlorid) finden sich bei KLEINMANN und PANGRITZ. Praktisch arsenfreie rauchende Salpetersäure stellen diese Autoren aus reinstem Natriumnitrat und arsenfreier Schwefelsäure dar. Außerdem ist natürlich die Arsenfreiheit der verwendeten Gefäße zu beachten und man hat dementsprechend in arsenfreiem Glas, Quarz, Porzellan oder Platin zu arbeiten.

A. Abtrennung des Arsens durch Erhitzen der Substanz im Wasserstoffstrom nach TER MEULEN.

Apparatur. Das Verbrennungsrohr ist 45 cm lang und besteht aus durchsichtigem Quarz. Auf der dem Gasstrom zugekehrten Seite ist es mit einem durchlochten Stopfen verschlossen, durch dessen Bohrung das zum Einleiten des Wasserstoffs dienende Röhrchen führt. Fast die Hälfte des Rohres bleibt für das Schiffchen frei, dann schließt eine bis in das 4. Viertel der Rohrlänge hineinreichende Schicht aus reinem Asbest an, die während der Verbrennung auf Rotglut gehalten wird. Auf das andere Ende ist ein tulpenförmiges Rohr (ebenfalls aus Quarz) aufgeschliffen, das unmittelbar hinter der Schliffstelle durch eine mit Schlitz versehene Asbestscheibe gegen den Ofen bzw. Brenner abgeschirmt wird und in dessen verengtes, etwa 11 cm langes Rohr eine aus Platinfolie gedrehte Spirale eingeschoben wird[1]. Man fixiert sie nahe dem Ende durch einen nicht zu festen Pfropfen aus langfaserigem Asbest (er darf den Gasstrom nicht behindern), damit sie beim Durchspülen des Rohres in senkrechter Lage nicht aus dem Rohr gleiten kann. Diese Platinspirale wird ebenfalls während der Bestimmung auf Rotglut gehalten.

Ausführung. Man bringt die zu analysierende Substanz in ein Porzellanschiffchen, schiebt es in das Verbrennungsrohr ein und leitet einen Strom von reinem und trockenem Wasserstoff durch die Anordnung. Die Asbestschicht und die Platinspirale werden auf Rotglut gebracht, worauf man das Schiffchen in der Richtung des Gasstromes fortschreitend langsam erhitzt und das zwischen Schiffchen und Asbest auftretende Sublimat vertreibt. Das Arsen setzt sich als schwarzer Beschlag zwischen dem Asbest und dem angeschliffenen Rohr ab und wird schließlich vorsichtig in das Ansatzrohr übergetrieben. Dieses Rohr, das vor der Bestimmung gewogen worden war, wird nach dem Abnehmen mit etwa 10 cm^3 Petroläther durchgespült, um gegebenenfalls vorhandene feste Kohlenwasserstoffe zu entfernen, und mittels eines trockenen Luftstromes getrocknet. Durch Wägung ergibt sich die Arsenmenge. (Handelt es sich um die Bestimmung des Arsens in anorganischen Verbindungen, wie z. B. Arsentrioxyd oder Arsensulfid, erübrigt sich das Nachspülen mit Petroläther. In solchen Fällen wird nach dem Sammeln des Arsensublimats im gewogenen Ansatzrohr ein trockener Luftstrom durchgeleitet und dann gewogen.)

Bemerkungen. **Abänderungen der Methode.** Bei Gegenwart von Metallen wird die organische Substanz im Schiffchen mit etwas verdünnter Schwefelsäure befeuchtet (Natriumarsenit dagegen wurde vom Verfasser nach Vermischen mit dem

[1] Der Vorschlag, Arsen aus Arsenwasserstoff durch erhitztes Platin abzuscheiden und durch Wägung des Platins zu ermitteln, wurde schon 1872 von DRAPER gemacht, der fand, daß größere Arsenmengen bei der Zersetzung im MARSH-Rohr auch durch mehrere Glühstellen nicht quantitativ zurückgehalten werden.

gleichen Gewicht an Kaliumbisulfat wie beschrieben im Wasserstoffstrom erhitzt) und die Operation wie üblich durchgeführt. Müssen größere Substanzmengen (bis mehrere Gramme) zu einer Bestimmung angewendet werden, bedient man sich einer etwas abgeänderten Apparatur, bei der der vordere Teil des Verbrennungsrohres, in den das Schiffchen (in diesem Fall 6 cm lang) eingeschoben wird, auf 2,5 cm Durchmesser erweitert ist und der Stopfen, durch den der Gasstrom eintritt, durch eine Asbestplatte gegen den Brenner geschützt wird. Geringe Mengen Arsen werden im Ansatzrohr so niedergeschlagen, daß man knapp nach der Verengung mit einem Brenner erhitzt, dicht hinter der Flamme durch eine Asbestscheibe abschirmt und das Arsen daneben unter Kühlung mit einem durch Auftropfen von Wasser feucht gehaltenen Läppchen als Spiegel abscheidet. (Die Platinspirale wird bei diesem Verfahren natürlich nicht eingeführt.) Die so erhaltenen Arsenspiegel werden an Hand einer Skala ausgewertet.

Genauigkeit. Kakodylsäure und Stovarsol wurden auf die beschriebene Weise analysiert:

berechnet 54,4% As, gefunden 54,5 und 54,4% As;
berechnet 27,2% As, gefunden 27,2 und 27,3% As.

Der Arsengehalt von Arsentrioxyd und Arsenpentasulfid konnte mit ebenso hoher Genauigkeit bestimmt werden. Die Analyse von Natriumarsenit und Atoxyl (Mischen der Probe mit Kaliumbisulfat bzw. Befeuchten mit Schwefelsäure) ergab Abweichungen von maximal $\pm 0,2\%$ bei Arsengehalten von 57,7 bzw. 24,1%. Die Verflüchtigung von 0,05 g As_2O_3 dauerte höchstens $^1/_4$ Std.

Bemerkungen zur Apparatur. Die Reinigung des zu wägenden Ansatzrohres erfolgt durch Erhitzen im Wasserstoffstrom oder durch Behandeln mit Königswasser. Die Platinspirale wird in einem Hartglasrohr im Luftstrom bei Rotglut von Arsen befreit. Das Schiffchen darf keine Beschädigungen der Glasur aufweisen, da in diesem Fall Verluste an Arsen eintreten könnten.

B. Arsenbestimmung nach Zerstörung der organischen Substanz.

1. Verbrennung im Sauerstoffstrom.

Eine Arbeitsweise zur Arsenbestimmung in organischen Substanzen unter Verbrennung im Sauerstoffstrom wurde schon 1877 von Brügelmann angegeben, der die Substanz im Luftstrom in eine Asbestschicht sublimierte und dann im Sauerstoffstrom verbrannte. Die dabei entstehende Arsensäure wurde gewichts- oder maßanalytisch bestimmt.

Thorpe (b) bestimmte Arsen in Brennmaterialien nach Verbrennen im Sauerstoffstrom, indem er Rückstand und vorgelegte Lösung (verdünnte Schwefelsäure) untersuchte.

Das Verfahren von Remington, Coulson und v. Kolnitz mittels der „eingeschlossenen Fackel“ besteht in der Verbrennung der Substanz im geschlossenen Raum unter Sauerstoffzufuhr und entspricht durchwegs der Arbeitsweise von v. Kolnitz und Remington zur Jodbestimmung in Nahrungsmitteln, wobei 1 bis 2 cm³ Salpetersäure statt der Natronlauge in jedem Absorptionsgefäß (in diesem Fall vorteilhaft 3) eine quantitative Absorption ermöglichen (die schließlich erforderliche Säuremenge wird auf diese Weise verringert). Nach der Verbrennung werden Wasser und Asche aus dem Verbrennungsraum unter Nachspülen mit sehr verdünnter Salpetersäure in ein Becherglas gebracht und mit dem Inhalt der Absorptionsgefäße vereinigt. Man bringt auf ein kleines Volumen und raucht mit Schwefelsäure ab (sollte sich dabei Dunkelfärbung zeigen, was bei gut geführter Verbrennung nicht vorkommen darf, wird etwas Salpetersäure zugesetzt). Das Verfahren erscheint besonders für Substanzen vorteilhaft, die durch nasse Oxydation schwer zu mineralisieren sind, wie etwa Öle und Fette (Verbrennung von probegetränkter Baumwollwatte). Allerdings muß die Probe so viel brennbare Substanz enthalten, daß sie im Sauerstoffstrom frei abbrennt. In einer Operation können 5 bis 100 g an trockener Probe verbrannt werden (1 bis 3 g je Minute); bei Öl im allgemeinen 5 cm³.

2. Bombenaufschlüsse und oxydierende Schmelzverfahren.

I. Bombenaufschluß in Sauerstoffatmosphäre nach Carey, Blodgett und Satterlee.

Das Verfahren berücksichtigt den Umstand, daß auch in den Verbrennungsgasen Arsenoxyd in feinster Verteilung vorhanden ist (Abb. 31).

Für die 380 cm^3 fassende Bombe kommen 0,5 bis 1 g an getrocknetem Material (hoher Feuchtigkeitsgehalt behindert die Verbrennung) zur Anwendung. Unter Umständen (kleine Verbrennungswärme) füttert man vorteilhaft den möglichst klein gewählten Verbrennungstiegel mit arsenfreier Baumwollgaze. Zur Vermeidung einer Teerabscheidung soll die Flamme nicht mit der kalten Wand der Bombe in Berührung kommen. Man bringt die gewogene Probenmenge in die Bombe *A*, schließt die Platindrähte für die elektrische Zündung an und verschließt die Bombe. Man füllt dann mit Sauerstoff (20 bis 30 Atmosphären[1]) und verbrennt durch Schließen des Zündkontaktes. Die Verbrennungsgase werden anschließend durch Öffnen der Ventile *7* und *6* in die Nebelkammer *B* übergeführt. Beim Ausströmen der Gase aus der Düse *10* wird aus der Düse *11* Salzsäure (1:1) in feinster Verteilung mit-

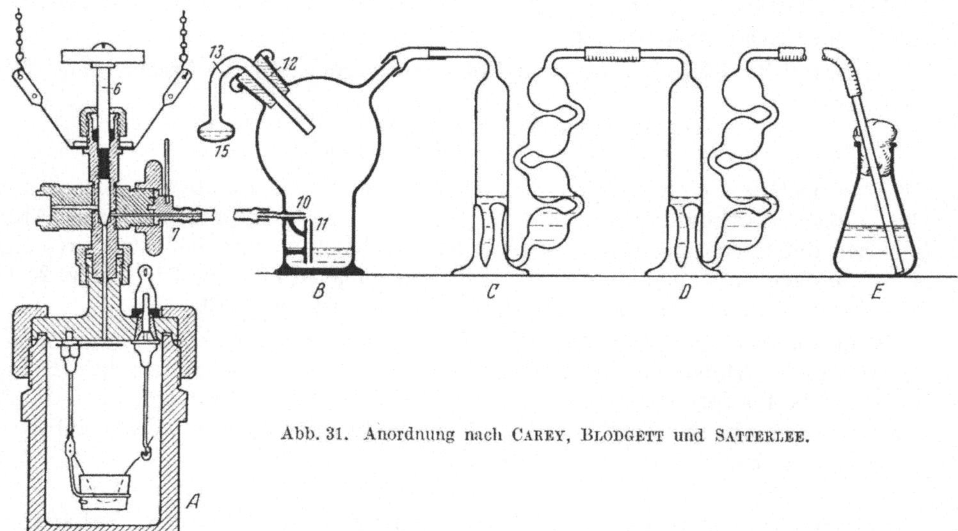

Abb. 31. Anordnung nach CAREY, BLODGETT und SATTERLEE.

gerissen (Regelung durch Kontrolle der Strömungsgeschwindigkeit an Ventil *6*). Aus *15* tritt über *13* gleichzeitig Ammoniak ein, und der entstehende Ammoniumchloridnebel wird in die Absorptionsgefäße *C* und *D* übergeführt, die mit gemessenen Mengen an Schwefelsäure (1:3) beschickt sind. Der von Nebel und arsenhaltigen Partikeln befreite Gasstrom tritt bei *E* aus. Gasreste werden aus der Bombe durch neuerliches Füllen mit Sauerstoff (2 bis 4 Atmosphären) und Ausströmenlassen in die Absorptionsgefäße übergeführt. Man öffnet dann die Bombe, spült mit Wasser gut aus[2] und vereinigt Asche, Waschwässer und Inhalt der Absorptionsgefäße zwecks nachfolgender Arsenbestimmung nach GUTZEIT (s. § 13).

Bemerkungen. Sollte ein zu dichter Ammoniumchloridnebel entstehen, wird er im Waschaggregat nicht völlig absorbiert, wodurch aber erfahrungsgemäß keine Arsenverluste auftreten müssen. Trotzdem ist eine Kontrolle der Nebelbildung wünschenswert, was außer der Einstellung der Salzsäurekonzentration (s. oben) durch Drehen des Armes *13* im Stopfen *12* (Veränderung der Oberfläche des Ammoniakvorrates in *15*) und gegebenenfalls durch Erwärmen von *15* erfolgt. Das Aufschlußverfahren dauert 15 bis 25 Min.

II. Mikrobombenaufschluß nach BEAMISH und COLLINS.

Die Verfasser führen die Verbrennung in einer Mikronickelbombe aus, die BEAMISH zur Halogenbestimmung konstruierte (Abb. 32).

[1] Höherer Druck bei zu Teerabscheidung neigenden Substanzen!

[2] GARELLI und CARLI spülen bei ihrem Verfahren, das keine Erfassung der Verbrennungsgase vorsieht, die Bombe zur Lösung der Verbrennungsprodukte mit Natriumhydroxyd aus (s. dazu auch § 1, S. 54).

Arbeitsvorschrift. Man bringt 20 bis 25 mg Traubenzucker in die Bombe, fügt die gewogene Probenmenge, die 1,5 bis 3 mg Arsen enthalten soll, und etwa 1 g Natriumperoxyd zu. Die Bombe wird verschlossen (unter Einsetzen einer guten Dichtung), der Inhalt durch mindestens 2 Min. langes kräftiges Schütteln der Bombe durchgemischt und durch Aufklopfen der Bombe auf einen Tisch in dem Bodenraum der Bombe gesammelt. Man erhitzt nun in der Spitze einer kleinen heißen Flamme 35 bis 40 Sek., läßt 5 Sek. abkühlen und taucht die Bombe dann zwecks völliger Abkühlung in kaltes Wasser. Hierauf wird der Deckel entfernt, in ein Pyrexprobegläschen von 35 mm Durchmesser und 155 mm Länge abgespült und noch so viel Wasser in das Probegläschen gegeben, daß die Bombe, die man in das Gläschen gleiten läßt, bedeckt ist; man löst die Schmelze durch Erwärmen. Nun wird die Bombe mittels einer Nickeldrahtschleife herausgehoben und abgespült. Nach Zerstören des Peroxydes durch Einkochen auf 10 cm³ wird die Arsensäure jodometrisch bestimmt.

Für Halbmikroanalysen werden bis 1,5 g Natriumperoxyd angewendet und die bei der Titration einzuhaltenden Volumina und Reagensmengen etwas vergrößert.

III. Andere Schmelzverfahren.

Pringsheim schlug zur Arsenbestimmung in organischem Material einen Aufschluß mit Natriumperoxyd im Silbertiegel vor.

Nach einer Vorschrift von Warunis können schwer verbrennbare organische Verbindungen durch Schmelzen mit Kaliumnitrat und Natriumperoxyd im Nickeltiegel (0,2 bis 0,4 g fein gepulverte Substanz werden mit 10 g Kaliumnitrat und 5 g Natriumperoxyd gemischt und mit Salpeter-Peroxydmischung überschichtet) aufgeschlossen werden. Aus der mit kochendem Wasser aufgenommenen Schmelze fällt er das Arsen nach Ansäuern mit Salzsäure und Filtrieren als Magnesiumammoniumarsenat oder bestimmt es maßanalytisch nach § 6, S. 104. Leicht zersetzliche, nicht flüchtige Arsenverbindungen können nach seinen Angaben durch Erhitzen im einseitig zugeschmolzenen schwer schmelzbaren Verbrennungsrohr mit Kaliumnitrat und Natriumperoxyd aufgeschlossen werden.

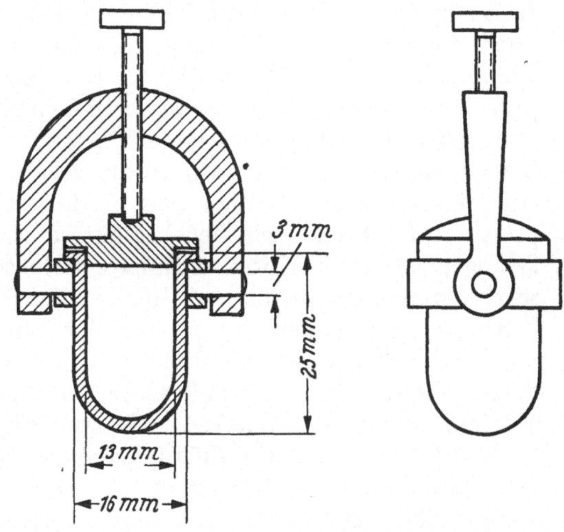

Abb. 32. Mikrobombe zum Aufschluß nach Beamish und Collins.

Little, Cahen und Morgan empfehlen zur Arsenbestimmung in organischen Verbindungen einen Aufschluß mit Natriumperoxyd und Natriumcarbonat.

In neuester Zeit wurde von Escolar bei nachfolgender Bestimmung mittels Molybdänblaureaktion eine Aufschlußschmelze mit Oxylit versucht.

Siehe auch die unter 4 referierten Verfahren nach Vorbehandlung auf nassem Wege S. 385.

3. Mineralisierung auf nassem Wege.

I. Aufschluß mit konzentrierter Schwefelsäure und rauchender Salpetersäure.

a) Arbeitsweise nach Bang (s. dazu § 14, S. 264).

Man bringt die zerkleinerte Probe (Tapeten, Stoffe, Garn, Teppiche, Farbstoffe, abgekratzte Wandbemalung; bezüglich der Mengen siehe die angeschlossenen Spezialvorschriften; Cox gibt in seinem Referat bis zu 20 g an) in einen 300 cm³ fassenden Kjeldahl-Kolben und durchfeuchtet unter Schütteln vollständig mit 20 bis 22 cm³ konzentrierter Schwefelsäure. Nun wird vorsichtig über einem Mikrobrenner bis zur eben beginnenden Verkohlung erwärmt und hierauf unter fortgesetzter Erwärmung aus einem Tropftrichter mit zweimal winkelig gebogenem Ausflußrohr rauchende Salpetersäure sehr langsam so in die Lösung eingetropft, daß der Kolbenhals nicht benetzt wird (1 Tropfen in 4 bis 8 Sek.). Sobald sich die Lösung völlig geklärt hat und eine gelbe Färbung angenommen hat, wird die Flüssigkeit über voller Flamme erwärmt. Bleibt sie dabei klar, ist der Aufschluß beendet. Bei Dunkelfärbung ist sofort bei kleiner Flamme wieder wie beschrieben rauchende Salpetersäure zuzugeben und danach neuerlich durch 5 bis 10 Min. langes Erhitzen auf Vollständigkeit der Verbrennung zu prüfen.

Nach beendeter Oxydation werden die in der Lösung enthaltenen Stickoxyde durch Verdünnen mit 50 cm³ Wasser und nachfolgendes Einkochen (Siedesteine) bis zum Entweichen von Schwefelsäuredämpfen entfernt. Bei weiterem 15 Min. langem Erhitzen wird auch etwa noch vorhandene Salpetersäure vollständig vertrieben. Bei Anwesenheit anorganischer Farbstoffe wird nach Verdünnen mit 30 cm³ Wasser durch Zugabe einiger Krystalle Permanganat auf Vollständigkeit der Oxydation geprüft.

Untersuchung von Harn. $^1/_{10}$ der Tagesmenge wird unter Umrühren mit $^1/_5$ des Volumens an rauchender Salpetersäure versetzt. 100 bis 150 cm³ des Gemisches füllt man in den KJELDAHL-Kolben, bringt den Rest in den Tropftrichter und erhitzt nach Zugabe von Siedesteinen zum Kochen. Bei starker Schaumbildung wird die Flamme für kurze Zeit entfernt. Das Kochen erfolgt dann ruhig und regelmäßig unter beständigem Tropfen aus dem Trichter. Nach Einkochen auf 50 cm³ werden einige Kubikzentimeter Salpetersäure zugefügt, worauf man bis auf 10 bis 15 cm³ konzentriert. Nun wird abgekühlt und auf Chlor geprüft, indem 1 Tropfen mit einer Capillare entnommen und in Silbernitratlösung getropft wird. Bei deutlich positiver Reaktion (schwache Reaktion ist bedeutungslos) werden der Aufschlußlösung noch einige Kubikzentimeter Salpetersäure und 10 bis 15 cm³ Wasser zugesetzt. Man engt wieder auf 10 bis 15 cm³ ein, setzt nach dem Abkühlen 25 cm³ konzentrierter Schwefelsäure vorsichtig unter Umschütteln zu und erhitzt nun wie beschrieben bei tropfenweisem Zusatz von Salpetersäure. Die schließlich resultierende konzentriert schwefelsaure Aufschlußlösung soll 22 cm³ betragen und wird nötigenfalls mit konzentrierter Schwefelsäure ergänzt.

Verarbeitung anderer Flüssigkeiten (z. B. Wein, Bier). Diese werden wie Harn behandelt. Sofern sie ärmer an organischen Stoffen sind, vollzieht sich die Verbrennung rascher. Bei höherem Gehalt an organischer Substanz ist mehr Salpetersäure erforderlich, und die Verbrennung muß vorsichtiger durchgeführt werden.

Aufschluß von Vegetabilien. Von Korn, Reis, Erbsen, Bohnen usw. werden 10 g, von sehr wasserhaltigen Materialien wie Frischgemüse die 10 g Trockensubstanz entsprechenden Mengen in den KJELDAHL-Kolben gebracht und mit 25 cm³ Wasser und 25 cm³ konzentrierter Schwefelsäure übergossen. Beim Umschütteln tritt beginnende Schwärzung ein. Es wird nun ohne Erwärmung tropfenweise rauchende Salpetersäure zugesetzt, wobei starkes Schäumen auftritt, das gegebenenfalls durch rasche Abkühlung eingedämmt werden muß. Erst nach Aufhören des Schäumens wird wieder Salpetersäure zugesetzt. Tritt bei neuerlichem Salpetersäurezusatz keine Schaumbildung mehr auf, erwärmt man im Wasserbad bis zur vollständigen Lösung, wobei die Flüssigkeit gelbbraune Farbe annimmt. Man verdampft nun das Wasser vorsichtig mit einem Mikrobrenner bis zur beginnenden Verkohlung und beendet die Verbrennung wie früher beschrieben. Da eine beträchtliche Menge Salpetersäure verbraucht wird, ist das Volumen zu kontrollieren und eine entsprechende Korrektur für etwaigen Arsengehalt anzubringen.

Aufschluß von animalischen Nahrungsmitteln. 50 bis 100 g fein gemahlenes Material werden im KJELDAHL-Kolben mit 25 bis 30 cm³ konzentrierter Schwefelsäure übergossen. Man schüttelt gut um (die Mischung erwärmt sich) und setzt sehr vorsichtig konzentrierte Salpetersäure ohne weitere Erwärmung zu. Bei jedem Salpetersäurezusatz tritt starkes Schäumen auf, das beim Abkühlen zurückgeht. Sobald ein weiterer Salpetersäurezusatz keine Schaumbildung mehr verursacht, erwärmt man im Wasserbad, wobei man tropfenweise Salpetersäure zuführt. Da neuerliches Schäumen eintritt, ist Vorsicht erforderlich. Nach mehreren Stunden ist die Probe aufgelöst und die Flüssigkeit braunrot gefärbt. Man setzt nun die Erwärmung auf dem Mikrobrenner fort und verbrennt wie üblich. Besonders fettreiches Material schäumt auch jetzt noch. Die auf der Flüssigkeit schwimmende Fettschicht erfordert beträchtliche Mengen an Salpetersäure zu ihrer Verbrennung, und das verbrauchte Salpetersäurevolumen ist daher wegen etwaigen Arsengehaltes der Salpetersäure und der deshalb anzubringenden Korrektur zu kontrollieren.

b) Verfahren nach RAMBERG (a) bzw. RAMBERG und SJÖSTRÖM.

Vorschrift nach COX. Man bringt die höchstens 5 g Trockensubstanz enthaltende Probenmenge in einen KJELDAHL-Kolben und durchfeuchtet sorgfältig mit 15 cm³ verdünnter Salpetersäure (D 1,25). Nach wenigen Minuten setzt man 22 bis 23 cm³ Schwefelsäure zu, erhitzt die Mischung und tropft konzentrierte Salpetersäure wie bei der BANGschen Methode (s. S. 373) ein. Im Kolben müssen dauernd rote Stickoxyde sichtbar sein. Bei schwerverbrennlichen Substanzen läßt man abkühlen, setzt 0,5 cm³ Salpetersäure zu und erhitzt neuerlich (dabei wird die Salpetersäure nicht so rasch verdampft). Nach Zerstörung der gesamten organischen Substanz setzt man ohne weitere Salpetersäurezugabe das Erhitzen fort, bis keine Stickoxyde mehr wahrnehmbar sind. Nach dem Abkühlen setzt man dann 25 cm³ gesättigte Ammoniumoxalatlösung und einige Glasstückchen zu und kocht bis zum Auftreten von Schwefelsäuredämpfen ein. Man verdünnt dann mit 20 cm³ Wasser, setzt 50 cm³ Salzsäure, 2 g Ferrosulfat und 10 bis 15 mg Kaliumbromid zu (hier auftretende Gelbfärbung zeigt die Anwesenheit von Stickoxyden an und die Bestimmung ist in diesem Fall zu verwerfen) und destilliert das Arsentrichlorid ab (s. § 14, S. 265).

Arbeitsvorschrift zur Mineralisierung von Harn nach ENGLESON (s. dazu § 14, S. 274) Man setzt dem Harn 20 Vol.-% Salpetersäure zu (also je 150 cm³ Harnprobe 30 cm³ Salpetersäure) und verdampft in einer Porzellanschale zur Trockne. Den Trockenrückstand führt man quantitativ in einen 300 cm³ fassenden KJELDAHL-Kolben über, spült die Schale mit 25 cm³ rauchender Salpetersäure (in 3 Anteilen) und 20 bis 22 cm³ konzentrierter Schwefelsäure nach, bringt eine Glasperle in den Kolben und beginnt vorsichtig zu erhitzen. Die Temperatur wird allmählich gesteigert und, sofern eine Dunkelfärbung der Flüssigkeit auftritt, werden mit Hilfe eines kalibrierten Tropfzylinders 0,2 bis 0,3 cm³ rauchende Salpetersäure zugesetzt. Man wiederholt das Erhitzen und den Salpetersäurezusatz so lange, bis die Flüssigkeit eine lichtgrüngelbe Farbe angenommen hat, läßt etwas abkühlen, fügt wieder 0,2 bis 0,3 cm³ Salpetersäure zu und erhitzt bis zum Auftreten von Schwefelsäuredämpfen. Man kocht jetzt noch 10 Min., läßt abkühlen, fügt zur Zerstörung der Stickoxyde 25 cm³ gesättigte Ammoniumoxalatlösung in feinem Strahl unter gutem Umschütteln zu, kocht ein, bis sich wieder Schwefelsäurenebel zeigen, und kocht noch weitere 15 Min. Bei Nichterscheinen von nitrosen Dämpfen anläßlich des Ammoniumoxalatzusatzes ist die Verbrennung nicht sicher vollständig und wird nach Angabe von ENGLESON nach Verkochen des Wassers fortgesetzt [RAMBERG (b) empfiehlt in diesem Fall die Probe überhaupt zu verwerfen]. Die weitere Behandlung wurde § 14, S. 274 beschrieben.

Eine Vorschrift zur Mineralisierung von Blut und Lumbalflüssigkeit nach ENGLESON wurde § 1, S. 56 referiert.

c) Aufschluß bei Gegenwart von Kupfersulfat nach KLEINMANN und PANGRITZ.

(Eine Modifikation des Verfahrens ohne Kupfersulfat wurde § 13, S. 230 beschrieben.)

Das fein zerkleinerte und auf dem Wasserbad gut getrocknete Material (bis zu 60 g Trockenpulver) wird in einem mindestens 300 cm³ fassenden KJELDAHL-Kolben je nach dem Material mit verschieden großen Mengen arsenfreier rauchender Salpetersäure versetzt (s. unten!). Falls hier eine heftige Reaktion unter Schäumen des Gemisches auftritt, muß gekühlt werden. Im allgemeinen setzt die Reaktion aber erst nach einigen Minuten ruhig ein (man wählt die Probemenge so, daß nach 25, höchstens 30 Min. die Masse bis auf etwa vorhandene Fetteile gelöst ist). Der dunkelbraunen klaren Flüssigkeit werden nach dem vollkommenen Erkalten 20 bis 25 cm³ konzentrierte Schwefelsäure und 10 bis 12 Tropfen 10%iger Kupfersulfatlösung (als Katalysator) zugesetzt. Die Reaktion muß nun so gelenkt werden, daß bei möglichst geringer äußerer Wärmezufuhr und dauerndem Vorhandensein eines Überschusses an rauchender Salpetersäure die Flüssigkeit in gelindes Sieden gerät und übermäßige Bildung nitroser Gase vermieden wird. Die Reaktion setzt manchmal beim Schütteln und manchmal erst beim Erhitzen über kleinem Flämmchen ein und ist so heftig, daß man den Kolben von der Flamme entfernen und gut kühlen muß. Hat die Reaktion etwas nachgelassen, wird der Kolben wieder über dem Mikrobrenner erhitzt und die tropfenweise Zufuhr rauchender Salpetersäure begonnen. Dazu bedient man sich eines Meßhahntrichters mit 2mal stumpfwinkelig gebogenem Ableitungsrohr, aus dem die Salpetersäure direkt auf die Schwefelsäure im aufrecht stehenden Kolben tropft. Zuerst werden in rascher Folge 10 bis 15 Tropfen rauchender Salpetersäure zugelassen, worauf man den Kolben so hoch über dem Sparflämmchen einstellt, daß bei einem Zusatz von 1 Tropfen Salpetersäure in 10 bis 12 Sek. der Kolbeninhalt unter mäßiger Entwicklung von Stickoxyden gelinde weiterkocht. Nach und nach werden Erwärmung und Salpetersäurezufuhr etwas verstärkt, so daß nach 3 bis 5 Std. mit voller Bunsenbrennerflamme erhitzt wird, wobei man je 4 bis 6 Sek. 1 Tropfen der Salpetersäure zuführt. 20 g Organtrockensubstanz sind auf diese Weise nach etwa 7 bis 8 Std. verascht. Sobald der Kolbeninhalt gelbe Farbe angenommen hat, wird die Salpetersäurezufuhr abgestellt und der Kolben noch etwa 20 Min. mit voller Flamme erhitzt. Die Verbrennung ist vollständig, wenn beim Entweichen von Schwefelsäuredämpfen die hellgelbe Färbung der Flüssigkeit unverändert bleibt oder sich weiter aufhellt. Bei Dunkelfärbung durch Verkohlung muß sofort gekühlt und dann unter Salpetersäurezufuhr mindestens noch $^1/_4$ Std. erhitzt werden. Anschließend wird durch 10 Min. langes Erhitzen der schwefelsauren Lösung neuerlich auf Vollständigkeit der Veraschung geprüft. Reste von Salpetersäure und Nitrosylschwefelsäure werden aus der Aufschlußlösung durch mehrmaliges Aufkochen mit Wasser beseitigt.

Zur Vorbehandlung und Auflösung des Materials ist folgendes zu beachten: Organe, Leichenteile, Fleisch usw. müssen in gut zerkleinertem Zustand auf dem Wasserbad möglichst vollständig getrocknet werden (Herstellung von Trockenpulvern). Papier und Tapeten werden fein zerstückelt, Blut, Serum und andere Flüssigkeiten ebenfalls auf dem Dampfbad zur Trockne gebracht. Zur Lösung von etwa 20 g zerkleinertem, getrocknetem Material sind etwa 20 cm³ rauchende Salpetersäure, zur vollständigen Veraschung etwa 70 bis 90 cm³ (bei fettreichem Material mehr) davon erforderlich. Harn und andere Natriumchlorid enthaltende saure Substanzen sind vor dem Eindampfen mit Natriumhydroxyd alkalisch zu machen. Der Rückstand wird mit etwas destilliertem Wasser versetzt und durch tropfenweisen Zusatz von rauchender Salpetersäure vorsichtig in Lösung gebracht. Die weitere Verarbeitung der Aufschlußlösung wurde § 14, S. 265 und § 10, S. 170 beschrieben.

Bemerkungen. Ein anderes Aufschlußverfahren unter Verwendung von Kupfersulfat wurde § 13, S. 239 beschrieben.

II. Aufschluß mit konzentrierter Schwefelsäure und konzentrierter Salpetersäure nach Winterfeld, Dörle und Rauch (s. dazu auch § 14, S. 267).

8 bis 10 g Material werden in einem 250 cm³ fassenden Kjeldahl-Kolben unter sorgfältiger Kühlung mit 20 cm³ konzentrierter Schwefelsäure und danach langsam mit 5 cm³ konzentrierter Salpetersäure versetzt. Das Gemisch schäumt heftig auf. Nach Abklingen der Reaktion erhitzt man vorsichtig mit einem Pilzbrenner, bis das Reaktionsgemisch sich zu bräunen beginnt. Man läßt nun abkühlen, gibt wieder 5 cm³ konzentrierte Salpetersäure zu und erhitzt. Nach 3- bis 4maliger Wiederholung dieser Operation bleibt die Lösung bei weiterem Erhitzen wasserklar und kann nun bis auf wenige Kubikzentimeter eingedampft werden. Man führt sie dann mit 30 cm³ gesättigter Ammoniumoxalatlösung in einen 100 cm³ fassenden Kjeldahl-Kolben über, spült mit Wasser nach, engt bis zum Auftreten der Schwefelsäuredämpfe ein und erhitzt noch weitere 10 Min. Die nachfolgende Behandlung wurde § 14, S. 267 beschrieben.

Bemerkungen. Eine Methode zur Mineralisierung von Harn unter Erhitzen bis zur Dunkelfärbung wurde § 5, S. 90 beschrieben.

III. Aufschluß mit konzentrierter Schwefelsäure und konzentrierter Salpetersäure bei Gegenwart von Kaliumsulfat nach LEWIS und BALDESCHWIELER.

Mineralisierung von Mineralölproben. Man bringt 3 bis 5 g der Probe und 10 g Kaliumsulfat (wasserfrei) in einen 1000 cm^3 fassenden Stehkolben, der einen eingebauten Tropftrichter und einen seitlich am Hals angesetzten, schräg aufsteigenden Kugelkühler trägt, der seinerseits über eine KJELDAHL-Kugel und einen senkrecht absteigenden Spiralkühler mit einer Vorlage (500-cm^3-ERLENMEYER-Kolben; die Vorlage trägt ebenfalls einen schräg nach aufwärts gerichteten Kühler) in Verbindung steht, und bringt durch den Tropftrichter etwa 20 cm^3 konzentrierte Schwefelsäure ein. Sobald Verkohlung eintritt, gibt man 20 cm^3 konzentrierte Salpetersäure zu und erhitzt mit sehr kleiner Flamme. Nach Abflauen der Reaktion wird weitere Salpetersäure zugesetzt und die Flüssigkeit zu gelindem Sieden erhitzt. Man setzt diese Operationen so lange fort, bis eine klare strohgelbe Lösung resultiert (etwa nach 2 Std.). Man nimmt den Apparat nun auseinander, bringt die Spülwässer der Kühler und den Inhalt der Vorlage in ein großes Becherglas und engt sie auf ein kleines Volumen ein. Nachdem man sie mit der Aufschlußlösung vereinigt hat, erhitzt man diese bis zum Rauchen der Schwefelsäure, setzt wenige Tropfen Salpetersäure zu und erhitzt neuerlich bis zum Entweichen von Schwefelsäuredämpfen. Nach dem Abkühlen wird mit Wasser verdünnt, worauf das Arsen nach einer bekannten Methode bestimmt wird.

Bemerkungen. Nach Erfahrung der Verfasser ist die Veraschung von Mineralölen nach anderen üblichen Verfahren unvollständig oder mit Arsenverlusten verbunden. Nach den angeführten Testanalysen gibt das geschilderte Verfahren sehr gute Resultate.

IV. Aufschluß mit Schwefelsäure unter Durchleiten nitroser Dämpfe oder Eintragen von Nitrosylsulfat nach BRETEAU.

Der Verfasser schließt im KJELDAHL-Kolben mit Schwefelsäure unter Durchleiten von nitrosen Dämpfen oder durch laufende Zugabe von Nitrosylsulfat auf. Nach Entfärbung wird mit Wasser verdünnt, bis zur Entfernung der nitrosen Dämpfe gekocht und das Arsen maßanalytisch bestimmt.

V. Aufschluß mit Schwefelsäure und Kaliumnitrat nach STOLLÉ und FECHTIG (Methode zur Zerstörung schwer angreifbarer organischer Arsenverbindungen).

0,2 g der organischen Arsenverbindung werden im KJELDAHL-Kolben (Kugelinhalt 100 cm^3; Gesamtinhalt 145 cm^3; 15 cm langer, 2,2 cm weiter Hals) mit 7 g fein gepulvertem Kaliumnitrat und 15 cm^3 konzentrierter Schwefelsäure versetzt, 1 Std. auf einem Asbestdrahtnetz erhitzt und nach vorsichtiger Zugabe von 1 g Kaliumnitrat noch $^1/_2$ Std. auf 345 bis 355° gebracht (Gewichtsverlust 6 bis 7 g). Man unterbricht das Erhitzen, setzt 3 g Ammoniumsulfat zu und erhitzt nochmals 15 Min. Nach dem Erkalten wird mit Wasser verdünnt und das Arsen jodometrisch ermittelt.

VI. Aufschlußverfahren, die nach Zusatz von Salpetersäure und Schwefelsäure eine Verkohlung des Materials vorsehen, wurden in neuerer Zeit nicht mehr vorgeschlagen, da Arsenverluste dabei nicht sicher vermieden werden können (s. dazu § 14, S. 294 und § 13, S. 197).

VII. Aufschluß mit Schwefelsäure, Salpetersäure und Wasserstoffperoxyd nach WINTERSTEINER und HANNEL (zum Zwecke der Mikroelementaranalyse).

Das Verfahren wurde § 7, S. 118 genau beschrieben. Die gleiche Kombination wurde zur Mineralisierung von Wein verwendet (s. § 3, S. 73).

VIII. Aufschluß mit Schwefelsäure und Salpetersäure unter Nachoxydation mit Permanganat nach GRIFFON und BUISSON.

Mineralisierung von Urin. 200 bis 300 cm^3 (oder mehr) Urin werden nach Zugabe von 1 cm^3 Salpetersäure in einer 1 l fassenden Porzellanschale auf dem Wasserbad fast zur Trockne eingedampft, wobei man durch Umschwenken verhindert, daß sich der Trockenrückstand an der Schalenwandung absetzt. Sobald die Flüssigkeit fast vollständig verdampft ist, läßt man etwas abkühlen und fügt mittels einer Pipette entlang der Schalenwandung tropfenweise 10 cm^3 Salpetersäure zu (dabei tritt lebhaftes Aufbrausen ein) und bringt wieder auf das Wasserbad. Nach Lösen des Eindampfrückstandes bringt man die dunkelgelbe Lösung in einen enghalsigen konischen 250 cm^3 fassenden Kolben, spült die Schale mit 15 cm^3 Salpetersäure in 3 bis 4 Anteilen (gegebenenfalls unter jeweiligem Anwärmen auf dem Wasserbad) und schließlich mit einigen Kubikzentimetern Wasser sorgfältig nach und setzt den Kolben, der die Lösung und die Waschwässer enthält, zur Hälfte in ein Sandbad von 150° ein. Man beläßt darin, bis nur mehr ein fast trockener, krystalliner Rückstand im Kolben vorhanden ist. Zu diesem Rückstand bringt man nun 6 bis 10 cm³ Schwefelsäure (von der angewendeten Urinmenge abhängig), setzt wieder auf das Sandbad und erhitzt dort, gegebenenfalls unter mehrmaligem Zusatz von einigen Kubikzentimetern Salpetersäure, bis der Dampfraum im Kolben sich endgültig aufgehellt hat und der Rückstand beim Erhitzen nicht mehr dunkel wird. Man entfernt nun vom Sandbad, läßt abkühlen und versetzt mit etwa 50 cm³ Wasser. Nach Einkochen auf das halbe Volumen gibt man tropfenweise, ohne das Sieden zu unterbrechen, 5%ige Kaliumpermanganatlösung zu, bis die Rosafärbung bestehen bleibt. Bei richtig ausgeführter Mineralisierung sind etwa 20 bis 30 Tropfen erforderlich. Der Permanganatüberschuß wird nach dem Abkühlen mit einigen Tropfen 1%igem Wasserstoffperoxyd eben wieder zerstört. Die 25 bis 30 cm³ betragende Aufschlußlösung wird dann nach § 13, S. 243 weiter verarbeitet.

IX. Ein weiteres Verfahren unter Verwendung von Salpetersäure, Schwefelsäure, Kaliumpermanganat und Wasserstoffperoxyd gibt BERAT an, das § 14, S. 279 beschrieben wurde.

X. Aufschluß mit Salpetersäure und Schwefelsäure unter Voroxydation mit Salpetersäure und Permanganat nach JOACHIMOGLU.

200 g Organsubstanz werden mit 200 cm³ konzentrierter Salpetersäure und 5 cm³ 2%iger Kaliumpermanganatlösung in einer 2 l fassenden Schale bis zum ruhigen Kochen erwärmt und dann unter Nachspülen mit 100 cm³ Salpetersäure und 100 cm³ Wasser in eine 1 l fassende Schale übergeführt. Nach Konzentrieren auf 80 cm³ setzt man in der Wärme 100 cm³ konzentrierter Schwefelsäure zu und erhitzt unter wiederholtem Zusatz von 2 bis 3 cm³ Salpetersäure bis zum Entweichen von Schwefelsäuredämpfen. Nach Zusatz von 100 cm³ Wasser und 20 cm³ Schwefelsäure wird das Arsen, wie § 14, S. 267, erwähnt, als Trichlorid abdestilliert.

XI. Aufschluß mit Schwefelsäure, Salpetersäure und Perchlorsäure.

a) Arbeitsweise nach KAHANE und POURTOY.

200 g Material werden mit 100 cm³ Salpetersäure (D 1,39) und 50 cm³ Schwefelsäure (D 1,81) in einem 2 l-Kolben zuerst vorsichtig erhitzt. Nach Zusammenfallen des Schaumes wird die Temperatur unter dauerndem Eintropfen von Salpetersäure auf 180 bis 200° gesteigert und dann weiter reine Perchlorsäure oder eine Mischung mit der Hälfte des Volumens an Salpetersäure bis zur Entfärbung des Kolbeninhalts zugetropft (Dauer des Aufschlusses etwa 1 Std.).

b) Verfahren zur Zersetzung organischer Arsenverbindungen nach KAHANE.

0,2 bis 0,4 g Substanz werden in ein 100 cm³ fassendes KJELDAHL-Kölbchen eingewogen und mit 5 cm³ einer Mischung aus 70 cm³ Schwefelsäure (D 1,81), 20 cm³ Perchlorsäure (D 1,61) und 10 cm³ Salpetersäure (D 1,39) sowie einem Glaskügelchen versetzt. Mitunter setzt schon in der Kälte heftige Reaktion ein, aber im allgemeinen ist das nicht der Fall, und man kann sofort mit dem Erwärmen beginnen. Vorerst reagiert die Salpetersäure unter Bildung nitroser Dämpfe, und der Überschuß destilliert ab. Anschließend gelangt die Perchlorsäure zur Einwirkung, wobei nur selten eine Unterbrechung des Erwärmens erforderlich wird. Diese zweite Phase ist sehr rasch beendet, und es erscheinen die charakteristischen Schwefelsäurenebel. Man setzt das Erhitzen zwecks Entfernung der Stickstoff- und Chlorverbindungen fort und beendet den Aufschluß 10 Min. nach Beginn der Operation. Sollte die Lösung noch nicht farblos sein, setzt man noch einige Tropfen einer Mischung aus 2 Volumen Perchlorsäure und 1 Volumen Salpetersäure zu und erhitzt wieder bis zum Auftreten von Schwefelsäurenebeln. Die weitere Behandlung (Reduktion und Titration mit Bromat erfolgt nach SCHULEK und v. VILLECZ (s. § 8, S. 128).

c) Verfahren zur Zerstörung von Organteilen nach HINSBERG und KIESE.

10 bis 20 g Organ werden im KJELDAHL-Kolben mit 20 bis 30 cm³ konzentrierter Salpetersäure angesetzt. Nach einer oder mehreren Stunden gibt man 15 cm³ Schwefelsäure (D 1,84) und 15 cm³ Perchlorsäure (D 1,67) zu. Die darauf einsetzende heftige Reaktion wird durch Zutropfen von rauchender Salpetersäure und Erwärmen in Gang gehalten. Eine Verkohlung muß durch rechtzeitige Zugabe von rauchender Salpetersäure vermieden werden. Nach Hellwerden der Flüssigkeit wird stärker erhitzt und die Temperatur, sofern sich keine Bräunung mehr ergibt, bis zum Auftreten weißer Perchlorsäurenebel gesteigert. Man hält dann noch etwa 5 Min. lang in leichtem Sieden, gibt nach Abkühlen zur Zersetzung von Nitrosylverbindungen 20 cm³ gesättigte Ammoniumoxalatlösung zu und erhitzt neuerlich bis zum Auftreten weißer Nebel.

Bei Untersuchung von Urin wird vor der beschriebenen Behandlung die Probe (100 bis 200 cm³) nach Zugabe von rauchender Salpetersäure im Verhältnis 3:1 auf etwa 10 cm³ eingeengt.

d) Aufschluß unter Verwendung einer Vorlage nach MORRIS und CALVERY.

Die Zerstörung wird in einem 1 l fassenden Pyrex-Rundkolben mit 3 Ansätzen für 2 Tropftrichter und einen mit einer Vorlage verbundenen Kühler ausgeführt. Derart können bei etwaiger Verkohlung die in die Vorlage übergegangenen Anteile des Arsens wiedergewonnen werden.

Zur Probe in dem Kolben gibt man auf je 10 g Material 20 bis 30 cm³ einer Mischung aus gleichen Teilen konzentrierter Salpetersäure und konzentrierter Schwefelsäure. Man erhitzt bis zum Rauchen und tropft während dieser Zeit in ziemlich raschem Tempo konzentrierte Salpetersäure (etwa 25 bis 50 cm³) ein. Sobald die Probe gelöst ist, wird durch den zweiten Tropftrichter unter fortdauerndem Eintropfen von Salpetersäure ebenfalls ziemlich rasch Perchlorsäure zugetropft (etwa 4 bis 6 cm³). Die Zugabe der Salpetersäure muß so rasch erfolgen, daß keine Bräunung auftritt und wird so lange fortgesetzt, bis die Lösung wasserklar ist. Danach wird $^1/_2$ bis 1 Std. weiter erhitzt, um die letzten Reste an organischen Stickstoffverbindungen zu zerstören und die Salpetersäure quantitativ zu entfernen. Der Aufschluß ist nach etwa $1^1/_2$ Std. beendet. Die weitere Aufarbeitung erfolgt durch Überführung in Arsenwasserstoff mit Zink und Salzsäure, Abscheidung des Arsens in Form eines Spiegels und dessen Auswertung mittels der Molybdänblaureaktion (s. § 10, S. 167 und § 13, S. 212).

e) Arbeitsweise von HUBBARD.

Das Material wird in einem Destillierkolben mit einer Mischung von Schwefelsäure, Salpetersäure und Perchlorsäure aufgeschlossen und abgeraucht. Der Rückstand wird zu 50 cm³ aufgefüllt. 25 cm³ werden mit 5 cm³ Bromwasserstoffsäure, 40 cm³ Salzsäure und 1 g Hydraziniumsulfat (gelöst in 30 cm³ Salzsäure) bei 111° destilliert. Das Destillat wird in 40 cm³ eiskaltem Wasser aufgefangen, mit 25 cm³ Salpetersäure versetzt, auf 100 cm³ verdünnt, zur Trockene verdampft und auf 120° erwärmt. Der Rückstand wird mit 10%iger Ammoniummolybdatlösung und 0,15%-iger Hydraziniumsulfatlösung versetzt. Die entstehende Blaufärbung (s. § 10 A) wird photometriert. Ein Blindversuch ist erforderlich.

f) Ein weiteres Verfahren wurde § 13, S. 227 beschrieben.

XII. Aufschluß mit Kaliumchlorat, Salpetersäure und Schwefelsäure.

WATERMAN, KOCH und McMAHON verwenden diese Kombination zum Aufschluß von imprägniertem Holz. (Die Arsenbestimmung führen sie anschließend nach SANGER und BLACK bzw. bei größeren Arsenmengen nach Abdestillieren des Arsens titrimetrisch durch.) Die Probe wird dazu mit einer gesättigten Lösung von Kaliumchlorat in konzentrierter Salpetersäure unter Zusatz von Schwefelsäure digeriert und bis zum Rauchen eingekocht, wobei, wenn nötig, wiederholt noch einige Tropfen konzentrierter Salpetersäure zugefügt werden.

XIII. Aufschluß mit konzentrierter Schwefelsäure und Wasserstoffperoxyd.

a) Verfahren nach SCHULEK und v. VILLECZ.

Die genauen Arbeitsvorschriften zur Untersuchung von Arzneimitteln für Mengen entsprechend 10 bis 100 mg As und 0,5 bis 10 mg As wurden § 8, S. 128 angegeben. Einige ergänzende Bemerkungen wurden zu dem Aufschlußverfahren von SCHULEK und WOLSTADT angegeben. Demnach können organische Substanzen in Mengen von mehreren Grammen anwesend sein, wobei allerdings die Schwefelsäuremenge entsprechend zu vermehren ist (10 bis 20 cm^3) und auch mehr Wasserstoffperoxyd erforderlich wird. Bei Verarbeitung stark schäumender Substanzen (z. B. Zucker) wird ein größerer Kolben angewendet. In einem 1000 cm^3-ERLENMEYER-Kolben lassen sich 20 g Mehl oder Zucker unschwer zerstören, besonders, wenn die Zerstörung mit 100 cm^3 20%iger Salpetersäure und 20 cm^3 Schwefelsäure eingeleitet wird. Dem Material entsprechend ist auch mitunter eine Zugabe von Wasserstoffperoxyd oder Salpetersäure vor Beginn der Zerstörung erforderlich. Die Zerstörung ist im allgemeinen beendet, wenn Schwefelsäuredämpfe auftreten und die Flüssigkeit dabei nicht mehr gebräunt wird. Verbindungen von Kakodyltyp oder Arsenobenzolverbindungen sind aber besonders widerstandsfähig und erfordern noch ein $^1/_2$stündiges Kochen der sich nicht mehr bräunenden Flüssigkeit, wobei 6- bis 8mal je 1 bis 2 cm^3 Wasserstoffperoxydlösung zugesetzt werden.

b) Modifikation des Verfahrens nach v. FELLENBERG.

Bei dieser Arbeitsweise werden etwa 100 g frischer Substanz oder 20 g getrocknetes Material in Arbeit genommen. Das Ausgangsmaterial wird in der Regel vorerst getrocknet. Man verbrennt vorteilhafterweise nur etwa 5 g auf einmal, um eine zu stürmische Reaktion zu vermeiden.

Das Material wird in einem 250 cm^3 fassenden KJELDAHL-Kolben mit 4 cm^3 konzentrierter Schwefelsäure (bei tierischem Material wegen des sich bildenden Ammoniaks 6 cm^3) übergossen und mit einigen Kubikzentimetern Perhydrol versetzt. Nach einigen Sekunden setzt meist die Reaktion ein (bei Ausbleiben wird sorgfältig erwärmt), wobei nach deren Nachlassen weitere kleine Mengen Perhydrol zugesetzt werden. Falls sich eine beginnende Bräunung der Lösung zeigt, muß sofort Perhydrol zugefügt werden, um, besonders bei Anwesenheit von Halogenen, Arsenverluste zu vermeiden. Die durch den Perhydrolzusatz bedingte Verdünnung der Schwefelsäure verursacht bei schwerer verbrennbaren organischen Verbindungen einen trägen Ablauf der Reaktion, weshalb gegebenenfalls durch Einkochen wieder konzentriert werden muß. Hierbei ist einer Bräunung der Flüssigkeit durch etwaige kleine Perhydrolzusätze sofort zu begegnen. (Eine mitunter beim Konzentrieren, besonders bei tierischen Materialien, außerordentlich heftig einsetzende Reaktion führt oft zu Selbstentzündung der Mischung und zu Arsenverlusten. Solche Substanzen verarbeitet man in Anteilen von 1 bis 2 g.)

Die letzten Reste an organischer Substanz erfordern stets eine hohe Schwefelsäurekonzentration. Man gibt daher das Perhydrol in kleinen Güssen in die vorher etwas abgekühlte, fast konzentrierte Schwefelsäure, bevor man neuerlich erhitzt. Manche Substanzen wie z. B. Wachs (Überzug von Früchten) werden nach Zugabe einiger Tropfen rauchender Salpetersäure verbrannt, die aber erst ganz gegen Schluß der Zerstörung angewendet werden. Die Aufschlußlösung wird dann vorteilhaft in einen 80 cm^3 fassenden, weithalsigen Kolben übergespült und wieder eingedampft. Die Verbrennung ist beendet, wenn dicke Schwefelsäuredämpfe entweichen, ohne daß sich die Lösung dunkler färbt. Zur Zerstörung der bei Verwendung von Salpetersäure gebildeten Nitrosylschwefelsäure läßt man die Lösung abkühlen, setzt 1 bis 2 cm^3 gesättigte Oxalsäurelösung zu und raucht neuerlich ab (bei Aufschluß tierischen Materials wird, auch wenn keine Salpetersäure verwendet wurde, mit Oxalsäure behandelt, um oxydierende, aus dem Material gebildete Substanzen, z. B. Salpetersäure oder Peroxyde, zu zerstören).

Von Trinkwasser wird 1 l unter Zusatz von 2 bis 4 cm^3 Schwefelsäure und etwas Perhydrol weitgehend eingekocht, dann in das KJELDAHL-Kölbchen übergeführt und gegebenenfalls unter erneutem Zusatz von Perhydrol abgeraucht. Milch und Urin werden mit demselben Volumen Perhydrol versetzt. Die Mischung wird in kleinen Anteilen in die heiße Schwefelsäure eingetragen und nach Bedarf erhitzt. Bei leichter Bräunung wird jeweils etwas Perhydrol zugesetzt. Wein und Bier werden vorerst weitgehend eingedampft und ebenso verbrannt. Zucker, Honig und Melasse werden in Perhydrol gelöst und ebenfalls in kleinen Anteilen in die Schwefelsäure eingetragen. Zur Untersuchung von Eigelb kocht man die Eier hart und trägt das Eigelb in sehr kleinen Partien in die Schwefelsäure ein. Auch Lebertran wird bei allmählichem Eintragen noch ziemlich befriedigend verbrannt. Die übrigen Fette und Öle sind schwer verbrennbar (Lösung erst bei hoher Konzentration der Schwefelsäure und dann einsetzende übermäßig heftige Reaktion) und erfordern bei viel höherem Perhydrolverbrauch weit mehr Zeit.

c) Ein Mikroaufschlußverfahren mit Schwefelsäure und Perhydrol wurde § 1, S. 53 beschrieben.

XIV. Tabern und Shelberg verwenden ein Aufschlußverfahren mit rauchender Schwefelsäure und Perhydrol.

XV. Aufschlußverfahren mit Kaliumpermanganat und Schwefelsäure.

a) Die Zerstörung von Natriumkakodylat und einigen anderen pharmazeutischen Präparaten zwecks nachfolgender bromometrischer Arsenbestimmung nach Rupp und Siebler wurde § 8, S. 126, beschrieben.

b) Die Methode von Rupp mit nachfolgender jodometrischer Arsensäuretitration zur Gehaltsbestimmung von Natriumkakodylat und Arrhenal ist § 7, S. 117, beschrieben.

Der Aufschluß leichter zersetzlicher Präparate, wie Atoxyl und Arsacetin, wird nach Rupp sehr ähnlich durchgeführt, und zwar bringt man 0,2 g Substanz in einen Jodzahlkolben, übergießt mit 10 cm³ konzentrierter Schwefelsäure und löst durch häufiges Umschwenken oder kurzes Erwärmen über einer Flamme. Man bringt sofort 1 g gepulvertes Kaliumpermanganat dazu, verdünnt nach Beendigung der Gasentwicklung mit 30 cm³ Wasser und fügt 1 g krystallisierte Oxalsäure zu (Braunstein wird gegebenenfalls durch kurzes Erwärmen entfernt). Die Lösung wird nach dem Erkalten nochmals mit 30 cm³ Wasser verdünnt und die Arsensäure wie § 7, S. 118 beschrieben, bestimmt.

c) Teilweise Zersetzung organischen Materials nach Rupp und Lehmann.

Untersuchung von Fleischproben. 5 bis 20 g krümelig feuchtes Untersuchungsmaterial werden mit 10 g gepulvertem Kaliumpermanganat und darauf mit 10 cm³ verdünnter Schwefelsäure in einer Porzellanschale möglichst gleichmäßig gemischt. Die Mischung wird auf einem siedenden Wasserbad 15 Min. lang erwärmt (häufiges Durcharbeiten während dieser Zeit) und der warme, fast pulverige Rückstand unter beständigem Rühren in kleinen Anteilen mit 25 cm³ konzentrierter Schwefelsäure und bald darauf mit 30 cm³ 3%iger Wasserstoffperoxydlösung versetzt. Sobald die Flüssigkeit nicht mehr schäumt, gießt man sie in einen Kjeldahl-Kolben um und verfährt weiter nach § 14, S. 267.

d) Untersuchung von Harn nach Lehmann (a).

500 cm³ Harn werden mit 2,5 g fein gepulvertem Kaliumpermanganat kalt verrührt und auf dem Drahtnetz erst mit großer, gegen Schluß mit kleiner Flamme und unter Umrühren fast zur Trockene eingedampft (um lästiges Schäumen zu verhindern, kann man 0,3 bis 0,5 g Paraffin zusetzen). Der feuchte Salzrückstand wird mit 5 g gepulvertem Kaliumpermanganat und 10 cm³ verdünnter Schwefelsäure gleichmäßig verrieben. Nach 3 bis 5 Min. fügt man unter Umrühren 20 cm³ konzentrierter Schwefelsäure zu und läßt unter dem Abzug stehen, bis die reichliche Gasentwicklung vorüber ist. Man vermischt mit 30 cm³ 3%igen Wasserstoffperoxyds und erhitzt zur Entfernung freien Chlors bis zum Sieden. Nach Übergießen in einen Kjeldahl-Kolben und Nachspülen mit 30 cm³ konzentrierter Schwefelsäure wird nach Rupp und Lehmann wie S. 267 beschrieben abdestilliert.

e) Untersuchung von Blut nach Lehmann (a).

25 bis 30 g Blut werden im Kjeldahl-Kolben mit 2,5 g fein gepulvertem Kaliumpermanganat gleichmäßig vermischt und gut durchgeschüttelt. Nach 10 Min. gießt man unter ständigem Umschwenken in dünnem Strahl 60 cm³ konzentrierte Schwefelsäure zu, läßt völlig erkalten und setzt nun unter beständigem Umschwenken 10 g gepulvertes Kaliumpermanganat in kleinen Anteilen zu (bei starker Erwärmung wird gekühlt). Danach läßt man unter häufigem Schütteln $^1/_4$ Std. lang stehen und versetzt dann mit 30 cm³ Wasserstoffperoxyd. Nach dem Erkalten und Zugabe von 7,5 g Ferrosulfat (wasserfrei) sowie 50 g Natriumchlorid und 3 bis 5 g Olivenöl wird nach § 14, S. 267 abdestilliert.

f) Arsenbestimmung in substituierten Phenylarsinsäuren nach Zerstörung mit Permanganat und Schwefelsäure nach Fargher.

0,2 g gepulverte Substanz werden im 250 cm³ fassenden Kolben gut mit 1 g Kaliumpermanganat gemischt. Man setzt 5 cm³ 50%ige Schwefelsäure und hierauf nach Beendigung der ersten Reaktion 10 cm³ Schwefelsäure zu, bringt nach wenigen Minuten 10 cm³ Wasser zu der Mischung und erhitzt 1/2 Std. lang zu mäßigem Sieden. Der Braunstein wird dann durch einen geringen Überschuß an Wasserstoffperoxyd entfernt. Nach Zugabe von 30 cm³ Wasser wird die Lösung neuerlich 10 Min. lang gekocht. Man tropft nun verdünnte Kaliumpermanganatlösung bis zur Rotfärbung zu, entfärbt durch 1 Tropfen verdünnter Oxalsäurelösung, kühlt ab und titriert die Arsensäure (s. § 7, S. 118).

Bemerkungen. Die Arbeitsweise wurde durch kleine Änderungen aus einem von Lehmann (b) für Salvarsan und Neosalvarsan angegebenen Verfahren entwickelt. Lehmann gibt nämlich sofort nach Zugabe der 10 cm³ konzentrierter Schwefelsäure einen Überschuß an 3%igem Wasserstoffperoxyd (insgesamt 5 bis 10 cm³) bis zur Lösung des Braunsteins zu, verdünnt mit 25 cm³ Wasser, kocht 10 Min., verdünnt neuerlich mit 50 cm³ Wasser und setzt dann schon Kaliumjodid zu.

XVI. Aufschluß von Natriumkakodylat mit Mangandioxyd und Schwefelsäure nach Frerichs.

0,2 g Natriumkakodylat (die Einwaage wird in ein Glasbecherchen gemacht) werden in einem 100 cm³ fassenden Kjeldahl-Kolben mit 1,5 g reinem Mangandioxyd und 10 cm³ Schwefelsäure bei aufgesetztem Trichter etwa 1/2 Std. so erhitzt, daß der Kolben wohl mit Schwefelsäuredämpfen erfüllt ist, aber nur wenig davon entweichen. Die Aufschlußlösung wird dann mit Wasser in einen Schliffkolben gespült, die Flüssigkeit mit Oxalsäure entfärbt und die Arsensäure jodometrisch ermittelt.

XVII. Aufschlußverfahren unter Verwendung von Persulfat.

a) Arbeitsweise nach Newbery.

Die Mischung der Substanz (0,2 g) mit 20 cm³ Wasser und 4 bis 5 g Ammoniumpersulfat wird in einem 300 cm³ fassenden Erlenmeyer-Kolben (mit einer Schutzvorrichtung gegen Verspritzen) gekocht. Im allgemeinen ist die Lösung nach etwa 10 Min. farblos, worauf man 40 cm³ 1 n Oxalsäure zusetzt und bis zum Aufhören der Kohlendioxydentwicklung erhitzt. Nach weiterem 2 Min. langem Kochen gibt man 20 cm³ 2 n Schwefelsäure und Kaliumjodid zu und titriert die arsenige Säure nach Entfernung des ausgeschiedenen Jods (s. § 7, S. 120).

b) Arsenbestimmung in flüchtigen Kakodylverbindungen nach Maillard.

Man bringt in ein sehr gut schließendes Schliffkölbchen von etwa 150 cm³ Inhalt einen genügenden Überschuß an Ammoniumpersulfat (3 g), 30 cm³ Wasser und 10 cm³ Schwefelsäure. Die in ein Röhrchen oder eine kleine Ampulle eingewogene Substanz wird nun in das Kölbchen eingebracht (man läßt das Glasröhrchen bzw. die Ampulle in das Kölbchen gleiten), worauf man es unter Dichten mit 1 Tropfen Wasser verschließt und unter Niederhalten des Stopfens bis zur Entleerung des Röhrchens bzw. zum Zerbrechen der Ampulle zwecks Verteilung der Probe in der Persulfatlösung schüttelt. Sobald die Substanz verschwunden ist und die Atmosphäre im Kölbchen wieder klar geworden ist, öffnet man den Kolben und bringt 10 cm³ möglichst rauchende Salpetersäure zur Lösung. Die Mischung wird dann in eine Schale von 9 bis 10 cm Durchmesser gebracht und auf dem Wasserbad unter Bedecken mit einem umgekehrten Trichter eingeengt. Zur Beendigung der Mineralisierung erhitzt man wie üblich in der geschilderten Anordnung unter zeitweiligem Zusatz einiger Tropfen Salpetersäure (Einführung durch das Rohr des Trichters). Nach vollständiger Zerstörung der organischen Substanz vertreibt man durch wiederholtes Abdampfen nach Zugabe von Wasser und Erhitzen bis zum Rauchen der Schwefelsäure die Stickoxyde und die überschüssige Salpetersäure. Bei Verarbeitung chlorhaltiger Substanzen ist der Inhalt des Kölbchens nach der Persulfatbehandlung gegebenenfalls etwas grüngelb gefärbt und beim Öffnen ein deutlicher Chlorgeruch wahrnehmbar.

c) Zerstörung organischer Arsenverbindungen nach BRAND und ROSENKRANZ.

0,2 g Substanz werden in 10 cm^3 konzentrierter Schwefelsäure gelöst und nach und nach mit 3 bis 6 g Kaliumpersulfat versetzt, wobei nach jedem Zusatz zum Sieden erhitzt und wieder abgekühlt wird. Anschließend wird verdünnt und das aus Kaliumjodid in Freiheit gesetzte Jod mit Thiosulfat titriert.

d) Teilweise Zerstörung organischen Materials nach RUPP und LEHMANN.

20 g Fleisch werden mit 10 g Kaliumpersulfat gemischt. Man übergießt die Mischung mit 10 cm^3 verdünnter Schwefelsäure, läßt 10 Min. unter häufigem Umrühren stehen und versetzt hierauf mit 25 cm^3 konzentrierter Schwefelsäure. Nun wird unter beständigem Durchrühren der Mischung über kleiner Flamme bis zum beginnenden Sieden erhitzt, in einen KJELDAHL-Kolben übergeführt und mit 30 cm^3 Wasser nachgespült. Nach Zugabe von 30 cm^3 konzentrierter Schwefelsäure wird nach § 14, S. 267, das Arsen als Trichlorid abdestilliert.

e) Aufschluß mit Percarbonat und Persulfat nach TARUGI.

Die organische Substanz (Eingeweide, Muskel, Blut) wird mit etwa der gleichen Menge an gepulvertem Kaliumpercarbonat und etwa der Hälfte Wasser 12 Std. stehen gelassen, dann gegebenenfalls unter Zufügen weiteren Percarbonats 1 Std. in einer geräumigen Schale gekocht. Nach dem Abkühlen dekantiert man und fügt zum Rückstand 5 Teile (bezogen auf die Substanz) konzentrierte Schwefelsäure und ebensoviel festes Ammoniumpersulfat. Man kocht, bis die ganze Masse zu einer klaren Flüssigkeit geworden ist, wobei unter Umständen noch kleine Mengen Persulfat bis zur völligen Entfärbung zuzufügen sind. Beim Eindampfen darf kein kohliger Rückstand hinterbleiben. Die alkalisch abdekantierte Flüssigkeit wird zur Trockne verdampft. Auf den Rückstand tropft man die schwefelsaure Aufschlußlösung auf.

XVIII. Aufschluß mit Schwefelsäure und Kaliumchlorat nach KEIMATSU und WADA.

Das Verfahren, das eine Modifikation der Arbeitsweise von KIRCHER und v. RUPPERT darstellt, wurde § 8, S. 127 erwähnt.

XIX. Aufschluß mit Chromschwefelsäure nach MESSINGER.

Die Substanz wird in einem Röhrchen gewogen und mit 4 bis 5 g Chromsäure zersetzt. Der Zersetzungskolben wird mit einem Rückflußkühler verbunden, durch dessen obere Mündung man nun 10 cm^3 Schwefelsäure (2 Teile konzentrierte Säure und 1 Teil Wasser) zugießt, worauf man gelinde erwärmt. Nach 1 Std. gießt man weitere 10 cm^3 Schwefelsäure zu und erwärmt ungefähr noch 1 Std. Die Fällung des Arsens erfolgt anschließend mit Schwefelwasserstoff.

XX. Aufschluß mit Schwefelsäure ohne oxydierenden Zusatz.

Das Verfahren von KIRCHER und v. RUPPERT wurde § 8, S. 127 beschrieben.

LAWSON und SCOTT führten den Aufschluß tierischen Gewebes mit Schwefelsäure unter Zusatz von Kaliumsulfat und Kupfersulfat durch. *Aufschluß von mit Kampfstoffen verunreinigten Lebensmitteln.* Eine passende Menge, die 2,5 g Trockenmasse entspricht, wird nach WILLIAMS mit 10 g Kaliumsulfat, 2 cm^3 10%iger Kupfersulfatlösung und 20 cm^3 Schwefelsäure aufgeschlossen. Nach dem Aufschluß werden 70 cm^3 Wasser zugefügt. Nachdem die Lösung zur Vertreibung von Schwefeldioxyd 2 bis 3 Min. lang gekocht hat, wird sie auf 100 cm^3 verdünnt. Aliquote Teile dieser Lösung werden mit einer Lösung aus 10%iger Kaliumsulfatlösung, 0,2%iger Kupfersulfatlösung und 10%iger Schwefelsäure zu 50 cm^3 aufgefüllt und darin das Arsen in bekannter Weise nach GUTZEIT bestimmt (s. § 13). DAS GUPTA schließt zur Bestimmung von Chlor, Stickstoff und Arsen mit Schwefelsäure und Kaliumsulfat unter Zusatz von Selen als Katalysator auf: Man bringt 0,1 bis 0,2 g der organischen Arsenverbindung, 7 bis 8 g Kaliumsulfat und 5 bis 10 mg metallisches Selen in den 250 cm^3 fassenden Zersetzungskolben, der einen eingeschliffenen (Dichtung des Schliffs mit Phosphorsäure), fast bis zum Boden reichenden und capillar endenden Tropftrichter trägt und über einen seitlichen Ansatz mit einem PÉLIGOT-Rohr in Verbindung steht, das seinerseits über eine Waschflasche mit der Wasserstrahlpumpe verbunden ist. Das PÉLIGOT-Rohr wurde mit 15 cm^3 15%iger, ein gleiches Volumen Wasserstoffperoxyd enthaltender Natronlauge und die Waschflasche mit 10 cm^3 Alkali (mit dem gleichen Volumen an Wasserstoffperoxyd) beschickt. In den Tropftrichter bringt man 10 cm^3 konzentrierter Schwefelsäure und setzt die Pumpe in Tätigkeit. Man digeriert vorerst 15 Min. unter zeitweiligem Schütteln und erhitzt dann langsam über kleinem Flämmchen. Der Kolbeninhalt wird erst dunkel und dann farblos oder hellgelb. Während der ganzen Zerstörung wird ein Luftstrom durch die Lösung gesaugt, den man gegen Ende verstärkt. Die Aufschlußlösung soll gegen Ende der Zersetzung kochen und wird noch 5 Min. nach vollendeter Zerstörung weiter gekocht. Der Verfasser bestimmt Chlor in den Vorlagen und Ammoniak und Arsen in der Aufschlußlösung (s. dazu § 7, S. 123).

Die Aufschlußverfahren von Norton und Koch, sowie von Ewins wurden § 7, S. 123 erwähnt bzw. beschrieben. Zur Untersuchung von Eisenarsenpillen bei reduzierendem Aufschluß s. auch § 14, S. 267.

XXI. Nasse Aufschlußverfahren bei Abwesenheit von Schwefelsäure.

a) Aufschluß mit Salzsäure und Chlorat nach Fresenius und v. Babo.

Das klassische Aufschlußverfahren mit Salzsäure und Chlorat gewährleistet nicht die quantitative Zerstörung aller organischen Bestandteile. Immerhin ist bei manchen Materialien eine weitgehende Zersetzung möglich, so daß die nachfolgende Arsenbestimmung nicht behindert wird. In neuerer Zeit wurde die Methode von Bodnár, Szép und Cieleszky wieder aufgegriffen. Die genaue Beschreibung ihres Verfahrens findet sich § 13, S. 209.

b) Aufschluß mit Salpetersäure.

Das bekannte Verfahren nach Carius kann zur Zersetzung organischer Verbindungen zwecks nachfolgender Arsenbestimmung herangezogen werden. Eine Arbeitsvorschrift im Mikromaßstab wurde § 1, S. 53 angegeben. Nach Lieb und Wintersteiner dürfen dabei aber keinesfalls Weichglasröhren und Weichglascapillaren verwendet werden, da nebst der starken Angreifbarkeit die Gefahr einer Einwanderung des Arsens in die Glassubstanz besteht. Lewis und Davis machen darauf aufmerksam, daß sich manche arsenhaltige organische Substanzen beim Kontakt mit rauchender Salpetersäure spontan zersetzen und daß daher in solchen Fällen bei der Beschickung der Bombe und dem Abschmelzen größte Vorsicht beobachtet werden muß.

Klason führt die Mineralisierung von Urin mit konzentrierter Salpetersäure in der Weise durch, daß er ein Gemisch der beiden Flüssigkeiten auf Quarzstückchen tropfen läßt, die sich in einem auf 250 bis 300° erhitzten Quarzkolben befinden (Schwefelsäurebad). Die Oxydationsprodukte werden mit Wasser in Lösung gebracht.

c) Mineralisierung von Novarsenobenzol und Stovarsol mit Wasserstoffperoxyd und Salpetersäure nach Leulier und Fouillouze.

0,2 g Substanz werden in einem Rohr aus Pyrexglas mit 3 cm³ Salpetersäure angefeuchtet, wobei lebhafte Reaktion eintritt. Bei Zugabe von 0,5 cm³ Perhydrol verschwinden die Dämpfe, stellen sich aber bald wieder ein, so daß 4 bis 5 cm³ Perhydrol erforderlich sind. Wenn die Reaktion nachläßt, wird schließlich bis zum Sieden erhitzt, wobei eine klare farblose Flüssigkeit resultieren soll.

d) Zersetzung von Silbersalvarsannatrium mit Wasserstoffperoxyd, Salpetersäure und Natriumhypochlorit nach Binz.

Etwa 0,6 g Probe werden mit 30 cm³ Wasser und 6 cm³ Perhydrol 1 Std. zum Sieden erhitzt. Nach Zugabe von 9 cm³ konzentrierter Salpetersäure wird zur Trockne verdampft und der Rückstand mit 30 cm³ Natriumhypochloritlösung (85 cm³ einer Mischung von 11 cm³ Wasser und 84 cm³ Salzsäure der Dichte 1,19 werden auf 13 g Kaliumpermanganat getropft; das Chlor wird in 60 cm³ 10 n Natriumhydroxyd aufgefangen) und 150 cm³ Wasser 1 Std. am Rückflußkühler gekocht. Der Überschuß an Hypochlorit wird durch Kochen mit Salzsäure zerstört, die Lösung verdünnt und das Silberchlorid abfiltriert. Im Filtrat kann das Arsen mit Magnesiamischung gefällt werden (s. dazu § 15, S. 344).

e) Aufschluß mit konzentrierter Salpetersäure und 60%iger Perchlorsäure nach Allcroft und Green.

Die Verfasser wenden diese Kombination zur Verbrennung von Blut, Muskelsubstanz und trockenen Faeces an (Dauer 10 bzw. 30 Min. bzw. 1 Std.).

f) Zerstörung organischer Substanz (Blut, Harn, Serum) mit Königswasser nach Poljakow und Kolokolow.

2 cm³ der Probe werden mit 1 cm³ Königswasser im Tiegel auf siedendem Wasserbad zur Trockne verdampft und nach Zugabe von 1 bis 2 cm³ Königswasser neuerlich eingedampft. Nach mehrfacher Wiederholung dieser Operation wird der trockene Rückstand mit Wasser behandelt, zur Trockne gebracht, in 20 cm³ Wasser gelöst und diese Lösung mittels der Molybdänblaureaktion auf Arsen untersucht (vorher Abscheidung des Arsens nach § 5, S. 86).

g) Zersetzung von Lebensmitteln mit Natronlauge (zur Erfassung von Lewisit).

STAINSBY und TAYLOR bestimmen Arsen in mit Lewisit verunreinigten Lebensmitteln durch 5 Min. langes Sieden von 1 g Probe mit 10 cm³ 20%iger Natronlauge unter Schütteln über kleiner Flamme. Die Mischung wird mit 20 cm³ frisch mit Zinn behandelter Salzsäure und 1 cm³ frischer 10%iger Kaliumjodidlösung ½ Std. lang behandelt und dann in bekannter Weise nach GUTZEIT (s. § 13) bestimmt. Hierzu wird der Kolben 20 Min. bei Raumtemperatur und 70 bis 100 Min. bei 35 bis 40° (im Wasserbade) gehalten. Gegen Schäumen wird Amylalkohol zugefügt. In analoger Weise werden Vergleichsflecke hergestellt.

4. Nasse Veraschungsverfahren mit nachfolgender Oxydationsschmelze.

Ein gut ausgearbeitetes Zerstörungsverfahren mit nachfolgender Überführung des Arsens in Arsenwasserstoff wurde § 13, S. 194 bzw. 196 beschrieben.

Ein Aufschlußverfahren im Schmelzfluß zur Bestimmung geringster Arsenmengen in Urin mit nachfolgender Isolierung des Arsens durch Destillation wurde § 14, S. 289 beschrieben. BILLETER und MARFURT geben schließlich einen allgemein anwendbaren Arbeitsgang zur Mineralisierung von organischem Material, der § 13, S. 211, erwähnt und § 14, S. 290 beschrieben wurde.

5. Zersetzung durch Sinteraufschlüsse.

I. Verfahren von MONTHULÉ mit Magnesiumnitrat.

Die Arbeitsvorschrift von MORGAN und WALTON wurde § 1, S. 54 beschrieben. Die Mineralisierung von Harn nach HARISPE wurde § 5, S. 86 referiert.

II. Verfahren mit Magnesiumoxyd und Magnesiumnitrat nach KOHN-ABREST.

Das organische Material, z. B. Eingeweide, Organsubstanz, Nahrungsmittel (der Verfasser gibt 100 g an), wird zerkleinert und in einer flachen Porzellanschale mit 35 cm³ 20%iger Magnesiumnitratlösung und 1 g Magnesiumoxyd versetzt. Man bringt nach Verdünnen des alkalischen Inhalts die Schale in einen Trockenschrank von 250° und beläßt darin bis zur vollkommenen Trocknung, was etwa 3 Std. erfordert. Der kohlig erscheinende Rückstand wird im Mörser zerkleinert, wieder in die Schale gebracht und in einem auf dunkle Rotglut gebrachten Muffelofen (500°) im Verlauf von 2 Std. calciniert. Man erhält einen fast kohlefreien Rückstand, der sich in 30 cm³ 10%iger Schwefelsäure im allgemeinen glatt auflöst. Die Arsenbestimmung erfolgt anschließend im MARSH-Apparat (s. § 13).

Zur Anwendung des Verfahrens auf organische Arsenverbindungen mischt man 0,15 bis 0,20 g Substanz in einem Porzellantiegel von 40 cm³ Inhalt mit 0,2 g Magnesiumoxyd und 6 cm³ der 20%igen Magnesiumnitratlösung. Man trocknet im offenen Tiegel bei ungefähr 110° in etwa 1 Std., bedeckt dann mit einem größeren Deckel und bringt für einige Minuten in einen rotglühenden Muffelofen. Die Arsenbestimmung kann anschließend nach FLEURY erfolgen (s. § 7, S. 119).

III. Mineralisierung von Wein durch Glühen mit Magnesiumoxyd nach LAURENT.

1 l Wein wird zur Sirupkonsistenz eingedampft, nach Zusatz von 10 g Magnesiumoxyd getrocknet und bei dunkler Rotglut verascht. Nach Lösen des Rückstandes in Salzsäure und Kaliumchlorat und Verkochen des freigesetzten Chlors wird das Arsen durch Abdestillieren isoliert.

IV. Mineralisieren mit Calciumoxyd und Magnesiumoxyd nach THORPE (a).

2 g zerkleinertes Material werden in einem Platintiegel mit heißem Wasser angefeuchtet, mit 20 cm³ Kalkwasser und 0,5 g Magnesiumoxyd gut vermischt, eingedampft, getrocknet und im Muffelofen verascht. Dabei verbrennt die Kohle praktisch vollständig. Die nachfolgende Arsenbestimmung mittels kathodischer Reduktion wurde § 13, S. 256 beschrieben.

V. Aufschluß von Kohle und Koks mit Magnesiumoxyd und Natriumcarbonat nach CHAPMAN.

0,5 bis 2 g feinst zerkleinerte Probe werden mit 2 g Magnesiumoxyd und 0,5 g kalzinierter Soda in einem Platin- oder Silbertiegel bei dunkler Rotglut unter zeitweiligem Umrühren etwa 1 Std. erhitzt. Dann setzt man 0,5 g Ammoniumnitrat zu und erhitzt 5 Min. etwas stärker. Der Aufschluß wird in Schwefelsäure aufgenommen und die Lösung nach Verkochen etwa verbliebener salpetriger Säure im MARSH-Apparat weiter untersucht (s. § 13).

VI. Aufschluß mit Magnesiumoxyd, Natriumcarbonat und Kaliumnitrat nach HERTZOG.

1 g Kohlenprobe wird sorgfältig mit 0,8 g einer Mischung aus 5 Teilen Natriumcarbonat, 3 Teilen Magnesiumoxyd und 1 Teil Kaliumnitrat gemischt und in einem Porzellan- oder Platintiegel in eine kalte Muffel eingesetzt. Innerhalb 1 Std. wird die Temperatur auf 700 bis 750° gebracht. Man verbrennt noch $1^1/_2$ Std. weiter, entfernt dann aus dem Ofen, kühlt ab und befeuchtet den Rückstand mit 2 bis 3 cm^3 Wasser, indem man die Tiegelwände bespült. Man säuert tropfenweise unter Rühren mit arsenfreier Schwefelsäure an, bis die Lösung sauer gegen Lackmus reagiert. Zur weiteren Behandlung s. § 13, S. 234.

VII. Sinteroxydation mit Kaliumpermanganat und Natriumcarbonat.

Bestimmung von Arsen in Arsinsäuren nach FEIGL und SCHORR.

Die feinst gepulverte Probe wird mit 2 g fein gepulvertem, bei 110° getrocknetem Kaliumpermanganat und danach mit 2 g wasserfreiem, getrocknetem Natriumcarbonat innig gemischt und in einen 80 bis 100 cm^3 fassenden Eisentiegel gebracht. Man bedeckt mit 3 g einer Mischung aus gleichen Teilen Natriumcarbonat und Kaliumpermanganat und erwärmt zuerst bei bedecktem Tiegel 20 bis 30 Min. über kleiner Flamme und dann 30 bis 40 Min. über großer Flamme bis zur Rotglut des Tiegelbodens. Nach dem Erkalten wird der Sinterkuchen in ein Becherglas gebracht und der Tiegel mit heißem Wasser nachgewaschen. Nach längerem Digerieren auf dem Wasserbad filtriert man und wäscht den Rückstand mit heißem, etwas Natriumhydroxyd enthaltendem Wasser mehrmals aus. (Bei etwaiger Rotfärbung oder Grünfärbung der Aufschlußlösung reduziert man vor der Filtration mit einigen Tropfen Alkohol.) Zur Ausschaltung störender Stickstoffverbindungen wird die Arsensäure vorerst mit Magnesiamischung ausgefällt und dann erst nach ROSENTHALER (s. § 7, S. 116) jodometrisch bestimmt.

VIII. Ein Aufschlußverfahren mit Bariumperoxyd wird bei HINSBERG und KIESE angegeben.

6. Elektrolytische Zersetzungsverfahren.

I. Aufschluß durch Elektrolyse in salpetersaurer Lösung nach GASPARINI.

Mikroverfahren nach HELLER. Der Verfasser arbeitete eine Modifikation des GASPARINI-Verfahrens zur Bestimmung von Schwefel, Phosphor und Arsen in organischen Verbindungen aus, wobei er in Salpetersäure der Dichte 1,4 und mit 0,5 bis 0,7 Ampere aufschließt. Als Elektroden dienen kreisförmige Platinbleche und als Vorlage wird ein mit 0,5 cm^3 Wasser beschickter Porzellantiegel von 16 cm^3 Fassungsraum verwendet, dessen Inhalt nach der Elektrolyse mit der Aufschlußlösung vereinigt wird. Nach Zugabe von 2 Tropfen 2 n Schwefelsäure dampft man zur Trockne ein und fällt die Arsensäure als Magnesiumammoniumarsenat.

II. Aufschluß durch elektrolytische Oxydation in schwefelsaurer Lösung nach BERGAMINI DI CAPUA.

Die zu analysierende Probe wird in konzentrierter Schwefelsäure gelöst, gegebenenfalls gekocht und anschließend mit Wasser so weit verdünnt, daß eine 70%ig schwefelsaure Lösung resultiert. Man bringt die Lösung in einen JENAER Tiegel mit Sinterglasboden, stellt diesen in ein mit 70%iger Schwefelsäure beschicktes Becherglas ein und achtet darauf, daß das Flüssigkeitsniveau außerhalb des Tiegels etwas höher steht als in diesem. Als Anode dient ein dünner Platindraht und als Kathode ein um den Tiegel herumgelegtes Platinblech. (Der Aufschluß wird durch während der Elektrolyse sich bildende Perschwefelsäure und durch Wasserstoffperoxyd bewirkt.) Aus der Aufschlußlösung kann das Arsen als Magnesiumammoniumarsenat gefällt werden. (Phosphor wird beim Aufschluß ebenfalls oxydiert und in Phosphorsäure übergeführt.)

Literatur.

ALLCROFT, RUTH, u. H. H. GREEN: Biochem. J. **29**, 824 (1935); durch C. **107 I**, 1065 (1936).

BANG, I.: Bio. Z. **161**, 195 (1925). — BEAMISH, F. E.: Ind. eng. Chem. Anal. Edit. **5**, 348 (1933).— BEAMISH, F. E., u. H. L. COLLINS: Ind. eng. Chem. Anal. Edit. **6**, 379 (1934). — BERAT, A.: J. Pharm. Chim. (8) **10**, 49 (1929). — BERGAMINI DI CAPUA, CL.: Atti X Congr. int. Chim., Roma **3**, 401; durch C. **112 I**, 1202 (1941). — BILLETER, O., u. E. MARFURT: Helv. **6**, 771 (1923).— BINZ, A.: Arb. Inst. exp. Therapie in Georg Speyer-Hause, H. 7, 43; durch C. **90 IV**, 37 (1919).— BODNÁR, J., Ö. SZÉP u. V. CIELESZKY: H. **264**, 1 (1940). — BRAND, K., u. E. ROSENKRANZ: P. C. H. **79**, 591 (1938); durch C. **110 I**, 1000 (1939). — BRETEAU, P.: J. Pharm. Chim. (8) **5**, 521 (1927). — BRÜGELMANN, G.: Fr. **16**, 1 (1877).

CAREY, F. P., G. BLODGETT u. H. S. SATTERLEE: Ind. eng. Chem. Anal. Edit. **6**, 327 (1934).— CHAPMAN, A. C.: Analyst. **26**, 253; durch C. **72 II**, 1214 (1901). — COX, H. E.: Analyst **50**, 3 (1925).

DAS GUPTA, H. N.: J. Indian. chem. Soc. **14**, 358 (1937). — DRAPER, M.: Sci. Amer. **1872**, 195 u. 211; durch Dingl. J. **204**, 385 (1872).

ENGLESON, H.: H. **111**, 201 (1920). — ESCOLAR, CARMEN GÓMEZ: An. Españ. **28**, 167 (1930); durch C. **101 II**, 952 (1930). — EWINS, A. J.: Soc. **109**, 1355 (1916).

FARGHER, R. G.: Soc. **115**, 982 (1919). — FEIGL, F., u. REGINA SCHORR: Fr. **63**, 10 (1923). — FELLENBERG, TH. v.: Bio. Z. **218**, 283 (1930). — FRERICHS, G.: Apoth. Z. **45**, 440 (1930). — FRESENIUS, R., u. L. v. BABO: A. **49**, 287 (1844).

GARELLI, F., u. B. CARLI: Atti Accad. Sci. Torino **67**, 392 (1932); durch C. **104 I**, 3222 (1933). — GASPARINI, O.: G. **37 II**, 426 (1907). — GRIFFON, H., u. M. BUISSON: Bl. (5) **1**, 815 (1934).

HARISPE, J. V.: J. Pharm. Chim. (8) **30**, (131) 58 (1939). — HELLER, K.: Mikrochem. **7**, 208 (1929). — HERTZOG, E. S.: Ind. eng. Chem. Anal. Edit. **7**, 163 (1935). — HINSBERG, K., u. M. KIESE: Bio. Z. **290**, 39 (1937). — HUBBARD, D. M.: Ind. eng. Chem. Anal. Edit. **13**, 915 (1941); durch C. **113 II**, 696 (1942).

JOACHIMOGLU, G.: Arch. exp. Pathol. **78**, 1 (1914); durch C. **86 I**, 266 (1915).

KAHANE, E.: Bl. (5) **1**, 190 (1934). — KAHANE, E., u. M. POURTOY: J. Pharm. Chim. (8) **23** (128), 5 (1936). — KEIMATSU, S., u. K. WADA: J. pharm. Soc. Japan **51**, 12 (1931); durch C. **102 I**, 3379 (1931). — KIRCHER, A., u. F. v. RUPPERT: Ar. **262**, 613 (1924). — KLASON, P.: Ark. Kem. Mineral. Geol. **6**, Nr 6 (1917); durch C. **89 II**, 1088 (1918). — KLEINMANN, H., u. F. PANGRITZ: Bio. Z. **185**, 44 (1927). — KOHN-ABREST: C. r. **171**, 1179 (1920). — KOLNITZ, H. v., u. R. E. REMINGTON: Ind. eng. Chem. Anal. Edit. **5**, 38 (1933).

LAURENT, L.: Ann. Chim. anal. (3) **17**, 263 (1935); durch C. **106 II**, 3716 (1935). — LAWSON, W. E., u. W. O. SCOTT: J. biol. Chem. **64**, 23; durch C. **96 II**, 843 (1925). — LEHMANN, F.: (a) Ar. **251**, 1 (1913); (b) Apoth. Z. **27**, 545 (1912). — LEULIER, A., u. FOUILLOUZE: Bl. Sci. pharmacol. **32**, 129; durch C. **96 I**, 2499 (1925). — LEWIS, D. T., u. VIVIAN E. DAVIS: Soc. **1939**, 284. — LEWIS, J. B., u. E. L. BALDESCHWIELER: Ind. eng. Chem. Anal. Edit. **9**, 405 (1937). — LIEB, H., u. O. WINTERSTEINER: Mikrochemie **2**, 78 (1924). — LITTLE, H. F. V., E. CAHEN u. G. T. MORGAN: Soc. **95**, 1477 (1909).

MAILLARD, L. C.: Bl. (4) **25**, 192 (1919). — MESSINGER, J.: B. **21**, 2910 (1888). — MEULEN, H. TER: R. **45**, 364 (1926). — MONTHULÉ, C.: Ann. Chim. anal. **9**, 308 (1904); durch C. **75 II**, 853 (1904). — MORGAN, G. T., u. E. WALTON: Soc. **1932**, 276. — MORRIS, H. J., u. H. O. CALVERY: Ind. eng. Chem. Anal. Edit. **9**, 447 (1937).

NEWBERY, G.: Soc. **127**, 1751 (1925). — NORTON, F. A., u. A. E. KOCH: Am. Soc. **27**, 1247 (1905).

POLJAKOW, A., u. N. KOLOKOLOW: Bio. Z. **213**, 375 (1929). — PRINGSHEIM, H.: B. **41**, 4267 (1908).

RAMBERG, L.: (a) SVENSK. Kem. Tidskr. **31**, 145 u. 163 (1919); durch H. E. COX: Analyst **50**, 3 (1925); (b) H. **114**, 269 (1921). — RAMBERG, L., u. SJÖSTRÖM: Berichte der schwedischen Arsenkommission 1919; durch H. ENGLESON: H. **111**, 201 (1920). — REMINGTON, R. E., E. J. COULSON u. H. v. KOLNITZ: Ind. eng. Chem. Anal. Edit. **6**, 280 (1934). — RUPP, E.: Ar. **256**, 192 (1918). — RUPP, E., u. F. LEHMANN: Ar. **250**, 382 (1912). — RUPP, E., u. G. SIEBLER: Ar. **262**, 14 (1924).

SCHULEK, E., u. P. v. VILLECZ: Fr. **76**, 81 (1929). — SCHULEK, E., u. R. WOLSTADT: Fr. **108**, 400 (1937). — STAINSBY, W. J., u. A. McM. TAYLOR: Analyst **66**, 233 (1941); durch C. **114 I**, 1230 (1943). — STOLLÉ, R., u. O. FECHTIG: Ber. Dtsch. pharm. Ges. **33**, 5 (1923); durch C. **94 II**, 1137 (1923).

TABERN, D. L., u. E. F. SHELBERG: Ind. Eng. Chem. Anal. Edit. **4**, 401 (1932). — TARUGI, N.: G. **32 II**, 380 (1902); durch C. **74 I**, 668 (1903). — THORPE, Th. E.: (a) Soc. **89**, 408 (1906); (b) Soc. **83**, 969 (1903).

WARUNIS, TH. ST.: Ch. Z. **36**, 1205 (1912). — WATERMAN, R. E., C. KOCH u. W. McMAHON: Ind. eng. Chem. Anal. Edit. **6**, 409 (1934). — WILLIAMS, H. A.: Analyst **66**, 228 (1941); durch C. **114 I**, 1230 (1943). — WINTERFELD, K., E. DÖRLE u. C. RAUCH: Ar. **273**, 457 (1935). — WINTERSTEINER, O., u. H. HANNEL: Mikrochemie **4**, 155 (1926).

Antimon.

Sb, Atomgewicht 121,76, Ordnungszahl 51.

Von **Robert Klement**, München.

Mit 9 Abbildungen.

Inhaltsübersicht.

Bestimmungsmöglichkeiten.

I. Die **gewichtsanalytische Bestimmung** des Antimons kann hauptsächlich mit Hilfe folgender Abscheidungsformen erfolgen:

1. AntimonIII-sulfid § 1, S. 406,
2. Elementares Antimon (durch Elektrolyse) § 3A, S. 421.

Geringere Bedeutung haben die Abscheidungsformen als

3. Elementares Antimon (durch chemische Abscheidung) § 3B, S. 433,
4. AntimonV-sulfid § 1, S. 414.

Ferner sind folgende Abscheidungsformen für Antimon vorgeschlagen worden:

5. AntimonIII-pyrogallat § 2, S. 417,
6. AntimonIII-oxinat § 2, S. 418,
7. AntimonIII-thionalid § 2, S. 418,
8. Triäthylendiamin-ChromIII-thioantimonat § 2, S. 419.

II. Für die **maßanalytische Bestimmung** des Antimons können folgende Verfahren herangezogen werden:

Bromatometrisch. 1. Unmittelbare Titration des dreiwertigen Antimons § 4, S. 435.

2. Auflösung von gefälltem AntimonIII-sulfid und Titration des entstandenen AntimonIII-Ions § 1, S. 414.

Jodometrisch. 1. Unmittelbare Titration des dreiwertigen Antimons mit Jod § 5, S. 441,

2. Umsetzung von fünfwertigem Antimon mit Kaliumjodid und Titration des entstandenen Jodes § 5, S. 443,

3. Unmittelbare Titration des dreiwertigen Antimons mit Kaliumjodat unter Bildung von Jodmonochlorid § 5, S. 445,

4. Titration einer AntimonIII-salzlösung mit einer Kaliumjodidlösung unter Benutzung der Gelbfärbung von Kalium-AntimonIII-jodid § 5, S. 447,

5. Auflösung von gefälltem AntimonIII-sulfid in Natronlauge und Titration des entstandenen Antimonites und Thioantimonites § 1, S. 414.

Manganometrisch. 1. Unmittelbare Titration des dreiwertigen Antimons in salzsaurer Lösung § 6A, S. 450,

2. Umsetzung von gefälltem AntimonIII-sulfid mit EisenIII-sulfat und Titration des entstandenen EisenII-sulfates § 1, S. 413.

Mit Kaliumdichromat. Unmittelbare Titration des dreiwertigen Antimons mit Kaliumdichromat unter Verwendung von Diphenylamin als Redoxindikator § 6 B, S. 450.

Cerometrisch. Unmittelbare Titration des dreiwertigen Antimons mit CerIV-sulfat § 6B, S. 451.

Titanometrisch. Unmittelbare Titration des fünfwertigen Antimons mit TitanIII-chlorid § 6B, S. 452.

Mit ChromII-chlorid. Unmittelbare Titration des fünfwertigen Antimons mit ChromII-chlorid § 9, S. 483.

Potentiometrisch. 1. Unmittelbare Titration des dreiwertigen Antimons mit Kaliumbromat § 4, S. 438,

2. Unmittelbare Titration des dreiwertigen Antimons mit Kaliumjodat § 5, S. 446,

3. Unmittelbare Titration des dreiwertigen Antimons mit Kaliumpermanganat in alkalischer Lösung § 6A, S. 451,

4. Unmittelbare Titration des dreiwertigen Antimons mit CerIV-sulfat § 6B, S. 452,

5. Unmittelbare Titration des fünfwertigen Antimons mit TitanIII-chlorid § 6B, S. 452,

6. Unmittelbare Titration des fünfwertigen Antimons mit ChromII-chlorid § 9, S. 483,

7. Unmittelbare Titration des dreiwertigen Antimons mit KaliumhexacyanoferratIII § 6B, S. 452.

III. Für die **colorimetirsche Bestimmung** des Antimons sind folgende Verfahren vorgeschlagen worden:

1. Colorimetrierung der orangeroten Färbung von kolloiden Systemen des Antimonsulfides § 1, S. 415,

2. Colorimetrierung der gelben Farbe des Kalium-AntimonIII-jodides § 5C, S. 447,

3. Colorimetrierung der gelbgrünen Farbe einer Komplexverbindung des Kalium-AntimonIII-jodides mit Pyridin § 9 B, S. 465,

4. Vergleich der Schwärzung, welche Antimonwasserstoff auf QuecksilberII-chloridpapier erzeugt, § 2, S. 420.

IV. Polarographische Bestimmung § 7, S. 454.

V. Spektralanalytische Bestimmung § 8, S. 456.

Eignung der wichtigsten Verfahren.

Für die *Bestimmung größerer Mengen* ($>$ 20 mg Antimon) sind die gewichtsanalytischen Verfahren zu wählen, welche unter I, 1 und 2 angeführt sind. Besonders gebräuchlich ist das Verfahren der Fällung und Auswägung des AntimonIII-sulfides, zumal es auch vorzüglich geeignet ist, um Antimon von zahlreichen anderen Elementen zu trennen. Großer Beliebtheit erfreut sich auch die elektrolytische Abscheidung elementaren (metallischen) Antimons, wobei zweckmäßig etwa 100 mg Antimon angewendet werden sollen. Trotz mancher Einwände ist hierfür die Elektrolyse von Lösungen, welche das Antimon in der Form des Thioantimonites bei Gegenwart von Kaliumcyanid enthalten, besonders beliebt. Die Anwendung organischer Fällungsreagenzien ist bei Antimon wenig gebräuchlich, was zum Teil wohl auf seine in ziemlich starkem Maße hervortretende nichtmetallische Natur zurückzuführen ist.

Die maßanalytische Bestimmung des Antimons, sowohl des drei- als auch des fünfwertigen, hat eine sehr große Bedeutung wegen des leichten Überganges der beiden Oxydationsstufen ineinander. Besonders die Bestimmung des dreiwertigen Antimons durch unmittelbare Titration mit Kaliumbromat erfreut sich größter Beliebtheit. Ebenso wird die manganometrische Bestimmung des dreiwertigen Antimons sehr häufig angewendet. Die jodometrischen Verfahren haben demgegenüber an Bedeutung verloren. Spezielle Verfahren, wie die Titration mit CerIV-sulfat, TitanIII-chlorid oder ChromII-chlorid u. a. werden nur selten angewendet.

Die *Bestimmung kleinerer Mengen* von Antimon (<20 mg) erfolgt am sichersten gerade durch die eben erwähnten maßanalytischen Verfahren. Allerdings ist auch die Abscheidung als Trisulfid noch brauchbar. Es ist aber weniger empfehlenswert, bei so kleinen Mengen sich der elektrolytischen Abscheidung zu bedienen, wenn nicht das abgeschiedene Antimon gelöst und in der Lösung maßanalytisch bestimmt wird.

Für *Mikrobestimmungen* auf gewichtsanalytischem Wege eignet sich sogar noch die Fällung des Antimons als Trisulfid. Bis herab zu 0,5 mg wird auch die Fällung des Triäthylendiamin-ChromIII-thioantimonates empfohlen. Unter Anwendung entsprechend verdünnter Maßlösungen sind auch für Mikromengen die maßanalytischen Verfahren, insbesondere das bromatometrische und das jodometrische, außerordentlich gut geeignet. Ferner kommen die colorimetrischen, polarographischen und spektralanalytischen Verfahren in Betracht.

Bei der Beurteilung der vor dem Jahre 1924 veröffentlichten analytischen Arbeiten über die Bestimmung des Antimons ist die bis dahin herrschende Unsicherheit über dessen Atomgewicht zu berücksichtigen. Obwohl viele Forscher dafür einen Wert in der Nähe von 122 gefunden hatten, setzte die Internationale Atomgewichtskommission im Jahre 1903 dennoch den Wert 120,2 in die Tabelle ein, der sich aus anderen Arbeiten ergeben hatte. Erst Hönigschmid, Zintl und Linhard bestätigten mit ihrem genauen Wert 121,76 den höheren Wert und beseitigten damit viele Zweifel und Unsicherheiten zahlreicher Analytiker. Diese bestrebten sich oft vergeblich, durch mancherlei Kunstgriffe die Abweichungen zwischen ihren Befunden und ihren auf Grund des falschen Atomgewichtes angestellten Berechnungen zu vermeiden.

Auflösung des Untersuchungsmaterials.

Von den Verbindungen des Antimons sind ohne weiteres in Wasser löslich nur Halogendoppelsalze, die Thioantimonite und die Thioantimonate der Alkalimetalle, wie z. B. das „Schlippesche Salz", Natriumthioantimonat, und komplexe Verbindungen, wie z. B. der „Brechweinstein", Kaliumantimonyltartrat. Schwer löslich ist Natriumantimonat, gut löslich dagegen das entsprechende Kaliumsalz. Die einfachen Verbindungen sowohl des dreiwertigen als auch des fünfwertigen Antimons erleiden durch Wasser weitgehende Hydrolyse, wodurch unter den für die Analyse in Betracht kommenden Bedingungen quantitative Ausfällung basischer Salze erfolgt. Diese lösen sich in allen Fällen in Salzsäure genügend hoher Konzentration, aber auch meist in Weinsäure. Der Zusatz der letzteren in genügender Menge (meist genügt das Zehnfache der stöchiometrisch erforderlichen Menge) verhindert in den meisten Fällen die Bildung und Ausfällung basischer Salze. Nicht gealterte Antimonoxyde, wie sie bei der Behandlung des Elementes mit konzentrierter Salpetersäure gebildet werden, lösen sich in konzentrierter Salzsäure. In gealterter oder geglühter Form sind sie darin jedoch unlöslich und können nur mittels siedender Schwefelsäure oder durch Schmelzen aufgeschlossen werden (s. S. 400 und 404). Die Sulfide des Antimons lösen sich sowohl in starker Salzsäure als auch in Alkalilaugen; besonders angewendet wird ihre Löslichkeit in Alkalisulfidlösungen (s. § 1, S. 408).

Elementares (metallisches) Antimon ist in Salzsäure und anderen nichtoxydierenden Säuren bei Ausschluß von Luft unlöslich. Der Zutritt von Luft bewirkt aber unter diesen Bedingungen eine erhebliche Löslichkeit, besonders des in schwammiger Form gefällten Antimons. Durch oxydierende Agenzien wird Antimon in lösliche Form gebracht. Während jedoch Salpetersäure allein ein Gemisch der Oxyde des drei- und fünfwertigen Antimons erzeugt, welches in diesem Reagens unlöslich ist, bewirkt die gleichzeitige Anwesenheit von Weinsäure eine glatte Auflösung (s. S. 400). Königswasser, vorteilhafter Salzsäure mit Kaliumchlorat bzw. mit Brom, lösen spielend leicht das Antimon unter quantitativer Bildung von Verbindungen der fünfwertigen Stufe. Ein viel angewendetes Lösungsmittel für elementares Antimon ist heiße, konzentrierte Schwefelsäure, die AntimonIII-sulfat bildet. Dieses Lösungsmittel, das auch für fast alle Legierungen des Antimons brauchbar ist, wird deswegen bevorzugt, weil die Lösung nach dem Verdünnen und Versetzen mit Salzsäure unmittelbar titriert werden kann.

Beim Arbeiten mit salzsauren Lösungen des Antimons ist darauf zu achten, daß sich selbst auf dem Wasserbade erhebliche Mengen von AntimonIII-chlorid verflüchtigen können. Bei Gegenwart größerer Mengen von Salzsäure und bei einer 110° nicht übersteigenden Temperatur ist jedoch fast keine Verflüchtigung zu befürchten. Die Flüchtigkeit wird jedoch durch Zusatz von Weinsäure oder von Oxalsäure nicht aufgehoben, während Zusatz von Schwefelsäure noch erhöhend wirkt (Röhre). Unter Umständen muß unter Benutzung eines Rückflußkühlers gearbeitet werden. AntimonV-chloridlösungen zeigen die Erscheinung der Verflüchtigung beim Siedepunkt von Salzsäure gar nicht, vor allem nicht bei Abwesenheit reduzierender Stoffe (Youtz).

Wegen der großen Bedeutung, welche das Antimon besonders als Bestandteil zahlreicher Legierungen besitzt, und wegen der Notwendigkeit, diese sowie die Erze des Antimons zur Analyse in lösbare Form zu bringen, sollen schon an dieser Stelle die verschiedenen Aufschlußverfahren eingehend abgehandelt werden. Die hier gegebene Darstellung folgt im wesentlichen den Angaben von H. Biltz und W. Biltz.

Zwei Gruppen von Aufschlußverfahren sind zu unterscheiden:

A. Oxydationsverfahren:

1. mittels Salpetersäure,
2. mittels Salpetersäure und Weinsäure,
3. mittels Schwefelsäure,
4. mittels Salzsäure und Kaliumchlorat,
5. mittels Salzsäure und Brom,
6. mittels Chlor;

B. Schwefelungsverfahren:

1. Schmelzen mit Natrium- oder Kaliumcarbonat und Schwefel („Freiberger Aufschluß"),
2. Schmelzen mit Natriumsulfidhydrat und Schwefel,
3. Schmelzen mit Natriumthiosulfat.

Grundsätzlich sind alle Verfahren bei allen Antimonlegierungen und -erzen anwendbar. Welches bevorzugt werden kann, wird bei der Besprechung der einzelnen Verfahren gesagt werden.

A. Oxydationsverfahren.

1. Aufschluß mittels Salpetersäure.

Dieser Aufschluß ist besonders angebracht bei zinnhaltigen Legierungen mit sehr kleinen Gehalten an Antimon, also bei Messing, Rotguß, Bronze, Schnellot. Während Zinn als Dioxyd unlöslich auftritt, wobei dieses das vorhandene Antimon ebenso wie Arsen und Phosphor unter Umständen quantitativ adsorbiert, gehen alle anderen Bestandteile in Lösung, jedoch können auch Teile des Kupfers, Bleis, Zinks und Eisens an das ZinnIV-oxyd adsorbiert werden. Eine besonders empfehlenswerte Arbeitsweise haben TILK und HÖLTJE angegeben:

***Arbeitsvorschrift von* TILK *und* HÖLTJE.** Man übergießt 0,5 bis 1 g Legierung mit 5 cm³ Salpetersäure (D 1,5), fügt 2 bis 3 cm³ Wasser hinzu und erwärmt nach einiger Zeit. Ist alles Metall zersetzt, so werden 60 cm³ Wasser zugefügt; die Mischung wird $^1/_2$ Std. lang heiß gehalten. Man filtriert durch ein dichtes Filter ab. Sollten die ersten Anteile trüb durchlaufen, so werden sie auf das Filter zurückgegeben. Der Niederschlag wird mit heißem, ammoniumnitrathaltigem Wasser ausgewaschen. Bei Anwesenheit von Antimon wird der Niederschlag nach den in Abschnitt B angeführten Verfahren verschmolzen und wie dort angegeben, weiter verarbeitet.

2. Aufschluß mittels Salpetersäure und Weinsäure.

Dieser von HAMPE angegebene Aufschluß ist besonders bequem, wenn Zinn fehlt oder seine geringe Menge nicht berücksichtigt zu werden braucht. Bei bleireichen Proben bereitet der Aufschluß jedoch immer Schwierigkeiten, vor allem deshalb, weil das sich bildende Bleiantimonat in dem Aufschlußmittel unlöslich ist. Auch kann dieses Arsen festhalten. Das Verfahren ist deshalb ungeeignet für Antimonabstriche, in denen von vornherein Bleiantimonat verhanden ist. Für solche Proben ist der Freiberger Aufschluß am besten.

***Arbeitsvorschrift von* HAMPE.** 1 g Substanz wird mit 10 g Weinsäure, 18 cm³ konzentrierter Salpetersäure und 12 cm³ Wasser über Nacht hingestellt und dann einige Stunden *gelinde* erwärmt. Bei unvorsichtiger Erwärmung könnte sich Bleiantimonat bilden (s. oben). Die Lösung wird mit Natronlauge soweit neutralisiert, daß noch keine bleibende Fällung eintritt, und dann mit Ammoniak schwach alkalisch gemacht. Diese Lösung wird langsam in Anteilen und in Pausen unter dauerndem Rühren zu einer heißen Lösung von 10 g krystallisiertem Natriumsulfid und 0,5 g Schwefel in wenig Wasser, welche nach dem Lösen auf 100 cm³ verdünnt und durch einen Glasfiltertiegel filtriert worden ist, und welche sich in einer Porzellankasserolle befindet, zugefügt. Man hält $^1/_2$ bis 1 Std. lang im Sieden, fügt dann 100 bis 200 cm³ heißes Wasser hinzu und überläßt die Mischung auf dem Sandbade in der Hitze sich selbst. Der Niederschlag wird abfiltriert, zuerst mit natriumsulfidhaltigem, dann mit ammoniumnitrathaltigem, heißem Wasser ausgewaschen. Die Lösung enthält das Antimon neben Arsen und Zinn, der Niederschlag die Sulfide der anderen Metalle.

3. Aufschluß mittels Schwefelsäure.

Dieser Aufschluß nach NISSENSON und CROTOGINO ist von größerer Bedeutung, weil durch ihn fast alle Materialien gelöst werden. Das Antimon geht ebenso wie das Arsen in dreiwertige Form und das Zinn in vierwertige Form über. Bei Antimon und Arsen tritt kein Verlust durch Verdampfen ein. Als Gangart in Erzen vorhandene Kieselsäure bleibt quantitativ unlöslich zurück. Aus der verdünnten Aufschlußlösung können die Sulfide unmittelbar gefällt werden, wobei sie in vorzüglich filtrierbarer Form ausfallen. Bei diesem Aufschluß genügt meist gröberes Pulvern. Manche sulfidischen Erze sind schwer aufschließbar. Bei ihnen empfiehlt sich eine Vorbehandlung mit Salpetersäure (s. S. 401). Diese führt jedoch Arsen in die durch Schwefelwasserstoff schwer fällbare Arsensäure über. Weniger wirksam ist der Zusatz von Kaliumhydrogensulfat (s. § 9D, S. 490). Bei Gegenwart von viel Arsen krystallisiert bisweilen ArsenIII-oxyd aus der Lösung aus. Es ist deshalb angebracht, diese noch warm von dem Löserückstand abzufiltrieren.

***Arbeitsvorschrift von* Nissenson *und* Crotogino.** 1 g Substanz wird in einem Becherglase, Erlenmeyer-Kolben oder Kjeldahl-Kolben (je nach der beabsichtigten Weiterverarbeitung) mit 15 bis 20 cm³ konzentrierter Schwefelsäure übergossen und auf einem Drahtnetze schwach, später stark bis zum Abrauchen der Schwefelsäure erhitzt. Ein Sieden der Schwefelsäure ist nicht unbedingt erforderlich. Es ist gut, möglichst viel Schwefelsäure durch Abrauchen zu entfernen, weil diese bei der weiteren Verarbeitung einen unnötigen Ballast darstellt. Das Ende des Aufschlusses ist an dem Verschwinden aller dunkleren Teile zu erkennen. Die dafür notwendige Zeit schwankt je nach dem Untersuchungsmaterial zwischen einigen Minuten und 1 Std. Die Gangart wird etwas angegriffen, so daß der Löserückstand keine definierte Größe darstellt. Nach dem Erkalten der Masse werden 100 cm³ Wasser in Anteilen zugesetzt. Hierbei soll keine Trübung eintreten, andernfalls Salzsäure oder Weinsäure zugesetzt wird. Man kocht $^1/_2$ Std. lang, filtriert nach zweistündigem Stehen und leitet in das Filtrat Schwefelwasserstoff ein. Nach der ersten Fällung wird die Hauptmenge der Säure mit etwas Ammoniak abgestumpft und nochmals Schwefelwasserstoff eingeleitet. Die weitere Trennung der Sulfide geschieht durch Behandlung mit Natriumsulfidlösung.

Abänderung für schwer aufschließbare sulfidische Erze. Die Probe wird mit 2 bis 3 cm³ Wasser befeuchtet und dann mit etwas konzentrierter Salpetersäure übergossen. Diese und entstandene Stickstoffoxyde werden verdampft, und zum Rückstand wird nunmehr konzentrierte Schwefelsäure gegeben. Wenn der Kolbeninhalt beim Eindampfen stößt, so wird der Kolben in eine eiserne Klammer eingespannt und mittels dieses Handgriffes mit der Hand geschüttelt. Das Verfahren beansprucht etwa 15 Min. (s. § 9D, S. 494). Wichtig ist es, daß bei dieser Art des Aufschlusses die gebildete Nitrosylschwefelsäure mit Sicherheit entfernt wird. Dies geschieht durch Verdünnen der Lösung und nochmaliges Aufkochen. Auch muß alles entstandene Schwefeldioxyd ausgekocht werden. Etwa abgeschiedener Schwefel wird aus dem Kolbenhalse durch eine zweite fächelnd bewegte Flamme vollständig entfernt.

Gebildetes Bleisulfat in größerer Menge adsorbiert erhebliche Mengen Antimon und Arsen. Es ist deshalb unter Umständen nach Abschnitt B 2, S. 405 aufzuschließen. Über die Bestimmung des adsorbierten Antimons s. auch § 6A, S. 450.

Beim Verdünnen der Aufschlußlösung mit Wasser auftretende basische Salze werden besser in Salzsäure und nicht in Weinsäure gelöst, damit diese nicht im späteren Trennungsgang störend wirkt.

4. Aufschluß mittels Salzsäure und Kaliumchlorat.

Beispiele für diese Art des Aufschlusses sind in § 9C, S. 479 angeführt.

5. Aufschluß mittels Salzsäure und Brom.

Für den Aufschluß mittels Salzsäure und Brom sind Beispiele in § 9 C, S. 476 und 479 angegeben.

Um elementares Antimon zu lösen, gilt folgende

***Arbeitsvorschrift von* Henz.** Das zerkleinerte Antimon wird in einen Rundkolben von 500 cm³ Inhalt eingewogen und mit konzentrierter Salzsäure übergossen. Man setzt einen Stopfen mit Rückflußkühler auf (am besten wird eine Schliffapparatur verwendet) und auf diesen einen Tropftrichter. In der Kälte läßt man frisch destilliertes Brom zutropfen. Gegen Ende der heftigen Reaktion wird erwärmt. Wenn mehr Brom benötigt wird, muß man vor der erneuten Zugabe erst erkalten lassen, da sonst zuviel Brom unverbraucht verdampft.

6. Aufschluß mittels Chlor.

Der Aufschluß antimonhaltiger Stoffe in einem Strome trockenen Chlors ist erstmalig von Berzelius, später sehr viel von Rose verwendet worden. Das

Verfahren wurde lange Zeit hindurch als maßgebend angesehen. An Stelle des Chlors hat JANNASCH Brom vorgeschlagen, jedoch hält SCHÄFER das Chlor für den Aufschluß sulfidischer Erze für besser und die Umsetzung für schneller durchführbar. Bei niedriger Temperatur lassen sich leicht aufschließen: Antimonsulfid, Bournonit, Rotgiltigerze und Fahlerze. Speiskobalt und Ullmannit erfordern höhere Temperaturen, während Arsenkies sich am widerstandsfähigsten erweist. Bei dem Aufschluß im Chlorstrome destillieren quantitativ als Chloride ab: Schwefel und Selen, Antimon, Arsen und Zinn, Quecksilber und Wismut. Als Rückstand in Form der Chloride bleiben quantitativ: Silber, Kupfer, Kobalt und Nickel. Blei bleibt fast vollständig zurück, während Eisen und Zink in beiden Anteilen vorkommen. Diese Verteilung der Elemente bedeutet eine Erschwerung der Arbeitsweise, die

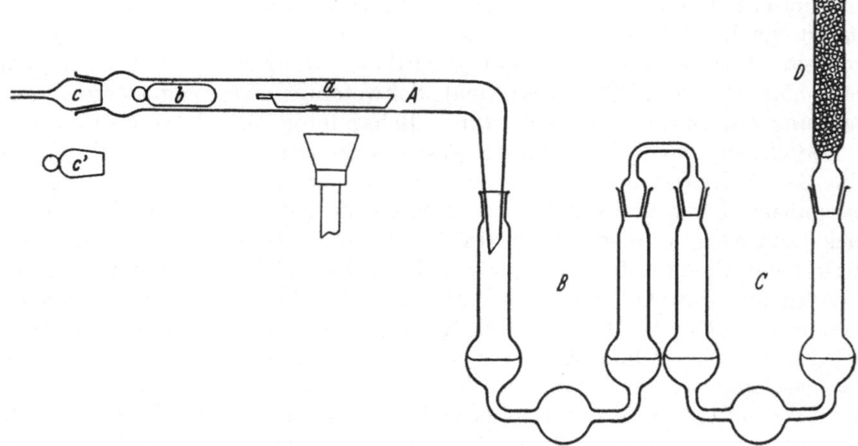

Abb. 1. Apparatur zum Chlor-Aufschluß nach GEILMANN.

in Sonderfällen in Kauf genommen werden muß. Da aber heute andere brauchbare Aufschlußverfahren zur Verfügung stehen, so hat der Chloraufschluß seine frühere große Bedeutung verloren, und er wird nur noch in Sonderfällen angewendet, z. B. bei der Analyse von Nickelspeisen oder von Fahlerzen.

Es wird hier für gewöhnliche Fälle eine Arbeitsweise und Apparatur von GEILMANN sowie eine solche für Halbmikroanalysen von ENDRÉDY mitgeteilt.

***Arbeitsvorschrift von* GEILMANN.** Die *Apparatur* besteht aus dem Rohre *A* aus schwer schmelzbarem Glase (s. Abb. 1), das mittels eines Hartglas-Weichglas-Schliffes mit dem PÉLIGOT-Rohr *B* aus gewöhnlichem Glase verbunden ist. PÉLIGOT-Rohr *C* und der Aufsatz *D*, welcher mit Perlen aus bleifreiem Glase gefüllt ist, bestehen ebenfalls aus gewöhnlichem Glase. Im Rohre *A* befindet sich das Schiffchen *a* mit der eingewogenen Substanz und der „Diffusionskörper" *b* aus Hartglas, welcher das Zurückdiffundieren der flüchtigen Anteile verhindert. Durch den Schliffstopfen *c* wird das durch konzentrierte Schwefelsäure und wasserfreies Calciumchlorid getrocknete Chlor eingeleitet. Der Stopfen *c'* aus Hartglas dient zum Verschluß des Rohres *A* nach erfolgter Umsetzung beim Auflösen des Rohrinhaltes nach der Entfernung des Diffusionskörpers. Die Schliffe werden mit Salzsäure, nicht mit Fett befeuchtet. In die PÉLIGOT-Rohre *B* und *C* wird 2 n Salzsäure bis zu der angegebenen Höhe eingefüllt.

In das ausgeglühte Rohr *A* werden Schiffchen und Diffusionskörper hineingeschoben und der Chlorstrom angestellt. Die Zersetzung beginnt bisweilen von selbst. Man erwärmt sehr behutsam. Der Inhalt des Schiffchens darf nicht zum Schmelzen kommen, weil sich sonst Teile davon der vollständigen Umsetzung entziehen können. Es wird eine möglichst niedrige Temperatur aufrechterhalten und auch zum Schlusse nur bis zur kaum beginnenden Rotglut erhitzt. Das Chlor wird durch einen Strom von trockenem Kohlendioxyd verdrängt. Danach wird die Apparatur auseinandergenommen und das Antimon in den Vorlagen, unter Umständen nach zweckentsprechender Trennung, bestimmt. Der Rückstand im Schiffchen wird seinerseits der Trennung und Bestimmung der Bestandteile zugeführt, nachdem das Rohr *A* mit Salzsäure ausgespült und die erhaltene Lösung zu der aus dem Schiffchen hinzugefügt wurde.

***Arbeitsvorschrift von* Endrédy.** Für das Halbmikroverfahren wird ein etwas abgeändertes Preglsches Perlenrohr (s. Abb. 2) verwendet. Das 450 mm lange Supremaxrohr hat einen äußeren Durchmesser von 10 mm; der mit Porzellanperlen gefüllte Teil ist 270 mm lang. Ein 60 mm langes mit Porzellanperlen gefülltes Rohr dient zum Ausgleich von Gasstößen. Das aus grob gepulvertem Kaliumpermanganat und Salzsäure (D 1,16) entwickelte Chlor wird in Waschflaschen mit Wasser und Glasperlen gewaschen, in einem zu $^1/_3$ mit Glaswolle und zu $^2/_3$ mit Kalkspat gefüllten U-Rohre von Salzsäure befreit, in einem zweiten U-Rohre

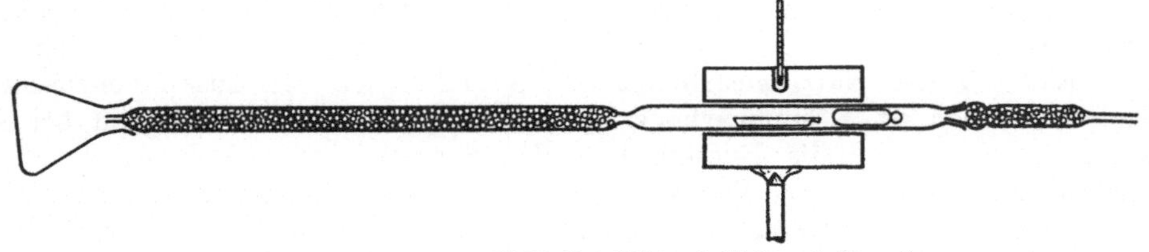

Abb. 2. Apparatur zum Halbmikro-Chloraufschluß nach Endrédy.

mit wasserfreiem Calciumchlorid getrocknet und durch einen mit konzentrierter Schwefelsäure beschickten Blasenzähler in das Rohr geführt. Zwischen Waschflasche und U-Rohr befinden sich zwei Dreiweghähne. Der erste dient zum Einleiten von luftfreiem, mit Kaliumhydrogencarbonatlösung gewaschenem Kohlendioxyd, am senkrechten Zweig des zweiten ist ein Ansatzrohr von 15 cm Länge befestigt, das in destilliertes Wasser taucht und durch Heben oder Senken des Wasserspiegels eine Druckregelung erlaubt. Das Erhitzen des Rohres erfolgt in einem zweiteiligen Aluminium- oder Kupferblock mit abgekürztem Thermometer.

Vor dem Aufschluß wird die Apparatur gründlich gesäubert und getrocknet. Man gibt in einen 50 cm³ fassenden Erlenmeyer-Kolben 5 cm³ einer 2 n Salzsäure, die 5% Weinsäure gelöst enthält. Bei senkrecht gestelltem Rohre wird die Lösung darin bis 1 bis 2 cm unterhalb der Verengung hochgesaugt. Man läßt die Lösung wieder abtropfen, stellt das Rohr waagerecht und setzt den Erlenmeyer-Kolben an das Rohrende.

In das Porzellanschiffchen werden 20 bis 70 mg Substanz auf 10 γ genau eingewogen und das Schiffchen und der Diffusionskörper in das Rohr eingeführt. Auf das Perlenrohr wird ein feuchter Lappen gelegt. Man leitet 15 Min. lang einen Strom von Kohlendioxyd mit einer Geschwindigkeit von 1 bis $1^1/_2$ Blasen je Sekunde ein und danach bei Raumtemperatur 15 Min. lang Chlor. Dann wird 15 Min. lang auf 250° (bei Gegenwart von Tellur und Wismut 20 Min. lang auf 400°) erhitzt. Der Heizblock wird millimeterweise vorgeschoben, bis er in 8 bis 10 Min. etwa 6 bis 10 mm vor der Verengung steht. Die Flamme wird nun gelöscht und das Rohr bei geöffnetem Block auf 70 bis 80° erkalten lassen. Nun wird der Chlorstrom abgestellt, das Chlor durch Kohlendioxyd verdrängt, und nach dessen Abstellung wird die Apparatur 10 bis 20 Min. lang sich selbst überlassen. Für das Gelingen der Analyse ist es wichtig, den Gasstrom genau einzustellen.

Der Diffusionskörper wird mit weinsäurehaltiger Salzsäure und 3 bis 4 Tropfen Wasser in den Erlenmeyer-Kolben abgespült, ohne diesen zu entfernen. Dann wird das Schiffchen aus dem Rohre genommen und darin die Bestimmung von Blei, Kupfer, Silber, Eisen und Gangart vorgenommen. Das Rohr wird senkrecht gestellt und der leere Teil mit 1 cm³ weinsäurehaltiger Salzsäure ausgespült. Die Lösung aus dem ERLENMEYER-Kolben wird dreimal unter Drehen des Rohres darin hochgesaugt und wieder abtropfen gelassen, dann wird das Rohr dreimal mit je 5 cm³ der weinsäurehaltigen Salzsäure und zweimal mit je 5 cm³ Wasser ausgespült. Das in der Vorlage befindliche Antimon (und Arsen) wird darin nach bekannten Verfahren bestimmt.

B. Schwefelungsverfahren.

1. Schmelzen mit Alkalicarbonat und Schwefel.

Das auf CLEMENS WINKLER zurückgehende und von BILTZ „Freiberger Aufschluß" genannte Verfahren beruht auf der Bildung von Alkalipolysulfid aus den Reagenzien nach der Gleichung: $4\,K_2CO_3 + 10\,S \rightarrow 3\,K_2S_3 + K_2SO_4 + 4\,CO_2$. Dieses Alkalipolysulfid, sozusagen im Entstehungszustande, bewirkt den Aufschluß unter Bildung von Thioantimonat, welches in Wasser löslich ist. Nach obiger Gleichung ist die Aufschlußmischung also aus 5 Teilen Kaliumcarbonat und 3 Teilen Schwefel bzw. aus 4 Teilen Natriumcarbonat und 3 Teilen Schwefel zusammenzusetzen. Im allgemeinen ist Kaliumcarbonat besser als Natriumcarbonat, weil bei Anwendung von jenem die Bildung kolloider Systeme von Schwermetallsulfiden (insbesondere von Nickelsulfid) bei der Auflösung der Schmelze in Wasser leichter vermieden wird. Dies kann jedoch auch durch reichlichen Zusatz von Kaliumchlorid bewirkt werden (s. S. 405). Bei Anwendung von Kaliumcarbonat geht aber Kupfer in Lösung. Dies kann dadurch eingeschränkt werden, daß die Aufschlußlösung durch Zusatz von Kaliumcyanid oder von Natriumsulfit entschwefelt wird (s. S. 409). — CRAIG empfiehlt ein Gemisch aus 14 Teilen Kaliumcarbonat, 10 Teilen Natriumcarbonat und 10 Teilen Schwefel. — Bei bleireichen Proben wird der Porzellantiegel, in welchem der Aufschluß erfolgen kann, angegriffen, deshalb wird der Tiegel erst mit dem Aufschlußgemisch gefüllt und die Probe mit der Aufschlußmischung gemischt in eine Vertiefung eingefüllt.

Bei arsenreichen Proben besteht die Gefahr der Verflüchtigung von Arsen, selbst dann, wenn das Anheizen besonders langsam erfolgt. Ein Quecksilbergehalt der Probe geht unter allen Bedingungen flüchtig.

Nichtmetallische Proben müssen feinst gepulvert, Legierungen können in Form feiner Späne angewendet werden. Sie können vor dem Aufschluß auch in einem hinreichend geräumigen Porzellantiegel (60 bis 80 cm³) mit starker Salpetersäure abgeraucht werden. Zum Gelingen des Aufschlusses, durch welchen gleichzeitig eine Trennung erreicht wird, ist die genaue Einhaltung der Arbeitsbedingungen unbedingt erforderlich.

Arbeitsvorschrift. Die Probe wird mit der 6- bis 8fachen Menge des innigen Gemisches von fein gepulvertem Schwefel (aus Schwefelkohlenstoff umkrystallisiert) und fein gepulvertem, entwässertem Alkalicarbonat gemischt und damit bedeckt. Das Abwägen und Mischen wird im Porzellantiegel vorgenommen, welcher höchstens zu $^2/_3$ gefüllt sein darf. Der bedeckte Tiegel wird mit kleiner Flamme vorsichtig erwärmt und die Hitze *ganz allmählich* gesteigert, damit kein Schwefel verdampft. Die Glasur des Tiegels muß glatt bleiben. Nach 15 bis 20 Min. wird die volle Brennerhitze angestellt und der Tiegel mit einer Tonesse umgeben oder mit einem Starkbrenner erhitzt. Man hält 10 bis 15 Min. lang auf voller Glut und beginnt dann abzukühlen. Hierzu wird die Flamme verkleinert, während die Tonesse noch stehen bleibt, sonst springt der Tiegel. Nach völligem Erkalten stellt man ihn in eine Porzellankasserolle und füllt ihn mit heißem Wasser, um den Inhalt aufzuweichen. Das Gelöste wird in die Kasserolle gegossen und dieses Verfahren einige Male wiederholt. Insgesamt sollen nicht mehr als 100 cm^3 Wasser verwendet werden. Unter Umständen läßt man die Lösung über Nacht stehen. Sie soll eine goldgelbe bis gelbbraune, aber keine grünliche Farbe (von kolloidem Eisensulfid) haben. Man fügt im letzteren Falle Kaliumchlorid hinzu, um das kolloide System zu zerstören. Man filtriert in ein Becherglas, wäscht den Rückstand einige Male mit 2%iger Natriumsulfidlösung, wechselt dann das Becherglas und wäscht das Filter nun mit heißem Wasser aus. Aus dem Filtrat werden durch Zusatz von Salzsäure die Sulfide des Antimons, Arsens und Zinns u. a. ausgefällt. Das mit Filtrierpapier bedeckte Becherglas bleibt über Nacht stehen, dann werden die ausgefällten Sulfide abfiltriert und weiter verarbeitet.

Um den bei der Weiterverarbeitung der Lösung der Aufschlußschmelze störenden Schwefel zu entfernen, kann die Lösung vor dem Ansäuern bei 60 bis 70° durch Kaliumcyanid oder Natriumsulfit entschwefelt werden. Hierbei muß die gelbe Farbe aber noch bestehen bleiben. Man säuert zur Fällung der Sulfide nur schwach an und läßt über Nacht stehen.

2. Schmelzen mit Natriumsulfid ($Na_2S \cdot 9H_2O$) und Schwefel.

Dieses Verfahren stellt eine Art von Abwandlung des obigen nach den Angaben von H. BILTZ dar. Es läßt sich besonders zur Analyse von Legierungen, welche zuvor mit Salpetersäure abgeraucht worden sind (s. S. 404) verwenden. Hierbei darf nicht zu hoch erhitzt werden, damit entstandene Nitrate nicht plötzlich zersetzt werden.

***Arbeitsvorschrift von* BILTZ.** Die aufzuschließende Substanz wird mit 5 g krystallisiertem Natriumsulfid und 0,2 bis 0,5 g Schwefel in einer Porzellankasserolle 20 bis 30 Min. lang bei so niedriger Temperatur erhitzt, daß nur wenig Wasser entweicht. Gelegentlich wird mit einem Glasstabe umgerührt. Der Rückstand wird allmählich mit bis zu 100 cm^3 siedendem Wasser und einigen Grammen Ammoniumnitrat oder Kaliumchlorid versetzt und $^1/_2$ bis 1 Std. nahezu auf Siedehitze gehalten. Die rein gelbe Lösung wird abfiltriert und wie unter B 1 weiter behandelt. Die erste Fällung der Sulfide muß wegen der Adsorption von Alkalisalz durch Antimonsulfid mit Hilfe von Ammoniumsulfidlösung vom Filter gelöst werden. Aus dem Filtrat hiervon werden die Sulfide durch Zusatz von Salzsäure erneut gefällt.

3. Schmelzen mit Natriumthiosulfat.

FROEHDE sowie DONATH schlagen vor, den Aufschluß von Antimon (und Arsen) enthaltenden Stoffen nicht mit Alkalicarbonat und Schwefel, sondern mit vorsichtig durch Schmelzen entwässertem Natriumthiosulfat vorzunehmen. Der Aufschluß geht schnell und sicher vor sich, die schwach gelblich gefärbten Auszüge der Schmelze scheiden auf Zusatz von Salzsäure die Sulfide mit wenig Schwefel gemischt aus (s. § 9D, S. 492).

Die Vorbereitung des Untersuchungsmaterials organischer Natur ist ausführlich in § 10, S. 498 besprochen.

Literatur.

BILTZ, H.: Fr. **66**, 257 (1925); **81**, 81 (1930). — BILTZ, H., u. W. BILTZ: Ausführung quantitativer Analysen, 4. Aufl., S. 246, 338. Leipzig 1942.

CRAIG, A.: Chemist-Analyst **21**, Nr 2, 6 (1932); durch C. **103, I**, 2978 (1932).

DONATH, E.: Fr. **19**, 23 (1880).

ENDRÉDY, A. v.: Fr. **89**, 100 (1932).

FROEHDE, A.: Pogg. Ann. **119**, 317 (1863).

GEILMANN, W.: In H. BILTZ u. W. BILTZ, Ausführung quantitativer Analysen, 4. Aufl. S. 343. Leipzig 1942.

HAMPE, W.: Ch. Z. **15**, 443 (1891). — HENZ, F.: Z. anorg. Ch. **37**, 3 (1903). — HÖNIGSCHMID, O., E. ZINTL u. M. LINHARD: Z. anorg. Ch. **136**, 257 (1924).
JANNASCH, P.: J. pr. [2] **40**, 230 (1889).
NISSENSON, H., u. F. CROTOGINO: Ch. Z. **26**, 847 (1902).
RÖHRE, K.: Fr. **65**, 109 (1924).
SCHÄFER, E.: Fr. **45**, 145 (1906).
TILK, W., u. R. HÖLTJE: Z. anorg. Ch. **218**, 314 (1934).
YOUTZ, L. A.: Z. anorg. Ch. **35**, 55 (1903).

Bestimmungsmethoden.

§ 1. Bestimmung unter Abscheidung als Sulfid.

Molekulargewicht Sb_2S_3 339,70,
Molekulargewicht Sb_2S_5 403,82.

Allgemeines.

Die Bestimmung des Antimons durch Abscheidung als AntimonIII-sulfid Sb_2S_3 ist das älteste, beste und daher gebräuchlichste gewichtsanalytische Verfahren. Die Fällung erfolgt aus mäßig saurer Lösung durch Einleiten von Schwefelwasserstoff, am vorteilhaftesten in der Hitze, weil unter dieser Bedingung die stabile schwarze Form des AntimonIII-sulfides (s. unten) entsteht. Diese zeigt wegen ihrer gröberen Beschaffenheit nur in geringem Maße die Erscheinungen der Adsorption und läßt sich aus dem gleichen Grunde leicht filtrieren und auswaschen. Der Niederschlag kann in einer Atmosphäre von Kohlendioxyd oder von Schwefelwasserstoff bei einer Temperatur von 300° leicht gewichtskonstant erhalten werden. Liegen Lösungen von AntimonV-Verbindungen vor, so wird aus ihnen durch Schwefelwasserstoff das orangefarbene AntimonV-sulfid Sb_2S_5 gefällt. Dieses geht beim Erhitzen auf 300° in einer Atmosphäre von Kohlendioxyd oder Schwefelwasserstoff leicht und quantitativ in AntimonIII-sulfid über, das demnach also *die* Wägungsform der Antimonsulfide darstellt.

Die Bemühungen, vor allem früherer Forscher, das AntimonIII-sulfid in andere Wägungsformen überzuführen, wie in Antimontetroxyd Sb_2O_4 [BUNSEN (a), (b)] oder in metallisches Antimon [ROSE (a)], waren nur zum Teil erfolgreich, und ihre Ergebnisse sind bis heute umstritten. Es hat auch nicht an Vorschlägen gefehlt, das AntimonIII-sulfid nach zweckentsprechender Auflösung oder auch unmittelbar auf maßanalytischem Wege zu messen, jedoch dürfte ein Gewinn an Genauigkeit und Zeit nach der erfolgten Abscheidung als Sulfid aus der Lösung, Isolierung, Auswaschung usw. kaum zu verzeichnen sein gegenüber der etwa anschließenden gewichtsanalytischen Ermittlung. Ebenso kann die elektrolytische Bestimmung des Antimons aus der Lösung des Sulfides in Alkalisulfid, d. h. also aus der Form des Thioantimonites, kaum einen Vorteil bieten, zumal die Genauigkeit dieses Verfahrens ebenfalls bis heute umstritten ist (s. § 3A, S. 424).

Die Abscheidung des Antimons als Sulfid ermöglicht gleichzeitig seine quantitative Abtrennung von den Metallen der analytischen Ammoniumsulfidgruppe, von den Erdalkalimetallen und von den Alkalimetallen, sowie bei Einhaltung bestimmter Bedingungen auch von Zinn und von Cadmium.

Eigenschaften des AntimonIII-sulfides Sb_2S_3.

Aussehen. Gefälltes AntimonIII-sulfid hat eine ziegelrote bis gelbrote (orange) Farbe und ist flockig (amorph). Unter bestimmten Bedingungen wandelt sich diese unbeständige Modifikation in die beständige krystallisierte Form von schwarzgrauer Farbe um, welche mit dem natürlich vorkommenden Antimonmineral Grauspießglanz identisch ist. Die Umwandlung erfolgt entweder beim Erhitzen der orangeroten Form auf etwa 200° in einem indifferenten Gase, wie Stickstoff, Kohlendioxyd oder Schwefelwasserstoff [ROSE, (b); CURRIE] (s. a. S. 410), oder durch Kochen mit Salzsäure bestimmter Konzentration (VORTMANN und METZL,

s. S. 410). Nach LANG bildet sich hierbei ein Haufwerk kleiner spießiger Krystalle von 0,02 mm Länge. Die Umwandlung der orangeroten in die schwarze Form vollzieht sich nach WILSON und MCCROSKY am besten in Salzsäure, und zwar dauert sie bei 25%iger Salzsäure bei einer Temperatur von 30° 29 Std., bei 75° jedoch nur 32 Min. 20%ige Bromwasserstoffsäure bewirkt dagegen bei 75° nach 20 Std. noch keine Schwärzung.

Durch Schwefelwasserstoff gefälltes AntimonIII-sulfid enthält auch bei vorsichtigster Arbeitsweise immer eine kleine Menge Chlorid, welche durch Auswaschen nicht entfernt werden kann. Beim Erhitzen verflüchtigt sich demgemäß etwas AntimonIII-chlorid. HALLMANN gibt aber an, daß auch nach dem Erhitzen im Kohlendioxydstrome noch 0,15 bis 0,3% Cl erhalten bleiben.

Die *Dichte* des amorphen AntimonIII-sulfides gibt ROSE (b) zu $d_{16} = 4{,}42$ an, die Dichte des durch Erhitzen erhaltenen schwarzen Sulfides findet er zu $d_{16} = 4{,}75$ bis 4,806, während das durch Kochen mit Salzsäure umgewandelte schwarze Sulfid die Dichte $d_{16} = 4{,}67$ hat.

Verhalten beim Erhitzen. Orangerotes AntimonIII-sulfid verwandelt sich beim Erhitzen in einem indifferenten Gasstrome in schwarzes Sulfid (s. oben). Hierbei wird bei der Fällung mit Schwefelwasserstoff etwa entstandener freier Schwefel abgegeben. Das schwarze Trisulfid schmilzt bei 540°, die Schmelze gerät bei etwa 900 bis 1000° in lebhaftes Sieden, wobei Zerfall in die Elemente eintritt (KOHLMEYER). Wird das Erhitzen des AntimonIII-sulfides in Wasserstoff vorgenommen, so wird bei beginnendem Schmelzen elementares Antimon gebildet [ROSE (a)]. Bei Erhitzen in Sauerstoff bzw. in Luft tritt schon vor dem Schmelzen Verbrennung mit blauer Flamme zu Diantimontetroxyd Sb_2O_4 und Schwefeldioxyd ein.

Löslichkeit. *In Wasser.* Die Löslichkeit in Wasser ist von WEIGEL für die amorphe, orangefarbene Modifikation des gefällten AntimonIII-sulfides zu $5{,}2 \cdot 10^{-6}$ Mol/l gefunden worden. — Bei längerer Einwirkung zersetzt reines Wasser schon in der Kälte allmählich in AntimonIII-oxyd und Schwefelwasserstoff (VOGEL). Bei 80° hat DOELTER schon in 2 Std. völlige Auflösung beobachtet. Bei gefälltem Antimonsulfid erfolgt hierbei zum Teil Hydrosolbildung.

In Säuren. Wasserstoffperoxyd verwandelt Antimonsulfid nach THÉNARD in AntimonIII-sulfat. Dieses entsteht auch bei der Einwirkung von Salpetersäure und von konzentrierter Schwefelsäure unter gleichzeitiger Bildung von Schwefeldioxyd und Schwefel. Diese letztere Reaktion spielt in der analytischen Chemie des Antimons eine sehr große Rolle (s. § 9C, S. 469; § 9D, S. 489 u. a.). Rauchende Salpetersäure bildet AntimonV-oxyd, während Königswasser und Salzsäure mit Kaliumchlorat zu Antimonsäure lösen. Leicht löslich ist AntimonIII-sulfid in Salzsäure. Entsprechend dem Gleichgewichte: $Sb_2S_3 + 6\,HCl \rightleftharpoons 2\,SbCl_3 + 3\,H_2S$ tritt bei jeder Konzentration der Salzsäure Zersetzung ein, wenn nur der Schwefelwasserstoff aus dem Gleichgewichte entfernt wird. Daher wirkt auch Wasser allein völlig zersetzend (s. oben) (LANG). Mit Salzsäure beginnt die Zersetzung bei Zimmertemperatur nach LANG, wenn diese eine Konzentration von etwa 18% HCl hat. Bei 50° genügt schon eine 16,9%ige und bei 97° eine 8,86%ige. LANG und CARSON geben ferner Auflösung durch ein Gemisch von 50 Teilen Wasser und 18 Teilen Salzsäure von der Dichte D 1,16 an.

In Basen. Starke Basen lösen amorphes AntimonIII-sulfid schon in der Kälte als ein Gemisch von Thioantimonit und Thiooxyantimonit:

$$Sb_2S_3 + 2\,OH' \rightleftharpoons SbS_2' + SbOS' + H_2O.$$

Das krystallisierte, schwarze Sulfid löst sich jedoch erst beim Erwärmen oder beim Schmelzen mit den festen Alkalihydroxyden. Beim Ansäuern der Lösung tritt quantitative Fällung von orangefarbenem AntimonIII-sulfid ein. — Beim Schmelzen mit Natriumperoxyd bildet sich in Wasser wenig lösliches Natriumantimonat $Na[Sb(OH)_6]$ (HAMPE, s. § 11 D, S. 513). — Die Löslichkeit des AntimonIII-sulfides in Ammoniak ist nur gering. EPIK fand in der Kälte eine geringe Lösungsgeschwindigkeit. Diese ist direkt proportional der Menge des festen Sulfides in der Einheit des Lösungsmittels. Bei 5 Min. währendem Erwärmen lösen sich nach EPIK auf 1 g gasförmiges Ammoniak 150 mg Sb_2S_3. EPIK gibt **in Tabelle 1** Werte für die Löslichkeit des AntimonIII-sulfides in Ammoniak verschiedener Konzentration.

Tabelle 1.

Konzentration des Ammoniaks vor dem Versuch in %	Konzentration des Ammoniaks nach dem Versuch in %	gelöst mg Sb_2S_3 in 100 cm³ Lösungsmittel	gelöst mg Sb_2S_3 in 1 g gasförmigem NH_3 nach der Endkonzentration berechnet
1	0,88	127	144
2	1,7	206	123
5	4,0	420	107
10	7,4	730	102
15	9,2	870	98
25	13,4	1280	101

In einer Mischung von Ammoniak mit Wasserstoffperoxyd löst sich AntimonIII-sulfid zu Ammoniumantimonat.

In Alkalisulfidlösungen. Lösungen von Alkalisulfid oder von Ammoniumsulfid (Schwefelammonium) lösen AntimonIII-sulfid leicht zu farblosem Thioantimonit: $Sb_2S_3 + 3\,S'' \rightarrow 2\,SbS_3'''$, aus dessen Lösung Säuren quantitativ orangefarbenes AntimonIII-sulfid ausfällen: $2\,SbS_3''' + 6\,H^{\cdot} \rightarrow Sb_2S_3 + 3\,H_2S$. Wird als Lösungsmittel gelbe Polysulfidlösung angewendet, so löst sich AntimonIII-sulfid zu Thioantimonat, aus dessen Lösung beim Ansäuern quantitativ orangefarbenes AntimonV-sulfid abgeschieden wird:

$$Sb_2S_3 + [3\,S'' + 2\,S] \rightarrow 2\,SbS_4'''; \quad 2\,SbS_4''' + 6\,H^{\cdot} \rightarrow Sb_2S_5 + 3\,H_2S.$$

Diese Reaktionen haben eine sehr große Bedeutung in der analytischen Chemie des Antimons.

Eigenschaften des AntimonV-sulfides Sb_2S_5.

Aussehen. AntimonV-sulfid ist nur in einer einzigen Modifikation von orangeroter Farbe („Goldschwefel") bekannt. Es fällt in dieser Form aus Lösungen des fünfwertigen Antimons mit Schwefelwasserstoff als flockiger (amorpher) Niederschlag aus. Je höher die Temperatur der Fällung ist, bzw. je langsamer Schwefelwasserstoff eingeleitet wird oder je schwächer sauer die Lösung ist, desto mehr AntimonIII-sulfid ist dem Pentasulfid beigemengt (s. S. 414).

Auch aus dem SCHLIPPEschen Salz $Na_3SbS_4 \cdot 9\,H_2O$ gefälltes AntimonV-sulfid enthält etwas AntimonIII-sulfid beigemengt. Merkwürdigerweise läßt sich dem AntimonV-sulfid eine gewisse Menge (etwa 8 bis 10%) Schwefel durch Kochen mit Schwefelkohlenstoff entziehen.

Verhalten beim Erhitzen. Bei einer Temperatur von etwa 200 bis 230° verwandelt sich AntimonV-sulfid in einem indifferenten Gase unter Abgabe von Schwefel in schwarzes AntimonIII-sulfid [ROSE (b); PAUL].

Löslichkeit. Die Löslichkeit in Wasser wird von HOFFMANN als kleiner als die Trisulfides angegeben. Säuren wirken in entsprechender Weise auf das Pentasulfid ein wie auf das Trisulfid. Salzsäure löst bemerkenswerterweise zu AntimonIII-Ion unter Entwicklung von nur 3 Mol Schwefelwasserstoff je Mol Pentasulfid und Freimachung von 2 Atomen Schwefel:

$$Sb_2S_5 + 6\,HCl \rightarrow 2\,SbCl_3 + 3\,H_2S + 2\,S.$$

Alkalilaugen liefern mit AntimonV-sulfid ein Gemisch von Thioantimonat und Thiooxyantimonat: $2\,Sb_2S_5 + 12\,OH' \rightarrow SbS_4''' + 3\,SbO_2S_2''' + 6\,H_2O$. Aus dieser Lösung wird durch Säuren quantitativ AntimonV-sulfid ausgefällt. Lösungen von Alkalisulfiden lösen zu Thioantimonaten, aus deren Lösungen beim Versetzen mit Säuren ebenfalls AntimonV-sulfid ausfällt:

$$Sb_2S_5 + 3\,S'' \rightarrow 2\,SbS_4'''; \quad 2\,SbS_4''' + 6\,H^{\cdot} \rightarrow Sb_2S_5 + 3\,H_2S.$$

Durch Zusatz von Kaliumcyanid oder von Natriumsulfit werden Thioantimonate zu Thioantimoniten reduziert:

$$SbS_4''' + CN' \rightarrow SbS_3''' + CNS'; \; SbS_4''' + SO_3'' \rightarrow SbS_3''' + S_2O_3''.$$

Die Umsetzungen des AntimonV-sulfides mit Alkalisulfid und die Folgereaktionen sind von großer Wichtigkeit in der analytischen Chemie des Antimons.

Bezüglich AntimonV-sulfid s. a. S. 414.

Kolloides Verhalten der Antimonsulfide. Die orangefarbene Form des AntimonIII-sulfides und das AntimonV-sulfid bilden recht stabile kolloide Systeme von orangeroter Farbe. Ihre Beständigkeit kann durch Zusatz von Schutzkolloiden beträchtlich erhöht werden (s. S. 415). Die Neigung zur Bildung kolloider Systeme kann in analytischer Beziehung unangenehm in Erscheinung treten beim Auswaschen der Sulfidfällungen mit reinem Wasser. Diese Unannehmlichkeit wird ohne weiteres vermieden durch Anwendung von angesäuertem Wasser oder durch Fällung der schwarzen Form des Trisulfides (s. S. 410). Das AntimonIII-sulfid-Sol wird auch durch Erhitzen instabil (GHOSH und DHAR).

Bestimmungsverfahren.

A. Fällung als AntimonIII-sulfid Sb_2S_3.

Vorbemerkung.

Die Fällung des AntimonIII-sulfides durch Einleiten von Schwefelwasserstoff in Lösungen, welche das Antimon in seiner dreiwertigen Oxydationsstufe enthalten, bietet keine Schwierigkeiten bei Anwesenheit von genügend Säure, am besten Salzsäure, um die Abscheidung unlöslicher basischer Antimonsalze unmöglich zu machen. Diese beginnen erst beim Filtrieren des Niederschlages und bei seiner Trocknung und Überführung in eine konstante Wägungsform. Die ziemlich zahlreichen älteren Arbeiten befassen sich daher vorwiegend mit der Behebung der durch die Verwendung der früher nur verfügbaren Papierfilter auftretenden Schwierigkeiten. Da beim Veraschen der Papierfilter durch den entstehenden Kohlenstoff eine Reduktion des Antimonsulfides zu Metall unvermeidbar ist, so ist durch diese Tatsache schon zur Genüge angedeutet, mit welchen Schwierigkeiten die früheren Analytiker zu kämpfen hatten, um Antimonsulfid als Wägungsform zu benutzen. Es hat daher nicht an Vorschriften gemangelt, das Filtrieren des Antimonsulfides durch Papierfilter zu umgehen. Die Einführung des GOOCH-Tiegels bedeutete in der analytischen Chemie des Antimons eine fühlbare Erleichterung. Es braucht hier nicht auf alle die zahlreichen Vorschläge in der vorgenannten Richtung eingegangen zu werden, vor allem deshalb nicht, weil heutzutage dem Analytiker in den Jenaer Glasfiltertiegeln und den Berliner Porzellanfiltertiegeln Geräte zur Verfügung stehen, die für die Behandlung des Niederschlages von AntimonIII-sulfid bestens geeignet sind. Da bei der Trocknung des Niederschlages eine Temperatur von 300° nicht überschritten zu werden braucht, wird sogar vorzugsweise der Glasfiltertiegel anzuwenden sein.

PRAUSNITZ benutzt solche Jenaer Glasfiltertiegel sogar, um in ihnen die Fällung des Antimonsulfides selbst vorzunehmen, so daß sogar ein Fällungsgefäß unnötig wird. Die von ihm mitgeteilten Analysenergebnisse sind aber nur wenig befriedigend, da sie bis zu 1,5% Fehlbeträge aufweisen. Da auch das unmittelbare Arbeiten im Filtertiegel eine besondere Apparatur voraussetzt, so soll hier auf dieses Verfahren nicht näher eingegangen werden. — ZSIGMONDY und G. JANDER sowie G. JANDER empfehlen, das Abfiltrieren des Antimonsulfides auf Membranfiltern vorzunehmen. Da jedoch auch die Weiterverarbeitung des Niederschlages bei der Verwendung dieser Filterart schwierig ist, möge hier der Hinweis auf diese Arbeiten genügen.

1. Wägung als AntimonIII-sulfid.

Von den zwei Modifikationen des AntimonIII-sulfides ist die schwarze Form als Fällungsform vorzuziehen. Sie ist dichter als die orangefarbene, und sie läßt sich daher besser abfiltrieren und oxydiert sich weniger leicht. Auch geht sie nicht so leicht in kolloider Form in Lösung. Die Fällung der orangefarbenen Form kann allerdings in schwächer saurer Lösung, als sie für die schwarze Form erforderlich ist, erfolgen. Nach SIMON und NETH werden hierzu auf je 100 cm^3 Lösung 10 cm^3 konzentrierte Salzsäure angewendet und in die kalte Lösung unter Erhitzen bis zum Sieden 1 Std. lang ein schneller Strom von Schwefelwasserstoff eingeleitet. Nach dem Verdünnen mit dem gleichen Raumteil Schwefelwasserstoffwasser läßt man noch $^1/_2$ Std. stehen und filtriert dann ab. Eine Bildung von Hydrosol ist gänzlich vermeidbar, wenn das Auswaschen mit 0,5 n Schwefelsäure, die mit Schwefelwasserstoff gesättigt ist, vorgenommen wird. Die Fällung der orangefarbenen Form wird auch von HENZ (a) angegeben.

Unter den Vorschriften für die Fällung des schwarzen AntimonIII-sulfides erscheint diejenige, welche VORTMANN und METZL mitgeteilt haben, als die beste. Die Verfasser arbeiten nach folgender

***Arbeitsvorschrift von* VORTMANN *und* METZL.** Die neben 100 cm^3 Probe 24 cm^3 konzentrierte Salzsäure enthaltende Lösung befindet sich in einem im siedenden Wasserbade stehenden ERLENMEYER-Kolben. Es wird zu Beginn ein lebhafter Strom von Schwefelwasserstoff unter häufigem Umschwenken des Kolbens eingeleitet. Die zuerst gelbliche, dann röter und immer dunkler und dichter werdende Fällung nimmt im Verlaufe einer $^1/_2$ Std. eine schwarze Farbe an und setzt sich gut ab. Nach Ablauf dieser Zeit wird mit dem gleichen Raumteil Wasser verdünnt und das Einleiten des Schwefelwasserstoffes noch 5 Min. lang fortgesetzt. Dieses Verdünnen ist unbedingt notwendig, denn AntimonIII-sulfid ist bei der anfänglichen Säurekonzentration etwas löslich. Um also quantitative Abscheidung zu erzielen, *muß* nach der ersten Fällung in der vorgeschriebenen Weise verdünnt werden. Die Umwandlung der orangeroten Form des AntimonIII-sulfides in die schwarze vollzieht sich allerdings auch bei niedrigerer Konzentration an Salzsäure als der hier anfänglich anzuwendenden, sie nimmt dann aber wesentlich längere Zeit in Anspruch.

Der schwarze Niederschlag wird alsbald durch einen Jenaer Glasfiltertiegel 1 G 4 (SARUDI) abfiltriert, zuerst mit Wasser, dann mit etwas Alkohol ausgewaschen und getrocknet.

Trocknen des AntimonIII-sulfides. Infolge unvermeidbarer Oxydation des Schwefelwasserstoffes zu Schwefel durch Luftsauerstoff während der Fällung des Antimonsulfides oder durch Salpetersäure, wie sie besonders bei der Analyse von Legierungen von deren Auflösung her anwesend sein kann, enthält das gefällte AntimonIII-sulfid freien Schwefel, der vor der Wägung zu entfernen ist. Hierfür ist mehrfach die Behandlung des Niederschlages aufeinanderfolgend mit Alkohol, Äther, Schwefelkohlenstoff, Äther, Alkohol und anschließendes Trocknen bei 110° bis zur Gewichtskonstanz vorgeschlagen worden. Das bis in die jüngste Zeit noch empfohlene Verfahren ist aber als langwierig und als nicht absolut zuverlässig zu bezeichnen.

Um den Schwefel aus dem Niederschlage des AntimonIII-sulfides zu entfernen und etwa aus irgendwelchen Gründen gleichzeitig anwesendes AntimonV-sulfid in AntimonIII-sulfid überzuführen, ist es vorteilhafter, den Niederschlag in einer indifferenten Gasatmosphäre auf etwa 300° zu erhitzen. Hierbei ist auf völlige Fernhaltung der Luft größte Sorgfalt zu verwenden, weil bei der herrschenden Temperatur andernfalls leicht Oxydation des Antimonsulfides zu Antimonoxyden eintritt.

Als indifferentes Gas verwendet HENZ (a) luftfreies Kohlendioxyd, dessen Herstellung einen besonders gebauten KIPPschen Apparat [HENZ (b)] erfordert.

Das Erhitzen des den Niederschlag enthaltenden Tiegels erfolgt nach HENZ (a) in einem passend konstruierten, weiten Glasrohr mit Zu- und Ableitung für das Gas, welches in einem kleinen Ofen von der Form eines Trockenschrankes liegt. Man trocknet Tiegel und Niederschlag in dieser Vorrichtung unter Durchleiten von mit Natriumhydrogencarbonat-Lösung gewaschenem und mit wasserfreiem Calciumchlorid getrocknetem Kohlendioxyd 2 Std. lang bei 100 bis 130°. Danach wird die Temperatur auf 280 bis 300° gesteigert und 2 Std. auf dieser Höhe gehalten. Die ganze Apparatur wird dann unter beständigem Durchleiten von Kohlendioxyd auf Raumtemperatur erkalten gelassen, der Tiegel herausgenommen und gewogen. Nur auf diese Weise soll es nach HENZ (a) möglich sein, das Antimonsulfid sicher vor der Einwirkung von Sauerstoff zu schützen. Hingegen behandeln VORTMANN und METZL den Tiegel mit dem Niederschlag des AntimonIII-sulfides nur in einem Luftbad, welches mit einem doppelt durchlochten Uhrglase bedeckt ist. Durch die eine Bohrung ist ein Thermometer eingeführt. Das durch die andere Bohrung gesteckte Einleitungsrohr für Kohlendioxyd wird nach ihrer Vorschrift durch den ebenfalls durchlochten Deckel des Tiegels bis dicht über den Niederschlag geführt. Die Verfasser, die bei 270 bis 280° gearbeitet haben, stellen keine Oxydation des Antimonsulfides fest, wofür auch die von ihnen belegten guten Werte sprechen.

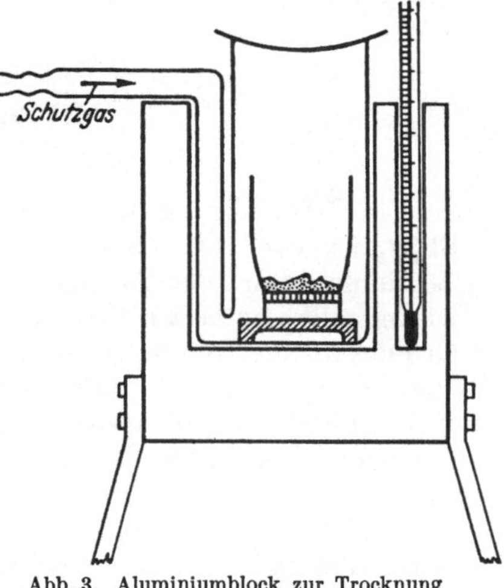

Abb. 3. Aluminiumblock zur Trocknung von Sb_2S_3.

MOSER und NEUSSER haben gefunden, daß das AntimonIII-sulfid in einem Strome von Schwefelwasserstoff bei 270° etwa vorhandenen überschüssigen Schwefel verliert, und sie empfehlen deshalb die Anwendung dieses Gases an Stelle von Kohlendioxyd. Es ist auch bei Anwendung von Schwefelwasserstoff ein Weißwerden des Sulfides durch Oxydation zu Antimonoxyden nicht zu befürchten, selbst dann nicht, wenn der Schwefelwasserstoff nicht ganz luftfrei sein sollte. Auch PRAUSNITZ nimmt das Trocknen und Erhitzen im Schwefelwasserstoffstrome vor, wobei der Tiegel in einem passenden Glaseinsatz in einem Aluminiumblock steht. Eine sehr zweckmäßige Bauart mit Glaseinsatz zeigt Abb. 3, die ohne besondere Erläuterung verständlich ist.

Einen Aluminiumblock verwendet auch SARUDI (v. STETINA), jedoch unter Benutzung von Kohlendioxyd. Es darf also als durchaus statthaft bezeichnet werden, das AntimonIII-sulfid im Glasfiltertiegel, welcher im Glaseinsatz eines Aluminiumblockes steht, in einem Strome von luftfreiem, trockenen Schwefelwasserstoff etwa 2 Std. lang auf 280 bis 300° zu erhitzen, danach darin erkalten zu lassen und zu wägen.

Bemerkungen. **I. Genauigkeit.** Die Fehler nach der Bestimmung nach HENZ betragen nach seiner Mitteilung —0,32 bis —0,04%. VORTMANN und METZL geben ebenfalls gute Werte an. BECKETT, welcher das Antimonsulfid im Schwefelwasserstoffstrome bis 440° erhitzt hat, gibt Fehler bis zu —0,2% an. Von WENGER und PARAUD wird das Verfahren von HENZ als langwierig, aber genau, das von VORTMANN und METZL als kurz und genau bezeichnet. — **II. Anwendungsbereich.** Die Bestimmung des Antimons als Trisulfid ist in allen Mengenverhältnissen anwendbar. Als Mikrobestimmung arbeiten HECHT und v. MACK nach der Vorschrift von HENZ (a), indem sie die Fällung und die Weiterbehandlung im Mikrofilterbecher vornehmen. Die Trocknung und das Erhitzen erfolgen in einem besonders konstruierten Aluminiumblock unter Kohlendioxyd. — v. ENDRÉDY bestimmt das Antimon als Trisulfid im Halbmikromaßstab aus 15 cm³ Lösung nach VORTMANN und METZL, filtriert im Mikrofiltertiegel ab, wäscht mit 20 cm³ Schwefelwasserstoffwasser und dann mit Alkohol aus und trocknet bei 300° nach HENZ. Zur Auswage kommen etwa 40 mg AntimonIII-sulfid (s. S. 403). — **III. Einstellung der Säurekonzentration.** Um die für die Fällung nach VORTMANN und METZL erforderliche Konzentration an Salzsäure genau einzustellen, empfehlen die Verfasser bei Vorliegen von stark sauren Lösungen in einem mit einer Marke versehenen Kolben erst mit Natronlauge zu neutralisieren, dann mit Wasser zu 100 cm³ aufzufüllen und nun die dem Volumen der Lösung entsprechende Menge Salzsäure zuzusetzen (s. S. 410).

2. Wägung als Diantimontetroxyd Sb_2O_4.

Molekulargewicht Sb_2O_4 307,52.

Vorbemerkung.

Die Überführung des gefällten AntimonIII-sulfides in Diantimontetroxyd Sb_2O_4 ist von BUNSEN (a) erstmalig ausgeführt worden. Mißerfolge bei dieser Bestimmungsart des Antimons bewogen ihn aber, das Verfahren nach 20 Jahren wieder fallen zu lassen (b). Wiederum nahezu 20 Jahre später hat BAUBIGNY die Gründe für die BUNSENschen Mißerfolge darin erkannt, daß das Antimontetroxyd nur innerhalb eines verhältnismäßig engen Temperaturgebietes beständig ist, und daß es oberhalb 850° unter Abspaltung von Sauerstoff in AntimonIII-oxyd Sb_2O_3 übergeht. Wenn aber die Temperatur streng innerhalb etwa 820 bis 850° gehalten wird, gelingt es, das Antimontetroxyd gewichtskonstant zu erhalten. Durch die Untersuchungen von SIMON und THALER ist das Existenzgebiet des Antimontetroxydes zwischen den Temperaturgrenzen von 780 und 920° festgelegt worden. AntimonIII-oxyd nimmt beim Erhitzen an der Luft oberhalb 370° Sauerstoff auf und geht in Tetroxyd über, was jedoch bei dieser niedrigen Temperatur mehrere hundert Stunden erfordert. Oberhalb von 920° verliert das Tetroxyd Sauerstoff und bildet Trioxyd zurück, das seinerseits erst oberhalb 1000° in Metall und Sauerstoff zerfällt. Durch Entwässern von AntimonV-oxydhydrat (Antimonsäure) bei Temperaturen um 800° kann Antimontetroxyd nicht erhalten werden. Wie DIHLSTRÖM und DIHLSTRÖM und WESTGREN gezeigt haben, entsteht hierbei die Verbindung $Sb_3O_6OH = SbO(OH) \cdot Sb_2O_5$. Erst innerhalb etwa eines Monats bei 900° geht diese Verbindung in Antimontetroxyd über. Wird AntimonIII-oxyd lange Zeit auf 800° erhitzt, so bildet es nach denselben Verfassern Antimontetroxyd, das aber nach Ausweis des RÖNTGEN-Diagramms nicht einheitlich ist. Aus diesen kurzen Andeutungen mag entnommen werden, daß viele Fehlerquellen bei der Überführung von Antimonsulfid in Antimontetroxyd vorhanden sind, und daß in Verbindung mit der Unsicherheit bezüglich des Atomgewichtes des Antimons (s. S. 398) die früheren Forscher keine befriedigenden Ergebnisse erzielen konnten. Während in neuerer Zeit KNOP innerhalb 1 Std. Gewichtskonstanz beim Glühen auf 850 bis 900° (und einem Atomgewicht 121,84) erzielte, bezeichnen WENGER und PARAUD in ihrer kritischen Arbeit das BUNSENsche Verfahren als ungenau. Schließlich ist zu bedenken, daß das Tetroxyd empfindlich ist gegen reduzierende Stoffe, wie auch gegen solche Flammengase, was BRUNCK zu vermeiden empfiehlt. Da auch die Einhaltung der Temperatur bei Anwendung eines Brenners nur schwierig ist, so kann das Verfahren überhaupt nur Aussicht auf Erfolg haben, wenn das Glühen des Tetroxydes in einem elektrischen Ofen erfolgt, dessen Temperatur durch eine Regelvorrichtung (SIMON und FISCHER) auf 800 bis 900° gehalten wird.

Das Verfahren von BUNSEN zur Umwandlung des Antimonsulfides in Antimontetroxyd ist so umständlich, daß es für die praktische Anwendung nicht mehr in Betracht kommen kann. Ein sehr gutes und schnell ausführbares Verfahren beschreiben SIMON und NETH in Anlehnung an BECKETT. Da die Umwandlung der schwarzen Form des AntimonIII-sulfides langsamer als die der orangefarbenen vor sich geht, empfiehlt es sich, diese nach den Angaben auf S. 410 zu erzeugen.

***Arbeitsvorschrift von* SIMON *und* NETH.** Das aus schwach salzsaurer Lösung (zu je 100 cm^3 Lösung je 10 cm^3 konzentrierte Salzsäure) ausgefällte orangefarbene AntimonIII-sulfid wird durch einen Berliner Porzellanfiltertiegel abgesaugt und mit 0,5 n Schwefelsäure, die mit Schwefelwasserstoff gesättigt ist, ausgewaschen. Der Tiegel wird mit seinem Untersatz auf die Porzellanplatte eines gut schließenden Exsikkators gestellt, auf dessen Boden je ein Schälchen mit rauchender Salpetersäure und mit Brom stehen. Innerhalb von 3 bis 4 Std. wird das Antimonsulfid völlig zu weißem Oxyd oxydiert (die schwarze Form benötigt zur vollständigen Oxydation 12 Std.). Der Tiegel wird mit dem Untersatz in einen elektrischen Ofen gebracht, der allmählich angeheizt wird, so daß die durch Oxydation aus dem Schwefel entstandene Schwefelsäure abraucht. Nachdem die Schwefelsäure verflüchtigt ist, wird die Temperatur des Ofens schnell auf 850° gesteigert und $^1/_2$ Std. lang auf dieser Höhe gehalten. Nach dem Erkalten in einem Exsikkator wird der Tiegel sodann mit dem Untersatz gewogen. Antimontetroxyd ist nicht hygroskopisch, seine Wägung erfordert also keine besonderen Vorsichtsmaßnahmen. Das Verfahren bedarf keiner eigenen Apparatur, vielmehr erfolgt die ganze Bestimmung in nur einem einzigen Filtertiegel bei nur einer einzigen Filtration.

***Bemerkungen.* I. Genauigkeit.** Die Beleganalysen zeigen gute Ergebnisse. — **II. Reinigung des Filtertiegels.** Ein Filtertiegel ist nur für eine Bestimmung anwendbar, danach muß er wieder vollständig von dem darin befindlichen Antimontetroxyd gereinigt werden. Das geschieht am besten durch mechanische Entfernung der Hauptmenge des Tetroxydes und Herauslösen der Reste in den Poren mit Hilfe einer heißen Natriumsulfidlösung und gründliches Nachwaschen.

3. Wägung als elementares Antimon.

ROSE hat vorgeschlagen, das gefällte Antimonsulfid mit Hilfe von Wasserstoff zu elementarem, metallischem Antimon zu reduzieren und dieses zur Wägung zu bringen. Da aber fein verteiltes Antimon sehr leicht schon durch Luftsauerstoff bei gewöhnlicher Temperatur oxydiert wird, so birgt das ROSEsche Verfahren eine große Fehlerquelle in sich. Es hat sich auch nicht in die analytische Praxis eingebürgert und braucht deshalb hier nicht näher besprochen zu werden.

4. Indirekte Bestimmung durch Ermittelung des Schwefels im Antimonsulfid.

Nach CLASSEN wird das gefällte Antimonsulfid abfiltriert und daraus mit Salzsäure Schwefelwasserstoff entwickelt, der in einer geeigneten Vorrichtung in ammoniakalischem Wasserstoffperoxyd aufgefangen und dadurch zu Sulfat oxydiert wird, das in üblicher Weise als Bariumsulfat bestimmt wird. Das Verfahren ist nach HENZ (a) nicht vorteilhaft. — Da sowohl AntimonIII- als auch AntimonV-sulfid mit Salzsäure nur je 3 Moleküle Schwefelwasserstoff je Molekül Sulfid entwickeln, benutzt SCHNEIDER diese Eigenschaft, um das Antimon so zu bestimmen, daß er gefälltes Antimonsulfid in dem bekannten BUNSENschen Apparat mit Salzsäure umsetzt und den entstehenden Schwefelwasserstoff in vorgelegte, eingestellte Jodlösung einleitet. Aus der Titration der überschüssigen Jodlösung mit Natriumthiosulfat läßt sich das vorhandene Antimon berechnen. Auch dieses Verfahren birgt zahlreiche Fehlerquellen in sich und kann heute nicht mehr empfohlen werden.

5. Maßanalytische Bestimmung des Antimonsulfides.

I. Manganometrische Bestimmung.

Fußend auf einem Vorschlage von MOHR hat HANUŠ ein Verfahren zur manganometrischen Bestimmung des AntimonIII-sulfides ausgearbeitet, das auf folgender Umsetzung beruht:

$$Sb_2S_3 + 5\,Fe_2(SO_4)_3 + 8\,H_2O \rightarrow 2\,H_3SbO_4 + 10\,FeSO_4 + 5\,H_2SO_4 + 3\,S.$$

Das in üblicher Weise gefällte Antimonsulfid wird mit EisenIII-sulfatlösung gekocht. Nach dem Abkühlen löst man mit konzentrierter Schwefelsäure die Antimonsäure auf und titriert die Lösung nach dem Filtrieren durch ein trockenes Filter mit Kaliumpermanganat. Der Niederschlag des Antimonsulfides muß alsbald verarbeitet werden, da sonst Oxydation eintritt.

Freier Schwefel soll ohne Einfluß sein. Obwohl die von HANUŠ beigebrachten Beleganalysen einen Höchstfehler von nur ±0,3% aufweisen, erscheint das Verfahren doch unsicher, wenn man das über die gleichartige Wismutbestimmung Gesagte berücksichtigt (s. Bi, § 3, S. 552).

II. Bromatometrische Bestimmung.

HALLA und CASTELLIZ haben vorgeschlagen, das gefällte AntimonIII-sulfid in konzentrierter Schwefelsäure zu lösen und nach vorsorglicher Reduktion mit Natriumsulfit in salzsaurer Lösung bromatometrisch gemäß § 4, S. **435** zu titrieren. HALLA und WINDMAISSER haben das Verfahren dadurch noch etwas vereinfacht, daß sie den Niederschlag auf einem Jenaer Glasfiltertiegel sammeln und diesen im Titriergefäß unmittelbar mit Schwefelsäure behandeln. Diese Arbeitsweise ist schon früher von NISSENSON und MITTASCH (s. § 9D, S. 495) angegeben worden.

III. Jodometrische Bestimmung.

***Arbeitsvorschrift von* NIKOLAI.** AntimonIII-sulfid wird in üblicher Weise ausgefällt, auf einem Papierfilter gesammelt und mit heißer 5%iger Natriumchloridlösung ausgewaschen. Das Filter wird durchstoßen und der Niederschlag im Fällungsgefäß ohne zu erwärmen in Natronlauge gelöst. Nach Zufügen von 10 cm^3 ausgekochter und wieder abgekühlter 3%iger Gelatinelösung wird die gesamte Lösung in dünnem Strahle in angesäuerte, auf das 10fache verdünnte 0,1 n Jodlösung eingegossen und deren Überschuß mit Thiosulfat zurückgemessen. 1 Mol AntimonIII-sulfid verbraucht zur Oxydation des dreiwertigen zum fünfwertigen Antimon und der Sulfidionen zu Schwefel 10 Grammäquivalente Jod.

***Bemerkungen.* Genauigkeit.** Bei Anwendung von Gelatine beträgt der Fehler durchschnittlich —0,1%. Ohne Gelatinezusatz werden infolge Oxydation durch Luftsauerstoff Minderwerte erhalten.

B. Fällung als AntimonV-sulfid Sb_2S_5.

Über das von BUNSEN (c) im Jahre 1878 veröffentlichte Verfahren der Fällung und Bestimmung des Antimons als Pentasulfid sind die Ansichten sehr geteilt. Nach BUNSENS Vorschrift wird eine sorgfältig zu Antimonsäure oxydierte, salzsaure Lösung mit einer genügenden Menge Schwefelwasserstoffwasser versetzt. Nach dem Absetzen des orangefarbenen Niederschlages des AntimonV-sulfides wird der Überschuß an Schwefelwasserstoff durch Einblasen eines kräftigen Luftstromes verjagt. Der Niederschlag wird alsdann gesammelt, mit Wasser, Alkohol, Schwefelkohlenstoff und Alkohol gewaschen und bei 110° getrocknet. Das Verfahren gestattet nach BUNSEN (c) auch die Trennung des Antimons von Arsen, das in Lösung bleibt und aus dieser abgeschieden werden kann. THIELE konnte BUNSENS Befunde nicht bestätigen, er findet teils zu hohe Werte, die darauf zurückgeführt werden, daß aus dem überschüssigen Schwefelwasserstoff bei seiner Verjagung durch Luft teilweise Oxydation zu Schwefel eintritt, der bei der nachfolgenden Behandlung des AntimonV-sulfides mit Schwefelkohlenstoff nicht ganz entfernt wird, teils zu niedrige Werte, die einem unvermeidlichen Gehalt des AntimonV-sulfides an AntimonIII-sulfid zugeschrieben werden. BRAUNER und BOŠEK führen diese niedrigen Werte THIELES auf mangelhafte Oxydation des ursprünglich vorhandenen dreiwertigen Antimons zu fünfwertigem zurück. Sie führen die Oxydation mit Hypobromit oder mit Hypochlorit bei 12stündiger Einwirkung durch, setzen dann Salzsäure zu und dampfen vorsichtig ab. Bei einer optimalen Salzsäurekonzentration von 10 bis 20% und der Fällung mit Schwefelwasserstoffwasser bei gewöhnlicher Temperatur erhalten sie eine dunkelbraune Fällung von ganz reinem AntimonV-sulfid. Die Verfasser stellen fest, daß sich desto mehr AntimonV-sulfid bildet, je niedriger die Temperatur und je schneller der Zusatz des Schwefelwasserstoffwassers erfolgt, daß dagegen desto mehr Trisulfid entsteht, je höher die Temperatur und je langsamer man den Schwefelwasserstoff einleitet. Schließlich hat KLENKER gefunden, daß die aus Lösungen von Antimonsäure erhaltenen Niederschläge ausnahmslos AntimonIII-sulfid enthalten. Er hält die Existenz reinen AntimonV-sulfides für unwahrscheinlich und verwirft deshalb das BUNSENsche Verfahren für dessen Ausfällung und Bestimmung. In neuerer Zeit hat KIRCHHOF die Existenz des AntimonV-sulfides gänzlich verworfen. Er hält den orangeroten „Goldschwefel" für eine Verbindung der Summenformel Sb_2S_4 und faßt ihn als ein AntimonIII-thioantimonat auf: $Sb(SbS_4)$. Dieser Ansicht tritt jedoch STRECKER entgegen auf Grund seiner Befunde, nach welchen das aus SCHLIPPEschem Salz gefällte Sulfid das Pentasulfid ist, welches im Hochvakuum bis zu einer Temperatur über 100° beständig ist. Da in der Bestimmungsweise als AntimonIII-sulfid in ihrer heutigen Ausführungsform ein ausgezeichnetes Verfahren zur Antimonbestimmung vorliegt, so ist wohl kein Grund vorhanden, das BUNSENsche Verfahren der Bestimmung als Pentasulfid weiter zu verfolgen.

C. Colorimetrische Bestimmung als Antimonsulfid.

Die colorimetrische Bestimmung des Antimons als Sulfid beruht auf der intensiven orangeroten Färbung, die kleine Mengen Antimonsulfid in kolloider Verteilung bedingen.

***Arbeitsvorschrift von* SCHIDROWITZ *und* GOLDSBROUGH.** Die Lösung, die höchstens bis 2 mg Antimon in 10 cm³ enthalten darf, wird mit wenig Weinsäurelösung versetzt und mit Salzsäure angesäuert. Nach Zufügen von 0,1 cm³ 10%iger Lösung von Gummi arabicum wird mit Schwefelwasserstoffwasser versetzt und umgeschüttelt. Man vergleicht mit einer auf gleiche Weise behandelten Lösung mit bekanntem Gehalt an Antimon.

***Bemerkungen.* I. Störung** bewirken alle Metalle, welche in salzsaurer Lösung unlösliche, gefärbte Sulfide bilden. — **II. Empfindlichkeit.** Die Reaktion ist in heißer Lösung empfindlicher als in kalter. Bis zu 20 γ Sb ist Fällung in kalter Lösung noch empfindlich genug. Es lassen sich noch bis 5 γ Sb in 10 cm³ Lösung erfassen (s. § 11, S. 511).

D. Potentiometrische Bestimmung als Antimonsulfid.

Der Versuch von HILTNER und GRUNDMANN, Antimon mittels potentiometrischer Titration mit eingestellter Natriumsulfidlösung durch Fällung als AntimonIII-sulfid zu bestimmen, scheitert an dem großen, bis zu +10% betragenden Fehler, der durch Adsorption an dem ausfallenden Sulfid hervorgerufen wird. Siehe die analoge Erscheinung bei Wismutsulfid, Kap. Bi, § 3, S. 553.

Trennungsverfahren.

Unter Einhaltung bestimmter Konzentrationen an Salzsäure läßt sich die Trennung des Antimons von Cadmium bzw. von Zinn durch Fällung als AntimonIII-sulfid ermöglichen. Bezüglich anderer Trennungen s. § 11, S. 504.

A. Trennung des Antimons von Cadmium.

Nach MANCHOT, GRASSL und SCHNEEBERGER fällt aus Lösungen, die Antimon und Cadmium enthalten, bei einer Konzentration der Salzsäure über 4,5% nur AntimonIII-sulfid aus, während das Cadmium in Lösung bleibt.

***Arbeitsvorschrift von* MANCHOT, GRASSL *und* SCHNEEBERGER.** In 100 cm³ der dreiwertiges Antimon und Cadmium enthaltenden Lösung müssen 8% Salzsäure anwesend sein. Aus dieser Lösung wird AntimonIII-sulfid nach der Vorschrift von VORTMANN und METZL (s. S. 410) ausgefällt. Danach wird der gleiche Raumteil heißes Wasser zugesetzt und noch 10 Min. lang Schwefelwasserstoff eingeleitet. Man filtriert heiß, wäscht zunächst mit heißer, 4,5%iger Salzsäure bis zum Verschwinden des Schwefelwasserstoffes und dann mit heißem Wasser und bringt das AntimonIII-sulfid in bekannter Weise zur Wägung. Aus dem Filtrat kann das Cadmium als Sulfat bestimmt werden.

***Bemerkungen.* I. Genauigkeit.** Die Verfasser bringen sehr gute Werte für Antimon und Cadmium bei. — **II. Anwendungsbereich.** Das Verfahren liefert nur brauchbare Werte, wenn nicht mehr als höchstens 350 mg Sb anwesend sind. Bei größeren Mengen muß ein entsprechend größeres Fällungsvolumen gewählt werden.

B. Trennung des Antimons von Zinn.

Gemäß dem Befunde PANAJOTOWS fällt AntimonIII-sulfid noch aus 15%iger Salzsäure aus, während ZinnIV-sulfid in Lösung bleibt. Man fällt bei der angegebenen Konzentration an Salzsäure zunächst bei 50 bis 60° 30 Min. lang mit Schwefelwasserstoff und dann nach Abkühlung auf unter 30° noch 10 Min. lang. Man saugt schnell ab, wäscht mit 15%iger Salzsäure, die mit Schwefelwasserstoff gesättigt ist, und danach mit Schwefelwasserstoffwasser und bringt das AntimonIII-sulfid zur Wägung. Aus dem Filtrat kann Zinn in üblicher Weise bestimmt werden. PANAJOTOW gibt für das einfache und schnelle Verfahren gute Ergebnisse an, jedoch konnte HOFFMANN diese nicht bestätigen.

Ein anderes, ebenfalls einfaches Verfahren beschreiben VORTMANN und METZL. Es ist einfacher als die Trennung nach CLARKE oder nach HENZ (s. § 11, S. 515), erfordert nur eine einzige Fällung und beruht darauf, daß das Zinn durch Phosphorsäure, die in großem Überschuß zugesetzt ist, in Lösung gehalten wird. Das AntimonIII-sulfid fällt bei genauer Einhaltung der Vorschrift völlig zinnfrei aus.

***Arbeitsvorschrift von* VORTMANN *und* METZL.** Zu der dreiwertiges Antimon und vierwertiges Zinn enthaltenden Lösung wird der gleiche Raumteil Phosphorsäure (D 1,3) und dann auf je 100 cm^3 Lösung 20 cm^3 konzentrierte Salzsäure zugesetzt. Die Fällung mit Schwefelwasserstoff erfolgt wie auf S. 410 angegeben, *aber* nach dem Übergang der anfänglich gelben in die orangerote Farbe werden nur noch 2 bis 3 Blasen Schwefelwasserstoff je Minute eingeleitet, weil sonst eine kleine Menge Zinn mitfällt. Nun wird die Lösung auch umgeschüttelt. Dann verdünnt man mit Wasser, leitet weiter Schwefelwasserstoff ein und verfährt wie oben.

Im Filtrat wird zur Fällung des Zinns der größte Teil der Säure abgestumpft, das halbe Volumen Wasser zugefügt und in der Wärme Schwefelwasserstoff eingeleitet. Die weitere Behandlung des ausgefällten Zinnsulfides erfolgt in bekannter Weise.

Sind Antimon und Zinn im Laufe einer Analyse gemeinsam als Sulfide erhalten worden, so werden diese in Salzsäure (1:1) gelöst. Man bringt die Lösung in einen ERLENMEYER-Kolben, der mit einer Marke bei 50 oder 60 cm^3 versehen ist. Die Lösung wird gegen Phenolphthalein mit festem Natriumcarbonat oder festem Natriumhydroxyd neutralisiert und mit Wasser bis zur Marke aufgefüllt. Dann wird wie oben weiter gearbeitet.

***Bemerkungen.* Anwendungsbereich.** Das Verfahren ist anwendbar für alle Verhältnisse zwischen Antimon und Zinn, doch *muß* jenes in *drei*wertiger Form vorliegen.

LUFF hat den Einfluß von Ammoniumchlorid auf die Temperatur des Fällungsbeginns des Antimonsulfides untersucht. Bei Gegenwart von 16,5 g Ammoniumchlorid wird diese Temperatur erheblich erniedrigt. Als Grenzen der Fällbarkeit des Antimonsulfides gibt er 8 bis 35 cm^3 konzentrierte Salzsäure auf 100 cm^3 Lösung an. Da das oben beschriebene Verfahren von VORTMANN und METZL für die Trennung von Antimon und Zinn recht genau ist, braucht auf die LUFFschen Versuche nicht näher eingegangen zu werden, zumal ein so großer Zusatz von Fremdsalz nicht immer vorteilhaft erscheint.

Literatur.

BAUBIGNY, H.: C. r. **124**, 499, 560 (1897). — BECKETT, E. G.: Chem. N. **102**, 101 (1910); durch Fr. **52**, 316 (1913). — BRAUNER, B., u. O. BOŠEK: Chem. N. **71**, 195; durch Fr. **38**, 671 (1899). — BRUNCK, O.: Fr. **34**, 171 (1895). — BUNSEN, R.: (a) A. **106**, 3 (1858); (b) **192**, 316 (1878); (c) **192**, 317 (1878).

CLASSEN, A.: B. **16**, 1068 (1883). — CURRIE, L. M.: J. physic. Chem. **30**, 205 (1926); durch C. **97 I**, 2312 (1926).

DIHLSTRÖM, K.: Z. anorg. Ch. **239**, 57 (1938). — DIHLSTRÖM, K., u. A. WESTGREN: Z. anorg. Ch. **235**, 153 (1937). — DOELTER, C.: M. **11**, 149 (1890).

ENDRÉDY, A. v.: Fr. **89**, 100 (1932). — EPIK, P. A.: Fr. **89**, 17 (1932).

GHOSH, S., u. N. R. DHAR: Kolloid-Z. **36**, 129 (1925).

HALLA, F., u. K. CASTELLIZ: Fr. **125**, 186 (1943). — HALLA, F., u. F. WINDMAISSER: Fr. **126**, 218 (1943). — HALLMANN, K.: Diss. Aachen 1911. — HAMPE, W.: Ch. Z. **18**, 1900 (1894). — HANUŠ, J.: Z. anorg. Ch. **17**, 111 (1898). — HECHT, F., u. M. v. MACK: Mikrochim. Acta **2**, 218 (1937); durch C. **109, I**, 2921 (1938). — HENZ, F.: (a) Z. anorg. Ch. **37**, 1 (1903); (b) Ch. Z. **26**, 386 (1902). — HILTNER, W., u. W. GRUNDMANN: Ph. Ch. Abt. A. **168**, 291 (1934). — HOFFMANN, M.: Diss. Berlin 1911.

JANDER, G.: Fr. **61**, 145 (1922). — JANDER, G., u. J. ZAKOWSKI: Membranfilter, Cella- und Ultrafeinfilter, S. 71. Leipzig: Akademische Verlags.-Ges. 1929.

KIRCHHOF, F.: Z. anorg. Ch. **112**, 67 (1920). — KLENKER, O.: J. pr. [2] **59**, 353 (1899). — KNOP, J.: Fr. **63**, 181 (1923). — KOHLMEYER, E. J.: Met. Erz **29**, 105 (1932).

LANG, J.: B. **18**, 2716 (1885). — LANG, W. R., u. C. M. CARSON: J. Soc. chem. Ind. **21**, 1018 (1902); durch C. **73, II**, 821 (1902). — LUFF, G.: Ch. Z. **45**, 229, 254, 274 (1921).

MANCHOT, W., G. GRASSL u. A. SCHNEEBERGER: Fr. **67**, 188 (1925). — MOSER, L., u. E. NEUSSER: Ch. Z. **47**, 541, 581 (1923). — MOHR, FR.: Lehrb. d. chem.-anal. Titriermethode. Braunschweig 1886.

NIKOLAI, F.: Fr. **61**, 257 (1922).

PANAJOTOW, G.: B. **42**, 1296 (1909). — PAUL, TH.: Fr. **31**, 539 (1892). — PRAUSNITZ, P. H.: Angew. Ch. **51**, 77 (1938).

ROSE, H.: (a) Pogg. Ann. **3**, 443 (1824); (b) **89**, 131 (1853).

SARUDI (V. STETINA), I.: Österr. Ch. Z. **43**, 122 (1940). — SCHIDROWITZ, PH., u. H. A. GOLDSBROUGH: Analyst **36**, 101 (1911); durch Fr. **58**, 472 (1919). — SCHNEIDER, R.: Pogg. Ann. **110**, 634 (1860). — SIMON, A., u. O. FISCHER: Z. anorg. Ch. **162**, 279 (1927). — SIMON, A., u. W. NETH: Fr. **72**, 307 (1927). — SIMON, A., u. E. THALER: Z. anorg. Ch. **162**, 253 (1927). — STRECKER, W.: Sitzungsber. Ges. Beförd. ges. Naturwiss. Marburg **62**, 136 (1927).

THÉNARD, L.: Ann. Chim. **32**, 257 (1800). — THIELE, J.: A. **263**, 372 (1891).

VOGEL, A.: J. Pharm. 8, 148 (1822). — VORTMANN, G., u. A. METZL: Fr. **44**, 525 (1905).

WEIGEL, O.: Nachr. Kgl. Ges. Wissensch. Göttingen **2**, 9 (1906); Ph. Ch. **58**, 293 (1907). — WENGER, P., u. G. PARAUD: Ann. Chim. anal. appl. [2] **5**, 230 (1923); durch C. **94, IV**, 846 (1923). — WILSON, S., u. C. R. MCCROSKY: Am. Soc. **43**, 2178 (1921); durch C. **93, I**, 1097 (1922).

ZSIGMONDY, R., u. G. JANDER: Fr. **58**, 241 (1919).

§ 2. Bestimmung durch verschiedene gewichtsanalytische Fällungsverfahren.

In diesem Paragraphen werden einige Bestimmungsverfahren für Antimon zusammengefaßt, die sich organischer Fällungsreagenzien bedienen. Allerdings haben diese Verfahren für die Bestimmung des Antimons eine nur ganz untergeordnete Bedeutung, und sie werden wohl nur in Ausnahmefällen zur Anwendung kommen. Es handelt sich um die organischen Fällungsreagenzien Pyrogallol (FEIGL), 8-Oxychinolin (PIRTEA) und Thionalid (BERG und FAHRENKAMP). Ferner soll hier eine auch als Mikroverfahren brauchbare Bestimmungsmöglichkeit des Antimons Platz finden, nämlich die als Triäthylendiamin-ChromIII-thioantimonat (SPACU und POP). Schließlich ist hier noch das Verfahren von SANGER und RIEGEL angeführt, welches für die Schätzung kleiner Mengen Antimon auf Grund seiner Verflüchtigung als Antimonwasserstoff und dessen Schwarzfärbung mit QuecksilberII-chlorid und Ammoniak geeignet ist.

A. Bestimmung durch Abscheidung als AntimonIII-pyrogallat.

Pyrogallol erzeugt nach FEIGL in mit SEIGNETTE-Salz versetzten Lösungen von AntimonIII-salzen eine moiréeartige Fällung eines Stoffes von der Formel $SbC_6H_5O_4$, der nebenstehenden Konstitution und dem Molekulargewicht 262,86, entsprechend einem Gehalt an Antimon von 46,32%.

OH — (Benzolring) —O—, —O— >SbOH

Reagens. Festes Pyrogallol, vor jeder Bestimmung in Wasser zu lösen. — Das Pyrogallol muß auf seine Reinheit geprüft werden. 1 g soll ohne Rückstand flüchtig sein. Um auf Gallussäure zu prüfen, werden 2 g Pyrogallol in 5 cm³ Äther gelöst. Bei Abwesenheit von Gallussäure bleibt die Lösung klar. Ist das Pyrogallol nicht rein, so muß es zweimal sublimiert werden. Zur Reinheitskontrolle kann die Bestimmung des Schmelzpunktes herangezogen werden. Reines Pyrogallol schmilzt bei 131°.

***Arbeitsvorschrift von* FEIGL.** Die SEIGNETTE-Salz enthaltende AntimonIII-salz-Lösung wird in einem Guß mit einer Lösung der annähernd fünffachen theoretischen Menge Pyrogallol in 100 cm³ Wasser versetzt und mit Wasser auf 250 cm³ verdünnt. Das zunächst klare Gemisch trübt sich nach $^1/_2$ bis 1 Min., dann bildet sich ein dichter, moiréeartiger Niederschlag, der sich rasch zu Boden setzt. Man läßt 2 Std. stehen, filtriert durch einen Glasfiltertiegel und wäscht 2- bis 3mal mit kaltem Wasser. Das Auswaschen darf nicht so lange fortgesetzt werden, bis das Filtrat nach Zusatz von Lauge bis zur alkalischen Reaktion keine Gelbfärbung mehr zeigt. Dieser Pyrogallolnachweis ist so empfindlich, daß er bereits bei einem der Löslichkeit des Antimonpyrogallats entsprechenden Gehalt an Pyrogallol positiv ausfällt. Deshalb wird nach dem dreimaligen Waschen bei 100 bis 105° getrocknet und gewogen, danach nochmals mit Wasser gewaschen, getrocknet und so bis zur Gewichtskonstanz fortgefahren.

Bemerkungen. **I. Genauigkeit.** Das Verfahren ergibt gute Werte. — **II.** Das Verfahren eignet sich ohne Schwierigkeit zur **Trennung von Antimon und Arsen.** Im Filtrat der Fällung des Antimons kann das Arsen unmittelbar durch Schwefelwasserstoff gefällt werden. Die langwierige Trennung der beiden Elemente nach BUNSEN oder nach NEHER (s. Kapitel As, § 15, S. 298) kann durch das vorliegende Verfahren ersetzt werden, das hierbei Werte genügender Genauigkeit liefert.

B. Bestimmung durch Abscheidung als AntimonIII-oxinat.

8-Oxychinolin (Oxin) ruft in AntimonIII-salz-Lösungen gelbe Niederschläge hervor (PIRTEA). Ist die Lösung schwach mineralsauer ($p_H = 6$) oder schwach ammoniakalisch, so hat der Niederschlag die Zusammensetzung $(C_9H_6ON)_3Sb$ mit 21,97% Sb. Bei Gegenwart von überschüssiger Weinsäure fällt eine hellgelbe Verbindung von der Formel $(C_9H_7ON)_2C_9H_6ON \cdot SbO$, welche 21,28% Sb enthält.

Reagens. Zur Bereitung einer essigsauren Oxinlösung werden 7 bis 8 g Oxin in möglichst wenig konzentrierter Essigsäure gelöst. Nach dem Auffüllen auf 200 cm^3 wird 10%iges Ammoniak bis zum Auftreten einer bleibenden Trübung zugefügt und diese mit einigen Tropfen Essigsäure eben wieder zum Verschwinden gebracht.

***Arbeitsvorschrift von* PIRTEA.** 15 cm^3 der AntimonIII-salz-Lösung, welche freie Salzsäure enthält, wird nach Zusatz von 15 cm^3 Oxinlösung auf 60 bis 70° erwärmt. Mittels einer Pipette läßt man 10%iges Ammoniak in größeren Anteilen unter gutem Umrühren einfließen. Die Fällung ist beendet, wenn die Lösung stark gelb gefärbt ist und nicht mehr nach Essigsäure riecht. Man läßt 1 bis 2 Std. abkühlen und dekantiert durch einen Glasfiltertiegel 1 G3 oder 1 G4. Der Niederschlag im Fällungsgefäß wird mit einer kalten Lösung von 0,2 bis 0,4 g Oxin und einigen Tropfen verdünnter Essigsäure in 1 l Wasser in den Filtertiegel gebracht und darin vollständig ausgewaschen. Man trocknet 1 Std. bei 105 bis 110°, dann bis zur Gewichtskonstanz je $^1/_2$ Std.

Bemerkungen. **I.** Die **Genauigkeit** der Bestimmung ist eine sehr gute. — **II.** Längeres **Trocknen des Niederschlages** führt zu Verlusten. — **III.** Bei **Gegenwart von Weinsäure** muß der Niederschlag sehr gut gewaschen werden, weil sonst zu hohe Werte erhalten werden. — **IV. Arbeitsweise für Antimonsulfid.** Antimonsulfid wird in konzentrierter Salzsäure gelöst, der Schwefelwasserstoff auf dem Wasserbade verjagt und die Fällung wie oben ausgeführt. — **V.** Bei **Gegenwart von Antimonit** ist das Verfahren anwendbar, die Lösung muß nur vor der Fällung mit einer genügenden Menge Salzsäure angesäuert werden.

C. Bestimmung durch Abscheidung als AntimonIII-Thionalidverbindung.

Thionalid = Thioglykolsäure-β-amino-naphthalid $C_{10}H_7NH \cdot CO \cdot CH_2 \cdot SH$ erzeugt mit dreiwertigem Antimon sowohl in mineralsauren als auch in sodaalkalischen, tartrat- und cyanidhaltigen Lösungen quantitative Fällungen, welche die Zusammensetzung $Sb(C_{12}H_{10}ONS)_3$ mit 15,8% Sb aufweisen (BERG und FAHRENKAMP). Das Verfahren wird am besten für Trennungen aus sodaalkalischer, tartrat- und cyanidhaltiger Lösung ausgeführt, und zwar kann das Antimon hierdurch abgetrennt werden von EisenII, Kobalt, ChromIII, TitanIV und CerIII, dagegen *nicht* von Blei, Wismut, Zinn, Thallium und Gold. Störend wirken Arsen, Cadmium, Quecksilber und die Erdalkalimetalle. Die Arbeitsvorschrift ist genau die gleiche wie sie für die Fällung des Wismuts in Kapitel Bi, § 9, S. 616ff. angegeben ist. Das Verfahren erlaubt wegen seiner hohen Empfindlichkeit von 1:2,5 Millionen die Ermittlung sehr kleiner Antimonmengen, wozu der kleine analytische Faktor überdies beiträgt.

D. Bestimmung durch Abscheidung als Triäthylendiamin-ChromIII-thioantimonat.

Thioantimonat-Ionen, in welche sich alle Antimonverbindungen außer Antimonaten leicht überführen lassen, bilden mit dem verhältnismäßig leicht zugänglichen, komplexen Triäthylendiamin-ChromIII-chlorid, „Chromienchlorid", eine krystalline, goldgelbe, seidenglänzende Fällung von der Zusammensetzung

$$[Cr(en)_3]SbS_4 \cdot 2\,H_2O$$

mit 23,49% Sb [SPACU und POP (a)][1]. Das Verfahren ist auch mikrochemisch anwendbar [SPACU und POP, (b)]. Liegt das Antimon als Antimonat vor, so muß daraus erst das Sulfid ausgefällt und dieses mittels Alkalipolysulfid zu Thioantimonat gelöst werden.

Reagenzien. 1. Darstellung von Triäthylendiamin-ChromIII-chlorid

$$[Cr(en)_3]Cl_3 \cdot 3{,}5\,H_2O.$$

8 g bei 100° getrockneter Chromalaun und 6 g Äthylendiaminhydrat werden in einem mit Luftkühler versehenen Kolben auf dem Wasserbade erhitzt. Nach einigen Stunden wird die Masse mit wenig Wasser verrieben. Die aus der filtrierten gelben Lösung mit Ammoniumchlorid erzeugte Fällung wird zweimal aus wenig warmem Wasser umkrystallisiert. Für die Anwendung zur Antimonbestimmung wird das Komplexsalz in kaltem Wasser gelöst. — 2. Natriumsulfid, fest. — 3. Konzentrierte Natriumpolysulfidlösung.

***Arbeitsvorschrift von* SPACU *und* POP (a) für Halbmikromengen.** Die saure Lösung des AntimonIII-salzes, die nicht mehr als 50 mg Sb enthalten soll, wird mit verdünntem Ammoniak ganz schwach alkalisch gemacht, zum Sieden erhitzt und mit 0,5 bis 1 g festem Natriumsulfid oder mehr versetzt, bis sie klar und farblos geworden ist. Nun fügt man 5 bis 6 Tropfen konzentrierter Natriumpolysulfidlösung zu und erhitzt kurze Zeit. Nach dem Verdünnen auf etwa 300 cm³ wird bei einer Temperatur von 70 bis 80° in einem Guß die kalte Reagenslösung in der dreifachen theoretischen Menge zugegeben. Nach 5 Min. wird rasch gekühlt, um die Hydrolyse des Reagenses zu vermeiden. Nach 2stündigem Stehen wird durch einen Porzellanfiltertiegel filtriert. Die Flüssigkeit wird zuerst dekantiert und nur schwach gesaugt, da sonst der dicht werdende Niederschlag das Auswaschen erschwert. Nach dem Überführen des Niederschlages in den Filtertiegel wird 5- bis 6mal unter jedesmaligem Aufwirbeln mit schwach ammoniakalischem Wasser, dann ebenso oft mit Alkohol bzw. mit Äther gewaschen und 15 bis 20 Min. lang im Vakuumexsikkator getrocknet.

***Bemerkungen.* I.** Die **Genauigkeit** des Verfahrens wird durch sehr gute Werte belegt. — **II. Störungen** bewirken neutrale Alkalisalze in einer Menge über 1 g und mehr als 0,5 g Ammoniumsalze. Bei Anwesenheit größerer Mengen Alkalisalz ist für je 100 cm³ Fällungslösung 15 bis 20 cm³ Alkohol zuzufügen und 3 bis

[1] en = Äthylendiamin ($H_2N \cdot CH_2 \cdot CH_2 \cdot NH_2$).

4 Std. stehen zu lassen. — **III.** Für **mikrochemische Bestimmungen** ist das Verfahren anwendbar bis herab zu 0,5 mg Sb. Die Höchstabweichungen betragen bei 1 bis 2 mg Sb nur 5 bis 7 γ.

E. Bestimmung kleiner Antimonmengen durch Schätzung der durch Antimonwasserstoff erzeugten Schwärzung von QuecksilberII-chlorid.

Antimonwasserstoff ruft bei Gegenwart von Ammoniak eine Schwärzung von QuecksilberII-chlorid hervor. Diese Reaktion benutzen SANGER und RIEGEL zur Schätzung kleiner Mengen Antimon in einer Ausführungsform, wie sie derjenigen für die entsprechende Arsenbestimmung sehr ähnlich ist, weshalb hier darauf verwiesen wird (s. Kapitel As, § **13**, S. 220). Hier sollen nur einige Abänderungen Erwähnung finden, wie sie für die Antimonbestimmung anzuwenden sind.

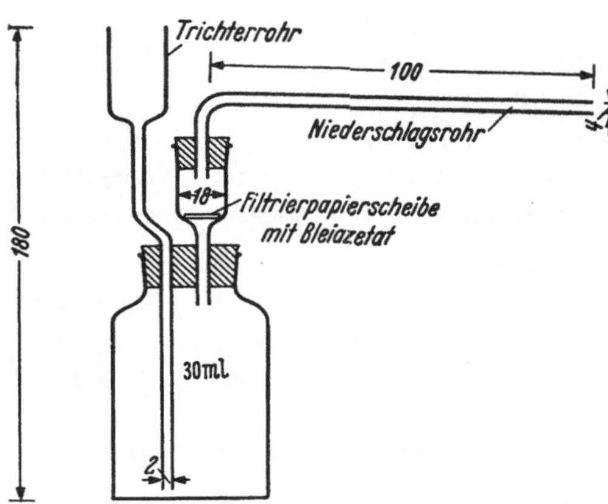

Abb. 4. Apparatur zum Nachweis von Antimonwasserstoff.

Die Einwirkung des Antimonwasserstoffes wird auf Filtrierpapierstreifen, die mit QuecksilberII-chlorid-Lösung getränkt sind, vorgenommen. Die Länge und Stärke der Schwärzung auf diesen Streifen ist der vorhandenen Menge Antimon proportional. Das Verfahren erfordert die Bereithaltung von Papierstreifen mit Schwärzungen, die von bekannten Antimonmengen erzeugt wurden, und mit denen der bei der Analyse erhaltene Streifen verglichen wird.

Reduktionsapparat. Aufbau und Abmessungen ergeben sich ohne weitere Beschreibung aus Abb. 4.

QuecksilberII-chlorid-Papier. Dichtes, in 4 mm breite Streifen geschnittenes Filtrierpapier wird durch mehrfaches Eintauchen in 5%ige QuecksilberII-chloridlösung imprägniert. Es wird auf einem Gitter von Glasröhren getrocknet, in 6 bis 7 cm lange Stücke geschnitten und in einer verschlossenen Flasche über wasserfreiem Calciumchlorid an einem dunklen Ort aufbewahrt.

Die *Reagenzien* müssen selbstverständlich frei von Antimon und Arsen sein und müssen daraufhin sorgfältig geprüft werden.

Arbeitsvorschrift. Trichterrohr und Niederschlagsrohr werden getrocknet. In das Scheibenrohr wird eine passende Scheibe aus mitteldickem, mit Bleiacetatlösung getränktem und getrocknetem Filtrierpapier eingelegt und diese mit einem Tropfen Wasser in der Mitte befeuchtet. Die Flasche wird mit 3 g Zink und das Niederschlagsrohr mit einem QuecksilberII-chlorid-Papierstreifen beschickt. Man gibt 10 cm^3 Salzsäure (1:6) in die Flasche und gießt sie nach 10 Min. langer Einwirkung wieder ab. Nun wird eine Menge von 15 cm^3 Säure in die Flasche gegeben und 5 Min. danach die zu prüfende Lösung, die man 30 bis 40 Min. lang einwirken läßt. Der Papierstreifen, der bis zu 70 γ Sb zunächst keine Veränderung zeigt, wird in ein Reagensglas gebracht und darin mit n Ammoniak 5 Min. lang bedeckt. Es entwickelt sich ein schwarzes Band, das mit den Grundfärbungen verglichen wird.

Bemerkungen. **I.** Die **Genauigkeit** der Schätzung beträgt etwa 10% bei Antimonmengen zwischen 8 und 60 γ. — **II. Anwendungsbereich.** Bei mehr als 70 γ Sb tritt eine Graufärbung des Papierstreifens ein, die die Schätzung nach der Entwicklung mit Ammoniak und Schwarzfärbung fehlerhaft werden läßt. —

III. Störungen werden durch organische Stoffe — außer Weinsäure — und durch Schwefel hervorgerufen. — **IV. Die Empfindlichkeit** soll größer sein als die der Beobachtung von auf ähnliche Weise erzeugten *Antimonspiegeln*, wie dies SANGER und GIBSON beschrieben haben. Nach WÖLBLING sind hierbei keine zuverlässigen Resultate zu erzielen. — **V. Herstellung der Grundfärbungen.** 2,291 g Brechweinstein werden in 1 l Wasser gelöst. 1 cm^3 dieser Lösung entspricht 1 mg Sb_2O_3. Man verdünnt sorgfältig so, daß 1 cm^3 Grundlösung 10 bis 1 γ Sb_2O_3 in 1 cm^3 enthält und stellt mit diesen Mengen die Schwärzungen nach der oben angegebenen Arbeitsvorschrift her. Die geschwärzten Streifen werden, zwischen zwei Glasplatten geklebt, in einem Exsiccator im Dunklen aufbewahrt. Sie sind nicht unbegrenzt haltbar. — Es ist *wichtig*, immer unter ganz gleichen Bedingungen zu arbeiten.

Literatur.

BERG, R., u. E. S. FAHRENKAMP: Fr. **112**, 161 (1938).

FEIGL, F.: Fr. **64**, 41 (1924).

PIRTEA, TH. I.: Fr. **118**, 26 (1939).

SANGER, CH. R., u. J. A. GIBSON: Z. anorg. Ch. **55**, 205 (1907). — SANGER, CH. R., u. E. R. RIEGEL: Z. anorg. Ch. **65**, 16 (1909). — SPACU, G., u. A. POP: (a) Fr. **111**, 254 (1937/38); (b) Mikrochim. acta **3**, 27 (1938); durch Fr. **122**, 225 (1941).

WÖLBLING, H.: Die Bestimmungsmethoden des Arsens, Antimons und Zinns, S. 185. Stuttgart 1914.

§ 3. Bestimmung durch Abscheidung als elementares Antimon.

A. Abscheidung des Antimons auf elektrolytischem Wege.

Elektrolytisches Potential $\varepsilon_{0_h} = + 0{,}2$ Volt[1].

Vorbemerkung.

Die Meinungen der verschiedenen Forscher über die Verfahren der elektrolytischen Abscheidung und Bestimmung des Antimons sind sehr widersprechend. Ehe auf diese Meinungen eingegangen wird, muß allerdings gesagt werden, daß ein maßanalytisches Bestimmungsverfahren, sei es vor allen Dingen das bromatometrische (§ 4, S. 435) oder das manganometrische (§ 6 A, S. 449) oder auch das jodometrische (§ 5, S. 440) entschieden schneller und genauer zum Ziele führt als das elektroanalytische und dabei keiner besonderen Apparatur bedarf. Jene Verfahren werden daher im allgemeinen diesem vorzuziehen sein, wenn nicht ganz besondere Gründe, z.B. bei Trennungen des Antimons von Metallen, die Elektrolyse besonders angezeigt erscheinen lassen. Hierbei ist aber wieder die Auswahl der abzutrennenden Metalle nicht unbeschränkt (s. S. 429).

BÖTTGER urteilt über die elektrolytische Bestimmung des Antimons dahingehend, daß die Abscheidung aus der Lösung des Thioantimonites ganz unbrauchbar sei, daß das Arbeiten in mineralsaurer Lösung bessere Ergebnisse liefere, stets aber eine Nachfällung mit Schwefelwasserstoff erforderlich sei. WÖLBLING (a) sowie FISCHER-SCHLEICHER (a) halten dagegen die Abscheidung des Antimons aus Thioantimonitlösung gerade für die beste Form der elektrolytischen Bestimmung. An und für sich ist die Abscheidung des Antimons durch Elektrolyse nicht mit besonders großen Schwierigkeiten verknüpft, das Element scheidet sich unter den ausgearbeiteten Bedingungen dicht und festhaftend ab, und es kann bei Anwendung eines Gemisches aus Salpetersäure und Weinsäure leicht von der Elektrode heruntergelöst werden. Vorteilhaft zwecks Erzielung eines festhaftenden Niederschlages wirkt sich die Einhaltung einer bestimmten Kathodenspannung bzw. einer begrenzten Badspannung aus, was auch besonders bei elektrolytischen Trennungen anzuraten ist (s. S. 429 und Kapitel Bi, § 11, S. 634).

[1] Für $Sb/Sb^{\cdot\cdot\cdot}$. Der Wert ist unsicher (Abhandlungen der Deutschen Bunsengesellschaft Nr. 10 [1929]).

Über die *Zusammensetzung des Elektrolyten* sind mehrere Vorschläge gemacht worden. Der älteste und auch sehr gebräuchliche ist der von CLASSEN und Mitarbeitern bezüglich der Anwendung einer alkalischen Thioantimonitlösung, die einen Zusatz von Kaliumcyanid enthält (s. S. 423). Vielfach angewendet wird die Abscheidung aus salzsaurer Lösung (SCHOCH und BROWN), die auf verschiedene Weise zu verbessern versucht worden ist (s. S. 425). SAND (b) hat die Abscheidung aus schwefelsaurer Lösung empfohlen. — Aus pyrophosphathaltiger Lösung hat BRAND das Antimon abzuscheiden versucht, aber er hat feststellen müssen, daß größere Mengen Antimon nur schlecht an der Elektrode haften. JÍLEK und LUKAS benutzen einen Elektrolyten, welcher neben Schwefelsäure Citrat oder Tartrat und außerdem noch Phosphat enthält, während LUKAS und JÍLEK in einem aus Salpetersäure, Weinsäure, Flußsäure und Phosphorsäure zusammengesetzten Elektrolyten bei der Trennung von Antimon und Kupfer jenes größtenteils in Lösung halten und dieses fast frei von Antimon abscheiden, was vor ihnen schon SMITH und WALLACE, McCAY sowie FURMAN erprobt haben.

Als *Elektrodenmaterial* wird vorzugsweise sowohl für die Kathode als auch für die Anode Platin mit dem üblichen Iridiumzusatz angewendet. Die Form der Kathode, auf welcher die Abscheidung des Antimons erfolgt, ist ohne Bedeutung. Es kann sowohl die Schalen- als auch die Netzkathode Anwendung finden, und auch die Anode kann als Netz ausgebildet sein. Zweckmäßig ist eine *schwache* Mattierung der Schaleninnenfläche (SCHEEN). BLEESEN hat mit BORCHERS-Metall (s. S. 425) gute Erfolge gehabt. BRUNCK empfiehlt Tantalelektroden und SCHLEICHER und TOUSSAINT (a) haben ein Doppelnetz aus V2A-Stahldraht angewendet. — Es sei noch erwähnt, daß VORTMANN Antimon aus Thioantimonitlösung gemeinsam mit Quecksilber an Platinelektroden niedergeschlagen hat, während die Verwendung der eigentlichen Quecksilberkathode bei Antimon nicht angebracht ist.

Bezüglich des *Waschens und Trocknens der Elektrode* s. Kapitel Bi, § 11, S. 636.

Das *Ablösen des niedergeschlagenen Antimons* von der Elektrode geschieht dadurch, daß diese in einer Mischung aus Salpetersäure und Weinsäure etwa $1^1/_2$ Std. lang in der Wärme stehen bleibt. Eine genügende Menge Weinsäure ist erforderlich, weil sich sonst weiße Krystalle auf der Elektrode absetzen, die besonders bei Netzelektroden kaum zu entfernen sind. Von einer Schalenelektrode können sie nur durch Scheuern mit Seesand entfernt werden (BLEESEN).

Bestimmungsverfahren.

1. Abscheidung des Antimons aus cyanidhaltiger Thioantimonitlösung.

Allgemeines.

Die von PARODI und MASCAZZINI aufgefundene Möglichkeit, Antimon aus der Lösung des Thioantimonits $[SbS_3]'''$ elektrolytisch abzuscheiden, haben sodann LUCKOW und danach CLASSEN und Mitarbeiter zu einem brauchbaren analytischen Verfahren entwickelt. Hierbei ist es auf Grund späterer Erkenntnisse (HOLLARD, FISCHER, HENZ) erforderlich, daß möglichst kein Thioantimonat $[SbS_4]'''$ in der Lösung vorhanden ist, weil sich aus diesem das Antimon gar nicht oder nur sehr unvollständig elektrolytisch abscheiden läßt.

Nach CLASSENs ursprünglicher Arbeitsweise wird AntimonIII-sulfid in Natriumsulfid Na_2S aufgelöst und diese Lösung in einer polierten Platinschale der Elektrolyse unterworfen. Bei Mengen nicht über 150 mg Sb wird ein festhaftender Niederschlag erhalten. An der Anode wird das Sulfid-Ion S'' zu freiem Schwefel oxydiert, der sich in der Lösung auflöst und diese infolge der Bildung von Polysulfid gelb färbt. Da aber Polysulfidlösung ein gutes Lösungsmittel für Antimon ist, so kann durch deren Anwesenheit die Abscheidung des Antimons unvollständig werden.

Deshalb haben fast gleichzeitig HOLLARD, FISCHER und HENZ einen Zusatz von Kaliumcyanid zu dem Elektrolyten empfohlen[1]. Das Kaliumcyanid bindet Polysulfidschwefel zu Kaliumrhodanid, das gegen die Einwirkung des Stromes außerordentlich widerstandsfähig ist. Auch wird etwa anwesendes Thioantimonat durch Cyanid zu Thioantimonit reduziert. Bei Anwesenheit kleiner Kupfermengen, wie sie aus Erzanalysen bei der Trennung der Thiobasen von den Thiosäuren mit Natriumsulfid immer in Lösung gehen, bewirkt das Cyanid gleichzeitig die Bildung des Tetracyanocuprat(I)-Ions $[Cu(CN)_4]'''$, aus welchem das Kupfer unter den sonstigen Bedingungen der Elektrolyse nicht zur Abscheidung gelangt (HOLLARD). An Stelle des Kaliumcyanides hat LECRENIER Natriumsulfit vorgeschlagen, welches mit Polysulfid Thiosulfat bildet und so Entfärbung der Lösung bewirkt. Von dieser Anordnung wird aber heutzutage kaum noch Gebrauch gemacht. Ein Zusatz von Alkalihydroxyd (NaOH) ist eigentlich unnötig, auf jeden Fall ist ein großer Überschuß zu vermeiden, weil sonst zu hohe Antimonwerte gefunden werden (s. S. 424). Bei der Trennung des Antimons von Zinn ist allerdings Anwesenheit einer ausreichenden Menge Natriumhydroxyd erforderlich. Für gewöhnlich genügt eine geringe Menge, vor allem um die Hydrolyse des Natriumsulfides zurückzudrängen, denn die Anwesenheit von Hydrogensulfid-Ionen HS′ ist mindestens nicht von Vorteil für die quantitative Abscheidung des Antimons. Die Zerstörung des Polysulfides kann nach CLASSEN und LUDWIG auch mittels Ammoniaks und Wasserstoffperoxyds erfolgen, und OST und KLAPROTH haben sogar vorgeschlagen, den Kathodenraum vom Anodenraum durch ein Diaphragma zu trennen, um dadurch die Wanderung des Polysulfides zur Kathode zu verhindern. Beide Verfahren haben aber keine Bedeutung erlangt. EXNER hat bereits versucht, die Abscheidung des Antimons schnellelektrolytisch mit einer Platinschale als Kathode durchzuführen. Sein Verfahren wird aber von FISCHER und BODDAERT nicht empfohlen, denen es nicht gelang, auf diese Weise homogene und dichte Abscheidungen zu erhalten. LANGNESS und SMITH haben ebenfalls schnellelektrolytisch gearbeitet, aber nach HALLMANN führt das Verfahren ebenfalls nicht zu einer guten Abscheidung des Antimons. SAND (a) führt eine schnellelektrolytische Abscheidung des Antimons bei begrenzter Kathodenspannung aus, jedoch erhält er auch hierbei Übergewichte (s. S. 424).

Die Elektrolyse aus der Lösung des Thioantimonites gelingt verhältnismäßig besonders gut, was die Beschaffenheit des Niederschlages angeht, weil die Konzentration der AntimonIII-Ionen in einer solchen Lösung außerordentlich klein ist, so daß ein dichter Metallfilm entstehen kann. Nach FISCHER-SCHLEICHER (b) beträgt die Konzentration der AntimonIII-Ionen $[Sb^{\cdot\cdot\cdot}] = 10^{-61}$, wie sie sich aus dem Potential des Systems $Sb/n/13\ Na_3SbS_3$ (bezogen auf Sb) $+ 3n\ Na_2S$ gegen die Normalwasserstoffelektrode $\varepsilon_h = -0{,}697$ Volt errechnet.

Reagenzien. 1. Kalt gesättigte Lösung von krystallisiertem Natriumsulfid (entsprechend einem Gehalt von 42 bis 45% $Na_2S \cdot 9H_2O$ und der Dichte D 1,14 bis 1,17). — 2. Frisch bereitete 30%ige Lösung von Kaliumcyanid.

***Arbeitsvorschrift nach* CLASSEN.** Die mit Natriumhydroxyd neutralisierte Lösung eines AntimonIII-salzes oder der nach § 1 S. 410 gefällte und ausgewaschene Niederschlag von AntimonIII-sulfid wird mit 80 cm³ Natriumsulfidlösung (1) versetzt. Nach vollständiger Klärung der Mischung fügt man 30 cm³ Kaliumcyanidlösung (2) hinzu. Nach dem Verdünnen mit Wasser auf etwa 140 cm³ wird auf 65 bis 70° erwärmt und mit einer schwach mattierten Platinschale als Kathode

[1] Die drei Autoren beanspruchen jeder für sich die Priorität für den Zusatz des Kaliumcyanides, es läßt sich jedoch aus der Literatur nicht eindeutig ersehen, wem sie wirklich zukommt. HOLLARD hat Kaliumcyanid als erster angewendet, allerdings mit der Absicht, anwesendes Kupfer komplex zu binden, während FISCHER und HENZ den Zusatz machen, um das Polysulfid zu entfernen gemäß der Gleichung: $CN' + S \rightarrow CNS'$.

mit einer Stromdichte ND_{100}= 1,2 bis 1,3 Ampere bei 1,1 bis 1,4 Volt elektrolysiert. Die Spannung soll 1,7 Volt nicht überschreiten. Dauer der Elektrolyse etwa $1^1/_2$ bis 2 Std.

Bemerkungen. **I. Genauigkeit.** Die elektrolytische Bestimmung des Antimons aus der cyanidhaltigen Lösung des Thioantimonites liefert nach den übereinstimmenden Befunden sehr vieler Bearbeiter [HENZ, DORMAAR, FOERSTER und WOLF, HALLMANN, SCHEEN, SAND (a), LASSIEUR (a)] stets bis zu 2% höhere Werte als der Einwaage entspricht. Es ist wegen der allerdings annähernden Konstanz des Übergewichtes, welches der abgeschiedenen Antimonmenge etwa proportional ist, empfohlen worden, eine Korrektur anzuwenden und den entsprechenden Betrag von dem gefundenen Wert zu subtrahieren. Wenn kein sehr hoher Grad von Genauigkeit verlangt wird, so ist dieses Verfahren wegen seiner Bequemlichkeit empfehlenswert (FOERSTER und WOLF). Nach HALLMANN beträgt der Korrekturfaktor für mehr als 100 mg Sb 0,9785 bzw. für weniger als 100 mg Sb 0,9674 und nach ANGENOT 0,9762 für über 100 mg Sb bzw. im Mittel 0,97735. Unter 50 mg Sb erübrigt sich die Korrektur. Am besten bringt man möglichst etwa 100 mg Antimon zur Abscheidung. — Nach den Befunden von DORMAAR und von FOERSTER und WOLF wird das Übergewicht zu $^2/_3$ durch Sauerstoff und zu $^1/_3$ durch Schwefel und Alkalien verursacht. LASSIEUR (a) führt es auf adsorbierten Antimonwasserstoff zurück; er empfiehlt deshalb, mit einer verquickten Platinnetzelektrode zu arbeiten und die Kathodenspannung zu begrenzen, um infolge der hohen Überspannung des Wasserstoffes an Quecksilber dessen Bildung und damit die von Antimonwasserstoff auszuschalten. Das Übergewicht steigt nach den erstgenannten Autoren mit steigenden Konzentrationen an Natriumsulfid und an freiem Natriumhydroxyd. In geringem Maße ist es auch abhängig von der Stromstärke und erreicht ein Maximum bei 1,4 Ampere. An Kathoden aus BORCHERS-Metall hat BLEESEN kein Übergewicht beobachtet. — **II. Die Elektrodenoberfläche** spielt nach neueren Ansichten keine allzugroße Rolle bezüglich der erreichbaren Genauigkeit. SCHEEN glaubte, nur mattierte Schalen empfehlen zu sollen, jedoch bestritt das bereits COHEN. SAND (a) benutzt Netzelektroden, ebenso FISCHER sowie WÖLBLING (a). — **III.** Früher wurde auch **die schnellelektrolytische Abscheidung** abgelehnt (SCHEEN), jedoch bestehen heute dagegen keine Bedenken mehr [FISCHER, WÖLBLING (a), HENZ, HALLMANN]. Es ist nur ratsam, die Schnellelektrolyse zu Beginn einige Minuten ohne Bewegung gehen zu lassen, damit sich erst in Ruhe ein festhaftender Kathodenüberzug bilden kann. — **IV. Das Ende der Elektrolyse** wird in üblicher Weise dadurch erkannt, daß sich nach dem Zufügen von etwas Wasser zum Elektrolyten kein dunkler, metallisch aussehender Belag über dem abgeschiedenen Antimon mehr abscheidet. Nach beendeter Abscheidung wird der Strom ausgeschaltet, der Elektrolyt sofort von der Kathode getrennt und diese schnell mit ausgekochtem Wasser gewaschen. Dieses Waschen muß wegen des hohen Gehaltes des Elektrolyten an Alkalisalz sehr gründlich durchgeführt werden, besonders bei Anwendung von Netzelektroden, in deren Maschen leicht etwas hängen bleiben kann. Bezüglich des weiteren Waschens mit Aceton und Trocknens s. Kapitel Bi, § 11, S. 636. — **V.** Über die **Reinigung der Kathode** s. S. 422. — **VI. Andere Arbeitsvorschriften.** a) Arbeitsvorschrift von FISCHER. Auf 50 bis 100 mg Antimon werden in einem Gesamtvolumen von etwa 120 cm³ 100 g krystallisiertes Natriumsulfid, 2,5 g Kaliumcyanid und 2 g Natriumhydroxyd gelöst. Man elektrolysiert an Doppelnetzelektroden bei 300 Umdrehungen des Rührers bei 50 bis 60° mit 2 bis 0,2 Ampere und 1,7 bis 1,0 Volt unter Beobachtung der Badspannung. Dauer der Elektrolyse etwa 40 Min. Die Kathodenspannung darf 1,75 Volt nicht übersteigen. — b) Arbeitsvorschrift von SAND (a). Die Kathodenspannung wird auf 1,55 bis 1,65 Volt begrenzt (Stromstärke 5 bis 0,2 Ampere). Die Temperatur wird auf 80 bis 100° gehalten, und die

Abscheidung nimmt etwa 10 bis 15 Min. in Anspruch. Trotz der begrenzten Kathodenspannung ist Übergewicht festzustellen (s. S. 424). — c) Arbeitsvorschrift von CHANEY. Eine gesättigte wäßrige Ammoniaklösung wird bei Gegenwart von gepulvertem Schwefel mit Schwefelwasserstoff gesättigt und filtriert (Lösung A). Konzentriertes wäßriges Ammoniak wird mit Schwefelwasserstoff gesättigt (Lösung B). 1 Teil von Lösung A wird mit 6 Teilen von Lösung B gemischt und von dieser Mischung so lange zu der Antimonlösung zugesetzt, bis diese klar geworden ist. Dann wird mit Wasser bis auf 125 cm³ verdünnt und zum Sieden erhitzt. Mit einer Platinschale als Kathode und einer 400 Umdrehungen/Min. machenden Anode wird mit einer Stromdichte $ND_{100} = 1$ Ampere bei anfangs 3,5 Volt, später 4 Volt 1 Std. lang elektrolysiert. Das Antimon ist festhaftend und sieht metallisch wie poliertes Platin aus. Das Elektrolysat ist farblos. Bei Gegenwart von Zinn wird dieses mit dem Antimon zusammen abgeschieden. — d) Arbeitsvorschrift von LASSIEUR (a). Der Elektrolyt ist zusammengesetzt aus 80 cm³ Natriumsulfidlösung (D 1,14), 5 g Kaliumcyanid und 20 cm³ Wasser. Als Kathode dient eine mit Quecksilber überzogene Platinnetzelektrode. In der benutzten Anordnung wird die Kathodenspannung auf 1,3 Volt begrenzt. Das Antimon ist schön grau und festhaftend. — e) Arbeitsvorschrift von BLEESEN. Eine durch Eintauchen in konzentrierte Salpetersäure passivierte, mattierte Spirale aus BORCHERS-Metall (60 bis 65% Ni, 30 bis 35% Cr, 2 bis 5% Mo, 0,2 bis 1% Ag) dient als Kathode. Der Elektrolyt ist zusammengesetzt aus 80 cm³ konzentrierter Natriumsulfidlösung und 10 g Natriumsulfit, die in möglichst wenig Wasser gelöst sind, seine Temperatur beträgt 50 bis 60°. Man rührt mit 800 bis 1000 Umdrehungen je Minute (genau einhalten!) und elektrolysiert $1^1/_2$ bis 2 Std. lang mit 1 Ampere bei 1,5 Volt. Das Antimon ist sehr glänzend und sitzt sehr fest. Die Abscheidung ist besser als an Platin. — f) Arbeitsvorschrift von SCHLEICHER und TOUSSAINT (a). Es werden Doppelnetzelektroden aus V2A-Stahldraht verwendet. Bei einer Drahtstärke von 0,2 mm Durchmesser und einer Größe von 4,6 · 11 cm hat das Netz eine Oberfläche von 36 cm². Der Elektrolyt hat die übliche Zusammensetzung.

2. Abscheidung des Antimons aus mineralsaurer Lösung.

I. Aus salzsaurer Lösung.

Allgemeines.

Die Abscheidung des Antimons aus salzsaurer Lösung hat wohl als erster LUCKOW versucht, der das Element in metallglänzender Form erhalten hat. Die grundsätzliche Bedingung für Elektrolysen in salzsaurer Lösung ist die Verhinderung der anodischen Bildung von Chlor mit ihren Folgeerscheinungen, wie Angriff des Anodenmaterials und Diffusion der gebildeten unterchlorigen Säure an die Kathode, wo sie auf das abgeschiedene Metall wirken könnte. Eine erfolgreiche Lösung dieses Problems ist nur möglich bei Anwendung von Depolarisatoren für die Anode, für die sich für den Fall des Antimons am besten Hydrazin bewährt hat, während nach WÖLBLING (b) Hydroxylammoniumsalze viel zu wünschen übrig lassen. Aus Hydroxylamin wird nämlich anodisch Salpetersäure gebildet, welche die Abscheidung des Antimons erschwert. Jedoch ist auch dieses von vielen Autoren angewendet worden, so von SCHOCH und BROWN und von ENGELENBURG. Die erstgenannten Autoren verwenden eine verkupferte Platinnetzelektrode, jedoch halten ENGELENBURG sowie SCHLEICHER und TOUSSAINT (b), (c) diese nicht für erforderlich, es kann vielmehr unmittelbar auf Platin elektrolysiert werden. Das Arbeiten mit gemessener Kathodenspannung [WÖLBLING (b), ENGELENBURG] oder mit begrenzter Badspannung (FLADE-SCHALL) (s. dazu Kapitel Bi, § 11, S. 641) ist auch bei der Elektrolyse des Antimons aus salzsaurer Lösung von Vorteil. Eine

Verbesserung der Abscheidung läßt sich erzielen durch Zusatz von Persulfat, um Wasserstoffbildung zu vermeiden (ENGELENBURG). Allerdings zerstört das Persulfat auch das zugesetzte Hydrazin oder Hydroxylamin, deshalb ist es ratsam, das Persulfat während der Elektrolyse anteilweise hinzuzufügen [SCHLEICHER und TOUSSAINT (b), (c), SCHLEICHER (a)].

Eine andere Schwierigkeit bei der Abscheidung des Antimons aus salzsaurer Lösung besteht in der Möglichkeit der kathodischen Bildung von „explosivem Antimon". Nach ENGELENBURG tritt dieses jedoch nur bei einer Temperatur des Elektrolyten unterhalb von 30° ein. Man arbeitet deshalb bei einer Temperatur zwischen 50 und 70°, wobei die letztere wegen der Gefahr vermehrter Hydrolyse bzw. Flüchtigkeit von AntimonIII-chlorid nicht überschritten werden darf. Dagegen sagt WÖLBLING (b), daß die Elektrolyse in der Kälte stattfinden solle, da sonst die Abscheidung unvollständig sei.

a) Abscheidung mit Messung der Kathodenspannung.

***Arbeitsvorschrift von* SCHOCH *und* BROWN.** Der Elektrolyt enthält in 200 cm³ 20 cm³ konzentrierte Salzsäure (D 1,2) und 2 g Hydroxylammoniumchlorid, er wird auf 50 bis 70° erwärmt. Man arbeitet mit der Doppelnetzelektrode, von der die Kathode verkupfert ist (s. jedoch oben). Die Kathodenspannung, gemessen gegen die Normalkalomelelektrode, wird auf 0,3 bis 0,4 Volt gehalten. Die Elektrolyse ist in 5 bis 15 Min. beendet. Als Fehlergrenze sind —0,4 bis +0,12% angegeben.

***Arbeitsvorschrift von* ENGELENBURG.** Der Elektrolyt hat die gleiche Zusammensetzung wie der nach SCHOCH und BROWN (s. oben). Das Antimon wird unmittelbar auf Platin niedergeschlagen. Die Kathodenspannung wird auf 0,28 bis 0,35 Volt eingehalten. Der Fehler wird mit +0,05% angegeben. Die Abscheidung erfolgt in 15 bis 25 Min.

***Arbeitsvorschrift von* SCHLEICHER (a).** Man elektrolysiert aus 1 bis 1,5 n salzsaurer Lösung mit etwa 100 bis 120 cm³ Gesamtvolumen unter Zusatz von 0,5 g Hydraziniumsulfat und 0,24 g Ammoniumpersulfat in Anteilen bei 60°. Die Kathodenspannung gegenüber der Normalkalomelelektrode wird auf 0,28 bis 0,35 Volt geregelt. Zur Abscheidung von 200 mg Antimon werden 35 Min. gebraucht. Bezüglich der Korrektur der Analysenwerte s. Bemerkung α, s. unten.

b) Abscheidung ohne Messung der Kathodenspannung.

***Arbeitsvorschrift von* ENGELENBURG.** Die Abscheidung erfolgt aus einer Lösung, welche in 200 cm³ Gesamtvolumen 20 cm³ konzentrierte Salzsäure und 0,5 g Ammoniumpersulfat enthält, bei 4 bis 6 Volt und 1 bis 4 Ampere unter allmählichem Zusatz von 1 g Hydroxylammoniumchlorid.

***Arbeitsvorschrift von* FLADE-SCHALL.** Der auf 60° erwärmte Elektrolyt enthält in einem Gesamtvolumen von 80 bis 100 cm³ 3,5% Salzsäure und 0,5 g Hydraziniumsulfat. Die Abscheidung erfolgt auf einer Netzelektrode, als Anode dient die rotierende PERKIN-Elektrode. Die Spannung wird in den ersten Minuten auf 0,5 Volt eingestellt und allmählich auf 0,9 Volt gesteigert. In der 1. bis 4. Min. wird der erste Anteil Persulfat zugesetzt (im ganzen 0,24 g in 3 bis 4 Anteilen). Die Spannung wird auf 0,9 Volt gehalten, bis das zunächst graue Antimon dunkleres Aussehen annimmt. Dann wird die Spannung auf 0,6 Volt erniedrigt und gleichzeitig Persulfat zugefügt. Wenn das Antimon wieder grau wird, kann die Spannung bis auf 0,8 Volt ansteigen. Die gesamte Dauer der Elektrolyse wird mit 40 Min. angegeben.

c) Bemerkungen.

α) Genauigkeit. Nach FLADE-SCHALL sind die Ergebnisse bei ihrer Arbeitsweise (s. oben) nicht ganz befriedigend. Die Abscheidung ist etwas unvollständig, bei Anwesenheit von 220 mg Sb werden 1,2 bis 2 mg zu wenig gefunden. Es ist deshalb eine Restbestimmung im Elektrolysat durch Fällung mit Schwefelwasserstoff erforderlich. Außerdem ist das abgeschiedene Antimon stets chlorhaltig. ENGELENBURG findet bei dem Verfahren mit Messung der Kathodenspannung einen Fehler von ± 0,5%, bei jenem ohne diese Messung sogar bis zu —1% Fehler. — SCHLEICHER und TOUSSAINT (b) finden brauchbare Werte mit Fehlern bis zu —0,5%.—SCHLEICHER (a) teilt eine Tabelle zur Korrektur des Chlorgehaltes des abgeschiedenen Antimons mit, deren Werte empirisch ermittelt sind. Mit steigender Menge an abgeschiedenem Antimon steigt der Chlorgehalt. So wurde gefunden bei 53,5 mg Sb 0,09% Cl, bei 538,6 mg Sb 0,18% Cl. Die in folgender Tabelle enthaltenen Werte sind also von der Auswaage zu subtrahieren:

Auswaage in mg	50	100	150	200	250	300	350	400	450	500
Korrektur in mg	0,04	0,11	0,19	0,27	0,35	0,43	0,51	0,59	0,68	0,77.

Auch WÖLBLING (b) findet keine befriedigenden Resultate. — Alles in allem kann demnach die elektrolytische Bestimmung des Antimons aus salzsaurer Lösung nicht als Präzisionsverfahren bezeichnet werden.

β) Konzentration der Salzsäure. Nach WÖLBLING (b) ist kleine Konzentration an Salzsäure günstig für eine gute Abscheidung des Antimons. Höhere Konzentration an Salzsäure bewirkt eine weniger feste Abscheidung, ist aber bei Gegenwart von Zinn mit mindestens 20% erforderlich, weil sonst Zinn gleichzeitig abgeschieden wird. Nach SCHLEICHER (a) bewirkt diese höhere Salzsäurekonzentration keine Steigerung des Chlorgehaltes des abgeschiedenen Antimons, nur wird die Abscheidung schwieriger.

d) Besondere Arbeitsweisen.

α) Elektrolyse ohne mechanische Rührung. Nach der Vorschrift von GROSSET erfolgt die Bewegung des Elektrolyten durch dessen lebhaftes Sieden (s. Kapitel Bi, § 11, S. 638). Der Elektrolyt enthält neben Salzsäure Hydroxylammoniumchlorid und Weinsäure. Die Elektrolyse wird bei 2 Volt Spannung mit höchstens 3,2 Ampere ausgeführt und ist in 25 bis 30 Min. beendet.

β) Antimonbestimmung in Legierungen (Sb-Sn-Cu) von LINDSEY *und* SAND. Die Elektrolyseanordnung entspricht derjenigen von SAND (s. Kapitel Bi, §, 11, S. 641). — 300 mg der Legierung werden in 10 cm³ konzentrierter Salzsäure gelöst. Zur Vermeidung von Zinnverlusten werden 10 cm³ 10%ige Ammoniumchloridlösung und dann in geringen Mengen Kaliumchlorat zugefügt. Zur fertigen Lösung gibt man 5 cm³ konzentrierte Salzsäure, 1 g Hydroxylammoniumchlorid und verdünnt mit Wasser auf 100 cm³. Bei einer Temperatur von 65 bis 75° wird die Elektrolyse mit einer Kathodenspannung von nicht mehr als 0,40 Volt (gegen die gesättigte Kalomelhilfselektrode) begonnen. Innerhalb von etwa 25 Min. steigt die Stromstärke bis auf 0,3 Ampere. Die Hilfselektrode wird nun herausgenommen und die Elektrolyse noch 5 bis 10 Min. lang fortgesetzt. Der Niederschlag von Sb + Cu wird gewogen und in einem Gemisch aus 5 cm³ Salpetersäure (D 1,42) und 5 cm³ 40%iger Flußsäure gelöst. Nach dem Verdünnen mit Wasser wird das Kupfer allein elektrolytisch niedergeschlagen und das Antimon aus der Differenz bestimmt. Zinn wird aus dem ersten Elektrolysat ermittelt. — Bei 40 bis 70 mg Sb werden —0,4 bis +0,3 mg Differenz festgestellt.

γ) Antimonbestimmung in Weißmetall nach TORRANCE. 200 bis 400 mg Späne werden in 10 cm³ Salzsäure (D 1,16) und 10 cm³ Wasser unter Erwärmen gelöst, nachdem 1 g Ammoniumchlorid zur Verhinderung von Zinnverlusten zugefügt ist. Das Lösen kann durch Zusatz einiger Tropfen gesättigter Kaliumperchloratlösung beschleunigt werden. Nach Verkochen des Chlors wird mit 5 cm³ Salzsäuer versetzt, auf 150 cm³ verdünnt, 1 g Hydraziniumchlorid zugefügt und auf 70 bis 75° erwärmt. Man elektrolysiert mit einer Hilfsspannung von 0,4 Volt gegen die gesättigte Kalomelelektrode nach LINDSEY und SAND (s. oben). Die Weiterverarbeitung des Niederschlages von Sb + Cu erfolgt ebenfalls nach LINDSEY und SAND. Die Lösung der beiden Metalle wird tropfenweise mit Kaliumdichromatlösung bis zur Gelbfärbung versetzt und das Kupfer bei gewöhnlicher Temperatur elektrolytisch abgeschieden. Antimon folgt aus der Differenz, Zinn und Blei werden aus dem ersten Elektrolysat bestimmt.

II. Aus schwefelsaurer Lösung.

Allgemeines.

Die Abscheidung des Antimons aus schwefelsaurer Lösung, welche zuerst SAND (b) vorgeschlagen hat, ist nicht zu allgemeiner Anwendung gelangt. Auch diese Art der Abscheidung liefert keine einwandfreien Ergebnisse, es bleiben bis zu 0,4% Antimon in der Lösung zurück. Auch das Arbeiten unter Zusatz von Monochloressigsäure und bei höheren Potentialen bringt nach HALLMANN keine Vorteile, so daß dieser Autor das Verfahren nicht empfiehlt. Da jedoch bei Analysen von Antimonlegierungen oder aus anderen Anlässen schwefelsaure Lösungen anfallen, so kann die elektrolytische Abscheidung des Antimons aus solchen in manchen Fällen angezeigt erscheinen, soweit nicht sehr genaue Werte verlangt werden. Es ist bei der Elektrolyse aus schwefelsaurer Lösung eine hohe Konzentration an Schwefelsäure erforderlich, die mindestens 30 cm^3 konzentrierte Säure auf 80 cm^3 Gesamtvolumen betragen soll, aber auch unbeschadet das Verhältnis 1:1 erreichen darf. JOVANOVITCH arbeitet allerdings bei so niedriger Konzentration an Schwefelsäure, daß der Elektrolyt einen Niederschlag von basischem Salz enthält. Die Temperatur der Lösung soll bis zu 100° und darüber betragen, und die Elektrolyse muß mit gemessener Kathodenspannung erfolgen. Vorteilhaft wirkt sich ein kleiner Zusatz von Natriumchlorid aus.

***Arbeitsvorschrift von* SAND (b).** Der Elektrolyt soll 30 cm^3 konzentrierte Schwefelsäure auf 80 cm^3 Gesamtvolumen enthalten. Man setzt 0,5 bis 2,5 g Natriumchlorid und (5 Min. nach Beginn der Elektrolyse) 0,5 g Hydraziniumchlorid hinzu. Der Elektrolyt wird auf 100° erwärmt und die Elektrolyse bei einer Klemmenspannung von etwa 1 Volt mit einer Stromstärke von etwa 1 bis 1,5 Ampere begonnen. Die dauernd beobachtete Kathodenspannung soll 0,55 bis 0,75 Volt gegen 2 n QuecksilberI-sulfat-Lösung betragen. Die Stromstärke sinkt bis auf 0,2 bis 0,3 Ampere ab. Die Abscheidung von 200 bis 400 mg Antimon erfordert etwa 30 Min. Bei höherem Potential läßt sich diese Zeit verkürzen, das ist aber nur möglich bei Abwesenheit von Zinn, das andernfalls gleichzeitig abgeschieden würde. Der *Fehler* wird mit —0,1 bis —0,4% angegeben.

***Arbeitsvorschrift nach* JOVANOVITCH.** Die Schnellelektrolyse erfolgt aus *verdünnter* schwefelsaurer Lösung bei Gegenwart von unlöslichem basischen Antimonsulfat mit Messung der Badspannung. — Die schwefelsaure Lösung, z. B. von 1 g Antimon in 12 cm^3 konzentrierter Schwefelsäure wird mit 140 bis 150 cm^3 Wasser allmählich unter Umschütteln so verdünnt, daß ein möglichst feinkörniger Niederschlag entsteht, was von Einfluß auf das Aussehen des Antimonniederschlages ist. Bei einer Temperatur von 85 bis 90° wird mit einer 2,4 Volt nicht übersteigenden Spannung die Elektrolyse an Doppelnetzelektroden begonnen. Nach Verlauf von 20 Min. ist der Niederschlag gelöst, und nun wird die Spannung auf genau 2,2 Volt eingestellt. Die Stromstärke beträgt jetzt 0,3 Ampere. Die Elektrolyse wird noch 30 Min. weitergeführt, während der die Stromstärke noch auf 0,2 Ampere fällt. Das abgeschiedene Antimon wird zweimal mit Wasser und einmal mit Alkohol gewaschen und bei 90° getrocknet. Der Fehler beträgt im Durchschnitt —0,1%, im Elektrolysat ist Antimon nicht mehr nachweisbar. Das Verfahren, auf das Weinsäure ohne Einfluß ist, kann für 1000 bis 200 mg Sb angewendet werden. Es ist auch brauchbar nach der Fällung des Antimons als Sulfid und dessen Auflösung in Schwefelsäure.

3. Abscheidung des Antimons durch innere Elektrolyse.

Während die innere Elektrolyse des Wismuts (s. Kapitel Bi, § 11, S. 647) gut durchführbar ist, gehen die Meinungen über diejenige des Antimons auseinander. KRUPENIO hat die innere Elektrolyse des Antimons als durchführbar beschrieben. Als Lösungsanode benutzt er ein Stück metallisches Kobalt, weil die Reaktion unter Verwendung von Zink zu stürmisch verläuft und die Abscheidung des Antimons daher unvollständig bleibt. Eine etwa 0,01%ige Lösung von Antimon wird unter schwachem Erwärmen mit einem erbsengroßen Stück Kobalt, welches mit einer Platinnetzelektrode berührt wird, 2 Std. lang elektrolysiert. Die Kathode wird herausgenommen, mit Alkohol und Äther gewaschen und getrocknet. Zinn und Arsen stören nicht, Kupfer scheidet sich vor dem Antimon ab. Diese Befunde hat SCHLEICHER (b) nicht bestätigen können. In einem nach JOVANOVITCH (s. S. 428) zusammengesetzten Elektrolyten hat er mit einem Platinnetz als Kathode und mit Zink, Magnesium, Aluminium und einem mit Kobalt überzogenen Platinnetz immer gleichzeitige kathodische und anodische Abscheidung des Antimons festgestellt, die überdies noch unvollständig war. Da weitere Arbeiten über die innere Elektrolye des Antimons bis jetzt nicht vorliegen, so kann über das Verfahren ein abschließendes Urteil nicht abgegeben werden

Elektrolytische Trennungsmethoden.

Verfahren zur elektrolytischen Trennung des Antimons von anderen Metallen sind je nach den chemischen Eigenschaften der Kationen möglich aus mineralsaurer, weinsaurer und aus Thioantimonitlösung. Dieser letztere Fall ist nur möglich bei solchen Metallen, deren Sulfide in Alkalisulfid zu Thiosalzen löslich sind, und scheidet für alle diejenigen Metalle aus, die hierin unlösliche Sulfide oder infolge der alkalischen Reaktion des Elektrolyten unlösliche Hydroxyde bilden. Die beiden ersten Fälle sind allgemeinerer Anwendung fähig. Es liegen aber gerade hierüber weniger Arbeiten vor, was wohl zum Teil darin begründet sein kann, daß die elektrolytische Abscheidung des Antimons überhaupt nicht allzu empfehlenswert ist. Von besonderer Bedeutung ist die elektrolytische Trennung des Antimons von Zinn, zumal beide Elemente im Gange einer Analyse häufig gemeinsam als Sulfide anfallen, welche beide in Natriumsulfid löslich sind. Daher ist auch ihre Trennung aus der Lösung ihrer Thioverbindungen eingehender untersucht (CLASSEN, FISCHER). Jedoch ist auch die Trennung aus salzsaurer Lösung möglich [WÖLBLING (c)]. Die Trennung des Antimons von Blei kann sowohl aus salzsaurer Lösung [ENGELENBURG, LASSIEUR (b)] als auch aus weinsaurer Lösung (COLLIN und SAND) erfolgen. Schwierig ist die Trennung des Antimons von Kupfer, die am besten so erfolgt, daß zuerst das Kupfer abgeschieden wird, und zwar aus flußsaurer Lösung (McCAY), wobei das Antimon in fünfwertiger Form vorliegt, worauf schon SMITH und WALLACE hingewiesen haben. Auch aus salpeter-weinsaurer Lösung kann das Kupfer vor dem Antimon niedergeschlagen werden (SCHÜRMANN und ARNOLD, FOERSTER). Bei Anwesenheit kleinerer Mengen von Kupfer kann dieses nach HOLLARD durch Kaliumcyanid komplex gebunden werden, und dann kann das Antimon aus der Lösung des Thioantimonites vor dem Kupfer zur Abscheidung gelangen (s. S. 423). Die Trennung des Antimons von Platin ist unter denselben Bedingungen nach FISCHER ebenfalls möglich.

1. Trennung des Antimons von Silber.

Nach FREUDENBERG wird aus einem 160 cm³ betragenden Elektrolyten, welcher 5 g Weinsäure und 2 cm³ konzentrierte Salpetersäure enthält, bei einer Temperatur von 50 bis 60°, einer Stromstärke von 0,12 Ampere und einer Spannung von 1,35 Volt während 3 Std. die Hauptmenge des Silbers abgeschieden. Dann wird die Spannung auf 1,4 bis 1,45 Volt erhöht und noch 5 bis 6 Std. länger elektrolysiert. Das Antimon bleibt bei einer Spannung unterhalb 1,5 Volt in Lösung und kann nach der Abscheidung des Silbers daraus bestimmt werden.

2. Trennung des Antimons von Quecksilber.

Aus ammoniakalischer, tartrathaltiger Lösung mit fünfwertigem Antimon wird nach SCHMUCKER dieses nicht abgeschieden, so daß eine Trennung von Quecksilber möglich ist. 175 cm³ Elektrolyt enthalten 8 g Weinsäure und 30 cm³ 10%iges Ammoniak. Bei 60°, 0,05 Ampere und 1,7 Volt wird während 6 Std. das Quecksilber niedergeschlagen. Das Antimon wird aus dem Elektrolysat bestimmt. McCay führt die Abscheidung des Quecksilbers vor der des Antimons aus salpeter-flußsaurer Lösung analog der Trennung des Antimons von Zinn durch (s. S. 432).

3. Trennung des Antimons von Blei.

Die Trennung des Antimons von Blei ist verständlicherweise aus natriumsulfidhaltiger Lösung nicht möglich, weil Bleisulfid darin unlöslich ist. Es kommt also nur ein salzsaurer Elektrolyt in Betracht, wenn nicht, wie Collin und Sand angegeben haben, fünfwertiges Antimon bei Gegenwart von Weinsäure in Lösung gehalten wird, während zuerst Blei abgeschieden wird. Die Abscheidung des Antimons vor dem Blei in salzsaurer Lösung ist nur möglich bei Einstellung einer bestimmten Kathodenspannung [Engelenburg, Lassieur (b)].

***Arbeitsvorschrift von* Engelenburg.** Der Antimon und Blei enthaltende Elektrolyt wird mit 15 cm³ konzentrierter Salzsäure und 4 g Hydroxylammoniumchlorid versetzt und mit Wasser auf 200 cm³ verdünnt. Bei einer Temperatur von etwa 65° wird das Antimon bei einer Kathodenspannung von 0,28 bis 0,35 Volt abgeschieden. Die Bestimmung des Bleis erfolgt im Elektrolysat auf übliche Weise.

***Arbeitsvorschrift von* Lassieur (b).** Wegen der langsamen Lieferung von Ionen aus den Verbindungen des fünfwertigen Antimons bevorzugt Lassieur dieses bei der Trennung von Blei unter sonst ähnlichen Bedingungen wie Engelenburg (s. oben). Als Hilfspotential in der benutzten Anordnung wird 0,24 Volt angegeben. Bei mehr als 200 mg Pb in 100 cm³ ist das Antimon bleihaltig, es ist also Umfällung notwendig.

***Arbeitsvorschrift von* Collin *und* Sand.** Liegt das Antimon in dreiwertiger Form vor, so wird es bei Gegenwart von Weinsäure und Natriumhydrogencarbonat mit Jod zu fünfwertigem Antimon oxydiert. Es erfolgt bei der Elektrolyse keine Abscheidung von Antimon, wenn der Elektrolyt enthält: a) 5 g Weinsäure und 3 g Natriumtartrat in 200 cm³ oder b) 10 cm³ konzentrierte Salpetersäure, 1 g Weinsäure, 2 cm³ 2 n Salzsäure und 0,5 g Hydroxylammoniumchlorid in 200 cm³ und wenn die Spannung 1,1 Volt nicht übersteigt. Das Blei wird hingegen kathodisch niedergeschlagen aus dem Elektrolyten a) bei 0,98 Volt, aus b) bei 0,92 Volt.

*Drei*wertiges Antimon wird aus dem Elektrolyten a) in schwammiger Form bei 0,9 Volt abgeschieden, aus dem Elektrolyten b) wird es bei 0,75 Volt in festhaftender Form erhalten.

4. Trennung des Antimons von Kupfer.

Bei Gegenwart so kleiner Kupfermengen, wie sie bei der Trennung der Sulfide der Thiobasen von den Thiosäuren mit Natriumsulfidlösung unvermeidbar in Lösung gehen, kann die Trennung des Antimons von Kupfer nach Hollard durch Zusatz von Kaliumcyanid, welches das Kupfer komplex bindet, erfolgen (s. S. 423). Hölemann hat versucht, die Trennung des Antimons von Kupfer in salzsaurer Lösung vorzunehmen. Die Kupferpotentiale werden durch Zusätze in stärkerem Maße beeinflußt als die Antimonpotentiale, so daß je nach den Bedingungen Kupfer vor oder nach dem Antimon abgeschieden werden kann. So wird in 1 n bis 1,4 n salzsaurer Lösung das Antimon vor dem Kupfer niedergeschlagen. Es sind aber die Abstände der Abscheidungspotentiale in jedem Falle klein und die Trennung bleibt immer unvollkommen. Auch ein Zusatz von Weinsäure verbessert die Verhältnisse nicht, so daß die Trennung der beiden Metalle aus salzsaurer Lösung nicht brauchbar erscheint.

In einem Elektrolyten, der neben Kupfer *fünf*wertiges Antimon enthält, und dem Salpetersäure und Flußsäure zugesetzt sind, wird nach McCay kein Antimon, sondern nur Kupfer abgeschieden, selbst dann nicht, wenn die Stromdichte an der Kathode ND_{100} = 5 bis 10 Ampere beträgt (FURMAN). Es ist nur notwendig, alles vorhanden gewesene dreiwertige Antimon sicher in die fünfwertige Form überzuführen. Hierzu benutzt McCAY Kaliumdichromat, während FURMAN Kaliumpersulfat vorzieht.

Die von SCHÜRMANN und ARNOLD vorgeschlagene Trennung aus salpeterweinsaurer Lösung, die auch FOERSTER empfiehlt, erfordert eine zweimalige Elektrolyse, weil sich nicht das gesamte Kupfer abscheiden läßt, ohne daß etwas Antimon mitfällt. Das gilt auch von dem Verfahren von LUKAS und JÍLEK. Aus diesem Grunde sollen diese beiden Verfahren nicht näher besprochen werden.

Die Arbeitsvorschrift nach McCAY ist die gleiche wie für die Trennung des Antimons von Zinn und kann auf S. 432 nachgesehen werden.

***Arbeitsvorschrift von* FURMAN.** Die Lösung, die Antimon und Kupfer enthält, wird mit 3 bis 5 cm³ 48%iger Flußsäure und 25 cm³ Salpetersäure (1:4) versetzt und nach Zufügen von 1 bis 2 g Kaliumpersulfat zwecks Oxydation des dreiwertigen Antimons 30 Min. lang gekocht. Man läßt erkalten, verdünnt auf 100 cm³ und fügt 5 bis 10 cm³ Ammoniak (D 0,90) hinzu. Bei einer Stromdichte ND_{100} = 0,1 bis 0,3 Ampere und einer Spannung von 2 bis 4 Volt wird innerhalb von 5 bis 8 Std. das gesamte Kupfer, frei von Antimon, abgeschieden. Die Bestimmung des Antimons im Elektrolysat erfolgt nach dem Eindampfen in einer Quarzschale mit überschüssiger Schwefelsäure und nach der 30 Min. währenden Reduktion des fünfwertigen Antimons zu dreiwertigem mittels 1 g Stangenschwefels bei der Siedetemperatur der Schwefelsäure durch Titration mit Kaliumpermanganat nach § 6A, S. 450. Die Werte für Antimon und Kupfer sind sehr gute.

5. Trennung des Antimons von Zinn.

Die Trennung des Antimons von Zinn kann erfolgen aus natriumsulfid-, kaliumcyanid- und natriumhydroxydhaltiger Lösung der Thioverbindungen nach CLASSEN und LUDWIG bzw. nach FISCHER. ENGELENBURG sowie WÖLBLING (c) führen die Trennung in salzsaurer Lösung unter Beobachtung der Kathodenspannung durch. Nach McCAY wird in flußsaurer Lösung zuerst das Zinn aus seiner vierwertigen Form abgeschieden, während das in fünfwertiger Form vorliegende Antimon in Lösung gehalten wird.

***Arbeitsvorschrift von* CLASSEN** (mit Ergänzungen von FISCHER) für die Trennung der Thioverbindungen *ohne* Beobachtung der Kathodenspannung. Der Elektrolyt, der in 125 cm³ etwa je 200 mg Antimon und Zinn enthält, wird mit 80 g krystallisiertem Natriumsulfid, 2 bis 4 g Natriumhydroxyd und 3 g Kaliumcyanid versetzt. Mit einer mattierten Schale als Kathode und einer 800 bis 900 Umdrehungen je Minute machenden Anode wird bei einer Temperatur von 30°, einer Stromstärke von 0,6 bis 0,3 Ampere und einer Spannung nicht über 1,1 Volt in etwa 3 Std. die Abscheidung des Antimons ausgeführt. *Ohne* Bewegung des Elektrolyten werden etwa 8 Std. zur Abscheidung benötigt. Wenn sich der Elektrolyt während der Elektrolyse gelb färben sollte, so muß Kaliumcyanid hinzugefügt werden, weil selbst kleine Mengen an Polysulfid die quantitative Abscheidung des Antimons verhindern.

***Arbeitsvorschrift von* FISCHER *und* JÜNGERMANN** für die Trennung der Thioverbindungen *mit* Beobachtung der Kathodenspannung. Der Elektrolyt hat die gleiche Zusammensetzung wie oben angegeben. Die Abscheidung des Antimons erfolgt bei 60° mit einer Kathodenspannung von 1,75 Volt gegen die 2 n QuecksilberI-sulfat-Elektrode innerhalb etwa 1 Std. Die Stromstärke beträgt anfangs 1 Ampere, sie fällt am Ende der Abscheidung bis auf 0,1 Ampere. Die Unterbrechung des Stromes erfolgt erst dann, wenn die Stromstärke keine Tendenz zum Fallen mehr zeigt, was am Galvanometer erkannt werden kann. Als Elektrode wird das Platindoppelnetz verwendet, der Rührer soll 300 bis 400 Umdrehungen je Minute machen.

Die Bestimmung des Zinns erfolgt im Elektrolysat, nachdem dieses mit 30 bis 40 g Ammoniumsulfat und 5 g Ammoniumpersulfat 15 Min. lang gekocht worden ist. Nach Zufügen von aus 10%igem Ammoniak frisch bereitetem Ammoniumsulfid (15 cm^3) und Verdünnen auf 300 cm^3 wird das Zinn elektrolytisch abgeschieden. Es kann auch die Bestimmung des Zinns aus oxalsaurer Lösung erfolgen. Hierzu wird das Elektrolysat mit Essigsäure zersetzt, Schwefelwasserstoff und Cyanwasserstoff werden ausgekocht; das abgeschiedene ZinnIV-sulfid wird abfiltriert und wie üblich in Oxalsäure gelöst und elektrolysiert.

***Bemerkungen.* I. Genauigkeit.** Die für Antimon mitgeteilten Werte sind bei beiden Arbeitsweisen gut. Nach HALLMANN muß jedoch die übliche Korrektur (s. S. 424) vorgenommen werden, die aber bei Mengen nicht über 50 mg Sb nicht berücksichtigt zu werden braucht. — **II. Sehr kleine Mengen Antimon** werden an einer mit Antimon überzogenen Elektrode abgeschieden, um die durch die leichte Entladbarkeit des Wasserstoffes bedingte Verzögerung der Antimonabscheidung zu vermeiden. Aus dem gleichen Grunde ist es ratsam, die Elektrolyse in der Ruhe zu beginnen und erst nach dem Beginn der Abscheidung zu rühren. — **III. Die Anwesenheit von Natriumsulfat, -sulfit und -thiosulfat** in Mengen, wie sie nach dem Aufschluß von Legierungen mit Natriumcarbonat-Schwefel oder mit Natriumthiosulfat vorhanden sind, stört die Trennung nicht. Sie verursachen aber anfänglich einen höheren Stromverbrauch, und es empfiehlt sich daher von vornherein etwas mehr Kaliumcyanid zuzusetzen.

***Arbeitsvorschrift von* WÖLBLING (c)** für die Trennung in salzsaurer Lösung *mit* begrenzter Kathodenspannung. Dem mindestens 25% HCl enthaltenden Elektrolyten werden 1 bis 2 g Hydraziniumchlorid alle 15 Min. in Anteilen zugefügt. Die Kathodenspannung wird anfangs auf 0,55 Volt (Stromstärke 0,6 Ampere) eingestellt und allmählich bis auf 0,65 Volt gesteigert. Die Stromstärke fällt im Laufe der Elektrolyse ($1^1/_2$ bis 2 Std.) bis auf 0,1 Ampere. Die Elektrode mit dem abgeschiedenen Antimon wird schnell mit ausgekochter Salzsäure, dann mit Alkohol abgespült.

***Arbeitsvorschrift von* ENGELENBURG** für die Trennung in salzsaurer Lösung *mit* begrenzter Kathodenspannung. Die Antimon und Zinn enthaltende Lösung wird mit 15 cm^3 konzentrierter Salzsäure und 4 g Hydroxylammoniumchlorid versetzt, auf 200 cm^3 verdünnt und auf 60 bis 70° erwärmt. Die Abscheidung des Antimons erfolgt bei einer Kathodenspannung von 0,28 bis 0,35 Volt. Aus dem auf 35° abgekühlten Elektrolysat wird das Zinn bei einer Kathodenspannung von 0,55 bis 0,8 Volt und einer Stromstärke von 1,5 Ampere niedergeschlagen.

Diese Trennungsart wird von SCHLEICHER und TOUSSAINT (d) als die beste aus salzsaurer Lösung bezeichnet. Die Werte für die beiden Metalle sind gute.

***Arbeitsvorschrift von* McCAY** für die Trennung aus flußsaurer Lösung. Das im Gange einer Analyse erhaltene Gemenge der Zinn- und Antimonsulfide mit Schwefel wird in konzentrierter Schwefelsäure gelöst und diese abgeraucht. Man verdünnt mit wenig Wasser, erhitzt in einer Platinschale mit Flußsäure und filtriert nach dem Abkühlen und Verdünnen durch einen paraffinierten Trichter in eine Platinschale. Das in dreiwertiger Form vorliegende Antimon wird durch tropfenweisen Zusatz von gesättigter Kaliumdichromatlösung zu fünfwertigem oxydiert (siehe auch die Vorschrift von FURMAN auf S. 431). Der Elektrolyt soll 25 bis 50 cm^3 Salpetersäure (1:4) und 5 cm^3 48%ige Flußsäure enthalten. Man arbeitet wie bei der Trennung des Antimons von Kupfer (Vorschrift von FURMAN auf S. 431).

6. Trennung des Antimons von Arsen und Zinn.

Die Möglichkeit, Antimon und Zinn in salzsaurer Lösung zu trennen (s. oben), benutzen SCHLEICHER und TOUSSAINT (e), um diese Metalle von gleichzeitig anwesendem Arsen zu trennen. Das Arsen wird nach L. MOSER und J. EHRLICH (s. Kapitel As, § 14, S. 274) abdestilliert. Da hierzu bereits ein Zusatz von 2 bis 3 g Hydraziniumsulfat erforderlich ist, braucht dieses Reagens für die nachfolgende elektrolytische Trennung des Antimons von Zinn aus dem Destillationsrückstand nicht mehr hinzugefügt zu werden.

***Arbeitsvorschrift nach* SCHLEICHER *und* TOUSSAINT (e).** Der Destillationsrückstand wird mit Natronlauge bis zur beginnenden Trübung versetzt und diese in 10 bis 15 cm^3 konzentrierter Salzsäure wieder gelöst. Man elektrolysiert entweder die gesamte Lösung oder einen aliquoten Teil bei 60 bis 70°, einer Kathodenspannung von 0,28 bis 0,35 Volt und einer Stromstärke von 1 bis 0,5 Ampere unter Rühren (800 bis 1000 Umdrehungen) in etwa $^1/_2$ Std. zwecks Abscheidung des Antimons. Danach wird im Elektrolysat das Zinn abgeschieden nach der Vorschrift auf S. 432. Das Verfahren beansprucht einschließlich der Arsendestillation 3 Std. und liefert bei Verhältnissen von Sb : Sn zwischen 100 : 1 und 1 : 100 gute Werte für beide Metalle.

B. Abscheidung des Antimons auf chemischem Wege.

Das Antimon kann als Metall aus seinen Lösungen auf chemischem Wege gemäß seiner Stellung in der Spannungsreihe abgeschieden werden, und zwar sowohl durch unedle Metalle als auch durch Kupfer. Außerdem kann es durch gewisse Reduktionsmittel in elementarer Form niedergeschlagen werden. Die Abscheidung durch unedle Metalle geht bereits auf einen Vorschlag von GAY-LUSSAC zurück. So benutzt TOOKEY Eisen, CLASEN Cadmium oder Zinn, ATTFIELD Eisen. Der Niederschlag des elementaren Antimons soll unmittelbar gewogen werden, jedoch hat THIELE festgestellt, daß dieses Verfahren nicht brauchbar ist, weil sich das fein verteilte Antimon an der Luft schnell oxydiert. Genaue Werte sind nur durch Kompensation zu erklären. Schon CLASEN hatte vorgeschlagen, das elementare Antimon nach seiner Isolierung in Diantimontetroxyd Sb_2O_4 überzuführen (s. § 1, S. 412). Bei der Abscheidung mit Eisen ist nach ATTFIELD mit der Gefahr einer Wiederauflösung des gefällten Antimons dadurch zu rechnen, daß das bei der Reaktion entstandene EisenII-chlorid sich an der Luft zu EisenIII-chlorid oxydiert und dieses das Antimon löst. Alles in allem muß also gesagt werden, daß diese Art der Bestimmung des Antimons durch Fällung in elementarer Form mittels unedler Metalle nicht zu empfehlen ist, zumal heutzutage ausgezeichnete andere Bestimmungsverfahren in genügender Auswahl zur Verfügung stehen. Auch für die Trennung des Antimons von Zinn, die TOOKEY vorgeschlagen hat, besteht wohl kein Bedürfnis (s. § 11D, S. 512).

Hingegen ist das von REINSCH für den Nachweis des Arsens entwickelte Verfahren, Arsen auf Kupfer niederzuschlagen, auch für die Isolierung des Antimons brauchbar, insbesondere, wenn es sich um die Bestimmung kleiner Mengen Antimon neben anderen Metallen handelt. Das Verfahren wird daher häufig bei der Analyse von Metallen und Legierungen benutzt (s. § 9, S. 465 und 469). Es soll deshalb hier nicht beschrieben werden.

Durch Reduktionsmittel kann ebenfalls elementares Antimon gefällt werden, und zwar nach EVANS mit Natriumdithionit (früher Natriumhyposulfit oder Natriumhydrosulfit genannt, $Na_2S_2O_4$) oder nach FAUCHON und VIGNOLI mit Natriumhypophosphit. Die Bestimmung des Antimons erfolgt anschließend nach dem zweckmäßigen Auflösen maßanalytisch.

***Arbeitsvorschrift von* FAUCHON *und* VIGNOLI.** Die Lösung der Antimonverbindung wird auf dem Wasserbade $^1/_2$ Std. lang mit dem doppelten Raumteil der aus 200 g Natriumhypophosphit, 100 cm³ Wasser und 150 cm³ Schwefelsäure bereiteten Reagenslösung erhitzt. Der Niederschlag des elementaren Antimons wird in einem Glasfiltertiegel gesammelt und mit ausgekochter, heißer 25%iger Schwefelsäure gewaschen. Er wird auf dem Filter in 0,1 n Jodlösung, die mit SEIGNETTE-Salz versetzt ist, gelöst. Durch das Filter werden die der zugegebenen Jodmenge äquivalente Menge ArsenIII-oxyd-Lösung und danach 10 cm³ gesättigte Natriumhydrogencarbonatlösung zum Filtrat gesaugt und mit 0,1 n Jodlösung zurücktitriert. Nach der Umsetzungsgleichung: $2\,Sb + 5\,J_2 + 5\,H_2O \rightarrow Sb_2O_5 + 10\,HJ$ verbraucht 1 Sb 5 Äquivalente Jod. — Die Fällung des Antimons soll vom Gefäß beeinflußt werden. Für 30 cm³ Analysenlösung wird deshalb ein ERLENMEYER-Kolben von 100 cm³ Inhalt empfohlen.

Wegen der Anwendung der Vorschrift von EVANS auf die Bestimmung von Antimon in Kupfer wird sein Verfahren in § 9B, S. 465 beschrieben.

Literatur.

ANGENOT, H.: Bl. Soc. chim. Belg. **30**, 268 (1921); durch C. **93, II**, 302 (1922). — ATTFIELD: Pharm. J. [2] **10**, 512 (1869); durch Fr. **9**, 107 (1870).

BLEESEN, M.: Fr. **63**, 209 (1923). — BÖTTGER, W.: Physikalische Methoden der analytischen Chemie, Teil 2, S. 227. Leipzig 1936. — BRAND, A.: Fr. **28**, 599 (1889). — BRUNCK, O.: Ch. Z. **36**, 1233 (1912).

CHANEY, N. K.: Am. Soc. **35**, 1482 (1913); durch Fr. **56**, 317 (1917). — CLASEN, W. L.: J. pr. **92**, 477 (1864); durch Fr. **4**, 440 (1865). — CLASSEN, A.: Quantitative Analyse durch Elektrolyse, 6. Aufl., 1920, S. 261. — CLASSEN, A., u. R. LUDWIG: B. **18**, 1104 (1885); **19**, 324 (1886). — CLASSEN, A., u. v. REIS: B. **14**, 1622 (1881); **17**, 2462 (1884). — COHEN, E.: Z. El. Ch. **14**, 301 (1908). — COLLIN, E. M., u. H. J. S. SAND: Analyst **56**, 90 (1931); durch Fr. **89**, 444 (1932).

DORMAAR, J. M. M.: Z. anorg. Ch. **53**, 349 (1907).

ENGELENBURG, A. J.: Fr. **62**, 264 (1923). — EVANS, B. S.: Analyst **54**, 395 (1929); durch Fr. **80**, 455 (1930). — EXNER, F.: Am. Soc. **25**, 896 (1903).

FAUCHON, L., u. L. VIGNOLI: J. Pharm. Chim. [8] **25**, 541 (1937); durch C. **109, I**, 2222 (1938). — FISCHER, A.: Z. anorg. Ch. **42**, 363 (1904). — FISCHER, A.: Elektroanalytische Schnellmethoden, 2. Aufl. herausgeg. von A. SCHLEICHER, (a) S. 175, (b) S. 45. Stuttgart 1926. — FISCHER, A., u. R. J. BODDAERT: Z. El. Ch. **10**, 945 (1904). — FISCHER, A., u. E. JÜNGERMANN in FISCHER, A.: Elektroanalytische Schnellmethoden, 2. Aufl. herausgeg. von A. SCHLEICHER, S. 330. Stuttgart 1926. — FLADE-SCHALL, B. M., in W. BÖTTGER: Physikalische Methoden der analytischen Chemie, Teil 2, S. 229. Leipzig 1936. — FOERSTER, FR.: Z. El. Ch. **27**, 10 (1921). — FOERSTER, FR., u. J. WOLF: Z. El. Ch. **13**, 205 (1907). — FREUDENBERG, H.: Ph. Ch. **12**, 109 (1893). — FURMAN, N. H.: Ind. eng. Chem. Anal. Edit. **3**, 217 (1931); durch Fr. **90**, 447 (1932).

GROSSET, TH.: Bl. Soc. chim. Belg. **42**, 269 (1933); durch Fr. **99**, 49 (1934).

HALLMANN, K.: Diss. Aachen 1911. — HENZ, F.: Z. anorg. Ch. **37**, 29 (1903). — HÖLEMANN, H.: Fr. **81**, 161 (1930); **82**, 273 (1930). — HOLLARD, A.: Bl. [3] **29**, 262 (1903); durch C. **74, I**, 1095 (1903). — HOLLARD, A., u. L. BERTIAUX: C. r. **123**, 1064 (1896).

JÍLEK, A., u. J. LUKAS: Chem. Listy **20**, 396 (1926) u. **20**, 576 (1927); durch Fr. **83**, 142 (1931). — JOVANOVITCH (YOVANOVITCH), S. L.: C. r. **204**, 686 (1937); durch Fr. **112**, 267 (1938); Fr. **114**, 415 (1938).

KRUPENIO, N. S.: Betriebslab. **5**, 592 (1936); durch C. **108, II**, 4073 (1937).

LANGNESS, J., u. E. F. SMITH: Am. Soc. **27**, 1524 (1905); durch Fr. **46**, 597 (1907). — LASSIEUR, A.: (a) C. r. **177**, 263 (1923); durch Fr. **65**, 426 (1924/25); (b) C. r. **179**, 632 (1924); durch Fr. **68**, 421 (1926). — LECRENIER, A.: Ch. Z. **13**, 1219 (1889). — LINDSEY, A. J., u. H. J. S. SAND: Analyst **59**, 335 (1934); durch Fr. **102**, 124 (1935). — LUCKOW, C.: Fr. **19**, 13 (1880). — LUKAS, J., u. A. JÍLEK: Chem. Listy **18**, 378 (1924); durch C. **96, II**, 843 (1925).

MCCAY, W. LE ROY: Am. Soc. **36**, 2375 (1914); durch Fr. **56**, 323 (1917).

OST, H., u. W. KLAPROTH: Angew. Ch. **13**, 817 (1901).

PARODI, G., u. A. MASCAZZINI: G. 8, 273 (1878); durch Fr. **18**, 588 (1879).

REINSCH, H.: Fr. **1**, 220 (1862); **3**, 206 (1864); **5**, 202 (1866).

SAND, H. J. S.: (a) Z. El. Ch. **13**, 326 (1907); (b) Soc. **93**, 1572 (1908). — SCHEEN, O.: Z. El. Ch. **14**, 257 (1908). — SCHLEICHER, A.: (a) Fr. **69**, 39 (1926); (b) Fr. **126**, 412 (1944). — SCHLEICHER, A., u. L. TOUSSAINT: (a) Angew. Ch. **39**, 822 (1926); (b) Ch. Z. **49**, 645 (1925); (c) Met. Erz. **24**, 386 (1927); (d) in A. FISCHER: Elektroanalytische Schnellmethoden, 2. Aufl. herausgeg. von A. SCHLEICHER, S. 335. Stuttgart 1926; (e) Z. anorg. Ch. **159**, 319 (1927). — SCHMUCKER, S. C.: Am. Soc. **15**, 204 (1893); **21**, 911 (1899). — SCHOCH, E. P., u. D. J. BROWN:

Am. Soc. **38**, 1660 (1916). — SCHÜRMANN, E., u. K. ARNOLD: Ch. Z. **32**, 886 (1908). — SMITH, E. F., u. D. L. WALLACE: Z. anorg. Ch. **4**, 273 (1893).
THIELE, J.: A. **263**, 361 (1891). — TOOKEY, CH.: J. pr. 88, 435 (1863). — TORRANCE, S.: Analyst **62**, 719 (1937); durch C. **109, I**, 2027 (1938).
VORTMANN, G.: B. **24**, 2762 (1891).
WÖLBLING, H.: Die Bestimmungsmethoden des Arsens, Antimons und Zinns, (a) S. 196 (b) S. 199; (c) S. 289. Stuttgart 1914.

§ 4. Maßanalytische Bestimmung des dreiwertigen Antimons durch Titration mit Kaliumbromat.

Vorbemerkung.

Nach dem Vorgange von GYÖRY kann dreiwertiges Antimon in ganz entsprechender Weise wie dreiwertiges Arsen maßanalytisch durch Titration mit Kaliumbromatlösung gemäß der Umsetzung:

$$3\,Sb^{\cdots} + BrO_3' + 6\,H^{\cdot} \rightarrow 3\,Sb^{\cdot\cdot\cdot\cdot\cdot} + Br' + 3\,H_2O$$

bestimmt werden (s. dazu Kapitel As, § 8, S. 125). Nach dem übereinstimmenden Urteil aller Bearbeiter ist diese maßanalytische Bestimmung das genaueste und schnellste aller bekannten Bestimmungsverfahren für Antimon. Es wird nach Möglichkeit immer verwendet werden, wenn das Antimon von vornherein in der dreiwertigen Stufe vorliegt, aber es ist auch leicht anwendbar, wenn etwa vorhandenes fünfwertiges Antimon zweckentsprechend zu dreiwertigem reduziert worden ist. Selbstverständlich dürfen keine anderen reduzierenden Stoffe in der zu titrierenden Lösung anwesend sein, während die Titration durch viele Elemente, wie sie bei technischen Antimonanalysen anwesend sein können, nicht gestört wird (s. S. **436**). Darin ist ein weiterer Vorzug dieses Verfahrens zu erblicken. Die Bestimmung des Endpunktes der Titration kann nach GYÖRY durch die Entfärbung von zugesetzter Methylorangelösung erfolgen. Diese Entfärbung kommt dadurch zustande, daß das bei der Reaktion entstandene Bromid mit den ersten Anteilen überschüssigen Bromates freies Brom bildet: $5\,Br' + BrO_3' + 6\,H^{\cdot} \rightarrow 3\,Br_2 + 3\,H_2O$, und daß dieses freie Brom den Farbstoff zerstört. Außer Methylorange sind zahlreiche andere Indicatoren vorgeschlagen worden (s. S. 437). Auch die potentiometrische Endpunksbestimmung ist mit bestem Erfolge von ZINTL und WATTENBERG angewendet worden. Als Mikroverfahren ist die bromatometrische Titration von JANDER und BRÜLL und von SZEBELLÉDY und MADIS durchgeführt worden.

Bestimmungsverfahren.

Reagenzien. 1. Eingestellte Lösung von Kaliumbromat $KBrO_3$ gebräuchlicher Normalität. — 2. 0,1 bis 0,2%ige Lösung von Methylorange in Wasser.

Arbeitsvorschrift. Die Lösung, welche dreiwertiges Antimon enthalten muß — fünfwertiges muß zuvor reduziert werden (s. S. **438**) — wird mit soviel Salzsäure versetzt, daß sie daran mindestens 5%ig ist, auf etwa 60 bis 80° erwärmt und *langsam* mit der Kaliumbromatlösung versetzt, nachdem man 1 bis 2 cm³ Methylorangelösung zugesetzt hat. Man läßt die Bromatlösung so lange zufließen, bis die rote Farbe von Methylorange ganz verschwunden ist. Hierbei wird meist mehr Bromatlösung verbraucht, als dem anwesenden Antimon entspricht. Es wird deshalb eine zweite Bestimmung unter den gleichen Bedingungen wie oben angesetzt, jedoch erfolgt der Zusatz der Indicatorlösung erst nach der Zugabe der etwa nötigen Menge an Bromatlösung. Nunmehr wird langsam tropfenweise weiter titriert, bis der Umschlag des Indicators von Rot nach Farblos scharf erfolgt. — 1 cm³ 0,1 n $KBrO_3$-Lösung = 6,09 mg Sb.

Die maßanalytische Bestimmung des Antimons (und Arsens) braucht nach den Erfahrungen von SMITH nicht, wie es das Verfahren von GYÖRY vorschreibt, bei

80 bis 90° vorgenommen zu werden, sondern kann bei Raumtemperatur erfolgen. Hierfür dient die potentiometrische Bestimmung des Äquivalenzpunktes unter Benutzung eines polarisierten Platin-Elektrodenpaares und des hochempfindlichen Kathodenstrahl-Spektrometers als Anzeigegerät. Die Bestimmung ist genau und bequem durchführbar und stimmt mit den visuellen Verfahren unter Benutzung von Indicatoren überein. — Methylorange und Indigosulfonsäure sind wegen leicht eintretender Übertitrationen weniger geeignet. Naphtholblauschwarz ist vorzuziehen, weil seine kräftige Färbung von Blaugrün nach Farblos umschlägt, während sich die Lösung rötlich färbt.

Bemerkungen. **I. Genauigkeit.** Das Verfahren liefert ausgezeichnet gute Werte. — **II. Anwendungsbereich.** Sowohl normal große Mengen Antimon als auch Mikromengen bis herab zu 3 mg Sb sind nach diesem Verfahren mit einer Genauigkeit bis zu 1 bis 2‰ bestimmbar (JANDER und BRÜLL). — **III. Störungen durch andere Ionen.** Nach ROWELL sind Blei, ZinnIV, Silber, Zink und Chrom ohne Einfluß auf die Antimonwerte. Große Mengen von Ammonium- sowie von Calciumsalzen bewirken zu hohe Resultate, was SAMTER bestätigt. Kleine Mengen von EisenII und von Kupfer stören nicht (NISSENSON und SIEDLER), größere sind zu entfernen (ROWELL). Nach OESTERHELD und HONEGGER stören auch größere Kupfermengen nicht. Die rotviolette Mischfarbe schlägt scharf nach Hellblau um. Die Verfasser haben so Antimonbronze mit 90 und mehr Prozent Kupfer analysiert. Zweiwertiges Eisen ist bis zu einer Menge von 0,1% ohne wesentlichen Einfluß. EisenIII kann durch Phosphorsäure maskiert und damit unschädlich gemacht werden (NISSENSON und SIEDLER). Nach SCHMIDT wirkt auch Zinn störend. Weinsäure ist ohne Einfluß (WASSILJEW und KARGIN), jedoch bewirken die Beimengungen technischer Legierungen einen Angriff des Bromates auf die Weinsäure, aber Zinn stört nicht. Bei der Analyse bleihaltiger Legierungen, welche in Schwefelsäure gelöst worden sind, so daß sich aus der Lösung Bleisulfat ausscheidet, treten Minderwerte für Antimon dadurch auf, daß das Bleisulfat AntimonIII-Ionen adsorbiert. WASSILJEW und KARGIN lösen deshalb das ausgeschiedene Bleisulfat für sich in konzentrierter Salzsäure und titrieren nach Verdünnung mit Wasser mit Bromat. Der hierbei ermittelte Wert an Antimon wird dem bei der Haupttitration gefundenen hinzuaddiert (s. auch § 6A, S. 450). Nach den Erfahrungen von JANDER und BRÜLL stören große Mengen von Neutralsalzen, sind aber bis zu 10% Schwefelsäure in der Lösung ohne schädlichen Einfluß, müssen organische Verunreinigungen, wenigstens bei Mikrobestimmungen, berücksichtigt werden. — **IV.** Die **Prüfung des Kaliumbromates auf Reinheit** geschieht nach den Angaben in Kapitel Bi, § 9, S. 612. — **V.** Die **Einstellung der Maßlösung** wird am besten gegen ganz reines Antimon nach GROSCHUFF (s. § 9A, S. 462) vorgenommen, das in konzentrierter Schwefelsäure gelöst wird (s. § 9C, S. 472). Die Verwendung von Brechweinstein als Urmeßstoff ist unsicher, weil er häufig bleihaltig ist und weil er als krystallwasserhaltiges Salz leicht verwittert, besonders dann, wenn er in Form kleiner Kryställchen vorliegt. Entwässerter Brechweinstein bietet auch keine Gewähr für konstante stöchiometrische Zusammensetzung. — **VI. Erforderliche Konzentration an Salzsäure.** Die Lösung darf nicht zu schwach sauer und nicht zu verdünnt sein, weil sonst die Entfärbung des Indicators erst nach einiger Zeit eintritt, so daß die Gefahr, überzutitrieren, groß ist (SCHMIDT). JANDER und BRÜLL wenden bei der Mikrotitration eine Konzentration der Salzsäure zwischen 1 und 6% an. UZEL arbeitet bei 4 bis 5% HCl bei Beendigung der Titration. NAKAZANO und INOKO schlagen vor, eine Lösung, die 1,3 bis 2 n an Salzsäure ist, zu titrieren. Alle diese Werte beziehen sich auf die Bestimmung in der Wärme. Wird in der Kälte gearbeitet, so muß die Konzentration an Salzsäure eine höhere sein, wie sie SMITH und MAY zwischen 5 und 35% konzentrierter Salzsäure in der Titrationslösung vorschlagen. —

VII. Andere Indicatoren. Das schon von GYÖRY vorgeschlagene Methylorange wird von vielen Bearbeitern benutzt. JANDER und BRÜLL haben festgestellt, daß die Empfindlichkeit von Methylorange es gestattet, bei Anwendung von 0,005 n $KBrO_3$-Lösung und einer gewöhnlichen Bürette, noch 5 mg Sb mit einer Genauigkeit von 1 bis 2‰ zu bestimmen. Sie verwenden eine 0,2%ige Lösung von Methylorange, von welcher 1 Tropfen 0,01 cm^3 der Bromatlösung verbraucht. — NISSENSON und SIEDLER empfehlen Indigo als Indicator, bei welchem der Umschlag sich durch den Übergang von Blau über Grün zu Gelb kundgibt. HALLMANN findet diesen Indicator jedoch weniger gut geeignet als Methylorange. Viele Bearbeiter benutzen aber dennoch Indigo, und auch PEWZOW empfiehlt es in Form von Indigocarmin. — Auch Redoxindicatoren sind von mehreren Seiten zur Erkennung des Endpunktes in Vorschlag gebracht worden. UZEL benutzt eine 0,1%ige Lösung von α-Naphthoflavon in Alkohol oder Essigsäure, der etwas Stärkelösung zugesetzt wird. Man verwendet 0,5 cm^3 Indicatorlösung, setzt 0,5 bis 1 g Kaliumbromid hinzu und titriert auf Orange. Bezüglich der Konzentration an Salzsäure siehe Bemerkung VI. Weinsäure ist ohne Einfluß. Denselben Indicator hat SCHULEK vorgeschlagen. — RAICHINSTEIN (a) empfiehlt Benzopurpurin 4 B als Redoxindicator, von welchem 0,5 bis 1 cm^3 einer 0,1%igen Lösung bei einer optimalen Konzentration von 3,1 bis 3,5 n HCl angewendet werden. Er hat auch mit Fuchsin gearbeitet (b), das von Gelb nach Violett umschlägt. Man kann bei Raumtemperatur titrieren, muß jedoch eine Salzsäurekonzentration von 2 cm^3 konzentrierter Salzsäure zu 23 cm^3 Lösung einhalten. — SMITH und MAY haben die Indicatoren Bordeaux, Brillant-Ponceau 5 R und Naphtholblauschwarz in 0,1 bis 0,2%iger Lösung erprobt, wobei sie in der Kälte und bei Anwesenheit von 5 bis 35% HCl titrieren. — SZEBELLÉDY und MADIS benutzen GoldIII-bromid als vollkommen reversiblen Redoxindicator. Da aber das GoldIII-bromid selbst gegenüber dreiwertigem Antimon oxydierend wirkt, so muß gegen eine Vergleichslösung auf gleiche Farbtöne titriert werden (s. unten). — Die Titration des dreiwertigen Antimons mit Kaliumbromat kann auch ganz ohne Indicatoren durchgeführt werden, wenn nach dem Vorschlage von WINKLER auf den schwach gelben Farbton des am Endpunkt auftretenden freien Broms (s. S. 435) titriert wird. Schließlich ist die potentiometrische Endpunktsbestimmung nach ZINTL und WATTENBERG als Titration ohne Indicator anzusprechen (s. S. 438). — **VIII. Besondere Arbeitsvorschriften.** ***Arbeitsvorschrift von* SCHULEK** mit α-Naphthoflavon als Indicator. 20 cm^3 der zu titrierenden AntimonIII-Lösung werden mit 10 cm^3 50%iger Schwefelsäure, 0,5 g Weinsäure, 0,2 g Kaliumbromid und 2 Tropfen einer 0,5%igen Lösung von α-Naphthoflavon in 96%igem Alkohol versetzt. Man läßt die Kaliumbromatlösung zuerst langsam zulaufen, schließlich zutropfen, bis die schwach grünlich opalisierende Lösung durch die letzten Tropfen der Maßflüssigkeit eben eine ausgesprochen rostbraune Färbung annimmt. Am Äquivalenzpunkt flockt der Indicator aus. — Die Empfindlichkeit des Indicators verringert sich stark bei einer Konzentration der Salzsäure über 5%. Eine Indicatorkorrektur ist nicht erforderlich.

***Arbeitsvorschrift von* SZEBELLÉDY *und* MADIS** mit GoldIII-bromid als Redoxindicator für Mikrobestimmungen. Wenige Kubikzentimeter der AntimonIII-salzlösung werden in einem 25 cm^3 fassenden Kolben mit 1 cm^3 10%iger Kaliumbromidlösung und 1 cm^3 konzentrierter Salzsäure versetzt und mit Wasser auf 5 cm^3 verdünnt. Nach Zusatz von 0,1 cm^3 0,1%iger GoldIII-chlorid-Lösung wird die Mischung auf 50 bis 60° erwärmt und aus einer Mikrobürette mit 0,1 n-Kaliumbromatlösung titriert. Ist man nahe am Endpunkt, so muß nach jedem zugegebenen Tropfen 5 bis 10 Sek. gewartet werden. Man titriert auf gleiche Farbstärke, wie sie eine Lösung, bestehend aus 3 cm^3 Wasser, 1 cm^3 10%iger Kaliumbromidlösung, 1 cm^3 konzentrierter Salzsäure und 0,1 cm^3 0,1%iger GoldIII-chlorid-Lösung in einem gleichen Gefäß besitzt. Die erreichbare Genauigkeit wird mit $\pm 0{,}01\ cm^3$ 0,1 n-$KBrO_3$ Lösung = 0,061 mg Sb angegeben. Bei Mengen unter 6 mg Sb steigt der Fehler über 1%.

***Arbeitsvorschrift von* Zintl *und* Wattenberg (a)** zur potentiometrischen Titration. Da die Bestimmung des Endpunktes der bromatometrischen Titration mit Hilfe von Methylorange nur dadurch möglich ist, daß zuerst eine nur angenähert richtige Titration durchgeführt wird und danach erst die genaue Bestimmung erfolgt, so ist dieses Verfahren zeitraubend und mit einem Materialverlust verbunden. Die potentiometrische Endpunktsbestimmung läßt sich dagegen schnell, genau und in einer einzigen Titration ausführen. Man arbeitet in der Kälte bei einer Konzentration von 5% Salzsäure mit einem Platindraht als Indicatorelektrode und der Kalomelelektrode als Vergleichselektrode. Die Titration läßt sich auch bei höheren Salzsäurekonzentrationen bis zu 20% durchführen, nur ist dann der Potentialsprung kleiner als bei niedrigen Salzsäurekonzentrationen. Man kann auch in der Hitze arbeiten, nur muß dann schnell titriert werden, weil sich heiße AntimonIII-chlorid-Lösungen schnell oxydieren. Weinsäure und vierwertiges Zinn sind auf die Bestimmung ohne Einfluß. — Liegt fünfwertiges Antimon vor, so muß dieses zuvor reduziert werden, wie dies weiter unten beschrieben wird.

***Arbeitsvorschrift von* Manchot *und* Oberhauser** für die Titration von dreiwertigem Antimon mit eingestellter Bromlösung. Das Verfahren ist ganz entsprechend für die Bestimmung des dreiwertigen Arsens ausgearbeitet worden, so daß hier darauf verwiesen werden kann (s. Kapitel As, § 9, S. 155). Man titriert entweder mit einer Lösung von Brom in 20%iger Salzsäure oder in 1 n Kaliumbromidlösung. Die Antimonlösung wird mit Weinsäure versetzt, überschüssige Bromlösung zugefügt und mit arseniger Säure zurücktitriert. Das Verfahren bietet keinen Vorteil gegenüber der Titration mit Bromat.

IX. Vorschriften für die Reduktion des fünfwertigen Antimons zu AntimonIII-Ion. Da die bromatometrische Bestimmung des Antimons nur möglich ist bei Vorliegen von dreiwertigem Antimon, so muß etwa vorhandenes fünfwertiges Antimon vor der Titration zu dreiwertigem reduziert werden. Hierfür ist sehr gebräuchlich die Anwendung von schwefliger Säure, weil sich deren Überschuß leicht durch Kochen der Lösung daraus entfernen läßt. Zintl und Wattenberg (a) halten jedoch die Reduktion mit schwefliger Säure für unvorteilhaft, weil schon während des Kochens Rückoxydation des dreiwertigen in das fünfwertige Antimon durch Luftsauerstoff erfolgen kann. Ein Verlust durch Verflüchtigung ist jedoch nicht zu befürchten. Kaliumjodid kann als Reduktionsmittel nicht angewendet werden, weil es die nachfolgende Titration mit Bromat stören würde. Die Verfasser empfehlen deshalb die Reduktion mit TitanIII-chlorid-Lösung unter potentiometrischer Bestimmung des Endpunktes dieser Reduktion und nachfolgende potentiometrische Titration des gebildeten dreiwertigen Antimons mit Bromat. Das Verfahren erfordert aber eine gewisse Apparatur und wird deshalb nur für laufende Reihenanalysen höchster Präzision in Betracht kommen. Statt der potentiometrischen Endpunktsbestimmung der Reduktion mit TitanIII-chlorid schlagen die gleichen Verfasser vor, diesen Endpunkt mit Phosphorwolframsäure als Indicator zu erfassen. — Da Jander und Brüll sogar bei Mikrobestimmungen mit der Anwendung von schwefliger Säure in Form des Kaliumpyrosulfites beste Erfahrungen gemacht haben, so kann das Verfahren für alle gewöhnlichen Zwecke ohne Bedenken empfohlen werden. — McCay führt die Reduktion des fünfwertigen Antimons zu dreiwertigem mit Hilfe von metallischem Quecksilber in salzsaurer Lösung in einer Atmosphäre von Kohlendioxyd durch:

$$Sb^{\cdot\cdot\cdot\cdot\cdot} + 2\,Cl' + Hg \rightarrow Sb^{\cdot\cdot\cdot} + HgCl_2.$$

Bezüglich anderer Reduktionsverfahren s. § 9B, S. 465; § 9C, S. 472.

***Arbeitsvorschrift von* Jander *und* Brüll.** Bei der Titration sehr verdünnter Lösungen ist die Reduktion des fünfwertigen zu dreiwertigem Antimon mit Hilfe einer Lösung von schwefliger Säure nicht sehr gut, sondern sie erfolgt besser mit

Kaliumpyrosulfit. Da dieses Verfahren auch für gewöhnliche Bestimmungen brauchbar sein dürfte, wird es hier ausführlich beschrieben.

Darstellung von Kaliumpyrosulfit. Man leitet in heiße 50%ige Kaliumcarbonatlösung Schwefeldioxyd bis zur Sättigung ein. Das nach dem Erkalten ausgeschiedene Salz wird abgesaugt, zuerst mit 40%igem, dann mit stärkerem Methanol gewaschen und auf dem Wasserbade getrocknet. Man löst zu einer 3%igen Lösung auf, die jedesmal frisch bereitet werden muß.

Ausführung der Reduktion. In einem Kolben wird die zu reduzierende Lösung mit der fünffachen Menge an Kaliumpyrosulfit in frisch bereiteter 3%iger Lösung (etwa 3 cm³) und mit 10 cm³ Wasser versetzt. Man leitet in die auf dem Wasserbade erhitzte Lösung Kohlendioxyd durch eine Capillare ein, welche an ihrem glatt geschliffenen Ende eine feine Rille trägt, und welche mit diesem Ende auf dem Boden des Kolbens steht. Es wird hierdurch ein ruhiges und rasches Abdampfen bei minimalem Verbrauch an Kohlendioxyd erzielt. Wenn 10 cm³ Wasser verdampft sind (bis zur angebrachten Marke), ist die Reduktion beendet und das Schwefeldioxyd entfernt. Bei Vorliegen größerer Mengen von Antimon wird eine größere Menge Kaliumpyrosulfitlösung angewendet und das Eindampfen nach Zufügen neuen Wassers wiederholt werden müssen. Die mitgeteilte Vorschrift bezieht sich auf Mengen von wenigen Milligrammen Antimon.

***Arbeitsvorschrift von* McCay.** Die zu reduzierende Lösung wird in eine Glasstöpselflasche von etwa 12 cm Höhe und 6 cm Durchmesser gebracht, mit 20 bis 25 cm³ reinem Quecksilber und 15 bis 20 cm³ konzentrierter Salzsäure versetzt und mit Wasser auf 75 cm³ verdünnt. Die Flasche wird verschlossen und 1 Std. lang auf einer Schüttelmaschine geschüttelt. Nach dieser Zeit wird durch ein doppeltes Filter filtriert, der Bodensatz fünfmal mit Salzsäure (1:9) behandelt und danach auf dem Filter chlorfrei gewaschen. Das Filtrat wird auf 200 cm³ verdünnt und mit Bromat und Methylorange als Indicator titriert. — ArsenV, ZinnIV, Blei, Wismut und Cadmium stören nicht. Zweiwertiges Kupfer wird durch Quecksilber zu einwertigem reduziert und dieses durch halbstündiges Einleiten von Luft wieder zu zweiwertigem oxydiert. Hierbei bleibt das dreiwertige Antimon unverändert, so daß dessen Bestimmung hierbei keine Störung erfährt. Die mitgeteilten Ergebnisse sind etwas zu niedrig.

***Arbeitsvorschriften von* Zintl *und* Wattenberg (a)** für die Reduktion mit TitanIII-chlorid.

a) Endpunktsbestimmung mit Phosphorwolframsäure als Indicator. Wenn die Reduktion von fünfwertigem Antimon zu dreiwertigem durch TitanIII-chlorid-Lösung beendet ist, wird zugesetzte Phosphorwolframsäure zu Wolframblau reduziert. Der kleine Überschuß an TitanIII-chlorid wird bei Gegenwart von Kupfersulfat als Katalysator durch Luftsauerstoff schnell oxydiert und hierbei gleichzeitig das Wolframblau entfärbt, so daß unmittelbar danach die übliche Titration mit Kaliumbromat und Methylorange erfolgen kann. Das Verfahren ist nicht anwendbar bei Gegenwart von fünfwertigem Arsen (s. jedoch unter b).

Die mindestens 5% freie Salzsäure enthaltende Lösung mit fünfwertigem Antimon wird fast zum Sieden erhitzt und dann (nicht früher!) mit 10 Tropfen 10%iger Lösung von Phosphorwolframsäure versetzt. Nun wird unter beständigem Umschwenken aus einer Bürette TitanIII-chlorid-Lösung, die 5% freie Salzsäure enthält, zugesetzt, bis eine kräftige Blaufärbung auftritt, welche in etwa 2 Min. nicht verschwindet. Nach Zugabe von 3 Tropfen 1%iger Kupfersulfatlösung schwenkt man bei möglichst ungehindertem Luftzutritt um, wobei die blaue Farbe in 1 bis 2 Min. verschwindet. Dann wird sofort mit Bromat und Methylorange als Indicator titriert. Nach der ersten Entfärbung setzt man nochmals 1 Tropfen Indicatorlösung hinzu und titriert mit einigen Tropfen Bromatlösung bis zum Endpunkt.

Für den Eisengehalt der TitanIII-chloridlösung muß eine *Korrektur* angebracht werden, die dadurch ermittelt wird, daß eine bekannte Brechweinsteinlösung mit Bromat titriert, dann wie oben reduziert und wieder titriert wird. Der Mehrverbrauch an Bromat bei der zweiten Titration entspricht der Eisenkorrektur.

Die Beleganalysen geben ausgezeichnete Werte. ZinnIV stört nicht.

b) Potentiometrische Endpunktsbestimmung. Die Lösung, welche fünfwertiges Antimon enthält, wird mit soviel Salzsäure versetzt, daß sie davon 5% enthält, und dann zum Sieden erhitzt. Man läßt aus einer Bürette TitanIII-chlorid-Lösung zufließen, bis das Galvanometer in der benutzten Apparatur [ZINTL und WATTENBERG (b)] bei 150 Ohm durch Null geht. Dann steckt man auf dem Dekaden-Rheostaten 250 Ohm ab, setzt 3 Tropfen 1%ige Kupfersulfatlösung als Katalysator zur Oxydation des TitanIII-chlorides zu und läßt unter gutem Rühren die Luft möglichst ungehindert zutreten. Nach einigen Minuten bleibt die Galvanometernadel stehen, worauf dann sofort mit Bromatlösung bis 380 Ohm titriert wird. Für den Eisengehalt der TitanIII-chlorid-Lösung ist eine Korrektur anzubringen (s. unter a). Wegen der Herstellung und Aufbewahrung der TitanIII-chlorid-Lösung wird auf Kapitel Bi, § 10, S. 628 verwiesen.

Das Verfahren erlaubt im Gegensatz zu dem unter a) mitgeteilten die Bestimmung des Antimons neben fünfwertigem Arsen. Während Antimonsäure in heißer, salzsaurer Lösung durch TitanIII-chlorid praktisch momentan reduziert wird, reagiert Arsensäure nur äußerst langsam mit diesem Reduktionsmittel. Man kann also das fünfwertige Antimon mit TitanIII-chlorid reduzieren und sogleich mit Bromat titrieren.

Alle mitgeteilten Belegwerte sind ausgezeichnet.

Literatur.

GYÖRY, ST.: Fr. **32**, 415 (1893).

HALLMANN, K.: Diss. Aachen 1911.

JANDER, G., u. W. BRÜLL: A. **453**, 335 (1927).

KOLTHOFF, I. M.: Fr. **59**, 411 (1920).

MCCAY, W. LE ROY: Ind. eng. Chem. Anal. Edit. **5**, 1 (1933); durch Fr. **104**, 213 (1936). — MANCHOT, W., u. F. OBERHAUSER: Z. anorg. Ch. **139**, 40 (1924).

NAKAZONO, T., u. S. INOKO: Sci. Rep. Tôhoku Imp. Univ. Ser. I, **26**, 303 (1937); durch C. **109, II**, 2624 (1938). — NISSENSON, H., u. PH. SIEDLER: Fr. **43**, 117 (1904).

OESTERHELD, G., u. P. HONEGGER: Helv. **2**, 398 (1919).

PEWZOW, G. A.: Betriebslab. **7**, 916 (1938); durch C. **111, II**, 3231 (1940).

RAICHINSTEIN, Z. G.: (a) Chem. J. Ser. B **8**, 1470 (1935); durch C. **107, II**, 3825 (1936); (b) Trans. Inst. chem. Technol. Ivanovo (USSR) **1939**, Nr 2, 36; durch C. **111, I**, 2207 (1940). — ROWELL, H. W.: J. Soc. chem. Ind. **25**, 1181 (1906); durch Fr. **46**, 724 (1907).

SAMTER, V.: Analytische Schnellmethoden, S. 50. Halle 1911. — SCHMIDT, E.: Ch. Z. **34**, 454 (1910). — SCHULEK, E.: Fr. **102**, 111 (1935). — SMITH, F.: J. Amer. ceram. Soc. **29**, 143 (1946); durch C. **117, I**, 1436 (1946). — SMITH, G. F., u. R. L. MAY: Ind. eng. Chem. Anal. Edit. **13**, 460 (1941); durch C. **113, I**, 902 (1942). — SZEBELLÉDY, L., u. W. MADIS: Mikrochimica Acta **3**, 1 (1938); durch Fr. **119**, 138 (1940).

UZEL, R.: Časopis českoslov. Lékárn. **15**, 143 (1935); durch C. **106, II**, 3800 (1935).

WASSILJEW, A., u. W. KARGIN: Papers pure appl. Chem. Karpow-Inst. **1927** Festschrift BACH, S. 143; durch C. **98, II**, 1055 (1927). — WINKLER, L. W.: Z. Lebensm. **43**, 201 (1922); durch Fr. **65**, 325 (1924/25).

ZINTL, E., u. H. WATTENBERG: (a) B. **56**, 472 (1923); (b) B. **55**, 3366 (1922).

§ 5. Maßanalytische Bestimmung des Antimons durch jodometrische Titration.

Vorbemerkung.

Die maßanalytische Bestimmung des Antimons durch jodometrische Titration spielt heutzutage keine bedeutende Rolle, besonders da in dem in § 4, S. 435 beschriebenen bromatometrischen Verfahren nach GYÖRY ein äußerst genaues und billiges Bestimmungsverfahren für Antimon vorliegt. Die jodometrische Bestimmung des Antimons ist durchführbar wegen des leichten Überganges von dreiwertigem in fünfwertiges Antimon, wie er durch das Gleichgewicht

$$Sb^{\cdots} + J_2 \rightleftharpoons Sb^{\cdots\cdots} + 2\,J'$$

ausgedrückt wird. Das Gleichgewicht liegt in saurer Lösung vollständig auf der linken Seite der Gleichung, in schwach alkalischer aber, d.h. bei Gegenwart von viel Natriumhydrogencarbonat, ganz auf der rechten Seite der Gleichung. Somit sind also zwei Möglichkeiten zur jodometrischen Bestimmung des Antimons vorhanden: 1. man titriert *drei*wertiges Antimon mit Jodlösung, oder 2. man macht aus Kaliumjodidlösung durch *fünf*wertiges Antimon Jod frei, das mit Natriumthiosulfatlösung titriert wird. Obwohl die erste Möglichkeit recht naheliegend erscheint, hat sie nur wenige Bearbeiter gefunden, während die zweite Möglichkeit mehrfache Berücksichtigung erfahren hat. Beide Methoden liefern sehr gute Ergebnisse, wie das bei jodometrischen Bestimmungen allgemein bekannt ist.

Es ist ferner zu den jodometrischen Bestimmungsverfahren für Antimon noch dasjenige, welches sich des Kaliumjodates als Oxydationsmittel für das dreiwertige Antimon bedient, hinzuzurechnen. Hierbei wird nach dem Verfahren von ANDREWS der Endpunkt durch die Bildung von Jodmonochlorid JCl erkannt (s. S. 445). — Noch einige weitere jodometrische Bestimmungsmöglichkeiten sind erarbeitet worden, worüber auf S. 444 berichtet wird.

A. Bestimmung des dreiwertigen Antimons mit Jod.

Die unmittelbare Titration von dreiwertigem Antimon mit Jod hat MOHR eingeführt. Danach wird die salzsaure Lösung mit SEIGNETTE-Salz versetzt, mit Soda alkalisch gemacht und mit Jodlösung unter Verwendung von Stärkelösung als Indicator auf Blau titriert. FRESENIUS hat das Verfahren verbessert, indem er die Soda durch das schwächer alkalisch wirkende Natriumhydrogencarbonat ersetzt hat. Auch schlägt er vor, nur bis zu einem rötlichen Farbtone zu titrieren. Beste Ergebnisse sind zu erzielen, wenn nach ROHMER mit etwa 1 cm^3 0,01 n Jodlösung übertitriert und dieser Überschuß mit 0,01 n Natriumthiosulfatlösung zurücktitriert wird. Diese Erfahrung ROHMERS wird von SCHMIDT bestätigt, welcher als Fehlergrenzen ± 0 bis $+0{,}2\%$ angibt.

Voraussetzung zur Erzielung richtiger Werte ist selbstverständlich das Vorliegen einer Lösung, welche ausschließlich dreiwertiges Antimon enthält. Liegt daneben oder überhaupt nur fünfwertiges Antimon vor, so muß dieses zuvor zu dreiwertigem reduziert werden. Hierfür haben v. KNORRE sowie ROHMER schweflige Säure als Reduktionsmittel vorgeschlagen, dieser überdies noch einen Zusatz von Kaliumbromid. Als sehr vorteilhaft bezeichnet EVANS die Verwendung von Natriumhypophosphit, weil das Reduktionsmittel nicht entfernt zu werden braucht. Natriumhypophosphit reagiert in der Kälte *nicht* mit Jod. Außerdem wird anwesendes Arsen automatisch entfernt, weil es in elementarer Form gefällt und abfiltriert werden kann (s. Bemerkung IX, S. 442).

***Arbeitsvorschrift von* ROHMER.** Die Analysenlösung wird mit Salzsäure und mit SEIGNETTE-Salz versetzt. Da die Reaktion gegen Ende hin langsam verläuft, titriert man nach Übersättigen mit $NaHCO_3$ am besten erst ohne Stärkezusatz und läßt die Jodlösung so lange zutropfen, bis fast alles Antimon umgesetzt ist. Dann fügt man Stärkelösung hinzu und läßt weiter Jodlösung zulaufen, bis die blaue Farbe auch nach 2 Min. nicht mehr verblaßt. Noch besser ist es, mit Jod überzutitrieren und den Überschuß mit Natriumthiosulfatlösung zurückzutitrieren. 1 cm^3 0,1 n Jodlösung = 6,088 mg Sb.

Bemerkungen. **I.** Die **Genauigkeit** dieser Bestimmungsart ist bei Einhaltung der gebräuchlichen Bedingungen eine vorzügliche. — **II.** Als **störendes Ion** nennt SCHMIDT Zinn. Nach ROHMER soll jedoch viel Weinsäure (10 bis 20 g) diese Störung beseitigen. Besser ist es nach SCHMIDT, statt Weinsäure Natriumtartrat anzuwenden, weil hierdurch gleichzeitig Natriumhydrogencarbonat eingespart wird. —

III. ***Arbeitsvorschrift von*** **NIKOLAI.** Die salzsaure AntimonIII-salz-Lösung wird mit soviel Natriumacetatlösung versetzt, daß alle Salzsäure abgestumpft ist, bzw. wird eine neutrale Lösung mit Essigsäure angesäuert, mit Natriumacetat versetzt und dann in Jodlösung eingegossen. Das nur in geringem Überschuß angewendete Jod wird mit Natriumthiosulfatlösung zurücktitriert (s. auch § 1, S. 414). — **IV. Mikrovorschrift von BRUKL.** Die erforderlichen Mengen Weinsäure und Natriumhydrogencarbonat sind auf jodverbrauchende Stoffe zu prüfen. Es muß doppelt destilliertes Wasser verwendet werden. Man titriert in einer Porzellanschale mit 0,002 n Jodlösung und vergleicht gegen eine in einer anderen Porzellanschale befindliche gesättigte Lösung von Natriumhydrogencarbonat, die mit Stärkelösung und Jodlösung bis zur Blaufärbung und dann mit soviel Wasser versetzt ist, daß die Volumina dieser Lösung und der austitrierten Antimonlösung etwa gleiche sind. Bei Mengen zwischen 85 und 850 γ Sb beträgt der Fehler zwischen $-1\ \gamma$ und $+3\ \gamma$. — **V. Bestimmung von Antimon neben Vanadium nach EDGAR.** a) Ein aliquoter Teil einer Lösung, welche Antimonsäure neben Vanadinsäure enthält, wird mit Oxalsäure erwärmt und das gebildete vierwertige Vanadium mit Jod titriert. b) Ein anderer aliquoter Teil wird mit schwefliger Säure reduziert. Das hierbei entstandene vierwertige Vanadium und dreiwertige Antimon werden gemeinsam mit Jod titriert. Durch Subtraktion des ersten Wertes von dem zweiten wird der Wert für Antimon allein erhalten. Das Verfahren liefert sehr gute Werte. — **VI. Bestimmung von Antimon neben Zinn nach ROHMER.** Die im Gange einer Analyse gemeinsam gefällten Sulfide des Antimons und Zinns werden in Salzsäure unter Zusatz von Kaliumchlorat gelöst, das Chlor wird durch Kochen ausgetrieben und nunmehr nach der Vorschrift in Bemerkung VIII weiter gearbeitet. — **VII. Reduktion des fünfwertigen Antimons zu dreiwertigem nach v. KNORRE.** Man mischt in einer Stöpselflasche die zu reduzierende Lösung mit einer konzentrierten Lösung von Natriumsulfit und mit Salzsäure, bindet die Flasche zu und erwärmt sie $^1/_2$ Std. lang in einem Wasserbade. Nach dem Abkühlen wird der Inhalt der Flasche in einer Porzellanschale eingedampft, bis alles Schwefeldioxyd verflüchtigt ist. Man übersättigt mit Natriumhydrogencarbonat und titriert mit Jod. *Oder:* Man versetzt die Lösung im ERLENMEYER-Kolben anteilweise mit Natriumsulfit und Salzsäure. Man neutralisiert mit Kalilauge bis zum Umschlag von Phenolphthalein nach Rot, fügt Weinsäure und Natriumhydrogencarbonat im Überschuß hinzu und titriert mit Jodlösung. — **VIII. Reduktion von fünfwertigem Antimon zu dreiwertigem nach ROHMER.** Man erhitzt die zu reduzierende Lösung unter Zusatz von 1 g Kaliumbromid mit schwefliger Säure und verkocht deren Überschuß. Nach Zufügen von Weinsäure und Natriumhydrogencarbonat wird mit Jodlösung titriert. — **IX. Reduktion des fünfwertigen Antimons mit Natriumhypophosphit nach EVANS.** Die Antimonlösung wird zu 60 bis 70 cm³ Salzsäure (1:1) hinzugegeben und nach Zusatz von 5 g Natriumhypophosphit 5 Min. lang im offenen Kolben gekocht. Nach dem Abkühlen werden 20 cm³ 50%ige Citronensäurelösung zugefügt. Man verdünnt mit 100 cm³ Wasser, macht unter Zugabe eines Stückchens Lackmuspapieres mit Ammoniak alkalisch, mit Salzsäure schwach sauer und fügt dann so lange Natriumhydrogencarbonat hinzu, bis das Lackmuspapier blau wird. Dann wird mit Jodlösung und Stärke titriert. Bei Anwendung von 0,1 n Jodlösung müssen 0,05 cm³, bei 0,01 n Jodlösung 0,40 cm³ abgezogen werden, um gute Werte zu erhalten. — Bei *Gegenwart von Blei* werden 10 cm³ Schwefelsäure (1:3) zugesetzt. — Bei *Gegenwart von Zinn, Cadmium und Wismut* werden nach dem Verdünnen *vor* der Zugabe der Citronensäure und dem Neutralisieren 0,1 n Jodlösung und Stärke zugefügt, bis die entstehende Blaufärbung wenige Sekunden bestehen bleibt, um den Einfluß des zweiwertigen Zinns auszuschalten. Verschwindet die Blaufärbung innerhalb 3 bis 4 Min. nicht von selbst, so erwärmt man gelinde bis zur Farblosigkeit, dann fügt man Citronensäure zu und arbeitet wie oben weiter.

Beleganalysen mit je 200 mg Sn bzw. 100 mg Cd bzw. 130 mg Bi neben 1 bis 100 mg Sb zeigen durchschnittlich gute Werte. — Bei *Anwesenheit von Arsen* wird dieses in elementarer Form ausgefällt. Man filtriert den Niederschlag ab, wäscht ihn mit Salzsäure, dann mit 5%iger Ammoniumchloridlösung und verarbeitet das Filtrat wie oben. — Bei *Vorliegen von Antimonsulfiden* ist es unvorteilhaft, diese in Bromsalzsäure zu lösen, weil der Endpunkt der Titration sonst unscharf wird. Man löst deshalb in Natronlauge und Wasserstoffperoxyd, säuert mit Citronensäure stark an, filtriert, dampft auf 30 cm³ ein, fügt den gleichen Raumteil Salzsäure hinzu, verdünnt auf 80 bis 90 cm³ und reduziert, wie oben angegeben, mit Natriumhypophosphit. Der spätere Zusatz von Citronensäure unterbleibt in diesem Falle.

B. Umsetzung von fünfwertigem Antimon mit Jodid und Titration des freigemachten Jodes.

Das von WELLER eingeführte Verfahren, fünfwertiges Antimon mit Kaliumjodid umzusetzen und das freiwerdende Jod überzudestillieren, aufzufangen und zu titrieren, ist durch v. KNORRE als brauchbar empfohlen worden. Wegen seiner Umständlichkeit hat aber schon vorher HERROUN das in Freiheit gesetzte Jod in der Reaktionslösung unmittelbar titriert. Sehr sorgfältige Untersuchungen über diese Titration hat YOUTZ angestellt, allerdings sind sie hauptsächlich geleitet durch den „unerklärten Fehler“ von —1%, der durch das zu niedrige Atomgewicht des Antimons bedingt ist (s. S. 398). Unter Berücksichtigung des heute gültigen Atomgewichtes beträgt der höchste Fehler bei den YOUTZschen Bestimmungen +0,2%. Nach SZEBELLÉDY wird das Gleichgewicht $Sb^{\cdot\cdot\cdot\cdot\cdot} + 2\,J' \rightleftharpoons Sb^{\cdot\cdot\cdot} + J_2$ nur bei mindestens fünffachem Jodidüberschuß vollständig nach rechts verschoben. Bei dieser hohen Jodidkonzentration tritt aber Bildung des stark gelb gefärbten Komplexsalzes $SbCl_3 \cdot 3\,KJ \cdot 1{,}5\,H_2O$ ein, das allerdings bei einer Konzentration von 15% HCl in der Titrationslösung zerlegt wird. Da aber ein stark saures Medium bei jodometrischen Titrationen nachteilig wirkt, schlägt SZEBELLÉDY Zerstörung der Komplexverbindung durch Ammoniumfluorid vor. — Als bestes Verfahren zur Erkennung des Endpunktes der Titration bezeichnen SPACU und DRĂGULESCU das potentiometrische.

Um eine genaue Bestimmung des vorhandenen Antimons auf die vorbeschriebene Art ausführen zu können, muß man sicher sein, daß auch alles Antimon wirklich in *fünf*wertiger Form vorliegt. Wird z. B. von Verbindungen des dreiwertigen Antimons ausgegangen, oder kommen Legierungen des Antimons zur Untersuchung, so muß der jodometrischen Bestimmung eine sorgfältige Oxydation vorhergehen. KOLB und FORMHALS oxydieren entweder bei Gegenwart von Kaliumhydroxyd mit Wasserstoffperoxyd oder mit Natriumperoxyd, weil sie die Oxydation mit Chlor oder Brom für nicht zuverlässig halten. Dem wird jedoch von ZINTL und WATTENBERG widersprochen. Es ist wiederum selbstverständlich, daß der Überschuß des Oxydationsmittels vor der jodometrischen Bestimmung entfernt werden muß, was bei den hier angeführten Stoffen ohne weiteres durch längeres Kochen geschehen kann.

Da dreiwertiges Antimon aus Jodiden kein Jod in Freiheit setzt, so liegt in dem hier zur Rede stehenden Verfahren auch eine Möglichkeit vor, die beiden Wertigkeitsstufen des Antimons quantitativ zu erfassen. Hierzu wird in einem aliquoten Teile der etwa vorliegenden Analysenlösung das fünfwertige Antimon ermittelt. In einem anderen aliquoten Teile der Lösung wird nach der Oxydation des vorhandenen dreiwertigen Antimons zu fünfwertigem das gesamte Antimon bestimmt, so daß aus der Differenz der beiden Titrationen der Wert für das dreiwertige Antimon folgt. *Oder* es wird nach den Angaben in Abschnitt A auf S. 441 das vorhandene fünfwertige Antimon zu dreiwertigem reduziert und dieses mit dem schon vorliegenden dreiwertigen Antimon mit Jod titriert. Wiederum aus der Differenz der beiden Bestimmungen folgt nunmehr der Gehalt der Lösung an fünfwertigem Antimon.

***Arbeitsvorschrift von* Youtz.** Die das Antimon in fünfwertiger Form enthaltende Lösung (etwa 50 cm³) wird mit 15 bis 20 cm³ konzentrierter Salzsäure versetzt und auf 700 cm³ verdünnt. Nach dem Zufügen von 3 bis 4 g Kaliumjodid zur kalten Lösung wird schnell mit Natriumthiosulfatlösung titriert. 1 cm³ 0,1 n $Na_2S_2O_3$-Lösung = 6,09 mg Sb.

***Arbeitsvorschrift von* Szebellédy.** Die fünfwertiges Antimon enthaltende Lösung wird in einer 150 cm³ fassenden Schliff-Flasche mit 20 cm³ konzentrierter Salzsäure (D 1,18) versetzt. Bei stark sauren Lösungen muß deren Säuregehalt mit einkalkuliert werden. Man verdünnt auf 100 cm³ und fügt 2 g Kaliumhydrogencarbonat in Anteilen hinzu, um den gelösten Sauerstoff zu vertreiben. Nachdem noch 3 g Kaliumjodid zu der Mischung zugegeben worden sind, wird die Flasche verschlossen. Nach 3 Min. wird soviel 0,1 n Natriumthiosulfatlösung zugesetzt, daß nur noch 0,5 bis 1 cm³ zur Beendigung der Titration erforderlich sind. Nach weiteren 3 Min. setzt man 3 g Ammoniumfluorid hinzu und titriert mit Natriumthiosulfatlösung bis zur vollständigen Entfärbung. Da Fluorid-Ion die Reaktion zwischen dem fünfwertigen Antimon und dem Jodid verlangsamt, darf der Zusatz des Fluorides erst erfolgen, wenn schon der größte Teil der Umsetzung beendet ist. Nach der Titration wird die Lösung sofort ausgeschüttet, damit die saure Fluoridlösung die Flasche nicht angreift.

Bemerkungen. **I. Die Genauigkeit** der angegebenen Verfahren ist vorzüglich. — **II. Besondere Arbeitsbedingungen.** Es ist vorteilhaft, die bei der Analyse zu verwendende Salzsäure und das destillierte Wasser auszukochen und unter einer Atmosphäre von Kohlendioxyd zu arbeiten (Kolb und Formhals). — Die Konzentration der Salzsäure soll nach Smith mindestens 33%, besser sogar 50 und mehr Prozent betragen. Die Menge zugesetzter Weinsäure soll nach demselben Verfasser viermal so groß wie die des anwesenden Antimons sein. Bei der Analyse von Legierungen nimmt man am besten 5 g Weinsäure je 1 g Legierung.

III. Andere Arbeitsvorschriften. a) Arbeitsvorschrift von Winkler. Eine Lösung von 200 mg fünfwertigem Antimon in 100 cm³ wird mit 10 cm³ konzentrierter Salzsäure und 10 cm³ 10%iger Kaliumjodidlösung versetzt. Das freigemachte Jod wird in einem Strom von Kohlendioxyd aus der Lösung ausgekocht und diese sodann nach Zusatz von Natriumhydrogencarbonat im Überschuß und Stärkelösung mit Jod titriert. Das Verfahren ist demnach sehr umständlich und wegen des ganz unnötigen Verbrauches an Jodpräparaten nicht zu empfehlen.

b) Arbeitsvorschrift von Spacu und Drăgulescu mit potentiometrischer Endpunktsbestimmung. Es wird wie sonst üblich gearbeitet, nur erfolgt die Bestimmung des Endpunktes der Titration des in Freiheit gesetzten Jodes mit Natriumthiosulfat auf potentiometrischem Wege. Die Konzentration der Salzsäure darf nicht unter 1,2 n sinken, da sonst Hydrolyse des dreiwertigen Antimons eintritt, höhere Salzsäurekonzentration ist ohne Schaden. Eine Titration dauert etwa 20 Min. — c) Bestimmung von dreiwertigem Antimon neben fünfwertigem nach Gooch und Gruener. Eine Lösung, welche etwa 165 mg Antimon in beiden Wertigkeitsstufen enthält, wird mit 1 g Weinsäure und dann mit überschüssigem Natriumhydrogencarbonat versetzt. Man titriert unter Verwendung von Stärke mit 0,1 n Jodlösung das dreiwertige Antimon. Nun werden 4 g Weinsäure und verdünnte Schwefelsäure bis zur schwach sauren Reaktion hinzugefügt. Man versetzt noch mit 10 cm³ Schwefelsäure (1:1) und soviel Kaliumjodid, daß die gebildete Jodwasserstoffsäure etwas mehr als 1 g Kaliumjodid entspricht, verdünnt auf 100 cm³ und engt danach auf 50 cm³ ein. Das durch die Reduktion des anwesenden fünfwertigen Antimons zu dreiwertigem freiwerdende Jod wird hierbei entfernt. Eine unter Umständen noch verbleibende geringfügige Jodfarbe wird mit einigen Tropfen einer etwa 0,01 n Lösung von schwefliger Säure entfernt. Nun wird mit Natronlauge neutralisiert, mit Natriumhydrogencarbonat übersättigt und das gesamte nunmehr in dreiwertiger Form vorliegende Antimon mit Jodlösung und Stärke titriert. Aus der Differenz der beiden Bestimmungen errechnet sich der Gehalt der betreffenden Lösung an drei- bzw. fünfwertigem Antimon.

C. Verschiedene jodometrische Verfahren.

Die Bestimmung des dreiwertigen Antimons ist in analoger Weise wie mit Kaliumbromat (s. § 4, S. 435) auch mit Kaliumjodat möglich. — Sie erfolgt auf potentiometrischem Wege (s. dazu Bem. VI auf S. 446) nach SINGH und ILAHI in 4 n Salzsäure unter Verwendung eines Platindrahtes als Indicatorelektrode. — Von CAUSSE stammt ein umständliches Verfahren, das darauf beruht, daß das nach der Gleichung $5\,Sb^{\cdot\cdot\cdot} + 2\,JO_3' + 12\,H^{\cdot} \rightarrow 5\,Sb^{\cdot\cdot\cdot\cdot\cdot} + J_2 + 6\,H_2O$ durch Kochen der dreiwertiges Antimon enthaltenden Lösung mit 20%iger Jodsäurelösung in Freiheit gesetzte Jod überdestilliert und in Kaliumjodidlösung aufgefangen wird, in welcher es mit Natriumthiosulfatlösung titriert wird. — Die übliche Bestimmung des Endpunktes einer Titration mit Jodat durch Blaufärbung von Stärke infolge des Auftretens von freiem Jod, welches aus dem bei der Reaktion entstehenden Jodid mit den ersten Anteilen überschüssigen Jodats nach der Gleichung $JO_3' + 5\,J' + 6\,H^{\cdot} \rightarrow 3\,J_2 + 3\,H_2O$ gebildet wird, umgeht ANDREWS und nach ihm JAMIESON dadurch, daß in stark salzsaurer Lösung das Jod durch Jodat zu schwach gelbem Jodmonochlorid JCl oxydiert wird. Hierfür gilt folgende Umsetzungsgleichung:

$$2\,KJ + KJO_3 + 6\,HCl \rightarrow 3\,JCl + 3\,KCl + 3\,H_2O.$$

Wird der Analysenlösung ein organisches Lösungsmittel, wie Tetrachlorkohlenstoff oder Chloroform zugesetzt, so ist der Endpunkt der Titration dann erreicht, wenn die durch freies Jod bedingte violette Farbe des Lösungsmittels wieder verschwunden ist, während die wäßrige Lösung selbst eine schwach gelbe Färbung annimmt. Für die Antimonbestimmung ist eine Konzentration von mindestens 15 bis 25% Salzsäure erforderlich. Wesentlich für dieses Verfahren spricht die Tatsache, daß es im Gegensatz zu anderen jodometrischen Verfahren nicht durch Kupfer gestört wird. Jedoch wirkt dreiwertiges Arsen ebenso wie dreiwertiges Antimon; Arsen muß also vor Anwendung des Verfahrens zur Bestimmung des Antimons entfernt werden (s. Kapitel As, § 7, S. 109). MUTSCHIN hat in einer sorgfältigen Untersuchung alle Bedingungen für eine möglichst gute Durchführung der Bestimmung festgestellt und KORENMAN und ANBROCH haben eine Vorschrift als Mikrobestimmung mitgeteilt. Eine Abänderung teilt LANG (b) mit, nach welcher an Stelle von Jodchlorid Jodbromid JBr angewendet wird. Um eine schnellere Jodausscheidung während der Titration zu bewirken, ist eine ,,Voroxydation" empfehlenswert, indem die zu titrierende Lösung mit einer Jodchloridlösung behandelt wird:

$$JO_3' + 6\,H^{\cdot} + 2\,J_2 \rightarrow 5\,J^{\cdot} + 3\,H_2O$$
$$HSbO_2 + 2\,J^{\cdot} + 2\,H_2O \rightarrow H_3SbO_4 + J_2 + 2\,H^{\cdot}.$$

Wie sich aus der Addition der beiden Gleichungen ergibt, bedeutet die Voroxydation keine Änderung der stöchiometrischen Bedingungen:

$$2\,HSbO_2 + JO_3' + 2\,H^{\cdot} + H_2O \rightarrow 2\,H_3\,SbO_4 + J^{\cdot}.$$

Nach MUTSCHIN kann der Endpunkt auch auf potentiometrischem Wege ermittelt werden, allerdings einwandfrei ausschließlich in schwefelsaurer Lösung. — Von FAUCHON stammt ein colorimetrisch sowie maßanalytisch anwendbares Verfahren, welches auf der Bildung des goldgelben Kalium-Antimonjodides beruht. McCHESNEY hat genauere Angaben über die Ausführung der Bestimmung gemacht. — Ein colorimetrisches Verfahren unter Verwendung der gelbgrünen Färbung des Komplexes von Kalium-Antimonjodid mit Pyridin ist in § 9 B, S. 465 beschrieben. — Eine Reaktion zur Unterscheidung von drei- und fünfwertigem Antimon teilt

DUQUÉNOIS mit: *Drei*wertiges Antimon gibt bei Gegenwart einer Oxysäure mit Antipyrin und Kaliumjodid in salzsaurer Lösung einen goldgelben Niederschlag, *fünf*wertiges unter gleichen Bedingungen einen solchen von ziegelroter Farbe.

***Arbeitsvorschrift von* MUTSCHIN.** In einem Meßkolben von 200 bis 250 cm^3 Inhalt mit sehr gut schließendem Schliffstopfen wird die Analysenlösung mit konzentrierter Salzsäure (s. Bem. II) und mit 5 cm^3 Tetrachlorkohlenstoff oder Chloroform versetzt. Man titriert unter kräftigem Umschütteln mit 0,025 m Kaliumjodatlösung, bis die violette Farbe des organischen Lösungsmittels verschwindet. Dieser Punkt läßt sich besonders dadurch scharf erkennen, daß der verschlossene Kolben umgedreht wird, so daß die Tetrachlorkohlenstoff (Chloroform)-Schicht sich im Halse des Meßkolbens befindet. Ein Zusatz von Jodchlorid ist empfehlenswert.

***Bemerkungen.* I. Genauigkeit.** Das Verfahren liefert ausgezeichnete Werte. — **II. Konzentration der Salzsäure.** Die günstigste Acidität liegt bei 20 cm^3 konzentrierter Salzsäure in 100 cm^3 Endvolumen. Nach den Befunden von HAMMOCK, BROWN und SWIFT ist die günstigste Konzentration der Salzsäure in Übereinstimmung mit MUTSCHIN 2,5 bis 3,5 n, während JAMIESON eine zu hohe Salzsäurekonzentration angibt. Bei höherer Konzentration als 4 n ist die Reduktion des Jodates, oder wahrscheinlicher des Jodmonochlorides, durch dreiwertiges Antimon zu langsam. Bei einer Konzentration unterhalb 2 n verläuft die Reduktion des Jodates und des Jodchlorides zu Jod ziemlich schnell, während die Oxydation des Jodes zu Jodchlorid langsam vor sich geht. Unter 15 cm^3 werden Überwerte erhalten; über 20 cm^3 können nur bei großen Antimonmengen angewendet werden, aber auch auf keinen Fall mehr als 30 cm^3, weil sonst Verzögerungserscheinungen eintreten. Wenn jedoch Jodchlorid zugesetzt wird, so sind 30 cm^3 konzentrierte Salzsäure je 100 cm^3 Endvolumen als günstigste Konzentration zu bezeichnen. — Bei dem Verfahren von JAMIESON zur Antimonbestimmung in Hartblei (s. § 9 C, S. 475) ist der Salzsäurezusatz zu groß. Der nochmalige Zusatz von 15 cm^3 Salzsäure (1:1) hat zu unterbleiben, wenn der Bleisulfatniederschlag mit 20 cm^3 dieser Salzsäure gewaschen wurde. — **III. Große Verdünnung,** wie sie bei Destillationen vorkommt, ist ohne Schaden. 6 bis 300 mg Sb in 500 cm^3 Lösung ergeben genaue Werte. Hierbei werden 150 cm^3 Salzsäure und 5 cm^3 etwa 0,5 m Jodchloridlösung verwendet. — **IV. Eine Störung durch Kaliumbromid** in einer Menge von 1 bis 5 g tritt **nicht** ein (s. S. 447). — **V. Darstellung von Jodmonochlorid** nach LANG (a). 27,7 g Kaliumjodid werden in wenig Wasser gelöst und in einen 1 l-Meßkolben mit 400 cm^3 Salzsäure (1:1) übergespült. Man fügt eine konzentrierte Lösung von 17,5 g Kaliumjodat, 10 cm^3 Chloroform und tropfenweise 0,025 m Kaliumjodatlösung bis zur völligen Entfärbung des Chloroforms hinzu. Die so angesetzte und mit Wasser auf 500 cm^3 gebrachte Lösung samt dem Chloroform, das leicht abgetrennt werden kann, ist unbegrenzt haltbar. Die Bildung des Jodchlorides erfolgt nach der Gleichung: $KJO_3 + 2KJ + 6HCl \rightarrow 3JCl + 3KCl + 3H_2O$. — **VI. Potentiometrische Endpunktsbestimmung.** Diese ist ausschließlich in schwefelsaurer Lösung möglich. Die Umsetzungsgleichung lautet:

$$5\,HSbO_2 + 2\,JO_3' + 2\,H^{\cdot} + 4\,H_2O \rightarrow 5\,H_3SbO_4 + J_2.$$

Am Äquivalenzpunkt tritt ein großer Potentialsprung auf. Das Umschlagspotential (gegen die gesättigte Kalomelelektrode) ist $e_U = +650$ mV. Man benötigt 50 cm^3 Schwefelsäure (1:1) für etwa 50 bis 100 mg Sb in 10 cm^3 Lösung, verdünnt mit 50 cm^3 Wasser und titriert mit 0,025 m Kaliumjodatlösung.

***Arbeitsvorschrift von* KORENMAN *und* ANBROCH** für Mikrobestimmungen. Zu 10 cm^3 der Analysenlösung, welche sich in einem Schliff-Fläschchen befinden, werden je 5 cm^3 konzentrierte Salzsäure und Tetrachlorkohlenstoff oder Chloroform zugefügt. Man titriert unter Schütteln mit 0,01 n Kaliumjodatlösung und beobachtet das Ende der Titration wie oben angegeben.

***Bemerkungen.* I.** Bei **höherer Salzsäurekonzentration** als angegeben, werden zu niedrige Werte erhalten. — **II.** Ein **Zusatz des** katalytisch wirkenden **Jodchlorides** (s. S. 446) kann dadurch bewirkt werden, daß bei Reihenversuchen ein Rest der austitrierten Lösung von der vorhergehenden Bestimmung im Gefäß zurückgelassen wird.

***Arbeitsvorschrift von* Lang (b)** unter Verwendung von Jodbromid. Auf 100 bis 200 cm³ Analysenlösung beliebiger Salzsäurekonzentration werden 20 bis 40 g Kaliumbromid und 5 cm³ Tetrachlorkohlenstoff angewendet. Man titriert mit 0,025 m Kaliumjodatlösung unter denselben Bedingungen wie nach der Vorschrift von Mutschin (s. S. 446). Um das Ausfallen basischer Antimonverbindungen zu vermeiden, wird der Lösung Weinsäure oder Natriumpyrophosphat zugesetzt. Eine Voroxydation mit Jodchlorid ist erlaubt (s. S. 445), jedoch mit höchstens 2,5 cm³ 0,5 m Jodchloridlösung bei großer und höchstens 5 cm³ dieser Lösung bei kleiner Antimonmenge.

***Bemerkungen.* I.** Die **Kaliumbromidkonzentration** darf nicht unter 1,3 Mol je Liter sinken, daher ist viel Kaliumbromid zuzusetzen (s. S. 446). — **II.** Die **Jod-Endkonzentration** soll 0,19 g Jod in 100 cm³ nicht übersteigen.

***Arbeitsvorschriften von* Fauchon** unter Benutzung von Kalium-Antimonjodid. a) Maßanalytische Bestimmung. Auf Zusatz einer Antimonlösung zu einer abgemessenen schwefelsauren Kaliumjodidlösung tritt zuerst eine goldgelbe Färbung auf. Wird unter Schütteln alle 4 bis 5 Sek. ein weiterer Tropfen zugesetzt, so erscheint mit dem ersten überschüssigen Tropfen eine Trübung, welche von AntimonIII-jodid herrührt. — b) Colorimetrische Bestimmung. Man versetzt die Analysenlösung einerseits und eine 0,01 n Antimonvergleichslösung andererseits mit Wasser und zwar 0,05 cm³ mit 0,35 cm³ Wasser, 0,1 cm³ mit 0,3 cm³ Wasser usw., ferner mit 1 cm³ 10%iger Schwefelsäure und 1 cm³ 10%iger Kaliumjodidlösung und stellt auf gleicle Tönung der goldgelben Farbe ein. Es lassen sich bis herab zu 5 γ Sb bestimmen. Nach McChesney wird bei 420 mμ colorimetrisch gemessen.

***Bemerkungen.* I.** Eine **Störung durch Arsen** ist nicht zu befürchten. — **II.** Die **Konzentration an freier Schwefelsäure** muß 25 Vol.-% betragen (Fauchon und Vignoli). McChesney gibt als Konzentration der Schwefelsäure 8 Vol.-% in der zu colorimetrierenden Lösung an. Zwischen 6,3 und 9,7 Vol.-% tritt keine Veränderung der Farbintensität der Antimonkomplexverbindung auf. Wird jedoch die Konzentration allmählich erniedrigt, so verblaßt die Färbung rasch und verschwindet bei niedrigen Konzentrationen vollständig. Bei 1,6% Kaliumjodid in der Lösung tritt keine Färbung mehr auf. — **III.** Bei **Gegenwart von Wismut** wird die gleiche Färbung erzeugt. Die Wismutfärbung verliert nach McChesney unter denselben Bedingungen der Säurekonzentration, wie in Bemerkung II angegeben, nur 10% ihrer Intensität. Bei einem Gehalt von 11,2% Kaliumjodid in der Lösung sind die Färbungen von Antimon und Wismut genau additiv, so daß sich durch Subtraktion des Wismuts die Menge des Antimons errechnen läßt. — **IV.** Das Verfahren ist von McChesney auf die **Untersuchung von biologischem Material** (Blut, Urin, Faeces, Gewebe) angewendet worden.

Die colorimetrische Bestimmung des Antimons mittels Jodids benutzt Popow im Anschluß an eine Fällung mit Hilfe von Methylviolett (s. auch § 9 C 4, S. 486).

***Arbeitsvorschrift von* Popow.** 0,5 g Substanz (Oxyd oder Sulfid) werden mit 0,7 g Natriumpyrosulfat und 1 cm³ konzentrierter Schwefelsäure in einem Reagensglase vermischt. Das Glas wird in ein Schutzschild aus Asbest gesteckt und in fast horizontaler Lage über einer heißen Platte erhitzt. Nach 40 bis 60 Min. wird die Masse in dünner Schicht an der Wand des Glases verteilt und nach dem Erkalten in

6 bis 7 cm^3 10%iger Salzsäure im Wasserbade gelöst. Nach Zusatz von 1 cm^3 einer 25%igen Lösung von ZinnII-chlorid in 10%iger Salzsäure wird nochmal 10 Min. lang im Wasserbade erwärmt. Der entstandene Niederschlag wird durch Papierfilter filtriert und mit kalter, 10%iger Salzsäure gewaschen, bis ein Filtrat von etwa 20 bis 25 cm^3 Menge gesammelt ist. Der antimonfreie Niederschlag wird weggeworfen. Zur Oxydation des Antimons (Eisens und Zinns) wird das Filtrat in kleinen Anteilen mit Natriumnitrit versetzt und dann zur Zerstörung überschüssigen Nitrits 30 bis 60 Sek. lang geschüttelt. Danach werden 7 bis 10 cm^3 einer 1,5%igen Lösung von Methylviolett in 5%iger Salzsäure zur Fällung des Antimons zugesetzt. Der fast schwarze Niederschlag wird auf ein Rotbandfilter gebracht und mit etwa 30 bis 80 cm^3 einer Waschflüssigkeit gewaschen (25 cm^3 konzentrierte Schwefelsäure und 10 cm^3 Methylviolettlösung auf 500 cm^3). Niederschlag und Filter werden durch 4 cm^3 Schwefelsäure (1:1) und 2 bis 3 cm^3 30%igem Wasserstoffperoxyd zersetzt. Die abgekühlte farblose Flüssigkeit dient nach dem Versetzen mit 5 cm^3 Schwefelsäure (1:3) zur colorimetrischen Antimonbestimmung nach folgendem Verfahren: In EGGERTZ-Zylindern werden 5 cm^3 10%ige Kaliumjodidlösung, 1 bis 2 cm^3 10%iges Pyridin-Wasser-Gemisch, 1 cm^3 1%ige Natriumsulfitlösung und die Probelösung mit Schwefelsäure (1:3) bis zur Marke aufgefüllt. (Die Vollständigkeit der Reduktion wird mit Stärke besonders geprüft.) Es wird gegen Standardlösungen mit 0,05 bis 0,1 mg Sb/cm^3 colorimetriert. — Bei der Reduktion mit ZinnII-chlorid können Gold und Platinmetalle, auch Wismut und ThalliumIII stören. Nur bei sehr kleinen Antimonmengen können auch Zinn, Kupfer, Blei, Arsen und Eisen stören.

Literatur.

ANDREWS, L. W.: Am. Soc. **25**, 756 (1903); durch Fr. **48**, 295 (1909).

BRUKL, A.: Mikrochemie **1**, 54 (1923).

CAUSSE, H.: C. r. **125**, 1100 (1897); durch Fr. **46**, 724 (1907). — MCCHESNEY, E. W.: Ind. eng. Chem. Anal. Edit. **18**, 146 (1946); durch C. **113**, **I**, 90 (1947) (Berlin).

DUQUÉNOIS, P.: C. r. **197**, 339 (1933); durch C. **104**, **II**, 3164 (1933).

EDGAR, G.: Z. anorg. Ch. **62**, 77 (1909). — EVANS, B. S.: Analyst **56**, 171 (1931); durch Fr. **89**, 298 (1932).

FAUCHON, L.: J. Pharm. Chim. [8] **25**, 537 (1937); durch C. **109**, **I**, 1836 (1938). — FAUCHON, L., u. L. VIGNOLI: J. Pharm. Chim. [8] **26**, 337 (1937); durch C. **109**, **I**, 2223 (1938). — FRESENIUS, R.: Anleitung zur quantitativen Analyse, 6. Aufl., I, S. 358 (1875).

GOOCH, F. A., u. H. W. GRUENER: Am. J. Sci. [3] **42**, 213 (1891); durch Fr. **32**, 471 (1893).

HAMMOCK, E. W., R. A. BROWN u. E. H. SWIFT: Analytic. Chem. **20**, 1048 (1948). — HERROUN, E. F.: Chem. N. **45**, 101 (1882); durch Fr. **22**, 254 (1883).

JAMIESON, G. S.: Ind. eng. Chem. **3**, 250 (1911); durch Fr. **57**, 564 (1918).

KNORRE, G. v.: Angew. Ch. **1**, 155 (1888). — KOLB, A., u. R. FORMHALS: Z. anorg. Ch. **58**, 202 (1908). — KORENMAN, I. M., u. Z. A. ANBROCH: Mikrochemie **21**, 60 (1936); durch Fr. **111**, 429 (1937/38).

LANG, R.: (a) Z. anorg. Ch. **142**, 235 (1925); (b) Fr. **106**, 12 (1936).

MOHR, F.: Lehrbuch der chemisch-analytischen Titriermethoden, 4. Aufl. 1874, S. 310. — MUTSCHIN, A.: Fr. **106**, 1 (1936).

NIKOLAI, F.: Fr. **61**, 257 (1922).

POPOW, M. A.: Betriebslab. **14**, 178 (1948); durch C. **120**, **I**, 1280 (1949).

ROHMER, M.: B. **34**, 1565 (1901).

SCHMIDT, E.: Ch. Z. **34**, 453 (1910). — SINGH, B., u. I. ILAHI: J. Indian. chem. Soc. **13**, 717 (1936); durch Fr. **122**, 358 (1941). — SMITH, A. E. W.: J. Soc. chem. Ind. **54**, Trans. 372 (1935); durch C. **107**, **I**, 2781 (1936). — SPACU, G., u. C. DRĂGULESCU: Bl. Acad. Roum. **21**, Nr 5/6 (1939); durch C. **111**, **I**, 99 (1940). — SZEBELLÉDY, L.: Fr. **81**, 36 (1930).

WELLER, A.: A. **213**, 364 (1882). — WINKLER, P. E.: Bl. Soc. chim. Belg. **36**, 491 (1927); durch C. **99** **I**, 231 (1928).

YOUTZ, L. A.: Z. anorg. Ch. **37**, 337 (1903).

ZINTL, E., u. H. WATTENBERG: B. **56**, 472 (1923).

§ 6. Manganometrische Bestimmung des dreiwertigen Antimons und einige andere oxydimetrische Verfahren.

Vorbemerkung.

Die auf der Umsetzungsgleichung

$$5\,Sb^{\cdot\cdot\cdot} + 2\,MnO_4' + 16\,H^{\cdot} \rightarrow 5\,Sb^{\cdot\cdot\cdot\cdot\cdot} + 2\,Mn^{\cdot\cdot} + 8\,H_2O$$

beruhende manganometrische Bestimmung des dreiwertigen Antimons wird vorwiegend bei der Untersuchung von Legierungen des Antimons angewendet (s. § 9, S. 461). Das Verfahren ist von KESSLER in umständlicher Form in die analytische Praxis eingeführt, von PETRICIOLLI und REUTER vereinfacht und empfohlen und von HALLMANN in seiner Genauigkeit bestätigt sowie bezüglich der Arbeitsbedingungen genauer untersucht worden. Ein Vorteil der manganometrischen Antimonbestimmung ist darin zu sehen, daß diese in der Kälte und auch in salzsaurer Lösung erfolgen kann. Auf jeden Fall muß das Antimon in seiner dreiwertigen Form anwesend sein. KNOP hat bei der Untersuchung über den Mechanismus der Reaktion festgestellt, daß Antimon zwar die chlorliefernde Reaktion:

$$MnO_4' + 5\,Cl' + 8\,H^{\cdot} \rightarrow Mn^{\cdot\cdot} + 2^1/_2 Cl_2 + 4\,H_2O$$

teilweise induziert, daß aber die Reaktionsgeschwindigkeit wesentlich kleiner als bei Eisen ist. Dies gilt allerdings nur bei einer Menge an konzentrierter Salzsäure, welche $^1/_5$ des Endvolumens nicht übersteigt. Ist die Salzsäuremenge größer, so tritt Entwicklung von Chlor ein, und es werden zu hohe Werte für Antimon erhalten. Bei der genannten günstigen Salzsäurekonzentration ist die Anwesenheit von Weinsäure ohne Einfluß auf das Ergebnis.

JOLLES hat vorgeschlagen, zu einer alkalischen Manganatlösung die AntimonIII-salz-Lösung allmählich zuzusetzen, bis deren grüne Farbe in eine klare gelblich-braune, von vierwertigem Mangan herrührende, übergegangen ist. Die Reaktion vollzieht sich nach der Gleichung: $Sb_2O_3 + 2\,K_2MnO_4 \rightarrow Sb_2O_5 + 2\,K_2MnO_3$. Der Endpunkt soll scharf zu erkennen sein. Da die Manganatlösung jedesmal frisch bereitet werden muß, so ist das Verfahren nicht zu empfehlen, und es ist auch an keiner Stelle der ausgedehnten Literatur über praktische Antimonbestimmung erwähnt.

KESSLER hat auch ein sehr kompliziertes Verfahren zur Bestimmung dreiwertigen Antimons mittels Dichromat mitgeteilt. Diesen Grundgedanken hat KNOP aufgegriffen und ein sehr einfaches Bestimmungsverfahren mit Hilfe von Diphenylamin als Redoxindicator entwickelt, das leider nicht bei Anwesenheit von Weinsäure brauchbar ist. Das zur Rücktitration überschüssiger Dichromatlösung erforderliche EisenII-sulfat induziert die Oxydation der Weinsäure durch das Dichromat so stark, daß keine brauchbaren Werte zu erhalten sind. — Die maßanalytische Bestimmung dreiwertigen Antimons ist auch mit Hilfe von CerIV-sulfat möglich, worüber WILLARD und YOUNG, RATHSBURG sowie FURMAN Angaben gemacht haben. — Nach dem Vorschlage von PALMER führen DEL FRESNO und VALDÉS die Bestimmung von AntimonIII-Ion mittels Kaliumhexacyanoferrat(III) (rotes Blutlaugensalz) potentiometrisch durch. — JELLINEK und KRESTEFF haben versucht, dreiwertiges Antimon mit eingestellter Natriumhypochlorit-Lösung zu bestimmen. Da die von ihnen mitgeteilten Ergebnisse um etwa 1,5% höher liegen als bei der Anwendung von Permanganat, und da sie hierfür keine Gründe anführen, so braucht auf das Verfahren hier nicht näher eingegangen zu werden. — TOMIČEK sowie HOLNESS und CORNISH bestimmen fünfwertiges Antimon mittels TitanIII-chlorid bzw. -sulfat, während OLIVERIO AntimonIII-Ion durch TitanIII-chlorid zu elementarem Antimon reduziert und den Überschuß zurückmißt (s. hierzu Kapitel Bi, § 6, S. 588). — Bezüglich der potentiometrischen Bestimmung von Antimon mittels ChromII-chlorid nach BRINTZINGER und RODIS wird auf § 9C, S. 483 verwiesen. — Alle eben genannten oxydimetrischen Verfahren zur Bestimmung von Antimon haben kaum praktische Bedeutung erlangt.

A. Manganometrische Bestimmung des dreiwertigen Antimons.

***Arbeitsvorschrift nach* HALLMANN.** Die Lösung, welche dreiwertiges Antimon enthalten muß, wird mit konzentrierter Salzsäure (s. Bem. II) versetzt und in der Kälte (18 bis 20°) mit eingestellter Kaliumpermanganatlösung gebräuchlicher Normalität bis zum Auftreten der schwach rötlichen Färbung des Permanganates titriert. Diese Färbung tritt nur bei Abwesenheit von Alkalichloriden deutlich auf, bei ihrer Gegenwart stellt sich eine undeutliche Gelbfärbung ein. 1 cm³ 0,1 n $KMnO_4$-Lösung = 6,088 mg Sb.

***Bemerkungen.* I. Genauigkeit.** Bei Einhaltung der Arbeitsbedingungen, insbesondere der richtigen Konzentration an Salzsäure (s. Bem. II) liegt der durchschnittliche Fehler unter 0,1%. — **II. Konzentration der Salzsäure.** Nach HALLMANN soll die Konzentration an Salzsäure 1 Raumteil konzentrierte Säure auf 5 Raumteile Wasser betragen. Bei kleinerer Konzentration werden zu niedrige, bei höherer infolge Chlorentwicklungen zu hohe Werte für Antimon erhalten. KNOP hält ein Verhältnis von 6,7 Vol.-% konzentrierter Salzsäure und ebensoviel konzentrierter Schwefelsäure für besonders geeignet. COLLENBERG und BAKKE geben an, daß die Lösung mindestens 11, höchstens 25 cm³ konzentrierte Salzsäure auf 100 cm³ Lösung enthalten soll. Nach diesen Verfassern sind bis zu 1,3% zu niedrige Werte erhalten worden, wenn nach den Angaben von PETRICIOLLI und REUTER — Verdünnen der Analysenlösung bis zur beginnenden Trübung — gearbeitet wird. — Die Bestimmung des Endpunktes auf potentiometrischem Wege ist nach PUGH exakt in der Kälte unter der Voraussetzung, daß die in der Lösung vorhandenen Mengen an Salzsäure und Schwefelsäure in einem richtigen Verhältnis zueinander stehen. Bei Anwesenheit von zu wenig Salzsäure werden zu niedrige Werte erhalten, weil basisches Antimonchlorid ausfällt, bei zu hohem Gehalt an Salzsäure entwickelt sich Chlor. PUGH gibt als günstigste Bedingungen für den Gehalt von 200 cm³ Lösung an:

cm³ konzentrierte Schwefelsäure . . .	0	10	20	30
cm³ konzentrierte Salzsäure	30—50	30—35	15—20	10—15

Die Endkonzentration der Salzsäure soll nach HAMMOCK, BROWN und SWIFT, wenn Jodchlorid zur Erkennung des Endpunktes benutzt wird (s. § 5, S. 445) 3 n nicht übersteigen. — Die genaue Dosierung der Säuremenge ist nach PIETERS wichtig, weil bei zu kleiner Menge Antimonylsalz ausfallen, bei zu großer Chlorentwicklung eintreten kann. Am besten seien 20 bis 30 cm³ Salzsäure (D 1,19) in 100 cm³ Lösung oder 25 bis 30 cm³ Schwefelsäure (D 1,84) + Salzsäure (D 1,19). **III. Störungen.** Weinsäure in kleinen Mengen (z. B. aus Brechweinstein) ist ohne Einfluß auf die Genauigkeit der Bestimmung, wenn die Lösung so verdünnt ist, daß die Konzentration der Weinsäure nicht über 0,05% steigt und wenn nicht mehr als 12 cm³ konzentrierte Salzsäure auf 100 cm³ vorhanden sind (COLLENBERG und BAKKE). — Die anorganischen Ionen $As^{\cdot\cdot\cdot}$, $Sn^{\cdot\cdot}$, $Fe^{\cdot\cdot}$ und größere Mengen $Cu^{\cdot}$ stören die Bestimmung, $Sn^{\cdot\cdot\cdot\cdot}$ ist ohne Einfluß (LOW). — Nach MYERS stört Vanadium. — Bei Anwesenheit von Blei und Schwefelsäure adsorbiert das entstehende Bleisulfat beträchtliche Mengen Antimon und entzieht diese der manganometrischen Bestimmung (WASSILJEW und STUTZER). Dieser Fall tritt besonders bei der Analyse von Weißmetall ein, wenn dieses nach dem Verfahren von LOW in Schwefelsäure gelöst wird (s. § 9C, S. 490). WASSILJEW und STUTZER lassen nach der manganometrischen Titration das Bleisulfat absitzen, gießen die überstehende Lösung ab und lösen den Niederschlag in 20 cm³ konzentrierter Salzsäure und 10 cm³ Wasser. Nach dem Verdünnen auf 400 cm³ und Abkühlen auf 15° titrieren sie diese Lösung noch einmal mit Kaliumpermanganat und finden hierbei noch 1,5 bis 3,3% Sb. Wird diese Antimonmenge zu der bei der ersten Titration gefundenen hinzugezählt, so ist die Gesamtsumme relativ um 1% zu hoch. Bei

Analysen von Weißmetall ist das Antimonresultat also um 1% (relativ) zu erniedrigen, d. h. bei z. B. 15% Sb in der Legierung beträgt die Korrektur 0,15%. — Nach PUGH kann der durch die Okklusion des Antimons an Bleisulfat verursachte Fehler dadurch vermieden werden, daß man in 40 bis 60° warmer salzsäurehaltiger Lösung mit Methylorange als Indicator titriert. Der Farbstoff wird durch entstehendes Chlor zerstört. — **IV. Die Einstellung der Kaliumpermanganatlösung** erfolgt am besten empirisch gegen eine AntimonIII-salz-Lösung oder gegen eine Lösung von Brechweinstein. — **V.** Ein **Zusatz von Mangan-Phosphorsäure-Lösung** bewirkt nach LEEMANN, daß die Rosafärbung am Ende der Titration 1 bis 3 Min. bestehen bleibt. (110 g ManganII-sulfat, 138 cm³ Phosphorsäure [D 1,7] und 138 cm³ konzentrierte Schwefelsäure werden zu 1 l gelöst, und davon werden zu jeder Bestimmung 60 cm³ angewendet.) — **VI. Potentiometrische Titration in alkalischer Lösung.** TOMIČEK, PROČKE und PAVELKA fügen zu 5 bis 15 cm³ 0,1 n AntimonIII-salz-Lösung 10 cm³ 2,5 n NaOH, 0,15 bis 0,45 g Tellursäure (H_6TeO_6) und verdünnen auf 75 cm³. Unter Verwendung eines Platindrahtes als Indicatorelektrode wird bei 20° mit 0,02 n Kaliumpermanganatlösung titriert.

B. Verschiedene oxydimetrische Verfahren.

1. Bestimmung des dreiwertigen Antimons mit Dichromat unter Verwendung von Diphenylamin als Redoxindicator nach KNOP.

***Arbeitsvorschrift von* KNOP.** Die Antimonlösung wird auf 150 bis 200 cm³ verdünnt, nachdem 15 cm³ Phosphorsäure-Schwefelsäure-Mischung (150 cm³ Phosphorsäure [D 1,7] und 150 cm³ konzentrierte Schwefelsäure werden zu 1 l gelöst) und 10 bis 15 cm³ konzentrierte Salzsäure zugefügt worden waren. Nun wird ein Überschuß einer 0,1 n Kaliumdichromatlösung zugesetzt. Nach frühestens 5 Min., besser nach längerer Zeit, erfolgt ein Zusatz von überschüssiger 0,1 n EisenII-sulfat-Lösung und danach dessen Rücktitration mit Dichromat nach Zugabe von 1 bis 3 Tropfen Diphenylamin (1 g in 100 cm³ konzentrierter Schwefelsäure) als Redoxindicator.

***Bemerkungen.* I.** Die **Genauigkeit** der Bestimmung ist gut. — **II.** Wegen des **Einflusses von Weinsäure** s. S. 449.

2. Bestimmung des dreiwertigen Antimons mit CerIV-sulfat.

WILLARD und YOUNG (a) haben die Bestimmung des dreiwertigen Antimons durch potentiometrische Titration in salzsaurer Lösung bei gewöhnlicher Temperatur und mit Jodmonochlorid (s. S. 445) durchgeführt. In einer späteren Arbeit (b) teilen sie die Verwendung von EisenII-o-phenanthrolin als Redoxindicator mit. RATHSBURG arbeitet gleichfalls potentiometrisch, die CerIV-sulfat-Lösung stellt er gegen Brechweinstein unter Verwendung von Methylrot, Methylorange, Methylenblau oder Kongorot ein. Nach RATHSBURG ist die Antimonbestimmung neben Arsen möglich, da die Titrationskurve bei Beendigung der Oxydation des Antimons einen Knick zeigt, worauf der Potentialsprung für Arsen folgt. Nach FURMAN dürfen die Arsenmengen nur klein, die Lösung muß aber stark salzsauer sein. Man titriert auf den ersten Potentialsprung (Antimon), fügt dann Jodchlorid hinzu und titriert weiter bis zum zweiten durch Arsen verursachten Potentialsprung. Für die cerimetrische Bestimmung von Antimon (und Arsen) trifft PŘIBIL folgende Feststellungen: 1. In stark salzsaurem Medium (4 bis 6 n) läßt sich Antimon nicht neben Arsen bestimmen, sondern nur deren Summe ermitteln (im Gegensatz zu FURMAN). — 2. In schwach salzsaurem Medium (etwa 2 n) läßt sich Antimon neben einer kleinen Menge Arsen bestimmen. Arsen wird dann bei der fortgesetzten Titration nach Zusatz von Jodchlorid bestimmt. — 3. In analoger Weise, aber weit zuverlässiger, läßt sich Antimon neben Arsen titrieren, wenn die

Lösung in 100 cm³ 20 cm³ Schwefelsäure und 15 cm³ konzentrierte Salzsäure enthält. — 4. Antimon läßt sich neben der 30fachen Menge Arsen sehr genau mit Jodchlorid in einer Lösung bestimmen, die in 100 cm³ insgesamt 20 cm³ konzentrierte Schwefelsäure und 40 cm³ konzentrierte Salzsäure enthält. HAMMOCK, BROWN und SWIFT geben aber an, daß die Titration mit CerIV-sulfat-Lösung und Jodmonochlorid nicht empfehlenswert sei wegen langsamer Oxydation des Jodes und sehr großen Einflusses der Salzsäurekonzentration. — 5. Arsen läßt sich unter den bei 4. angegebenen Bedingungen sehr zuverlässig titrieren, wenn man die Lösung so verdünnt, daß sie in 100 cm³ 5 bis 10 cm³ konzentrierte Schwefelsäure und 15 cm³ Salzsäure enthält.

Reagenzien. 1. CerIV-sulfat-Lösung. CerIII-oxalat wird bei 600° solange geglüht, bis alles in CerIV-oxyd übergegangen ist. Dieses wird in der nötigen Menge Schwefelsäure gelöst und die Lösung auf 0,1 n gebracht. Sie wird gegen Natriumoxalat entweder potentiometrisch bei 70 bis 80° oder durch den Farbumschlag Farblos-Gelb eingestellt. — 2. Jodchloridlösung. Man stellt eine 0,005 m Lösung in Salzsäure (1:1) her (s. S. 446).

***Arbeitsvorschrift von* FURMAN.** Zu der etwa 40 bis 70 cm³ betragenden Lösung wird soviel konzentrierte Salzsäure zugefügt, daß die anfängliche Salzsäurekonzentration mindestens 40 Vol.-% beträgt. Es wird bei Raumtemperatur potentiometrisch titriert.

Bemerkungen. **I.** Der **Fehler** beträgt bei Antimonmengen zwischen 50 und 125 mg etwa + 0,1 mg. — **II. Störung** bewirken Phosphate, Fluoride und Nitrate. — **III. Bestimmung von Antimon neben Arsen.** Man arbeitet nach obiger Vorschrift unter Hinzufügen von 10 cm³ der Jodchloridlösung (2).

3. Bestimmung des dreiwertigen Antimons mit Kalium-hexacyano-ferratIII.

Das von PALMER eingeführte Verfahren beruht auf der Reaktion:

$$Sb_2O_3 + 4\,K_3[Fe(CN)_6] + 4\,KOH \rightarrow Sb_2O_5 + 4\,K_4[Fe(CN)_6] + 2\,H_2O.$$

Das entstandene Kalium-hexacyano-ferratII wird sodann mit Kaliumpermanganat titriert:

$$5K_4[Fe(CN)_6] + KMnO_4 + 4H_2SO_4 \rightarrow 5K_3[Fe(CN)_6] + MnSO_4 + 3K_2SO_4 + 4H_2O.$$

Man setzt die fünffache Menge an Kalium-hexacyano-ferratIII-Lösung und 25 cm³ 20%ige Kalilauge zur Analysenlösung hinzu, jedoch soll das Volumen nicht mehr als 100 cm³ betragen. Nachdem die Mischung einige Minuten gestanden hat, wird mit viel Schwefelsäure angesäuert und mit Kaliumpermanganatlösung titriert, wobei sehr gute Werte erzielt werden. Statt der Rücktitration mit Permanganat schlagen DEL FRESNO und VALDÉS die unmittelbare potentiometrische Titration auf Grund der ersten obigen Gleichung vor. Das Umschlagspotential in 50 cm³ Lösung, welche 40 cm³ 50%ige Natronlauge enthält, beträgt —254 mV. Der Potentialsprung beträgt etwa 1000 mV.

***Arbeitsvorschrift nach* DEL FRESNO *und* VALDÉS.** Die Antimonlösung wird mit 50%iger Natronlauge in starkem Überschuß versetzt und auf 70° erwärmt. Man titriert mit 0,1 n Kalium-hexacyano-ferrat III-Lösung, die jodometrisch eingestellt ist, unter Verwendung einer Platinelektrode gegen die Kalomelelektrode, deren Heber mit gesättigter Kaliumsulfatlösung gefüllt ist.

Bemerkung. **Die Fehler** liegen zwischen ±0 und —0,38%. Das Verfahren wird von den Verfassern als „sehr befriedigend" bezeichnet.

4. Bestimmung des Antimons mit TitanIII-chlorid.

Fünfwertiges Antimon wird durch TitanIII-chlorid in saurer Lösung in der Wärme zu dreiwertigem reduziert (s. § 4, S. 439). Diesen Vorgang benutzt TOMIČEK zur maßanalytischen Bestimmung des Antimons. HOLNESS und CORNISH arbeiten mit TitanIII-sulfat, welches sie gegen MOHRsches Salz unter Verwendung von Indigocarmin, Neutralrot, Safranin u. a. einstellen. Man reduziert die fünfwertiges Antimon enthaltende Lösung bei 60° in einer Atmosphäre von Kohlendioxyd mit der TitanIII-sulfat-Lösung bis zum Verschwinden einer durch etwas Eisen (aus der Titanlösung) verursachten Gelbfärbung, fügt 5 Tropfen 0,1%ige wäßrige Indigocarminlösung hinzu und gibt weiter TitanIII-sulfat-Lösung bis zum Verschwinden der Blaufärbung hinzu. Am besten wird die Bestimmung bei Tageslicht oder mit einer Tageslichtlampe ausgeführt. Kupfer, Arsen und Eisen wirken störend. — Nach OLIVERIO wird dreiwertiges Antimon durch Kochen mit TitanIII-chlorid-Lösung in schwach salzsaurer Lösung zu elementarem Antimon reduziert. Der Überschuß an TitanIII-chlorid wird zurücktitriert (s. auch Kapitel Bi, § 6, S. 588).

***Arbeitsvorschrift nach* OLIVERIO.** Die schwach salzsaure AntimonIII-salz-Lösung wird mit einem Überschuß an TitanIII-chlorid-Lösung und nach Zugabe von 20 bis 30 cm³ 20%iger SEIGNETTE-Salzlösung 15 Min. in einem Strome von Kohlendioxyd gekocht. Elementares Antimon fällt aus. Nach dem Abkühlen im Kohlendioxydstrome und dem Zusatz von 1 bis 2 cm³ 20%iger Ammoniumrhodanidlösung wird mit 0,1 n Eisenalaunlösung etwas übertitriert und mit TitanIII-chlorid-Lösung zurückgemessen.

***Bemerkung.* Genauigkeit.** Bei Antimonmengen über 50 mg werden befriedigende Werte erhalten.

5. Amperometrische Bestimmung des dreiwertigen Antimons.

BROWN und SWIFT bestimmen dreiwertiges Antimon analog Arsen mittels freien Broms, das elektrolytisch erzeugt wird, wobei die Bestimmung des Endpunktes amperometrisch erfolgt (s. Kapitel As, § 8, S. 135). Die Apparatur ist die gleiche wie für die Arsenbestimmung, aber da Antimon reduziert und auf der Generatorkathode abgelagert wird, muß diese in ein Glasrohr eingeschlossen werden. Das Glasrohr ist oben offen und unten mit einem Stopfen aus Sinterglas geschlossen. Um Diffusion der Außenlösung in das Rohr zu vermeiden, wird in diesem ein höherer Flüssigkeitsstand und eine größere Ionenstärke aufrechterhalten.

Zur *Bestimmung* wird die Lösung von AntimonIII-oxyd in 2 n Salzsäure mit 0,2 n Natriumbromidlösung versetzt und sonst wie bei der Arsenbestimmung (s. dort) verfahren. Reduzierende Stoffe müssen vor der Bestimmung durch Kochen mit Wasserstoffperoxyd zerstört werden. Im Wasser enthaltene oxydierende Stoffe (Chlor?) können durch Kochen und gleichzeitiges Durchleiten von Luft entfernt werden. Es lassen sich 1 bis 1500 γ Sb mit einer Genauigkeit von $\pm 1\ \gamma$ bestimmen. — Bei Gegenwart von Jodid, das zu J˙ oxydiert wird, zeigen sich mit steigender Jodmenge steigende Fehler. Sie können mit Hilfe bekannter Jodmengen korrigiert werden.

Literatur.

BRINTZINGER, H., u. F. RODIS: Z. El. Ch. **34**, 246 (1928); Z. anorg. Ch. **166**, 53 (1927). — BROWN, R. A., u. E. H. SWIFT: Am. Soc. **71**, 2717 (1949).

COLLENBERG, O., u. G. BAKKE: Fr. **63**, 229 (1923).

FRESNO, C. DEL, u. L. VALDÉS: Z. anorg. Ch. **183**, 251, 258 (1929). — FURMAN, N. H.: Am. Soc. **54**, 4235 (1932); durch Fr. **104**, 211 (1936).

HALLMANN, K.: Diss. Aachen 1911. — HAMMOCK, E. W., R. A. BROWN u. E. H. SWIFT: Anal. Ch. **20**, 1048 (1948). — HOLNESS, H., u. G. CORNISH: Analyst **67**, 221 (1942); durch C. **113**, **II**, 2619 (1942).

JELLINEK, K., u. W. KRESTEFF: Z. anorg. Ch. **137**, 333 (1924). — JOLLES, A.: Angew. Ch. **1**, 160 (1888).

KESSLER, F.: Pogg. Ann. **95**, 204 (1855); **118**, 17 (1863); Fr. **2**, 280 (1863). — KNOP, J.: Fr. **63**, 81 (1923).

LEEMANN, W. G.: J. Soc. chem. Ind. **51**, Transact. 284 (1932); durch Fr. **104**, 211 (1936). — LOW, W. H.: Technical Methods of Ore Analysis 1909, S. 34; durch Fr. **57**, 565 (1918).

MYERS, R. G.: Philippine J. Sci. **66**, 75 (1938); durch C. **110, I**, 738 (1939).

OLIVERIO, A.: Ann. Chim. applic. **21**, 211 (1931); durch C. **102, II**, 3517 (1931).

PALMER, H. E.: Z. anorg. Ch. **67**, 317 (1910); Am. J. Sci. **29**, 399 (1910). — PETRICIOLLI, O., u. M. REUTER: Angew. Ch. **14**, 1179 (1901). — PIETERS, H. A. J.: Anal. chim. Acta [Amsterdam] **2**, 270 (1948). — PŘIBIL, R.: Chem. Listy **37**, 205 (1943); durch C. **117, I**, 1436 (1946). — PUGH, W.: Soc. **1933**, 1; durch Fr. **95**, 55 (1933).

RATHSBURG, H.: B. **61**, 1663 (1928).

TOMIČEK, O.: R. **43**, 798 (1924); durch C. **96, I**, 131 (1925). — TOMIČEK, O., O. PROČKE u. V. PAVELKA: Coll. Trav. chim. tchèques **11**, 449 (1939); durch C. **111, II**, 800 (1940).

WASSILJEW, A., u. H. STUTZER: Fr. **78**, 97 (1929). — WILLARD, H. H., u. PH. YOUNG: (a) Am. Soc. **50**, 1372 (1928); durch Fr. **79**, 361 (1930); (b) **55**, 3260 (1933); durch C. **104, II**, 2706 (1933).

§ 7. Polarographische Bestimmung.

Allgemeines.

Das polarographische Verfahren ist ausgezeichnet durch besondere Empfindlichkeit, die es gestattet, noch in Verdünnungen von 1 Grammäquivalent auf 10^5 bis 10^6 l gleichzeitig mehrere Bestandteile in einer Lösung zu bestimmen. Um die Bestimmung auszuführen, genügt überdies ein Flüssigkeitsvolumen von nur 0,1 cm³. Dementsprechend können unter geeignet gewählten Bedingungen noch 10^{-8} bis 10^{-9} g eines Stoffes ermittelt werden. Da die Lösung bei der polarographischen Messung nicht erheblich verändert wird, so kann diese beliebig oft wiederholt werden. Das photographisch aufgenommene Polarogramm kann ferner als Analysendokument aufbewahrt werden.

Das polarographische Verfahren eignet sich demnach besonders für solche Fälle, in denen entweder wegen der großen Verdünnung oder wegen der geringen Menge der zur Verfügung stehenden Lösung eine übliche analytische Behandlung wie Fällung, Filtration usw. nicht möglich ist. Das Verfahren wird aber nur vorteilhaft bei seiner Anwendung für Reihenanalysen, zumal die eigentliche Bestimmung, die in der Aufnahme der Stromspannungskurve besteht, nach der Herstellung der Lösung nur sehr kurze Zeit beansprucht. Die erreichbare Genauigkeit beträgt etwa $\pm 2\%$.

Bei Metallen, deren Reduktionspotentiale nahe beieinander liegen, treten Koinzidenzen auf. Für den praktischen Fall der Bestimmung des Antimons in Legierungen sind solche Koinzidenzen jedoch kaum zu befürchten. Als Begleitmetalle kommen hauptsächlich in Betracht: Zinn und Blei, daneben noch Kupfer. Deren Abscheidungspotentiale liegen nach der Angabe von KRAUS und NOVAK bei folgenden Werten:

$Cu^{\cdot\cdot}$ — 0,03 Volt	$Pb^{\cdot\cdot}$ — 0,46 Volt
$Sb^{\cdot\cdot\cdot}$ — 0,21 Volt	$Sn^{\cdot\cdot}$ — 0,47 Volt.

Sie liegen also genügend weit auseinander, so daß eine gegenseitige Störung nicht zu befürchten ist. Um die störende Hydrolyse zu vermeiden, wird am besten bei höherer Wasserstoff-Ionen-Konzentration, nämlich in 8 n Salzsäure, gearbeitet. In konzentrierter Salzsäure tritt auch die Stufe der Reduktion des fünfwertigen zu dreiwertigem Antimon auf, im ganzen bilden sich also zwei Stufen, von denen aber nur der Übergang $Sb^{\cdot\cdot\cdot} \rightarrow Sb$ ausgewertet wird, zumal die Stufe $Sb^{\cdot\cdot\cdot\cdot\cdot}/Sb^{\cdot\cdot\cdot}$ mit der Stufe $Cu^{\cdot\cdot}/Cu^{\cdot}$ koinzidiert. Die zweite Kupferstufe bildet sich etwa 0,1 Volt nach der zweiten Antimonstufe aus und stört nur dann, wenn die Kupferkonzentration die des Antimons erreicht bzw. übersteigt. Die beiden Antimonstufen beobachten LINGANE und NISHIDA auch in Lösungen, welche 4 bis 6 n an Salzsäure oder 6 n an Überchlorsäure und 0,2 n an Salzsäure sind. Das reagierende Ion ist in diesen Fällen $[SbCl_6]'$. In 6 n HCl bei Gegenwart von 0,005% Gelatine beginnt die Ausbildung der ersten Stufe bei einem Potential von 0 Volt, während das Halbwellenpotential der zweiten Reduktionsstufe — 0,257 Volt beträgt, wenn gegen die gesättigte Kalomel-Elektrode gemessen wird. In Abwesenheit von Chlor-Ionen zeigen Lösungen von fünfwertigem Antimon in 6 n Überchlorsäure keine Andeutung einer Reduktionsstufe. — Wismut wirkt störend, da dessen Stufe fast mit der zweiten Antimonstufe zusammenfällt (s. Kapitel Bi, § 12, S. 657). Für Hartbleianalysen als Betriebskontrolle ist dies aber ohne Belang, denn die Wismutmengen im Hartblei übersteigen kaum 0,1% (KRAUS und NOVAK).

PORTNOW und POWELKINA erhalten befriedigende Ergebnisse bei Gegenwart von Arsen und Zinn aus einer Lösung von 1 Teil 5 m Schwefelsäure mit 1 Teil Alkohol und 3 bis 4 Tropfen 1%iger Gelatinelösung. Die polarographische Bestimmung des Antimons ist bisher nur von wenigen Autoren bearbeitet und überhaupt nur für die Untersuchung von Legierungen, in einem Falle auch in Arzneimitteln und Körperflüssigkeiten durchgeführt worden.

A. Bestimmung des Antimons in Weißmetall nach COZZI (a).

Die Legierung wird in Salzsäure unter Zusatz von Kaliumchlorat gelöst und das Chlor verkocht. Ein Teil der Lösung wird in einem Strome von Kohlendioxyd mit Gelatinelösung in Gegenwart von QuecksilberI-chlorid behandelt, um ZinnIV- zu ZinnII-Ion zu reduzieren. Man polarographiert 3 Wellen für Antimon, Kupfer (unscharf) und für Blei + Zinn. Die Bleibestimmung erfolgt gesondert, ebenso Kupfer und Zink. Einzelheiten sind in dem verfügbar gewesenen Referat nicht enthalten.

B. Bestimmung des Antimons in Hartblei nach KRAUS und NOVAK.

0,2 g der Legierung werden mit 15 cm³ konzentrierter Salzsäure behandelt. Nach dem Auflösen des Bleies werden zwecks Lösung des Antimons einige Tropfen Brom zugesetzt und dessen Überschuß verkocht. Nach dem Abkühlen wird mit Salzsäure (2 Raumteile konzentrierte Salzsäure und 1 Raumteil Wasser) auf 50 cm³ verdünnt und hierbei die Konzentration der Lösung an Salzsäure auf etwa 8 n eingestellt. 5 cm³ dieser Lösung werden mit 0,1 cm³ 0,5%iger Gelatinelösung (zur Unterdrückung des Adsorptionsmaximums) versetzt, dann wird 1 Min. Wasserstoff oder Stickstoff durchgeleitet und in dem Bereich von 0 bis 0,4 Volt polarographiert. Man arbeitet bei 2 bis 5% Sb mit einer Galvanometerempfindlichkeit von $^1/_{50}$ bis $^1/_{100}$ und vergleicht mit einer Standardlösung, welche 20 mg Sb in 100 cm³ enthält. — Die polarographische Bestimmung zeigt beste Übereinstimmung mit bromatometrischer oder jodometrischer Titration.

Zur polarographischen Bestimmung des Antimons in *Blei* behandelt COZZI (b) 2 g Blei-Feilstaub mit 10 cm³ Schwefelsäure (D 1,80), verdünnt die Aufschlußlösung auf 50 cm³ und filtriert. 20 cm³ des Filtrates werden bis fast zur Trockene eingedampft. Man fügt 5 cm³ neutrale 5 m Natriumtartratlösung, die 0,002% basisches Fuchsin enthält, und 5 cm³ 5 m Natronlauge hinzu und polarographiert ab — 0,1 Volt gegen die gesättigte Kalomelelektrode. Antimon gibt sich durch eine anodische Stufe bei —0,36 Volt zu erkennen.

C. Bestimmung des Antimons in Aluminiumlegierungen nach COATES und SMART.

Die Legierung wird in einer Mischung aus Salzsäure und Salpetersäure (1:1) gelöst und diese Lösung mit Schwefelsäure abgeraucht. Nach dem Verdünnen mit Wasser wird mit Pyrogallol reduziert und das AntimonIII-chlorid nach Zusatz von Salzsäure abdestilliert (s. § 11, S. 510). Das Destillat wird mit Natriumsulfit gekocht und in saurer Lösung zwischen 0 und — 0,4 Volt polarographiert. Man vergleicht mit Standardproben. Der Fehler beträgt ±0,02% bei Antimongehalten bis zu 0,5%.

D. Bestimmung des Antimons in Arzneimitteln, Blut und Harn nach PAGE und ROBINSON.

Die Halbwellenpotentiale für Antimon in Gegenwart von 0,1% Gelatine betragen in n HCl: —0,15 Volt, in n H_2SO_4: —0,34 Volt und in n HNO_3: —0,17 Volt. Neben Wismut (s. dessen Halbwellenpotientiale unter denselben Bedingungen in Kapitel Bi, § 12, S. 662) ist die Bestimmung von Antimon nur in schwefelsaurer Lösung möglich.

Literatur.

COATES, A. C., u. R. SMART: J. Soc. chem. Ind. **60**, 249 (1941); durch C. **114, I**, 188 (1943). — COZZI, D.: (a) Ann. Chim. applic. **29**, **442** (1939); durch C. **111, I**, 1715 (1940); (b) Anal. chim. Acta [Amsterdam] **4**, 204 (1950); durch C. **121, II**, 1606 (1950).

KRAUS, R., u. J. V. A. NOVAK: Angew. Ch. **56**, 302 (1943).

LINGANE, J. J., u. F. NISHIDA: Am. Soc. **69**, 530 (1947).

PAGE, J. E., u. F. A. ROBINSON: J. Soc. chem. Ind. **61**, 93 (1942); durch C. **114, II**, 1565 (1943). — PORTNOW, M. A., u. W. P. POWELKINA: J. anal. Chem. (russ). **3**, 85 (1948); durch C. **120, II**, 786 (1949).

§ 8. Spektralanalytische Bestimmung.

Allgemeines.

Die spektralanalytische Bestimmung des Antimons wird wegen der Besonderheit dieser Untersuchungsart vorzugsweise angewendet werden, wenn es sich um die laufende Ermittlung sehr kleiner Antimonmengen in anderen Stoffen handelt. Als solche Stoffe sind in erster Linie Metalle und Metallegierungen zu nennen, in denen häufig eine Höchstgrenze eines Antimongehaltes nicht überschritten werden darf, wenn nicht die Stoffeigenschaften in unerwünschter Weise verschlechtert werden sollen. Bisweilen ist es empfehlenswert, das Antimon auf chemischem Wege anzureichern und erst daran anschließend spektralanalytisch zu bestimmen.

Da die Apparatur für Spektralanalyse eine umfangreiche und subtile ist sowie eine ziemliche Übung im Umgang damit erfordert, wird die Spektralanalyse trotz ihrer vielen Vorzüge doch nur dort lohnende Anwendung finden, wo es sich um laufende Untersuchung und Ermittlung kleiner Antimongehalte in anderen Stoffen handelt. Hierbei ist es von besonderem Vorteil, wenn es sich sogar immer um den gleichen Stoff oder doch nur um wenige handelt.

An dieser Stelle braucht auf die Apparaturen zur Spektralanalyse und auf die verschiedenen Ausführungsformen nicht eingegangen zu werden, da diese Dinge in einem besonderen Kapitel in diesem Handbuche eingehend beschrieben werden. Es werden daher hier nur die Verfahren behandelt, die sich besonders mit der Bestimmung des Antimons beschäftigen.

Wegen der Lage der für die spektralanalytische Bestimmung des Antimons in Betracht kommenden Spektrallinien sowohl im sichtbaren als auch im ultravioletten Teil des Spektrums kann sowohl mit Glas- als auch mit Quarzoptik gearbeitet werden. Die Anregung der Spektren erfolgt nach der Meinung vieler Autoren (u. a. GERLACH, HITCHEN, KAISER, SMITH, STEWART) am besten im Funken oder im Abreißbogen (WA. GERLACH und WE. GERLACH). Sehr vorteilhaft ist das Arbeiten mit dem Funken in Argon-Atmosphäre (WA. GERLACH). Um Antimon in Lösungen nachzuweisen, empfiehlt RIEDL dessen Anreicherung durch innere Elektrolyse (s. dazu Kapitel Bi, § 11, S. 647) aus salzsaurer Lösung an Kupferdrähten von 0,7 mm Durchmesser, welche bis auf die blanke Spitze mit Emaillack isoliert sind und so in die Lösung 8 bis 10 Std. eingetaucht werden. Diese Anreicherung ist aber nur möglich bei Abwesenheit anderer Schwermetalle und dürfte eine Rolle spielen, um Antimonspuren in biologischen Flüssigkeiten u. dgl. zu erfassen. Man untersucht alsdann im Abreißbogen und prüft auf die

Linien Sb 2528,5 und Sb 2598,1. Es lassen sich in 1 cm³ Lösung noch 0,05 γ Sb nachweisen. Wegen anderer Anreicherungsverfahren s. S. 458.

A. Bestimmung des Antimons in Metallen und Legierungen.

1. Bestimmung des Antimons in Aluminiumbronze.

Die Bestimmung des Antimons in Aluminiumbronzen (0,3 bis 7,1% Sb) kann nach PASTORE auf spektralanalytischem Wege mit Hilfe der Linie Sb 5239 mit solcher Genauigkeit erfolgen, daß das Ergebnis mit der Bestimmung nach anderen, umständlicheren Verfahren gut übereinstimmt. Dadurch daß die Bestimmung auch visuell vorgenommen werden kann, wird die laufende Kontrolle von metallurgischen Prozessen wesentlich erleichtert. .

2. Bestimmung des Antimons in Eisenlegierungen.

In tabellarischen Zusammenstellungen führt KRAEMER Linien des Antimons, welche mit Glasoptik meßbar sind, zur Bestimmung des Antimons in Eisenlegierungen an:

Sb 6129,9 fällt nahe zusammen mit Cd I 6128,6
5981
5639,76 fällt nahe zusammen mit S 5640,04
5239,4
3964,73.

Auch HOLZMÜLLER bestimmt Antimon in Stählen spektralanalytisch.

3. Bestimmung des Antimons in Kupfer.

Da selbst nur Tausendstel Prozente Antimon im Kupfer dessen Qualität erheblich verschlechtern, so ist die Bestimmung des Antimons in Kupfer von großer Wichtigkeit. Allerdings ist diese Bestimmung wegen der Koinzidenz wichtiger Linien sehr erschwert oder zum Teil behindert. Es fallen zusammen Sb 2528,5 mit Si 2528,5, Sb 2598,1 mit Fe 2598,4 und Sb 2877,9 mit Cu 2877,8. Wenn also, wie meistens, Silicium anwesend ist, welches sich an der *stärkeren* Linie Si 2516,1 zu erkennen gibt, so darf auf Antimon nur geschlossen werden, wenn 2528,5 $\geq$ 2516,1 ist (WA. GERLACH und WE. GERLACH). Hierbei stören Verunreinigungen durch Eisen nicht, und es sind noch unter $5 \cdot 10^{-3}$ Atomprozent Antimon in Kupfer einwandfrei nachweisbar. Die Auswertung der Linie Sb 2598,1 ist unter Umständen schwierig wegen der sehr empfindlichen Linie Fe 2598,4 und wegen der unmittelbar benachbarten Linie Fe 2599,4, welche fast nie fehlt. Die Entscheidung beruht auf dem Vergleich der Intensität der Linien Fe 2599,4 und 2598,4. Nur wenn 2598,4 $\geq$ 2599,4 ist, so ist Antimon sichergestellt (WA. GERLACH und WE. GERLACH). Im Abreißbogen gut verwendbar sind die Linien Sb 2528,5 und 2598,1. — Nach LOMAKIN und OSTASCHEWSKAJA kann der Gehalt des Kupfers an Antimon auch bei Gegenwart von Eisen und Silicium durch die Veränderung der Intensität der Linie Sb 2311,50 im Verhältnis zu den zwei Linien Cu 2301,13 und 2319,56 als Funktion des Prozentgehaltes von Antimon in Kupfer bestimmt werden. Es besteht jedoch die Möglichkeit, daß die Linie Sb 2311,50 durch die Linien Co 2311,6 und Ni 2310,99 verdeckt werden kann. Hierüber haben jedoch die Verfasser keine Versuche angestellt. Die Abhängigkeit des Prozentgehaltes an Antimon in Kupfer von dem Verhältnis der Intensität der Linien Sb 2311,50 zu Cu 2303,13 ist in logarithmischer Auswertung linear. Die Grenze der Empfindlichkeit des Verfahrens liegt bei 0,001 bis 0,0005% Sb. Die Verfasser arbeiten mit Testlegierungen mit 0,0005 bis 0,5% Sb, aus denen Elektroden von 80 mm Länge und 8 mm Durchmesser gegossen werden. Sie erzeugen die Spektren im Bogen bei 11 bis 3 Ampere und 30 bis 45 Volt und einer Aufnahmezeit von 1 bis 12 Min. unter Benutzung eines Quarzspektrographen. Durch Herabsetzung der Spannung wird die Empfindlichkeit erhöht.

MILBOURN beschreibt ebenfalls ein zuverlässiges Verfahren zur spektralanalytischen Bestimmung kleinster Gehalte von Antimon in Kupfer (s. Kapitel Bi, § 13C, S. 665). — Nach BRECKPOT (a) gelingt bei Benutzung eines Quarzspektrographen noch die Bestimmung von 0,01% Antimon. Der Antimonnachweis ist aber um zwei Zehnerpotenzen weniger empfindlich als der des Wismuts. Über ein Anreicherungsverfahren für Antimon auf chemischen Wege, das jedoch nicht sehr befriedigt, berichtet BRECKPOT (b) (s. dazu Kapitel Bi, § 13C, S. 666). Ein sehr brauchbares chemisches Anreicherungsverfahren für feinstes Raffinadekupfer teilen PARK und LEWIS mit.

***Arbeitsvorschrift von* PARK *und* LEWIS** (vgl. Kapitel Bi, § 13C, S. 666). 500 g Kupfer werden mit konzentrierter Salzsäure gekocht, mit Wasser abgewaschen und in Salpetersäure gelöst. Nach dem Verdünnen auf 2 l wird mit Ammoniak so lange abgestumpft, bis ein geringer bleibender Niederschlag entsteht, der in Salpetersäure gerade gelöst wird. Zu der zum Sieden erhitzten Lösung werden 10 cm³ 3%ige Kaliumpermanganatlösung gegeben und nach 5 Min. währendem Kochen 15 cm³ 5%ige ManganII-sulfat-Lösung zugesetzt. Nun kocht man noch 10 bis 20 Min., läßt über Nacht absitzen und behandelt das vom Niederschlag abgetrennte Filtrat noch einmal in gleicher Weise. Beide Niederschläge werden vereint in 50 cm³ konzentrierter Salzsäure gelöst. Die Lösung wird auf 400 cm³ verdünnt, mit Ammoniak neutralisiert, mit 10 cm³ konzentrierter Salzsäure angesäuert und heiß mit Schwefelwasserstoff gefällt. Der Niederschlag wird auf dem Filter mit heißer Salpetersäure und heißer Salzsäure behandelt und das Filtrat auf 10 cm³ eingedampft. Von dieser Lösung gibt man — genau abgemessen — 0,1 oder 0,2 cm³ in die ausgehöhlte Spitze einer Graphitelektrode, trocknet bei 100° und spektrographiert im Bogen bei 50 Volt und 10 bis 12 Ampere 1 Min. lang. Man vergleicht mit Spektrogrammen aus Proben mit bekanntem Antimongehalt und zwar die Stärke der Linien Sb 2598 und 2878. Die Empfindlichkeit wird mit 2 Teilen Antimon auf 10 Millionen Teile Kupfer angegeben.

Es sei noch darauf hingewiesen, daß das Kupfer infolge von Saigerung oft sehr ungleichmäßig im Antimon verteilt ist. Bei der Probenahme ist demnach hierauf zu achten.

Über die spektralanalytische Bestimmung des Antimons in *Rotguß* und *Bronze* hat MAASSEN eingehende Untersuchungen angestellt. Das Element läßt sich mit ausgezeichneter Genauigkeit unter folgenden Bedingungen bestimmen. Funkenanregung nach FEUSSNER C = 6500 pF, L = 0,8 mH; Zwischenabbildung für 2800 Å, Zwischenblende offen; Spaltbreite 0,015 mm, Dreistufenfilter mit 100, 50, 10% Durchlässigkeit; Quarzspektrograph ZEISS Q 24, unter Umständen ist auch Q 12 brauchbar; Platten Agfa Spektralblau-extrahart; Metol-Hydrochinon-Entwickler; Auswertung mit dem Schnellphotometer von ZEISS; Elektrodenform N:8 F 4 mm, Elektrodenabstand 4 mm, Lockspitze oder Kabel; Vorfunken 8 Min. einzeln oder 3 hintereinandergeschaltet, Querwiderstände ∞, 40, 5 Megohm; Belichten 2 bis 4 Min. Als Linien für die Legierungen Rg 9 und Rg 5 werden angegeben Sb 2528,6 und Cu 2768,9 für Antimongehalte zwischen 0,1 und 0,6%. Da die Linie Sb 2528,6 durch Si 2528,5 gestört wird, kann auf einen Siliciumgehalt der Probe nur dann geschlossen werden, wenn die Linie Si 2881,6 deutlich sichtbar ist. Soll Antimon allein bestimmt werden, so empfiehlt es sich, die Linie Cu 2489,6 zu benutzen.

4. Bestimmung des Antimons in Blei.

Nach KAISER ist die erreichte Genauigkeit der Antimonbestimmung in Blei größer als bei der chemischen Analyse, und zwar beträgt der Fehler zwischen 1,1 und 1,7%. Er sowie auch SMITH arbeiten im Funkenspektrum. Für Antimongehalte zwischen 0,1 und 1% gibt SMITH eine Genauigkeit von $\pm 10\%$ an.

Zur Bestimmung des Antimons in Bleikabelmänteln benutzen BADUM und LEILICH das Linienpaar Pb 2332,5 — Sb 2311,5. Schwankungen der Schwärzungsdifferenz der Analysenlinien werden dadurch ausgeschaltet, daß der Funken unter Einschalten einer Blende auf einer neben dem Spektrographenspalt aufgestellten Selen-Sperrschicht-Photozelle abgebildet und der Elektrodenabstand in dem Maße verändert wird, wie das mit der Zelle verbundene Galvanometer auf einen bestimmten, vorher ermittelten Wert einspielt. Dann ist sehr gute Übereinstimmung zwischen chemischer und spektrographischer Analyse zu erreichen. Im übrigen wird unter Benutzung von Eichkurven gearbeitet. Einige Minuten Abfunkzeit sind erforderlich, da sich sonst nicht ausgleichbare Schwankungen des Schwärzungsverhältnisses ergeben. Das Verfahren ist angewendet worden für Gehalte zwischen 0,5 und 1% Antimon.

BALZ (a) teilt ein Schnellverfahren zur Bestimmung des Antimons in Weichblei mit Hilfe von Vergleichsspektren in Analogie zur Bestimmung des Wismuts in Blei mit (s. Kapitel Bi, § 13C, S. 668). Die Geräte und Arbeitsweise sind die gleichen wie bei der Bestimmung von Wismut, die Erfassungsgrenze liegt bei etwa 0,001% Sb. Bei Mengen unter 0,005% Sb darf die Aufnahme nicht zu kurz, aber auch nicht zu lange belichtet werden, weil sonst die Linie Sb 2311,5 im Untergrund verschwindet. Die nächst benachbarte Bleilinie ist Pb 2332,5. Der Antimongehalt im technisch reinen Weichblei liegt unter 0,001 bis 0,02%.

WERNER und RUDOLPH haben eine eingehende Untersuchung über die Fehlerquellen bei der Antimonbestimmung in Blei angestellt, welche sich teilweise mit den Befunden bezüglich Wismut deckt (s. Kapitel Bi, § 13C, S. 670). Als geeignete Linienpaare benennen sie die Paare Pb 2332,5 — Sb 2311,5 (I) und Pb 2628 — Sb 2598,4 (II). Das Linienpaar I ist anwendbar bis 3% Sb. Das Bleispektrum ist fast untergrundfrei, was bei kleinen Antimongehalten als sehr nützlicher Vorteil zu bezeichnen ist. Dagegen ist es nachteilig, daß die Linien im ansteigenden Teile der Gradationskurve der Platten (*Agfa* Normal, *Agfa* Diapositiv Normal) liegen. Er fällt aber nicht allzusehr ins Gewicht, da der Abstand der beiden Linien nur 21 Å beträgt. Das Linienpaar II ist brauchbar oberhalb 0,1% Sb, vor allem bei der Diapositivplatte. Als mittlerer Fehler wird angegeben

Konzentration .	0,52	0,96	1,45	2,30% Sb,
Mittlerer Fehler	5,5	2,8	3,0	3,3%.

BRECKPOT, CREFFIER und PERLINGHI haben gefunden, daß ein Zusatz von 0,3% Zinn zu einer Blei-Antimonlegierung mit 0 bis 3% Sb das Intensitätsverhältnis der homologen Linienpaare Sb 3232,52 — Pb 3240,20 nicht beeinflußt. Höhere Zusätze bis 3,1% Zinn drücken das Verhältnis um so mehr herab, je mehr Antimon und Zinn die Legierung enthält. Die Anregung der Spektren nehmen sie im Bogen vor. KERCKHOFF dagegen findet eine scheinbare Zunahme der relativen Intensität der Antimonlinien durch Zusatz von Zinn (bis zu 40%). Diese Beeinflussung der Intensität durch dritte Legierungsbestandteile verschwindet aber nach BALZ (b) bei rechnerischer Auswertung. Bei Anregung mit dem kondensierten Funken tritt die Schwächung der relativen Intensität der Antimonlinien durch Zusatz von Zinn nicht auf, im Gegensatz zu der Anregung im Bogen.

5. Bestimmung des Antimons in Zinn.

Nach den Beobachtungen von HITCHEN kann die spektralanalytische Bestimmung des Antimons in Zinn nur im Funkenspektrum und nur bei Gehalten unterhalb 0,07 bis zu 0,5% Sb erfolgen. — Auch STEWART zieht das Funkenspektrum dem des Bogens vor. Er gibt Kurven für die Bestimmung von 0,01 bis 0,5% Sb. — SCRIBNER teilt eine ausführliche Beschreibung der gemeinsamen Bestimmung von Antimon, Arsen, Wismut und anderen Bestandteilen in Handelszinn mit einer durchschnittlichen Genauigkeit von ±2,5% mit. — BRECKPOT (c) arbeitet bei Gehalten von 0,003 bis 1% Sb nach dem Verfahren der homologen Linienpaare im Bogen (s. Kapitel Bi, § 13C, S. 670).

Tabelle 2[1].

Linie	Empfindlichkeit			Bemerkungen
	K	M	G	
3267	1	1	2	
3232	1*	1*	2	Mo
3029	1*	1*	2	Fe
2877	3*	3	3	S sehr schwach
2769	2	2	2	Mo
2727	?	?	?	
2692	1	1	1	
2682	1*	1	1	
2670	2	2	2	
2612	1 ?*	2 ?	2	Fe
2598	*	3	3	
2574		1	1	
2528	*	*	*	
2478	*	*	*	Si
2445	2	2 ?	2 ?	(NaCl 2)
2311	2			
2306	1			
2294	1			

B. Bestimmung des Antimons in Mineralen.

Für die Abschätzung des Antimongehaltes in Bleiglanz haben PIÑA DE RUBIES und BARGUES ein spektrographisches Verfahren ausgearbeitet, das sich mit einer von den gleichen Verfassern benutzten Methode für die Bestimmung von Wismut in diesem Mineral deckt, so daß hier wegen der allgemeinen Bedingungen auf Kapitel Bi, § 13B, S. 664 verwiesen werden kann. Für die Auswertung der Bogenspektren, die durch vollständige Verdampfung von 0,05 g Substanz auf Kohlestiften erzeugt wurden und mit drei Spektrographen verschiedener Auflösung aufgenommen sind, werden die in der Tabelle 2 aufgeführten analytischen und quantitativen Linien des Antimons mitgeteilt.

Literatur.

BADUM, E., u. K. LEILICH: Angew. Ch. **50**, 279 (1937). — BALZ, G.: (a) Angew. Ch. **51**, 365 (1938); (b) Metallwirtschaft **18**, 937 (1939). — BRECKPOT, R.: (a) Ann. Soc. Sci. Bruxelles Ser. B **53**, 219 (1933); durch C. **105**, **II**, 2108 (1934); (b) **55**, 173 (1935); durch C. **106**, **II**, 2412 (1935); (c) **57**, 129 (1937); durch C. **108**, **II**, 1238 (1937). — BRECKPOT, R., J. CREFFIER u. O. PERLINGHI: Ann. Soc. Sci. Bruxelles Ser. A. **57**, 295 (1937); durch C. **109**, **II**, 564 (1938).

GERLACH, WA.: Naturwiss. **19**, 25 (1931). — GERLACH, WA., u. WE. GERLACH: Die chemische Emissionsspektralanalyse, II. Teil, S. 147. Leipzig 1933.

HITCHEN, C. S.: Techn. Publ. Am. Inst. Min. metallurg. Eng. **1933**, Nr. 494; durch C. **104**, **II**, 1063 (1933). — HOLZMÜLLER, W.: Fr. **115**, 81 (1938/39).

KAISER, H.: Z. techn. Phys. **17**, 227 (1936). — KERCKHOFF, W.: Metallwirtschaft **18**, 799 (1939). — KRAEMER, W.: Fr. **97**, 14, 89 (1934); **99**, 410 (1934).

LOMAKIN, B. A., u. A. L. OSTASCHEWSKAJA: Z. anorg. Ch. **228**, 44 (1936).

MAASSEN, G.: Erzmetall **2**, 103 (1949). — MILBOURN, M.: J. Inst. Metals **55**, 275 (1934).

PARK, B., u. E. L. LEWIS: Ind. eng. Chem. Anal. Edit. **5**, 182 (1933); durch Fr. **104**, 211 (1936). — PASTORE, S.: Ric. sci. Progr. tecn. Econ. naz. **10**, 840 (1939); durch C. **111**, **I**, 2684 (1940). — PIÑA DE RUBIES, S., u. M. A. BARGUES: Z. anorg. Ch. **215**, 205 (1933).

RIEDL, E.: Z. anorg. Ch. **209**, 356 (1932).

SCRIBNER, B. F.: J. Res. Nat. Bureau of Standards **28**, 165 (1942); durch C. **114**, **I**, 2424 (1943). — SMITH, D. M.: J. Inst. Metals **46**, 114 (1931); durch C. **103**, **I**, 1293 (1932). — STEWART, J. W.: Proc. Am. Soc. Test Mater. **39**, 788 (1939); durch C. **113**, **I**, 1785 (1942).

WERNER, O., u. W. RUDOLPH: Angew. Ch. **51**, 899 (1938).

[1] Erläuterungen zur Tabelle: * bedeutet: stimmt überein mit einer anderen Linie wegen zu kleiner Dispersion. Fe, Mo, Si bedeutet: unterhalb der angegebenen Konzentration bleibt die Linie durch Fe, Mo, Si verschleiert. NaCl 2 bedeutet: bei Verdünnung mit Natriumchlorid Empfindlichkeit bis $5 \cdot 10^{-5}$. K = Spektrum mit dem kleineren Apparat zwischen 2400 und 3400 Å 3 cm breit, M = Spektrum mit dem mittleren Apparat zwischen 2400 und 3400 Å 12 cm breit, G = Spektrum mit dem größeren Apparat zwischen 2400 und 3400 Å 24 cm breit. Die Zahlen 1 bis 5 geben die Empfindlichkeit und zugleich die Intensität der Linien an, und zwar sind die schwachen Linien, die nur in dem Spektrum mit 1 % Antimon erscheinen, mit 1, die Linien, die bei 0,1 % erscheinen, mit 2 usw. bezeichnet.

§ 9. Bestimmung des Antimons in Metallen, Legierungen und Erzen.

Allgemeines.

Sowohl elementares (metallisches) Antimon als auch seine zahlreichen Legierungen sind häufig Gegenstand der Analyse. An Antimonerzen kommen hauptsächlich der für die Antimongewinnung wichtigste Grauspießglanz (Sb_2S_3) sowie antimonhaltige Fahlerze, Blei- und Kupfererze in Betracht. Von den Legierungen des Antimons sind besonders wichtig diejenigen mit Blei und Zinn, welche als Hartblei, Letternmetall, Weißmetall und bleireichere Lagermetalle vielfach Anwendung finden und deren Analyse daher wichtig ist.

Die analytische Untersuchung der hier genannten Stoffe erfolgt vorzugsweise auf nassem Wege. Die Arbeitsweise auf trockenem Wege findet bei antimonhaltigen Stoffen keine Anwendung, weil einerseits das AntimonIII-oxyd verhältnismäßig leicht flüchtig ist, und weil andererseits das Antimon große Neigung hat, in die Schlacke einzugehen. Der entstehende Metallkönig ist überdies mit anderen Begleitmetallen aus den Hüttenprodukten und Erzen legiert und müßte deshalb auf nassem Wege weiter analysiert werden.

Bezüglich des Aufschlusses der Materialien ist das Wichtigste bereits auf S. 398ff. mitgeteilt.

Die Probenahme zur Analyse bei Metallen und Legierungen muß mit besonderer Aufmerksamkeit vorgenommen werden, weil das Antimon eine große Neigung zum Aussaigern hat. Es ist deshalb vorteilhaft, wenn angängig, die Probe aus dem flüssigen Schmelzgut zu entnehmen und sie möglichst schnell erstarren zu lassen. Danach kann sie zweckentsprechend zerkleinert und der Analyse zugeführt werden. Bei festen Materialien ist es ratsam, die Proben an möglichst vielen Stellen zu entnehmen, die einzelnen Anteile zusammenzuschmelzen und diese Schmelze wiederum schnell erstarren zu lassen.

A. Untersuchung von metallischem Antimon.

Je nachdem, ob es sich um die Untersuchung von handelsüblichem Antimon oder von allerreinstem Antimon, wie es für wissenschaftliche Zwecke verwendet wird, handelt, sind die Untersuchungsverfahren verschieden. Für das letztere, allerreinste Antimon hat Groschuff eine sehr eingehende Vorschrift angegeben.

Als Verunreinigungen des Handelsantimons kommen in Betracht Blei, Eisen, Kupfer, Arsen und Schwefel, seltener Wismut, Nickel und Kobalt, während nur in Ausnahmefällen Zinn und Silber vorhanden sind.

1. Untersuchung von Handelsantimon.

Das Antimon wird in einer Mischung von 2 g Weinsäure und 3 bis 4 g konzentrierter Salpetersäure je Gramm Einwaage gelöst. Die Lösung wird nach schwacher Übersättigung mit Ammoniak unter Umrühren so lange tropfenweise mit Schwefelwasserstoffwasser versetzt, als noch ein neuer Zusatz eine Dunkelfärbung hervorruft. Nach dem Erwärmen wird der Niederschlag der Sulfide abfiltriert und mit heißem, Natriumsulfid enthaltendem Wasser ausgewaschen. Man spritzt ihn in eine kleine Porzellanschale ab, löst ihn in Salpetersäure und raucht die Lösung zwecks Abscheidung von Blei mit Schwefelsäure ab. Im Filtrat vom Bleisulfat werden Kupfer, Wismut, Eisen, Nickel und Kobalt in bekannter Weise ermittelt.

Zur Bestimmung des Arsens wird das Antimon im Destillationsapparat (s. S. 470) mit der achtfachen Menge von arsenfreiem Eisenchlorid, etwa 150 cm^3 konzentrierter Salzsäure und 6 g Kaliumbromid destilliert und das übergegangene Arsen in üblicher Weise titriert.

Um die Begleitmetalle in Handelsantimon zu bestimmen, schlägt BLUMENTHAL (d) vor, das Antimon in Bromwasserstoffsäure und Brom zu lösen und das Antimonbromid auf dem Wasserbade zu verflüchtigen.

***Arbeitsvorschrift von* BLUMENTHAL.** 10 g oder mehr Späne bzw. nicht zu fein zerkleinerte Stücke werden in einer geräumigen, mit einem Uhrglase bedeckten Porzellanschale mit 12 cm³ Bromwasserstoffsäure (D 1,49) und 10 cm³ Brom vorsichtig (wegen der sehr heftigen Umsetzung) übergossen. Nach der Auflösung wird auf dem Wasserbade eingedampft. Der Rückstand wird noch einmal mit dem Reagensgemisch befeuchtet und eingedampft. Man trocknet ihn dann bei 130° 1 Std. lang im Trockenschranke, nimmt ihn unter dem Abzuge mit Salpetersäure (D 1,2) auf, dampft die Lösung auf dem Wasserbade ein und wiederholt dieses Verfahren. Die Begleitmetalle liegen nunmehr als Nitrate vor und werden zweckentsprechend weiter untersucht.

Die Bestimmung der Beimengungen erfolgt nach RIKKERT durch Umsetzung des Antimons mit Salpetersäure. Diese wird anteilsweise zugegeben bis zum jedesmaligen Verbrauch und dieses so lange fortgesetzt, bis der entstehende Niederschlag keine dunklen Einschlüsse mehr enthält. Dann wird noch ein Überschuß an Salpetersäure und Natriumnitrat zugefügt und nach Verdünnen mit Wasser aufgekocht. Im erhaltenen Filtrat erfolgt die übliche Trennung. Geringe Mengen in Lösung gegangenen Antimons werden aus dem Sulfidniederschlag mittels Natriumsulfidlösung herausgelöst. Das auf diese Weise abgeschiedene Antimonoxyd soll keine Beimengungen adsorbieren und keine Verbindungen mit ihnen bilden. Das Verfahren läßt sich schnell und mit guter Genauigkeit ausführen.

2. Untersuchung von reinstem Antimon.

Die oben geschilderten Arbeitsweisen reichen für die Bestimmung der nur noch sehr geringfügigen Beimengungen von Fremdmetallen in reinstem Antimon nicht aus. Nach GROSCHUFF erfolgt deshalb vor deren Bestimmung eine Anreicherung der Beimengungen dadurch, daß die Hauptmenge des Antimons entfernt wird. Hierfür eignet sich am besten die Krystallisation der Antimonchlorwasserstoffsäure $H[SbCl_6] \cdot 4{,}5\,H_2O$, allerdings nur bei Abwesenheit größerer Mengen Blei, das andernfalls zuvor mit Schwefelsäure und Alkohol zu entfernen ist. Die Antimonchlorwasserstoffsäure wird 3- bis 10mal fraktioniert krystallisiert und die Mutterlauge der Bestimmung der Beimengungen zugeführt. Man arbeitet auf 3 Anteile, nämlich: Rückstand A, der beim Aufschließen des Antimons mit Salpetersäure erhalten wird, Mutterlauge B, die als letzte bei der fraktionierten Krystallisation der Antimonchlorwasserstoffsäure hinterbleibt, ein wäßriger Auszug C, der beim Aufschluß mit Salpetersäure erhalten wird, indem die Antimonoxyde mit salpetersaurem Wasser ausgewaschen werden. B enthält viel Antimon, C enthält viel Verunreinigungen. Die Mutterlauge B wird mit viel Wasser versetzt, wobei ein Niederschlag B' von basischem Antimonchlorid entsteht, und die dabei erhaltene wäßrige, salzsaure Lösung D wird mit C vereinigt. Der Niederschlag B' wird in heißer, konzentrierter Salzsäure gelöst und in die Lösung in der Wärme Schwefelwasserstoff eingeleitet. Der Niederschlag wird mit Salpetersäure oxydiert und die Lösung auf Arsen geprüft. Das Filtrat wird nach dem Verdünnen mit Schwefelwasserstoffwasser mit Schwefelwasserstoff behandelt und der Niederschlag E mit Natriumpolysulfid ausgezogen. Der Rückstand F und die Lösung G aus dem Niederschlage E werden mit entsprechenden Fraktionen von $C+D$ vereinigt. Aus der alkalischen Sulfidlösung wird durch Behandlung mit Wasserstoffperoxyd Natriumantimonat ausgefällt (s. § 11 D, S. 513) und das Filtrat davon auf Zinn geprüft. Bei allergenauesten Analysen ist die Fällung des Natriumantimonates zu wiederholen.

Die Lösung $C+D$ wird eingedampft, die Salpetersäure durch mehrmaliges Abdampfen mit Salzsäure entfernt und der Rückstand mit Salzsäure aufgenommen. Man fällt mit Schwefelwasserstoff, extrahiert den Niederschlag mit Natriumpolysulfid und prüft den Rückstand, den man mit dem Rückstand F vereinigt, auf Silber, Kupfer, Blei, Wismut, Cadmium, die Lösung auf Arsen, Zinn, Platin, Tellur, Wolfram. Das Filtrat vom Schwefelwasserstoffniederschlag mit der Lösung G wird auf Eisen, Mangan, Nickel, Kobalt, Zink usw. geprüft.

B. Bestimmung des Antimons in Metallen.

In Metallen ist das Antimon meist ein störender Bestandteil, dessen Menge einen bestimmten geringfügigen Bruchteil nicht übersteigen darf, wenn nicht die Eigenschaften des betreffenden Metalles in unerwünschter Weise verändert werden sollen. Dies trifft besonders zu bei Kupfer, dessen elektrische Leitfähigkeit durch größere Mengen von Antimon herabgesetzt wird, und bei Blei, das durch gewisse Gehalte an Antimon hart wird. Um kleine und kleinste Mengen Antimon in reinen Metallen zu erfassen, wird es in den meisten Fällen notwendig sein, das Antimon vor seiner eigentlichen Bestimmung auf eine passende Weise anzureichern. In manchen Fällen wird auch eine spektralanalytische Bestimmung zu empfehlen sein (s. § 8, S. 456).

1. Bestimmung des Antimons in Kupfer.

Um in Kupfersorten die geringen Mengen Antimon anzureichern, arbeiten ältere Autoren so, daß sie die Hauptmenge des Kupfers auf chemischem Wege ausfällen. Jungfer bewirkt diese Ausfällung bei Gegenwart von Fluorid und schwefliger Säure mit Kaliumjodid in Form des KupferI-jodides, und er fällt aus dem Filtrat dieses Niederschlages das Antimon (nebst anderen Verunreinigungen) durch Schwefelwasserstoff, worauf eine weitere analytische Trennung zu erfolgen hat. Hampe (a) geht ähnlich vor, er fällt das Kupfer als KupferI-rhodanid. Brownson entfernt bei der Untersuchung von Konverter-Kupfer die Hauptmenge des Kupfers nach der Auflösung in Schwefelsäure und Salpetersäure durch Elektrolyse bis auf einen Rest von 0,25 g. In der verbleibenden Lösung wird dieser Rest zusammen mit dem Antimon usw. durch Schwefelwasserstoff gefällt und wie üblich weiter getrennt (s. § 11 D, S. 508). In raffiniertem Kupfer nimmt Brownson die Anreicherung des Antimons dadurch vor, daß er der Kupferprobe vor dem Auflösen 50 mg reines Eisen beifügt. Dieses wird sodann durch Ammoniak als EisenIII-oxydhydrat gefällt, und es soll das gesamte Antimon (neben Arsen) in Form von Ammoniumantimonat enthalten. Die eben angeführten Verfahren erklärt Blumenthal (a) für fehlerhaft, unsicher, zeitraubend und kostspielig. Viel besser läßt sich nach seinen Befunden die Anreicherung des Antimons durch eine gemeinsame Fällung mit ManganIV-oxydhydrat durchführen (genau wie die von Wismut in Kupfer, s. Kapitel Bi, § 14, S. 678). Nun haben aber Boehm und Raetsch gefunden, daß das Verfahren von Brownson (Fällung mit EisenIII-oxydhydrat) zur Anreicherung gut brauchbar sei, wenn der Probe eine gewogene Menge Hartblei mit genau bekanntem Antimongehalt zugesetzt wird. Wenn man dagegen nach Blumenthal (a) bei der Erprobung dieser Arbeitsweise das Antimon in Form von Alkaliantimonat der Lösung des zu untersuchenden Kupfers zufügt, dann wird das Antimon allerdings nach dem Brownson-Verfahren nicht quantitativ mitgefällt. Die guten Ergebnisse bei Zusatz von Hartblei erklärt aber Blumenthal (b) auf Grund neuer Versuche dadurch, daß nach Boehm und Raetsch Blei in die Analyse eingeführt wird. Bei der Fällung mit Ammoniak nach Brownson fällt Bleiantimonat quantitativ aus. Bei der Analyse von Rotguß und Bronze spielt deren Gehalt an Zinn eine Rolle dadurch, daß das entstehende ZinnIV-oxydhydrat alle Antimonsäure adsorbiert und somit richtige Werte erhalten werden. Wenn daher bei Kupferanalysen kein Blei oder Zinn anwesend oder zugefügt worden ist, so ist das Verfahren von BROWNSON ungeeignet, da es nicht das gesamte Antimon zu erfassen gestattet. In diesen Fällen gibt nur das Verfahren von BLUMENTHAL (a) zuverlässige Werte, denn nach BROWNSON werden nur etwa 60% des vorhandenen Antimons niedergeschlagen. BLUMENTHAL (a) hält auch das auf S. 487 beschriebene Verfahren von EVANS (a) für nicht empfehlenswert. Aus diesen Befunden BLUMENTHALS erklärt es sich wohl auch, daß WASSILJEW und SCHUB sowohl bei der Anreicherung mit ManganIV-oxydhydrat als auch mit EisenIII-oxydhydrat gleich gute Ergebnisse bei Antimongehalten zwischen 0,001 und 0,004% erhalten haben. Auch GIBB hat die Anreicherung des Antimons (neben Arsen) aus der salpetersauren Lösung des Kupfers durch Fällung von EisenIII-oxydhydrat mittels Natriumhydrogencarbonat durchgeführt. Nachfolgend geschieht die Trennung des Antimons von Arsen durch Destillation. — MISSON nimmt die Anreicherung des Antimons in Kupfer durch Adsorption an ZinnIV-oxydhydrat vor, das aus zugefügtem Zinn erzeugt wird. Im Falle der Untersuchung von Bronze ist der Zusatz des Zinns überflüssig. — Die Niederschlagung des Antimons auf Kupfer nach REINSCH (s. § 3B, S. 433) benutzen CLARKE und EVANS, um Spuren von Antimon in Kupfer zu erfassen und anschließend colorimetrisch zu bestimmen. Vor dieser Anreicherung wird die Hauptmenge des Kupfers durch Reduktion mit Natriumhypophosphit in stark salzsaurer Lösung niedergeschlagen und abfiltriert. Ist gleichzeitig Arsen zugegen, so wird dieses ebenfalls zum Element reduziert, welches durch Lösen in Benzol aus der Reaktionsmischung entfernt wird.

***Arbeitsvorschrift von* BLUMENTHAL (a).** 25 bis 100 g Kupfer (je nach dem Gehalt an Antimon) werden in Salpetersäure (D 1,4) gelöst, wobei eine etwaige Trübung unbeachtet bleibt. Nach dem Abkühlen wird je nach Größe der Einwaage auf 250 bis 600 cm³ verdünnt und mit verdünntem Ammoniak so lange versetzt, bis eben ein bleibender Niederschlag auftritt. Dieser wird in wenig Salpetersäure gelöst. Man versetzt mit 5 cm³ 5%iger ManganII-sulfat-Lösung und mit 3 cm³ n Kaliumpermanganatlösung und kocht unter Umschütteln auf. Der entstehende Niederschlag wird abfiltriert und heiß ausgewaschen. Das Filtrat wird in gleicher Weise noch einmal behandelt. Beide Niederschläge werden vom Filter in das Fällungsgefäß abgespritzt, das Filter wird mit verdünnter Salzsäure und Wasserstoffperoxyd übergossen, so daß sich die Reste der Niederschläge darin lösen. Man kocht, bis alles Chlor vertrieben ist, und filtriert vom unlöslichen Rückstand ab, der mit heißem salzsäurehaltigem Wasser, dann mit Wasser ausgewaschen wird. Nach dem Veraschen des Filters wird er im Eisentiegel mit Natriumperoxyd geschmolzen. Die Schmelze wird mit warmem Wasser aufgenommen, mit Salzsäure angesäuert und zur salzsauren Lösung der ManganIV-oxydhydrat-Niederschläge hinzugefügt. Nach dem Abstumpfen der Säure mit Ammoniak wird mit Schwefelwasserstoff gefällt. Der Niederschlag, der alles Antimon nebst Zinn, Arsen, Wismut, Blei und Kupfer enthält, wird mit 20 cm³ heißer Natriumsulfidlösung (1:5) ausgezogen. Der aus dem Filtrat beim Versetzen mit verdünnter Schwefelsäure (1:2) entstehende Niederschlag wird in Bromsalzsäure gelöst, Arsen, Antimon und Zinn wie üblich (s. § 11D, S. 508) getrennt und das Antimon mittels eines bekannten Verfahrens bestimmt. Am besten wird das Arsen durch Kochen mit Salzsäure unter Zusatz von Natriumsulfit vertrieben und das Antimon in der hinterbleibenden Lösung mit Bromat nach der in § 4, S. 435 gegebenen Vorschrift titriert.

***Arbeitsvorschrift von* MISSON.** 5 g Kupfer und 300 mg BANKA-Zinn oder 5 g Bronze (ohne Zusatz von Zinn) werden mit 40 cm³ konzentrierter Salpetersäure behandelt, bis deren Einwirkung beendet ist. Man verdünnt mit heißem Wasser, dekantiert nach einigen Stunden die Lösung ab, behandelt den Niederschlag noch einmal mit 10 cm³ Salpetersäure, verdünnt mit heißem Wasser, dekantiert und trocknet. Der getrocknete Niederschlag wird mit 20 cm³ konzentrierter Schwefelsäure bis zum Auftreten weißer Nebel erhitzt. Nach dem Erkalten werden 800 mg BANKA-Zinn zur Reduktion des Antimons zugefügt und erhitzt. Nach dem Verdünnen mit Wasser und Versetzen mit Salzsäure wird das vorhandene Antimon und Arsen mit Bromat nach § 4, S. 435 titriert. Die Bestimmung des Arsens erfolgt in einer gesonderten Probe von 5 g Metall oder Legierung, die in 15 cm³ Salpetersäure und 10 cm³ Salzsäure gelöst, danach mit 10 cm³ Salpetersäure und 20 cm³ Wasser erhitzt und mit 20 cm³ 10%iger Ammoniummolybdatlösung nach Zusatz von 20 cm³ Ammoniumnitratlösung (D 1,21) gefällt wird. Der Niederschlag von Ammoniumarsenomolybdat wird in üblicher Form zur Wägung gebracht. Das gesamte Verfahren beansprucht etwa 3 Std. Zeit.

***Arbeitsvorschrift von* CLARKE und EVANS.** 5 g der Kupferprobe werden in 30 cm³ Salpetersäure (1:3) und 15 cm³ konzentrierter Schwefelsäure gelöst. Nach dem Abrauchen und Abkühlen werden 150 cm³ Wasser, 150 cm³ konzentrierte Salzsäure und 10 g Natriumhypophosphit zugefügt. Die Mischung wird 10 Min., bei Anwesenheit von Arsen 30 Min. gekocht. In diesem Fälle wird nach dem Abkühlen das ausgeschiedene Arsen in Benzol gelöst und die Benzollösung und das ausgeschiedene Kupfer abgetrennt. Bei Gegenwart von Zinn, z. B. in Bronze, werden vor dem Zusatz des Hypophosphites noch 10 g Oxalsäure zugefügt. Eine milchige Trübung ist ohne Belang.

In die Lösung bringt man ein spiralig aufgerolltes Blech aus Elektrolytkupfer (15 × 1,5 cm) und erhitzt 2 Std. zum Sieden. Dann nimmt man die Spirale sofort heraus, spült sie mehrere Male mit destilliertem Wasser, bedeckt sie mit wenig Wasser, dem 1 g Natriumperoxyd zugesetzt ist, und erwärmt gelinde, bis das Kupfer dunkel wird. Hierbei löst sich das abgeschiedene Antimon (nebst Wismut) sowie etwas Kupfer. Man fällt mit Schwefelwasserstoff Kupfer und Wismut aus, filtriert den Niederschlag ab, säuert das Filtrat zur Ausfällung des Antimonsulfids mit 5 cm³ konzentrierter Schwefelsäure und einigen Tropfen Salpetersäure an und erhitzt auf dem Wasserbade (s. auch S. 466). Die Bestimmung des Antimons erfolgt colorimetrisch (s. unten). — CLARKE (b) weist darauf hin, daß das Abspülen des Kupferbleches mit dem darauf niedergeschlagenen Antimon nur mit gut ausgekochtem Wasser einige Sekunden lang geschehen darf, weil sich sonst etwas Antimon durch Oxydation löst. Von 0,5 mg Sb gehen in 1 Min. 0,015 mg, in 25 Min. 0,19 mg in Lösung.

Zur *colorimetrischen Bestimmung des Antimons* wird die obige Lösung zu einer Mischung aus 10 cm³ 1%iger Gummi arabicum-Lösung, 5 cm³ 20%iger Kaliumjodidlösung, 1 cm³ 10%iger wäßriger Pyridinlösung, 1 cm³ 0,1 n Lösung von schwefliger Säure und 60 cm³ kalter Schwefelsäure (1:3) hinzugefügt. Die gelbgrüne Färbung der Komplexverbindung des Antimons mit Pyridin wird mit einer Lösung von 0,2764 g Brechweinstein in 1 l 10%iger Schwefelsäure [CLARKE (a)], welche ganz gleichartig behandelt wird, verglichen. — WASSILJEW und SCHUB empfehlen, die Komplexverbindung mit Amylalkohol zu extrahieren, wodurch die Farbe intensiver wird.

2. Bestimmung des Antimons in Blei.

Für die Bestimmung des Antimons in Blei ist von LIEBSCHÜTZ ein Verfahren zur Anreicherung durch gemeinsame Fällung mit EisenIII-oxydhydrat vorgeschlagen worden. FAINBERG (a) zieht das Antimon durch Schmelzen des Bleis mit Natrium- oder Kaliumhydroxyd ohne Zusatz von Oxydationsmitteln aus und bestimmt es bei kleinen Mengen colorimetrisch, bei großen maßanalytisch. Nach einem anderen Vorschlag von FAINBERG (b) wird die Anreicherung nach dem Verfahren von BLUMENTHAL mittels Fällung mit ManganIV-oxydhydrat aus ManganII-nitrat und Kaliumpermanganat vorgenommen (s. S. 463). Die Bestimmung erfolgt sodann durch Titration mit Bromat. — EVANS (b, c) scheidet das Antimon nach REINSCH auf metallischem Kupfer ab (s. S. 465) und bestimmt es dann colorimetrisch. — HOLLARD und BERTIAUX (b) lösen das zu untersuchende Blei in Schwefelsäure und destillieren zuerst das Arsen ab. Zum Destillationsrückstand werden 150 cm³ Zinkchlorid-Lösung (D 2,0) zugefügt und das Antimon in einem Strome von Chlorwasserstoff abdestilliert und im Destillat bestimmt. — BERTIAUX (a) schließt nach dem Verfahren von LOW (s. S. 484) auf und titriert entweder mit Bromat oder mit Permanganat. Bei dieser letzteren Titration wird vorhandenes Eisen mitbestimmt, das für sich colorimetrisch mit Rhodanid ermittelt und von dem ersten Titrationswert subtrahiert werden muß. Auch MYERS titriert das Antimon nach dem Auflösen der Bleiprobe in Schwefelsäure mit Permanganat. — COAKILL bestimmt das Antimon colorimetrisch als Sulfid.

***Arbeitsvorschrift von* LIEBSCHÜTZ.** 100 g Blei werden in 100 cm³ Salpetersäure (D 1,42) und 220 cm³ heißem Wasser unter Zusatz von 10 cm³ EisenIII-nitrat-Lösung (20 g Fe/l) gelöst. Man verdünnt auf 1 l, fügt einige Tropfen Natriumchloridlösung und soviel Natronlauge hinzu, bis ein rotbrauner Niederschlag entsteht. Die überstehende Flüssigkeit wird so vorsichtig abdekantiert, daß nichts von dem Niederschlage auf das Filter gelangt. Mit heißem Wasser und Natronlauge wird der Niederschlag so lange behandelt, bis er eine ziegelrote Farbe angenommen hat, wobei die Flüssigkeit jedesmal dekantiert wird. Hierbei wird gleichzeitig das Bleinitrat entfernt. Der Rückstand wird in einigen Kubikzentimetern 50%iger Weinsäure und wenig verdünnter, heißer Salzsäure gelöst und das Filter mit derselben Mischung ausgewaschen. Beide Lösungen werden vereinigt, auf 1 l verdünnt und nach Zusatz von etwas Ammoniumsulfat mit Schwefelwasserstoff gefällt. Die Sulfide des Antimons (Arsens und Zinns) werden durch Ammoniumsulfid extrahiert und wie üblich getrennt (s. dazu § 11 D, S. 508) und das Antimon schließlich jodometrisch titriert.

***Arbeitsvorschrift von* EVANS (b).** 20 g Blei werden mit 100 cm³ Salpetersäure (D 1,2) und 80 cm³ Schwefelsäure (1:3) zum Sieden erhitzt. Nach dem Erkalten wird filtriert und der Niederschlag mit verdünnter Schwefelsäure ausgewaschen. Das Filtrat wird bis zum Auftreten weißer Nebel eingedampft, abgekühlt und der Rückstand in 150 cm³ Salzsäure (1:2) aufgenommen. Diese Lösung wird nach Zugabe von 5 g Natriumhypophosphit 15 Min. lang zum Sieden erhitzt, abgekühlt, mit 10 cm³ Benzol ausgeschüttelt und filtriert. Der Rückstand wird dreimal mit heißem Wasser ausgewaschen. Bei Gegenwart von viel Arsen muß mehr Hypophosphit angewendet und das Verfahren notfalls wiederholt werden, um sicher alles Arsen zu entfernen. Aus den vereinigten Filtraten wird das Antimon nach der auf S. 465 mitgeteilten Vorschrift auf Elektrolytkupfer niedergeschlagen. Die Lösung in Natriumperoxyd wird mit 1 g Zinksulfid versetzt und über Nacht hingestellt. Man filtriert ab, fügt zum Filtrat 5 cm³ Salzsäure, leitet 3 Min. lang Schwefeldioxyd hindurch, erhitzt 20 Min. lang zum Sieden, kühlt ab und bestimmt das Antimon colorimetrisch als Sulfid nach § 1, S. 415.

***Arbeitsvorschrift von* EVANS (c).** 20 g Blei werden in 100 cm³ Salpetersäure (D 1,2) unter Zusatz von 5 g Weinsäure gelöst, mit Wasser verdünnt, um Bleinitrat in Lösung zu halten und mit 80 cm³ Schwefelsäure (1:3) zum Sieden erhitzt. Nach dem Abkühlen wird der Niederschlag von Bleisulfat abfiltriert und mit 2%iger Schwefelsäure gut ausgewaschen. Das Filtrat wird ammoniakalisch gemacht und 20 cm³ Bromcyanlösung (s. Kapitel Bi, § 14 B, S. 684) zugefügt. Dann werden 7 g Natriumdithionit ($Na_2S_2O_4$) zugesetzt und 1 Std. zum Sieden erhitzt. Nachdem noch 2 g Natriumdithionit zugesetzt worden sind, läßt man abkühlen und sammelt das ausgeschiedene elementare Antimon in einem GOOCH-Tiegel. Es wird mit einer Lösung, die 4 g Natriumdithionit, 4 g Ammoniumchlorid und 20 cm³ gesättigter

Kaliumcyanidlösung in 400 cm³ Wasser enthält, gewaschen. Filtrieren und Auswaschen muß möglichst schnell erfolgen, um eine Oxydation des Antimons zu vermeiden. Das Filtrat wird zur Prüfung auf Antimonfreiheit erwärmt, wobei höchstens eine leichte, durch Schwefel verursachte Trübung eintreten darf, andernfalls die Reduktion noch einmal wiederholt werden muß. Das Antimon wird in Bromsalzsäure gelöst und nach Reduktion bromatometrisch nach § 4, S. 435 titriert.

***Arbeitsvorschrift von* Myers.** 1 g Blei wird mit 15 cm³ konzentrierter Schwefelsäure und 5 g Kaliumhydrogensulfat über Nacht erwärmt, dann ganz kurz aufgekocht und nach Erkalten mit 15 cm³ Wasser versetzt. Nach dem Dekantieren der Flüssigkeit wird der Rückstand mehrmals mit je 25 cm³ 10%iger Weinsäure gewaschen und die vereinigten Lösungen mit 10 cm³ konzentrierter Salzsäure versetzt. Die unlöslichen Sulfate werden mit 40 cm³ 33%iger Ammoniumacetatlösung fast bis zum Kochen erhitzt und rasch zu den ebenfalls fast zum Kochen erwärmten Waschflüssigkeiten gegeben. Nach dem Abkühlen auf 5 bis 8° wird mit einer gegen 0,15 g Antimon und 0,15 g Zinn unter gleichen Bedingungen eingestellten 0,1 n Kaliumpermanganat-Lösung titriert. Antimonmengen bis herab zu 0,2% lassen sich mit einer Genauigkeit von 0,2 bis 0,3% bestimmen.

***Arbeitsvorschrift von* Coakill.** 25 g (bei sehr reinem Blei 50 g) werden mit 120 cm³ verdünnter Salpetersäure gekocht. Man filtriert den aus ZinnIV-oxydhydrat und unter Umständen aus Spuren Antimonoxyden bestehenden Rückstand ab und wäscht ihn aus. In der Lösung wird das Blei mit Schwefelsäure ausgefällt, das Bleisulfat abfiltriert und mit verdünnter Schwefelsäure gewaschen. Das Filtrat wird bis zum Auftreten weißer Nebel eingedampft. Man füllt auf 100 cm³ auf. Aus 25 g analysenreinem Blei, dessen geringe Verunreinigungen sehr genau bestimmt sind, wird nach Zusatz einer bekannten Menge Antimon auf die gleiche Weise eine Vergleichslösung hergestellt.

20 cm³ Lösung werden mit 0,1 g Weinsäure, einigen Tropfen Phenolphthalein und aus einer Pipette mit soviel 50%iger Natronlauge versetzt, bis sie eben alkalisch sind und dann einige Tropfen Natronlauge im Überschuß zugegeben. Man erhitzt nach Zugabe von 50%iger Natriumsulfidlösung 10 Min. lang fast bis zum Sieden und filtiert danach durch ein dichtes Filter. Das Filtrat wird in einem Nessler-Zylinder aufgefangen, abgekühlt, mit 10 Tropfen 10%iger Gummi arabicum-Lösung und 2 cm³ Salzsäure (1:1) versetzt. Die gelbe bis orange Färbung muß sehr schnell mit der auf die gleiche Weise aus der Vergleichslösung hergestellten Probe verglichen werden, weil nach einigen Minuten kolloider Schwefel ausfällt. Das Verfahren liefert unter Ersparnis von Zeit und Material genaue Ergebnisse.

3. Bestimmung des Antimons in Zinn.

Um kleine Mengen Antimon in Zinn zu bestimmen, kann einerseits die Hauptmenge Zinn aus der gewonnenen Lösung entfernt werden, andererseits kann das Antimon angereichert werden. Den ersten Weg beschreiten Hollard und Bertiaux (a), indem sie das Zinn mit Königswasser behandeln, wobei ZinnIV-oxydhydrat unlöslich zurückbleibt, während Antimon in Lösung geht, aus der es elektrolytisch aus der Thioantimonitlösung nach § 3A, S. 422 bestimmt wird. Auf dem anderen Wege hat Browne die Antimonbestimmung versucht, indem er das durch Salpetersäure erhaltene Gemisch von ZinnIV-oxydhydrat und Antimonoxyden mit 5%iger Weinsäure auskocht und in dieser Lösung das Antimon bestimmt. Nach Wölbling ist dieses Verfahren jedoch nicht erfolgreich ausführbar. Victor scheidet das Antimon aus der salzsauren Lösung des Zinns in elementarer Form durch Ferrum reductum ab und bestimmt es nach dem Auflösen elektrolytisch. Clarke (a) arbeitet ebenso wie bei der Bestimmung des Antimons in Kupfer nach dem Verfahren von Reinsch durch Niederschlagung auf Kupfer und bestimmt anschließend colorimetrisch. Seyda führt eine Trennung des Zinns von Antimon nach dem Verfahren von HAMPE (s. § 11 D, S. 513) durch, während JACOBSON die Zinn-Antimon-Trennung nach CLARKE-HENZ (s. § 11 D, S. 514) vornimmt. Es sind im Schrifttum keine kritischen Bemerkungen zu den verschiedenen Verfahren veröffentlicht worden, so daß keines besonders vorzuziehen ist.

Arbeitsvorschrift von SEYDA. In einen 750 cm³ fassenden Rundkolben mit kurzem Halse werden 100 cm³ rauchende Salpetersäure gefüllt und dann zunächst ein Streifen der gewogenen Zinnfolie (insgesamt etwa 5 g) eingetragen und 25 cm³ Wasser zugefügt. Es beginnt nun die Auflösung und unter Umschütteln werden die weiteren Streifen eingetragen. Nach beendeter Umsetzung wird der Inhalt des Kolbens in eine Porzellanschale gefüllt, der Kolben mit 25%iger Salpetersäure ausgespült und alles auf dem Wasserbade zur Trockene eingedampft. Die noch warmen Metalloxyde werden unter Umrühren in 60 g geschmolzenes Natriumhydroxyd eingetragen, in welchem sie sich augenblicklich umsetzen. Die auf 100° abgekühlte Schmelze wird aus der Schale gehoben, nach dem Erkalten in kleine Stücke geschlagen und in einem 750 cm³ fassenden Rundkolben mit Wasser behandelt. Dazu werden die Spülwässer der bisher benutzten Gefäße gegeben, so daß etwa ein Flüssigkeitsvolumen von 700 cm³ entsteht. Man bringt zum Kochen und versetzt die abgekühlte Flüssigkeit in einem Becherglase unter Umrühren mit dem dritten Teile ihres Raumes an 96%igem Alkohol. Nach 24stündigem Stehen wird dekantiert und der Niederschlag von Natriumantimonat mit Alkohol (2 Teile Alkohol : 1 Teil Wasser) aufs Filter gebracht. Nach dem Trocknen bei 100° wird der Niederschlag vom Filter entfernt und dieses mit den Resten des Niederschlages in 10 g geschmolzenes Natriumhydroxyd, welchem etwas Natriumnitrat zugesetzt ist, eingetragen. Danach wird die Hauptmenge des Niederschlages ebenfalls in diese Schmelze eingetragen. Nach der Umsetzung wird abgekühlt und weiter wie oben beschrieben verfahren. Das nunmehr reine Natriumantimonat wird in Salzsäure gelöst, in Antimonsulfid übergeführt und als solches bestimmt.

Arbeitsvorschrift von VICTOR. 10 g Zinn werden in 50 cm³ Salzsäure (D 1,124) unter mäßigem Erwärmen gelöst. In die fast erkaltete Flüssigkeit werden kleine Mengen Kaliumchlorat eingetragen, bis alle Fremdmetalle gelöst sind und die Lösung nach dem Kochen noch gelb ist. Man vertreibt überschüssiges Chlor durch Kochen, verdünnt die Lösung stark und gibt einige blanke Eisennägel und eine Spatelspitze Ferrum reductum zwecks Abscheidung des Antimons zu. Das Gefäß wird mit einem BUNSEN-Ventil verschlossen und $^3/_4$ Std. stehen gelassen. Die Lösung wird durch ein mit Ferrum reductum bestreutes Filter gegeben, die Nägel werden gut abgespült und mit salzsäurehaltigem Wasser gewaschen, bis das Waschwasser mit QuecksilberII-chlorid-Lösung nur noch eine schwache Opalescenz zeigt. Der Niederschlag von Antimon wird in das Fällungsgefäß zurückgespült, das Filter mit Kaliumchlorat bestreut, der Rest des Niederschlages in heißer Salzsäure gelöst und so der gesamte Niederschlag in Lösung gebracht. Diese Lösung wird mit festem Natriumhydroxyd bis zur stark alkalischen Reaktion versetzt, der entstandene Niederschlag von EisenIII-oxydhydrat wird abfiltriert und das Filtrat mit 50 cm³ gesättigter Natriumsulfidlösung gekocht. Besser ist es, die salzsaure Lösung nach dem Verjagen des Chlors mit Ammoniak fast zu neutralisieren, mit Schwefelwasserstoff zu fällen, das Antimonsulfid mit Natriumsulfid zu lösen, von ungelösten Sulfiden abzufiltrieren und die Thioantimonit-Lösung nach § 3 A, S. 422 zu elektrolysieren.

Arbeitsvorschrift von JACOBSON. 8 g Zinn werden in einer Mischung aus je 40 cm³ Salzsäure und Wasser, die 4 cm³ Salpetersäure enthält, gelöst. Man engt auf 50 cm³ ein, verdünnt auf 200 cm³ mit kaltem Wasser, neutralisiert mit Ammoniak, fügt 85 g Oxalsäure zu, verdünnt mit heißem Wasser auf 500 cm³, kocht auf und leitet 20 Min. lang Schwefelwasserstoff ein. Die Sulfide des Antimons (und Arsens) werden in heißer Salpetersäure (D 1,1) gelöst, mit 12 cm³ Schwefelsäure abgeraucht und in dieser Lösung Antimon (und Arsen) nach einem bekannten Verfahren bestimmt.

***Arbeitsvorschrift von* Clarke (a).** 5 g Zinn werden in Bromsalzsäure gelöst. Die Abscheidung des Antimons erfolgt auf Elektrolytkupfer in der auf S. 465 beschriebenen Weise. Das schließlich isolierte Antimonsulfid wird in Salpetersäure und Schwefelsäure gelöst und nach der auf S. 465 mitgeteilten Vorschrift colorimetriert. Es lassen sich bis zu 50 γ Sb in 5 g oder mehr Zinn einwandfrei bestimmen.

4. Bestimmung des Antimons in Arsen.

***Arbeitsvorschrift von* Armstrong.** Bis zu 5 g der Probe werden in einem Kolben mit 100 cm³ Salzsäure und mit Natriumquecksilbersulfit versetzt und das Ganze fast bis zur Trockene eingedampft. Nach Zusatz von 50 cm³ Salzsäure wird unter gelegentlichem Zugeben von einem Krystall Natriumsulfit lebhaft gekocht. Man verdünnt mit Wasser auf 150 cm³, entfernt den Überschuß an Schwefeldioxyd durch Kochen und titriert das Antimon mit Bromat.

5. Bestimmung des Antimons in Zink.

Blumenthal (c) empfiehlt die Anreicherung der sehr geringen Mengen Antimon in Zink aus 50 g Metall durch gemeinsame Fällung mit ManganIV-oxydhydrat nach der auf S. 464 beschriebenen Weise. Lurje, Tal und Flügelmann scheiden das Antimon durch innere Elektrolyse (s. § 3 A, S. 429) auf Kupfer ab und behandeln den Niederschlag nach der Vorschrift von Clarke und Evans auf S. 465 weiter, um schließlich das Antimon colorimetrisch zu bestimmen.

***Arbeitsvorschrift von* Lurje, Tal und Flügelmann.** 5 g Zink werden in 25 bis 30 cm³ Salpetersäure (1:1) und 10 cm³ Schwefelsäure gelöst. Man raucht zweimal ab, fügt 30 bis 60 cm³ Wasser hinzu, neutralisiert mit Ammoniak, säuert mit 4 cm³ konzentrierter Salzsäure an und verdünnt auf 300 cm³. Nach Zusatz von 0,5 g Hydraziniumchlorid wird das Antimon durch innere Elektrolyse auf einer Kupferdrahtspirale als Kathode niedergeschlagen (Dauer 1 Std.). Als Anode dient eine Eisen- oder Bleiplatte. Die Ablösung des Antimons und colorimetrische Bestimmung geschieht wie auf S. 465 angegeben.

C. Bestimmung des Antimons in Legierungen.

1. Allgemeines.

Antimon ist ein wesentlicher Bestandteil der Legierungen Hartblei, Letternmetall, der zinnhaltigen Lager- und Weißmetalle u. a. Als Verunreinigung tritt es in Legierungen des Kupfers auf. Je nach dieser Erscheinungsweise sind die Verfahren zur Bestimmung einzurichten. Handelt es sich um die Erfassung sehr kleiner Mengen von Antimon, so wird eine Anreicherung von Nutzen sein. Hierfür dürfte das auf S. 464 beschriebene Verfahren von Blumenthal (a) vorzugsweise in Betracht kommen, welches auch Kallmann und Pristera für Legierungen empfehlen. Die Aufarbeitung des hierbei erhaltenen Niederschlages erfolgt vorteilhaft mit Schwefelsäure und Kaliumhydrogensulfat (s. S. 490), Reduktion mit schwefliger Säure und Titration mit Bromat oder Permanganat (s. § 4 bzw. § 6 A, S. 435 bzw. S. 450). Lurje erzielt mit Hilfe des Verfahrens von Jamieson (s. S. 475) bei Legierungen und Erzen verzügliche Ergebnisse. — Um die Probe der Legierung zur Analyse vorzubereiten, empfiehlt v. Ferentzy die Auflösung von 0,5 g Legierung mit 30 bis 40 cm³ konzentrierter Salzsäure unter Zusatz von 1 bis 2 g Kaliumjodid. Das in der Legierung vorhandene Antimon bleibt ungelöst, solange Kaliumjodid im Überschuß vorhanden ist. Das Antimon wird abfiltriert, mit heißem, mit Salzsäure und Kaliumchlorid versetzten Wasser gewaschen, in Bromsalzsäure gelöst und nach dem Verkochen des Broms und der Reduktion mit Schwefeldioxyd mit

Bromat titriert. Eine sehr ausführliche, ziemlich allgemein anwendbare Vorschrift für die Antimonbestimmung hat SCHERRER ausgearbeitet. Außer Verbesserungen und Verfeinerungen der Apparatur bringt sie die Fällung von Bleisulfat in Gegenwart von Flußsäure (s. S. 472), welche das Mitreißen von Antimon, Arsen und Zinn verhindert. Das ausgefällte Bleisulfat enthält dann nur 0,1 bis 0,2 mg Sb + As + Sn. Die direkte Titration des Antimons nach Auflösung der Legierung hält SCHERRER für nicht gut, weil hierbei meist zu hohe Antimonwerte resultieren. Als Mittel für die Reduktion des fünfwertigen Antimons zu dreiwertigem empfiehlt er Schwefel in konzentrierter Schwefelsäure. Die Beleganalysen für Antimon sind nach dem Referat gut, wenn nicht mehr als 500 mg Zinn im Analysengute enthalten sind. Bei mehr als 2 g Zinn treten Verluste an Antimon bis zu 2,2 mg ein.

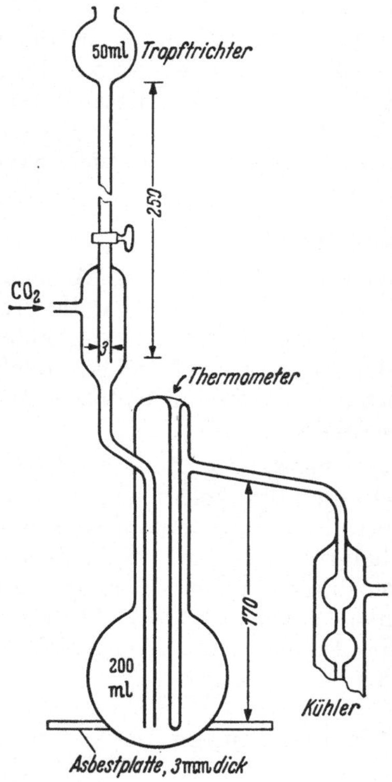

50ml Tropftrichter
250
CO_2
3
Thermometer
170
200 ml
Kühler
Asbestplatte, 3mm dick

Abb. 5. Destillationsapparatur nach SCHERRER.

***Arbeitsvorschrift von* SCHERRER. I. Herstellung der Lösung.** a) Aus Schriftmetall, Lot, Babittmetall. Die Einwaage ist so groß zu wählen, daß nicht mehr als 5 g Blei, 100 mg Antimon und 200 mg Zinn zur Untersuchung gelangen. Sind die zu bestimmenden Antimon- und Zinnmengen sehr gering, so nimmt man mehrere Einwaagen von je 5 g. Man muß nur darauf sehen, daß die Lösung der thiosauren Salze, die schließlich zur Destillation gelangt, nicht mehr als etwa 10 cm³ konzentrierter Schwefelsäure enthält, was bei der Bemessung der zuzusetzenden Schwefelsäuremengen zu berücksichtigen ist. Die Einwaage bringt man in eine Platinschale von 200 cm³ Fassungsvermögen und übergießt sie mit 50 cm³ Wasser, 10 cm³ Salpetersäure (D 1,4) und 10 cm³ 48%iger Flußsäure. Die mit einem Platindeckel bedeckte Schale wird auf dem Wasserbad erhitzt, bis die Legierung in Lösung gegangen ist. Nun wird der Deckel abgenommen und die Schale weiter erhitzt, bis alle Stickoxyde entfernt sind. Nach dem Erkalten versetzt man mit 16 cm³ Schwefelsäure (1:1), rührt mit einem Platindrahte gut um und läßt absitzen. Man filtriert das Bleisulfat auf einen Hartgummitrichter ab und fängt das Filtrat in einer Platinschale auf. Der Niederschlag wird mit Anteilen von je 5 cm³ Waschflüssigkeit gewaschen. Diese besteht aus einer Mischung von 25 cm³ Wasser, 5 cm³ konzentrierter Salpetersäure, 5 cm³ Flußsäure und 2 cm³ konzentrierter Schwefelsäure; dann wird zweimal mit Wasser gewaschen. Das Filtrat wird auf dem Wasserbad eingedampft, abgeraucht, mit Wasser befeuchtet und nochmals abgeraucht (Lösung I).

Um Spuren von Antimon, Arsen und Zinn aus dem Bleisulfatniederschlage zu gewinnen, wird folgendermaßen vorgegangen: Der Niederschlag wird mit Wasser in ein Becherglas gespült und mit 20 cm³ konzentrierte Salzsäure versetzt. Nach dem Lösen gibt man 40%ige Natronlauge bis zur klaren Lösung und dann 20 cm³ Natriumpolysulfidlösung (250 g Natriumsulfid in 1 l Wasser + 20 g Schwefelblumen) zu, verdünnt auf 300 cm³ und erhitzt 1 Std. auf dem Wasserbad. Man filtriert und wäscht den Niederschlag mit 2%iger Natriumpolysulfidlösung aus. Man neutralisiert das Filtrat mit Eisessig und fügt noch 5 cm³

Eisessig im Überschuß zu. Nach 5 bis 10 Min. andauerndem Einleiten von Schwefelwasserstoff läßt man über Nacht stehen. Der Niederschlag wird abfiltriert, mit 1%iger Essigsäure, die mit Schwefelwasserstoff gesättigt ist, gewaschen und mit samt dem Filter aufbewahrt (Filter II).

Die Lösung I (s. S. 470) wird mit möglichst wenig Wasser in einen KJELDAHL-Kolben gespült und das Wasser darin verdampft. Filter II und 25 cm³ Salpetersäure (D 1,4) werden zugegeben. Man erhitzt über freier Flamme und gibt unter Umständen Salpetersäure nach, bis eine farblose Lösung entstanden ist. Nun wird die Schwefelsäure abgeraucht. Nach dem Abkühlen werden 10 cm³ Wasser zugegeben und nochmals abgeraucht. Nun setzt man 0,2 g Schwefelblumen zu, verdünnt mit Wasser und kocht 10 Min. lang. Nach dem Erkalten fügt man 25 cm³ Wasser und 10 cm³ Salzsäure (D 1,19) hinzu. Nachdem sich alles gelöst hat, wird filtriert, mit Salzsäure (1:1) nachgewaschen und destilliert (s. unten). Das Volumen der Lösung soll etwa 100 cm³ betragen.

b) Aus Zinnlegierungen, welche kein oder nur wenig Blei enthalten. Es soll soviel eingewogen werden, daß nicht mehr als 100 mg Sb und 200 mg Sn vorhanden sind. Wenn Antimon allein bestimmt werden soll, können auch 500 mg Sn anwesend sein. Größere Mengen stören die nachfolgende Destillation. — Die Einwaage wird in einem 300 cm³ fassenden KJELDAHL-Kolben mit 20 cm³ Salpetersäure (1:1) bis zur Lösung erhitzt. Nach dem Erkalten werden 8 cm³ konzentrierter Schwefelsäure zugefügt und diese abgeraucht. Weitere Verarbeitung wie im Abschnitt a).

c) Aus Kupferlegierungen. Es soll zehnmal soviel Zinn wie Antimon und Arsen zusammen anwesend sein. Ist der Zinngehalt zu klein, so wird Zinn zugesetzt, aber nicht mehr als 500 mg. Die Einwaage darf also höchstens 50 mg Sb + As enthalten. Soll aber auch Zinn der Destillation unterworfen werden, so dürfen nicht mehr als 200 mg Sn vorliegen. — Die Einwaage von 1 bis 5 g wird in einem 250 cm³ fassenden Becherglas in 25 bis 50 cm³ Salpetersäure (1:1) heiß gelöst. Nach dem Verkochen der Stickoxyde wird mit 150 cm³ heißem Wasser verdünnt und über Nacht auf das Wasserbad gestellt. Man filtriert durch ein feinporiges Filter, wäscht mit heißer Salpetersäure (1:99) und behandelt Filter und Niederschlag im KJELDAHL-Kolben weiter wie unter a) angegeben.

II. Destillation von Arsen, Antimon und Zinn. a) Apparatur. Die Destillationsapparatur ist aus Abb. 5 zu ersehen. Eine Beschreibung erübrigt sich. Der lange Stiel des Tropftrichters ist notwendig zur Überwindung des im Kolben herrschenden Druckes.

b) Destillation des Arsens. Der Kohlendioxydstrom soll eine Stärke von 6 bis 8 Blasen je Sekunde haben. Man läßt ruhig sieden, bis nur noch 50 cm³ im Kolben bleiben. Die Temperatur soll 110 bis 111° betragen. Das Destillat wird in 50 bis 100 cm³ Wasser aufgefangen. Für 1 mg Arsen wird einmal destilliert. Bei mehr Arsen wird die Vorlage gewechselt, 25 cm³ Salzsäure (D 1,19) in den Kolben nachgefüllt und noch einmal destilliert. Bei Anwesenheit von viel Antimon und angestrebter größter Genauigkeit werden die gesammelten Destillate noch einmal destilliert.

c) Destillation des Antimons. Der Rückstand von der Arsendestillation wird mit 7 cm³ 85%iger Phosphorsäure versetzt. Der Kohlendioxydstrom wird etwas gedrosselt und die Temperatur bis auf 155° erhöht. Dann läßt man konzentrierte Salzsäure mit einer Geschwindigkeit von 30 bis 40 Tropfen je Minute zufließen, während die Temperatur auf 155 bis 165° gehalten wird. Um 100 mg Sb zu destillieren, sind 150 bis 175 cm³ Salzsäure notwendig.

d) Die Destillation des Zinns erfolgt aus dem Rückstand der Antimondestillation. Die Temperatur wird auf 140° gesenkt, der Strom des Kohlendioxydes noch etwas gedrosselt und ein Gemisch aus 3 Raumteilen konzentrierter Salzsäure und 1 Raumteil 48%iger Bromwasserstoffsäure mit einer Geschwindigkeit von 30 bis 40 Tropfen je Minute zugegeben. Die Temperatur wird auf 140° gehalten. Mit 125 cm³ Säuregemisch können 100 mg Zinn destilliert werden.

III. Bestimmung des Arsens, Antimons und Zinns. a) Die Bestimmung des Arsens erfolgt durch Titration mit 0,01 n Jodlösung.

b) Bestimmung des Antimons. Das Destillat wird mit Ammoniak neutralisiert und dann mit soviel Salzsäure versetzt, daß auf 100 cm³ Lösung 3 cm³ konzentrierte Salzsäure vorhanden sind. Man fällt Antimonsulfid mit Schwefelwasserstoff aus und filtriert es auf ein Papierfilter ab. Das Filter mit dem Niederschlag wird in einen KJELDAHL-Kolben gebracht und wie oben mit Salpetersäure und Schwefelsäure gelöst. Die Lösung wird zur Reduktion des fünfwertigen Antimons mit Schwefel gekocht. Nach dem Erkalten werden 30 cm³ Wasser zugesetzt und die Hälfte davon weggekocht. Die so von Schwefeldioxyd befreite Lösung wird mit 25 cm³ Wasser und 10 cm³ konzentrierter Salzsäure versetzt und filtriert. Man spült mit 60 cm³ Salzsäure (1:3) nach und wäscht das Filter damit aus. Das Filtrat wird auf 300 cm³ verdünnt, 5 Min. gekocht, auf 10° abgekühlt und mit 0,1 n Kaliumpermanganatlösung titriert.

c) Zur Bestimmung des Zinns wird das Destillat mit Blei reduziert und mit 0,1 n Jodlösung titriert.

2. Bestimmung des Antimons in Bleilegierungen.

I. In verschiedenen Bleilegierungen.

Der Aufschluß der Bleilegierungen erfolgt in den meisten Fällen mit konzentrierter Schwefelsäure unter Zusatz von Kaliumsulfat oder von Kaliumhydrogensulfat zum Zwecke der Erhöhung des Siedepunktes der Schwefelsäure (LOW, s. S. 490). Hierbei ist jedoch zu berücksichtigen, daß das entstehende Bleisulfat Antimon adsorbiert, das somit der Bestimmung entzogen wird (s. S. 450). Es sind deshalb verschiedene Abänderungen für die Auflösung in Schwefelsäure vorgeschlagen worden, wenn nicht überhaupt ein anderes Löseverfahren angewendet wird. So nimmt WDOWISZEWSKI Salpetersäure, durch welche das Antimon in unlösliche Oxyde verwandelt wird, die nachfolgend für sich aufgelöst werden. SHAW, WHITTEMORE und WESTBY benutzen unter anderem Brom-Salzsäure als Lösungsmittel und titrieren in der so erhaltenen Lösung das Antimon mit Bromat. STANFORD und ADAMSON schmelzen die Legierung mit Kaliumhydrogensulfat und titrieren nach der Lösung der Schmelze in Schwefelsäure das Antimon mit Permanganat. EVANS (d) löst Bleilegierungen bei Abwesenheit von Zinn am Rückflußkühler in 60%iger Überchlorsäure (s. S. 474); ein weißer Niederschlag wird unter Kochen mit Salzsäure bei aufgesetztem Kühler gelöst und das Antimon nach der Reduktion mit Schwefeldioxyd mit Bromat titriert.

a) Aufschluß mit Schwefelsäure.

Arbeitsvorschrift von **MCCAY.** 0,5 bis 1 g Legierung wird in 10 cm³ konzentrierter Schwefelsäure gelöst. Man raucht bis zum Auftreten weißer Nebel ab und hält noch $^1/_2$ Std. lang auf der dazu notwendigen Temperatur. Nach dem Abkühlen wird das Reaktionsgemisch in einer Platinschale mit 5 cm³ 48%iger Flußsäure und 20 cm³ Wasser aufgekocht und danach auf 150 cm³ verdünnt. Man fügt noch 50 cm³ 96%igen Alkohol hinzu und filtriert das ausgeschiedene Bleisulfat ab, das mit Wasser, welches $^1/_4$ Raumteil Alkohol und etwas Schwefelsäure enthält, gewaschen wird. Bei Legierungen mit mehr als 50% Blei wird das Bleisulfat mit Soda und Schwefel geschmolzen (s. S. 404) und die Schmelze in üblicher Weise aufgearbeitet, um adsorbiertes Antimon zu isolieren und mit der Hauptmenge zu vereinigen. Das Filtrat vom Bleisulfat wird 1 Std. lang mit Schwefelwasserstoff behandelt. Der mit gesättigtem essigsauren Schwefelwasserstoffwasser gewaschene Niederschlag des Antimon- und Kupfersulfides wird in üblicher Weise mit Natriumsulfid getrennt (s. § 11 D, S. 506). Das Zinn wird aus dem Filtrate bestimmt (vgl. das Verfahren von SCHERRER, S. 470).

***Arbeitsvorschrift von* Demorest.** 1 g Späne wird mit 20 cm³ konzentrierter Schwefelsäure gelöst. Nach dem Verdünnen mit Wasser wird das Bleisulfat abgesaugt, dieses mit 10 cm³ Schwefelsäure gekocht, diese Lösung mit Wasser verdünnt und das wieder ausgefällte Bleisulfat abgesaugt. Die beiden Filtrate (nicht über 150 cm³) werden mit Permanganat nach § 6 A, S. 450 titriert.

***Arbeitsvorschrift von* McCabe.** 1 g Legierung wird in 50 cm³ konzentrierter Schwefelsäure gelöst, nach dem Erkalten mit 50 cm³ Wasser versetzt, 10 Min. gekocht und wieder mit 50 cm³ Wasser versetzt. Das Bleisulfat wird nach dem Absitzen in einen Glasfiltertiegel gebracht und zweimal mit je 20 cm³ Wasser gewaschen. Man löst es in 50 cm³ 20%iger Ammoniumacetatlösung, fällt es mit 25 cm³ konzentrierter Schwefelsäure und bringt es wieder in denselben Tiegel. Beide Filtrate werden mit 0,1 n Kaliumpermanganatlösung im Überschuß versetzt und dieser mit Mohrschem Salz zurückgemessen. Ein Blindwert von 0,3 cm³ wird abgezogen. — Im ersten Filtrat kann unter Umständen Zinn bestimmt werden.

***Arbeitsvorschriften von* Shaw, Whittemore *und* Westby.** α) 2 g Legierung werden in einer Porzellanschale mit 30 cm³ konzentrierter Schwefelsäure und 4 g Kaliumhydrogensulfat 30 Min. lang auf 320° erwärmt. Nach dem Abkühlen wird mit 50 cm³ Wasser und 10 cm³ konzentrierter Salzsäure versetzt und zum Sieden erhitzt. Man gibt 150 cm³ kaltes Wasser hinzu, kühlt auf 10 bis 12° ab und titriert mit Permanganat. — In gleicher Weise geht Pieters vor. β) Man löst die Legierung entweder in Brom-Salzsäure und verkocht das Brom oder löst sie zuerst in Salzsäure allein und den Rückstand unter Zusatz von Kaliumchlorat und verkocht das Chlor. Die Lösung wird wie üblich mit Schwefeldioxyd reduziert und mit Bromat titriert (s. § 4, S. 435).

***Arbeitsvorschrift von* Wooten *und* Luke.** 2 g Legierung (1% Sb enthaltend) werden mit 10 cm³ konzentrierter Schwefelsäure und 5 g Kaliumhydrogensulfat 7 Min. auf 320° erhitzt. Man läßt abkühlen, fügt 230 cm³ Wasser, 15 g Kaliumchlorid und 20 cm³ Salzsäure hinzu und kocht, bis Lösung eingetreten ist. Mit heißem Wasser wird auf 350 cm³ verdünnt und bei 85° langsam mit 0,05 n Kaliumbromatlösung und Methylorange titriert. Bleibt beim Kochen ein schwarzer Rückstand, so fügt man 2 cm³ 5%ige Kupfersulfatlösung hinzu und kocht noch einmal. Nach dem Verdünnen auf 350 cm³ leitet man 5 Min. lang Sauerstoff durch die Lösung und titriert dann wie oben.

***Arbeitsvorschrift von* Stanford *und* Adamson.** 1 g Legierung wird in einem 5 cm breiten Porzellantiegel innig mit 5 g Kaliumhydrogensulfat gemischt, langsam erwärmt und schließlich kräftig erhitzt. Die Schmelze ist weiß und undurchsichtig, während sie bei reinem Antimon klar wird. Man läßt erkalten, bringt den Tiegel mit der Schmelze in eine Mischung aus 200 cm³ Wasser, 30 cm³ konzentrierter Schwefelsäure und 10 cm³ konzentrierter Salzsäure und kocht einige Minuten nach erfolgter Auflösung. Dann titriert man wie üblich mit Permanganat. Bei Anwesenheit von Arsen ist dieses gesondert zu bestimmen und sein Wert von dem mit Permanganat erhaltenen Titrationswert zu subtrahieren. Zinn ist ohne Einfluß auf die Titration, aber auf den Aufschluß. Bei mehr als 50% Sn in der Legierung müssen 10 g Kaliumhydrogensulfat auf 1 g Legierung angewendet werden. Besser wird jedoch in solchen Fällen ein anderes Aufschlußverfahren verwendet.

b) Aufschluß mit Salpetersäure.

***Arbeitsvorschrift von* Wdowiszewski.** Je nach der Menge des Antimons in der Legierung werden 5 bis 10 g der feingepulverten, mit einem Magneten von Eisen befreiten Legierung in einem Becherglas von 150 cm³ in 30 bis 80 cm³ Salpetersäure (D 1,2) auf dem Wasserbad gelöst. Man verdampft zur Trockene, bis keine

Salpetersäure mehr entweicht. Nach dem Abkühlen wird mit Salpetersäure benetzt, wieder eingedampft und das Verfahren noch zweimal wiederholt. Der Trockenrückstand wird mit 2 bis 3 Tropfen Salpetersäure und 50 bis 100 cm³ heißem Wasser übergossen und auf dem Wasserbade zur Lösung des Bleinitrates erwärmt. Die Antimonoxyde werden dekantiert und mit heißem Wasser gewaschen, wobei möglichst wenig Niederschlag auf das Filter kommen soll. Man filtriert sorgfältig blank und gibt unter Umständen ein zweites Mal auf das gleiche Filter. Das Filter wird abgespritzt und der Niederschlag mit 48 cm³ Salzsäure (D 1,19) auf dem Wasserbade behandelt. Das Filter wird in die Lösung gelegt und die Reste des Niederschlages herausgelöst. Nach $^1/_2$ Std. werden 50 cm³ heißes Wasser zugefügt. Man filtriert und wäscht mit 200 cm³ heißem Wasser aus. Die Lösung hat jetzt die für die Fällung des schwarzen AntimonIII-sulfides erforderliche Konzentration (s. § 1, S. 410). Man bestimmt das Antimon in der dort beschriebenen Weise als Sulfid. — Blei kann im ersten Filtrat als Sulfat bestimmt werden.

c) Aufschluß mit Überchlorsäure.

***Arbeitsvorschrift von* Evans (d).** Die Legierung wird in Überchlorsäure gelöst, und die Lösung mit Salzsäure behandelt. Das entstehende Bleichlorid wird abfiltriert und mit 5%iger Salzsäure ausgewaschen. Zum Filtrat fügt man 1 g Elektrolyteisen, kocht es 1 Std. lang, filtriert das ausgeschiedene Antimon ab und wäscht es mit heißem Wasser aus. Das Filter mit dem Niederschlag wird mit 25 cm³ Salzsäure (1:1) unter Zusatz von Brom behandelt. Die Lösung wird nach dem Filtrieren und Waschen mit 5%iger Salzsäure mit 300 cm³ Wasser verdünnt, mit schwefliger Säure reduziert, deren Überschuß verkocht und das Antimon als Sulfid gefällt. Nach dem Waschen mit 5%iger Ammoniumchloridlösung wird der Niederschlag in einer Mischung aus 100 cm³ Wasser, 25 cm³ Salzsäure und 5 cm³ gesättigter Brom-Salzsäure gelöst und diese Lösung schließlich mit Bromat titriert.

II. In Hartblei.

Hartblei ist eine Legierung des Bleis mit etwa 5 bis 25% Antimon. Hartblei mit etwa 20% Sb wird als einfaches Letternmetall sowie für andere Zwecke verwendet. Für anspruchsvollere Verwendung als Schriftmetall sind Legierungen mit Zusatz von Zinn in Gebrauch, deren Analyse später beschrieben wird. — Für die Auflösung des Hartbleies sind alle für Blei-Antimon-Legierungen überhaupt denkbaren Lösungsmittel vorgeschlagen worden, und zwar Schwefelsäure (Jamieson, Robinson), Salpetersäure-Weinsäure (Nissenson und Neumann), Königswasser (Howard), Salzsäure mit Kaliumjodid (Laurent), Brom-Salzsäure (Nissenson und Siedler) und die Schmelze mit Soda und Schwefel (Wogrinz und Göhring). — Von Beckmann ist vorgeschlagen worden, den Gehalt an Antimon aus dem Schmelzpunkt der betreffenden Legierung zu ermitteln. Dieses Verfahren ist anwendbar für Gehalte zwischen 0 und 10% Sb. Der Schmelzpunkt des Bleies (327°) wird durch den Zusatz von Antimon erniedrigt bis zur eutektischen Temperatur von 247° bei einer Zusammensetzung des Eutektikums von 13% Sb und 87% Pb (s. Abb. 6). Man schmilzt eine größere Menge der Legierung (etwa 400 g) und bestimmt mit Hilfe eines von Friedrich konstruierten Thermometers aus Quarzglas mit zwei nebeneinander befindlichen Skalen für die Temperatur und für den Antimongehalt den Haltepunkt der Temperatur bei der Erstarrung. Antimonreichere Legierungen werden mit soviel Weichblei zusammengeschmolzen, daß der Antimongehalt unter 10% kommt, und dann wird die Bestimmung durchgeführt. Die Genauigkeit beträgt nach Beckmann 0,4%, nach Friedrich etwa —0,1% Sb absolut. Die Bestimmung dauert etwa 5 Min. — Da die Dichten der beiden

Legierungsbestandteile stark verschieden sind (Blei: 11,37; Antimon: 6,69), so ändern sich auch die Dichten der Legierungen selbst ziemlich erheblich. Auf diese Dichteänderung, welche für je 1% Sb 0,047 Einheiten ausmacht, gründete FAUNCE ein Bestimmungsverfahren für Antimon in Hartblei. Die von ihm aufgestellte Tabelle der Dichten für Legierungen von 0 bis 100% Sb ist aber nach KÜSTER, SIEDLER und THIEL unzuverlässig. Sie stellen als Grundbedingung für das Zustandekommen einwandfreier Ergebnisse die Freiheit von Luftblasen in der Legierung fest. Das Erstarren der geschmolzenen Probe muß langsam *von der Seite* her geschehen. Man läßt daher während des Erstarrungsvorganges durch seitliches Erhitzen das Festwerden langsam von einer zur anderen Seite fortschreiten. Unter Zugrundelegung oben genannter Dichteänderung je Prozent Antimon erreichen die Verfasser bei Antimongehalten um 20% einen mittleren Fehler von $\pm$ 0,08%. Kleine Mengen von Kupfer, Eisen, Arsen sind ohne nennenswerten Einfluß. Für eine orientierende Bestimmung des Antimons in Hartblei sind die beiden letztgenannten Verfahren brauchbar.

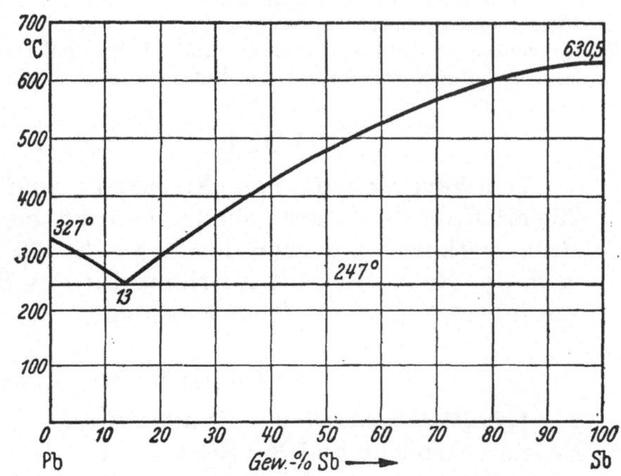

Abb. 6. Schmelzdiagramm des Systems Pb—Sb (vereinfacht).

a) Aufschluß mit Schwefelsäure.

***Arbeitsvorschrift von* JAMIESON.** Je nach dem Antimongehalt wird 0,1 bis 1 g der Legierung mit 10 cm³ konzentrierter Schwefelsäure erhitzt und die Mischung nach dem Erkalten mit 15 cm³ kaltem Wasser versetzt. Nach dem Umrühren wird das ausgeschiedene Bleisulfat abfiltriert und mit Salzsäure (1:1) ausgewaschen. Die Bestimmung des Antimons geschieht nach dem in § 5, S. 445 beschriebenen Verfahren nach ANDREWS mit Jodat. — Arsen wird hierbei mittitriert. Größere Mengen davon werden in stark salzsaurer Lösung durch Schwefelwasserstoff als Sulfid gefällt. Dann wird $^1/_2$ Std. Luft durch die Mischung gesaugt, um den überschüssigen Schwefelwasserstoff zu entfernen und etwa vorhandenes EisenII-Ion zu oxydieren. Nun wird der Niederschlag abfiltriert, mit Salzsäure ausgewaschen und das Antimon im Filtrat wie gewöhnlich titriert.

b) Aufschluß mit Salpetersäure-Weinsäure.

***Arbeitsvorschrift von* NISSENSON *und* NEUMANN.** 2,5 g Hartblei werden in einer Mischung aus 4 cm³ konzentrierter Salpetersäure, 15 cm³ Wasser und 10 g Weinsäure gelöst. Man fügt 4 cm³ konzentrierte Schwefelsäure hinzu und verdünnt auf 250 cm³. 100 cm³ werden abfiltriert, mit Natronlauge alkalisch gemacht und nach Zufügen von 100 cm³ gesättigter Natriumsulfidlösung gekocht, danach auf 250 cm³ verdünnt. Davon filtriert man abermals 100 cm³ ab und bestimmt das Antimon nach der in § 3A, S. 422 angegebenen Vorschrift von CLASSEN elektrolytisch.

c) Aufschluß mit Königswasser.

***Arbeitsvorschrift von* HOWARD.** Die Legierung wird mit Salzsäure erwärmt, solange diese einwirkt. Dann nimmt man die Mischung vom Feuer und fügt wenig Salpetersäure hinzu, bis wieder die Reaktion eintritt, und führt diese unter Umschütteln zu Ende. Danach wird

5 Min. kräftig gekocht und durch Einleiten von Schwefelwasserstoff in der Hitze ArsenIII-sulfid ausgefällt, das bei genügender Konzentration an Salzsäure frei von Antimon ist. Der überschüssige Schwefelwasserstoff wird durch einen Luftstrom entfernt, die abgekühlte Flüssigkeit mit dem gleichen Raumteil Wasser verdünnt und der Niederschlag durch ein doppeltes Filter abfiltriert und mit kaltem, salzsäurehaltigem Wasser ausgewaschen. Das Filtrat wird mit Natriumcarbonat abgestumpft, ausgefallenes Bleisalz mit Salzsäure in Lösung gebracht, und nach der Vorschrift in § 5, S. 441 mit Jodlösung titriert.

d) Aufschluß mit Salzsäure und Kaliumjodid.

***Arbeitsvorschrift von* LAURENT.** 1 g Letternmetall wird mit 100 cm³ Salzsäure und 1 g Kaliumjodid 1 Std. lang zum schwachen Sieden erhitzt und die heiße Lösung rasch durch einen Filtertiegel filtriert. Das so gesammelte elementare Antimon trocknet man nach dem Waschen mit heißer verdünnter Salzsäure und Alkohol bei 100 bis 110° und wägt es. Im Filtrat wird das Blei wie üblich als Sulfat bestimmt (s. hierzu die Ausführungen in § 3B, S. 433).

e) Aufschluß mit Brom-Salzsäure.

***Arbeitsvorschrift von* NISSENSON *und* SIEDLER.** 1 g Hartblei wird mit 20 cm³ Brom-Salzsäure gelinde erwärmt, bis fast alles gelöst ist. Dann wird das Brom verkocht und nach der in § 4, S. 435 mitgeteilten Vorschrift das Antimon nach der Reduktion mit Natriumsulfit mit Bromat titriert. Bleibromid bleibt in Lösung und stört die Titration nicht.

f) Aufschluß mit Soda und Schwefel.

***Arbeitsvorschrift von* WOGRINZ *und* GÖHRING.** 2 g Hartblei werden mit 6 g Natriumcarbonat und 3 g Schwefel 1 Std. lang im Porzellantiegel erst schwach, dann stärker zum Schmelzen erhitzt. Die Schmelze wird mit Wasser gelöst und filtriert. Im Filtrat wird das Antimon nach dem Verfahren von HAMPE (s. § 11D, S. 513) mit Natriumperoxyd in unlösliches Natriumantimonat übergeführt. Dieses wird abfiltriert, ausgewaschen und gelöst in heißer, mit Weinsäure gesättigter, mit Wasser im Verhältnis 1:3 verdünnter Salzsäure, mit Natriumsulfit reduziert und mit Bromat titriert.

g) Arbeitsvorschrift von WILLEMME.

Es wird in schwefelsaurer Lösung die Summe von Arsen und Antimon bestimmt, und in einer zweiten Probe wird das Antimon allein ermittelt, nachdem das Arsen als Arsenigsäure-Methylester entfernt worden ist.

2,666 g Hartblei werden in einem 200 cm³-Meßkolben in 150 cm³ Salpetersäure (1:1) unter Erwärmen gelöst, ohne jedoch zu kochen. Die klare Lösung wird mit 45 cm³ Schwefelsäure (2:1) tropfenweise unter Schütteln aufgefüllt, durch ein trockenes Filter filtriert und 150 cm³ = 2 g Probe in einem 250 cm³ ERLENMEYER-Kolben bis zum Auftreten weißer Nebel erhitzt. Man fügt 1,5 g reine Zinnspäne hinzu, kocht, bis alles Zinn gelöst und alles Schwefeldioxyd vertrieben ist, läßt abkühlen, versetzt mit 100 cm³ 5%iger Salzsäure und titriert die Summe von Antimon und Arsen mit Bromat.

2 g Hartblei werden in 50 cm³ konzentrierter Salzsäure gelöst, ein Rückstand in 5 bis 10 cm³ Brom-Salzsäure in Lösung gebracht und das Brom durch Eindampfen entfernt. Nun werden 75 cm³ konzentrierte Salzsäure und 10 cm³ Methanol zugefügt und unter einem gut ziehenden Abzuge 30 Min. lang gekocht. Man fügt nochmals 50 cm³ Salzsäure und 10 cm³ Methanol hinzu und dampft auf die Hälfte ein. Nachdem nun das Arsen entfernt ist, werden 50 cm³ heißes Wasser und 3 bis 4 g Natriumsulfit zugesetzt und gekocht, wobei die Höhe der Flüssigkeitsschicht um 1 cm abnehmen soll. Das Antimon wird nun mit Bromat titriert.

Nach dem Referat ist das Verfahren im Original durch Werte mit 0,1 bis 0,02% Fehler belegt. Es ist für industrielle Zwecke rasch und billig ausführbar.

3. Bestimmung des Antimons in zinnhaltigen Legierungen.

Die Schwierigkeit der Analyse zinnhaltiger Legierung liegt in der Abtrennung des Antimons und Zinns von den übrigen Metallen. Um diese Schwierigkeit zu überwinden, sind sehr zahlreiche Vorschläge gemacht worden. Von Bedeutung ist die Wahl des geeigneten Lösungs- bzw. Aufschlußmittels. Früher war es bei geeigneter Zusammensetzung der betreffenden Legierung üblich, diese durch einen Aufschluß mit gasförmigem Chlor in zwei Anteile zu zerlegen. Der eine Anteil enthält die flüchtigen Metallchloride, darunter vor allem die des Antimons, Arsens und Zinns, der andere die im Rückstand verbleibenden nichtflüchtigen Metallchloride, darunter die des Bleis, Kupfers usw. In dem neueren Schrifttum findet der Chloraufschluß fast gar keine Erwähnung mehr. Dies kann seinen Grund zum Teil darin haben, daß die Trennung in die beiden erwähnten Anteile keineswegs immer vollständig zu erreichen ist, so daß besonders der Anteil der nichtflüchtigen Metallchloride immer Reste besonders des Zinns zurückhält und also doch noch einer Trennung auf nassem Wege unterworfen werden muß (s. S. 401). Als Lösungsmittel für zinnhaltige Antimonlegierungen kommt heute vor allem die Schwefelsäure in Betracht (s. S. 400), entweder für sich allein oder mit einem Zusatz von Kaliumsulfat (Low). Eine bedeutsame Rolle spielt Salzsäure in Verbindung mit einem Oxydationsmittel, wie besonders Brom, aber auch Chlorat oder Salpetersäure. Es wird auch der von Clemens Winkler eingeführte „Freiberger Aufschluß", d. h. das Schmelzen der Legierung mit einer Mischung aus Alkalicarbonat und Schwefel öfter angewendet, durch welchen Antimon (Arsen und Zinn) in wasserlösliche Thioantimonate (Thioarsenate und Thiostannate) verwandelt werden (s. S. 404). Auf einige andere Lösungsmittel wird unten bei der Anführung einzelner Arbeitsvorschriften hingewiesen werden. — Die Abtrennung des Antimons aus zinnhaltigen Legierungen nimmt Bertiaux (c) so vor, daß er es gemeinsam mit dem Zinn, falls dessen Menge mindestens das Fünffache derjenigen des Antimons ausmacht, mittels Salpetersäure abscheidet. Aus diesem Niederschlage der Antimon- und Zinndioxydhydrate muß dann das Antimon abgetrennt werden, worüber jedoch keine Angaben gemacht werden.

I. Bestimmung des Antimons in Weißmetall.

Um eine gute Durchschnittsprobe von Weißmetall zu erhalten, ist es empfehlenswert, die an verschiedenen Stellen des Materials entnommenen Proben unter einer Decke von Paraffin oder in einer Atmosphäre von Wasserstoff oder Leuchtgas zu schmelzen und in einer kalten Eisenschale schnell erstarren zu lassen. Hierbei ist kaum die Bildung einer Krätze zu befürchten. Bei hohem Gehalte des Weißmetalles an Zink erfolgt das Zusammenschmelzen besser unter einer Decke von Kaliumcyanid. Hierbei gelangt allerdings etwas Zink als Komplexsalz in die Schlacke. Dies ist aber nicht sehr schlimm, weil die Zinkbestimmung ohnehin elektrolytisch aus Kaliumcyanidlösung erfolgen kann und hierfür die Lösung der Schlacke mitverwendet wird. — Nach den Angaben von Neubert enthalten Analysenproben von Weißmetallen gewöhnlich Schlacke, und es muß deshalb infolge der Ungleichmäßigkeit des Metalles eine dem Gewicht der Schlacke entsprechende größere Einwaage des Metalles in Lösung gebracht und ein entsprechender Teil dieser Lösung später dem Schlackenaufschluß zugesetzt werden (s. S. 479).

Da ein etwaiger Gehalt an Arsen die meisten Bestimmungsverfahren für Antimon stört, so muß dieses Element vorher entfernt oder von Antimon abgetrennt werden. Meist wird so vorgegangen, daß das Arsen durch Auskochen aus der salzsauren Lösung unter Zusatz von Natriumsulfit [Anderson, (b)] oder anderen Mitteln entfernt wird, zumal es sich fast immer nur um geringfügige Verunreinigung handelt, deren Bestimmung nur in Sonderfällen in Betracht kommt.

Bei der Auflösung des Weißmetalles in Schwefelsäure ist darauf zu achten, daß das ausfallende Bleisulfat nicht zu vernachlässigende Mengen von Antimon adsorbiert und der Bestimmung entzieht. Manche Bearbeiter schließen deshalb das Bleisulfat mit Natriumcarbonat und Schwefel auf und extrahieren auf diese Weise das adsorbierte Antimon. Schneller zum Ziele gelangt man nach dem Vorschlage von WASSILJEW und STUTZER, der in § 6A, S. 450 ausführlich erwähnt ist (Lösen in Salzsäure und Titration des Antimons mit Permanganat).

Die Trennung des Antimons von Zinn kann nach dem Verfahren von CLARKE-HENZ (s. § 11D, S. 515) erfolgen. KLING und LASSIEUR führen sie in Anlehnung an McCAY (s. S. 472) in flußsaurer Lösung durch. Ein von PELAGATTI stammendes Verfahren bedient sich zu dieser Trennung der Unlöslichkeit von Zinn(IV)-hexacyanoferrat(II) in verdünnter schwefelsaurer Lösung in Gegenwart von Weinsäure im Gegensatz zu der Löslichkeit von Antimon(III)-hexacyanoferrat(II). Die Trennung der beiden Elemente ist überflüssig, wenn nur das Antimon bestimmt werden soll, da Zinn z.B. bei der bromatometrischen oder manganometrischen Titration nicht stört (s. dort).

Über die Elektroanalyse von zinnhaltigen Legierungen s. § 3 A, S. 427.

a) Aufschluß mit Schwefelsäure.

***Arbeitsvorschrift von* STIEF.** Man löst 0,5 g der fein geraspelten Probe in genau 8 cm³ konzentrierter Schwefelsäure in einem 300 cm³ fassenden Rundkolben unter Erhitzen und läßt abkühlen, gibt genau 5 cm³ Wasser zu und läßt wieder abkühlen. Man fügt genau 20 cm³ konzentrierte Salzsäure und einige Siedesteinchen hinzu und verschließt den Kolben mit einem doppelt durchbohrten Gummistopfen. Durch die eine Bohrung ist ein Thermometer gesteckt, das 3 cm oberhalb der Flüssigkeit angeordnet wird. Die andere Bohrung trägt ein Ableitungsrohr, das mit einer ∽-förmigen Vorlage von 45 cm Länge und 1,25 cm innerem Durchmesser (oben auf 6, unten auf 3 mm verjüngt) verbunden ist. Die erste Kurve ist mit Wasser gefüllt und wird in einem mit Wasser gefüllten Becherglase gekühlt. Der freie Schenkel taucht in ein mit 75 cm³ Wasser gefülltes Becherglas. Man destilliert 10 bis 15 Min., davon mindestens 5 Min. bei 108°. Das in die Vorlage übergegangene Arsen wird mit Jodlösung titriert. Der Rückstand im Destillationskolben wird mit 130 cm³ Wasser verdünnt und mit Permanganatlösung titriert. Ein Blindwert von 0,1 cm³ ist abzuziehen. In dieser Lösung kann das Zinn nach vorhergehender Reduktion jodometrisch bestimmt werden. Bei Anwesenheit von viel Kupfer muß vor der Titration eine größere Menge (0,5 bis 1 g) Kaliumjodid zugesetzt werden.

***Arbeitsvorschrift von* BERTIAUX (b).** Man erhitzt 5 g Legierung mit 40 cm³ konzentrierter Schwefelsäure und 10 g Kaliumsulfat. Nach dem Auflösen und Entfernen entstandenen Schwefels verdünnt man mit 200 cm³ Wasser, setzt 50 cm³ Salzsäure und 2 Tropfen 0,1 %ige Lösung von POIRRIER-Orange zu und titriert mit Kaliumpermanganat. Sobald die zur Oxydation des Antimons erforderliche Menge zugesetzt ist, entfärbt das nun entstehende Chlor den Farbstoff. Arsen ist auf die Titration ohne Einfluß, Eisen wird jedoch mittitriert und wird gesondert colorimetrisch mit Rhodanid bestimmt.

***Arbeitsvorschrift von* WASSILJEW *und* STUTZER.** 1 g Legierung wird in 15 cm³ konzentrierter Schwefelsäure unter Sieden in $^1/_2$ bis 1 Std. bei aufgesetztem Trichter, dann bei gelockertem Trichter weitere 15 Min. erhitzt. Nach dem Abkühlen wird mit 50 cm³ Wasser, 10 cm³ konzentrierter Salzsäure und mit noch 150 cm³ Wasser versetzt und bei 15° mit 0,1 n Kaliumpermanganatlösung titriert. Wegen der Bestimmung des von dem ausgeschiedenen Bleisulfat adsorbierten Antimons und der nötigen Korrektur s. § 6A, S. 450.

***Arbeitsvorschrift von* Pelagatti.** Eine solche Menge Weißmetall, welche höchstens 0,2 bis 0,3 g Zinn + Kupfer entspricht, wird in 5 bis 10 cm³ Schwefelsäure gelöst. Nach dem Erkalten werden 50 cm³ Wasser und 5 g Weinsäure zugefügt. Das ausgeschiedene Bleisulfat wird abfiltriert und mit 5%iger Weinsäurelösung, der einige Tropfen Schwefelsäure zugesetzt sind, ausgewaschen. Im Filtrat werden Zinn und Kupfer mit 10 bis 15 cm³ 10%iger Kaliumhexacyanoferrat(II)-Lösung (Kalium-EisenII-cyanid) bei 60° gefällt. Der Niederschlag wird nach dem Erkalten abfiltriert, fünfmal mit einer Mischung aus 5 g Weinsäure, 5 cm³ der Fällungslösung und 200 cm³ Wasser gewaschen und nach der Zersetzung mit konzentrierter Schwefelsäure weiter getrennt. Im Filtrat der Zinn- und Kupferfällung wird nach dem Verdünnen mit 400 cm³ Wasser AntimonIII-sulfid gefällt, dieses in Schwefelsäure gelöst und mit Permanganat titriert.

b) Aufschluß mit Salzsäure und Oxydationsmitteln.

***Arbeitsvorschrift von* Howden.** 1 g Legierung wird in Salzsäure unter Zusatz von Kaliumchlorat gelöst. Es wird dann bis zum Verschwinden der durch Kupfer verursachten Gelbfärbung tropfenweise ZinnII-chlorid-Lösung zugefügt. Nach dem Verdünnen wird zur Oxydation des Kupfers 20 Min. Luft durchgeleitet und in der Kälte mit Bromatlösung und Methylorange titriert. Wenn die Bromatlösung 4,572 g $KBrO_3$ in 1 l enthält, so entspricht bei 1 g Einwaage 1 cm³ 1% Sb.

***Arbeitsvorschrift von* Kling *und* Lassieur.** Die Legierung wird in Salzsäure + Kaliumchlorat gelöst, die Lösung mit Natronlauge gegen Methylorange neutralisiert und die ausgefallenen Oxydhydrate in Weinsäure gelöst. In einem paraffinierten Erlenmeyer-Kolben wird die Lösung mit 10 cm³ konzentrierter Flußsäure versetzt, nach 30 Min. werden 10 g Natriumacetat und 1 cm³ Eisessig zur Fällung von Bleifluorid zugesetzt. Dieses bleibt suspendiert und wird durch zugefügtes Natriumsulfid in Bleisulfid verwandelt. Hierbei fallen Kupfer- und Antimonsulfid aus, während Zinn in Lösung bleibt. Der Sulfidniederschlag wird gewaschen, mit Natriumsulfidlösung behandelt und das in Lösung gegangene Antimon elektrolytisch nach § 3 A, S. 422 bestimmt. Kupfer und Blei können ebenfalls elektrolytisch bestimmt werden. Der Zinnfluoridkomplex wird durch Borsäure zersetzt, Zinnsulfid gefällt, gelöst und das Zinn elektrolytisch abgeschieden.

***Arbeitsvorschrift von* Neubert.** Von dem Metall löst man die 20 g Schlacke entsprechende Menge (s. S. 477) in einem 500 cm³ fassenden Meßkolben mit konzentrierter Salzsäure unter mäßigem Erwärmen auf und fügt, um ungelöst gebliebenes Antimon und Kupfer zu lösen, Natriumchlorat hinzu. Man füllt mit konzentrierter Salzsäure auf. — 2 g Schlacke werden im Eisentiegel mit Natriumperoxyd geschmolzen. Die Schmelze wird mit Wasser zersetzt, der Tiegel innen und außen abgespült und der 10. Teil der obigen Metallösung (=2 g Schlacke) zugesetzt. Nach Zugabe von 75 cm³ Natriumpolysulfidlösung (250 g krystallisiertes Natriumsulfid und Schwefel werden zu 1,2 l gelöst) wird alles in einen 500 cm³-Meßkolben gebracht, nach Auffüllen durchgemischt und durch ein trockenes Filter filtriert. 250 cm³ Filtrat werden nach dem Zusatz von 100 cm³ konzentrierter Salzsäure auf 150 bis 175 cm³ eingeengt, dann mit 30 cm³ konzentrierter Salzsäure versetzt und Arsensulfid mit Schwefelwasserstoff gefällt. Das Arsensulfid wird durch ein vorher mit Salzsäure (1:1) angefeuchtetes Filter abfiltriert, zweimal mit Salzsäure, dann mit heißem Wasser gewaschen. Das Filtrat wird mit 3 bis 5 g Natriumchlorat bis zur Krystallabscheidung eingedampft, nach dem Abkühlen mit 100 cm³ Wasser zur klaren Lösung gebracht und mit Kaliumjodid versetzt. Das ausgeschiedene Jod wird mit Natriumthiosulfat titriert.

***Arbeitsvorschrift von* Anderson (b).** 20 mg Legierung werden mit 5 bis 10 cm³ konzentrierter Salzsäure 5 bis 10 Min. über kleiner Flamme erwärmt; danach fügt man einige Tropfen Brom-Salzsäure (12 cm³ reines Brom in 100 cm³ konzentrierter Salzsäure), die zuvor mit konzentrierter Salzsäure auf das dreifache Volumen verdünnt ist, hinzu. Unter Erwärmen und gegebenenfalls unter Zufügen von mehr Brom-Salzsäure wird alles gelöst. Zu der heißen Lösung werden 40 mg Natriumsulfit und 5 cm³ konzentrierte Salzsäure zugegeben und diese auf 7 bis 8 cm³ eingedampft, um Arsen zu vertreiben. Man fügt noch 1 cm³ konzentrierte Salzsäure und 5 cm³ Wasser hinzu, erhitzt zum schwachen Sieden und leitet $^1/_2$ Min. lang einen langsamen Luftstrom durch die Lösung. Es wird heiß mit einer 0,005 n Kaliumbromatlösung und Methylorange titriert. Ein Blindwert von 0,15 cm³ muß abgezogen werden. Die Bestimmung erfordert 1 bis 2 Std. und liefert nach dem Referat recht gute Ergebnisse.

c) Aufschluß mit Polysulfid.

***Arbeitsvorschrift von* Biltz.** 1 g Weißmetall wird mit 12 bis 15 cm³ konzentrierter Salpetersäure erwärmt und die Mischung zur Trockene verdampft, ohne hierbei vorhandene Nitrate zu zersetzen. Bei Gegenwart von viel Blei wird der Trockenrückstand noch zweimal mit Salpetersäure befeuchtet und wieder eingetrocknet. Der Rückstand, der Antimon und Zinn in Form der Oxydhydrate enthält, wird mit 10 g krystallisiertem Natriumsulfid und 0,2 bis 0,3 g Schwefel bei so gelinder Hitze über freier Flamme 20 bis 30 Min. lang geschmolzen, daß keine wesentlichen Mengen von Wasser verdampfen. Die Schmelze wird mit einer Lösung von einigen Gramm Ammoniumnitrat oder Kaliumchlorid in heißem Wasser, die in einigen Anteilen zugegeben wird, aufgenommen. Die Sulfide des Bleis, Kupfers, Eisens und Zinks läßt man absitzen. Sie werden abfiltriert, ausgewaschen, und zwar zuerst mit Natriumsulfid enthaltendem Wasser, dann mit Ammoniumnitrat enthaltendem Schwefelwasserstoffwasser, und dann wie üblich weiter getrennt. Im Filtrat werden Antimon und Zinn nach dem Verfahren von Clarke-Henz getrennt (s. § 11 D, S. 515).

***Arbeitsvorschrift von* Kopenhague.** 2 g Weißmetall werden mit 30 cm³ einer Mischung aus 800 cm³ konzentrierter Salpetersäure und 200 cm³ Wasser auf dem Sandbade bis zur Trockene eingedampft. Der Rückstand wird mit 20 cm³ konzentrierter Salpetersäure behandelt und nach einiger Zeit mit 25 cm³ 12%iger Ammoniumnitratlösung 10 Min. lang gekocht. Der durch Spuren von Blei, Kupfer und Eisen verunreinigte Niederschlag von Antimon- und Zinnsäure wird durch ein Papierfilter abfiltriert und mit einer Mischung von 40 cm³ konzentrierter Salpetersäure, 30 cm³ Ammoniak und 930 cm³ Wasser ausgewaschen. Die Lösung I enthält Blei, Kupfer, Eisen und Zink.

Der Niederschlag wird mit einem großen Überschuß von Ammoniak und Schwefelwasserstoff behandelt, wobei Antimon und Zinn nebst Kupfer in Lösung gehen. Man filtriert den Rückstand auf das zuerst benutzte Filter ab, wäscht mit Ammoniumpolysulfidlösung, löst ihn dann in Salpetersäure und Brom und gibt diese Lösung zu der Lösung I. Das Filtrat wird auf dem Sandbade zur Trockene verdampft, der Rückstand mit 100 cm³ 5%iger Kaliumchloratlösung und 35 cm³ konzentrierter Salzsäure auf dem Wasserbade eingetrocknet und mit 8 cm³ Salzsäure, 150 cm³ Wasser und 25 g Ammoniumoxalat aufgenommen. Nach dem Erwärmen auf 95° wird 2 Std. lang Schwefelwasserstoff eingeleitet. Dann gibt man noch Ammoniumsulfat hinzu, filtriert den Niederschlag von Antimon- und Kupfersulfid rasch ab und wäscht mit einer Oxalsäurelösung, welche kalt mit Schwefelwasserstoff gesättigt und mit Ammoniumsulfat und Salzsäure versetzt ist, aus. Der Niederschlag wird auf dem Wasserbade mit 20 cm³ 15%iger alkoholischer Kalilauge erhitzt, bis die Sulfide schwarz geworden sind. Diese werden abfiltriert. Das in Lösung gegangene Antimon wird mit Salzsäure als Sulfid gefällt, in Salzsäure und Kaliumchlorat gelöst und schließlich jodometrisch bestimmt. Die anderen Metalle werden wie üblich ermittelt.

d) Trennung mit Oxalsäure.

***Arbeitsvorschrift von* Fitter.** 2 g Weißmetall werden mit 20 cm³ konzentrierter Salpetersäure aufgekocht. Die Mischung wird mit 200 cm³ Wasser verdünnt, der das Antimon enthaltende Niederschlag abfiltriert, sorgfältig ausgewaschen und in 100 cm³ 30%iger Oxalsäure unter Erwärmen gelöst. Man verdünnt mit siedendem Wasser auf 200 cm³ und leitet Schwefelwasserstoff ein. Der Spuren von Zinn, Blei und Kupfer enthaltende Niederschlag von AntimonIII-sulfid wird gelöst, nochmal gefällt und das Antimon nach einem bekannten Verfahren bestimmt. Das Verfahren ist zum einwandfreien Nachweis von Antimon von Spuren bis maximal 15% brauchbar.

II. Bestimmung des Antimons in Lagermetall.

Bei der Bestimmung des Antimons in Lagermetall werden die gleichen Lösungs- bzw. Aufschlußmittel angewendet, welche auf S. 477 angeführt sind. Bezüglich der Probenahme gilt Ähnliches, wie es auf S. 477 ausgeführt ist. Oesterheld und Honegger empfehlen, über den ganzen Barren hinweg nicht zu dicke Späne abzuhobeln oder Anbohrungen zu verteilen. Bei hohem Antimongehalt ist darauf zu achten, daß beim Bohren nicht zuviel Staub entsteht, weil der feine Staub stets reicher an Antimon sei und meist auch mehr Kupfer enthalte als Späne, was eine Folge der Saigerungserscheinungen ist.

Die von den verschiedenen Bearbeitern mitgeteilten Arbeitsvorschriften bieten gegenüber den bei Weißmetallen angeführten fast keine grundsätzlichen Neuerungen. Zu erwähnen ist das Verfahren von Bertoldi, nach welchem die Oxydhydrate des Antimons und Zinns gemeinsam mit Kaliumcyanid zu Metallen reduziert und als solche gewogen werden. Nach dem Lösen in Schwefelsäure wird alsdann das Antimon bromatometrisch ermittelt. — Brintzinger und Rodis bestimmen Antimon und Zinn potentiometrisch durch Reduktion mit ChromII-chlorid-Lösung, wobei Blei ohne Einfluß ist und aus der Differenz ermittelt werden kann. Da die Bestimmung in einem einzigen Titrationsgang erfolgt, so ist das Verfahren sehr zeitsparend und viel weniger umständlich als die gravimetrische Analyse. Allerdings erfordert es besondere Maßnahmen für die Aufbewahrung der sehr leicht oxydablen ChromII-chlorid-Lösung. Für laufende Betriebskontrollen dürfte es aber zu empfehlen sein.

a) Aufschluß mit Schwefelsäure.

***Arbeitsvorschrift von* Oesterheld *und* Honegger.** 1 g Lagermetall wird in 20 cm³ konzentrierter Schwefelsäure unter Erhitzen gelöst. Nach dem Abkühlen wird mit 100 cm³ Wasser verdünnt, 5 cm³ konzentrierte Salzsäure zugefügt und das Antimon direkt mit Bromat titriert. Aus der titrierten Lösung wird nach einstündigem Stehen das Bleisulfat abfiltriert und daraus das Blei bestimmt. Im Filtrat erfolgt die Bestimmung des Zinns mittels Bromat nach Reduktion. Die Bestimmung des Kupfers wird in einer besonderen Einwaage potentiometrisch als Jodid vorgenommen. — In ähnlicher Weise arbeitet Bartsch, während Iltchenko und Stachorsky die Antimonbestimmung durch Titration mit Permanganat durchführen.

Als einfaches Schnellverfahren für Betriebsanalysen von *Lagermetall* und *Lettern-metall* gilt folgende

***Arbeitsvorschrift von* Savelsberg.** 1 bis 2 g Legierung in Form von Feilspänen werden mit konzentrierter Schwefelsäure (10 cm³/g) erhitzt. Nach 10 Min. ist die Auflösung beendet. Die Lösung wird mit 50 cm³ Wasser und der gleichen Menge Schwefelsäure zum Sieden erhitzt und nach dem Abkühlen passend aufgefüllt. Nach dem Absitzen des Niederschlages wird die klare Lösung durch ein trockenes Filter filtriert. $^1/_{10}$ des Filtrates wird nach dem Verdünnen auf 100 cm³ mit 0,1 n Kaliumpermanganatlösung titriert. (In derselben Aufschlußlösung kann das Zinn in bekannter Weise bestimmt werden.) Nach den Beleganalysen beträgt der Fehler zwar ± 2%, jedoch bei den üblichen Gehalten der Legierungen an Antimon von etwa 10 bis 20% ist das Verfahren für Betriebsanalysen von ausreichender Genauigkeit.

b) Aufschluß mit Salpetersäure bzw. Königswasser.

Arbeitsvorschrift von **Compagno.** Man bringt in ein hohes, 300 cm³ fassendes Becherglas 1 g Lagermetall, das mit je 4 cm³ konzentrierter Salzsäure und Salpetersäure (D 1,2) gelöst wird. Dann fügt man 10 cm³ Natronlauge (D 1,42), 80 cm³ Natriumsulfidlösung (D 1,225) und 6 g Kaliumcyanid hinzu und kocht unter Umschwenken 5 Min. lang. Nach Zusatz von 10 cm³ Wasser wird das Antimon elektrolytisch abgeschieden (s. § 3A, S. 422).

Arbeitsvorschrift von **Bertoldi.** 1 g Lagermetall wird mit konzentrierter Salpetersäure oder mit Königswasser behandelt. In letzterem Falle wird nach beendeter Reaktion Ammoniumnitratlösung und verdünntes Ammoniak hinzugefügt. Die entstandenen Oxyde werden abfiltriert, ausgewaschen, geglüht, mit Kaliumcyanid reduzierend geschmolzen und nach dem Auslaugen und Trocknen gewogen. Man findet so die Summe von Antimon + Zinn, Spuren von Kupfer und unter Umständen Blei. Die Metalle werden in Schwefelsäure gelöst und nach üblicher Weiterverarbeitung wird das Antimon bromatometrisch bestimmt. Bei einer zweiten gleich behandelten Probe wird das aus den Oxyden erhaltene Metall in Salpetersäure gelöst und in dieser Lösung Blei und Kupfer bestimmt, so daß aus der Differenz das Zinn ermittelt werden kann. Die Hauptmenge Blei und Kupfer findet man aus dem Filtrat der zuerst abgeschiedenen Oxyde.

c) Aufschluß mit Soda und Schwefel.

Arbeitsvorschrift von **Sarudi.** Der Aufschluß des Lagermetalles erfolgt durch Schmelzen mit Soda und Schwefel nach der auf S. 404 geschilderten Weise. Die Schwierigkeit der Abtrennung der unlöslichen Sulfide vom Filter wird durch die Auflösung des Filters im Kjeldahl-Kolben mit Schwefelsäure, rauchender Salpetersäure und Wasserstoffperoxyd überwunden. Da bei dem Aufschluß ein Teil des Kupfers in Lösung geht und bei dem Antimon und Zinn bleibt, so wird im Anschluß an die Trennung des Antimons von Zinn nach Clarke-Henz (s. § 11 D, S. 515) eine jodometrische Bestimmung des Kupfers durchgeführt. Eine Beleganalyse zeigt die Brauchbarkeit dieses Verfahrens.

d) Aufschluß mit Natriumsulfid.

Arbeitsvorschrift von **Foerster.** 2,5 g Lagermetall werden in einem Becherglase mit rauchender Salpetersäure und der gleichen Menge Wasser übergossen und nach Beendigung der heftigen Reaktion gelinde erwärmt. Dann wird die Salpetersäure verdampft, Wasser zugegeben, filtriert und ausgewaschen. Der Niederschlag der Oxyde wird in einem 250 cm³ fassenden Becherglase mit gesättigter Natriumsulfidlösung (etwa 12 bis 15 g Na_2S entsprechend) übergossen und auf 15 bis 20 cm³ eingedampft. Dann wird das Becherglas mit einer umgestülpten Eindampfschale bedeckt und auf einem Asbestdrahtnetz erhitzt, wobei zeitweilig mit einem Glasstab umgerührt wird, welcher kürzer als das Becherglas hoch ist. Nach $^1/_2$ Std. läßt man abkühlen, fügt 10 bis 15 cm³ Wasser und 15 cm³ Ammoniumsulfidlösung hinzu und erhitzt das bedeckte Becherglas $^1/_2$ Std. auf dem geschlossenen Wasserbade. Dann wird der Deckel abgenommen und auf dem Wasserbade weiter erhitzt, bis der Geruch nach Ammoniumsulfid verschwunden ist. Nach Zusatz von 100 bis 120 cm³ heißem Wasser läßt man über Nacht stehen. Die ausgeschiedenen Sulfide werden auf einem Faltenfilter in einem kleinen Trichter mit Hahn abfiltriert und das Filtrat in einem Meßkolben von 250 cm³ aufgefangen. Unter Schließen und Öffnen des Hahnes wird mit heißem, natriumsulfidhaltigem

Wasser ausgewaschen und der Kolben bis zur Marke aufgefüllt. Der Rückstand im Filter, aus den Sulfiden des Bleis, Kupfers, Zinks und Eisens bestehend, wird in Salpetersäure gelöst und diese Lösung der ersten Lösung zugefügt zwecks Bestimmung der genannten Metalle.

50 cm³ der erhaltenen Thiosalzlösung werden in einem 500 cm³ fassenden Kolben bis auf etwa 30 cm³ eingedampft. Nach dem Erkalten werden vorsichtig 30 cm³ Schwefelsäure und einige Glasperlen zugegeben, der Kolben geneigt und das Wasser verdampft. Dann wird der Kolben aufgerichtet, ein Trichter aufgesetzt und weiter eingedampft. Wenn die Lösung durchsichtig geworden ist, läßt man abkühlen und versetzt mit etwa 60 cm³ Wasser. Man filtriert durch Glaswolle in einen gleich großen Kolben, wäscht mit Schwefelsäure (1:4) und dampft wie vorher ein, bis die Lösung vollkommen durchsichtig geworden ist. Nach dem Erkalten wird mit 200 cm³ Wasser verdünnt und wie üblich das Antimon mit Permanganat titriert. — Die Bestimmung des Zinns erfolgt in einem anderen Teil der Thiosalzlösung.

e) Potentiometrische Analyse von Lagermetall.

***Verfahren von* BRINTZINGER *und* RODIS.** Man trennt wie üblich Blei und Kupfer von Antimon und Zinn mit Hilfe von Natriumsulfid (s. § 11 D, S. 506). Die Thiosalze werden mit Salzsäure und Wasserstoffperoxyd oder Chlorwasser, nicht aber mit Brom zu AntimonV- bzw. ZinnIV-chlorid oxydiert und diese Lösung potentiometrisch mit ChromII-chlorid-Lösung titriert. Man erhält nacheinander einen Potentialsprung für die Übergänge $Sb^{\cdot\cdot\cdot\cdot\cdot} \rightarrow Sb^{\cdot\cdot\cdot}$ (etwa 600 mV), $Sn^{\cdot\cdot\cdot\cdot} \rightarrow Sn^{\cdot\cdot}$ (etwa 50 mV), $Sb^{\cdot\cdot\cdot} \rightarrow Sb$. Bei Gegenwart von Kupfer ist der erste Sprung etwas undeutlich, weil der Sprung für den Übergang $Cu^{\cdot\cdot} \rightarrow Cu^{\cdot}$ nahe dabei liegt. Blei hingegen liefert keinen Potentialsprung und beeinflußt auch in großer Menge nicht die Antimonbestimmung. Es kann aus der Differenz berechnet werden.

Arbeitsvorschrift. Ein Rundkolben mit weitem Halse wird mit einem sechsfach durchbohrten Gummistopfen verschlossen. Durch die Bohrungen werden eingeführt: die Bürette, der Heber zur Vergleichselektrode, ein Platindraht als Indikatorelektrode, luftfreies Kohlendioxyd, der Rührer und ein Thermometer. Die Lösung von 0,5 g Legierung in konzentrierter Salzsäure wird mit 30%igem Wasserstoffperoxyd oxydiert und nach dem Verkochen des Chlors auf 100 cm³ aufgefüllt. Ein aliquoter Teil wird mit 30 g krystallisiertem Calciumchlorid und 20 cm³ konzentrierter Salzsäure versetzt und mit heißem Wasser bis auf 100 cm³ verdünnt. Unter Durchleiten von Kohlendioxyd wird bei 90 bis 100° langsam titriert (etwa 30 Min.). Bei zu schneller Zugabe der ChromII-chlorid-Lösung wird elementares Antimon abgeschieden, das sich nicht wieder löst. Wird die Maßlösung nur langsam zugegeben, so geht ausgeschiedenes Antimon wieder in Lösung, aber es muß jedesmal 1 bis 3 Min. zur Potentialeinstellung gewartet werden. — Die erhaltenen Werte sind sehr gut.

Die Herstellung der 0,1 n ChromII-chlorid-Lösung geschieht in Anlehnung an die Angaben von ZINTL und RIENÄCKER durch Auflösen von auf übliche Weise dargestelltem ChromII-acetat, das auf einer Nutsche unter Kohlendioxyd abgesaugt und mehrmals gründlich gewaschen wird, in soviel ausgekochter 2%iger Salzsäure, daß es sich nicht ganz löst. Nach dem Absitzen wird die Lösung unter Wasserstoff in die in Kapitel Bi, § 10, S. 628, Abb. 2 gezeigte Vorratsflasche übergedrückt, mit dem doppelten Raumteil ausgekochten Wassers verdünnt und noch einige Kubikzentimeter 2%ige Salzsäure zugefügt. Die so bereitete Lösung, die sich durch große Beständigkeit (etwa 3 Wochen) auszeichnet, wird potentiometrisch gegen eine Kupfersulfatlösung eingestellt.

III. Bestimmung des Antimons in Letternmetall.

Für die Untersuchung von Letternmetall mit dem Ziele der Antimonbestimmung ist als Lösungsmittel von Low (b) Schwefelsäure vorgeschlagen worden. Robinson empfiehlt noch einen Zusatz von Natriumsulfat, wodurch der Aufschluß in wenigen Minuten beendet wird. Er findet keine Adsorption von Antimon an ausgeschiedenem Bleisulfat (s. § 6A, S. 450 und § 9C, S. 470), aber einen Mehrverbrauch an Kaliumpermanganat bis zu 0,1% Antimon entsprechend, und er empfiehlt deshalb die Permanganatlösung gegen synthetische Legierungen einzustellen.

***Arbeitsvorschrift von* Low (b).** 0,5 bis 1 g Legierung wird in 10 cm³ Schwefelsäure gelöst und die Lösung mit 0,1 n Kaliumpermanganatlösung titriert und hierbei die Summe von Antimon + Zinn ermittelt. Die titrierte Lösung wird in einem 500 cm³ fassenden Rundkolben mit 50 cm³ konzentrierter Salzsäure und 1 g feingepulvertem Antimon versetzt und 15 Min. auf dem Wasserbade erhitzt. Der Kolben wird nun mit einem Stopfen, welcher Zu- und Ableitungsrohre für Kohlendioxyd trägt, verschlossen und über freier Flamme unter Durchleiten von Kohlendioxyd 2 bis 3 Min. zum Sieden erhitzt. Man kühlt in Wasser unter schnellem Durchleiten von Kohlendioxyd ab und titriert das Zinn allein mit 0,1 n Jodlösung. Blei und Kupfer stören nicht.

Die Einstellung der Lösungen soll gegen 121,8 mg metallisches Antimon bzw. 118,7 mg Zinn erfolgen, welche in je 10 cm³ konzentrierter Schwefelsäure gelöst werden. Die Lösungen werden mit 50 cm³ Wasser und 10 cm³ konzentrierter Salzsäure versetzt, klar gekocht, abgekühlt, mit 110 cm³ Wasser und 25 bis 30 cm³ konzentrierter Salzsäure versetzt und kalt mit Kaliumpermanganat bzw. Jod titriert.

***Arbeitsvorschrift von* Robinson.** 1 g Legierung wird in 10 cm³ konzentrierter Schwefelsäure und 5 g wasserfreiem Natriumsulfat in wenigen Minuten gelöst. Nach dem Abkühlen wird mit 30 cm³ Wasser und 20 cm³ Salzsäure versetzt, gelinde erwärmt, dann $^1/_2$ Min. gekocht, 80 cm³ Wasser zugefügt, auf 20° abgekühlt und mit Kaliumpermanganat titriert (s. oben wegen eines Mehrverbrauches an Maßlösung!).

IV. Bestimmung des Antimons in Babbitt-Metall.

Yockey löst die Legierung, welche Antimon, Zinn, Blei und nicht über 7% Kupfer enthält, in Salzsäure unter Zusatz von Kaliumjodid, bringt ungelöstes Antimon mit Salzsäure und Kaliumchlorat in Lösung und setzt das so erhaltene fünfwertige Antimon mit Kaliumjodid um. Das freiwerdende Jod wird mit Natriumthiosulfatlösung titriert (s. § 5B, S. 443). — Walker und Whitman schlagen den Aufschluß nach Low (s. oben) und die Titration des Antimons mit Permanganat vor.

V. Bestimmung des Antimons in Lot.

In Loten ist das Antimon als Verunreinigung, also nur in kleinen Mengen, zu bestimmen. Hierfür sind von Barber sowie von Anderson (b) Verfahren im Halbmikromaßstab angegeben worden. Der Aufschluß erfolgt am besten mit konzentrierter Schwefelsäure (Goodwin; Barber) oder mit Brom-Salzsäure [Anderson (b)].

***Arbeitsvorschrift von* Barber** *für kleinste Mengen Antimon.* Reinstes Zinn-Blei-Lot wird von Salzsäure nur sehr langsam gelöst, während schon ein Gehalt von nur 0,01% Sb sofortigen Angriff bewirkt. Hierbei scheidet sich das Antimon in Form schwarzer Flocken ab. Es wird deshalb vor der Bestimmung des Antimons ein *qualitativer Vorversuch* gemacht: 1 g Feilspäne wird mit 50 cm³ konzentrierter Salzsäure gelinde gekocht. Wenn das Metall sofort sichtbar angegriffen wird unter Freiwerden von kleinen Gasbläschen, so ist Antimon vorhanden. Wenn aber die

Feilspäne nach 10 Min. langem Kochen ruhig und zusammengebacken auf dem Boden des Gefäßes liegenbleiben, so ist sicher kein Antimon vorhanden und die quantitative Bestimmung ist überflüssig.

Bei Gegenwart von Antimon werden 2 g Feilspäne mit 12 cm^3 konzentrierter Schwefelsäure in einem mit einem aufrecht stehenden Porzellantiegel bedeckten Kolben mit freier Flamme auf einer durchlochten Asbestplatte so lange erhitzt, bis das entstehende Bleisulfat rein weiß ist. Nach dem Erkalten wird vorsichtig mit 15 cm^3 Wasser und 15 cm^3 Salzsäure versetzt und gekocht. Man kühlt unter fließendem Wasser, saugt das Bleisulfat ab und wäscht dreimal mit je 10 cm^3 Schwefelsäure (1:10). Das Filtrat wird mit Wasser von 10° auf 400 cm^3 verdünnt und langsam mit 0,05 n Kaliumpermanganatlösung titriert, bis die durch einen Tropfen verursachte Rötung nicht mehr sofort verschwindet. Die Filtration muß rasch und die Titration sofort anschließend geschehen, da sich sonst die Titration störendes Bleisalz abscheidet. Ein Blindwert von 0,2 cm^3 ist abzuziehen. Das Verfahren liefert für 0,03 bis 2% Antimon sehr gute Werte.

***Arbeitsvorschrift von* Anderson (a).** 3 g der Probe werden in 15 bis 20 cm^3 konzentrierter Schwefelsäure gelöst. Nach dem Erkalten werden 50 cm^3 konzentrierte Salzsäure und 0,5 g Kaliumchlorat zur Oxydation von EisenII-Ion zugesetzt. Zu der von überschüssigem Chlor befreiten Lösung fügt man 20 bis 25 cm^3 Phosphorsäure (D 1,37) und 3 bis 4 cm^3 Natriumsulfitlösung, hält 15 Min. lang auf 60°, treibt überschüssiges Schwefeldioxyd aus, verdünnt mit 50 cm^3 Wasser und titriert wie üblich mit 0,033 n Bromatlösung. Für das als Indikator benutzte Methylorange ist ein Korrekturwert festzustellen und abzuziehen. — Die Einstellung der Bromatlösung erfolgt gegen eine Antimon- und Eisenmenge, wie sie in der Probe vorliegt unter Beachtung aller oben angegebenen Operationen. Das Verfahren soll bis zu 15% Fe brauchbar sein.

***Arbeitsvorschrift von* Anderson (b).** 0,6 g Feilspäne werden in einem 50 cm^3 fassenden Becherglas mit einigen Kubikzentimetern Salzsäure und 5 cm^3 Brom-Salzsäure (s. S. 479) oder mehr übergossen, bis unter schwachem Erwärmen völlige Lösung eingetreten und eine schwache Bromfarbe erhalten geblieben ist. Zu der heißen Lösung werden 20 mg Natriumsulfit und 5 cm^3 konzentrierte Salzsäure zugefügt und nach der auf S. 479 gegebenen Vorschrift weitergearbeitet.

VI. Bestimmung des Antimons in Glanzmetall.

Glanzmetall enthält neben viel Antimon größere Mengen von Blei und Kupfer, sowie daneben Arsen, Eisen, Nickel, Zink (und Schwefel). Schweitzer hat Untersuchungen über die für die jeweilige Zusammensetzung beste Aufschlußart zwecks Bestimmung des Antimons angestellt. Seine Ergebnisse sind die folgenden:

a) Aufschluß mit Schwefelsäure (s. S. 400), Verdünnen, Versetzen mit Salzsäure und Verdünnen, Titrieren mit Permanganat. Nicht anwendbar bei mehr als 0,8% Fe + As, bzw. bei mehr als 15% Cu.

b) Aufschluß mit Königswasser (6 Teile Salzsäure, 1 Teil Salpetersäure), Fällen mit Schwefelwasserstoff unter Verwendung von 5 g Oxalsäure zur Verhinderung der Zinnfällung. Niederschlag in Schwefelsäure lösen, mit Thiosulfat reduzieren und mit Permanganat titrieren. Nicht anwendbar bei mehr als 0,5% As oder mehr als 15% Cu.

c) Aufschluß mit Salpetersäure, Schmelzen der Metalloxyde mit Natriumperoxyd und weitere Verarbeitung nach b) ist immer anwendbar.

d) Aufschluß mit Salpetersäure, Lösen der Metalloxyde in Schwefelsäure, Reduktion mit Thiosulfat, dann weiter nach a). Nicht anwendbar bei mehr als 0,8% Fe.

4. Bestimmung des Antimons in Kupferlegierungen.

Bei der Bestimmung des Antimons in Kupferlegierungen wie Messing, Rotguß, Bronze handelt es sich vorwiegend um kleine und kleinste Mengen, mitunter von 0,01 bis 0,1%, welche die mechanischen Eigenschaften der Legierungen verändern. Man wird zweckmäßig vorgehen, indem man das Antimon zunächst anreichert, wozu die bereits bei der Analyse von Kupfer auf S. 463 geschilderten Verfahren angewendet werden können. Einige besondere Vorschriften werden hier mitgeteilt. Die eigentliche Bestimmung des Antimons erfolgt meist maßanalytisch mittels Bromat oder mittels Permanganat, nach EVANS (a) colorimetrisch als Sulfid. Als Lösungsmittel für die Legierungen wird mit Vorteil konzentrierte Schwefelsäure verwendet, jedoch ist auch Salpetersäure allein oder ihre Mischung mit Schwefelsäure vorgeschlagen worden. — HOLLER löst die Probe in Salpetersäure, filtriert die abgeschiedenen Antimon- und Zinndioxydhydrate ab, löst sie in Schwefelsäure und Salzsäure und bestimmt das Antimon colorimetrisch als $[SbJ_4]'$ nach MCCHESNEY (s. § 5 C, S. 447). Bei der gemeinsamen Ausfällung von Antimon und Zinn muß das Verhältnis Sn : Sb mindestens 1 : 10 sein, fehlende Mengen Zinn sind zu Beginn der Analyse zuzufügen.

Bei der Analyse von *Bronze* benutzt JEAN eine Reaktion des fünfwertigen Antimons mit Methylviolett (s. § 5 C, S. 447). Die hierbei entstehende Blaufärbung wird mit Benzol extrahiert und photometrisch gemessen und der Antimongehalt an Hand von Eichkurven ermittelt. — Zur Bestimmung des Antimons in *Bronze* wird nach NIGAUD die Probe mit Salpetersäure behandelt, die gebildeten Oxyde des Antimons und Zinns werden abfiltriert, geglüht und gewogen. Danach werden sie im Nickeltiegel mit 5 bis 6 g Natriumhydroxyd geschmolzen. Die Lösung der Schmelze in Wasser wird mit 1 bis 2 Natriumperoxyd versetzt und dann 15 bis 20 Min. lang gekocht. Nach dem Zufügen von 30 cm³ konzentrierter Salzsäure wird die Lösung in zwei Teile geteilt. Der eine Teil wird mit 2 g Kaliumjodid versetzt und das ausgeschiedene Jod mit Natriumthiosulfat titriert, wobei die Summe Sb + Fe ermittelt wird. In dem zweiten Teil wird das Eisen allein nach Zusatz von 10 cm³ 10%iger Kaliumthiocyanatlösung mit TitanIII-chlorid bestimmt. — FILIPPOW und WETOSCHKIN geben für *Buntmetalle* und *Legierungen* mit weniger als 0,5% Zinn folgende Vorschrift an. 5 g Legierung und 10 mg reinstes Zinn werden mit 40 cm³ konzentrierter Salpetersäure behandelt. Die Mischung wird auf 100 bis 150 cm³ verdünnt, gekocht und durch Papierbrei filtriert. Das mit Wasser, das mit Salpetersäure angesäuert ist, gewaschene Filter mit dem Antimon und Zinn enthaltenden Niederschlage wird im gleichen Kolben mit 35 bis 40 cm³ konzentrierter Salpetersäure und 20 bis 25 cm³ konzentrierter Schwefelsäure abgeraucht. Zum noch feuchten Rückstand werden 3 cm³ Phosphorsäure, 60 cm³ Wasser, einige Krystalle Natriumsulfit und schließlich 5 cm³ 20%ige Kaliumjodidlösung zugefügt. Die Mischung wird im Colorimeterzylinder mit Schwefelsäure (1 + 3) auf 100 cm³ verdünnt. Man vergleicht ihre Färbung gegen die einer Lösung mit 0,1 mg Sb (276,4 mg Brechweinstein in 1 l 10%iger Schwefelsäure, davon 1 cm³ = 0,1 mg Sb), die mit 90 cm³ Schwefelsäure und 3 cm³ Phosphorsäure vermischt ist.

I. In Messing, Rotguß oder Bronze.

***Arbeitsvorschrift von* LEE, TRICKEY *und* FEGELY.** 0,5 g feine Späne von Messing oder Bronze werden mit 25 cm³ konzentrierter Schwefelsäure so lange erhitzt, bis eine klare Lösung oder ein rein weißer Niederschlag entstanden ist. Nach dem Erkalten wird mit 100 cm³ Wasser versetzt, einige Minuten gekocht, auf 200 cm³ weiter verdünnt und bei 70° mit Kaliumpermanganatlösung im Überschuß versetzt, der mit einer Lösung von MOHRschem Salz zurücktitriert wird. Das Verfahren erlaubt eine Bestimmung des Antimons mit 0,15% Genauigkeit.

***Arbeitsvorschrift von* Evans (a).** a) Bei Anwesenheit von kleinen Mengen Zinn. 5 g Messing (oder Kupfer) werden in Salpetersäure gelöst und die Lösung mit Schwefelsäure abgeraucht. Den Rückstand löst man in 100 cm³ Wasser, setzt 14 g festes Natriumhypophosphit hinzu und erhitzt zum Sieden. Der ausgeschiedene Kupferschwamm wird abfiltriert und ausgewaschen. Zum Filtrat werden 2 g festes Natriumhypophosphit (bei Anwesenheit von viel Arsen mehr) und 100 cm³ konzentrierte Salzsäure zugegeben. Man kocht 15 Min. lang, fügt nach dem Abkühlen 10 cm³ Benzol zur Aufnahme des Arsens hinzu und filtriert nach mehrmaligem Umschütteln. In der Lösung wird das Antimon nach der Vorschrift auf S. 465 auf Kupfer niedergeschlagen und davon mit Natriumperoxydlösung heruntergelöst. Diese Lösung wird zur Fällung kleiner in Lösung gegangener Kupferspuren mit 0,5 g Zinksulfid $1^1/_2$ bis 2 Std. stehen gelassen. Der Niederschlag wird abfiltriert und ausgewaschen. Das Filtrat wird nach dem Ansäuern mit Salzsäure und dem 1 bis 2 Min. währenden Durchleiten von Schwefeldioxyd auf 10 cm³ eingeengt. 5 cm³ einer Lösung, die 0,1 mg Sb je Kubikzentimeter enthält (s. unten), wird mit 80 cm³ Wasser verdünnt und wie oben angegeben mit Kupfer gefällt und weiter behandelt. Zu je 10 cm³ beider Lösungen gibt man 5 cm³ einer 1%igen Lösung von Gummi arabicum, verdünnt auf 100 cm³, leitet einige Sekunden lang Schwefelwasserstoff ein und vergleicht die Färbungen. — Die Antimonvergleichslösung wird bereitet durch Auflösen von 276,4 mg Brechweinstein in Wasser, Zufügen von 100 cm³ Salzsäure und Auffüllen zu 1 l.

b) Bei Anwesenheit großer Mengen Zinn. Vor der ersten Zugabe des Natriumhypophosphites wird ein Zusatz von 5 g Kaliumhydrogentartart gemacht und dann wie unter a) weitergearbeitet.

Das Verfahren ist anwendbar bei Gehalten an Antimon zwischen 0,003 und 0,1%. Beleganalysen weisen seine Brauchbarkeit aus.

Eine vollkommen gleiche Arbeitsvorschrift hat Miller mitgeteilt.

***Arbeitsvorschrift von* Mück.** 2 g Späne von Rotguß werden mit 20 cm³ konzentrierter Salpetersäure auf 5 cm³ eingedampft. Man fügt 100 cm³ Wasser hinzu, kocht 5 Min. lang und filtriert den Niederschlag der Antimon- und Zinnoxyde ab. Das Filter samt dem Niederschlag wird mit Salpetersäure und Schwefelsäure zerstört. Nach Zusatz von 2 bis 3 g Kaliumsulfat und 0,5 g Weinsäure wird bis zur Syrupdicke eingedampft, nach dem Erkalten mit 180 cm³ Wasser und 7 cm³ konzentrierter Salzsäure versetzt, 5 Min. lang gekocht und mit Kaliumpermanganat titriert. In der austitrierten Lösung wird das Zinn nach der Reduktion mit Antimon jodometrisch ermittelt.

***Arbeitsvorschrift von* C. C. D.** 2 g Messing werden mit 40 cm³ konzentrierter Salpetersäure nicht ganz bis zur Trockene eingedampft, mit 30 cm³ Salpetersäure versetzt und auf 10 cm³ eingedampft. Nach dem Abkühlen werden 40 cm³ Wasser zugefügt und gekocht. Man dekantiert durch ein Filter, kocht den Niederschlag mit 3 cm³ Salpetersäure und bringt ihn mit 20 cm³ Wasser auf das Filter. Unter Umständen wird die Behandlung mit Salpetersäure noch ein drittes Mal wiederholt. Der Niederschlag, welcher die Oxyde des Antimons, Zinns, Phosphors, Arsens und Siliciums enthält, wird mit 20 cm³ konzentrierter Salzsäure eingedampft, der aus Siliciumdioxyd bestehende Rückstand wird abfiltriert und dieses ausgewogen. Ein Teil des Filtrates wird mit Natronlauge neutralisiert, zur Reduktion des Antimons einige Minuten lang Schwefeldioxyd eingeleitet, dessen Überschuß verkocht und das Antimon jodometrisch nach der Vorschrift von Andrews in § 5, S. 445, bestimmt.

***Arbeitsvorschrift von* Tschernichow.** Man behandelt die Legierung mit konzentrierter Salpetersäure wie oben angegeben und wägt die entstandenen Oxyde des Antimons und Zinns. Danach werden diese in 20 cm³ konzentrierter Schwefelsäure gelöst unter Zusatz von 0,5 g Rohrzucker als Reduktionsmittel. Man erhitzt allmählich bis zum Klarwerden der Lösung bis zum Sieden, was 10 Std. in Anspruch nehmen kann. Dann wird wie üblich weitergearbeitet, um das Antimon mit Bromat zu titrieren. Der Zinngehalt folgt aus der Differenz. Etwa vorhandenes Kupfer und Eisen können aus der titrierten Lösung mit Natriumsulfid in alkalischer Lösung gefällt und wie üblich bestimmt werden.

Um Spuren von Antimon in zinnfreiem Messing zu bestimmen, werden 5 g Messing unter Zusatz von 50 mg Zinn in der oben angegebenen Weise behandelt.

Das Verfahren kann auch angewendet werden auf Raffinadeblei (99,96 %) unter Zusatz von Zinn mit einer Einwaage von 100 bis 200 g und auf zinkhaltige Lagermetalle.

II. In anderen Kupfer-Legierungen.

***Arbeitsvorschrift von* Evans (c).** 1 g „tant-copper" mit 4 bis 5 % Sb wird in 15 cm³ Salzsäure und 5 cm³ Salpetersäure gelöst. Man fügt 20 cm³ 50 %ige Citronensäurelösung hinzu, macht schwach ammoniakalisch und versetzt mit soviel mit Brom oxydierter Kaliumcyanidlösung (s. Kapitel Bi, § 14, S. 684), bis die anfänglich violette Färbung verschwunden ist, fügt noch 20 cm³ im Überschuß hinzu, dann 50 cm³ 20 %ige Ammoniumchloridlösung und arbeitet weiter nach der auf S. 465 angegebenen Vorschrift. Der Fehler beträgt bis 0,06 %.

***Arbeitsvorschrift von* Jílek *und* Vřešťál.** 1 g Legierung wird mit 10 cm³ konzentrierter Schwefelsäure zum Sieden erhitzt. Man fügt 50 cm³ Wasser und 6 g festes Ammoniumchlorid hinzu, erhitzt zur Vertreibung von Schwefeldioxyd 3 bis 5 Min. lang zum Sieden und läßt abkühlen. Nun fügt man 10 g Ammoniumchlorid hinzu (bei Gegenwart von mehr als 200 mg Sb oder bei Verflüchtigung von viel Schwefelsäure noch 5 cm³ konzentrierte Salzsäure), verdünnt auf 200 cm³ und titriert bei 4 bis 8° mit 0,1 n Kaliumpermanganatlösung, die gegen Oxalsäure eingestellt ist. Bei Gegenwart größerer Mengen von Kupfer (0,4 bis 0,8 g) entfärbt man die Lösung zwecks besserer Erkennung des Umschlages mit 10 %iger Kobaltsulfatlösung.

5. Bestimmung des Antimons in Aluminiumlegierungen.

Antimon dient in neuerer Zeit als Legierungsbestandteil in Aluminiumlegierungen, welche als Lagermetalle Verwendung finden. Zu seiner Bestimmung wird die Legierung entweder in Salzsäure unter Zusatz von Wasserstoffperoxyd (Pache) oder in Natronlauge gelöst. In diesem Falle wird entweder das ungelöst bleibende Antimon nachträglich mit Schwefelsäure aufgeschlossen (Schönlau) oder mit Natriumperoxyd zu fünfwertigem Antimon oxydiert (Brook, Stott und Coates). Die Bestimmung des Antimons in den erhaltenen Lösungen erfolgt maßanalytisch.

***Arbeitsvorschrift von* Pache.** I. 1 g der Antimon, Blei und 2 % Kupfer enthaltenden Legierung wird in 30 cm³ verdünnter Salzsäure unter Zufügen von 5 cm³ 3 %igem Wasserstoffperoxyd unter Erwärmen gelöst. Man fügt 50 cm³ Wasser und 20 cm³ 20 %ige Natriumsulfitlösung zur Reduktion des fünfwertigen Antimons hinzu und arbeitet wie üblich weiter zwecks bromatometrischer Bestimmung des Antimons.

II. Wenn die Legierung Antimon, Blei und Mangan enthält, wird wie unter I. gearbeitet. Nach dem Verkochen des überschüssigen Schwefeldioxydes wird mit 200 cm³ Wasser und 40 cm³ ManganII-sulfat-Lösung versetzt und das Antimon mit 0,1 n Kaliumpermanganatlösung bestimmt. *Oder* man löst 1 g Legierung in 10 %iger Natronlauge und fügt 30 cm³ Wasser zu der erhaltenen Mischung. Nun wird mit Schwefelsäure angesäuert und diese abgeraucht. Dann wird wie üblich weitergearbeitet, um das Antimon mit Permanganat zu titrieren.

***Arbeitsvorschrift von* Brook, Stott *und* Coates.** 2 g Legierung werden in 45 cm³ 12,5 %iger Natronlauge gelöst. Beim Kochen wird sechsmal mit je 0,5 g Natriumperoxyd versetzt und nach 10 Min. filtriert. Zum Filtrat werden 75 cm³

Salzsäure (D 1,16) hinzugegeben, dieses bis zum Klarwerden erhitzt und nach Zusatz von Kaliumchlorat zur Trockene eingedampft. Man nimmt mit 200 cm³ Wasser auf und bestimmt das Antimon jodometrisch nach § 5B, S. 443, wobei man das ausgeschiedene Jod mit 0,05 n Natriumthiosulfatlösung titriert.

Arbeitsvorschrift von Schönlau. 1 g Späne einer Leichtmetall-Automaten-Legierung wird in 20 cm³ 20%iger Natronlauge gelöst. Die Lösung wird mit 100 cm³ Wasser verdünnt und aufgekocht. Der Niederschlag wird abfiltriert, einige Male mit heißem Wasser gewaschen und mit möglichst wenig Wasser in das Lösegefäß zurückgespült. Man raucht mit 10 cm³ konzentrierter Schwefelsäure ab und arbeitet wie üblich weiter, um das Antimon mit Bromat zu titrieren.

D. Bestimmung des Antimons in Erzen und Hüttenprodukten.

Bei der Bestimmung des Antimons in Erzen ist zu unterscheiden, ob das Antimon deren Hauptbestandteil ist oder ob es nur eine Beimengung oder Verunreinigung darstellt. Von Wichtigkeit ist die Antimonbestimmung selbstverständlich in den Antimonerzen selber, bei denen zwischen sulfidischen und den weniger wichtigen oxydischen zu unterscheiden ist. Bei den sulfidischen Antimonerzen spielt der Grauspießglanz die größte Rolle, während Fahlerze und Rotgiltigerze geringere Bedeutung aufweisen. Da die meisten Erze neben Antimon vor allem auch Arsen, ferner viele andere Metalle der analytischen Schwefelwasserstoffgruppe, hauptsächlich Blei, Kupfer, auch Wismut, aber auch Eisen, Zink usw. enthalten, so ist bei der Bestimmung des Antimons eine vorausgehende sorgfältige Trennung erforderlich. Um das Untersuchungsmaterial in Lösung zu bringen, gibt es mehrere Aufschlußarten (s. S. 399). Sulfidische Antimonerze können vorteilhaft mit konzentrierter Schwefelsäure in Lösung gebracht werden. Nach Tschernichow und Kolodub können auch oxydische Erze so behandelt werden. Coolbaugh und Betterton schließen sulfidische Erze durch Schmelzen mit Ammoniumpersulfat auf, während Frank und Birkner hierbei noch einen Zusatz von Salpetersäure machen (s. § 10A, S. 499). Hampe (b) benutzt eine Mischung von Salpetersäure und Weinsäure bei Fahlerzen. Grauspießglanz im besonderen läßt sich für die Antimonbestimmung auch vorteilhaft in Salzsäure lösen, wie Carnot, ferner Nissenson, sowie McNabb und Wagner angegeben haben. Schmelzaufschlüsse im eigentlichen Sinne werden ebenfalls angewendet, um sulfidische Antimonerze in lösbare Form zu bringen. Hierfür kommt in Betracht der von Clemens Winkler eingeführte „Freiberger Aufschluß" (s. S. 404) mit Alkalicarbonat und Schwefel (Becker), ferner das Schmelzen mit Kaliumhydroxyd (Nissenson und Pohl) oder mit Natriumhydroxyd (Lehmann und Lokau) und als Besonderheit die „Sinteroxydation" nach Feigl und Schorr mittels Kaliumpermanganat und Natriumcarbonat.

Ein technisch sehr wichtiges Sulfid des Antimons ist der „Goldschwefel", welcher als AntimonV-sulfid Sb_2S_5 anzusehen ist, jedoch in seinen Handelsprodukten sehr oft diese Zusammensetzung nicht aufweist, sondern häufig durch Beimengung anderer Stoffe verfälscht wird. Zur Bestimmung seines Antimongehaltes kann der Goldschwefel mit Salzsäure gelöst werden (s. § 1, S. 408) oder durch Schmelzen mit Natriumcarbonat und Natriumperoxyd (Howard und Harrison) oder mit Natriumsulfid (Utz) in lösliche Form gebracht werden (s. auch § 10A, S. 499).

Für den Aufschluß von antimonhaltigen Schlacken und Speisen gilt Ähnliches wie für den der Erze. — In diesem Abschnitt werden anschließend einige besondere Produkte berücksichtigt, in denen Antimon als Bestandteil enthalten sein kann, wie Email, Trübungsmittel und Glas, sowie endlich Mineralwasser.

1. Bestimmung des Antimons in Erzen.

I. Bestimmung des Antimons in Antimonerzen.

a) In sulfidischen Erzen.

α) Aufschluß mit Schwefelsäure.

Arbeitsvorschrift von LOW (a). 1 g Erz wird in einer bedeckten Kasserole mit 10 cm³ konzentrierter Schwefelsäure, 7 g Kaliumhydrogensulfat und 0,5 g Weinsäure zuerst gelinde, später stärker erhitzt, bis abgeschiedener freier Schwefel ausgetrieben und abgeschiedener Kohlenstoff vollständig oxydiert ist. Man läßt die Schmelze in schräger Stellung abkühlen, fügt 50 cm³ Wasser, 10 cm³ konzentrierte Schwefelsäure und 2 bis 3 g Weinsäure hinzu und erhitzt zum Sieden. Man filtriert vom Rückstand ab, wäscht diesen aus und leitet in das auf 300 cm³ verdünnte Filtrat in der Wärme Schwefelwasserstoff ein. Der Niederschlag der Sulfide wird durch Behandeln mit farblosem Kaliumsulfid (s. dazu § 11, S. 506) getrennt und die erhaltene Lösung nach Zusatz von 10 cm³ konzentrierter Schwefelsäure und 3 g Kaliumhydrogensulfat wie eingangs geschildert behandelt. Die Schmelze wird mit 25 cm³ Wasser und 10 cm³ konzentrierter Salzsäure aufgelöst, und nach Zusatz von 40 cm³ konzentrierter Salzsäure wird durch Einleiten von Schwefelwasserstoff in der Kälte Arsensulfid gefällt. Aus dem Filtrat hiervon wird nach dem Verdünnen mit dem doppelten Raumteil Wasser und erneutem Einleiten von Schwefelwasserstoff Antimonsulfid gefällt. Dieses wird wie oben beschrieben mit Schwefelsäure und Kaliumhydrogensulfat aufgeschlossen, die Schmelze wird in 50 cm³ Wasser und 10 cm³ konzentrierter Salzsäure gelöst, die Lösung gekocht, nach Zusatz von 10 cm³ konzentrierter Salzsäure auf 200 cm³ aufgefüllt und in einem aliquoten Teil das dreiwertige Antimon mit Permanganat nach § 6A, S. 450 titriert.

Arbeitsvorschrift von HOERTEL. Nach dem üblichen Aufschluß des Erzes (s. oben) wird der Rückstand mit Natriumcarbonat und Schwefel aufgeschlossen (s. S. 404). Die hierbei erhaltenen Sulfide werden in Kalilauge und Wasserstoffperoxyd gelöst, die Lösungen vereinigt, mit Schwefelwasserstoff gefällt und das Arsensulfid durch zweimalige Behandlung mit Ammoniumcarbonat von Antimonsulfid getrennt (s. Kapitel As, § 15, S. 306). Das im Rückstand verbleibende Antimonsulfid wird nach zweckentsprechender Auflösung in bekannter Weise bestimmt.

β) Aufschluß mit Ammoniumpersulfat.

Arbeitsvorschrift von COOLBAUGH ***und*** BETTERTON. Das Erz wird mit der 8- bis 10fachen Menge seines Gewichtes an Ammoniumpersulfat 15 Min. lang bei niedriger Temperatur in einem ERLENMEYER-Kolben geschmolzen und noch 10 Min. lang in Fluß gehalten. Die Schmelze wird mit 20 cm³ heißer Salzsäure (D 1,1) ausgezogen, die Lösung auf 100 cm³ verdünnt und in der Wärme 15 Min. lang Schwefelwasserstoff eingeleitet. Der Niederschlag wird nach dem Abfiltrieren in 40 cm³ konzentrierter Salzsäure unter Zusatz von Kaliumchlorat gelöst und ausgeschiedener Schwefel abfiltriert. Die Lösung wird mit 2 Tropfen EisenIII-chlorid-Lösung auf 90° erwärmt und bis zum Verschwinden der Eisenfarbe mit ZinnII-chlorid-Lösung, danach mit 10 cm³ gesättigter QuecksilberII-chlorid-Lösung versetzt, auf 500 bis 600 cm³ verdünnt und mit Permanganat titriert.

Das Verfahren beruht darauf, daß ZinnII-chlorid das vorliegende AntimonV-Ion schneller reduziert als das anwesende Arsenat, während der Überschuß daran durch QuecksilberII-chlorid beseitigt wird. Während Silber, Blei, Wismut und Arsen nicht stören, muß Kupfer abwesend sein bzw. entfernt werden. Die Bestimmung erfordert $1^1/_2$ Std. Zeit, läßt sich aber erfolgreich nur bei genauer Innehaltung der Einzelheiten durchführen.

Die ***Arbeitsvorschrift von*** Frank ***und*** Birkner ist identisch mit der für die Untersuchung von Kautschuk angegebenen (s. § 10 A, S. 499).

γ) Aufschluß mit Salpetersäure und Weinsäure.

Der Aufschluß sulfidischer Antimonerze mit einer Mischung aus Salpetersäure und Weinsäure nach Hampe (b) hat gegenüber den Aufschlüssen mit Königswasser oder mit Salzsäure und Kaliumchlorat oder mit Brom den Vorteil, daß keine Vorsichtsmaßregeln wegen der sonst möglichen Verflüchtigung von Arsen getroffen zu werden brauchen (s. S. 399). Gegenüber der Verwendung von Salpetersäure allein hat der Zusatz der Weinsäure den Zweck, daß beim Lösen kein Rückstand der Oxyde des Antimons (und Zinns) hinterbleibt. Die Weinsäure muß jedoch absolut rein sein.

Arbeitsvorschrift von Hampe. 1 g Erz läßt man mit 30 cm^3 konzentrierter Salpetersäure und 10 g Weinsäure einige Stunden an einem warmen Orte stehen. Bei Anwesenheit von wenig Schwefel hat sich eine klare Lösung, bei Gegenwart von viel Schwefel ein Rückstand gebildet. Dieser wird abfiltriert, mit warmer Kaliumsulfidlösung ausgezogen und diese Lösung zu der später erhaltenen zugefügt. Aus der ursprünglichen Lösung wird bei 60° mit Schwefelwasserstoff Arsensulfid gefällt und das Arsen wie bekannt bestimmt. Im Filtrat werden Antimon und Zinn in üblicher Weise getrennt (s. § 11 D, S. 512). Die anderen Begleitmetalle des Erzes werden nach den bekannten Verfahren getrennt und bestimmt.

δ) Aufschluß mit Salzsäure.

Arbeitsvorschrift von Carnot. Das Erz wird in Salzsäure gelöst, das Antimon aus dieser Lösung durch metallisches Zinn in elementarer Form gefällt und als solches gewogen (s. § 3 B, S. 433).

Arbeitsvorschrift von Nissenson. Der Grauspießglanz wird in Salzsäure gelöst, der Schwefelwasserstoff verkocht und das Antimon in üblicher Weise mit Bromat titriert.

Arbeitsvorschrift von McNabb ***und*** Wagner. Wenn der Grauspießglanz mehr als nur Spuren von Eisen enthält, ist die bromatometrische Bestimmung des Antimons nicht anwendbar. Bei der jodometrischen Bestimmung kann für Eisen eine Korrektur angebracht werden, nachdem der Eisengehalt des Erzes nach der unten angegebenen Vorschrift ermittelt worden ist. Auch bei der manganometrischen Bestimmung nach Knop (s. § 6 B, S. 451) muß die Korrektur für Eisen angebracht werden.

200 bis 250 mg durch ein 100-Maschen-Sieb getriebener Grauspießglanz werden mit 30 cm^3 konzentrierter Salzsäure zersetzt. Nach dem Austreiben des Schwefelwasserstoffes läßt man erkalten, fügt 120 cm^3 kalte Schwefelsäure (40 cm^3 konzentrierte Schwefelsäure auf 1000 cm^3 Wasser) hinzu und titriert sofort kalt mit 0,1 n Kaliumpermanganatlösung. Zur Korrektur eines Eisengehaltes werden 1 bis 5 g Erz mit 25 bis 50 cm^3 25%iger Natronlauge oder Natriumsulfidlösung behandelt. Ein geringer schwarzer Rückstand wird abgesaugt und zuerst mit der Aufschlußlösung und dann mit Wasser ausgewaschen. Dann gibt man zum Rückstand heiße 3 n Salpetersäure, danach heiße 3 n Salzsäure und fällt die Lösung kalt mit Schwefelwasserstoff. Aus dem Filtrat des entstandenen Niederschlages verjagt man den Schwefelwasserstoff, oxydiert es mit Salpetersäure, fällt mit Ammoniak EisenIII-hydroxyd aus und bestimmt das Eisen aus diesem Niederschlag gewichts- oder maßanalytisch.

ε) Aufschluß mit Alkalihydroxyd.

Arbeitsvorschrift von Nissenson ***und*** Pohl. Das Erz wird mit der achtfachen Menge Kaliumhydroxyd im Nickeltiegel geschmolzen. Die Lösung der Schmelze in Wasser wird mit Salzsäure angesäuert und mit Schwefelwasserstoff gefällt. Der Niederschlag wird mit Natriumsulfidlösung ausgezogen und das als Thioantimonit in Lösung gegangene Antimon elektrolytisch bestimmt (s. § 3 A, S. 422).

***Arbeitsvorschrift von* LEHMANN *und* LOKAU.** 0,2 g Grauspießglanz werden mit 5 cm³ der üblichen Natronlauge und 10 cm³ Wasser 5 Min. lang gekocht. Nach Zufügen von 10 cm³ Wasser filtriert man in einen Kolben mit eingeschliffenem Stopfen und wäscht mit heißem Wasser aus. Das Filtrat wird zum Sieden erhitzt, 0,5 g Kaliumchlorat in Anteilen und 30 cm³ 25%ige Salzsäure zugefügt, das Chlor verkocht und die Lösung auf 15 cm³ eingedampft. Nach dem Abkühlen wird mit 20 cm³ Salzsäure versetzt und das Antimon jodometrisch nach der Vorschrift in § 5 B, S. 443 bestimmt.

ζ) Aufschluß durch Sinteroxydation.

***Arbeitsvorschrift von* FEIGL *und* SCHORR.** Der feinst gepulverte Grauspießglanz wird mit 2 g feingepulvertem, bei 110° getrocknetem Kaliumpermanganat und 2 g ebenso behandeltem Natriumcarbonat innig gemischt und diese Mischung in einem 80 bis 100 cm³ fassenden Eisentiegel mit 3 g einer Mischung von Kaliumpermanganat und Natriumcarbonat im Verhältnis 1:1 überschichtet. Der bedeckte Tiegel wird 20 bis 30 Min. über kleiner Flamme, dann 30 bis 40 Min. lang über größerer Flamme bis zur Rotglut des Bodens erhitzt. Nach dem Erkalten wird der Tiegelinhalt in ein Becherglas gebracht und der Tiegel mit heißem Wasser nachgewaschen. Unter mäßigem Erwärmen wird der Schmelzkuchen in Salzsäure und möglichst wenig Oxalsäure gelöst. Die Hauptmenge der Säure wird mit Natriumcarbonat abgestumpft und die Lösung auf 500 cm³ aufgefüllt. 100 cm³ davon werden zur jodometrischen Bestimmung des darin als Antimonat vorliegenden Antimons verwendet.

Das beschriebene Verfahren ohne Filtration ist nur anwendbar, wenn Arsen, Kupfer und Eisen abwesend sind, welche die jodometrische Bestimmung stören. Bei Gegenwart von Arsen wird der Sinterkuchen mit 30%igem Alkohol ausgezogen, in welchem Natriumantimonat $Na[Sb(OH)_6]$ unlöslich ist (s. § 11 D, S. 513), und das Arsen im Filtrat jodometrisch bestimmt. Der Filterrückstand wird wie oben beschrieben weiter behandelt zwecks Bestimmung des Antimons. Die Trennung des Antimons von Kupfer und Eisen kann umgangen werden, wenn deren Beträge bekannt sind und als Korrekturen vom Thiosulfatverbrauch abgezogen werden.

b) In oxydischen Erzen.

α) Aufschluß mit Schwefelsäure.

***Arbeitsvorschrift von* TSCHERNICHOW *und* KOLODUB.** Das oxydische Erz wird in üblicher Weise mit Schwefelsäure aufgeschlossen (s. S. 490) und anwesendes Arsen durch Kochen mit Salzsäure entfernt. Vorhandenes Eisen wird durch Phosphorsäure maskiert und das Antimon mit Bromat titriert. Der Mehrverbrauch an 0,1 n Bromatlösung beträgt gewöhnlich nicht mehr als 0,02 cm³.

β) Aufschluß mit Natriumthiosulfat.

***Arbeitsvorschrift von* DUNBAR-POOLE.** Oxydisches Erz oder ein Gemisch von Antimon- und Zinnoxyden wird mit 5 g Natriumthiosulfat geschmolzen, bis dessen Krystallwasser entwichen ist. Nach Zusatz von 15 cm³ konzentrierter Schwefelsäure wird etwa 20 Min. lang erhitzt, bis Lösung eingetreten ist. Nach dem Erkalten wird das Antimon in bekannter Weise mit Permanganat titriert.

II. Bestimmung des Antimons in Goldschwefel.

a) Aufschluß mit Salzsäure.

SCHMITZ empfiehlt den Goldschwefel mit Salzsäure zu zersetzen, den Schwefelwasserstoff zu vertreiben, nach Zusatz von Weinsäure und Verdünnen von Schwefel abzufiltrieren, so daß davon im Filtrat keine Spur bleibt, und dann das Antimon bromatometrisch zu bestimmen. LEHMANN und BERDAU arbeiten sehr umständlich, indem sie nach der Zersetzung des Goldschwefels das in der Lösung vorhandene dreiwertige Antimon erst durch Wasserstoffperoxyd aufoxydieren und das fünfwertige Antimon dann jodometrisch nach § 5B, S. 443 titrieren. Sie geben an, daß der Gehalt der von ihnen untersuchten Muster an AntimonV-sulfid zwischen 24 und 97% schwankte, was sie auf Verfälschung zurückführen. RUPP und Mitarbeiter bestimmen das Antimon ebenfalls jodometrisch, aber durch unmittelbare Titration des bei der Zersetzung des Goldschwefels entstehenden dreiwertigen Antimons mit Jodlösung nach Zusatz von Weinsäure und der ausreichenden Menge Natriumhydrogencarbonat.

b) Aufschluß mit Natriumsulfid.

Nach der Mitteilung von UTZ wird der Goldschwefel in Natriumsulfidlösung gelöst und diese Lösung unmittelbar nach der Vorschrift von CLASSEN elektrolysiert (s. § 3A, S. 423). Nach UTZ liegt der Antimongehalt der von ihm untersuchten Muster zwischen 21,5 und 64%.

c) Aufschluß mit Natriumperoxyd.

***Arbeitsvorschrift von* HOWARD *und* HARRISON.** 0,5 g Goldschwefel werden in einem Nickeltiegel von etwa 60 cm³ Inhalt mit 4 g Natriumperoxyd und 4 g Natriumcarbonat innig vermischt. Die Mischung wird mit einer Schicht von Natriumperoxyd bedeckt, der Tiegel zugedeckt und die Mischung allmählich bis zum Schmelzen erhitzt. Die Schmelze wird in Wasser gelöst. Man fügt 40 cm³ konzentrierte Salzsäure und 1 g Kaliumchlorat hinzu, verkocht das Chlor und füllt auf 250 cm³ auf. 100 cm³ dieser Lösung werden nach der Reduktion mit Kaliumpyrosulfit (s. § 4, S. 438) in üblicher Weise mit 0,1 n Jodlösung titriert.

d) Vollständige Analyse von Goldschwefel nach CHAYBANY.

Freier Schwefel. Bei 80° getrockneter Goldschwefel wird 2 Std. lang kalt mit Schwefelkohlenstoff ausgezogen, der Schwefelkohlenstoff wird verdampft und der Rückstand bestimmt.

Wirksamer Schwefel. Der Goldschwefel wird im Ölbade auf 150° erhitzt und danach im SOXHLET-Apparat mit Schwefelkohlenstoff extrahiert. Der beim Verdampfen des Schwefelkohlenstoffes hinterbleibende Rückstand wird bestimmt.

Gehalt an Antimonoxyd. Man erhitzt je 1 g Goldschwefel mit und ohne Weinsäure zum Sieden und titriert die Filtrate mit 0,1 n Jodlösung, nachdem die Weinsäure enthaltende Lösung mit Natriumhydrogencarbonat versetzt wurde. Die Differenz aus den beiden Ansätzen entspricht dem Gehalte an AntimonIII-oxyd.

Gehalt an Verunreinigungen. Man glüht den Goldschwefel mit Ammoniumchlorid, wobei sich Antimonchlorid und Ammoniumsulfid verflüchtigen. Der Rückstand wird wieder so behandelt, bis Gewichtskonstanz eingetreten ist.

Gehalt an alkalischen Verunreinigungen. Der Goldschwefel wird mit Wasser behandelt. In dem zur Trockene verdampften Filtrate werden die alkalischen Verunreinigungen bestimmt.

Gehalt an Calciumsulfat (Gips). Man arbeitet wie bei der Bestimmung des freien Schwefels, behandelt den Rückstand mit Salzsäure und bestimmt in dieser Lösung das Calcium als Sulfat nach der Fällung als Oxalat.

Gehalt an Siliciumdioxyd. Dieser wird aus dem Rückstande des Filtrates der Calciumbestimmung ermittelt.

e) Indirekte Analyse des Goldschwefels nach LIESCHE.

Um den Gehalt des Goldschwefels an Antimontri- und -pentasulfid zu ermitteln, teilt LIESCHE folgende Formeln für die indirekte Analyse mit:

	Bestimmungsformen	$\Sigma Sb = A$ (nur sulfidisches, nicht oxydisches, weinsäurelösliches Antimon)
		$\Sigma S = B$ (nur an Antimon gebundener Schwefel. Freier und Gipsschwefel sind abzuziehen)
	Berechnungen	$Sb_2S_3 = 3{,}487\,A - 5{,}298\,B$
		$Sb_2S_5 = 6{,}298\,B - 2{,}487\,A$
oder:	Bestimmungsformen	$\Sigma Sb_2S_3 = A$ (aus dem gesamten sulfidischen Antimon)
		$\Sigma S = B$ (wie oben)
	Berechnungen	$Sb_2S_3 = 2{,}500\,A - 5{,}298\,B$
		$Sb_2S_5 = 6{,}298\,B - 1{,}783\,A$

In diesen Formeln bedeuten A und B entweder die Anzahl der gleichen absoluten Gewichtseinheiten oder die Gewichtsprozente der analysierten Ausgangssubstanz.

III. Bestimmung des Antimons in Bleiglanz.

Arbeitsvorschrift von BILTZ ***und*** HOEHNE für Antimongehalte zwischen 0,04 und 0,8%.

a) Aufschluß. In einem zur Destillation von Arsen (s. Kapitel As, § 14, S. 270) geeigneten Kolben werden 5 g Bleiglanz mit einigen Tropfen Wasser umgeschwenkt und an die Wandung verteilt. In Anteilen werden 15 cm³ 98%ige Salpetersäure zugefügt. Man schwenkt um und erwärmt nach 10 Min. auf einer Asbestplatte mit einem Loch von 6 cm Durchmesser. Nach erfolgter Umsetzung werden die Stickstoffoxyde und die Hauptmenge der Salpetersäure aus dem schräg gestellten Kolben weggekocht. Nach dem Abkühlen wird mit 15 cm³ konzentrierter Schwefelsäure unter Umschwenken versetzt und im aufrecht gestellten Kolben gekocht. Der im Kolbenhals sich absetzende Schwefel wird mit Hilfe einer zweiten Flamme entfernt. Der Kolben wird wieder schräg gestellt und unter Warmhalten des Kolbenhalses so lange weiter erhitzt, bis nur noch 3 cm³ Lösung vorhanden sind. Dieser Aufschluß dauert $^1/_2$ bis $^3/_4$ Std. — Ein Zusatz von Wasserstoffperoxyd (Perhydrol) wird nicht empfohlen, weil hierdurch Bleiarsenat und Bleiantimonat gebildet werden, welche sich bei der nachfolgenden Destillation nicht umsetzen.

b) Die Destillation bereitet Schwierigkeiten, weil infolge der großen Menge von Bleisulfat die Mischung stark stößt. BILTZ und HOEHNE geben deshalb manche nützliche Einzelheit zur Überwindung dieses und anderer Übelstände an. Bei der Destillation des Arsens verwende man nicht Kaliumbromid, sondern eine Lösung von 1 g Borax in 25 cm³ konzentrierter Salzsäure und füge noch weitere 50 cm³ Salzsäure hinzu. Näheres über diese Destillation s. im Kapitel As, § 14, S. 271. Bei der Destillation des Antimons wird ein Kohlendioxydstrom mit Hilfe eines nur 1 mm über dem Boden des Kolbens endenden Einleitungsrohres durch die Flüssigkeit geleitet. Hierdurch wird das Absetzen des Bleisulfates und das dadurch verursachte Stoßen vermieden. Es wird ferner reichlich (10 bis 12 cm³) Phosphorsäure zugesetzt. — Als Spritzfänger wird empfohlen, das zum Kühler führende Winkelrohr unten auf 1 bis 2 mm zu verjüngen und 1 cm oberhalb dieser Spitze ein seitliches Loch von 4 mm Durchmesser anzubringen. Die Dämpfe entweichen durch das Loch, während mitgerissene Flüssigkeit abläuft. — Die Flamme zum Erhitzen des Kolbens wird mit einem Windschutz umgeben. Die Destillationsdauer für Antimon wird auf mindestens $1^1/_2$ bis 2 Std., bei fahlerzhaltigen Bleiglanzen oder bei höherem Antimongehalt als 0,5% länger bemessen.

c) Die Bestimmung des Antimons (und des Arsens) erfolgt unter Verwendung einer Mikrobürette mit 0,1 n Kaliumbromatlösung. Es ist notwendig, den Blindwert zu ermitteln und zu berücksichtigen. Die Fehlergrenze beträgt $\pm 0{,}02\%$ bei 5 g Einwaage (bei 110 untersuchten Bleiglanzen).

IV. Bestimmung des Antimons in verschiedenen Erzen.

Arbeitsvorschrift von* Krupenio *für Zink-Bleierze. Das Erz wird in Königswasser gelöst, die Lösung mit Schwefelsäure abgeraucht und mit Schwefelwasserstoff gefällt. Die Sulfide werden mit Natriumsulfid getrennt und Antimon und Arsen nach einem bekannten Verfahren getrennt. Das Antimon wird colorimetrisch nach den Angaben auf S. 465 bestimmt.

Arbeitsvorschrift von* Agte *und Mitarbeitern für Scheelit. Für die quantitative Bestimmung von Antimon in Gehalten von 0,001 % wird die übliche Trennung und anschließend die elektrolytische Bestimmung nach Classen (s. § 3A, S. 423) durchgeführt. Die direkte Antimonelektrolyse aus der alkalisulfidhaltigen Wolframlösung (wie sie bei Zinn angewendet werden kann) gibt ungenaue Werte, und deshalb ist nur das Trennungsverfahren anwendbar.

Arbeitsvorschrift von* Schapiro *für Quecksilbererz. 1 bis 2 g Erz werden mit 10 bis 20 cm³ konzentrierter Schwefelsäure 15 Min. auf einem Drahtnetze, dann 45 Min. über offener Flamme erhitzt. Die Lösung wird mit 10%iger Schwefelsäure, welche 1% Weinsäure enthält, auf 200 cm³ aufgefüllt. 10 bis 20 cm³ dieser Lösung werden nach der Vorschrift auf S. 465 colorimetriert.

2. Bestimmung des Antimons in Schlacken und Speisen.

Arbeitsvorschrift von* Stief *für Schlacken, die viel Arsen, Kupfer und Eisen enthalten, für Konzentrate und für Zinnstein. 0,5 g Substanz werden mit 10 cm³ konzentrierter Schwefelsäure (bei hohem Gehalt an Siliciumdioxyd unter Zusatz von 15 cm³ Wasser) in einem 250 cm³ fassenden Becherglase ¹/₄ Std. lang gekocht. Nach dem Abkühlen werden je 10 cm³ Wasser und konzentrierte Salzsäure und nach kurzem Aufkochen sehr vorsichtig 1,5 g Kaliumchlorat in Anteilen zugesetzt. Das Chlor wird verjagt. Man gibt 0,1 g Schwefel zur Reduktion des Antimons zu, kocht ¹/₂ Std. lang, läßt erkalten, fügt 6 cm³ Wasser und 20 cm³ konzentrierte Salzsäure und ein Stückchen Bimsstein hinzu und kocht das Arsen fort. Dann wird das Antimon manganometrisch bestimmt.

Arbeitsvorschrift von* Nissenson *und* Mittasch *für Nickelspeise. 0,5 g Material werden mit 8 cm³ konzentrierter Schwefelsäure auf dem Sandbade mehrere Stunden gekocht, bis der Rückstand rein weiß geworden ist. Nach dem Erkalten wird nach dem Zusatz von 50 bis 100 cm³ Wasser alles gelöst und die Sulfide des Antimons, Arsens und Kupfers ausgefällt. Man filtriert diese ab, wäscht aus und spült den Niederschlag in den Fällungskolben zurück, in welchem er in 7 cm³ konzentrierter Schwefelsäure gelöst wird. In dieser Lösung wird die Summe von Antimon + Arsen bromatometrisch bestimmt. Aus der titrierten Lösung wird nach Zusatz von etwas Bromat und Verdampfen eines Teiles der Flüssigkeit das Arsen als Ammoniummagnesiumarsenat gefällt, nachdem die Lösung mit 1 g Weinsäure versetzt und dann ammoniakalisch gemacht worden ist. Aus dem Filtrate dieser Fällung wird Antimonsulfid gefällt. In der Lösung der Sulfide in Schwefelsäure wird das Antimon mit Bromat titriert. Wegen der Löslichkeit des Ammoniummagnesiumarsenates muß als Korrektur von den für die Antimontitration verbrauchten Kubikzentimetern Kaliumbromatlösung 0,3 cm³ abgezogen und dem Arsenwert hinzuaddiert werden. — Einfacher ist es, das Arsen durch Kochen mit Brom-Salzsäure zu verjagen und das Antimon allein zu titrieren.

Für die Bestimmung des Antimons in Speisen ist auch die auf S. 491 beschriebene Arbeitsvorschrift von Hampe (b) verwendbar.

3. Bestimmung des Antimons in Email und Glas.

Bei halbstündigem Kochen mit 200 cm³ 3%iger Weinsäure lösen sich aus emaillierten Gegenständen 1,9 bis 4,9 mg Antimon heraus, das Beck und Schmidt mit 0,001 n Kaliumbromatlösung titrieren. Fünfwertiges Antimon wird nach der Reduktion mit TitanIII-chlorid nach Zintl und Wattenberg unter Verwendung von

Phosphorwolframsäure als Indicator bestimmt (s. § 4, S. 439). Blindversuche sind erforderlich. — In Weißtrübungsmitteln bestimmt THÜRMER Antimon durch Auflösen von 0,2 g Substanz in konzentrierter Salzsäure, wobei ZinnIV-oxyd im Rückstand verbleibt. Dreiwertiges Antimon wird jodometrisch ermittelt, fünfwertiges als Differenz aus einer Sulfidfällung des gesamten Antimons. — Im Glase liegt Antimon hauptsächlich in dreiwertiger Form vor. Wenn jedoch der Satz unter Zusatz von Salpeter eingeschmolzen wurde, so ist auch fünfwertiges Antimon in einer Menge von 0 bis 6% des gesamten Antimons vorhanden. Zur Bestimmung des Antimons in Glas dient die

***Arbeitsvorschrift von* HEINRICHS *und* SALAQUARDA. I. Bestimmung des dreiwertigen Antimons.** 1 g feinstgepulvertes Glas wird in einer Platinschale in 15 cm^3 konzentrierter Salzsäure und 20 cm^3 Flußsäure gelöst und, da das Arsen flüchtig gegangen ist, ohne weitere Behandlung mit 0,1 n Kaliumbromatlösung titriert. — **II. Bestimmung des fünfwertigen Antimons.** 1 g feinstgepulvertes, durch Salzsäure zersetzbares Glas wird mit 1 g Kaliumjodid und 30 cm^3 konzentrierter Salzsäure in einem von Sauerstoff befreiten Strome von Kohlendioxyd destilliert. Freigemachtes Jod wird in einer Vorlage in 1%iger Kaliumjodidlösung aufgefangen und mit 0,01 n Natriumthiosulfatlösung titriert. Für vorhandenes Arsenat und EisenIII-Ion, welche ebenfalls Jod entbinden, sind auf Grund von Sonderbestimmungen Korrekturen anzubringen.

4. Bestimmung des Antimons in Mineralwasser.

Nach den Angaben von GAUTIER und MOUREU werden 30 l Mineralwasser eingedampft und aus der angesäuerten Lösung Antimon und Zinn durch Schwefelwasserstoff gefällt. Nach mehrtägigem Stehen wird der Niederschlag abfiltriert, in Königswasser gelöst, das Antimon in elementarer Form aus schwach salzsaurer Lösung mit Eisen ausgefällt, ausgewaschen und getrocknet. Es wird durch eine Lösung von Brom in Schwefelkohlenstoff in AntimonIII-bromid übergeführt, welches als solches in einem geschlossenen Gefäße gewogen wird. Im Filtrate der Antimonfällung wird Zinn bestimmt.

Literatur.

AGTE, K., H. BECKER-ROSE u. G. HEYNE: Angew. Ch. **38**, 1121 (1925). — ANDERSON, C. W.: (a) Ind. eng. Chem. Anal. Edit. **5**, 52 (1933); durch Fr. **104**, 212 (1936); (b) **11**, 224 (1939); durch Fr. **120**, 260 (1940). — ARMSTRONG, L. G.: Chemist-Analyst **18**, Nr 4, 8 (1929); durch C. **100, II**, 2481 (1929).

BARBER, C. L.: Ind. eng. Chem. Anal. Edit. **6**, 443 (1934); durch Fr. **102**, 125 (1935). — BARTSCH, A.: Ch. Z. **48**, 577 (1924). — BECK, K., u. H. A. SCHMIDT: Z. Lebensm. **55**, 1 (1928); durch Fr. **76**, 393 (1929). — BECKER, FR.: Fr. **17**, 185 (1878). — BECKMANN, E.: Angew. Ch. **20**, 997 (1907). — BERTIAUX, L.: (a) Ann. Chim. anal. [2] **2**, 273 (1920); durch Fr. **66**, 388 (1925); (b) Bl. [4] **27**, 769 (1921); durch C. **92, II**, 339 (1921); (c) Bl. [5] **13**, 102 (1946); durch C. **118**, 897 (1947) (Berlin). — BERTOLDI, ST.: Ann. Chim. applic. **30**, 215 (1940); durch C. **111, II**, 2061 (1940). — BILTZ, H.: Fr. **66**, 257 (1925); **81**, 81 (1930). — BILTZ, H., u. K. HOEHNE: Fr. **99**, 1 (1934). — BLUMENTHAL, H.: (a) Fr. **74**, 33 (1928); (b) Fr. **90**, 118 (1932); (c) Met. Erz. **37**, 265 (1940); (d) Met. Erz **37**, 233 (1940). — BOEHM, W., u. W. RAETSCH: Fr. **88**, 321 (1932). — BRINTZINGER, H., u. F. RODIS: Z. anorg. Ch. **166**, 53 (1927); Z. El. Ch. **34**, 246 (1928). — BROOK, G. B., G. H. STOTT u. A. C. COATES: Analyst **63**, 110 (1938); durch C. **109, II**, 128 (1938). — BROWNE, F.: Chem. N. **95**, 3 (1907); durch C. **78, I**, 1153 (1907). — BROWNSON, E.: Bl. Am. Min. Eng. **1913**, 1489; durch Angew. Ch. **27, II**, 83 (1914).

CARNOT, A.: Bl. [3] **7**, 219 (1892); durch Fr. **38**, 669 (1899). — CHAYBANY, A.: Rev. gén. Caoutchouc **7**, Nr. **59**, 31 (1930); durch C. **101, I**, 3491 (1930). — CLARKE, S. G.: (a) Analyst **53**, 373 (1928); durch Fr. **80**, 379 (1930); (b) **54**, 99 (1929); durch Fr. **80**, 376 (1930). — CLARKE, S. G., u. B. S. EVANS: Analyst **54**, 23 (1929); durch Fr. **79**, 206 (1930). — COAKILL, E. A.: Analyst **63**, 798 (1938); durch Fr. **123**, 123 (1942). — COMPAGNO, L.: Atti Accad. Lincei [5] **21, I**, 473 (1912); durch Fr. **56**, 318 (1917). — COOLBAUGH u. BETTERTON: Eng. Min. J. **88**, 209 (1909); durch Ch. Z. Rep. **33**, 480 (1909).

C. C. D.: Metal Ind. [London] **27**, 139 (1925); durch C. **96, II**, 2219 (1925). — DEMOREST, D. J.: Ind. eng. Chem. **5**, 842 (1913); durch Fr. **53**, 623 (1914). — DUNBAR-POOLE, A. G.: Analyst **65**, 453 (1940); durch C. **112, I**, 2149 (1941).

EVANS, B. S.: (a) Analyst **47**, 1 (1922); durch C. **93, II**, 917 (1922); (b) **52**, 565 (1927); durch Fr. **80**, 447 (1930); (c) **54**, 395 (1929); durch Fr. **80**, 455 (1930); (d) **57**, 544 (1932); durch C. **103, II**, 3277 (1932); (e) **58**, 450 (1933); durch Fr. **104**, 214 (1936).

FAINBERG, S. J.: (a) Betriebslab. **6**, 36 (1937); durch C. **109, I**, 2593 (1938); (b) **7**, 405 (1938); durch C. **110, I**, 1013 (1939). — FAUNCE, G.: J. anal. chem. **1 II**, 121 (1897); durch Fr. **36, 344** (1897). — FEIGL, F., u. R. SCHORR: Fr. **63**, 10 (1923). — FERENTZY, J. v.: Ch. Z. **29**, 221 (1905). — FILIPPOW, S. A., u. W. F. WETOSCHKIN: Betriebslab. **13**, 485 (1947); durch C. **119, II**, 1441 (1948). — FITTER, H. R.: J. Soc. chem. Ind. **46**, Trans. 414 (1927); durch Fr. **80**, 377 (1930). — FOERSTER, M. P.: Ann. Chim. anal. [2] **15**, 441 (1933); durch Fr. **102**, 121 (1935). — FRANK, F., u. K. BIRKNER: Gummi-Z. **24**, 554 (1910); Ch. Z. **34**, 49 (1910). — FRIEDRICH, K.: Metallurgie **9**, 446 (1912).

GAUTIER, A., u. CH. MOUREU: C. r. **152**, 546 (1911); durch Fr. **50**, 713 (1911). — GIBB, A.: J. Soc. chem. Ind. **20**, 184 (1901); durch Fr. **46**, 728 (1907). — GOODWIN, J. H.: Ind. eng. Chem. **3**, 42 (1911); durch C. **83, I**, 51 (1912). — GROSCHUFF, E.: Z. anorg. Ch. **103**, 164 (1918).

HAMPE, W.: (a) Ch. Z. **17**, 1678 (1893); (b) **15**, 443 (1891). — HEINRICHS, H., u. F. SALAQUARDA: Glastechn. Ber. **4**, 130 (1926). — HOERTEL, F. W.: U. S. Dep. Int., Bur. Mines, Rep. Invest. **3425**, 33 (1938); durch C. **110, I**, 5014 (1939). — HOLLARD, A., u. L. BERTIAUX: (a) Bl. [3] **31**, 1128 (1904); durch C. **76, I**, 121 (1905); (b) [3] **31**, 1124 (1904); durch C. **76, I**, 120 (1905). — HOWARD, G. M.: Am. Soc. **30**, 378 u. 1789 (1908); durch Fr. **58**, 474 (1919). — HOWARD, D. L., u. J. B. HARRISON: Pharm. J. [4] **29**, 142 (1909); durch Fr. **55**, 219 (1916). — HOWDEN, R.: Chem. N. **116**, 235 (1917); durch C. **89, I**, 1070 (1918).

ILTCHENKO, J. F., u. K. M. STACHORSKY: Ukrain. chem. J. **3**, Techn. Teil 237 (1928); durch Fr. **79**, 317 (1930).

JACOBSON, W. H.: Chemist-Analyst **1923**, Nr. 39, 10; durch C. **95, I**, 690 (1924). — JAMIESON, G. S.: Ind. eng. Chem. **3**, 250 (1911); durch Fr. **57**, 564 (1918). — JEAN, M.: Chim. analytique **31**, 271 (1949); durch C. **121, II**, 563 (1950). — JÍLEK, A., u. J. VŘEŠŤÁL: Chem. Listy **28**, 132 (1934); durch C. **106, I**, 2051 (1935). — JUNGFER, P.: Diss. Rostock 1887; durch Fr. **27**, 65 (1888).

KALLMANN, S., u. F. PRISTERA: Ind. eng. Chem. Anal. Edit. **13**, 8 (1941); durch C. **112, II**, 2233 (1941). — KLING, A., u. A. LASSIEUR: C. r. **173**, 1081 (1921); durch Fr. **71**, 87 (1927). — KOPENHAGUE, R.: Ann. Chim. applic. **17**, 241 (1912); durch C. **83, II**, 1062 (1912). — KRUPENIO, N. S.: Betriebslab. **3**, 401 (1934); durch C. **107, I**, 1274 (1936). — KÜSTER, F. W., PH. SIEDLER u. A. THIEL: Ch. Z. **26**, 1107 (1902).

LAURENT, L.: Ann. Chim. applic. [3] **20**, 208 (1938); durch Fr. **125**, 156 (1943). — LEE, R. E., J. P. TRICKEY u. W. H. FEGELY: Ind. eng. Chem. **6**, 556 (1914); durch Fr. **58**, 171 (1919). — LEHMANN, F., u. M. BERDAU: Apoth. Z. **29**, 186 (1914); durch C. **85, I**, 1699 (1914). — LEHMANN, F., u. B. LOKAU: Ar. **252**, 408 (1914); durch Fr. **55**, 312 (1916). — LIEBSCHÜTZ, M.: Eng. Min. J. **72**, 168; durch Fr. **41**, 764 (1902). — LIESCHE, O.: Angew. Ch. **41**, 1156 (1928). — LOW, W. H.: (a) Am. Soc. **28**, 1715 (1906); durch C. **78, I**, 505 (1907); (b) **29**, 66 (1907); durch Fr. **57**, 565 (1918). — LURJE, J. J.: Mineral. Rohstoffe **6**, 731 (1931); durch C. **103, II**, 1809 (1932). — LURJE, J. J., E. M. TAL u. L. B. FLÜGELMANN: Betriebslab. **8**, 1222 (1939); durch C. **112, I**, 1447 (1941).

MCCABE, C. R.: Ind. eng. Chem. **9**, 42 (1916); durch Fr. **58**, 475 (1919). — MCCAY, LE ROY W.: Am. Soc. **31**, 373 (1909); **32**, 1241 (1910); durch Fr. **51**, 680 (1912). — MCNABB, W. M., u. E. C. WAGNER: Ind. eng. Chem. Anal. Edit. **2**, 251 (1930); durch Fr. **89**, 138 (1932). — MILLER, C. F.: Chemist-Analyst **22**, Nr. 3 (1933); durch C. **105, I**, 1677 (1934). — MISSON, G.: Chim. et Ind. **31**, Sonder-Nr. 4bis, 438 (1934); durch Fr. **108**, 355 (1937). — MÜCK, F. J.: Ch. Z. **46**, 790 (1922). — MYERS, R. G.: Philippine J. Sci. **64**, 365 (1937); durch C. **109, II**, 1644 (1938).

NEUBERT, H.: Ind. eng. Chem. Anal. Edit. **5**, 60 (1933); durch Fr. **102**, 122 (1935). — NIGAUD, L.: Chim. analytique **32**, 66 (1950); durch C. **121, II**, 448 (1950). — NISSENSON, H.: Z. anorg. Ch. **81**, 46 (1913). — NISSENSON, H., u. A. MITTASCH: Ch. Z. **28**, 184 (1904). — NISSENSON, H., u. B. NEUMANN: Ch. Z. **27**, 749 (1903). — NISSENSON, H., u. W. POHL: Laboratoriumsbuch für den Metallhüttenchemiker, S. 42. Halle 1907. — NISSENSON, H., u. PH. SIEDLER: Ch. Z. **27**, 749 (1903).

OESTERHELD, G., u. P. HONEGGER: Helv. **2**, 398 (1919).

PACHE, E.: Ch. Z. **62**, 149 (1938). — PELAGATTI, U.: Chim. e Ind. [Milano] **20**, 724 (1938); durch C. **110, I**, 2254 (1939). — PIETERS, H. A. J.: Chem. Weekbl. **32**, 509 (1935); durch C. **106, II**, 3953 (1935).

RIKKERT, J. E.: Chem. J. Ser. B. **10**, 1122 (1937); durch C. **109, I**, 4506 (1938). — ROBINSON, R. G.: Analyst **62**, 191 (1937); durch Fr. **115**, 357 (1938/39). — RUPP, E., G. SIEBLER u. W. BRACHMANN: P. C. H. **66**, 33 (1925); durch C. **96, I**, 1511 (1925).

SARUDI (v. STETINA). I.: Öst. Ch. Z. **45**, 31 (1942); durch C. **113**, **II**, 438 (1942). — SAVELSBERG, W.: Erzmetall **3**, 47 (1950). — SCHAPIRO, M. J.: Betriebslab. 8, 986 (1939); durch C. **112**, **I**, 2564 (1941). — SCHERRER, J. A.: J. Res. Nat. Bureau of Standards **21**, 95 (1938); durch Fr. **118**, 353 (1939/40). — SCHMITZ, W.: Gummi-Z. **28**, 453 (1913); durch C. **85**, **I**, 495 (1914). — SCHÖNLAU, L.: Fr. **119**, 351 (1940). — SCHWEITZER, L.: Ch. Z. **53**, 457 (1929). — SEYDA, A.: Z. öffentl. Ch. **3**, 364 (1897); durch C. **68**, **II**, 810 (1897). — SHAW, L. I., C. F. WHITTEMORE u. T. H. WESTBY: Ind. eng. Chem. Anal. Edit. **2**, 402 (1930); durch Fr. **86**, 459 (1931). — STANFORD, K., u. D. C. M. ADAMSON: Analyst **62**, 23 (1937); durch Fr. **115**, 356 (1938/39). — STIEF, F. A.: Ind. eng. Chem. Anal. Edit. **7**, 211 (1915); durch Fr. **57**, 566 (1918).

THÜRMER, A.: Fr. **73**, 196 (1928). — TSCHERNICHOW, S. A.: Fr. **73**, 265 (1928). — TSCHERNICHOW, J. A., u. P. A. KOLODUB: Betriebslab. **9**, 467 (1940); durch C. **112**, **II**, 1299 (1941).

UTZ: Gummi-Z. **28**, 126 (1913); durch C. **84**, **II**, 2059 (1913).

VICTOR, E.: Ch. Z. **29**, 179 (1905).

WALKER, P. H., u. H. A. WHITMAN: Ind. eng. Chem. **1**, 519 (1910); durch C. **81**, **I**, 961 (1910). — WASSILJEW, A., u. M. E. SCHUB: Chem. J. Ser. B. **6**, 560 (1933); durch C. **105**, **II**, 1340 (1943). — WASSILJEW, A., u. H. STUTZER: Fr. **78**, 97 (1929). — WDOWISZEWSKI, H.: Fr. **104**, 105 (1936). — WILLEMME, J.: Chim. et Ind., 15. Congr. Bruxelles I, 166 (1935); durch Fr. **110**, 358 (1937). — WÖLBLING, H.: Die Bestimmungsmethoden des Arsens, Antimons und Zinns, S. 366. Stuttgart 1914. — WOGRINZ, A., u. R. GÖHRING: Metall **1919**, 117; durch Fr. **66**, 389 (1925). — WOOTEN, L. A., u. C. L. LUKE: Ind. eng. Chem. Anal. Edit. **13**, 771 (1941); durch C. **113**, **II**, 1270 (1942).

YOCKEY, H.: Am. Soc. **28**, 1435 (1906); durch C. **77**, **II**, 1779 (1906).

ZINTL, E., u. G. RIENÄCKER: Z. anorg. Ch. **161**, 374 (1927).

§ 10. Bestimmung des Antimons in organischen Stoffen.

Vorbemerkung.

AntimonV-sulfid „Goldschwefel“ (s. S. 408 und 489) wird als Füllstoff für Kautschuk verwendet; die Bestimmung des darin enthaltenen Antimons ist daher eine häufige Aufgabe. — Antimonverbindungen organischer Art, besonders der Brechweinstein, Kalium-Antimonyltartrat $K(SbO)C_4H_4O_6 \cdot {}^1/_2H_2O$, spielen seit alters her eine Rolle als Medikamente, und in neuerer Zeit nimmt die Verwendung von organischen Antimonverbindungen größere Bedeutung an. Die Bestimmung des Antimons in derartigen Stoffen und damit im Zusammenhang seine Bestimmung in Körperflüssigkeiten, Organen und Ausscheidungen (Harn, Kot) wird daher häufig vorgenommen.

A. Bestimmung des Antimons in Gummiwaren.

Um in Gummiwaren den auf das Vorhandensein von Goldschwefel zurückzuführenden Antimongehalt zu bestimmen, ist es notwendig, den Gummi selbst zu zerstören. Dabei wird der Goldschwefel in andere, lösliche Antimonverbindungen übergeführt, so daß das Antimon nach einem bekannten Verfahren bestimmbar ist. Sowohl für die Zerstörung des Gummis als auch für die nachfolgende Bestimmung des Antimons sind mehrere Verfahren ausgearbeitet worden. Ohne Zerstörung des Gummis, vielmehr unter seiner Auflösung in Cymol und Petroläther, arbeiten COLLIER und Mitarbeiter. Sie bestimmen als Rückstand die Summe aller Füllstoffe des Kautschuks und müssen dann eine besondere Operation zur Bestimmung des Antimons vornehmen.

1. Aufschluß mit Salpetersäure.

***Arbeitsvorschrift von* HENRIQUES.** 1 g geraspelter oder fein geschnittener Kautschuk wird in einem kleinen, bedeckten Porzellanschälchen in 10 cm³ Salpetersäure (D 1,4) eingetragen, und nach stattgefundener Reaktion wird die Mischung auf dem Wasserbad eingedampft. Die Behandlung mit Salpetersäure wird wiederholt und der Trockenrückstand mit einer Mischung von Natriumcarbonat und Kaliumnitrat im Verhältnis 5: 3 verrührt, nochmal gänzlich getrocknet und dann mit derselben Mischung bedeckt. Hierzu sollen insgesamt etwa 5 g der Mischung verwendet werden. Man erhitzt allmählich zum Schmelzen und setzt dieses unter Umrühren mit einem Glasstabe etwa 1 bis $1^1/_2$ Std. lang fort. Beim Ausziehen der Schmelze mit kochendem Wasser bleibt fast alles Antimon als Natriumantimonat zurück. Dieses wird abfiltriert, und im Filtrat wird der Schwefel als Bariumsulfat bestimmt. Das Natriumantimonat wird in Salzsäure gelöst, diese Lösung mit dem Filtrat vom Bariumsulfat vereinigt und das Antimon als Sulfid gefällt. Man bestimmt das Antimon entweder gewichtsanalytisch als Sulfid (s. § 1, S. 410) oder elektrolytisch aus dessen Lösung in Natriumsulfid (s. § 3A, S. 422).

2. Aufschluß mit Salpetersäure und Schwefelsäure.

***Arbeitsvorschrift von* Rothe.** In einem Rundkolben wird 1 g Kautschuk oder mehr mit 10 bis 15 cm³ rauchender Salpetersäure (D 1,48) und 2 cm³ konzentrierter Schwefelsäure auf dem Sandbad bei nicht zu hoher Temperatur behandelt. Wenn die lebhafte Gasentwicklung nachläßt, wird die Hitze gesteigert, bis die Salpetersäure verdampft ist und die Schwefelsäure abzurauchen beginnt. Nach Erkalten werden 5 bis 10 cm³ Salpetersäure zugefügt, und die Mischung wird auf dem Sandbad wieder erhitzt, bis sie klar und farblos geworden ist. Dann wird die Schwefelsäure zum Sieden erhitzt. Wenn wieder Dunkelfärbung eintritt, wird das Verfahren so lange wiederholt, bis dies nicht mehr der Fall ist. Dann wird die Schwefelsäure ganz abgeraucht, der Rückstand nach dem Erkalten mit Wasser aufgenommen, die Lösung zum Sieden erhitzt und das Antimon in bekannter Weise bestimmt.

Dieses Verfahren wird von Schmitz empfohlen, während er den von ihm früher selbst benutzten Aufschluß nach Kjeldahl mit Schwefelsäure und Quecksilber aufgibt. — Bleyer und Spiegelberg schließen ebenfalls mit Salpetersäure und Schwefelsäure auf. Nach erfolgtem Aufschluß wird mit 30 cm³ Wasser verdünnt und die Reste der Salpetersäure mit 10 cm³ 5%iger Natriumoxalatlösung beseitigt. Dann wird nochmals eingedampft, mit Salzsäure aufgenommen und das Antimon mit Bromat titriert.

3. Aufschluß mit Salpetersäure und Ammoniumpersulfat.

***Arbeitsvorschrift von* Frank *und* Birkner.** 0,5 g Hart- oder Weichgummi werden mehr oder weniger zerkleinert und in einem Rundkolben von etwa 100 bis 150 cm³ Inhalt mit 10 g Ammoniumpersulfat und 10 cm³ rauchender Salpetersäure (D 1,5) versetzt. Es tritt sogleich eine nach wenigen Minuten nachlassende Reaktion ein. Nun wird auf einem Sandbad mäßig erwärmt, bis die lebhafte Gasentwicklung vorüber ist, was etwa 15 bis 20 Min. dauert. Wenn der Aufschluß unvollständig ist, werden im Verlaufe von 10 bis 15 Min. 2 bis 3 g Ammoniumpersulfat eingetragen. Dann werden die Reste der Salpetersäure weggedampft, bis die Schmelze klar ist. Der gesamte Aufschluß dauert etwa 1 Std. Nach dem Erkalten werden 10 cm³ 25%ige Salzsäure und nach erfolgter Auflösung warmes Wasser zugesetzt. Man filtriert, verdünnt und fällt das Antimon als Sulfid. Unter Umständen muß es von Quecksilber getrennt werden (s. § 11, S. 507), nämlich, wenn der Kautschuk auch mit Zinnober gefüllt war.

Bei diesem Aufschluß kann nach Schmitz das Antimon nicht bromatometrisch ermittelt werden, weil durch das Persulfat die Aufschlußlösung oft schwach gelb gefärbt und die Bromattitration gestört wird. Er empfiehlt deshalb die jodometrische Titration.

4. Aufschluß mit Natriumnitrit und Kaliumcarbonat.

***Arbeitsvorschrift von* Wagner.** 0,5 bis 1 g fein geraspelter Kautschuk wird in einem Porzellantiegel mit der fünffachen Menge eines Gemisches aus 1 Teil Natriumnitrit und 4 Teilen Kaliumcarbonat vermischt und mit einer 3 mm hohen Schicht des Gemenges überschichtet. Man erwärmt langsam bei bedecktem Tiegel.

Nach starker Entwicklung eines weißen Rauches wird der Deckel abgenommen, dabei dürfen aber die sich entwickelnden Gase nicht in Brand geraten. Wenn kein Rauch mehr entweicht, wird bis zum Schmelzen erhitzt. Dann werden zur Entfernung von Kohleteilchen 1 bis 2 Spatelspitzen fein gepulvertes Kaliumnitrat zugesetzt. Der Tiegel wird bedeckt und die Masse weiter geschmolzen. Unter Umständen wird diese Operation so lange wiederholt, bis alle Kohleteilchen verbrannt sind. Dies ist wichtig, weil diese Antimon einschließen und der Bestimmung entziehen können. Man laugt die erkaltete Schmelze mit Wasser aus, säuert mit Salzsäure an, erhitzt zum Sieden, filtriert etwa vorhandenes Siliciumdioxyd ab und fällt das Antimon als Sulfid; bei Anwesenheit anderer Metalle müssen diese abgetrennt werden.

5. Aufschluß mit Natriumsulfid.

***Arbeitsvorschrift von* Unger.** 1,5 g Kautschuk in etwa 50 Stückchen wird mit 10 g krystallisiertem Natriumsulfid bis zum gelinden Glühen erhitzt, wobei mit einem Eisendraht umgerührt wird. Die Schmelze wird mit Wasser ausgezogen, die Lösung mit Salzsäure angesäuert und das ausgeschiedene AntimonV-sulfid in AntimonIII-sulfid übergeführt und dieses ausgewogen (s. § 1, S. 408).

6. Auflösung des Gummis mit Cymol.

***Arbeitsvorschrift von* Collier, Levin *und* Scherrer.** 0,5 g des Musters werden mit Aceton extrahiert, bei Gegenwart von Mineralölen oder dergleichen auch noch mit Chloroform. Der getrocknete Rückstand wird mit 25 cm³ Cymol bei 130 bis 140° bis zur völligen Lösung des Kautschuks behandelt. Die Lösung wird mit 250 cm³ Petroläther verdünnt und filtriert. Man wäscht 10mal mit Petroläther aus. Der Trockenrückstand stellt die Gesamtmenge der mineralischen Füllstoffe dar, aus denen das Antimonsulfid durch Salzsäure herausgelöst und nach etwa notwendiger Trennung von Metallen bestimmt werden kann.

B. Bestimmung des Antimons in organischen Verbindungen.

Um Antimon in organischen Verbindungen bestimmen zu können, ist es in den meisten Fällen notwendig, die organische Substanz zu zerstören. Nur in einigen Fällen besonderer Art ist es möglich, das Antimon unmittelbar zu bestimmen, z. B. in Brechweinstein bzw. in Estern der thioantimonigen Säure und der Thioantimonsäure durch Elektrolyse (Liversedge bzw. Klement und Mitarbeiter) oder jodometrisch in gewissen Arylstibinoxyden und Triarylstibinen (Schmidt). Die Zerstörung der organischen Substanz kann auf die verschiedenste Art erfolgen, ebenso wie die folgende Bestimmung des Antimons in der Aufschlußlösung.

1. Zerstörung der organischen Substanz.

Tabern und Shelberg nehmen die Zerstörung der organischen Substanz mit rauchender Schwefelsäure (15% SO_3) und Perhydrol vor (s. Kapitel Bi, § 15A, S. 696). Ebenso arbeiten Schulek und Wolstadt. Die Schwefelsäure muß auf jeden Fall bis auf einen Rest von 2 cm³ verdampft werden. Es muß vor allen Dingen immer genügend 30%iges Wasserstoffperoxyd vorhanden sein. — Ghosh sowie Schreider verwenden zur Zerstörung der organischen Substanz eine Mischung von konzentrierter Schwefelsäure mit Kaliumsulfat, Schreider nimmt auf 200 bis 300 mg Substanz 3 cm³ Schwefelsäure und 2 g Kaliumsulfat. — Gray mischt die Substanz mit gepulvertem Kaliumpermanganat und behandelt erst mit 50%iger, dann mit konzentrierter Schwefelsäure. Dann wird mit Wasser verdünnt, mit konzentrierter Oxalsäurelösung entfärbt, weiter verdünnt und nach Zusatz von Harnstoff mit Kaliumjodid versetzt. Das ausgeschiedene Jod wird mit Natriumthiosulfatlösung titriert. — Arylstibinverbindungen werden nach Schmidt mit einer Mischung aus Salpetersäure und Schwefelsäure unter Zusatz von Natriumchlorid und Natriumhydrogensulfat aufgeschlossen (s. unten). Mit einer Mischung aus Salpetersäure und Schwefelsäure allein schließt JÄRVINEN organische Verbindungen auf. — DAVIDSON und Mitarbeiter veraschen die getrocknete Substanz aus Spritzrückständen von Brechweinstein in einem elektrischen Ofen bei 550° und bestimmen das Antimon im Rückstand in Anlehnung an das Verfahren von SANGER und RIEGEL (s. § 2E, S. 420). Ob das Glühen antimonhaltiger Stoffe allerdings angesichts der nicht unmerklichen Flüchtigkeit des Elementes selbst oder seines Trioxydes richtige Werte liefert, erscheint zweifelhaft. — Zwecks Vermeidung von Verlusten bei dem Aufschluß von organischen Verbindungen mit Hilfe von Überchlorsäure nach KAHANE und Mitarbeitern hat LECOQ Maßnahmen mitgeteilt, über welche in Kapitel Bi, § 15A, S. 696, berichtet wird.

Arbeitsvorschrift von SCHMIDT. $^1/_{1000}$ Mol der organischen Antimonverbindung wird in einem KJELDAHL-Kolben mit 0,2 g Natriumchlorid und 3 g Natriumhydrogensulfat gemischt und nach Zufügen eines Gemisches aus 1,5 cm³ Salpetersäure (D 1,49) und 10 cm³ konzentrierter Schwefelsäure anfangs 1 Std. mit kleiner, die letzte $^1/_2$ Std. mit stärkerer Flamme gekocht. Nach dem Erkalten wird 1 g Ammoniumsulfat zugefügt und zur Entfernung der Salpetersäure $^1/_2$ Std. gekocht. In der Lösung wird nach Reduktion des Antimons nach ROHMER (s. § 5, S. 441) dieses jodometrisch bestimmt.

2. Bestimmung des Antimons in der Aufschlußlösung.

Das Antimon wird von JÄRVINEN colorimetrisch als Sulfid nach § 1, S. 415 bestimmt. SCHREIDER titriert es mit 0,1 n oder 0,01 n Kaliumbromatlösung. SCHULEK und WOLSTADT, die das Antimon neben Arsen in antiluetischen Mitteln bestimmen, entfernen das Arsen nach Reduktion der Aufschlußlösung mit 0,2 g Hydraziniumsulfat nach 20 Min. langem lebhaften Sieden durch Destillation. Die Lösung wird mit 5 cm³ Wasser, 10 cm³ 20%iger Salzsäure und 0,2 g Kaliumbromid versetzt. Es werden 5 cm³ abdestilliert, dann wird die Destillation derselben Menge nach jedesmaligem Zusatz von je 5 cm³ Salzsäure zweimal wiederholt. Der Kolbeninhalt wird mit 10 bis 15 cm³ Wasser, 0,2 g Kaliumbromid und 1 g Weinsäure versetzt und das Antimon mit 0,1 n oder 0,01 n Kaliumbromatlösung unter Verwendung von 2 Tropfen 0,5%iger alkoholischer Lösung von α-Naphthoflavon als Indicator titriert (s. § 4, S. 437). Bei Vorliegen von nur wenig Arsen genügt eine einzige Destillation, um alles Arsen in die Vorlage zu bringen und dort in üblicher Weise zu bestimmen. Bei dem Vorhandensein von 2 bis 73 mg Sb liegen die Fehler zwischen —1,0 und +2,8%. — GHOSH bestimmt das Antimon in der Aufschlußlösung jodometrisch.

3. Direkte Bestimmung des Antimons in organischen Stoffen.

I. In Brechweinstein durch Elektrolyse.

Arbeitsvorschrift von LIVERSEDGE. 0,5 bis 1 g Brechweinstein wird in möglichst wenig Wasser gelöst. Die Lösung wird mit 3 g Weinsäure, 2 g Natriumsulfat und 0,5 g Hydraziniumsulfat versetzt, auf 80 cm³ verdünnt und bei 3 Ampere 15 Min. lang elektrolysiert (s. § 3A, S. 421).

II. In Estern der thioantimonigen Säure und der Thioantimonsäure durch Elektrolyse.

In Estern der thioantimonigen Säure und der Thioantimonsäure bestimmen KLEMENT und Mitarbeiter das Antimon elektrolytisch, indem sie die Stoffe in Natriumsulfidlösung lösen und die Lösung nach Zusatz von Kaliumcyanid unbeschadet einer Ausscheidung der organischen Komponente nach dem Verfahren von CLASSEN (s. § 3A, S. 423) elektrolysieren.

III. In Stibinen durch jodometrische Titration nach SCHMIDT.

Manche Arylstibinoxyde und Triarylstibine, wenn sie am Benzolkern eine Aminogruppe tragen, können unmittelbar jodometrisch titriert werden. Sind keine löslichmachenden Aminogruppen vorhanden, so kann mitunter durch Zuhilfenahme von Weinsäure und organischen Lösungsmitteln eine zur Titration unmittelbar geeignete, Natriumhydrogencarbonat enthaltende Lösung hergestellt werden.

C. Bestimmung des Antimons in Organen, Körperflüssigkeiten und Ausscheidungen.

Bezüglich der Bestimmung des Antimons in Organen, Körperflüssigkeiten und Ausscheidungen gilt Ähnliches, wie in Unterabschnitt B auf S. 500 gesagt wurde. Meist wird die organische Substanz in zweckentsprechender Weise zerstört werden müssen, um in der Aufschlußlösung das Antimon nach einem bekannten Verfahren zu bestimmen. In manchen Fällen wird eine unmittelbare Anreicherung und darauffolgende Bestimmung möglich sein.

1. Zerstörung der organischen Substanz.

Sehr zweckmäßig für den hier gedachten Zweck ist die Zerstörung der organischen Substanz mit Salzsäure und Kaliumchlorat. Dies führen BRUNNER sowie CLOETTA für Kot und Harn, WINTERFELD für forensische Zwecke durch. — Zum Nachweis des Antimons in Gänselebern zerstören POPPE und POLENSKE die organische Substanz mit Salpetersäure und Schwefelsäure, während COUILLAUD diese Aufschlußmittel bei Kot und Harn anwendet. — Zur Bestimmung von Antimon in Gespinstfasern zerstört v. FELLENBERG diese mit Schwefelsäure unter Zusatz von Kaliumsulfat. Zur Vervollständigung des Aufschlusses wird zum Schluß Salpetersäure zugegeben. — BAMFORD versetzt Organe und Ausscheidungen in einer Quarzschale mit einer gesättigten Lösung von Magnesiumnitrat und erhitzt die Mischung bis zum Schmelzen, unter Umständen wird zum Schluß Ammoniumnitrat zugesetzt. Hierbei wird die organische Substanz verbrannt (s. Kapitel Bi, § 15 A, S. 695).

2. Bestimmung des Antimons in der Aufschlußlösung.

BRUNNER sowie CLOETTA bestimmen das Antimon in der salzsauren Aufschlußlösung nach der Zerstörung überschüssigen Chlorates und teilweiser Neutralisierung mit Ammoniak durch Fällung des Antimonsulfides mit Schwefelwasserstoff. Der Antimongehalt von Gänselebern wird nach POPPE und POLENSKE ebenfalls gravimetrisch über das Sulfid bestimmt, nachdem zuvor etwa vorhandenes Kupfer mit Natriumsulfid und Arsen nach NEHER (s. Kapitel As, § 15, S. 289) abgetrennt wurden. Colorimetrisch als Sulfid bestimmen das Antimon BAMFORD sowie COUILLAUD und ferner BEAM und FREAK sowie BRAMACHARI, DAS und SEN (s. unten). Die bromatometrische Bestimmung wird von WINTERFELD, die jodometrische von v. FELLENBERG angewendet. — In Ausscheidungen von mit Natriumantimonat behandelten Hunden weist SCHELLER das Antimon mittels des in § 2 E, S. 420 beschriebenen Verfahrens von SANGER und RIEGEL nach. — In einem Mikroverfahren für Blut, Harn u. a. bestimmt MAREN Antimon mit Hilfe des gefärbten Komplexes von fünfwertigem Antimon mit Rhodamin B, der in benzolischer Lösung oder in Isopropyläther entwickelt und photoelektrisch colorimetriert wird. FREEDMAN hat einige Abänderungen zur Erhöhung der Genauigkeit und Spezifität mitgeteilt.

***Arbeitsvorschrift von* v. FELLENBERG.** 5 g Gespinstfasern werden mit 25 cm^3 konzentrierter Schwefelsäure und 1 g Kaliumsulfat 1 bis 2 Std. erhitzt und allmählich rauchende Salpetersäure zugegeben, bis die Masse hellgelb geworden ist. Nach dem Abkühlen und Zufügen von 20 cm^3 Wasser wird bis zum Abrauchen der Schwefelsäure erhitzt. Nach dem Erkalten wird mit Natronlauge (1:2) neutralisiert, mit Salzsäure schwach angesäuert, auf 50 bis 60 cm^3 verdünnt und warm mit Schwefelwasserstoff gefällt. Man zentrifugiert den Niederschlag und zieht ihn bei Anwesenheit von Kupfer (durch dunklere Färbung erkennbar) zweimal mit Ammoniumsulfidlösung aus. Das Antimonsulfid wird mit 0,1 g Jodwasserstoffsäure und konzentrierter Salzsäure 1 Min. lang zum Sieden erhitzt und mit 0,02 n Natriumthiosulfatlösung und Stärke bis zur Entfärbung versetzt. Hierauf werden 5 bis 10 cm³ 10%ige SEIGNETTE-Salzlösung zugefügt, mit 10%iger Natronlauge neutralisiert und mit Salzsäure angesäuert. Dann wird wie üblich mit 0,02 n Jodlösung titriert (s. § 5A, S. 441).

***Arbeitsvorschrift von* COUILLAUD.** Harn oder Kot werden mit Schwefelsäure und Salpetersäure aufgeschlossen. Im Harn muß zuvor Chlor-Ion durch Silberion ausgefällt werden, weil sonst Verlust an Antimon durch Verflüchtigung des Trichlorides eintreten kann. Man macht nach dem Aufschluß mit Natronlauge schwach alkalisch, mit 10%iger Salzsäure schwach sauer und mit kalt gesättigter Boraxlösung neutral. Es werden nun auf 1 bis 4 cm³ Lösung 2 Tropfen 1%ige Salzsäure, auf 5 bis 9 cm³ Lösung 3 Tropfen 1%ige Salzsäure, auf 10 cm³ Lösung 4 Tropfen 1%ige Salzsäure und je Kubikzentimeter 1 Tropfen 10%ige Weinsäurelösung zugefügt, dann 10 Min. lang Schwefelwasserstoff eingeleitet und wie oben 1, 2 oder 3 Tropfen 1%ige Bariumchloridlösung zugesetzt. Man vergleicht mit einer bekannten Menge Antimon unter gleichen Bedingungen. Die Nachweisgrenze beträgt 0,01 mg Sb.

3. Direkte Bestimmung des Antimons.

Die direkte Bestimmung des Antimons erfolgt nach den Angaben mehrerer Autoren nach Anreicherung mittels Niederschlagung auf Kupfer nach REINSCH (s. § 3B, S. 433). Für Lebensmittel und konserviertes Fleisch geben SCHIDROWITZ und GOLDSBROUGH eine Vorschrift, für Harn stammt eine von BEAM und FREAK, eine andere von BRAMACHARI und Mitarbeitern.

***Arbeitsvorschrift von* SCHIDROWITZ *und* GOLDSBROUGH.** Das zu etwa 80% auf Kupfer niedergeschlagene Antimon (s. § 9B, S. 465) wird durch eine Mischung von 5 cm³ 5%iger Kalilauge, 10 cm³ Wasser und 1 cm³ n Kaliumpermanganatlösung bei 70° gelöst. Die Lösung wird kurze Zeit gekocht, filtriert, und das Filtrat mit 1%iger Weinsäurelösung bis zur Farblosigkeit versetzt. Man füllt auf, säuert einen aliquoten Teil mit Salzsäure an und colorimetriert als Antimonsulfid nach der Vorschrift in § 1, S. 415.

***Arbeitsvorschrift von* BEAM *und* FREAK.** Ein Kupferblech von 1,5×10 cm Größe wird in 50 cm³ mit 10 cm³ konzentrierter Salzsäure angesäuertem Harn $1^1/_4$ Std. eingelegt (für 0,5 mg Sb), dann unmittelbar in heiße, alkalische Kaliumpermanganatlösung (15 cm³ 1%ige Kalilauge und soviel Kaliumpermanganatlösung [1 cm³ = 0,01 g Fe], wie für die vorhandene Menge Antimon nötig ist) gebracht und gekocht.

Für weniger als 0,3 mg Sb sind 0,5 cm³ $KMnO_4$-Lösung anzuwenden; hierauf wird 1 Min. gekocht.
Für weniger als 0,5 mg Sb sind 1 cm³ $KMnO_4$-Lösung anzuwenden; hierauf wird 1 Min. gekocht.
Für weniger als 1 mg Sb sind 2 cm³ $KMnO_4$-Lösung anzuwenden; hierauf wird 5 Min. gekocht.

Dann wird der Kupferstreifen aus der Lösung herausgenommen, mit Wasser gewaschen und mit Salzsäure geprüft, ob alles Antimon gelöst ist. Wenn schwarze Flocken auftreten, muß die Behandlung wiederholt werden. Die Lösung wird filtriert, mit Salzsäure angesäuert, 3 bis 5 Min. lang Schwefeldioxyd eingeleitet, dieses verkocht, auf 10 cm³ eingedampft und nach SCHIDROWITZ und GOLDSBROUGH colorimetriert (s. § 1, S. 415).

***Arbeitsvorschrift von* BRAMACHARI, DAS *und* SEN.** 50 cm³ Harn werden eingeengt und nach Ansäuern mit 10 cm³ Salzsäure mit einem Kupferblech so lange gekocht, bis alles Antimon niedergeschlagen ist. Man wäscht mit destilliertem Wasser ab und löst das Antimon mit Kaliumpersulfat herunter. Die Lösung wird mit einem Alkaliüberschuß gekocht und filtriert. Man leitet 3 bis 5 Min. lang

Schwefeldioxyd ein, verkocht den Überschuß nach Ansäuern mit Salzsäure und kocht wieder mit Kalilauge, um Eisen zu fällen. Man filtriert und colorimetriert nach SCHIDROWITZ und GOLDSBROUGH (s. § 1, S. 415). — Faeces werden in gleicher Weise nach Kochen und erschöpfender Extraktion behandelt.

Literatur.

BAMFORD, F.: Analyst **59**, 101 (1934); durch Fr. **97**, 464 (1934). — BEAM, W., u. G. A. FREAK: Analyst **44**, 196 (1919); durch C. **90, IV**, 649 (1919). — BLEYER, B., u. E. SPIEGELBERG: Z. Lebensm. **64**, 209 (1932); durch C. **103, II**, 3494 (1932); **65**, 328 (1933); durch C. **104, I**, 4061 (1933). — BRAMACHARI, U. N., J. DAS u. P. B. SEN: Indian J. med. Res. **11**, 417 (1923); durch C. **96, II**, 2179 (1925). — BRUNNER, O.: Arch. exp. Pathol. Pharmakol. **68**, 186 (1912); durch C. **83, II**, 371 (1912).

CLOETTA, M.: Arch. exp. Pathol. Pharmakol. **64**, 352 (1911); durch C. **82, I**, 1432 (1911). — COLLIER, S., M. LEVIN u. J. A. SCHERRER: India Rubber J. **60**, 1297 (1920); durch C. **92, II**, 412 (1921). — COUILLAUD, J.: Bl. Trav. Soc. Pharmac., Bordeaux **73**, 248 (1935); durch C. **107, I**, 3189 (1936).

DAVIDSON, J., G. N. PULLEY u. C. C. CASSIL: J. Assoc. offic. agric. Chem. **21**, 314 (1938); durch C. **110, I**, 777 (1939).

FELLENBERG, TH. v.: Mitt. Lebensmittelunters. Hyg. **7**, 288 (1916); durch Fr. **56**, 268 (1917). — FRANK, F., u. K. BIRKNER: Ch. Z. **34**, 49 (1910). — FREEDMAN, L. D.: Analytic. Chem. **19**, 502 (1947); durch C. **119, I**, 383 (1948) (Berlin).

GHOSH, S.: Indian J. med. Res. **16**, 457 (1928); durch C. **100, I**, 680 (1929). — GRAY, W. H.: Soc. **1926**, 3174; durch C. **98, I**, 1435 (1927).

HENRIQUES, R.: Angew. Ch. **12**, 802 (1899).

JÄRVINEN, K. K.: Z. Lebensm. **45**, 183 (1923); durch Fr. **67**, 124 (1925/26).

KLEMENT, R., u. R. REUBER: B. **68**, 1761 (1935). — KLEMENT, R., u. A. MAY: B. **71**, 890 (1938).

LECOQ, H.: B. Soc. roy. Sci., Liège **11**, 318 (1942); durch C. **113, II**, 1723 (1942). — LIVERSEDGE, S. G.: Quart. J. Pharmac. Pharmacol. **2**, 243 (1929); durch C. **100, II**, 2919 (1929).

MAREN, Th. H.: Analytic. Chem. **19**, 487 (1947); durch C. **119, I**, 383 (1948) (Berlin).

POPPE u. POLENSKE: Arb. Kais. Gesundheitsamt **38**, 155 (1911); durch C. **82, II**, 1158 (1911).

ROTHE, J.: Ch. Z. **33**, 679 (1909).

SCHELLER, E.: Arb. Reichsgesundheitsamt **57**, 265 (1926); durch C. **98, I**, 1872 (1927). — SCHIDROWITZ, PH., u. H. A. GOLDSBROUGH: Analyst **36**, 101 (1911); durch Fr. **58**, 472 (1919). — SCHMIDT, H.: A. **421**, 244 (1920). — SCHMITZ, W.: Gummi-Z. **25**, 1928 (1911); durch C. **82, II**, 1710; Gummi-Z. **25**, 2002 (1911); durch C. **82, II**, 1711 (1911). — SCHREIDER, R. I.: Chem.-pharmaz. Ind. (russ.) **1933**, 151; durch C. **105, I**, 3500 (1934). — SCHULEK, E., u. R. WOLSTADT: Fr. **108**, 400 (1937).

TABERN, D. L., u. E. F. SHELBERG: Ind. eng. Chem. Anal. Edit. **4**, 401 (1932); durch Fr. **106**, 215 (1936).

UNGER, B.: Fr. **24**, 167 (1885).

WAGNER, B.: Ch. Z. **30**, 638 (1906). — WINTERFELD, K.: Apoth. Z. **41**, 927 (1926); durch C. **97, II**, 2000 (1926).

§ 11. Trennung des Antimons von anderen Elementen.

A. Trennung des Antimons von den Alkalimetallen.

Die Trennung des Antimons von den Alkalimetallen kann grundsätzlich dadurch erfolgen, daß das Antimon als Trisulfid in salzsaurer Lösung durch Schwefelwasserstoff gefällt wird. Hierbei ist es am vorteilhaftesten, die Fällung nach VORTMANN und METZL (s. § 1, S. 410) vorzunehmen, bei der die schwarze, dichtere Form des AntimonIII-sulfides erzeugt wird, welche kaum zur Adsorption von Fremd-Ionen neigt. — Die von ROSE (b) stammende Trennung des Antimons von den Alkalimetallen durch Verflüchtigung des Antimons mit der fünffachen Menge Ammoniumchlorid ist nach G. JANDER und BRÜLL wenig befriedigend, auch versagt das Verfahren bei manchen Salzen. Die Verfasser geben eine Vorschrift für diese Trennung durch Verflüchtigung des Antimons in einem Strome von Chlorwasserstoff.

Arbeitsvorschrift von G. JANDER und BRÜLL. Die in Abb. 7 wiedergegebene Apparatur besteht aus einem etwas geneigten Rohre aus Jenaer Geräteglas A, in welchem sich das Schutzrohr B mit einem Widerlager und einem Porzellanschiffchen mit der Substanz befindet. Die Biegung bei *C* muß so beschaffen sein, daß gebildete Tröpfchen leicht abfließen können. Die Mündung des Rohres muß genügend weit sein. Bei *F* ist das Glasrohr zu einer Capillare verengt. Durch *G* wird nach Beendigung des Versuches trockene Luft eingeleitet. Die erste Kugel über *F* wird zu einem Drittel mit konzentrierter Salzsäure gefüllt, und in der Vorlage *D* befindet sich Wasser. Der Chlorwasserstoff wird in einem KIPPschen Apparat aus Ammoniumchlorid und konzentrierter Schwefelsäure entwickelt.

Nach Beschickung des Apparates mit dem Schiffchen mit der Einwaage wird er mit Chlorwasserstoff gefüllt und dieser so lange durch die Vorlage geleitet, daß darin eine 3 n Salzsäure entsteht, damit das übergehende Antimontri- oder -pentachlorid (je nach dem Zustande, in welchem das Antimon sich in dem Analysengute

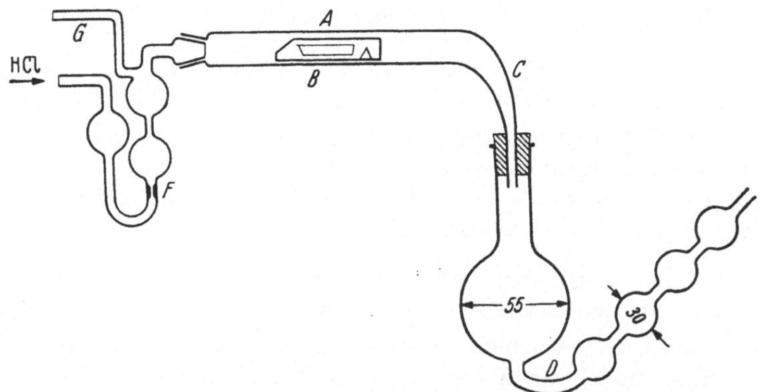

Abb. 7. Apparatur nach G. JANDER und BRÜLL zur Trennung des Sb von den Alkalimetallen.

befindet) nicht infolge von Hydrolyse basische Salze bildet. Dann wird der Rohrteil mit dem Schiffchen langsam mit einem Reihenbrenner so erwärmt, daß die Flammen das Rohr noch nicht berühren, und daß das Rohr nicht zu hoch erhitzt wird. Die Geschwindigkeit des Gasstromes wird so eingeregelt, daß keine Dämpfe zurückdiffundieren, sondern daß sie vollständig in die Vorlage gelangen.

Wenn die Substanz Wasser festhält, so muß das Rohr mit der Substanz *vor* dem Durchleiten des Chlorwasserstoffes erwärmt werden. Völlig wasserfreie Stoffe müssen im Schiffchen mit etwas konzentrierter Salzsäure schwach befeuchtet werden, weil die Reaktion sich sonst nur träge vollzieht.

Die Umsetzung einer Einwaage von etwa 300 mg mit etwa 70% Sb_2O_5 dauert etwa $^1/_2$ Std. — Die erhaltenen Werte sind gut.

Das in die Vorlage übergegangene Antimon wird bromatometrisch nach den Angaben in § 4, S. 435 bestimmt. Das im Schiffchen hinterbleibende Alkalichlorid wird ausgewogen.

Zur Bestimmung von *Natrium* neben Antimon, z. B. in Natriumthioantimonit, rauchen KONOPIK und FIALA die Substanz mehrmals mit Salzsäure ab. Hierbei verflüchtigt sich Antimon quantitativ als Trichlorid, während Natriumchlorid zurückbleibt, das argentometrisch unter Benutzung eines Adsorptionsindicators bestimmt wird. Das Antimon wird in einer gesonderten Probe ermittelt.

***Arbeitsvorschrift von* KONOPIK *und* FIALA.** Die Lösung mit etwa 15 bis 20 mg Na und etwa 400 mg Sb_2S_3 wird in einem Quarzbecher (25 bis 30 mm ∅, 60 mm hoch) auf einer elektrischen Heizplatte mit einer Unterlage von Asbestpappe bei 170 ± 10° oder im elektrisch heizbaren und regelbaren Aluminiumblock mit passenden Bohrungen bei 140 ± 4° unter Zusatz des doppelten Volumens konzentrierter Salzsäure abgeraucht, bis keine sauren Dämpfe mehr durch den Geruch oder durch Lackmuspapier feststellbar sind. Das Abrauchen wird noch zweimal mit je 1 cm³ Salzsäure (2:1) wiederholt. Der Rückstand dient zur Natriumbestimmung.

Bemerkungen. Bei etwa 10% Na in der Probe beträgt die *Genauigkeit* ± 0,02%. — Auf die *Einhaltung der Temperatur* ist sorgfältig zu achten. Bei Verwendung einer Heizplatte wird die Temperatur unmittelbar an der Asbestplatte neben dem Becher, der wegen der besseren Wärmeübertragung vorteilhafterweise in einer passenden Metallhülse steht, gemessen. — Die Dämpfe des Antimontrichlorides können mittels eines über das Gefäß gestülpten Trichters mit der Wasserstrahlpumpe abgesaugt werden.

B. Trennung des Antimons von den Erdalkalimetallen.

Für die Trennung des Antimons von den Erdalkalimetallen gilt das gleiche, was oben über die Trennung von den Alkalimetallen gesagt wurde. — Von Beryllium trennen Moser und List das Antimon ebenfalls durch Fällung als schwarzes AntimonIII-sulfid, und sie scheiden das Beryllium im Filtrat durch Tannin aus.

C. Trennung des Antimons von den Metallen der Ammoniumsulfidgruppe.

Besondere Vorschriften über die Trennung des Antimons von den Metallen der Ammoniumsulfidgruppe sind im zugänglichen Schrifttum nicht vorhanden. Die Trennung ist ebenfalls möglich durch Fällung des Antimons in salzsaurer Lösung als schwarzes AntimonIII-sulfid.

D. Trennung des Antimons von den Metallen der Schwefelwasserstoff- und der Salzsäuregruppe.

Eine Trennung des Antimons (gemeinsam mit Arsen, Zinn und einigen anderen selteneren Elementen) von Schwermetallen wie Blei, Kupfer, Wismut u. a. kann dadurch erfolgen, daß der gemeinsame, mit Schwefelwasserstoff in saurer Lösung erzeugte Niederschlag der Sulfide mit einer warmen 10 bis 20%igen Lösung von Natriumpolysulfid $^1/_2$ bis 1 Std. lang behandelt wird. Hierdurch geht Antimonsulfid als Thioantimonat (Arsen als Thioarsenat und Zinn als Thiostannat) in Lösung, während die Sulfide der anderen Schwermetalle ungelöst zurückbleiben. Aus der erhaltenen Lösung wird durch schwaches Ansäuern AntimonV-sulfid quantitativ ausgefällt, und wenn Arsen und Zinn oder andere Elemente fehlen, kann es sogleich nach § 1, S. 409 oder mit Hilfe eines maßanalytischen Verfahrens bestimmt werden. — Bei Anwesenheit von Quecksilber ist es ratsam, wegen der Löslichkeit des Quecksilbersulfides in Alkalisulfid besser Ammoniumpolysulfid zur Extraktion des Antimonsulfides zu verwenden. Dieses hat aber den Nachteil größerer Lösewirkung auf Kupfersulfid, die aber dadurch wettgemacht werden kann, daß die erhaltene Lösung durch Kaliumcyanid entschwefelt wird (s. S. 409). — Um die Bildung kolloider Systeme zu vermeiden oder etwa gebildete zu zerstören, kann eine größere Menge Kaliumchlorid der Natriumpolysulfidlösung zugesetzt werden. — Für die Filtration erweist sich ein Trichter mit Hahn als sehr zweckmäßig, damit bei geschlossenem Hahn die Extraktionslösung einige Zeit auf den Niederschlag einwirken kann (s. S. 482). Man kann die Umsetzung dann unmittelbar in dem Trichter vornehmen und braucht den Niederschlag nicht erst vom Filter abzuspritzen. Das Auswaschen des Rückstandes nach erfolgtem Ausziehen wird zuerst mit warmer 2%iger Natriumsulfidlösung, dann mit heißem Wasser vorgenommen. Es gelingt aber kaum, das Natriumsulfid so vollständig auszuwaschen, daß die unlöslichen Sulfide unmittelbar für gewichtsanalytische Bestimmungen brauchbar wären. Dies wird aber auch nur in besonderen Fällen erforderlich sein, da es sich vielmehr meist um ein Gemisch mehrerer Sulfide handeln dürfte. — Besondere Trennungsverfahren siehe bei den einzelnen Metallen.

1. Trennung des Antimons von Silber.

Abscheidung des Silbers durch Elektrolyse (§ 3 A, S. 429).

2. Trennung des Antimons von Thallium.

Neben Thallium vorliegendes dreiwertiges Antimon wird nach MOSER und BRUKL mittels Ammoniak und Wasserstoffperoxyd zu fünfwertigem oxydiert und dann das Thallium als ThalliumI-chromat gefällt. Im Filtrat wird das fünfwertige Antimon in Gegenwart von Schwefelsäure wieder zu dreiwertigem reduziert und mit Schwefelwasserstoff gefällt.

3. Trennung des Antimons von Quecksilber.

I. Abscheidung des Quecksilbers durch Elektrolyse (§ 3A, S. 429).

II. Abscheidung des Quecksilbers durch Elektrolyse nach McCAY und FURMAN aus salpetersaurer-flußsaurer Lösung (s. dazu § 3A, S. 431).

III. Fällung des Quecksilbers mit phosphoriger Säure aus salzsaurer, weinsäurehaltiger Lösung nach v. USLAR. Antimon wird im Filtrat bestimmt. Bei gleichzeitiger Gegenwart von Zinn ist das Verfahren nicht zu empfehlen, weil die entstehende Phosphorsäure leicht zur Ausscheidung von ZinnIV-oxyd Veranlassung gibt [WÖLBLING (a)].

IV. Fällung des Quecksilbers mit Hydroxylammoniumchlorid.

***Arbeitsvorschrift von* JANNASCH *und* DEVIN.** Die Lösung wird mit 2 g Weinsäure und 50 cm³ Wasser versetzt. Dann werden 30 cm³ konzentriertes Ammoniak und 20 cm³ 10%ige Hydroxylammoniumchloridlösung zugefügt. Das nach 15 Min. langem Erwärmen abgeschiedene metallische Quecksilber wird abfiltriert und nach der Lösung in Salpetersäure als Sulfid bestimmt. Im Filtrat wird nach dem Ansäuern mit Salzsäure AntimonIII-sulfid gefällt.

4. Trennung des Antimons von Blei.

Für die Trennung des Antimons von Blei gibt es verschiedene Möglichkeiten. Eine davon ist die elektrolytische Trennung, welche schon in § 3B, S. 430 besprochen worden ist. Eine andere beruht auf der Destillation des AntimonIII-chlorides, worüber bereits in § 9C, S. 470 Angaben gemacht worden sind (s. auch S. 510). Ferner ist es möglich, nach den Erfahrungen von VORTMANN und BADER das Blei in ammoniakalischer, tartrathaltiger Lösung als Phosphat zu fällen und das Antimon im Filtrat von dieser Fällung als Trisulfid zu bestimmen. Schließlich kann die Trennung nach BILTZ dadurch bewirkt werden, daß die Sulfide beider Metalle mit gelbem Natriumpolysulfid vorsichtig verschmolzen werden (s. § 9B, S. 480). Es ist besser, gelbes Polysulfid anstatt des farblosen Monosulfids anzuwenden, weil hierdurch das Thioantimonat gebildet wird (s. § 1, S. 408), welches beständiger ist als das mit Monosulfid entstehende Thioantimonit. Das Bleisulfid wird völlig frei von Antimon erhalten, welches sich quantitativ in der Lösung befindet und daraus durch Säuren als Pentasulfid gefällt wird. Es kann unmittelbar in die Wägungsform des Trisulfides übergeführt werden, wie dies in § 1, S. 410 beschrieben ist.

Trennungsverfahren.

I. Abscheidung des Antimons durch Elektrolyse § 3A, S. 430.

II. Abtrennung des Antimons durch Destillation als AntimonIII-chlorid § 9B, S. 465.

III. Abtrennung des Antimons durch Destillation als AntimonIII-chlorid nach STRECKER und RIEDEMANN.

***Arbeitsvorschrift von* STRECKER *und* RIEDEMANN.** Ein Fraktionierkolben von 150 cm³ Inhalt wird mit einem doppelt durchbohrten Gummistopfen verschlossen. Durch die eine Bohrung wird ein Thermometer bis auf den Boden des Kolbens, durch die andere ein ebenso langer Tropftrichter geführt. Die Lösung, welche Blei und Antimon enthält, wird mit 6 cm³ konzentrierter Schwefelsäure und 7 cm³ konzentrierter Phosphorsäure versetzt. In die Vorlage werden 50 bis 75 cm^3 konzentrierte Salzsäure gegeben, und ein PÉLIGOT-Rohr mit Wasser dient als Abschluß. Man erhitzt auf 160° und läßt etwa 20 cm^3 eines Gemisches aus 10 Raumteilen konzentrierter Salzsäure und 1 Raumteil konzentrierter Bromwasserstoffsäure (D 1,78) zulaufen. In etwa $^1/_2$ Std. ist alles Antimon übergegangen, es kann in der Vorlage auf eine beliebige Weise bestimmt werden. Der Destillationsrückstand wird der Bestimmung des Bleies zugeführt.

Wenn der Kolbeninhalt infolge des ausgeschiedenen Bleisulfates stößt, so wird Kohlendioxyd eingeleitet (s. § 9D, S. 494).

IV. Abscheidung des Bleies als Phosphat, Bestimmung des Antimons im Filtrat als Sulfid nach VORTMANN und BADER.

***Arbeitsvorschrift von* VORTMANN *und* BADER.** Die Blei und Antimon enthaltende Lösung wird mit 5 bis 10 g Weinsäure und dann mit Ammoniak in geringem Überschusse versetzt. Nach dem Erwärmen auf etwa 75° wird mit 80 bis 100 cm^3 10%iger Ammoniumphosphatlösung gefällt. Man läßt 12 bis 16 Std. bei etwa 75° stehen und filtriert das Bleiphosphat nach dem Erkalten der Lösung ab. Es wird mit Ammoniumnitrat enthaltendem Wasser gewaschen. Im Filtrat erfolgt die Fällung des Antimons als Sulfid nach der Vorschrift in § 1, S. 409.

Bemerkungen. a) Genauigkeit. Die mitgeteilten Analysenergebnisse sind gut. — b) Störungen. Zur Fällung ist Alkaliphosphat nicht brauchbar, weil es zu Adsorptionserscheinungen neigt. — Bei großem Überschuß an Ammoniak und sehr langem Stehen besteht die Gefahr, daß Kieselsäure aus dem Glase gelöst wird, die sich dem Bleiphosphat beimengt. Der Niederschlag wird in Salpetersäure gelöst, das ausgeschiedene Siliciumdioxyd wird abfiltriert, ausgewogen und in Abzug gebracht. — c) Zur Analyse von Hartblei ist das Verfahren geeignet.

Weitere Trennungsverfahren für Antimon von Blei siehe in § 9B, S. 465ff., C, S. 472ff., D, S. 494ff.

5. Trennung des Antimons von Wismut.

Eine Trennung des Antimons von Wismut durch Behandlung im Chlorstrome ist nicht durchführbar, weil Wismut bereits mit Antimon zusammen übergeht [WÖLBLING (b)]. Über Trennungsmöglichkeiten s. Kapitel Bi, § 16D, S. 709.

6. Trennung des Antimons von Kupfer.

I. Abscheidung des Kupfers durch Elektrolyse § 3A, S. 430.

II. Abtrennung des Antimons durch Destillation als AntimonIII-chlorid nach STRECKER und RIEDEMANN (genau wie bei Blei, s. S. 507).

7. Trennung des Antimons von Cadmium.

I. Abscheidung des Antimons als Sulfid § 1, S. 415.

II. Abscheidung des Cadmiums als cadmiumjodwasserstoffsaures β-Naphthochinolin in schwefelsaurer Lösung bei Gegenwart von Natriumtartrat nach BERG und WURM (s. Kapitel Cd, § 8, S. 292).

8. Trennung des Antimons von Arsen und Zinn.

Die Trennung des Antimons von Arsen und Zinn ist von erheblicher Bedeutung, einmal weil die beiden Elemente Antimon und Arsen in ihren Mineralen meist vergesellschaftet sind und zum anderen Mal, weil Antimon und Zinn als Legierungsbestandteile in vielen technisch wichtigen Werkstoffen enthalten sind. Es sind aber die drei Elemente analytisch untereinander sehr ähnlich, besonders im Hinblick auf die Löslichkeit ihrer Sulfide in Alkalisulfidlösung, so daß ihre Trennung nicht ganz einfach durchführbar ist. Da andererseits die drei Elemente gemeinsam mit anderen Metallen aus saurer Lösung durch Schwefelwasserstoff als Sulfide gefällt werden, so ist bei einer vollständigen Analyse zuerst die Zerlegung der Sulfide der Schwefelwasserstoff-Fällung in den in Alkalisulfidlösung unlöslichen und in den darin löslichen Teil vorzunehmen (s. S. 506). In dieser so erhaltenen Lösung finden sich dann die drei Elemente Arsen, Antimon und Zinn in Form ihrer Thioverbindungen, aus welchen sie durch Zusatz einer Mineralsäure gemeinsam als Sulfide abgeschieden werden können. Hieran schließt sich die weitere Trennung, falls nicht nur die Bestimmung des Antimons allein gewünscht wird. Aber auch hierfür ist es notwendig, wenigstens das Arsen zu entfernen, was am einfachsten durch Kochen der salzsauren, zuvor mit Natriumsulfit reduzierten Lösung geschehen kann (s. z. B. § 9 B, S. 469). Es ist aber darauf zu achten, daß auch Antimon bei zu weit getriebenem Eindampfen der Lösung verflüchtigt wird. Für manche titrimetrische Bestimmungen ist das Vorhandensein von Zinn ohne Einfluß.

Bei der Auswahl der Trennungsverfahren ist darauf zu achten, in welchem Mengenverhältnis die einzelnen Elemente zueinander vorhanden sind, und welches davon bestimmt werden soll. Liegt wenig Antimon neben viel Arsen vor, so empfiehlt sich die Fällung des Arsens als Ammoniummagnesiumarsenat in Gegenwart von Weinsäure und die Bestimmung des Antimons aus dem Filtrat. Ist dagegen kein oder nur sehr wenig Arsen vorhanden, so kann die Trennung des Antimons von Zinn nach CLARKE-HENZ (s. S. 515) oder nach VORTMANN und METZL (s. § 1, S. 410) erfolgen. Soll nur das Antimon bestimmt werden, so werden etwa die gemeinsam gefällten Sulfide in Natriumsulfid gelöst und mit Wasserstoffperoxyd oxydiert, wobei unlösliches Natriumantimonat entsteht, welches nach dem Lösen in Salzsäure maßanalytisch bestimmt werden kann.

Für die Trennung des Antimons von Arsen und Zinn kommen zwei grundsätzlich verschiedene Arbeitsweisen in Betracht. Die eine häufig gebrauchte beruht auf dem großen Unterschiede zwischen den Siedepunkten des ArsenIII-chlorides (130°), des AntimonIII-chlorides (223°) und des ZinnIV-chlorides (114°), durch welchen eine fraktionierte Destillation dieser Chloride möglich ist. Arsen und Antimon gehen in dem immer angewendeten Strome von Chlorwasserstoff leichter über als ZinnIV-chlorid aus der vorliegenden wäßrigen Lösung, zumal es noch durch Zusatz von Phosphorsäure komplex gebunden und dadurch an der Destillation gehindert wird. In diesem Kapitel werden die verschiedenen Verfahren für die Arsendestillation nicht beschrieben, weil in dieser Beziehung auf die Ausführungen in Kapitel As, § 14, S. 263 in diesem Teilbande verwiesen werden kann. Überhaupt wird die Trennung des Antimons von Arsen nur in einigen Fällen beschrieben, und es wird auch in dieser Hinsicht auf das Kapitel As hingewiesen. Dagegen wird die Abtrennung des Antimons von Zinn mittels Destillation ausführlich genug an dieser Stelle beschrieben.

Die zweite Möglichkeit zur Trennung der drei Elemente Antimon, Arsen und Zinn beruht auf Fällungsvorgängen und zwar vor allen Dingen bei der Trennung des Antimons von Zinn.

Für die Trennung des Antimons von *Arsen* und *Zinn* hat HÖLTJE ein vereinfachtes Verfahren angegeben, das im Kapitel As, § 14 B, S. 271 beschrieben ist. Es ist aber dabei zu beachten, daß bei größeren Mengen Schwefelsäure als 20 cm^3 wegen des Steigens des Siedepunktes der Lösung Antimon übergeht, besonders wenn weiter als bis 100 cm^3 eingeengt wird.

Obwohl die Trennung des Antimons von Zinn seit langem ein wichtiges und schwieriges Kapitel der praktischen Analyse ist und daher umfangreiche Bearbeitung erfahren hat, ist doch bis heute ein Verfahren, das allen Ansprüchen gerecht wird, nicht bekannt. Von der Destillation ist zu sagen, daß sie grundsätzlich keine vollständige Trennung herbeiführt, wie das bei allen fraktionierten Destillationen der Fall ist. Sie ist jedoch in Einzelheiten so weit vervollkommnet worden, daß sie praktischen Ansprüchen durchaus genügt. Die fällungsanalytischen

Trennungsverfahren sind ebenfalls mit mehr oder weniger großen Schwierigkeiten und Fehlerquellen behaftet, aber auch sie sind so weit ausgearbeitet und erprobt, daß zumindest einige für die meisten Ansprüche genügen.

I. Trennung des Antimons von Zinn durch Destillation.

Für die Trennung des Antimons von Zinn durch Destillation hat PLATO eine Vorschrift gegeben, nach welcher bei Gegenwart von Schwefelsäure und Phosphorsäure unter Zugabe von konzentrierter Salzsäure das Antimon in einem Strome von Kohlendioxyd bei einer Temperatur von 155 bis 165° in $1^1/_2$ Std. abdestilliert wird. Im Destillat wird das Antimon auf übliche Weise bestimmt. Das im Destillationsrückstand befindliche Zinn wird daraus durch Schwefelwasserstoff gefällt oder elektrolytisch abgeschieden. HARTMANN hat das PLATOsche Verfahren vereinfacht, indem er Arsen und Antimon gemeinsam bei 155 bis 165° in 2 bis 3 Std. abdestilliert und die beiden Elemente dadurch trennt, daß in stark salzsaurer Lösung durch Schwefelwasserstoff nur Arsensulfid gefällt wird, während Antimonsulfid aus dem Filtrat beim teilweisen Abstumpfen der Salzsäure mit Ammoniak und beim Verdünnen mit Wasser ausfällt. Zinn wird nach HARTMANN bei Gegenwart von Bromwasserstoffsäure und bei einer Temperatur von 130 bis 140° ebenfalls abdestilliert. Nach den Erfahrungen von RÖHRE hat Bromwasserstoffsäure eine sehr beschleunigende Wirkung auf die Destillation des Antimons. Bei Gegenwart von 10 cm³ konzentrierter Schwefelsäure auf 20 cm³ Antimonlösung und Zulaufenlassen von 47%iger Bromwasserstoffsäure läßt sich alles Antimon bei 160° in nur $^1/_2$ Std. überdestillieren. Die Säure muß *in* die zu destillierende Flüssigkeit einlaufen, also muß der Tropftrichterstiel eine ausreichende Länge haben. Das gilt auch für die Destillation mit konzentrierter Salzsäure. Hierbei empfiehlt sich auch das gleichzeitige Einleiten von Chlorwasserstoffgas. Der Zusatz der Schwefelsäure steigert die Flüchtigkeit des AntimonIII-chlorides ebenso wie Phosphorsäure, welche gleichzeitig Zinn zurückhält. Die Flüchtigkeit des Antimonchlorides wird aber durch Weinsäure oder Oxalsäure nicht aufgehoben. Nach BILTZ ist das Antimondestillat immer zinnhaltig, auch wenn viel Phosphorsäure bei der Destillation zugesetzt worden ist. Es ist daher notwendig, eine zweite Destillation auszuführen. Bei der Destillation des Arsens, welche vor derjenigen des Antimons erfolgt, muß ein Fraktionieraufsatz angewendet werden, wie er in Kapitel As, § 14, S. 263 beschrieben ist.

Sehr kleine Mengen (Zehntelprozente und weniger) Antimon, Arsen und Zinn, wie sie in Legierungen und Erzen anzutreffen sind, wobei die beiden ersten häufiger miteinander vergesellschaftet sind als mit dem letzteren, dürfen nicht ohne qualitative Kontrolle der Destillationsfraktionen bestimmt werden. Man kann sich nämlich nicht auf die unspezifischen und durch Fremdstoffe beeinflußten Titrationen verlassen, da diese nicht hinreichend genau sind (H. BILTZ und W. BILTZ).

Die hier gegebene Arbeitsvorschrift folgt im wesentlichen den Angaben von BILTZ und von HARTMANN.

***Arbeitsvorschrift von* HARTMANN, *abgeändert von* BILTZ.** Die Apparatur für die Trennung des Antimons von Zinn durch Destillation nach BILTZ ist in Abb. 8 dargestellt, sie bedarf keiner weiteren Erläuterung. Der Hahn am Tropftrichter ist nach den Angaben von WOHL eingerichtet, die eine besonders feine Regulierung des Zulaufes gestatten. Das Kugelrohr an der etwa 750 cm³ fassenden Vorlage ist mit feuchten Glasperlen oder -scherben gefüllt.

Wenn eine Legierung oder ein Erz untersucht werden soll, so wird deren Aufschluß im Destillationskolben vorgenommen. Im Gange einer Analyse erhaltene Sulfide werden mit dem Filter mit Schwefelsäure vollständig aufgeschlossen, wobei auch Salpetersäure zugesetzt werden kann. Die Schwefelsäure muß sodann bis auf 4 bis 6 cm³ abgeraucht werden. Es ist darauf zu achten, daß kein Bleisulfat an der Kolbenwandung festbäckt, weil sonst ein Stoßen der Flüssigkeit unvermeidbar ist.

Man destilliert nun zuerst das Arsen unter Verwendung eines Fraktionieraufsatzes ab. Um hierbei alles Antimon zurückzuhalten, darf die zu destillierende Flüssigkeit nicht weiter als auf den fünffachen Raum der vorhandenen konzentrierten Schwefelsäure eingekocht werden. Der Fraktionieraufsatz wird gut abgespült, dann unten verschlossen und mit konzentrierter Salzsäure gefüllt. Diese wird nach 10 Min. abgelassen und der Vorgang noch einmal wiederholt. Diese Spülsalzsäure läßt man bei der folgenden Antimondestillation zuerst zulaufen.

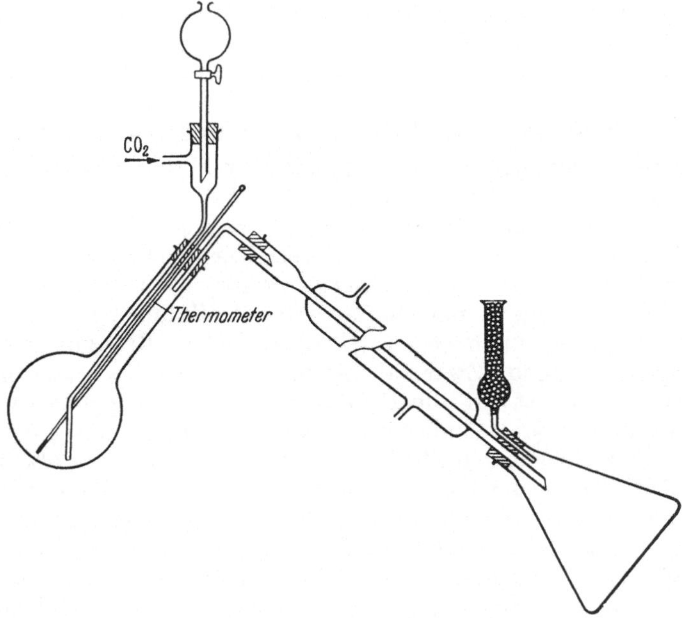

Abb. 8. Destillationsapparatur nach BILTZ.

Ist alles Arsen abdestilliert, so werden mindestens 7 cm³ Phosphorsäure (D 1,7) zugesetzt. Unter langsamem Durchleiten von Kohlendioxyd wird zunächst bis 150° destilliert und das Destillat in der mit 50 bis 100 cm³ Wasser beschickten Vorlage aufgefangen. Dann läßt man die oben erwähnte Spülsalzsäure zulaufen und destilliert so weiter, daß alle 1 bis 2 Sek. 1 Tropfen Destillat erhalten wird, wobei die Temperatur bis auf 155 bis 160° gesteigert wird. Wenn aus dem Kugelrohr Nebel entweichen, wird Wasser zugetropft. Dann läßt man reine Salzsäure zutropfen. Die Destillation ist in etwa 40 bis 50 Min. beendet. Man prüft weiteres Destillat mit Schwefelwasserstoffwasser auf das Vorhandensein von Antimon. Hierbei geben sich zu erkennen

20 γ Sb durch Gelbfärbung,
100 γ Sb durch deutliche Färbung,
500 γ Sb durch Orangefärbung und Abscheidung roter Flocken nach 3 Std.,
1000 γ Sb durch orangefarbige Trübung.

Ist alles Antimon abdestilliert, so wird aus dem Destillationsrückstand das Zinn in einem schwachen Strome von Kohlendioxyd unter Zutropfenlassen eines Gemisches aus 1 Teil Bromwasserstoffsäure (D 1,40) und 3 Teilen Salzsäure (D 1,17) bei 130 bis 140° überdestilliert. Bei einer Temperatur über 145° geht etwa vorhandenes Wismut ebenfalls über.

Das Destillat mit dem Antimon wird einer zweiten Destillation aus einer reinen Apparatur unterworfen, weil es stets zinnhaltig ist. Der Destillationsrückstand wird mit dem ersten Rückstand zum Zwecke der gemeinsamen Zinndestillation vereinigt.

In den reinen Destillaten werden die einzelnen Elemente nach bekannten Verfahren bestimmt.

Fehlerquellen betreffend des Antimons sind gegeben in antimonhaltigem Glase des Fraktionieraufsatzes, der zweckmäßig aus Jenaer Geräteglas oder aus Ruhrglas angefertigt wird, andernfalls ein Blindversuch unerläßlich ist, und in der Anwendung von Gummistopfen. Hierbei dürfen auf gar keinen Fall rote Gummistopfen angewendet werden. Am besten wird die Destillationsapparatur unter Verwendung von Normalschliffen zusammengesetzt.

Unter Beachtung aller Vorsichtsmaßregeln lassen sich gute Ergebnisse erzielen.

II. Trennung des Antimons von Zinn durch Fällungen.

Die ersten Trennungen dieser Art rühren wohl von CHAUDET her. Er sowohl als auch GAY-LUSSAC und später LEVOL haben das Antimon durch unedlere Metalle ausgefällt und zur Wägung gebracht (s. § 3B, S. 433). TOOKEY verwendete hierzu Eisen. Über die Brauchbarkeit dieses Verfahrens gehen die Meinungen der Benutzer sehr auseinander. Nach HOFFMANN ist das Trennungsverfahren außerordentlich exakt, denn er fand die angewandte Zinnmenge stets bis auf 0,1 bis 0,2% und frei von Antimon wieder. H. BILTZ und W. BILTZ nennen das Verfahren aber wenig befriedigend. Zwar hat JÄRVINEN manche Verbesserungen daran vorgenommen, aber es ist auf alle Fälle in der Ausführung umständlich und langwierig. JÄRVINEN stellte nämlich fest, daß in der Kälte selbst bei einer Konzentration der Salzsäure über 1 n bedeutende Mengen Zinn (etwa 4%) im durch Eisen gefällten Antimon vorhanden sind. Man muß also dieses lösen, wieder fällen und dies unter Umständen noch einmal wiederholen, bis alles Zinn aus dem Antimon entfernt ist. Etwas besser läßt sich die Trennung in der Wärme in einem durch ein BUNSEN-Ventil verschlossenen Kolben ausführen. Beim Auswaschen geht etwas Antimon leicht in Lösung, wenn nicht besondere Maßnahmen dagegen getroffen werden. Es wird deshalb davon abgesehen, das Verfahren hier näher zu beschreiben (s. auch § 3B, S. 433). — Die von ROSE (a) stammende Arbeitsweise, das Antimon als in 33%igem Alkohol praktisch unlösliches Natriumantimonat $Na[Sb(OH)_6]$ zu fällen, ist in der Hand späterer Bearbeiter zu einem brauchbaren Verfahren ausgebaut worden. Zunächst hat HAMPE und später haben HAHN und PHILIPPI Verbesserungen angebracht, und schließlich hat es TOMULA in eine solche Form gebracht, daß WENGER und CIMERMAN diese als gut bezeichnen. — Die Beobachtung der Löslichkeit von Zinnsulfid in Oxalsäure bzw. die Verhinderung der Fällung des ZinnIV-sulfides durch die Gegenwart der etwa 50fachen Menge an Oxalsäure, während Antimonsulfid gefällt wird, hat CLARKE zu einer Trennung des Antimons von Zinn angewendet. Das Verfahren ist durch HENZ verbessert worden. WENGER und CIMERMAN bezeichnen das Verfahren von CLARKE-HENZ zwar als gut, aber als sehr langwierig. — Bei Gegenwart von Fluorid wird die Fällung des ZinnIV-sulfides ebenfalls verhindert, während AntimonIII-sulfid ohne weiteres ausfällt. Auf diesen Erscheinungen beruht eine Arbeitsweise von McCAY (a), welche auch KLING und LASSIEUR anwenden. FISCHER und THIELE führen die Trennung auch mit fünfwertigem Antimon durch, dessen Fällung als Pentasulfid durch die Anwesenheit von Fluorid ebenfalls nicht verhindert wird. Ein Nachteil dieses Trennungsverfahrens liegt jedoch darin, daß die sauren Lösungen nicht in Glas- oder Porzellangefäßen verarbeitet werden können, weil diese angegriffen werden. Man muß deshalb in paraffinierten Gefäßen oder in solchen aus Hartgummi arbeiten, wenn nicht genügend große Platingeräte zur Verfügung stehen. — Eine Verhinderung der Fällung von Zinnsulfid läßt sich nach MOURET und BARLOT erreichen durch Zusatz von Phosphorsäure, welche das Zinn komplex bindet. Antimonsulfid läßt sich hingegen glatt fällen, und das Zinn kann im Filtrat von diesem Niederschlag mittels Cupferron niedergeschlagen werden. Dieses Verfahren haben schon VORTMANN und METZL angewendet, es ist in § 1, S. 416 bereits beschrieben. CAHEN und MORGAN bezeichnen es als gut. — Während HOFFMANN die sehr einfache Trennung von Zinn und Antimon nach PANAJOTOW (s. § 1, S. 415) nicht erfolgreich durchführen konnte, erzielte PRIM bei genauer Einhaltung bestimmter Arbeitsbedingungen brauchbare Ergebnisse, und auch THÜRMER kommt auf Grund seiner an LUFF angelehnten Arbeitsweise zu dem Schluß, daß dieses Trennungsverfahren für Betriebslaboratorien brauchbar sei. — Schließlich sei hingewiesen auf das in § 9C, S. 478 erwähnte Trennungsverfahren von PELAGATTI, das sich die Unlöslichkeit von Zinn(IV)-hexacyanoferrat(II) in verdünnter Schwefelsäure zunutze macht, während bei Gegenwart von Weinsäure keine entsprechende Fällung des dreiwertigen Antimons erfolgt. — Die Versuche WÖLBLINGS (c), Antimon und Zinn in salzsaurer Lösung durch unterphosphorige Säure zu trennen, führten nicht zum Ziele, obwohl das Antimon hierbei in elementarer, gut filtrierbarer Form ausfällt. Vierwertiges Zinn wird nicht reduziert. Die durch Oxydation der unterphosphorigen Säure entstehende Phosphorsäure veranlaßt aber Fällungen von phosphorsäurehaltigem ZinnIV-oxydhydrat, welche auch durch größere Mengen Oxalat nicht verhindert werden können. Daher ist der Antimonniederschlag bei Gegenwart von Zinn immer mit diesem Metall verunreinigt. Bei hoher Konzentration an Salzsäure bleibt auch die Fällung des Antimons aus.

Die Trennung des Antimons von Zinn auf elektrolytischem Wege ist in § 3A, S. 431 ausführlich beschrieben worden.

a) Trennung des Antimons von Zinn durch Fällung von Natriumantimonat.

Die Trennung des Antimons von Zinn durch Fällung von Natriumantimonat $Na[Sb(OH)_6]$ beruht darauf, daß diese Verbindung in 33%igem Alkohol unlöslich ist, wogegen anwesendes Natriumstannat $Na_2[Sn(OH)_6]$ darin leicht löslich ist. Das Zinn wird im Filtrat der Natriumantimonatfällung in einer bekannten Weise bestimmt. Die Überführung des Antimons und Zinns etwa aus den gemeinsam gefällten Sulfiden in eine zweckentsprechende Lösung wird am vorteilhaftesten mit Natronlauge und Wasserstoffperoxyd durchgeführt. Die ROSEsche Arbeitsweise (a) ist sehr umständlich, sie soll hier nicht näher beschrieben werden. HAMPE löst die Sulfide des Antimons und Zinns in frisch bereiteter Natriumsulfidlösung und oxydiert die kalte Lösung mit Natriumperoxyd in Anteilen. Danach fällt er das gebildete Natriumantimonat mit Alkohol aus. Der Niederschlag wird nach 24stündigem Stehen abfiltriert, ausgewaschen, in Salzsäure gelöst und aus dieser Lösung Antimonsulfid gefällt und bestimmt. Zinn wird aus dem Filtrat des Natriumantimonatniederschlages nach dem Verkochen des Alkohols und Ansäuern als Sulfid gefällt und weiter verarbeitet. Bei Gegenwart von Arsen wird dieses vor der Antimon-Zinn-Trennung abgeschieden, und zwar werden die Sulfide in Salzsäure und Kaliumchlorat gelöst, und aus dieser Lösung wird nach Zusatz von Weinsäure Ammoniummagnesiumarsenat gefällt. Aus dem Filtrat werden Antimon und Zinn als Sulfide gefällt und diese wie oben getrennt. Ist jedoch viel Antimon neben wenig Arsen und Zinn anwesend, so wird das Antimon zuerst als Natriumantimonat abgeschieden. Im Filtrat werden Arsen und Zinn gemeinsam als Sulfide gefällt, diese oxydierend gelöst, das Arsen als Ammoniummagnesiumarsenat gefällt und das Zinn im Filtrat dieses Niederschlages ermittelt. — Nach einer Privatmitteilung von W. BILTZ an F. HAHN hat sich das HAMPEsche Verfahren in Betriebslaboratorien bewährt.

Nach HAHN und PHILIPPI ist es unvorteilhaft, zuerst das Arsen abzutrennen, und ein weiterer Übelstand, den aber auch sie nicht ausschalten, soll darin liegen, daß das Natriumantimonat infolge seiner Eigenschaft, fest an der Gefäßwand zu haften, sich sehr schlecht in das Filter bringen läßt, so daß es gelöst und in eine andere Bestimmungsform übergeführt werden muß. HAHN und PHILIPPI lösen also die Sulfide des Antimons, Arsens und Zinns in Natronlauge und oxydieren sie mit Wasserstoffperoxyd. Das durch Alkohol abgeschiedene Natriumantimonat wird nach 24 Std. abfiltriert, ausgewaschen und im Fällungsgefäß gelöst und als Sulfid gefällt. Im Filtrat der ersten Fällung wird ZinnIV-oxydhydrat durch Ammoniumnitrat abgeschieden, und aus dem Filtrat davon erfolgt erst die Fällung von anwesendem Arsen als Ammoniummagnesiumarsenat. Sie erhalten befriedigende Werte aus 53 Bestimmungen.

TOMULA wendet das ROSE-HAMPEsche Verfahren mit der Abänderung an, daß das zuerst abgeschiedene Natriumantimonat umgefällt wird, um Reste von Zinn zu entfernen. Nach der zweiten Fällung wird das Natriumantimonat zu Natriummetantimonat $NaSbO_3$ geglüht und als solches gewogen. Aus den vereinigten Filtraten wird das Zinn in üblicher Weise ermittelt. WENGER und CIMERMAN bezeichnen diese Arbeitsweise als gut, wogegen sie die ROSEsche ganz unbrauchbar nennen. Sie erhalten nach der Arbeitsweise von TOMULA ein klein wenig zu niedrige Werte für Antimon, weil etwas Natriumantimonat in Lösung bleibt.

***Arbeitsvorschrift von* TOMULA.** Die Lösung der Thioverbindungen des Antimons und Zinns wird bei 70 bis 80° mit 10 bis 30%igem Wasserstoffperoxyd so lange in Anteilen versetzt, bis starke Sauerstoffentwicklung einsetzt und die Lösung eine hellgelbe Farbe angenommen hat. Man kocht auf, verdünnt auf 200 cm³, kühlt schnell in kaltem Wasser ab, rührt 10 Min. lang und fügt tropfenweise 75 cm³ Alkohol hinzu. Nach 12stündigem Stehen wird der Niederschlag im Glase mit 35%igem Alkohol, dem je Liter 1 cm³ 10%ige Natronlauge zugesetzt ist, gewaschen. Eine kleine auf das Filter gelangte Menge des Niederschlages wird dort mit 50%igem Alkohol gewaschen. Der Niederschlag auf dem Filter wird mit 150 cm³ kochendem Wasser gelöst und die Lösung im Fällungsgefäß aufgefangen. Man versetzt sie mit 3 cm³ 10%iger Natronlauge und 2 bis 3 Tropfen 30%igem Wasserstoffperoxyd. Man kocht auf, wobei sich fast alles löst. Nach 10 Min. wird die Flamme gelöscht und 10 Min. lang umgerührt, ohne die Wand zu berühren. Der größte Teil des Natriumantimonates fällt aus. Nach dem Abkühlen unter Rühren werden $^2/_3$ Raumteil an Alkohol zugefügt. Am folgenden Tage wird abfiltriert. Man dekantiert wie oben, bringt den Niederschlag auf das Filter und wäscht 3 bis 4mal mit 50%igem Alkohol nach. Der Niederschlag wird vom Filter getrennt, dieses verascht, der Niederschlag zu der Filterasche zugefügt und 15 Min. geglüht. Das hierbei entstandene Natriummetantimonat wird ausgewogen. (Es dürfte sich empfehlen, zur Filtration einen Porzellanfiltertiegel anzuwenden, um die umständliche Abtrennung des Niederschlages vom Filter usw. zu vermeiden.) Die Filtrate werden vereinigt, der Alkohol verkocht und das Zinn durch Ammoniumnitrat gefällt oder elektrolytisch abgeschieden.

b) Trennung des Antimons von Zinn durch Fällung des Antimonsulfides aus oxalsaurer Lösung.

Durch die von HENZ angebrachte Verbesserung des ursprünglichen Verfahrens von CLARKE ist es möglich, mit einer einzigen Fällung des Antimonsulfides auszukommen und dieses soweit frei von Zinn zu erhalten, daß es ohne weiteres als solches ausgewogen werden kann. Hierbei ist es nach RATNER nötig, daß die Fällungslösung nicht zu konzentriert ist. Er empfiehlt bei einem 0,5 g nicht übersteigenden Gehalte an Antimon und Zinn die Lösung auf 600 bis 700 cm³ zu bringen. Bei sonstiger Einhaltung der Fällungsbedingungen ist der Niederschlag des Antimonsulfides vollkommen frei von Zinn, und er kann direkt zur Antimonbestimmung gebraucht werden. Eine Wiederauflösung des Niederschlages, wie sie auch RÖSSING forderte, ist also nicht nötig. — WENGER und CIMERMAN beurteilen das Verfahren von CLARKE-HENZ gut, halten es aber für langwierig.

Arbeitsvorschrift von **HENZ.** Eine Lösung von 300 mg Antimon + Zinn, welche als Thioverbindungen vorliegen, wird mit einer Lösung aus 6 g reinstem Kaliumhydroxyd und 3 g Weinsäure versetzt. Dazu wird doppelt soviel 30%iges Wasserstoffperoxyd hinzugefügt wie nötig ist, um die Lösung völlig zu entfärben. Man erhitzt einige Minuten zum Sieden, läßt etwas abkühlen und setzt eine Lösung von 15 g reinster Oxalsäure hinzu. Die nunmehr etwa 80 bis 100 cm³ betragende Lösung wird 10 Min. lang zu kräftigem Sieden erhitzt. Man leitet einen raschen Strom von Schwefelwasserstoff ein. Erst nach 5 bis 10 Min. fällt AntimonV-sulfid aus. Nach insgesamt 15 Min. verdünnt man mit siedendem Wasser auf 250 cm³ (nach RATNER muß stärker verdünnt werden!). Nach weiteren 15 Min. wird die Flamme gelöscht und 10 Min. später der Schwefelwasserstoffstrom abgestellt. Die Lösung wird durch einen Filtertiegel gegossen und der Niederschlag zweimal mit 1%iger Oxalsäurelösung und zweimal mit sehr verdünnter Essigsäure gewaschen. Beide Waschwässer werden siedend heiß und mit Schwefelwasserstoff gesättigt angewendet. Das Antimonsulfid wird nach den Angaben in § 1, S. 410 weiter behandelt, um es als solches zur Wägung zu bringen.

Die Abscheidung des Zinns aus der viel Oxalsäure enthaltenden Lösung ist mit Schwierigkeiten verbunden. CLARKE neutralisiert mit Ammoniak, säuert mit Essigsäure an und fällt mit Schwefelwasserstoff. Die elektrolytische Abscheidung des Zinns, wie sie HENZ nach dem Eindampfen des Filtrates vorschlägt, stößt auf Schwierigkeiten bei größeren Gehalten an Halogen. Ist das nicht der Fall, so ist die Elektrolyse zu empfehlen, die jedoch nach HENZ 24 Std. lang dauert. Man elektrolysiert mit 0,2 bis 0,3 Ampere und 2 bis 3 Volt und fügt nach 6 Std. 5 cm³ Schwefelsäure (1:1) hinzu. Die Abscheidung des Zinns nach RATNER mittels Zinks, Oxydation mit Salpetersäure und Bestimmung als ZinnIV-oxyd ist umständlich und unsicher.

In 7 Beleganalysen hat HENZ das Antimon bis auf Zehntelmilligramme genau erhalten, während die Werte für Zinn durchschnittlich um 1% zu niedrig liegen.

c) Trennung des Antimons von Zinn durch Fällung des Antimonsulfides aus flußsaurer Lösung.

Aus einer flußsauren Lösung von AntimonIII- und ZinnIV-salz fällt nach McCAY (a) beim Einleiten von Schwefelwasserstoff nur AntimonIII-sulfid aus, weil das vierwertige Zinn in das Komplexion $[SnF_6]''$ übergeführt ist. FISCHER und THIELE arbeiten in gleicher Weise mit Lösungen, welche das Antimon in fünfwertiger Form enthalten. Um im Filtrat der Antimonsulfidfällung das Zinn zu bestimmen, wird die Lösung mit Schwefelsäure abgeraucht und das Zinn als Sulfid gefällt. KLING und LASSIEUR, die das Trennungsverfahren ebenfalls anwenden, heben die komplexe Bindung des Zinns durch Fluorid dadurch auf, daß sie die Zinnlösung mit Borsäure versetzen, mit Wasserstoffperoxyd aufkochen und das Zinn mit Cupferron fällen. — McCAY (b) beschreibt eine Trennung des Antimons von Arsen und Zinn, bei welcher Arsen in Form des Arsenates in flußsaurer Lösung von Antimonat durch Fällung als Silberarsenat getrennt wird.

Arbeitsvorschrift von **McCAY (a).** Ein im Gange der Analyse erhaltenes Gemenge der Sulfide des Antimons und Zinns wird in konzentrierter Schwefelsäure gelöst und diese abgeraucht. Man verdünnt mit wenig Wasser, versetzt die Lösung in einer Platinschale mit Flußsäure, erhitzt, kühlt ab, verdünnt und filtriert durch einen paraffinierten Trichter in eine Platinschale von 500 cm³ Fassungsvermögen. Durch Einleiten von Schwefelwasserstoff wird nunmehr

Antimonsulfid gefällt und wie üblich zur Auswaage gebracht. Im Filtrat wird das Zinn in bekannter Weise nach dem Abrauchen mit Schwefelsäure bestimmt.

***Arbeitsvorschrift von* McCAY (b).** Ein im Gange der Analyse erhaltenes Gemisch der Sulfide des Antimons, Arsens und Zinns wird in konzentrierter Schwefelsäure unter Sieden gelöst. In die verdünnte und mit Flußsäure versetzte Lösung wird Schwefelwasserstoff eingeleitet und hierdurch Antimon- und Arsensulfid gefällt, während Zinn in Lösung bleibt und daraus ermittelt wird. Die Sulfide des Arsens und Antimons werden wieder in Schwefelsäure gelöst und oxydiert. Nach dem Versetzen der Lösung mit Flußsäure macht man mit Ammoniak schwach alkalisch und fügt Silbernitratlösung im Überschuß hinzu. Der Niederschlag von Silberarsenat wird abgetrennt, aus der das Antimon enthaltenden Lösung wird das überschüssige Silber mit Salzsäure ausgefällt, und nach dem Abfiltrieren des Silberchlorides wird die Lösung mit Schwefelsäure abgeraucht und darin das Antimon nach Reduktion mit Schwefel maßanalytisch bestimmt.

***Arbeitsvorschrift von* KLING *und* LASSIEUR.** Die Antimon und Zinn enthaltende salzsaure Lösung wird mit Kaliumchlorat oxydiert. Man neutralisiert mit Natriumcarbonat gegen Methylorange, säuert mit Salzsäure an, versetzt mit 5 bis 6 g Weinsäure und erhitzt, bis die Lösung klar ist. Die erkaltete Lösung wird in einem paraffinierten ERLENMEYER-Kolben mit 10 cm³ Flußsäure versetzt und $^1/_2$ Std. sich selbst überlassen. Dann fügt man 10 g Natriumacetat hinzu, verdünnt auf 300 cm³ und fällt das Antimon mit Schwefelwasserstoff aus. Das Antimonsulfid wird in Salzsäure und Kaliumchlorat gelöst und nochmals gefällt und ausgewogen. Zum Filtrat werden 10 g Borsäure hinzugesetzt, und es wird mit Wasserstoffperoxyd aufgekocht. In einem aliquoten Teile wird das Zinn mit Cupferron gefällt.

d) Trennung des Antimons von Zinn durch Fällung des Antimonsulfides aus phosphorsaurer Lösung.

Die Möglichkeit, die Trennung des Antimons von Zinn dadurch zu bewerkstelligen, daß das vierwertige Zinn durch Phosphorsäure komplex gebunden und dadurch seine Fällung als Sulfid verhindert wird, ist bereits in § 1, S. 416, besprochen worden. Es sei hier nur noch das Verfahren von MOURET und BARLOT angeführt, bei welchem zu der salzsauren Lösung 4 bis 4,5 g Phosphorsäure für je 10 mg Zinn in 50 cm³ Lösung zugesetzt werden, und bei welchem nach der bei etwa 85° durchgeführten Fällung des Antimonsulfides das Zinn im Filtrat nach dem Verkochen des Schwefelwasserstoffes mit Cupferron gefällt wird.

e) Trennung des Antimons von Zinn durch Fällung des Antimonsulfides aus stark salzsaurer Lösung.

Bereits in § 1, S. 415 war auf die Befunde von PANOJOTOW aufmerksam gemacht worden, nach welchen eine Trennung des Antimons von Zinn dadurch möglich sein soll, daß das AntimonIII-sulfid noch aus 15%iger Salzsäure mit Schwefelwasserstoff ausfällt, wogegen ZinnIV-sulfid unter diesen Umständen in Lösung bleibt. Hierzu teilt PRIM mit, daß es darauf ankomme, immer unter möglichst gleichartigen Bedingungen zu arbeiten, also immer das gleiche Gesamtvolumen von 200 cm³ mit der gleichen Konzentration an Salzsäure, nämlich 60 cm³ von der Dichte 1,19, anzuwenden. — Eine ähnliche Arbeitsweise, welche sich an eine Vorschrift von LUFF anlehnt (s. auch § 1, S. 416), benützt THÜRMER; sie soll für Betriebslaboratorien brauchbar sein.

***Arbeitsvorschrift von* PRIM.** Die Antimon und Zinn enthaltende Lösung wird mit 60 cm³ Salzsäure (D 1,19) versetzt und mit Wasser auf 200 cm³ verdünnt. Man erwärmt 10 Min. lang im siedenden Wasserbade, nimmt heraus und leitet 10 Min. lang einen kräftigen Strom von Schwefelwasserstoff ein, der dann auf einzelne Blasen verlangsamt wird. Nach dem Abkühlen wird rasch durch ein Papierfilter filtriert und mit Schwefelwasserstoffwasser, das in je 200 cm³ 60 cm³ konzentrierte Salzsäure enthält, dann einmal mit heißem Wasser ausgewaschen. Das Filtrat wird in einem Meßkolben von 250 cm³ aufgefangen und dieser sogleich gut umgeschüttelt, damit sich kein ZinnIV-sulfid ausscheidet. Das Antimonsulfid wird mit dem Filter im Fällungsgefäß mit konzentrierter Salzsäure behandelt und die Lösung nach zweckentsprechender Vorbereitung titriert. In einem aliquoten Teile der obigen Lösung wird das Zinn in bekannter Weise ermittelt, z.B. durch Reduktion mit Ferrum reductum und Titration.

***Arbeitsvorschrift von* Thürmer.** 150 cm³ einer Lösung, welche Antimon, Arsen und Zinn als Thioverbindungen enthält, werden mit reinster Natronlauge und Wasserstoffperoxyd behandelt. Nach der Oxydation werden 10 g festes Ammoniumchlorid zugefügt. Man kocht unter Ersatz des verdampfenden Wassers 1 Std. lang, läßt auf 30° abkühlen, fügt 1 bis 2 cm³ Salzsäure hinzu und leitet 30 bis 40 Min. lang Schwefelwasserstoff ein. Der Niederschlag aus Antimon- und Zinnsulfid wird durch ein dichtes Filter abfiltriert und mit ammoniumchloridhaltigem Wasser gewaschen. Das im Filtrat befindliche Arsen wird darin als Ammoniummagnesiumarsenat gefällt und bestimmt.

Der Niederschlag samt dem Filter wird mit 40 cm³ konzentrierter Salzsäure behandelt, mit dem gleichen Raumteil Wasser verdünnt, die Lösung erwärmt, filtriert und auf 300 cm³ verdünnt. Dazu fügt man nach Luff 10 bis 12 cm³ konzentrierte Salzsäure und genau 16 bis 17 g Ammoniumchlorid zu, erwärmt auf etwa 95° und leitet 1 Std. lang Schwefelwasserstoff ein, wobei verdampfendes Wasser zu ergänzen ist. Das ausgefallene schwarze Antimonsulfid wird durch einen Glasfiltertiegel filtriert und bestimmt, während das Zinn aus dem Filtrat ermittelt wird.

9. Trennung des Antimons von Gold und Platin.

De Koninck und Lecrenier trennen das Antimon von Gold und Platin durch Kochen der Sulfide mit Salzsäure.

10. Trennung des Antimons von Tellur.

Gutbier trennt das Antimon von Tellur durch Fällung des elementaren Tellurs durch Hydrazinhydrat oder Hydraziniumchlorid (nicht -sulfat) aus stark weinsäurehaltiger Lösung, während Antimon in Lösung bleibt. Die Fällung des Tellurs erfolgt in üblicher Weise aus salzsaurer Lösung, welche frei von Salpetersäure ist. Das Filtrat wird mit konzentrierter Salzsäure aufgekocht, mit heißem Wasser verdünnt und das Antimon als orangefarbenes Sulfid gefällt. Ist die Farbe nicht gleichmäßig orange, sondern enthält der Niederschlag noch schwarze Teile, so war zu wenig Hydrazinhydrat angewendet und das Tellur nicht quantitativ gefällt worden. In diesem Falle ist die Trennung zu wiederholen.

11. Trennung des Antimons von Germanium.

Die Lösung der Thioverbindungen des Antimons, Arsens, Zinns und Germaniums wird mittels Schwefelsäure neutralisiert, wobei nur die Sulfide der drei erstgenannten Elemente ausfallen, während Germanium in Lösung bleibt. Es wird aus dem Filtrat nach dem Zusatz größerer Mengen von Schwefelsäure durch Schwefelwasserstoff als Sulfid gefällt.

12. Trennung des Antimons von Niob und Tantal.

***Arbeitsvorschrift von* Waterhouse *und* Schoeller.** Man schließt die gemischten Oxyde von Niob und Tantal, denen die des Wismuts, Antimons und Kupfers beigemengt sind, mit Kaliumhydrogensulfat auf. Die Schmelze wird in Weinsäure gelöst und die klare Lösung mit Schwefelwasserstoff behandelt. Dieser

Niederschlag enthält noch einige Milligramme der Erdsäuren. Man löst zur vollständigen Trennung den Niederschlag in starker Schwefelsäure und versetzt die Lösung mit Weinsäure und einem Überschuß an Ammoniak. Nun gießt man die Mischung in eine Lösung von gelbem Ammoniumsulfid. Die Sulfide des Wismuts und Kupfers fallen aus. Das Filtrat wird mit Essigsäure angesäuert, wobei Antimonsulfid ausfällt. Im Filtrat davon findet sich dann die ursprünglich von den Sulfiden eingeschlossene Menge der Erden.

Es sei noch auf die Bestimmung kleiner Mengen von Antimon in Metallen, Legierungen und Erzen in § 9, S. 461 hingewiesen, sowie auf die Möglichkeit der Bestimmung des Antimons neben anderen Metallen auf polarographischem Wege bzw. spektralanalytischem Wege (§ 7, S. 454 bzw. § 8, S. 456).

Literatur.

Berg, R., u. O. Wurm: B. **60**, 1664 (1927). — Biltz, H.: Fr. **81**, 81 (1930). — Biltz, H., u. W. Biltz: Ausführung quantitativer Analysen, 4. Aufl., S. 348. Leipzig 1942.

Cahen, E., u. G. T. Morgan: Analyst **34**, 3 (1909); durch Fr. **58**, 448 (1919). — Chaudet: Ann. Chim. Phys. [2] **63**, 376 (1816). — Clarke, F. W.: Chem. N. **21**, 124 (1869); durch Fr. **9**, 487 (1870).

Fischer, Franz, u. K. Thiele: Z. anorg. Ch. **67**, 315 (1910).

Gay-Lussac, J. L.: Ann. Chim. Phys. [2] **46**, 222 (1831). — Gutbier, A.: Z. anorg. Ch. **32**, 260 (1902).

Hahn, F. L.: Z. anorg. Ch. **123**, 276 (1922). — Hahn, F. L., u. P. Philippi: Z. anorg. Ch. **116**, 201 (1921). — Hampe, W.: Ch. Z. **18**, 1900 (1894). — Hartmann, W.: Fr. **58**, 148 (1919). — Henz, F.: Z. anorg. Ch. **37**, 46 (1903). — Höltje, R.: Met. Erz **41**, 265 (1944). — Hoffmann, M.: Diss. Berlin 1911; durch H. Wölbling: Die Bestimmungsmethoden des Arsens, Antimons und Zinns, S. 294. Stuttgart 1914.

Järvinen, K. K.: Fr. **62**, 184 (1923). — Jander, G., u. W. Brüll: A. **453**, 332 (1927). — Jannasch, P., u. G. Devin: B. **31**, 2380 (1898).

Kling, A., u. A. Lassieur: Chimie et Ind. **4**, 151 (1920); durch C. **92, II**, 1009 (1921); C. r. **170**, 1112 (1920); durch C. **91, IV**, 161 (1920). — Koninck, L. L. de, u. A. Lecrenier: Angew. Ch. **1**, 352 (1888). — Konopik, N., u. R. Fiala: Öst. Ch. Z. **50**, 10 (1949).

Levol: Ann. Chim. Phys. [3] **1**, 504 (1841); **13**, 125 (1845). — Luff, G.: Ch. Z. **47**, 601 (1923).

McCay, Le Roy W.: (a) Am. Soc. **31**, 373 (1909); **32**, 1241 (1910); durch Fr. **51**, 680 (1912); (b) **50**, 368 (1928); durch C. **99, I**, 2112 (1928). — McCay, Le Roy W., u. N. H. Furman: Am. Soc. **38**, 640 (1916); durch C. **87, I**, 1042 (1916). — Moser, L., u. A. Brukl: M. **47**, 709 (1926). — Moser, L., u. F. List: M. **51**, 186 (1929). — Mouret u. J. Barlot: Bl. [4] **29**, 743 (1921); durch C. **92, IV**, 1122 (1921).

Pelagatti, U.: Chim. e Ind. [Milano] **20**, 724 (1938); durch C. **110, I**, 2254 (1939). — Plato, W.: Z. anorg. Ch. **68**, 33 (1910). — Prim, A.: Ch. Z. **41**, 414 (1917).

Ratner, Ch.: Ch. Z. **26**, 873 (1902). — Röhre, K.: Fr. **65**, 109 (1924/45). — Rössing, A.: Fr. **41**, 1 (1902). — Rose, H.: (a) A. **64**, 404 (1847); (b) Pogg. Ann. **73**, 582 (1848); **74**, 578 (1848); **112**, 173 (1861).

Strecker, W., u. A. Riedemann: B. **52**, 1943 (1919).

Thürmer, A.: Fr. **73**, 196 (1928). — Tomula, E. S.: Z. anorg. Ch. **118**, 81 (1921). — Tookey, Ch.: Soc. **15**, 462 (1862).

Uslar, C. v.: Fr. **34**, 406 (1895).

Vortmann, G., u. A. Bader: Fr. **56**, 577 (1917).

Waterhouse, E. F., u. W. R. Schoeller: Analyst **57**, 284 (1932); durch C. **104, I**, 269 (1933). — Wenger, P., u. Ch. Cimerman: Helv. **14**, 718 (1931). — Wölbling, H.: Die Bestimmungsmethoden des Arsens, Antimons und Zinns, (a) S. 284; (b) S. 364; (c) S. 365. Stuttgart 1914. — Wohl, A.: B. **35**, 3495 (1902).

Wismut.

Bi, Atomgewicht 209,00, Ordnungszahl 83.

Von **Robert Klement**, München.

Mit 5 Abbildungen.

Inhaltsübersicht.

Bestimmungsmöglichkeiten.

I. Die **gewichtsanalytische Bestimmung** des Wismuts erfolgt hauptsächlich mit Hilfe folgender Verbindungs- bzw. Abscheidungsformen:

1. Wismutoxyd § 1, S. 538.
2. Wismutphosphat § 2, S. 540.
3. Wismutsulfid § 3, S. 548.
4. Wismutoxychlorid § 4 A, S. 556.
5. Wismutoxybromid § 4 B, S. 560.
6. Wismutoxyjodid § 4 C, S. 562.
7. Wismutselenit § 6 C, S. 584.
8. Basisches Wismutnitrat § 6 E, S. 588.
9. Basisches Wismutcarbonat § 6 G, S. 595.
10. Metallisches Wismut (auf chemischem Wege) § 10, S. 624.
11. Metallisches Wismut (durch Elektrolyse) § 11, S. 634.
12. Wismut-Chromrhodanid § 7, S. 598.
13. Basisches Wismutformiat § 8 A, S. 604.
14. Wismutoxinat § 9 A, S. 609.
15. Wismutthionalid § 9 C, S. 616.

Geringere Bedeutung haben die Abscheidungsformen als

16. Basisches Wismutsulfat § 6 B, S. 584.
17. Wismutpyrogallat § 8 B, S. 605.
18. Wismut-jodwasserstoffsaures Naphthochinolin § 5 C, S. 578.

19. Triäthylendiamin-kobaltIII-tetrajodo-wismutatIII § 5 C, S. 577.

20. trans-Dirhodanato-diäthylendiamin-kobaltIII-tetrajodo-wismutatIII § 5 C, S. 578.

Weiterhin sind folgende Abscheidungsformen für Wismut vorgeschlagen worden:

21. Wismutgallat § 8 C, S. 607.

22. Wismutpikrat § 8 D, S. 608.

23. Wismut-Merkaptobenzthiazol § 9 E, S. 623.

24. Wismut-Cupferron § 9 F, S. 623.

25. Wismut-jodwasserstoffsaures Urotropin § 5 C, S. 579.

26. Wismut-jodwasserstoffsaures Coffein § 5 D 4, S. 581.

II. Für die **maßanalytische Bestimmung** des Wismuts können folgende Verfahren herangezogen werden:

Acidimetrische oder alkalimetrische Methoden. 1. Acidimetrische Bestimmung des Ammoniaks in dem gefällten Hexammin-chromIII-hexabromo-wismutatIII § 7, S. 602.

2. Bestimmung des Verbrauches an Lauge zur Überführung von Wismutoxyjodid in Wismutoxyd § 4 C, S. 566.

Oxydimetrische Methoden. 1. Umsetzung des gefällten, metallischen Wismuts mit EisenIII-chlorid und Titration des entstandenen EisenII-Ions mit Kaliumpermanganat § 10 B, S. 632.

2. Manganometrische Bestimmung des Rhodanids in gefälltem Wismutchromrhodanid § 7, S. 599.

Bromometrische Methoden. 1. Bestimmung des Rhodanids in gefälltem Wismutchromrhodanid § 7, S. 600.

2. Bestimmung des Oxins in gefälltem Wismutoxinat § 9 A, S. 611.

3. Titration des bei der Fällung von metallischem Wismut durch metallisches Kupfer entstehenden KupferI-Ions § 10 B, S. 633.

Jodometrische Methoden. 1. Überführung des in gefälltem Wismutoxyjodid enthaltenen Jodes in Jodat und dessen Titration § 4 C, S. 566.

2. Bestimmung des in wismut-jodwasserstoffsaurem Oxin enthaltenen Jodes § 5 D, S. 580 bzw. des zur Fällung des wismut-jodwasserstoffsauren Oxins überschüssig angewendeten Jodides § 5 D, S. 580.

3. Bestimmung des in wismut-jodwasserstoffsaurem Chinaldin enthaltenen Jodes § 5 D, S. 581.

4. Bestimmung des in wismut-jodwasserstoffsaurem Coffein enthaltenen Jodes § 5 D, S. 581.

5. Bestimmung des zur Fällung von Thalliumwismutjodid überschüssig angewendeten Jodides § 5 D, S. 581.

6. Bestimmung des in gefälltem basischen Wismutjodat enthaltenen Jodates § 6 A, S. 583.

7. Bestimmung des Jodes, das aus Jodid durch die in gefälltem Wismutselenit enthaltene selenige Säure freigemacht wird § 6 C, S. 585.

8. Bestimmung des zur Fällung von basischem Wismutdichromat überschüssig angewendeten Chromates § 6 D, S. 588.

9. Bestimmung des zur Fällung von Wismutarsenat überschüssig angewendeten Arsenates § 6 F, S. 594.

10. Bestimmung des in gefälltem Wismutchromrhodanid enthaltenen Chroms nach dessen Oxydation zu Chromat mittels Natronlauge und Wasserstoffperoxyd § 7, S. 600.

11. Fällung von Wismutthionalid, Oxydation des darin enthaltenen Thionalids zu Dithionalid durch Jod und Rücktitration des hierbei überschüssig angewendeten Jodes § 9 C, S. 617.

Titanometrische Methode. Fällung von Wismutyldichromat, Bestimmung des darin enthaltenen Chromates bzw. des bei der Fällung überschüssig angewendeten Chromates durch Umsetzung mit EisenII-salz und Titration des entstandenen EisenIII-Ions mit TitanIII-chlorid und Ammoniumrhodanid als Indicator § 6 D, S. 588.

Argentometrische Methoden. 1. Bestimmung des zur Fällung von Wismutphosphat überschüssig angewendeten Phosphates durch dessen Fällung mit Silbernitrat und Rücktitration des hierbei im Überschuß verwendeten Silbers nach Volhard § 2 B, S. 544.

2. Bestimmung des in gefälltem Wismutoxychlorid enthaltenen Chlors nach Volhard nach der Auflösung in Salpetersäure § 4 A, S. 558.

Potentiometrische Methoden. 1. Bestimmung des in gefälltem Wismutoxychlorid enthaltenen Chlors mit Silbernitrat nach der Auflösung in Salpetersäure § 4 A, S. 559.

2. Unmittelbare Titration von Wismutsalzen mit TitanIII-chlorid § 10 A, S. 627.

3. Unmittelbare Titration von Wismutsalzen mit ChromII-chlorid § 10 A, S. 631.

Konduktometrische Methode. Unmittelbare Titration von Wismutsalzen mit Schwefelwasserstoffwasser § 3 E, S. 553.

III. Für die **colorimetrische Bestimmung** des Wismuts sind folgende Verfahren vorgeschlagen worden:

1. Fällung von WismutIII-jodid und Colorimetrierung der Farbe der Lösung in Glycerin und Wasser § 5 A, S. 569 und § 15 B, S. 697.

2. Bestimmung des Farbtones, den WismutIII-jodid in gleichzeitig gefälltem Bleijodid erzeugt § 5 A, S. 569.

3. Colorimetrierung der gelben Farbe der Wismut-Jodwasserstoffsäure § 5 B, S. 571.

4. Colorimetrierung der gelben Farbe des wismut-jodwasserstoffsauren Cinchonins § 5 B, S. 575.

5. Colorimetrierung der gelben Farbe des wismut-jodwasserstoffsauren Chinins § 5 B, S. 575.

6. Colorimetrierung der gelben Farbe des wismut-jodwasserstoffsauren Tetracetylammoniumhydroxydes § 5 B, S. 576.

7. Colorimetrierung der gelben Farbe der Wismut-Thioharnstoff-Verbindung § 9 B, S. 613.

8. Fällung von Wismut-Thionalid und Bildung tiefblau gefärbter Verbindungen durch Behandlung des gelösten Niederschlages mit dem Reagens von Folin-Denis § 9 C, S. 617.

9. Fällung von Wismutphosphat und Bildung tiefblau gefärbter Verbindungen durch Umsetzung des Phosphatüberschusses mit Hydrochinon bzw. mit Oxyphenylglykokoll § 2 C, S. 545.

10. Colorimetrierung der braunen Farbe von kolloiden Systemen des Wismutsulfides § 3 C, S. 553.

11. Fällung von Wismutpyrogallat und Bildung tiefblau gefärbter Verbindungen durch Behandlung des gelösten Niederschlages mit dem Reagens von Folin-Denis § 8 B, S. 606.

12. Fällung von Wismutoxinat und Bildung tiefblau gefärbter Verbindungen durch Behandlung des gelösten Niederschlages mit dem Reagens von Folin-Denis § 9 A, S. 612.

IV. An **nephelometrischen Verfahren** zur Bestimmung des Wismuts stehen die beiden folgenden zur Verfügung:

1. Fällung des Wismut-Thionalides § 9 C, S. 618.

2. Fällung von metallischem Wismut durch Alkalistannit § 10 A, S. 627.

V. Polarographische Bestimmung § 12, S. 657.

VI. Spektralanalytische Bestimmung § 13, S. 662.

Eignung der wichtigsten Verfahren.

Für die **Bestimmung größerer Mengen** (>20 mg Wismut) sind die *gewichtsanalytischen* Verfahren zu wählen, die unter I, 1 bis 15 angeführt sind. Von den „klassischen" Verfahren (1, 2, 3, 4, 8, 9) ist vor allem gebräuchlich das der Fällung als Phosphat, welches besonders von MOSER (a) als das am vorteilhaftesten anzuwendende bezeichnet wird. In der Hüttenchemie erfreut sich die Fällungsform des basischen Carbonats großer Beliebtheit. Wismutsulfid eignet sich besser für Trennungen des Wismuts von anderen Metallen, als daß es als Wägungsform in Betracht käme. Eine ausgezeichnete Abscheidungsform ist das basische Bromid. Vielseitig anwendbar ist die Fällung als Selenit, als Oxinat und als Thionalidverbindung. Hervorzuheben ist auch das Wismutoxyjodid sowie das Wismutchromrhodanid, das auch eine Fällung des Wismuts aus schwefelsaurer Lösung gestattet, die bei vielen anderen Verfahren nicht möglich ist. Die Abscheidungsform als basisches Formiat ist wieder besonders für Trennungen von anderen Metallen brauchbar. Die elektrolytische Bestimmung des Wismuts ist nur mit besonderen Hilfsmitteln gut durchführbar, liefert dann aber sehr gute Ergebnisse. Sie wird auch weniger zur Einzelbestimmung als vielmehr für Trennungen zu verwenden sein. Vielfach ist vorgeschlagen worden, geeignete Fällungsformen wie Sulfid, basisches Carbonat, Selenit u. a. in die Wägungsform Wismutoxyd überzuführen. Abgesehen von dem dazu nötigen Zeitaufwand bietet dieses Verfahren die Möglichkeit zur Entstehung neuer Fehler. Außerdem stehen durch neuere Arbeiten genügend Fällungsformen, die gleichzeitig ausgezeichnete Wägungsformen sind, zur Verfügung, so daß die Umwandlung in Wismutoxyd heute als nicht mehr unbedingt notwendig anzusehen ist.

Die *maßanalytischen* Bestimmungsverfahren sind sämtlich indirekter Art, mit Ausnahme der potentiometrischen Titrationen mit TitanIII- bzw. mit ChromII-chlorid. Diese sind aber nur unter besonderen Vorsichtsmaßregeln (Ausschluß von Luft) ausführbar, so daß sie günstigstenfalls für Reihenbestimmungen in Betracht kommen. Die sonstigen maßanalytischen Verfahren erfordern meist die Isolierung einer bestimmten Fällungsform, so daß sie kaum einen Vorteil gegenüber der gewichtsanalytischen Bestimmung bieten. Zudem sind sie als indirekte Verfahren von vornherein mit größeren Fehlern behaftet. MOSER (b) hat alle bis zum Jahre 1907 bekanntgewordenen maßanalytischen Verfahren kritisch untersucht und dabei festgestellt, daß „eigentlich kein einziges Verfahren den Anforderungen, welche man an eine volumetrische Bestimmung stellen muß, voll entspricht".

Die **Bestimmung kleinerer Wismutmengen** (< 20 mg) wird heuzutage vorwiegend mittels organischer Fällungsreagenzien erfolgen. Solche stehen in Form des Oxins, Thionalids, Cupferrons, Pyrogallols u. a. auch für die Wismutbestimmung zur Verfügung. Aber auch Selenit und Chromrhodanid kommen hier noch in Betracht.

Für **Mikrobestimmungen** auf gewichtsanalytischem Wege eignen sich die Fällungen der Wismut-Jodwasserstoffsäure mit komplexen Kobaltverbindungen (§ 5 C, S. 577 ff.) sowie ausgezeichnet die Abscheidung als basisches Carbonat (§ 6 G, S. 595). Auch Wismutoxinat und Wismutpyrogallat sind als gewichtsanalytische Bestimmungsformen brauchbar. Für die mikromaßanalytische Bestimmung gilt das oben für die Makrobestimmungen Gesagte.

Für kleine und kleinste Mengen von Wismut kommen fernerhin die colorimetrischen, polarographischen und spektralanalytischen Verfahren in Betracht.

Auflösung des Untersuchungsmaterials.

In wäßriger Lösung erleiden alle Wismutsalze mit Ausnahme des Sulfides in verschieden großem Umfange Hydrolyse unter Abscheidung schwer löslicher oder unlöslicher basischer Salze. Die basischen Salze lösen sich aber ohne

Ausnahme in Mineralsäuren, von denen an erster Stelle Salpetersäure zu nennen ist. Wenn eine Lösung eines Wismutsalzes erwärmt werden muß, so kann hierbei, falls der Säurezusatz zu knapp ist, wiederum Hydrolyse und Ausscheidung basischer Salze eintreten. Durch Zufügen weiterer Säuremengen kann aber die Hydrolyse rückgängig gemacht bzw. unterbunden werden. — Wismutsulfid löst sich in verdünnter Salpetersäure schon in der Kälte leicht auf. Erwärmen fördert den Lösungsvorgang. Auch konzentrierte Salzsäure löst Wismutsulfid in der Kälte (s. § 3, S. 549).

Metallisches Wismut und seine Legierungen sind in konzentrierter Salpetersäure löslich. Falls eine Legierung Zinn und/oder Antimon enthält, bleiben diese ungelöst als Oxydhydrate zurück. Ein Zusatz von Weinsäure zu der zur Lösung zu verwendenden Salpetersäure hält aber Zinn und Antimon in Lösung.

Die meisten Wismuterze oder wismutführenden Erze sind durch Behandlung mit Salpetersäure, in schwierigeren Fällen mit Königswasser in Lösung zu bringen. Man behandelt das Erz zunächst in der Kälte, dann bei gelinder Wärme mit verdünnter Salpetersäure (1:1) und fügt unter Umständen stärkere Säure nach. Der unlösliche Rückstand wird nach dem Abfiltrieren und Auswaschen in der Wärme mit Salzsäure und Weinsäure behandelt und dann beide Lösungen vereinigt und weiter verarbeitet (Fresenius). — Wenn die Erze Zinnstein, Wolframit und Molybdänit enthalten, müssen sie durch Schmelzen mit Natriumperoxyd aufgeschlossen werden. Hierzu schmilzt man 1 bis 2 g des Erzes im Eisentiegel mit Natriumperoxyd bis zum ruhigen Fluß der Schmelze. Diese wird mit Wasser ausgelaugt, die Lösung auf 500 cm³ verdünnt und über Nacht stehen gelassen. Man filtriert und wäscht mit natriumcarbonathaltigem Wasser nach. Im Filtrat findet sich die Hauptmenge des Arsens, Antimons, Zinns, Molybdäns und Wolframs, der Rückstand enthält das gesamte Wismut und die anderen Begleitmetalle. Man löst ihn in Salzsäure und verarbeitet ihn zweckentsprechend weiter (s. § 14 C, S. 685ff.) (Chemiker-Fachausschuss der Gesellschaft Deutscher Metallhütten- und Bergleute).

Die Vorbereitung des Untersuchungsmaterials organischer Natur ist ausführlich in § 15, S. 693 besprochen.

Literatur.

Chemiker-Fachausschuss der Gesellschaft Deutscher Metallhütten- und Bergleute: Mitteilungen des Chemiker-Fachausschusses der Gesellschaft Deutscher Metallhütten- und Bergleute, 2. Teil, S. 83. Berlin 1926.

Fresenius, C. R.: Anleitung zur quantitativen chemischen Analyse 6. Aufl., Bd. 2, S. 534. Braunschweig 1877/87.

Moser, L.: (a) Die Bestimmungsmethoden des Wismuts und seine Trennung von den anderen Elementen, S. 52. Stuttgart 1909; (b) Fr. **46**, 223 (1907).

Bestimmungsmethoden.

§ 1. Bestimmung nach Überführung in die Wägungsform Wismutoxyd.

Bi_2O_3, Molekulargewicht 466,00.

Allgemeines.

Das Wismutoxyd selbst kann aus Wismutsalzlösungen nicht abgeschieden werden. Bei der Fällung mittels Alkalihydroxyden oder Ammoniak im Überschuß entstehen Oxydhydrate, deren Zusammensetzung schwankt und die meist durch basische Salze der in der Fällungslösung vorhandenen Anionen verunreinigt sind. Die Fällung mit Alkalihydroxyden ist auch deswegen nicht angebracht, weil Wismutoxydhydrat im Überschuß des Fällungsmittels merklich löslich ist. Daher ist Wismutoxyd keine Fällungsform, aber es wird häufig als Wägungsform angewendet. Die quantitative

Umwandlung geeigneter Fällungsformen in Wismutoxyd ist bei Anwendung von Papierfiltern ein umständlicher Vorgang, der heute nur noch dann angewendet werden wird, wenn von den zahlreichen Bestimmungsmöglichkeiten des Wismuts aus irgendwelchen zwingenden Gründen gar keine andere in Betracht kommt.

Wismutoxyd entsteht — außer beim Erhitzen von geschmolzenem metallischen Wismut in Berührung mit einem oxydierenden Gas, also auch an der Luft — beim Erhitzen von Wismutoxydhydrat sowie von Wismutsalzen flüchtiger Säuren, wie insbesondere basischem Wismutcarbonat, normalem und basischem Wismutnitrat sowie Wismutselenit. Bei Vorliegen von Wismutsalzen organischer Säuren oder anderer Verbindungen wie basischem Wismutformiat (s. § 8 A, S. 604), Wismutoxinat (s. § 9 A, S. 609) u. a. tritt bei deren Erhitzen die Gefahr der Reduktion zu metallischem Wismut ein. Dieses kann durch einfaches Glühen an der Luft nicht quantitativ in das Oxyd übergeführt werden. Es muß auch allgemein darauf geachtet werden, daß während des Glühens keinerlei Berührung des Oxydes mit reduzierenden Flammengasen stattfindet. Auch der aus den Fasern eines Papierfilters bei dessen Veraschung entstehende Kohlenstoff wirkt reduzierend auf Wismutoxyd. Daher ist also die quantitative Umwandlung einer geeigneten Fällungsform in die Wägungsform Wismutoxyd nur unter genauer Beachtung der gegebenen Arbeitsvorschriften möglich. Wird jedoch der in Wismutoxyd überzuführende Niederschlag in einem Porzellan-Filtertiegel gesammelt und darin geglüht, so gelingt die Umwandlung leichter und besser.

Aus Wismuthalogeniden bzw. basischen Wismuthalogeniden kann Wismutoxyd durch einfaches Erhitzen nicht erhalten werden. Wohl aber gelingt deren Umwandlung in Oxyd beim Erhitzen mit QuecksilberII-oxyd unter Beachtung bestimmter Vorsichtsmaßregeln (s. § 4 A, S. 558).

Eigenschaften des Wismutoxydes. Farbe. Reines Wismutoxyd ist ein hellgelbes Pulver, das sich beim Erhitzen vorübergehend orangegelb bis rotbraun färbt.

Umwandlungspunkt und Schmelzpunkt. Geschmolzenes Wismutoxyd krystallisiert bei $820 \pm 2°$ (Modifikation I). Bei der Abkühlung auf $680 \pm 2°$ tritt unter Erglühen Umwandlung in die Modifikation II ein. In einem Porzellantiegel geschmolzenes Wismutoxyd nimmt Siliciumdioxyd auf und erstarrt zwischen 860° und 815° in Form hellgelber Nadeln (Modifikation III). Modifikation I ist durch Abschrecken bei gewöhnlicher Temperatur nicht zu erhalten (GUERTLER). Andere Angaben über den Schmelzpunkt schwanken zwischen 655° und etwa 900°. SCHUMB und RITTNER beschreiben tetragonales β-Bi_2O_3 und kubisches γ-Bi_2O_3. Letzteres entsteht durch Erhitzen von Wismutoxyd auf 750 bis 800° und geeignetes Abkühlen. Es wandelt sich rasch in die β-Form um, während diese langsam in die α-Form übergeht. Der Umwandlungspunkt $\alpha \rightleftharpoons \beta$ liegt bei 710°. Die γ-Form ist bei 25° in Natronlauge leichter löslich als die α-Form.

Verhalten beim Glühen. Wismutoxyd ist luftbeständig und wird durch Licht nicht merklich verändert. Beim Erhitzen vor dem Gebläse schmilzt es zu einer bernsteingelben Flüssigkeit und ist oberhalb des Schmelzpunktes in geringem Umfange flüchtig (HEMPEL). Ab 950° ist diese Flüchtigkeit meßbar (FEISER). Bis zu 1750° ist eine Zersetzung nicht beobachtet worden. Geschmolzenes Wismutoxyd greift Porzellan unter Bildung eines Silicates an (MOSER). — In der Hitze wird Wismutoxyd leicht durch Kohlenstoff oder Kaliumcyanid zu Metall reduziert. Mit Wasserstoff tritt bei gelinder Hitze teilweise Reduktion ein, aber erst bei hohen Temperaturen wird die Reduktion vollständig. Hierbei beginnen sich jedoch gleichzeitig geringe Mengen des Oxydes bzw. des Metalles zu verflüchtigen. — Infolge Zersetzung des geschmolzenen Wismutoxydes wird Platin oberhalb 1350° angegriffen (FEISER).

Aus den eben angeführten Eigenschaften folgt schon, daß die Überführung einer geeigneten Abscheidungsform in die Wägungsform Wismutoxyd mitunter kein einfacher Vorgang ist. Es kann deshalb keine allgemeingültige Vorschrift mitgeteilt werden, vielmehr wird die Überführung in Wismutoxyd jeweils bei den einzelnen Abscheidungsformen ausführlich besprochen werden. Hier soll nur eine hinweisende Zusammenstellung gegeben werden:

Fällungsform	Umwandlung in die Wägungsform Bi_2O_3
Wismutsulfid Bi_2S_3.	§ 3, S. 552
Basisches Wismutchlorid BiOCl	§ 4 A, S. 558
Wismutselenit $Bi_2(SeO_3)_3$	§ 6 C, S. 585
Basisches Wismutnitrat $BiONO_3$.	§ 6 E, S. 589
Basisches Wismutcarbonat $(BiO)_2CO_3$ . .	§ 6 G, S. 596
Basisches Wismutformiat	§ 8 A, S. 604
Wismutpyrogallat	§ 8 B, S. 605
Wismutthionalid	§ 9 C, S. 617

Prüfung auf Reinheit. Man löst das ausgewogene Wismutoxyd in Salpetersäure. Eine Trübung zeigt *Zinn* an. Kocht man die salpetersaure Lösung mit Ammoniumcarbonat im Überschuß, so muß das Filtrat farblos sein: *Abwesenheit von Kupfer*. Nach dem Ansäuern mit Salpetersäure darf weder durch Bariumnitrat noch durch Silbernitrat eine Trübung entstehen: *Abwesenheit von Sulfat* bzw. *Chlorid*. Die Lösung des Carbonatniederschlages in möglichst wenig Salpetersäure darf innerhalb 12 Std. nach Zusatz von 25 cm³ Schwefelsäure (1:2) nicht durch *Blei*sulfat getrübt werden.

Literatur.

FEISER, F.: Met. Erz **27**, 585 (1930).
GUERTLER, W.: Z. anorg. Ch. **37**, 222 (1903).
HEMPEL, W.: Fr. **20**, 499 (1881).
MOSER, L.: Fr. **45**, 19 (1906).
SCHUMB, W. C., u. E. S. RITTNER: Am. Soc. **65**, 1055 (1943); durch C. **116, I**, 989 (1945).

§ 2. Bestimmung unter Abscheidung als Wismutphosphat.

$BiPO_4$, Molekulargewicht 303,98.

Allgemeines.

Wismutphosphat eignet sich als Bestimmungs- und Wägungsform am besten von allen klassischen gravimetrischen Verfahren (MOSER). *Die Fällung wird in schwach salpetersaurer Lösung vorgenommen. Da unter dieser Bedingung die Phosphate aller anderen Metalle löslich sind, so bildet die Abscheidung des Wismuts als Phosphat eine sehr gute Möglichkeit zu dessen Trennung von allen anderen Metallen. Nur Bleiphosphat ist in verdünnter Salpetersäure schwer löslich, und die Blei-Wismut-Trennung nach dem Phosphatverfahren ist daher weniger empfehlenswert.*

Als erster erkannte HEINTZ im Jahre 1846 die Unlöslichkeit des Wismutphosphats in verdünnter Salpetersäure. MUIR (a) stellte fest, daß das Wismutphosphat stets dieselbe Zusammensetzung hat, gleichgültig ob ein Überschuß an Phosphat-Ionen oder an Wismut-Ionen vorhanden ist. Schon zuvor hatte SALKOWSKI (a) die Vermutung ausgesprochen, daß es sich gut als Wägungsform eignen könnte, aber erst im Jahre 1904 kam er darauf zurück (b), und auf seinen Vorschlag untersuchte SENDHOFF die genauen Fällungsbedingungen unter Anwendung von Phosphorsäure als Fällungsmittel. In jüngster Zeit fand RATHJE, daß Wismutphosphat immer als neutrales Salz abgeschieden wird, und daß es unter den Fällungsbedingungen keine hydrolytische Umsetzung zu basischen Phosphaten erleidet.

STÄHLER und SCHARFENBERG ersetzten die von SALKOWSKI und SENDHOFF als Fällungsreagens verwendete Phosphorsäure durch Trinatriumphosphat. Da bei dessen Anwendung infolge der alkalischen Reaktion seiner Lösung die Fällungslösung alkalisch werden kann, so daß unter Umständen wieder ein Zusatz von Salpetersäure nötig wird, schlug MOSER die Anwendung von Diammoniumhydrogenphosphat vor. Hierdurch entfällt gleichzeitig die Gefahr, daß der Niederschlag Natriumsalze adsorbiert und dadurch an Gewicht zunimmt, während Ammoniumsalze beim Glühen flüchtig gehen. Auch WENGER und CIMERMAN empfehlen die Anwendung von Ammoniumphosphat an Stelle von Natriumphosphat. LUFF (a) verwendet Ammoniumdihydrogenphosphat, aber er muß davon einen großen Überschuß gebrauchen, um die Fällung quantitativ zu gestalten, da wegen der auftretenden hohen Wasserstoff-Ionen-Konzentration die Löslichkeit des Wismutphosphates bemerkbar wird.

Eigenschaften des Wismutphosphates. Krystallform. Bei sehr langsamer Abscheidung bildet Wismutphosphat durchsichtige, glänzende, monokline Prismen (DE SCHULTEN), während es bei gewöhnlicher Fällung ein weißes, krystallines Pulver darstellt (HEINTZ).

Dichte. Die Dichte d_4^{15} wird von DE SCHULTEN zu 6,323 angegeben.

Löslichkeit. *a) In Wasser.* Das Salz ist praktisch völlig unlöslich in Wasser, auch in siedendem (CHANCEL). Es erleidet auch bei längerem Kochen keine Hydrolyse (MOSER). Eine neuere, sorgfältige Untersuchung von RATHJE beweist ebenfalls, daß basische Wismutphosphate nicht existieren.

b) In Säuren. Leicht löslich ist das Wismutphosphat in konzentrierter Salzsäure (MOSER). In verdünnter Salpetersäure von der Dichte 1,02 bis 1,03 ist das Salz noch so gut wie unlöslich (SENDHOFF). Selbst in konzentrierter Salpetersäure von der Dichte 1,4 ist es sehr schwer löslich, und die ohnehin geringe Lösbarkeit wird durch Zusatz von Ammoniumphosphat noch stark herabgesetzt (MOSER). Nach KÜRTHY und MÜLLER ist eine wäßrige Suspension von Wismutphosphat auch in sehr verdünnter Salpetersäure nach heftigem Schütteln unter Erwärmen merklich löslich, wie aus der folgenden Zusammenstellung ersichtlich ist:

Löslichkeit von Wismutphosphat in sehr verdünnter Salpetersäure.

cm^3 Wasser	10	8	6	4	2	0
cm^3 2 n HNO_3	0	2	4	6	8	10
g $Bi^{\cdots}$ im Liter	—	0,082	0,22	0,54	0,96	1,98

KEŠANS (a) hat folgende Löslichkeiten in Salpetersäure ermittelt:

in 100 cm^3 0,25 n HNO_3 lösen sich 0,6 mg P_2O_5 als $BiPO_4$,
in 100 cm^3 0,5 n HNO_3 lösen sich 2,4 mg P_2O_5 als $BiPO_4$.

In einer späteren Untersuchung (b) hat KEŠANS festgestellt, daß Wismutphosphat aus seinen Lösungen in Salpetersäure infolge von Übersättigung nur sehr langsam auskrystallisiert. Er hält die Werte von KÜRTHY und MÜLLER deshalb für zu hoch und gibt folgende Zahlen für die Löslichkeit des Wismutphosphates in Salpetersäure:

Normalität der Salpetersäure	Bei Raumtemperatur		Auf dem Wasserbade	
	durch Auflösen mg P_2O_5/100 cm^3	durch Auskrystallisieren mg P_2O_5/100 cm^3	durch Auflösen mg P_2O_5/100 cm^3	durch Auskrystallisieren mg P_2O_5/100 cm^3
0,25	0,58	0,59	0,74	0,76
0,50	2,35	2,40	2,59	2,70
1,00	9,30	9,35	10,80	10,75
1,50	25,25	—	25,95	—
2,00	42,65	43,10	48,2	50,48

Die Anwesenheit von Halogen- oder Sulfat-Ionen steigert die Löslichkeit um ein Mehrfaches.

c) In Laugen. Durch Kochen mit Ammoniak wird Wismutphosphat teilweise, durch Kochen mit Kalilauge weitgehend zersetzt (VANINO und HARTL).

d) In Salzlösungen. In gesättigter Natriumnitratlösung und in Ammoniumnitratlösung ist Wismutphosphat ganz unlöslich (KÜRTHY und MÜLLER). Eine stark lösende Wirkung üben dagegen Chlor-Ionen enthaltende Lösungen aus, wie die Versuche von KÜRTHY und MÜLLER mit Natriumchlorid ergeben:

cm^3 Wasser	10	8	6	4	2	0
cm^3 gesättigte Natriumchloridlösung	0	2	4	6	8	10
g $Bi^{\cdots}$ im Liter	—	0,201	2,56	3,30	3,69	5,45

CHANCEL bemerkt, daß Wismutphosphat in Ammoniumsalzlösungen merklich löslich sei. Ohne Einwirkung, auch beim Erwärmen, bleibt Kaliumjodidlösung (VANINO und HARTL).

Bestimmungsverfahren.

A. Gewichtsanalytische Bestimmung.

Wägung als Wismutphosphat.

Arbeitsvorschrift. Die möglichst schwach salpetersaure Wismutsalzlösung, die für 100 bis 200 mg Bi ein Volumen von etwa 300 cm^3 haben soll, wird fast bis zum Sieden erhitzt und eine 2 n Lösung von Diammoniumhydrogenphosphat langsam unter beständigem Umrühren in geringem Überschuß zugefügt. Es bildet sich sofort ein weißer, schwerer, krystalliner Niederschlag von Wismutphosphat, der sich nach ganz kurzer Zeit vollkommen absetzt. Man hält 1 Std. lang auf 80° und filtriert noch heiß. Das Auswaschen geschieht mit heißem Wasser. Sollte der Niederschlag anfangs etwas durch das Filter laufen, was beim Arbeiten in zu konzentrierter Lösung eintreten kann, so wird das trübe Filtrat noch einmal auf das Filter gebracht. Die nun ablaufende Flüssigkeit ist sicher klar. Man trocknet den Niederschlag, trennt ihn vom Filter, verascht dieses für sich im Platintiegel und glüht schließlich Asche und Niederschlag zusammen (MOSER).

***Bemerkungen.* I. Genauigkeit.** Die Übereinstimmung zwischen den geforderten und den gefundenen Werten ist eine vorzügliche (MOSER). — **II. Art der Filter.** STÄHLER und SCHARFENBERG verwenden zum Abfiltrieren des Niederschlages einen GOOCH-Tiegel, um die Schwierigkeiten beim Veraschen des Filters zu umgehen. Es dürfte daher heutzutage die Anwendung von Porzellan-Filtertiegeln angezeigt sein, wie dies auch von verschiedenen Seiten vorgeschlagen wird. In Porzellan-Filtertiegeln kann nach dem Trocknen das Glühen des Niederschlages unter Verwendung eines Schutztiegels zur Vermeidung der Berührung des Niederschlages mit reduzierenden Flammengasen vorgenommen werden. Letztere Vorsichtsmaßregel entfällt beim Gebrauch eines elektrischen Ofens. — **III. Der Säuregehalt** der Fällungslösung darf nach BLASDALE und PARLE bis 0,2 n an Salpetersäure sein. — **IV. Einfluß fremder Anionen.** Bei Anwesenheit von Chlor-Ionen kann unter Umständen beim Verdünnen der Analysenlösung auf das zur Fällung nötige Volumen und bei langsamem Erwärmen auf Siedetemperatur infolge Hydrolyse das schwer lösliche basische Wismutchlorid BiOCl ausfallen. Um dieses zu vermeiden, schlägt STÄHLER vor, das Verdünnen mit *heißem* Wasser vorzunehmen. — Wenn die Analysenlösung stets sauer bleibt, was bei der von MOSER angegebenen, hier oben mitgeteilten Arbeitsvorschrift der Fall ist, so ist der Niederschlag auch bei Anwesenheit von Chlor-Ionen in der Lösung stets frei von Chlorid. — Größere Mengen freier Salzsäure sind auf jeden Fall wegen der Löslichkeit des Wismutphosphates in Salzsäure zu vermeiden. — Sulfat muß abwesend sein, da andernfalls der Niederschlag sulfathaltig ist (BLASDALE und PARLE). SCHOELLER und LAMBIE stellen hierzu fest, daß die durch die Anwesenheit von Sulfat im Wismutphosphatniederschlag hervorgerufenen positiven Fehler beim Glühen in negative übergehen, da ein Teil des Sulfates sich zersetzt und Wismutoxyd hinterbleibt. Die Verfasser schlagen daher vor, bei Vorliegen einer sulfathaltigen Lösung das Wismut erst mit Natriumcarbonat zu fällen (s. § 6, S. 595). Dadurch soll das Mitfällen von basischem Wismutsulfat neben dem basischen Wismutcarbonat so weitgehend herabgesetzt werden, daß nach dem Lösen des Carbonatniederschlages in Salpetersäure das Wismut in der nunmehr praktisch sulfatfreien Lösung ohne Störung als Phosphat ausgefällt werden kann. — **V. Einfluß fremder Kationen.** Nach BLASDALE und PARLE sind Magnesium, Calcium, Zink und Kupfer ohne Einfluß auf die Wismutphosphatfällung, während die Gegenwart größerer Mengen Cadmium höhere Auswagen verursacht. Auf diesen Befund dürfte auch die Feststellung von WENGER und CIMERMAN zurückzuführen sein, nach der die Verfasser bei der Trennung von Wismut und Cadmium mittels der Fällung des Wismuts als Phosphat nur wechselnde Werte erhielten. — In Anwesenheit von Blei kann man Wismut nicht nach dem Phosphatverfahren bestimmen. — **VI. Arbeitsvorschrift von LUFF (a).** Als Fällungsmittel verwendet LUFF Ammoniumdihydrogenphosphat. Es stellt sich in der Lösung dabei das Gleichgewicht ein: $Bi(NO_3)_3 + NH_4H_2PO_4 \rightleftharpoons BiPO_4 + NH_4NO_3 + 2\,HNO_3$. Um es auf die Seite des Wismutphosphates zu verschieben, ist ein großer Überschuß an Fällungsmittel erforderlich, und zwar um so mehr, je saurer die Analysenlösung von vornherein ist. Die von LUFF ermittelten Mengen an Fällungsmittel und an Säure sowie an Fällungsvolumen und die sonstigen Bedingungen gehen aus der Tabelle 1 hervor.

Die salpetersaure Lösung wird mit konzentriertem Ammoniak unter Benutzung von Methylorange bis zu dessen Umschlag neutralisiert, der Niederschlag in 4 cm³ Salpetersäure (D 1,4) gelöst und die Lösung auf 80 cm³ aufgefüllt. Der Fällungskolben wird mit einem Stopfen verschlossen, durch dessen Bohrung ein beiderseits offenes, 1 m langes Rohr von etwa 7 mm lichter Weite führt. Der Kolbeninhalt wird zum gelinden Sieden erhitzt und so während der ganzen Fällungs- und Nachbehandlungsdauer erhalten, wobei sich das obere Rohrende dauernd kalt anfühlen muß. Dann läßt man die Fällungslösung (s. Tabelle 1) aus einer Bürette durch das aufgesetzte Rohr zutropfen. Nach dem Erhitzen (s. Tabelle 1) und Abkühlenlassen über Nacht wird der dichte krystalline Niederschlag abfiltriert und mit Wasser gewaschen. Bei genauer Beachtung der in Tabelle 1 angegebenen Daten sind fast theoretische und übereinstimmende Werte zu erzielen. — Nach WENGER und CIMERMAN ist dieses LUFFsche Verfahren zur Trennung des Wismuts von Blei, Kupfer und Cadmium nicht zu empfehlen. — **VII. Arbeitsvorschrift von SCHOELLER und WATERHOUSE.** Die kalte, chloridfreie, weniger als 100 cm³ betragende Lösung

Tabelle 1.

Nr. des Verfahrens	Konzentration an HNO_3 (D 1,4) in 100 cm³ Flüssigkeit cm³	Volumen der Analysenlösung cm³	Nötige Menge $NH_4H_2PO_4$, gelöst in HNO_3 wie Spalte 2 cm³	Dauer der Erhitzung nach der Fällung
I	5	80	1 g in 40 cm³	6 bis 10 Std. und Stehen über Nacht
II	10	80	5 g in 40 cm³	7 Std. und Stehen über Nacht
III	20	60	25 g in 60 cm³	10 Std. und Stehen über Nacht

wird bis zur schwachen Trübung mit Ammoniak versetzt und die Trübung mit 2 cm^3 konzentrierter Salpetersäure wieder gelöst. Die klare Flüssigkeit wird zum Kochen erhitzt und siedend mit einer 10%igen Lösung von Ammoniumphosphat, die man anfangs sehr langsam (30 Tropfen je Minute) unter Rühren zufließen läßt, gefällt. Auf diese Weise entsteht ein grobkrystalliner Niederschlag. Zur quantitativen Fällung ist ein erheblicher Überschuß des Fällungsmittels erforderlich, bei 50 mg Bi 20 cm^3, bei 400 bis 500 mg Bi 60 cm^3 der Lösung. Nach dem Fällen wird mit heißem Wasser auf 300 bis 400 cm^3 verdünnt. Nach dem Absitzenlassen wird die klare Flüssigkeit abgegossen, der Niederschlag 2 mal mit einer heißen 3%igen Ammoniumnitratlösung, die ganz schwach mit Salpetersäure angesäuert ist, dekantiert und dann auf das Filter gebracht, das ausgewaschen und verascht wird.

B. Maßanalytische Bestimmung.

Die maßanalytische Bestimmung des Wismuts unter Verwendung von Phosphat ist von Muir (b) vorgeschlagen worden. Es wird Wismut mit einer gemessenen Menge Trinatriumphosphat gefällt und dessen Überschuß mit Uranylacetat zurücktitriert. Sowohl Muir als auch nach ihm Ehrenfeld und Indra erhielten wegen der Unsicherheit der Endpunktsbestimmung nur unbefriedigende Werte, die durchschnittlich um 0,6% zu hoch liegen. Deshalb und wegen der umständlichen Ausführung wird das Verfahren hier nicht näher besprochen.

Bessere Ergebnisse liefert das von Strecker und Herrmann vorgeschlagene *argentometrische Verfahren.* Es beruht auf der von Holleman eingeführten und von Strecker und Schiffer vervollkommneten Rücktitration des bei der Fällung eines Metallphosphates überschüssig angewendeten Alkaliphosphates mit Silbernitrat nach Volhard. In der Anwendung auf die maßanalytische Bestimmung des Wismuts wird Wismutphosphat durch überschüssiges Natriumphosphat ausgefällt. Dieses wird in essigsaurer Lösung mit Silbernitrat als Silberphosphat Ag_3PO_4 ausgefällt; das überschüssige Silbernitrat wird dann nach Volhard zurücktitriert.

Reagenzien. 1. 0,1 n Dinatriumhydrogenphosphat-Lösung, eingestellt gegen 0,1 n Silbernitratlösung. 2. Etwa 0,1 n Natriumacetatlösung.

Arbeitsvorschrift für die argentometrische Titration. Die etwa 150 mg Wismut als Nitrat enthaltende Lösung wird auf 50 cm^3 verdünnt, zum Sieden erhitzt, und dann langsam, zuerst tropfenweise, mit 50 cm^3 Natriumphosphatlösung (1) gefällt. Nach dem Erkalten wird in einen 500 cm^3-Meßkolben filtriert, mit Wasser gut ausgewaschen und nach Zugabe von Phenolphthalein mit soviel Natronlauge versetzt, daß eben der Umschlag eintritt. Dann setzt man 50 cm^3 Natriumacetatlösung (2) zu, fällt mit 50 cm^3 0,1 n Silbernitratlösung und füllt auf 500 cm^3 auf. Das überschüssige Silbernitrat wird in je 200 cm^3 der vom ausgeschiedenen Silberphosphat abfiltrierten Lösung nach Volhard zurücktitriert. 1 cm^3 0,1 n Na_2HPO_4-Lösung = 6,967 mg Bi.

Bemerkung. Die Genauigkeit wird als recht gut angegeben.

C. Colorimetrische Bestimmung.

Die colorimetrische Bestimmung des Wismuts als Phosphat ist eine indirekte. Es wird der bei der Fällung von Wismutphosphat angewendete Überschuß an Ammoniumphosphat nach Überführen in Molybdophosphat durch die anschließende Reduktion des Molybdäns zu Phosphomolybdänblau colorimetrisch ermittelt. Hierzu verwenden Kürthy und Müller Hydrochinon und Bordeianu (b) p-Oxyphenyl-glykokoll. Beide Verfahren werden zur Bestimmung kleiner Mengen von Wismut in der Größenordnung von 1 mg verwendet.

1. Verfahren von Kürthy und Müller.

Reagenzien. 1. Molybdänsäure: 50 g Ammoniummolybdat werden in 1 l n Schwefelsäure gelöst. — 2. Hydrochinonlösung: 20 g Hydrochinon und 1 cm³ konzentrierte Schwefelsäure werden zu 1 l gelöst. — 3. Carbonat-Sulfit-Lösung: 200 cm³ 20%ige Natriumcarbonatlösung und 50 cm³ 15%ige Natriumsulfitlösung werden gemischt. — 4. 4,263 g Diammoniumhydrogenphosphat oder 4,393 g Kaliumdihydrogenphosphat werden zu 1 l gelöst. 1 cm³ = 6,746 mg Bi = 1 mg P.

Arbeitsvorschrift. In einem Zentrifugenglase wird die Wismutsalzlösung mit einer gemessenen Menge Natronlauge neutralisiert, bis eine schwache Trübung auftritt. Diese wird mit einem Tropfen Salpetersäure in Lösung gebracht. Dann wird mit einem bekannten Überschuß an Phosphatlösung versetzt und die Mischung $^1/_2$ Std. auf dem Wasserbade erhitzt. Nach 1 Std. wird zentrifugiert und von der klaren Lösung $^1/_5$ bis $^4/_5$ (je nach der vorhandenen Wismutmenge) in einen Meßzylinder von 25 cm³ Inhalt übergeführt. Gleichzeitig werden in zwei weitere Meßzylinder 1 bzw. 2 cm³ einer Lösung, die im Liter 0,4263 g Ammoniumphosphat oder 0,4393 g Kaliumphosphat enthält, abgemessen und alle 3 Lösungen mit Wasser auf 10 cm³ aufgefüllt. Dann setzt man je 1 cm³ Molybdänsäure und 2 cm³ Hydrochinonlösung zu, schüttelt um und läßt 5 Min. stehen. Nach dieser Zeit wird mit 10 cm³ Carbonat-Sulfit-Lösung alkalisch gemacht, mit Wasser auf 25 cm³ aufgefüllt und colorimetriert.

Bemerkungen. **I. Berechnung.** Die gefundene Menge P in mg wird von der zur Fällung angewendeten Menge P in mg subtrahiert und mit 6,746 multipliziert, damit ergibt sich die Wismutmenge in mg. — **II. Genauigkeit.** Bei genügendem Überschuß an Fällungslösung und Erwärmen auf dem Wasserbade sind gute Ergebnisse zu erzielen.

2. Verfahren von Bordeianu.

Das Bestimmungsverfahren gründet sich auf frühere Untersuchungen Bordeianus (a). Um brauchbare Ergebnisse zu erzielen (Fehler unter 1%) soll etwa ebensoviel Phosphat im Überschuß sein, wie vom Wismut gebunden wird. Mengen von 1 mg Bi_2O_3 in 20 cm³ lassen sich noch mit 1% Fehler bestimmen.

Arbeitsvorschrift. In 100 cm³ Lösung darf 1 g Bi_2O_3 enthalten sein. Ist die Lösung chloridhaltig, so bestimmt man zunächst den Chlorgehalt von 10 cm³ der Analysenlösung nach Volhard. Dann verdünnt man 10 cm³ der Analysenlösung auf 100 cm³ und stumpft die Säure mit 1%iger Natronlauge bis zur schwachen Trübung ab. Diese wird durch 1%ige Salpetersäure eben wieder zum Verschwinden gebracht. Zur Verringerung der Löslichkeit des Wismutphosphates gibt man 5 bis 6 cm³ 10%ige Natriumnitratlösung zu und die nach dem Vorversuch bekannte Silbernitratmenge sowie 10 cm³ einer Lösung von Ammoniumphosphat (6,554 g P_2O_5/l). Nach zweistündigem Stehen bei Raumtemperatur oder nach 30 Min. auf dem Wasserbade wird die erkaltete, bis zur Marke aufgefüllte Lösung nach kräftigem Schütteln durch ein gehärtetes Filter in ein trockenes Gefäß filtriert. Genau 4 cm³ des Filtrates werden in einem 50-cm³-Meßkolben mit 1 cm³ einer frisch bereiteten 10%igen salpetersauren Lösung von p-Oxyphenylglykokoll und 1 cm³ Ammoniummolybdatlösung versetzt. Dann wird zur Marke aufgefüllt. Durch Vergleich mit einer Testlösung wird der Phosphatgehalt colorimetrisch bestimmt.

Bemerkungen. **I. Genauigkeit.** Das Verfahren hat sich gut bewährt, wenn der Überschuß an Phosphatlösung bei der Fällung nicht zu groß ist. Ist der Phosphatüberschuß etwa so groß, wie die gefundene Menge Wismut, so werden Fehler von 0,5 bis 1,5% beobachtet. — **II. Störung.** Gegenwart von Chlor-Ionen wirkt bei der Bestimmung störend. Es ist daher notwendig, das Chlorid vor der Bestimmung durch Silbernitrat auszufällen. Hierbei ist wiederum ein Überschuß an

Silbernitrat zu vermeiden. Deshalb ist, wie oben beschrieben, die erforderliche Silbermenge erst durch einen Vorversuch genau zu ermitteln.

Trennungsverfahren.

Außer von Blei und mit gewissen Einschränkungen von Cadmium läßt sich das Wismut durch Fällung als Wismutphosphat in salpetersaurer Lösung von allen anderen Metallen mit gutem Erfolge abtrennen.

Die Trennungen können sowohl nach dem Verfahren von LUFF (a) (s. S. 543) als auch nach dem Verfahren von STÄHLER, als auch nach dem Verfahren von SALKOWSKI und SENDHOFF (s. unten) erfolgen.

A. Trennung des Wismuts von Silber, Quecksilber, Kupfer und Cadmium nach STÄHLER.

Arbeitsvorschrift. Die salpetersaure Lösung wird mit 3 cm^3 10%iger reiner Phosphorsäure versetzt, mit siedendem Wasser auf ein Volumen von 300 bis 400 cm^3 gebracht und zum Sieden erhitzt. In die siedende Flüssigkeit tropft man unter tüchtigem Umrühren eine siedend heiße Lösung von Trinatriumphosphat ein. Die Lösung muß dabei sauer bleiben. Zweckmäßig ist ein Zusatz einiger Tropfen Rosolsäure als Indicator. Man läßt dann einige Minuten ruhig absitzen und dekantiert noch heiß von dem feinkörnigen Niederschlag in einen Porzellan-Filtertiegel. Das erste Filtrat wird noch mit soviel Natriumphosphatlösung versetzt, daß die Flüssigkeit beinahe neutral wird, und dann werden noch einige Tropfen Phosphorsäure zugefügt. Sollte sich hierbei noch eine Trübung bilden, so wird die noch immer schwach saure Flüssigkeit noch einmal im Fällungsgefäß aufgekocht und nach dem Absetzen des Niederschlages durch den gleichen Filtertiegel filtriert. Mittels der heißen Waschflüssigkeit (200 cm^3 siedend heißes Wasser, mit 1 g Ammoniumnitrat und 4 Tropfen konzentrierter Salpetersäure versetzt) wird der Niederschlag vollständig in den Filtertiegel gebracht und noch 1- bis 2mal mit der Waschflüssigkeit gewaschen. Der Tiegel mit dem Niederschlag wird getrocknet und 10 bis 15 Min., in einem Schutztiegel stehend, mit großer Flamme des BUNSEN-Brenners geglüht.

In den Filtraten bestimmt man:

Silber entweder als Silberchlorid gravimetrisch oder titrimetrisch nach VOLHARD,

Quecksilber nach Ansäuern mit Salzsäure und Übersättigen mit Ammoniak durch Fällung mit Schwefelwasserstoff als Quecksilbersulfid, das sich ohne Schwefelbeimengung abscheidet,

Kupfer als Kupfersulfid durch Fällung mit Schwefelwasserstoff,

Cadmium bei Abwesenheit von Chlorid nach Zusatz von Kaliumcyanid aus ammoniakalischer Lösung elektrolytisch und bei Gegenwart von Chlorid als Cadmiumsulfid durch Fällung mit Schwefelwasserstoff.

Bemerkung. **Genauigkeit.** Für alle Trennungen werden bezüglich beider Metalle sehr gute Werte angegeben.

B. Trennung des Wismuts von Silber, Quecksilber, Kupfer, Cadmium, Eisen, Kobalt, Nickel, Mangan, Zink, Chrom und Aluminium nach SALKOWSKI bzw. SENDHOFF.

Arbeitsvorschrift. Zur siedend heißen, verdünnten, salpetersauren Lösung werden 5 cm^3 25%ige Phosphorsäure zugefügt. Man rührt gut um, läßt absitzen und filtriert noch heiß durch einen Porzellan-Filtertiegel. Der Niederschlag von Wismutphosphat wird mit einer heißen Mischung von 15 cm^3 Salpetersäure (D 1,10),

100 cm³ Wasser und 3 g Ammoniumnitrat gewaschen, sodann getrocknet und geglüht. Im Filtrat werden die anderen Metalle nach den üblichen Verfahren bestimmt.

***Bemerkung.* Genauigkeit.** Die Trennungen lassen sich teils mit sehr gutem, teils mit befriedigendem Erfolge durchführen.

C. Trennung des Wismuts von Silber, Eisen, Kobalt, Nickel, Mangan, Zink, Aluminium und Magnesium nach Luff (b).

Zur Trennung des Wismuts von den in der Überschrift aufgeführten Metallen verwendet Luff (b) das in Tabelle 1 auf S. 543 unter I angegebene Verfahren der Fällung des Wismutphosphates, außer für EisenIII, bei dem nach dem ebenfalls dort angeführten Verfahren III gearbeitet wird.

In den Filtraten werden bestimmt:

Silber als Silberchlorid, EisenIII als EisenIII-phosphat, das nach dem Lösen jodometrisch titriert wird, Kobalt, Nickel, Mangan und Zink als Ammoniumdoppelphosphate, Aluminium als Aluminiumphosphat, Magnesium als Ammoniummagnesiumphosphat.

***Bemerkung.* Genauigkeit.** Es ist je eine Beleganalyse angeführt, die durchgehend gute Werte bietet. — Wenger und Cimerman, die nach diesem Verfahren Trennungen des Wismuts von Blei, Kupfer und Cadmium durchgeführt haben, finden wechselnde Werte.

D. Trennung des Wismuts von Kupfer und Cadmium nach Moser.

Die Abtrennung des Wismuts als Phosphat in salpetersaurer Lösung ist nur anwendbar, wenn wenig Cadmium vorhanden ist. Bei größeren Mengen Cadmium wird dieses mitgerissen. Es kann aus dem Wismutphosphatniederschlag durch dessen Behandlung mit 0,1 n Salpetersäure in der Siedehitze während 3 bis 5 Min. entfernt werden. Um sicher zu sein, daß hierbei kein Wismutphosphat in Lösung geht, gibt man zu der erhaltenen salpetersauren Lösung einige Kubikzentimeter Ammoniumphosphatlösung zu und nimmt die Filtration nach erneuter Klärung der Flüssigkeit vor.

Für Kupfer gelten ähnliche Bedingungen, jedoch kann dessen Konzentration höher als die des Cadmiums sein.

Das Verfahren bietet nach Moser selbst keine besonderen Vorteile gegenüber anderen Trennungen des Wismuts von Cadmium bzw. Kupfer, und auch Wenger und Cimerman finden bei seiner Anwendung im Falle der Trennung des Wismuts von Cadmium nur wechselnde Werte.

E. Trennung des Wismuts von Thallium.

Wie Moser und Brukl gefunden haben, ist es leicht, Wismut von Thallium zu trennen, wenn das Wismut als Phosphat gefällt und das Thallium im Filtrat davon als Chromat bestimmt wird.

Die Lösung soll soweit verdünnt sein, daß etwa 100 mg Bi in 100 cm³ enthalten sind. Die Lösung wird zum Sieden erhitzt und unter Rühren mit Ammoniumphosphatlösung versetzt, um das Wismutphosphat auszufällen (s. S. 542).

Ist die Konzentration des Thalliums groß im Vergleich zu der des Wismuts, so ist diese Trennung nicht anwendbar, weil Thallium mitgerissen wird und die doppelte Fällung wegen der Schwerlöslichkeit des Wismutphosphates Schwierigkeiten bereitet.

Die Ergebnisse der mitgeteilten Analysen sind befriedigend.

Literatur.

BLASDALE, W. C., u. W. C. PARLE: Ind. eng. Chem. Anal. Edit. 8, 352 (1936). — BORDEIANU, C. V.: (a) Ann. scient. Univ. Jassy 14, 353 (1927); durch C. 98, II, 141 (1927); (b) 16, 546 (1931); durch C. 102, II, 2037 (1931).

CHANCEL, G.: C. r. 50, 416 (1860); 51, 882 (1860).

EHRENFELD, R., u. A. INDRA: Fr. 48, 24 (1909).

HEINTZ, W.: Jbr. 1846, 287. — HOLLEMAN, A. F.: R. 12, 1 (1893); Fr. 33, 185 (1894).

KEŠANS, A.: (a) Latvijas Univ. Raksti (Riga) 1, 65 (1929); durch Fr. 97, 287 (1934); (b) Fr. 125, 6 (1943). — KÜRTHY, L., u. H. MÜLLER: Bio. Z. 147, 377 (1924).

LUFF, G.: (a) Ch. Z. 47, 133 (1923); (b) Ch. Z. 48, 61 (1924).

MOSER, L.: Fr. 45, 19 (1906). — MOSER, L., u. A. BRUKL: M. 47, 667 (1926). — MUIR, M. M. P.: (a) Soc. 32, 674 (1877); (b) Chem. N. 36, 211 (1877).

RATHJE, W.: B. 74, 357 (1941).

SALKOWSKI, H.: (a) J. pr. 104, 170 (1868); (b) B. 38, 3943 (1905). — SCHOELLER, W. R., u. D. A. LAMBIE: Analyst 62, 533 (1937); durch Fr. 113, 135 (1938). — SCHOELLER, W. R., u. E. F. WATERHOUSE: Analyst. 45, 435 (1920); durch Fr. 63, 312 (1923). — DE SCHULTEN, R.: Bl. [3] 29, 723 (1903). — SENDHOFF, B.: Diss. Münster 1904. — STÄHLER, A.: Ch. Z. 31, 615 (1907). — STÄHLER, A., u. W. SCHARFENBERG: B. 38, 3862 (1905). — STRECKER, W., u. A. HERRMANN: Fr. 72, 6 (1927). — STRECKER, W., u. P. SCHIFFER: Fr. 50, 495 (1911).

VANINO, L., u. F. HARTL: J. pr. [2] 74, 151 (1906). — VOLHARD, J.: A. 190, 3 (1878).

WENGER, P., u. CH. CIMERMAN: Helv. 14, 734 (1931).

§ 3. Bestimmung unter Abscheidung als Wismutsulfid.

Bi_2S_3, Molekulargewicht 514,18.

Allgemeines.

Die Bestimmung des Wismuts als Sulfid, die auf der seit langem bekannten Fällbarkeit von Wismutsalzlösungen durch Schwefelwasserstoff beruht [ROSE (a)], ist nicht als das beste Verfahren anzusehen, weil die Eigenschaften des Wismutsulfides es als Wägungsform nicht besonders empfehlen. Der Niederschlag enthält meist Schwefel; da er einerseits leicht oxydierbar, andererseits leicht reduzierbar ist, so ist seine Behandlung zwecks Erlangung einer brauchbaren Wägungsform kompliziert [MOSER (a)]. Auch die auf der Ausfällung von Wismutsulfid beruhenden maßanalytischen Verfahren sind nicht als befriedigend anzusprechen. Die Ausfällung des Wismuts als Sulfid kann jedoch in vielen Fällen von Bedeutung sein für dessen Abtrennung von anderen Metallen, und zwar von den Alkalimetallen, den Erdalkalimetallen und den Metallen der Ammoniumsulfidgruppe. Auch ist unter besonderen Bedingungen eine Trennung von Quecksilber möglich. Demnach wird die Abscheidung des Wismuts als Sulfid in manchen Fällen angezeigt sein. Wenn es bei der Bestimmung auf große Genauigkeit ankommt, so ist es unbedingt notwendig, das gefällte Wismutsulfid aufzulösen und in eine andere Wägungsform überzuführen oder auf eine andere Weise zu bestimmen.

Eigenschaften des Wismutsulfides. Aussehen. In gefällter Form ist Wismutsulfid ein braunschwarzes bis schwarzes Pulver. Es krystallisiert rhombisch-bipyramidal.

Dichte. Die Angaben über die Dichte des Wismutsulfides liegen zwischen den Werten 6,1 und 7,10. Die Schwankungen sollen durch wechselnde Beimengungen an metallischem Wismut bedingt sein.

Verhalten beim Erhitzen. Wismutsulfid kann ohne Gewichtsverlust auf 100° erhitzt werden. Bei 200° nimmt sein Gewicht etwas ab, bleibt aber auch bei längerem Erhitzen auf dunkle Rotglut konstant [ROSE (b)]. Nach KRUSTINSONS liegt die obere Grenze der beim Trocknen von Wismutsulfid zulässigen Temperatur bei 120°. — Bei weiterer Erhöhung der Temperatur bis auf 260° tritt neben sehr geringer Gewichtsverminderung durch Sublimation eine allmähliche Gewichtszunahme durch Oxydation des Wismutsulfides auf. Beim Erhitzen bis zur Weißglut in einem Strom von Kohlendioxyd kann der Schwefel fast vollständig ausgetrieben werden. — Beim Erhitzen im Stickstoffstrom zerfällt das Wismutsulfid bei höherer Temperatur in Metall und Schwefel. Bis etwa 280° ist der Zerfall unmerklich, er beginnt bei etwa 300° und ist bei etwa 500° vollständig. Aus den Untersuchungen ergeben sich keine Anzeichen für ein Vorhandensein von „WismutII-sulfid“ BiS, wahrscheinlich liegt hierin nur ein Gemisch von Wismutsulfid und Wismut vor. Im Schwefelwasserstoffstrom tritt bis 280° keine Gewichtsveränderung ein. Bei höherer Temperatur findet Zerfall statt, der beim Erkalten im Schwefelwasserstoffstrom teilweise rückgängig gemacht wird. Mit Formaldehyd und Natronlauge gefälltes, fein verteiltes Wismut wird bei einstündigem Erhitzen in Schwefelwasserstoff bei 270° quantitativ in Wismutsulfid übergeführt. Etwa entstandenes Wismutoxyd läßt sich im Schwefelwasserstoffstrom *nicht* quantitativ in Wismutsulfid verwandeln. Bei der Einwirkung von Wasserdampf auf stark erhitztes Wismutsulfid findet unter Entwicklung von Schwefelwasserstoff teilweise Reduktion zu metallischem Wismut statt (MOSER und NEUSSER).

Löslichkeit. *In Wasser.* Das Löslichkeitsprodukt ist von BRUNER und ZAWADZKI zu $p_{Bi_2S_3} = 3{,}2 \cdot 10^{-91}$ ermittelt worden. Dem entspricht bei einer Konzentration des Schwefelwasserstoffes $[H_2S] = 0{,}1$ und einer Wasserstoff-Ionen-Konzentration $[H^{\cdot}] = 1$ eine Wismut-Ionen-Konzentration $[Bi^{\cdot\cdot\cdot}] = 1{,}6 \cdot 10^{-11}$. Wismutsulfid ist also praktisch unlöslich in Wasser. — *In Säuren.* Durch oxydierende Säuren wird Wismutsulfid leicht zersetzt, in verdünnter Salpetersäure löst es sich bei gewöhnlicher Temperatur unter Abscheidung von Schwefel. Da Salpetersäure auch in ziemlicher Verdünnung Wismutsulfid schon bei gewöhnlicher Temperatur angreift, so enthält der aus salpetersaurer Lösung gefällte Niederschlag meist beigemengten Schwefel. — In kalter, konzentrierter Salzsäure löst sich Wismutsulfid auf, auch beim Verdünnen der Säure mit Wasser im Verhältnis 1:3 ist die Auflösung des Sulfides bei etwa 30° noch fast vollständig. Aus einer Lösung von 0,5 g Bi_2O_3 in 5 cm^3 konzentrierter Salzsäure wird Wismutsulfid in der Kälte durch Schwefelwasserstoff nicht gefällt. Bei Verdünnung der Säure mit Wasser im Verhältnis 1:3 beginnt Braunfärbung der Lösung, aber erst bei einer Verdünnung 1:5 findet vollständige Abscheidung statt (RAMACHANDRAN).

Bei 20° und einem Schwefelwasserstoffüberdruck von 35 cm Wassersäule reicht das Gebiet der vollständigen Fällung bis zu einem Salzsäuregehalt von etwa 14%. Zwischen 14 und 16% findet noch teilweise Fällung statt, während bei etwa 16,5% HCl das Gebiet der Nichtfällbarkeit beginnt. Die lösende Wirkung der Salzsäure wird größer beim Arbeiten ohne Schwefelwasserstoffüberdruck oder bei Erhöhung der Temperatur auf 50° (MANCHOT, GRASSL und SCHNEEBERGER). — Der aus salzsaurer Lösung mit Schwefelwasserstoff erhaltene Niederschlag von Wismutsulfid enthält auch nach wiederholter Behandlung mit Schwefelwasserstoffwasser und siedendem Wasser und darauffolgendem Erhitzen auf 300° in einem Strom von Kohlendioxyd immer noch Chlor. Die Höhe des Chlorgehaltes ändert sich nicht merklich bei Änderung der Säurekonzentration bei der Fällung (JELLINEK und ZAKOWSKI). — *In Basen.* Wismutsulfid ist unlöslich in Alkalihydroxyd.

Kolloides Verhalten. Das aus einer sehr stark verdünnten, mit Essigsäure angesäuerten Lösung von Wismutnitrat mit einer zur Sättigung nicht ausreichenden Menge Schwefelwasserstoff erhaltene rötlichbraune Hydrosol ist nach der Dialyse mehrere Tage beständig und kann ohne Zersetzung zum Sieden erhitzt werden (WINSSINGER). — Stabile Wismutsulfidsole höherer Konzentration bis zu 10 mg je cm^3 können durch Einleiten von Schwefelwasserstoff in salpetersaure Lösungen bei Gegenwart stark wirkender Schutzkolloide (Gummi arabicum) erhalten werden (KUHN und PIRSCH) (s. S. 553). — Kolloides Wismutsulfid oxydiert sich in direktem Sonnenlicht in Gegenwart von Luft unter Bildung von kolloidem Schwefel.

Bestimmungsverfahren.

A. Gewichtsanalytische Bestimmung.

1. Wägung als Wismutsulfid.

Vorbemerkung. Der Versuch, Wismutsulfid als Wägungsform zu benutzen, kann daran scheitern, daß der von der Fällung her dem Wismutsulfid beigemengte Schwefel schwer zu entfernen ist, und daß das Sulfid mit basischen Salzen gemengt ausgefallen sein kann.

Um die hierdurch möglichen Fehlerquellen auszuschalten, sind zahlreiche Vorschläge gemacht worden.

1. Löwe beseitigt den überschüssigen Schwefel dadurch, daß er das Wismutsulfid mit einer mäßig konzentrierten Lösung von Natriumsulfit erwärmt. Obwohl Löwe nach diesem Verfahren gute Ergebnisse erzielt hat, ist es wegen seiner Umständlichkeit nicht zu empfehlen.

Besser und rascher gelingt es, den überschüssigen Schwefel durch Schwefelkohlenstoff zu entfernen. Das gefällte Sulfid wird der Reihe nach mit salzsäurehaltigem Wasser, dann mit Alkohol, Äther, Schwefelkohlenstoff, Alkohol und schließlich mit Äther ausgewaschen, bei 105° getrocknet und gewogen. Keinesfalls darf diese Temperatur überschritten werden, weil sonst Oxydation des Sulfides eintreten könnte [Moser (c)]. Immerhin ist dieses Verfahren langwierig und unangenehm.

2. Zur Entfernung des überschüssigen Schwefels empfehlen daher Jellinek und Kühn sowie Moser und Neusser das Erhitzen des Wismutsulfides in einem Strom von Kohlendioxyd bzw. von Schwefelwasserstoff auf eine Temperatur von etwa 270°. Das von Rose (c) angewendete Erhitzen des Wismutsulfides in einem Wasserstoffstrom ist nicht anwendbar, da bei zu langer Erhitzung teilweise Reduktion zu Metall stattfindet, die Werte also zu niedrig ausfallen, während bei frühzeitiger Unterbrechung des Erhitzens der Schwefel noch nicht völlig ausgetrieben sein kann.

3. Um Wismutsulfid durch Schwefelwasserstoff aus einer sauren Lösung quantitativ abzuscheiden, darf die Säurekonzentration ein bestimmtes Maß nicht überschreiten. Andererseits darf sie nicht unter eine gewisse Grenze sinken, da alle Wismutsalze sehr stark zur Hydrolyse neigen. Es ist jedoch besser, die Säurekonzentration niedrig zu halten und die Bildung basischer Salze in Kauf zu nehmen, da diese durch Schwefelwasserstoff in Wismutsulfid umgewandelt werden [Moser (c)]. Jellinek und Zakowski haben jedoch festgestellt, daß aus salzsaurer Lösung abgeschiedenes Wismutsulfid stets chlorhaltig sei.

4. Alle genannten Schwierigkeiten können umgangen werden, wenn das ausgefällte Wismutsulfid in eine andere Wägungsform übergeführt wird (s. S. 552).

Auf Grund dieser Darlegungen ist das Bestimmungsverfahren von Moser und Neusser mit kleinen Abänderungen von Jellinek und Kühn wohl am meisten zu empfehlen.

Arbeitsvorschrift. Man fällt das Wismut aus nicht zu stark salpetersaurer Lösung mit Schwefelwasserstoff, filtriert, wenn die überstehende Flüssigkeit klar geworden ist, durch einen bei 270° getrockneten Porzellanfiltertiegel, wäscht mit kaltem Wasser aus und trocknet den Tiegel zunächst bei 110° etwa $^1/_2$ Std. lang im Trockenschrank. Hierauf bringt man den Tiegel samt einem mitgewogenen Schutztiegel in ein Luftbad (am vorteilhaftesten Aluminiumblock mit passendem Glaseinsatz siehe Kapitel Sb, § 1, S. 411) und erhitzt im Schwefelwasserstoffstrom 1 Std. lang auf 270°. Nach dem Erkalten im Schwefelwasserstoffstrom wägt man.

Bemerkungen. **I. Genauigkeit.** Bei einer Einwage von etwa 140 mg betragen die Fehler $\pm 0,15\%$. — **II. Sonstige Arbeitsweisen.** a) Verfahren von

SCHULEK und BOLDIZSÁR. Die Verfasser schlagen vor, das Wismutsulfid, das zur Vermeidung einer Schwefelabscheidung aus salzsaurer Lösung gefällt wird, zwecks Lösung etwa vorhandenen Schwefels mit Schwefelkohlenstoff zu extrahieren und dann bei gewöhnlicher Temperatur in einem trockenen Luftstrom bis zur Gewichtskonstanz zu trocknen.

Arbeitsvorschrift. Die nicht mehr als 200 mg Bi enthaltende Lösung wird in einem ERLENMEYER-Kolben von 100 cm³ Inhalt mit 10%igem Ammoniak bis zur Trübung, dann bis zu deren Beseitigung tropfenweise mit 10%iger Salzsäure versetzt. Die so vorbereitete Lösung wird mit 5 cm³ 10%iger Salzsäure angesäuert, mit Wasser auf 50 cm³ aufgefüllt und mit 1 g Ammoniumchlorid versetzt. In die bis zum Kochen erwärmte Lösung wird durch eine Capillare bis zum Abkühlen Schwefelwasserstoff eingeleitet. Es ist vorteilhaft, den ERLENMEYER-Kolben während des Gaseinleitens mit einem schwarzen Tuche zuzudecken oder ihn in eine mit durchbohrtem Deckel verschlossene Pappschachtel zu stellen. Nach der Sättigung mit Schwefelwasserstoff verschließt man den Kolben mit einem Korkstopfen und stellt ihn auf 12 Std. ins Dunkle. Man gießt zuerst die klare Lösung, dann den aufgerührten Niederschlag in den Filtertrichter (Jenaer Glasfiltertrichter G 3 von der in der Abb. 1 angegebenen Form). Da es, wenn auch nur selten, vorkommt, daß Spuren des Niederschlages durch das Filter gehen, ist es anzuraten, den klaren Anteil der Lösung aus der Saugflasche wegzugießen, damit das trübe Filtrat nochmals auf einmal in den Filtertrichter gebracht werden kann. Der Wismutsulfidniederschlag wird mit 50 cm³ heißem Wasser in Anteilen von je 5 cm³ ausgewaschen. Es ist ratsam, ihn während des Auswaschens mit einem kleinen, an einem Ende plattgedrückten Glasstabe immer gut aufzurühren. Dadurch wird das Filtrieren bedeutend beschleunigt. Der fest abgesaugte Niederschlag wird zweimal mit 5 cm³ Alkohol übergossen, gut aufgerührt und 10 Min. lang abgesaugt. Nun gießt man 5 cm³ frisch destillierten Schwefelkohlenstoff in den Trichter, rührt den Niederschlag gut auf und läßt den Schwefelkohlenstoff ohne zu saugen abtropfen. Dies wird noch einmal wiederholt. Nun wird 10 Min. lang ein kräftiger Luftstrom durch den Niederschlag gesaugt. Danach wird unter Abspülen der inneren Trichterwand der Niederschlag mit 5 cm³ 96%igem, von festem Kaliumhydroxyd abdestillierten Alkohol bedeckt, mit einem Glasstäbchen aufgerührt und scharf abgesaugt. Diese Behandlung wird noch zweimal wiederholt. Dann wird das Stäbchen mit Alkohol abgespült, die Saugflasche samt Filter mit der Gaswaschflasche in der in Abb. 1 gezeigten Weise verbunden und 15 Min. lang ein kräftiger Luftstrom durch den Niederschlag gesaugt.

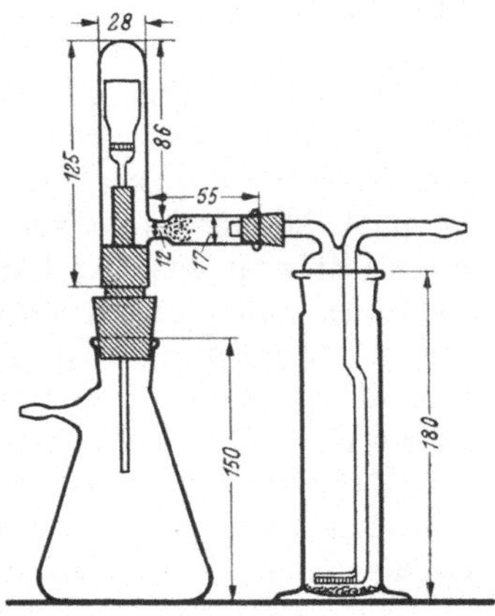

Abb. 1. Trockenapparatur von SCHULEK und BOLDIZSÁR.

Bemerkungen. **I. Genauigkeit.** Diese ist von den Verfassern nicht angegeben. Es wird nur gesagt, daß bei 2stündigem Trocknen bei 130° eine Gewichtszunahme von durchschnittlich +0,7% auftritt. — **II. Anwendbarkeit.** Das Verfahren ist auch geeignet zur Bestimmung von Wismut in Gegenwart von Zink. — **III. Behandlung der Filtertiegel.** Mit einem Filtertiegel kann nur *eine* Bestimmung ausgeführt werden. Die Reinigung des Tiegels erfolgt mit einer 20%igen Salzsäure, die etwa 3% freies Brom enthält. Man wäscht mit heißem Wasser nach. Bei bisweilen auftretendem, unangenehmen Geruch wird 10%ige Natronlauge durch den Tiegel gesaugt und dieser dann mit Wasser alkalifrei gewaschen. — **IV. Trockenapparatur.** Die in Abb. 1 gezeichnete Trockenapparatur bedarf keiner besonderen

Beschreibung. Die Jenaer Gaswaschflasche G 2 enthält neben etwas festem Calciumchlorid ($CaCl_2 \cdot 6\,H_2O$) eine gesättigte $CaCl_2$-Lösung. Bei tiefer Temperatur muß die etwa auskrystallisierte Füllung in warmem Wasser aufgetaut werden. Etwaige Schaumbildung kann durch Auskochen der Lösung oder durch Zugabe einiger Tropfen 10%iger Salzsäure aufgehoben werden.

b) Verfahren von FAKTOR. Das von FAKTOR angewendete Verfahren der Ausfällung von Wismutsulfid durch Natriumthiosulfat nach der Gleichung:

$$2\,Bi^{\cdot\cdot\cdot} + 3\,S_2O_3'' + 3\,H_2O = Bi_2S_3 + 6\,H^{\cdot} + 3\,SO_4''$$

und mäßiges Erhitzen des Niederschlages im Schwefelwasserstoffstrom wird von WENGER und CIMERMAN als unbrauchbar bezeichnet, da die Ergebnisse nicht übereinstimmten.

2. Wägung als Wismutoxyd.

Anstatt das Wismutsulfid als solches zu wägen, kann es in Wismutoxyd übergeführt und dieses zur Wägung gebracht werden. THÜRACH erhitzt zu diesem Zweck das Wismutsulfid zuerst im bedeckten und dann im offenen Tiegel. Das Verfahren ist nach MOSER (c) zu verwerfen, da dabei immer Sulfat entsteht, das sich nicht quantitativ in das Oxyd überführen läßt.

Es ist daher üblich geworden, das Wismutsulfid in Salpetersäure zu lösen und aus dieser Lösung durch Ammoniumcarbonat basisches Wismutcarbonat zu fällen und dieses zu Oxyd zu verglühen. Die dazu anzuwendende Arbeitsvorschrift ist in § 6 G, S. 595 angegeben.

VOLHARD löst das Wismutsulfid ebenfalls in Salpetersäure, glüht aber nach dem Abrauchen der salpetersauren Lösung mit Salzsäure unter Zusatz von Quecksilberoxyd zu Wismutoxyd. Hierzu s. § 4 A, S. 558.

3. Wägung als Wismutphosphat.

Noch vorteilhafter als die Überführung des Wismutsulfides in Wismutoxyd ist die in die beste Wägungsform, in das Wismutphosphat. Hierzu wird das Wismutsulfid in verdünnter Salpetersäure gelöst und nach der in § 2, S. 542 gegebenen Vorschrift in Wismutphosphat übergeführt.

Die hier unter 2. und 3. angeführte Arbeitsweise ist immerhin umständlich und wird nur angewendet werden, wenn die Abscheidung des Wismuts neben anderen Metallen nur auf Grund der Fällung mit Schwefelwasserstoff möglich ist.

B. Maßanalytische Bestimmung.

Abgesehen von den unten zu besprechenden potentiometrischen und konduktometrischen maßanalytischen Bestimmungsverfahren des Wismuts in Form des Sulfides sind die gewöhnlichen maßanalytischen Verfahren indirekte Verfahren und daher von vornherein als schwierig anzusehen oder mit gewissen Fehlerquellen behaftet.

Das von FRERICHS angegebene argentometrische Verfahren beruht auf der Umsetzung zwischen Silbernitrat und Wismutsulfid:

$$6\,AgNO_3 + Bi_2S_3 = 3\,Ag_2S + 2\,Bi(NO_3)_3.$$

Der Überschuß an Silbernitrat wird nach VOLHARD bestimmt. Infolge der starken Adsorption des Wismutsulfides (s. S. 553) liefert das Verfahren keine befriedigenden Ergebnisse.

Fußend auf einem Vorschlage von MOHR hat HANUŠ ein Verfahren zur manganometrischen Bestimmung des Wismutsulfides ausgearbeitet, das auf folgender Umsetzung beruht:

$$Bi_2S_3 + 6\,Fe^{\cdot\cdot\cdot} = 2\,Bi^{\cdot\cdot\cdot} + 6\,Fe^{\cdot\cdot} + 3\,S.$$

Das in üblicher Weise gefällte Wismutsulfid wird mit EisenIII-sulfat und mit Schwefelsäure versetzt und das gebildete EisenII-Ion mit Kaliumpermanganat bestimmt.

Die von HANUŠ beigebrachten Analysenbeispiele zeigen einen geringen positiven Fehler. Die Kontrollversuche von MOSER (b) ergaben immer einen Mehrverbrauch an Kaliumpermanganat, der auf die Oxydation des fein verteilten Schwefels zurückzuführen ist. Die Fehler betragen bis zu fast +4%. Das Verfahren ist somit nicht zu empfehlen.

C. Colorimetrische Bestimmung.

Die colorimetrische Bestimmung des Wismuts als Sulfid beruht auf dem Vergleich der Braunfärbung eines durch ein Schutzkolloid stabilisierten kolloiden Systems von Wismutsulfid mit einer auf gleiche Weise erzeugten Braunfärbung in einer Lösung mit bekanntem Wismutgehalt. Das Verfahren eignet sich nur für kleine Wismutmengen, da in konzentrierteren kolloiden Systemen trotz des Schutzkolloides leicht Ausflockung erfolgt (s. S. 549). Das colorimetrische Verfahren ist daher auch für die Bestimmung des Wismuts in organischem Material ausgearbeitet worden (ENGELHARDT) (s. dazu § 15 B, S. 698). Als Schutzkolloid verwendet ENGELHARDT Gelatine, YAMAMOTO Gummi arabicum oder Polyvinylalkohol.

***Arbeitsvorschriften von* YAMAMOTO.** (a) Die Wismutlösung wird mit 1 g Natrium-Kaliumtartrat (diesen Zusatz haben schon BODNÁR und KARELL vorgeschlagen) und 5 bis 10 cm³ einer 1%igen Lösung von Gummi arabicum, dann mit Ammoniak bis zum p_H-Wert 8, ferner mit einigen Tropfen 10%iger Natriumsulfidlösung versetzt und auf 100 cm³ verdünnt. Die rotbraun gefärbte Lösung wird mit einer auf gleiche Weise behandelten Standardlösung verglichen.

(b) Zu einer schwach sauren Wismutsalzlösung wird eine wäßrige Lösung von Gummi arabicum oder Polyvinylalkohol und dann 0,5%ige Natriumsulfidlösung gegeben und nach 2 Min. mit Ammoniak alkalisch gemacht. Die braune Lösung wird gegen eine genau so behandelte Wismut-Standardlösung colorimetriert.

***Bemerkungen.* I. Genauigkeit.** Die Genauigkeit der Wismutbestimmung beträgt ±3%. — **II. Haltbarkeit der Färbung.** Je nach dem Schutzkolloid hält sich die Farbe 6 bzw. 3 Std. lang. Sind jedoch 2 g Kaliumchlorid in 100 cm³ Lösung vorhanden, so bleibt sie nicht 30 Min. lang unverändert. Noch größere Elektrolytmengen beeinflussen die Farbe des Sols. — **III. Anwendungsbereich.** Nach ENGELHARDT ist das Verfahren bis zu 0,025 mg Bi anwendbar. BODNÁR und KARELL bestimmen bis zu 2 mg Bi in 100 cm³.

D. Potentiometrische Bestimmung.

HILTNER und GRUNDMANN haben die potentiometrische Bestimmung des Wismuts als Sulfid versucht, die auf der Titration von Wismutsalzlösungen mit 0,1 n Natriumsulfidlösung als Maßflüssigkeit beruht. Als Indicatorelektrode dient eine Silbersulfidelektrode, und eine stabilisierte Silberelektrode ist die Vergleichselektrode. Es tritt ein Potentialsprung auf, aber zu spät, wahrscheinlich weil Wismutsulfid sehr stark Sulfid-Ionen adsorbiert. Der hierdurch bedingte Fehler beträgt bis +12%. Das Verfahren ist also für die Wismutbestimmung nicht anwendbar. PINKHOF hat in essigsaurer oder weinsaurer Lösung allerdings bessere Ergebnisse erzielt.

E. Konduktometrische Bestimmung.

Mikroverfahren von IMMIG und JANDER.

Das konduktometrische Verfahren von IMMIG und JANDER erlaubt unter Anwendung geeignet verdünnter Maßlösung — Schwefelwasserstoffwasser — und geeigneter Apparatur eine Bestimmung sehr kleiner Wismutmengen bis herab zu 10 γ Bi.

Eine Erschwerung bei der konduktometrischen Wismutbestimmung ist die Neigung der Wismutsalze zur Hydrolyse und die damit verbundene Bildung schwer löslicher basischer Salze. Bei den vorliegenden großen Verdünnungen sind in der Lösung nur Wismutylverbindungen vorhanden. Für die Ausarbeitung des Verfahrens wurde die am leichtesten lösliche derartige Verbindung, das Wismutylperchlorat $BiOClO_4$, gewählt. Nach der Reaktionsgleichung

$$2\,BiOClO_4 + 3\,H_2S = Bi_2S_3 + 2\,HClO_4 + 2\,H_2O$$

wird je Mol Schwefelwasserstoff $^2/_3$ Gramm-Ion Wasserstoff-Ion frei. Der Anstieg der Leitfähigkeit ist also nicht sehr erheblich, und dadurch ist die Bestimmung nur bis herab zu 10 γ Wismut möglich. Die Leitfähigkeitskurve zeigt zunächst einen Anstieg, bedingt durch den Ersatz der Wismut-Ionen durch die schnell wandernden Wasserstoff-Ionen. Wenn alle Wismut-Ionen als Wismutsulfid ausgefällt sind, kann die Änderung der Leitfähigkeit nur noch durch den Zusatz des überschüssigen Schwefelwasserstoffs bewirkt werden. Man erhält so einen waagerechten Verlauf der Kurve. Der Schnittpunkt der beiden Geraden gibt die zur Ausfällung des Wismuts benötigte Menge Schwefelwasserstoffwasser an.

Apparatur. Es wird entweder eine Apparatur mit einem Wechselstrom-Galvanometer oder bei verdünnten Lösungen eine Synchron-Gleichrichterapparatur verwendet (Jander und Pfundt). Als Galvanometer dient dann ein Instrument von Siemens und Halske mit verstellbarem Meßbereich, einer maximalen Empfindlichkeit von 10^{-6} Ampere je Grad und einem inneren Widerstand von ungefähr 100 Ohm. Die Leitfähigkeitsgefäße sind je nach den vorliegenden Konzentrationen zu wählen (Jander und Harms).

Maßlösung. Das Schwefelwasserstoffwasser wird hergestellt durch Einleiten von gewöhnlichem Schwefelwasserstoff in eine Aufschlämmung von gebrannter Magnesia in Wasser und folgendes Erwärmen der entstandenen Lösung auf 70°. Das hierbei gewonnene, reine Gas wird in Leitfähigkeitswasser eingeleitet. Durch Verdünnen der zunächst gewonnenen konzentrierten Lösung (etwa 0,4 n) wird die erforderliche Konzentration eingestellt und der Titer jodometrisch ermittelt. Sehr verdünnte Lösungen werden konduktometrisch gegen eine Silbernitratlösung eingestellt. Die Aufbewahrung erfolgt in einer mit zwei Schliffen versehenen Woulffschen Flasche, in die je eine 50 cm³ und eine 5 cm³ fassende Bürette eingesetzt ist. Die Flüssigkeit steht immer unter Stickstoffdruck. Beim Öffnen des entsprechenden Hahnes steigt die Lösung in die Bürette empor. Diese ist am oberen Ende durch einen kleinen Glaskolben verschlossen, der den Zutritt von Luftsauerstoff verhindert. Beim Hochsteigen der Lösung in die Bürette entsteht in dem Kolben ein kleiner Überdruck, der während der Titration ein Ausfließen aus der zu einer Capillare ausgezogenen Spitze der Bürette hervorruft. Die Capillare taucht bei der Messung in die zu titrierende Lösung ein. Dadurch wird ein gutes Abfließen der kleinen Flüssigkeitsmengen gewährleistet und eine Berührung mit dem Luftsauerstoff vermieden. Die Vorratsflasche wird zum Schutze gegen eine Einwirkung des Lichtes mit schwarzem Papier umklebt. Das zu verwendende Wasser muß zweimal sorgfältig destilliert sein.

Ausführung der Titration. Die Bestimmung wird in der für Leitfähigkeitstitrationen üblichen Weise vorgenommen. Bei sehr geringen Wismutmengen muß für Fernhaltung des Kohlendioxydes der Luft gesorgt werden.

Bemerkungen. **I. Genauigkeit und Anwendungsbereich.** Bei Wismutmengen zwischen 500 und 200 γ beträgt der Fehler weniger als 1%, bei kleineren Mengen bis herab zu etwa 30 γ steigt er bis zu 2,2%, während er bei 9 γ Bi bis zu 7% ausmachen kann. Damit dürfte die Grenze der Anwendbarkeit des Verfahrens erreicht sein. — **II.** Über die **Vorbereitung der Analysenlösung** für praktische Anwendungen machen die Verfasser leider keine Angaben. Es dürfte die Überführung des zu bestimmenden Wismutsulfides in Oxyd und dessen Auflösung in Überchlorsäure zweckmäßig sein.

Trennungsverfahren.

Entsprechend dem Verhalten des Wismutsulfides, sich aus schwach mineralsauren Lösungen beim Einleiten von Schwefelwasserstoff abzuscheiden, läßt sich Wismut von allen Metallen trennen, deren Sulfide in Mineralsäuren löslich sind. Hier soll nur eine besondere Trennung des Wismuts, nämlich die von Quecksilber in stark salzsaurer Lösung nach MANCHOT, GRASSL und SCHNEEBERGER angeführt werden.

Trennung des Wismuts von Quecksilber in stark salzsaurer Lösung.

Enthält eine Lösung von Wismut- und QuecksilberII-salz mindestens 18% freie Salzsäure (s. S. 549), so wird beim Einleiten von Schwefelwasserstoff zuerst nur QuecksilberII-sulfid gefällt, ohne daß Wismutsulfid mitgerissen wird. Somit kann nach MANCHOT, GRASSL und SCHNEEBERGER eine Trennung der beiden Metalle durchgeführt werden.

Arbeitsvorschrift. Die Lösung der beiden Metalle wird mit 43 cm^3 konzentrierter Salzsäure versetzt und auf 100 cm^3 aufgefüllt. In diese Lösung leitet man $^1/_2$ Std. lang Schwefelwasserstoff ein, wobei das Quecksilber zuerst als gelbes Sulfochlorid, dann als schwarzes Sulfid ausfällt. Zum Abfiltrieren und Nachspülen wird ebenfalls 18%ige Salzsäure verwendet und das Auswaschen bis zum Verschwinden des Schwefelwasserstoffes in der ablaufenden Flüssigkeit fortgesetzt. Hierauf wird noch einige Male mit heißem Wasser nachgewaschen und das QuecksilberII-sulfid in der üblichen Weise gewogen. Aus dem eingedampften und verdünnten Filtrat wird das Wismut durch Schwefelwasserstoff ausgefällt.

Bemerkung. **Genauigkeit.** Die Ergebnisse sind sehr befriedigend sowohl hinsichtlich des Quecksilbers als auch des Wismuts.

Literatur.

BODNÁR, J., u. A. KARELL: Bio. Z. **199**, 29 (1928). — BRUNER, L., u. J. ZAWADZKI: Z. anorg. Ch. **65**, 145 (1910).

ENGELHARDT, W.: Dermatol. Z. **41**, 287 (1924); durch C. **96, I**, 1111 (1925).

FAKTOR, F.: Pharm. Post **33**, 301, 317 (1900). — FRERICHS, G.: Apoth. Z. **15**, 859 (1900).

HANUŠ, J.: Z. anorg. Ch. **17**, 115 (1898). — HILTNER, W., u. W. GRUNDMANN: Ph. Ch. A **168**, 295 (1934).

IMMIG, H., u. G. JANDER, Z. El. Ch. **43**, 207 (1937).

JANDER, G., u. J. HARMS: Angew. Ch. **48**, 268 (1935). — JANDER, G., u. O. PFUNDT: Leitfähigkeitstitrationen und Leitfähigkeitsmessungen, 2. Aufl. Stuttgart 1934. — JELLINEK, K., u. W. KÜHN: Ph. Ch. **105**, 338 (1923). — JELLINEK, K., u. J. ZAKOWSKI: Z. anorg. Ch. **142**, 31 (1925).

KRUSTINSONS, J.: Fr. **125**, 98 (1943). — KUHN, A., u. H. PIRSCH: Kolloidchem. Beihefte **21**, 83 (1925).

LÖWE, J.: J. pr. **77**, 73 (1859).

MANCHOT, W., G. GRASSL u. A. SCHNEEBERGER: Fr. **67**, 194 (1925/26). — MOHR, FR.: Lehrbuch der chemisch-analytischen Titriermethode. Braunschweig 1886. — MOSER, L.: (a) Fr. **45**,19 (1906); **46**, 237 (1907); (b) Die Bestimmungsmethoden des Wismuts und seine Trennung von den anderen Elementen, S. 48. Stuttgart 1909. — MOSER, L., u. E. NEUSSER: Ch. Z. **47**, 542 (1923).

PINKHOF, J.: Chem. Weekbl. **16**, 1166 (1919); durch C. **90, IV**, 806 (1919).

RAMACHANDRAN, S.: Chem. N. **131**, 386 (1925). — ROSE, H.: (a) Pogg. Ann. [2] **53**, 190 (1841); (b) [2] **91**, 106 (1854); (c) Jbr. **1853**, 669.

SCHULEK, E., u. J. BOLDIZSÁR: Fr. **120**, 429 (1940).

THÜRACH, H.: J. pr. [2] **14**, 315 (1876).

VOLHARD, J.: A. **198**, 331 (1879).

WENGER, P., u. CH. CIMERMAN: Helv. **14**, 723 (1931). — WINSSINGER, C.: Bl. [2] **49**, 455 (1888).

YAMAMOTO, T.: (a) Sci. Pap. Inst. Tôkyô **25**, Nr. 525/28; durch C. **106, I**, 1278 (1935); (b) **33**, Nr. 732/38; durch C. **109, II**, 900 (1938).

§ 4. Bestimmung unter Abscheidung als basisches Halogenid.

Vorbemerkung. *Die Abscheidung der basischen Halogenide des Wismuts beruht auf der Hydrolyse saurer Wismutsalzlösungen bei Anwesenheit der entsprechenden Halogen-Ionen. Die Wismutylhalogenide eignen sich unmittelbar als Wägungsformen. Ihre Überführung in andere Wägungsformen ist nicht ganz einfach und daher weniger in Gebrauch. Maßanalytische Bestimmungen mit Hilfe der Niederschläge beruhen auf der Titration des betreffenden Halogen-Ions auf argentometrischem oder jodometrischem Wege.*

Die Abscheidung des Wismuts als basisches Wismutchlorid, Wismutoxychlorid, Wismutylchlorid BiOCl, ist bereits seit langer Zeit bekannt (HEINTZ). Erst sehr viel später ist das basische Wismutbromid BiOBr als ausgezeichnete Abscheidungsform und besonders seine Eignung für Trennungen erkannt worden (MOSER und MAXYMOWICZ). Das basische Wismutjodid BiOJ ist zwar schon seit langem bekannt (HEINTZ), aber erst in jüngerer Zeit ist es bezüglich seiner analytischen Anwendbarkeit näher untersucht worden (STREBINGER und ZINS). Obwohl es wegen seines verhältnismäßig geringen Gehaltes an Wismut als sehr brauchbar für quantitative Bestimmungen erscheint, ist das basische Wismutjodid doch nicht allzusehr zu empfehlen, was besonders für mikroanalytische Zwecke gilt (HECHT und REISSNER).

A. Bestimmung unter Abscheidung als basisches Chlorid.

BiOCl, Molekulargewicht 260,46.

Allgemeines.

Basisches Wismutchlorid, Wismutoxychlorid, Wismutylchlorid, BiOCl wird aus einer salzsauren Wismutsalzlösung nach nahezu vollständiger Neutralisation mit Ammoniak beim Eingießen der Lösung in viel Wasser ausgefällt. Liegt eine salpeter- oder schwefelsaure Lösung vor, so verwendet man an Stelle von reinem Wasser eine verdünnte Ammoniumchloridlösung. Phosphorsäure und Arsensäure dürfen unter gar keinen Umständen zugegen sein. Auch Sulfat soll in der Analysenlösung nicht vorhanden sein, da sonst der Niederschlag basisches Wismutsulfat enthalten kann (ROSE). Basisches Wismutchlorid fällt vollkommen wasserfrei aus (HERZ).

Eigenschaften des basischen Wismutchlorides. Krystallform. Wismutoxychlorid tritt in quadratischen, farblosen, durchsichtigen Krystallen auf (DE SCHULTEN). In gefällter Form bildet es ein weißes Pulver, das nach Erhitzen deutlich krystalline Struktur zeigt (HERZ). Nach LUFF fällt es in seidenglänzenden Krystallen aus.

Dichte. DE SCHULTEN gibt für die Dichte des basischen Wismutchlorides den Wert $d_{15} = 7{,}717$ an.

Löslichkeit. *In Wasser.* Wismutoxychlorid ist in Wasser unlöslich. Während RUGE feststellt, daß auch siedendes Wasser ohne Einwirkung sei, findet ROSE, daß bei längerer Behandlung mit Wasser geringe Mengen Chlor-Ion abgegeben werden. — *In Säuren.* Basisches Wismutchlorid ist löslich in konzentrierter Salzsäure und in Salpetersäure, schwerer löslich in Schwefelsäure und unlöslich in Essigsäure. NOYES, HALL und BEATTIE bestimmten die Löslichkeit in verschieden konzentrierter Salzsäure bei 25° und gaben folgende Daten der Konzentrationen des Wismut- bzw. Chlor-Ionen in Grammatom auf 1000 g Wasser:

d_4^{25}	1,002	1,009	1,011	1,015	1,020	1,036
$Bi^{\cdots}$	0,00130	0,00396	0,00899	0,01856	0,03473	0,08937
Cl'	0,3477	0,4414	0,5276	0,6299	0,7579	1,0760

d_4^{25}	1,055	1,066	1,122	1,221	1,288	1,329
$Bi^{\cdots}$	0,1620	0,2050	0,4216	0,8324	1,100	1,317
Cl'	1,4348	1,6350	2,5578	4,2552	5,325	6,066

Wegen der Löslichkeit des Wismutoxychlorides in Säure ist diese Abscheidungsform als gravimetrisches Mikrobestimmungsverfahren nicht anwendbar (Strebinger und Flaschner).

In Laugen. Während verdünnte Kalilauge auf Wismutoxychlorid ohne Einwirkung bleibt, zersetzt es heiße, konzentrierte Kalilauge vollständig unter Bildung von Wismutoxydhydrat.

Verhalten beim Erhitzen. Basisches Wismutchlorid färbt sich beim Erhitzen gelb, an stark erhitzten Stellen braun. Die Färbung verschwindet beim Erkalten nur teilweise. Es findet also neben der auf physikalischen Veränderungen beruhenden, vorübergehenden Verfärbung auch eine chemische Zersetzung statt, ohne daß der schwach gefärbte Rückstand eine einheitliche Zusammensetzung aufweist (Herz). Bei heller Rotglut schmilzt Wismutoxychlorid unter Abgabe von Dämpfen von WismutIII-chlorid (de Schulten). Der Rückstand bleibt aber chloridhaltig. — Durch schmelzendes Kaliumcyanid findet Reduktion zu metallischem Wismut statt (s. § 10, S. 625).

Verhalten gegen Licht. Basisches Wismutchlorid ist lichtempfindlich, und zwar im geschlossenen Gefäß stärker als im offenen. Besonders kräftig wirkt violettes Licht (Herz) und noch mehr tropisches Sonnenlicht, das in wenigen Stunden eine merkliche Farbänderung und bei längerer Dauer einen Verlust an Chlor bewirkt (Sanyal und Dhar).

Bestimmungsverfahren.

1. Gewichtsanalytische Bestimmung.

I. Wägung als basisches Wismutchlorid.

Arbeitsvorschrift. Die salzsaure Wismutsalzlösung wird mit Ammoniak nahezu neutralisiert, aber nicht so weit, daß ein Niederschlag ausfällt. Ist das Wismut von vornherein als Chlorid vorhanden, so gießt man diese Lösung in viel Wasser ein. Liegt jedoch eine salpetersaure Lösung vor, so nimmt man statt reinen Wassers eine verdünnte Lösung von Ammoniumchlorid. Nach Absetzen des Niederschlages darf die überstehende Flüssigkeit durch weiteren Wasser- bzw. Ammoniumchlorid-Zusatz nicht mehr getrübt werden. Nach mehrstündigem Stehen wird der Niederschlag abfiltriert, mit kaltem Wasser gewaschen und bei 105° getrocknet und gewogen.

Bemerkungen. **a) Genauigkeit.** Nach Bestimmungen von Jellinek und Kühn beträgt der Fehler +0,2%.

b) Störungen. Phosphat und Arsenat dürfen unter gar keinen Umständen in der Analysenlösung zugegen sein. Die Anwesenheit größerer Mengen Sulfat ist zu vermeiden.

c) Andere Arbeitsweisen. α) Verfahren von Luff.

Arbeitsvorschrift. 100 cm³ der Analysenlösung werden mit 200 cm³ kochendem Wasser versetzt, worauf sofort ein Niederschlag von seidenglänzenden Kryställchen auftritt. Nach dem Abkühlen wird durch einen Porzellan-Filtertiegel filtriert, mit kaltem Wasser gewaschen und nach dem Trocknen bei 110° als Wismutoxychlorid gewogen.

Bemerkungen. **I. Genauigkeit.** Der Fehler beträgt bis —1%.

II. Der **Säuregehalt** in der Analysenlösung darf nur sehr gering sein.

III. Die **Auflösung eines Niederschlages,** der beim Neutralisieren der Analysenlösung auftreten kann, gelingt mit 5 g festem Ammoniumchlorid je 100 cm³ der eben angesäuerten Lösung bei einem Höchstgehalt von 200 mg Bi oder durch tropfenweisen Zusatz von konzentrierter Salzsäure zur siedenden Lösung. Hierzu werden für die gleiche Wismutmenge etwa 2 bis 3 cm³ konzentrierte Salzsäure benötigt.

β) Verfahren von HILTNER und GITTEL (a, b). HILTNER und GITTEL schlagen vor, das Abstumpfen überschüssiger Säure in der Analysenlösung durch Natriumacetat an Stelle von Ammoniak vorzunehmen.

Arbeitsvorschrift. Die heiße, salpetersaure Lösung wird durch Zugabe von Natriumacetat so weit abgestumpft, daß sie nicht mehr mineralsauer ist (Prüfung mit Kongopapier), nachdem von vornherein ein nach dem Wismutgehalt bemessener Überschuß an 0,1 n Salzsäure zugefügt worden ist. Das Wismutoxychlorid scheidet sich beim Kochen der Lösung in grobkrystalliner Form und gut filtrierbar ab. Es wird mit heißem, etwas Essigsäure enthaltenden Wasser ausgewaschen und bei 105° getrocknet.

γ) Mikroverfahren von DONAU. Die salpetersaure Wismutlösung wird mit Ammoniak nahezu neutralisiert und nach Versetzen mit einem Tropfen Ammoniumchloridlösung mittels Wasser gefällt. Nach dem Absetzen wird filtriert und das Wismutylchlorid bei 100° bis zur Gewichtskonstanz getrocknet.

II. Wägung als Wismutoxyd.

Die unmittelbare Umwandlung des Wismutoxychlorides in Wismutoxyd durch einfaches Glühen des Niederschlages ist nicht anwendbar. Es geht beim Glühen etwas Wismut in Form von WismutIII-chlorid flüchtig, und der Glührückstand bleibt chlorhaltig (DE SCHULTEN) (s. S. 557). VOLHARD führt deshalb die Umwandlung durch Erhitzen mit QuecksilberII-oxyd durch. Hierbei verflüchtigt sich das Chlor als QuecksilberII-chlorid und es hinterbleibt reines Wismutoxyd. SMITH und HEYL haben die VOLHARDschen Angaben abgeändert und empfehlen folgende

Arbeitsvorschrift. Das abfiltrierte und ausgewaschene basische Wismutchlorid wird in wenig Salzsäure gelöst. Diese Lösung wird nach dem Zusatz einer genügenden Menge Quecksilberoxyd zur Trockne verdampft. Nach dem Lösen des Rückstandes in sehr wenig Wasser werden die Tiegelwandungen und der Boden mit einem Überschuß von Quecksilberoxyd möglichst vollständig bedeckt. Nun wird der Tiegel auf einer Eisenplatte 10 Min. lang erhitzt, bis Dämpfe von QuecksilberII-chlorid zu entweichen beginnen. Die Hitze wird nun ganz *allmählich* gesteigert und erst nach der Verflüchtigung der Quecksilberverbindungen auf schwache Rotglut gebracht. Sollte der Rückstand schwarze Flecken zeigen, so muß er mit Salpetersäure abgeraucht und wieder schwach geglüht werden. Auf diese Weise gelingt die quantitative Überführung des Wismutoxychlorides in Wismutoxyd.

2. Maßanalytische Bestimmung.

Argentometrische Bestimmung.

Die maßanalytische Bestimmung des Wismuts unter Benutzung des basischen Wismutchlorides geschieht nach STRECKER und HERRMANN durch argentometrische Bestimmung des im Niederschlage enthaltenen Chlors nach VOLHARD nach der Auflösung des Niederschlages in Salpetersäure. Die Rücktitration einer zur Fällung des Wismutoxychlorides überschüssig angewendeten Natriumchloridlösung ist nach denselben Verfassern nicht brauchbar.

Arbeitsvorschrift. Eine Wismutnitratlösung mit etwa 150 mg Bi in 25 cm³ wird bis zur Trübung mit Ammoniak versetzt. Dann wird mit verdünnter Salzsäure eben angesäuert und zum Sieden erhitzt. In die siedende Flüssigkeit werden etwa 2 cm³ konzentrierte Salzsäure eingetropft, bis sie vollkommen klar erscheint. Nun werden 200 cm³ heißes Wasser zugefügt, wodurch das basische Wismutchlorid schön grobkörnig ausgefällt wird. Der Niederschlag wird auf ein gehärtetes Filter abfiltriert und bis zur Chlorfreiheit gewaschen. Dann wird der Niederschlag samt dem Filter in das bei der Fällung benutzte Gefäß gebracht und in Salpetersäure vollständig gelöst. In der auf 100 cm³ verdünnten Lösung wird das Chlor nach VOLHARD titriert. 1 cm³ 0,1 n $AgNO_3$-Lösung = 20,9 mg Bi.

Bemerkungen. **I.** Die **Genauigkeit** wird als sehr gut angegeben.

II. Die **Menge an Salpetersäure,** die zur Auflösung des Niederschlages verwendet wird, muß so groß sein, daß bei der Chlortitration nach VOLHARD auf Zusatz der Silbernitratlösung kein Wismutoxydchlorid ausfällt (v. MIGRAY).

III. Störung. Die Gegenwart von Antimon wirkt infolge Ausfällung von basischem Antimonchlorid störend. Nach v. MIGRAY wird deshalb vor der Fällung des Wismutoxychlorides Weinsäure zur Fällungslösung hinzugefügt, die die Abscheidung des basischen Antimonchlorides verhindert. Ist sehr viel Antimon anwesend, so muß die Fällung aus weinsaurer Lösung wiederholt werden (s. unten). — Wegen anderer Störungen s. unten.

3. Potentiometrische Bestimmung.

Die potentiometrische Bestimmung des Wismuts als Oxychlorid ist nach HILTNER und GITTEL (b) möglich. Sie ist aber nur ausführbar nach Abtrennung und Auflösung des auf übliche Weise gefällten Niederschlages durch Bestimmung des darin enthaltenen Chlors mit Silbernitrat. Als Indicatorelektrode dient eine Silberjodidelektrode nach HILTNER [Fr. **95**, 37 (1933)] und als Vergleichselektrode eine Antimonelektrode, die durch Aufschmelzen von Antimonoxyd auf eine Platin-Drahtelektrode hergestellt wird. Das Verfahren ist nur wenig befriedigend, weil infolge des im Vergleich zum Wismut geringen Chlorgehaltes des basischen Wismutchlorides ein kleiner Titrierfehler eine größere Differenz beim Wismut ergibt.

Trennungsverfahren.

Die Abtrennung des Wismuts als basisches Wismutchlorid ist grundsätzlich möglich von allen Metallen, die in schwach salpetersaurer Lösung keine unlöslichen Chloride bilden.

MOSER empfiehlt die Abtrennung des Wismuts als Wismutoxychlorid *nicht* von QuecksilberII-Ion, das selbst unlösliche basische Salze bilden kann, und nicht von EisenIII-, Aluminium- und ChromIII-Ion, die ebenfalls unlösliche basische Salze bilden, welche nicht vollständig vom Wismutoxychlorid entfernt werden können.

v. MIGRAY gibt an, daß die Trennung des Wismuts als basisches Wismutchlorid nur bei Gegenwart von Antimon und Titan nicht durchführbar sei. Bei Zusatz von Weinsäure bleiben aber auch Antimon und Titan in Lösung und unter dieser Bedingung kann das Wismut von *allen* Metallen getrennt werden. Diese Angabe steht im Widerspruch zu der von anderen Seiten gemachten Feststellung, daß Weinsäure auf die Ausfällung des Wismutoxychlorides verzögernd wirke (s. S. 673).

1. Trennung des Wismuts von Blei.

I. Trennung nach LUFF.

LUFF findet die Trennung des Wismuts von Blei als Oxychlorid möglich, wenn die Gegenwart von Ammoniumchlorid vermieden wird. — Für die Trennungen des Wismuts von Kupfer bzw. von Cadmium findet LUFF brauchbare Werte, ebenso wie MOSER.

II. Trennung nach SARUDI.

Nach SARUDI (v. STETINA) hat die wenig angewendete Trennung des Wismuts von Blei durch Fällung des Wismutoxychlorides den Vorteil, daß sie in einem Arbeitsgange durchgeführt werden kann, und daß sie in ziemlich weiten Grenzen (Mischungsverhältnis von 1 : 10 bis 10 : 1) anwendbar ist.

Arbeitsvorschrift. Die etwa 150 bis 250 cm^3 betragende Analysenlösung soll etwa 5 cm^3 2 n Salpetersäure enthalten. In die schwach siedende Lösung wird unter Umrühren 0,26%ige Ammoniumchloridlösung eingetropft. Man hält noch einige Minuten lang im Kochen und läßt dann über Nacht stehen. Der Niederschlag wird in einen Glasfiltertiegel gebracht, mit kaltem Wasser gewaschen, bei 100° getrocknet und dann gewogen. Im Filtrat wird das Blei als Chromat bestimmt.

Bemerkung. **Genauigkeit.** Bei Wismutmengen bis 100 mg betragen die Fehler etwa ± 0,3%. Bei etwa 200 mg Bi treten aber starke Minusfehler auf. Dies erklärt SARUDI durch einen Gehalt des Niederschlages an Wismutchlorid infolge unvollständiger Hydrolyse und dessen Verflüchtigung beim Trocknen. Die Fällung war immer vollständig, wie die Probe des Filtrates mit Schwefelwasserstoff zeigte. Bei größeren Wismutmengen ist es daher notwendig, den ausgewaschenen, aber nicht getrockneten Niederchlag des Wismutoxychlorides durch 1stündiges Erhitzen im Schwefelwasserstoffstrom bei 270° im Aluminiumblock in Sulfid überzuführen (s. § 3, S. 550). Die Fehler betragen dann wieder etwa ± 0,3%.

2. Potentiometrische Trennung des Wismuts von Silber, Blei, Kupfer und Cadmium.

Eine potentiometrische Trennung des Wismuts schlagen HILTNER und GITTEL (b) vor, sie ist allerdings nur möglich nach Isolierung des Wismuts als basisches Wismutchlorid (s. S. 559), bietet also im Grunde genommen keinen Vorteil gegenüber den klassischen gravimetrischen Verfahren und soll deshalb hier nicht geschildert werden.

B. Bestimmung unter Abscheidung als basisches Bromid.

BiOBr, Molekulargewicht 304,92.

Allgemeines.

Das von MOSER und MAXYMOWICZ angegebene Verfahren beruht auf der Einstellung einer bestimmten Wasserstoff-Ionen-Konzentration durch Reaktion eines Bromid-Bromat-Gemisches mit vorhandener Säure:

$$5\,Br' + BrO_3' + 6\,H^{\cdot} = 3\,Br_2 + 3\,H_2O.$$

Bei Anwendung dieses Verfahrens fällt das Wismut in Form des sehr schwer löslichen basischen Wismutbromides BiOBr aus. Noch eine Lösung mit 0,32 mg $Bi^{\cdot\cdot\cdot}$ in 100 cm^3 liefert mit Bromid-Bromat-Gemisch eine Trübung, während Schwefelwasserstoff bei dieser Verdünnung kaum eine Verfärbung der Lösung bewirkt. Die Abscheidung des Wismuts ist also unter allen Umständen quantitativ.

Da das Wismutoxybromid wegen seiner Flüchtigkeit nicht durch Glühen in das Oxyd übergeführt werden darf und diese Wägungsform überdies verschiedene Nachteile hat (s. § 1, S. 538), ist es besser, den Niederschlag von basischem Wismutbromid in heißer, verdünnter Salpetersäure zu lösen und das Wismut als Wismutphosphat zu fällen und zu wägen (s. § 2, S. 540). Dies ist besonders empfehlenswert, wenn es sich um die Bestimmung des Wismuts neben Blei handelt.

Eigenschaften des Wismutoxybromides. Krystallform. Das basische Wismutbromid bildet quadratische, farblose, durchsichtige Kryställchen (DE SCHULTEN). Gefällt ist es ein weißes Pulver mit einem Stich ins Gelbliche (HERZ).

Löslichkeit. *In Wasser.* In Wasser ist das Wismutoxybromid unlöslich (MUIR) (s. auch oben). — *In Säuren.* Wismutoxybromid ist löslich in Salzsäure, Bromwasserstoffsäure und Salpetersäure. Der beim Eindampfen der salpetersauren Lösung erhaltene Rückstand besteht aus unverändertem Wismutoxybromid. Selbst in konzentrierter Schwefelsäure ist basisches Wismutbromid nur sehr schwer löslich. Bei längerer Einwirkung der Säure findet vollständige Umwandlung in ein Gemenge von neutralem und basischem Wismutsulfat statt (THOMAS).

Verhalten beim Erhitzen. Bei heller Rotglut schmilzt Wismutoxybromid unter Abgabe von Dämpfen von WismutIII-bromid zu einem krystallinen Glase

(DE SCHULTEN). Nach MUIR ist es aber bei Rotglut beständig. Bei noch so hohem Erhitzen entsteht kein reines Wismutoxyd, sondern der Rückstand enthält größere Mengen Bromid (THOMAS).

Verhalten im Licht. Im Licht verfärbt sich das basische Wismutbromid, und zwar im geschlossenen Gefäß schneller als im offenen (HERZ).

Bestimmungsverfahren.

Gewichtsanalytische Bestimmung.

Wägung als Wismutphosphat.

***Arbeitsvorschrift von* MOSER *und* MAXYMOWICZ.** Die salpetersaure Lösung wird durch vorsichtigen Zusatz von Natriumcarbonatlösung soweit neutralisiert, daß sich der entstehende Niederschlag eben noch löst. Nun bringt man mit Wasser auf ein Volumen von 200 bis 300 cm^3, setzt 2 g festes Natrium- oder Kaliumbromat zu und erhitzt zum Sieden. In der Regel löst sich die durch das Bromat hervorgerufene Trübung beim Erwärmen auf. Sollte das nicht der Fall sein, so gibt man einige Tropfen verdünnte Salpetersäure zu. In die siedende Lösung läßt man aus einer Pipette eine etwa 10%ige Lösung von Natrium- oder Kaliumbromid so lange eintropfen, bis starke Braunfärbung von gebildetem Brom unter gleichzeitiger Trübung der Lösung auftritt. Man kocht nun kurze Zeit im bedeckten Becherglas, bis die Lösung hellgelb geworden ist, setzt neuerdings wieder etwas Bromidlösung zu und wiederholt den Vorgang. Bleibt nach nochmaligem Bromidzusatz die Flüssigkeit klar, so verkocht man das Brom. Vorteilhaft ist es, sich durch Zufügen einiger Tropfen Bromatlösung die Gewißheit zu verschaffen, daß Bromid-Ion noch in der Lösung vorhanden ist. Nach dem Absetzen und Filtrieren wird das gebildete, schwach gelb gefärbte basische Wismutbromid mit heißem Wasser gewaschen. Es wird dann in heißer, verdünnter Salpetersäure gelöst und nach der in § 2, S. 540 gegebenen Vorschrift mit Ammoniumphosphat als Wismutphosphat gefällt und als solches gewogen.

***Bemerkungen.* I. Genauigkeit.** Der Fehler (bei gleichzeitiger Anwesenheit von Blei) beträgt etwa — 0,03%. — **II. Anwendbarkeit.** Das Verfahren ist vor allem zu empfehlen für die quantitative Abtrennung des Wismuts von Blei, Kupfer und Cadmium. — **III. Störungen.** Größere Mengen Ammoniumsalze stören stark wegen des Verbrauches an Bromid-Bromat-Gemisch nach der Gleichung:

$$4\,NH_4^{\cdot} + 8\,Br_2 + 2\,H_2O = 16\,HBr + 4\,H^{\cdot} + 2\,N_2 + O_2.$$

Bei großem Gehalt an Ammoniumsalzen (halbgesättigte Lösung) tritt auch bei andauerndem Kochen mit Bromid und Bromat keine Hydrolyse ein, erst nach sehr großer Verdünnung kommt es zur Abscheidung des Wismutoxybromides. Daher sind Ammoniumsalze vor der Anwendung des Verfahrens zu entfernen, wenn ihre Menge nicht geringfügig ist. — Bei Gegenwart von Chlorid fällt gleichzeitig Wismutoxychlorid aus. Um reines Wismutoxybromid zu erhalten, ist der zuerst erhaltene Niederschlag zu lösen und nochmals mit Bromid und Bromat zu fällen.

Trennungsverfahren.

1. Trennung des Wismuts von Blei.

Arbeitsvorschrift. Die salpetersaure Lösung der Nitrate wird genau wie oben beschrieben behandelt. Das ausgefällte Wismutoxybromid muß zur vollständigen Trennung vom Blei in heißer, verdünnter Salpetersäure gelöst und nochmals gefällt werden. Es wird dann wiederum in heißer, verdünnter Salpetersäure gelöst und nach der in § 2, S. 540 mitgeteilten Vorschrift in Wismutphosphat umgewandelt. Die Bestimmung des Bleis erfolgt in den Filtraten auf die übliche Weise.

Bemerkungen. **I. Genauigkeit.** Es werden sehr gute Ergebnisse bei dieser Arbeitsweise erzielt, was OSTROUMOW bestätigt. — Diese Arbeitsweise hat den Vorteil, daß selbst bei Gegenwart von viel Blei eine einmalige Trennung mit Bromid und Bromat genügt, da die beim basischen Wismutbromid verbleibenden Bleimengen bei der nachfolgenden Umwandlung in Wismutphosphat nicht mitfallen. — **II. Störungen.** Ammoniumsalze stören (s. S. 561). — Chlor-Ionen bewirken eine Ausfällung von Wismutoxychlorid und in größeren Konzentrationen ein Mitreißen von Blei. Es ist daher zweckmäßig, die Trennung des Wismuts von Blei bei Abwesenheit von Chloriden auszuführen.

2. Trennung des Wismuts von Kupfer.

Die Arbeitsweise ist genau die gleiche wie bei der Trennung des Wismuts von Blei. Eine einmalige Fällung genügt. Chlor-Ionen und größere Mengen von Ammoniumsalzen sollen nicht anwesend sein. Im Filtrat wird das Kupfer nach einem bekannten Verfahren bestimmt.

OSTROUMOW bestätigt die Angaben von MOSER und MAXYMOWICZ, bemerkt aber, daß das Brom durch etwa 1stündiges Erhitzen auf dem Wasserbade völlig aus der Lösung entfernt werden muß. Falls der Niederschlag von Wismutoxybromid Spuren von Kupfer enthält, muß die Fällung wiederholt werden.

3. Trennung des Wismuts von Cadmium bzw. von Zink.

Bei einmaliger Fällung gelingt die glatte Trennung bei Einhaltung der oben angegebenen Arbeitsvorschrift (s. S. 561).

4. Trennung des Wismuts von Tellur.

Die von GUTBIER angegebene Trennung des Wismuts von Tellur ist langwierig und nicht genau. BRUKL und MAXYMOWICZ führen deshalb die Trennung mit Hilfe des Wismutoxybromides durch. Bei der Fällung des basischen Wismutbromides durch ein Bromid-Bromat-Gemisch wird das anwesende Tellur durch das entstehende Brom zu Tellursäure oxydiert, die in Lösung bleibt, und aus dem Filtrat wird das Tellur abgeschieden.

Arbeitsvorschrift. Die saure Lösung wird mit Natriumcarbonat bis zum Auftreten eines geringen Niederschlages neutralisiert und nach dem Zusatz von je 2 g festem Kaliumbromid und Kaliumbromat zum Sieden erhitzt. Wenn das Brom weggekocht ist, überzeugt man sich durch einen geringen Zusatz von Bromid und Bromat, daß die freie Säure verbraucht ist. Nach dem Absetzen wird vom Wismutoxybromid abfiltriert, der Niederschlag in heißer, verdünnter Salpetersäure gelöst und das Wismut als Wismutphosphat gefällt und gewogen (s. § 2, S. 540). Im ersten Filtrat bestimmt man das Tellur aus thioalkalischer Lösung durch Reduktion mit Natriumsulfit als elementares Tellur. — Die für das Wismut mitgeteilten Werte sind gut.

C. Bestimmung unter Abscheidung als basisches Jodid.

BiOJ, Molekulargewicht 351,92.

Allgemeines.

Das von STREBINGER und ZINS (a) angegebene Verfahren beruht auf der von HEINTZ aufgefundenen Umwandlung von WismutIII-jodid in Wismutoxyjodid infolge von Hydrolyse in praktisch neutraler Lösung.

Eigenschaften des Wimutoxyjodides. Krystallform und Farbe. Wismutoxyjodid bildet kupferfarbene, durchsichtige, quadratische Kryställchen (DE SCHULTEN). In gefällter Form ist es ein ziegelrotes Pulver (HEINTZ, ARPPE).

Die *Dichte* des Wismutoxyjodides ist $d_4^{15} = 7{,}922$ (DE SCHULTEN).

Löslichkeit. *In Wasser.* Wismutoxyjodid ist nicht ganz unlöslich in Wasser (REICHARD). Nach STREBINGER und ZINS (a) beträgt die Löslichkeit jedoch weniger als 1 Teil Bi auf 10^6 Teile Wasser. Durch Kaliumjodid tritt keine Löslichkeitserhöhung ein, unter der Voraussetzung, daß die Lösung völlig neutral ist. — Wismutoxyjodid wird weder von kaltem noch von siedendem Wasser merklich angegriffen (ARPPE, SCHNEIDER). — *In Säuren.* In *Salzsäure* — selbst in geringerer Konzentration — ist das basische Wismutjodid ohne Jodabscheidung löslich. *Salpetersäure* wirkt bei Gegenwart von Jodid erst bei höherer Konzentration lösend. *Verdünnte Schwefelsäure* löst ganz geringe Mengen. *Verdünnte Essigsäure* ist ohne lösende Wirkung, während konzentrierte in geringem Maße löst [STREBINGER und ZINS (a)]. Diese Löslichkeit ist nach HECHT und REISSNER unter den Arbeitsbedingungen genügend groß, um bei Mikrobestimmungen (s. S. 565) erhebliche Minderwerte zu verursachen. Daher ist die Abscheidung als Wismutoxyjodid nur für Makrobestimmungen anwendbar. — *In Alkalilaugen.* Verdünnte Lösungen von Alkalihydroxyd wirken auch in der Hitze nur wenig auf basisches Wismutjodid ein, konzentrierte Lösungen zersetzen es vollständig in Wismutoxydhydrat und Jodid (STRAUB).

Verhalten beim Erhitzen. Wismutoxyjodid schmilzt bei Rotglut unter Zersetzung (DE SCHULTEN) und gibt nur bei sehr starkem Erhitzen an der Luft oder im Sauerstoffstrom das gesamte Jod ab unter Hinterlassung von Wismutoxyd [SCHNEIDER, STREBINGER und ZINS (a)].

Verhalten an der Luft. Wismutoxyjodid soll bei gewöhnlicher Temperatur an der Luft veränderlich sein (SCHNEIDER). Hiervon bemerken jedoch die Verfasser der unten folgenden analytischen Bestimmungsverfahren nichts.

Bestimmungsverfahren.

1. Gewichtsanalytische Bestimmung.

Wägung als Wismutoxyjodid.

Vorbemerkung.

Wird eine schwach saure Wismutnitratlösung mit Kaliumjodid versetzt, so bildet sich bei Erreichung einer bestimmten, an sich ziemlich geringen Jodidkonzentration, deren Höhe von der Acidität der Lösung, der Konzentration der Wismut-Ionen und der Temperatur abhängt, primär ein schwarzer Niederschlag von WismutIII-jodid (s. S. 569), der auf weiteren Kaliumjodidzusatz unter Bildung eines gelb gefärbten Komplexsalzes von der Zusammensetzung $K[BiJ_4]$ langsam in Lösung geht. Durch Verdünnen dieser Lösung wird das schwarze WismutIII-jodid zum Teil wieder ausgefällt.

Wird nun die Lösung von KaliumtetrajodowismutatIII $K[BiJ_4]$ samt dem Niederschlag von WismutIII-jodid erwärmt, so steigert sich die Abscheidung des Wismuts als WismutIII-jodid, und innerhalb eines bestimmten Temperaturintervalls, das von der herrschenden Wasserstoff- und Jodid-Ionen-Konzentration abhängt, wandelt sich der schwarze Niederschlag von WismutIII-jodid quantitativ in einen krystallinen, roten Niederschlag von Wismutoxyjodid BiOJ um. Die Größe der Krystallblättchen steigt mit der Konzentration des als KaliumtetrajodowismutatIII gelösten Wismuts, die ihrerseits eine Funktion der Wasserstoff- und der Jodid-Ionen-Konzentration ist. Es ist daher angezeigt, um große, leicht filtrierbare und auswaschbare Kryställchen zu erhalten, die Umwandlung in nicht zu stark verdünnter Lösung vorzunehmen. Diesem Bestreben ist aber dadurch eine Grenze gesetzt, daß mit steigender Wasserstoff- und Jodid-Ionen-Konzentration auch die

Umwandlungstemperatur steigt und über den Siedepunkt des Wassers zu liegen kommen kann. In diesem Falle ist eine Umsetzung erst nach weiterem Verdünnen möglich:

$$BiJ_3 + H_2O \rightleftharpoons BiOJ + 2\,H^{\cdot} + 2\,J'.$$

Der Anteil Wismut, der als KaliumtetrajodowismutatIII in Lösung bleibt, kann durch weiteres Verdünnen und durch Erhitzen der Lösung bis nahe an den Siedepunkt ebenfalls als basisches Wismutjodid gefällt werden:

$$[BiJ_4]' + H_2O \rightleftharpoons BiOJ + 2\,H^{\cdot} + 3\,J'.$$

In dem Maße, wie das Wismut als Wismutoxyjodid ausfällt, entfärbt sich die gelbe Lösung, und sie erscheint vollkommen farblos, wenn alles Wismut gefällt ist [STREBINGER und ZINS (a)].

I. Bestimmungsverfahren für Makromengen.

Arbeitsvorschrift. Zu der schwach sauren, kalten Wismutnitratlösung, deren Volumen bei 50 bis 100 mg Bi 10 bis 20 cm^3 nicht überschreiten soll, wird festes Kaliumjodid so lange zugesetzt, bis die Flüssigkeit über dem sich bildenden schwarzen Niederschlag von WismutIII-jodid eben anfängt, sich infolge der Bildung von KaliumtetrajodowismutatIII gelb zu färben. Diese Gelbfärbung zeigt an, daß sicher alles Wismut in WismutIII-jodid übergeführt worden ist, und daß mit der Hydrolyse begonnen werden kann. Es werden nun ungefähr 60 bis 80 cm^3 Wasser zugefügt und über kleiner Flamme oder auf dem Wasserbade erwärmt, wobei sich die Umwandlung von WismutIII-jodid in Wismutoxyjodid vollzieht. Es wird nun weiter mit soviel Wasser verdünnt und bis nahe an den Kochpunkt erhitzt, bis die Färbung der Lösung über dem Niederschlag von Wismutoxyjodid entweder völlig verschwunden oder höchstens nur mehr eine schwach gelbliche ist. Nun setzt man einige Tropfen Methylorangelösung zu und läßt in die heiße Lösung aus einer Pipette tropfenweise eine 2,5%ige Lösung von Natriumacetat zufließen, bis der Indicator umschlägt. Ist dies erreicht, so wird der Niederschlag in einen Glas-Filtertiegel abfiltriert, mit warmem Wasser gewaschen und bei 105° getrocknet.

Bemerkungen. **a) Genauigkeit.** Die Analysenfehler betragen etwa $\pm$ 0,15%. — **b) Störungen.** α) Einfluß der Säurekonzentration. Zu stark saure Lösungen dürfen wegen der lösenden Wirkung der Säuren bei der Bestimmung nicht vorliegen, sie müssen auf eine zur Bestimmung nötige, schwache Acidität gebracht werden. Dies kann auf zwei Arten geschehen: *1. Durch Neutralisieren mit verdünntem Ammoniak:* Man läßt zu der sauren Wismutnitratlösung solange tropfenweise verdünntes Ammoniak zufließen, bis der sich an der Einfallsstelle bildende Niederschlag eben bestehen bleibt, fügt nun zu der Lösung, die noch immer genügend sauer ist, Kaliumjodid bis zur beginnenden Gelbfärbung und hydrolysiert wie oben angegeben. *2. Durch Abdampfen der überschüssigen Salpetersäure auf dem Wasserbade:* Da durch Ammoniakzusatz eine Neutralisation der Wismutsalzlösung infolge der Eigenschaft des Wismuts, bereits in noch ziemlich stark saurer Lösung als basisches Nitrat auszufällen, nur annähernd und mit einiger Übung möglich ist, läßt man besser die salpetersaure Wismutnitratlösung auf dem Wasserbade bis zur Trockene eindampfen, wobei Wismutoxynitrat zurückbleibt. Dieser Rückstand wird in 1 cm^3 verdünnter Salpetersäure aufgenommen und nach erfolgter Lösung mit Wasser auf 10 bis 15 cm^3 verdünnt, worauf die Fällung wie oben beschrieben vorgenommen wird. — β) Störende Anionen. Weinsäure und Seignettesalz wirken in erheblichem Maße lösend auf Wismutoxyjodid, da sie die Fällung des Wismuts durch Jodid verhindern. Ebenso stören Chlorid- und Bromid-Ion, da diese in konzentrierter Lösung eine teilweise Umwandlung des Wismutoxyjodides in basisches Wismutchlorid bzw. -bromid bewirken.

II. Bestimmungsverfahren für Mikromengen.

Obwohl HECHT und REISSNER die Mikrobestimmung des Wismuts als Wismutoxyjodid nach STREBINGER und ZINS (b) nicht empfehlen können (s. unten), möge sie dennoch hier kurz angeführt werden.

Arbeitsvorschrift. In einem gründlich entfetteten Reagensglas wird die schwach salpetersaure Wismutnitratlösung von einem Höchstvolumen 2 bis 2,5 cm^3 mit einem hirsekorngroßen Kryställchen Kaliumjodid versetzt, das mitten in die Lösung hineinfallen muß. Hierbei fällt sofort schwarzes WismutIII-jodid aus. Die überstehende Lösung soll ganz schwach gelb gefärbt sein. Ist das nicht der Fall, so wird ein zweites und unter Umständen ein drittes Körnchen Kaliumjodid zugefügt. Ist Gelbfärbung eingetreten, so wird mit Wasser auf 5 cm^3 verdünnt und das Reagensglas im Wasserbade erhitzt. Dabei muß die Oberfläche der Flüssigkeit im Reagensglas einige Millimeter höher stehen als das Wasserbad, um ein Festtrocknen von Niederschlagsteilchen zu vermeiden. Das Wasserbad wird bis zu ganz gelindem Sieden erhitzt. Ist die sich bei 60° bis 80° vollziehende Hydrolyse des Wismutjodides zu Wismutoxyjodid eingetreten, so wird nochmals mit 5 cm^3 Wasser verdünnt und weiter im Wasserbade erhitzt. Nach dem Absetzen des Niederschlages muß die überstehende Flüssigkeit vollkommen farblos sein. Andernfalls setzt man einen Tropfen Methylorangelösung und tropfenweise 1%ige Natriumacetatlösung bis zum Umschlag des Indicators zu. Hierzu sollen nicht mehr als 2 bis 2,5 cm^3 verbraucht werden. Das ausgefallene Wismutoxyjodid filtriert man unter den üblichen Bedingungen mit Hilfe eines Heberröhrchens durch ein Filterröhrchen nach PREGL, das man mit einer Asbestschicht versehen, mit Chromschwefelsäure, Wasser und Alkohol gewaschen und bei 105° getrocknet hat. Man spült das Reagensglas mit Wasser und Alkohol nach, wäscht das Filterröhrchen mit Alkohol nach und trocknet bei 105°.

Bemerkungen. **a) Genauigkeit.** Die Verfasser geben einen mittleren Fehler von $\pm 0,2\%$ an. — **b)** Der **Säuregehalt** darf nicht größer sein als 0,1 bis 0,2 n an Salpetersäure, da sonst zu starke Verdünnung zur quantitativen Fällung nötig wäre. Deshalb werden stärker saure Lösungen nach den Regeln der Mikrochemie zur Trockene eingedampft. Mit der vorher ermittelten Menge an Salpetersäure (1:4) wird der Rückstand gelöst und dann die Fällung vorgenommen. — **c) Anwendungsbereich.** Das Verfahren wird von den Verfassern als sehr gut brauchbar für die Bestimmung von 2 bis 0,5 mg Bi bezeichnet. — **d)** HECHT und REISSNER machen jedoch folgende **Einwände:** Das Einwerfen von Kryställchen von Kaliumjodid bedeutet eine schlechte Dosierung, unter Umständen wird gleich beim ersten Anteil zuviel Kaliumjodid zugesetzt, so daß alles Wismut in KaliumtetrajodowismutatIII verwandelt wird, dessen Hydrolyse beim Erhitzen unvollständig ist. Auch der Säuregrad ist schwer kontrollierbar. HECHT und REISSNER machen nach der ersten Hydrolyse gegen Methylrot schwach ammoniakalisch und erhitzen nochmals. Die erhaltenen Wismutwerte sind schwankend. Die Unzuverlässigkeit wird damit begründet, daß die Abscheidung des Wismutoxyjodides durch Hydrolyse ein schwer regulierbarer Vorgang ist, dessen Faktoren: optimale Menge Kaliumjodid einerseits, optimale Mengen Wasser bzw. Ammoniak andererseits, sowie Temperatur und Dauer der Erhitzung schwer zu reproduzieren sind. Außerdem ist Wismutoxyjodid nicht ganz unlöslich in Wasser, was für eine Verwendung als Mikrobestimmungsform sehr bedenklich ist. Das Verfahren von STREBINGER und ZINS ist daher als Mikroverfahren kaum zu empfehlen.

2. Maßanalytische Bestimmung.

Die maßanalytische Bestimmung des Wismuts mit Hilfe des Wismutoxyjodides kann acidimetrisch oder jodometrisch erfolgen.

I. Acidimetrische Bestimmung nach Reichard.

Die acidimetrische Bestimmung beruht auf dem Verschwinden der in einer salzsauren Wismutsalzlösung mit Kaliumjodid erzeugten Färbung nach der Neutralisation der Säure, entsprechend der Gleichung

$$2\,BiOJ + 2\,NaOH = Bi_2O_3 + 2NaJ + H_2O.$$

Arbeitsvorschrift. Man löst z. B. 0,4 g basisches Wismutnitrat in 100 cm³ 2,5%iger, eingestellter Salzsäure unter Zusatz von 2 g Kaliumjodid auf und läßt zu einem abgemessenen Anteil dieser Lösung 0,5 n oder 0,25 n Natronlauge zufließen. Die Farbe ändert sich, wenn eine schwache Ausscheidung von Wismuthydroxyd beginnt, d. h. wenn die Säure neutralisiert ist und geht von Ledergelbbraun in Schwefelgelb über. Ein einziger Tropfen Lauge bringt zuletzt den Umschlag von Gelb in Farblos hervor. Nach Abzug der zur Neutralisation der angewendeten Säure erforderlichen Menge Lauge ergibt der verbleibende Rest der verbrauchten Lauge das vorhandene Wismut entsprechend obiger Gleichung.

II. Jodometrische Mikrobestimmung.

a) Verfahren von Strebinger und Zins.

Nach dem Verfahren von Strebinger und Zins (b) wird aus dem gemäß der Vorschrift von S. 565 abgeschiedenen Wismutoxyjodid unter Zusatz von Quarz das Jod im Sauerstoffstrom durch kräftiges Erhitzen quantitativ ausgetrieben und nach Auffangen in Kaliumjodidlösung mit Natriumthiosulfat titriert. Im Hinblick auf die Erfahrungen von Hecht und Reissner (s. S. 565) wird das Verfahren hier nur kurz erwähnt.

Arbeitsvorschrift. Der gemäß der Vorschrift auf S. 565 abgeschiedene Niederschlag von Wismutoxyjodid wird in einem Quarz-Filterröhrchen nach Pregl über Asbest, dem eine kleine Schicht feinen Quarzsandes aufgelagert ist, gesammelt, getrocknet und dann in waagerechter Lage in einem Sauerstoffstrom mit einem Teclu-Brenner stark erhitzt. Das durch Zersetzung des Wismutoxyjodides freiwerdende Jod wird in Kaliumjodidlösung aufgefangen und mit 0,001 n Natriumthiosulfatlösung titriert. 1 cm³ 0,001 n $Na_2S_2O_3$-Lösung = 0,209 mg Bi.

b) Verfahren von Straub.

Das oben erwähnte Verfahren von Strebinger und Zins ist langwierig, umständlich und unsicher. Straub zersetzt deshalb einfach das abgeschiedene Wismutoxyjodid durch Kochen mit Kalilauge:

$$2\,BiOJ + 2\,KOH = 2\,KJ + Bi_2O_3 + H_2O.$$

Das entstandene Jodid wird zweckmäßig nach Überführung in Jodat mittels des Verfahrens von Winkler bestimmt.

Reagenzien. 1. 5%ige Kalilauge. — 2. Bromwasser. — 3. 5%ige Phenollösung. — 4. 20%ige Phosphorsäure. — 5. 0,005 n Natriumthiosulfatlösung.

Arbeitsvorschrift. Die Fällung des Wismutoxyjodides geschieht nach Strebinger und Zins (s. S. 565). Der Niederschlag wird auf ein Papierfilter von 3 cm Durchmesser (Schleicher und Schüll Nr. 589) abfiltriert, wobei es nicht notwendig ist, den gesamten Niederschlag auf das Filter zu bringen. Der Niederschlag auf dem Filter und das zur Fällung benutzte Reagensglas werden zuerst mit Alkohol, dann mit Wasser, dann wieder mit Alkohol und zuletzt dreimal mit Wasser gewaschen. Dann werden in das Reagensglas 10 cm³ Kalilauge (1) gegossen und 2 Min. lang gekocht. Das Filter mit dem Niederschlage wird in einen Erlenmeyer-Kolben von 200 cm³ Inhalt gelegt, die heiße Kalilauge aus dem Reagensglas darübergegossen und das Reagensglas mit wenig Wasser nachgewaschen. Es werden noch 10 bis 20 cm³ Kalilauge zugefügt und auf dem Wasserbade bis zur

Entfärbung des Niederschlages erhitzt. Die Zersetzung des Niederschlages geschieht hierbei quantitativ, und das gebildete Wismutoxyd stört nicht bei der anschließenden Jodbestimmung. Diese erfolgt nach Abkühlung der alkalischen Lösung. Man versetzt mit 1 Tropfen Methylorangelösung, neutralisiert genau mit n Salzsäure und fügt 1 bis 2 Tropfen n Salzsäure im Überschuß hinzu. Nun wird Bromwasser bis zur starken Gelbfärbung zugegeben und unter öfterem Schütteln $^1/_2$ Std. lang stehen gelassen. Die Bindung des überschüssigen Broms erfolgt nun durch Phenollösung (3). Nach 10 Min. wird die entfärbte Lösung mit 0,1 g Kaliumjodid und 5 cm³ Phosphorsäure (4) versetzt und das ausgeschiedene Jod mit 0,005 n Natriumthiosulfatlösung bei Gegenwart von Stärke titriert. Die Titration ist beendet, wenn die Lösung schwach gelb wird. 1 cm³ 0,005 n $Na_2S_2O_3$ = 0,1741 mg Bi.

Trennungsverfahren.

1. Trennung des Wismuts von Blei.

Eine unmittelbare Trennung des Wismuts von Blei durch Fällung des Wismuts als Wismutoxyjodid ist nur durchführbar, wenn die Bleimenge nicht mehr als 5% der Wismutmenge ausmacht. In diesem Falle kann ohne weiteres nach der auf S. 564 gegebenen Vorschrift gearbeitet werden. Etwa mitausfallendes Bleijodid, das eine rotbraune Färbung des sonst schwarzen Niederschlages von Wismutjodid bedingt (s. § 5, S. 569), löst sich beim Erhitzen auf. Bei größeren Bleimengen ist eine zweimalige Fällung als Wismutoxyjodid wenig angebracht, da die erste Fällung, bleihaltiges Wismutoxyjodid, sich nur schwer in verdünnter Salpetersäure löst, wobei sich festes Jod ausscheidet. Da dieses geringe Mengen Wismutoxyjodid zurückhält, muß es in einer Kaliumjodidlösung gelöst werden. Es würde also ein großer Verbrauch an Kaliumjodid eintreten. Außerdem muß die Fällungslösung ziemlich konzentriert sein (s. S. 563), und es muß daher ein großes Flüssigkeitsvolumen verdampft werden. Um diese Schwierigkeiten zu vermeiden, wird bei großen Bleimengen zur ersten Fällung die Abscheidung des Wismuts als basisches Wismutformiat nach BENKERT und SMITH (s. § 8 A, S. 604) angewendet [STREBINGER und ZINS (a)]

Arbeitsvorschrift. Die Wismut und Blei als Nitrate enthaltende Lösung soll nur schwach sauer sein. Ist ein großer Säureüberschuß vorhanden, so ist es angezeigt, die Lösung auf dem Wasserbade bis zur Trockene einzudampfen und den Rückstand in 1 cm³ Salpetersäure (1:4) zu lösen. Die Lösung wird nun auf ungefähr 200 cm³ verdünnt und bis nahe an den Siedepunkt erhitzt. Eine unter Umständen auftretende Trübung von basischem Wismutnitrat ist ohne Bedeutung. Nun wird die Flamme entfernt, zur heißen Lösung Methylorangelösung bis zur deutlichen Rotfärbung zugesetzt und tropfenweise mit einer Pipette 2 n Natriumformiatlösung bis zum Umschlage des Indicators in Gelb und dann noch in geringem Überschuß zugesetzt. Dabei ist zu beachten, daß die bis zum Umschlag nötige Menge $^1/_{25}$ bis $^1/_{20}$ des Gesamtvolumens nicht übersteigen soll. Ist also bei 8 bis 10 cm³ Natriumformiatlösung der Umschlag noch nicht eingetreten, so fügt man noch 50 bis 100 cm³ heißes Wasser zur Lösung und läßt nun weiter Natriumformiatlösung bis zum Umschlag zufließen. In den meisten Fällen wird der Umschlag des Indicators bereits innerhalb der ersten 10 cm³ Natriumformiatlösung liegen. Nach etwa $^1/_2$ Std. hat sich der Niederschlag in großen Flocken zu Boden gesetzt und die überstehende Flüssigkeit ist vollkommen klar. Der Niederschlag wird nun in einen Jenaer Glasfiltertiegel abfiltriert und mit warmem Wasser gewaschen. Das Filtrat ist völlig wismutfrei.

Um das Wismut von den letzten Anteilen Blei zu trennen und in Wismutoxyjodid überzuführen, wird der Niederschlag in warmer Salpetersäure (1:4) gelöst. Diese Operation wird am besten in der Weise ausgeführt, daß man nach beendeter

Filtration, die unter schwachem Saugen vorgenommen wird, den Tiegel aus dem Vorstoß nimmt, nun die eingesetzte Gummimanschette entfernt, den Tiegel wieder einsetzt und das durch die Salpetersäure in Lösung gebrachte Wismut unmittelbar in dem Becherglase auffängt, in dem die Fällung als Wismutoxyjodid vorgenommen werden soll. Man bringt erst 5 cm^3 heiße Salpetersäure mit Hilfe einer kleinen Spritzflasche unter gleichzeitigem Abspülen der Tiegelwand in den Tiegel, läßt diese vollkommen durchtropfen und wäscht dann einige Male mit je 2 bis 3 cm^3 Salpetersäure immer unter gleichzeitigem Abspülen der Wand nach. Völlige Fettfreiheit und Benetzbarkeit des Tiegels und des Vorstoßes sind dabei sehr von Vorteil. Ist alles basische Wismutformiat in Lösung gegangen und in das Becherglas gespült worden, so spült man noch mit wenigen Kubikzentimetern Salpetersäure den Vorstoß einmal durch, bringt nun das Becherglas auf ein Wasserbad und dampft bis zur Trockene ein. Der Rückstand von basischem Wismutnitrat, der bei großen Bleimengen noch etwas Bleinitrat enthält, wird in 1 cm^3 Salpetersäure (1:4) gelöst. Nach dem Verdünnen auf 10 bis 15 cm^3 wird das Wismut in der auf S. 564 beschriebenen Weise als Wismutoxyjodid gefällt. — In den gesammelten Filtraten kann das Blei nach einem bekannten Verfahren bestimmt werden.

***Bemerkung*. Genauigkeit.** Die Ergebnisse zeigen fast theoretische Werte.

2. Trennung des Wismuts von Cadmium.

Die Trennung des Wismuts von Cadmium nach dem Verfahren von STREBINGER und ZINS (a) ist nach STREBINGER und ORTNER bei allen Mischungsverhältnissen zwischen Wismut und Cadmium durchführbar. Die Ausfällung des Wismutoxyjodides wird nach der auf S. 564 angegebenen Arbeitsvorschrift vorgenommen. Die Bestimmung des Cadmiums im Filtrat vom Wismutoxyjodidniederschlag geschieht elektrolytisch nach Zerstören des Jodids und Wegdampfen des frei gewordenen Jodes.

Literatur.

ARPPE, A. E.: Pogg. Ann. **64**, 249 (1845).

BENKERT, A. L., u. E. F. SMITH: Fr. **42**, 642 (1903). — BRUKL, A., u. W. MAXYMOWICZ: Fr. **68**, 18 (1926).

DONAU, J.: M. **32**, 1127 (1911).

GUTBIER, A.: Z. anorg. Ch. **31**, 331 (1902).

HECHT, F., u. R. REISSNER: Mikrochem. **18** (N. F. **12**), 283 (1935). — HEINTZ, W.: Pogg. Ann. **63**, 72 (1844). — HERZ, W.: Z. anorg. Ch. **36**, 347 (1903). — HILTNER, W., u. W. GITTEL: (a) Fr. **99**, 171 (1934); (b) **99**, 97 (1934).

JELLINEK, K., u. W. KÜHN: Ph. Ch. **105**, 338 (1923).

LUFF, G.: Fr. **63**, 343 (1923).

MIGRAY, E. v.: Ch. Z. **57**, 774 (1933). — MOSER, L.: Die Bestimmungsmethoden des Wismuts und seine Trennung von den anderen Elementen, S. 76. Stuttgart 1909. — MOSER, L., u. W. MAXYMOWICZ: Fr. **67**, 249 (1925/26). — MUIR, M. M. P.: Soc. **29**, 145 (1876).

NOYES, A. A., F. W. HALL u. J. A. BEATTIE: Am. Soc. **39**, 2530 (1917).

OSTROUMOW, E. A.: Fr. **106**, 36 (1936).

REICHARD, C.: P. C. H. **54**, 103 (1913); durch Fr. **59**, 20 (1920). — ROSE, H.: Pogg. Ann. **110**, 430 (1860). — RUGE, E.: J. pr. **96**, 133 (1865).

SANYAL, A. K., u. N. R. DHAR: Z. anorg. Ch. **128**, 216 (1923). — SARUDI (v. STETINA), J.: Fr. **125**, 108 (1943). — SCHNEIDER, R.: J. pr. **79**, 424 (1860). — DE SCHULTEN, A.: Bl. [3] **23**, 156 (1900). — SMITH, E. F., u. P. HEYL: Z. anorg. Ch. **7**, 87 (1894). — STRAUB, J.: Fr. **76**, 108 (1929). — STREBINGER, R., u. E. FLASCHNER: Mikrochemie **5**, 12 (1927), Fußnote. — STREBINGER, R., u. G. ORTNER: Fr. **107**, 14 (1936). — STREBINGER, R., u. W. ZINS: (a) Fr. **72**, 417 (1927); (b) Mikrochemie **5**, 166 (1927). — STRECKER, W., u. A. HERRMANN: Fr. **72**, 8 (1927).

THOMAS, V.: Ann. Chim. Phys. [7] **13**, 163 (1898).

VOLHARD, J.: A. **198**, 331 (1879).

WINKLER, L. W.: Angew. Ch. **28**, 496 (1915).

§ 5. Bestimmung durch Überführung in WismutIII-jodid bzw. Wismut-Jodwasserstoffsäure und deren Salze.

Vorbemerkung. Aus schwach mineralsauren sowie aus essigsauren Lösungen von Wismutsalzen entsteht auf Zusatz einer Lösung von Kaliumjodid ein dunkelbrauner, krystalliner Niederschlag von WismutIII-jodid BiJ_3 (Rammelsberg). Der Niederschlag löst sich im Überschuß des Fällungsmittels mit intensiv gelber Farbe zu dem komplexen KaliumtetrajodowismutatIII $K[BiJ_4]$, im folgenden Kaliumwismutjodid genannt (Arppe). Diese Gelbfärbung wird analytisch zur colorimetrischen Bestimmung kleinster Wismutmengen verwendet. In dieser Form hat sie vor allem Bedeutung zur Erfassung sehr kleiner Wismutmengen in Metallen, Legierungen und Erzen (s. § 14, S. 671) sowie in biologischem Material (s. § 15, S. 693).

Salze der Wismut-Jodwasserstoffsäure $H[BiJ_4]$ mit organischen Basen wie Oxychinolin (Oxin), Nitrochinolin u. a. sind als sehr schwer lösliche Stoffe gut geeignet zur Abscheidung des Wismuts und können unmittelbar als Wägungsformen dienen, oder es lassen sich maßanalytische Verfahren darauf gründen. Auch Salze der Wismut-Jodwasserstoffsäure mit komplexen Kobaltamminen sind zur gravimetrischen Bestimmung sowohl im Makro- als auch im Mikromaßstab herangezogen worden.

Eigenschaften des WismutIII-jodides. Aussehen und Krystallform. WismutIII-jodid BiJ_3 wird als dunkelgrün (Heintz), als schwarzgrau mit einem Stich ins Braune (Schneider) beschrieben. Es bildet große, dünne, lebhaft metallisch glänzende, hexagonale Krystallblättchen (Schneider), die an dünnsten Stellen dunkelbraunviolett durchscheinend sind (Retgers).

Löslichkeit. *In Wasser.* Wismutjodid ist in Wasser unlöslich. Es wird jedoch von kaltem Wasser langsam, von siedendem Wasser schneller in basisches Wismutjodid BiOJ übergeführt (s. § 4 C, S. 563). — *In Säuren.* Während Salzsäure ohne merkliche Zersetzung auf Wismutjodid unter Gelbfärbung lösend wirkt, wird die Verbindung durch Salpetersäure unter Jodabscheidung zersetzt (Heintz, Schneider). — *In Lauge.* Schon bei gewöhnlicher Temperatur wirkt eine wäßrige Lösung von Alkalihydroxyd auf Wismutjodid zersetzend ein. Es entstehen Wismutjodat und Wismutoxydhydrat (Schneider). — *In organischen Stoffen.* Wismutjodid ist in absolutem Alkohol etwas löslich (Muir). Gut löslich ist es in Glycerin bei Gegenwart von Wasser (Planès).

A. Colorimetrische Bestimmung als Wismutjodid.

Das älteste colorimetrische Verfahren zur Wismutbestimmung mit Hilfe des Wismutjodides stammt von Planès. Es beruht auf der Löslichkeit des Wismutjodides in Glycerin bei Gegenwart von Wasser und auf dem colorimetrischen Vergleich der Farbe dieser Lösung mit einer auf gleiche Weise aus einer Wimut-Standardlösung hergestellten Vergleichslösung (s. auch § 15 B, S. 697). Cloud hat kurz danach eine colorimetrische Bestimmung vorgeschlagen, die auf der Eigenschaft des Bleijodides beruht, bei Gegenwart von Wismutjodid eine orange bis braunrote Färbung anzunehmen. Es lassen sich mittels dieses Verfahrens noch 0,02 bis 0,03 mg Bi in 100 cm³ Lösung mit Sicherheit nachweisen. Es versagt aber nach de Koninck bei Gehalten über 2 mg Bi in 100 cm³ Lösung, dagegen wird es vom Chemiker-Fachausschuss der Gesellschaft Deutscher Metallhütten- und Bergleute als gerade für kleinste Mengen Wismut brauchbar angeführt.

Reagenzien. 1. Bleilösung: 9,591 g Bleinitrat werden in 1 l Wasser gelöst. — 2. Wismutlösung: 0,1115 g Wismutoxyd werden in 100 cm³ Salpetersäure (D 1,2) gelöst; die Lösung wird zum Liter aufgefüllt. 1 cm³ = 0,1 mg Bi. — 3. Kaliumjodidlösung: 8,75 g Kaliumjodid werden zu 1 l gelöst.

Arbeitsvorschrift. Die zu untersuchende, von Blei freie Wismutsalzlösung wird mit 5 cm^3 der Bleinitratlösung (1) versetzt und mit 25 cm^3 Kaliumjodidlösung (3) in einem NESSLERschen Gefäße umgeschüttelt und 20 Min. stehen gelassen. Man vergleicht die Farbe des Niederschlages mit der anderer Niederschläge, die unter gleichen Bedingungen bei gleichzeitiger Verwendung bekannter Mengen der Wismutlösung (2) erzeugt wurden.

B. Colorimetrische Bestimmung nach Überführung in Salze der Wismut-Jodwasserstoffsäure.

Allgemeines.

Im Jahre 1880 empfahl TRESH eine Nachweisreaktion für Wismut, die auf der in einer schwach salzsauren oder wenig freie organische Säure enthaltenden Lösung sofort auf Zusatz einer genügenden Menge Kaliumjodid auftretenden intensiven Färbung beruht und die, je nachdem ob viel oder wenig Wismut anwesend ist, tieforange oder schwach gelb ist. Die Empfindlichkeit des Nachweises beträgt nach TRESH 1:1000000. Wertvoll für den Wismutnachweis erscheint es, daß vor allem Blei, aber auch Quecksilber nicht stören, weil diese Metalle mit überschüssigem Kaliumjodid farblose Komplexverbindungen bilden. Nach STONE ist die Reaktion besonders zu empfehlen für die colorimetrische Bestimmung kleinster Wismutmengen.

Für quantitative Zwecke ist diese Reaktion wohl zuerst von ROWELL für die Bestimmung kleiner Wismutmengen in Erzen angewendet worden. Späterhin haben sie andere Forscher für ähnliche Zwecke benutzt, und sie hat sich als gut verwendbar erwiesen für die Wismutbestimmung in organischem Material (s. § 15 B, S. 697, und Kapitel Sb, § 5 C, S. 447).

Bei dem Zusatz der Kaliumjodidlösung kann aus verschiedenen Gründen eine geringfügige Jodausscheidung stattfinden. Die dadurch bedingte Gelbfärbung kann selbstverständlich grobe Fehler bei der Wismutbestimmung verursachen. Um diese auszuschalten, setzen die verschiedenen Autoren schweflige Säure zu, durch welche das Jod zu Jodid-Ion reduziert wird. Erst in den Jahren 1933 und 1934 haben verschiedene Forscher (SMOUT und SMITH; KAMEYAMA und MAKISHIMA; HADDOCK) darauf aufmerksam gemacht, daß bei der Einwirkung von schwefliger Säure auf Jod die gelb gefärbte Jodosulfinsäure HSO_2J entsteht, der Zusatz von schwefliger Säure also, statt die Fehler auszuschalten, sie eher noch vergrößert. Bei der Colorimetrierung unter Verwendung gleichartig hergestellter Vergleichslösungen dürfte der Fehler jedoch ausgeglichen werden. HADDOCK verwendet deshalb als Entfärbungsmittel für das freie Jod unterphosphorige Säure. Er verschärft auch noch den Nachweis des Wismuts dadurch, daß er die Löslichkeit der freien Wismut-Jodwasserstoffsäure in einer Mischung aus Amylalkohol und Essigester dazu benutzt, sie in diesem Lösungsmittel anzureichern. Dadurch kann HADDOCK bis herab zu 10 γ Bi erfassen und fehlerfrei bestimmen, nachdem noch vor der Bestimmung das Wismut mittels Dithizons (s. § 9 D, S. 620) angereichert und von störenden Metallen abgetrennt ist. — POWELL verwendet als Lösungsmittel zum Ausschütteln reinen Essigester. — GIACOMINI extrahiert mit einer Mischung aus Amylalkohol und Äthylacetat.

Allgemein muß jedoch bemerkt werden, daß die colorimetrische Bestimmung des Wismuts mittels Jodids in schwefelsaurer Lösung vorzunehmen ist.

Die Tatsache, daß man gewisse Alkaloide mit einer Lösung von Kalium-Wismutjodid nachweisen kann, benutzt LÉGER umgekehrt zum Wismutnachweis mittels Cinchonins. Von AUBRY wird späterhin das Chinin empfohlen, das jedoch ebenso wie das Cinchonin nicht zu allgemeiner Anwendung gelangt ist. Auch Tetracetylammoniumhydroxyd ist als Base vorgeschlagen worden (GIRARD und FOURNEAU).

1. Bestimmung nach Überführung in Wismut-Jodwasserstoffsäure.

I. Verfahren von Rowell.

Reagenzien. 1. Vergleichslösung: 0,223 g Wismutoxyd werden in 20 cm³ Salpetersäure (D 1,2) gelöst und nach Hinzufügen von 100 cm³ Schwefelsäure (1:5) zu 1 l aufgefüllt. 1 cm³ = 0,2 mg Bi. — 2. Schweflige Säure: Eine gesättigte Lösung von schwefliger Säure wird mit der gleichen Menge Wasser verdünnt. Die Zugabe erfolgt aus einem Tropffläschchen. — 3. 20%ige Kaliumjodidlösung. — 4. Schwefelsäure (1:5).

Arbeitsvorschrift. Die schwefelsaure Lösung eines Wismutsalzes oder ein aliquoter Teil derselben wird in ein Colorimeterglas gebracht. Es werden 20 cm³ Schwefelsäure (4), 5 cm³ Kaliumjodidlösung (3) mit 10 Tropfen der Lösung von schwefliger Säure (2) versetzt, zur Marke aufgefüllt und mit einem Glasstab mit breitem Kopf gut vermischt. In ein zweites Glas werden Schwefelsäure und die Lösungen (3) und (2) in gleichen Mengen wie in das erste Glas gegeben und nicht ganz bis zur Marke aufgefüllt. Jetzt wird aus einer Bürette unter Umrühren solange von der Vergleichslösung (1) hinzugefügt, bis die gleiche Färbung wie in dem ersten Glas erreicht ist.

Bemerkungen. **a) Genauigkeit.** Die Fehlergrenze liegt innerhalb 5% des vorhandenen Wismuts. — **b) Erfassungsgrenze.** Dieses colorimetrische Verfahren läßt noch eine Bestimmung von 1 Teil Bi in 12,5 Millionen Teilen Lösung zu. Es soll bei einer Bestimmung nicht mehr als 1,25 mg Bi in einem Colorimeterglas vorhanden sein. — **c) Einfluß fremder Ionen.** QuecksilberII-Ion in kleinen Mengen stört nicht, da QuecksilberII-jodid in Kaliumjodid farblos löslich ist (Blumenthal; Biltz und Hoehne). — Blei in einer Menge bis 2 mg stört nicht, größere Mengen sind jedoch vor der Bestimmung des Wismuts zu entfernen, und zwar entweder durch Abrauchen mit Schwefelsäure und Abfiltrieren des Bleisulfates (s. jedoch die Ausführungen auf S. 686), oder durch Abscheidung des Wismuts als Wismutoxychlorid (s. § 4 A, S. 556) und Auflösen des Niederschlages in Schwefelsäure, oder durch Ausschütteln mit Dithizon (s. § 9 D, S. 620). — KupferII-Ion wirkt bis zu einer Menge von 3 mg nicht störend. Größere Mengen sind störend, da bei ihrer Anwesenheit unlösliches KupferI-jodid ausfällt und Jod frei wird. Jenes kann abfiltriert und dieses entfärbt werden. Da aber meistens geringe Mengen Wismut als Wismutjodid oder als Wismutoxyjodid von KupferI-jodid okkludiert werden, so muß das abfiltrierte KupferI-jodid zweckmäßig wieder in einem Gemisch von Schwefelsäure und Wasserstoffperoxyd gelöst und nochmals durch Kaliumjodid gefällt werden. Im Filtrat wird das Wismut colorimetriert (Kameyama und Makishima). — Der Einfluß färbender Ionen von Chrom, Kobalt und Nickel kann durch Ausschütteln der Wismut-Jodwasserstoffsäure mit Amylalkohol-Essigester nach Haddock ausgeschaltet werden (s. S. 572). — In größerer Menge anwesende Ionen von Silber, EisenIII, ZinnIV, Arsen und Antimon stören. Sie können durch vorhergehendes Ausschütteln mit Dithizon (s. S. 572) entfernt werden. — Mangan, Zink und Cadmium stören nicht. — EisenIII-Ion, das eine Jodausscheidung bewirkt, kann durch Reduktion mit schwefliger Säure oder durch Komplexbildung mittels Citronensäure (Leonard) unschädlich gemacht werden. Nickolls schlägt vor, das EisenIII-Ion durch ZinnII-sulfat zu reduzieren. Hierzu verwendet er eine Lösung von 10 g ZinnII-chlorid in 100 cm³ 6 n Schwefelsäure, die — vor Luft geschützt — immer vorrätig gehalten werden kann. Er sagt allerdings nichts über den störenden Einfluß des bei der Reaktion entstehenden ZinnIV-Ions (s. oben). — Tellur, das störend wirkt, kann ausgeschaltet werden durch die schon oben erwähnte Wismutfällung als basisches Chlorid (Rowell). — Arsenat-, Antimonat- und Nitrat-Ionen bewirken ebenfalls Jodausscheidung, die durch Kochen der Lösung oder Entfärbung beseitigt wird (Rowell). — Ammoniumacetat und Chloride bewirken eine Abschwächung der gelben Farbe (ROWELL). — Die Abschwächung durch Chlorid-Ion führen BAGGESGAARD-RASMUSSEN, JACKEROTT und SCHOU auf die Bildung komplexer TetrachlorowismutatIII-Ionen zurück. BODNÁR und KARELL bestätigen diesen Befund. Durch größere Kaliumjodidmengen läßt sich aber der Einfluß von Chlorid-Ionen zum Teil aufheben. 0,5 g Natriumchlorid erfordern 0,8 g Kaliumjodid, 1 g Natriumchlorid benötigt 2 g Kaliumjodid. — Harnsalze stören nicht. — Jodid wirkt in keiner Konzentration beinflussend auf die Farbintensität (BAGGESGAARD-RASMUSSEN und Mitarbeiter). — **d) Einfluß der Wasserstoff-Ionen-Konzentration.** Größere Abweichungen als die durch den Versuchsfehler bedingten treten erst ab 4 n Schwefelsäure ein. — In Acetatpuffer (1:1) ist die Wismut-Jodwasserstoffsäure praktisch farblos (BAGGESGAARD-RASMUSSEN und Mitarbeiter). — **e) Einfluß der Salpetersäure.** Die Anwesenheit von Salpetersäure ist nicht als unbedenklich zu bezeichnen. Sie verursacht zu hohe Wismutwerte. Durch Oxalsäure kann sie zerstört werden (BAGGESGAARD-RASMUSSEN und Mitarbeiter). BODNÁR und KARELL finden jedoch keine Störung durch Salpetersäure bei Konzentrationen von 2 bis 10%. Auch COLBECK, CRAVEN und MURRAY führen die Bestimmung in salpetersaurer Lösung durch. Sie verwenden allerdings eine Vergleichslösung mit demselben Gehalt an Salpetersäure wie die Analysenlösung (s. unten). NICKOLLS jedoch bezweifelt die Richtigkeit dieses Verfahrens. — **f) Vergleichslösung.** Eine mit Kaliumjodid versetzte Wismut-Vergleichslösung vertieft nach FRICK und ENGEMANN ihre Farbe merklich im Verlaufe einer Woche. Deshalb muß die Vergleichslösung immer frisch bereitet werden. Sie schlagen vor, für Schiedsanalysen von einem genau definierten Wismutoxyd auszugehen, und arbeiten folgendermaßen: Die nötige Menge Wismutoxyd wird 2 Std. lang bei 120° getrocknet. Nach dem Lösen in konzentrierter Salpetersäure wird die Lösung mit Schwefelsäure abgeraucht. Nach dem Erkalten wird zu 1 l gelöst.

II. Verfahren von COLBECK, CRAVEN und MURRAY.

Die colorimetrische Wismutbestimmung wird nach dem Abdestillieren des Wismuts aus Kupfer (s. § 14 A, S. 679) ausgeführt. Der Wismutspiegel wird in möglichst wenig konzentrierter Salpetersäure gelöst und die Lösung mit Wasser auf ein bestimmtes Volumen aufgefüllt.

Arbeitsvorschrift. In je 100 cm^3 Wismutlösung dürfen nicht mehr als 2 cm^3 konzentrierte Salpetersäure enthalten sein. Ein aliquoter Teil wird in einem NESSLER-Rohr mit 5 cm^3 einer zu $^1/_4$ gesättigten Lösung von schwefliger Säure und 5 cm^3 2%iger Kaliumjodidlösung versetzt. In ein zweites NESSLER-Rohr gibt man die gleichen Mengen dieser Reagenzien und ebensoviel Salpetersäure, wie in der Analysenlösung enthalten ist, und füllt beide Rohre auf 100 cm^3 auf. In das Vergleichsrohr gibt man nun soviel einer Wismutlösung mit 0,1 mg Bi in 1 cm^3, daß Farbgleichheit auftritt. Nach dem Vergleich gibt man in beide Rohre etwas Stärkelösung, die keine Blaufärbung hervorrufen darf. Wenn diese doch eintritt, wiederholt man den Versuch unter Zusatz von mehr schwefliger Säure.

III. Verfahren von HADDOCK.

Nach dem Verfahren von HADDOCK wird das Wismut beim Vorhandensein störender Metalle (s. Bemerkung c, S. 571) durch Ausschütteln mit einer Lösung von Dithizon in Chloroform quantitativ der Analysenlösung entzogen, wobei jedoch Blei und Thallium dem Wismut folgen (s. § 9 D, S. 622). Nach der Isolierung wird das Wismut colorimetrisch bestimmt, und zwar wird hierzu die Löslichkeit der freien Wismut-Jodwasserstoffsäure in einem Gemisch von 3 Teilen Amylalkohol und 1 Teil Essigester benutzt. Um das bei der Herstellung der Wismut-Jodwasserstoffsäure häufig auftretende freie Jod zu entfernen, werden ein kleiner Überschuß an schwefliger Säure und einige Tropfen unterphosphoriger Säure zugesetzt.

In Gegenwart von gefärbten Ionen, wie von ChromIII, Kobalt und Nickel, wird die Wismut-Jodwasserstoffsäure mit dem Amylalkohol-Essigester-Gemisch ausgeschüttelt. Die zurückbleibende wäßrige Lösung wird mit einer bekannten Wismutmenge versetzt und in derselben Weise extrahiert. Die beiden Auszüge werden sodann colorimetrisch verglichen.

Reagenzien. 1. 0,1%ige Lösung von Dithizon in Chloroform. — 2. Citronensäure, fest. — 3. Ammoniak (D 0,880). — 4. Wasserstoffperoxyd, 30%ig. — 5. 5%ige Lösung von schwefliger Säure. — 6. 30%ige unterphosphorige Säure. — 7. 10%ige Lösung von Kaliumjodid, frisch bereitet. — 8. Kaliumcyanid. — 9. Mischung aus 3 Teilen Amylalkohol und 1 Teil Essigester.

Arbeitsvorschrift. Die neutrale Lösung wird mit 2 g Citronensäure versetzt (bei Gegenwart relativ großer Mengen EisenIII-Ion mit 10 g) und unter Kühlung mit Ammoniak gegen Lackmus alkalisch gemacht. Nach Zufügen weiterer 10 cm^3 Ammoniak und 2 g Kaliumcyanid (bei Anwesenheit von viel Kupfer, Silber usw. bis zu 5 oder 10 g) wird die kalte Lösung kräftig nacheinander mit 4 Anteilen zu je 15 cm^3 der Dithizonlösung durchgeschüttelt. Jeder Chloroformauszug wird für sich mit 10 cm^3 Wasser gewaschen; dann wird aus den vereinigten Auszügen das Chloroform aus einem KJELDAHL-Kolben von 100 cm^3 Inhalt abgedampft. Zur Zerstörung noch vorhandener organischer Substanz wird 1 cm^3 konzentrierte Schwefelsäure hinzugefügt, vorsichtig über einem Mikrobrenner erhitzt und langsam soviel 30%iges Wasserstoffperoxyd zugetropft, daß alle organische Substanz zerstört ist. Nun führt man die saure Lösung mit 20 cm^3 Wasser in einen Schütteltrichter über und setzt zur Zerstörung der schwefligen Säure eine sehr verdünnte Jodlösung tropfenweise zu. Geschieht dies nicht, so erhält man ganz verkehrte Werte, da gelbe Jodosulfinsäure gebildet wird. Nachdem das überschüssige Jod noch mit 4 Tropfen einer ungefähr 5%igen Lösung von schwefliger Säure (5) und 2 cm^3 unterphosphoriger Säure (6) unschädlich gemacht worden ist, versetzt man mit 5 cm^3 frischer Kaliumjodidlösung (7) und schüttelt die Lösung sovielmal hintereinander mit je 3 cm^3 Amylalkohol-Essigester-Gemisch (9), bis der Auszug farblos ist. Die Auszüge werden in einem Meßzylinder vereinigt. Dann wird der Wismutgehalt colorimetrisch bestimmt. Die gesammelten wäßrigen Lösungen versetzt man mit einer bestimmten Menge einer 0,001%igen Wismutsalzlösung und schüttelt mit dem organischen Lösungsmittelgemisch wie oben aus. Auf diese Weise kann man sich mehrere Vergleichslösungen herstellen.

Zur colorimetrischen Bestimmung füllt man jede Lösung auf ein ihrem Wismutgehalt entsprechendes Volumen auf: 6 cm^3 für 10 bis 40 γ Bi, 10 bis 12 cm^3 für 40 bis 100 γ Bi. Kleine Mengen bis zu 20 γ werden direkt im 10 cm^3-NESSLER-Rohr miteinander verglichen, größere in einem DUBOSCQ-Colorimeter.

Durch zweimaliges Extrahieren können 5 bis 20 γ Bi, durch viermaliges Extrahieren 50 bis 80 γ Bi und bei fünfmaliger Wiederholung 100 γ Bi ausgeschüttelt werden.

Bemerkungen. **a)** Die **Genauigkeit** ist selbst bei Anwesenheit von je 1 g der oben erwähnten Fremdmetalle in dem Bereich von 10 bis 100 γ Bi als gut zu bezeichnen.— **b)** Der **Anwendungsbereich** des Verfahrens erstreckt sich auf das Gebiet zwischen 10 und 100 γ Bi bei Gegenwart von wenigstens 1 g der meisten Elemente, ausgenommen Blei und Thallium, von denen nur weniger als 0,5 mg zugegen sein dürfen. — **c) Störungen.** Das Ausschütteln mit Dithizon ist natürlich nur in Gegenwart der die Farbreaktion der Wismut-Jodwasserstoffsäure störenden Metalle notwendig. Als solche wurden insbesondere Silber, Quecksilber, EisenIII, ZinnIV, Arsen und Antimon, wenn sie in größerer Menge vorhanden sind, festgestellt. Nicht störend wirken in dieser Hinsicht z. B. Kobalt, Nickel, Chrom, Mangan, Zink und Cadmium. — **d) Vergleichslösungen.** Die Vergleichslösungen werden mit reinem Wismutoxychlorid hergestellt, das aus käuflichem, basischem

Wismutcarbonat durch Glühen, Lösen des Oxydes in Salzsäure, Ausfällen mit Wasser (s. § 4 A, S. 556) und Wiederholung dieser beiden letzteren Operationen sowie Trocknen bei 300° erhalten wird.

IV. Verfahren von Powell.

Das Verfahren beruht auf dem Ausschütteln der Wismut-Jodwasserstoffsäure mit Äther. Aus der ätherischen Lösung wird das Wismut durch verdünnte Salzsäure wieder in eine wäßrige Phase gebracht und darin colorimetrisch als Sulfid bestimmt. Es kann auch die Wismut-Jodwasserstoffsäure mit Essigester extrahiert und die gelbe Farbe dieser Lösung unmittelbar colorimetriert werden.

Arbeitsvorschrift. **a) Bei Abwesenheit von Blei.** 10 cm³ der Lösung werden mit 2 cm³ verdünnter Salzsäure und 0,5 g Kaliumjodid versetzt und zweimal mit Äther ausgeschüttelt. Die Ätherlösungen werden nacheinander mit 5 cm³ starker Ammoniumchloridlösung, 25 und 5 cm³ mit Salzsäure schwach angesäuertem Wasser ausgeschüttelt. Die wäßrige Lösung neutralisiert man mit Ammoniak und gibt 1 bis 2 Tropfen verdünnte Salzsäure zu. Der gelöste Äther wird durch kurzes Erwärmen verjagt. Nach dem Erkalten bringt man auf 50 cm³, fügt 1 cm³ verdünnte Natriumsulfidlösung hinzu und colorimetriert gegen eine Vergleichslösung (s. § 3 C, S. 553). — **b) Bei Anwesenheit von Blei.** Die Lösung wird auf 1 bis 5 cm³ eingedampft, mit Salzsäure und dann mit 0,2 g Kaliumjodid und bei etwaiger Gelbfärbung durch freies Jod mit 1 bis 2 Tropfen 0,1 n Natriumthiosulfatlösung versetzt und mit 5 cm³ Essigester geschüttelt. Die Farbe der oberen Schicht wird colorimetriert.

V. Verfahren von Giacomini.

Das Verfahren beruht auf dem Ausschütteln der durch Ascorbinsäure stabilisierten Wismut-Jodwasserstoffsäure mit Amylalkohol-Äthylacetat und photometrischer Messung.

Arbeitsvorschrift. Die aus Serum durch Veraschen mit Schwefelsäure erhaltene Lösung (s. § 15 A, S. 695) wird in einem 50 cm³ fassenden Scheidetrichter mit 5 cm³ 1%iger Ascorbinsäurelösung, 2,5 cm³ 3%iger Kaliumjodidlösung und 1 cm³ 0,75%iger Natriumsulfitlösung geschüttelt. Nach 10 Min. werden 6 cm³ einer Mischung aus 3 Teilen Amylalkohol und 1 Teil Äthylacetat zugesetzt. Nach 2 Min. dauerndem kräftigen Schütteln wird der Auszug filtriert und in eine photometrische Meßzelle (Zeichnung im Original) eingefüllt. Da der Komplex nur 30 Min. lang haltbar ist, wird sofort gemessen. Bei mehr als 10 γ Bi muß unter Umständen mehrmals extrahiert werden.

VI. Bestimmung nach dokimastischer Isolierung des Wismutoxydes nach Köster.

Das Verfahren beruht auf der Anfärbung des nach der Kupellation von wismuthaltigem Blei auf der Kapelle hinterbleibenden Wismutoxydes mittels Jodwasserstoffsäure. Es erlaubt eine annähernd quantitative Schätzung der Wismutmenge.

Arbeitsvorschrift. Nach der Kupellation von wismuthaltigem Blei wird auf die erkaltete Kapelle 1 Tropfen verdünnte Jodwasserstoffsäure gebracht. Die entstehende Rotfärbung wird mittels einer Skala (s. Bemerkung a) auf den vorhandenen Wismutgehalt des Bleis geschätzt.

Bemerkungen. **a) Herstellung der Vergleichsskala.** Die Skala wird folgendermaßen erhalten: Es werden Bleilegierungen mit bekanntem Wismutgehalt von 0,002, 0,006, 0,010, 0,030 und 0,050% hergestellt und jeweils 25 g davon abgetrieben. Die Kapelle wird sodann jeweils wie oben beschrieben mit Jodwasserstoffsäure angefärbt. — **b) Wismutbestimmung in Erzen.** Auch der Wismutgehalt von Erzen kann auf diese Weise ermittelt werden. Hierzu werden die Erze wie bei der dokimastischen Silber- oder Goldbestimmung im Tiegelverfahren mit Blei niedergeschmolzen und der Bleiregulus wird wie oben behandelt (s. § 14 C, S. 689).

2. Colorimetrische Bestimmung nach Überführung in Salze der Wismut-Jodwasserstoffsäure mit organischen Basen.

I. Bestimmung mit Hilfe von Cinchonin.

Während Kalium-Wismutjodid zum Nachweis gewisser Alkaloide dient, wobei diese orangefarbene Niederschläge liefern, benutzt LÉGER die umgekehrte Reaktion zum Nachweis des Wismuts. Die Empfindlichkeit dieser Reaktion gestattet noch die Erkennung des Wismuts in einer Verdünnung von 1:500000 und ermöglicht die colorimetrische Bestimmung. Der orangefarbene Niederschlag entsteht nur bei Abwesenheit von Salzsäure, und Salpetersäure darf in keinem großen Überschuß vorhanden sein.

Die Reaktion ist von FICKLEN, NEWELL und PIKE sehr sorgfältig geprüft worden. Die Verfasser haben festgestellt, daß Cinchoninjodid nicht spezifisch und daher nicht geeignet zur Wismutbestimmung neben anderen Metallen ist (s. unten). Wegen seiner Empfindlichkeit ist das Verfahren aber brauchbar für schnelle und einwandfreie Bestimmung nach vorheriger Abtrennung des Wismuts durch ein bewährtes Verfahren.

Verfahren von FICKLEN, NEWELL und PIKE. ***Reagens.*** 1 g Cinchonin wird in 100 cm³ mit einigen Tropfen Salpetersäure angesäuertem Wasser durch Erhitzen gelöst. Diese Lösung wird nach dem Erkalten mit 2 g Kaliumjodid versetzt. Sie ist lange haltbar.

Arbeitsvorschrift. 10 cm³ Lösung und 0,5 cm³ Reagenslösung werden vermischt und nach Erreichen der Farbtiefe colorimetriert. Dies ist in wäßriger und schwefelsaurer Lösung nach 5 Min. der Fall. Die Färbung bleibt 24 Std. lang bestehen.

Bemerkungen. a) **Die Empfindlichkeit** der Reaktion beträgt nach FICKLEN, NEWELL und PIKE 1:1000000. — **b) Störungen.** 30 mval Salzsäure bzw. 30 mval Salpetersäure stören, wobei diese eine grünlichrote Farbe erzeugt. Während Arsen in dreiwertiger Stufe und ZinnII-Ion nicht stören, bewirken eine Störung folgende Ionen: $Ag^{\cdot}$, $Hg^{\cdot}$, $Tl^{\cdot}$, $As^{\cdot\cdot\cdot\cdot\cdot}$, $Sb^{\cdot\cdot\cdot}$, $Sn^{\cdot\cdot\cdot\cdot}$, $Hg^{\cdot\cdot}$, $Pb^{\cdot\cdot}$, $Cu^{\cdot\cdot}$, $Cd^{\cdot\cdot}$, $V^{\cdot\cdot\cdot\cdot\cdot}$, $Cr^{\cdot\cdot\cdot}$, CrO_4'', $Ba^{\cdot\cdot}$, $Sr^{\cdot\cdot}$, NO_2', SeO_3''. Der Einfluß dieser störenden Ionen ist in schwefelsaurer Lösung (außer bei Barium und Strontium) geringer als in wäßriger Lösung.

II. Bestimmung mit Hilfe von Chinin.

Die LÉGERsche Reaktion des Wismutnachweises mit Cinchoninjodid ist in analoger Weise mit Chinin ausführbar, worauf zuerst AUBRY hingewiesen haben dürfte. Um das Ausfallen des Chininsalzes der Wismut-Jodwasserstoffsäure von der Formel $C_{20}H_{24}O_2N_2(H[BiJ_4])_2$ zu vermeiden, empfehlen CUNY und POIROT einen Zusatz von Gummi arabicum, durch den das Salz kolloid in Lösung gehalten wird. Das Verfahren ist wegen seiner Empfindlichkeit ebenfalls für die Ermittlung kleiner Wismutmengen in der Größenordnung von 1 mg und weniger gut brauchbar. Eine Verschärfung der Reaktion ist möglich durch die Löslichkeit des Chininwismutjodides in Cyclohexanon nach PICON.

Reagens. CUNY und POIROT lösen 1 g Chininhydrat in 5 cm³ 10%iger Salpetersäure und füllen auf 100 cm³ Wasser auf. Dann wird 1 cm³ 5%ige Kaliumjodidlösung hinzugefügt. Nach DANCKWORTT und PFAU ist aber diese Lösung nicht beständig, und es ist deshalb besser, Chininsulfat zu verwenden und das Mischen mit Kaliumjodid erst kurz vor dem Gebrauch der Lösung vorzunehmen. Man löst also: 1. 1 g Chininsulfat unter Zusatz von 3 Tropfen Schwefelsäure in 50 cm³ Wasser und 2. 2 g Kaliumjodid in 50 cm³ Wasser. Zum Gebrauch werden gleiche Teile der Lösungen gemischt.

a) ***Arbeitsvorschrift von*** CUNY ***und*** POIROT. Von der auf Wismut zu untersuchenden Lösung werden in einem Reagensglas 5 cm³ mit 3 cm³ einer 10%igen

Lösung von Gummi arabicum und 2 cm³ Reagenslösung gut vermischt. In einem zweiten Reagensglas werden 5 cm³ einer Vergleichslösung mit 0,25 mg Bi und 0,1 g Salpetersäure wie oben vorbereitet und die orangegelben Färbungen verglichen.

b) ***Arbeitsvorschrift von*** LAPORTE. 10 cm³ Wismutsalzlösung in 10%iger Salpetersäure werden mit 2 cm³ Reagenslösung und 8 cm³ Aceton versetzt. Beim Umschütteln geht das zunächst gefällte Chininwismutjodid in Lösung. Man bestimmt nun die Stärke der Gelbfärbung der Lösung durch Vergleich mit entsprechend behandelten Wismutlösungen von bekanntem Gehalt.

Bemerkungen. α) **Genauigkeit.** Nach LAPORTE beträgt der Fehler bei Mengen von 0,1 bis 1,0 mg Bi etwa 2 bis 3%. — β) **Störung.** Eine Beeinträchtigung der Genauigkeit wird hervorgerufen durch Salzsäure, Schwefelsäure, Nitrit, Eisessig sowie durch die Ionen der Metalle der Schwefelwasserstoffgruppe und durch EisenIII-Ion (CUNY und POIROT). — γ) **Wirkung des Acetons.** Das Chininwismutjodid ist in Aceton löslich. Dessen Menge soll nach PICON so bemessen werden, daß die Mischung davon mindestens 90% enthält, da sonst Zersetzung und Abscheidung von Wismutoxyjodid erfolgen kann. Das Aceton erspart den Zusatz der Lösung von Gummi arabicum.

c) ***Arbeitsvorschrift von*** **OKAČ.** Wenn die von PICON festgestellte Löslichkeit des Chinin- bzw. Cinchoninwismutjodides in Cyclohexanon benutzt wird, um die Wismutverbindung mit diesem Lösungsmittel auszuschütteln, so kann in dieser Lösung nach OKAČ noch 25 bis 1 γ Bi colorimetrisch bestimmt werden. — Die Gewinnung rein roter Lösungen des Chinin- bzw. Cinchoninwismutjodides in Cyclohexanon bereitet gewisse Schwierigkeiten, da leicht eine etwas gelbstichige Tönung auftritt. Diese ist nicht auf eine Oxydation des Jodid-Ions durch EisenIII-Ion zurückzuführen, sondern auf die Bildung von Chinin- bzw. Cinchoninjodid. Die Verfärbung kann durch Anwendung kleiner Mengen Chininsulfat vermieden werden. Auch durch Gegenwart von Kupfersalzen kann eine gelbstichige Verfärbung verursacht werden. Die Reaktion soll nicht gestört werden durch Silber, dreiwertiges Antimon, Kobalt, Zink, zweiwertiges Eisen, Aluminium, Chrom, Calcium und Magnesium (s. jedoch S. 575). Der Einfluß des dreiwertigen Eisens soll durch Komplexbildung nach Zusatz von Natriumformiat ausgeschaltet werden. Die Acidität der Lösung hat besondere Bedeutung wegen der Hydrolyse der Wismutsalze.

III. Bestimmung mit Hilfe von Tetracetylammoniumhydroxyd.

GIRARD und FOURNEAU verwenden die sehr intensive Farbe des Tetracetylammonium-Wismutjodides zur colorimetrischen Bestimmung des Wismuts; sie geben für die Zusammensetzung der entstehenden Verbindung die Formel $(C_{16}H_{33})_4NOH \cdot BiJ_3$ an.

Arbeitsvorschrift. Die Wismutsalzlösung (oder der nach Zerstörung einer organischen Wismutverbindung durch Schwefelsäure und Salpetersäure nach dem Eindampfen zur Trockene zurückgebliebene und in Wasser gelöste Rückstand) wird mit einer Lösung versetzt, die 20% Natriumformiat, 3% Kaliumjodid, 0,5% Natriumsulfit und 0,5% Ameisensäure enthält. Nach der Zugabe der Base wird das Tetracetylammonium-wismutjodid mit Benzol ausgeschüttelt und colorimetriert. Etwa vorhandenes EisenIII-Ion wird durch das Formiat reduziert.

C. Gravimetrische Bestimmung nach Überführung in Salze der Wismut-Jodwasserstoffsäure.

Für die gravimetrische Bestimmung des Wismuts mit Hilfe der Wismut-Jodwasserstoffsäure sind verschiedene hochmolekulare Basen vorgeschlagen worden. So arbeiten SPACU und SUCIU mit dem komplexen Triäthylendiamin-KobaltIII-Kation, G. SPACU und P. SPACU mit dem komplexen trans-Dirhodanatodiäthylendiamin-KobaltIII-Kation. Beide Fällungsformen sind sowohl für Makro- als auch für Mikrobestimmungen verwendbar. Naphthochinolin als Base verwenden HECHT und REISSNER (a), und Urotropin bringt SSOLODOWNIKOW zur Anwendung. CANNERI und BIGALLI haben o-Nitrochinolin vorgeschlagen. Alle Verfahren dieser Art sind auch für maßanalytische Bestimmungen durch Titration des Jodgehaltes der Verbindungen brauchbar und lassen sich dann für mikrochemische Bestimmungen verwenden.

1. Bestimmung mit komplexen Kobaltsalzen.

I. Verfahren von SPACU und SUCIU.

Versetzt man eine salzsäurehaltige Wismutsalzlösung in der Kälte mit Kaliumjodid im Überschuß und dann mit einer konzentrierten Lösung von Triäthylendiamin-KobaltIII-chlorid $[Co\,en_3]Cl_3 \cdot 3\,H_2O$ *, ebenfalls im Überschuß, so bildet sich sofort ein krystalliner, rotgelb gefärbter Niederschlag von der Zusammensetzung $[Co\,en_3][BiJ_4]_2J$ mit theoretisch 23,23% Bi. Die Verbindung, die einen für eine Wismutbestimmung günstigen Umrechnungsfaktor besitzt, ist im Überschuß der Reagenzien und in Alkohol und Äther unlöslich und leicht filtrierbar. Diese Eigenschaften erlauben die Anwendung des Fällungsverfahrens als Schnellmethode sowohl zur makro- als auch zur mikrochemischen Bestimmung des Wismuts.

a) Bestimmungsverfahren, makrochemisch. ***Reagenzien.*** 1. Triäthylendiamin-KobaltIII-chlorid wird zu einer konzentrierten Lösung gelöst, der etwas Kaliumjodid zugesetzt wird. — 2. Waschflüssigkeit: In 100 cm³ Wasser werden 0,1 g Komplexsalz und 0,1 g Kaliumjodid gelöst.

Arbeitsvorschrift. Die schwach mit Salzsäure angesäuerte Wismutsalzlösung wird mit Kaliumjodid im Überschuß versetzt und zum Sieden erhitzt, wobei sich die Lösung gelb färbt. Gefällt wird mit einer heißen, konzentrierten Lösung des Kobalt-Komplexsalzes. Der Überschuß an Fällungsmittel darf die nach dem stöchiometrischen Verhältnis (2 Bi : 1 Komplexsalz) berechnete Menge um nicht mehr als 0,5% überschreiten, da das sonst entstehende Triäthylendiamin-KobaltIII-jodid ziemlich schwer löslich ist. Es genügen für 100 mg Bi in 100 cm³ Lösung 0,3 g Fällungsreagens. Aus stark verdünnten Lösungen fällt die Verbindung bei langsamem Abkühlen allmählich, aus konzentrierten Lösungen sofort in großen, goldgelbrötlichen Blättchen aus. Manchmal finden sich im Niederschlag auch viel dunkler gefärbte Krystalle. Um ihn gleichförmig zu erhalten, wird die Probe nach dem Hinzufügen von etwas Fällungslösung unter ständigem Umrühren einige Minuten lang gekocht. Man läßt die Lösung völlig abkühlen und filtriert durch einen Berliner Porzellan-Filtertiegel. Der Niederschlag wird mit Hilfe der Waschflüssigkeit völlig in den Tiegel gebracht und 3- bis 4mal mit je 1 bis 2 cm³ Alkohol, dann ebenso oft mit 1 bis 2 cm³ Äther ausgewaschen. Nun saugt man gut ab, trocknet die Außenwand des Tiegels mit einem faserfreien Tuche ab, läßt den Äther 10 bis 15 Min. im Vakuum bei Raumtemperatur verdampfen und wägt.

Bemerkungen. α) **Genauigkeit.** Der Fehler beträgt im Mittel annähernd $\pm 0{,}2\%$. — β) Die **Säurekonzentration,** bei der die Bestimmung ohne weiteres ausgeführt werden kann, soll zweckmäßig 2 cm³ Salzsäure (D 1,19) auf 100 cm³ Lösung nicht überschreiten. Ist die Säurekonzentration groß, so muß die hinzugefügte Menge an Kaliumjodid entsprechend vergrößert werden. Im Falle der angegebenen Salzsäure-Konzentration muß der Überschuß an Kaliumjodid 2 bis 3% betragen. Enthält die Wismutsalzlösung Salpetersäure, so muß diese durch Eindampfen mit konzentrierter Salzsäure bis zur Trockene entfernt werden.

* en = $H_2N \cdot (CH_2)_2 \cdot NH_2$.

a) Bestimmungsverfahren, mikrochemisch. ***Arbeitsvorschrift.*** Die Arbeitsweise ist im wesentlichen dieselbe wie bei dem makrochemischen Verfahren (s. S. 577). Um aber einen leichter filtrierbaren Niederschlag zu erhalten, ist es empfehlenswert, die Lösung nach der Fällung nochmals bis zum Sieden zu erhitzen und erst nach dem allmählichen vollständigen Abkühlen durch Stehenlassen weiter zu verfahren. Beim Abfiltrieren empfiehlt es sich, nur schwach zu saugen, um die Poren des mehrmals zu benutzenden Berliner Mikro-Porzellan-Filtertiegels nicht zu verstopfen.

Bemerkung. **Genauigkeit.** Im Bereich zwischen 2 und 6,5 mg Bi betragen die Abweichungen zwischen 0,005 und 0,5 mg.

II. Verfahren von G. Spacu und P. Spacu.

Das von Spacu und Suciu angegebene Verfahren der Wismutbestimmung als $[Co\,en_3][BiJ_4]_2J$ (s. S. 577) leidet bezüglich der Genauigkeit der Ergebnisse bei Anwesenheit von Salpetersäure. Wird an Stelle des Triäthylendiamin-KobaltIII-Ions das trans-Dirhodanato-diäthylendiamin-KobaltIII-Kation $[Co\,en_2(NCS)_2]^{\cdot}$ verwendet, so wird dieser Nachteil behoben. Das orangegelb gefärbte Salz $[Co\,en_2(NCS)_2][BiJ_4]$ ähnelt in seinen Eigenschaften weitgehend der auf S. 577 angeführten Verbindung $[Co\,en_3][BiJ_4]_2J$. Jenes Salz enthält mit theoretisch 20,65% Bi noch etwas weniger Wismut als dieses mit 23,23% Bi. Das Verfahren eignet sich wegen seiner Empfindlichkeit 1:150000 sowohl für die makrochemische als auch für die mikrochemische Bestimmung des Wismuts.

a) Bestimmungsverfahren, makrochemisch. ***Reagenzien.*** 1. Eine konzentrierte Lösung des komplexen Kobaltsalzes, die mit etwas Kaliumjodid versetzt ist. — 2. Waschflüssigkeit: In 100 cm³ Wasser werden 0,5 g des Komplexsalzes und 0,3 g Kaliumjodid gelöst.

Arbeitsvorschrift. Die mit Salpetersäure schwach angesäuerte Wismutsalzlösung, die in 60 cm³ zwischen 10 und 100 mg Bi enthalten soll, wird mit Kaliumjodid im Überschuß versetzt, zum Sieden erhitzt und mit dem Reagens gefällt. Nach dem völligen Erkalten wird die Lösung durch einen Porzellan-Filtertiegel abgesaugt, mit Hilfe der Waschflüssigkeit der Niederschlag völlig in den Tiegel gebracht und 3- bis 4mal mit je 1 bis 2 cm³ Alkohol (96%) und dann ebenso oft mit 1 bis 2 cm³ Äther gewaschen. Nach dem Trocknen im Vakuumexsiccator (10 Min.) wird gewogen.

b) Bestimmungsverfahren, mikrochemisch. ***Arbeitsvorschrift.*** Die Reagenzien und die Arbeitsweise sind im wesentlichen die gleichen wie bei dem oben beschriebenen makrochemischen Verfahren. Das Volumen der Fällungslösung soll etwa 30 cm³ betragen, und von der Waschflüssigkeit soll nicht mehr als 10 cm³ angewendet werden. Die Filtration erfolgt durch einen Mikrofiltertiegel aus Porzellan nach König.

Bemerkung. **Die Genauigkeit** ist bei der Makro- und bei der Mikrobestimmung jeweils eine sehr gute.

2. Bestimmung mit organischen Basen.

I. Verfahren von Hecht und Reissner mit Naphthochinolin.

α-Naphthochinolin $C_{13}H_9N$ — „Naphthin“ — liefert bei Gegenwart von Jodid-Ionen mit Wismut-Ionen einen Niederschlag der Zusammensetzung $(C_{13}H_9N)H[BiJ_4]$ mit 25,98% Bi_2O_3. Das Salz ist ziemlich stark in Wasser löslich, und zwar mit 0,342 g in 1 l Wasser von 20°. Diese Löslichkeit beruht auf einer teilweisen Zersetzung unter Abgabe von Naphthochinolinjodid $(C_{13}H_9N) \cdot HJ$. Das Bestimmungsverfahren ist als Kompensationsverfahren nur bei genauester Einhaltung der Ausführungsvorschriften in der Hand eines geübten Analytikers brauchbar. Zudem ist das Reagens nicht spezifisch, denn auch Quecksilber und Cadmium liefern damit Niederschläge, und das Verfahren der Wismutbestimmung mit Naphthin kann höchstens als Endbestimmung Anwendung finden. Auch als Mikrobestimmung kann es nicht empfohlen werden.

Reagenzien. 1. 2,5 g α-Naphthochinolin werden in einem Gemisch von 1,3 cm^3 konzentrierter Schwefelsäure und 3 cm^3 Wasser gelöst, das ganze wird auf 100 cm^3 verdünnt. — 2. 10%ige Lösung von schwefliger Säure. — 3. 0,2 n Kaliumjodidlösung. — 4. Waschflüssigkeit: 10 cm^3 der 2,5%igen Naphthinsulfatlösung (1) werden mit 5 cm^3 0,1 n Kaliumjodidlösung, 0,5 cm^3 der Lösung (2) und Wasser auf 100 cm^3 verdünnt.

Arbeitsvorschrift. Das Wismut muß in Form von Sulfat vorliegen und die Lösung 3% freie Schwefelsäure enthalten. Sind diese Bedingungen nicht erfüllt, so wird die Lösung bei Anwesenheit von Salpetersäure, Salzsäure u. a. mit Schwefelsäure bis zum Entweichen von weißen Nebeln erhitzt und mit Wasser entsprechend verdünnt, wobei das nach Zusatz aller Reagenzien endgültige Fällungsvolumen für je 10 mg Bi 30 cm^3 betragen soll. Nun wird für je 10 mg Bi mit 3 bis 3,5 cm^3 Reagenslösung (1) und etwa 0,5 cm^3 von Lösung (2) versetzt[1] und bis zum beginnenden Sieden erhitzt. Bei kleingestellter Flamme werden nun 5 bis 6 cm^3 Kaliumjodidlösung (3) tropfenweise unter beständigem Umrühren zugefügt. Danach wird noch einmal kurz zum Sieden erhitzt, worauf man auf Raumtemperatur abkühlen läßt. Nach dem Erkalten wird durch einen Porzellan-Filtertiegel A_1 filtriert und für je 10 mg Bi zweimal mit je 3 cm^3 Waschflüssigkeit gewaschen. Man kann ohne weiteres auch etwas mehr Waschflüssigkeit anwenden, da der Niederschlag darin praktisch unlöslich ist. Nach scharfem Absaugen wird noch für je 10 mg Bi mit 5 bis 6 cm^3 kaltem Wasser in mehreren Anteilen gewaschen, wobei zu beachten ist, daß der Niederschlag beim Auswaschen mit einem Glasstab im Tiegel mehrmals aufgerührt wird. In der von DWORZAK und REICH-ROHRWIG vorgeschlagenen Apparatur wird nunmehr lufttrocken gesaugt, der Tiegel an der Außenseite zuerst mit einem feuchten, dann mit einem trockenen Rehlederlappen gut abgewischt und nach 1stündigem Stehen in der Waage gewogen; der Tiegel darf vor dem Wägen nicht in einen Exsiccator gestellt werden.

Bemerkung. Die **Genauigkeit** bei Einwagen zwischen 14 und 110 mg Bi_2O_3 ist eine recht gute. Auch bei Halbmikrobestimmungen mit Einwagen zwischen 2 und 14 mg Bi_2O_3 ist die Übereinstimmung zwischen den angewendeten und den gefundenen Mengen sehr gut.

II. Verfahren von SSOLODOWNIKOW mit Urotropin.

Die aus einer Wismutsalzlösung auf Zusatz von Kaliumjodid und Urotropin entstehende Verbindung stellt ein feinkrystallines, leuchtend gelbes Pulver dar, das unlöslich ist in Kaliumjodid und Urotropin enthaltendem Wasser, in Alkohol und Äther.* Leicht löslich unter Abscheidung von Jod und Zersetzung von Urotropin ist das Salz in Mineralsäuren. Der Niederschlag hydrolysiert unter Annahme einer roten Farbe zu Wismutoxyjodid. Die Verbindung hat wahrscheinlich die Zusammensetzung $[(CH_2)_6N_4]_3 \cdot H[BiJ_4] \cdot (HJ)_2$. SSOLODOWNIKOW gibt die Formel $[(CH_2)_6N_4J]_3 \cdot BiJ_3$ an. Die Fällung muß man, um sie vollständig zu machen, bei gewöhnlicher Temperatur in Anwesenheit von Alkohol und einem Überschuß von Kaliumjodid durchführen. Das Bestimmungsverfahren kann auf gravimetrischem, argentometrischem und mikrochemischem Wege durchgeführt werden.

Arbeitsvorschrift. Zur schwach salpetersauren Lösung mit 50 bis 100 mg Bi in 25 bis 50 cm^3 Lösung werden 1,5 bis 2 g Kaliumjodid, 0,3 bis 0,5 g Urotropin und

[1] Die schweflige Säure wird zugesetzt, um eine Oxydation des leicht oxydierbaren Fällungsreagenses hintanzuhalten.

10 bis 20 cm³ Alkohol zugegeben. Nach dem Waschen mit Alkohol und Trocknen bei 65 bis 70° ist der Umrechnungsfaktor 0,1503. Der Niederschlag kann auch mit Silbernitratlösung unter Zurücktitrieren nach VOLHARD maßanalytisch bestimmt werden.

D. Maßanalytische Bestimmung nach Überführung in Salze der Wismut-Jodwasserstoffsäure.

Allgemeines.

Die maßanalytische Bestimmung des Wismuts mit Hilfe der Überführung in Salze der Wismut-Jodwasserstoffsäure beruht auf der Titration des in den Salzen enthaltenen Jodes, am besten auf jodometrischem Wege.

1. Verfahren von BERG und WURM mit Oxychinolin (Oxin).

Bei Gegenwart von Jodwasserstoffsäure bildet Oxin mit Wismut in salpetersaurer oder schwefelsaurer Lösung ein prächtig feuerrot gefärbtes, unlösliches Salz von der Zusammensetzung $(C_9H_7ON) \cdot H[BiJ_4]$. Die Empfindlichkeit der Fällungsreaktion schwankt je nach der Zeitdauer zwischen 1:700000 und 1:1400000. Diese Fällungsreaktion eignet sich zur maßanalytischen Bestimmung solcher Wismutmengen, die entweder zu klein für eine gravimetrische Erfassung oder zu groß für eine colorimetrische Ermittlung sind, und ist anwendbar bei Abwesenheit von Silber, Blei und Thallium, die mit Jodid selbst unlösliche Niederschläge liefern, sowie von Quecksilber, das schwer lösliche Komplexverbindungen bildet.

Reagenzien. 1. Lösung von 5 g Oxychinolin (Oxin) in 100 cm³ 0,2 n Schwefelsäure. — 2. Etwa 0,1 n Lösung von Kaliumjodid. — 3. Waschflüssigkeit: 50 cm³ 2 n Schwefelsäure, 25 cm³ 0,1 n Kaliumjodidlösung und 1,8 g Oxin werden unter Zufügen einer Spatelspitze voll Hydraziniumsulfat zu 1 l aufgefüllt.

Arbeitsvorschrift. Zu einer kalten, schwach salpetersauren oder schwefelsauren Lösung eines Wismutsalzes wird ein Überschuß der Oxinsulfatlösung (1) zugesetzt und Kaliumjodidlösung (2) solange zugetropft, bis der entstehende Niederschlag sich zusammenballt. Darauf wird sofort filtriert (Asbest-GOOCH-Tiegel oder Papierfilter) und mit der Waschflüssigkeit (3) gewaschen. Der Niederschlag wird in 1%iger Salzsäure gelöst und bei Gegenwart von Aceton mit 0,1 n Kaliumjodatlösung titriert[1]. 1 cm³ 0,1 n KJO_3-Lösung = 1,7417 mg Bi.

Bemerkungen. **I. Genauigkeit.** Bei Titration mit 0,1 n Kaliumjodatlösung und Wismutmengen zwischen 7 und 20 mg liegt die Fehlergrenze zwischen —2,8 und +0,7%. Für Wismutmengen zwischen 1 und 0,1 mg und bei Anwendung von 0,02 n Kaliumjodatlösung beträgt der Fehler etwa ±6%. — **II. Störung.** Salzsäure setzt die Empfindlichkeit der Reaktion etwas herab, größere Konzentrationen davon sind zu vermeiden. — **III. Für gravimetrische Bestimmungen** ist das Verfahren der Wismutbestimmung als wismut-jodwasserstoffsaures Oxin nach HECHT und REISSNER (b) nicht brauchbar.

2. Verfahren von KOLTHOFF und GRIFFITH.

Das Verfahren beruht auf der Titration des zur Fällung des wismut-jodwasserstoffsauren Oxins überschüssig angewendeten Jodides.

Arbeitsvorschrift. In einem 100-cm³-Meßkolben mischt man 10 cm³ einer 0,2 n Kaliumjodidlösung (eingestellt nach LANG), 3 cm³ einer 5%igen Lösung von Oxin in 0,2 n Schwefelsäure und soviel Schwefelsäure, daß die Gesamtkonzentration an Säure höchstens normal wird, und fügt die zu bestimmende Wismutsalzlösung hinzu. Nach 10 Min. füllt man auf 100 cm³ auf und filtriert nach weiteren 10 bis 30 Min. langem Stehen ab. Die ersten Anteile des Filtrates werden verworfen; der Jodidüberschuß wird in 50 cm³ des Filtrates bestimmt.

[1] Dieses von BERG vorgeschlagene Verfahren beruht auf der Oxydation des Jodid-Ions durch Jodsäure und Bindung des freiwerdenden Jodes durch Aceton:
$HJO_3 + 2\,HJ + 3\,CH_3COCH_3 = 3\,CH_3COCH_2J + 3\,H_2O$.

3. Verfahren von Hayes und Chandlee mit Chinaldin.

Das Verfahren beruht auf der jodometrischen Titration des in gefälltem wismut-jodwasserstoffsaurem Chinaldin enthaltenen Jodes.

Reagenzien. 1. Fällungslösung: 150 cm³ Chinaldin (reinst), 50 cm³ konzentrierte Schwefelsäure und 75 g Kaliumjodid werden zu 1 l gelöst. — 2. Waschlösung: 35 cm³ Chinaldin, 15 cm³ konzentrierte Schwefelsäure und 1 g Kaliumjodid werden zu 1 l gelöst. — 3. Mischung aus 10% Aceton und 90% Dibutyläther. — 4. 0,5 m Kaliumcyanidlösung. — 5. 0,1 n Kaliumjodatlösung. — 6. 10%ige Natriumsulfitlösung.

Arbeitsvorschrift. Die etwa 30 mg Bi enthaltende Probe wird in Schwefelsäure gelöst und die Lösung auf 200 cm³ verdünnt, so daß die Säurekonzentration etwa normal ist. Nach Zufügen von 15 cm³ 10%iger Natriumsulfitlösung wird die Fällungslösung (1) unter Umrühren langsam eingetropft. Der rote Niederschlag, der nicht lange haltbar ist und deshalb keinesfalls über Nacht stehen darf, wird nach etwa 20 Min. abfiltriert, zunächst mit der Waschlösung ausgewaschen und dann mit der Mischung (3) aus Aceton und Dibutyläther vom anhaftenden Kaliumjodid befreit. Der Niederschlag wird in das Fällungsgefäß zurückgebracht, mit 100 cm³ 5%iger Natronlauge übergossen und 20 Min. lang bis fast zum Sieden erhitzt. Nach dem Abkühlen wird mit konzentrierter Salzsäure neutralisiert und mit 10 cm³ konzentrierter Salzsäure im Überschuß versetzt. Nach Zugabe von 5 cm³ Kaliumcyanidlösung (4) wird das Jodid mit Kaliumjodat nach Lang titriert. 1 cm³ 0,1 n KJO_3 = 2,612 mg Bi.

Bemerkungen. **I. Genauigkeit.** Bei Wismutmengen von etwa 30 mg beträgt der Fehler etwa 0,3%. — **II. Arbeitsvorschrift für sehr kleine Wismutmengen.** Sehr kleine Wismutmengen bis zu 0,3 mg werden in gleicher Weise wie oben, nur mit entsprechend kleineren Reagensmengen und unter Verwendung von 0,01 n Kaliumjodatlösung, verarbeitet. Der mittlere Fehler bei Anwendung von etwa 3 mg Bi beträgt etwa 2,3%. — **III. Anwesenheit von Fremd-Ionen.** *Blei* wird vor der Wismutfällung durch Natriumsulfat abgeschieden und abfiltriert. Das Verfahren ist in Gegenwart von *Antimon* durchführbar, wenn 4 g Ammoniumtartrat zugesetzt werden. Bei Anwesenheit von *Cadmium* werden 5 cm³ Pyridin zugefügt. Ist die Lösung *phosphat*haltig, so erhöht man die Konzentration an Schwefelsäure auf 4 n. Ohne Änderung der Vorschrift kann die Fällung auch in Gegenwart von Kupfer, Zinn, Arsen (drei- oder fünfwertig), Nickel, Kobalt, Zink, Mangan, Chrom, Aluminium, Beryllium, Uran, Titan, Calcium, Barium, Natrium und Kalium vorgenommen werden. Silber und Quecksilber stören. Hohe Chlorid-Ionen-Konzentration führt zu niedrigeren Werten. Die Beleganalysen der mit Fremdmetallmengen, die etwa den Wismutmengen entsprechen, durchgeführten Trennungen zeigen Abweichungen bis etwa 0,3%.

4. Verfahren von Beale und Chandlee mit Coffein.

Beale und Chandlee fällen das wismut-jodwasserstoffsaure Coffein, zersetzen den Niederschlag mit Natronlauge und titrieren das Jodid. Es stören bei diesem Verfahren nur Silber, Kupfer und einwertiges Quecksilber. Alle anderen Metalle und auch Phosphat stören nicht.

5. Verfahren von Canneri und Perina als Thallium I-salz.

Aus salzsaurer Wismutsalzlösung, die überschüssiges ThalliumI-Ion enthält, fällt auf Zusatz von Kaliumjodid ein ThalliumI-wismutjodid von der Zusammensetzung Tl_2BiJ_5 in roten Krystalltafeln aus. Die Löslichkeit in Wasser beträgt 1:20000. Die Fällung des Thalliumwismutjodides eignet sich zur indirekten jodometrischen Wismutbestimmung, so lange keine anderen Metalle zugegen sind, die ebenfalls wenig lösliche Jodide bilden.

Arbeitsvorschrift. Man versetzt die salzsaure Wismutsalzlösung mit einem Überschuß an titrierter Kaliumjodidlösung und fügt allmählich eine ebenfalls titrierte ThalliumI-sulfatlösung hinzu, bis statt des roten Doppeljodides das gelbe ThalliumI-jodid auszufallen beginnt. Dann filtriert man durch einen GOOCH-Tiegel, wäscht den Niederschlag mit Alkohol und bestimmt im Filtrat das überschüssige Kaliumjodid. Ist a die angewendete Jodmenge, b die mit den beiden Thallium-Ionen des Doppeljodides verbundene und c die überschüssige Jodmenge, so erhält man den Wismutgehalt durch die Formel

$$\mathrm{Bi} = \frac{209}{380{,}76}\,[a - (b + c)].$$

Literatur.

ARPPE, A. E.: Pogg. Ann. **64**, 250 (1845). — AUBRY, P.: J. Pharm. Chim. [7] **25**, 16 (1922); durch Fr. **65**, 270 (1924/25).

BAGGESGAARD-RASMUSSEN, H., K. A. JACKEROTT u. S. SCHOU: Bio. Z. **193**, 53 (1928). — BEALE, R. S., u. G. C. CHANDLEE: Ind. eng. Chem. Anal. Edit. **14**, 43 (1942); durch C. **114, II**, 2184 (1943). — BERG, R.: Fr. **69**, 342 (1926). — BERG, R., u. O. WURM: B. **60**, 1664 (1927). — BILTZ, H., u. K. HOEHNE: Fr. **99**, 6 (1934). — BLUMENTHAL, H.: Fr. **78**, 206 (1929). — BODNÁR, J., u. A. KARELL: Bio. Z. **199**, 29 (1928).

CANNERI, G., u. D. BIGALLI: Ann. Chim. applic. **26**, 455 (1936); durch C. **108, I**, 2223 (1937). — CANNERI, G., u. G. PERINA: G. **52, I**, 241 (1922); durch C. **94, III**, 730 (1923). — CHEMIKER-FACHAUSSCHUSS DER GESELLSCHAFT DEUTSCHER METALLHÜTTEN- UND BERGLEUTE: Mitteilungen des Chemiker-Fachausschusses der Gesellschaft Deutscher Metallhütten- und Bergleute, 1. Teil, S. 67. Berlin 1924. — CLOUD, J. C.: J. Soc. chem. Ind. **23**, 523 (1904). — COLBECK, E. W., S. W. CRAVEN u. W. MURRAY: Analyst **59**, 395 (1934); durch Fr. **104**, 434 (1936). — CUNY, L., u. G. POIROT: J. Pharm. Chim. [7] **28**, 215 (1923); durch Fr. **65**, 271 (1924).

DANCKWORTT, P. W., u. E. PFAU: Arch. Pharm. **263**, 502 (1925); durch Fr. **80**, 154 (1930). — DWORZAK, R., u. W. REICH-ROHRWIG: Fr. **86**, 98 (1931).

FICKLEN, J. B., I. L. NEWELL u. N. R. PIKE: Fr. **104**, 30 (1936). — FRICK, C., u. H. ENGEMANN: Ch. Z. **53**, 505 (1929).

GIACOMINI, N. J.: Ind. eng. Chem. Anal. Edit. **17**, 456 (1945); durch C. **117, I**, 99 (1946). — GIRARD, A., u. E. FOURNEAU: C. r. **181**, 610 (1925).

HADDOCK, L. A.: Analyst **59**, 163 (1934); durch Fr. **102**, 45 (1935). — HAYES, J. R., u. G. C. CHANDLEE: Ind. eng. Chem. Anal. Edit. **11**, 531 (1939); durch C. **111, I**, 2992 (1940). — HECHT, F., u. R. REISSNER: (a) Fr. **103**, 88 (1935); (b) **103**, 261 (1935). — HEINTZ, W.: Pogg. Ann. **63**, 76 (1844).

KAMEYAMA, N., u. S. MAKISHIMA: J. Soc. chem. Ind. Japan **36**, 364 (1933); durch Fr. **102**, 48 (1935). — KÖSTER: Ch. Z. **47**, 22 (1923). — KOLTHOFF, I. M., u. F. S. GRIFFITH: Mikrochim. Acta **3**, 46 (1938); durch C. **109, I**, 3806 (1938). — DE KONINCK, L. L.: Bl. Soc. chim. Belg. **19**, 91 (1905).

LANG, R.: Z. anorg. Ch. **122**, 332 (1922). — LAPORTE, C. E.: J. Pharm. Chim. [7] **28**, 304 (1923); durch Fr. **65**, 271 (1924/25). — LÉGER, E.: Bl. [2] **50**, 91 (1888); durch Fr. **28**, 347 (1889). — LEONARD, C. S.: J. Pharm. Exp. Therapeutics **28**, 81 (1926); durch C. **97, II**, 1893 (1926).

MUIR, M. M. P.: J. chem. Soc. **53**, 138 (1888).

NICKOLLS, L. C.: Analyst **58**, 684 (1933); durch C. **105, I**, 1528 (1934).

OKAČ, A.: Chem. Listy **32**, 27 (1938); durch C. **109, I**, 3805 (1938).

PICON, M.: C. r. **198**, 926 (1934). — PLANÈS, P.: J. Pharm. Chim. [6] **18**, 385 (1903). — POWELL, A. D.: Quart. J. Pharmac. Pharmacol. **6**, 464 (1933); durch C. **105, I**, 1085 (1934).

RAMMELSBERG, K. F.: Pogg. Ann. **48**, 166 (1839). — RETGERS, J. W.: Z. anorg. Ch. **3**, 345 (1893); Ph. Ch. **11**, 340 (1893). — ROWELL, H. W.: J. Soc. chem. Ind. **27**, 102 (1908); durch C. **79, I**, 1212 (1908).

SCHNEIDER, R.: Pogg. Ann. **99**, 472 (1856). — SMOUT, A. J. G., u. J. L. SMITH: Chem. Trade J. Chem. Eng. **92**, 420 (1933); durch Fr. **102**, 47 (1935). — SPACU, G., u. P. SPACU: Fr. **93**, 260 (1933). — SPACU, G., u. G. SUCIU: Fr. **79**, 196 (1930). — SSOLODOWNIKOW, P. P.: Trans. Kirovs Inst. chem. Technol. Kazan 8, 57 (1940); durch C. **112, I**, 2835 (1941). — STONE, G. C.: J. Soc. chem. Ind. **6**, 416 (1887).

TRESH, J. C.: Pharm. J. Trans. [3] **10**, 641 (1880); durch Fr. **22**, 432 (1883).

§ 6. Bestimmung durch Abscheidung in Form von Salzen anorganischer Sauerstoffsäuren.

Vorbemerkung. *Außer der schon erwähnten Abscheidung des Wismuts als Phosphat (§ 2, S. 540), das als ausgezeichnetes Verfahren einer Wismutbestimmung zu bezeichnen ist, sind auch Abscheidungen des Wismuts mit Hilfe anderer anorganischer Sauerstoffsäuren versucht worden. Ihnen kommt eine wechselnde Bedeutung insofern zu, als die Bemühungen vieler Autoren in manchen Fällen ohne analytisch nutzbaren Erfolg geblieben sind, während in anderen Fällen sehr gut brauchbare Verfahren entwickelt werden konnten. Dies trifft ganz besonders zu auf das in jüngster Zeit von* BERG *und* TEITELBAUM *(a) geschaffene Verfahren der Wismutbestimmung als Wismutselenit,* $Bi_2(SeO_3)_3$ *(s. S. 584). Seit langem kennt und empfiehlt man wegen der guten Ausführbarkeit die Abscheidung des Wismuts als basisches Nitrat,* $BiONO_3$*, die auf* PFAFF *zurückgeht. Die Bestimmung als basisches Carbonat,* $(BiO)_2CO_3$*, wird von* ROSE *erstmalig erwähnt. Zu den Verfahren mit anorganischen Sauerstoffsäuren gehören ferner die weniger wichtigen der Fällung als Jodat, als Chromat und als Arsenat. Ohne Bedeutung geblieben ist die Abscheidungsform des Ammoniumwismutmolybdates,* $NH_4Bi(MoO_4)_2$.

Das von RIEDERER untersuchte maßanalytische Verfahren zur Wismutbestimmung als Ammoniumwismutmolybdat beruht auf dessen Abscheidung aus schwach salpetersaurer Wismutsalzlösung mittels Ammoniummolybdats und auf der Ermittlung des Molybdängehaltes der Verbindung nach ihrer Isolierung dadurch, daß der Niederschlag in Schwefelsäure gelöst, das Molybdän durch einen Zinkreduktor reduziert und mit Kaliumpermanganat titriert wird. MOSER (a) bezeichnet das Verfahren als recht umständlich und fehlerhaft und deshalb als nicht empfehlenswert.

Die gravimetrische Bestimmung des Wismuts in derselben Fällungsform des Ammoniumwismutmolybdates, die MILLER und VAN DYKE CRUSER vorgeschlagen haben, wird von MOSER (b) ebenfalls als recht umständlich bezeichnet und WENGER und CIMERMAN erhalten nach diesem „komplizierten Verfahren ungenaue Ergebnisse, was von der Tatsache herrührt, daß sich keine wohldefinierte und beständige Verbindung bildet“.

A. Mikromaßanalytische Bestimmung durch Abscheidung als basisches Wismutjodat.

Nach den Angaben von BUISSON und FERRAY soll aus einer essigsauren Wismutsalzlösung auf Zusatz von Jodat das normale Wismutjodat, $Bi(JO_3)_3$, ausfallen. MOSER (a) sowie RUPP und KRAUSS mußten aber feststellen, daß dies nicht der Fall ist, sondern daß in der Hauptsache ein basisches Salz von der Zusammensetzung $Bi(OH)(JO_3)_2$ gebildet wird. Das Verfahren von BUISSON und FERRAY erweist sich nach den genannten Autoren als vollkommen unbrauchbar.

Dennoch hat KIRILLOW sogar ein Mikroverfahren auf der Ausfällung des basischen Wismutjodates gegründet, für das er allerdings einen empirischen Faktor anwendet. In dem aus salpetersaurer Lösung gefällten basischen Wismutjodat wird nach seiner Auflösung in Schwefelsäure das Jodat jodometrisch ermittelt.

Arbeitsvorschrift. Die Wismut als Nitrat enthaltende Probelösung wird mit konzentrierter Salpetersäure auf einen p_H-Wert von ungefähr 0,7 gebracht (20 Tropfen auf 100 cm³), mit Kaliumjodatlösung (1:4) gefällt, zuerst mit einem Glasstab gerührt und dann 10 bis 12 Min. zentrifugiert. Mit einer gebogenen Pipette entfernt man den größten Teil der überstehenden Lösung, wäscht 6- bis 10mal mit je 3 Tropfen destilliertem Wasser, die jeweils nach dem Zentrifugieren abgetrennt werden, bis das Waschwascher mit Kaliumjodid und Stärke keine Blaufärbung mehr ergibt, setzt Kaliumjodidlösung und Schwefelsäure zu [z. B. 1 cm³

5%ige Kaliumjodidlösung und 0,1 cm³ Schwefelsäure (1:20)], wobei die Lösung sich durch Ausscheidung von Jod sowie Bildung von Kaliumwismutjodid (s. § 5 B, S. 570) gelb färbt, fügt 1 Tropfen Stärkelösung zu und titriert mit 0,01 n Natriumthiosulfatlösung. Als empirischen Faktor für die Errechnung der Analysenergebnisse kann man 0,012 cm³ 0,01 n $Na_2S_2O_3$-Lösung = 0,01 mg Bi ansetzen.

Bei der angewendeten Acidität stört Calcium nicht, dagegen wird EisenIII-Ion als EisenIII-jodat gefällt, seine Gegenwart ist also zu vermeiden.

B. Bestimmung durch Überführung in basisches Sulfat.

$(BiO)_2SO_4 \cdot H_2O$, Molekulargewicht 564,08.

Neutrales Wismutsulfat $Bi_2(SO_4)_3$ kann durch Abrauchen von Wismutnitrat mit Schwefelsäure erhalten werden. Hierbei wird nach BAILEY die freie Schwefelsäure bei 345° abgegeben. Dann bleibt das Gewicht des neutralen Sulfates bis 405° konstant, aber zwischen 405° und 418° tritt Zersetzung ein. Da diese Temperaturen verhältnismäßig nahe beieinander liegen, bezeichnet BAILEY das Verfahren als unbrauchbar zur Wismutbestimmung, was von CLASSEN bestätigt wird. Auch basisches Wismutsulfat ist als Bestimmungsform für Wismut nicht sehr empfehlenswert.

Von den basischen Wismutsulfaten, die in der Literatur beschrieben sind, ist hier nur das Endprodukt der Hydrolyse des neutralen Sulfates wichtig, das Wismutylsulfatmonohydrat der Formel $(BiO)_2SO_4 \cdot H_2O$ (HENSGEN). Es bildet nach LUFF (d) unter dem Mikroskop farblose Nädelchen, die meist zu Warzen und Drüsen vereinigt sind.

Beim *Erhitzen* auf 100° tritt keine Gewichtsänderung ein, erst bei viel höherer Temperatur werden Schwefeltrioxyd und Wasser abgegeben. Bei anhaltendem Glühen auf dem Gebläse geht das basische Wismutsulfat in Wismutoxyd über.

Arbeitsvorschrift von **LUFF (d).** Die salpetersaure Lösung des Wismutsalzes wird mit Natriumhydrogencarbonat neutralisiert, dann durch tropfenweisen Zusatz von Schwefelsäure (1:10) geklärt, auf 100 cm³ verdünnt und zum Sieden erhitzt. Man läßt unter anhaltendem Sieden 200 cm³ Wasser zutropfen, 1 Std. lang weiter sieden und filtriert nach völligem Erkalten durch einen Porzellan-Filtertiegel. Nach dem Waschen mit kaltem Wasser wird bei 100° getrocknet und das Monohydrat gewogen.

Bemerkungen. **I. Genauigkeit.** Der Fehler beträgt etwa —1%. — **II.** Der **Säuregehalt** darf nicht mehr als 0,5 cm³ Schwefelsäure in 100 cm³ Analysenlösung betragen, da sonst die Fällung unvollständig ist.

C. Bestimmung durch Abscheidung als Wismutselenit.

$Bi_2(SeO_3)_3$, Molekulargewicht 798,88.

Allgemeines.

Das weiße Wismutselenit $Bi_2(SeO_3)_3$ ist erstmalig von NILSON beschrieben worden. BERG und TEITELBAUM (a) haben die hohe Empfindlichkeit der Fällung mit 1:300000 ermittelt und auf diesem Befund ein vielseitig brauchbares Bestimmungs- und Trennungsverfahren für Wismut gegründet.

Beim Versetzen einer kalten Wismutnitratlösung mit einer Lösung von seleniger Säure entsteht zunächst ein weißer, amorpher Niederschlag von der Zusammensetzung $Bi_2(SeO_3)_3 \cdot H_2O$. Beim Erhitzen in der Lösung tritt unter Wasserabspaltung Übergang in eine grobkrystalline, gut filtrierbare Form ein, die unmittelbar als Wägungsform verwendbar ist. Der Niederschlag kann auch durch Glühen in Wismutoxyd übergeführt und dieses ausgewogen werden. Nach FUNAKOSHI sind hierbei bessere Ergebnisse zu erzielen als bei unmittelbarer Auswägung des Wismutselenites. Schließlich kann auch die im Niederschlag enthaltene selenige Säure jodometrisch bestimmt werden.

Bestimmungsverfahren.

1. Gewichtsanalytische Bestimmung.

Wägung als Wismutselenit.

Arbeitsvorschrift. Die etwa 0,3 bis höchstens 4 n salpetersaure Lösung eines Wismutsalzes (FUNAKOSHI) wird auf etwa 100 cm³ verdünnt und unter Erwärmen langsam mit einer 5%igen Lösung von seleniger Säure versetzt, bis das deutliche Zusammenballen des Niederschlages einen Überschuß des Fällungsmittels anzeigt. Man erhitzt, bis der Niederschlag krystallin geworden ist, was meist bei einmaligem lebhaften Aufsieden erfolgt. Nach Absetzen des Niederschlages filtriert man durch einen Jenaer Glas-Filtertiegel G 3 und wäscht mit kaltem Wasser so lange nach, bis 25 cm³ des Filtrates nach Zusatz von 5 cm³ konzentrierter Salzsäure und 1 cm³ 10%iger Kaliumjodidlösung nicht mehr als 1 Tropfen 0,1 n Natriumthiosulfatlösung zur Entfärbung des ausgeschiedenen Jodes verbrauchen. Das tritt in der Regel nach 3- bis 4maligem Waschen ein. Der Niederschlag wird bei 100 bis 105° $^1/_2$ Std. lang getrocknet und als Wismutselenit ausgewogen.

Bemerkungen. **I. Genauigkeit.** Von 10 bis 100 mg Bi liegen die Abweichungen zwischen den Höchstgrenzen +1% und —0,4%. — **II. Störungen.** Größere Mengen Sulfat- sowie ChromIII-Ionen verhindern die Krystallbildung bzw. den Übergang in die wasserfreie Verbindung. Titan gibt in salzsaurer Lösung ebenfalls eine unlösliche Verbindung mit Selenit; seine Anwesenheit ist deshalb zu vermeiden.

2. Jodometrische Bestimmung nach BERG und TEITELBAUM.

Bei der maßanalytischen Bestimmung des Wismuts als Wismutselenit wird in dem isolierten Niederschlag der Selenitgehalt nach dem Verfahren von BERG und TEITELBAUM (b) auf jodometrischem Wege auf Grund der oxydierenden Wirkung der selenigen Säure nach der Gleichung:

$$SeO_3'' + 4\,J' + 6\,H^{\cdot} = 2\,J_2 + Se + 3\,H_2O.$$

ermittelt. Das freiwerdende Selen wird durch zugesetzten Schwefelkohlenstoff in Lösung gehalten.

Reagenzien. 1. Lösungsflüssigkeit: In 200 cm³ konzentrierter Salzsäure werden 10 g Weinsäure gelöst. — 2. 0,2 n Kaliumjodidlösung. — 3. 0,05 n Natriumthiosulfatlösung.

Arbeitsvorschrift. Die Fällung des Wismutselenites wird wie oben beschrieben vorgenommen. Der Niederschlag wird in einem 250 cm³ fassenden Kolben mit Schliffstopfen in 15 bis 20 cm³ der Lösungsflüssigkeit gelöst. Man gibt etwa 130 cm³ Wasser und 30 cm³ Schwefelkohlenstoff zu und läßt in dünnem Strahle unter Schütteln des Kolbens die etwa 1,5fache theoretische Menge Kaliumjodidlösung zufließen. Unmittelbar hierauf wird 1 Min. lang kräftig geschüttelt und das ausgeschiedene Jod unter fortgesetztem Schütteln des Kolbens mit Natriumthiosulfatlösung und Stärke titriert. Der Endpunkt der Titration ist scharf erkennbar. 1 cm³ 0,05 n $Na_2S_2O_3$-Lösung = 1,74 mg Bi.

Bemerkung. **Genauigkeit.** Für Wismutmengen zwischen 15 und 100 mg liegen die Fehler zwischen +0,4% und —0,2%.

3. Bestimmung nach dem Filtrationsverfahren von BUCHERER und MEIER.

Arbeitsvorschrift. Die schwach salpetersaure (0,05 bis 0,08 n) Wismutnitratlösung (Gesamtvolumen 100 cm³) wird auf 70° erhitzt und unter Schütteln mit 0,02 n seleniger Säure versetzt. Der Niederschlag setzt sich schnell ab und die für die Filtration (s. Bemerkung III) entnommenen Proben sind gut filtrierbar. Gegen Ende der Titration ist es zweckmäßig, kurz aufzukochen, wodurch eine schöne, krystalline Fällung erzielt wird.

Bemerkungen. **I. Genauigkeit.** Das Verfahren liefert gute Werte. — **II. Titerstellung der Lösung von seleniger Säure.** Die Titerstellung erfolgt in der Weise, daß eine Wismutnitratlösung bekannten Gehaltes unter analogen Versuchsverhältnissen titriert wird. — **III. Bestimmung des Endpunktes nach dem Filtrationsverfahren.** Zu der zu untersuchenden Lösung fügt man so lange Fällungsreagens hinzu, als noch eine weitere Fällung bemerkbar ist. Dann wird eine Probe von 2 cm³ entnommen, durch ein kleines Filterchen filtriert und das Filtrat in zwei Teile geteilt. Den einen Teil prüft man auf noch vorhandenes Wismut und nötigenfalls den anderen auf überschüssiges Reagens. Fällt die Prüfung auf Wismut positiv aus, so setzt man je nach der Stärke der Fällung zu der zu untersuchenden Lösung noch weitere selenige Säure hinzu, entnimmt von neuem eine Probe, filtriert, prüft abermals usw. Hat man auf diese Weise den ungefähren Gehalt der Lösung ermittelt, dann führt man eine neue Bestimmung aus, die sich nun dem richtigen Wert schnell nähert, weil nur wenige Filtrationsproben entnommen werden. Bei der Schlußtitration schließlich werden die durch eine oder zwei Titrationsproben verursachten Fehler vernachlässigt.

Eine andere Möglichkeit besteht darin, die bei der ersten Titration durch die Probenahmen entstandenen Fehler rechnerisch zu erfassen. Das kann durch folgende Formel näherungsweise geschehen:

$$x = (V'/V)\,[(x - a_1) + (x - a_2) + \cdots (x - a_n)],$$

worin V das Ausgangsvolumen der Lösung, V' die bei den jeweiligen Filtrationsproben entnommene Flüssigkeitsmenge und $a_1, a_2 \ldots a_n$ den jeweiligen Gesamtzusatz an Fällungsmittel vor der Entnahme der einzelnen Proben bezeichnet. Die Gesamtmenge des zugesetzten Fällungsmittels, bei der der Äquivalenzpunkt erreicht wird, ist dann die erste Annäherung an den gesuchten Gehalt und wird mit x bezeichnet.

Da die obige Formel die ungefähre Kenntnis des Gehaltes der Lösung voraussetzt, ist es vorteilhaft, zunächst eine Vortitration durchzuführen, um in einer zweiten Titration schnell auf den wirklichen Äquivalenzpunkt zu kommen.

Trennungsverfahren.

Allgemeines.

Die spezifische Fällung des Wismuts durch selenige Säure ermöglicht die Trennung des Wismuts von Beryllium, Magnesium, Calcium, Aluminium, Zink, Mangan, Nickel, Kobalt, Kupfer, Cadmium und Blei. Die Trennung von Blei ist von dessen Konzentration abhängig und muß bei großen Bleimengen zweimal ausgeführt werden. Eine Isolierung des Wismuts in Gegenwart von Eisen ist der starken Adsorption wegen nur bei ganz geringen Eisenmengen möglich. Wegen der Trennung von Chrom (III) s. S. 585.

Größere Metallmengen verzögern den Übergang des amorphen Niederschlages in die grobkrystalline Form. Es ist daher ein 2 bis 3 Min. dauerndes Sieden der Lösung erforderlich.

Die Bestimmung der Metalle im selenithaltigen Filtrat kann unter Umständen mit Schwefelwasserstoff erfolgen, wobei jedoch zu berücksichtigen ist, daß hierbei eine starke Selenausscheidung erfolgt. Es ist daher zweckmäßiger, die Fällung mit Reagenzien vorzunehmen, die gegen selenige Säure indifferent sind.

Über die Trennung des Wismuts von allen oben genannten Metallen außer Blei erübrigen sich nähere Angaben. Die von BERG und TEITELBAUM (a) mitgeteilten Wismutwerte sind ausgezeichnet.

1. Trennung des Wismuts von Blei.

Die Trennung des Wismuts von Blei durch einmalige Fällung ist nur dann einigermaßen möglich, wenn die Menge des Bleis nicht mehr als 20% der Wismutmenge beträgt. Bei Anwesenheit größerer Bleimengen ist eine Umfällung notwendig, die aber auch bei kleineren Bleimengen zu empfehlen ist, da der Niederschlag des Wismutselenites immer kleine Bleimengen okkludiert.

Arbeitsvorschrift. Der auf gewöhnliche Weise erzeugte Niederschlag von Wismutselenit wird in heißer 50%iger Salpetersäure gelöst, die Lösung mit konzentriertem Ammoniak bis zur schwachen Trübung versetzt und durch Zusatz von verdünnter Salpetersäure auf die bei der Bestimmungsvorschrift auf S. 585 angegebene Säurekonzentration gebracht. Nunmehr werden etwa 10 cm³ der selenigen Säure unter Umrühren hinzugegeben, die Lösung wird aufgekocht und wie oben behandelt. In den Filtraten wird das Blei in essigsaurer Lösung als Bleichromat gefällt.

***Bemerkung.* Genauigkeit.** Die Fehler für Wismut betragen im Mittel $\pm 0,4\%$.

2. Trennung des Wismuts von Blei nach dem Filtrationsverfahren von BUCHERER und MEIER.

Das Verfahren beruht auf der Fällung des Wismuts als Wismutselenit aus schwach salpetersaurer Lösung und danach des Bleis als Bleiselenit aus essigsaurer Lösung.

Die Bestimmung beider Metalle ist hintereinander möglich, d.h. ohne Trennung der Wismut- und Bleiniederschläge, also ohne Filtration des zuerst ausgeschiedenen Wismutselenites, und läßt sich für jedes Verhältnis von Wismut zu Blei anwenden. Die Arbeitsweise ist auf S. 586, Bemerkung III, geschildert.

3. Trennung des Wismuts von Beryllium.

Nach KOTA wird die Abtrennung des Wismuts von Beryllium mittels Selenits so durchgeführt, daß zuerst aus salpetersaurer Lösung das Wismutselenit ausgefällt wird. Im Filtrat wird sodann das Beryllium aus ammoniakalischer Lösung als Berylliumselenit gefällt.

D. Bestimmung durch Überführung in Wismutyldichromat.

$(BiO)_2Cr_2O_7$, Molekulargewicht 666,02.

Allgemeines.

Von den verschiedenen Wismutchromaten, die als gelbe Niederschläge aus schwach salpetersaurer Wismutsalzlösung auf Zusatz einer Lösung von Kalium- oder Ammoniumdichromat ausfallen, ist hier nur das von COX sichergestellte Wismutyldichromat $(BiO)_2Cr_2O_7$ von Bedeutung. Diese Verbindung ist von PEARSON als gravimetrische Bestimmungsform des Wismuts erstmalig vorgeschlagen worden und LÖWE (a) hat bei der Anwendung des Verfahrens gut brauchbare Ergebnisse erhalten. Jedoch ist das Verfahren nicht zu allgemeiner Anwendung gelangt.

Zur maßanalytischen Bestimmung des Wismuts auf Grund seiner Abscheidung als Wismutyldichromat sind von vielen Seiten Vorschläge gemacht worden. Von diesen seien hier erwähnt: 1. das Verfahren von MOHR, das die im Niederschlag enthaltene Chromsäure durch dessen Behandlung mit Schwefelsäure und überschüssigem EisenII-sulfat und dessen Rücktitration mit Kaliumpermanganat ermittelt und 2. das Verfahren von RUPP und SCHAUMANN, bei welchem der bei der Fällung des Wismutyldichromates notwendige Überschuß an Kaliumchromat im Filtrat des Niederschlages jodometrisch bestimmt wird. Das Verfahren wird von MOSER (a) als brauchbar bezeichnet, obwohl es besonders darunter leidet, daß Maßflüssigkeiten sehr verschiedener Normalität angewendet werden müssen.

Neuerdings hat OLIVIERO vorgeschlagen, den Überschuß an Chromat nach Zugabe von Ammonium-EisenII-sulfat durch Titration des gebildeten EisenIII-Ions mit TitanIII-chlorid zu bestimmen, oder auf dieselbe Weise den Chromatgehalt des abfiltrierten und in Salzsäure gelösten Niederschlages zu ermitteln.

Es sei noch ein gasanalytisches Verfahren zur Wismutbestimmung angeführt, das von BAUMANN herrührt. Danach wird das Wismut als Wismutyldichromat gefällt und der Chromatgehalt des Niederschlages oder der zur Fällung angewendete Chromatüberschuß durch Umsetzung mit Wasserstoffperoxyd in schwefelsaurer Lösung aus dem entwickelten Sauerstoff gasometrisch bestimmt. Dieses Verfahren leidet sowohl unter den allgemeinen Mängeln der Wismutyldichromatfällung als auch unter den besonderen der gasanalytischen Verfahren, so daß eine große Genauigkeit bezüglich der Wismutbestimmung nicht zu erwarten ist.

Maßanalytische Bestimmung.

1. Verfahren von RUPP und SCHAUMANN.

Reagenzien. 1. Kaliumchromatlösung, etwa 7%ig, jodometrisch eingestellt. — 2. 0,05 n Natriumthiosulfatlösung. — 3. Schwefelsäure (1:5).

Arbeitsvorschrift. 10 cm³ Kaliumchromatlösung werden in einen 100 cm³-Meßkolben gebracht, mit Wasser auf etwa 50 cm³ verdünnt; hierzu werden unter Umschwenken 10 cm³ der möglichst wenig freie Säure enthaltenden Wismutsalzlösung gegeben. Hierauf wird bis zur Marke aufgefüllt, im Laufe von 10 Min. öfter durchgeschüttelt und dann filtriert. 10 cm³ des Filtrates werden mit etwa 100 cm³ Wasser verdünnt, mit 1 g Kaliumjodid und 10 cm³ Schwefelsäure versetzt und mit Natriumthiosulfatlösung und Stärke titriert. 1 cm³ 0,05 n $Na_2S_2O_3$-Lösung = 3,48 mg Bi.

Bemerkung. Der Fehler bei der einzigen mitgeteilten Analyse beträgt +0,15%.

2. Verfahren von OLIVIERO.

Aus der schwach sauren Wismutsalzlösung wird in der Kälte mit 0,1 n Kaliumchromatlösung Wismutyldichromat ausgefällt. Der Überschuß an Kaliumchromat kann nach Zugabe von Ammonium-EisenII-sulfat durch Titration des gebildeten EisenIII-Ions mit TitanIII-chlorid und Ammoniumrhodanid als Indicator bestimmt werden. Man kann auch den abfiltrierten Niederschlag in Salzsäure lösen und die freiwerdende Chromsäure in derselben Weise mit TitanIII-chlorid titrieren.

E. Bestimmung durch Abscheidung als basisches Wismutnitrat.

Allgemeines.

Die Abscheidung des Wismuts als basisches Wismutnitrat dürfte das älteste aller Bestimmungsverfahren für Wismut sein. Es wird schon im Jahre 1821 von PFAFF in dessen Handbuch der analytischen Chemie angeführt. Aus einer schwach salpetersauren Wismutnitratlösung scheidet sich beim Verdünnen mit Wasser und Kochen infolge von hydrolytischer Spaltung ein weißer Niederschlag wechselnder Zusammensetzung aus, der nach dem Abfiltrieren, Auswaschen und Trocknen durch Glühen in Wismutoxyd übergeführt wird. Das Verfahren ist später von LÖWE (b) verbessert und für die Anwendung auf Trennungen ausgearbeitet worden und hat sich bis zum heutigen Tage bewährt. Daneben sind andere Fällungsarten beschrieben worden, unter denen vor allem die mittels QuecksilberII-oxyds nach BLUMENTHAL (a) genannt sei. KALLMANN und PRISTERA fällen das basische Wismutnitrat mit Zinkoxyd (s. § 14 B, S. 684).

Wegen der je nach den Fällungsbedingungen nicht genau reproduzierbaren Zusammensetzung des Niederschlages eignet er sich nicht zur unmittelbaren Auswägung. Daher wird er entweder meist zu Wismutoxyd geglüht oder nach erneuter Auflösung in Wismutphosphat übergeführt, oder es wird auf andere Weise das darin befindliche Wismut bestimmt. Infolgedessen wird die Abscheidung des Wismuts als basisches Wismutnitrat vorzugsweise nur für Trennungen in Betracht kommen.

Da mehrere basische Wismutnitrate in der Literatur beschrieben sind, soll hier nur dasjenige von der Zusammensetzung $Bi_2O_3 \cdot N_2O_5 \cdot 2\,H_2O$ bzw. $BiONO_3 \cdot H_2O$ Wismutylnitrat-Monohydrat, welches das erste faßbare Zersetzungsprodukt bei der Einwirkung von kaltem oder warmem Wasser auf Wismutnitrat ist (RUTTEN), betrachtet werden, und welches meist wenigstens annähernd bei der analytischen Fällung entsteht.

Eigenschaften des Wismutylnitrat-Monohydrates. Krystallform. Die Verbindung bildet weiße, perlmutterartig glänzende, krystalline Schüppchen (RUTTEN) bzw. sechsseitige Täfelchen (DE SCHULTEN).

Verhalten beim Erhitzen. Bei 105° wird das Krystallwasser abgegeben, bei 260° erfolgt Abgabe von Salpetersäure (YVON).

Löslichkeit. *In Wasser.* Wismutylnitrat-Monohydrat ist in sehr viel Wasser löslich. — Über die Löslichkeit *in Salpetersäure* liegen die folgenden Angaben von SMITH vor:

Bei 25°:	Normalität	0,1	0,2	0,4	0,6	0,8	1,0
	g $BiONO_3$/l	0,8	4,2	14,4	29,0	46,4	68,6
Im siedenden Wasserbade:	Normalität	0,2	0,3	0,4	0,5	1,0	
	g $BiONO_3$/l	2,3	4,0	6,4	9,8	33,6	

Das *Bismutum subnitricum* der Pharmakopöen besitzt eine von dem obigen Wismutylnitrat-Monohydrat abweichende, wechselnde Zusammensetzung. Es besteht nach RUTTEN entweder aus der Verbindung $10\,Bi_2O_3 \cdot 9\,N_2O_5 \cdot 7\,H_2O$ oder aus der Verbindung $6\,Bi_2O_3 \cdot 5\,N_2O_5 \cdot 8\,H_2O$ oder aus einem Gemisch dieser beiden Stoffe. Durch langanhaltendes Auswaschen kann eine teilweise Umsetzung zum Wismutylnitrat-Monohydrat $Bi_2O_3 \cdot N_2O_5 \cdot 2\,H_2O$ eintreten. Das DAB VI verlangt einen Gehalt von 79 bis 82% Bi_2O_3 im Bismutum subnitricum, meist beträgt dieser 80 bis 81%.

Bismutum subnitricum bildet ein weißes, lockeres Pulver, das aus mikroskopisch kleinen, glänzenden, rhombischen Prismen besteht, deren Größe und Ausbildung mit der Temperatur und der Menge des zur Fällung benutzten Wassers wechselt (SCHMIDT). Es ist in Wasser unlöslich.

Bestimmungsverfahren.

Gewichtsanalytische Bestimmung.

1. Fällung durch Hydrolyse.

Wägung als Wismutoxyd.

Wie alle Wismutsalze in wäßrigem Medium der Hydrolyse unterliegen, so gilt das auch für Wismutnitrat. Diese Hydrolyse wird entweder durch einfaches Verdünnen einer schwach salpetersauren Lösung mit Wasser herbeigeführt und durch Kochen vervollständigt, oder das Hydrolysegleichgewicht

$$Bi^{\cdot\cdot\cdot} + H_2O \rightleftharpoons BiO^{\cdot} + 2\,H^{\cdot}$$

wird durch Bindung der Wasserstoff-Ionen auf die rechte Seite verschoben. Von dieser Reaktionsart macht LUFF (a) Gebrauch durch Anwendung von Ammoniumnitrit.

Nach einer anderen Arbeitsweise von LUFF (c) werden die Wasserstoff-Ionen durch eine verdünnte Natriumcarbonatlösung gebunden; dadurch wird das Hydrolysegleichgewicht verlagert.

I. Verfahren von LÖWE (b).

Arbeitsvorschrift. Man dampft die Lösung, welche das Wismut als Nitrat und keine andere Säure als Salpetersäure enthalten soll, in einer Porzellanschale auf dem Wasserbade zur Trockene ein, übergießt den Rückstand mit warmem Wasser, dampft wieder ein und wiederholt diese Operation 3- bis 4mal, bis die entweichenden Dämpfe nicht mehr saure Reaktion zeigen. Man läßt nun den Schaleninhalt erkalten, übergießt ihn mit einer kalten Lösung von Ammoniumnitrat (1:500), rührt gut um, filtriert, wäscht mit derselben Lösung aus und glüht nach Entfernung des Filters zu Wismutoxyd. Die Filterasche befeuchtet man mit einigen Tropfen Salpetersäure, raucht die Säure ab und glüht die vereinigten Rückstände nochmals.

Bemerkungen. **a) Genauigkeit.** Das Verfahren gibt sehr gute Resultate. — **b) Störungen.** Bei Anwesenheit von Sulfat in der Analysenlösung scheidet sich gleichzeitig basisches Wismutsulfat aus. Dieses wird bei starkem Glühen ebenfalls in Wismutoxyd übergeführt, so daß kaum erhebliche Fehler entstehen können. — **c)** Die **Filtration** des basischen Wismutnitrates wird heutzutage vorteilhafter in einem Porzellan-Filtertiegel erfolgen. Durch dessen Anwendung wird die langwierige Operation der Trocknung des Papierfilters, dessen gesonderte Veraschung zwecks Vermeidung von weitgehender Reduktion des Wismutoxydes zu Metall, die dennoch auf jeden Fall durch Abrauchen des geglühten Wismutoxydes mit Salpetersäure und erneutes Glühen rückgängig gemacht werden muß, vermieden. Allerdings muß das Glühen des Porzellan-Filtertiegels mit dem Niederschlage in einem passenden (am besten einem eisernen) Schutztiegel erfolgen, um Reduktion des Wismutoxydes durch Flammengase zu verhindern. — **d)** Das mehrfache **Abdampfen der Salpetersäure** ist immerhin eine langwierige Operation, deren Ende (Verschwinden der sauren Reaktion der Dämpfe) nach LUFF (a) nicht absolut sicher erkennbar ist, so daß dieser das Verfahren von LÖWE ablehnt. MOSER (c) jedoch hält es für ausgezeichnet verwendbar.

II. Erstes Verfahren von LUFF (a).

Das LUFFsche Verfahren zur Abscheidung von basischem Wismutnitrat verwendet eine Fällung durch Verschiebung des Hydrolysegleichgewichtes des Wismutnitrates durch Ammoniumnitrit.

Reagenzien. 1. Gesättigte Ammoniumnitratlösung. — 2. Natriumnitritlösung, die mit verdünnter Salpetersäure bis zur schwach sauren Reaktion auf Lackmuspapier versetzt ist.

Arbeitsvorschrift. Die Wismutsalzlösung wird mit Ammoniak tropfenweise bis zur entstehenden Trübung versetzt und diese durch einige Tropfen Salpetersäure wieder in Lösung gebracht. Die möglichst neutrale, klare, kalte Lösung versetzt man mit gesättigter Ammoniumnitratlösung und Natriumnitritlösung, verdünnt auf etwa 200 cm^3 und erhitzt vorsichtig bei bedecktem Gefäß zum Kochen. Nach dem Aufhören der Stickstoffentwicklung beendet man das Erhitzen, gießt die heiße, abgesetzte Flüssigkeit durch ein qualitatives Filter und wäscht einige Male mit heißem Wasser. Der Niederschlag wird auf dem Filter in heißer Salpetersäure (1:1) gelöst, das Filtrat in einer Platinschale gesammelt, auf dem Luftbade zur Trockene gebracht und geglüht. Der Rückstand wird sodann, da er meist kieselsäurehaltig ist, mit einigen Tropfen konzentrierter Salpetersäure und Flußsäure abgeraucht und abermals geglüht. Ein etwaiger Gehalt des Rückstandes an

Alkali soll durch wiederholtes Bespritzen des in der Platinschale leicht angeschmolzenen Wismutoxydes mit destilliertem Wasser, Ausgießen und Trocknen der Schale rasch und leicht entfernbar sein.

Bemerkungen. **a)** Die **Genauigkeit** wird als gut angegeben. — **b)** Eine gewisse **Umständlichkeit** haftet dem LUFFschen Verfahren ebenfalls an. Diese ist begründet in dem Kieselsäuregehalt der Reagenzien. Wenn diese wirklich analysenrein sind, so dürfte der Einwand von MOSER (c), daß das Verfahren unvorteilhaft gegenüber dem LÖWEschen sei, hinfällig sein. Allerdings muß Rücksicht auf die Möglichkeit der Adsorption von Natriumsalzen an den Niederschlag genommen werden.

III. Abänderung des Verfahrens von LUFF.

Eine Abänderung des oben geschilderten Verfahrens (a) schlägt deshalb LUFF (b) selbst vor.

Arbeitsvorschrift. Die Wismutsalzlösung wird mit festem Natriumhydrogencarbonat neutralisiert und eine entstandene Trübung in verdünnter Salpetersäure wieder gelöst. In der Kälte wird eine 10%ige Lösung von Natriumnitrit zugesetzt und die Mischung bis zum Aufkochen erwärmt. Nach dem Absetzen wird der Niederschlag in einen Porzellan-Filtertiegel abfiltriert, mit kaltem Wasser, dem etwas Ammoniumnitrat zugesetzt ist, ausgewaschen und zu Wismutoxyd geglüht.

Bemerkungen. **a) Genauigkeit.** Die mitgeteilten Werte sind gut. — MOSER und MAXYMOWICZ finden aber, daß auch dieses LUFFsche Verfahren nicht ganz einwandfrei sei. Die Fällung werde erst quantitativ nach mehrstündigem Stehen in der Kälte. — **b)** Die **Anwesenheit von Ammoniumnitrat** schadet nicht. Bei Anwesenheit von Blei jedoch kann dieses zu einem sehr geringen Teile mitfallen. Das *Fehlen von Ammoniumnitrat* bewirkt aber bei längerem Kochen ein erhebliches Mitreißen von Blei.

IV. Zweites Verfahren von LUFF (c).

Dieses Verfahren von LUFF bewirkt die Verschiebung des Hydrolysegleichgewichtes des Wismutnitrates durch eine verdünnte Natriumcarbonatlösung.

Arbeitsvorschrift. Die schwach salpetersaure Lösung des Wismutsalzes wird mit festem Natriumhydrogencarbonat neutralisiert, bis Methylorange eben in Gelb umschlägt. Man macht mit einem Tropfen n Salpetersäure eben wieder schwach sauer und fügt 20 cm^3 n Salpetersäure zu. Hat man nicht mehr als etwa 80 cm^3 Analysenflüssigkeit, so löst sich in dieser Säuremenge der beim Neutralisieren entstandene Niederschlag von maximal 200 mg Bi in der Kälte wieder auf. Andernfalls nimmt man mehr von der Salpetersäure. Die klare Flüssigkeit wird nun in einem Kolben, dem ein Stopfen mit einem 1 m langen Glasrohr von etwa 1 cm lichter Weite aufgesetzt ist, zum Kochen gebracht. Aus einer mit ihrem Auslauf in das Rohr hineinragenden Bürette läßt man tropfenweise 200 cm^3 Wasser, denen 19,5 cm^3 n Natriumcarbonatlösung zugefügt sind, einlaufen. Ein aus konzentrierteren Lösungen sich schon beim Neutralisieren ausscheidender Niederschlag braucht nicht völlig in Salpetersäure aufgelöst zu werden. Nach dem Zulaufen des Wassers läßt man völlig erkalten, filtriert den Niederschlag in einen Porzellan-Filtertiegel ab, wäscht ihn mit kaltem Wasser und glüht ihn in einem Schutztiegel zu Wismutoxyd.

Bemerkungen. **a) Genauigkeit.** Für Wismutmengen zwischen 100 und 200 mg sind gute Werte erhalten worden. — **b)** Das **Neutralisieren** darf nicht mit Ammoniak vorgenommen werden, da Ammoniumnitrat in größeren Mengen (20 g/300 cm^3) die Abscheidung kleiner Wismutmengen unter 5 mg verhindert. Hingegen kann eine solche stark ammoniumnitrathaltige Lösung neutralisiert werden, fast ohne daß Trübung eintritt.

2. Fällung durch QuecksilberII-oxyd.

Wägung als Wismutphosphat.

Die Fällung von basischem Wismutnitrat aus salpetersaurer Lösung durch QuecksilberII-oxyd beruht ebenfalls auf der Bindung der Wasserstoff-Ionen aus dem Hydrolysegleichgewicht des Wismutnitrats durch das Fällungsmittel:

$$HgO + 2\,H^{\cdot} = Hg^{\cdot\cdot} + H_2O.$$

Das von BLUMENTHAL (a) angegebene Verfahren schlägt das basische Wismutnitrat in leicht filtrierbarer Form nieder. Es wird nach dem Auflösen in Salpetersäure durch Überführung in Wismutphosphat nach den in § 2, S. 546, geschilderten Verfahren vom beigemengten, überschüssigen QuecksilberII-oxyd getrennt und in dieser Form gewogen. Kleine Wismutmengen können nach Auflösen in Salpetersäure und Abrauchen mit Schwefelsäure colorimetrisch nach dem Jodidverfahren (s. § 5 B, S. 570 ff.) bestimmt werden. Das BLUMENTHALsche Verfahren wird von BILTZ und HOEHNE sehr empfohlen.

Reagenzien. 1. QuecksilberII-oxyd: Eine 5%ige QuecksilberII-chloridlösung wird mit reinem Natriumhydroxyd (e natrio) gefällt. Der Niederschlag wird durch sehr häufiges Dekantieren mit Wasser vollständig alkalifrei gewaschen. Nach dem Abgießen des letzten Waschwassers wird der Niederschlag in ein Vorratsgefäß übergespült und kann nunmehr in aufgeschlämmter Form ohne weiteres verwendet werden. — 2. Waschflüssigkeit: 0,1 bis 0,2%ige Lösung von Kaliumnitrat.

Arbeitsvorschrift. Die salpetersaure Lösung des Wismutsalzes wird mit 10%iger Natriumcarbonatlösung bis zur bleibenden Trübung versetzt. Durch tropfenweisen Zusatz von verdünnter Salpetersäure wird die Lösung gegen Methylorange gerade wieder angesäuert. Bei Anwesenheit größerer Wismutmengen bleibt unter Umständen eine geringe Trübung bestehen, die vernachlässigt werden kann. Nunmehr wird gekocht, um gelöstes Kohlendioxyd zu vertreiben, und dann zu der siedenden Flüssigkeit aufgeschlämmtes QuecksilberII-oxyd so lange zugegeben, bis ein kleiner Überschuß davon beobachtet werden kann. Man fügt etwa 100 cm³ kaltes Wasser hinzu und läßt etwa 12 Std. stehen, da hierdurch die Abscheidung vervollständigt und der Niederschlag leichter filtrierbar wird. Dieser wird auf ein schnell filtrierendes Filter (Weißbandfilter von SCHLEICHER & SCHÜLL) abfiltriert und mit der kalten Waschflüssigkeit (2) sorgfältig ausgewaschen. Der Niederschlag wird in Salpetersäure gelöst und durch Fällung mit Ammoniumphosphat nach § 2, S. 542, das Wismut als Wismutphosphat ausgefällt und hierdurch vollständig von dem überschüssigen QuecksilberII-oxyd abgetrennt. Das Wismutphosphat wird als solches gewogen.

Bemerkung. **Genauigkeit.** Die mitgeteilten Beleganalysen ergeben die theoretisch geforderten Werte.

Trennungsverfahren.

Die Abscheidung des Wismuts als basisches Wismutnitrat ist sehr gut geeignet zu seiner Abtrennung von anderen Metallen, insbesondere von Silber, Blei, Kupfer, Cadmium, den Erdalkalimetallen außer Magnesium und den Alkalimetallen. Schon LÖWE (b) empfiehlt diese Arbeitsweise, die späterhin LUFF benutzt. Hierzu ist zu bemerken, daß bei der Anwendung des Nitritverfahrens (s. S. 590) auf die Schwerlöslichkeit des Bleinitrits zu achten ist. Über die sonst einzuhaltenden Arbeitsweisen sind besondere Hinweise nicht erforderlich. Die Abscheidung des basischen Wismutnitrates erfolgt nach den oben gegebenen Vorschriften und die Bestimmung der anderen Metalle in den Filtraten ohne besondere Schwierigkeiten nach den üblichen Verfahren.

Ein ganz ausgezeichnetes Verfahren zur Abtrennung des Wismuts von Blei ist das von BLUMENTHAL (a) angegebene, das sich der Fällung des basischen Wismutnitrates durch QuecksilberII-oxyd bedient (s. S. 592). Da dieses Verfahren auch von BILTZ und HOEHNE bestens empfohlen wird, sei es hier ausführlich beschrieben.

Trennung des Wismuts von Blei nach BLUMENTHAL (a).

Zur Erfassung kleinster Wismutmengen in Blei, die auf dessen mechanische Eigenschaften bereits einen großen Einfluß ausüben, sind die meisten Verfahren zur Erzeugung unlöslicher Wismutverbindungen unbrauchbar, da diese Niederschläge bleihaltig sind und zur Vervollständigung der Trennung umgefällt werden müssen. Es ist also für eine einmalige quantitative Abscheidung des Wismuts ein Mittel nötig, das in der Lösung durch Abstumpfen der freien Säure eine bestimmte, leicht reproduzierbare Wasserstoff-Ionen-Konzentration erzeugt, so daß beim Aufkochen der Lösung mit diesem Mittel alles Wismutsalz quantitativ hydrolysiert wird, während eine gleichzeitige Mitfällung von Bleiverbindungen vermieden wird. Dieses Mittel ist eine Aufschlämmung von QuecksilberII-oxyd. Hierdurch wird überschüssige Salpetersäure gebunden und schon ein geringer Überschuß von QuecksilberII-oxyd schlägt die kleinsten Wismutmengen in leicht filtrierbarer Form nieder. Schon bei einmaliger Fällung ist der Niederschlag, unabhängig von der anwesenden Bleimenge, bleifrei.

Die Bestimmung erfolgt bei kleinsten Wismutmengen durch Colorimetrieren nach dem Jodidverfahren (s. § 5 B, S. 570). Bei größeren Wismutmengen geschieht sie gewichtsanalytisch als Wismutphosphat nach den Vorschriften des § 2, S. 540.

Arbeitsvorschrift. Die Einwaage des auf seinen Wismutgehalt zu untersuchenden Bleis (bei kleinen Wismutgehalten 5 bis 10 g) wird in der hinreichenden Menge verdünnter Salpetersäure gelöst. Für 10 g genügen 16 cm³ Salpetersäure (D 1,4), die mit 60 cm³ Wasser verdünnt werden. Bei kleinen Einwagen, d. h. wenn die Konzentration an Nitraten gering ist, werden der Lösung 5 bis 10 g Alkalinitrat zugesetzt. Die Lösung wird abgekühlt und zu einem Volumen von etwa 150 cm³ solange 10%ige Natriumcarbonatlösung zugefügt, bis eine größere Menge Bleicarbonat sich abgeschieden hat. Nun wird mit Salpetersäure in der auf S. 592 geschilderten Weise angesäuert und ebenso weitergearbeitet bis zum Auswaschen des durch HgO erzeugten Niederschlages. Dieses Auswaschen wird so lange fortgesetzt, bis in der ablaufenden Flüssigkeit mit Schwefelwasserstoffwasser Blei nicht mehr nachgewiesen werden kann. Dieses Auswaschen ist besonders dann sorgfältig auszuführen, wenn es sich um eine sehr bleireiche Legierung handelt.

Bei *kleinsten* Wismutmengen wird der Niederschlag durch Abspritzen vom Filter in einen ERLENMEYER-Kolben von 300 cm³ Inhalt übergeführt. Die auf dem Filter und im Fällungsgefäß verbliebenen Reste des Niederschlages werden mit heißer, verdünnter Salpetersäure gelöst und zu dem im ERLENMEYER-Kolben befindlichen Teil hinzugefügt. Nach der — unter Umständen durch Erwärmen bewerkstelligten — Auflösung des Niederschlages wird die Lösung mit 5 cm³ konzentrierter Schwefelsäure abgeraucht, bis dichte Schwefeltrioxydnebel auftreten. Nach dem Verdünnen mit Wasser, Aufkochen und Abkühlen kann das Wismut colorimetrisch mit Jodid nach den Vorschriften des § 5 B, S. 570 bestimmt werden.

Bei *großen* Wismutmengen wird der Niederschlag ebenfalls in Salpetersäure gelöst, durch Fällung mit Ammoniumphosphat nach § 2, S. 540, das Wismut als Wismutphosphat ausgefällt und hierdurch vollständig von dem überschüssigen Quecksilber abgetrennt. Das Wismutphosphat wird als solches gewogen.

Bemerkungen. **I. Genauigkeit.** Die mitgeteilten Beleganalysen ergeben die theoretisch geforderten Werte. —**II.** Arbeitsweise bei **Gegenwart von Arsen, Antimon und Zinn.** Bei Anwesenheit von Arsen und Antimon können Bleiarsenat bzw. -antimonat in den Quecksilberoxydniederschlag gelangen und — falls es sich um größere Mengen handelt — die Genauigkeit der colorimetrischen Bestimmung beeinflussen. Auch Zinn findet sich im Quecksilberoxydniederschlag. Es werden deshalb zweckmäßig Wismut, Arsen, Antimon und Zinn gemeinsam mit ManganIV-oxydhydrat niedergeschlagen und dann getrennt [Blumenthal (b)].

Man löst die Bleiprobe in der eben hinreichenden Menge Salpetersäure und versetzt die Flüssigkeit, ohne Rücksicht auf eine etwa vorhandene Trübung, in einem Volumen von etwa 150 cm³ so lange mit Natriumcarbonatlösung, bis Bleicarbonat ausfällt. Diesen Niederschlag löst man in verdünnter Salpetersäure eben wieder auf, wobei man darauf achtet, daß die Lösung nur geringe Mengen freier Salpetersäure enthält, da sonst die Fällung des Wismuts mit ManganIV-oxydhydrat nicht vollständig ist. Durch Verwendung von Methylorange als Indicator ist das leicht zu erreichen. Nunmehr wird mit 6 cm³ einer 5%igen Mangannitratlösung und 4 cm³ einer n Kaliumpermanganatlösung der Niederschlag von ManganIV-oxydhydrat erzeugt. Er wird abfiltriert und in Salzsäure unter Zusatz von Wasserstoffperoxyd, nötigenfalls durch kochende Brom-Salzsäure, aufgelöst. In diese Lösung wird nach dem Abstumpfen mit Ammoniak Schwefelwasserstoff eingeleitet. Aus dem entstehenden Niederschlag werden die Sulfide von Arsen, Antimon und Zinn mit Natriumsulfid herausgelöst. Die verbleibenden Sulfide des Wismuts und des durch das ManganIV-oxydhydrat mitgefällten Bleis werden in einem Erlenmeyer-Kolben von 300 cm³ Inhalt so lange mit Salzsäure gekocht, bis sie vollständig in Lösung gegangen sind und diese Lösung ein Volumen von nur wenigen Kubikzentimetern erreicht hat. Nunmehr wird unter wiederholtem Zugeben von kleinen Mengen von konzentrierter Salpetersäure weiter erhitzt, bis keine braunen Dämpfe mehr beobachtet werden können und somit alle Salzsäure ausgetrieben ist, wobei wieder die Menge der freien Säure auf nur wenige Kubikzentimeter beschränkt bleiben muß. Mit der auf diese Weise erzielten schwefelsäure- und salzsäurefreien, salpetersauren Lösung von Blei und Wismut kann nun die oben beschriebene Fällung des basischen Wismutnitrates mit QuecksilberII-oxyd vorgenommen werden. — **III. Die Anwendbarkeit auf andere Trennungen,** und zwar auf die Bestimmung von Wismut in Kupfer und von Blei in Handelswismut, wird von Blumenthal (a) ohne nähere Angaben mitgeteilt.

F. Bestimmung durch Abscheidung als Wismutarsenat.

$BiAsO_4$, Molekulargewicht 347,91.

Das Wismutarsenat ist dem in § 2, S. 540 beschriebenen Wismutphosphat in mancher Hinsicht sehr ähnlich. Es ist deshalb naheliegend, daß es ebenfalls auf seine Brauchbarkeit als Bestimmungsform des Wismuts geprüft worden ist. So hat Salkowski (a) die gravimetrische Bestimmung des Wismuts als Wismutarsenat vorgeschlagen, aber er selbst hat später (b) der Bestimmung als Wismutphosphat den Vorzug gegeben. In entsprechender Weise wie bei Wismutphosphat ist die maßanalytische Bestimmung des Wismuts als Arsenat versucht worden. Boedeker hat den zur Fällung des Wismuts nötigen Überschuß an Arsenat mit Uranylacetat bestimmt und gute Ergebnisse mitgeteilt. Bei der Nachprüfung seiner Angaben durch Waitz und durch Moser (a) sind die großen Mängel des Boedekerschen Verfahrens, das auch Kuhara angewendet hat, klargestellt worden. Das Verfahren ist deshalb als nicht empfehlenswert zu bezeichnen. Dagegen scheint die von Valentin angewendete jodometrische Bestimmung nicht allzu großen Ansprüchen an Genauigkeit zu genügen.

Maßanalytische Bestimmung nach Valentin.

Das Verfahren beruht auf der Fällung von Wismutarsenat mit einer eingestellten Lösung von Kaliumdihydrogenarsenat (KH_2AsO_4) und Rücktitration von dessen

Überschuß auf jodometrischem Wege nach dem Abfiltrieren des Niederschlages nach der Gleichung:

$$AsO_4''' + 2\,J' + 2\,H^{\cdot} = J_2 + AsO_3''' + H_2O.$$

Reagenzien. 1. Eingestellte, etwa 1%ige Lösung von Kaliumdihydrogenarsenat. — 2. 25%ige Salzsäure.

Arbeitsvorschrift. In einem 100-cm^3-Meßkolben wird zu 50 cm^3 der Kaliumdihydrogenarsenatlösung ein geeignetes Volumen der Wismutsalzlösung, die freie Salpetersäure und bis zu 300 mg Bi enthalten darf, vorsichtig unter Umschwenken des Kolbens hinzugesetzt. Nach dem Auffüllen bis zur Marke wird kräftig durchgeschüttelt. Man filtriert ab, setzt zu 50 cm^3 des Filtrates 40 cm^3 25%ige Salzsäure und 1 g Kaliumjodid und titriert nach 15 bis 20 Min. mit 0,1 n Natriumthiosulfatlösung ohne Anwendung von Stärke. 1 cm^3 0,1 n $Na_2S_2O_3$-Lösung = 10,45 mg Bi.

Bemerkungen. **I. Genauigkeit.** Der mittlere Fehler beträgt $\pm 0,25\%$. — **II.** Der **Gehalt an freier Salpetersäure** darf 20 cm^3 25%ige Salpetersäure auf 100 cm^3 Lösung nicht übersteigen, andernfalls fällt das Wismutarsenat nicht quantitativ aus. — **III. Störungen.** Freie Salzsäure stört in jeder Konzentration. Die durch freie Schwefelsäure bedingte Störung wird dadurch ausgeschaltet, daß die Wismutsalzlösung mit Natriumhydrogencarbonat in kleinen Anteilen bis zur beginnenden Trübung versetzt wird, worauf man den Niederschlag durch wenig Salpetersäure wieder in Lösung bringt. Die so vorbereitete Lösung wird nun zur Arsenatlösung zugegeben.

G. Bestimmung durch Abscheidung als basisches Wismutcarbonat.

$(BiO)_2CO_3$, Molekulargewicht 510,01.

Allgemeines.

Rose hat in seinem Handbuch der analytischen Chemie zum ersten Male im Jahre 1829 die Fällung des Wismuts als basisches Wismutcarbonat und dessen gravimetrische Bestimmung auf diesem Wege mitgeteilt. Als Fällungsmittel kommt nur Ammoniumcarbonat in Betracht, da bei Anwendung von Natrium- oder Kaliumcarbonat erstens Alkali-Ionen vom Niederschlag adsorbiert werden können, andererseits aber nach Moser und Brukl das basische Wismutcarbonat in überschüssigem Alkalicarbonat etwas löslich ist.

Das gefällte basische Wismutcarbonat wird nach dem Auswaschen mit warmem Wasser nach Rose vom Filter getrennt und dieses für sich verascht; dann verglüht man den Niederschlag, den man zu der Filterasche gebracht hat, zu Wismutoxyd. Hecht und Reissner (a) dagegen verglühen das basische Wismutcarbonat nur im Porzellan-Filtertiegel, da nur dabei ausgezeichnete Ergebnisse zu erhalten sind. Bei Filtration durch Papierfilter und nachfolgendem Veraschen und Glühen ist eine Reduktion unvermeidbar, und diese ist durch nachfolgendes Abrauchen mit Salpetersäure und schwaches Glühen nur schwer oder gar nicht wettzumachen. — Das Glühen geschieht nach denselben Verfassern (b) am besten in einem elektrischen Ofen bei 450°.

Das im Vakuum über Schwefelsäure getrocknete Präparat soll nach Seubert und Elten die Zusammensetzung $(BiO)_2CO_3 \cdot {}^1/_2\,H_2O$, nach Lefort sogar $(BiO)_2CO_3 \cdot H_2O$ haben, aber das Wasser soll beim Trocknen bei 100 bis 120° abgegeben werden. Demgegenüber stellen Hecht und Reissner (c) fest, daß das bei gewöhnlicher Temperatur lufttrocken gesaugte Salz wasserfrei ist, und sie gründen auf diese Feststellung ein ausgezeichnetes, schnell und einfach ausführbares Bestimmungsverfahren, das sogar für mikrochemische Bestimmungen anwendbar ist.

Eigenschaften des basischen Wismutcarbonates. *Löslichkeit.* Basisches Wismutcarbonat ist in Wasser unlöslich. Bei sehr langem Auswaschen mit Wasser tritt weitergehende hydrolytische Spaltung ein (VANINO und ZUMBUSCH). — In Salzsäure und in Salpetersäure ist das Salz leicht löslich.

Verhalten beim Erhitzen. Beim Glühen des basischen Wismutcarbonates entsteht Wismutoxyd (HEINTZ).

Bestimmungsverfahren.

Gewichtsanalytische Bestimmung.

1. Wägung als Wismutylcarbonat.

I. Makroverfahren von HECHT und REISSNER (c).

Das Verfahren benutzt in Anlehnung an die von ROSE gegebene Vorschrift als Fällungsmittel Ammoniumcarbonat. Anstatt aber das ausgefällte basische Wismutcarbonat zu Wismutoxyd zu verglühen, trocknen es HECHT und REISSNER und wägen es als solches.

Arbeitsvorschrift. Die Wismutsalzlösung, deren Konzentration zweckmäßig höchstens 60 mg Bi in 100 cm^3 beträgt und nur Nitrat-Ionen enthalten darf, wird in der Kälte in möglichst kleinen Anteilen mit einer kalten, gesättigten Lösung von Ammoniumcarbonat in Wasser versetzt, und zwar so lange, bis ein bleibender Niederschlag auftritt, welchen man durch kräftiges Umrühren zum Ausflocken bringt. Man läßt nun ganz kurz absitzen und prüft mit etwas Ammoniumcarbonatlösung, ob schon alles Wismut als basisches Carbonat ausgefallen ist. Bei einiger Übung gelingt es auf diese Weise leicht, einen größeren Überschuß an Ammoniumcarbonat zu vermeiden, der eine teilweise Hydrolyse, also einen Verlust an Kohlensäure, zur Folge haben könnte. Hierauf wird bei bedecktem Becherglas bis zum Sieden erhitzt und einige Minuten im Kochen erhalten. Sodann wird noch heiß filtriert und mit heißem Wasser sorgfältig gewaschen. Das Trocknen erfolgt durch Luftdurchsaugen in der Apparatur von DWORZAK und REICH-ROHRWIG. Die Dauer der Trocknung hängt von der Menge des Niederschlages ab, überschreitet aber im allgemeinen nicht 2 bis 3 Std.

Bemerkungen. **a) Genauigkeit.** Die erhaltenen Werte liegen durchweg um 0,2 bis 0,3% über dem Sollbetrag. — **b) Störung.** Bei Anwesenheit von Chlorid ist der Niederschlag chlorhaltig (VANINO und ZUMBUSCH).

II. Mikroverfahren von HECHT und REISSNER (c).

Arbeitsvorschrift. Die Fällung entspricht völlig dem Verfahren der oben stehenden Makrovorschrift, nur muß selbstverständlich die Ammoniumcarbonatlösung mittels einer Mikropipette tropfenweise zugesetzt werden. Durch rasch wechselndes Aufsetzen und Wegnehmen des Fällungsgefäßes (Jenaer Mikrofilterbecher) von einer elektrischen Heizplatte wird die Mischung zum Sieden erhitzt. Sodann wird filtriert und einige Male mit wenig heißem Wasser gewaschen. Der Becher samt Niederschlag wird in der Apparatur nach HECHT, REICH-ROHRWIG und BRANTNER lufttrocken gesaugt und dann als basisches Wismutcarbonat gewogen.

Bemerkung. **Genauigkeit.** Die Werte bei Einwagen von 0,5 bis 1 mg Bi sind um 1,8 bis 0,6% kleiner als die Sollwerte, sind also für Mikrobestimmungen brauchbar.

2. Wägung als Wismutoxyd.

Die beim schwachen Glühen des basischen Wismutcarbonates sich vollziehende Abspaltung des Kohlendioxydes läßt es angezeigt erscheinen, das gefällte Salz in die Wägungsform Wismutoxyd umzuwandeln. Aus den in § 1, S. 538 angeführten Gründen hat das Verfahren bei Verwendung von Papierfiltern gewisse Schwierigkeiten. Für die Umwandlung des Wismutylcarbonates in Wismutoxyd gibt BOY folgende

Arbeitsvorschrift. Der Niederschlag wird auf dem Papierfilter getrocknet. Das Filter wird sodann für sich vorsichtig verascht. Der Rückstand wird mit Salpetersäure befeuchtet, die Lösung zur Trockene verdampft. Dann wird die Hauptmenge des vorher abgetrennten Niederschlages hinzugefügt und alles zusammen vorsichtig geglüht.

Dieses besonders bei der Untersuchung von Erzen, Metallegierungen und Metallen häufig geschilderte Verfahren der Abscheidung des Wismuts aus einer Endlösung läßt sich bei Anwendung eines Porzellan-Filtertiegels sehr vereinfachen (s. S. 595).

Bemerkung. Bei Anwesenheit von Chlorid in der Lösung, in der die Fällung des basischen Wismutcarbonates vorgenommen wird, ist der Niederschlag chlorhaltig. Beim Glühen eines solchen chlorhaltigen, basischen Wismutcarbonates zu Wismutoxyd treten nach ARPPE infolge der Flüchtigkeit des WismutIII-chlorides Verluste auf. Daher darf nur in chloridfreien Lösungen gearbeitet werden.

Trennungsverfahren

des Wismuts von anderen Metallen durch dessen Abscheidung als basisches Carbonat sind nicht durchführbar, da alle Metalle außer den Alkalimetallen unlösliche Carbonate bilden und daher mit dem basischen Wismutcarbonat zusammen ausfallen würden.

Literatur.

ARPPE, A. E.: Jbr. **1846**, 311.

BAILEY, G. H.: Soc. **51**, 679 (1887). — BAUMANN, A.: Angew. Ch. **4**, 135, 203, 318 (1891). — BERG, R., u. M. TEITELBAUM: (a) Z. anorg. Ch. **189**, 101 (1930); (b) Ch. Z. **52**, 142 (1928). — BILTZ, H., u. K. HOEHNE: Fr. **99**, 6 (1934). — BLUMENTHAL, H.: (a) Fr. **78**, 206 (1929); (b) **74**, 33 (1928). — BOEDECKER, C.: A. **117**, 198 (1861). — BOY, C.: Met. Erz **32**, 163 (1935). — BUCHERER, H. TH., u. F. W. MEIER: Fr. **83**, 358 (1931). — BUISSON u. FERRAY: Monit. scient. [3] **3**, 900 (1873); durch Fr. **13**, 61 (1874).

CLASSEN, A.: Fr. **30**, 396 (1891). — COX, A. J.: Z. anorg. Ch. **50**, 226 (1906).

DWORZAK, R., u. W. REICH-ROHRWIG: Fr. **86**, 108 (1931).

FUNAKOSHI, C.: Bull. Chem. Soc. Japan **10**, 359 (1935); durch C. **106, II**, 3683 (1935).

HECHT, F., H. REICH-ROHRWIG u. H. BRANTNER: Fr. **95**, 159 (1933). — HECHT, F., u. R. REISSNER (a) Fr. **103**, 90 (1935); (b) Mikrochemie **18**, 283 (1935); (c) Fr. **103**, 186 (1935). — HEINTZ, W.: Pogg. Ann. **63**, 88 (1844). — HENSGEN, C.: R. **4**, 411 (1885).

KALLMANN, S., u. F. PRISTERA: Ind. eng. Chem. Anal. Edit. **13**, 8 (1941); durch C. **112, II**, 2233 (1941). — KIRILLOW, M. M.: Chem. J. Ser. B. **9**, 932 (1936); durch C. **108, I**, 669 (1937). — KOTA, J.: Chem. Listy **27**, 79 (1933); durch C. **104, II**, 254 (1933). — KUHARA, M.: Chem. N. **41**, 153 (1880); durch Fr. **20**, 559 (1881).

LEFORT, J.: C. r. **27**, 270 (1848). — LÖWE, J.: (a) J. pr. **67**, 288, 463 (1856); (b) J. pr. **74**, 344 (1858). — LUFF, G.: (a) Ch. Z. **44**, 71, 189 (1920); (b) Fr. **63**, 340 (1923); (c) **63**, 335 (1923); (d) **63**, 346 (1923).

MILLER, E. H., u. F. VAN DYKE CRUSER: Am. Soc. **27**, 116 (1905). — MOHR, FR.: Lehrbuch der chemisch-analytischen Titriermethode, 7. Aufl., S. 241. Braunschweig 1896. — MOSER, L.: (a) Fr. **46**, 224 (1907); (b) Die Bestimmungsmethoden des Wismuts und seine Trennung von den anderen Elementen, S. 51. Stuttgart 1909; (c) Ch. Z. **44**, 189 (1920). — MOSER, L., u. A. BRUKL: M. **47**, 722 (1926). — MOSER, L., u. W. MAXYMOWICZ: Fr. **67**, 255 (1925/26).

NILSON, L. F.: Bl. [2] **23**, 498 (1875).

OLIVIERO, A.: Ann. Chim. appl. **21**, 211 (1931); durch Fr. **95**, 288 (1933).

PEARSON, W.: Phil. Mag. [4] **11**, 204 (1856). — PFAFF, H.: Handbuch der analytischen Chemie (1821).

RIEDERER, H. S.: Am. Soc. **25**, 911 (1903). — ROSE, H.: Handbuch der analytischen Chemie, 5. Aufl., Bd. 2, S. 177. Braunschweig 1851. — RUPP, E., u. L. KRAUSS: Ar. **241**, 443 (1903). — RUPP, E., u. G. SCHAUMANN: Z. anorg. Ch. **32**, 362 (1902). — RUTTEN, G. M.: Z. anorg. Ch. **30**, 358 (1902).

SALKOWSKI, H.: (a) J. pr. **104**, 170 (1868); (b) B. **38**, 3943 (1905). — SEUBERT, K., u. M. ELTEN: Z. anorg. Ch. **4**, 76 (1893). — SCHMIDT, E.: Lehrbuch der pharmazeutischen Chemie, 5. Aufl., Bd. 1, S. 454. 1907. — DE SCHULTEN, A.: Bl. [3] **29**, 721 (1903). — SMITH, D. F.: Am. Soc. **45**, 365 (1923).

VALENTIN, J.: Fr. **54**, 86 (1915). — VANINO, L., u. E. ZUMBUSCH: B. **41**, 3995 (1908).

WAITZ, E.: Fr. **10**, 158 (1871). — WENGER, P., u. CH. CIMERMAN: Helv. **14**, 724 (1931).

YVON, J.: C. r. **84**, 1162 (1877).

§ 7. Bestimmung durch Abscheidung als einfaches bzw. komplexes Salz von komplexen ChromIII-verbindungen.

Vorbemerkung.

Wie MAHR (a) gefunden hat, fällt aus einer Wismutsalzlösung auf Zusatz von Kalium-hexarhodanato-chromatIII (im folgenden Kalium-Chromrhodanid genannt) das intensiv ziegelrote Wismut-hexarhodanato-chromatIII (im folgenden Wismut-Chromrhodanid genannt) $Bi[Cr(SCN)_6]$ aus, das sich ausgezeichnet zur Bestimmung des Wismuts eignet. Ein besonderer Vorzug dieser Bestimmungsform vor anderen ist ihre Anwendbarkeit auch in sulfathaltigen Lösungen, sowie bei Gegenwart von EisenIII- und ChromIII-Ionen. Auch der kleine Umrechnungsfaktor von 0,3429 infolge des geringen Wismutgehaltes läßt die Brauchbarkeit dieser Abscheidungsform besonders empfehlenswert erscheinen. Schließlich ist auch eine maßanalytische Bestimmung möglich, bei welcher entweder der Chromgehalt des Wismutsalzes nach der Überführung in Chromat nach MAHR (a) oder sein Rhodanidgehalt nach MONTEQUI und CARRERÓ bromometrisch ermittelt wird. Eine andere Art der Wismutbestimmung auf Grund des Rhodanidgehaltes rührt von STAMM und GOEHRING her, die mittels alkalischer Permanganatlösung das Rhodanid zu Sulfat oxydieren und das nicht verbrauchte Permanganat mit Oxalsäure zurücktitrieren. Dieses Verfahren ist jedoch nach Ansicht von CARRERÓ seinem bromometrischen Verfahren unterlegen.

Eine andere Bestimmungsweise beruht nach MAHR (c) auf der acidimetrischen Ermittlung des Ammoniakgehaltes der doppelt komplexen Verbindung HexamminchromIII-hexabromo-wismutatIII $[Cr(NH_3)_6][BiBr_6]$.

A. Bestimmung durch Abscheidung als Wismut-Chromrhodanid.

$Bi[Cr(SCN)_6]$, Molekulargewicht 609,48.

Allgemeines.

Aus salpetersaurer oder schwefelsaurer Lösung eines Wismutsalzes fällt in der Kälte auf Zusatz einer Lösung von Kalium-Chromrhodanid $K_3[Cr(SCN)_6]$ ein intensiv ziegelroter, aus mikroskopisch kleinen, körnigen Krystallen bestehender Niederschlag aus, der in trockenem Zustande die Formel $Bi[Cr(SCN)_6]$ besitzt [MAHR (a)]. Die Fällung des Wismuts als Wismut-Chromrhodanid erlaubt ohne Schwierigkeit eine Abtrennung von den Metallen Molybdän, Chrom, Aluminium, Eisen, Zink, Mangan, Nickel, Kobalt, Magnesium und den Erdalkalimetallen [MAHR (a)], jedoch nicht von den Metallen der Schwefelwasserstoffgruppe, da für diese die Fällung mit dem Reagens unspezifisch ist [MAHR (b)].

1. Gewichtsanalytische Bestimmung.

Reagens. Darstellung des Kalium-Chromrhodanids. Man löst etwa 30 g Kaliumrhodanid und 15 g ChromIII-chlorid in möglichst wenig Wasser, dampft auf dem Wasserbade ein, zieht den Trockenrückstand mit absolutem Alkohol aus, engt stark ein und saugt ab. Man wäscht mit einer geringen Menge Äther nach. Dann löst man die Substanz erneut in Alkohol, filtriert von etwa noch zurückbleibendem Kaliumchlorid ab und läßt verdunsten. Das Kalium-Chromrhodanid scheidet sich in dunkelroten Krystallen ab, die sich äußerst leicht mit blauvioletter Farbe in Wasser lösen. Ausbeute etwa 12 bis 15 g. — Das Präparat soll geruchlos sein. Bei längerer Aufbewahrung verändert es sich und ist dann für die Wismutbestimmung nicht mehr brauchbar [MAHR (b)]. Alte Präparate können durch Umkrystallisieren aus Alkohol bei Gegenwart von Tierkohle gereinigt werden, bzw. wird die Reagenslösung mit Tierkohle und anschließender Filtration hergestellt. Hierzu löst man 1 g Kalium-Chromrhodanid (ausreichend zur Fällung von 100 mg

Bi) in etwa 25 cm³ Wasser, setzt 4 bis 5 g Tierkohle zu und rührt gut um. Nach 2 bis 3 Min. langem Stehen filtriert man die Reagenslösung unmittelbar in die Analysenlösung hinein.

Arbeitsvorschrift [MAHR (b)]. Die frisch bereitete Reagenslösung läßt man bei ihrer Filtration durch ein quantitatives Filter unmittelbar aus dem Trichter in die etwa 25 bis 30° warme Wismutsalzlösung eintropfen, die etwa 0,3 n bis 1 n salpetersauer sein soll. Nachdem die ersten Tropfen Reagenslösung zugeflossen sind, schwenkt man um und impft die Lösung mit einem hineingeworfenen, kaum sichtbaren Kryställchen festen Kalium-Chromrhodanids. Hierdurch wird das Ausfallen des dunkel- bis ziegelroten, mehr oder weniger deutlich krystallinen Niederschlages sofort eingeleitet, worauf man unter gelegentlichem Umschwenken die filtrierte Reagenslösung weiter zutropfen läßt. Nachdem diese etwa 5 bis 8 Min. dauernde Fällung beendet ist, läßt man noch 10 Min. lang unter mehrfachem Umschütteln stehen und filtriert dann durch einen Jenaer Glas-Filtertiegel G 4. Der Niederschlag wird mit kaltem Wasser gründlich gewaschen und bei 120 bis 130° getrocknet.

Bemerkungen. **I. Genauigkeit.** Der Fehler beträgt etwa $\pm 0,2\%$. — **II. Störungen.** a) Ungenügender Reagenszusatz. Ausreichender Überschuß des Fällungsmittels, erkennbar an der dunkelvioletten Farbe des Filtrates, ist erforderlich. Die übliche Prüfung des Filtrates auf Vollständigkeit der Fällung durch Zusatz weiteren Fällungsmittels ist wegen der in niederschlagsfreien Lösungen sehr leicht auftretenden Fällungsverzögerung unsicher. Das Ausbleiben des Niederschlages ist besonders bei Anwesenheit von viel Sulfat zu bemerken. — b) Säurezusatz. Die Lösung kann etwa 0,3 n bis 1 n an Salpetersäure oder Schwefelsäure sein. Ist sie zu schwach sauer, so ist der Niederschlag infolge Ausfällung von basischem Wismut-Chromrhodanid mißfarben, hellblauviolett. Es wird dann der Lösung noch 2 n Salpetersäure zugesetzt, bis sich der mißfarbene Niederschlag in das rote Salz umgewandelt hat. — c) Störung durch Stickoxyde. In salpetersauren Lösungen von Legierungen etwa noch vorhandene Stickoxyde können durch Reaktion mit dem Rhodanid Störungen hervorrufen. In diesem Falle müssen die Stickoxyde durch Eindampfen oder durch Verdünnen und Verkochen entfernt werden. — d) Bei Gegenwart von viel EisenIII-Ionen werden diese vor der Fällung des Wismuts mit Hydraziniumsulfat zu EisenII-Ionen reduziert.

2. Maßanalytische Bestimmung.

Die maßanalytische Bestimmung des Wismuts in dem Niederschlag des Wismut-Chromrhodanids beruht auf der Oxydation des dreiwertigen Chroms zu Chromat und dessen jodometrischer Titration nach der oxydativen Zerstörung des Rhodanids mittels Salpetersäure [MAHR (a)]. Die an sich scheinbar noch günstigere Titration des Rhodanids ist MAHR (a) nicht gelungen. Sie ist möglich nach den Angaben von MONTEQUI und CARRERÓ durch Oxydation des Rhodanids mit Bromat nach TREADWELL und MAYR gemäß der Umsetzung:

$$HCNS + 3\,Br_2 + 4\,H_2O = 6\,HBr + H_2SO_4 + HCN$$

und jodometrische Rücktitration des hierzu notwendigen Bromatüberschusses. Eine dritte Möglichkeit zur maßanalytischen Bestimmung haben STAMM und GOEHRING angegeben. Sie beruht auf der Oxydation des Rhodanids mit Permanganat in alkalischer Lösung:

$$CNS' + OH' + 4\,O = SO_4'' + HOCN.$$

Ein Äquivalent Rhodanid verbraucht hierbei 8 Äquivalente Permanganat, also kommen bei der Titration des Wismut-Chromrhodanids auf 1 Atom Wismut 48 Äquivalente Permanganat. Das ist das höchste Äquivalentverhältnis aller bisher bekannten maßanalytischen Verfahren zur Wismutbestimmung.

I. Verfahren von Mahr (a).

Arbeitsvorschrift. Der Niederschlag von Wismut-Chromrhodanid wird auf übliche Weise erzeugt (s. S. 599). Die Filtration erfolgt zweckmäßig durch ein Filterrohr mit Glasfritte. Nach dem Auswaschen wird der Niederschlag mit etwas konzentrierter Salpetersäure befeuchtet. Die Oxydation verläuft stürmisch (Filterrohr bedeckt halten!) und es entweicht Cyanwasserstoff (Abzug!). Man saugt nun ab, wäscht mit verdünnter Salpetersäure, dann mit Wasser nach, spült den Inhalt der Saugflasche in ein Becherglas, kocht 5 Min. lang, um die Blausäure zu vertreiben, macht mit Natronlauge alkalisch, versetzt mit Wasserstoffperoxyd, um das Chrom zu Chromat zu oxydieren, und zerstört nach kurzem Kochen den Überschuß des Wasserstoffperoxyds durch Zusatz von 3 bis 5 cm³ 5%iger Nickelnitratlösung und 3 Min. langes Weiterkochen. Nach dem Abkühlen versetzt man mit Kaliumjodidlösung, säuert an und titriert das ausgeschiedene Jod mit 0,05 n oder 0,02 n Natriumthiosulfatlösung zurück. 1 cm³ 0,05 n $Na_2S_2O_3$-Lösung = 3,4834 mg Bi.

Bemerkung. **Genauigkeit.** Die Fehler von 3 mitgeteilten Analysen liegen zwischen —0,14% und 0,25%.

II. Verfahren von Montequi und Carreró.

Das Verfahren beruht auf der durch hydrolytische Zerlegung des Chromkomplexes verursachten Freimachung des Rhodanids. Dieses wird mit Bromat umgesetzt und die hierzu nötige Bromatmenge jodometrisch ermittelt.

Arbeitsvorschrift. Der nach der Vorschrift auf S. 599 erzeugte, abfiltrierte und gewaschene Niederschlag von Wismut-Chromrhodanid wird vorsichtig in 5 bis 10 cm³ einer wäßrigen hydrolysierenden Lösung, die man sich durch Auflösen von 25 g Kaliumbromid in 50 cm³ Fehlingscher Lösung B und Auffüllen auf 250 cm³ herstellt, aufgelöst und mit höchstens 15 bis 20 cm³ Wasser in einen Erlenmeyer-Kolben filtriert. Hierin wird das Filtrat zum Sieden erhitzt, wobei Farbumschlag von Violett nach Hellgrün eintritt. Hat man mit Wasser abgekühlt, so gibt man 15 cm³ konzentrierte Salzsäure zu und versetzt unter Umrühren mit soviel 0,1 n Kaliumbromatlösung, daß die Färbung des ausgeschiedenen Broms einige Sekunden bestehen bleibt. Nach Zusatz von etwa 0,5 g Kaliumjodid wird mit 0,1 n Natriumthiosulfatlösung titriert, bis die Farbe von Weinrot nach Reingelb umgeschlagen ist. Aus der Differenz des Verbrauches von Bromat- und Thiosulfatlösung ergibt sich der Rhodanidgehalt. Wird dieser mit 0,58 multipliziert, so erhält man die Menge Wismut in Milligramm. Sind mehr als 50 mg Bi zugegen, so muß man 20 cm³ konzentrierte Salzsäure und 0,2 n Kaliumbromatlösung zur Titration verwenden. Arbeitet man nach diesem Verfahren, so dauert eine Wismutbestimmung nach Angabe der Autoren 10 bis 20 Min. Über die Zuverlässigkeit ist nichts mitgeteilt.

III. Verfahren von Stamm und Goehring.

Das Verfahren ist ewas langwierig und muß mit großer Sorgfalt durchgeführt werden. Wegen des großen Äquivalentverhältnisses 1:48 ist es aber, zumindest für Reihenanalysen bei Bestimmung kleiner Wismutmengen, nicht ungünstig. Der Niederschlag von Wismut-Chromrhodanid wird durch Natronlauge zerlegt und das in Lösung gehende Natrium-Chromrhodanid mit alkalischer Permanganatlösung oxydiert. Deren Überschuß wird mit Oxalsäure in schwefelsaurer Lösung umgesetzt und der Überschuß an Oxalsäure mit gewöhnlicher Permanganatlösung zurücktitriert.

Reagenzien. 1. $^1/_2$ bis 1%ige Natronlauge aus NaOH e natrio. — 2. $^1/_2$ bis 1%ige Schwefelsäure. — 3. 0,1 m Kaliumpermanganatlösung. — 4. Konzentrierte Natronlauge (30 g NaOH e natrio in 100 cm³ Lauge). — 5. Eine Lösung von 34 g krystallisierter Oxalsäure in 1 l Wasser. — 6. Schwefelsäure (1:1). — 7. Eine Lösung von 50 g krystallisiertem ManganII-sulfat in 1 l Wasser. — 8. 0,02 m Kaliumpermanganatlösung, enthaltend 3,161 g $KMnO_4$/Liter, eingestellt gegen 0,1 n Oxalsäurelösung. — Alle Lösungen sind mit über Permanganat destilliertem Wasser zu bereiten.

Arbeitsvorschrift. Die Fällung des Wismut-Chromrhodanids erfolgt nach der auf S. 599 gegebenen Vorschrift, aber in chloridfreier Lösung. Der Rest des an den Wänden des Fällungsgefäßes sitzenden Niederschlages braucht bei der Filtration nicht entfernt zu werden.

Nach dem Auswaschen des Niederschlages setzt man den Glas-Filtertiegel auf eine saubere Saugflasche. Nun wird das Filter, ohne daß gesaugt wird, mit etwa 10 cm³ Natronlauge (1) übergossen. Durch Umrühren mit einem Glasstab sorgt man dafür, daß alle Teile des Niederschlages mit der Lauge in Berührung kommen. Dabei nimmt die Lösung eine von Natrium-Chromrhodanid herrührende violette Farbe an, während der Niederschlag seine Farbe von Rot nach Grau ändert. Die Lösung wird abgesaugt, der Rückstand mit wenigen Kubikzentimetern Wasser gewaschen und nach Unterbrechung des Saugens mit etwa 10 cm³ Schwefelsäure (2) verrührt. Nach Absaugen der Säure wird wieder mit einigen Kubikzentimetern Wasser gewaschen und die Behandlung mit Lauge, Wasser und Schwefelsäure ein zweites Mal durchgeführt. Alle Filtrate werden gemeinsam gesammelt. Bei kleinen Mengen Niederschlag (von etwa 5 mg Bi herrührend) dürfte hiermit die Behandlung im allgemeinen ausreichend sein, bei größeren Mengen muß sie nötigenfalls so lange fortgesetzt werden, bis der Rückstand auf dem Filter beim Betupfen mit Schwefelsäure (6) keinen roten Schimmer von zurückgebildetem Wismut-Chromrhodanid mehr bekommt. Das Gesamtfiltrat (etwa 100 cm³) wird, wenn nötig, mit soviel Natronlauge versetzt, daß es Lackmuspapier beim Betupfen gerade bläut. Dann wird es 10 Min. lang gekocht. Das hierbei abgeschiedene Gemisch aus Wismut- und ChromIII-hydroxyd wird durch einen Jenaer Glas-Filtertiegel G 4 abfiltriert. Das das gesamte Rhodanid enthaltende Filtrat ist nach dem Abkühlen auf Raumtemperatur zur Titration bereit.

In ein Titriergefäß von ungefähr 500 cm³ Inhalt pipettiert man 20 cm³ Permanganatlösung (3) und gibt dazu ungefähr 10 cm³ Natronlauge (4) sowie die eben erhaltene Rhodanidlösung, und zwar entweder die ganze Menge oder einen aliquoten Teil. Das Reaktionsgemisch bleibt nun 20 bis 30 Min. lang stehen, damit sich die Oxydation des Rhodanids vollziehen kann. Danach werden in der angegebenen Reihenfolge zugesetzt: reinstes Wasser bis zu einem Volumen von 150 bis 200 cm³, 10 cm³ Schwefelsäure (6), genau 20 cm³ Oxalsäurelösung (5) und 10 cm³ ManganII-sulfatlösung (7). Beim Umschwenken hellt sich die Farbe der Lösung bis zu Gelb auf, beim anschließenden Erwärmen auf etwa 50° tritt rasch völlige Entfärbung ein. Jetzt titriert man die übriggebliebene Oxalsäure mit 0,02 m Permanganatlösung (8). Von der hierbei verbrauchten Menge an 0,02 m Permanganatlösung, dem „Titrationsverbrauch", muß der „Leerverbrauch" abgezogen werden, das ist das Volumen an Permanganatlösung (8), das sich bei der Titration ergibt, wenn kein Rhodanid vorhanden ist.

Zur Feststellung des *Leerverbrauches* pipettiert man in die Vorlage 20 cm³ 0,1 m Permanganatlösung (3), dazu gibt man in folgender Reihenfolge 5 cm³ Schwefelsäure (6) und 150 cm³ reinstes Wasser. Nun werden 20 cm³ Oxalsäurelösung (5) einpipettiert und etwa 10 cm³ ManganII-sulfatlösung (7) zugesetzt. Das ganze Gemisch wird auf etwa 50° erhitzt, wobei Entfärbung eintritt. Der nun noch vorhandene Oxalsäureüberschuß wird mit 0,02 m Permanganatlösung (8) austitriert. Das dazu notwendige Permanganatvolumen ist der gesuchte „Leerverbrauch". Beim Pipettieren der Lösungen (3) und (5) muß man sehr sorgfältig arbeiten, da jeder Pipettierfehler — infolge des Überganges von 0,1 m auf 0,02 m Permanganatlösung — beim Austitrieren sich verfünffacht.

Die Berechnung geschieht folgendermaßen: Der auf das Rhodanid entfallende Anteil an 0,02 m Permanganatlösung, also die Differenz zwischen Titrationsverbrauch und Leerverbrauch, ist genau so groß wie das Volumen, das man finden würde, wenn sich das Rhodanid direkt in saurer Lösung mit Permanganat titrieren ließe. 1 cm^3 0,02 m $KMnO_4$-Lösung = 0,7260 mg SCN oder = 0,4354 mg Bi.

Bemerkungen. a) Die **Genauigkeit** ist auf Grund der beigebrachten Beleganalysen bis herab zu 2 mg Bi als sehr gut zu bezeichnen. — b) Das Verfahren hat den **Vorteil,** daß es für kleine und große Wismutmengen gleich gut brauchbar ist, wobei der kleine Analysenfaktor große Genauigkeit ermöglicht.

B. Maßanalytische Bestimmung nach Abscheidung als Hexammin-ChromIII-hexabromo-wismutat III.

Das aus einer Wismutsalzlösung mit einer starken Kaliumbromidlösung zuerst ausfallende Wismutoxybromid (s. § 4 B, S. 560) löst sich mit schwach gelber Farbe im Überschuß des Fällungsmittels auf. In dieser gelben Lösung konnten G. SPACU und P. SPACU erstmalig mit Hilfe eines großräumigen Komplexsalzes die Anwesenheit der Hexabromo-WismutIII-säure $H_3[BiBr_6]$ (Wismut-Bromwasserstoffsäure) beweisen, indem sie deren Salz $[Co\,en_2Cl_2]_3[BiBr_6]$ darstellten. MAHR (c) benutzt das Hexammin-ChromIII-salz der Wismut-Bromwasserstoffsäure $[Cr(NH_3)_6][BiBr_6]$ zu einer quantitativen Wismutbestimmung, die sich auf die maßanalytische Bestimmung des in dieser Verbindung enthaltenen Ammoniaks gründet. Das Salz wird durch Wasser hydrolytisch gespalten gemäß der Gleichung:

$$[Cr(NH_3)_6][BiBr_6] + H_2O = [Cr(NH_3)_6]Br_3 + BiOBr + 2\,HBr.$$

Das entstehende, schwer lösliche Wismutoxybromid fällt aus. Wäscht man das Salz jedoch statt mit Wasser mit starker etwa 20%iger Kaliumbromidlösung aus, so läßt es sich vom überschüssigen Fällungsmittel ohne Hydrolyse befreien. Der Niederschlag ist in Kaliumbromidlösung praktisch unlöslich, angesäuerte Kaliumbromidlösung wirkt jedoch merklich lösend.

Reagenzien. 1. Frische, gesättigte und filtrierte Lösung von Hexammin-ChromIII-nitrat $[Cr(NH_3)_6](NO_3)_3$ in Wasser. — 2. 30%ige Kaliumbromidlösung. — 3. 20%ige Kaliumbromidlösung. — 4. 0,05 n Salzsäure. — 5. 0,05 n Natronlauge.

Arbeitsvorschrift. Man versetzt die mäßig saure Wismutsalzlösung mit einer 30%igen Kaliumbromidlösung so lange, bis das ausgefallene Wismutoxybromid wieder in Lösung gegangen ist, und gibt dann einige Kubikzentimeter Kaliumbromidlösung im Überschuß zu. Nun stumpft man die Säure mit Natronlauge ab, bis sich die beim Zutropfen der Lauge entstehende Trübung noch gerade eben löst. Die Lösung wird auf etwa 40° bis 50° erwärmt und in einem Guß mit der Lösung des Hexammin-ChromIII-nitrates (1) versetzt. Beim Umschwenken erscheint alsbald der Niederschlag. Man läßt unter gelegentlichem Schütteln 10 bis 15 Min. zur Kühlung in Eis stehen, filtriert durch einen Jenaer Glas-Filtertiegel G 4 und wäscht den Niederschlag mit kalter 20%iger Kaliumbromidlösung (3) aus. Da das Hexammin-ChromIII-salz sich im Lichte zersetzt, sind das Komplexsalz selbst, die Fällungslösung und der Niederschlag vor direktem Sonnenlicht zu schützen. Der auf dem Filter gesammelte Niederschlag wird mit heißem Wasser vollständig in einen ERLENMEYER-Kolben übergespült. Es ist ohne Belang, wenn etwas Wismutoxybromid auf dem Filter zurückbleibt, da es nur auf das in Lösung gehende Hexammin-ChromIII-bromid ankommt. Die entstandene Lösung (s. obige Gleichung) wird nach Zusatz von Natronlauge einer Ammoniakdestillation unterworfen. Der Überschuß der vorgelegten Säure wird mit 0,05 n Lauge zurücktitriert. 1 cm^3 0,05 n Säure = 1,7417 mg Bi.

Bemerkungen. **I. Genauigkeit.** Bei einer gegebenen Menge von rund 100 mg Bi liegen die Fehler zwischen —0,4% und +0,5%. In derselben Größenordnung bewegen sie sich bei Anwesenheit von zum Teil großen Mengen anderer Kationen und der störend wirkenden Ionen des Zinns und Quecksilbers (s. Bemerkung II). — **II. Anwendbarkeit des Verfahrens bei Gegenwart anderer Kationen.** Die Ionen der Alkalimetalle, der Erdalkalimetalle, des Eisens, Kobalts, Nickels, Chroms, Aluminiums, Mangans, Zinks und Kupfers stören die Bestimmung nicht. Bei Anwesenheit von Zinn wird in Gegenwart von 2 g Weinsäure auf je 75 cm^3 Lösung gefällt. Dabei muß durch passende Acidität der Lösung dafür Sorge getragen werden, daß kein Kaliumhydrogentartrat ausfällt. Sind Quecksilber und Cadmium oder sehr viel Zink anwesend, so fällt man in der oben angegebenen Weise, spült den abfiltrierten und mit Kaliumbromidlösung ausgewaschenen Niederschlag mit heißem Wasser in ein Becherglas und vollendet die Hydrolyse durch kurzes Aufkochen. Das ausgeschiedene Wismutoxybromid filtriert man in denselben Filtertiegel ab, wäscht es mit heißem Wasser aus, löst es in etwas warmer, mit 10% Kaliumbromid versetzter n Salzsäure auf und fällt nach Zusatz weiterer 30%iger Kaliumbromidlösung erneut in der oben angegebenen Weise. — Für die Gegenwart von Blei, Silber und Antimon ist keine Vorschrift angegeben. — **III.** Die **Zeitdauer** einer Wismutbestimmung nach diesem Verfahren beträgt nur etwa 50 Min.

Literatur.

Carreró, J. G.: An. Real Soc. españ. Fisica Quim. **36**, 33 (1940); durch C. **114, I**, 658 (1943).

Mahr, C.: (a) Z. anorg. Ch. **208**, 313 (1932); (b) Fr. **120**, 6 (1940); (c) Fr. **93**, 433 (1933). — Montequi, R., u. J. G. Carreró: An. Españ. **31**, 242 (1933); durch Fr. **102**, 42 (1935).

Spacu, G., u. P. Spacu: Fr. **95**, 336 (1933). — Stamm, H., u. M. Goehring: Fr. **115**, 1 (1938/39).

Treadwell, F. P., u. C. Mayr: Z. anorg. Ch. **92**, 127 (1915).

§ 8. Bestimmung durch Abscheidung mittels organischer Säuren.

Vorbemerkung.

Zur Abscheidung des Wismuts sind auch einige wenige organische Säuren und Stoffe mit sauer wirkenden, phenolischen Hydroxylgruppen in Vorschlag gebracht worden. Von diesen haben einige Bedeutung nur die Verfahren mit Ameisensäure (Benkert und Smith) sowie mit Pyrogallol erlangt. Jenes, besonders für die Trennung des Wismuts von Blei verwendbare, führt zur Abscheidung eines basischen Wismutformiates, das allerdings nicht als Wägungsform brauchbar ist, sondern in eine andere verwandelt werden muß. Dieses von Feigl und Ordelt ersonnene ist durch neuere Bearbeiter (Strebinger und Flaschner; Teitelbaum) als Mikroverfahren für gravimetrische bzw. colorimetrische Bestimmungen ausgearbeitet worden.

Das schon von Muir auf Grund der von Heintz aufgefundenen Fällbarkeit von Wismutsalzen durch Oxalsäure oder Oxalate beschriebene maßanalytische Bestimmungsverfahren hat sich in der Hand aller späteren Bearbeiter (Riederer, Moser) als ganz unbrauchbar erwiesen. Die Gründe hierfür liegen in der bisher unkontrollierbaren Hydrolyse sowohl des normalen Wismutoxalates $Bi_2(C_2O_4)_3 \cdot H_2O$ (Rosenheim und Bierbrauer; Vanino und Zumbusch) als auch des von Muir und Robbs vorgeschlagenen sowie von Muir näher untersuchten Doppelsalzes $KBi(C_2O_4)_2 \cdot H_2O$ und ferner in der nicht zu vernachlässigenden Löslichkeit der Salze in dem zur Fällung notwendigen essigsauren Medium. Ob sich das nach Vanino und Hartl aus mannithaltiger Wismutnitratlösung dargestellte, analysenreine, neutrale Wismutoxalat für eine manganometrische Wismutbestimmung eignet, ist bisher scheinbar nicht geprüft worden.

Die von KIEFT und CHANDLEE bzw. von ETIENNE vorgeschlagenen Verfahren der Wismutfällung mit Gallussäure bzw. mit Pikrinsäure sind umständlich und bedeuten daher kaum eine Verbesserung der sonstigen Verfahren zur Wismutbestimmung.

A. Gewichtsanalytische Bestimmung durch Abscheidung als basisches Wismutformiat und Überführung in eine andere Wägungsform.

Allgemeines.

Aus mit Natriumformiat-Ameisensäure gepufferter Wismutsalzlösung scheidet sich bei deren Erwärmen ein basisches Wismutformiat in Form eines feinen, weißen Niederschlages ab (BENKERT und SMITH). Das Salz ist in verdünnter Salpetersäure löslich. Zur unmittelbaren Wägung nicht geeignet, muß das basische Wismutformiat entweder durch Glühen in die Wägungsform Wismutoxyd übergeführt oder nach der Auflösung in Salpetersäure z. B. als Wismutphosphat erneut gefällt und als solches gewogen werden (LITTLE und CAHEN).

Das Verfahren ist ausgezeichnet anwendbar für die Trennung des Wismuts von Blei, für das es BENKERT und SMITH vorwiegend ausgearbeitet haben. In dieser Hinsicht wird es von LITTLE und CAHEN als für praktische Zwecke ausreichend genau, von MOSER und MAXYMOWICZ, von STREBINGER und ZINS (s. dazu § 4 C, S. 567) empfohlen. OSTROUMOW dagegen hat stärkere Abweichungen gefunden und empfiehlt das Verfahren für die Wismut-Blei-Trennung nicht.

Bei der kritischen Untersuchung durch WENGER und CIMERMAN finden diese Verfasser um 0,1 bis 0,6% zu hohe Werte, die wahrscheinlich auf adsorbierte Alkalimetall-Ionen zurückzuführen sind. Dieser Fehler kann nach KALLMANN dadurch behoben werden, daß als Fällungsmittel Ammoniumformiat an Stelle des von BENKERT und SMITH vorgeschlagenen und von allen anderen Bearbeitern verwendeten Natriumformiates benutzt wird.

Bestimmungsverfahren.

Reagenzien. 1. Natriumformiatlösung, D 1,084. — 2. 5%ige Ameisensäure.

Arbeitsvorschrift. Die salpetersaure Lösung des Wismutnitrates wird mit Natriumcarbonatlösung annähernd neutralisiert und mit einer beträchtlichen Menge Natriumformiatlösung (1) und einigen Tropfen Ameisensäure (2) versetzt. Man erhitzt zum Sieden, das man 5 Min. lang anhalten läßt. Der Niederschlag von basischem Wismutformiat wird nach dem Absetzen noch heiß filtriert, mit heißem Wasser ausgewaschen, in Salpetersäure gelöst und die so erhaltene Lösung mit Ammoniumcarbonat gefällt (s. § 6 G, S. 595). Das basische Wismutcarbonat wird durch Glühen in Wismutoxyd übergeführt.

Bemerkungen. **I. Abänderung nach STREBINGER und ZINS.** Wenn der Zusatz des Natriumformiates in der Kälte erfolgt und die Lösung erst danach erhitzt wird, so ist der Niederschlag so fein, daß er sich schlecht absetzt und durch das Filter läuft. Deshalb wird die schwach saure Wismutnitratlösung bis nahe an den Siedepunkt erhitzt. Nach Zusatz von Methylorangelösung wird Natriumformiatlösung bis zum Umschlag des Indicators in Gelb zugesetzt. Der Niederschlag von basischem Wismutformiat, der zuerst in Form einer feinen Suspension entsteht, setzt sich bei längerem Erhitzen auf dem Wasserbad gut ab (s. § 4 C, S. 567).

II. Abänderung nach WENGER und CIMERMAN. Die Neutralisierung der sauren Wismutsalzlösung wird durch Kaliumcarbonat bewerkstelligt. Die sonstige Arbeitsweise ist die von BENKERT und SMITH benutzte. Der Niederschlag wird, nach dem Waschen mit viel kochendem Wasser, bei 105° getrocknet und dann zu Wismutoxyd verglüht.

III. Abänderung nach Kallmann. Die salpetersaure Lösung des Wismutsalzes wird mit Ammoniak und Ammoniumcarbonat neutralisiert und das Wismut auf Zusatz von Ammoniumformiat als basisches Formiat ausgefällt. Der Niederschlag wird abfiltriert, mit heißem Wasser gewaschen, nochmals umgefällt und zu Wismutoxyd verglüht. Man kann den Niederschlag auch in Salzsäure lösen und das Wismut nach § 4 A, S. 556 als Wismutoxychlorid fällen.

Trennungsverfahren.

Das Verfahren zur Abscheidung des Wismuts als basisches Wismutformiat ist besonders zur Trennung des Wismuts von Blei geeignet. Die Fällung des Wismuts erfolgt in der oben beschriebenen Weise. Das Verfahren ist nach Little und Cahen für jedes Verhältnis zwischen Wismut und Blei brauchbar, wenn der erste Niederschlag umgefällt wird. Hierzu wird das basische Wismutformiat in Salpetersäure gelöst und nochmals in gleicher Weise gefällt. Im Filtrat wird das Blei vorteilhaft als Bleichromat gefällt (Kallmann).

B. Bestimmung durch Abscheidung als Wismutpyrogallat.

$BiO_3C_6H_3$, Molekulargewicht 332,08.

Allgemeines.

Pyrogallol erzeugt in nicht zu stark sauren Wismutsalzlösungen einen gelben, krystallinen Niederschlag von der Zusammensetzung $BiO_3C_6H_3$ mit 62,94% Bi. Das Verfahren der Abscheidung des Wismuts als Pyrogallat erscheint vorteilhaft, da es sowohl in salpetersaurer als auch in schwefelsaurer und in salzsaurer Lösung anwendbar ist (Feigl und Ordelt). Bei peinlich sorgfältiger Einhaltung der Fällungsvorschrift ist Wismutpyrogallat als Wägungsform für Mikrobestimmungen brauchbar (Strebinger und Flaschner). Eine colorimetrische Wismutbestimmung auf der Grundlage des Wismutpyrogallates beruht nach Teitelbaum auf der unter Blaufärbung erfolgenden, reduzierenden Wirkung des im ausgefällten Niederschlag vorhandenen Pyrogallols auf Phosphormolybdän- bzw. -wolframsäure.

Bestimmungsverfahren.

1. Gewichtsanalytische Makrobestimmung durch Abscheidung als Wismutpyrogallat.

Verfahren von Feigl und Ordelt.

Arbeitsvorschrift. Die saure Wismutsalzlösung wird tropfenweise mit verdünntem Ammoniak bis zu einer bleibenden schwachen Trübung versetzt. Diese wird entweder durch einen Tropfen verdünnter Salpetersäure zum Verschwinden gebracht, oder es wird sofort eine konzentrierte Lösung von Pyrogallol zugefügt, wodurch augenblickliche Auflösung erfolgt und sich nach dem Aufkochen ein schwerer, feinkrystalliner, gelber Niederschlag abscheidet. Man kann auch zur sauren Wismutsalzlösung Pyrogallol zufügen und hierauf durch Lauge vorsichtig abstumpfen. Man filtriert den Niederschlag durch einen Porzellanfiltertiegel, wäscht mit verdünnter Salpetersäure und Wasser schnell aus und trocknet bei 100°.

Bemerkungen. **I. Genauigkeit.** Die mitgeteilten Beleganalysen sind nur mit einem sehr kleinen Fehler behaftet. — **II. Störung.** Antimon wird durch Pyrogallol ebenfalls gefällt, es darf also bei der Wismutbestimmung nicht zugegen sein. — **III. Abänderung nach Ostroumow.** Der nach der Vorschrift von Feigl und Ordelt erzeugte Niederschlag ist meist amorph und schwer filtrierbar. Er wird schnell dunkler und ändert dabei seine Zusammensetzung, so daß er als Wägungsform nicht brauchbar ist. Beim Glühen zu Wismutoxyd werden jedoch richtige Werte erhalten. Nach Ostroumow wird daher die salpetersaure Wismutsalzlösung erwärmt, mit Ammoniak neutralisiert und vorsichtig mit verdünnter Salpetersäure eben wieder angesäuert. Die heiße Flüssigkeit wird mit einem Überschuß an Pyrogallollösung versetzt. Die Mischung wird aufgekocht und nötigenfalls mit etwas Wasser versetzt. Nach dem Absitzen des Niederschlages wird durch einen Porzellanfiltertiegel filtriert und mit heißem Wasser gewaschen. Man trocknet und verglüht zu Wismutoxyd. Die von Ostroumow angeführten Beleganalysen sind völlig fehlerfrei.

2. Gewichtsanalytische Mikrobestimmung durch Abscheidung als Wismutpyrogallat.

Bei peinlich exakter Einhaltung der Fällungsbedingungen ist nach Strebinger und Flaschner eine Mikrobestimmung des Wismuts als Wismutpyrogallat möglich.

Arbeitsvorschrift. Die salpetersaure Lösung von Wismutnitrat wird tropfenweise mit einer verdünnten Ammoniaklösung versetzt, bis eine ganz schwache Trübung eintritt. Dann wird vorsichtig verdünnte Salpetersäure bis eben zum Verschwinden der Trübung zugegeben, mit Wasser auf etwa 3 cm^3 verdünnt und hierauf mit festem, ganz reinem Pyrogallol versetzt. Das Fällungsröhrchen wird 15 Min. in ein heißes Wasserbad gestellt, dann läßt man ein wenig abkühlen und filtriert. Der gelbe, krystalline Niederschlag, der an den Wänden des Fällungsgefäßes stark emporkriecht, wird mit abwechselnder Anwendung von heißem Wasser und Benzol in das Filterröhrchen gesaugt (Luftfilter!), und dann wird dieses getrocknet.

Bemerkungen. **I. Genauigkeit.** Bei Wismutmengen von 0,96 bis 1,9 mg liegen die Fehler zwischen —0,85% und +0,56%. — **II.** Der erforderliche **Säuregehalt** wird folgendermaßen erhalten: Die salpetersaure Probelösung wird mit 0,5 n Ammoniaklösung tropfenweise so lange versetzt, bis 1 Tropfen eine ganz schwache Trübung hervorruft. Dann wird bis zum Verschwinden der Trübung mit 0,1 n Salpetersäure versetzt, von der eine bestimmte größere Anzahl von Tröpfchen aus einer ganz fein ausgezogenen Pipette 1 Tropfen der Ammoniaklösung aus einer Pipette mit üblicher Spitze entspricht. Es wird höchstens nur 1 Tröpfchen dieser sehr verdünnten Salpetersäure mehr zugesetzt, als dem letzten überschüssig gegebenen Ammoniaktropfen entspricht, so daß die Gewähr einer fast neutralen, höchstens ganz schwach sauren Lösung gegeben ist, welche sich in den Grenzen der für die Bestimmung notwendigen Wasserstoff-Ionen-Konzentration bewegt. — **III.** Das **Reagens** muß in fester Form angewendet werden, da Pyrogallollösung zu wenig haltbar ist.

3. Colorimetrische Bestimmung nach Abscheidung als Wismutpyrogallat.

Das Verfahren beruht nach Teitelbaum auf der reduzierenden Wirkung des im ausgefällten Wismutpyrogallat vorhandenen Pyrogallols auf Phosphormolybdänwolframsäure nach Folin-Denis und colorimetrische Auswertung der entstandenen Blaufärbung.

Die von Strebinger und Flaschner angegebenen Fällungsbedingungen des Wismutpyrogallats werden von Teitelbaum genauestens untersucht. Er findet als optimalen p_H-Wert für die Fällung 3,2, was etwa dem Umschlagsgebiet des Thymolblaus bzw. des Tropäolins 00 entspricht. Bei Einhaltung dieses p_H-Wertes und der genau angeführten Fällungsbedingungen gelingt noch eine deutliche Abscheidung von 28 γ Bi/cm^3.

Das Verfahren erlaubt die Mikrobestimmung von Wismut in Gegenwart von Blei, Cadmium und Zink, wobei jenes bis zu einem maximalen Verhältnis von 0,2 mg Bi : 10 mg Pb, diese bis zu einem solchen von 0,2 mg Bi : 160 mg Zn + Cd anwesend sein dürfen. Bei größeren Bleimengen wird stets etwas Blei mitgefällt.

Reagenzien. 1. Herstellung des Reagenses von Folin-Denis: 4 g Phosphormolybdänsäure und 20 g Natriumwolframat werden mit 10 cm^3 85%iger Phosphorsäure (D 1,7) und 150 cm^3 Wasser 2 Std. lang am Rückflußkühler zum Sieden erhitzt. Nach dem Abkühlen wird auf 200 cm³ verdünnt und, wenn notwendig, filtriert. — 2. Pyrogallol, fest, bzw. 4%ige Lösung, frisch bereitet. — 3. 0,33 n Ammoniak. — 4. 0,1%ige Lösung von Thymolblau in 20%igem Alkohol oder 0,1%ige wäßrige Lösung von Tropäolin 00. — 5. 4 n Salzsäure. — 6. Kalt gesättigte Natriumcarbonatlösung.

Arbeitsvorschrift. Die Probelösung wird aus einer Mikrobürette bzw. -pipette in ein Zentrifugengläschen gefüllt und mit etwa 3 bis 4 mg festem Pyrogallol bzw. 2 bis 3 Tropfen einer frisch bereiteten 4%igen Lösung davon versetzt. Das Gläschen wird über einem Sparflämmchen auf etwa 70° erwärmt und die freie Säure mit etwa 0,33 n Ammoniak tropfenweise bis zum Auftreten einer deutlichen Trübung abgestumpft. Nunmehr erhitzt man bis zum beginnenden Sieden, gibt 1 bis 2 Tropfen Thymolblau- oder Tropäolinlösung hinzu und versetzt mit Ammoniak bis zum deutlichen Umschlag. Das etwa 1,5 cm³ Lösung enthaltende Gläschen wird für 10 Min. in ein siedendes Wasserbad gehängt, wobei ein deutliches Absitzen des jetzt quantitativ ausgefällten Wismutpyrogallats erfolgt. Nach dem Abkühlen füllt man auf etwa 5 cm³ auf und zentrifugiert 10 Min. lang bei einer Tourenzahl von 2000 bis 2500. Das Kriechen des Niederschlages an den Glaswänden kann durch Herabfließenlassen einiger Tröpfchen Alkohol an der Wandung des Glases vermieden werden. Die überstehende klare Flüssigkeit wird dekantiert oder abgehebert. Nach Zugabe von 5 cm³ Wasser wird der Rückstand mit einem fein ausgezogenen Glasstäbchen aufgerührt. Dann wird wieder zentrifugiert und erforderlichen Falles das Auswaschen, jedoch mit nur 2 cm³, nochmals wiederholt. Der Niederschlag wird in 1 cm³ 4 n Salzsäure aufgelöst und mit 15 bis 20 cm³ Wasser in ein Kölbchen gespült. Nunmehr gibt man 0,5 bis 1 cm³ des Folin-Denis-Reagenses und etwa 6 cm³ kalt gesättigte Natriumcarbonatlösung zu, worauf eine mehr oder minder starke Blaufärbung eintritt. Die Lösung wird auf 30 cm³ verdünnt und nach etwa 25 Min. gegen eine in derselben Weise hergestellte Standardlösung colorimetriert.

Bemerkungen. **I. Genauigkeit.** Die Fehler liegen innerhalb der bei colorimetrischen Messungen üblichen Grenzen. — **II. Anwesenheit von Fremdmetallen.** Wie oben angeführt, ist die Bestimmung von Wismut neben Blei, Cadmium und Zink in gewissen Grenzen möglich. Bei Gegenwart von Blei *muß* die Neutralisation gegen Thymolblau erfolgen, da bei weiterer Erniedrigung der Wasserstoff-Ionen-Konzentration auch Blei mitgefällt wird.

Trennungsverfahren.

Das Verfahren der Abscheidung des Wismuts als Wismutpyrogallat ist von Feigl und Ordelt auch für die Trennung des Wismuts von Blei als brauchbar befunden worden. Hierzu wird die Fällung des Wismuts in der auf S. 605 beschriebenen Weise vorgenommen. Im Filtrat wird das Blei durch Schwefelwasserstoff abgeschieden und das Bleisulfid in Bleisulfat übergeführt. Ostroumow bestätigt die Brauchbarkeit dieser Trennung unter Anwendung der von ihm vorgeschlagenen Abänderung der Fällung des Wismutpyrogallates (s. S. 605). Nicht brauchbar ist das Pyrogallolverfahren zur Trennung des Wismuts von Kupfer, da Kupfer auf Pyrogallol stark oxydierend wirkt.

Das colorimetrische Verfahren von Teitelbaum erlaubt die Bestimmung des Wismuts neben Blei, Cadmium und Zink.

C. Gewichtsanalytische Bestimmung durch Abscheidung als Wismutgallat.

Das von Kieft und Chandlee angegebene Verfahren beruht auf der Fällung des Wismuts in 3% Salpetersäure enthaltender Lösung mittels Gallussäure

$C_6H_2(OH)_3COOH$. Da der Niederschlag in Salpetersäure gelöst, durch Ammoniumcarbonat in basisches Wismutcarbonat verwandelt und dieses zu Wismutoxyd geglüht werden muß, so bietet das Verfahren gegenüber der Anwendung anderer organischer Fällungsmittel keine Vorteile.

Arbeitsvorschrift. Zur Wismutbestimmung erhitzt man die Wismutnitratlösung auf 70° bis höchstens 85°, fügt 50 cm³ einer 2%igen Gallussäurelösung hinzu und rührt 1 Min. lang aus. Nach dem Erkalten gibt man durch ein Filter, wäscht dekantierend mit 150 cm³ Waschflüssigkeit, die 2 g Gallussäure und 3 g Ammoniumnitrat enthält, bringt nun das Filter in das Fällungsgefäß zurück, löst den Niederschlag in 20 cm³ Salpetersäure auf, filtriert ab und wäscht den Filterbrei mit 200 cm³ 5%iger Salpetersäure aus. Nun muß man vollkommen zur Trockene eindampfen, um alle Gallussäure und ihre Oxydationsprodukte zu zerstören, worauf man nach dem Aufnehmen mit Salpetersäure mit Ammoniak und Ammoniumcarbonat das Wismut als basisches Carbonat ausfällt.

Bemerkung. **Trennungsmöglichkeit.** Das Wismut kann nach diesem Verfahren von Blei, Kupfer, Cadmium, Eisen, Nickel, Zink, Chrom, Aluminium, den Erdalkali- und Alkalimetallen, nicht jedoch von Antimon, Zinn, Quecksilber und Silber getrennt werden, jedoch muß die Fällung als Gallat bei Anwesenheit der anderen Metalle wiederholt werden. Auch in dieser Hinsicht ist das Gallatverfahren nicht sehr empfehlenswert im Vergleich mit anderen Trennungsverfahren.

D. Gewichtsanalytische Bestimmung durch Abscheidung als Wismutpikrat.

Das Verfahren beruht auf der Abscheidung des Wismutpikrates $BiOC_6H_2(NO_2)_3$ mit 44,25% Bi* aus einer mit Ammoniumcarbonat neutralisierten Wismutsalzlösung (ETIENNE). Da der erzeugte Niederschlag auf umständliche Weise in Wismutoxyd übergeführt werden muß, erscheint das Verfahren gegenüber anderen sich organischer Fällungsmittel bedienenden Methoden nicht besonders empfehlenswert.

Arbeitsvorschrift. Die schwach salpetersaure Wismutsalzlösung wird für Wismutmengen unter 50 mg mit 30 cm³, darüber mit 100 cm³ etwa 1%iger Pikrinsäurelösung und 1 cm³ wäßriger 0,1%iger Methylorangelösung versetzt. Dazu läßt man tropfenweise 10%ige Ammoniumcarbonatlösung unter Schütteln bis zum Auftreten der Gelbfärbung zufließen. Den Niederschlag filtriert man sofort ab, wäscht mit kaltem Wasser, löst ihn in 15 cm³ warmer Salpetersäure, setzt 30 bis 35 cm³ Ammoniumcarbonatlösung hinzu, kocht kurze Zeit auf, filtriert das basische Wismutcarbonat durch dasselbe Filter, wäscht mit heißem Wasser bis zum Verschwinden der Gelbfärbung, löst den Niederschlag in 6 n Salpetersäure, dampft zur Trockene ein und glüht mäßig zu Wismutoxyd. Bei Mengen unter 10 mg Bi kann der Pikratniederschlag direkt in Salpetersäure gelöst, eingedampft und verglüht werden.

In Gegenwart von Blei, das ebenfalls als Pikrat mitgefällt wird, wäscht man den Niederschlag mit einer 0,5 g Pikrinsäure im Liter enthaltenden Lösung aus. Dadurch wird das Bleipikrat aus dem Niederschlag herausgelöst. Bei einem sehr großen Bleiüberschuß wird der Pikratniederschlag auf dem Filter in n Salpetersäure gelöst, zweimal mit 30 cm³ Pikrinsäure gefällt, der Niederschlag mit 200 cm³ Pikrinsäure und mit 100 cm³ Wasser gewaschen, in 25 cm³ n Salpetersäure gelöst und das Wismut mit 2 n Ammoniumcarbonatlösung gefällt.

Kupfer und Cadmium stören nicht. Eisen macht die genaue Erkennung des Umschlagspunktes unmöglich. Phosphat und Arsenat dürfen nicht zugegen sein.

---

* Die Formel selbst ist unrichtig; gemeint ist wahrscheinlich Wismutylpikrat, $BiOOC_6H_2(NO_2)_3 \cdot H_2O$ bzw. $Bi(OH)_2OC_6H_2(NO_2)_3$, mit 44,36% Bi (neue Atomgewichte).

Literatur.

BENKERT, A. L., u. E. F. SMITH: Am. Soc. 18, 1055 (1896); durch Fr. 42, 642 (1903).
ETIENNE, H.: Bl. Soc. chim. Belg. 47, 287 (1938); durch C. 109, II, 2466 (1938).
FEIGL, F., u. H. ORDELT: Fr. 65, 448 (1924/25).
HEINTZ, W.: Pogg. Ann. [2] 63, 273 (1844).
KALLMANN, S.: Ind. eng. Chem. Anal. Edit. 13, 897 (1941); durch C. 113, II, 930 (1942). — KIEFT, L., u. G. C. CHANDLEE: Ind. eng. Chem. Anal. Edit. 8, 392 (1936); durch C. 108, I, 1208 (1937).
LITTLE, H., u. E. CAHEN: Analyst 35, 301 (1910); durch C. 81, II, 1166 (1910).
MOSER, L.: Fr. 46, 231 (1907). — MOSER, L., u. W. MAXYMOWICZ: Fr. 67, 249 (1925/26). — MUIR, M. M. P.: Soc. 33, 70 (1878). — MUIR, M. M. P., u. ROBBS: Soc. 41, 1 (1882).
OSTROUMOW, E. A.: Fr. 106, 36 (1936).
RIEDERER, H. S.: Am. Soc. 25, 909 (1903). — ROSENHEIM, A., u. K. BIERBRAUER: Z. anorg. Ch. 20, 290 (1899).
STREBINGER, R., u. E. FLASCHNER: Mikrochemie 5, 12 (1927). — STREBINGER, R., u. W. ZINS: Fr. 72, 426 (1927).
TEITELBAUM, M.: Fr. 82, 366 (1930).
VANINO, L., u. F. HARTL: J. pr. [2] 74, 150 (1906). — VANINO, L., u. E. ZUMBUSCH: B. 41, 3996 (1908).
WENGER, P., u. CH. CIMERMAN: Helv. 14, 722 (1931).

§ 9. Bestimmung durch Abscheidung mit komplexbildenden organischen Verbindungen.

Vorbemerkung.

Die modernen organischen Reagenzien, die wie o-Oxychinolin (Oxin), Thioharnstoff, Diphenylthiocarbazon (Dithizon), thioglykolsaures β-Aminonaphthalid (Thionalid) u. a. in der quantitativen Analyse der Metalle eine große Bedeutung erlangt haben, sind auch für die Bestimmung des Wismuts in Betracht gezogen worden. Der Vorzug der Anwendung derartiger Reagenzien ist in verschiedenen Eigenschaften der entsprechenden Verbindungen des Metalles mit dem organischen Stoff begründet. Die Verbindungen sind infolge ihrer innerkomplexen Natur praktisch unlöslich in Wasser, meist jedoch löslich in organischen Lösungsmitteln. Infolge des geringen Metallgehaltes besitzen sie einen analytisch günstigen, kleinen Faktor. Sie sind meist intensiv und kennzeichnend gefärbt. Dies alles macht derartige Verbindungen bevorzugt geeignet zur Bestimmung der Metalle, also auch des Wismuts, die vor allen Dingen auch auf mikrochemischem Wege und mit Hilfe der Colorimetrie erfolgen kann.

A. Bestimmung durch Bildung des Wismutoxinates.

$Bi(C_9H_6ON)_3 \cdot H_2O$, Molekulargewicht 659,46.

Allgemeines.

Oxin liefert mit Wismut-Ionen in essigsaurer sowie in ammoniakalischer, tartrathaltiger Lösung eine schwerlösliche, orangegelb gefärbte, gut krystalline und daher leicht filtrierbare Komplexverbindung von der Zusammensetzung $Bi(C_9H_6ON)_3 \cdot H_2O$, kurz Wismutoxinat genannt (BERG). Diese bei 100° beständige Komplexverbindung verliert erst bei längerer Erhitzungsdauer bei 130° bis 140° ihr Krystallwasser und geht in die wasserfreie Verbindung über. Die Fällungsempfindlichkeit beträgt in Gegenwart von Tartrat-Ionen in schwach essigsaurer Lösung 1:300000, in ammoniakalischer Lösung 1:217000. Diese hohe Empfindlichkeit gestattet demnach, noch ganz geringe Mengen Wismut abzuscheiden. Die Bestimmung kann auf gravimetrischem Wege durch Wägung des bei 100° bzw. bei 130° getrockneten Niederschlages oder durch Wägung des zu Wismutoxyd verglühten Niederschlages oder schneller und genauer durch Titration des an das Wismut gebundenen Oxins auf bromometrischem Wege erfolgen.

1. Gewichtsanalytische Bestimmung.

I. Verfahren von Berg.

Reagenzien. 1. Kalt gesättigte, alkoholische oder acetonische Lösung von Oxin. — 2. Weinsäure. — 3. Natrium- oder Ammoniumacetat.

Arbeitsvorschrift. Die Wismutsalzlösung wird nach Zugabe genügender Mengen Weinsäure gegen Phenolphthalein mit Ammoniak oder mit Natronlauge neutralisiert, mit Essigsäure schwach angesäuert und mit Natrium- oder Ammoniumacetat (1 bis 2 g auf je 50 mg Bi) versetzt. Die Lösung soll etwa 1 bis 2% freie Essigsäure enthalten. Größere Mengen an Tartrat ebenso wie an Natrium- oder Ammoniumsalzen üben keinen nachteiligen Einfluß auf die Ergebnisse der Bestimmung aus.

Die Fällung wird bei 60 bis 70° ausgeführt, indem die Oxinlösung (1) in einem Guß zugesetzt wird. Ein Überschuß an Fällungsmittel stört nicht. Das Fällungsvolumen soll etwa 150 bis 200 cm³ betragen. Nach dem Erwärmen bis zum beginnenden Sieden und Absitzenlassen des Niederschlages wird durch einen Glasfiltertiegel filtriert, mit heißem Wasser gewaschen und getrocknet.

Bemerkungen. **a) Genauigkeit.** Bei Einwagen zwischen 25 und 200 mg Bi liegen die Fehler in den Grenzen +0,2% und —0,9%. — **b) Störungen.** Außer den Metallen, die unter denselben Bedingungen unlösliche Oxinverbindungen bilden, stören Halogen-Ionen. In deren Gegenwart fallen schwerlösliche Oxinsalze der betreffenden Wismuthalogenwasserstoffsäure vom Typus $(C_9H_7ON) \cdot H[BiX_4]$ aus (s. § 5 D, S. 580).

II. Verfahren von Hecht und Reissner.

Hecht und Reissner schlagen folgende Abänderungen des Bergschen Verfahrens vor: 1. Anwendung einer Oxin*acetat*lösung; 2. tropfenweisen Reagenszusatz, um Okklusion des Fällungsmittels auszuschließen; 3. empfehlen sie den Niederschlag nur lufttrocken zu saugen.

a) Makrochemisches Bestimmungsverfahren.

Reagenzien. 1. 50%ige Weinsäurelösung. — 2. 10%ige Essigsäure. — 3. Ammoniumacetatlösung: 100 g Ammoniumacetat, krystallisiert, p. a., werden in etwa 50 cm³ Wasser gelöst. Die freie Essigsäure, die im festen Ammoniumacetat immer vorhanden ist, wird mit Ammoniak gegen Methylrot annähernd neutralisiert und das Ganze auf 100 cm³ aufgefüllt. — 4. 4%ige Oxinacetatlösung mit etwa 8% freier Essigsäure (s. S. 612).

Arbeitsvorschrift. Die Wismutsalzlösung wird für je 100 mg Bi mit 3 cm³ Weinsäure (1) versetzt. Hierauf gibt man einige Tropfen Phenolphthalein und Methylrot hinzu und neutralisiert mit verdünntem Ammoniak bis zur schwachen Rötung des Phenolphthaleins. Ist dieser Punkt erreicht, so fügt man solange tropfenweise Essigsäure (2) zu, bis der Umschlagspunkt des Methylrots erreicht ist. Dann versetzt man noch über diesen Punkt hinaus mit soviel Essigsäure, daß die Lösung nach Zugabe sämtlicher Fällungsreagenzien (demnach bezogen auf das Endvolumen der Lösung) 0,5 bis 1% freie Essigsäure enthält. Das Fällungsvolumen selbst kann für je 10 mg Bi zwischen 20 und 50 cm³ betragen. Maßgebend ist die Einstellung der Essigsäurekonzentration. Bei einer höheren Konzentration an freier Essigsäure als 1% ist die Fällung des Wismutoxinates nicht mehr vollständig. Bei niedrigerer Konzentration an freier Essigsäure ist der Niederschlag feiner krystallin, was für das Auswaschen und Trocknen an der Luft von Nachteil ist. Ist die Konzentration der Essigsäure auf diese Weise eingestellt, so fügt man noch so viel Ammoniumacetatlösung (3) hinzu, daß das Endvolumen der Lösung einen Gehalt von höchstens 3% Ammoniumacetat aufweist. Höhere Konzentrationen an Ammoniumacetat sind schädlich und bedingen — wahrscheinlich durch

Bildung basischer Salze — zu niedrige Ergebnisse. Nun wird die Mischung auf 60° bis 70° erwärmt und mit dem Vierfachen der stöchiometrisch erforderlichen Menge an Oxinacetatlösung (4) tropfenweise unter beständigem Umrühren versetzt. Dann läßt man kurz aufkochen und auf Raumtemperatur abkühlen. Hierauf wird durch einen lufttrocken gewogenen Sintertiegel filtriert und mit heißem Wasser ausreichend gewaschen. Schließlich wird lufttrocken gesaugt und gewogen.

Bemerkung. **Genauigkeit.** Innerhalb eines Versuchsbereiches zwischen 2 und 140 mg Bi sind die Ergebnisse sehr gut. Sie sind es auch, wenn der Niederschlag bei 100° 1 bis $1^1/_2$ Std. lang getrocknet wird.

b) Mikrochemisches Bestimmungsverfahren.

Die *Reagenzien* sind die gleichen wie bei dem Makroverfahren.

Arbeitsvorschrift. Die Wismutsalzlösung, die tunlichst keinen größeren Raum als 2,5 cm³ einnehmen soll, wird in einen lufttrocken gewogenen Jenaer Mikrofilterbecher gebracht, gegebenenfalls unter Luftdurchsaugen bei 80° etwas eingedampft, für je 1 mg Bi mit 0,3 bis 0,35 cm³ Weinsäurelösung (1) versetzt und durch Umschütteln gut vermischt. Dann fügt man noch je 1 Tropfen Phenolphthalein- und Methylrotlösung hinzu. Hierauf neutralisiert man mit 10%igem Ammoniak bis zur beginnenden Rotfärbung des Phenolphthaleins. Ist dieser Punkt erreicht, so wird tropfenweise 10%ige Essigsäure bis zur Entfärbung des Phenolphthaleins zugefügt. Die Lösung ist jetzt durch das Methylrot gelb gefärbt. Nunmehr fügt man tropfenweise weiter 10%ige Essigsäure bis zum Umschlag des Methylrots von Gelb nach Rot zu und über diesen Punkt hinaus noch für je 3 cm³ Endvolumen (s. unten) der Lösung weitere 0,15 cm³ Essigsäure im Überschuß. Dann setzt man für je 3 cm³ Endvolumen 0,1 cm³ Ammoniumacetatlösung (3) und noch soviel Wasser hinzu, daß unter Einrechnung des Volumens an Oxinacetatlösung, welche in entsprechender Menge erst als letztes Reagens zugesetzt wird, das Endvolumen ungefähr 3 cm³ oder höchstens das Anderthalbfache beträgt. Auf das Endvolumen bezogen, enthält dann die Lösung rund $^1/_2$% freie Essigsäure und 3% Ammoniumacetat. Es ist dabei keine größere Genauigkeit erforderlich, als sie durch Abschätzen des Flüssigkeitsvolumens in dem Becher mit bloßem Auge erreichbar ist, nachdem der Rauminhalt des Filterbechers ein für allemal ausgemessen ist. Sodann wird der Filterbecher auf ein lebhaft siedendes Mikrowasserbad gebracht und sein Inhalt auf etwa 70° erhitzt. Dann nimmt man den Filterbecher vom Wasserbad und setzt tropfenweise unter beständigem Umschütteln für je 1 mg Bi 0,5 cm³ Oxinacetatlösung (4) zu, worauf abermals auf dem siedenden Wasserbade $^1/_2$ Min. erhitzt und dann zum Abkühlen beiseite gestellt wird. Hat die Lösung Raumtemperatur angenommen, so wird filtriert und je nach der Menge des Niederschlages 2- bis 3mal mit heißem Wasser gewaschen. Nach dem Waschen wird in einer Trockenapparatur nach HECHT, REICH-ROHRWIG und BRANTNER lufttrocken gesaugt und gewogen.

Bemerkungen. *α*) Die **Genauigkeit** zwischen den Versuchswerten von 2,2 bis 0,11 mg Bi ist sehr gut. — *β*) Für **Trennungen** ist das Verfahren wegen der geringen Selektivität des Oxins nicht anwendbar, wohl aber ist es für die Endbestimmung sehr zu empfehlen.

2. Maßanalytische Bestimmung auf bromometrischem Wege.

Das Verfahren beruht nach BERG darauf, daß sich das Oxin in seiner Eigenschaft als Phenol bromieren läßt. Hierbei entsteht ohne Nebenreaktion 5,7-Dibrom-8-oxychinolin gemäß der Gleichung:

$$C_9H_7ON + 2\,Br_2 = C_9H_5Br_2ON + 2\,HBr.$$

Das Ende der Bromierung des Oxins läßt sich mit Hilfe von Indigocarmin als Indicator, das durch überschüssiges Brom entfärbt wird, bei einiger Übung gut erkennen. Besser jedoch wird der Bromüberschuß jodometrisch zurücktitriert. Die bromometrische Titration ist schnell und zuverlässig ausführbar und der gewichtsanalytischen Bestimmung vorzuziehen.

Arbeitsvorschrift. Die Fällung des Wismuts als Oxinat geschieht wie auf S. 610 angegeben. Der ausgewaschene Niederschlag wird in 10%iger Salzsäure gelöst und die Lösung mit einigen Tropfen einer 1%igen Indigocarminlösung versetzt. Hierauf wird solange eine Bromat-Bromid-Lösung (s. Bemerkung II) in der Kälte zugetropft, bis der anfangs blaue, dann grüne Farbmischton der blauen Indicatorfärbung mit der gelben des entstandenen Dibromoxins in eine rein gelbe Farbe übergegangen ist. Da der Umschlag von Grün nach Gelb schwer zu erkennen ist, empfiehlt es sich, noch einen geringen Überschuß an Bromatlösung zuzusetzen und diesen nach Zufügen einiger Kubikzentimeter 20%iger Kaliumjodidlösung mit Thiosulfatlösung zurückzumessen. Das freiwerdende Jod gibt mit dem Dibromoxin ein schwer lösliches Jodanlagerungsprodukt, das jedoch mit Thiosulfat normal reagiert. Die Thiosulfatlösung wird solange zugetropft, bis das suspendierte Jodanlagerungsprodukt in Lösung gegangen ist. Darauf wird mit Stärke als Indicator zu Ende titriert.

Bei der jodometrischen Rücktitration des Bromatüberschusses in Gegenwart von Wismut ist darauf zu achten, daß die Konzentration der Salzsäure nicht unter 10% sinkt, da sich sonst die schwer lösliche, gegen Thiosulfat unbeständige Verbindung $(C_9H_7ON) \cdot H[BiJ_4]$ (s. § 5 D, S. 580) bildet, die einen unscharfen Endpunkt der Titration bedingt. 1 cm^3 0,1 n $KBrO_3$ = 1,742 mg Bi.

Bemerkungen. **I.** Die **Genauigkeit** bei Wismutmengen zwischen 1 und 80 mg Bi beträgt bis etwa $\pm 0,1$%. — **II. Bromat-Bromid-Lösung:** Je nach der zu bestimmenden Wismutmenge wird eine 0,05 n, 0,1 n oder 0,2 n Kaliumbromatlösung verwendet. Man stellt sie her durch Abwägen der nötigen Menge reinsten Kaliumbromates und Auflösen in Wasser. Das Kaliumbromat ist auf Bromidfreiheit zu prüfen. Hierzu versetzt man 5 cm^3 einer 1%igen Lösung des Kaliumbromates mit 2 cm^3 4 n Schwefelsäure und 1 Tropfen wäßriger 0,1%iger Lösung von Methylorange. Die rosarote Farbe darf nach 2 Min. nicht verschwinden. Den für die bromometrische Bestimmung nötigen Bromidzusatz kann man so vornehmen, daß man zu der zu titrierenden Lösung etwa 0,5 g Kaliumbromid zusetzt. Man kann auch in der Weise verfahren, daß man bei der Herstellung der Bromatlösung zu dieser gleich eine entsprechende Menge Kaliumbromid zufügt.

3. Colorimetrische Bestimmung nach Teitelbaum.

Die Bestimmung sehr kleiner Wismutmengen ist möglich durch die colorimetrische Auswertung der Blaufärbung, die das Oxin als Phenolderivat durch Reduktion des Reagenses von Folin-Denis (Phosphormolybdänwolframsäure) zu tief blau gefärbten, niederen Oxyden des Molybdäns und Wolframs hervorruft. Sie ist noch bis zu einer Menge von 6 γ Bi/cm^3 möglich.

Reagenzien. 1. Folin-Denis-Reagens (s. § 8 B, S. 606). — 2. 0,5%ige Natriumtartratlösung. — 3. 0,33 n Ammoniak. — 4. 3%ige Essigsäure. — 5. 0,5%ige Oxinacetatlösung: 1 g Oxin (Lieferfirma: Vanillin-Fabrik G. m. b. H., Hamburg-Billbrook) wird in ein Kölbchen eingewogen, mit 1 bis 2 cm^3 Eisessig versetzt und auf einer kleinen Flamme bis zum Sieden erhitzt. Die erhaltene Lösung wird in etwa 180 cm^3 heißes Wasser unter Umrühren eingegossen. Die von ungelöstem Oxin abfiltrierte Lösung ist unbegrenzt haltbar. — 6. Gesättigte Natriumacetatlösung. — 7. 2 n Salzsäure. — 8. Kalt gesättigte Natriumcarbonatlösung.

Arbeitsvorschrift. Die Wismutsalzlösung wird im Zentrifugengläschen mit 2 Tropfen Natriumtartratlösung und nach Zusatz von 2 Tropfen Phenolphthaleinlösung mit 0,33 n Ammoniak bis zur Rötung versetzt, die mit 1 Tropfen 3%iger Essigsäure zum Verschwinden gebracht wird. Die Lösung, deren Volumen etwa

1 cm^3 beträgt, wird auf etwa 70° erwärmt, mit 4 Tropfen Oxinacetatlösung versetzt, bis zum beginnenden Sieden erhitzt und die freigewordene Säure mit etwa 0,2 bis 0,3 cm^3 gesättigter Natriumacetatlösung abgestumpft. Dann wird 10 Min. lang im Wasserbade erhitzt und wie in § 8 B auf S. 607 weiter verfahren. Der Niederschlag wird in 0,5 cm^3 2 n Salzsäure gelöst, mit 0,5 bis 1 cm^3 FOLIN-DENIS-Reagens und etwa 6 cm^3 kalt gesättigter Natriumcarbonatlösung versetzt, worauf eine mehr oder minder starke Blaufärbung eintritt. Die Lösung wird auf 30 cm^3 verdünnt und nach etwa 25 Min. gegen eine in derselben Weise hergestellte Standardlösung colorimetriert.

Bemerkung. **Genauigkeit.** Die in den mitgeteilten Beleganalysen angegebenen Fehler liegen innerhalb der für colorimetrische Bestimmungen üblichen Grenzen.

B. Colorimetrische Bestimmung mit Thioharnstoff.

Allgemeines.

Thioharnstoff $CS(NH_2)_2$ (abgekürzt Th) bildet nach HOFMANN und GONDER Komplexverbindungen mit Wismutsalzen von der Summenformel z. B. $Bi(Th)_5(NO_3)_2 \cdot OH$ oder $Bi(Th)_2Cl_3$. Diese Verbindungen besitzen in wäßriger Lösung eine gelbe Farbe. Wie MAHR (a) gezeigt hat, verblaßt die Gelbfärbung bei der Verdünnung der Lösung, bei Anwendung einer an Thioharnstoff halbgesättigten Lösung zur Verdünnung tritt dieser Abfall der Farbintensität nicht ein. Es ist nach MAHR (b) kein meßbarer Unterschied zwischen den Extinktionswerten einer vollständig an Thioharnstoff gesättigten und einer nur zu 75% gesättigten Wismutsalzlösung festzustellen. Jedoch ist zu beachten, daß die Löslichkeit des Thioharnstoffs sehr stark mit der Temperatur ansteigt, daß sich die Lösung aber stark abkühlt, wenn Thioharnstoff darin aufgelöst wird. Die Farbtiefe ist auch von der herrschenden Säurekonzentration abhängig, aber zwischen 1% und 10% Salpetersäure ist sie konstant und folgt dem BEERschen Gesetze. Auch die Temperaturabhängigkeit ist zwischen 12° und 26° unerheblich. Diese Beobachtungen MAHRs (b) werden von GROSHEIM-KRYSKO bestätigt. Die Färbung bleibt 24 Std. lang konstant.

Auf Grund dieser Feststellungen hat MAHR eine colorimetrische Bestimmung des Wismuts mit Thioharnstoff ausgearbeitet (a, b), die es gestattet, Wismutmengen bis herab zu 0,2 mg Bi/100 cm^3 Lösung oder 0,01% Bi neben Blei und Kupfer zu ermitteln. Die Bestimmung kann sowohl mit einer Vergleichslösung (a) als auch absolutcolorimetrisch (b) erfolgen.

1. Colorimetrische Messung durch Vergleich mit einer Wismutlösung bekannten Gehaltes.

Reagenzien. 1. Verdünnte Salpetersäure (D 1,025 bis 1,030, etwa 4,5 bis 5,5%ig). — 2. Verdünnte Salpetersäure derselben Dichte, die durch Auflösen von 100 g Thioharnstoff im Liter annähernd gesättigt daran ist. Die Lösung ist einige Tage haltbar, geringe Mengen etwa ausgeschiedenen Schwefels werden abfiltriert. — 3. Thioharnstoff, fest. — 4. Eine Lösung von Wismutnitrat in verdünnter Salpetersäure (1), durch deren Verdünnen mit der oben angegebenen, an Thioharnstoff gesättigten Salpetersäure (2) die nötigen Vergleichslösungen hergestellt werden.

Arbeitsvorschrift. Die zu untersuchende Metallprobe wird in Salpetersäure gelöst und der größte Teil der Säure abgedampft. Den Rückstand nimmt man mit Wasser oder mit verdünnter Salpetersäure (1) auf, so daß die Lösung etwa 4 bis 6% Salpetersäure enthält. Lösliche feste Nitrate oder Sulfate bringt man mit verdünnter Salpetersäure in Lösung. Nun wird fester Thioharnstoff in der Lösung verrührt. Falls größere Mengen Fremdmetalle anwesend sind, scheiden sich deren Thioharnstoffverbindungen als weißer Krystallbrei ab. Ist Eisen anwesend, so wird die Lösung vor dem Zusatz von Thioharnstoff durch Kochen mit Hydraziniumsulfat reduziert. Nach der Ausfällung der Metall-Thioharnstoffverbindungen filtriert man durch einen Jenaer Glasfiltertiegel und wäscht mit der an Thioharnstoff gesättigten Salpetersäure (2) nach. Das gelbe Filtrat wird mit derselben Lösung (2) auf ein bestimmtes Volumen aufgefüllt und im Duboscq-Colorimeter mit einer nach Reagens (4) hergestellten Vergleichslösung bei 50 mm Schichtdicke verglichen. Da gelbe Farbtöne bei künstlichem Licht schlecht zu vergleichen sind, wird als Lichtquelle zweckmäßig eine Tageslichtlampe benutzt und in den Strahlengang des Colorimeters ein Blaufilter eingeschaltet. Empfohlen wird eine Lifa-Blaufolie, deren Maximum der Absorption bei 5800 Å liegt und deren Durchlässigkeit 1% beträgt. Bei sehr verdünnten Lösungen ist eine hellere Folie mit einer Durchlässigkeit von 20% zu benutzen.

Bemerkungen. **I. Genauigkeit.** Die Fehler liegen etwa zwischen —2% und +4%. — Bei Konzentrationen von 5 bis 26 γ Bi/cm³ beträgt der relative Fehler bei Abwesenheit von Blei 1% (Lurje und Ginsburg). — **II. Anwendungsbereich.** In 100 cm³ Lösung können zwischen 4 und 0,2 mg Wismut bestimmt werden. Bei einer Einwaage von 0,5 bis 3 g Legierung können noch etwa 0,01 % Bi neben Blei und Kupfer mit befriedigender Genauigkeit erfaßt werden. Bei allzu hohem Gehalt der Lösung an Blei oder Kupfer, bei dem die Flüssigkeit durch die auskrystallisierenden Thioharnstoffverbindungen erstarrt und die Filtration erschwert wird, muß die Hauptmenge dieser Metalle vor der Bestimmung entfernt werden. — Nach Lurje und Ginsburg ist das Verfahren anwendbar bei Vorliegen von 2,6 bis 21 γ Bi/cm³. — **III. Störungen.** Anwesenheit von Sulfat in salpetersaurer Lösung verändert die Farbintensität nicht, wohl aber Halogen-Ionen, die auch den Farbton ändern. — Schwermetalle wie Silber, Quecksilber, Blei, Kupfer, Cadmium und Zinn wirken störend durch Bildung weißer Niederschläge, die jedoch abfiltriert werden können. Nur Antimonsalze geben eine ähnliche Gelbfärbung. Diese kann durch Zusatz von Kaliumfluorid zum Verschwinden gebracht werden infolge Bildung von Komplexverbindungen. EisenIII-Ion muß zu EisenII-Ion reduziert werden. — Die Störungen durch Blei bzw. Antimon beseitigt Grosheim-Krysko gleichzeitig durch einen starken Überschuß von Weinsäure, durch welche die von Antimon hervorgerufene Färbung verhindert und die Ausfällung der Blei-Thioharnstoffverbindung unterbunden wird. Dadurch wird der Zeitbedarf für eine Bestimmung auf 10 bis 15 Min. herabgesetzt.

2. Absolutcolorimetrische Messung.

Arbeitsvorschrift. Die zu untersuchende, etwa 5 bis 8% Salpetersäure enthaltende Wismutsalzlösung, die zwar die unter Bemerkung III (s. oben) erwähnten Ionen enthalten darf, die jedoch frei von eigengefärbten Ionen oder von Chlorid sein muß, wird in einem Erlenmeyer-Kolben mit etwa 10 g festem Thioharnstoff auf je 50 cm³ Flüssigkeit versetzt. Zum rascheren Lösen erwärmt man durch Eintauchen in warmes Wasser und schwenkt häufig um. Dann kühlt man den Inhalt des Kolbens unter Umrühren mit einem Thermometer auf etwa 18 ± 2° ab. Der Überschuß an Thioharnstoff sowie die Thioharnstoffverbindungen etwa anwesender Fremdmetalle krystallisieren dabei aus. Man filtriert durch einen Jenaer Glasfiltertiegel G 4 ab, wäscht den Niederschlag aus und füllt mit einer als Waschflüssigkeit dienenden, frisch bereiteten, bei 18° gesättigten und filtrierten Lösung von Thioharnstoff in einem Meßkolben auf. Für gewöhnliche Zwecke genügt es, wenn man Filtrat und Waschwasser in einem zuverlässigen Meßzylinder auffängt. Man füllt dann die gut durchgemischte Lösung in den einen Tauchbecher des Absolutcolorimeters (E. Leitz, Wetzlar), in den anderen die gebrauchsfertig gelieferte Graulösung. Nach Einschalten des Filters 3 (Filterschwerpunkt bei 4620 Å) und beiderseitiger Nullstellung prüft man die gleiche Helligkeit der Felder, bringt so dann die zu untersuchende Lösung auf eine Schichtdicke von 13,35 mm, stellt dann mit Hilfe der Graulösung wieder gleiche Helligkeit her und liest nun unmittelbar an der Tauchtiefenskala der Graulösung den Gehalt an Wismut je 100 cm^3 Lösung ab. 1 cm der Schichtdicke der Graulösung entspricht 1 mg Bi auf je 100 cm^3 Lösung. Der Gehalt der zu untersuchenden Lösung soll etwa 0,2 bis 5 mg Bi auf 100 cm^3 betragen, um gut meßbare Extinktionswerte zu geben. Bei großer Verdünnung wählt man eine Schichtdicke der Versuchslösung von 26,7 oder 40,1 mm und teilt die erhaltenen Werte durch 2 bzw. durch 3, bei hoher Konzentration geht man mit der Schichtdicke auf 6,7 mm herab und multipliziert das erhaltene Resultat mit 2. Da zur Füllung des Colorimeterbechers 10 cm^3 ausreichen, sind also noch Wismutmengen von 0,02 mg bequem bestimmbar.

Bemerkungen. I. Die **Genauigkeit** ist eine sehr gute. — **II. Störungen.** Bei Anwesenheit von Kupfer und Blei in höheren Konzentrationen scheidet sich nach kurzer Zeit kolloider Schwefel aus. Die hierdurch bedingte Trübung wird durch Arbeiten bei 16 bis 17° und durch Zusatz von Hydraziniumsulfat verzögert. — Anwesenheit von Chlor-Ionen verändert die Absorptionskurve. Bisher ist keine Veröffentlichung über die Ausschaltung dieses störenden Einflusses bekanntgeworden. Ebensowenig ist berichtet worden über die Beseitigung der Störung durch Antimon, die zwar wie unter Bemerkung III auf S. 614 durch Fluorid möglich, aber bei Anwendung eines Präzisionsinstrumentes wegen der Ätzwirkung nicht angängig ist.

3. Colorimetrische Wismutbestimmung in Bleilegierungen nach GROSHEIM-KRYSKO.

Reagenzien. 1. Salpetersäure (D 1,2). — 2. Eine Lösung von 750 g Weinsäure in 1 l Wasser, heiß gelöst. — 3. Eine Lösung von 80 g Thioharnstoff in 1 l Wasser, heiß gelöst. — 4. 3%ige Lösung von Wasserstoffperoxyd.

Arbeitsvorschrift. 1 g Späne wird in 10 cm^3 Salpetersäure gelöst und die Lösung noch etwas eingedampft. Nach Zusatz von 5 cm^3 Wasser läßt man abkühlen und versetzt mit 10 cm^3 Weinsäurelösung (2). Wenn eine Gelbfärbung auftreten sollte, wird die Lösung mit 3 bis 5 Tropfen Wasserstoffperoxydlösung versetzt und bis zur Entfärbung erwärmt. Nach schnellem Abkühlen werden 25 cm^3 Weinsäurelösung zugefügt. Nun wird die Mischung in einen 100 cm^3-Meßkolben übergeführt. Das Lösegefäß wird mit Thioharnstofflösung (3) nachgespült und der Meßkolben mit dieser Lösung bis zur Marke aufgefüllt.

Die gelbe Lösung wird gegen Wasser als Vergleichsflüssigkeit mittels des PULFRICH-Photometers bei Anwendung der Hagephot-Lampe und des Filters Hg 436 photometriert. Bei der angegebenen Arbeitsvorschrift wird der gemessene Extinktionskoeffizient mit dem Faktor 0,42 multipliziert, woraus sich der Wismutgehalt in Prozenten ergibt.

Bemerkungen. I. Die **Genauigkeit** beträgt 1 bis 3%. — **II. Anwendungsbereich.** Für Gehalte von 0,01 bis 0,8% Bi in Blei ist das Verfahren brauchbar bei Einwaagen von 2 bis 1 g. — **III. Fehlerquellen.** Zu große Bleimengen bei größeren Einwaagen und zu wenig Weinsäurelösung ergeben eine Fällung von Bleithioharnstoff. 1 g Blei wird durch 24 cm^3 Weinsäurelösung (2) sicher in Lösung gehalten. Die ersten Krystallkeime zeigen sich in diesem Falle nach 25 Min. In dieser Zeit muß photometriert werden. — Die Thioharnstofflösung (3) muß die Hälfte des Gesamtvolumens einnehmen, da erst dann das Maximum der Farbtiefe sicher erreicht wird. — Nach den Erfahrungen von GROTHE und NECKERMANN (s. § 14 A, 2, S. 676, dort Literaturangabe) tritt oft schon vor Ablauf der 25 Min. Krystallabscheidung ein. Dies ist ein Nachteil des Verfahrens bei Wismutbestimmungen in Blei, besonders wenn bei Wismutgehalten unter 0,01% hohe Einwaagen erforderlich sind. Die Verfasser vermeiden diese Schwierigkeiten mittels des von ihnen S. 676 beschriebenen Verfahrens. — **IV. Die Bestimmung von Spuren in Feinzink 99/99**

nimmt GEUER mit Thioharnstoff nach der Vorschrift von MAHR im PULFRICH-Photometer mit der HQE 40-Lampe und den Filtern Hg 436 oder S 47 vor. Die Gelbfärbung ist tagelang haltbar.

C. Bestimmung durch Abscheidung als Wismut-Thionalid-Verbindung.

$Bi(C_{12}H_{10}ONS)_3 \cdot H_2O$, Molekulargewicht 875,82.

Allgemeines.

Das thioglycolsaure β-Aminonaphthalid $C_{10}H_7 \cdot NH \cdot CO \cdot CH_2 \cdot SH$, Thionalid genannt, erzeugt nach BERG und ROEBLING mit einigen Schwermetallen unlösliche Niederschläge, darunter mit Wismut in saurer Lösung. Die Reaktion hat die sehr hohe Empfindlichkeit von 1:10 Millionen. Die Wismutbestimmung mit Thionalid ermöglicht also die Ermittlung sehr kleiner Wismutmengen, wozu der niedrige Faktor beiträgt. Die citronengelbe Verbindung hat die Zusammensetzung $Bi(C_{12}H_{10}ONS)_3 \cdot H_2O$ und enthält 23,86% Bi. Bei Fällung des Wismuts aus soda-alkalischer, tartrat- und cyanidhaltiger Lösung fällt aber die wasserfreie ebenfalls gelbe Verbindung mit 24,36% Bi aus, bei jedoch gleicher Empfindlichkeit.

Die Fällung des Wismuts mit Thionalid bietet z. B. gegenüber der Fällung mit Schwefelwasserstoff folgende Vorteile: 1. Die Fällung kann aus schwach salpetersaurer Lösung erfolgen, 2. eine induzierte Fällung von Fremdmetallen findet nicht statt, 3. das Verfahren ist bequem in der Handhabung und schnell ausführbar, 4. die Verbindung ist durch einen kleinen analytischen Faktor ausgezeichnet, 5. der Reagensüberschuß ist einfach zu entfernen und 6. selbst extreme Mengen von bestimmten Schwermetallen beeinflussen die Genauigkeit nicht.

Bestimmungsverfahren.

1. Gewichtsanalytische Bestimmung durch Abscheidung als Wismut-Thionalid.

I. Wägung als Wismut-Thionalid.

Arbeitsvorschrift. **a) Für salpetersaure Lösung, frei von Chlorid und Sulfat.** Man versetzt die Lösung mit Ammoniak oder Natronlauge bis zur Trübung, gibt für je 100 cm³ Lösung 3 bis 5 cm³ 2 n Salpetersäure hinzu, erhitzt auf etwa 80° und gibt unter Umrühren die frisch bereitete alkoholische oder auch Eisessiglösung des Reagenses hinzu, wobei die Menge des organischen Lösungsmittels nach der Fällung 10 bis 15% in der Lösung betragen soll. Man verwendet etwa den vierfachen Überschuß an Reagens. Nach etwa ½stündigem Stehen auf dem Wasserbade nimmt der zuerst milchig gelbe Niederschlag eine intensiv citronengelbe Farbe an und beginnt auszuflocken, was durch Umrühren beschleunigt werden kann. Nach der Klärung der Flüssigkeit wird heiß durch einen zuvor durch Durchsaugen von heißem Wasser angewärmten Glasfiltertiegel filtriert. Das Anwärmen des Tiegels soll eine Ausscheidung des Reagenses durch Abkühlung in den Filterporen verhindern. Es darf nicht zu stark gesaugt werden, um ein Zusammenbacken des Niederschlages zu vermeiden. Das Auswaschen erfolgt mit heißem Wasser und das Trocknen bei 100°. Die Probe auf vollständiges Auswaschen geschieht folgendermaßen: Eine mit Wasser auf das Vierfache verdünnte Probe der ablaufenden Flüssigkeit wird mit verdünnter Schwefelsäure angesäuert und mit einigen Tropfen einer etwa 0,1 n Jodlösung versetzt. Hierbei darf keine Trübung durch Dithionalid eintreten.

b) Für chlorid- oder sulfathaltige Lösung. Man neutralisiert die Lösung wie unter a) angegeben, versetzt auf 100 cm³ Lösung mit 10 cm³ 2 n Schwefelsäure oder 2 n Salpetersäure, fällt wie gewöhnlich und stumpft sofort nach der Fällung mit 5 cm^3 2 n Natronlauge je 100 cm^3 der Lösung ab. Die weitere Behandlung geschieht wie unter a).

Bemerkungen. α) **Genauigkeit.** Die Fehler bewegen sich bei Wismutmengen zwischen 20 und 100 mg in den Grenzen von +0,3% bis —0,2%. — β) **Störungen.** Bei Anwesenheit von viel Chlorid wird das Wismut zum Teil komplex gebunden und entgeht dadurch der Fällung. EisenIII-Ion stört wegen der Oxydation des Thionalids zu schwer löslichem Dithionalid. Es muß deshalb vor der Fällung durch Hydroxylammoniumsulfat unschädlich gemacht werden. — γ) Die **Haltbarkeit der Reagenslösung** erstreckt sich nur auf wenige Stunden.

II. Wägung als Wismutoxyd.

Der Niederschlag von Wismut-Thionalid wird durch ein Papierfilter filtriert und bei 100° getrocknet. Der Niederschlag wird vom Filter heruntergenommen und das Filter für sich in einem Porzellantiegel verascht. Dann wird der Niederschlag in den Tiegel gebracht und unter Zusatz von 1 bis 2 g sublimierter, reinster Oxalsäure mit kleiner Flamme verglüht. Zum Schluß wird 5 Min. lang mit voller Bunsenflamme geglüht. Nach dem Erkalten wird das Wismutoxyd ausgewogen.

2. Maßanalytische Bestimmung nach Abscheidung als Wismut-Thionalid.

Als Mercaptan ist Thionalid leicht zu einem Disulfid oxydierbar. Auf dieser Reaktionsmöglichkeit beruht die jodometrische Bestimmung des Wismuts, indem das an das Wismut gebundene Thionalid mit überschüssigem Jod zu dem schwer löslichen „Dithionalid" oxydiert wird:

$$2\,C_{10}H_7 \cdot NH \cdot CO \cdot CH_2 \cdot SH + J_2 = C_{10}H_7 \cdot NH \cdot CO \cdot CH_2 \cdot S{-}S \cdot CH_2 \cdot CO \cdot NH \cdot C_{10}H_7 + 2\,HJ.$$

Der Jodüberschuß wird sodann mit Thiosulfat zurückgemessen. Die Endpunktsbestimmung kann auch auf potentiometrischem Wege erfolgen (Berg und Fahrenkamp [b]).

Arbeitsvorschrift. Die Fällung der Wismut-Thionalidverbindung erfolgt wie auf S. 616 beschrieben. Die Filtration wird jedoch durch ein mit heißem Wasser befeuchtetes Papierfilter vorgenommen. Den mit heißem Wasser gewaschenen Niederschlag bringt man samt Filter in das zur Fällung verwendete Gefäß, schlämmt den Niederschlag mit 50 cm^3 Eisessig und 4 bis 5 cm^3 5 n Schwefelsäure auf, fügt etwa 0,1 g Kaliumjodid zu und macht einen solchen Zusatz von eisenfreiem Ammoniumchlorid, daß die Lösung daran gesättigt ist. Dieses bindet das Wismut komplex, andernfalls verbrauchte das entstehende Wismutjodid Natriumthiosulfat. Man versetzt darauf mit einem Überschuß einer 0,02 n Jodlösung, verdünnt mit Wasser und titriert den Überschuß des Jodes mit 0,02 n Natriumthiosulfatlösung zurück. 1 cm^3 0,02 n $Na_2S_2O_3$ = 1,393 mg Bi.

Bemerkung. **Genauigkeit.** Der mittlere Fehler bei Einwaagen von 30 bis 80 mg Bi beträgt +0,3%.

3. Colorimetrische Bestimmung nach Abscheidung als Wismut-Thionalid.

Die Grundlage der colorimetrischen Bestimmung mit Thionalid ist dessen reduzierende Wirkung bzw. die seiner Metallkomplexe nach Lösung der Niederschläge auf Phosphormolybdänwolframsäure (Reagens von Folin-Denis) unter Blaufärbung infolge Bildung niederer Oxyde des Molybdäns bzw. des Wolframs (Berg, Fahrenkamp und Roebling). Da die Blaufärbung des Thionalids mit dem genannten Reagens nicht beständig ist, müssen Vergleichslösungen auf künstlichem Wege hergestellt werden. Daher muß erst eine angenäherte Schätzung vorgenommen werden, erst dann kann die genaue Bestimmung erfolgen.

Reagenzien. 1. Reagens von Folin-Denis: Herstellung s. § 8 B, S. 606. — 2. 8%ige Lösung von Thionalid in Alkohol (Nur 8 bis 10 Std. haltbar!). — 3. Formamid, reinst. — 4. Pyridin. — 5. Vergleichslösungen: Bekannte Mengen Wismut werden, wie unten beschrieben, mit Thionalid gefällt, wieder in Lösung gebracht und die Lösung mit dem Reagens (1) 15 Min. bei 40° in Reaktion gebracht. Mit Hilfe der entstandenen Blaufärbungen verschiedener Intensität werden durch entsprechendes Mischen wäßriger Lösungen von Chikagoblau, Naphthylaminschwarz und einer Spur chinesischer Tusche die entsprechenden Farbtönungen bereitet. Die Standardlösungen sind, gut verschlossen und im Dunklen aufbewahrt, längere Zeit haltbar und lassen eine orientierende Schätzung auf $\pm 20\%$ zu. Sie können im Colorimeter nicht direkt gemessen werden.

Arbeitsvorschrift. Die ganz schwach saure, 3 bis 5 cm^3 betragende Probelösung wird in einem Zentrifugengläschen nach der auf S. 616 angegebenen Vorschrift gefällt. Darauf wird 5 Min. unter zeitweiligem Umrühren im Wasserbade bei etwa 90° bis zum Krystallinwerden des Niederschlages gehalten. Nach dem Erkalten wird 5 Min. scharf zentrifugiert und die überstehende Flüssigkeit mit einem Capillarheber so weit als möglich abgehebert. Der Niederschlag wird zweimal mit heißem Wasser unter jedesmaligem Aufwirbeln gewaschen.

Nach Abhebern der Waschflüssigkeit wird der Niederschlag durch 2 Tropfen n Schwefelsäure und 1 cm^3 Pyridin in der Wärme gelöst und die Lösung in ein Colorimeterglas gebracht. Das Zentrifugengläschen wird noch einmal mit 1 cm^3 Pyridin und zweimal mit je 1 cm^3 warmem Wasser nachgespült. Je nach der Menge des Wismuts wird 1 bis 3 Tropfen des FOLIN-DENIS-Reagenses und 30 bis 40 Tropfen Formamid hinzugesetzt und nach gründlichem Durchschütteln 15 Min. bei 40° stehen gelassen. Darauf wird mit den Farbstoff-Vergleichslösungen eine annähernde Schätzung vorgenommen.

Zur *genauen* Bestimmung werden nun 1. eine zweite Probe der unbekannten Lösung und 2. eine dem geschätzten Gehalt entsprechende genau bekannte Wismut-Lösung gleichzeitig, wie oben beschrieben, mit Thionalid gefällt, nach der obigen Vorschrift verarbeitet und die entstandenen Blaufärbungen im Colorimeter verglichen.

Bemerkung. Für die Wismutbestimmung sind keine Beleganalysen angeführt.

4. Nephelometrische Bestimmung nach Abscheidung als Wismut-Thionalid.

Die Bildung des feinkrystallinen Wismut-Thionalid-Niederschlages kann für die nephelometrische Bestimmung sehr kleiner Wismutmengen Verwendung finden. Das Verfahren ist allerdings nur anwendbar bei Abwesenheit solcher Metalle, die mit Thionalid in mineralsaurer Lösung schwer lösliche Niederschläge bilden (BERG, FAHRENKAMP und ROEBLING).

Arbeitsvorschrift. Der zu untersuchenden Wismutsalzlösung von 15 cm^3 Gesamtvolumen werden 5 Tropfen 2 n Schwefelsäure zugesetzt, zum Sieden erhitzt und unmittelbar darauf 3 Tropfen einer 1%igen Lösung von Thionalid in Eisessig zugefügt. Gleichzeitig wird unter denselben Bedingungen eine Lösung von bekanntem Gehalt an Wismut, die der zu bestimmenden Menge größenordnungsmäßig annähernd angepaßt ist, angesetzt. Nach 2 bis 3 Std., bei kleinsten Mengen nach etwa 5 bis 6 Std., vergleicht man die entstandenen Trübungen in einem Nephelometer.

Bemerkung. Es sind keine Beleganalysen mitgeteilt.

Trennungsverfahren.

Trennungen des Wismuts von anderen Metallen mit Hilfe von Thionalid sind auf zwei Arten möglich. In *mineralsaurer* Lösung gelingt die Trennung vor allem von Blei, aber auch ebenso gut von Cadmium, Chrom, Aluminium, Zink, Mangan, Kobalt, Nickel, Barium, Calcium und Magnesium. Besonders die Wismut-Blei-Trennung mit Thionalid in mineralsaurer Lösung ist gegenüber anderen Verfahren wie dem Selenitverfahren (s. § 6 C, S. 584), dem Oxinverfahren (s. § 9 A,

S. 609) oder dem Chromrhodanidverfahren (s. § 7, S. 598) vorteilhaft. Bei der Trennung von EisenIII-Ion muß zuvor eine Reduktion zu EisenII-Ion durch Hydroxylammoniumsulfat erfolgen. In *sodaalkalischer*, *tartrat*- und *cyanid*haltiger Lösung ist eine Abtrennung des Wismuts von Silber, dreiwertigem Arsen, Platin, Palladium, zweiwertigem Quecksilber, Kupfer, Cadmium, Eisen, Kobalt, Nickel, Zink, Chrom, Aluminium und Titan möglich, jedoch nicht von einwertigem Thallium, Antimon, Zinn, Gold, Blei und den Erdalkalimetallen. Bei diesem Verfahren ist wiederum Abwesenheit von Sulfat erforderlich.

1. Trennung in mineralsaurer Lösung.

I. Trennung des Wismuts von Blei.

Die Fällung des Wismuts geschieht bei Anwesenheit von viel Blei aus einem Volumen von etwa 200 bis 400 cm³. Die Säurekonzentration darf nicht geringer als 0,1 n an Salpetersäure sein, das sind 5 cm³ 2 n Salpetersäure je 100 cm³ der neutralisierten Lösung. Der Fehler beträgt —0,07%.

II. Trennung des Wismuts von dreiwertigem Eisen.

Das dreiwertige Eisen wird vor der Fällung des Wismuts durch Kochen mit Hydroxylammoniumsulfat zu EisenII-Ion reduziert. Da aber durch das längere Stehen des Niederschlages auf dem Wasserbade eine geringe Oxydation des zweiwertigen Eisens zum dreiwertigen eintreten und das EisenIII-Ion das Thionalid zu schwer löslichem Dithionalid oxydieren kann, wird die Fällung zu Wismutoxyd verglüht (s. S. 617) und dieses gewogen. Der Fehler beträgt bei dieser Arbeitsweise nur +0,06%.

2. Trennung in sodaalkalischer, tartrat- und cyanidhaltiger Lösung nach Berg und Fahrenkamp (b).

Arbeitsvorschrift. Die mineralsaure, sulfatfreie Lösung der Metallsalze wird mit 10 bis 20 cm³ 20%iger Natriumtartratlösung versetzt und gegen Phenolphthalein mit 2 n Natriumcarbonatlösung neutralisiert. Sodann wird bei Anwesenheit der oben angeführten Fremdmetalle die zur Komplexbildung nötige Menge 20%iger Kaliumcyanidlösung (10 bis 50 cm³) und soviel weitere Natriumcarbonatlösung zugesetzt, daß die Hydroxyl-Ionen-Konzentration in der Flüssigkeit etwa n ist. Das Fällungsvolumen soll innerhalb der analytischen Grenzen zwischen 100 und 300 cm³ bleiben, je nach der Menge der anwesenden Fremdmetalle. Nun gießt man die Lösung der 3- bis 4fachen Menge des theoretisch notwendigen Fällungsmittels in Form frisch bereiteter, 2%iger, alkoholischer Lösung in dünnem Strahl unter lebhaftem Umrühren in die kalte Lösung. Unter gelindem Umrühren wird dann bis zum Sieden erhitzt, wobei sich die Flüssigkeit klärt und der Niederschlag nach kurzer Zeit eine körnig krystalline Struktur aufweist. Durch Einstellen in kaltes Wasser wird abgekühlt und dann durch einen Jenaer Glasfiltertiegel G 4 filtriert. Unter stetem Aufwirbeln des Niederschlages bei Vermeidung festen Ansaugens wird mit kaltem Wasser cyanidfrei gewaschen (Probe mit Silbernitrat!). Danach wird mit kleinen Anteilen 10%igen Alkohols das überschüssige Fällungsmittel herausgelöst, bis in der ablaufenden Flüssigkeit kein Thionalid mehr nachweisbar ist (s. S. 616). Der Niederschlag wird sodann bei 105° getrocknet.

Bemerkungen. **I. Genauigkeit.** Der Fehler beträgt etwa +0,1%. — **II.** Bei **Gegenwart von EisenIII-Ion** muß dieses wie üblich zu EisenII-Ion reduziert werden. **III.** Bei **Gegenwart von Cadmium** empfiehlt sich Filtration durch ein Papierfilter und Verglühen des Niederschlages zu Wismutoxyd nach der Vorschrift auf S. 617. — **IV.** Wenn eine **Umfällung** vorgenommen werden soll, so wird der Niederschlag in Aceton gelöst, die Lösung in 100 cm³ 5%ige Kaliumcyanidlösung, der 2 g Natriumtartrat zugesetzt sind, gegeben und das Aceton verkocht. Sodann wird wie oben gefällt.

D. Bestimmung als Wismut-Dithizon-Komplex.

Allgemeines.

Das von FISCHER (a), (b), (c), (d) in grundlegenden Arbeiten für analytische Zwecke eingeführte Diphenylthiocarbazon, kurz „Dithizon" genannt, bildet mit zahlreichen Metallen kennzeichnende, innerkomplexe Verbindungen. Diese können unter verschiedenen Bedingungen in zwei tautomeren Formen und zwar als Keto- und als Enolverbindungen vorkommen. Wismut bildet offenbar auch diese zwei Formen, die eine von tiefroter Farbe, in ganz schwach alkalischer Lösung bei $p_H = 7{,}5$ entstehend, die andere orangefarben, mit der doppelten Menge Dithizon in schwach saurer, acetatgepufferter Lösung bei $p_H = 4$ gebildet. Die Entstehung beider Verbindungen wird durch Cyanid und Spuren von Citrat stark gehemmt [REITH und VAN DIJK (a)]. Beide Formen lösen sich leicht in organischen Lösungsmitteln, z. B. in Chloroform mit den genannten Farben.

Die bei den Dithizonverbindungen besonders stark ausgeprägten Eigenschaften innerkomplexer Verbindungen, wie Unlöslichkeit in Wasser, Löslichkeit in organischen, mit Wasser nicht mischbaren Flüssigkeiten und kennzeichnende Farbe dieser Lösungen, bedingen eine diesen Eigenschaften angepaßte Arbeitsweise. Sie erfolgt so, daß das zu bestimmende Metall mit der grünen Lösung des Dithizons in Tetrachlorkohlenstoff oder in Chloroform aus der wäßrigen Lösung extrahiert wird. Hierbei nimmt die Phase des organischen Lösungsmittels die für das betreffende Metall kennzeichnende Farbe an. Wegen des hohen Verteilungskoeffizienten für die Metall-Dithizonverbindung zwischen der wäßrigen Phase und der des organischen Lösungsmittels erreicht man durch die „extraktive Anreicherung" mit Dithizonlösung kaum zu übertreffende Grenzkonzentrationen von 10^{-7} bis 10^{-8} g. Auch bei der Bestimmung eines Metalles neben anderen sind die Grenzverhältnisse sehr günstig. Das Dithizonverfahren eignet sich daher besonders zur Bestimmung sehr kleiner Mengen eines Metalles auch neben einem sehr großen Überschuß anderer Elemente.

1. Bestimmung des Wismuts durch photometrische Messung mittels des Dithizonkomplexes.

Das Verfahren beruht auf der Extraktion des Wismuts aus essigsaurer Lösung bei $p_H = 2{,}5$ mit Hilfe einer Lösung von Dithizon in Tetrachlorkohlenstoff bzw. Chloroform und photometrischer Messung (LAUG; HUBBARD).

I. Verfahren von LAUG.

Die Lösung der Substanz in konzentrierter Salpetersäure (etwa die Asche biologischen Materials, die in einer Muffel bei 500° entstanden ist) oder ein aliquoter Teil davon wird nach Verdünnen mit Wasser und Zusatz von Eisessig auf den p_H-Wert 2,5 eingestellt. Das Wismut wird anteilsweise mit Dithizonlösung extrahiert. Hierbei geht Blei nicht in den Auszug, aber etwas Kupfer und Zink (falls anwesend). Die Wismutdithizonatlösung wird mit Salpetersäure, die etwas Kaliumbromid enthält, gewaschen. Hierbei wird die Wismut-Dithizonverbindung zersetzt, und das Wismut geht als Bromokomplex in die wäßrige Phase. Bei $p_H = 9{,}5$ wird dieser Komplex zerstört, und nun wird das Wismut erneut mit Dithizonlösung extrahiert und dieser Extrakt bei 490 mμ photometriert. — Alle Gefäße müssen mit heißer, 50 vol.-%iger Salpetersäure gewaschen werden (HUBBARD).

Reagenzien. 1. a) Lösung von 7 mg Dithizon in 1 l Chloroform; b) Lösung von 100 mg Dithizon in 1 l Tetrachlorkohlenstoff. — 2. Eisessig, p. a. — 3. Ammoniak 14 n, redestilliert und in Paraffinflasche aufbewahrt. — 4. Kaliumcyanid, sulfidfrei. — 5. Kaliumbromid p. a., frei von Sulfid und Blei.

Arbeitsvorschrift. Die Lösung der Asche in etwa 2 cm³ konzentrierter Salpetersäure mit nicht über 10 γ Bi wird in einem Pyrex-Scheidetrichter („Squibb-type") mit 10 cm³ Eisessig versetzt und mit Wasser auf etwa 50 cm³ verdünnt. Nach Zufügen von 5 Tropfen 0,04%iger Thymolblaulösung wird die Mischung unter guter Kühlung mittels 2 n Natronlauge auf $p_H = 2,5$ eingestellt (deutlich gelbe Farbe). Durch anteilsweise Zugabe von je 10 cm³ Dithizonlösung (1b) wird das Wismut solange extrahiert, bis der letzte Auszug grün gefärbt bleibt. Alle Auszüge werden in einem anderen Scheidetrichter durch heftiges Schütteln (100mal) mit 50 cm³ 0,2%iger Salpetersäure gewaschen. Die Tetrachlorkohlenstofflösung wird in einen dritten Scheidetrichter gebracht und der zweite mit einigen Kubikzentimetern Lösungsmittel nachgespült. Man fügt 50 cm³ 0,2%ige Salpetersäure und 5 cm³ 40%ige Kaliumbromidlösung hinzu und schüttelt (100mal) durch. Die Dithizonlösung wird entfernt und die wäßrige Lösung mit 5 cm³ CCl_4 gewaschen. Die Waschlösung wird weggegossen und die wäßrige Lösung möglichst sorgfältig von Tetrachlorkohlenstofftröpfchen befreit. Zu der wäßrigen Lösung werden 5 cm³ kaliumcyanidhaltiges Ammoniak (im Eisschrank aufzubewahren, Zusammensetzung s. S. 622) zugefügt, wodurch der p_H-Wert auf 9,5 steigt. Man schüttelt mit genau 10 cm³ Dithizonlösung (1a) kräftig aus und filtriert die Lösung durch einen im Stiel des Scheidetrichters befindlichen kleinen Wattepropfen, wobei die ersten Anteile weggegossen werden. Die photometrische Messung erfolgt in 5 cm-Zellen.

Bemerkungen. **a) Genauigkeit.** Der Verfasser erhält ausgezeichnete Werte aus Rattenorganen. — **b) Störungen.** Je 1 g Chlorid und Phosphat stören nicht. (Bei dem Verfahren von HUBBARD [s. unten] darf kein Phosphat anwesend sein.) Dreiwertiges Eisen kann Anlaß zur Fällung von EisenIII-phosphat geben. Deshalb muß sofort nach Einstellung des p_H-Wertes extrahiert werden. Wenn dann nach der ersten Extraktion doch noch ein Niederschlag entsteht, so muß stärker angesäuert und dieser aufgelöst werden. Danach ist wieder auf $p_H = 2,5$ einzustellen und weiter zu extrahieren.

II. Verfahren von HUBBARD.

Das Wismut wird aus einer Veraschungslösung von Harn oder Blut mit einer Dithizonlösung (60 mg Dithizon in 1 l Chloroform; 10 cm³ entsprechen etwa 50 γ Bi) extrahiert. Der Einfluß von Blei wird durch eine Pufferlösung vom p_H-Wert 3,4 nach BAMBACH und BURKEY ausgeschaltet. Das Verfahren erfordert 3 extraktive Arbeitsgänge und ist daher umständlicher als das vorstehende Verfahren von LAUG.

Arbeitsvorschrift. **Extraktion 1.** Die salpetersaure, Wismut enthaltende Lösung (s. § 15A, S. 696) wird nach dem Zusatz von 15 cm³ 40%iger Ammoniumcitratlösung, 50 cm³ 20%iger Natriumsulfitlösung und 100 cm³ Ammoniak (D 0,9) in einem 500 cm³ fassenden Scheidetrichter („Squibb-type") mit 5 cm³ 10%iger Kaliumcyanidlösung versetzt, auf 400 cm³ verdünnt und gemischt. Die Extraktion erfolgt mit je 10 cm³ Dithizonlösung, bis keine Farbänderungen mehr erfolgt. Hierzu sind bei 10 γ Bi etwa 30 cm³ ausreichend. Die Auszüge werden in einem 125 cm³ fassenden Scheidetrichter mit Teilung gesammelt. Je nach dem Wismutgehalt wird entweder die ganze Lösung oder ein aliquoter Teil mit nicht mehr als 50 γ Bi für die Extraktion 2 abgezogen und mit 50 cm³ Wasser gewaschen. Die Chloroformlösung wird in einen sauberen Scheidetrichter gegeben und die wäßrige Lösung mit 5 cm³ Dithizonlösung geschüttelt. Diese Lösung wird mit dem ersten Teile vereinigt, und das Waschwasser wird fortgeschüttet. — **Extraktion 2** *(Entfernung von Blei).* Die Chloroformlösung wird 30 Sek. lang mit 50 cm³ Pufferlösung geschüttelt. Pufferlösung $p_H = 3,4$ nach BAMBACH und BURKEY: 9,1 cm³ Salpetersäure werden in einem 1 l-Meßkolben mit doppelt destilliertem Wasser auf etwa 500 cm³ verdünnt. Nach Zusatz von Bromthymolblau wird der p_H-Wert mit destillierten Ammoniak auf 3,4 gebracht. Dann werden 50 cm³ folgender Pufferlösung ($p_H = 3,4$) zugesetzt: 50 cm³ 0,2 m Kaliumhydrogenphthalatlösung und 9,95 cm³ 0,2 m HCl werden zu 100 cm³ aufgefüllt. Die Mischung wird mit doppelt destilliertem Wasser zu 1 l aufgefüllt. — Die Chloroformlösung wird in einen sauberen Scheidetrichter abgezogen, während die Pufferlösung noch einmal mit 5 cm³ Dithizonlösung geschüttelt wird, die man zur Hauptfraktion zufügt. Die das Blei enthaltende Pufferlösung wird verworfen. Bei Gegenwart von viel Blei wird das Verfahren wiederholt. Die vereinigten Chloroformlösungen werden 30 Sek. lang mit 25 cm³ 1 vol.-%iger Salpetersäure geschüttelt und danach in einen anderen sauberen Scheidetrichter gebracht. Sie werden noch einmal mit Salpetersäure ausgeschüttelt. Das Chloroform wird entfernt, und die vereinigten Säurelösungen werden zur Entfernung von Dithizon mit 5 cm³ Chloroform gewaschen. Es muß darauf geachtet werden, daß keine wäßrige Lösung in die Bohrung des Hahnes gelangt. Das Wismut befindet sich nun in 50 cm³ 1 vol.-%iger Salpetersäure. — **Extraktion 3** *(Bestimmung von Wismut).* Zu dieser Lösung werden 20 cm Ammoniak (D 0,9), die 0,2 g Kaliumcyanid enthalten, und 15 cm³ Dithizonlösung zugefügt. Die Mischung wird 1 Min. lang geschüttelt. In die Spitze des Scheidetrichterstieles wird ein Flöckchen Watte gesteckt, durch die man 5 cm³ der Dithizon-Wismutlösung abfiltriert, die verworfen werden. Mit dem Rest der filtrierten Lösung wird die photometrische Messung bei 505 mμ vorgenommen. — Eine Blindprobe mit 50 cm³ 1 %iger Salpetersäure wird ebenso, wie bei der Extraktion 3 beschrieben, behandelt und als Vergleichslösung benutzt. Die Wismutwerte folgen aus einer Eichkurve, die ebenfalls nach der Extraktionsvorschrift 3 hergestellt wird.

Bemerkungen. **a) Genauigkeit.** Bei 0 bis 10 γ Bi beträgt der Fehler $\pm 0,1\,\gamma$, bei 0 bis 50 γ Bi $\pm 0,5\,\gamma$. — **b) Störungen.** Zinn in zweiwertiger Stufe und einwertiges Thallium stören nicht, ebenso nicht Calcium, dreiwertiges Eisen, Chlorid und Phosphat (s. dazu aber LAUG, S. 621). Bei Anwesenheit von sehr viel Blei neben sehr wenig Wismut muß dieses noch einmal extrahiert und mit der Pufferlösung gewaschen werden. — Bei der Untersuchung von Knochen wird am besten das Wismut zuerst als Sulfid gefällt, das in Salpetersäure gelöst wird. Diese Lösung wird dann nach der Vorschrift in § 15 A, S. 696, behandelt.

2. Bestimmung des Wismuts durch extraktive Titration mit Dithizon nach REITH und VAN DIJK.

Das Verfahren von REITH und VAN DIJK gründet sich auf das Prinzip der extraktiven Titration einer Wismutsalzlösung mit einer Lösung von Dithizon in Chloroform, die auf eine Lösung mit bekanntem Wismutgehalt eingestellt wird.

Reagens. Als Reagens wird eine Lösung von etwa 6 mg Dithizon in 100 cm³ Chloroform verwendet. Man bereitet zunächst eine stärkere Lösung mit etwa 20 mg Dithizon in 100 cm³ Chloroform, filtriert sie durch ein trockenes Papierfilter und schüttelt sie in einem Scheidetrichter mit etwa dem gleichen Volumen stark verdünnter Ammoniaklösung (1:200). Hierbei geht alles Dithizon in die wäßrige Phase, während das als Verunreinigung anwesende Oxydationsprodukt im Chloroform gelöst bleibt. Die wäßrige Lösung wird im Scheidetrichter abgetrennt, mit reinem Chloroform unterschichtet, angesäuert und sofort geschüttelt. Das Dithizon geht hierbei wieder in das Chloroform über. Man schüttelt nun mehrmals mit Wasser durch, trennt die wäßrige Schicht ab, filtriert die Chloroformlösung durch ein trockenes Papierfilter und bringt sie durch Zusatz von Chloroform auf die eingangs angegebene Konzentration. Die Lösung wird in einer Flasche aus braunem Glase mit eingeschliffenem Stopfen unter einer Schicht verdünnter, etwa 1%iger Schwefelsäure aufbewahrt. Hierdurch wird sie vor Oxydation und Verdunstung geschützt. Vor Gebrauch wird die Säureschicht im Scheidetrichter von der Reagenslösung abgetrennt. Diese filtriert man nach mehrmaligem Waschen mit destilliertem Wasser durch ein aschefreies Filter, das vorher mehrmals mit Reagenslösung gewaschen worden ist.

Arbeitsvorschrift. Die mit Acetat-Essigsäure-Puffer auf $p_H = 4$ eingestellte Wismutsalzlösung extrahiert man im Scheidetrichter unter kräftigem Schütteln mit kleinen Mengen der Dithizonlösung. Die Chloroformschicht wird, solange sie noch den reinen orangefarbenen Ton der Wismut-Dithizonverbindung zeigt, abgelassen. Die Extraktion wird fortgesetzt, bis eine Veränderung des Farbtons durch eine kleine Menge überschüssigen Dithizons auftritt. Die verbrauchte Menge der vorher in derselben Weise gegen eine Wismutsalzlösung mit bekanntem Gehalt eingestellten Reagenslösung entspricht dem gesuchten Wismutgehalt. Hierbei ist zu beachten, daß 1 Atom Wismut sich mit 3 Molekülen Dithizon verbindet. Um den Endpunkt der Titration genauer zu erfassen, wird die Titration wiederholt, wobei die Zusätze an Reagenslösung in der Nähe des Endpunktes in kleineren Anteilen erfolgen.

Bemerkungen. **I.** Über die **Genauigkeit** können auf Grund des nur verfügbaren Referates keine Angaben gemacht werden. — **II. Störung und Entfernung von Blei.** Blei stört und muß entfernt werden, auch wenn es nur in kleiner Menge vorliegt. Dies geschieht folgendermaßen: Die Probelösung wird mit Cyanid und Citrat versetzt und unter Anwendung von Thymolblau als Indicator auf $p_H = 8{,}5$ gebracht. Man schüttelt mit je 5 cm³ Dithizonlösung, bis die letzten beiden Extrakte unverändert grün bleiben. Die gesammelten Chloroformlösungen werden mit 50 cm³ Wasser gewaschen und durch Schütteln mit 20 cm³ 1%iger Salpetersäure vom Blei befreit[1]. Die salpetersaure Lösung wird durch Zusatz von 1%igem Ammoniak auf $p_H = 4$ gebracht (grüngelbe Färbung mit Bromkresolgrün) und nach Zugabe von 2 cm³ Acetat-Essigsäure-Puffer mit Chloroform bis zum farblosen Ablauf gewaschen. Dann wird das Wismut wieder mit Dithizon extrahiert.

3. Bestimmung des Wismuts durch Beobachtung des Absorptionsspektrums des Wismut-Dithizon-Komplexes.

Die Färbungen des Dithizons mit Metallen sind mit entsprechenden Absorptionsspektren verknüpft. Deren Kenntnis ermöglicht eine Bestimmung der betreffenden Metalle und bei geeigneten Kombinationen auch den Nachweis und die Bestimmung mehrerer Metalle nebeneinander.

Das von FISCHER und WEYL gemessene Absorptionsspektrum des Wismutdithizonates zeigt ein sehr stark ausgeprägtes Maximum bei 5040 Å. Eine Bestimmung sehr kleiner Wismutmengen auf dem Wege der Beobachtung des Absorptionsspektrums kann im PULFRICH-Photometer unter Verwendung eines passenden Lichtfilters erfolgen.

Bezüglich der Bestimmung sehr geringer Wismutspuren in Mineralwässern durch extraktive Anreicherung mit Dithizon s. § 12, S. 660.

E. Bestimmung als Wismut-Mercaptobenzthiazol-Verbindung.

Das von SPACU und KURAŠ (a) aufgefundene, innerkomplexe, chromgelbe Wismutsalz des Mercaptobenzthiazols $Bi(C_7H_4NS_2)_3$ mit 29,53% Bi, das in ammoniakalischer Lösung entsteht, eignet sich nicht für eine unmittelbare Auswägung, da es stets durch Wismutoxydhydrat verunreinigt ist. Es ist daher nötig, den Niederschlag in Wismutoxyd zu verwandeln, das gewogen wird (b).

Arbeitsvorschrift. Man versetzt die essigsaure Wismutnitratlösung mit überschüssiger alkoholischer Lösung von Mercaptobenzthiazol. Wegen der Löslichkeit des Mercaptobenzthiazol-Wismuts in Säuren, die stets anwesend sein müssen, um Hydrolyse zu vermeiden, fügt man nach dem Ausfällen Ammoniak bis zum schwachen Geruch hinzu, um die Abscheidung vollständig zu machen. Man erwärmt, bis der Niederschlag sich zusammenballt, filtriert durch ein Papierfilter, wäscht mit der stets frisch bereiteten, durch Auflösen von 0,5 g Mercaptobenzthiazol in 100 cm³ 2,5%igem Ammoniak hergestellten Waschflüssigkeit aus und trocknet bei 110°. Den getrockneten Niederschlag trennt man vom Filter und löst den am Filter noch haftenden Teil in heißer, verdünnter Salpetersäure, fängt die Lösung in einem gewogenen Porzellantiegel auf, gibt die Hauptmenge des Niederschlages hinzu, verdampft und glüht anfangs schwach, später mit der vollen Flamme des Bunsenbrenners zu Wismutoxyd.

Bemerkung. **Genauigkeit.** Das Verfahren liefert sehr gute Ergebnisse.

F. Bestimmung als Wismut-Cupferron-Komplex.

Cupferron, Nitrosophenylhydroxylamin, erzeugt in neutralen und sauren Wismutsalzlösungen einen gelblichweißen, flockigen Niederschlag von der mutmaßlichen Zusammensetzung $Bi(C_6H_5O_2N_2)_3$. PINKUS und DERNIES bestimmten die Löslichkeit der Verbindung und fanden dafür die Werte: in Wasser: 0,0084 g/l, in 1 n Salzsäure: 0,126 g/l, in 1 n Salpetersäure: 0,168 g/l.

---

[1] Nach WILLOUGHBY, WILKINS und KRAEMER geht Blei in salpetersaurer Lösung in die wäßrige Phase, und Wismut bleibt als in Chloroform lösliche Komplexverbindung mit Dithizon gelöst.

Das von denselben Verfassern empfohlene Verfahren eignet sich zur bequemen Trennung des Wismuts von zahlreichen anderen Metallen (s. unten). Ein Nachteil des Verfahrens ist die Notwendigkeit des Verglühens des Niederschlages zu Wismutoxyd.

Arbeitsvorschrift. Die nicht mehr als 1 Grammäquivalent Salzsäure oder Schwefelsäure im Liter enthaltende Wismutsalzlösung wird mit dem $1^1/_2$ fachen der theoretischen Menge 5%iger, wäßriger Cupferronlösung[1] tropfenweise versetzt. Man filtriert, wäscht mit 0,1%iger Cupferronlösung, erhitzt im Tiegel allmählich auf 700° bis zum Verschwinden aller Kohle, versetzt zur Auflösung metallischer Wismutteilchen mit wenig Salpetersäure, glüht nochmals gegen 700° und wägt als Wismutoxyd.

Bemerkung. **Trennungsmöglichkeiten.** Mittels dieses Verfahrens ist Wismut praktisch quantitativ zu trennen von allen Kationen, die durch Cupferron in Gegenwart starker Säuren nicht gefällt werden (Silber, QuecksilberII, Blei, Cadmium, Arsen, AntimonV, Nickel, Kobalt, Zink, Mangan, Aluminium, Chrom). Diese werden im Filtrat ohne Entfernung des Cupferronüberschusses nach den üblichen Verfahren bestimmt. — OSTROUMOW empfiehlt die Trennung des Wismuts von Blei mit Cupferron als gut anwendbar.

Literatur.

BAMBACH, K., u. R. E. BURKEY: Ind. eng. Chem. Anal. Edit. **14**, 904 (1942). — BERG, R.: Fr. **72**, 177 (1927). — BERG, R., u. E. S. FAHRENKAMP: (a) Mikrochim. Acta **1**, 64 (1937); (b) Fr. **112**, 161 (1938). — BERG, R., E. S. FAHRENKAMP u. W. ROEBLING: Mikrochemie, Festschrift HANS MOLISCH, S. **42**. 1936. — BERG, R., u. W. ROEBLING: Angew. Ch. **48**, 600 (1935).

FISCHER, H.: (a) Angew. Ch. **42**, 1025 (1929); (b) **46**, 442 (1933); (c) **47**, 685 (1934); (d) **50**, 919 (1937). — FISCHER, H., u. W. WEYL: Wiss. Veröffentl. Siemens-Konzern **14**, Nr. 2, 41 (1935).

GEUER, G.: Angew. Ch. **61**, 100 (1949). — GROSHEIM-KRYSKO, K. W.: Fr. **121**, 399 (1941).

HECHT, F., W. REICH-ROHRWIG u. H. BRANTNER: Fr. **95**, 159 (1933). — HECHT, F., u. R. REISSNER: Fr. **103**, 261 (1935). — HOFMANN, K. A., u. K. L. GONDER: B. **37**, 242 (1904). — HUBBARD, D. M.: Anal. Chem. **20**, 363 (1948).

LAUG, E. P.: Anal. Chem. **21**, 188 (1949). — LURJE, J. J., u. L. B. GINSBURG: Betriebslab. **15**, 21 (1949); durch C. **121**, **I**, 1261 (1950).

MAHR, C.: (a) Fr. **94**, 161 (1933); (b) **97**, 96 (1934).

OSTROUMOW, E. A.: Fr. **106**, 36 (1936).

PINKUS, A., u. J. DERNIES: Bl. Soc. chim. Belg. **37**, 267 (1928); durch C. **99**, **II**, 2670 (1928).

REITH, J. F., u. C. P. VAN DIJK: Chem. Weekbl. **36**, **343** (1939); durch C. **110**, **II**, 1342 (1939).

SPACU, G., u. M. KURAŠ: (a) Bl. Soc. Stiinte Cluj 8, 243 (1935); durch C. **106**, **II**, 2984 (1935); (b) Fr. **104**, 91 (1936).

TEITELBAUM, M.: Fr. 82, 372 (1930).

WILLOUGHBY, C. E., E. S. WILKINS jr. u. E. O. KRAEMER: Ind. eng. Chem. Anal. Edit. **7**, 285 (1935); durch C. **107**, **I**, 599 (1936).

§ 10. Bestimmung durch Reduktion zu metallischem Wismut auf chemischem Wege.

Vorbemerkung.

Die leichte Reduzierbarkeit der Wismutverbindungen bzw. die Stellung des Wismuts in der elektrochemischen Spannungsreihe legen es nahe, diese Eigenschaften dazu zu benutzen, das metallische Wismut aus seinen Verbindungen durch reduzierende Reagenzien bzw. durch unedlere Metalle abzuscheiden. Das so gewonnene, metallische Wismut wird entweder als solches gewogen, oder es wird mit EisenIII-salzen umgesetzt. Hierbei reduziert das metallische Wismut eine äquivalente Menge EisenIII-salz zu EisenII-salz, das dann manganometrisch bestimmt wird.

---

[1] Herstellung des Cupferrons nach K. H. SLOTTA und K. R. JAKOBI, Fr. **80**, 97 (1930).

Die von verschiedensten Seiten vorgeschlagenen chemischen Reduktionsverfahren haben jedoch übereinstimmend den Fehler, daß unter den anzuwendenden Reaktionsbedingungen das Metall niemals rein ausfällt, sondern immer oxydische Beimengungen enthält. Hierdurch entsteht bei gewichtsanalytischen Bestimmungen ein zu hoher Wert, bei manganometrischen Bestimmungen ein zu niedriger Wert für das Wismut. Die Abscheidung des Wismuts durch unedlere Metalle wie Magnesium, Aluminium, Zink oder Kupfer führt zu reinem metallischem Wismut und damit zu richtigen Werten. Immerhin ist bei allen Verfahren, die eine Isolierung des stets in fein verteilter Form entstehenden Wismuts in sich schließen, auch darauf Rücksicht zu nehmen, daß dieses fein verteilte Wismut leicht durch den Luftsauerstoff oxydiert werden kann, wodurch ganz erhebliche Fehler bedingt werden.

Ein sehr sicheres Verfahren zur Wismutbestimmung über das Metall ist von ZINTL und RAUCH durch unmittelbare Titration einer Wismutsalzlösung mit TitanIII-chloridlösung auf potentiometrischem Wege geschaffen worden. In ähnlicher Weise arbeiten BRINTZINGER und RODIS unter Verwendung von ChromII-chloridlösung.

A. Abscheidung des Wismuts durch reduzierende Reagenzien.

Allgemeines.

Das älteste analytische Verfahren der Überführung einer Wismutverbindung in das Metall rührt von ROSE her. Er behandelt auf eine bestimmte Weise erhaltenes Wismutoxyd oder Wismutsulfid mit schmelzendem Kaliumcyanid. Das Verfahren ist nach ROSE selbst mit mancherlei Mängeln behaftet und nur umständlich durchzuführen. Dies wird von MOSER (a) bestätigt, der auch besonders auf die Schwierigkeit der quantitativen Überführung des Wismutsulfides in das Metall hinweist. Das Verfahren ist also nicht empfehlenswert.

MUTHMANN und MAWROW haben schwach saure Wismutsalzlösungen mit unterphosphoriger Säure reduziert, wobei das Metall in schwammiger Form abgeschieden wird. Die Untersuchungen von MOSER und NIESSNER über diese Einwirkung der unterphosphorigen Säure haben erwiesen, daß durch die hierbei aus dem Reduktionsmittel entstehende Phosphorsäure Wismutphosphat gebildet wird, das ausfällt, da es bei der herrschenden Säurekonzentration unlöslich ist. Das Verfahren ist demnach für eine quantitative Bestimmung des Wismuts unbrauchbar.

KURTENACKER und WERNER (b) haben das Verfahren von MUTHMANN und MAWROW durch Anwendung einer 50%igen Lösung von Natriumhypophosphit modifiziert und das nach dem Erhitzen der Mischung auf dem Wasserbade abgeschiedene Wismut manganometrisch nach Umsetzung mit EisenIII-chloridlösung bestimmt, wobei sie wiederum zu niedrige Werte fanden. Sie führen das auf einen Oxydgehalt des Metalles zurück, jedoch dürfte die Deutung der Fehler durch einen Gehalt an Wismutphosphat nach MOSER und NIESSNER die richtigere sein.

Das nach dem Vorschlage von BRUNCK mittels Natriumdithionit ($Na_2S_2O_4$) abgeschiedene Wismut enthält immer eine geringe Menge Wismutsulfid und ist bei 100° äußerst leicht oxydabel. Der Niederschlag müßte also gelöst und das Wismut in eine andere Wägungsform übergeführt werden, was das Verfahren nicht empfehlenswert macht.

Die von VANINO und TREUBERT (a) aufgefundene Reduktion von Wismutsalz zu Metall durch alkalische Stannitlösung ist zur maßanalytischen Bestimmung des Wismuts ebenfalls unbrauchbar, wie sowohl DE KONINCK als auch KURTENACKER und WERNER (b) festgestellt haben. Die nephelometrische Bestimmung auf Grund dieser Reaktion nach MALOSSI dürfte jedoch gut anwendbar sein.

Von vielen Seiten ist die von VANINO und TREUBERT (b) empfohlene Bestimmung des Wismuts als Metall nach Reduktion einer Wismutsalzlösung mit Formaldehyd und Natronlauge nachgeprüft worden. MOSER (b) hat die von den Autoren erhaltenen guten Werte nicht bestätigen können, vielmehr stets zu hohe Ergebnisse gefunden. Er führt diesen Umstand bereits auf einen Gehalt des Niederschlages an Wismutoxydhydrat zurück. Die Befunde MOSERS werden bestätigt: durch KURTENACKER und WERNER (a) (bei manganometrischer Titration nach Umsetzung des Wismuts mit EisenIII-chlorid zu niedrige Werte), durch TREADWELL, der seine um durchschnittlich 0,75% zu hohen Werte durch Okklusion von Alkali an das fein verteilte Metall erklärt, durch ROSSI, der vorschlägt, die Analysenwerte mit dem Faktor 0,9925 zu multiplizieren, wodurch richtige Werte erhalten werden, durch DICK, der durch intensives Auswaschen des Niederschlages im Porzellanfiltertiegel mit viel heißem Wasser, Alkohol und Äther und Trocknen des Niederschlages im Vakuumexsiccator nur Fehler von $\pm 0{,}15\%$ angibt. WENGER und CIMERMAN finden ebenfalls Werte, die um 1% zu hoch liegen. Sie schlagen deshalb vor, das Wismut in Salpetersäure zu lösen, basisches Wismutcarbonat auszufällen und dieses in Wismutoxyd zu verwandeln. Damit lassen sich gute Werte, die um etwa 0,2% zu niedrig liegen, erzielen, jedoch wird das Verfahren dadurch sehr umständlich. RUPP und HAMANN haben endlich experimentell nachgewiesen, daß tatsächlich ein Gehalt des Metalles an oxydischer Beimengung die zu hohen gravimetrischen Ergebnisse bedingt. Sie reduzieren nämlich den abfiltrierten Niederschlag mit Wasserstoff und erzielen dadurch auf einfache Weise recht gute Werte mit einem Fehler von nur $\pm 0{,}13\%$. Wenn nämlich der zuerst erhaltene Niederschlag mit Essigsäure behandelt wird, so geht Wismut-Ion in Lösung, das mittels der empfindlichen Jodidreaktion (s. § 5 B, S. 570) nachweisbar ist. Metallisches Wismut aber ist in Essigsäure unlöslich. Wird aber der mit Wasserstoff reduzierte Niederschlag mit Essigsäure behandelt, so ist in dieser Wismut nicht mehr nachzuweisen, und die gefundenen Wismutwerte entsprechen genau den berechneten.

Bei der Reaktion des Natronlauge-Formaldehyd-Gemisches auf Wismutsalzlösungen scheidet sich nämlich zuerst Wismutoxydhydrat ab, das erst danach zu metallischem Wismut reduziert wird. Es liegt nahe, daß dieses Teile von Wismutoxydhydrat umschließt, so daß es nicht mehr von Formaldehyd angegriffen wird.

Glucose in alkalischer Lösung als Reduktionsmittel nach COUSIN ist nicht brauchbar. Selbst bei einem großen Überschuß davon und nach langem Kochen enthält der Niederschlag nur 97 bis 98% Bi.

Eine reine, von Sauerstoffverbindungen freie Wismutfällung erreichen HANUŠ und JÍLEK durch Reduktion der Wismutsalzlösung mit Hydrazinhydrat bei Gegenwart von Ammoniumchlorid in der Siedehitze. Dieses Verfahren ist auch bei Gegenwart von bis zu 5% Blei neben Wismut unmittelbar anwendbar. Bei höheren Gehalten an Blei muß das Wismut jedoch erst als Wismutoxychlorid abgeschieden werden (s. § 4 A, S. 556). Dieses kann dann in Salzsäure gelöst und nach dem Eindampfen der Lösung in Gegenwart von Ammoniumchlorid mit Hydrazinhydrat reduziert werden.

Die unmittelbare potentiometrische Titration von Wismutsalzlösungen mit TitanIII-chlorid nach ZINTL und RAUCH liefert ausgezeichnete Werte. Hierbei braucht das reduzierte metallische Wismut nicht abgesondert zu werden, worin ein großer Vorteil des Verfahrens liegt. Auch ist durch die Ausführung der Reaktion in saurer Lösung keine Gefahr dafür vorhanden, daß das metallische Wismut etwa Oxyd oder Oxydhydrat einschließen und der Reduktion entziehen kann, da diese Stoffe überhaupt nicht in Erscheinung treten. Das Analoge gilt für die potentiometrische Titration mit ChromII-chlorid nach BRINTZINGER und RODIS.

1. Gewichtsanalytische Bestimmung durch Reduktion mit Formaldehyd und Natronlauge nach RUPP und HAMANN.

Das Verfahren beruht auf der Reduktion einer Wismutsalzlösung zu metallischem Wismut mit Formaldehyd und Natronlauge nach VANINO und TREUBERT (b) und anschließender Reduktion des Niederschlages mit Wasserstoff (s. dazu die Ausführungen auf S. 626).

Arbeitsvorschrift. Die schwach saure Wismutsalzlösung wird mit Seignettesalz und dann mit etwa 20 cm³ 15%iger Natronlauge versetzt. Nach Zusatz 40%iger Formalinlösung wird auf dem Wasserbade bis zur völligen Klärung der Flüssigkeit erhitzt. Durch Behandlung mit heißem Wasser wird der Niederschlag in ein bei 105° getrocknetes, mit dichtem, etwa 3 mm starkem Asbestpolster versehenes ALLIHNsches Rohr gebracht und dort mit siedendem Wasser gewaschen, danach mit Alkohol und Äther getrocknet. Nunmehr wird trockener Wasserstoff durch das Rohr geleitet und das Asbestpolster mit einem kleinen Flämmchen 3 bis 5 Min. lang auf etwa 250° erhitzt, ohne daß das Wismut schmilzt (Schmelzpunkt 271°). Man läßt im Wasserstoffstrom erkalten und wägt.

Bemerkung. **Genauigkeit.** Statt 43,1% Bi werden Werte zwischen 43,05 und 43,15% angegeben = ± 0,12%, während ohne Nachbehandlung mit Wasserstoff 1 bis 1,4% zuviel gefunden werden.

2. Nephelometrische Bestimmung nach Reduktion mit Alkalistannit nach MALOSSI.

Die nephelometrische Bestimmung des Wismuts beruht auf der von VANINO und TREUBERT (a) untersuchten Reaktion:

$$Bi_2O_3 + 3\,K_2[Sn(OH)_4] + 3\,H_2O = 2\,Bi + 3\,K_2[Sn(OH)_6].$$

Das Absetzen des ausgeschiedenen metallischen Wismuts wird durch Zugabe eines wäßrigen, 0,5%igen Sols von Agar-Agar verhindert.

Arbeitsvorschrift. Man versetzt die salzsaure Wismutsalzlösung (salpetersaure Lösungen sind in salzsaure zu verwandeln) mit 0,5%iger Agar-Agar-Lösung und behandelt sie mit fertig bereiteter Stannitlösung. Durch Vergleich mit einer ebenso behandelten Lösung von bekanntem Wismutgehalt wird der unbekannte Gehalt der Analysenlösung ermittelt.

Bemerkung. Das Referat macht keine Angaben über Genauigkeit, Anwendungsbereich und Brauchbarkeit des Verfahrens.

3. Potentiometrische Bestimmung durch Titration mit TitanIII-chlorid nach ZINTL und RAUCH.

In sehr schwach salzsaurer oder in essigsaurer Lösung wird durch TitanIII-chlorid metallisches Wismut aus der Lösung seines Chlorides ausgefällt. Der Endpunkt der Reaktion kann potentiometrisch mit großer Schärfe erkannt werden [ZINTL und RAUCH (a)].

Das Verfahren erlaubt eine *direkte* maßanalytische Bestimmung des Wismuts. Es leidet höchstens unter der leicht vermeidbaren Einschränkung, daß Nitrate stören, weil sie selbst durch TitanIII-chlorid reduziert werden. Dafür erlaubt es wieder die unmittelbare Bestimmung des Wismuts neben Blei.

Das Reduktionspotential $Ti^{\cdot\cdot\cdot\cdot}/Ti^{\cdot\cdot\cdot}$ ist stark von der Acidität abhängig, weil mit fallender Wasserstoff-Ionen-Konzentration die Konzentration der TitanIV-Ionen infolge von Hydrolyse abnimmt. Für die Umsetzung zwischen Wismutsalz und TitanIII-chlorid ergibt sich als optimaler Säuregehalt 0,3% Salzsäure oder mit Ammoniumacetat gepufferte Essigsäure. Der Potentialsprung am Endpunkt der Reaktion ist um so größer, je kleiner die Wasserstoff-Ionen-Konzentration ist. Er beträgt in 0,3%iger Salzsäure etwa 100 mV, in essigsaurer Lösung etwa 200 mV. Das Umschlagspotential gegenüber der gesättigten Kalomelelektrode beträgt in 0,3%iger Salzsäure — 180 mV, in essigsaurer Lösung — 380 mV.

Durch Zusatz von ein wenig EisenIII-salz läßt sich die Wismutbestimmung vereinfachen, da dieses den in den Lösungen vorhandenen Sauerstoff beseitigt. In diesem Falle muß natürlich der Verbrauch der TitanIII-chlorid-Lösung durch das zugesetzte Eisen berücksichtigt werden.

Bestimmungsverfahren.

Reagens. **TitanIII-chlorid-Lösung.** a) Herstellung und Aufbewahrung. Käufliche 15%ige TitanIII-chlorid-Lösung wird auf das 10fache verdünnt und ausgekocht. Sie ist dann etwa 0,1 n und enthält etwa 3% freie Salzsäure. Auch bei längerem Stehen ist eine Abscheidung von Titansäure nicht zu bemerken. Die Aufbewahrung muß unter einer Wasserstoffatmosphäre erfolgen.

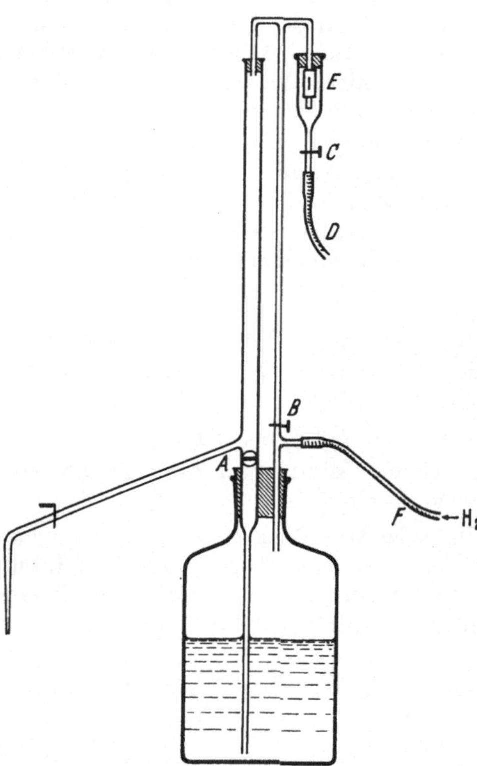

Abb. 2. Vorrichtung zur Aufbewahrung von TitanIII-chlorid-Lösung.

Die in Abb. 2 wiedergegebene Anordnung hat vor ähnlichen Einrichtungen mit hochgestellter Vorratsflasche den Vorzug, daß sie leicht beweglich ist. Zur Füllung der Bürette öffnet man die Hähne *A* und *C*, schließt den Hahn *B* und saugt bei *D* an. Das Bunsenventil *E* verhindert das Eindringen von Luft in die Bürette, läßt aber den Wasserstoff aus ihr austreten. Durch den Druck des bei *F* angeschlossenen Kippschen Apparates für Wasserstoff steigt die TitanIII-chlorid-Lösung in der Bürette hoch. Man schließt dann *C* und *A* wieder und öffnet *B*, wodurch der Gasraum in der Bürette in Verbindung mit dem Wasserstoffapparat tritt. Die Bürettenspitze ragt in die Titrationsflüssigkeit hinein.

b) Einstellung. Die Einstellung der TitanIII-chlorid-Lösung geschieht gegen eine etwa 0,1 n Wismutsalzlösung, die folgendermaßen hergestellt wird: Käufliches Wismutnitrat wird in verdünnter Salpetersäure gelöst und durch Verdünnen mit viel Wasser basisches Wismutnitrat gefällt. Nach Wiederholung dieses Vorganges wird das Salz in 8%iger Salpetersäure gelöst und das Metall aus dieser Lösung elektrolytisch abgeschieden. Es wird unter reinem Kaliumcyanid mehrmals umgeschmolzen, mit verdünnter Salpetersäure oberflächlich geätzt, mit Alkohol gewaschen und getrocknet. Ungefähr 7 g werden in Salpetersäure gelöst, die Lösung wiederholt mit Salzsäure abgedampft und schließlich mit 3%iger Salzsäure zum Liter aufgefüllt. Die potentiometrische Titration erfolgt dann wie unten angegeben.

Die Einstellung der TitanIII-chlorid-Lösung kann auch gegen KupferII-sulfat erfolgen (b) nach der Reaktion:

$$Cu^{\cdot\cdot} + Ti^{\cdot\cdot\cdot} = Cu^{\cdot} + Ti^{\cdot\cdot\cdot\cdot}.$$

Hierzu erfolgt die Einstellung der Kupfersulfatlösung elektrogravimetrisch nach Foerster. Vorher wird das Kupfersulfat von einem etwa vorhandenen Eisengehalt befreit. Man löst das Kupfersulfat in Wasser, versetzt mit einigen Tropfen Wasserstoffperoxyd und wenig Ammoniak und filtriert den entstehenden, das Eisen enthaltenden Niederschlag ab. Das mit Schwefelsäure angesäuerte Filtrat wird mit soviel Wasser verdünnt, daß eine 0,05 n Kupfersulfatlösung entsteht, der gleichzeitig 4 bis 8% Salzsäure zugesetzt sind. Der in der Lösung enthaltene Sauerstoff wird durch Auskochen unter Kohlendioxyd entfernt. Die Potentialeinstellung erfolgt einwandfrei und schnell.

Wie ZINTL und RAUCH (b) gefunden haben, ist bei der potentiometrischen Wismuttitration immer ein unaufgeklärter Mehrverbrauch von 1,2% TitanIII-chlorid-Lösung festzustellen, der bei Anwesenheit von etwas Eisen oder Kupfer auf 0,6% fällt. Es ist deshalb nicht unbedingt erforderlich, die TitanIII-chlorid-Lösung auf eine Wismutsalzlösung einzustellen, sondern diese Werte können als Korrekturfaktoren benutzt werden. Der Titanverbrauch steigt immer proportional der Wismutmenge an.

Arbeitsvorschrift. **a) In salzsaurer Lösung.** Die salzsaure Wismutsalzlösung, die kein Nitrat enthalten darf, während Sulfat nicht stört, wird mit 4 g Weinsäure versetzt, um das Ausfallen von Titansäure zu verhindern, und mit 2,5%iger Natriumchloridlösung so weit verdünnt, daß sich nach Zusatz der zur Titration voraussichtlich nötigen Menge TitanIII-chlorid-Lösung ein Gehalt von höchstens 0,5% freier Salzsäure berechnet. Die Luft im Titrationsgefäß wird durch Einleiten von Kohlendioxyd verdrängt und die Lösung kurze Zeit zum Sieden erhitzt. Die Titration wird bei einer Temperatur von etwa 80° ausgeführt. Das Wismut scheidet sich in Form eines dunkelgrauen Pulvers mit einem Stich ins Rötliche ab und setzt sich auf dem als Indicatorelektrode dienenden Platindraht ab, so daß die Potentialeinstellung gestört wird. Um dies zu vermeiden, läßt man das Drahtende über die Rührerflügel schleifen.

b) In essigsaurer Lösung. Die salzsaure Wismutsalzlösung, die frei von Nitrat sein muß, dagegen Sulfat enthalten darf, wird mit 2 bis 5 cm^3 Eisessig, 4 g Weinsäure, 8 bis 15 g Ammoniumacetat versetzt, auf 200 bis 400 cm^3 verdünnt und nach kurzem Auskochen unter Beachtung des unter a) Gesagten in Kohlendioxydatmosphäre titriert.

Bemerkungen. **I. Genauigkeit.** Sowohl in salzsaurer als auch in essigsaurer Lösung werden sehr gute Ergebnisse erzielt. Der Fehler beträgt maximal 1 Tropfen (0,03 cm^3) 0,1 n TitanIII-chlorid-Lösung = 0,2 mg Bi, unabhängig von der vorhandenen Wismutmenge. — **II.** Die **Ausfällung von Wismutoxychlorid** bei etwa notwendig werdendem starken Verdünnen zwecks Herabsetzung der Salzsäurekonzentration auf das zur Titration optimale Maß kann durch Zusatz von genügend Natriumchlorid verhindert werden. — **III. Vorbehandlung der Platinelektrode.** Die Platinelektrode muß nach einigen Titrationen immer wieder ausgeglüht und vor jeder Titration in heißer, konzentrierter Chromschwefelsäure gebadet werden. — **IV. Störung.** Es ist schon mehrfach darauf hingewiesen worden, daß Nitrat nicht anwesend sein darf, da es selbst mit TitanIII-chlorid reagiert.

Trennungsverfahren.

Die potentiometrische Titration von Wismutsalzlösungen mit TitanIII-chlorid eignet sich auch vorzüglich bei gleichzeitiger Anwesenheit von Blei und anderen Metallen.

a) Wismut neben Eisen.

Die Lösung der Metalle muß 0,5% freie Salzsäure enthalten. Die Titration erfolgt in der Hitze. Der erste Potentialsprung entspricht dem Übergang des dreiwertigen Eisens in das zweiwertige. Das Umschlagspotential gegen die gesättigte Kalomelelektrode beträgt +120 mV. Der zweite Potentialsprung zeigt das Ende der Reduktion des Wismut-Ions zu Wismut an. Das Umschlagspotential beträgt —120 mV.

b) Wismut neben Blei.

Die Bestimmung des Wismuts neben Blei ist sowohl in salzsaurer als auch in essigsaurer Lösung möglich. In heißer essigsaurer Lösung wird zwar durch TitanIII-chlorid auch metallisches Blei gefällt, jedoch erst nach beendeter Reduktion des Wismutsalzes. Man titriert in diesem Falle nicht zu schnell, damit das an der Einfallsstelle der Tropfen der Meßlösung mitausfallende metallische Blei sich mit dem überschüssigen Wismutsalz umsetzen kann. Die Bleifällung selbst ist in einem Acetatpuffer nicht quantitativ.

In salzsaurer Lösung wird Blei nicht gefällt. Man gibt in diesem Falle etwas EisenIII-chlorid hinzu, um das Auskochen zu ersparen. Das Bleichlorid wird durch zugesetztes Natriumchlorid in Lösung gehalten. In essigsaurer Lösung fällt bei Anwendung von zu wenig Ammoniumacetat in der Hitze langsam ein weißer, Blei und Wismut enthaltender Niederschlag aus, dessen Bildung durch Zugabe von genügend Ammoniumacetat unterbunden werden kann. Hierzu genügen 15 g Ammoniumacetat auf 300 mg Blei in jedem Falle.

c) Wismut neben Kupfer.

Die Bestimmung erfolgt in 0,5% freie Salzsäure und 5 bis 10% Natriumchlorid enthaltender, heißer Lösung. Der erste Potentialsprung bezieht sich auf die Reaktion $Cu^{\cdot\cdot} \rightarrow Cu^{\cdot}$ bei einem Umschlagspotential Null (gesättigte Kalomelelektrode), der zweite Potentialsprung entspricht der Reaktion $Bi^{\cdot\cdot\cdot} \rightarrow Bi$ mit einem Umschlagspotential —150 mV.

Wenn nur das Wismut bestimmt werden soll, ist ein Auskochen der Lösung zwecks Vertreibung des Sauerstoffs nicht notwendig, da dieser durch das entstehende KupferI-salz gebunden wird.

d) Wismut neben Cadmium.

Cadmium stört in salzsaurer Lösung die potentiometrische Wismutbestimmung nicht, auch nicht bei gleichzeitiger Anwesenheit von Eisen, Kupfer und Blei. In essigsaurer Lösung ist die Bestimmung des Wismuts neben Cadmium nicht möglich. In reiner, heißer, essigsaurer Cadmiumsalzlösung fällt TitanIII-chlorid metallisches Cadmium in Form eines hellgrauen Pulvers. Bei Gegenwart von Natriumsulfat bleibt jedoch die Fällung lange aus. Aber durch eine Spur metallischen Wismuts wird der labile Zustand aufgehoben und metallisches Cadmium fällt mit. Das ausgefällte Cadmium geht aber nicht wieder in Lösung, so daß ein erheblicher Mehrverbrauch an Meßlösung eintritt. Die Fällung des Cadmiums in essigsaurer Lösung ist aber nicht quantitativ.

e) Wismut neben fünfwertigem Arsen.

In salzsaurer Lösung schadet die Anwesenheit von fünfwertigem Arsen nicht, auch nicht bei gleichzeitiger Gegenwart von Eisen und/oder Kupfer. Bei Anwesenheit von dreiwertigem Arsen ergeben sich zu hohe Werte, die auf eine Reduktion zu elementarem Arsen an der Einfallsstelle der Meßlösung schließen lassen. In diesem Falle oxydiert man mit Bromwasser zu Arsensäure und titriert unter Zugabe von EisenIII-chlorid.

f) Wismut neben Antimon.

Die potentiometrische Wismutbestimmung neben Antimon gelingt weder in salzsaurer noch in essigsaurer Lösung und weder mit dreiwertigem noch mit fünfwertigem Antimon.

g) Wismut neben Zinn.

Wismut läßt sich potentiometrisch mit TitanIII-chlorid bei Gegenwart von Zinn nur in essigsaurer Lösung bestimmen, wenn das Zinn in vierwertiger Form vorliegt.

4. Potentiometrische Bestimmung durch Titration mit ChromII-chlorid nach BRINTZINGER und RODIS.

In heißer, salzsaurer oder essigsaurer, chlorid- und tartrathaltiger Lösung unter Luftabschluß ist die potentiometrische Bestimmung des Wismuts durch Reduktion des WismutIII-Ions zu metallischem Wismut durch ChromII-chlorid-Lösung möglich. Es erfolgt ein deutlicher Potentialsprung. Wie bei den Titrationen mit TitanIII-chlorid ist ein konstanter Mehrverbrauch von 0,6% in salzsaurer und von 1,2% in essigsaurer Lösung festzustellen (s. S. 629). Nitrat, Antimon und vierwertiges Zinn wirken störend. Der störende Einfluß des Zinns kann durch Zusatz von genügend Calciumchlorid so vollständig ausgeschaltet werden, daß die Bestimmung des Wismuts neben Zinn möglich wird. Man titriert bei 90 bis 100° und erhält einen ersten Potentialsprung für den Übergang $Sn^{\cdot\cdot\cdot\cdot} \rightarrow Sn^{\cdot\cdot}$ und einen zweiten für die Reaktion $Bi^{\cdot\cdot\cdot} \rightarrow Bi$. Die Werte für Wismut sind gute. Auch die gleichzeitige Bestimmung von Kupfer, Zinn und Wismut ist möglich, wobei die Potentialsprünge in der angegebenen Reihenfolge der Metalle erfolgen. Auch hierbei läßt sich nach den Angaben der Verfasser eine große Genauigkeit erzielen.

B. Abscheidung des Wismuts durch Metalle und maßanalytische Bestimmung.

Die Reduktionswirkungen verschiedener Metalle auf Wismutsalzlösungen hat zuerst FISCHER untersucht. Er ist zu dem Ergebnis gekommen, daß Zink, Cadmium, Zinn und Eisen das Wismut vollständig aus seinen Lösungen als graues bis schwarzes Metallpulver ausfällen.

ULLGREN hat die Abscheidung von metallischem Wismut durch einen in die essigsaure Lösung des Wismutsalzes eingetauchten, blanken Bleistreifen durchgeführt. Das Wismut scheidet sich auf dem Blei in schwammiger Form ab und wird von diesem abgespült, getrocknet und gewogen. Dieses Verfahren ist mit verschiedenen Mängeln behaftet und hat heutzutage keine Bedeutung mehr.

In neuerer Zeit sind Verfahren entwickelt worden, die das Wismut aus den Lösungen seiner Salze mit Hilfe von Magnesium, Aluminium oder Zink abscheiden und das isolierte Wismut mit EisenIII-salzen umsetzen, worauf das dabei entstehende EisenII-salz manganometrisch ermittelt wird (STRECKER und HERRMANN; KUBINA und PLICHTA; REISSAUS). Eine andere Möglichkeit besteht in der Reduktion von Wismutsalzen durch metallisches Kupfer und bromometrische Titration des entstandenen KupferI-Ions (KUBINA und PLICHTA; REISSAUS). Bei allen diesen Verfahren werden sehr gute Ergebnisse erzielt.

1. Manganometrische Bestimmung des isolierten Wismutmetalls.

Die manganometrischen Verfahren der Wismutbestimmung nach der Niederschlagung des metallischen Wismuts aus den Lösungen seiner Salze mit Zink aus saurer Lösung oder mittels Magnesiums aus neutraler Lösung oder mittels Aluminiums aus alkalischer Lösung beruhen auf der Umsetzung des entstandenen Wismuts mit EisenIII-chlorid-Lösung nach der Gleichung:

$$Bi + 3\,Fe^{\cdot\cdot\cdot} = Bi^{\cdot\cdot\cdot} + 3\,Fe^{\cdot\cdot}.$$

Das in einer dem Wismut äquivalenten Menge entstehende EisenII-Ion wird mit Kaliumpermanganatlösung titriert. Nach KURTENACKER und WERNER (a) ist salzsaure EisenIII-chlorid-Lösung zur Auflösung des Wismuts besser geeignet als EisenIII-sulfat-Lösung. Aus dieser scheiden sich basische Salze auf dem Wismut ab, die die weitere Einwirkung des EisenIII-sulfates auf das Metall verhindern, so daß die Auflösung nach Stunden noch nicht beendet ist. EisenIII-chlorid löst dagegen bei Raumtemperatur leicht, in der Wärme in einigen Minuten.

I. Abscheidung des Wismuts aus saurer Lösung mit Zink nach Reissaus.

Das Verfahren von Reissaus ist auf die Bestimmung des Wismuts neben Blei angewendet worden. Zur Trennung von diesem wird das Wismut zuerst als Wismutoxychlorid abgeschieden (s. § 4 A, S. 556), dieses in Schwefelsäure gelöst und aus dieser Lösung das metallische Wismut durch Zink gefällt.

Arbeitsvorschrift. Die schwefelsaure Wismutsalzlösung wird mit eisenfreien Zinkfeilspänen reduziert. Das schwammige Metall wird auf einem Membranfilter abfiltriert, mit heißem Wasser in einen Kolben gespritzt, zunächst mit EisenIII-sulfat-Lösung und dann mit Schwefelsäure versetzt und bis zur Lösung erwärmt. Man titriert mit Kaliumpermanganat.

Bemerkung. **Genauigkeit.** Die Fehler betragen etwa $\pm 0{,}07\%$.

II. Abscheidung des Wismuts aus neutraler Lösung mit Magnesium nach Strecker und Herrmann.

Reagenzien. 1. 2 n Ammoniumsulfatlösung. — 2. EisenIII-chlorid-Lösung: etwa 50 g EisenIII-chlorid werden mit 65 cm^3 konzentrierter Salzsäure versetzt, und die erhaltene Lösung wird mit Wasser auf 250 cm^3 aufgefüllt.

Arbeitsvorschrift. Etwa 25 cm^3 Wismutnitratlösung mit einem Gehalt von etwa 200 mg Bi werden in einem Erlenmeyer-Kolben zum Sieden erhitzt. Nach Entfernung der Flamme werden etwa 0,4 g reine Magnesiumspäne zugegeben. Der Kolben wird nun mit einem Bunsen-Ventil verschlossen und $^1/_2$ Std. mit kleiner Flamme erhitzt. Dann werden ohne vorherige Filtration etwa 40 cm^3 Ammoniumsulfatlösung zugegeben und erhitzt, bis der Geruch nach Ammoniak verschwunden ist. Nach dem Erkalten wird das zusammengeballte Wismut auf einem gehärteten Filter abfiltriert und mit ausgekochtem Wasser gewaschen. Nun wird der Niederschlag mit dem Filter in ein mit Kohlendioxyd gefülltes Kölbchen gebracht und mit 30 cm^3 EisenIII-chlorid-Lösung (2) übergossen. Das Wismut löst sich beim gelinden Erwärmen auf. Die Lösung läßt man im Kohlendioxydstrom erkalten. Zur Beseitigung von Filterfasern wird die kalte Lösung durch einen Glasfiltertiegel gegossen, der mit ausgekochtem Wasser nachgewaschen wird. Zu dem klaren Filtrat gibt man Mangansulfat-Phosphorsäure-Lösung und titriert mit Kaliumpermanganat. 1 cm^3 0,1 n $KMnO_4$-Lösung = 6,967 mg Bi.

Bemerkungen. a) Die **Genauigkeit** ist groß. — **b) Abänderung nach Rupp und Hamann.** In salzsaurer Lösung fanden Rupp und Hamann oft Versager. Zuviel Salzsäure verursacht Fehlbeträge, zu wenig Säure bewirkt allmähliche Fällung von schwer reduzierbarem Wismutoxychlorid. Deshalb wird vorgeschlagen, die überschüssige Säure durch Seignettesalz abzustumpfen und dadurch auch eine etwaige Fällung von Wismutoxychlorid zu verhindern.

Die schwach salzsaure Lösung mit etwa 200 mg Bi wird mit Wasser auf etwa 70 cm^3 gebracht und 30 cm^3 10%ige Seignettesalzlösung hinzugefügt. Nach dem Erhitzen zum Sieden wird die Flamme entfernt und in die klare Lösung binnen 3 bis 5 Min. 0,5 bis 0,6 g Magnesiumspäne eingetragen. Dann wird unter Ersatz des verdampfenden Wassers $^1/_2$ Std. weiter erhitzt. Zum nunmehr durch Magnesiumoxyd getrübten Reaktionsgemisch setzt man 40 cm^3 10%ige Ammoniumsulfatlösung und kocht bis zum Verschwinden des Ammoniakgeruches nochmal etwa 30 Min. Das ausgeschiedene Wismut wird nach dem Waschen und Trocknen gravimetrisch bestimmt. Selbstverständlich kann es auch nach der oben gegebenen Vorschrift mit EisenIII-chlorid-Lösung umgesetzt und dann manganometrisch ermittelt werden.

III. Abscheidung des Wismuts aus alkalischer Lösung mit Aluminium nach KUBINA und PLICHTA.

Arbeitsvorschrift. Die Wismutsalzlösung wird mit 0,1 g Aluminiumpulver und 40 cm³ 3 n Kalilauge versetzt und 20 Min. unter öfterem Umschütteln stehen gelassen, hierauf mit etwas Wasser verdünnt und gekocht, bi der ganze Niederschlag von metallischem Wismut sich zusammenballt, alles Aluminium gelöst ist und die überstehende Flüssigkeit vollkommen wasserhell erscheint. Nun wird das abgeschiedene Wismut abfiltriert, ausgewaschen und in 15 cm³ EisenIII-chlorid-Lösung (s. Reagenzien auf S. 632) ohne Erwärmen aufgelöst und nach Zusatz von Mangansulfat-Phosphorsäure-Lösung mit Kaliumpermanganat titriert.

Bemerkungen. **a) Genauigkeit.** Die angegebenen Analysenwerte lassen das Verfahren als ausgezeichnet brauchbar erscheinen. — **b) Anwendungsbereich.** Das Verfahren ist nur für reine Wismutsalzlösungen zu benutzen, da auch noch eine Anzahl anderer Metalle, besonders Blei durch Aluminium gefällt wird. — **c) Auflösen des Aluminiums.** Aluminiumpulver zeigt die unangenehme Erscheinung, an den Kolbenwandungen hochzusteigen, weshalb mit etwas Wasser nachgespült und dann der Kolbeninhalt zum Kochen erhitzt werden muß. Letzteres geschieht derart, daß man die Lösung gelinde erwärmt, bis keine aufsteigenden Wasserstoffbläschen mehr zu sehen sind und anschließend 3 bis 4 Min. stark kocht. Hierdurch wird auch die geringe Menge des vom Wismutschwamm okkludierten Aluminiums restlos gelöst. — **d) Auswaschen des schwammförmigen Wismuts.** Das Auswaschen geschieht durch häufiges Dekantieren des Wismutschwammes mit warmem Wasser, wodurch etwa dem Aluminiumpulver beigemengt gewesene Verunreinigungen entfernt werden sollen. Das Wismut ballt sich nämlich beim Kochen so gut zusammen, daß es mit einiger Übung leicht gelingt, die klare Flüssigkeit zu filtrieren, ohne daß der Niederschlag auf das Filter gelangt.

2. Bromometrische Bestimmung des Wismuts mittels des durch Reduktion einer Wismutsalzlösung mit Kupfer entstandenen KupferI-Ions nach REISSAUS.

Bei der Einwirkung von metallischem Kupfer auf eine Wismutsalzlösung entsteht neben ausfallendem metallischem Wismut eine diesem äquivalente Menge KupferI-Ion:

$$Bi^{\cdot\cdot\cdot} + 3\,Cu = Bi + 3\,Cu^{\cdot},$$

die mit Bromat titriert wird.

Arbeitsvorschrift. Eine Lösung von Wismutchlorid mit etwa 150 bis 200 mg Bi wird in einem 500 cm³ fassenden ERLENMEYER-Kolben mit 30 cm³ konzentrierter Salzsäure versetzt und mit Wasser auf etwa 200 cm³ verdünnt. Dann wird unter Überleiten von Kohlendioxyd zum Sieden erhitzt und blaue Späne von Elektrolytkupfer hinzugegeben. Nach etwa 15 Min. andauerndem Sieden überzeugt man sich durch Zugabe eines blanken Kupferspanes davon, daß alles Wismut ausgefällt ist — der Kupferspan muß nach einigem Kochen noch völlig blank sein — und filtriert das ausgeschiedene Wismut und das unverbrauchte Kupfer durch ein großes Faltenfilter oder Glaswolle unter Kohlendioxyd ab, fängt die Lösung in einem mit Kohlendioxyd oder etwas Natriumhydrogencarbonat versehenen Literkolben auf und wäscht mit heißem, salzsäurehaltigem Wasser nach. In dem etwa 400 bis 500 cm³ betragenden Volumen wird nach Zusatz einiger Tropfen Methylorangelösung heiß mit 0,1 n Kaliumbromatlösung titriert. Ein äußerst scharfer Farbumschlag von Zartrosa nach Zartblau zeigt das Ende der Reaktion an. 1 cm³ 0,1 n $KBrO_3$-Lösung = 6,967 mg Bi.

Bemerkungen. **I. Genauigkeit.** Bei diesem Verfahren hat REISSAUS nahezu theoretische Werte erhalten. — Nach KUBINA und PLICHTA werden genaue Werte nur bei Durchführung aller Operationen in Kohlendioxydatmosphäre und bei sehr schnellem Zufließenlassen der Bromatlösung erhalten. Bei langsamer Titration werden infolge bereits stattfindender Oxydation des KupferI-Ions viel zu niedrige Werte erhalten. — **II.** Die **Einstellung der Bromatlösung** erfolgt am besten mit reinstem metallischen Wismut. Hiervon werden 0,3 g in einem 500 cm³ fassenden ERLENMEYER-Kolben mit 10 cm³ konzentrierter Schwefelsäure abgeraucht, mit 100 cm³ kaltem Wasser und 30 cm³ konzentrierter Salzsäure gelöst und schließlich auf 200 cm³ aufgefüllt. Die weitere Behandlung erfolgt nach obiger Arbeitsvorschrift. Der bei einer Blindbestimmung erhaltene Wert muß wie bei allen Titrationen mit Bromat gegen Methylorange subtrahiert werden. — **III.** Die **Gegenwart von Blei** stört nach den Angaben von KUBINA und PLICHTA nicht. REISSAUS jedoch empfiehlt bei der Analyse von Bleierzen vorherige Abscheidung des Wismuts als Wismutoxychlorid. Dieses wird sodann in 30 cm³ konzentrierter Salzsäure gelöst und dann, wie oben beschrieben, weiter verfahren.

Literatur.

BRINTZINGER, H., u. F. RODIS: Z. anorg. Ch. **166**, 53 (1927); Z. El. Ch. **34**, 246 (1928). — BRUNCK, O.: A. **336**, 290 (1904).

COUSIN, H.: J. Pharm. Chim. [7] **28**, 179 (1923); durch C. **94, IV**, 936 (1923).

DICK, J.: Fr. **82**, 410 (1930).

FISCHER, N. W.: Pogg. Ann. [2] **8**, 497 (1826). — FOERSTER, F.: B. **39**, 3029 (1906).

HANUŠ, J., u. A. JÍLEK: Chem. Listy **18**, 8 (1925); durch Fr. **69**, 247 (1926).

DE KONINCK, L. L.: Lehrbuch der chemischen Analyse II, S. 49 (1904); durch Fr. **72**, 9 (1927). — KUBINA, H., u. J. PLICHTA: Fr. **72**, 204 (1927). — KURTENACKER, A., u. F. WERNER: (a) Z. anorg. Ch. **123**, 167 (1922); (b) Fr. **63**, 311 (1923).

MALOSSI, L.: Rend. accad. sci. fis., mat. e nat. soc. reale Napoli [4] **2** (71), 83 (1932); durch Fr. **102**, 49 (1935). — MOSER, L.: (a) Fr. **45**, 20 (1906); (b) Die Bestimmungsmethoden des Wismuts und seine Trennung von den anderen Elementen, S. 41. Stuttgart 1909. — MOSER, L., u. M. NIESSNER: Fr. **63**, 250 (1923). — MUTHMANN, W., u. F. MAWROW: Z. anorg. Ch. **13**, 209 (1897).

REISSAUS, G. G.: Fr. **70**, 300 (1927). — ROSE, H.: Pogg. Ann. **91**, 104 (1854); **110**, 136 (1860). — ROSSI, L.: Bol. Inst. med. **1**, 438 (1925); durch C. **97, II**, 73 (1926). — RUPP, E., u. G. HAMANN: Fr. **87**, 32 (1932).

STRECKER, W., u. A. HERRMANN: Fr. **72**, 10 (1927).

TREADWELL, F. P.: Lehrbuch der analytischen Chemie, 11. Aufl., Bd. 2, S. 150. Leipzig-Wien 1927.

ULLGREN, C.: Jbr. **1837**, 248.

VANINO, L., u. F. TREUBERT: (a) B. **31**, 1116 (1898); (b) **31**, 1303 (1898).

WENGER, P., u. CH. CIMERMAN: Helv. **14**, 723 (1931).

ZINTL, E., u. A. RAUCH: (a) Z. anorg. Ch. **139**, 397 (1924); (b) **146**, 281 (1925).

§ 11. Bestimmung durch elektrolytische Abscheidung als metallisches Wismut.

Elektrolytisches Potential $\varepsilon_{0_h} = +\,0{,}39$ Volt[1].

Vorbemerkung.

Wie kein anderes Metall wird Wismut aus den Lösungen seiner Salze durch den elektrischen Strom in einer so schwammigen Form auf der Kathode abgeschieden, daß infolge der dadurch bedingten großen Gefahr de Abfallens von Metallteilen bei den notwendigen Operationen des Waschens, Trocknens und Wägens die elektrolytische Bestimmung des Wismuts überhaupt in Frage gestellt ist. Hinzu kommt noch die Neigung des Wismuts, sich zu einem geringen Betrage auch an der Anode in Form höherer Oxyde — wohl nicht ganz mit Recht meist als Peroxyde bezeichnet — abzuscheiden. Die von vielen Forschern angewendeten Maßnahmen zur Vermeidung dieser Übelstände beziehen sich auf die Einhaltung eines

[1] Nach JELLINEK und KÜHN ist dieser Wert, bezogen auf die Normal-Wasserstoffelektrode, in einer in bezug auf die Wismut-Ionen normalen Lösung bei 18° = + 0,226 Volt.

bestimmten Säuregehaltes des Elektrolyten, Zusatz von Komplexbildnern, hauptsächlich von Weinsäure, Oxalsäure, Zusatz kolloider Stoffe, z. B. von Gummi arabicum (NAKAO), Bewegung des Elektrolyten, genaue Einhaltung der elektrischen Daten, insbesondere durch Kontrolle der Kathodenspannung [SAND (a)], Abscheidung an besonderen Elektroden wie vor allem an Quecksilber (KOLLOCK und SMITH, BAUMANN), gleichzeitige Abscheidung anderer Metalle wie Quecksilber (VORTMANN, BALAVOINE) oder Kupfer (ENGELENBURG) oder nachträgliche Bedeckung durch Cadmium (PESET) und schließlich gleichzeitige Anwendung mehrerer dieser Maßnahmen.

Hierdurch werden die elektrolytischen Verfahren aber so kompliziert, oder sie erfordern eine dauernde Beobachtung oder erstrecken sich über lange Zeiten, daß ein Vorteil gegenüber den fällungsanalytischen Verfahren kaum mehr festzustellen ist. Sie sind aber dann zu empfehlen, wenn es sich um die Trennung des Wismuts von anderen Metallen handelt, wobei vor allem durch Bewegung des Elektrolyten und Beobachtung bzw. Begrenzung der Kathodenspannung ein hoher Zeitgewinn bei großer Genauigkeit infolge guter Beschaffenheit des Wismutniederschlages zu erzielen ist.

Für geringe Mengen Wismut, besonders in Metallen oder Erzen, ist auch die Abscheidung durch „innere Elektrolyse" sehr vorteilhaft [SAND (b), COLLIN].

Zusammensetzung des Elektrolyten. Bezüglich der Zusammensetzung des Elektrolyten, aus dem die bestmögliche Abscheidung des metallischen Wismuts vorgenommen werden soll, sind die verschiedenartigsten Vorschläge gemacht worden. LUCKOW benutzte schwach salpetersaure oder essigsaure Lösung, erhielt aber dabei nur schwammiges Metall an der Kathode und gleichzeitige Bildung von Peroxyd an der Anode, was auch SCHUCHT feststellte. Um diesen Übelstand abzustellen, sind die verschiedensten Zusätze als Depolarisatoren versucht worden. Oxalsäure wendeten an CLASSEN und v. REIS sowie CLASSEN und LUDWIG. RÜDORFF sowie THOMÄLEN machten einen gleichzeitigen Zusatz von Kaliumsulfat. BALACHOWSKI benutzte Harnstoff. Die von WIMMENAUER mit Glycerin erzielten günstigen Ergebnisse konnten FISCHER und BODDAERT nicht bestätigen. In citronensaurer Lösung arbeiteten SMITH und THOMAS. SMITH und FRÄNKEL stellten Versuche an, das Wismut aus einer alkalischen Citratlösung bei Gegenwart von Kaliumcyanid zu fällen. Heute sind als anodische Depolarisatoren vor allem Weinsäure [SAND (a)], Traubenzucker (SEEL), Hydroxylammoniumsalze (SCHOCH und BROWN, ENGELENBURG) oder Hydraziniumsalze in Gebrauch, worauf bei der eingehenderen Besprechung der Verfahren näher eingegangen wird.

Die Anwendung pyrophosphorsaurer Lösung (BRAND, RÜDORFF) bringt keinen Vorteil, ebenso nicht die einer mit Kaliumsulfat versetzten schwefelsauren Lösung (SMITH und THOMAS, KAMMERER).

Abschließend sei über die Zusammensetzung des Elektrolyten folgendes gesagt. Am ratsamsten erscheint die Anwendung einer schwach salpetersauren Lösung mit einem gewissen Zusatz an Weinsäure oder an Traubenzucker. Nach den Erfahrungen von FLADE-SCHALL läßt sich auch die von SCHOCH und BROWN empfohlene Abscheidung aus salzsaurer Lösung gut durchführen, obwohl ENGELENBURG nur schwammiges Metall daraus erhalten hat. Von BÖTTGER und von FLADE-SCHALL wird auch die Verwendung des essigsauren-borsauren Elektrolyten von METZGER und BEANS empfohlen.

Gleichzeitige Abscheidung eines anderen Metalles. Um das schwammige Ausscheiden des Wismuts zu vermeiden und einen festhaftenden Niederschlag zu erhalten, hat VORTMANN gleichzeitig mit dem Wismut Quecksilber zur Abscheidung gebracht. Aus einer mit Alkohol versetzten, salpetersauren oder salzsauren Lösung von Wismutsalz und einer bekannten Menge QuecksilberII-chlorid wird ein gleichmäßig spiegelnder Überzug von Wismutamalgam auf der schalenförmigen Kathode erhalten. Dieses Verfahren wird von BALAVOINE als das beste empfohlen, auch EXNER hat es als gut bezeichnet.

Eine andere Lösung des Problems, das Abfallen schwammig abgeschiedenen Wismutmetalles zu verhindern, hat PESET gefunden. Nach erfolgter Abscheidung des Wismuts wird dem Elektrolyten eine bekannte Menge Cadmiumsulfat zugefügt und die Elektrolyse bis zur vollständigen Abscheidung des Cadmiums weitergeführt. Das metallische Cadmium überzieht das Wismut völlig gleichförmig, es verhindert sowohl dessen Abfallen als auch eine etwaige Oxydation.

Das Elektrodenmaterial. Wie bei den elektrolytischen Abscheidungen der meisten Metalle, so wird auch für die des Wismuts als Material für die Kathode vorwiegend Platin mit dem üblichen Iridiumzusatz angewendet. Empfehlenswert erscheint für die elektrolytische Wismutbestimmung die Anwendung der Quecksilberkathode, weil bei dieser infolge der Überspannung des Wasserstoffs einerseits und der chemischen Amalgambildung andererseits jede Gefahr der schwammigen Abscheidung entfällt. KOLLOCK und SMITH verwenden hierfür flüssiges Quecksilber und elektrolysieren sowohl in salpetersaurer als auch in schwefelsaurer Lösung. Bei Vorliegen von salzsaurer Lösung fügen sie Toluol zu, um das anodisch entwickelte Chlor zu binden und dadurch die Zerstörung der Anode zu verhindern. BAUMANN hat der flüssigen Quecksilberkathode eine sehr handliche Form gegeben. Dennoch ist das Arbeiten mit dieser Apparatur ziemlich schwierig und nur für geübte Analytiker zu empfehlen. Es ist auch bei der Wismutelektrolyse an flüssigem Quecksilber als Kathode und Platin als Anode die Gefahr der Wismutperoxydbildung an der Anode größer als bei der Platinkathode. Das Peroxyd neigt zum Abfallen und schwimmt dann auf dem Quecksilber, ohne daß es immer kathodisch in Lösung geht. Wenn das nicht eintritt, so läßt sich das Peroxyd von der Quecksilberkathode nicht entfernen, und die Analyse muß verworfen werden.

Dieser Übelstand entfällt bei der von PAWECK und WALTHER eingeführten starren Quecksilberelektrode. Da jedoch BÖTTGER, BLOCK und MICHOFF an dieser Elektrode bei Wismutbestimmungen Abweichungen zwischen +2,5% und —1,1% gefunden haben, wird die starre Quecksilberelektrode hier nicht näher beschrieben.

Die von PAWECK und WEINER empfohlene Schmelzkathode aus WOODschem Metall verlockt sehr zur Anwendung für die Wismutbestimmung, da dieses ein Bestandteil der Legierung ist. Die Elektrode und die Arbeitsweise wird deshalb auf S. 639 ausführlich beschrieben.

Einen gut haftenden Wismutniederschlag erzielt POCH bei Anwendung eines versilberten oder eines mit Wismut überzogenen Kupferdrahtnetzes als Kathode und von Graphit oder passiviertem Eisen als Anode in salpetersaurer, schwefelsaurer, essigsaurer oder weinsaurer Lösung.

Die von SCHLEICHER und TOUSSAINT empfohlene Kathode aus V2A-Drahtnetz ist für die Wismutbestimmung nicht geeignet. Trotz Beobachtung der Kathodenspannung ist die Abscheidung des Wismuts nicht ganz quantitativ und der Überzug nicht ganz festhaftend.

Als *Anodenmaterial* wird für gewöhnlich Platin benutzt, und zwar meist in Form ruhender oder rotierender Netze.

Waschen und Trocknen der Kathode. Während man früher die mit Wasser benetzte Elektrode nacheinander mit Alkohol und Äther zu waschen pflegte, ist es nach BÖTTGER ratsamer, zur Verdrängung des Wassers Aceton zu verwenden, weil Äther häufig Äthylperoxyd enthält, das leicht die Bildung einer Oxydschicht auf dem abgeschiedenen Metall bewirkt. Außerdem ist das Waschen mit Aceton weniger gefährlich als das Arbeiten mit Äther. Wenn völlig reines Aceton zur Verfügung steht, so genügt es, die Elektrode nach dem Abspülen mit diesem einfach an der Luft zu trocknen. Man kann auch die Elektrode in ein genügend hocherhitztes Gefäß, z. B. einen Vitreosilbecher halten und nach Abkühlung wägen.

Für die Prüfung und Reinigung des Acetons gibt BÖTTGER folgende Vorschriften: Um sich von der Brauchbarkeit des Acetons zu überzeugen, gibt man einige Kubikzentimeter auf ein gewogenes Uhrglas, läßt verdunsten und stellt fest, ob ein wägbarer oder fremdartig riechender Rückstand hinterbleibt. Oder man verfährt so, daß man eine durch Erwärmen getrocknete und gewogene Elektrode mit Wasser benetzt und dessen Hauptmenge durch Abtupfen mit Filtrierpapier entfernt. Dann befeuchtet man die Elektrode mit Aceton und wägt sie nach dessen Verdunsten. Ein zu hoher Gehalt des Acetons an Wasser oder an anderen schwer flüchtigen Stoffen gibt sich durch eine Gewichtszunahme zu erkennen bzw. durch eine Gewichtsabnahme beim Erwärmen der zunächst nur an der Luft getrockneten Elektrode.

Die Reinigung des Acetons wird folgendermaßen ausgeführt: Käufliches Aceton wird etwa 2 Tage lang unter öfterem Umschütteln über wasserfreiem Kaliumcarbonat und etwas Kaliumpermanganat stehen gelassen. Nach dem Abgießen vom festen Salz wird das Aceton destilliert. Je ein Viertel der Gesamtmenge wird als Vor- bzw. Nachlauf zum Vortrocknen der Elektroden verwendet, während man den mittleren ganz reinen Anteil zur endgültigen Behandlung der Elektroden benutzt.

Bestimmungsverfahren.

A. Abscheidung des Wismuts aus ruhendem Elektrolyten.

Die älteren Arbeiten über die elektrolytische Abscheidung des Wismuts verwenden zur Erzielung festhaftender Überzüge sehr geringe Stromstärken (WIELAND). KAMMERER elektrolysiert mit 0,025 Ampere und 2 Volt aus schwefelsaurer Lösung, die einen kleinen Zusatz von Kaliumsulfat enthält, und die dauernd auf einer Temperatur von 50° gehalten wird. Infolge der niedrigen Stromstärke dauert eine Bestimmung bis zu 8 bis 10 Std. und länger. Die auf diese Weise erzielten Erfolge sind nach KAMMERERS Angaben gute, so daß auch zahlreiche Trennungen durchgeführt worden sind. Hierbei wird als Kathode eine CLASSEN-Schale, als Anode ein Zylinder aus Platindrahtnetz verwendet.

Nach den Erfahrungen von BÖTTGER ist das von BRUNCK angegebene Verfahren der Abscheidung des Wismuts aus einem ruhenden, sehr schwach salpetersauren Elektrolyten besonders empfehlenswert. In Anlehnung an BRUNCK gibt er folgende

Arbeitsvorschrift. Die 100 cm³ betragende, auf 90° erwärmte Lösung wird bei einem Gehalt von 100 mg Bi mit einer Stromdichte $ND_{100} = 0,5$ Ampere, bei einem solchen von 50 mg Bi mit einer Stromdichte $ND_{100} = 0,1$ Ampere elektrolysiert. Der Gehalt an freier Salpetersäure darf 2% nicht übersteigen, weil sonst schwammige Abscheidung des Wismuts und Neigung zu Peroxydbildung an der Anode die Folge ist. Als Kathode dient die WINKLERsche Netzelektrode.

Die Unterbrechung erfolgt so, daß das Becherglas mit der Lösung, aus welcher die Abscheidung vorgenommen wird, möglichst rasch gegen ein anderes mit Wasser vertauscht und der Strom erst abgestellt wird, nachdem die Elektrolyse noch einige Zeit fortgesetzt worden ist, um das von der anhaftenden Säure wieder in Lösung gebrachte Metall wieder abzuscheiden (s. auch Bemerkung III).

Bemerkungen. **I. Genauigkeit.** Die auf diese Weise erhaltenen Ergebnisse zeigen nur kleine Abweichungen von wenigen Zehnteln Milligramm. — **II.** Nach den Erfahrungen BÖTTGERs soll die **Stromstärke** anfangs 0,2 Ampere nicht übersteigen. Die Temperatur soll auf etwa 80 bis 90° gehalten werden, bis die Stromstärke auf 20 bis 30 Milliampere gesunken ist, was bei 250 mg Bi nach etwa 1 Std. der Fall ist. Wenn sich der Abfall verzögert, empfiehlt es sich, 0,5 bis 1 g Harnstoff zuzusetzen. Dann läßt man abkühlen und setzt die Elektrolyse noch $^1/_2$ Std. lang fort, bis eine Stromstärke von 5 bis 10 Milliampere erreicht ist. — **III.** Die **Unterbrechung** wird vorteilhafter als in der Arbeitsvorschrift angegeben so vorgenommen, daß man vor der Unterbrechung des Stromes konzentriertes Ammoniak, das mit Phenolphthalein versetzt ist, zugibt, bis eine bleibende Rötung auftritt. Die Flüssigkeit wird dann unter Nachfüllen von Wasser abgehebert, die Elektrode nach der Ausschaltung des Stromes mit Wasser abgespült und nach dem Bespritzen mit Aceton in der üblichen Weise an der Luft getrocknet. — **IV.** Bei **sehr genauen Bestimmungen** sättigt man die ammoniakalische Lösung nach schwachem Ansäuern mit Schwefelwasserstoff und filtriert die entstandene Fällung ab. Das Wismutsulfid wird in üblicher Weise in Wismutoxyd übergeführt (s. § 3, S. 552) und als solches gewogen. Bei einem mißlungenen Versuch würde auch schon auf Zusatz von Ammoniak eine erkennbare Trübung eintreten. — **V.** Auf eine **Abscheidung an der Anode** ist immer zu achten. Gegebenenfalls ist diese zu wägen und nach Identifizierung als Wismutperoxyd in Rechnung zu stellen.

B. Abscheidung des Wismuts aus bewegtem Elektrolyten.

Allgemeines.

Die Bewegung des Elektrolyten, die durch den dadurch erfolgenden Ausgleich der Konzentration der zur Abscheidung gelangenden Wismut-Ionen wesentlich zu einer gleichmäßigen Abscheidung des Metalles beiträgt und gleichzeitig die Dauer der Elektrolyse erheblich abkürzt, kann auf verschiedene Weise erfolgen. Allgemein gebräuchlich ist die Anwendung eines Glasrührers, der innerhalb der zylinderförmig gestalteten Elektroden umläuft. Vielfach wird jedoch auch die zylindrisch geformte Anode selbst als Rührer benutzt. In manchen Fällen wird die Kathode bewegt.

Statt mechanisch zu rühren, sind auch Vorschläge gemacht worden, entweder die normale Gasentwicklung an den Elektroden zur Durchmischung des Elektrolyten auszunutzen (Paweck und Weiner) oder durch Vergrößerung der Stromdichte diese Gasentwicklung zu verstärken (Benner). Grosset bewirkt eine lebhafte Durchmischung des Elektrolyten durch kräftiges Sieden.

1. Abscheidung ohne Beobachtung der Kathodenspannung.

I. Abscheidung an Platin ohne mechanische Rührung.

***Arbeitsvorschrift von* Grosset.** Die Bestimmung des Wismuts geschieht in einer Lösung, die Salpetersäure und Weinsäure enthält. Aus dem lebhaft siedenden Elektrolyten wird bei einer höchsten Spannung von 1,32 Volt und einer Stromstärke von 0,5 Ampere die ganze Metallmenge in 20 Min. abgeschieden.

II. Abscheidung an Quecksilber ohne mechanische Rührung.

***Arbeitsvorschrift von* Benner.** Als Kathode dient die flüssige Quecksilberkathode, die Anode ist eine ruhende Platin-Drahtspirale. Die Durchmischung erfolgt durch Gasentwicklung bei höherer Stromdichte. Der Elektrolyt enthält 1 cm^3 Salpetersäure und 0,5 cm^3 Schwefelsäure. Bei einer Stromstärke von 3 bis 4 Ampere und einer Spannung von 6 bis 7 Volt werden 200 bis 500 mg Bi in 20 bis 30 Min. abgeschieden. Während der Elektrolyse anfangs an der Anode entstehendes Peroxyd löst sich späterhin wieder auf.

III. Abscheidung an geschmolzenem Woodschem Metall ohne mechanisches Rühren.

Da die Abscheidung des Wismuts an Quecksilber manche Nachteile hat, werden von Paweck und Weiner niedrig schmelzende Legierungen, wie Woodsches Metall (Schmelzpunkt etwa 70°) oder Lipowitz-Metall (Schmelzpunkt etwa 60°) als Kathodenmaterial vorgeschlagen. Das Prinzip der Arbeitsweise besteht darin, daß die Elektrolyse bei einer Temperatur vorgenommen wird, bei der die als Kathode dienende leichtschmelzende Legierung sich in geschmolzenem Zustande befindet. Nach beendeter Metallfällung wird durch Zugabe von kaltem Wasser die Legierung zum Erstarren gebracht, und nun kann sie leicht und gründlich mit Wasser, Alkohol und Äther gewaschen werden (empfehlenswert dürfte auch hier das Waschen mit Aceton sein, wie auf S. 636 erwähnt). Sie kommt nach dem Trocknen bei mäßig erhöhter Temperatur als feste Legierung zur Wägung.

Nach BÖTTGER bietet allerdings die Kathode in Form des geschmolzenen WOODschen Metalles keine besonderen Vorteile gegenüber den bereits bekannten Hilfsmitteln, zumal die Elektrolyse nur in salzsaurer Lösung bei Abwesenheit von Nitraten und Sulfaten erfolgen muß. Da die Elektrode aber gut zu handhaben ist, so sei das Arbeiten mit ihr etwas eingehender geschildert.

Vorbereitung der Elektrode. Etwa 25 g Legierung werden folgendermaßen gereinigt: In einer Porzellanschale wird Wasser zum Sieden erhitzt und die Legierung nach dem Verlöschen der Flamme hineingeschüttet. Hierauf werden einige Kubikzentimeter konzentrierte Salzsäure zugesetzt. Die geschmolzene Legierung wird mittels eines Glasstabes kräftig durchgerührt. Nach dem Blankwerden der Oberfläche wird am Rande der Schale kaltes Wasser eingegossen, wodurch die Legierung zu einem flachen, runden Kuchen erstarrt und nun im festen Zustande mit Wasser, Alkohol und Äther bzw. mit Aceton gewaschen werden kann. Bei starker äußerer Verunreinigung muß das Umschmelzen unter Umständen noch einmal wiederholt werden. Die Legierung, deren Oberfläche glänzend blank ist, wird bei 50 bis 60° getrocknet.

Durchführung der Elektrolyse. Zur Elektrolyse wird die Legierung in ein hohes, schmales Becherglas auf den Boden gelegt und mit einem als Stromzuführung dienenden Platindraht von 0,5 mm Stärke berührt. Der Platindraht ist in ein enges, ihn gerade gut aufnehmendes Glasrohr so eingeschmolzen, daß er am eingeschmolzenen Ende 1 bis 2 mm, am offenen Ende 2 bis 3 cm hervorragt. Das kurze, herausragende Stück berührt zunächst das feste Kathodenmaterial und taucht nach dem Schmelzen der Legierung darin ein. Dieser Stromzuführungsdraht wird vor und nach der Elektrolyse mit der Legierung gemeinsam gewogen.

Als Anode dient eine uhrfederförmige Spirale aus 1 mm starkem Platindraht, die in 1 cm Entfernung parallel zur Kathode angeordnet wird.

Ist die Apparatur in der geschilderten Weise zusammengestellt, so wird die Elektrolyselösung siedend heiß in das Elektrolysegefäß eingefüllt und ein Strom von etwa 2 bis 3 Ampere Stromstärke eingestellt. Die Stromwärme hält während der Dauer der Elektrolyse die Legierung flüssig. Sollte bei sinkender Temperatur der Lösung die Legierung erstarren, so empfiehlt es sich nicht, sie mit einem Brenner von unten her zu schmelzen. Es muß entweder das Elektrolysiergefäß in ein Gefäß mit heißem Wasser eingestellt oder der Strom verstärkt werden. Nach beendeter Metallfällung wird der Elektrolyt noch während des Stromdurchganges abgehebert und ständig durch heißes Wasser ersetzt, so daß die Kathode noch flüssig bleibt. Ist so der Elektrolyt ohne Stromunterbrechung durch reines Wasser ersetzt, so kann ohne Gefahr die Stromzuführung aus der Kathode gezogen und diese durch Zugabe von kaltem Wasser zum Erstarren gebracht werden. Nach gründlicher Abspülung mit Wasser, Alkohol und Äther bzw. mit Aceton erfolgt ihre Trocknung bei 60°, und nach dem Erkalten im Exsiccator wird sie gemeinsam mit dem Stromzuführungsdraht gewogen.

Arbeitsvorschrift. Zu der 50 bis 100 cm^3 betragenden Wismutchloridlösung werden 3 bis 5 cm^3 konzentrierte Salzsäure und 3 bis 5 g Hydroxylammoniumchlorid zugefügt. Die Lösung wird auf 90° erhitzt und in das vorbereitete Elektrolysiergefäß eingefüllt. Man elektrolysiert mit 2 bis 3 Ampere und 3,5 bis 5 Volt 2 bis 3 Std. lang.

Bemerkungen. **a) Genauigkeit.** Die Fehler betragen bei Vorliegen von etwa 300 mg Bi $\pm 0,1\%$. — **b) Störungen.** Nitrate stören. Es muß also eine etwa vorliegende salpetersaure Lösung mehrmals mit Salzsäure abgedampft werden, um alles Nitrat zu vertreiben. Auch Sulfat muß abwesend sein.

IV. Abscheidung an Platinelektroden aus verschieden zusammengesetzten Elektrolyten.

a) Verfahren von LUKAS und JÍLEK.

LUKAS und JÍLEK haben Mitteilungen gemacht über die Elektrolyse aus salpetersaurer-weinsaurer Lösung, aus schwefelsaurer-borfluorwasserstoffsaurer Lösung mit Zusatz von Rohrzucker und aus salzsaurer-citronensaurer Lösung unter Zusatz von Borsäure. Die besten Überzüge werden in salpetersaurer Lösung erhalten.

α) Abscheidung aus salpetersaurer-weinsaurer Lösung.

Der Elektrolyt enthält in 100 bis 120 cm³ 300 mg Bi, 3 cm³ konzentrierte Salpetersäure und 6 g vorher mit 20%iger Natronlauge neutralisierter Weinsäure. Die Elektrolyse wird bei 70° und 2 Volt durchgeführt, bis die Stromstärke auf einige Hundertstel Ampere gesunken ist.

β) Abscheidung aus schwefelsaurer-borfluorwasserstoffsaurer Lösung.

Der Elektrolyt enthält in 100 bis 120 cm³ 300 mg Bi, 3 cm³ konzentrierte Schwefelsäure, 1 g in 2,5 g 40%iger Flußsäure aufgelöste Borsäure und 15 g Rohrzucker. Die Elektrolyse wird, wie unter α) beschrieben, durchgeführt.

γ) Abscheidung aus salzsaurer-citronensaurer Lösung.

Der Elektrolyt enthält in 100 bis 120 cm³ 300 mg Bi, 5 cm³ konzentrierte Salzsäure, 15 g Kaliumcitrat und 1 g Borsäure. Die Bedingungen der Elektrolyse sind die gleichen wie unter α) angegeben.

b) Verfahren von JÍLEK und LUKAS.

Arbeitsvorschrift. Die höchstens 300 mg Bi und 2 cm³ konzentrierte Salpetersäure enthaltende Lösung wird mit 10%iger Kalilauge neutralisiert, eine Lösung von 3 g Borsäure, 7,5 g 40%ige Flußsäure (aus Guttapercha-, nicht aus Paraffinflaschen!) und 15 g Rohrzucker werden hinzugefügt und alles bis zur vollständigen Auflösung erwärmt. Das Volumen der Lösung soll 100 bis 120 cm³ betragen. Man elektrolysiert bei 70 bis 90° in einer CLASSEN-Schale mit rotierender Anode. Die Stromstärke beträgt 0,1 Ampere, die Spannung bewegt sich zwischen 1,6 und 2,4 Volt. Als Dauer der Elektrolyse werden 1 bis $1^1/_2$ Std. angegeben.

V. Abscheidung sehr kleiner Wismutmengen.

Für die elektrolytische Abscheidung sehr kleiner Wismutmengen (unter 10 mg), wie sie z. B. bei der Aufarbeitung biologischer Materialien anfallen, haben KÜRTHY und MÜLLER Angaben gemacht. Sie elektrolysieren in einer etwa 50 cm³ fassenden Platinschale als Anode. Die Kathode ist ein 2,5 cm im Durchmesser großes Platinblech mit 10 cm langem Draht, das als Rührer dient. Es wird mit einem kurz geschlossenen Akkumulator bei 80 bis 90° 5 bis 10 Min. lang elektrolysiert. Um letzte Spuren abzuscheiden wird die Elektrolyse noch 30 Min. lang fortgesetzt. Das Auswaschen geschieht ohne Unterbrechung des Stromes. Nach dem Trocknen der Kathode wird sie auf der Mikrowaage gewogen. Zur Kontrolle kann das Wismut gelöst und nach § 3, S. 553 colorimetrisch bestimmt werden.

DUVAL hat eine Schnellelektrolyse für Mengen von 1 bis 2 mg Bi beschrieben. Siehe auch die Verfahren mit beobachteter Kathodenspannung (S. 642) und der „inneren Elektrolyse", S. 647ff.

2. Abscheidung mit Beobachtung der Kathodenspannung.

Vorteile der Beobachtung der Kathodenspannung[1]. Bei einer bestimmten Stromstärke und einer bestimmten Spannung, die durch die Größe des elektrolytischen Normalpotentials eines Metalles bedingt ist, läßt sich die Abscheidung dieses Metalles auf der Kathode einleiten. Das Metall scheidet sich dabei fast immer — vorausgesetzt, daß die Stromdichte nicht allzu groß ist — in feinkrystalliner, gut haftender Form auf der Elektrode ab. Hierbei hat die Kathodenspannung einen bestimmten Wert, der sich innerhalb gewisser Grenzen bewegen kann. In der Nähe der Kathode verarmt nun der Elektrolyt an Metall-Ionen, die nur langsam durch Diffusion aus den konzentrierteren Teilen des Elektrolyten nachgeliefert werden. Durch diese Konzentrationsverkleinerung an der Kathode steigt die Badspannung und ganz besonders die Kathodenspannung bzw. sinkt die Stromstärke. Die Kathodenspannung erreicht schnell einen Betrag, der dem Abscheidungspotential der Wasserstoff-Ionen entspricht. Dadurch kommt es zur Abscheidung von Wasserstoff, und die Struktur des gleichzeitig sich absetzenden Metalles wird infolge der Gasentwicklung schwammig, da Wasserstoff okkludiert wird oder da intermediär gebildete instabile Hydride zerfallen. Dies gerade kann bei Wismut der Fall sein. Wird nun aber während der Elektrolyse dauernd die Kathodenspannung beobachtet und durch entsprechende Schaltung, wie sie unten ausführlich besprochen wird, immer so nachgeregelt, daß das Potential nicht bis zu einer für die Entladung von Wasserstoff-Ionen erforderlichen Größe ansteigen kann, so wird die Metallabscheidung stets gleichmäßig vor sich gehen und sich ein festhaftender Überzug auf der Kathode bilden. Die Verarmung des Elektrolyten in der Umgebung der Kathode kann durch lebhafte Rührung verhindert werden. Beide Faktoren gleichzeitig — also mechanische Rührung und genaue Beobachtung der Kathodenspannung — führen in jedem Falle zur Ausbildung eines feinkrystallinen, gut an der Elektrode haftenden Wismutniederschlages.

Die erste Anordnung zur Beobachtung der Kathodenspannung und ihre Anwendung auf die Wismutbestimmung stammt von SAND (a). Sie ist späterhin insbesondere durch A. FISCHER ausgebaut und vervollkommnet worden.

Apparatur zur Beobachtung der Kathodenspannung. Die hier geschilderte Anordnung zur Beobachtung der Kathodenspannung ist in Anlehnung an SAND von A. FISCHER ausgebildet worden. Die stetige Beobachtung der Kathodenspannung erfordert ein stetes Überwachen der Elektrolyse, einen bewegten Elektrolyten und eine immerhin komplizierte Apparatur. Das Verfahren ist aber besonders wertvoll für schnell ausführbare Trennungen.

An Apparaten sind erforderlich (s. Abb. 3): Zwei konzentrische Netzelektroden N, Rührvorrichtung, Normalelektrode nach SAND NE: $Hg_2SO_4/2\,n\,H_2SO_4$ [diese hat, bezogen auf die Normal-Wasserstoffelektrode, das Potential $+0{,}67$ Volt (18°)][2], Galvanometer G mit einer Empfindlichkeit von 10^{-5} bis 10^{-6} Ampere/Teilstrich, Brückendraht R von 30 cm Länge mit Schleifkontakt, Batterie von zwei Akkumulatoren B, Voltmeter V mit Meßbereichen von 0 bis 1,5 bzw. bis 2,5 Volt mit Intervallen von 0,05 Volt.

---

[1] Nach BÖTTGER wird exakter von „Kathodenspannung" anstatt des meist gebrauchten Ausdrucks „Kathodenpotential" gesprochen.

[2] Es kann auch eine andere Normalelektrode verwendet werden. Hierbei müssen selbstverständlich deren Potentialwerte in Rechnung gestellt werden. Alle Angaben der Kathodenspannung beziehen sich auf die SANDsche Elektrode, wenn nichts anderes vermerkt ist.

In dem „Kompensationsapparat“ nach A. FISCHER (HARTMANN & BRAUN, Frankfurt a. M.) sind die Meßinstrumente, Meßdraht, Schalter usw. vereinigt, so daß es nur noch nötig ist, an den vorgesehenen Stellen die Batterie und die Elektrolyse anzuschließen.

Ausführung der Wismutbestimmung mit Beobachtung der Kathodenspannung. Man stellt die Verbindung von *R* (s. Abb. 3) nach der Kathode einerseits, dem Galvanometer *G* und der Hilfselektrode *NE* andererseits her und schaltet das Voltmeter *V* zur Messung der angelegten Kompensationsspannung ein. Alsdann bringt man die Capillare der Hilfselektrode in den Elektrolyten außerhalb der Kathode und stellt die zu kompensierende Spannung durch Verschieben des Schleifkontaktes der Meßbrücke auf 0,63 Volt ein. Hierauf setzt man den Rührer in lebhafte Umdrehung und schließt den Arbeitsstrom. Die zulässige Stromstärke beträgt bei richtigen Konzentrationsverhältnissen sofort 3,0 Ampere.

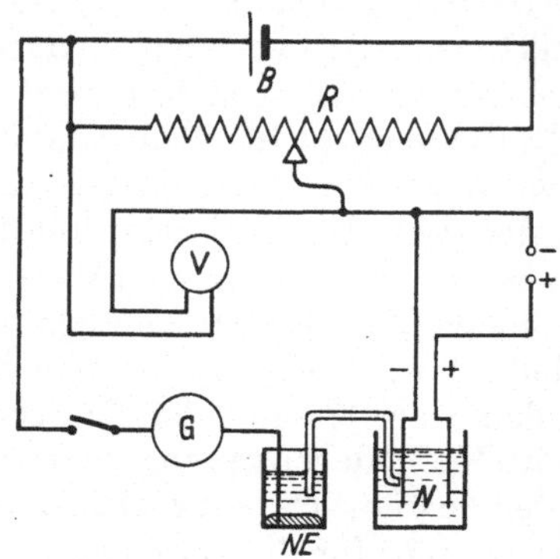

Abb. 3. Schaltschema zur Elektrolyse mit Beobachtung der Kathodenspannung nach FISCHER.

Das Nullinstrument darf nicht ausschlagen. Zeigt es eine Spannungsdifferenz an, so setzt man die Stromstärke soweit herunter, daß jene verschwindet. Auf diese Weise wird die Stromstärke bald auf 0,3 Ampere und weniger gesunken sein. Nunmehr stellt man die zu kompensierende Spannung des Akkumulators auf etwa 0,72 Volt ein, da die nächsten Metallmengen nicht bei 0,63 Volt ausfallen und sucht die Stromstärke auf, bei der das Galvanometer noch eben in Ruhe bleibt. Von da an muß man wieder die Stromstärke bis zum Nullwerden heruntersetzen. Man erhöht nun die Meßspannung auf 0,81 Volt, sucht wieder die zulässige Stromstärke auf usw. Schließlich stellt man die Potentialdifferenz auf 0,90Volt ein und führt damit die Elektrolyse zu Ende. Die Endstromstärke beträgt 0,2 Ampere. Auf diese Weise gelingt es, in jedem Augenblick nahezu die maximale, zulässige Stromstärke anzuwenden, die ohne Wasserstoffentwicklung möglich ist. Nach Beendigung der Elektrolyse stellt man das Rührwerk ab, entfernt erst die Hilfselektrode und dann das Becherglas mit dem Elektrolyten und setzt ein anderes mit Wasser darunter, worauf man den Rührer kurze Zeit wieder in Gang bringt, während der Analysenstrom noch geschlossen ist. Waschen und Trocknen der Elektrode erfolgt wie üblich.

Die Arbeitsweise mit dem oben erwähnten Kompensationsapparat ist die gleiche wie die mit der Meßbrücke. Die Abscheidung von 200 mg Bi aus weinsaurer Lösung (s. S. 643) dauert mit diesem Apparat 9 Min. Die Stromstärke verläuft von 3,0 Ampere anfangend bis 0,2 Ampere und die gemessene Spannung steigt von 0,63 Volt auf 0,90 Volt.

I. Abscheidung aus salpetersaurer Lösung.

a) Verfahren von SEEL.

Arbeitsvorschrift. Der 150 cm³ betragende Elektrolyt enthält 2,5 cm³ Salpetersäure (D 1,4) und 5 g Traubenzucker. Er wird auf 60 bis 70° erwärmt. Die Elektrolyse erfolgt wie oben beschrieben.

Bemerkung. **Genauigkeit.** Infolge von geringfügigen Einschlüssen, die auf kolloide Stoffe zurückgeführt werden, werden bei 100 bis 300 mg Bi Übergewichte von etwa 0,1% erhalten. Es wird deshalb 0,1% von der erhaltenen Auswaage abgezogen, wodurch hinreichende Genauigkeit erzielt wird.

b) Verfahren zur Mikrobestimmung von LINDSEY.

Apparatur. Die von LINDSEY und SAND (a) beschriebene Apparatur für die mikroelektrolytische Abscheidung des Wismuts bedient sich der PREGLschen Kathode und einer Netzanode, die die Kathode umschließt. Beide Elektroden sind an einem gläsernen Träger befestigt. Dieser besteht aus einem Glasrohr, durch das man Gase (Wasserstoff, Stickstoff, Kohlendioxyd) einleiten und damit den Elektrolyten rühren kann. Durch geeignet angeschmolzene Glasstäbchen werden die beiden Elektroden gehalten und voneinander isoliert (Zeichnung im Original). Mit Hilfe dieses Trägers, der in ein passendes Stativ eingespannt werden kann, werden die Elektroden in ein weites Reagensglas eingebracht, das in einem geeigneten Becherglase als Wasserbad steht. Nach Absinken der Stromstärke auf etwa den 10. Teil des Anfangswertes als Zeichen der Beendigung der Elektrolyse wird unter weiterem Gaseinleiten das heiße Wasserbad gegen ein Gefäß mit kaltem Wasser ausgewechselt. Nachdem der Elektrolyt auf Raumtemperatur abgekühlt ist, senkt man Wasserbad und Reagensglas und spült die innere Elektrode sofort gut ab. Diese wird dann schnell vom Träger abgenommen, nacheinander in Wasser, Alkohol und Äther (bzw. in Aceton, s. S. 636) getaucht und über einer BUNSEN-Flamme getrocknet.

Arbeitsvorschrift. Die Lösung, die nicht mehr als 6 mg Bi enthalten soll, wird mit 1 cm³ Salpetersäure (D 1,42), 2 Tropfen 50%iger Hydrazinhydratlösung als Depolarisator und Wasser auf 12 cm³ gebracht. Man elektrolysiert bei 60 bis 70°. Die Stromstärke fällt von 80 Milliampere auf ungefähr 10 Milliampere. Dann spült man das Glasröhrchen innen ab und geht mit der Spannung noch bis auf 0,9 Volt hinauf. Nach weiteren 3 Min. ist die Elektrolyse beendet.

Bemerkungen. α) **Genauigkeit.** Wenn man in der oben erwähnten Weise getrocknet hat, liegen die Auswaagen nur um höchstens 25 γ über dem erwarteten Wert. — β) Für die **Trennung von Blei** ist das Verfahren in derselben Ausführungsform geeignet.

II. Abscheidung aus weinsaurer Lösung.

***Arbeitsvorschrift von* SAND-FISCHER.** Der 85 cm³ betragende und etwa 200 bis 300 mg Bi enthaltende Elektrolyt wird mit 2,5 cm³ Salpetersäure (D 1,4) und dann mit 8 g Natrium-Kaliumtartrat versetzt. Man elektrolysiert an Netzelektroden bei 60 bis 70°. Der Rührer macht 800 Umdrehungen/Minute. Die Kathodenspannung wird auf 0,65 bis 0,9 Volt geregelt bei einer Stromstärke von 3 bis 0,2 Ampere und einer Klemmenspannung von 2,4 bis 1,9 Volt. Dauer 10 bis 15 Min.

Bemerkungen. **a) Genauigkeit.** Die Fehler betragen etwa $\pm 0,2\%$. — **b) Zur Unterbrechung des Versuches** neutralisiert man den Elektrolyten mit Ammoniak. Dann nimmt man die Kathode schnell heraus und wäscht schnell, da sich das mit Elektrolyt umgebene Metall an der Luft sehr schnell wieder löst.

III. Abscheidung aus Alkalioxalat-Tartrat-Lösung.

***Arbeitsvorschrift von* FISCHER *und* KRAYER.** Der Elektrolyt wird hergestellt durch Auflösen des Wismutsalzes in einem Gemisch von Kaliumoxalat und Seignettesalz. Für 500 mg Bi und darunter werden angewendet 10 g Kaliumoxalat und 5 g Seignettesalz, über 500 mg Bi benötigt man 25 g Kaliumoxalat und 10 g Seignettesalz. Das Gesamtvolumen soll 65 cm³ betragen. Die Abscheidung erfolgt bei 75° an Netzelektroden bei 1200 Umdrehungen des Rührers in der Minute. Die Stromstärke sinkt von 0,8 auf 0,07 Ampere, während die Spannung von 1,6 auf 1,2 Volt fällt. Die Kathodenspannung wird auf 0,8 Volt eingestellt. Dauer 11 bis 12 Minuten.

Bemerkungen. **a) Genauigkeit.** Es werden fast theoretische Werte erhalten. — **b) Störungen.** Nitrat beeinträchtigt etwas die gute Beschaffenheit des Metalles.

Am besten wirkt Sulfat. Ammoniumsalze müssen vor der Elektrolyse durch Kochen mit Lauge entfernt werden.

IV. Abscheidung aus salzsaurer Lösung.

In salzsaurer Lösung ist der Zusatz eines anodischen Depolarisators erforderlich, um den Angriff des an der Anode entwickelten Chlors auf das Platin zu vermeiden. Hierzu wird meist Hydroxylammoniumsalz oder Hydraziniumsalz verwendet.

Verfahren von SCHLEICHER.

Arbeitsvorschrift. Der 150 bis 200 cm³ betragende Elektrolyt enthält bei etwa 200 mg Bi 10 bis 20 cm³ konzentrierte Salzsäure und einige wenige Gramm Hydroxylammoniumchlorid oder Hydraziniumsulfat. Als Hilfselektrode dient die Normal-Kalomelelektrode. Der Rührer macht 800 bis 1000 Umdrehungen/Minute. Dauer 20 bis 30 Min.

Bemerkungen. a) Die **Genauigkeit** wird als genügend angegeben. — b) Die **Kathodenspannung** muß scharf eingehalten werden, ihre Größe ist jedoch nicht mitgeteilt (s. S. 645).

V. Abscheidung aus schwefelsaurer Lösung.

Arbeitsvorschrift von KNY-JONES **(b)**. Die Wismutprobe wird in 10 cm³ konzentrierter Schwefelsäure, in manchen Fällen unter Zusatz von 1 cm³ Salpetersäure gelöst, verdünnt und auf je 100 cm³ mit 25 cm³ Schwefelsäure versetzt. Nach Zugabe von 1 g Hydraziniumsulfat wird bei 100° mit Platin-Netzelektroden und der Hilfselektrode nach SAND elektrolysiert.

3. Abscheidung unter vereinfachter Beobachtung der Kathodenspannung.

I. Verfahren von LASSIEUR.

LASSIEUR mißt nicht die Klemmenspannung der Kette: Niederschlagselektrode — Elektrolyt — Hilfselektrode, d. h. er kompensiert nicht deren Stromstärke durch eine entgegengesetzt gerichtete wie im POGGENDORFFschen Verfahren, sondern er liest lediglich an einem Voltmeter die Klemmenspannung ab. Damit entfallen Kompensationskreis und Nullinstrument, und an ihre Stelle treten ein Voltmeter und ein großer Widerstand, welcher die Stromstärke für die Messung möglichst klein hält. Die gemessene Spannung braucht ferner keine bestimmte zu sein (Potentialdifferenz aus dem Potential des zu fällenden Metalles und dem der konstanten und definierten Hilfselektrode), weshalb eine Vereinfachung der letzteren möglich ist. Um das Eindringen von Quecksilbersalz aus der Normalelektrode in das Bad zu verhindern, verwendet LASSIEUR eine Hilfselektrode, die nur aus Quecksilber und Kaliumchlorid oder Kaliumnitratlösung besteht. Nach Untersuchungen von LINDSEY und SAND (b) ist aber das Verfahren von LASSIEUR wegen der störenden Polarisation der Hilfselektrode für quantitative Zwecke nicht brauchbar. Deshalb wird an dieser Stelle die Arbeitsweise von LASSIEUR nicht näher beschrieben.

II. Verfahren von BROWN.

Die Vereinfachung der Ausführung von Metallabscheidungen unter Kontrolle der Kathodenspannung nach BROWN besteht darin, daß die Kathode mit einem Draht aus dem abzuscheidenden Metall oder einem damit bedeckten Platindraht, der in die gleiche Lösung taucht, zu einem Element verbunden wird. Dieser Draht wird zunächst mit der Kathode direkt verbunden. Diese Verbindung wird unterbrochen, kurz bevor der mit dem abzuscheidenden Metall bedeckte Draht zur Messung der Kathodenspannung als dritte Elektrode verwendet wird. — Die Badspannung wird so geregelt, daß das Potential der Kathode gegenüber dem des

Drahtes —0,1 bis —0,2 Volt beträgt, d. h. daß das Element: Kathode—Draht eine Spannung von 0,1 bis 0,2 Volt besitzt, wobei die Kathode des Elektrolysierbades gleichzeitig Anode des zu messenden Elementes ist.

Bei der Abscheidung des Wismuts muß die Spannungsdifferenz zwischen Kathode und Draht so bemessen werden, daß genügend Spielraum bleibt, um die Wismut-Ionen vollständig abzuscheiden, ohne daß auch Wasserstoff oder ein anderes Metall (bei dessen gleichzeitiger Anwesenheit) freigesetzt wird. Daher ist bei Wismut z. B. diese Differenz etwas weniger negativ zu halten als etwa bei Kupfer und Antimon. Immer aber sind Kathode und Draht zusammen zu wägen.

Die Abscheidung selbst nimmt Brown aus salzsaurer Lösung vor (s. S.644). Gut haftende und quantitative Abscheidung wird nach Kny-Jones (b) erzielt, wenn als Hilfselektrode ein Platindraht angewendet wird und zwischen diesem und der Kathode eine Potentialdifferenz von anfangs 0,03 Volt und von schließlich 0,1 Volt herrscht.

4. Abscheidung unter Beobachtung und Regelung der Badspannung.

Aus der Überlegung, daß die Badspannung einer Elektrolyse einmal zu den unerläßlichen Angaben für diese gehört und zum anderen ursächlich mit der Kathodenspannung verknüpft ist, versucht Richardson auf empirischem Wege die für jede einzelne Fällung bzw. Trennung benötigte Badspannung als Abscheidungsspannung zu ermitteln und ein für alle Mal festzulegen. Man braucht dann nur diese am Voltmeter abzulesen und zu regeln bzw. ihr Übersteigen zu verhindern, um zum Ziele zu gelangen. Es wird also nicht die Kathodenspannung dauernd gemessen und beobachtet, so daß die umfängliche Apparatur nach Sand bzw. nach Fischer (s. S. 641) entbehrlich ist. Vielmehr genügt ein in das gewöhnliche Elektrolysen-Schaltschema eingefügtes gewöhnliches Voltmeter, freilich mit einer Unterteilung in 0,05 Volt und ein ebenso geteiltes Amperemeter.

I. Abscheidung aus salpetersaurer-weinsaurer Lösung.

Arbeitsvorschrift von **Richardson.** Der Elektrolyt enthält in 100 cm³ 160 mg Bi, 1 cm³ Salpetersäure (D 1,4) und 15 g Weinsäure und wird auf 20 bis 50° gehalten. Man beginnt mit einer Spannung von 1,9 Volt (oder weniger, wenn die zulässige Stromstärke von 1 Ampere überschritten werden sollte) und setzt je nach der vorhandenen Wismutmenge die Elektrolyse 3 bis 7 Min. lang fort, bis bei *dauernder* und aufmerksamer Einstellung der Spannung auf 1,9 Volt ein ziemlich rasch erfolgender Abfall der Stromstärke auf $^1/_3$ bis $^1/_4$ des anfänglichen Wertes erfolgt und ein schwaches periodisches Schwanken des Zeigers am Voltmeter bemerkbar ist (s. Bemerkung e). Jetzt wird die Spannung auf 1,7 Volt erniedrigt und so lange (etwa 10 Min.) aufrechterhalten, bis abermals ein allerdings viel weniger ausgeprägtes Ansteigen der Spannung zu beobachten ist. Ist wiederum ein Absinken der Stromstärke auf die Hälfte der gleich nach dem Einstellen auf 1,7 Volt beobachteten Stromstärke eingetreten, dann erniedrigt man die Spannung abermals, nämlich auf 1,5 Volt und führt die Abscheidung mit dieser Spannung fort, bis die Stromstärke auf 20 bis 15 Milliampere gesunken ist und sich nicht weiter ändert (etwa 20 Min.).

Bemerkungen. **a) Elektroden.** Als Kathode dient eine mit Silber bedeckte Netzelektrode und als Anode die Perkin-Elektrode. — **b) Die Unterbrechung** erfolgt beim Stromdurchgang unter Zugabe von mit Phenolphthalein versetztem Ammoniak bei gleichzeitigem Ablassen der Flüssigkeit, bis bleibende Rötung auftritt, und durch Nachwaschen mit Wasser. Die Zugabe des Ammoniaks muß rasch erfolgen, um die Bildung von schwer löslichem Ammoniumhydrogentartrat in den Maschen der Elektrode zu überschreiten. — **c) Bei nicht rechtzeitiger Erniedrigung der Badspannung** bildet sich schwammiges, nicht festhaftendes Wismut. Nach den

Erfahrungen von BÖTTGER ist diese Erniedrigung auf 1,7 Volt bei einer Menge von 250 mg Bi nach etwa 6 bis 7 Min. vorzunehmen, wenn die anfängliche Stromstärke 0,9 bis 1 Ampere (bei 1,9 Volt Badspannung) beträgt. Bei kleineren Mengen Wismut tritt die charakteristische Erscheinung früher auf. — **d) Die anfängliche Stromstärke** von 1 Ampere darf nicht überschritten werden, um eine einwandfreie Beschaffenheit des Wismuts zu erzielen. — **e) Das „periodische Schwanken" des Voltmeters,** das sich über das Ansteigen lagert, ist nach RAUNERT ein Kennzeichen für das Einsetzen eines anderen Kathodenvorganges, nämlich der Entladung von Wasserstoff-Ionen, wenn die Spannung nicht rechtzeitig erniedrigt wird. Das periodische Schwanken ist offenbar durch Übersättigen der Elektrode mit Wasserstoff und Absinken der Wasserstoffbeladung durch Auftreten von Gasbläschen bedingt. Daher muß die Erniedrigung der Badspannung auf 1,7 Volt alsbald vorgenommen werden, wenn diese Erscheinung deutlich wahrgenommen wird.

II. Abscheidung aus salzsaurer Lösung.

Verfahren von SCHOCH und BROWN.

SCHOCH und BROWN scheiden Wismut aus salzsaurer Lösung bei Gegenwart von Hydroxylammoniumchlorid unter Beobachtung der Kathodenspannung ab. Diese wird gegen die Normal-Kalomelelektrode gemessen und von 0,25 Volt bis auf 0,5 Volt gesteigert. Gegen die Angaben von SCHOCH und BROWN hat ENGELENBURG Stellung genommen. Die Verfasserin hat zwar eine vollständige Abscheidung des Wismuts erzielt, das aber in so schwammiger Beschaffenheit anfällt, daß es beim Waschen abschwimmt und daher nicht genau wägbar ist. Recht zuverlässige Wismutabscheidungen sind jedoch nach der von FLADE-SCHALL angegebenen Vorschrift zu erhalten. Nach dieser kann von der Beobachtung der Kathodenspannung abgesehen werden, dagegen kommt es auf *genaue* Regelung der Badspannung an.

Arbeitsvorschrift von FLADE-SCHALL. Die Kathode ist ein mit Silber bedecktes Platindrahtnetz, als Anode wird die rotierende PERKIN-Elektrode verwendet. Die Lösung von Wismutchlorid, entsprechend 250 mg Bi, soll auf 125 cm³ 5 bis 6 cm³ konzentrierte Salzsäure (D 1,2) enthalten, also in bezug auf Salzsäure 0,5 bis 0,6 n sein. Bei größeren Wismutmengen wird gerade soviel Salzsäure zugegeben, daß kein Wismutoxychlorid ausfällt. Vor dem Verdünnen wird 1,5 g Hydroxylammoniumchlorid zugefügt. Die Temperatur der Lösung wird auf 55 bis 60° gehalten. Man beginnt die Elektrolyse mit einer Stromstärke von 0,5 bis 0,55 Ampere und läßt die Badspannung allmählich auf 1,1 Volt ansteigen. Wenn ein deutliches Schwanken am Voltmeter erkennbar ist, wird die Spannung auf 0,9 Volt erniedrigt und, sobald abermals Schwankung einsetzt, auf 0,85 Volt. Mit dieser Badspannung wird die Elektrolyse zu Ende geführt, bis die Stromstärke auf 10 bis 8 Milliampere gesunken ist und über 10 Min. konstant geblieben ist. Die Unterbrechung erfolgt wie üblich mit Ammoniak (s. S. 645), das Waschen mit Wasser und Aceton.

III. Abscheidung aus essigsaurer-borsaurer Lösung.

***Arbeitsvorschrift von* METZGER *und* BEANS.** Die Lösung wird tropfenweise mit Natronlauge bis zur alkalischen Reaktion versetzt. Dann werden 10 cm³ Eisessig zugesetzt. Die Flüssigkeit wird nach Zugabe einer heißen Lösung von 2 g Borsäure und Verdünnen auf 80 cm³ auf 70 bis 80° erwärmt und unter Bewegung der Kathode (etwa 700 Umdrehungen/Minute) mit 0,6 bis 0,7 Ampere und etwa 2 Volt elektrolysiert. Die Spannung, die nicht so genau wie bei der Abscheidung nach RICHARDSON (s. S. 645) geregelt zu werden braucht, bleibt zunächst konstant. Gegen Ende der Abscheidung tritt rasches Ansteigen ein. Die Spannung wird alsdann erniedrigt, so daß 2,5 bis 2,8 Volt nicht überschritten werden und die

Elektrolyse mit der eingestellten Spannung zu Ende geführt (d. h. noch 5 bis 10 Min. fortgesetzt, nachdem die Spannung konstant geworden ist).

Bemerkungen. **a)** Die **Dauer der Abscheidung** von 200 mg Bi aus 250 cm^3 beansprucht nach METZGER und BEANS $1^1/_4$ Std., bei Abscheidung aus 80 cm^3 nach FLADE-SCHALL nur 50 Min. — **b)** Bei dieser Arbeitsweise ist die Gefahr, daß bei der **Unterbrechung der Abscheidung** ein merkbarer Verlust eintritt, geringer als bei der Abscheidung aus salpetersaurer Lösung. Es kommt dabei auch nicht zur Bildung von Wismutperoxyd auf der Anode. Außerdem bewirkt der Zusatz der Borsäure eine glatte und kompakte Beschaffenheit des Niederschlages.

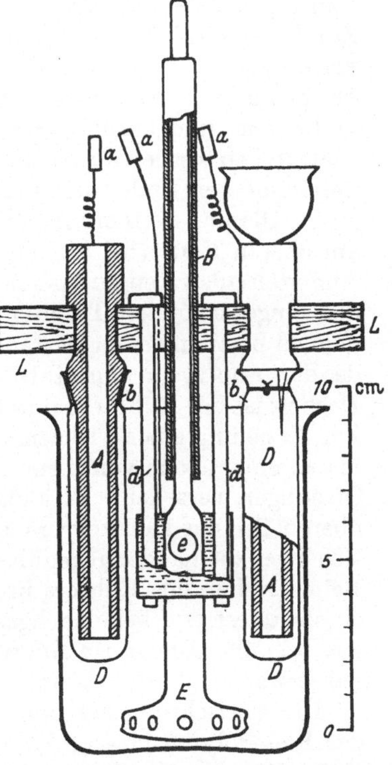

Abb. 4. Apparatur zur inneren Elektrolyse von SAND.

C. Abscheidung durch innere Elektrolyse.

Allgemeines.

Bei der „inneren Elektrolyse" (Elektrolyse „ohne" Strom) wird die Entladung eines Kations nicht durch ein angeschlossenes Element herbeigeführt, sondern durch Verbindung der zur Aufnahme des Metalles dienenden Elektrode mit einem anderen Metall von der Eigenschaft, daß durch dessen elektromotorische Wirksamkeit der beabsichtigte Vorgang herbeigeführt wird. Als Energiequelle dient in diesen Fällen also eine einzelne Elektrode statt eines Elementes.

Die innere Elektrolyse hat den Vorteil, daß die Kathodenspannung von selbst begrenzt wird, daß keine anodischen Depolarisatoren in Chloridlösungen zugesetzt werden müssen, daß Eisen nicht stört, daß schnell und bequem Reihenbestimmungen mit einem billigen Gerät gemacht werden können. Ein Nachteil der inneren Elektrolyse ist, daß nur kleine Metallmengen bestimmbar sind. Experimentelle Schwierigkeiten treten auf durch die beschänkte Auswahl der Anolyte und Anoden, die so beschaffen sein müssen, daß Passivität vermieden wird.

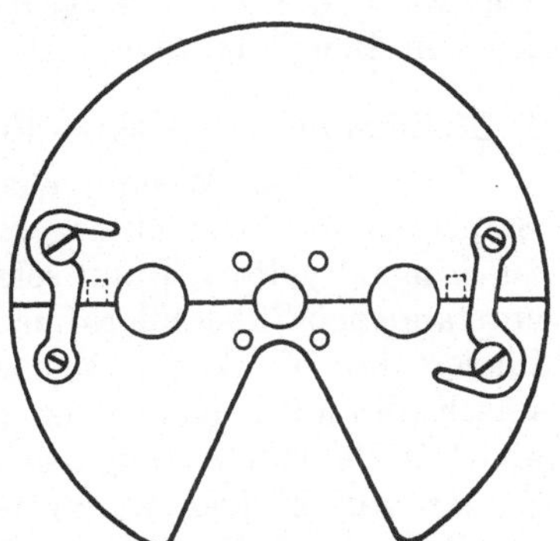
Abb. 5. Aufsicht des Deckels zum Elektrolysiergefäß der Abb. 4.

Die ersten quantitativen Versuche über innere Elektrolyse gehen auf ULLGREN zurück. Spätere Forscher haben die Versuche einige Male benutzt, aber erst durch die Arbeiten von SAND (b) und seinen Schülern ist das Verfahren der inneren Elektrolyse so ausgebaut worden, daß es mit Vorteil für die Bestimmung *kleiner* Beimengungen eines Metalles in einem anderen oder in Erzen verwendet werden kann. Gerade die Bestimmung des Wismuts neben Blei und in Bleierzen hat eine besondere Bearbeitung erfahren.

1. Apparatur von SAND (b).

Die von SAND entwickelte Apparatur ist in Abb. 4 und 5 wiedergegeben. Die mit A bezeichneten Hohlkörper sind die Anoden aus unedlem Metall. Die Kathode, ein zylindrisches Platin-Drahtnetz von 2,5 cm Durchmesser und 2,5 cm Höhe, ist zwischen den Anoden angeordnet und wird durch 4 Glasstäbe *d* gehalten. Diese Glasstäbe sowie die Anode werden in einem in zwei Hälften geteilten Holz- oder besser Aluminiumdeckel von der in Abb. 5 gezeichneten Form in passenden Aussparungen gehalten. Die Anoden tragen an ihrem oberen Ende eingeschmolzene Zuführungsdrähte, die ihrerseits am oberen Ende mit kleinen Stücken Platinfolie verlötet sind. An dem Kathodendrahtnetz ist ein Platindraht von 1 mm Dicke und 12 cm Länge befestigt, der am oderen Ende ebenfalls mit einem Stück Platinfolie verlötet ist und durch den Sektor des Deckels nach oben geführt wird. Alle drei Platinfolien werden durch eine Klammer miteinander verbunden. Über die Anoden, die am oberen Ende (bei *b*) mit einer Rille versehen sind, werden Pergamenthülsen (100×16 mm, SCHLEICHER & SCHÜLL) gezogen und befestigt. Die Hülsen haben am oberen Ende (bei *b*) 2 cm lange Schlitze, deren besondere Aufgabe es ist, den Anolyten austreten zu lassen, wenn man diesen gegen Ende der Elektrolyse durch den eingezeichneten Trichter erneuern will, bzw. wird dadurch einem Verlust an dem zu bestimmenden Bestandteile durch Diffusion in den Anodenraum vorgebaut, da der Anolyt in den Kathodenraum abfließt. Durch die mittlere Öffnung des Deckels ist der Rührer *E* durch ein im Deckel befestigtes Glasrohr hindurchgeführt. Zur Erzielung einer wirksamen Durchmischung ist der Rührer, dessen unterer Teil bis zu einer Höhe von 6 cm hohl ist und einen Durchmesser von 11 mm hat, mit Öffnungen versehen. 12 kleine Öffnungen sind im unteren Teil angeordnet. Im oberen Teil des Hohlkörpers, etwa in Höhe der oberen Hälfte der Kathode, befinden sich zwei zueinander gegenüberliegende größere Öffnungen *e* von 8 mm Durchmesser. Beim Drehen des Rührers in der Flüssigkeit wird diese unten zentrifugal herausgeschleudert und bei *e* nachgesaugt. Bei richtiger Lage von *e* zum Netz wird dieses gut bespült. Die ganze Anordnung befindet sich in einem passenden Becherglase, das erwärmt werden kann.

Die Vorrichtung hat den Vorteil, daß eine Bestimmung infolge der Bewegung des Elektrolyten in sehr kurzer Zeit durchführbar ist, während sie bei ruhendem Elektrolyten viele Stunden in Anspruch nimmt.

Als Beispiele für die Anwendung der inneren Elektrolyse ist im folgenden die von ELLA M. COLLIN ausgearbeitete Bestimmung kleiner Wismutmengen in Blei bzw. in Bleiglanz angeführt.

I. Bestimmung von kleinen Mengen Wismut und Kupfer in Weichblei [COLLIN (b)].

Je nach dem Wismutgehalt werden 5 bis 10 g der Probe in 50 cm³ 20%iger Salpetersäure unter Zusatz von 1 g Weinsäure (um Zinn und Antimon in Lösung zu bringen) gelöst. Dann setzt man 2 cm³ 2%ige Salzsäure hinzu, läßt den etwa entstandenen Silberchloridniederschlag bei mäßiger Temperatur sich absetzen und filtriert ihn ab (kleine Mengen von Silberchlorid stören die Elektrolyse nicht), wäscht ihn mit heißem Wasser gut aus, füllt das Filtrat auf 100 cm³ auf und kühlt ab. Um die Abscheidung des Antimons zu verhindern, wird es durch tropfenweisen Zusatz von 2%iger Kaliumpermanganatlösung bis zur bleibenden Rosafärbung oxydiert. Nach Zugabe von 5 cm³ 5%iger Hydroxylammoniumchloridlösung wird auf 200 cm³ verdünnt und die Lösung bei 80 bis 90° der inneren Elektrolyse 15 Min. lang unterworfen. Hierbei werden Wismut und Kupfer zusammen abgeschieden.

Mehr als 10 mg Bi lassen sich auf diese Weise nicht abscheiden, da größere Mengen nicht mehr fest an der Kathode haften. Kupfer läßt sich dagegen in einer Menge bis 50 mg bestimmen.

Man stellt das Gewicht des Niederschlages fest, löst ihn in wenig Salpetersäure (1:1) und fällt das Wismut als basisches Carbonat mit Ammoniumcarbonat (s. § 6 G, S. 595). Das basische Wismutcarbonat wird mit 2%igem Ammoniak ausgewaschen, in verdünnter Salpetersäure gelöst und diese Lösung nochmals der inneren Elektrolyse unterworfen. In gleicher Weise wird das das Kupfer enthaltende Filtrat nach dem Ansäuern mit Salpetersäure elektrolysiert.

Für diese Wismutbestimmung in Blei sind die Anoden aus Blei, der Anolyt ist eine mit verdünnter Salpetersäure angesäuerte 5%ige Bleinitratlösung. Ein Ausspülen des Anolyten ist bei so kleinen Metallmengen nicht nötig.

II. Bestimmung von Wismut in Bleiglanz [Collin (c)].

Die Schwierigkeit bei der Bestimmung von Wismut in Bleiglanz liegt hauptsächlich darin, daß das beim Lösen des Erzes in Salpetersäure entstehende Bleisulfat Wismut einschließt (s. § 14 C, S. 686).

Arbeitsvorschrift. Das feingepulverte Erz wird 10 Min. mit 25 bis 50 cm³ konzentrierter Salzsäure gekocht. Wenn das Erz zu langsam in Lösung geht, gibt man 1 g Zink hinzu und kocht weiter einige Minuten. Die Lösung wird zur Trockene eingedampft und die Salzsäure durch Erhitzen auf einer Heizplatte so weit als möglich vertrieben. Der Rückstand wird mit 10 cm³ verdünnter Salpetersäure (1:1) und mit heißem Wasser zwecks Lösung des Bleichlorides ausgezogen. Ein etwa bleibender Rückstand wird mit heißer 5%iger Salpetersäure ausgewaschen. Wenn ein beträchtlicher Rückstand bleibt, der nicht nur als Siliciumdioxyd anzusprechen ist, wird die Behandlung mit Salpetersäure wiederholt und die beiden Auszüge zusammen weiter verarbeitet.

Die erhaltene Lösung wird mit 2%iger Kaliumpermanganatlösung bis zur bleibenden Rosafärbung versetzt. Nach Zugabe von 1 g Hydroxylammoniumchlorid wird die Lösung der inneren Elektrolyse bei 80 bis 85° unterworfen. Die zusammen abgeschiedenen Metalle Wismut und Kupfer werden auf die unter I. beschriebene Weise getrennt. Wenn weniger als 1 mg Bi vorhanden ist, wird es anstatt durch eine zweite innere Elektrolyse besser colorimetrisch mit Jodid nach § 5 B, S. 570 bestimmt.

Das Verfahren der inneren Elektrolyse für Bleierze von Collin ist vom Chemiker-Fachausschuss der Gesellschaft Deutscher Metallhütten- und Bergleute in den ausgewählten Methoden für Schiedsanalysen und kontradiktorische Arbeiten (2. Aufl., 1931) aufgenommen worden. Hierbei dient folgende

Arbeitsvorschrift. Bleierze und Hüttenprodukte schmilzt man nach der belgischen Tiegelprobe (s. § 14 C, S. 689) auf einen Bleikönig. 10 g Blei löst man in 60 bis 100 cm³ konzentrierter Salpetersäure (D 1,12) auf, setzt 3 cm³ 5%ige Hydroxylammoniumchloridlösung zwecks Zerstörung der Stickoxyde zu und erhitzt zum Sieden. Silber fällt man mit einigen Tropfen Natriumchloridlösung als Silberchlorid aus und filtriert es nach mehrstündigem Absitzen ab. Etwa vorhandenes Antimon führt man dann durch Zusatz von Kaliumpermanganatlösung bis zur bleibenden Rosafärbung in die fünfwertige Form über, aus der es kathodisch nicht abgeschieden wird. Die Lösung wird mit Ammoniak neutralisiert, mit 3 cm³ Salpetersäure angesäuert, 1 g Hydroxylammoniumchlorid zugesetzt, auf etwa 200 cm³ gebracht und in der Apparatur von Collin-Sand der inneren Elektrolyse unterworfen.

Proben, die mehr als 10 mg Bi und mehr als 50 mg Cu enthalten, kann man in mehreren Anteilen hintereinander elektrolysieren, indem man die Kathode rechtzeitig aushebt, die abgeschiedenen Metalle wägt, in Salpetersäure löst und die Probelösung weiter elektrolysiert.

Kupfer und Wismut werden wie unter I. beschrieben, getrennt und einzeln bestimmt.

2. Apparatur von Clarke, Wooten und Luke.

Clarke, Wooten und Luke haben die Apparatur von Sand abgeändert, damit das Verfahren der inneren Elektrolyse auch für Blei-Zinn-Legierungen brauchbar wird. An Stelle von Pergamentpapier, das sich in heißer, salpetersaurer Lösung nicht bewährt, nehmen sie eine Zelle aus Alundun (Aluminiumoxyd und Aluminiumsilicat). Der im Original abgebildete Apparat enthält als Kathode ein Platinnetz von 2,5 cm Durchmesser und 4 cm Höhe. Die zwei Anoden sind auf Glasrohre als dichte Spiralen aufgewundene Bleidrähte. Diese Elektroden werden durch eine Metallbrücke im Elektrodenhalter so miteinander verbunden, daß immer ein guter Kontakt gewährleistet ist. Inmitten der Kathode ist ein Rührer angeordnet. Um die Anodenflüssigkeit während einer Elektrolyse erneuern zu können, sind beide Anodenzellen mit einem hochstehenden Behälter verbunden. Von dort aus kann frischer Anolyt nachgefüllt werden.

Das Verfahren ist nur dann zuverlässig, wenn die Diaphragmen genügend porös sind. Zur Vermeidung zu starken Angriffes des sauren Elektrolyten auf das Bindemittel des Zellenmaterials darf die Temperatur nicht über 75° gewählt werden. Ein Zusatz von Weinsäure ist vorteilhaft.

Die Vorbereitung der Zellen erfolgt durch aufeinanderfolgendes Durchsaugen von heißer konzentrierter Salzsäure, einer Mischung aus 360 cm³ Wasser, 20 g Weinsäure und 40 cm³ konzentrierter Salpetersäure, von konzentrierter Salzsäure und schließlich von Wasser bis zur Chlorfreiheit. Danach wird zur Probe der Zellen eine innere Elektrolyse von Kupfer durchgeführt aus einer Lösung, die in 250 cm³ 10 mg Cu, 1 g Weinsäure und 8 cm³ Salpetersäure enthält, während der Anolyt 3%ige Salpetersäure ist. Wenn der gefundene Wert mit dem gegebenen übereinstimmt, was meist erst nach der dritten oder vierten Elektrolyse mit denselben Zellen der Fall ist, dann sind diese zur Analyse brauchbar. Sie werden in destilliertem Wasser stehend aufbewahrt. Bei Anwesenheit von Blei und salzsaurer Lösung verstopfen sich die Poren der Zellen leicht mit Bleichlorid, und sie müssen dann umständlich gereinigt werden. — LUKE hat ferner die Bestimmung von 1 mg Wismut (oder Kupfer) in 100 g Blei mittels der gleichen Apparatur beschrieben.

Bestimmung von Wismut in Blei- und Zinn-Legierungen.

I. Legierungen mit wenig Zinn.

10 g einer Legierung, die höchstens 1% Antimon, 0,05% Ag und 0,05 bis 0,1% Bi enthält, werden in 80 cm³ 20%iger Salpetersäure und 1 g Weinsäure gelöst. Der Anolyt enthält in 1 l 3%iger Salpetersäure 50 g Bleinitrat.

II. Legierungen mit viel Zinn.

10 g einer Legierung mit etwa 50% Sn, höchstens 0,05% Ag und 0,05 bis 0,1% Bi werden in 20 cm³ Salpetersäure, 15 cm³ 48%iger Flußsäure und 100 cm³ Wasser gelöst. Der Anolyt ist wie bei I. zusammengesetzt.

Durch Zusatz von Nitrit wird das Zinn zur vierwertigen Stufe oxydiert. Arsen und Antimon werden durch Kaliumpermanganat oxydiert. Silber wird mittels Jodid ausgefällt. Wismut und Kupfer werden gemeinsam niedergeschlagen und gewogen. Nach dem Lösen in Salpetersäure wird das Kupfer jodometrisch ermittelt und das Wismut als Differenz berechnet.

Bemerkungen. **Genauigkeit.** Die Fehler bezüglich Wismut betragen bei I. $\pm 5\%$, bei II. $\pm 10\%$. — Das Verfahren ist gut, wenn die Proben von vornherein viel Kupfer enthalten, da dann bis zu 10 mg Bi gut haftend abgeschieden werden. Am besten ist es, vorher eine bekannte Menge Kupfer zuzusetzen, so daß das Verhältnis $Bi : Cu < 1$ wird.

Trennungsverfahren.

Allgemeines.

Für Trennungen von Metallen, bei denen Wismut zuerst niedergeschlagen wird, kommen alle für die Wismutfällungen aus reinen Lösungen brauchbaren Elektrolyten in Betracht, insbesondere der salpetersaure und der salpetersaure-weinsaure. Nur in wenigen Fällen kann bei den Trennungen auf die Beobachtung oder Einhaltung einer bestimmten Kathodenspannung oder einer bestimmten Klemmenspannung verzichtet werden.

A. Trennung von den Alkalimetallen und Magnesium.

Die Trennung des Wismuts von den Alkalimetallen und von Magnesium bereitet keine Schwierigkeiten.

B. Trennung von Calcium, Strontium und Barium.

Für die Trennung des Wismuts von Calcium, Strontium und Barium sind alle Elektrolyten mit Ausnahme von oxalathaltigen verwendbar. Die Trennung ist ohne weiteres durchführbar.

C. Trennung von den Metallen der Ammoniumsulfidgruppe.

1. Trennung von Aluminium.

Die Trennung des Wismuts von Aluminium ist bei Zusatz von Schwefelsäure zum Elektrolyten ohne Schwierigkeit durchzuführen. Die Abscheidung erfolgt aber nur langsam.

2. Trennung von Chrom.

Die Trennung des Wismuts von Chrom soll nach KAMMERER aus schwefelsaurer Lösung möglich sein.

3. Trennung von Eisen.

Nach KAMMERER ist die Abscheidung des Wismuts bei Gegenwart von Eisen sehr schwierig. Der Elektrolyt enthält in 150 cm^3 1 cm^3 konzentrierte Salpetersäure und 2 cm^3 konzentrierte Schwefelsäure sowie 0,5 g Kaliumsulfat. Bei einer Temperatur von 45° und bei 2 Volt Spannung wird bei Vorliegen von zweiwertigem Eisen mit 0,03 Ampere und bei Anwesenheit von dreiwertigem Eisen mit 0,05 Ampere elektrolysiert. Die Elektrolyse dauert 9 Std.

4. Trennung von Mangan.

Die Trennung des Wismuts von Mangan erfolgt nach KAMMERER mit einem Elektrolyten, der in 150 cm^3 3 cm^3 konzentrierte Schwefelsäure und 0,5 g Kaliumsulfat enthält. Bei 45°, 2 Volt und 0,025 Ampere dauert die Elektrolyse 9 Std.

Zu Beginn nimmt die Lösung eine violette Farbe an infolge der anodischen Oxydation eines Teiles des Mangans zu Permanganat. Nach 1 bis 2 Std. wird die Farbe blasser und verschwindet schließlich. Während der Elektrolyse scheidet sich auf der Anode eine erhebliche Menge ManganIV-oxydhydrat ab, das jedoch als wismutfrei befunden wurde.

5. Trennung von Zink.

I. *Arbeitsvorschrift von* SAND (a). Die in 85 cm^3 2,5 cm^3 konzentrierte Salpetersäure und 12 g Weinsäure enthaltende Lösung wird an Netzelektroden bei Siedetemperatur und einer Stromstärke von 3 bis 0,2 Ampere und einer Kathodenspannung von 0,6 bis 0,7 Volt in 7 Min. elektrolysiert.

II. *Arbeitsvorschrift von* RAUNERT. a) Trennung in saurer Lösung. Der Elektrolyt enthält in 85 cm^3 1 cm^3 konzentrierte Schwefelsäure und 15 g Weinsäure. Die Elektrolyse wird bei 1,9 Volt begonnen, dann wird bei deutlich sichtbarer Schwankung des Voltmeters auf 1,7 Volt erniedrigt. Diese Schwankung erfolgt bei Anwesenheit von Zink später als in reiner Wismutlösung oder bei Anwesenheit von Blei (s. S. 652). Die Unterbrechung erfolgt durch Zugabe von mit Wasserstoff gesättigtem Wasser. Salpetersaure Lösungen müssen vor der Elektrolyse mit Schwefelsäure eingedampft werden, um die Salpetersäure zu vertreiben.

b) Trennung in alkalischer Lösung. Auf je 200 mg Wismut und Zink werden 15 g Natriumtartrat, 5 cm³ 30%ige Natronlauge und 20 cm³ 10%ige Kaliumcyanidlösung zugefügt. Unter Erwärmen wird bei einer Spannung von 1,8 Volt $1^1/_2$ Std. lang elektrolysiert. Bei kleinen Wismutmengen werden zur Verbesserung des Leitvermögens 3 g Natriumsulfat zugesetzt.

6. Trennung von Nickel.

Smith und Buckminster führten die Trennung des Wismuts von Nickel in schwefelsaurer Lösung durch, erhielten aber nur schlecht haftende Wismutabscheidungen.

D. Trennung des Wismuts von den Metallen der Schwefelwasserstoffgruppe und der Salzsäuregruppe.

1. Trennung von Quecksilber.

Die Trennung des Wismuts von Quecksilber ist schwierig auszuführen, im Gegenteil haben verschiedene Forscher (Vortmann, Exner, Balavoine) gerade die gemeinsame Abscheidung von Wismut und Quecksilber benutzt, um mit Hilfe des Wismutamalgams einen festhaftenden Wismutniederschlag zu erhalten. Demgemäß gelang Classen und Ludwig sowie Smith und Moyer die Trennung beider Metalle nicht. Smith und Buckminster geben eine Möglichkeit für die Trennung des Wismuts von Quecksilber an, wobei selbstverständlich das edlere Quecksilber zuerst abgeschieden wird. Sand (a) gibt eine genaue Vorschrift für diese Trennung unter Beobachtung der Kathodenspannung. Ferner besteht eine Trennungsmöglichkeit durch Anwendung der flüssigen Quecksilberelektrode nach Baumann, an der ebenfalls erst das Quecksilber abgeschieden wird.

I. *Arbeitsvorschrift von* Smith *und* Buckminster. Die Abscheidung des Quecksilbers bei Gegenwart von Wismut wird an einer Tiegelkathode durchgeführt. Der Elektrolyt enthält in 75 cm³ 10 Tropfen konzentrierter Salpetersäure, er wird auf 50° erwärmt. Die Stromstärke läßt man bis auf 0,002 Ampere sinken.

II. *Arbeitsvorschrift von* Sand. Der Elektrolyt wird mit 0,75 cm³ konzentrierter Salpetersäure auf 85 cm³ Volumen versetzt. Bei Siedetemperatur wird unter Rühren bei 10 bis 0,2 Ampere während 6 Min. das Quecksilber abgeschieden. Die Kathodenspannung wird auf 0,1 bis 0,15 Volt gehalten.

2. Trennung von Blei.

Die in der analytischen Chemie des Wismuts besonders wichtige Trennung des Wismuts von Blei ist vielfach auf elektrolytischem Wege versucht worden. Aus einfach salpetersaurer Lösung ist die Trennung jedoch mit Schwierigkeiten verknüpft, da hierbei das anodisch ausgeschiedene Bleidioxyd immer wismuthaltig anfällt (Smith und Saltar). Nur durch Kontrolle der Kathodenspannung gelingt die einwandfreie Abscheidung des Wismuts, wobei durch depolarisierende Zusätze die gleichzeitige anodische Bildung von Bleidioxyd unterbunden wird. Hierfür kommen in Betracht Weinsäure und/oder Traubenzucker [Sand (a); Seel] bzw. Hydrazin [Collin (a)]. Aus salzsaurer Lösung gelingt die Trennung nach Brown (s. S. 646). Auf die Möglichkeit der Trennung kleiner Wismutmengen von viel Blei durch innere Elektrolyse sei hier hingewiesen (s. S. 647 ff.). Der Vorschlag von Hollard und Bertiaux, das Blei als Sulfat zu fällen und ohne Filtration aus dem bleisulfathaltigen Elektrolyten das Wismut abzuscheiden, ist nach Sand (a) unbrauchbar, da es unmöglich sei, das abgeschiedene Metall wieder niederschlagsfrei zu waschen. Außerdem ist dann auch nur eine Elektrolyse im ruhenden Elektrolyten möglich. Sand arbeitet zur Wismut-Blei-Trennung deshalb mit kontrollierter Kathodenspannung aus salpetersaurer Lösung, der zur Vermeidung der Bildung von Bleidioxyd an der Anode Weinsäure und Traubenzucker zugesetzt wird.

Dennoch ist die Abscheidung von Bleidioxyd nicht ganz zu vermeiden, und deshalb muß auch die Anode gewogen werden.

I. *Arbeitsvorschrift von* Sand (a). Dem 85 cm³ betragenden Elektrolyten werden 2 cm³ konzentrierte Salpetersäure, 15 g Weinsäure und 15 g Traubenzucker zugesetzt. Unter Rühren (600 bis 800 Umdrehungen) wird 8 bis 11 Min. lang bei 75° an Netzelektroden mit 3 bis 0,2 Ampere elektrolysiert. Die Kathodenspannung wird auf 0,45 bis 0,55 Volt eingestellt.

II. *Arbeitsvorschrift von* Richardson. Die Wismutbestimmung wird vollkommen nach der S. 645 gegebenen Vorschrift ausgeführt. Auch das Auswaschen des Wismutniederschlages erfolgt in der dort angegebenen Weise mit Ammoniak unter Zusatz von Phenolphthalein.

Die nachfolgende Bleibestimmung auf elektrolytischem Wege wird nach dem Eindampfen des Elektrolyten auf dem Wasserbade und Aufnehmen des Rückstandes mit 20 cm³ konzentriertem Ammoniak vorgenommen. Aus dieser Lösung wird das Blei bei Raumtemperatur als Metall mit einer Spannung von 1,9 Volt bei 1 Ampere abgeschieden. Das Auswaschen erfolgt ohne Stromunterbrechung mit Wasser, das zuvor mit Wasserstoff oder Leuchtgas gesättigt worden ist, um Bleiverluste durch Auflösen zu vermeiden. Nach Ablassen des letzten Waschwassers werden die Elektroden mit warmer, verdünnter Salpetersäure übergossen. Nach Zugabe von 7 cm³ konzentrierter Salpetersäure auf 80 cm³ Gesamtvolumen und einer etwa 250 mg Kupfer entsprechenden Menge von Kupfernitratlösung wird umgepolt und das zunächst in Lösung gehende Blei in üblicher Weise als Bleidioxyd abgeschieden.

III. *Arbeitsvorschrift von* Seel. Die Arbeitsbedingungen sind die gleichen wie für die Wismutbestimmung allein (s. S. 642). Es ist die genaue Kontrolle der Spannung erforderlich, die 0,85 Volt unter keinen Umständen übersteigen darf, da sonst Bleiabscheidung erfolgt. Am besten ist es, zwischen 0,5 und 0,75 Volt zu arbeiten. Bei kleineren Wismutmengen werden gute Werte erzielt. Bei Mengen über 500 mg sind die Werte höher, vielleicht bedingt durch Einschlüsse. Meist ist dann der Abzug von 0,1% erforderlich (s. S. 642).

IV. *Arbeitsvorschrift von* Brown. Die Abscheidung des Wismuts bei Gegenwart von Blei aus salzsaurer Lösung und Hydroxylammoniumchlorid als Depolarisator erfolgt genau nach den auf S. 646 geschilderten Bedingungen mit einer Hilfselektrode aus Wismutdraht.

V. *Arbeitsvorschrift von* Collin (a). An Stelle von Hydroxylammoniumsalz als Depolarisator verwendet Collin das leichter zerstörbare Hydrazin, so daß die auf das Wismut folgende Abscheidung des Bleis als Dioxyd leicht vonstatten geht.

Der die beiden Metalle als Nitrate enthaltende Elektrolyt von 60 cm³ Gesamtvolumen und 80 bis 85° Temperatur wird mit 3 cm³ Salpetersäure und 4 bis 5 Tropfen 50%iger Hydrazinhydratlösung versetzt. Die Kathodenspannung wird auf —0,45 Volt gegen eine 0,01 n Salpetersäure-Chinhydron-Elektrode eingestellt. Die Stromstärke beträgt anfangs 1,3 Ampere und sinkt gegen Ende praktisch auf Null. Die Kathodenspannung beträgt dann —0,6 Volt. Nach der Entfernung des Wismuts wird zum heißen Elektrolyten eine 50%ige Natronlauge bis zur völligen Klärung der Lösung gegeben und nach Zusatz kleiner Mengen Natriumperoxyd so lange erhitzt, bis keine braunen Dämpfe mehr entweichen. Alsdann wird wieder mit konzentrierter Salpetersäure angesäuert und ein Überschuß von 20 cm³ zugegeben, so daß das Volumen 120 cm³ beträgt. Die Bleifällung wird bei 90° und 6 bis 6,5 Ampere vorgenommen. Das abgeschiedene Bleidioxyd wird mit Alkohol und Äther gewaschen und hoch über einer Bunsenflamme getrocknet. Als empirische Umrechnungsfaktoren für das Bleidioxyd gibt Collin folgende Werte: bis 100 mg Pb: 0,8660, bis 400 mg Pb: 0,8635, bis 500 mg Pb: 0,8605.

VI. ***Arbeitsvorschrift von*** **Kny-Jones (a).** Nach Kny-Jones gestattet ein Zusatz von Oxalsäure die schnelle Abscheidung des Wismuts bei Gegenwart von Blei und Zinn. Es wird mit der Anordnung von Lindsey und Sand (b) und der gesättigten Kalomel-Hilfselektrode gearbeitet.

400 bis 450 mg der Probespäne werden mit 1 bis 2 cm³ konzentrierter Salpetersäure versetzt. Nach dem Aufhören der heftigen Reaktion gibt man 10 cm³ konzentrierte Salzsäure hinzu, kocht auf, setzt weitere 5 cm³ Salzsäure hinzu, verdünnt auf 100 cm³ und fügt 5 g Oxalsäure und 0,5 g Hydraziniumchlorid hinzu. Die Elektrolyse wird bei 80 bis 85° mit einer Kathodenspannung von 0,15 bis 0,17 Volt begonnen. Nach Sinken der Spannung auf Null wird sie stufenweise um 0,02 Volt bis zu einer Endspannung von 0,25 bis 0,35 Volt erhöht. Bezüglich einer Trennung des Wismuts von Blei im mikrochemischen Maßstabe siehe das Verfahren von Lindsey (S. 643).

3. Trennung von Kupfer.

Durch eine gewöhnliche Elektrolyse ist eine Trennung des Wismuts von Kupfer nur schwierig oder gar nicht zu erreichen (Smith und Frankel; Smith und Saltar). In salpetersaurer Lösung liegen die Potentiale zu nahe beieinander. Man muß also entweder durch Komplexbildung die Potentiale verschieben und dabei gleichzeitig die Kathodenspannung genau regeln, oder es kann auch eine Ausfällung des einen Metalles, hier am besten des Wismuts, erfolgen. Eine Arbeitsweise von Hollard und Bertiaux greift Moldenhauer wieder auf. Jene Forscher trennen die beiden Metalle auf gewöhnliche Weise, indem sie das Wismut als Phosphat fällen, dieses in Salpetersäure lösen, mit Schwefelsäure abrauchen und nunmehr das Wismut elektrolytisch niederschlagen. Moldenhauer fällt ebenfalls Wismutphosphat mittels Phosphorsäure (D 1,14) aus. Nachdem der Niederschlag über Nacht sich völlig abgesetzt hat, wird die elektrolytische Kupferabscheidung ohne Bewegung des Elektrolyten durchgeführt. Die Elektroden müssen sich einige Zentimeter über dem Niederschlage befinden. Da bei einmaliger Fällung der Wismutphosphatniederschlag nicht kupferfrei ist (s. § 2, S. 547), erscheint das Verfahren nicht empfehlenswert. — Eine von Sand (a) herrührende Arbeitsweise scheidet unter Beobachtung der Kathodenspannung Wismut und Kupfer vollständig. Auch das Verfahren von Fischer und Krayer (s. S. 643) ist zur Trennung des Wismuts von Kupfer brauchbar, da bei der von diesen Verfassern angewendeten Zusammensetzung des Elektrolyten die Abscheidung des Wismuts bei 1,2 bis 1,6 Volt erfolgt, während die Kupfer-Ionen erst oberhalb 1,65 Volt entladen werden. Es kann übrigens bei dieser Arbeitsweise das Oxalat durch Cyanid ersetzt werden, jedoch wird durch diese Maßnahme die Abscheidung des Wismuts verzögert. Im folgenden werden nur solche Verfahren beschrieben, bei denen zuerst die Abscheidung des Wismuts vorgenommen wird.

I. ***Arbeitsvorschrift von*** **Sand (a).** Zu einer in 85 cm³ etwa je 300 bis 400 mg Wismut und Kupfer enthaltenden Lösung werden 3 cm³ konzentrierte Salpetersäure und dann der Reihe nach 8 g Natriumtartrat, 3 g Natriumhydroxyd, 5 g Kaliumcyanid und 10 cm³ Formaldehyd zugegeben. Man elektrolysiert bei 80° an Netzelektroden mit einer Stromstärke von 2 bis 0,2 Ampere. Die Kathodenspannung beträgt 1,1 bis 1,4 Volt und die Klemmenspannung 0,4 bis 0,5 Volt. Nach der Wismutabscheidung wird das Kupfer bei 3,5 Volt und 10 Ampere in der Siedehitze in 8 bis 9 Min. gefällt.

II. ***Arbeitsvorschrift von*** **Raunert.** Die Wismut und Kupfer enthaltende Lösung wird mit 10 g Natriumtartrat, 5 cm³ 30%iger Natronlauge und 20 bis 25 cm³ 10%iger Kaliumcyanidlösung (bzw. 5 cm³ mehr als zur völligen Entfärbung benötigt werden) versetzt und mit einer Spannung von 1,9 Volt elektrolysiert. Wird zu Anfang eine 1 Ampere überschreitende Stromstärke erzielt, so wird die Badspannung entsprechend erniedrigt. Im übrigen braucht die Spannung gegen

Ende der Abscheidung (s. S. 651) nicht erniedrigt zu werden. Es kommt aber auf strenge Einhaltung der Spannung von 1,9 Volt an. Die Elektrolyse wird fortgesetzt, bis die Stromstärke auf 15 bis 20 Milliampere abgesunken und etwa 10 Min. lang konstant geblieben ist. Dauer etwa 1 Std. Das Wismut fällt fast völlig kupferfrei aus.

Bemerkungen. **a)** Der **Tartratzusatz** muß bei Wismutmengen über 200 mg vergrößert werden. — **b)** Das **Waschwasser** wird unter Zusatz von 10 cm³ Schwefelsäure und 10 bis 20 cm³ Wasserstoffperoxyd eingedampft und nach hinreichendem Einengen mit konzentriertem Ammoniak neutralisiert. — **c)** Bei **Zusatz von Hydroxylamin** kann mit einer niedrigeren Spannung gearbeitet werden. Der Elektrolyt enthält dann 15 g Natriumtartrat, 5 cm³ 30%ige Natronlauge, 25 cm³ 10%ige Kaliumcyanidlösung und 0,3 g Hydroxylammoniumsulfat. Man elektrolysiert durchgehend mit 1,5 Volt.

III. ***Arbeitsvorschrift von*** KNY-JONES **(c).** Die salpetersaure Lösung der Nitrate des Wismuts und Kupfers wird mit Natronlauge alkalisch gemacht, das ausgefallene Wismutoxydhydrat durch Zusatz von festem Natriumhydrogentartrat und das basische Kupfersalz durch festes Kaliumcyanid wieder in Lösung gebracht, die Lösung nach Zugabe von 1 g Hydroxylammoniumsulfat auf 100 cm³ verdünnt und 15 bis 25 Min. lang bei 75° elektrolysiert. Als Hilfselektrode dient die gesättigte Kalomelelektrode mit einer Brücke aus 50%iger Natriumnitratlösung.

4. Trennung von Cadmium.

Die Trennung des Wismuts von Cadmium bietet wegen der genügend weit auseinanderliegenden Normalpotentiale der beiden Metalle keine besonderen Schwierigkeiten. SMITH und KNERR sowie KAMMERER arbeiteten mit guten Erfolgen in schwefelsaurer Lösung bei niedrigen Stromstärken. Die Abscheidung des Wismuts an der flüssigen Quecksilberkathode nach BAUMANN ist bei Gegenwart von Cadmium ebenfalls gut möglich. Am vorteilhaftesten ist auch bei der Trennung des Wismuts von Cadmium die Einhaltung einer bestimmten Kathodenspannung.

I. ***Arbeitsvorschrift von*** SAND **(a).** Die Zusammensetzung des Elektrolyten und die Arbeitsbedingungen sind die gleichen, wie sie auf S. 651 für die Trennung des Wismuts von Zink angegeben sind. Nach der Abscheidung des Wismuts erfolgt die Elektrolyse des Cadmiums nach Zugabe von 17 g Natriumhydroxyd zur Lösung.

II. ***Arbeitsvorschrift von*** RICHARDSON**.** Dem je 100 mg Wismut und Cadmium enthaltenden Elektrolyten wird 1 cm³ Milchsäure zugesetzt. Die Elektrolyse erfolgt bei Raumtemperatur, einer Spannung von 2,1 Volt und einer von 1 auf 0,015 Ampere fallenden Stromstärke.

III. ***Arbeitsvorschrift von*** RAUNERT**.** a) Trennung in saurer Lösung. In der Lösung, die 1 cm³ konzentrierte Salpetersäure enthalten soll, werden 15 g Weinsäure gelöst. Die Elektrolyse wird bei 2 Volt begonnen, bis die Stromstärke auf ein Drittel des anfänglichen Wertes gesunken ist und das kennzeichnende Schwanken am Voltmeter beobachtet wird. Dann wird die Spannung auf 1,9 Volt erniedrigt und die Abscheidung zu Ende geführt. Dauer 1 bis $1^1/_2$ Std.

b) Trennung in alkalischer Lösung. Auf je 200 mg Wismut und Cadmium werden dem Elektrolyten 15 g Seignettesalz, 5 cm³ 30%ige Natronlauge und 30 cm³ 10%ige Kaliumcyanidlösung zugefügt, so daß ein Gesamtvolumen von 80 bis 90 cm³ erreicht wird. Man elektrolysiert während 2 Std. bei 1,75 Volt und erwärmt unter Umständen leicht.

5. Trennung von Arsen, Antimon und Zinn.

Die Angaben über die Trennungen des Wismuts von Antimon sind widersprechend. RICHARDSON konnte die diesbezüglichen Angaben SCHMUCKERS (a, b) nicht bestätigen, und er empfiehlt die Trennung auf chemischem Wege. BAUMANN konnte an der flüssigen Quecksilberkathode ebenfalls keine einwandfreie Trennung erzielen, und auch er schlägt die chemische Trennung vor. Das gleiche gilt von den Befunden von SCHOCH und BROWN, die ENGELENBURG nicht bestätigen konnte.

Nach RICHARDSON ist die Trennung des Wismuts von dreiwertigem Arsen nicht möglich, doch gelingt sie, wenn das Arsen in fünfwertiger Stufe vorliegt.

Arbeitsvorschrift von* RICHARDSON *zur Trennung des Wismuts von Arsen. Dem auf 60° erwärmten Elektrolyten werden 5 bis 10 cm^3 8 n Natronlauge und 10 bis 20 g Weinsäure zugesetzt. Die Spannung wird auf 1,9 bis 1,5 Volt geregelt, die Stromstärke fällt von 1 auf 0,006 Ampere ab. Dauer 30 bis 45 Min.

Die Trennung des Wismuts von Zinn ist von SCHMUCKER (b) aus ammoniakalischer Tartratlösung durchgeführt worden. Es liegen jedoch diesbezügliche Versuche von anderer Seite nicht vor. In salzsaurer Lösung haben SCHOCH und BROWN die Trennung ausgeführt, jedoch hat ENGELENBURG diese Arbeitsweise als undurchführbar bezeichnet. Eine Trennungsart mit beobachteter Kathodenspannung hat KNY-JONES (a) mitgeteilt, sie erfolgt in gleicher Weise wie die von demselben Verfasser angegebene Trennung des Wismuts von Blei (s. S. 654).

6. Trennung von Molybdän und Wolfram.

Unter Verwendung einer rotierenden Tiegelkathode und einer ruhenden Tiegelanode haben SMITH und BUCKMINSTER eine Trennung des Wismuts von Molybdän und Wolfram durchgeführt. Der Elektrolyt, der 200 mg Bi als Nitrat und 100 bzw. 200 mg Molybdän bzw. Wolfram in Form der Natriumsalze ihrer Säuren und einen Zusatz von 0,5 g Natriumhydroxyd und 3 g Weinsäure enthielt, wurde bei 3 Volt und 0,2 Ampere der Elektrolyse unterworfen, die 30 Min. in Anspruch nahm.

7. Trennung von Silber.

Die elektrolytische Trennung des Wismuts von Silber ist nur dadurch möglich, daß zuerst das edlere Silber ausgeschieden wird. Hierfür hat FREUDENBERG eine Vorschrift ausgearbeitet, nach welcher aus einer ammoniumnitrathaltigen, salpetersauren Lösung bei 1,3 Volt das Silber niedergeschlagen wird. Aus der verbleibenden Lösung bestimmt FREUDENBERG das Wismut gewichtsanalytisch nach ROSE als Wismutoxyd (s. § 6 G, S. 596).

Die Arbeitsweise von SMITH und BUCKMINSTER lehnt sich an die Trennung des Wismuts von Quecksilber (s. S. 652) an. Aus salpetersaurer Lösung wird zuerst das Silber ausgeschieden. Über die Wismutfällung machen die Verfasser keine Angaben.

Literatur.

BALACHOWSKI, D.: C. r. **131**, 179 (1900). — BALAVOINE, P.: Ch. Z. **29**, 334 (1905). — BAUMANN, P.: Z. anorg. Ch. **74**, 334 (1912). — BENNER, R. C.: Am. Soc. **32**, 1236 (1910). — BÖTTGER, W.: Elektroanalyse in Physikalische Methoden der analytischen Chemie, herausgegeben von W. BÖTTGER, 2. Teil, S. 99 bis 259. Leipzig 1936. — BÖTTGER, W., N. BLOCK u. M. MICHOFF: Fr. **93**, 419 (1933). — BRAND, A.: Fr. **28**, 596 (1889). — BROWN, D. J.: Am. Soc. **48**, 582 (1926). — BRUNCK, O.: B. **35**, 1871 (1902).

CLARKE, B. L., L. A. WOOTEN u. C. LUKE: Ind. eng. Chem. Anal. Edit. 8, 411 (1936); durch Fr. **112**, 268 (1938). — CLASSEN, A., u. R. LUDWIG: B. **19**, 325 (1886). — CLASSEN, A., u. M. A. v. REIS: B. **14**, 1622 (1881). — COLLIN, ELLA M.: (a) Analyst **54**, 654 (1929); durch Fr. **83**, 141 (1931); (b) **55**, 312 (1930); durch Fr. **83**, 128 (1931); (c) **55**, 680 (1930); durch C. **102, I**, 489 (1931).

DUVAL, C.: Rev. sci. **76**, 344 (1938); durch C. **115, II**, 454 (1944).

ENGELENBURG, ANNA J.: Fr. **62**, 266 (1923). — EXNER, F.: Am. Soc. **25**, 896 (1903).

FISCHER, A.: Elektroanalytische Schnellmethoden, 2. Aufl., bearbeitet von A. SCHLEICHER. Stuttgart 1926. — FISCHER, A., u. R. J. BODDAERT: Z. El. Ch. **10**, 945 (1904). — FISCHER, A., u. KRAYER, s. A. FISCHER, Elektroanalytische Schnellmethoden, 2. Aufl., S. 195, bearbeitet von A. SCHLEICHER. Stuttgart 1926. — FLADE-SCHALL, B. M. in BÖTTGER, W.: Elektroanalyse in Physikalische Methoden der analytischen Chemie, herausgegeben von W. BÖTTGER, 2. Teil, S. 212. Leipzig 1936. — FREUDENBERG, H.: Ph. Ch. **12**, 108 (1893).

GROSSET, TH.: Bl. soc. chim. Belg. 42, 269 (1933); durch Fr. 99, 49 (1934).

HOLLARD, A., u. L. BERTIAUX: C. r. 139, 367 (1904).

JELLINEK, K., u. W. KÜHN: Ph. Ch. 105, 353 (1923). — JÍLEK, A., u. J. LUKAS: Chem. Listy 21, 49 (1927); durch Fr. 75, 251 (1928).

KAMMERER, A. L.: Am. Soc. 25, 83 (1903). — KNY-JONES, F. G.: (a) Analyst 64, 172 (1939); durch C. 111, I, 2511 (1940); (b) 64, 575 (1939); durch C. 111, II, 800 (1940); (c) 66, 101 (1941); durch C. 113, I, 391 (1942). — KOLLOCK, L. G., u. E. F. SMITH: Am. Soc. 27, 1539 (1905). — KÜRTHY, L., u. H. MÜLLER: Bio. Z. 149, 238 (1924).

LASSIEUR, A.: C. r. 177, 1114 (1923); 178, 848 (1924); 179, 633 (1924). — LINDSEY, A. J.: Analyst 60, 744 (1935); durch Fr. 105, 128 (1936). — LINDSEY, A. J., u. H. J. S. SAND: (a) Analyst 60, 739 (1935); durch Fr. 105, 126 (1936); (b) Analyst 59, 328 (1934); durch C. 105, II, 1338 (1934). — LUCKOW, C.: Fr. 19, 16 (1880). — LUKAS, J., u. A. JÍLEK: Chem. Listy 21, 541 (1927); durch Fr. 75, 251 (1928). — LUKE, C. L.: Bell. Lab. Rec. 19, 294 (1941); durch C. 114, I, 1394 (1943).

METZGER, F. J., u. H. T. BEANS: Am. Soc. 30, 589 (1908). — MOLDENHAUER, W.: Angew. Ch. 39, 454 (1926).

NAKAO: J. pharm. Soc. Japan 446, 275 (1919).

PAWECK, H., u. E. WALTHER: Fr. 64, 93 (1924). — PAWECK, H., u. R. WEINER: Fr. 72, 240 (1927). — PESET, J.: Fr. 47, 401 (1908). — POCH, P.: Bl. [4] 26, 78 (1919); durch Fr. 65, 268 (1924/25).

RAUNERT, M.: Diss. Jena 1929; durch W. BÖTTGER: Elektroanalyse in Physikalische Methoden der analytischen Chemie, herausgegeben von W. BÖTTGER, 2. Teil, S. 210 u. S. 213. Leipzig 1936. — RICHARDSON, B. P.: Z. anorg. Ch. 84, 293 (1914). — RÜDORFF, F.: Angew. Ch. 5, 199 (1892).

SAND, H. J. S.: (a) Soc. 91, 373 (1907); (b) Analyst 55, 309 (1930); durch Fr. 83, 127 (1931). — SCHLEICHER, A.: Met. Erz 24, 386 (1927). — SCHLEICHER, A., u. L. TOUSSAINT: Angew. Ch. 39, 822 (1926). — SCHMUCKER, S. C.: (a) Am. Soc. 15, 203 (1893); (b) Z. anorg. Ch. 5, 206 (1894). — SCHOCH, E. P., u. D. J. BROWN: Am. Soc. 38, 1672 (1916). — SCHUCHT: Fr. 22, 492 (1883). — SEEL, K.: Angew. Ch. 37, 541 (1924). — SMITH, E. F., u. J. H. BUCKMINSTER: Am. Soc. 32, 1471 (1910). — SMITH, E. F., u. L. K. FRANKEL: Am. Soc. 12, 434 (1890). — SMITH, E. F., u. E. B. KNERR: Am. chem. J. 8, 206 (1886). — SMITH, E. F., u. MOYER: Am. Soc. 15, 28; 102 (1893). — SMITH, E. F., u. J. C. SALTAR: Z. anorg. Ch. 3, 415 (1893). — SMITH, E. F., u. H. W. THOMAS: Am. chem. J. 5, 114 (1884); durch Fr. 23, 413 (1884).

THOMÄLEN, H.: Ch. Z. 18, 1355 (1894).

ULLGREN, C.: Fr. 7, 442 (1868).

VORTMANN, G.: B. 24, 2759 (1891).

WIELAND, J.: B. 17, 1612 (1884). — WIMMENAUER, K.: Z. anorg. Ch. 27, 1 (1901).

§ 12. Polarographische Bestimmung.

Allgemeines.

Das polarographische Verfahren ist ausgezeichnet durch eine besondere Empfindlichkeit, die es gestattet, noch in Verdünnungen von 1 Grammäquivalent auf 10^5 bis 10^6 l gleichzeitig mehrere Bestandteile in einer Lösung zu bestimmen. Um die Bestimmung auszuführen, genügt überdies ein Flüssigkeitsvolumen von nur 0,1 cm³. Dementsprechend können unter geeignet gewählten Bedingungen noch 10^{-8} bis 10^{-9} g eines Stoffes ermittelt werden. Da die Lösung bei der polarographischen Messung nicht erheblich verändert wird, so kann diese beliebig oft wiederholt werden. Das photographisch aufgenommene Polarogramm kann ferner als Analysendokument aufbewahrt werden.

Das polarographische Verfahren eignet sich demnach besonders für solche Fälle, in denen entweder wegen der großen Verdünnung oder wegen der geringen Menge der zur Verfügung stehenden Lösung, die eine übliche analytische Behandlung wie Fällungen, Filtrationen usw. nicht zuläßt, eine andere Arbeitsweise nicht möglich ist. Das Verfahren wird aber nur vorteilhaft bei seiner Anwendung für Reihenanalysen, zumal die eigentliche Bestimmung, die in der Aufnahme der Stromspannungskurve besteht, nach der Herstellung der Lösung nur sehr kurze Zeit beansprucht. Die erreichbare Genauigkeit beträgt etwa $\pm 2\%$.

Bei Metallen, deren Reduktionspotentiale sehr nahe beieinander liegen, treten Koinzidenzen auf. Dieser Fall liegt bei Wismut und Kupfer vor. Die entsprechenden Halbstufenpotentiale in neutraler oder schwach saurer Lösung betragen für $Bi^{\cdot\cdot\cdot}$ ± 0 Volt, für $Cu^{\cdot\cdot}$ $+0,09$ Volt. Die beiden Metalle lassen sich daher in schwach saurer Lösung nicht nebeneinander bestimmen. Durch Zufügen geeigneter komplexbildender Stoffe gelingt jedoch eine Verschiebung der Halbstufenpotentiale zu weiter voneinander entfernten Werten. Dies ist bei dem Paar Wismut-Kupfer durch Zusatz einer alkalischen, 10%igen Seignettesalzlösung möglich. In einer solchen Lösung beträgt das Halbstufenpotential des Wismuts —0,35 Volt und das des Kupfers —0,14 Volt.

Um einen eindeutigen und gut auswertbaren Kurvenverlauf zu erhalten, muß der Einfluß von Fremd-Ionen konstant gehalten oder ausgeschaltet werden. Hierzu dient eine Grundlösung, die zum Ansetzen der für die Aufnahme des Polarogramms nötigen Analysenlösung Verwendung findet. Für die polarographische Wismutbestimmung sind folgende Grundlösungen brauchbar:

Grundlösung 1: 660 cm³ konzentrierte Salzsäure; 200 cm³ Gelatinelösung: 20 g reinste Gelatine werden in destilliertem Wasser eingequollen, unter Erwärmen gelöst und zum Liter aufgefüllt. 1140 cm³ destilliertes Wasser (HOHN).

Grundlösung 2: 10%ige, schwach alkalische Seignettesalzlösung (SUCHÝ).

Am besten bewährt sich die Grundlösung 2 wegen des durch sie bewirkten Auseinanderrückens der Halbstufenpotentiale des Wismuts und Kupfers (s. oben).

Bestimmungsverfahren.

A. Bestimmung des Wismuts in Gegenwart von Kupfer, Blei und Cadmium.

1. Arbeitsvorschrift von SUCHÝ.

Die Wismut neben Kupfer, Blei und Cadmium enthaltende Lösung, aus der QuecksilberI- und Silberverbindungen entfernt sind, wird bis auf 10% mit Seignettesalz versetzt und mit Kalilauge schwach alkalisch gemacht. Infolge der Bildung von Tartratkomplexen werden die Abscheidungspotentiale des Kupfers und Wismuts so weit getrennt, daß die gleichzeitige Bestimmung aller vier Elemente möglich wird.

Für millimolare, schwach alkalische Lösungen liegen die Potentiale bei Zusatz von 10% Seignettesalz für

Kupfer bei	—0,14 Volt	Blei bei	—0,60 Volt
Wismut bei	—0,35 Volt	Cadmium bei	—0,80 Volt.

Spuren von 10^{-5} Grammäquivalent Wismut im Liter können bei Verwendung von 2 cm³ der Lösung nachgewiesen werden.

Wenn eine edlere Komponente überwiegt, kann die unedlere nur bestimmt werden, wenn die Lösung von dieser wenigstens 2% der edleren enthält. Die absolute Bestimmung der Konzentrationen ist auf $\pm 5\%$ genau.

SCHWAER und SUCHÝ bestimmen auch Selen und Tellur neben Wismut und Kupfer in Alkalitartratlösung. In Ammoniumrhodanidlösung ist auch die quantitative Bestimmung von Wismut, Selen und Tellur nebeneinander möglich.

2. Arbeitsvorschrift von COZZI (a).

Die auf Wismut neben Blei, Cadmium und Zinn zu untersuchende Probe einer Legierung wird in Salzsäure unter Zusatz von Kaliumchlorat gelöst und bis fast zur Trockene eingedampft. Es dürfen hierbei keine basischen Salze entstehen. Zinn muß als $Sn^{\cdot\cdot}$ vorliegen, die Lösung wird daher mit Natriumhypophosphit in saurer Lösung behandelt. Der günstigste p_H-Wert für die gleichzeitige Bestimmung von Wismut, Blei und Cadmium (Zinn aus der Differenz) liegt bei 4. Um ihn einzustellen, versetzt man 10 cm^3 der salzsauren Lösung mit 20 cm^3 20%iger Weinsäurelösung, einigen Tropfen Methylorangelösung und 40%iger Natronlauge bis zum Farbumschlag und füllt nach Zugabe von 5 Tropfen 1%iger Fuchsinlösung (zur Herabdrückung der Maxima) auf 50 cm^3 auf. Vor der polarographischen Messung wird $1^1/_2$ bis 2 Std. lang Wasserstoff durch die Lösung in der Elektrolysierzelle hindurchgeleitet. Man erhält drei Wellen bei —0,35 Volt (Wismut), —0,60 Volt (Blei) und —0,80 Volt (Cadmium). — Cozzi (c) gibt folgende neue Vorschrift für die Bestimmung von Wismut in Blei: 2 g Blei-Feilstaub werden mit 3 cm^3 Salpetersäure (D 1,4) und 15 cm^3 Wasser unter Erwärmen gelöst. Man fügt 4 cm^3 Schwefelsäure (D 1,2) hinzu, verdünnt auf 50 cm^3 und filtriert vom ausgefallenen Bleisulfat ab. 40 cm^3 des Filtrates werden nach Zusatz von einigen Tropfen 0,1 n Kaliumpermanganatlösung bis zum Rauchen erhitzt. Durch Zufügen von 2%iger Natronlauge wird die Lösung des Rückstandes auf den p_H-Wert 3,7 gebracht und nach Versetzen mit einigen Tropfen 0,1%iger basischer Fuchsinlösung in einer Wasserstoffatmosphäre gegen die gesättigte QuecksilberI-sulfatelektrode polarographiert. Halbstufenpotential des Tartratkomplexes des Wismuts —0,51 Volt. (Das Referat enthält keine Angaben über einen Tartratzusatz, s. Kapitel Sb, § 7 B, S. 455.)

B. Bestimmung des Wismuts in Kupfer, Zink und Zinklegierungen nach Krössin.

Um die die polarographische Bestimmung des Wismuts erschwerende Gegenwart des Kupfers auszuschalten, führt Krössin eine Anreicherung des Wismuts durch Sulfidfällung in cyanidhaltiger Lösung des Materials aus. Hierbei folgt dem Wismut das Blei. Die polarographische Messung erfolgt in salzsaurer Lösung unter Zusatz von Tylose.

1. In Kupfer. 12,5 g Kupfer (oder ein dieser Menge entsprechender aliquoter Teil einer größeren Einwaage) werden in Salpetersäure (1:1) gelöst. Nach Verkochen der Stickoxyde wird die Lösung mit Ammoniak neutralisiert und mit 50 g technischem Kaliumcyanid versetzt. Mit Natriumsulfidlösung werden Wismut- und Bleisulfid ausgefällt. Nach kurzem Aufkochen wird der Niederschlag abfiltriert, in Salpetersäure gelöst und die eben beschriebene Fällung wiederholt, um mitgerissenes Kupfer zu entfernen. Man löst abermals in Salpetersäure (1:1), dampft ein und kocht einige Male mit Salzsäure (1:1) auf. Nach dem Abkühlen wird mit 10%iger Salzsäure in ein 25-cm^3-Meßkölbchen, das bereits 2,5 cm^3 Tyloselösung enthält, gespült und aufgefüllt. Die Tyloselösung wird aus 25 g käuflicher, 10%iger Paste durch Auffüllen zum Liter bereitet. Zweimal je 10 cm^3 der Analysenlösung = je 5 g Probematerial werden in zwei kleine trockene Bechergläser abgemessen und zu der einen Probe 1 cm^3 Bleilösung mit 0,05 g Pb/l und 1 cm^3 Wismutlösung mit 0,1 g Bi/l zugesetzt, während zu der anderen Probe zum Konzentrationsausgleich 2 cm^3 Wasser gegeben werden. Die Lösungen werden in die üblichen Elektrolysiergefäßchen gebracht und nach 20 Min. dauerndem Durchleiten von Wasserstoff bei einer Galvanometerempfindlichkeit $^1/_{20}$ unter Verwendung eines 4-Volt-Akkumulators von 0 bis 0,7 Volt polarographiert.

2. In Feinzink. Für Feinzink gilt die gleiche Arbeitsweise, wie unter 1. für Kupfer beschrieben.

3. In aluminiumhaltigen Zinklegierungen (etwa 4% Cu, 8% Al). Von der im Meßkolben aufgefüllten salpetersauren Lösung einer zwecks Erzielung eines besseren Durchschnittes höher gewählten Einwaage wird ein 5 g entsprechender Anteil abgemessen.

Hierzu gibt man 5 g Weinsäure, neutralisiert mit Ammoniak und versetzt mit 20 g Natriumcyanid. Mit Natriumsulfid werden Wismut und Blei gefällt und der Niederschlag wie unter 1. weiter behandelt. Bei geringem Kupfergehalt genügt einmalige Fällung. Die schließlich erhaltene salzsaure Wismut-Blei-Lösung wird mit 10%iger Salzsäure in einen 50 cm³-Meßkolben übergespült, der bereits 5 cm³ der oben (1) bezeichneten Tyloselösung enthält. Von diesen 50 cm³ werden zweimal je 10 cm³ = je 1 g Material abgenommen. Zur einen Probe fügt man 1 cm³ Bleilösung mit 2 g Pb/l und 1 cm³ Wismutlösung mit 2 g Bi/l, zur anderen Probe 2 cm³ Wasser zum Konzentrationsausgleich. Beide Proben werden bei einer Galvanometerempfindlichkeit von $^1/_{200}$ polarographiert. Der Fehler beträgt etwa 3%.

C. Bestimmung des Wismuts in Zink und Zinklegierungen.

Verfahren von Cozzi (b).

Nach der Vorschrift von Cozzi (b) können Wismut, Blei, Thallium, Kupfer und Cadmium, und zwar die drei erstgenannten in einer Menge von 0,0001%, die zwei letzteren in einer solchen von 0,00005% nebeneinander bestimmt werden. Die Bestimmung von Blei und Thallium nebeneinander gelingt nur in stark alkalischer Kaliumcyanidlösung, während die anderen Metalle in alkalischer Natriumtartratlösung ermittelt werden.

Arbeitsvorschrift. 5 bis 10 g Zink werden in verdünnter Salpetersäure gelöst. Zu der Lösung wird Ammoniak bis zur Auflösung des zuerst ausfallenden Zinkhydroxydes zugefügt. Nun versetzt man mit einer frisch bereiteten Lösung von farblosem Ammoniumsulfid und zentrifugiert. Die Lösung wird abdekantiert und der Niederschlag mit einer ammoniakalischen Lösung von Ammoniumnitrat gewaschen. Dann wird der Niederschlag in 1 bis 2 Tropfen konzentrierter Salpetersäure gelöst, die Lösung auf dem Wasserbade eingetrocknet und dann mit Schwefelsäure abgeraucht. Nach dem Aufnehmen mit wenig Wasser werden die Sulfide von Wismut, Kupfer, Blei, Cadmium, Zinn und Thallium durch Schwefelwasserstoff ausgefällt. Der Niederschlag wird mit Salzsäure und Salpetersäure in der Wärme gelöst und die Lösung auf dem Wasserbade eingedampft. Der Rückstand wird in einer folgendermaßen bereiteten Lösung gelöst: 5 cm³ 20%iger Weinsäurelösung werden mit Natronlauge gegen Methylorange neutralisiert und mit Wasser auf 50 cm³ aufgefüllt. Die Lösung wird nach dem Durchleiten von Wasserstoff polarographiert, wobei die üblichen Wellen (s. S. 658) erhalten werden.

Seith und vor dem Esche teilen ein Verfahren mit, das es gestattet, in Reinzink 0,005% Wismut nachzuweisen.

D. Bestimmung von Wismutspuren in Mineralwässern.

Heller, Kuhla und Machek (a) bestimmen Spuren von Schwermetallen, darunter in einigen Fällen Wismut, neben der 10 bis 100000fachen Menge von Alkali- und Calciumsalzen, und zwar Mengen unter 10 γ neben den gewöhnlichen Mineralwassersalzen. Hierzu dient zunächst eine „extraktive Anreicherung" der Schwermetalle mit Dithizon (s. § 9 D, S. 620), anschließend wird die polarographische Bestimmung durchgeführt. Dieselben Verfasser geben in einer weiteren Arbeit (b) besondere Vorsichtsmaßregeln für das Arbeiten an: Einpacken aller Metallgegenstände des Laboratoriums in Papier oder Zellstoff oder deren Paraffinieren, Brenner aus Speckstein, Holzstative, Wasserbäder aus Porzellan. Alle Chemikalien werden sorgfältigst gereinigt, und alle Operationen werden durch Leerversuche kontrolliert.

Die Verfasser verwenden zwei verschiedene Arbeitsweisen. Bei der einen werden 10 l des Wassers zuerst eingedampft und die Schwermetalle aus diesem Konzentrat extrahiert, während bei dem anderen Verfahren die Extraktion unmittelbar aus dem frisch geschöpften Wasser erfolgt.

1. Eindampfverfahren. 10 l des zu untersuchenden Mineralwassers werden in einem Kolben unter Durchsaugen eines sorgfältig filtrierten Luftstromes auf

100 cm³ eingeengt. Diese Lösung wird mit Salzsäure angesäuert und in einem 250 cm³ fassenden Scheidetrichter mit 15 cm³ Dithizonlösung (5 mg Dithizon in 100 cm³ Tetrachlorkohlenstoff) ausgeschüttelt. Die Tetrachlorkohlenstoffschicht wird in einen trockenen ERLENMEYER-Kolben abgelassen und das Ausschütteln so lange wiederholt, bis die grüne Farbe der Dithizonlösung bestehen bleibt. Zur Sicherheit wird dann noch einmal mit 5 cm³ Dithizonlösung ausgeschüttelt. Die auf diese Weise vom Kupfer befreite Lösung wird durch 10%ige, mit Dithizon gereinigte Natriumcarbonatlösung soweit neutralisiert, daß eine schwache, bleibende Trübung von EisenIII-hydroxyd auftritt. Nun wird mit 15 cm³ Dithizonlösung so oft ausgeschüttelt, bis die grüne Farbe längere Zeit bestehen bleibt, um dann der durch die Oxydationsprodukte des Dithizons bedingten eigentümlichen Farbe Platz zu machen. Nun setzt man 1 Tropfen konzentrierte Salzsäure zu, schüttelt mit neuer Dithizonlösung aus und fährt so fort, indem man bei jedem neuen Ausschütteln Salzsäure bis zur schließlichen Auflösung des EisenIII-hydroxydes zusetzt, um die Metalle Wismut, Blei, Cadmium, Zink, Nickel und Kobalt in den Tetrachlorkohlenstoffauszügen anzureichern. Wenn größere Metallmengen zu extrahieren sind, verwendet man zunächst eine konzentriertere Dithizonlösung mit einem Gehalt von 10 bis 20 mg Dithizon in 100 cm³ Tetrachlorkohlenstoff. Der ganze Vorgang ist sehr schwierig und erfordert ein erhebliches Maß an Vorübung.

Aus den vereinigten Extrakten werden die Metalle rückgeschüttelt, indem die Extrakte in einen passenden Scheidetrichter gegossen werden, wobei man den Sammelkolben einige Male mit wenig konzentrierter Salzsäure nachspült. Beim Durchschütteln gehen die Metalle in die salzsaure Lösung. Dieses Rückschütteln wird noch zweimal mit kleinen Mengen konzentrierter Salzsäure (etwa $^1/_{10}$ vom Volumen der Tetrachlorkohlenstofflösung) wiederholt. Die vereinigten salzsauren Auszüge werden auf dem Wasserbade in einem 25 cm³ fassenden Becherglase eingedampft. Zur Zerstörung der organischen Substanz wird der Rückstand auf 300 bis 350° erhitzt. Um die Zersetzung vollständig zu machen, wird danach 1 cm³ Wasser und 1 Tropfen Brom zugesetzt und nochmals eingedampft. Den Rückstand nimmt man mit Salzsäure auf, dampft noch einmal ein und erhält so einen leicht in Lösung gehenden Rückstand. Er wird mit 2 cm³ 0,3 m Salpetersäure behandelt, quantitativ in ein graduiertes Reagensglas übergeführt und auf 11 cm³ aufgefüllt. In Proben von 0,1 cm³ können Wismut, Blei und Cadmium bestimmt werden.

Zur Wismutbestimmung (neben Blei und Cadmium) wird 0,1 cm³ der Lösung mit 0,1 cm³ einer 0,6 m Seignettesalzlösung versetzt und der polarographischen Bestimmung unterworfen. Der Wismutwert berechnet sich nach der Formel

$$w = \frac{M \cdot a \cdot m \cdot St_P \cdot E_T \cdot 1000}{St_T \cdot E_P}.$$

Hierin bedeuten: M das Atomgewicht des zu bestimmenden Stoffes, a das Gesamtvolumen der Probe in Kubikzentimetern, m die Molarität der Standardlösung, E_P die Galvanometerempfindlichkeit bei der Probeaufnahme, E_T diejenige bei der Standardaufnahme, St_P und St_T bezeichnen die entsprechenden Stufen und w gibt die Anzahl Gamma des gesuchten Stoffes an.

Die polarographische Bestimmung des Wismuts war selten eindeutig. Nur in 2 von 15 Wässern ergab sich ein positiver qualitativer Nachweis, der bei der quantitativen Bestimmung zu einem Wert von 0,59 γ Bi/kg bzw. 0,3 γ Bi/kg führte.

Die Zinkbestimmung erfolgt in 10 cm³ der obigen Lösung nach der im Kapitel Zink dieses Handbuches gegebenen Vorschrift.

2. Direktes Ausschütteln. 10 bis 15 l Mineralwasser werden in zwei Abteilungen mit je 25 bis 50 cm³ Dithizonlösung ausgeschüttelt, bis die Grünfärbung bestehen bleibt. Man erhält zusammen etwa 500 cm³. Dann wird fünfmal mit je

10 bis 15 cm³ konzentrierter Salzsäure rückgeschüttelt. Eindampfen und Zerstörung der organischen Substanz wird wie unter 1. beschrieben zweimal durchgeführt. Der Rückstand wird mit 5 cm³ 0,05 m Kaliumchloridlösung aufgenommen und nach eintägigem Stehen polarographiert.

E. Bestimmung des Wismuts in Arzneimitteln, Blut und Harn nach Page und Robinson.

In Gegenwart von 0,1%iger Gelatinelösung bestimmen Page und Robinson Wismut in n salzsaurer Lösung (Halbstufenpotential —0,11 Volt), in n Schwefelsäure (—0,02 Volt) oder in n Salpetersäure (—0,03 Volt). In schwefelsaurer Lösung ist die Bestimmung des Wismuts neben dreiwertigem Antimon (—0,17 Volt) möglich.

Literatur.

Cozzi, D.: (a) Ann. Chim. applic. **31**, 65 (1941); durch C. **112, II**, 1538 (1941); (b) Mikrochemie **31**, 37 (1943); (c) Anal. chim. A. [Amsterdam] **4**, 204 (1950); durch C. **121, II**, 1606 (1950).

Heller, K., G. Kuhla u. F. Machek: (a) Mikrochemie **18**, 193 (1935); (b) **23**, 78 (1937). — Hohn, H.: Chemische Analysen mit dem Polarographen. Berlin 1937.

Krössin, E.: Met. Erz **38**, 10 (1941).

Page, J. E., u. F. A. Robinson: J. Soc. chem. Ind. **61**, 93 (1942); durch C. **114, II**, 1565 (1943).

Schwaer, L., u. K. Suchý: Coll. Trav. chim. Tchécosl. **7**, 25 (1935); durch C. **107, I**, 291 (1936). — Seith, W., u. W. vor dem Esche: Z. Metallkunde **33**, 81 (1941); durch C. **112, I**, 3415 (1941). — Suchý, K.: Chem. N. **143**, 213 (1931); durch Fr. **91**, 209 (1933).

§ 13. Spektralanalytische Bestimmung.

Allgemeines.

Die spektralanalytische Bestimmung des Wismuts wird wegen der Besonderheit dieser Untersuchungsart vorzugsweise angewendet werden, wenn es sich um die laufende Ermittlung sehr kleiner Wismutmengen in anderen Stoffen handelt. Als solche Stoffe sind in erster Linie Metalle und Metallegierungen zu nennen, in denen häufig eine Höchstgrenze eines Wismutgehaltes nicht überschritten werden darf, wenn nicht die Stoffeigenschaften in unerwünschter Weise verschlechtert werden sollen. Außerdem kann eine spektralanalytische Bestimmung des Wismuts wertvoll sein bei der Untersuchung von Erzen, da das Verfahren eine mühsame und zeitraubende Abtrennung des Wismuts, wenn nicht ganz entbehrlich macht, so doch zum mindesten vereinfacht. Manchmal empfiehlt sich eine Anreicherung des Wismuts auf chemischem Wege und erst daran anschließend die spektralanalytische Bestimmung. Bisweilen wird auch der Wismutnachweis in biologischem

Tabelle 2. Spektrallinien des Wismuts.

Nr.	Bezeichnung	Wellenlänge in Å	Bemerkungen
1	Bi I	4722,5	*B* *F*
2	*Bi I	3067,73	*B* □
3	Bi	3024,64	*B* □ *B* = Bogen, *F* = Funken,
4	Bi I	2989,04	*B* □ * = am empfindlichsten,
5	Bi	2938,31	*B* *F* □ □ = für quantitative Zwecke
6	*Bi I	2897,98	*B* *F*
7	Bi	2855,67	*F*
8	Bi	2780,52	*F* (Arsen stört). In Blei nachgewiesen bis 0,002%
9	Bi	2730,50	*F*
10	Bi	2696,76	*F* In Zinn nachgewiesen bis 0,001%
11	Bi	2627,93	*F*

Material auf spektralanalytischem Wege ausgeführt, wobei jedoch meist die Asche des Materials zur Untersuchung gelangt.

Da die Apparatur für Spektralanalyse eine umfangreiche und subtile ist sowie eine ziemliche Übung im Umgang damit erfordert, wird die Spektralanalyse trotz ihrer vielen Vorzüge doch nur dort lohnende Anwendung finden, wo es sich um laufende Untersuchung und Ermittlung kleiner Wismutgehalte in anderen Stoffen handelt. Hierbei ist es von besonderem Vorteil, wenn es sich sogar um immer den gleichen Stoff oder doch nur um wenige handelt.

An dieser Stelle braucht auf die Apparaturen zur Spektralanalyse und auf die verschiedenen Ausführungsformen nicht eingegangen zu werden, da diese Dinge in einem besonderen Kapitel in diesem Handbuche eingehend beschrieben werden. Es werden daher hier nur solche Verfahren behandelt, die sich besonders mit der Bestimmung des Wismuts beschäftigen.

Wegen der Lage der meisten für die spektralanalytische Bestimmung des Wismuts in Betracht kommenden Spektrallinien im ultravioletten Teil des Spektrums ist grundsätzlich nur ein mit einer Optik aus Quarz versehener Spektrograph verwendbar. Die Anregung der Spektren kann sowohl in der Bogen- als auch in der Funkenentladung erfolgen. Die Tabelle 2 führt die wichtigsten Spektrallinien des Wismuts auf: In Tabelle 3 sind die „letzten Linien“ des Wismuts zusammengestellt.

Tabelle 3. Letzte Linien des Wismuts.

Bezeichnung	Wellenlänge in Å	Intensität	
		Bogen	Funken
Bi	2780,52	7 R	4
Bi I	2897,98	10 R	5 R
Bi	2938,31	10 R	8 R
Bi I	2989,04	9 R	5 R
Bi I	2 93,34	9 R	4
Bi	3024,64	8 R	4 R
Bi I	3067,73	9 R	6 R
Bi I	3397,21	5 R	2
Bi I	4722,5	10	8
Bi	5552,24	8	3

Bestimmungsverfahren.

A. Bestimmung des Wismuts in Lösungen.

1. Verfahren von Lundegårdh.

Bei dem Verfahren von Lundegårdh zur Bestimmung des Wismuts muß der „Tauchfunken“ angewendet werden. Die Lösung muß stark sauer sein. Zur Beobachtung gelangen die Linien Nr. 2, 3, 4, 5, 6 der Tabelle 2. Als stärkste Linie ist die Linie Nr. 2 zu nennen.

2. Verfahren von Twyman und Hitchen.

Die obere Elektrode ist ein zugespitzter Graphitstift von 0,6 cm Durchmesser, die untere ist die zu untersuchende Lösung, die durch Zusatz von Säure gut leitend gemacht wird. Diese rinnt in langsamer Strömung aus einem Vorratsgefäß in ein Quarzröhrchen von 2 cm Länge und 2 mm innerer Weite, das oben auf 3 mm Länge geschlitzt ist (Überlauf) und zentral einen Golddraht als Stromzuführung trägt. Zwischen der ständig sich erneuernden Flüssigkeit und dem Graphitstift geht die Entladung über. Man benutzt einen Transformator, der eine Spannung von 8 bis 15 kVolt liefert und eine Kapazität von 0,006 Mikrofarad, parallel zur Funkenstrecke. Die Funkenstrecke wird mit einer Quarzlinse auf das Prisma des Quarzspektrographen (nicht den Spalt) abgebildet. Mittels des logarithmischen Sektors wird längs der Spektrallinien die Intensität beeinflußt und diese im Komparator gemessen. Es werden geeichte Ausgangslösungen verwendet und damit „korrespondierende“ Linienpaare bestimmt. Für Wismut wird als Vergleichselement Kobalt gewählt. Die Lösungen kommen als 1 bis 5%ige salzsaure Lösungen zur Anwendung, und zwar die Wismutlösung in einer Konzentration von 0,01 bis 1% und die Kobaltlösung in einer solchen von 1%. Die Kobaltlinie 3405,12 Å koinzidiert mit der Linie Bi 3405,23 Å, diese kommt aber nicht in den Spektren der

Wismutlösungen ab 1% und niedriger vor. Als letzte Linie wird die Wismutlinie Bi 3067,73 Å beobachtet.

Bei dem Verfahren findet eine gegenseitige Beeinflussung der Metalle statt, die bei der Auswertung der Spektren berücksichtigt werden muß. Die Genauigkeit wird auf $\pm 0{,}5\%$ geschätzt.

B. Bestimmung des Wismuts in Gesteinen.

1. Verfahren von Piña de Rubies und Bargues für Bleiglanz.

Das Verfahren kann zur Abschätzung des Wismutgehaltes in Bleiglanz dienen, wenn nur eine einzige Aufnahme zur qualitativen Untersuchung des Minerals auf Begleitstoffe gemacht wird. Die Empfindlichkeit reicht von 1 bis 0,0001% je nach dem Auflösungsvermögen des angewendeten Spektrographen.

Diejenigen Linien, die durch 1% Bi in einer Mischung des Minerals mit Natriumchlorid und 0,5% Molybdän als Bezugselement nach vollständigem Verdampfen von 0,05 g der Mischung erzeugt werden und zur Identifizierung dienen können, werden „analytische Linien" genannt. Diese sind in Tabelle 4 zusammengestellt.

„Quantitative Linien" sind solche, deren Intensität durch die elektrischen Bedingungen des Bogens nicht geändert wird, und die infolgedessen die geeignetsten sind, um die besten quantitativen Ergebnisse zu erhalten.

Tabelle 4. „Analytische Linien" des Wismuts nach Piña de Rubies und Bargues.

Wellenlänge in Å	Empfindlichkeit			Bemerkungen
	K	*M*	*G*	
3397	1	2	2	
3076	1	2	2	
3067	4*	4*	5	
3024	1*	2	2	Fe
2993	1 bis 2?	1 bis 2?	2	
2989	2 bis 3?	2 bis 3?	3?	
2938	3?*	3?	3?	Fe in der Kohle
2897	3	3	3	Mo (sehr schwach)
2809	1	1	1	
2780	2	2	2	2 sehr schwach
2730	?	?	?	
2696	2? *a*	2? *a*	2? *a*	
2627	2	2	2	Fe
2524	*	*	1	Si, Fe
2400	1 *a*	1 *a*	1 *a*	
2276	2			

* bedeutet: koinzidiert mit einer anderen Linie wegen zu kleiner Dispersion. *a* = breite Linie. Fe, Mo, Si bedeutet: unterhalb der angegebenen Konzentration bleibt die Linie durch Fe, Mo, Si verschleiert. *K* = Spektrum mit dem kleinen Apparat zwischen 2400 und 3400 Å 3 cm breit, *M* = Spektrum mit dem mittleren Apparat zwischen 2400 und 3400 Å 12 cm breit, *G* = Spektrum mit dem größeren Apparat zwischen 2400 und 3400 Å 24 cm breit. Die Zahlen 1 bis 5 geben die Empfindlichkeit und zugleich die Intensität der Linien an, und zwar sind die schwachen Linien, die nur in dem Spektrum mit 1% Wismut erscheinen, mit 1, die Linien, die bei 0,1% erscheinen, mit 2 usw. bezeichnet.

Bei der Bestimmung werden 50 mg der oben genannten Mischung in der Aushöhlung der als Anode dienenden Kohle von 7 mm Durchmesser vollständig verdampft unter gänzlicher Nichtbeachtung der dazu notwendigen Zeit.

2. Verfahren von Preuss für Gesteine.

Wismut wird neben anderen flüchtigen Metallen durch Erhitzen der Gesteine bis auf 2000° ausgetrieben und mittels eines indifferenten Gasstromes (Kohlendioxyd, Stickstoff, Argon) durch ein als Kathode dienendes, ebenfalls geheiztes Kohleröhrchen in einen Lichtbogen geblasen, dessen Licht analysiert wird. Wismut erscheint in der Reihenfolge: Hg, Cd, Zn, Bi, As usw. Bei Anwendung von 1 bis 3 g Gestein gelingt noch der Nachweis von 0,03 γ Bi, das ist eine Menge, die unterhalb der Durchschnittsmenge in den Gesteinen liegt. Als Nachweislinie wird Bi 3067,73 benutzt.

C. Bestimmung des Wismuts in Metallen und Legierungen.

1. Bestimmung in Aluminium.

I. Verfahren von H. V. Churchill und J. R. Churchill für Aluminiumlegierungen.

Die Anregung erfolgt im Funken. Die obere Elektrode besteht aus dem Untersuchungsmaterial, die untere aus Graphit. Sie wird für jede Bestimmung erneuert. Der Abstand der Elektroden beträgt 3 mm. Je nach Art und Konzentration der gleichzeitig zu bestimmenden Elemente werden verschiedene optische und elektrische Geräte benutzt. Die Arbeitsbedingungen sind weitgehend durch den Gehalt an Magnesium und Silicium bestimmt. Da Magnesium die Intensität der Linien der anderen Elemente stark schwächt, sind Korrekturen anzubringen, wenn der Magnesiumgehalt über einen weiten Bereich schwankt. Die bei einer konstanten Belichtungszeit von 10 Sek. bei 20 Sek. Vorfunkzeit bisweilen erforderlichen Intensitätsänderungen werden am einfachsten auf optischem Wege durch Änderung der Entfernung zwischen Funken und Spektrograph erzielt. Zur Auswertung dienen Schwärzungs- und Eichkurven.

II. Reinheitsprüfung von Aluminium.

Wa. Gerlach und We. Gerlach geben die Wismutlinien Nr. 2, 4, 5, 6 der Tabelle 2, S. 662 als für die Reinheitsprüfung des Aluminiums bezüglich Wismut geeignet an. Von diesen Linien sind durch Eisen gestört:

Linie Nr. 2 durch Fe 3067,3 und Fe 3068,2,
Linie Nr. 5 durch Fe 2937,8 und Fe 2936,9.

Selwood hat Angaben über die Grenzen der Erkennung von Wismut in Neodym in Bogenspektren gemacht.

2. Bestimmung in Zink und Messing.

Da geringe Spuren von Verunreinigungen (Zinn, Blei, Cadmium, Wismut, Thallium) zu Korrosion von Zinklegierungen führen, und da auf polarographischem Wege (s. § 12, S. 658) nur Blei, Cadmium und Wismut mit der erwünschten Genauigkeit erfaßt werden, empfiehlt Seith die Spektralanalyse zur Ermittlung *aller* Verunreinigungen, unter Umständen in Verbindung mit chemischen Verfahren.

Nach Lueg und Wolbank ist in Feinzink von üblichem Reinheitsgrad Wismut nicht nachweisbar. Tritt dennoch die Linie Bi 2898 auf, so deutet dies schon auf das Vorhandensein schädlicher Mengen hin.

Barker teilt Tabellen von homologen Linienpaaren (s. S. 668) für die Bestimmung des Wismuts in Messing mit.

Reinheitsprüfung von Zink.

Nach Wa. Gerlach und We. Gerlach sind folgende Angaben für die Reinheitsprüfung von Zink wichtig:

Sichere, ungestörte Nachweislinien sind: Bi I 3067,7; 2938,3; 2898,0; 2989,0; 3024,6; 2627,9; 2003,3. Bi 2780,5 ist wegen Koinzidenz mit einer schwachen Zinklinie (und unter Umständen Arsen) nicht geeignet.

3. Bestimmung in Kupfer.

I. Verfahren von Lomakin.

Wismut ist selbst in sehr geringen Mengen als schädlichste Beimengung anzusehen. Schon wenige Hundertstel Prozente (als Metall) machen das Kupfer kaltbrüchig und stark rotbrüchig. Daher ist die Bestimmung des Wismuts noch unter dieser Grenze sehr wichtig. Lomakin unternimmt es daher, mit Hilfe von Vergleichslegierungen Wismutgehalte von 1,25 bis 0,000626% zu ermitteln. Die Elektroden aus dem betreffenden Material sind 80 mm lang, haben 8 mm Durchmesser und sind kegelförmig auf 60° geschliffen. Die Aufnahmebedingungen sind: 70 Sek. Vorfunken, 5 Sek. Belichten, Entwickeln in Pyrogallol mit Aceton 3 Min. bei 20°. Da der Funken bei kleinen Wismutgehalten zu lichtschwach ist, wird ein Gleichstrom-Lichtbogen angewendet, dessen Stromstärke 3 Ampere und dessen Spannung 35 Volt beträgt. Folgende Linien werden bei der Untersuchung verwendet:

Bi		Cu	
Bi	2780,52	Cu	2782,5 bis 2783,5
	2798,70		2786,5
	2897,98		2805,7
	3067,73		2911,0
			3088,1.

Wenn innerhalb des Intensitätsgebietes gearbeitet wird, in welchem das logarithmische Schwärzungsgesetz gilt, so ist der mittlere quadratische Fehler etwa $\pm 5,5\%$ vom Wismutgehalt.

II. Verfahren von Breckpot (b).

Breckpot (b) bedient sich vor der spektralanalytischen Bestimmung des Wismuts einer Anreicherung auf chemischem Wege. Dadurch läßt sich noch eine Wismutmenge von 10^{-5} bis $10^{-6}\%$ bei 10 bis 30 g Einwaage erfassen. Die Fällung erfolgt mit EisenIII-chlorid-Lösung und Ammoniak. Wegen der Komplexität des Eisenspektrums und wegen der geringen Nachweisempfindlichkeit der Elemente in Eisenoxyd gegenüber Kupferoxyd als Trägersubstanz bei der Verdampfung und Anregung der Proben im elektrischen Lichtbogen müssen sie vom Eisen getrennt werden. Hierzu wird der Niederschlag von EisenIII-hydroxyd gelöst, mit einer bestimmten Menge Kupfersalzlösung versetzt und die Lösung mit Schwefelwasserstoff behandelt. Der Niederschlag wird in Salpetersäure gelöst und die Lösung zu Oxyden verglüht. Diese werden auf die Kathode eines Kohlebogens (1 Ampere) gebracht. Die mit einem rotierenden Sektor aufgenommenen Bogenspektren werden mittels des Verfahrens der homologen Linienpaare (s. S. 668) ausgewertet.

Der Verlust an Wismut bei der Anreicherung beträgt etwa 2 bis 3%. Es ist nicht möglich, die Begleitmetalle — es werden noch untersucht: Arsen, Antimon, Zinn und Blei — durch Fällung von basischem Kupfersalz mittels wenig Ammoniak aus der Lösung des Elektrolytkupfers befriedigend mitzufällen. Vor der Behandlung der salpetersauren Lösung des zum zweiten Male gefällten EisenIII-hydroxydes mit Schwefelwasserstoff ist es angebracht, mit Ammoniak abzustumpfen und Ammoniumsulfat hinzuzufügen, um eine vollständige Abscheidung des Bleis zu erreichen. Bei Raffinade- oder Anodenkupfer kann die Anreicherung wegfallen.

In einer früheren Arbeit teilt Breckpot (a) die für die Bestimmung geeignetsten Linien mit und diskutiert deren Abhängigkeit vom Gehalt.

III. Verfahren von Park.

Eines Anreicherungsverfahrens bedient sich auch Park. Er schlägt das Wismut als Wismutoxybromid (s. § 4 B, S. 560) zusammen mit ManganIV-oxydhydrat nieder, wobei auch Zinn und Molybdän erfaßt werden.

Nachdem man 100 g Kupfer mit konzentrierter Salzsäure gekocht und mit Wasser gewaschen hat, löst man es in 400 cm³ konzentrierter Salpetersäure auf und dampft die Lösung auf dem Wasserbade bis zur Trockene ein. Der Rückstand wird mit 1 l Wasser aufgenommen und so lange mit n Natriumcarbonatlösung versetzt, bis sich ein leichter Niederschlag gebildet hat, welcher mit 1 cm³ konzentrierter Salpetersäure wieder gelöst wird. Zu der klaren, kochenden Lösung gibt man alsdann 10 cm³ 20%ige Kaliumbromidlösung, wobei ein Niederschlag von Silberbromid beobachtet wird, und 10 cm³ 3%ige Kaliumpermanganatlösung. Nachdem alles ManganIV-oxydhydrat niedergeschlagen ist, wird das in Freiheit gesetzte Brom durch $^{1}/_{2}$stündiges Kochen entfernt. Man läßt den Niederschlag sich absetzen, filtriert durch ein Jenaer Glasfilter und wäscht mit Wasser nach. Die vereinigten Filtrate werden darauf ein zweites Mal mit Kaliumbromid und Kaliumpermanganat behandelt. Schließlich löst man die beiden so erhaltenen Niederschläge in 50 cm³ heißer, konzentrierter Salzsäure, konzentriert bis auf 30 cm³ und neutralisiert mit Ammoniak. Nach Zugabe von 1 cm³ konzentrierter Salzsäure verdünnt man auf 100 cm³ und fällt in der Siedehitze mit Schwefelwasserstoff. Ist der Niederschlag vollständig ausgefallen, so wird er auf ein Glasfilter abgesaugt, gewaschen und durch 25 cm³ heiße, konzentrierte Salpetersäure sowie 10 cm³ heiße konzentrierte Salzsäure wieder in Lösung gebracht. Diese Lösung wird auf 5 cm³ eingedampft, nochmal mit 10 cm³ Salzsäure versetzt und auf 3 bis 4 cm³ konzentriert. Mit einer solchen, auf 5 cm³ aufgefüllten Lösung imprägniert man zur spektrographischen Aufnahme Graphitelektroden, die zuvor bei 100° getrocknet worden sind. Durch Vergleich des Spektrogramms dieser Lösung mit den Spektrogrammen von Standardlösungen bekannten Gehaltes an Wismut, Zinn und Molybdän erhält man gemäß dem Verfahren von NITCHIE genaue Werte.

Auf diese Weise ist es möglich, das Wismut noch vom Kupfer zu trennen, wenn diese Metalle in einem Verhältnis 1 : 1 Million vorliegen.

MILBOURN beschreibt ebenfalls ein zuverlässiges Verfahren zur spektralanalytischen Bestimmung kleinster Gehalte von Wismut in Kupfer.

Nach dem Verfahren der „synthetischen Spektren“ von SMITH gelingt der Nachweis von 0,0001 bis 0,004% Bi in Kupfer. Dieses Verfahren besteht darin, daß Spektren einer Legierung bekannten Gehaltes bei verschiedener Belichtungsdauer hergestellt werden und daß auf diese das Spektrum des reinen Hauptbestandteiles der Legierung, hier also des Kupfers, bei solcher Belichtungsdauer aufgenommen wird, daß jeweils die Summe der Belichtungszeiten gleich groß ist. Das Ergebnis sind Vergleichsspektren, welche denjenigen einer Reihe von Standardlegierungen entsprechen. Sie werden an Hand solcher Standardproben geeicht. Im übrigen ist das Verfahren dasjenige der Vergleichsspektren.

4. Bestimmung in Silber und Gold.

Die Schwierigkeit, zwischen Silberelektroden einen regelmäßigen Funkenübergang zu erreichen, wird nach DE BOER behoben, wenn man den Funken in einem Chlorwasserstoff-Luft-Gemisch übergehen läßt. Hierzu dient ein aus Pyrexglas gefertigtes Gefäß mit Quarzfenster, in das mittels Gummistopfen die Elektroden eingesetzt sind. Ein Luftstrom, der nacheinander durch konzentrierte Salzsäure, konzentrierte Schwefelsäure und über Calciumchlorid geleitet wird, wird durch eine Wasserstrahlpumpe durch das Gefäß gesaugt. Die aus versilbertem Kupfer bestehenden Elektroden sind durch darübergezogene Gummischläuche vor der Einwirkung des Chlorwasserstoffes geschützt.

Die Auswertung der Spektren erfolgt mittels des Verfahrens von NAEDLER mit Hilfe von Eichkurven, wodurch eine einigermaßen genaue Analyse möglich ist.

Es werden folgende Linienpaare angegeben:

Linienpaare	Intensitätsgleich bei %	Bereich %	Grenze %	Mittlerer Fehler %
Bi I 2989,04 – Ag II 2929,3	4	bis 1	—	9
Bi I 3067,73 – Ag II 2929,3	0,15	1 bis 0,03	—	9
Bi I 3067,73 – Ag II 2938,5	0,029	0,03 bis 0,005	0,008	12

Über die spektralanalytische Bestimmung des Wismuts in Gold macht REIS Angaben.

5. Bestimmung in Blei.

I. Verfahren der homologen Linienpaare.

Man bestimmt das gesuchte Verhältnis der Mengen Wismut und Grundmetall aus dem Intensitätsverhältnis der Spektrallinien des Wismuts und des Grundmetalles, wobei die Linien völlig unveränderlich gegenüber den Entladungsbedingungen sein müssen. Als Fixierungspaar dienen Pb 2562 und Pb 2657 Å, d. h. die Erregungsbedingungen des elektrischen Funkens werden so gewählt, daß die Pb-Funkenlinie 2562 Å eine gleiche Schwärzung auf der photographischen Platte hervorruft wie die Pb-Bogenlinie 2657 Å. Tabelle 5 gibt die Zusammenstellung der homologen Linienpaare nach WA. GERLACH und WE. GERLACH.

Tabelle 5. Tabelle der homologen Linienpaare für die Bestimmung von Wismut in Blei.

Die Intensitäten der Linien		sind gleich bei % Bi	Bemerkungen
Bi	Pb		
4122	4168	12	sehr gut
3793	3786	11	gut, weniger invariant
2401	2400	8	sehr gut
2731	2657	5	unscharfe Fixierung
2781	2657	1,5	nur größenordnungsmäßig verwendbar
3025	3221	1,5	sehr gut
3025	3240	0,45	sehr gut
2231	2254	0,35	
3068	3221	0,07	sehr gut
2938	2927	0,008	
3068	3119	0,006	
2989	2980	0,005	
3068	2657	0,002	

II. Substitutionsverfahren.

Die Bestimmung des Wismuts in Blei ist auch mit Hilfe des Substitutionsverfahrens möglich, für das in der Tabelle 6 die nötigen Angaben nach GERLACH und SCHWEITZER zu finden sind.

III. Verfahren der Kombination der homologen Linienpaare.

Mit Hilfe des Substitutionsverfahrens von GERLACH und SCHWEITZER ist es möglich, die homologen Linienpaare, die an einer Legierung gefunden sind, auf andere Legierungen zu übertragen. Ist z. B. eine Bleilegierung mit verhältnismäßig viel Zinn (einige Prozente) und sehr wenig Wismut (0,1 bis 0,01%) zu untersuchen, so kann die Bestimmung des Wismuts ohne weiteres durchgeführt werden, wenn die homologen Linienpaare einerseits für die Legierung Wismut in Zinn (s. S. 670) und andererseits für die Legierung Zinn in Blei bekannt sind. Man vergleicht dann zunächst nur die Wismut- mit den Zinnlinien, als ob man eine reine Wismut-Zinn-Legierung hätte, sodann geschieht das gleiche mit den Linien von Zinn und Blei. Unter Umständen muß man für den ersten Fall ein Spektrum mit längerer Belichtungsdauer aufnehmen als für den zweiten Fall.

IV. Schnellverfahren mit Hilfe der Vergleichsspektren nach BALZ.

Die Analysenproben werden zusammen mit den Testlegierungen mit abgestuftem Gehalt auf einer photographischen Platte unter festgelegten, genau einzuhaltenden Versuchsbedingungen so aufgenommen, daß die Linien des Grundmetalles in allen Spektren praktisch völlig gleich geschwärzt sind. Unter dieser Voraussetzung läßt sich die Auswertung der Spektrogramme einfach durch visuellen Vergleich der Schwärzung der Linien des verunreinigenden Elementes vornehmen. Der Gehalt der Analysenprobe entspricht dann demjenigen der entsprechenden Testlegierung mit gleicher Schwärzung.

Um diese möglichst vollkommen gleiche Schwärzung zu erreichen, müssen alle äußeren Versuchsbedingungen — Form der Elektroden, Linienabstände, Belichtungszeiten usw. — so konstant wie möglich gehalten werden.

Tabelle 6. Übersicht über die homologen Linienpaare des Systems Blei—Wismut. Analysentabelle zum Nachweis von Wismut in Blei.

I. Reproduktion der Entladungsbedingungen:

Sn II . . . 3352,3 Å }
Sn I . . . 3330,6 Å } müssen gleiche Intensität besitzen.

(Die Kapazität im Entladungskreis beträgt 6000 cm.)

II. Fixierung des Hilfsspektrums (Sn) durch das „Kopplungspaar“:

Sn . . . 2421,70 Å }
Pb . . . 2411,75 Å } müssen gleiche Intensität besitzen.

III. Verhältnis der Belichtungszeiten:

$$B_{\mathrm{Pb}\,+\,a\,\%\,\mathrm{Bi}} : B_{\mathrm{Sn}} = 12{,}1.$$

Vergleichspaare.

Wellenlängen der Linien in Å	Intensitätsgleich bei Gew.-% Bi	Linienabstand	Bemerkungen
Bi 2938,31 oder 2897,98 Sn 2863,32	10	75 35	Fixpunkt sehr scharf, sehr invariant
Bi 2938,31 oder 2897,98 Sn 3009,14	6	71 111	Fixpunkt scharf, sehr invariant
Bi 2730,50 Sn 2765,0	3	34	Fixpunkt sehr scharf, reichlich belichten, mäßig invariant
Bi 3067,73 Sn 3175,05	3	107	Fixpunkt sehr scharf, sehr kurz belichten, sehr invariant
Bi 2938,31 oder 2897,98 Sn 2850,61	1,5	87 47	Fixpunkt sehr scharf, sehr invariant
Bi 3067,73 Sn 3009,14	1	59	Fixpunkt sehr scharf, sehr invariant
Bi 3024,64 Sn 3141,81	0,6	117	Fixpunkt scharf, große Selbstinduktion, ziemlich invariant
Bi 2938,31 Sn 3141,81	0,5	204	Fixpunkt sehr scharf, ziemlich invariant
Bi 2938,31 Sn 2765,0	0,1	173	Fixpunkt sehr scharf, stark belichten, sehr invariant
Bi 3067,73 Sn 3141,81	0,015	74	Fixpunkt sehr scharf, sehr invariant
Bi 3067,73 Sn 3218,7	0,004	151	Stark belichten, mäßig invariant

Aufnahmebedingungen für Wismut: Quarzspektrograph von Zeiss Q 24 mit Quarzlinsen, Blende 15, Spaltbreite 0,03 mm, Funkenerzeugung nach Feussner, Stufe 4, Kapazität $C = {}^3/_5$, Selbstinduktion $L = {}^1/_{10}$. Zwischenabbildung: Zwischenblende 5 mm. Elektrodenabstand 4 mm. Vorfunken 30 Sek., Belichten 60 Sek. Als Analysenlinien werden verwendet die Linien Nr. 2, 3, 4, 5 der Tabelle 2 auf S. 662. Die Auswertung erfolgt im Spektrenprojektor. Die erzielte Genauigkeit beträgt $\pm 25\%$ des absoluten Gehaltes bei einer Erfassungsgrenze noch unter 0,001%.

V. Untersuchung von Fehlerquellen der Bestimmung des Wismuts in Blei.

Werner und Rudolph haben eine eingehende Untersuchung über die Fehlerquellen bei der Wismutbestimmung in Blei angestellt, deren wichtigste Ergebnisse hier mitgeteilt werden.

Bei starken Unterschieden in den Dampfdrucken der betreffenden Metalle können Fehler durch vorzeitiges Verdampfen einer Legierungskomponente entstehen. Dies dürfte jedoch bei dem System Blei—Wismut nicht sehr stark zu befürchten sein. In jedem Falle ist jedoch die Analyse einwandfreier durch Untersuchung von Lösungen, etwa nach dem Verfahren von Scheibe und Rivas.

Besonders geeignet ist das homologe Linienpaar Pb 3221 — Bi 3068, für das nach Wa. Gerlach und We. Gerlach schon bei 0,07% Wismut in Blei Intensitätsgleichheit besteht (s. Tabelle 5 auf S. 668). Die untere Grenze der Bestimmbarkeit liegt bei etwa 0,002% Bi, die obere bei 1% Bi. Der durchschnittliche Fehler läßt sich bei genauester Einhaltung der Versuchsbedingungen (u. a. Vorfunken 6 Min., Belichten 3 Min.) auf 3,3% beschränken. Er beträgt im einzelnen: bei 0,10% Bi 2,2%, bei 0,21% Bi 3,0% und bei 0,51% Bi 4,8%.

VI. Reinheitsprüfung von Blei.

Die empfindlichste Nachweislinie ist Bi = 3067,7 Å (Vorsicht auf Fe 3067,2; 3067,3 und 3068, 2). Bei Anwesenheit von Eisen ist Wismut nur vorhanden, wenn Bi 3067,7 wesentlich stärker ist als Fe 3059,1. Ungestört sind auch Bi 2898,0 und Bi 2938,3 (Wa. Gerlach und We. Gerlach).

6. Bestimmung in Zinn und Antimon.

Für die Bestimmung des Wismuts in Zinn geben Gerlach und Schweitzer folgende in Tabelle 7 angeführten homologen Linienpaare an.

Tabelle 7. Tabelle der homologen Linienpaare für die Bestimmung von Wismut in Zinn.

Die Intensitäten der Linien		sind gleich bei % Bi	Bemerkungen
Bi	Sn		
3067,73	3009,14	10	Sehr kurz belichten — sehr invariant
2696,76	2761,8	7	Reichlich belichten — Fixpunkt sehr scharf — äußerst invariant
2938,31	3141,81	3	Fixpunkt sehr scharf — sehr invariant
2627,93	2637,05	0,7	Stark belichten — Fixpunkt unscharf wegen des verschiedenen Aussehens der Linien — ziemlich invariant.
3067,73	3141,81	0,2	Fixpunkt sehr scharf — sehr invariant.
3019	3218,7	0,04	Stark belichten — mäßig invariant
3067,73	3223,70	0,007	Sehr stark belichten — ziemlich invariant

Stewart bestimmt mittels des logarithmischen Sektors im Funkenspektrum Gehalte von 0,003 bis 0,1% Bi im Zinn.

Eine Wismutbestimmung in Antimon, für das ein Höchstgehalt von 0,003% Bi erlaubt ist, führt Asrijeljan mittels Probelegierungen und Eichkurven durch.

D. Bestimmung des Wismuts in Organen.

Die spektralanalytische Bestimmung des Wismuts in menschlichen oder tierischen Organen wird nach der Veraschung des Materials und unter Umständen nach einer Anreicherung des Wismuts auf chemischem Wege vorgenommen. Bezüglich der Veraschungsverfahren s. § 15 A, S. 693.

PICCARDI bringt die sorgfältig bereitete Asche nach Befeuchten mit 1 Tropfen konzentrierter Salzsäure auf Goldelektroden und untersucht mit Hilfe der Linie Bi = 3067,73 Å im Funken.

CHOLAK reichert das Wismut in der salzsauren Lösung der Asche durch Fällung mit Schwefelwasserstoff an und untersucht die salpetersaure Lösung der Sulfide in Gegenwart von Zinksalz. Es wird die Zinklinie Zn 3036 mit der Wismutlinie Bi 3067,73 verglichen. Eisenreiche Stoffe stören wegen der Linie Fe 3067,3. Als äußerste Erfassungsgrenze wird 0,04 γ Bi angegeben. Bei Mengen über 0,2 mg Bi beträgt die Genauigkeit $\pm 10\%$, und bei Mengen unter 0,01 mg Bi wird sie mit $\pm 20\%$ angegeben.

Das Verfahren CHOLAKs ist von STEADMAN und THOMPSON geprüft und für brauchbar gefunden worden.

Einige weitere Beispiele für die spektralanalytische Bestimmung von Wismut in Organen sind bei WA. GERLACH und WE. GERLACH angeführt.

Literatur.

ASRIJELJAN, O. P.: Bl. Acad. URSS, Sér. physique **4**, 20 (1940); durch C. **113, II**, 2396 (1942).

BALZ, G.: Angew. Ch. **51**, 365 (1938). — BARKER, F. G.: Iron Steel Inst., Advance Copy **1939**, Nr. 1; durch C. **110, II**, 1536 (1939). — DE BOER, F.: Fr. **122**, 56 (1941). — BRECKPOT, R.: (a) Ann. Soc. sci. Bruxelles Sér. B **53**, 219 (1933); durch C. **105, II**, 2108 (1934); (b) **55**, 173 (1935); durch C. **106, II**, 2412 (1935).

CHOLAK, J.: Ind. eng. Chem. Anal. Edit. **9**, 26 (1937); durch C. **108, II**, 1630 (1937). — CHURCHILL, H. V., u. J. R. CHURCHILL: J. opt. Soc. Am. **31**, 611; durch C. **113, II**, 1825 (1942).

GERLACH, WA., u. WE. GERLACH: Die chemische Emissionsspektralanalyse, Bd. 2. Leipzig 1933. — GERLACH, W., u. E. SCHWEITZER: Die chemische Emissionsspektralanalyse. Leipzig 1930.

LOMAKIN, B. A.: Z. anorg. Ch. **187**, 75 (1930). — LUEG, G., u. F. WOLBANK: Metallwirtschaft **18**, 1027 (1939); durch Fr. **120**, 194 (1940). — LUNDEGÅRDH, H.: Die quantitative Spektralanalyse der Elemente, 2. Teil, S. 67. Jena 1934.

MILBOURN, M.: J. Inst. Metals **55**, 275 (1934); durch C. **106, I**, 2416 (1935).

NAEDLER, W.: C. r. Acad. USRR **1935 IV**, 23; durch C. **107, II**, 136 (1936). — NITCHIE, CH. C.: Ind. eng. Chem. Anal. Edit. **1**, 1 (1929).

PARK, B.: Ind. eng. Chem. Anal. Edit. **6**, 189 (1934); durch Fr. **102**, 48 (1935). — PICCARDI, G.: Atti Accad. Lincei [6] **10**, 258 (1929); durch C. **101, I**, 2773 (1930). — PIÑA DE RUBIES, S., u. M. A. BARGUES: Z. anorg. Ch. **215**, 205 (1933). — PREUSS, E.: Z. angew. Mineral. **3**, 8 (1941).

REIS, A.: Naturwiss. **14**, 1114 (1926).

SCHEIBE, G., u. A. RIVAS: Angew. Ch. **49**, **443** (1936). — SEITH, W.: Dtsch. Technik **9**, 254 (1941); durch C. **112, II**, 928 (1941). — SELWOOD, P. W.: Ind. eng. Chem. Anal. Edit. **2**, 93 (1930); durch C. **101, I**, 3466 (1930). — SMITH, D. M.: J. Inst. Metals **55**, 283 (1934); durch Fr. **104**, 210 (1936). — STEADMAN, L. T., u. H. E. THOMPSON: J. biol. Chem. **138**, 611 (1941); durch C. **113, I**, 2438 (1942). — STEWART, J. W.: Proc. Am. Soc. Test Mater. **39**, 788 (1939); durch C. **113, I**, 1785 (1942).

TWYMAN, F., u. C. ST. HITCHEN: Pr. chem. Soc. A **133**, 72 (1931); durch C. **103, I**, 843 (1932).

WERNER, O., u. W. RUDOLPH: Angew. Ch. **51**, 899 (1938).

§ 14. Bestimmung des Wismuts in Metallen, Legierungen und Erzen.

Vorbemerkung.

Die Bestimmung des Wismuts in Metallen, Legierungen und Erzen spielt in der Praxis eine große Rolle. Es sollen deshalb an dieser Stelle die Verfahren der Abtrennung oder Anreicherung des Wismuts aus solchen Stoffen auf chemischem

Wege besprochen werden. Die darauf erfolgende Bestimmung des Wismuts geschieht nach den in den vorhergehenden Paragraphen mitgeteilten Verfahren.

A. Bestimmung des Wismuts in Metallen.

1. Untersuchung von metallischem Wismut.

Die Untersuchung von metallischem Wismut soll hier nur gestreift werden. Es handelt sich dabei nur um die quantitative Ermittlung von Verunreinigungen in kleinsten Mengen, da das auf den Markt kommende Wismut für die Zwecke der Herstellung von Pharmazeutika einen hohen Reinheitsgrad aufweist, um den Vorschriften der verschiedenen Pharmakopöen zu genügen.

An Verunreinigungen kommen in Betracht: Arsen, Antimon, Zinn, Silber, Blei, Kupfer, Schwefel, Selen und Tellur. Wegen deren Bestimmung muß auf die betreffenden Kapitel dieses Handbuches verwiesen werden. Wismut wird meist nicht unmittelbar, sondern aus der Differenz ermittelt.

Bei der Analyse von metallischem Wismut ist darauf zu achten, ob sich auf der Metalloberfläche Wülste vorfinden. Da diese Wülste stark verunreinigte Legierungen sind, muß man bei der Bemusterung Wert darauf legen, daß auch von diesen Wülsten, die man zweckmäßig mit einem scharfen Meißel entfernt, eine ihrem Anteil an der Gesamtmasse entsprechende Menge zur Probe beigefügt wird.

2. Bestimmung in Blei.

Allgemeines.

Als sehr vorteilhaft zur Abtrennung des Wismuts von Blei wird die Ausfällung als Wismutoxychlorid (s. § 4 A, S. 556) empfohlen (Mitteilungen des Chemiker-Fachausschusses der Gesellschaft Deutscher Metallhütten- und Bergleute, 1. Teil, S. 22). Sie ermöglicht eine stets quantitative Abtrennung vom Blei bei Gegenwart kleiner oder großer Wismutmengen, und nebenher ist die Bestimmung des Bleis, Kupfers und Antimons durchführbar. Es ist aber zu beachten, daß Wismutoxychlorid bei 24stündigem Stehen Blei einschließt, das durch Auswaschen nicht zu entfernen ist. Hertel gibt eine ausführliche Vorschrift, die auch für gleichzeitige Anwesenheit von Antimon anwendbar ist. Auch Rowell führt eine Fällung des Wismuts als Oxychlorid nach einer Abtrennung des Bleis als Sulfat durch und bestimmt in der schwefelsauren Lösung des Wismutoxychlorides das Wismut colorimetrisch nach § 5 B, S. 570. Das von Fresenius (a) empfohlene und häufig benutzte Verfahren der Trennung des Wismuts von Blei durch Fällung des Bleis als Sulfat ist schlecht, weil das Bleisulfat Wismut mitreißt [Blumenthal (a), Hassreidter]. Nach Hertel ist dieses Verfahren anwendbar bei Gehalten von 0,02 bis 0,05% Wismut im Blei. Siehe jedoch die Bemerkung auf S. 686.

Von Liebschütz stammt ein Verfahren der Anreicherung, das auf der Mitfällung basischer Wismutsalze mit EisenIII-hydroxyd beruht. Hierbei gehen auch Arsen, Antimon und Zinn mit in den Niederschlag, deren Trennung von Wismut nach gemeinsamer Überführung in die Sulfide mit Ammoniumsulfid erfolgt.

Frick und Engemann scheiden das Wismut durch eine Fällung mittels Cinchoninhydrochlorids ab.

Das Auflösen der Bleiprobe wird immer in Salpetersäure vorgenommen, und bei Anwesenheit von Antimon ist ein Zusatz von Weinsäure anzuwenden.

Es sei noch hingewiesen auf die Abscheidung des Wismuts als basisches Nitrat mittels QuecksilberII-oxyds nach Blumenthal (s. § 6 E, S. 593 und § 14 C, S. 690).

I. Abscheidung als Wismutoxychlorid.

a) Verfahren von Hertel.

1. Antimon abwesend. α) Wenig Wismut. Bei Wismutmengen unter 0,1% beträgt die Einwaage 100 bis 200 g Blei. Man löst das Blei in einer Mischung aus gleichen Raumteilen Salpetersäure (D 1,2) und Wasser, verkocht die nitrosen Gase, verdünnt auf 500 cm³ und erhitzt zum Sieden. Zur heißen Lösung wird unter Umrühren Ammoniak (1:3) bis zum Neutralpunkt (Methylorange), dann einige Tropfen Salzsäure (1:1) bis zur sauren Reaktion zugefügt. Den entstehenden Niederschlag löst man nach dem Filtrieren und Auswaschen in heißer Salzsäure (1:1) und raucht die Lösung mit Schwefelsäure ab. Die Bestimmung des Wismuts geschieht bei kleinen Mengen colorimetrisch (§ 5), bei größeren als Wismutoxyd.

β) Viel Wismut. Man arbeitet wie unter *1 α*, nur wird nach Erreichung des Neutralpunktes eine größere Menge Salzsäure (1 bis 3 cm³) zugefügt, damit sicher alles Wismut gefällt wird. Die weitere Verarbeitung geschieht durch Fällung von basischem Wismutcarbonat nach § 6 G, S. 595, und dessen Überführung in Wismutoxyd.

2. Antimon anwesend. a) Wenig Antimon. Das Metall wird in Königswasser [25 cm³ Salpetersäure (D 1,33), 5 cm³ Salzsäure 1:1] gelöst. Bei der Fällung des Wismutoxychlorides wird ein Teil des Antimons mitgerissen. Das Wismutoxychlorid wird mit Natriumsulfid behandelt und danach in Oxyd übergeführt (siehe b β).

b) Viel Antimon. α) Man arbeitet unter Erschmelzung eines Regulus nach der Vorschrift auf S. 689. Dieser wird durch nochmalige Verschlackung von Antimon befreit und dann nach 1 α behandelt.

β) Man löst 5 bis 10 g in der ausreichenden Menge Salpetersäure (D 1,33) und Wasser ohne Rücksicht auf eine entstehende Trübung. In dieser trüben Lösung wird das Wismutoxychlorid nach 1 α gefällt. Der abfiltrierte und gut ausgewaschene Rückstand wird in heißer Salzsäure gelöst, die Lösung alkalisch gemacht, mit Natriumsulfid ausgezogen und das Wismutsulfid nach § 3, S. 552 in Oxyd verwandelt. Aus den Filtraten kann das Blei, Kupfer, Zinn und Antimon bestimmt werden.

Bei Anwesenheit von größeren Mengen an Wismut wird das Blei in Salpetersäure und Weinsäure gelöst und die Sulfide des Wismuts, Bleis, Kupfers und Antimons gefällt. Deren weitere Trennung erfolgt nach den Angaben auf S. 686, wobei die Abtrennung des Wismuts wiederum nach 1 vorgenommen wird. Dieses umständlichere Verfahren ist notwendig, weil bei Gegenwart von Weinsäure die direkte Fällung des Wismutoxychlorides erschwert bzw. verhindert wird.

Bemerkungen. α) **Genauigkeit.** Ausgeführte Kontrollanalysen ergaben gute Werte für Wismut. — β) Die unmittelbare **Wägung als Wismutoxychlorid** wird von Hendrick angewendet. — γ) Eine **colorimetrische Bestimmung** mittels Jodids nach § 5 B, S. 571, führt Rowell durch.

b) Verfahren von Frick und Engemann.

Cinchoninhydrochlorid $C_{19}H_{22}ON_2 \cdot HCl \cdot 2H_2O$ fällt bei $p_H = 3{,}0$ bis 5,2 aus Wismutsalzlösungen ein Gemisch basischer Chloride aus. Der Reaktionsvorgang ist noch ungeklärt, denn in diesem p_H-Gebiet fällt beim Neutralisieren mit Lauge kein Wismutoxydhydrat aus. Das Verfahren, das als Schnellverfahren in 2 Std. durchführbar ist, erlaubt auch die Trennung des Wismuts von anderen Metallen als Blei, deren Hydroxyde in dem angegebenen p_H-Gebiet nicht ausfallen.

Reagenzien. 1. Eine Lösung von 7 g Cinchoninhydrochlorid in 1 l Wasser. — 2. Eine Lösung von 1,5 g Kongorot in 100 cm³ Wasser. — 3. Waschflüssigkeit:

10 cm³ der Lösung 1 werden auf 1 l verdünnt und nach Zugabe von Kongorot mit verdünnter Salpetersäure auf einen blauroten Farbton neutralisiert.

Arbeitsvorschrift. Die salpetersaure Lösung des Bleis mit etwa 0,2% Bi oder darunter wird auf etwa 300 cm³ verdünnt und mit 3 bis 5 Tropfen Kongorotlösung versetzt. Hierbei bilden sich in der Lösung blaue Farbstofflocken, die die spätere Ausfällung beschleunigen. Dann wird die Lösung mittels Natronlauge oder Kalilauge soweit neutralisiert, daß sie einen blauroten Farbton annimmt. Ein etwaiger Alkaliüberschuß wird durch verdünnte Salpetersäure beseitigt. Unter Umrühren werden nun etwa 20 cm³ Cinchoninhydrochloridlösung zugefügt. Nach etwa $^1/_2$stündigem Stehen wird durch einen Glasfiltertiegel filtriert. Der Niederschlag wird mit der kalten Waschflüssigkeit so lange ausgewaschen, bis im Ablauf mit Kaliumjodid Blei nicht mehr nachweisbar ist. Der Glasfiltertiegel mit dem Niederschlag wird in einem Becherglase mit etwa 100 cm³ Wasser und 20 cm³ konzentrierter Salpetersäure zum Sieden erhitzt. In der erhaltenen, völlig bleifreien Lösung kann das Wismut colorimetrisch nach § 5 B, S. 570 bestimmt werden.

Bemerkungen. α) **Genauigkeit.** Bei Wismutgehalten zwischen 0,1 und 0,005% beträgt der maximale Fehler ±5%, ist jedoch in den meisten Fällen viel kleiner. — β) **Vollständigkeit der Fällung.** Es ist notwendig, die Neutralisation der Fällungslösung sorgfältigst vorzunehmen, da sonst Wismut unvollständig ausgefällt wird. Um sich von der Vollständigkeit der Fällung zu überzeugen, wird ein Teil des Filtrates im Reagensglas mit Kaliumjodid versetzt. Spuren von Wismut verleihen dem entstehenden Niederschlag von Bleijodid eine bräunliche Färbung (s. § 5 A, S. 569). — Das Trennungsverfahren von Frick und Engemann ist nach Grothe und Neckermann unzuverlässig. — γ) **Verhinderung der Fällung.** Bei Gegenwart von Weinsäure bleibt die Fällung des Wismuts durch Cinchoninhydrochlorid aus. — δ) **Rückgewinnung des Cinchonins.** Die Verfasser geben an, daß das Cinchonin aus den Fällungslösungen auf einfache Weise zurückgewonnen und wieder in das Cinchoninhydrochlorid übergeführt werden kann, ohne jedoch eine Vorschrift dafür mitzuteilen.

II. Anreicherung durch gleichzeitige Fällung von EisenIII-hydroxyd.

a) Verfahren von Liebschütz.

100 g Weichblei werden mit 220 cm³ heißem Wasser und 100 cm³ Salpetersäure (D 1,42) übergossen und 10 cm³ einer Eisennitratlösung, die 20 g Fe/l enthält, zugefügt. Falls beim Auflösen eine Abscheidung von Bleinitrat erfolgt, wird dieses in der nötigen Menge heißen Wassers gelöst. Nach Verdünnung auf 1 l und Zusatz einiger Tropfen Natriumchloridlösung wird tropfenweise Natronlauge zugesetzt, bis ein Niederschlag von EisenIII-hydroxyd auftritt. Ohne den abgesetzten Niederschlag aufzurühren, wird die geklärte Flüssigkeit durch ein großes Filter dekantiert. Dieses Dekantieren wird unter Anwendung von heißem Wasser und etwas Natronlauge dreimal wiederholt. Hierdurch wird das Bleinitrat gänzlich entfernt. Der Niederschlag im Fällungsgefäße und die kleinen Mengen auf dem Filter werden in einer Mischung aus 50%iger Weinsäurelösung und verdünnter Salzsäure gelöst. Nach Zufügen von etwas Ammoniumsulfat und Verdünnen auf 1 l werden die Sulfide des Wismuts, Bleis, Arsens, Antimons und Zinns durch Schwefelwasserstoff gefällt und diese durch Behandlung mit Ammoniumsulfid getrennt. Wismut wird von Blei durch metallisches Eisen getrennt (s. dazu § 10 B, S. 631) und bestimmt.

b) Verfahren von Robinson.

20 g der dünn ausgewalzten Bleiprobe werden nach dem üblichen Lösen mit 30 cm³ Salzsäure zur Fällung des Bleichlorides versetzt. Zu dem Filtrat fügt man

5 cm^3 EisenIII-salz-Lösung (1 mg $Fe^{\cdot\cdot\cdot}/cm^3$) und 20 cm^3 20%ige Ammoniumacetatlösung hinzu. Dann wird mit Natronlauge alkalisch gemacht, gebildetes Bleihydroxyd mit starker Salzsäure vorsichtig in Lösung gebracht und dann das EisenIII-hydroxyd sofort abgesaugt. Dieses wird im Fällungsgefäß in einer Mischung aus 45 cm^3 Wasser, 5 cm^3 Schwefelsäure (1:1) und 3 g Weinsäure gelöst. Nach dem Filtrieren wird das Wismut colorimetrisch nach § 5 B, S. 570 bestimmt. Dieses Verfahren gestattet die Erfassung von 0,0005% Bi im Blei. — Bei einer Nachprüfung des Verfahrens finden C. W. BALLARD und E. J. BALLARD bei Wismutgehalten unter 0,002% zu geringe Beträge. Die Verfasser untersuchen die Abhängigkeit der Fällung von der Säurestufe und stellen fest, daß die Fällung bis 0,0045% Bi zwischen $p_H = 6$ bis 6,5 stets und bei 5 durch Koagulation des EisenIII-hydroxydes beim Kochen vollständig ist. Ihre Ergebnisse sind in Übereinstimmung mit solchen, die sie durch das colorimetrische Thioharnstoffverfahren erzielt haben.

III. Abtrennung des Bleis als Sulfat und Bestimmung des Wismuts im Filtrat.

Wegen der Unsicherheit des Verfahrens der Abtrennung des Bleis als Sulfat — das Bleisulfat kann unkontrollierbare Mengen Wismut einschließen (s. S. 686) — soll hier nur kurz ein Verfahren jüngeren Datums von COAKILL angeführt werden. Bei diesem erfolgt zunächst eine Anreicherung des Wismuts durch Fällung mit Ammoniak, wobei eine kleine Menge Blei mitfällt, und daran anschließend werden Wismut und Blei durch Schwefelsäure getrennt.

Arbeitsvorschrift. Man löst 5 g Blei in 30 cm^3 verdünnter Salpetersäure, verdünnt mit heißem Wasser auf etwa 80 cm^3 und gibt etwa 5 cm^3 Ammoniak (D 0,94) zu, so daß der größte Teil der freien Säure neutralisiert wird, aber noch kein bleibender Niederschlag entsteht. Dann gibt man in Anteilen von je 1 cm^3 verdünnte Ammoniaklösung zu, bis ein Niederschlag von etwa 200 bis 250 mg nach dem Kochen etwa 15 Sek. lang bestehen bleibt. Diesen Niederschlag filtriert man auf ein weiches Filter, wäscht ein paarmal mit heißem Wasser, spült ihn mit Wasser und 10 cm^3 Schwefelsäure (1:3) vom Filter in das Fällungsgefäß und kocht einige Minuten. Die nicht mehr als 30 cm^3 betragende Lösung wird vom Bleisulfat abfiltriert und auf ein bestimmtes Volumen aufgefüllt. In einem aliquoten Teil erfolgt die Bestimmung des Wismuts colorimetrisch mit Jodid nach § 5 B, S. 570.

Ein ausgezeichnetes Verfahren zur Bestimmung von Wismut in Blei ist in § 6 E, S. 593 beschrieben (s. auch S. 690).

IV. Fällung des Wismuts mit Kaliumbromat.

Der Arbeitsgang des Verfahrens von BERTIAUX und THÉRY, das in einer Fällung des Wismuts mit Kaliumbromat in alkalischer Lösung besteht, richtet sich danach, ob die Bleiprobe in Salpetersäure löslich ist, wobei kleine Mengen Antimon (Sn, As, Cu, Cd, Fe, Zn) nicht stören (I), oder ob ein Rückstand hinterbleibt (II).

I. Die salpetersaure Lösung der Probe wird mit Ammoniak neutralisiert, wieder mit Salpetersäure angesäuert und nochmal mit verdünntem Ammoniak (gegen Lackmus) alkalisch gemacht. Die durch Kaliumbromat erzeugte Fällung wird abfiltriert und mit Ammoniumnitratlösung ausgewaschen. Der Niederschlag wird in Salpetersäure gelöst, und die Lösung wird wie eingangs beschriebenen angesäuert und neutralisiert. Das Wismut wird nochmals mit Kaliumbromat gefällt und der Niederschlag nach dem Auswaschen (wie oben) in Schwefelsäure gelöst. In dieser Lösung kann die Wismutbestimmung in bekannter Weise gravimetrisch oder colorimetrisch erfolgen.

II. Das Lösen und Fällen geschieht wie unter I. angegeben. Der noch verunreinigte Wismutniederschlag wird mit heißer konzentrierter Schwefelsäure und dann mit Persulfat behandelt. Der Rückstand wird in Wasser gelöst, und aus der mit Ammoniak neutralisierten Lösung werden Wismut und Blei in Gegenwart von Kaliumcyanid mit Ammoniumsulfid gefällt. Die abfiltrierten Sulfide von Wismut und Blei werden in Salpetersäure gelöst und aus dieser Lösung wird das Wismut nach der Vorschrift I gefällt und bestimmt.

V. Fällung des Wismuts als Sulfid.

Wegen der Schwierigkeiten bei dem Thioharnstoffverfahren (s. § 9 B, S. 615) fällen GROTHE und NECKERMANN das Wismut bei 90° aus 2 bis 4%iger Salzsäure als Sulfid aus, nachdem die Hauptmenge des Bleis als Chlorid entfernt ist, und filtrieren den Niederschlag bei dieser Temperatur ab. Die Bestimmung des Wismuts erfolgt dann nach MAHR colorimetrisch. Innerhalb von $1^1/_4$ Std. werden besonders bei Wismutgehalten unter 0,01% zuverlässige Werte erhalten. Über 0,01% erfolgt die Wismutbestimmung unmittelbar nach MAHR.

Die Einwaage wird mit 10 cm³ konzentrierter Salpetersäure und 50 cm³ Wasser übergossen. Man erhitzt über freier Flamme, aber das Lösungsmittel darf nicht vor der vollständigen Lösung des Bleis verdampfen. Dann dampft man unter kräftigem Schwenken des Kolbens über 2 Brennern zur Trockene ein. Der Rückstand wird in 300 cm³ Wasser gelöst. Das nach Zusatz von 30 cm³ konzentrierter Salzsäure beim Abkühlen der Lösung ausgeschiedene Bleichlorid wird abfiltriert und mit kalter Salzsäure (100 Teile Wasser und 3 Teile HCl) ausgewaschen. Man fügt etwa 50 mg ArsenIII-oxyd hinzu, erwärmt die Mischung auf 90° und leitet 20 Min. lang Schwefelwasserstoff ein. Der Niederschlag wird sofort abfiltriert und mit 90° heißem Schwefelwasserstoffwasser, das 3% HCl enthält, ausgewaschen. Man spritzt den Niederschlag in den Fällungskolben ab und löst ihn in Salpetersäure. Das Filter wird mit Salpetersäure-Schwefelsäure völlig verascht. Die beiden Lösungen werden vereinigt und zur Trockene verdampft. Die Lösung des Rückstandes in Salpetersäure (D 1,03) wird in eine HEINsche Flasche von 75 cm³ Inhalt gespült, in die vorher 5 g fester Thioharnstoff gegeben sind. Für die colorimetrische Bestimmung sind am besten 0,2 bis 0,5 mg Bi in 60 cm³ Lösung vorhanden. Dabei beträgt der Fehler $\pm 4\%$. — Die erhaltenen Werte stehen in Übereinstimmung mit den nach BLUMENTHAL erhaltenen (s. § 6 E, S. 593 und § 14 C, S. 610). — Die Kosten sind bei diesem Verfahren erheblich niedriger als bei denen nach MAHR bzw. GROSHEIM-KRYSKO (s. § 9 B, S. 613).

3. Bestimmung in Zinn.

Eine Anreicherung des Wismuts aus einer Lösung von Zinn in Salzsäure kann nach TABOR erfolgen, indem das Wismut als Wismutoxydhydrat durch Natronlauge ausgefällt wird, während hierbei Zinn als Hydroxosalz in Lösung geht. VICTOR bewirkt die Anreicherung durch Fällung des Wismutsulfides aus ammoniakalischer Lösung. Hierbei bleibt ebenfalls das Zinn in Lösung und zwar als Thiosalz.

I. Verfahren von TABOR.

0,5 g Zinnfolie werden in 10 cm³ konzentrierter Salzsäure unter Erwärmen gelöst. Die Lösung wird mit etwa 25 cm³ kalter 20%iger Natronlauge versetzt und durch ein gehärtetes Filter filtriert. Den Niederschlag spült man mit möglichst wenig Wasser in ein 100 cm³-Becherglas, wäscht das Filter mit 5 cm³ Salzsäure (1:1) und heißem Wasser aus, setzt dem Filtrat 6 cm³ Schwefelsäure (1:2) hinzu und raucht ab. Dann wird das Wismut nach § 5 B, S. 570 colorimetrisch mit Jodid bestimmt. Das Verfahren ist brauchbar bis herab zu 0,001% Bi im Zinn.

II. Verfahren von VICTOR.

Je nach der Reinheit des Zinns werden 10 oder 20 g in 100 cm³ Salzsäure (D 1,124) unter Zusatz von Kaliumchlorat in der Wärme gelöst und das Chlor verkocht. Die noch gelbe Lösung wird nach dem Erkalten mit 30g Weinsäure versetzt und mit Ammoniak übersättigt. Durch Zusatz von starkem Schwefelwasserstoffwasser werden die Sulfide von Wismut, Blei, Kupfer und Eisen gefällt, während die Hauptmenge Zinn und alles Antimon in Lösung bleiben. Nach Filtration und Auswaschen werden die geringen Zinnmengen im Niederschlage von den anderen Metallen nochmal in derselben Weise getrennt, und diese dann der weiteren Trennung zwecks der Wismutbestimmung unterworfen.

4. Bestimmung in Kupfer.

Von großer Wichtigkeit ist die Bestimmung des Wismuts in Handelskupfer, da schon geringe Beimengungen von einigen Hundertstel Prozenten Kaltbruch oder Rotbruch bewirken. Weil Wismut somit als die schädlichste Verunreinigung im Kupfer anzusehen ist, ist seine genaue Bestimmung von vielen Seiten untersucht worden, wobei fast immer das Prinzip der Anreicherung angewendet wird. MOSER und MAXYMOWICZ fällen das Wismut als Oxybromid (s. § 4 B, S. 561). JUNGFER sowie ROWELL reichern durch Fällung des basischen Wismutcarbonates mit Natriumcarbonat an, während C. C. D. (a) hierzu Ammoniumcarbonat verwendet. Mit EisenIII-hydroxyd schlagen JONES und FROST, SMOUT und SMITH, BANNISTER und DOYLE das Wismut nieder, und KAMEYAMA und MAKISHIMA verwenden hierfür ManganIV-oxydhydrat nach BLUMENTHAL (a). Durch hohes Erhitzen des Kupfers erzeugen COLBECK, CRAVEN und MURRAY einen Wismutspiegel infolge Verflüchtigung, aus dem sie nach dem Auflösen das Wismut colorimetrisch ermitteln. Hiergegen wendet sich NICKOLLS, der die Anreicherung durch Fällung mit EisenIII-hydroxyd für besser hält. Eine direkte colorimetrische Wismutbestimmung in der Lösung des Kupfers empfehlen FITTER sowie NARUI. GARINO und CATTO bedienen sich eines Abdruckverfahrens unter Anwendung von Cinchoninjodid (s. § 5 B, S. 575).

I. Anreicherung als Wismutoxybromid nach MOSER und MAXYMOWICZ.

Elektrolytkupfer wird wie üblich gelöst und die überschüssige Säure durch Eindampfen entfernt. Die schwach saure Lösung wird mit 2 g Kaliumbromat und dann mit 2 g Kaliumbromid versetzt. Man läßt einige Stunden auf dem Wasserbade stehen, bis die Lösung wieder die blaue Farbe des KupferII-Ions zeigt. Der kupferhaltige Niederschlag von Wismutoxybromid wird abfiltriert und in verdünnter Salpetersäure gelöst. Die Lösung wird mit Natriumcarbonat weitgehend neutralisiert und die Bromat-Bromid-Fällung wiederholt. Der nunmehr kupferfreie Niederschlag von Wismutoxybromid wird nach dem Filtrieren und Auswaschen (s. § 4 B, S. 561) in Salpetersäure gelöst und in Wismutoxyd verwandelt (s. § 6 E, S. 590).

II. Anreicherung mit Natriumcarbonat nach JUNGFER.

Die Lösung des Kupfers in Salpetersäure wird tropfenweise mit Natriumcarbonatlösung versetzt, bis ein geringer Niederschlag entsteht. Dieser wird nach 1 bis 2 Std. abfiltriert und das Wismut daraus als Wismutoxychlorid isoliert und bestimmt (s. § 4 A, S. 556).

III. Anreicherung mit Ammoniumcarbonat nach C. C. D. (a).

Die Probe wird in verdünnter Salpetersäure gelöst und langsam zur Trockene eingedampft. Der Rückstand wird mit konzentrierter Schwefelsäure, Wasser und Alkohol aufgenommen. Nach Filtration von ausgeschiedenem Siliciumdioxyd und Bleisulfat wird die mit Ammoniak versetzte alkalische Flüssigkeit zur Fällung von Wismut, Kupfer und Eisen mit Ammoniumcarbonat gekocht und der in verdünnter Salzsäure gelöste Niederschlag mit Schwefelwasserstoff behandelt. Nach

Wiederauflösen und Fällen mit Ammoniak und Ammoniumcarbonat wird Wismut neben Kupfer colorimetrisch mit Kaliumjodid bestimmt (s. § 5 B, S. 570).

IV. Anreicherung mit EisenIII-hydroxyd.

a) Arbeitsvorschrift von JONES und FROST.

Man löst 200 g raffiniertes Kupfer (bis herab zu 0,001% Bi) in Salpetersäure, fügt zu der verdünnten Lösung einen Krystall EisenIII-sulfat und macht ammoniakalisch. Hierauf versetzt man mit einer kleinen Menge Ammoniumcarbonat und Dinatriumhydrogenphosphat und läßt den Niederschlag absitzen. Nach dem Filtrieren löst man den Niederschlag in verdünnter Schwefelsäure und leitet Schwefelwasserstoff ein. Nach der üblichen Trennung der Sulfide mittels Kalilauge oder gelbem Ammoniumsulfid werden Wismut und Kupfer durch Fällung des Wismutsulfides aus ammoniakalischer Kaliumcyanidlösung getrennt. Das Wismutsulfid wird in Salpetersäure gelöst, mittels Schwefelsäure von etwa vorhandenem Blei getrennt und dann colorimetrisch mit Jodid nach § 5 B, S. 570 bestimmt.

b) Arbeitsvorschrift von SMOUT und SMITH.

Das Kupfer, das einen Gehalt von 0,2% Bi besitzen darf, wird in Salpetersäure gelöst. Bleibt ein Rückstand, so wird dieser mit Kaliumhydrogensulfat geschmolzen, die Schmelze mit verdünnter Schwefelsäure aufgenommen und die Lösung der salpetersauren Lösung zugefügt. Nach Zugabe von je 0,25 g Eisenalaun auf je 10 g Kupfer wird mit Ammoniak gefällt. Nach 6stündigem Stehen in der Wärme wird filtriert. Man löst den Niederschlag in Schwefelsäure und wiederholt die Fällung. Der neuerdings erhaltene Niederschlag wird in Schwefelsäure gelöst und das Wismut in dieser Lösung colorimetrisch mit Jodid nach § 5 B, S. 570 bestimmt.

c) Arbeitsvorschrift von BANNISTER und DOYLE.

Auf je 10 g Kupfer werden 0,25 g MOHRsches Salz zugesetzt und mit Natriumcarbonat gefällt. Nach 10 Min. langem Kochen wird die Fällung erst nach dem Stehen über Nacht abfiltriert und wie üblich weiterverarbeitet (s. unter b).

V. Anreicherung mit ManganIV-oxydhydrat.

Arbeitsvorschrift von KAMEYAMA und MAKISHIMA.

Die durch Auflösen von Kupfer erhaltene salpetersaure Lösung wird nach dem Erwärmen auf 80° mit soviel Ammoniak versetzt, daß eine bleibende Trübung von KupferII-hydroxyd entsteht. Nun läßt man wenig 5%ige ManganII-sulfat-Lösung und 0,5 bis 2 cm³ Kaliumpermanganatlösung langsam zutropfen. Die Fällung wird ein- oder zweimal wiederholt, je nachdem wieviel Wismut zugegen ist. Der Niederschlag wird dann in Schwefelsäure unter Zusatz von Wasserstoffperoxyd gelöst und das Wismut colorimetrisch bestimmt, wozu Kaliumjodid (§ 5 B, S. 570) oder Oxin (§ 9 A, S. 609) dienen können.

***Bemerkungen.* a)** Wegen des **störenden Einflusses von Kupfer** s. § 5 B, S. 570. — **b) Wirksamkeit der Anreicherung.** Durch eine einzige ManganIV-oxydhydrat-Fällung werden schon 90% des vorhandenen Wismuts erfaßt, so daß praktisch schon eine einmalige Wiederholung der Fällung genügt, um sämtliches Wismut zu adsorbieren.

VI. Direkte colorimetrische Bestimmung nach FITTER.

Bei der colorimetrischen Bestimmung des Wismuts mit Jodid in Gegenwart von Kupfer stört das durch das Kupfer in Freiheit gesetzte Jod. Um dieses zu entfernen, verwendet FITTER Natriumhypophosphit als Reduktionsmittel an Stelle von Thiosulfat, das infolge Ausscheidung von Schwefel stören kann, oder von schwefliger Säure, die eine Gelbfärbung hervorruft (s. § 5 B, S. 570).

Man löst 2 g Kupfer (oder eine Legierung) in einer Mischung aus 14 cm^3 verdünnter Salzsäure (1:1) und 6 cm^3 Salpetersäure (D 1,2) unter gelindem Erwärmen auf. Danach fügt man verdünntes Ammoniak (1:1) so lange zu, bis die Lösung deutlich alkalisch ist, worauf man mit Schwefelsäure (1:3) wieder klärt und davon noch 10 cm^3 im Überschuß zusetzt. Nach dem Abkühlen fügt man soviel 60%ige Kaliumjodidlösung hinzu, daß alles Kupfer gefällt wird, und versetzt ferner mit einer Lösung von 5 g Natriumhypophosphit (NaH_2PO_2) in 20 cm^3 Wasser. Man läßt bis zur vollständigen Entfärbung des Niederschlages stehen, füllt im Meßzylinder auf 200 cm^3 auf, filtriert 100 cm^3 ab und füllt diese in einen Nessler-Zylinder. Man vergleicht mit einer Lösung von 5 cm^3 Schwefelsäure (1:3), 1 g Kaliumjodid und 1 g Natriumhypophosphit, die man nicht ganz auf 100 cm^3 auffüllt und mit so viel einer Wismutlösung (0,1 mg Bi/cm^3) versetzt, bis Farbgleichheit erreicht ist.

In analoger Weise wird nach einem Verfahren von Narui gearbeitet.

VII. Spiegelverfahren von Colbeck, Craven und Murray.

Das Verfahren, das zur Erfassung von kleinsten Mengen Wismut in Kupfer dienen soll, beruht auf der Verflüchtigung des Wismuts in einem indifferenten Gasstrom bei 1060° und dessen Niederschlagung als Spiegel an kälteren Teilen der Apparatur. Dieser Spiegel wird in Salpetersäure gelöst und das Wismut colorimetrisch bestimmt.

Arbeitsvorschrift. In einem elektrisch geheizten, waagerecht angeordneten Röhrenofen befindet sich ein 90 cm langes, an einem Ende auf 0,6 mm ausgezogenes Verbrennungsrohr aus klarem Quarzglase von 22 mm innerem Durchmesser. Die Temperatur des Ofens wird in der Mitte mittels eines Thermoelementes gemessen. Die Probe in Form kleiner Bohr- oder Feilspäne wird in einem Schiffchen aus feuerfestem Ton in die Mitte des Ofens gebracht und ein Strom von trockenem Wasserstoff mit einer Geschwindigkeit von 18 l/h durch das Rohr geleitet. Nach der Verdrängung der Luft wird der Wasserstoff an der Verjüngung des Rohres entzündet und der Ofen auf eine Temperatur von 1060° gebracht, die 1 Std. lang beibehalten wird. Nach dieser Zeit wird der Strom abgeschaltet, dann werden die Wasserstoffzufuhr und der Verschluß am Rohreingang abgenommen. Es tritt eine kleine Explosion ein, nach welcher das Schiffchen aus dem Rohr genommen und dieses zum Abkühlen aus dem Ofen gezogen wird. Über das ausgezogene Rohrende schiebt man ein mit einem Stück Glasstab verschlossenes Stück Gummischlauch und löst dann den im Rohr gebildeten, etwa 20 cm vom Schiffchen entfernten Wismutspiegel mit möglichst wenig konzentrierter Salpetersäure auf und bestimmt das Wismut colorimetrisch mit Jodid nach § 5 B, S. 570.

Bemerkungen. **a)** Eine Erhöhung der **Temperatur** auf 1100 bis 1120° ist nach Colbeck, Craven und Murray notwendig, wenn das Kupfer nicht in feinkörniger Form vorliegt oder nicht in diese zu bringen ist. Nach der 1stündigen Versuchsdauer läßt man im Wasserstoffstrom auf wenigstens 1084° abkühlen und verfährt dann wie vorher. Das vorher geschmolzene Kupfer spritzt dann nicht mehr. Die meisten Kupfersorten schmelzen aber bei 1060° bereits an der Oberfläche. Die anzuwendende Temperatur hängt auch von der Qualität der Kupferproben ab. Bei Drahtbarren-Kupfer mußte die Temperatur unter 1000° liegen. Bei blasigem Kupfer, das KupferI-oxyd enthielt, war die passendste Temperatur in Wasserstoff 950° und in Stickstoff nur 870°. Als günstigste Temperatur finden Bannister und Doyle 950 bis 1000°. Die Verflüchtigung des Wismuts beginnt schon bei 500 bis 550°. Wenn das Kupfer bei zu hoher Temperatur zum Schmelzen kommt, wird das Wismut nur teilweise ausgetrieben. — **b)** Die **Beschaffenheit**

der Kupferprobe ist von großer Wichtigkeit. BANNISTER und DOYLE konnten das Wismut nur aus feinen Drehspänen sowie aus Draht von nicht mehr als 0,6 mm Durchmesser verflüchtigen. — **c)** Die **Dauer der Erhitzung** von 1 Std. halten BANNISTER und DOYLE für zu kurz. Sie empfehlen die doppelte Dauer. — **d)** Die **Genauigkeit** wird als sehr gut bezeichnet. — **e) Anwendungsbereich.** COLBECK, CRAVEN und MURRAY fanden bei Anwendung ihres Spiegelverfahrens immer höhere Werte für Wismut als bei den Anreicherungsverfahren auf chemischem Wege, wobei sie eine Mitfällung mit Calciumcarbonat durchführen. Hiergegen wendet sich NICKOLLS mit der Bemerkung, daß bei der Anreicherung aus Lösungen, in denen Wismut nur in einer Menge unterhalb der Löslichkeitsgrenze seines Hydroxydes oder Carbonates vorhanden ist, eine möglichst unlösliche Verbindung bei der Wismutfällung miterzeugt werden muß, als welche sich am besten EisenIII-hydroxyd bewährt hat. Mit diesem sind 10 γ Bi bei einer Einwaage von 10 g Kupfer = 0,0001 % richtig wiederzufinden. Die Genauigkeit der Bestimmung hängt mehr von der Colorimetrierung als von der chemischen Handhabung ab. Es müssen salpetersaure Lösungen und die Anwendung von schwefliger Säure vermieden werden (s. dazu § 5 B, S. 570). — **f)** Die **Anwendung anderer Gase** wie Stickstoff, Kohlenmonoxyd oder Leuchtgas ist nach BANNISTER und DOYLE möglich.

VIII. Abdruckverfahren von GARINO und CATTO.

Das Verfahren, das nach dem Prinzip der erstmalig von GLAZUNOW angegebenen elektrographischen Arbeitsweise durchgeführt wird, dient zur schnellen Bestimmung geringer Wismutmengen im Kupfer. An dem zu untersuchenden Metall wird eine Fläche von 20 cm² poliert und dann mit einem mit 10%iger Salpetersäure getränkten Gewebestück bedeckt. Darauf wird eine zweite Lage Stoff, die mit einer Lösung von Cinchoninjodid (s. § 5 B, S. 575) getränkt ist, aufgebracht. Legt man nun eine Metallplatte auf und sendet bei 4 Volt Spannung einen Strom von etwa 0,1 Ampere durch das System, so kann man nach etwa 4 Min. das Gewebe abnehmen, kurz in Wasser, dann in schwefliger Säure und wieder in Wasser waschen, und findet bei Anwesenheit von mehr als 0,01 % Wismut einen orangeroten Fleck auf dem Gewebe.

5. Bestimmung in Silber.

Das Verfahren zur Wismutbestimmung in Silber von PUFAHL beruht auf einer Anreicherung des Wismuts durch Fällung basischen Salzes mittels Ammoniaks und colorimetrischer Bestimmung.

Arbeitsvorschrift. 5 bis 10 g Silber werden in Salpetersäure gelöst. Man filtriert von abgeschiedenem Gold ab, übersättigt die auf 200 bis 250 cm³ verdünnte und mit 10 g Ammoniumnitrat versetzte Lösung mit Ammoniak, erwärmt bis zum Zusammenballen der Fällung, kühlt ab, filtriert und wäscht den Niederschlag silberfrei. Danach löst man ihn in heißer verdünnter Salzsäure und colorimetriert die Lösung mit Kaliumjodid nach § 5 B, S. 570.

Bemerkung. **Arbeitsweise bei Gegenwart von Blei.** Blei darf nicht in größeren Mengen zugegen sein. 5 mg Blei lösen sich ohne Abscheidung von Bleijodid in 2,5 g Kaliumjodid, wie sie bei der Colorimetrierung angewendet werden sollen, auf. Bei 10 mg Blei muß die Kaliumjodidmenge verdoppelt und die Gesamtlösung auf 500 cm³ verdünnt werden. Ist reichlich Blei vorhanden, wie z. B. in Blicksilber, so löst man den silberfrei gewaschenen Hydroxydniederschlag in heißer Salpetersäure und scheidet das Blei mit Schwefelsäure ab. Besser wäre aber wohl eine Ausfällung des Wismuts als Oxychlorid.

6. Bestimmung in Zink.

In Feinzink ist der Gehalt an Wismut, Blei und anderen Metallen nach deutschen Normblattentwürfen beschränkt. Zur Ermittlung des Wismutgehaltes hat ENSSLIN ein auch vom CHEMIKER-FACHAUSSCHUSS DER GESELLSCHAFT DEUTSCHER METALLHÜTTEN- UND BERGLEUTE übernommenes Verfahren ausgearbeitet, nach welchem das Wismut durch das Zink selbst bei dessen unvollständiger Auflösung in Schwefelsäure niedergeschlagen und dann colorimetrisch bestimmt wird.

Arbeitsvorschrift. Je nach dem zu erwartenden Wismutgehalt werden 50 bis 100 g Feinzink in einer zur vollständigen Auflösung ungenügenden Menge Schwefelsäure gelöst, so daß 5 bis 10 g Zink ungelöst zurückbleiben. In dem bei dem Zink verbleibenden Metallschlamm ist das gesamte Wismut enthalten. Die Zinksulfatlösung wird abdekantiert und das zurückgebliebene Zink mit Salpetersäure vollständig aufgelöst. Durch Abrauchen mit Schwefelsäure führt man das Blei in Sulfat über, welches durch Filtration entfernt wird. In der Sulfatlösung wird nunmehr das Wismut zusammen mit dem noch vorhandenen Eisen durch einen Überschuß von Ammoniak unter Zugabe von etwas Ammoniumcarbonat gefällt. Den Niederschlag löst man in Schwefelsäure und bestimmt das Wismut colorimetrisch mit Jodid nach § 5 B, S. 570.

Über die photometrische Bestimmung in Feinzink s. § 9 B, S. 615.

7. Bestimmung in Quecksilber.

Nach SMITH-RUSSELS und EVANS wird das Wismutamalgam mit 10 n EisenIII-sulfat-Lösung in Gegenwart von 2 n Schwefelsäure geschüttelt. Während hierbei das dreiwertige Eisen zum zweiwertigen reduziert wird, geht das Wismut als Sulfat in Lösung und wird in dieser Lösung auf eine bekannte Weise bestimmt.

8. Bestimmung in Wolfram.

AGTE, BECKER-ROSE und HEYNE haben eine Bestimmung von Wismut in metallischem Wolfram bis herab zu 0,002% ausgearbeitet. Aus der mit Weinsäure (um Wolfram in Lösung zu halten) versetzten Lösung des Metalles wird das Wismut nebst anderen Metallen als Sulfid niedergeschlagen und durch Behandlung mit Natriumsulfid von den Sulfiden des Antimons und Zinns getrennt. Die weitere Trennung von Blei, Kupfer usw. geschieht auf die übliche Weise (s. S. 686). Danach wird das Wismut in basisches Carbonat verwandelt und dieses zu Oxyd verglüht und als solches ausgewogen.

B. Bestimmung des Wismuts in Legierungen.

Sofern es sich nicht um Legierungen mit hohen und mittleren Gehalten an Wismut, wie z. B. WOODsches Metall und andere derartige niedrig schmelzende Legierungen handelt, für die normale Trennungsverfahren in Betracht kommen, muß das Wismut wie bei den reinen Metallen angereichert werden (s. S. 674ff.). Die für die verschiedenen Legierungsarten brauchbaren Verfahren werden bei den einzelnen Legierungen besprochen.

1. Bestimmung in niedrig schmelzenden Legierungen.

I. In WOODschem Metall.

Die von JANNASCH und ETZ angegebenen Arbeitsweisen der Überführung der Legierungsbestandteile in Sulfide und deren Trennung im mit Brom beladenen Luftstrom ist äußerst umständlich und soll deshalb nicht angeführt werden. Das neuere Verfahren von STREBINGER und ORTNER durch Fällung des Wismuts als Oxyjodid (s. § 4 C, S. 562) ist leicht ausführbar und führt zu guten Ergebnissen.

***Arbeitsvorschrift von* STREBINGER *und* ORTNER.** Die möglichst zerkleinerte, Wismut, Blei, Cadmium und Zinn enthaltende Legierung wird in konzentrierter Salzsäure unter Zusatz einiger Tropfen Salpetersäure in der Wärme gelöst. Die Lösung wird mit einer genügenden Menge fester Weinsäure versetzt, mit Wasser verdünnt und ammoniakalisch gemacht. Man behandelt hierauf mehrmals mit Ammoniumsulfid in gelinder Wärme und filtriert jedesmal in ein in einem Hahntrichter eingelegtes Papierfilter, sammelt schließlich den gesamten Niederschlag darin und wäscht mit ammoniumsulfidhaltigem Wasser gut aus. Das Filtrat, welches das Zinn als Thiostannat enthält, wird in der üblichen Weise zur Zinnbestimmung verwendet. Der im Hahntrichter befindliche Niederschlag der Sulfide von Wismut, Blei und Cadmium wird bei geschlossenem Hahn mit mäßig warmer Salzsäure (1:1) in Lösung gebracht. Dann öffnet man den Hahn, wäscht das Filter gut mit warmer Salzsäure nach, sammelt in einer schwarz glasierten Porzellanschale und erwärmt auf dem Wasserbade bis zum Verschwinden des Schwefelwasserstoffgeruches. Schließlich dampft man nach Zugeben von Schwefelsäure (1:1) auf dem Sandbade bis zur beginnenden Nebelbildung ein. Man nimmt die erhaltenen Sulfate nach dem Erkalten in verdünnter Schwefelsäure auf und bestimmt das ausgeschiedene Bleisulfat in bekannter Weise. Das stark schwefelsaure Filtrat wird in einem hohen Becherglase zunächst mit festem Natriumcarbonat im Überschuß versetzt und vorsichtig gekocht. Nach dem Aufhören der Kohlendioxydentwicklung hat sich ein Gemisch von basischem Wismutcarbonat und Cadmiumcarbonat abgesetzt, welches wieder in einem Hahntrichter filtriert und mit heißem Wasser gewaschen wird. Man löst die Carbonate vorsichtig mit stark verdünnter Salpetersäure vom Filter, wäscht das Filter gut damit nach, bringt die Lösung auf dem Wasserbade auf ein Volumen von etwa 20 cm³ und führt nunmehr die Trennung des Wismuts vom Cadmium durch Abscheidung des Wismutoxyjodides nach § 4 C, S. 568 durch. Im Filtrat davon bestimmt man nach dem Zerstören des Kaliumjodides das Cadmium aus cyankalischer Lösung elektrolytisch.

II. In Roseschem Metall.

Für das aus 2 Teilen Wismut, 1 Teil Blei und 1 Teil Zinn bestehende Rosesche Metall geben H. Biltz und W. Biltz folgende

Arbeitsvorschrift. 0,5 g Späne von Roseschem Metall werden im Freiberger Aufschluß mit 4 g Soda-Schwefel-Gemisch (1:1) geschmolzen. Beim Auflösen der Schmelze hinterbleiben Blei- und Wismutsulfid, die mit heißem, ammoniumsulfid- und kaliumchloridhaltigem Wasser ausgewaschen werden. Der Rückstand wird getrocknet und möglichst vollständig vom Filter getrennt. Das Filter wird verascht und der Rückstand mit der Hauptmenge des Niederschlages vereinigt. Dieser wird in 2 n Salpetersäure unter gelindem Erwärmen vorsichtig gelöst, um die Bildung von Bleisulfat möglichst zu verhüten. Nach dem Filtrieren werden Blei und Wismut durch Schwefelsäure getrennt. Der Bleisulfatniederschlag wird mit dem beim Lösen der Sulfide entstandenen vereinigt. Das Wismut kann auf eine bekannte Weise bestimmt werden. Aus der thioalkalischen Lösung wird das Zinn wie üblich ermittelt.

Eine Wismutbestimmung in Roseschem Metall durch Fällung als Wismutoxychlorid hat Abbey mitgeteilt.

III. In Wismut-Cadmium-Legierungen.

Ein einfaches Verfahren zur Analyse von Wismut-Cadmium-Legierungen unter Fällung des Wismuts als Oxychlorid geben Keefe und Newell in Anlehnung an Hertel (s. S. 673) an. Man löst die Legierung in Salpetersäure, scheidet Zinn und Blei in bekannter Weise ab, fällt das Wismut aus der schwefelsauren Lösung mit Schwefelwasserstoff, wäscht mit schwefelwasserstoffhaltiger, verdünnter Schwefelsäure aus, löst den Niederschlag in Salpetersäure und scheidet aus dieser Lösung das Wismut als Oxychlorid ab. Aus dem schwefelsauren Filtrat vom Wismutsulfid verjagt man den Schwefelwasserstoff, dann neutralisiert man nahezu mit Ammoniak, fällt das Cadmium mit Schwefelwasserstoff und wägt als Cadmiumsulfat.

2. In Bleilegierungen.

MILLER benutzt nach der Abscheidung der Sulfide des Kupfers, Wismuts, Zinks und Eisens die Fällung des Wismuts als Hexammin-ChromIII-hexabromowismutatIII und dessen acidimetrische Titration nach MAHR (s. § 7 B, S. 600). PETIT und MERAUX bestimmen das Wismut colorimetrisch mit Thioharnstoff nach MAHR (s. § 9 B, S. 613; s. auch § 9 B, S. 615).

I. Arbeitsvorschrift von MILLER.

2 g der Legierung in Form von Spänen werden mit 15 cm^3 Salzsäure und 3 cm^3 Salpetersäure gelöst, abgekühlt und langsam unter Umrühren mit 15 Raumteilen Alkohol versetzt. Nach 12 Std. wird das Bleichlorid abfiltriert, der Alkohol verdampft, 0,2 g Natriumchlorat zugegeben, die Flüssigkeit eingeengt, mit 2 g Weinsäure versetzt und mit Natronlauge alkalisch gemacht. Wismut, Kupfer, Zink und Eisen werden mit frischem Schwefelwasserstoffwasser gefällt, die Sulfide in Salpetersäure gelöst, mit Salzsäure zur Trockene eingedampft, mit 150 cm^3 Wasser aufgenommen und angesäuert, ohne daß eine Trübung entsteht. Darauf wird nach der in § 7 B, S. 600 gegebenen Vorschrift das Wismut bestimmt.

II. Arbeitsvorschrift von PETIT und MERAUX.

1 g Substanz wird in 5 cm^3 Salpetersäure (D 1,33) und 5 cm^3 Wasser durch Erwärmen gelöst und die abgekühlte Lösung mit 10 cm^3 Wasser verdünnt und mit 1 cm^3 10%iger wäßriger Lösung von Thioharnstoff versetzt. Bei Anwesenheit von Antimon (bis 0,5%) sind der Salpetersäure 0,3 cm^3, bei Anwesenheit von Zinn (bis 2%) 2 cm^3 50%ige Weinsäurelösung (zur Unterdrückung der Gelbfärbung mit Thioharnstoff durch Komplexbildung) zuzufügen. Zum colorimetrischen Vergleich dienen entsprechend behandelte, auf das gleiche Volumen mit Wasser verdünnte Bleinitratlösungen (10% in bezug auf Pb), denen bestimmte, abgestufte Wismutmengen in Form der salpetersauren Lösung zugesetzt werden.

3. In Zinnlegierungen.

Während SWETT, EVANS sowie KALLMANN und PRISTERA eine Anreicherung des Wismuts aus den Lösungen der Legierungen auf verschiedene Weisen durchführen, bestimmen PETIT und MERAUX das Wismut unmittelbar colorimetrisch mit Thioharnstoff nach MAHR (s. § 9 B, S. 613).

I. Arbeitsvorschrift von PETIT und MERAUX.

1 g Substanz wird in 10 cm^3 folgender Mischung gelöst: 50 cm^3 Salpetersäure (D 1,33), 20 cm^3 Salzsäure (D 1,18), 10 cm^3 50%ige Weinsäurelösung, 20 cm^3 Wasser. Die Lösung wird mit 10 cm^3 Wasser verdünnt und mit 3 cm^3 10%iger wäßriger Thioharnstofflösung versetzt. Die Vergleichslösungen werden durch entsprechendes Behandeln von 1 g reinem Zinn erhalten, dessen Lösung abgemessene Wismutmengen zugefügt werden.

II. Arbeitsvorschrift von SWETT.

Das saure Filtrat, das man beim Behandeln der Legierung mit Salpetersäure nach Abscheidung des Zinns als ZinnIV-oxydhydrat erhält, versetzt man mit einem mäßigen Überschuß von Kalilauge. Dadurch werden Wismut und etwa vorhandenes Cadmium gefällt, während Bleihydroxyd in Lösung geht. Den abfiltrierten und ausgewaschenen Niederschlag löst man in Salzsäure und fällt Wismutoxychlorid aus.

III. Arbeitsvorschrift von Evans.

5 g einer Zinn-Zink-Legierung werden in 30 cm^3 konzentrierter Salzsäure und 20 cm^3 Wasser gelöst. Man fügt der Reihe nach hinzu: 5 cm^3 Salpetersäure, 15 g Weinsäure, 5 cm^3 0,1 n Lösung von arseniger Säure, Ammoniak bis zur schwach alkalischen Reaktion, 5 g Ammoniumchlorid, 40 cm^3 mit Bromwasser oxydierte Kaliumcyanidlösung (gesättigte Kaliumcyanidlösung wird mit Bromwasser versetzt, bis 1 Tropfen derselben mit Nitroprussidnatrium keine Violettfärbung mehr ergibt) und schließlich 7 g Natriumdithionit ($Na_2S_2O_4$). Die Lösung wird 1 Std. zum Sieden erhitzt, mit weiteren 2 g Natriumdithionit versetzt, schnell abgekühlt, der Wismut und Arsen enthaltende Niederschlag schnell abfiltriert und mit einer Lösung von 4 g Natriumdithionit, 4 g Ammoniumchlorid und 20 cm^3 gesättigter Kaliumcyanidlösung in 400 cm^3 Wasser ausgewaschen. Der Niederschlag wird in Brom-Salzsäure gelöst, die Lösung wird filtriert und der Rückstand mit verdünnter Salzsäure ausgewaschen. Man engt das Filtrat ein, fügt Schwefelsäure zu, verjagt die Salzsäure und engt nach Zufügen einiger Tropfen Salpetersäure bis zum Auftreten weißer Nebel weiter ein. Im Rückstand wird das Wismut colorimetrisch mit Jodid nach § 5 B, S. 570 bestimmt.

IV. Arbeitsvorschrift von Kallmann und Pristera.

Aus der heißen, salpetersauren oder schwefelsauren Lösung einer Wismut, Zinn und Antimon enthaltenden Legierung werden diese drei Metalle gemeinsam durch eine Fällung von ManganIV-oxydhydrat angereichert (s. dazu die Vorschrift auf S. 678). Nach dem Lösen des Niederschlages in verdünnter Salpetersäure mit einem Zusatz von Wasserstoffperoxyd wird das Wismut von Antimon und Zinn durch Fällung als basisches Nitrat mit Zinkoxyd gefällt. Dieses wird in Salpetersäure gelöst und als Wismutoxychlorid erneut gefällt und ausgewogen.

Die Bestimmung des Antimons und Zinns wird in einer besonderen Probe vorgenommen.

4. In Kupferlegierungen.

Litterscheid fällt das Wismut aus der auf ein kleines Volumen eingedampften salpetersauren Lösung der Legierung als basisches Carbonat und bestimmt aus dem mit Schwefelsäure schwach angesäuerten Filtrat das Kupfer. C. C. D. (b) führt eine Messinganalyse aus, indem durch Lösen und weiteres Behandeln mit Salpetersäure Zinn, Antimon, Phosphor, Arsen und Silicium abgeschieden werden. In der Lösung wird eine im Referat nicht näher beschriebene Trennung des Wismuts von Kupfer mit Natriumthiosulfat durchgeführt und schließlich das Wismut colorimetrisch gemessen.

5. In Zinklegierungen.

Zinklegierungen dürfen — wenn nicht besondere mechanische Eigenschaften angestrebt werden — nur Höchstgehalte an Wismut + Blei + Zinn + Cadmium + Thallium von 0,012% aufweisen, wobei der Zinngehalt höchstens 0,001% betragen soll. Um solch kleine Wismutmengen anzureichern benutzt Blumenthal (b) das von ihm (a) angegebene Verfahren der gleichzeitigen Ausfällung von ManganIV-oxydhydrat.

Arbeitsvorschrift. Die Einwaage von 50 g oder mehr wird in Salpetersäure aufgelöst und wie auf S. 594 beschrieben der Niederschlag von ManganIV-oxydhydrat erzeugt, der das Wismut in Form des basischen Nitrates mitreißt. Man löst ihn in Salzsäure unter Zusatz von etwas Wasserstoffperoxyd und fügt sodann eine geringe Menge Brom hinzu, um die ebenfalls mitgefällten Verbindungen des Antimons und Zinns aufzulösen. In der salzsauren Lösung wird das Wismut colorimetrisch bestimmt.

6. In Leichtmetallegierungen.

Für die Wismutbestimmung in Leichtmetall-Automaten-Legierungen der Gattung Al-Cu-Mg hat SCHÖNLAU ein Verfahren entwickelt, nach welchem das Wismut über eine Sulfidfällung angereichert und danach elektrolytisch bestimmt wird. Die Wismutanreicherung aus Aluminiumlegierungen haben NORWITZ, GREENBERG und BACHTIGER dadurch vereinfacht, daß sie die Sulfidfällung umgehen. Sie benutzen die Eigenschaft des Wismuts, sich nicht in Salzsäure (1:1) zu lösen.

I. Arbeitsvorschrift von SCHÖNLAU.

2 g Legierung werden in 30 cm³ 20%iger Natronlauge gelöst. Man fügt 200 cm³ Wasser und 10 cm³ 10%ige Natriumsulfidlösung hinzu. Man kocht auf, läßt absitzen, filtriert und wäscht den die Sulfide des Wismuts, Kupfers, Bleis, Antimons, Nickels, Zinks, Mangans und Magnesiumhydroxyd enthaltenden Niederschlag mit natriumsulfidhaltigem Wasser. Nach dem Lösen des Niederschlages in Salpetersäure wird das Blei durch Schwefelsäure abgeschieden. Aus dem Filtrat werden die Sulfide des Wismuts, Kupfers und Antimons mit Schwefelwasserstoff gefällt und aus diesem Niederschlag das Antimonsulfid mit Natriumsulfid herausgelöst. Nach dem Lösen des Rückstandes in Salpetersäure wird die Trennung des Wismuts von Kupfer in ammoniakalischer, kaliumcyanidhaltiger Lösung durch Fällung als basisches Wismutsalz vollzogen. Dieses wird in 10 cm³ Salpetersäure (D 1,2) gelöst. Die auf 150 cm³ verdünnte Lösung wird $^1/_2$ Std. lang bei rotierender Anode mit 1 Ampere Stromstärke und 2 bis 3 Volt Spannung elektrolysiert. Das Wismut wird als hellgrauer, festhaftender Niederschlag erhalten.

II. Arbeitsvorschrift von NORWITZ, GREENBERG und BACHTIGER.

2 g Legierung werden in der Kälte mit 50 cm³ Salzsäure (1:1) behandelt. Der Löserückstand wird auf dem Filter in heißer Salpetersäure gelöst. Die Lösung versetzt man mit etwas EisenIII-nitrat-Lösung und dann mit soviel Ammoniak, daß gerade eine Trübung entsteht. Diese löst man durch Zusatz von 1 cm³ Salzsäure (1:1). Man läßt nun solange auf dem Wasserbade stehen, bis das sich ausscheidende Wismutoxychlorid abgesetzt hat. Man filtriert das Wismutoxychlorid ab und bestimmt es gewichtsanalytisch nach § 4 A, S. 556 oder löst es in 40 cm³ Salpetersäure und bestimmt das Wismut colorimetrisch als Jodid nach § 5 B, S. 570.

7. In Aluminiumlegierungen.

Nach BUSSEW wird die Legierung ohne Erwärmung in Salzsäure (1:1) gelöst, wobei Wismut und der größte Teil des Bleis und Kupfers ungelöst zurückbleiben. Der Rückstand wird schnell abfiltriert und mit heißem Wasser ausgewaschen (sonst zu niedrige Wismutwerte!). Er wird in heißer Salpetersäure (1:1) gelöst, und das Wismut wird mit Thioharnstoff nach § 9 B, S. 613 colorimetrisch bestimmt. Das durch Nickel und Mangan nicht gestörte Verfahren läßt sich 2,5mal schneller als andere ausführen.

C. Bestimmung des Wismuts in Erzen.

Allgemeines.

Je nachdem ob ein Wismuterz mit verhältnismäßig hohem Gehalt an Wismut oder ein Erz eines anderen Metalles, in dem Wismut nur als Beimengung oder Verunreinigung enthalten ist, vorliegt, sind die Untersuchungsverfahren verschieden. Im letzteren Falle ist es notwendig, das Wismut anzureichern, was auf verschiedene an Ort und Stelle zu beschreibende Weisen erfolgen kann. — Bezüglich des Aufschlusses der Erze s. S. 538.

1. Untersuchung von Wismuterzen.

I. Verfahren von Fresenius.

R. Fresenius (b) hat einen Analysengang für die Untersuchung von Wismuterzen auf nassem Wege ausgearbeitet. In solchen Erzen sind außer der Gangart folgende Elemente zu erwarten: Wismut, Antimon, Arsen, Schwefel, Selen, Tellur, Kupfer, Silber, Gold, Zinn, Blei, Zink, Nickel und Kobalt, um nur diejenigen zu nennen, die für eine gewöhnliche Analyse in Betracht kommen. Auch auf trockenem Wege ist die Bestimmung des Wismuts für sich allein möglich, worüber weiter unten ausführlicher berichtet wird.

Arbeitsvorschrift. Wegen der Auflösung des Erzes wird auf den Abschnitt: Vorbereitung des Untersuchungsmaterials S. 538 verwiesen.

In der Gangart ist auf die Anwesenheit von Gold zu prüfen.

Die bei der Lösung des Erzes erhaltene salpetersaure Lösung wird verdünnt und in der *Kälte* Schwefelwasserstoff eingeleitet. Der Niederschlag wird abfiltriert, mit angesäuertem Schwefelwasserstoffwasser ausgewaschen und mit Alkalipolysulfidlösung in der Wärme behandelt. Die in Lösung gehenden Elemente Arsen, Antimon und Zinn werden wie üblich getrennt und bestimmt. Der zurückbleibende Rest des Schwefelwasserstoffniederschlages wird in Salpetersäure gelöst. Die Lösung wird mit Natriumcarbonat bis zum Auftreten eines Niederschlages und dann mit Kaliumcyanid versetzt. Man läßt 1 Std. in gelinder Wärme stehen. Während Silber und Kupfer in Lösung gehen und aus dieser bestimmt werden, fallen Blei und Wismut aus. Deren Trennung erfolgt durch Lösen des Niederschlages in Salpetersäure und Abrauchen mit Schwefelsäure. Das gebildete Bleisulfat wird abfiltriert und ausgewaschen. Um eine vollständige Abtrennung des Wismuts zu erreichen, wird das Bleisulfat mit Salpetersäure und Schwefelsäure nochmals abgeraucht (s. Bemerkung). Die vereinigten Filtrate werden neutralisiert, mit Schwefelsäure schwach angesäuert und mit Schwefelwasserstoff gefällt. Der Niederschlag wird abfiltriert und in verdünnter Salpetersäure gelöst. Hierbei muß der abgeschiedene Schwefel rein gelb sein. In der salpetersauren Lösung erfolgt die Bestimmung des Wismuts nach einem bekannten Verfahren.

Das Filtrat des ersten Schwefelwasserstoffniederschlages kann noch Arsen enthalten. Man dampft es deshalb ein und wiederholt nach dem Aufnehmen in verdünnter Salzsäure die Fällung mit Schwefelwasserstoff in der *Wärme*. Etwa ausfallendes Arsensulfid wird mit dem oben erhaltenen vereinigt und das Arsen bestimmt.

Das Filtrat der erneuten Arsensulfidfällung wird wie üblich aufgearbeitet und darin Eisen, Zink, Nickel und Kobalt bestimmt.

Bemerkung. Hassreidter hat festgestellt, daß beim Abrauchen der Erzlösung mit Schwefelsäure zur Trennung des Wismuts von Blei bei Vorliegen kleiner Wismutmengen kein oder fast kein Wismut in die schwefelsaure Lösung übergeht. Von einer in einem untersuchten Erz enthaltenen Wismutmenge von 0,03% waren im Bleisulfatniederschlag 0,022%, also die Hauptmenge enthalten, und nur ein geringer Bruchteil befand sich in der schwefelsauren Lösung. Wird das Bleisulfat aber in Gegenwart von etwas überschüssiger Salpetersäure ohne weiteres Abrauchen gefällt, so ist es fast ganz wismutfrei und die Lösung enthält fast alles Wismut. Diese Arbeitsweise von Hassreidter dürfte daher für alle Wismuterze und Wismutbestimmungen neben Blei anzuwenden sein (s. auch Bemerkung b auf S. 689).

II. Verfahren von Spurge.

Zur unmittelbaren Bestimmung des Wismuts in hochprozentigen Erzen ohne vorherige Ausfällung empfiehlt Spurge das colorimetrische Verfahren mit Kaliumjodid nach § 5 B, S. 570.

2. Untersuchung von Erzen mit geringen Wismutgehalten.

Die bei der Untersuchung von Erzen mit geringen Wismutgehalten notwendige Anreicherung kann durch Ausfällung des Wismuts mittels unedler Metalle wie Eisen oder Aluminium erfolgen (s. dazu § 10 B, S. 631) (BOY; SCHOELLER und WATERHOUSE; SCHOELLER und LAMBIE). ROWELL sowie HOUGH benutzen die Fällung von Wismutoxychlorid zur Anreicherung (vgl. S. 673).

I. Arbeitsvorschrift von HOUGH.

Aus der Lösung des Erzes wird Wismutoxychlorid in der in § 4 A, S. 556 beschriebenen Weise ausgefällt. Der noch unreine Niederschlag wird im Fällungsgefäß mit 5 g Ammoniumchlorid, 1 cm³ Schwefelsäure (D 1,4) und 25 cm³ Wasser gelöst. Nach dem Filtrieren wird die Lösung auf 150 bis 200 cm³ verdünnt und nach Zugabe eines Streifens Aluminiumfolie 30 Min. lang gekocht. Das ausgeschiedene Wismut wird nach der Vorschrift in § 10 B, S. 632 mit EisenIII-chlorid-Lösung umgesetzt und das gebildete EisenII-Ion manganometrisch ermittelt. — Die Reduktion des Wismuts kann auch mit Eisenpulver vorgenommen werden.

Bemerkung. Bei Anwesenheit von Antimon, Blei, Kupfer und Silber wird die Erzprobe in Königswasser gelöst, vom Silberchlorid abfiltriert und die Lösung nach dem Neutralisieren mit Ammoniak mit überschüssigem Ammoniumsulfid behandelt. Aus dem Niederschlag wird dann das Wismut über das Oxychlorid isoliert. Ist jedoch außer Wismut kein durch Eisen oder Aluminium reduzierbares Metall anwesend, so braucht das Wismut nicht durch Fällung als Oxychlorid angereichert zu werden. Es genügt dann, die Probe in Salpetersäure zu lösen, mit Schwefelsäure abzurauchen und in der schwefelsauren Lösung das Wismut durch Aluminium auszufällen.

II. Arbeitsvorschrift von ROWELL.

Das Erz wird in Königswasser gelöst, die Gangart abgetrennt und die Lösung in der üblichen Weise von dem größten Teile des Kupfers, Silbers, Bleis, Antimons und Zinns befreit. Man fällt dann das Wismut als Oxychlorid aus (s. § 4 A, S. 556). Den Niederschlag mit dem Filter verrührt man mit 10 cm³ Schwefelsäure (1:3) und 30 cm³ Wasser, kocht, läßt erkalten, filtriert und wäscht mit Schwefelsäure (1:20) aus. Die so erhaltene Lösung wird nach der in § 5 B, S. 571 gegebenen Vorschrift colorimetriert.

III. Arbeitsvorschrift von BOY.

1 g Substanz wird nach der auf S. 538 angeführten Vorschrift mit Natriumperoxyd aufgeschlossen. Die Lösung der Schmelze in Wasser wird mit Salzsäure angesäuert, mit weiteren 50 cm³ Salzsäure (D 1,19) versetzt und die etwa 500 cm³ betragende Flüssigkeit mit Eisen (Ferrum hydrogenio reductum) etwa 1 Std. lang bei mäßiger Wärme behandelt.

Das ausgefällte Wismut neben Kupfer, Antimon, bei Gegenwart von Zinn auch Arsen, filtriert man ab, indem man das Filter vorher mit etwas Eisenpulver bestreut, wäscht mit heißem Wasser aus, spritzt den Niederschlag in das Becherglas zurück, löst ihn und die Reste auf dem Filter in Salzsäure und etwas Kaliumchlorat, verkocht das Chlor und leitet nach dem Abstumpfen mit Ammoniak Schwefelwasserstoff ein. Die Sulfide werden nach dem Auswaschen mit 50 cm³ Natriumsulfidlösung (50%ige Lösung mit Zusatz von 1 bis 2 g Schwefel) aufgekocht und die etwa 300 cm³ betragende Flüssigkeit über Nacht auf dem Wasserbade stehen gelassen. Man filtriert durch das vorher benutzte Filter. Um etwa vorhandene kolloide Sulfide auszuflocken, wird das Filtrat mit etwa 20 g Ammoniumsulfat versetzt und ein etwa entstandener Niederschlag abfiltriert. Beide Filter werden mit 30 cm³ konzentrierter Salpetersäure übergossen und mit 40 cm³ Schwefelsäure (1:1) abgeraucht, wobei durch häufigeres Eintropfen einer Mischung aus konzentrierter Salpetersäure und konzentrierter Schwefelsäure schließlich eine wasserhelle Lösung erzeugt wird. Das Bleisulfat wird wie üblich abgetrennt und die Lösung mit Schwefelwasserstoff erneut gefällt. Aus der salpetersauren Lösung der jetzt entstehenden Sulfide wird das Wismut als basisches Carbonat nach der Vorschrift in § 6 G, S. 596 gefällt. Es wird nochmals umgefällt und dann in Wismutoxyd verwandelt, das nach den Angaben in § 1, S. 540 auf seine Reinheit geprüft wird.

Man sammelt alle Filter, die während der Analyse benutzt worden sind, löst sie in einem Gemisch von Salpetersäure und Schwefelsäure und prüft die Lösung nach dem Abrauchen (wie oben) colorimetrisch mit Kaliumjodid (§ 5 B, S. 570) auf Wismut.

Bemerkung. Die hier oben beschriebene Arbeitsweise von Boy, die eine Abänderung des in den „Mitteilungen des Chemiker-Fachausschusses der Gesellschaft Deutscher Metallhütten- und Bergleute", 2. Aufl., S. 281 angeführten Verfahrens darstellt, lehnt sich an das von Schoeller und Waterhouse beschriebene Verfahren an, das Schoeller und Lambie später noch ausführlicher gestaltet haben. Die Abscheidung der Metalle erfolgt durch Eisendraht. Die abgeschiedenen Metalle werden in Brom-Salzsäure gelöst und aus dieser Lösung die Sulfide gefällt, die wie üblich mit Natriumsulfid vorgetrennt werden. Blei und Wismut werden gemeinsam durch Natriumcarbonat gefällt, wobei durch Zusatz von Kaliumcyanid Silber und Kupfer in Lösung gehalten werden. Die Trennung des Wismuts von Blei erfolgt durch die in § 2, S. 542 beschriebene Ausfällung von Wismutphosphat.

3. Bestimmung in Bleierzen.

Die Bestimmung des Wismuts in Bleierzen ist ebenso wichtig wie die in metallischem Blei selbst (s. S. 672). Es sind hierfür verschiedene Verfahren angegeben worden, die eine auf verschiedene Weisen zu erzielende Anreicherung des Wismuts erstreben. Sehr viel in der Praxis benutzt wird die dokimastische Wismutprobe, die von Heintorf entwickelt worden ist, und die sowohl für Erze als auch für Hüttenprodukte angewendet werden kann. Hier unten soll die auch als „belgische Probe" bezeichnete Arbeitsweise geschildert werden, die vom Chemiker-Fachausschuss der Gesellschaft Deutscher Metallhütten- und Bergleute und auch von Hassreidter als gut empfohlen wird. Nach Hessling versagt das Verfahren jedoch, wenn die Erze Arsen, Antimon, Zinn und Kupfer enthalten, weil dann ein Teil des Wismuts mit einem Teil dieser Elemente verschlackbare Verbindungen bildet und sich somit der Bestimmung entzieht. Bei solchen Erzen ist ein Aufschluß mit Natriumperoxyd angebrachter.

Biltz und Hoehne bedienen sich des Verfahrens von Blumenthal (c), nach welchem basisches Wismutnitrat durch QuecksilberII-oxyd abgeschieden wird, wobei es gleichgültig ist, welche Bleimenge neben dem Wismut vorhanden ist (s. § 6 E, S. 593).

In Blei-Zinkerzen bestimmt Krupenio das Wismut nach der üblichen Trennung mit Schwefelwasserstoff, Behandlung des Niederschlages mit Natriumsulfid und Lösen des Rückstandes durch Fällung als Wismutoxybromid, das nach dem Abrauchen mit Schwefelsäure colorimetrisch mit Jodid nach § 5 B, S. 570 bestimmt wird. Ebenfalls für Blei-Zinkerze arbeiten Lurie und Ginsburg mit Hilfe des Verfahrens der inneren Elektrolyse (s. § 11 C, S. 647), jedoch ohne Anwendung eines Diaphragmas.

I. Dokimastische Anreicherung.

Die hier zu schildernde „belgische Probe“ dient zur Erfassung geringer Mengen Wismut in Erzen und Hüttenprodukten. Die Beschreibung ist BERL-LUNGE, „Chemisch-technische Untersuchungsmethoden“, 8. Aufl., Teil II, entnommen.

Arbeitsvorschrift. In einem gußeisernen oder schmiedeeisernen Tiegel von 12 cm Höhe und einem Außendurchmesser von 8 cm bei einer Wandstärke von 1,5 cm wird ein Gemisch aus 25 g Erz (oder bis 50 g) mit 50 g Flußmittel (7 Teile wasserfreie Soda, 4 Teile Borax, $^1/_2$ bis 1 Teil Weinstein) bei 600 bis 900° eingeschmolzen. Bei bleiarmem Material erfolgt ein Zusatz von 15 bis 20 g wismutfreien oder in seinem Wismutgehalt bekannten BleiII-oxydes (Bleiglätte).

Die Schlacke wird ausgegossen, das Blei in eine Regulusform gegossen. Die Schlacke wird mit 25 g Flußmittel nochmals geschmolzen und abgegossen. Das neue Blei wird dem Hauptregulus zugefügt. Der Bleikönig wird ausgewalzt, zerschnitten und in Salpetersäure (1:2) gelöst. In die siedend heiße Lösung wird vorsichtig 30 cm³ heiße Schwefelsäure (1:1) eingegossen. Die erkaltete Lösung wird durch ein dichtes Filter filtriert und der Niederschlag mit schwach schwefelsaurem Wasser ausgewaschen. Der Niederschlag wird nun erneut auf einen Bleikönig geschmolzen und dieser wieder wie oben behandelt. Die vereinigten Filtrate werden schwach ammoniakalisch gemacht, mit etwa 10 g festem Ammoniumcarbonat versetzt und nun so lange gekocht, bis der Geruch nach freiem Ammoniak verschwunden ist. Dann läßt man einige Stunden absitzen, filtriert den Niederschlag von basischem Wismutcarbonat ab und wäscht gut mit heißem Wasser aus. Filter mit Niederschlag bringt man in einen 500 cm³-Meßkolben, gibt dazu 100 cm³ warme Schwefelsäure (1:5), mit der man zuvor das Fällungsgefäß ausspült und erwärmt *schwach*, so daß keine Braunfärbung der Lösung eintritt. Man füllt zur Marke auf, filtriert durch ein trockenes Filter in ein trockenes Gefäß und entnimmt der Lösung eine Menge, welche 1 g Substanz entspricht, in der man das Wismut colorimetrisch ermittelt.

Bemerkungen. **a) Anwesenheit von Antimon.** Löst sich der Bleikönig nicht klar in Salpetersäure, so ist eine Wismut-Antimon-Verbindung nicht aufgeschlossen. In diesem Falle löst man den Bleiregulus unter Zusatz von 25 g Weinsäure in 150 cm³ Salpetersäure, fällt das Blei mit Schwefelsäure aus und schmilzt aus dem Bleisulfat wie oben einen zweiten Bleikönig. Die beiden Filtrate werden mit Natronlauge alkalisch gemacht, mit Natriumpolysulfid gefällt und längere Zeit in der Wärme absitzen gelassen. Man filtriert die Sulfide ab, löst den Niederschlag mit dem Filter in Salpetersäure und Schwefelsäure, fällt das Bleisulfat mit weiterer Schwefelsäure aus und raucht es nochmals mit Salpetersäure und Schwefelsäure ab. Die vereinigten Filtrate werden schwach ammoniakalisch gemacht und das Wismut wie oben mit Ammoniumcarbonat gefällt und bestimmt. — **b) Anwesenheit von Arsen.** Nach HASSREIDTER kann die Trennung von Blei und Wismut in schwefelsaurer Lösung erschwert werden, wenn ein Erz Arsen enthält. In diesem Falle kann sich Wismutarsenat abscheiden, das nachher nicht wieder in Lösung zu bringen ist. Es empfiehlt sich daher bei der unmittelbaren Analyse des Erzes auf nassem Wege (s. S. 686) die Entfernung des Arsens vor dem Abdampfen mit Schwefelsäure. Bei der Analyse eines vorher erschmolzenen Regulus findet die Bildung von Wismutarsenat nicht statt, wenn die Fällung des Bleis als Sulfat in Gegenwart von noch überschüssiger Salpetersäure vorgenommen und das Abrauchen vermieden wird.

II. Verfahren von HESSLING.

Der Aufschluß des Erzes erfolgt mit Natriumperoxyd nach der Vorschrift auf S. 538.

Die durch Auflösen der Schmelze erhaltene Lösung wird mit Salzsäure angesäuert, das Chlor verkocht, in die heiße Lösung Schwefelwasserstoff eingeleitet und mit kaltem Wasser allmählich auf 650 cm³ verdünnt (auf 2,5 g Erz). Der mit kaltem Wasser, dem 4% konzentrierte Salzsäure zugesetzt sind, gut gewaschene Niederschlag wird mit heißem Wasser in das Fällungsgefäß zurückgespült, soviel konzentrierte Natriumsulfidlösung (1 kg auf 2 l) zugegeben, daß die Flüssigkeit daran etwa 10%ig ist, einige Male aufgekocht, durch dasselbe Filter filtriert und mit verdünnter Salpetersäure unter Durchstoßung des Filters gelöst. Aus der Lösung wird die Salpetersäure durch Eindampfen mit 15 cm³ Schwefelsäure (1:1) vertrieben, ohne daß Nebel von Schwefelsäure auftreten. Man nimmt mit 70 cm³ heißem Wasser auf, kocht 20 Min. lang und filtriert das abgeschiedene Bleisulfat ab. Aus dem Filtrat wird in üblicher Weise nach § 6 G, S. 595, basisches Wismutcarbonat gefällt und 10 Std. warm und gut verschlossen stehen gelassen. Nach dem Auflösen in Schwefelsäure wird das Wismut colorimetrisch mit Jodid nach § 5 B, S. 570 bestimmt.

III. Fällung von basischem Wismutnitrat mit QuecksilberII-oxyd.

Da bei der Trennung des Wismuts von Blei die Gefahr des Mitreißens von Wismut durch den Bleiniederschlag groß ist, muß besser zuerst das Wismut gefällt werden. Hierfür wählen Biltz und Hoehne bei der Analyse von Bleiglanz die Fällung des basischen Wismutnitrates mit QuecksilberII-oxyd nach Blumenthal (c) (s. § 6 E, S. 573).

Arbeitsvorschrift. 2 g feingepulverter Bleiglanz werden auf dem Wasserbade mit 125 cm³ konzentrierter Salzsäure aufgeschlossen. Nach beendeter Umsetzung wird auf einem Babo-Trichter vorsichtig eingekocht und zuletzt auf dem Wasserbade zur Trockene verdampft. Durch mehrmaliges Eindampfen mit Salpetersäure wird die Salzsäure vertrieben. Der Rückstand wird einmal mit 5 cm³ konzentrierter Salpetersäure aufgekocht und dann noch einmal nach Zusatz von 10 cm³ Wasser. Von Ungelöstem wird abfiltriert und der Rückstand noch zweimal mit je 5 cm³ 2 n Salpetersäure ausgekocht und filtriert. Die völlig erkaltete, klare Lösung wird unter Umrühren mit 10%iger Natriumcarbonatlösung versetzt, bis etwas Bleicarbonat abgeschieden wird. Nun wird mit verdünnter Salpetersäure unter Zusatz von Methylorange eben bis zum Umschlag nach Rot versetzt und die Lösung danach zur Entfernung des Kohlendioxydes bis fast zum Sieden erhitzt. Bei reichlichem Gehalt an Wismut ist die Lösung trübe, auch können einige Flöckchen EisenIII-hydroxyd abgeschieden sein, was beides nicht stört.

Die Fällung des basischen Wismutnitrates erfolgt nun genau nach der Vorschrift von Blumenthal (s. S. 593) mit QuecksilberII-oxyd. Dann bleibt das Gemisch bis zum nächsten Tage stehen. Man filtriert und wäscht mit raumwarmem Wasser, das im Liter 1 bis 2 g Kaliumnitrat enthält, bis der Ablauf gegen Schwefelwasserstoff bleifrei ist. Der Niederschlag wird in das Fällungsgefäß zurückgebracht und in heißer, verdünnter Salpetersäure gelöst. Man dampft mit Schwefelsäure ein, um kleine Mengen Blei zu entfernen, filtriert etwa gebildetes Bleisulfat ab und bestimmt im Filtrat oder einem aliquoten Teil davon das Wismut colorimetrisch mit Jodid nach § 5 B, S. 570.

Bemerkungen. **a) Genauigkeit.** Die Fehlergrenze des Verfahrens wird von den Verfassern bei 2 g Einwaage und sehr geringem Wismutgehalt auf 0,002% Bi, bei Wismutgehalten über 0,03% auf 0,005% Bi geschätzt. — **b) Störungen.** Selbst große Mengen von Quecksilber sind ohne Einfluß. Ebenso wenig wirkt das im Bleiglanz enthaltene Eisen störend. Arsen und Antimon entweichen im wesentlichen beim Aufschluß, während Zinn beim Abrauchen mit Salpetersäure in den Löserückstand eingeht. — **c) Anwendungsbereich.** Es wurden besonders schlesische

Bleiglanze untersucht, deren Wismutgehalte zwischen den Werten 0,003 und 0,008% lagen[1]. — **d)** Den **Zeitbedarf** geben die Verfasser zu rund 3 Std. für eine Wismutbestimmung im Bleiglanz an. Hierbei ist freilich das Stehen über Nacht nicht berücksichtigt.

IV. Bestimmung durch innere Elektrolyse.

Lurie und Ginsburg haben für die Wismutbestimmung in Bleierzen einen vereinfachten Apparat für die innere Elektrolyse ausgebildet, der im Gegensatz zu den in § 11 C, S. 647ff., beschriebenen ohne Diaphragma zu arbeiten gestattet. Als Kathode dient ein Platin-Drahtnetz, als Anode eine Bleiplatte. Beide Elektroden werden durch einen Kupferdraht leitend verbunden.

Arbeitsvorschrift. Die durch Auflösen des Erzes in Salpetersäure schließlich erhaltene Lösung wird mit Ammoniak neutralisiert, mit 10 cm^3 80%iger Essigsäure versetzt und auf 200 cm^3 verdünnt. Nach Erwärmen auf 85° wird zur Reduktion dreiwertigen Eisens so lange Hydraziniumsulfat zugesetzt, bis die Lösung entfärbt ist. Die Elektroden — die Kathode wird zuvor gewogen — werden für 30 bis 40 Min. in die 85° warme Lösung gebracht. Dann werden sie nacheinander in 5%iger Natriumacetatlösung, die mit Essigsäure angesäuert und auf 80° erwärmt ist — wobei abgeschiedenes Bleisulfat gelöst werden soll — und in mit Essigsäure versetztem Wasser gewaschen. Schließlich wird die Kathode allein nach Beseitigung der Drahtverbindung mit Alkohol gewaschen und hierauf bei 105° getrocknet. Der gewogene Niederschlag von Wismut und Kupfer wird in verdünnter Salpetersäure gelöst. Nach Zugabe von 0,2 g Alaun wird Wismut zusammen mit Aluminium durch Ammoniak und Ammoniumcarbonat auf die übliche Weise gefällt. Der gegebenenfalls umgefällte Niederschlag wird in Schwefelsäure gelöst und das Wismut colorimetrisch mit Jodid nach § 5 B, S. 570 bestimmt. Wegen sonst zu beachtender Einzelheiten bei der inneren Elektrolyse wird auf die Ausführungen in § 11 C, S. 647ff. verwiesen, wo auch andere Wismutbestimmungen in metallischem Blei und in Bleierzen beschrieben sind.

4. Bestimmung in Antimonerzen.

Blahetek hat ein Arbeitsverfahren für die Wismutbestimmung in sulfidischen Antimonerzen ausgearbeitet. Das Erz wird mit Salzsäure aufgeschlossen, die Kieselsäure durch zweimaliges Eindampfen zur Trockene vollständig abgeschieden und die klare Lösung nach dem Neutralisieren mit Ammoniak in eine frisch aus verdünntem Ammoniak durch Einleiten von Schwefelwasserstoff bereitete Lösung von farblosem Ammoniumsulfid unter Kühlung eingegossen. Nach einigen Stunden wird der rein schwarze Niederschlag auf einem Glasfiltertiegel abgesaugt, mit verdünntem farblosen Ammoniumsulfid ausgewaschen, in Salzsäure gelöst und die Fällung wiederholt. Dieses Verfahren ist notwendig, um mit Sicherheit alles Antimon zu entfernen. In den erhaltenen Lösungen werden Antimon, Arsen (und Zinn) bestimmt. Aus der Lösung des schwarzen Niederschlages in Salzsäure werden mit Schwefelwasserstoff die Sulfide des Wismuts, Kupfers und Bleis gefällt, aus deren Lösung das Wismut als Oxybromid nach der in § 4 B, S. 560 gegebenen Vorschrift gefällt und bestimmt wird.

5. Bestimmung in Wolframerzen.

Die Bestimmung des Wismuts in Wolframerzen geschieht nach Agte, Becker-Rose und Heyne auf eine der Bestimmung in Wolframmetall ganz analoge Weise (s. S. 681). Schoeller teilt einen Analysengang für die Bestimmung des Wismuts neben Zinn, Arsen, Kupfer, Wolframsäure, Schwefel und Phosphor in Wolfram, Wolframit und Scheelit des Handels mit.

[1] Auf Grund erzmikroskopischer Beobachtung lag das Wismut in den Bleiglanzen in gediegener Form vor.

6. Bestimmung in Schlacken.

Wismuthaltige, silikatische Schlacken können nicht im Platintiegel aufgeschlossen werden, da dieser durch das Wismut zerstört würde. Man muß deshalb nach HAMPE zunächst die feinst gepulverte Schlacke mit Salpetersäure eindampfen. Dadurch kann man Kieselsäure und Silikate abscheiden. Der Rückstand wird dann im Platintiegel aufgeschlossen. Die Schmelze wird abermals mit Salpetersäure behandelt, die Lösung zur Trockene verdampft, und der ganze Vorgang noch einmal wiederholt. So gelingt die Abtrennung aller Metalle von der Kieselsäure. Für eine bloße Wismutbestimmung in einer Silberraffinierschlacke gibt HAMPE einen Aufschluß mit Salpetersäure und Flußsäure an. Das Verfahren von NAMIAS, Schlacken 20 Std. lang mit Kaliumhydroxyd zu schmelzen und die Wismutbestimmung in der salpetersauren Lösung der Schmelze auszuführen, dürfte wohl kaum in Anwendung sein.

7. Bestimmung in Zink- und Bleifarben.

Für die Wismutbestimmung in Zink- und Bleifarben bedient sich PREWITT der Anreicherung durch Ausfällung mittels metallischen Zinks.

Arbeitsvorschrift. Man löst 10 g der Probe in 100 cm³ Salzsäure und gibt 200 cm³ kaltes Wasser hinzu. Eine Abscheidung von Bleichlorid stört nicht. Dann gibt man 10 g granuliertes Zink zu und läßt bis zum Aufhören der Wasserstoffentwicklung stehen. Die Metalle Wismut, Blei, Kupfer und Cadmium scheiden sich aus. Aus diesem Niederschlag wird das Wismut nach dem Lösen in Salpetersäure als Oxychlorid abgeschieden und als solches gewogen. Bei Anwesenheit von größeren Mengen Antimon müssen die Metalle vor der Ausfällung des Wismutoxychlorides mit Schwefelwasserstoff gefällt und in üblicher Weise vom Antimonsulfid getrennt werden. Dann kann die Wismutbestimmung in der salpetersauren Lösung des Rückstandes vorgenommen werden. Spuren von Antimon bleiben beim Lösen des Metallschlammes ungelöst zurück.

Literatur.

ABBEY, G.: Chemist-Analyst **22**, Nr. 4, S. 14 (1933); durch C. **105, I**, 734 (1934). — AGTE, K., H. BECKER-ROSE u. G. HEYNE: Angew. Ch. **38**, 1121 (1925).

BALLARD, C. W., u. E. J. BALLARD: Analyst **74**, 53 (1949); durch C. **121, I**, 1513 (1950). — BANNISTER, C. O., u. W. M. DOYLE: Analyst **60**, 33 (1935); durch Fr. **104**, 436 (1936). — BERL-LUNGE: Chemisch-technische Untersuchungsmethoden, 8. Aufl., herausgeg. von E. BERL, II. Teil, S. 1116. — BERTIAUX, L., u. R. THÉRY: Bl. [5] **15**, 1017 (1948); durch C. **120, II**, 1325 (1949). — BILTZ, H., u. W. BILTZ: Ausführung quantitativer Analysen, 4. Aufl., S. 274 (Leipzig 1942). — BILTZ, H., u. K. HOEHNE: Fr. **99**, 6 (1934). — BLAHETEK, H.: Ch. Z. **53**, 995 (1929). — BLUMENTHAL, H.: (a) Fr. **74**, 33 (1928); (b) Met. Erz **37**, 265 (1940); (c) Fr. **78**, 206 (1929). — BOY, C.: Met. Erz **32**, 163 (1935). — BUSSEW, A. I.: Betriebslab. **16**, 103 (1950); durch C. **121, II**, 1381 (1950).

C. C. D.: (a) Met. Ind. London **25**, 418 (1924); durch GM., System-Nr. 19: Wismut, S. 101; (b) **27**, 139, 259 (1925); durch C. **96, II**, 2219 (1925) und **97, I**, 449 (1926). — COAKILL, E. A.: Analyst **63**, 798 (1938); durch Fr. **123**, 124 (1942). — COLBECK, E. W., S. W. CRAVEN u. W. MURRAY: Analyst **59**, 395 (1934); durch Fr. **104**, 434 (1936).

ENSSLIN, F.: Met. Erz **37**, 171 (1940). — EVANS, B. S.: Analyst **54**, 395 (1929); durch Fr. **80**, 456 (1930).

FITTER, H. R.: Analyst **63**, 107 (1938); durch Fr. **117**, 269 (1939). — FRESENIUS, R.: (a) Fr. **8**, 148 (1869); (b) Anleitung zur quantitativen Analyse, 6. Aufl., Bd. 2, S. 533. 1877. — FRICK, C., u. S. ENGEMANN: Ch. Z. **53**, 601 (1929).

GARINO, M., u. R. CATTO: Chim. e Ind. [Milano] **17**, 218 (1935); durch Fr. **108**, 351 (1937). — GLAZUNOW, A.: Chim. Ind. **21**, 2 (1929); durch C. **101, I**, 2154 (1930). — GROTHE, H., u. M. NECKERMANN: Erzmetall **2**, 360 (1949).

HAMPE, W.: Ch. Z. **15**, 410 (1891). — HASSREIDTER, V.: Fr. **65**, 128 (1924/25). — HEINTORF, W.: Berg- u. Hüttenmänn. Z. **53**, 351; durch Fr. **39**, 191 (1900). — HENDRICK, J. E.: Chemist-Analyst **22**, Nr. 4, S. 15 (1933); durch Fr. **102**, 43 (1935). — HERTEL, W.: Met. Erz. **27**, 557 (1930). — HESSLING: Met. Erz **25**, 132 (1928). — HOUGH, G. J.: Chemist-Analyst **18**, Nr. 2, S. 3 (1929); durch Fr. **80**, 389 (1930).

JANNASCH, P., u. P. ETZ: B. **25**, 736 (1892). — JONES, C. O., u. E. C. FROST: Ind. eng. Chem. **18**, 596 (1926); durch Fr. **70**, 418 (1927). — JUNGFER, P.: Diss. Rostock 1887; durch Fr. **27**, 63 (1888).

KALLMANN, S., u. F. PRISTERA: Ind. eng. Chem. Anal. Edit. **13**, 8 (1941); durch C. **112, II**, 2233 (1941). — KAMEYAMA, N., u. S. MAKISHIMA: J. Soc. chem. Ind. Japan **36**, 364 (1933); durch Fr. **102**, 48 (1935). — KEEFE, W. H., u. I. L. NEWELL: Chemist-Analyst **21**, Nr. 2, S. 8 (1932); durch Fr. **93**, 469 (1933). — KRUPENIO, N. S.: Betriebs-Lab. **3**, 401 (1935); durch C. **107 I**, 1274 (1936).

LIEBSCHÜTZ, M.: Eng. Min. J. **72**, 168 (1901); durch Fr. **41**, 764 (1902). — LITTERSCHEID, F. M.: Fr. **41**, 224 (1902). — LURIE, J. J., u. L. B. GINSBURG: Ind. eng. Chem. Anal. Edit. **9**, 424 (1937); durch C. **109, I**, 3085 (1938).

MILLER, C. F.: Chemist-Analyst **26**, 80 (1937); durch C. **109, II**, 2000 (1938). — MOSER, L., u. W. MAXYMOWICZ: Fr. **67**, 249 (1925/26).

NAMIAS, R.: Monit. scient. [4] **21, II**, 751 (1907). — NARUI, Y.: J. electrochem. Assoc. Japan **7**, 125 (1939); durch C. **112, II**, 1053 (1941). — NICKOLLS, L. C.: Analyst **59**, 620 (1934); durch Fr. **104**, 436 (1936). — NORWITZ, G., S. GREENBERG u. F. BACHTIGER: Anal. Chem. **19**, 173 (1947).

PETIT, R., u. R. MERAUX: Chim. Ind. **43**, 629 (1940); durch C. **111, II**, 1479 (1940). — PREWITT, D. E.: Chemist-Analyst **1925**, Nr. 43, S. 11; durch C. **96, I**, 2657 (1925). — PUFAHL: Mitteilungen des Chemiker-Fachausschusses der Gesellschaft Deutscher Metallhütten- und Bergleute, 2. Aufl., S. 132; durch BERL-LUNGE: Chemisch-technische Untersuchungsmethoden, 8. Aufl., herausgeg. von E. BERL, II. Teil, S. 1000.

ROBINSON, R. G.: Analyst **64**, 402 (1939); durch C. **110, II**, 2356 (1939). — ROWELL, H. W.: J. Soc. chem. Ind. **27**, 102 (1908); durch C. **79, I**, 1212 (1908).

SCHOELLER, W. R.: Sands, Clays, Minerals **2**, Nr. 2, S. 67 (1934); durch C. **106, II**, 2251 (1935). — SCHOELLER, W. R., u. D. A. LAMBIE: Analyst **62**, 533 (1937); durch Fr. **113**, 135 (1938). — SCHOELLER, W. R., u. E. F. WATERHOUSE: Analyst **45**, 435 (1920); durch Fr. **63**, 312 (1923). — SCHÖNLAU, L.: Fr. **119**, 351 (1940). — SMITH RUSSELLS, A., u. D. C. EVANS: Soc. **127**, 2221 (1925). — SMOUT, A. J. G., u. J. L. SMITH: Chem. Trade J. Chem. Eng. **92**, 420 (1933); durch Fr. **102**, 47 (1935). — SPURGE, G.: Chem. Age **4**, 584 (1921); durch Fr. **65**, 271 (1924/25). — STREBINGER, R., u. G. ORTNER: Fr. **107**, 14 (1936). — SWETT, C. S.: J. ind. eng. Chem. **2**, 28 (1910); durch C. **81, I**, 1992 (1910).

TABOR, H. J.: Analyst **68**, 305 (1943); durch C. **115, I**, 1307 (1944).

VICTOR, E.: Ch. Z. **29**, 179 (1906).

§ 15. Bestimmung des Wismuts in biologischem und pharmazeutischem Material.

Vorbemerkung.

Die seit langem bekannte Verwendung von Wismutverbindungen anorganischer und organischer Natur als Arzneimittel bedingt Verfahren zur Wismutbestimmung in derartigen Pharmazeutika. Deren Wirkung auf den lebenden Körper, ihre Ablagerung in Organen und ihre Ausscheidung durch die Exkremente zu studieren, ist nur möglich durch Anwendung empfindlicher Bestimmungsverfahren für Wismut. Um diese durchführen zu können, muß das Untersuchungsmaterial vorbereitet und das Wismut angereichert oder isoliert werden. In diesem Paragraphen sollen solche Verfahren besprochen werden, wobei an den einzelnen Stellen auf die meist colorimetrischen Bestimmungsverfahren hingewiesen werden wird.

A. Vorbereitung des Untersuchungsmaterials.

Allgemeines.

Die hier zu besprechenden Verfahren zur Vorbereitung des Untersuchungsmaterials von pharmazeutischen Zubereitungen und biologischem Material zwecks nachfolgender Bestimmung eines Wismutgehaltes sind sehr mannigfaltig. Sie laufen aber sämtlich darauf hinaus, das Wismut aus oft großen Mengen Materials, z. B. Harn, Organen usw., anzureichern unter gleichzeitiger Zerstörung der organischen Substanz, die eine Bestimmung des Wismuts wenn nicht verhindern, so doch empfindlich stören könnte.

1. Veraschung der organischen Substanz.

Das nächstliegende Verfahren zur Zerstörung organischer Stoffe ist die bei höheren Temperaturen erfolgende Veraschung. Hierbei darf jedoch die Temperatur nicht über dunkle Rotglut gesteigert werden, da sonst unbedingt Verluste durch die Flüchtigkeit des Wismuts auftreten. Infolge des bei der Veraschung in reichlichen Mengen gebildeten Kohlenstoffes werden die Wismutverbindungen zu Metall reduziert, das eine merkliche Flüchtigkeit bei höheren Temperaturen besitzt. Die zurückbleibende Asche wird in Salpetersäure gelöst und das Wismut in zweckentsprechender Weise bestimmt. Bei größeren Mengen kann dies gewichtsanalytisch erfolgen, wobei wohl jetzt am vorteilhaftesten organische Fällungsreagenzien, wie Oxin verwendet werden (s. § 9 A, S. 609). Für kleine Wismutmengen kommt wohl allein ein colorimetrisches Verfahren in Betracht, also entweder als Wismutsulfid (s. § 3, S. 553) oder als Wismutjodid (s. § 5 B, S. 570) oder als Wismutmetall (s. § 10 A, S. 625) oder mittels Thioharnstoffs (s. § 9 B, S. 613) oder mittels Dithizons (s. § 9 D, S. 620). Wegen anderer colorimetrischer Bestimmungsverfahren siehe die Zusammenstellung auf S. 697.

Das Veraschungsverfahren wird — vorsichtiges Arbeiten vorausgesetzt — von GAEBLER (a) als gut empfohlen. PORTNOW und SKWORZOW bedienen sich seiner als der zweckmäßigsten Zerstörung der organischen Substanz. DESGREZ, GLAUME und WOLFF veraschen ganze Versuchstiere (Ratten, Kaninchen, Meerschweinchen) nach vorangehender 2 bis 3 Tage dauernder Trocknung bei 100 bis 120° im Muffelofen bei dunkler Rotglut. Der fein gepulverte Rückstand wird sodann in offener Schale erhitzt, bis das Innere der Kohle glimmt. Diese Operation nimmt etwa 48 Std. in Anspruch. Bei einem Wismutgehalt von 0,16 bis 0,38% beträgt der Verlust höchstens 2%. SULTZABERGER findet beim Veraschen im Muffelofen aber Verluste zwischen 40 und 50%. Neuerdings erhält aber LAUG ausgezeichnete Werte nach dem trockenen Veraschen von Organen in der Muffel bei 500° (s. § 9 D, S. 620).

2. Zerstörung der organischen Substanz mit Salpetersäure.

Bei sachgemäßem Arbeiten sind Wismutverluste bei der Zerstörung der organischen Stoffe auf nassem Wege ausgeschlossen. Solche nassen Verfahren sind daher besonders oft für den gedachten Zweck angewendet worden.

Mit konzentrierter Salpetersäure zerstören DANCKWORTT und PFAU sowie SULTZABERGER. Dieser behandelt damit *Harn*, *Fleisch*, *Faeces* und *Knochen* und glüht nach dem Eindampfen der Lösung auf dem Bunsenbrenner. In *Tabletten* zerstört CALLOWAY die organischen Stoffe mit Salpetersäure.

3. Zerstörung der organischen Substanz mit Salpetersäure und Schwefelsäure.

Das Verfahren der Zerstörung der organischen Substanz mit einem Gemisch aus Salpetersäure und Schwefelsäure wird häufig angewendet. Die Salpetersäure wird hierbei in Form der gewöhnlichen konzentrierten Säure, besser aber als rauchende Säure benutzt. Es ist wesentlich, das endliche Eindampfen der Aufschlußlösung bis zum Auftreten weißer Nebel von Schwefelsäure fortzusetzen und nach dem Abkühlen des Reaktionsgemisches das gleiche Volumen Wasser zuzusetzen und aufzukochen, um etwa vorhandene Nitrosylschwefelsäure zu zerstören (LEONARD und CHAMPLIN). WIEGAND, LANN und KALICH führen die Zerstörung im KJELDAHL-Kolben für *Harn* durch, wobei sie auf 100 cm^3 Harn 10 cm^3 konzentrierte Schwefelsäure, 25 cm^3 konzentrierte Salpetersäure und 10 g Kaliumsulfat zusetzen und auf ein kleines Volumen einengen. SPROULL und GETTLER wenden auf 100 cm^3 *Harn* 7,5 cm^3 konzentrierte Schwefelsäure und 10 cm^3 konzentrierte Salpetersäure an. Nach dem Eindampfen bis zum Auftreten weißer Nebel vollenden sie die Zerstörung durch tropfenweisen Zusatz einer Mischung von Salpetersäure und Überchlorsäure (1 : 2) (s. S. 696). Den Überschuß an Salpetersäure beseitigen sie schließlich durch tropfenweisen Zusatz von 1 cm³ 30%igem Wasserstoffperoxyd und dessen Überschuß durch Kochen. Endlich wird die abgekühlte Lösung mit 10 cm³ Wasser versetzt und wieder bis zum Auftreten der weißen Schwefelsäurenebel erhitzt. Die Zerstörung von *Blut* erfolgt nach SPROULL und GETTLER durch Erhitzen von 10 cm³ mit 1,5 cm³ konzentrierter Schwefelsäure und 5 cm³ konzentrierter Salpetersäure und weiterer Verarbeitung wie bei Harn. *Leber*, *Niere* und *Muskeln* werden mit dem doppelten Volumen Salpetersäure erhitzt, bis die Lösung gelb bis braun gefärbt ist. Nach dem Abfiltrieren der beim Abkühlen gebildeten Fettschicht mit Hilfe von Glaswolle wird die Lösung wie bei Harn beschrieben, weiter behandelt. GIACOMINI verbessert das Verfahren von SPROULL und GETTLER besonders für Wismutmengen von 10 bis 100 γ Bi in 100 cm³ *Serum*. Er verwendet nur 1,2 cm³ konzentrierte Schwefelsäure auf 10 cm³ Serum und kocht die Aufschlußlösung zweimal mit je 10 cm³ Wasser bis zum Rauchen. HALL und POWELL zermürben *Gewebe* mit Salpetersäure und erhitzen dann mit Schwefelsäure bis zur Verkohlung. Dann fügen sie Salpetersäure und schließlich Kaliumnitrat hinzu und verflüchtigen den Hauptteil der Schwefelsäure, so daß eine Schmelze entsteht, die in Wasser gelöst und zur Vertreibung der Stickstoffoxyde gekocht wird. *Knochen* werden nach HALL und POWELL in siedender konzentrierter Schwefelsäure gelöst. Nach dem Erkalten wird die Mischung in so viel verdünnte Schwefelsäure gegossen, daß die resultierende Mischung etwa 5 n daran ist.

Bei Mengen unter 25 γ Bi/cm³ in *Flüssigkeiten* dampfen PAGET, LANGERON und DEVRIENDT 10 cm³ unter Zusatz von 2 cm³ Salpetersäure in einer Quarzschale ein, fügen 1 cm³ 50%ige Magnesiumnitratlösung zu und glühen den nach dem Eindampfen erhaltenen Rückstand. Bei *Geweben* und *Faeces* zerstören die gleichen Verfasser zunächst mit Salpetersäure. Nach dem Erkalten und Abgießen der Fettschicht, die kein Wismut zurückhält, wird die Flüssigkeit mit heißem Wasser verrührt und nach dem Erkalten durch ein Tuch filtriert. Nach Zusatz des doppelten Raumteiles 50%iger Magnesiumnitratlösung wird in einer Quarzschale eingedampft und geglüht.

BODNÁR und KARELL veraschen *Organe* durch Eintrocknen auf dem Wasserbade und Zusatz von 2 cm³ Calciumnitratlösung (30 g Calciumcarbonat p. a. in Salpetersäure lösen und mit 20%iger Salpetersäure auf 100 cm³ auffüllen) je 20 g Organ und 1 cm³ konzentrierter Salpetersäure. Unter Nachfügen von Salpetersäure wird auf dem Wasserbade erwärmt, bis eine gelbe, breiartige Masse entstanden ist, die zur Trockene eingedampft und geglüht wird.

BAGGESGAARD-RASMUSSEN, JACKEROTT und SCHOU halten das Verfahren der Zerstörung mit Salpetersäure-Schwefelsäure für das beste. Sie vermischen 100 cm³ *Harn* mit 50 cm³ Salpetersäure (68%) und engen fast zur Trockene ein. Die Veraschung gelingt um so besser, je mehr eingeengt wird, jedoch ist eine gewisse Vorsicht notwendig, damit der große Mengen Ammoniumnitrat enthaltende Rückstand nicht verpufft. Nach dem Abkühlen werden 3 cm³ konzentrierte Schwefelsäure zugefügt; nach dem Eindampfen bis zum Auftreten weißer Nebel werden wieder 1 bis 2 cm³ Salpetersäure zugetropft und wieder eingedampft. Wenn die Mischung noch nicht farblos ist, wird der Vorgang wiederholt. Nach dem Abkühlen werden 10 cm³ gesättigte Oxalsäurelösung zwecks Zerstörung überschüssiger Salpetersäure zugefügt und die Mischung nochmals bis zum Auftreten weißer Nebel erhitzt. Das Verfahren nimmt 2 bis 3 Std. in Anspruch, braucht aber nur zu Anfang genau überwacht zu werden.

Die Zerstörung der organischen Substanz im *Harn* nimmt CIOGOLEA mit Salpetersäure und Ammoniumnitrat vor (s. oben).

4. Zerstörung der organischen Substanz mit Überchlorsäure.

Das von KAHANE und Mitarbeitern eingeführte Verfahren der Zerstörung organischer Stoffe mit Überchlorsäure[1] findet auch bei der Vorbereitung organischen Materials zur Wismutbestimmung Anwendung. Nach LECOQ können jedoch beim Erhitzen mit der Mischung aus Überchlorsäure, Salpetersäure und Schwefelsäure Wismutverluste eintreten, die auf mechanisches Mitreißen durch Dämpfe zwischen 190 und 250° zurückgeführt werden. Um diese Verluste zu vermeiden schlägt LECOQ vor, den Verlauf des Aufschlusses durch ein Thermometer im Sandbad zu kontrollieren und nach Erreichen von etwa 150° nochmals tropfenweise 5 cm³ konzentrierte Salpetersäure zuzusetzen. Hierdurch wird die zweite Phase des Aufschlusses (Einwirkung der Überchlorsäure) bedeutend verlangsamt und der Verlust auf durchschnittlich 1% beschränkt. TOMPSETT wendet das Verfahren zur Wismutbestimmung in *Harn*, *Faeces* und *Leber* an, wobei die Überchlorsäure durch Eindampfen ganz vertrieben wird. Nach MASINO ist das Verfahren von KAHANE anwendbar zur Wismutbestimmung in *Dermatol* und *Xeroform*, nicht aber bei glycerinhaltigen Zubereitungen. HUBBARD (b) verascht *Harn* oder *Blut* in einem 1 l fassenden Kolben mit 3 Schliffstutzen für 2 Tropftrichter und einen Destillieraufsatz mit 20 cm³ Schwefelsäure (D 1,84), 5 cm³ 70%iger Perchlorsäure und 20 cm³ Salpetersäure (D 1,42).

5. Verschiedene Verfahren zur Zerstörung der organischen Substanz.

Nach MOSER ist das übliche KJELDAHL-Verfahren geeignet. — In metallorganischen Verbindungen werden die organischen Komponenten nach TABERN und SHELBERG durch rauchende Schwefelsäure (15% SO_3) und Perhydrol zerstört. — GAEBLER (b) nimmt bei *Xeroform* die Zerstörung durch Salzsäure-Kaliumchlorat vor. — In *Arzneimitteln* führen SPINDLER sowie BOHET die Zerstörung der organischen Stoffe durch Schmelzen mit Soda-Salpeter-Gemisch durch. — TSENG und WANG schließen organische Wismutverbindungen durch 2 bis 3 Min. langes Erhitzen von 0,1 bis 0,2 g der Probe mit 0,2 g Lactose und 12 g Natriumperoxyd in der PARR-Bombe auf. Nach der Auflösung wird das Wasserstoffperoxyd verkocht und in der angesäuerten Lösung Wismutsulfid gefällt.

BODNÁR und KARELL dampfen 50 bis höchstens 200 cm³ *Harn* auf dem Wasserbade ein und rauchen vorsichtig ab. Der Rückstand wird mit 10%igem Wasserstoffperoxyd durchfeuchtet und nach dem Eindampfen auf freier Flamme geglüht. Das Verfahren wird wiederholt.

HANZLIK, LEHMANN, RICHARDSON und VAN WINKLE behandeln 10 cm³ *Harn* mit 0,4 g Kaliumpermanganat und 2 cm³ konzentrierter Schwefelsäure 2 Min. lang in der Wärme. Dann werden 0,4 g Oxalsäure zur Entfärbung zugesetzt.

6. Verfahren zur Anreicherung des Wismuts ohne Zerstörung der organischen Substanz.

Das Verfahren von WALJASCHKO und WIRUP beruht auf der Niederschlagung des Wismuts auf einer Kupferplatte.

Arbeitsvorschrift. 30 g Substanz, z. B. tierische Organe, werden zerkleinert, mit Wasser verdünnt und mit 5 cm³ konzentrierter Salzsäure angesäuert. Nach dem Zusetzen von 5 cm³ 1%iger Kupferchloridlösung kocht man auf, taucht eine mit Glaspapier gereinigte Platte aus Elektrolytkupfer ein (4 cm² je mg Bi) und kocht 1 Std. unter Rühren (s. hierzu § 10 B, S. 631). Danach wird die Platte mit Wasser gewaschen und in Salpetersäure gelöst. Aus dieser Lösung wird nach § 4 A, S. 556 Wismutoxychlorid ausgefällt und darin das Wismut colorimetrisch mit Jodid

[1] Nach LEMATTE, BOINOT, E. KAHANE und M. KAHANE werden 5 g Substanz mit 20 cm³ rauchender Salpetersäure (D 1,49) und 30 cm³ Überchlorsäure (D 1,61) versetzt. Die Reaktion setzt manchmal von selbst ein, in anderen Fällen muß sie durch Erwärmen in Gang gesetzt werden. Nach Beendigung der heftigen Reaktion wird 30 Min. lang stark erhitzt. Man fügt dann 100 cm³ Wasser hinzu und kocht nochmals auf.

nach § 5 B, S. 570 bestimmt. Es sind bei einem Fehler von $\pm 0{,}9\%$ 2 mg Bi in 100 cm³ Material quantitativ bestimmbar.

B. Bestimmung des Wismuts in tierischen Flüssigkeiten und Organen.

Nach der im Abschnitt A geschilderten Zerstörung der organischen Substanz erfolgt die Bestimmung des Wismuts. Diese wird meistenteils colorimetrisch mit Jodid durchgeführt. Wegen der Ausführung des Verfahrens wird auf § 5 B, S. 570ff. verwiesen. In dieser Weise arbeiten: BAGGESGAARD-RASMUSSEN, JACKEROTT und SCHOU (Zusatz von Natriumcitrat zur Ausschaltung des störenden Einflusses des Eisens); BODNÁR und KARELL (bis herab zu 0,02 mg Bi); CIOGOLEA; DANCKWORTT und PFAU (weitere Anreicherung des Wismuts durch gemeinsame Fällung mit Cadmium als Sulfide und Bestimmung nach deren Lösung in Salpetersäure); DESGREZ, GLAUME und WOLFF (Lösen der Asche in Salzsäure und Fällung des Wismutsulfides bei $p_H = 1$ durch 12stündiges Einleiten von Schwefelwasserstoff, Lösen in Salpetersäure und Colorimetrieren); FABRÈGUE und BRESSIER (Lösen der Asche in Eisessig); HALL und POWELL (mit Essigester, s. § 5, S. 574); HANZLIK, LEHMANN, RICHARDSON und VAN WINKLE; LEONARD (Zusatz von Citronensäure) sowie LEONARD und CHAMPLIN; PAGET, LANGERON und DEVRIENDT (Bestimmung nach FOURNEAU und GIRARD, s. § 5 B, S. 576); PORTNOW und SKWORZOW (Unterbindung der Jodausscheidung durch Glycerinzusatz; Empfindlichkeit bis $25\,\gamma$ Bi/cm³); SPROULL und GETTLER (im lichtelektrischen Colorimeter mit Eichkurve bis $1\,\gamma$ Bi); SULTZABERGER; WIEGAND, LANN und KALICH; GIACOMINI (Stabilisierung durch Ascorbinsäure und Extraktion mit Amylalkohol-Äthylacetat, s. § 5 B, S. 574).

GLASSMANN und POSDEJEW benutzen zur Bestimmung des Wismuts in *Harn* das colorimetrische Verfahren von PLANÈS (s. § 5 A, S. 569). Die Asche des Harnes wird in 5 bis 10 cm³ 20%iger Salzsäure gelöst und zur Trockene eingedampft. Nach Wiederholung des Vorganges werden 5 cm³ vorgewärmtes Glycerin zugefügt, 5 Min. erwärmt, abgekühlt und mit 10 cm³ 10%iger Kaliumjodidlösung versetzt. Man rührt gut durch, zentrifugiert und colorimetriert 10 cm³ der Lösung gegen eine Vergleichslösung aus Kaliumdichromat. Diese Vergleichslösung wird gegen analog behandelte bekannte Wismutmengen hergestellt. Zum Beispiel entsprechen 5 cm³ 0,1 n Kaliumdichromatlösung mit 115 cm³ Wasser verdünnt 0,05 mg Bi in 15 cm³ Lösung.

TOMPSETT extrahiert aus der Aschelösung, die auf 150 cm³ verdünnt, mit 100 cm³ 20%iger Natriumcitratlösung versetzt und mit Ammoniak alkalisch ($p_H = 8$) gemacht wird, nach Zusatz von 10 cm³ einer 2%igen Lösung von Natriumdiäthyldithiocarbamat dreimal mit Äther. Die vereinigten ätherischen Auszüge dampft man im KJELDAHL-Kolben zur Trockene, zerstört die organische Substanz durch Erhitzen mit je 1 cm³ konzentrierter Schwefelsäure und Überchlorsäure, verdünnt auf 5 cm³ und colorimetriert unter Verwendung von Thioharnstoff (s. § 9 B, S. 613). Die Erfassungsgrenze liegt bei 0,01 mg Bi.

Das Verfahren von HUBBARD (a) beruht auf der Extraktion des Wismuts mittels Dithizon-Chloroform-Lösung (s. § 9 D, S. 620). In der auf nassem oder trockenem Wege in Gegenwart von etwas Kupfer aufgeschlossenen Probe werden zunächst Wismut, Kupfer und Blei als Sulfide gefällt, diese in Salpetersäure gelöst und nach extraktiver Entfernung des Kupfers und Bleis das Wismut mit Chloroform-Dithizon extrahiert und colorimetriert. Das Verfahren gestattet die Erfassung bis weniger als $5\,\gamma$ Bi. Die Aufschlußlösung der Probe (s. S. 696) wird nach HUBBARD (b) mit 50 cm³ Wasser verdünnt und in ein 400 cm³-Becherglas, in dem sich Eiswasser, 15 cm³ 40%ige Ammoniumcitratlösung und 50 cm³ 20%ige Natriumsulfitlösung befinden, eingegossen. Nach Zusatz von 100 cm³ Ammoniak (D 0,9) erfolgt die Bestimmung nach § 9 D, S. 621.

Die colorimetrische Bestimmung als Wismutsulfid wenden ENGELHARDT (s. § 3, S. 553) sowie KÜRTHY und MÜLLER an, und TABERN und SHELBERG bestimmen das Wismut aus metallorganischen Verbindungen gewichtsanalytisch als Sulfid, wobei sie die Fällung mit Schwefelwasserstoff in Gegenwart von Schwefelkohlenstoff vornehmen.

Eine elektrolytische Bestimmung in der Asche von *Harn* führen KÜRTHY und MÜLLER durch (s. § 11 B, S. 640), wobei die Verwendung von Salzsäure und Schwefelsäure bei allen Operationen zur Vorbereitung der Elektrolyselösung zu vermeiden ist. Ebenfalls elektrolytisch arbeitet MARCOZZI zur Wismutbestimmung in *Harn*. Mit einem rotierenden Platindraht als Anode, einem vorher gewogenen Zylinder aus feinem Platinnetz als Kathode läßt sich Wismut unter Einhaltung bestimmter Stromstärke aus Lösungen, die bis zu 0,04% Bi enthalten, mit einem mittleren absoluten Fehler von 0,08 mg und einer Empfindlichkeit von 0,1 mg abscheiden.

C. Bestimmung des Wismuts in Arzneimitteln.

1. In Xeroform (Wismut-Tribromphenolat).

I. *Arbeitsvorschrift von* SCHLENK. 1 bis 2 g Xeroform werden unter Umrühren mit 20 cm³ 10%iger Natronlauge so lange erwärmt, bis Abscheidung von Wismutoxydhydrat erfolgt. Dann wird verdünnt, durch ein Filter dekantiert und der Niederschlag mit verdünnter heißer Natronlauge so oft gewaschen, bis sich aus dem Filtrate durch Zusatz von Salzsäure kein Tribromphenol mehr ausscheidet. Dann wird der Niederschlag auf das Filter gebracht und die Bestimmung des Wismutoxydes wie üblich vorgenommen.

II. *Arbeitsvorschrift von* BARKUVIĆ. Etwa 0,5 g Xeroform (genau gewogen) werden in einem hohen Porzellantiegel mit 2 bis 3 cm³ 25%iger Ameisensäure gemischt und die Mischung auf dem Wasserbade eingedampft. Dem noch feuchten Rückstande wird durch dreimaliges Dekantieren mit je 10 cm³ Äther das Tribromphenol entzogen. Der Rückstand wird unter sehr langsamer Steigerung der Temperatur bis zum fast vollständigen Gelbwerden erhitzt. Nach dem Erkalten wird 1 cm³ konzentrierter Salpetersäure zugesetzt, eingedampft und vorsichtig zu Wismutoxyd verglüht, das gewogen wird [s. auch KOLLO (a)].

III. *Arbeitsvorschrift von* MANNICH *und* HERZOG. 19 g Xeroformgaze werden mit 100 cm³ einer Mischung aus 99 Teilen Aceton und 1 Teil Salzsäure (38%) übergossen und 1 Std. unter bisweiligem Umschütteln stehen gelassen. Von 50 cm³ der farblosen Flüssigkeit wird das Aceton bei mäßiger Wärme verdunstet. Der Rückstand wird mit heißer Salzsäure (3%) aufgenommen, wobei Wismutchlorid in Lösung geht. In der vom ungelöst bleibenden Tribromphenol abfiltrierten Lösung wird das Wismut als Sulfid gefällt. Dieses gibt, mit 1,888 multipliziert, die entsprechende Menge Xeroform. Dabei ist der Gehalt des Xeroforms an Wismutoxyd zu 48% angenommen.

2. In Dermatol (Wismutsubgallat).

Die Zerstörung der Gallussäure wird nach LÉVÊQUE durch Wasserstoffperoxyd in alkalischer Lösung bewirkt. Durch Anwendung von rauchender Salpetersäure kann die Wismutbestimmung erleichtert werden. DE WOLFF empfiehlt, aus jodhaltigem Dermatol (Bismutum subgallicum oxyjodatum) zur Erzielung richtiger Ergebnisse für Wismut zunächst das Jod durch Erhitzen mit verdünnter Salpetersäure zu entfernen.

3. In Wismutsalicylat.

***Arbeitsvorschrift von* KOLLO (b).** 2 g des Präparates werden in einem ERLENMEYER-Kolben mit 30 cm³ Wasser durchgeschüttelt und mit genau 10 cm³ n Natronlauge auf dem Wasserbade erwärmt. Das abgeschiedene Wismutoxydhydrat wird durch ein gewogenes Filter filtriert, gewaschen und bei 100° getrocknet und gewogen. In einem aliquoten Teil des Filtrates wird der Überschuß an Lauge mit n Säure zurücktitriert, und aus der Differenz kann auf die Menge an Salicylsäure geschlossen werden.

4. In Natriumwismuttartrat.

***Arbeitsvorschrift von* LIVERSEDGE.** Man löst 0,5 bis 1 g der Substanz in Wasser, gibt 2,5 cm³ konzentrierte Salpetersäure hinzu und elektrolysiert bei 70° und 2 Ampere.

Bei Wismutverbindungen der Citronensäure, Salicylsäure sowie für Dermatol und Xeroform ist es besser, die Stoffe zunächst zu verbrennen. Der Rückstand wird mit Citronensäure und einem Überschuß an Ammoniak behandelt und die Lösung nach schwachem Ansäuern mit Salpetersäure und Verdünnen auf 70 cm³ (für 0,5 g Substanz) wie oben elektrolysiert.

5. In Wismut-β-Naphthol.

***Arbeitsvorschrift von* MURRAY.** 0,3 g Substanz werden im Porzellantiegel zunächst gelinde erhitzt und dann 3 Min. bei starker Rotglut geglüht (s. dazu die Ausführungen auf S. 694). Nach dem Erkalten wird der Rückstand mit Salpetersäure und Wasser aufgenommen und das Wismut elektrolytisch niedergeschlagen.

6. In glycerinhaltigen Zubereitungen.

***Arbeitsvorschrift von* MAYER.** 5 cm³ des Präparates werden mit 100 cm³ Wasser zum Sieden erhitzt und mit konzentrierter Salzsäure versetzt, bis der anfängliche Niederschlag wieder gelöst ist. Man versetzt mit Ammoniak bis zur Trübung, die wieder in Salzsäure gelöst wird. Nun wird in der siedenden Lösung Wismutphosphat nach der Vorschrift in § 2, S. 542 gefällt und dieses gewogen.

Bemerkungen. Nach JENKINS und MILETT ist das Verfahren von SCHOELLER und WATERHOUSE (s. § 2, S. 543) für pharmazeutische Zubereitungen nicht zu empfehlen, während BENNETT und CAMPBELL es gerade dafür benutzen, und zwar zur Analyse von Ammoniumwismutcitratlösungen.

7. In Chinin-Jodowismutat.

I. *Arbeitsvorschrift von* BRACALONI. 1 g Substanz wird in 10 cm³ Aceton gelöst und eine Lösung von 0,9 g Silbernitrat in 20 cm³ Wasser zugesetzt. Nach dem Vertreiben des Acetons werden 50 cm³ 95%iger Alkohol zugesetzt und die Mischung einige Stunden ins Dunkle gestellt. Man dekantiert durch einen gewogenen Porzellanfiltertiegel, ohne dabei größere Mengen des Niederschlages in den Tiegel zu bringen. Der Niederschlag wird mehrmals mit Alkohol gewaschen und der Alkohol durch den Filtertiegel gegeben. In diesen alkoholischen Lösungen wird das Chinin polarimetrisch bestimmt. Nachdem der Filtertiegel durch einen Luftstrom vom Alkohol befreit worden ist, wird der Niederschlag im Fällungsgefäß mit verdünnter Salpetersäure behandelt und nun in den Filtertiegel gebracht und das reine Silberjodid zwecks Jodbestimmung zur Auswage gebracht. Im salpetersauren Filtrat und den Waschwässern wird das Wismut gefällt und als Wismutoxyd gewogen.

II. *Arbeitsvorschrift von* FRANÇOIS *und* SEGUIN. 1 g Substanz wird mit 10 cm³ Aceton übergossen, eine Mischung aus 5 cm³ 20%iger Weinsäurelösung mit 5 cm³ Natronlauge zugegeben und nach vollständiger Entfärbung mit 20 cm³ Wasser verdünnt und 30 Min. auf dem Wasserbad erwärmt. Nach dem Abkühlen wird filtriert, mit 50 cm³ Wasser nachgewaschen, 125 cm³ 16%ige Ammoniumcarbonatlösung zugegeben und 4 Std. auf dem Wasserbade erwärmt. Das basische Wismutcarbonat wird wie üblich in Wismutoxyd verwandelt.

III. *Arbeitsvorschrift von* THOMIS *und* KOPANARIS. a) Für wäßrige Lösungen. Man versetzt 10 cm³ der filtrierten Probe im Scheidetrichter mit 2,5 cm³ 15%iger Natronlauge, schüttelt erst mit 50 cm³, dann mit 30 cm³ Chloroform aus. In der

Chloroformlösung findet die Bestimmung des Chinins statt. Die wäßrige, alkalische Flüssigkeit wird im Scheidetrichter mit 50 bis 60 cm³ Chloroform versetzt und dann vorsichtig mit 5 cm³ gekühlter, konzentrierter Salpetersäure neutralisiert. Man schüttelt aus und wiederholt das Verfahren einmal mit 30 cm³ und dann noch zweimal mit je 5 cm³ Chloroform. Die vereinigten Chloroformauszüge werden nach Versetzen mit 1 bis 2 g Natriumhydrogencarbonat und 125 cm³ 95%igem Alkohol zur Titration des Jodes mit 0,1 n Natriumthiosulfatlösung benutzt. Aus der salpetersauren, durch Erwärmen von Chloroform befreiten und etwas neutralisierten Lösung wird das Wismut als Sulfid gefällt.

b) Für ölige Suspensionen. Das Öl wird zuerst durch Behandlung mit Äther entfernt und der Rückstand auf einem Glasfiltertiegel gesammelt und gewogen. Die weitere Verarbeitung geschieht wie unter a).

c) Für feste Präparate. 0,5 g werden mit 5 cm³ 30%iger Natronlauge bis zum Verschwinden der roten Färbung geschüttelt und dann wird wie oben weiter verfahren.

8. In antiluetischen Medikamenten

bestimmen Bouillenne und Dumont das Wismut colorimetrisch mit Kaliumjodid nach § 5 B, S. 570 nach dem Veraschen der Substanzen mit Salpetersäure und Schwefelsäure bei zunächst niedriger Temperatur, danach auf dem Wasserbade und schließlich über dem Brenner. Unter Umständen wird der Vorgang wiederholt.

9. In öligen Zubereitungen.

***Arbeitsvorschrift von* Straub *und* Mihalovits.** Von öligen Präparaten bringt man 5 cm³ mittels Rekordspritze auf ein trockenes Filter und gießt allmählich 40 bis 50 cm³ Äther nach. Der ölarme Rückstand wird samt Papier verascht. Die Lösung der Asche in wenig warmer, verdünnter Salpetersäure bringt man in einen 50 cm³-Meßkolben und füllt auf. Zur Bestimmung werden 5 cm³ = 0,5 cm³ des Präparates verwendet. Der Wismutgehalt der Ölpräparate wird in mg/cm³ ausgedrückt.

Die Wismutbestimmung erfolgt nach Veraschung der organischen Substanz in einer Porzellanschale unter Zusatz von Salpetersäure. In der Lösung des Rückstandes in Salpetersäure wird das Wismut als Oxyjodid nach der Vorschrift von Straub (s. § 4 C, S. 566) bestimmt.

Rothéa bestimmt das lipoidlösliche Wismut in Öllösungen durch einfaches Veraschen der öligen Lösung und Wägung des hierbei entstehenden Wismutoxydes.

10. Bestimmung des Stickstoffgehaltes in Bismutum subnitricum.

***Arbeitsvorschrift von* Harrison.** 2 g Substanz, 20 cm³ Wasser und 10 cm³ n Natronlauge werden 15 Min. lang zum Kochen erhitzt. Das Filtrat wird mit Schwefelsäure neutralisiert und 0,5 cm³ n Schwefelsäure im Überschuß zugefügt. Man engt auf 2 bis 3 cm³ ein und bestimmt die Salpetersäure wie üblich im Nitrometer.

Literatur.

Baggesgaard-Rasmussen, H., K. A. Jackerott u. S. A. Schou: Dansk Tidsskr. Farmaci 1, 391 (1927); Bio. Z. **193**, 53 (1928). — Barkuvić, D.: Pharmaz. M. **14**, 8 (1933); durch C. **104, I**, 2985 (1933). — Bennett, C. T., u. N. R. Campbell: Quart. J. Pharmac. Pharmacol. 5, 515 (1932); durch C. **104, I**, 3604 (1933). — Bodnár, J., u. A. Karell: Bio. Z. **199**, 29 (1928).— Bohet, M.: J. Pharmac. Belg. **11**, 805 (1929); durch Fr. **83**, 309 (1931). — Bouillenne u. M. Dumont: C. r. Soc. Biologie **98**, 879 (1927); durch C. **99, I**, 2636 (1928). — Bracaloni, L.: J. Pharm. Chim. [8] **22**, 49 (1935); durch C. **107, I**, 379 (1936).

Calloway, J.: J. Assoc. offic. agric. Chem. **13**, 348 (1930); durch C. **101, II**, 3062 (1930). — Ciogolea, G.: Bulet. Soc. Chim. Romania **10**, 55 (1928); durch C. **99, II**, 1917 (1928).

Danckwortt, P. W.. u. E. Pfau: Ar. **263**, 502 (1925); durch Fr. **80**, 154 (1930). — Desgrez, Ch., M. Glaume u. R. Wolff: Bull. Soc. Chim. biol. **15**, 1527 (1933); durch C. **105, II**, 2868 (1934).

ENGELHARDT, W.: Dermatol. Z. 41, 287 (1924); durch C. 96, I, 1111 (1925).

FABRÈGUE u. J. BRESSIER: J. Pharm. Chim. [7] 30, 11 (1924); durch C. 95, II, 1253 (1924). — FRANÇOIS u. SEGUIN: J. Pharm. Chim. [8] 25, 3, 341 (1937); durch C. 108, II, 1232 (1937).

GAEBLER, C.: (a) Pharm. Z. 45, 208 (1900); (b) 45, 567 (1900). — GIACOMINI, N. J.: Ind. eng. Chem. Anal. Edit. 17, 456 (1945); durch C. 117, I, 99 (1946). — GLASSMANN, B., u. A. POSDEJEW: H. 172, 300 (1927).

HALL, G. F., u. A. D. POWELL: Quart. J. Pharmac. Pharmacol. 6, 628 (1933); durch C. 105, I, 3501 (1934). — HANZLIK, P. J., A. J. LEHMANN, A. P. RICHARDSON u. W. VAN WINKLE: Arch. Dermatol. and Syphilol. 36, 725 (1937); durch C. 109, I, 2600 (1938). — HARRISON, J. B. P.: Analyst 35, 118 (1910); durch C. 81, I, 1454 (1910). — HUBBARD, D. M.: (a) Ind. eng. Chem. Anal. Edit. 11, 343 (1939); durch C. 110, II, 2824 (1939); (b) Anal. Chem. 20, 363 (1948).

JENKINS, G. L., u. S. MILETT: J. Am. pharm. Assoc. 24, 561 (1935); durch C. 106, II, 3263 (1935).

KOLLO, W.: (a) Pharm. Post 43, 41 (1910); durch Fr. 50, 202 (1911); (b) PHARM. Post 32, 2 (1899); durch C. 70, I, 392 (1899). — KÜRTHY, L., u. H. MÜLLER: Bio. Z. 149, 236 (1924).

LAUG, E. P.: Anal. Chem. 21, 188 (1949). — LECOQ, H.: Bl. Soc. roy. Sci., Liège 11, 318 (1942); durch C. 113, II, 1723 (1942). — LEMATTE, L., G. BOINOT, E. KAHANE u. M. KAHANE: C. r. 192, 1459 (1931); durch C. 102, II, 1035 (1931). — LEONARD, C. S.: J. Pharmacol. Exp. Therap. 28, 81 (1926); durch C. 97, II, 1893 (1926). — LEONARD, C. S., u. A. CHAMPLIN: C. r. Congr. Pharmac. Liège 1934, 197; durch C. 107, I, 3718 (1936). — LÉVÊQUE, A.: Bl. Sci. pharmacol. 30, 133 (1923); durch C. 94, IV, 132 (1923). — LIVERSEDGE, S. G.: Quart. J. Pharmac. Pharmacol. 2, 243 (1929); durch C. 100, II, 2919 (1929); 3, 482 (1930); durch C. 102, I, 822 (1931).

MANNICH, C., u. J. HERZOG: Apoth. Z. 23, 77 (1908); durch C. 79, I, 898 (1908). — MARCOZZI, A.: Arch. science biol. 7, 326 (1925); durch C. 97, II, 623 (1926). — MASINO, C.: Boll. chim. farmac. 75, 409 (1936); durch C. 108, I, 1729 (1937). — MAYER, J. L.: J. Am. pharm. Assoc. 22, 653 (1933); durch C. 104, II, 2431 (1933). — MOSER, L.: Die Bestimmungsmethoden des Wismuts und seine Trennung von den anderen Elementen, S. 117. Stuttgart 1909. — MURRAY, B. L.: J. ind. eng. Chem. 8, 258 (1916); durch Fr. 56, 252 (1917).

PAGET, LANGERON u. DEVRIENDT: J. Pharm. Chim. [8] 15, 600 (1932); durch C. 103, II, 3654 (1932). — PORTNOW, A., u. W. SKWORZOW: Pharmaz. J. (russ.) 1928, 534; durch C. 101, I, 114 (1929).

ROTHÉA, F.: J. Pharm. Chim. [8] 16, 110 (1932); durch C. 103, II, 3925 (1932).

SCHLENK, O.: Pharm. Z. 54, 538 (1909); durch Fr. 53, 208 (1914). — SPINDLER, O.: Schweiz. Wschr. pharm. Chem. 36, 333 (1898); durch C. 69, II, 607 (1898). — SPROULL, R. C., u. A. O. GETTLER: Ind. eng. Chem. Anal. Edit. 13, 462 (1941); durch C. 113, I, 2301 (1942). — STRAUB, J., u. E. MIHALOVITS: P. C. H. 74, 685 (1933); durch Fr. 102, 65 (1935). — SULTZABERGER, J. A.: J. Amer. pharmac. Assoc. 16, 218 (1927); durch C. 98, II, 144 (1927).

TABERN, D. L., u. E. F. SHELBERG: Ing. eng. Chem. Anal. Edit. 4, 401 (1932); durch Fr. 106, 215 (1936). — THOMIS, G. N., u. G. PH. KOPANARIS: J. Pharm. Chim. [8] 30, 193 (1939); durch C. 111, I, 1077 (1940). — Tompsett, S. L.: Analyst 63, 250 (1938); durch C. 109, II, 1455 (1938). — TSENG, CH. L., u. L. WANG: J. Chin. chem. Soc. 5, 3 (1937); durch Fr. 117, 269 (1939).

WALJASCHKO, N. A., u. P. K. WIRUP: Ukrain. chem. J. 5, Wiss. Teil, 275 (1930); durch Fr. 94, 369 (1933). — WIEGAND, C. J. W., G. H. LANN u. F. V. KALICH: Ind. eng. Chem. Anal. Edit. 13, 912 (1941); durch C. 113, II, 815 (1942). — DE WOLFF, H. H.: Pharm. Weekbl. 49, 1047 (1912); durch C. 84, I, 62 (1913).

§ 16. Übersicht über die wichtigsten Trennungen.

A. Trennung des Wismuts von den Alkalimetallen.

Die Trennung des Wismuts von den Alkalimetallen kann erfolgen:

a) Durch Fällung als Wismutsulfid nach § 3, S. 548.

b) Durch Fällung als basisches Wismutchlorid nach § 4 A, S. 556.

c) Durch Fällung als basisches Wismutnitrat nach § 6 E, S. 588.

d) Durch Fällung als basisches Wismutcarbonat nach § 6 G, S. 595.

e) Durch elektrolytische Abscheidung des Wismuts aus solchen Elektrolyten, welche keine Salze der Alkalimetalle als Zusätze enthalten (§ 11, S. 634ff.).

B. Trennung des Wismuts von Magnesium und den Erdalkalimetallen.

1. Trennung des Wismuts von Magnesium.

a) Abscheidung des Wismuts als Phosphat aus salpetersaurer Lösung (§ 2, S. 540).

b) Abscheidung des Wismuts als Sulfid (§ 3, S. 548).

c) Abscheidung des Wismuts als basisches Chlorid aus schwach saurer Lösung (§ 4 A, S. 556).

d) Abscheidung des Wismuts als Selenit aus salpetersaurer Lösung (§ 6 C, S. 586).

e) Abscheidung des Wismuts als Wismutchromrhodanid aus salpetersaurer oder schwefelsaurer Lösung (§ 7, S. 598).

f) Abscheidung des Wismuts als Wismut-Thionalid in mineralsaurer Lösung (§ 9 C, S. 618).

g) Durch elektrolytische Abscheidung des Wismuts (§ 11, S. 634ff.).

2. Trennung des Wismuts von Calcium.

a) Abscheidung des Wismuts als Sulfid (§ 3, S. 548).

b) Abscheidung des Wismuts als basisches Chlorid (§ 4 A, S. 556).

c) Abscheidung des Wismuts als Selenit (§ 6 C, S. 586).

d) Abscheidung des Wismuts als basisches Nitrat (§ 6 E, S. 588).

e) Abscheidung des Wismuts als Wismutchromrhodanid (§ 7, S. 598).

f) Abscheidung des Wismuts als Wismut-Thionalid in mineralsaurer Lösung (§ 9 C, S. 618).

g) Abscheidung des Wismuts durch Elektrolyse (§ 11, S. 634).

3. Trennung des Wismuts von Strontium und Barium.

Für die Trennung des Wismuts von Strontium und Barium bestehen die gleichen Trennungsmöglichkeiten wie für Calcium mit Ausnahme der unter c) genannten.

C. Trennung des Wismuts von den Metallen der Ammoniumsulfidgruppe.

1. Trennung des Wismuts von Zink.

a) Abscheidung des Wismuts als Phosphat (§ 2, S. 540ff.).

b) Abscheidung des Wismuts als Sulfid (§ 3, S. 548).

c) Abscheidung des Wismuts als basisches Halogenid (§ 4, S. 556).

d) Abscheidung des Wismuts als Selenit (§ 6 C, S. 586).

e) Abscheidung des Wismuts als basisches Nitrat (§ 6 E, S. 588).

f) Abscheidung des Wismuts als Wismutchromrhodanid (§ 7, S. 598).

g) Abscheidung des Wismuts als Wismut-Thionalid aus mineralsaurer Lösung (§ 9 C, S. 618).

h) Abscheidung des Wismuts durch Elektrolyse (§ 11, S. 634).

2. Trennung des Wismuts von Mangan.

Für die Trennung des Wismuts von Mangan sind alle bei Zink genannten Verfahren brauchbar sowie

Abscheidung des Wismuts als Wismut-Cupferron (§ 9 F, S. 623).

3. Trennung des Wismuts von Aluminium.

Für die Trennung des Wismuts von Aluminium sind alle bei Zink genannten Verfahren brauchbar, außer der unter c) genannten Abscheidung als basisches Halogenid, weil Aluminium basische Salze bildet, welche nicht vollständig von dem basischen Wismuthalogenid getrennt werden können.

4. Trennung des Wismuts von Chrom.

Für die Trennung des Wismuts von Chrom gelten die gleichen Ausführungen, die bei der Trennung des Wismuts von Aluminium gemacht sind.

5. Trennung des Wismuts von Eisen.

Die Trennung des Wismuts von Eisen kann auf die gleichen Arten wie die Trennung von Zink, mit Ausnahme der unter c) angeführten (s. S. 702), vorgenommen werden. Für diese Trennungsart gilt das beim Aluminium Gesagte.

6. Trennung des Wismuts von Kobalt.

Die Trennung des Wismuts von Kobalt kann mit denselben Verfahren erfolgen wie die Trennung von Zink (s. S. 702). Die elektrolytische Trennung kann nach der für Nickel in § 11, S. 652 angeführten Vorschrift vorgenommen werden. Die Trennung des Wismuts von Kobalt kann auch durch Abscheidung des Wismuts als Wismut-Cupferron (§ 9 F, S. 623) durchgeführt werden.

7. Trennung des Wismuts von Nickel.

Für die Trennung des Wismuts von Nickel gilt vollkommen das für die Trennung von Kobalt Gesagte (s. oben).

8. Trennung des Wismuts von Uran.

Die Trennung des Wismuts von Uran kann durch Behandeln der Sulfide mit warmer Ammoniumcarbonatlösung bewerkstelligt werden (Moser).

9. Trennung des Wismuts von Beryllium.

a) Abscheidung des Wismuts als Selenit (§ 6 C, S. 586).

b) Abscheidung des Wismuts als Selenit aus salpetersaurer Lösung und des Berylliums aus dem Filtrat als Selenit in ammoniakalischer Lösung (§ 6 C, S. 587).

10. Trennung des Wismuts von Titan.

a) Abscheidung des Wismuts als basisches Chlorid in weinsaurer Lösung (§ 4 A, S. 556).

b) Abscheidung des Wismuts als Wismut-Thionalid aus sodaalkalischer, tartrat- und cyanidhaltiger Lösung (§ 9 C, S. 619).

11. Trennung des Wismuts von Zirkon.

Die Trennung des Wismuts von Zirkon kann erfolgen durch Abscheidung des Wismuts als Sulfid aus saurer Lösung durch Schwefelwasserstoff oder aus ammoniakalischer, tartrathaltiger Lösung durch Ammoniumsulfid, wobei das Zirkonsalz in Lösung bleibt (Moser).

12. Trennung des Wismuts von den seltenen Erdmetallen und von Thorium.

Nach Moser erfolgt die Trennung des Wismuts von den seltenen Erdmetallen durch Abscheidung des Wismuts als Sulfid aus saurer Lösung durch Schwefelwasserstoff.

13. Trennung des Wismuts von Niob und Tantal.

***Arbeitsvorschrift von* Waterhouse *und* Schoeller.** Man schließt die gemischten Oxyde von Niob und Tantal, denen die des Wismuts, Antimons und Kupfers beigemengt sind, mit Kaliumhydrogensulfat auf. Die Schmelze wird in Weinsäure gelöst und die klare Lösung mit Schwefelwasserstoff behandelt. Dieser Niederschlag enthält noch einige Milligramme der Erdsäuren. Man löst zur vollständigen Trennung den Niederschlag in starker Schwefelsäure und versetzt die Lösung mit Weinsäure und einem Überschuß an Ammoniak. Nun gießt man die Mischung in gelbes Ammoniumsulfid. Die Sulfide des Wismuts und Kupfers fallen aus. Das Filtrat wird mit Essigsäure angesäuert, wobei Antimonsulfid ausfällt.

Im Filtrat davon findet sich dann die ursprünglich von den Sulfiden eingeschlossene Menge der Erdsäuren.

D. Trennung des Wismuts von den Metallen der Schwefelwasserstoffgruppe und der Salzsäuregruppe.

1. Trennung des Wismuts von Silber.

a) Abscheidung des Wismuts als Oxydhydrat durch Ammoniak und Wasserstoffperoxyd nach JANNASCH.

Arbeitsvorschrift. Die Lösung der Nitrate in sehr verdünnter Salpetersäure wird in eine, in einer großen Porzellanschale mit Griff befindlichen Mischung von 25 cm^3 konzentriertem Ammoniak und 40 cm^3 3%igem Wasserstoffperoxyd (reinst) unter fortwährendem Umrühren eingegossen. Das unter lebhafter Sauerstoffentwicklung sich bildende Wismutoxydhydrat setzt sich schnell ab. Man rührt den Niederschlag noch einige Male auf und filtriert ihn dann ab. Man wäscht ihn mit ammoniakhaltigem Wasser aus und verwandelt ihn in Wismutoxyd oder in eine andere Wägungsform. Das im Filtrat als Komplexverbindung enthaltene Silber wird auf übliche Weise bestimmt.

b) Abscheidung des Wismuts als Phosphat (§ 2, S. 546, 547).

c) Abscheidung des Wismuts als basisches Nitrat (§ 6 E, S. 588).

Arbeitsvorschrift. Man dampft die Lösung der Nitrate des Wismuts und des Silbers auf dem Wasserbade mehrmals mit Wasser zur Trockene ein. Der Rückstand wird mit einer 2%igen Ammoniumnitratlösung aufgenommen, das zurückbleibende basische Wismutnitrat abfiltriert und entweder in Wismutoxyd oder eine andere Wägungsform verwandelt. Aus dem Filtrat wird das Silber bestimmt.

d) Abscheidung des Wismuts als Wismut-Thionalid aus sodaalkalischer, tartrat- und cyanidhaltiger Lösung (§ 9 S, S. 619).

e) Abscheidung des Wismuts als Wismut-Cupferron (§ 9 F, S. 624).

f) Abscheidung des Silbers durch Elektrolyse (§ 11, S. 656).

Die von JANNASCH und HEIMANN stammende Trennung des Wismuts von Silber auf Grund des Unterschiedes der Flüchtigkeit der Halogenide beim Erhitzen der Metallnitrate in einem Strom trockenen Chlorwasserstoffes ist umständlich und wird deshalb hier nicht erörtert.

2. Trennung des Wismuts von Quecksilber.

a) Abscheidung des Wismuts als Oxydhydrat durch Ammoniak und Wasserstoffperoxyd nach JANNASCH und v. CLOEDT.

Für diese Trennung gilt das bei der Trennung von Silber Gesagte. Bei Gegenwart von viel Quecksilber ist die Fällung zu wiederholen, jedoch ist dies bei äußerst sorgfältigem Auswaschen der ersten Fällung nicht nötig. Im Filtrat vom abgeschiedenen Wismutoxydhydrat wird das Quecksilber nach dem Vertreiben des Ammoniaks als Sulfid gefällt.

b) Abscheidung des Wismuts als Phosphat (§ 2, S. 546).

c) Abscheidung des Wismuts als Sulfid aus 20%iger salzsaurer Lösung (§ 3, S. 555).

d) Trennung der Sulfide durch Behandlung mit Salpetersäure.

Arbeitsvorschrift. Die gut ausgewaschenen Sulfide, welche keine Chloride enthalten dürfen, werden mit heißer Salpetersäure (1:1) behandelt und das Wismutsulfid in Lösung gebracht. Nach dem Verdünnen wird vom zurückgebliebenen Quecksilbersulfid abfiltriert (MOSER).

e) Trennung der Sulfide durch Behandlung mit Alkalisulfid.

Arbeitsvorschrift. Die aus saurer Lösung gefällten Sulfide werden mit 20 bis 25 cm^3 alkalischer Kaliumsulfidlösung behandelt, dann auf 200 bis 300 cm^3 verdünnt und aufgekocht. Das zurückbleibende Wismutsulfid wird abfiltriert und ausgewaschen. Im Filtrat wird das Quecksilber durch Zusatz von Ammoniumchlorid gefällt (BÜLOW; POLSTORFF und BÜLOW).

f) Trennung der Sulfide durch Behandlung mit Natriumtrithiocarbonat nach ROSENBLADT.

Arbeitsvorschrift. Der Niederschlag der Sulfide wird in einer Porzellanschale mit 30 cm^3 Natriumtrithiocarbonatlösung versetzt und bei bedeckter Schale unter Ersatz des verdampfenden Wassers $^1/_2$ Std. lang gekocht. Das ungelöst bleibende Wismutsulfid wird abfiltriert und weiter verarbeitet. Aus dem Filtrat wird durch Zusatz von Salzsäure das Quecksilber als Sulfid gefällt.

g) Abscheidung des Wismuts als Wismut-Thionalid aus sodaalkalischer, tartrat- und cyanidhaltiger Lösung (§ 9 C, S. 619).

h) Abscheidung des Wismuts als Wismut-Cupferron (§ 9 F, S. 624).

i) Abscheidung des Quecksilbers durch Elektrolyse (§ 11, S. 652).

k) Abscheidung des Quecksilbers durch Hydroxylammoniumchlorid und Ammoniak bei Gegenwart von Weinsäure nach JANNASCH und DEVIN.

Arbeitsvorschrift. Die mit Weinsäure versetzte Lösung der Chloride wird stark ammoniakalisch gemacht, mit einer 10%igen Lösung von Hydroxylammoniumchlorid versetzt und 10 Min. über freier Flamme unter häufigem Umrühren erwärmt. Man läßt den Niederschlag 3 bis 6 Std. stehen, filtriert vom metallisch abgeschiedenen Quecksilber ab, das mit warmem Wasser gewaschen wird. Es wird mit Salpetersäure auf dem Wasserbade so lange abgeraucht, bis der Eindampfrückstand, in konzentrierter Salzsäure aufgenommen, sich in Wasser vollständig löst. Nach dem Filtrieren der Lösung wird das Quecksilber als Sulfid gefällt. Die abfiltrierte Wismutlösung wird mit Salzsäure angesäuert und daraus das Sulfid oder eine passende Verbindung gefällt.

3. Trennung des Wismuts von Blei.

Allgemeines.

Die Trennung des Wismuts von Blei bietet infolge der Ähnlichkeit des analytischen Verhaltens beider Metalle einige Schwierigkeiten. Infolgedessen sind die Vorschläge zu ihrer Trennung sehr zahlreich, aber nicht immer zweckmäßig oder empfehlenswert. Es wird hier davon abgesehen, alle diese Vorschläge zu diskutieren. Eine Zusammenstellung älterer Arbeiten findet sich bei MOSER, S. 80ff.

Die gebräuchlichen Verfahren beruhen meist auf der zuerst erfolgenden Abscheidung des Wismuts, und zwar vorwiegend auf der großen Neigung der Wismutsalze zur Hydrolyse. Es gibt jedoch auch Verfahren, bei welchen die Abscheidung des Bleis zuerst vorgenommen wird. Auch die Scheidung durch Elektrolyse ist möglich.

Wegen der naheliegenden Trennung des Wismuts von Blei durch dessen Abscheidung als Sulfat nach ROSE wird auf die Ausführungen auf S. 686 verwiesen.

Die Abtrennung des Wismuts als basisches Nitrat nach LÖWE (s. § 6 E, S. 592) ist nach BENEDETTI-PICHLER für Mikrotrennungen nicht brauchbar.

Über die Trennung des Wismuts von Blei aus 2 bis 4%iger Salzsäure durch Fällung des Sulfides bei 90° s. § 14 A 2, S. 676.

Trennungsverfahren.

a) Abscheidung des Wismuts als basisches Halogenid (§ 4 A, S. 556; B, S. 560; C, S. 562).

b) Abscheidung des Wismuts als Selenit (§ 6 C, S. 587).

c) Abscheidung des Wismuts als basisches Nitrat (§ 6 E, S. 588).

d) Abscheidung des Wismuts als basisches Formiat (§ 8 A, S. 605).

e) Abscheidung des Wismuts als Pyrogallat (§ 8 B, S. 607).

f) Abscheidung des Wismuts als Wismut-Thionalid aus mineralsaurer Lösung (§ 9 C, S. 619).

g) Abscheidung des Wismuts als Wismut-Cupferron (§ 9 F, S. 624).

h) Abscheidung des Wismuts mit Eisen nach CLARK (s. dazu § 10 B, S. 631).

Arbeitsvorschrift. Die Lösung der Chloride der beiden Metalle wird mit Stahlspänen gekocht. Das ausgeschiedene Wismut wird abfiltriert und zweckentsprechend weiter verarbeitet. Aus dem Filtrat kann das Blei in bekannter Weise bestimmt werden. — GALLETLY und HENDERSON haben das Verfahren als rasch ausführbar und zuverlässig empfohlen.

i) Abscheidung des Wismuts durch Elektrolyse:

I. makrochemisch (§ 11, S. 652ff.);

II. mikrochemisch (§ 11, S. 640, 643).

k) Abscheidung des Bleis als Chromat nach FUNK und WEINZIERL.

Anstatt zuerst das Wismut abzuscheiden, beschreiten FUNK und WEINZIERL den umgekehrten Weg der zuerst erfolgenden Abscheidung des Bleis. In gepufferter essigsaurer Lösung wird die Fällung basischer Wismutsalze verhindert und das Blei als Chromat gefällt. Im Filtrat erfolgt die Bestimmung des Wismuts als Sulfid. Das Verfahren hat den Vorteil der Vermeidung des Abrauchens mit Schwefelsäure und der leichten Bestimmbarkeit des Bleichromates auf maßanalytischem Wege.

***Arbeitsvorschrift.* I. In salpetersaurer Lösung.** Man versetzt bei Wismutmengen bis zu 200 mg mit 10 cm³ Eisessig und 10 g reinem Natriumacetat, welches man in soviel Wasser löst, daß das Gesamtvolumen der zu analysierenden Flüssigkeit etwa 100 cm³ beträgt. Bei Wismutmengen von 200 bis 300 mg verwendet man 15 cm³ Eisessig und 15 g Natriumacetat in so viel Wasser, daß ein Gesamtvolumen von etwa 200 cm³ erreicht wird. Die Flüssigkeit, welche nach dem Umrühren völlig klar sein soll, wird langsam bis zum beginnenden Sieden erhitzt und unter Umrühren mit einem Überschuß an 5%iger Kaliumdichromatlösung versetzt (bei 200 mg Blei etwa 5 cm³). Man kann noch ein- oder zweimal aufkochen, damit der Niederschlag dichter wird. Nach dem völligen Erkalten wird das ausgefallene Bleichromat abfiltriert und mit kalter 1- bis 2%iger Essigsäure gut ausgewaschen, wozu etwa 80 cm³ genügen. Die Bestimmung des Bleis kann in bekannter Weise auf jodometrischem oder bromometrischem Wege erfolgen.

Die mit dem Filtrat vereinigte Waschflüssigkeit wird salzsauer gemacht (auf 10 g Natriumacetat sind etwa 10 cm³ konzentrierter Salzsäure zu rechnen). Falls eine Trübung auftritt, muß etwas mehr Salzsäure zugefügt werden. Man versetzt nun mit 5 bis 10 cm³ Alkohol und erhitzt, bis alles Chromat zu ChromIII-salz reduziert ist. Nach dem Erkalten wird das Wismut mit Schwefelwasserstoff gefällt (s. § 3, S. 548).

II. In salzsaurer Lösung. Die schwach saure Lösung (Lösungen, die sehr wenig überschüssige Säure enthalten, versetzt man zweckmäßig noch mit etwa 10 cm³ 5%iger Salzsäure) wird auf 70 bis 80° erwärmt und vor dem völligen Erkalten mit Eisessig und Natriumacetat versetzt. Es erweist sich in diesem Falle als zweckmäßig, dieselben nicht nacheinander, sondern gleichzeitig in einem Guß zuzugeben. Bei Wismutmengen bis 100 mg benutzt man ein Gemisch von 25 cm³ Eisessig und 15 g Natriumacetat in soviel Wasser, daß das Gesamtvolumen der Lösung 150 cm³ beträgt. Bei Wismutmengen von 100 bis 200 mg versetzt man mit einem Gemisch von 40 cm³ Eisessig und 30 g Natriumacetat in soviel Wasser, daß das Gesamtvolumen höchstens 250 cm³ beträgt. Die Lösung soll, wenn sie nicht schon in der Kälte klar ist, mindestens bei mäßigem Erwärmen klar werden, andernfalls fehlt es an Essigsäure und Acetat. Ein in der zu analysierenden Probe etwa vorhandener Niederschlag von Bleichlorid stört nicht, da er sich bei der Zugabe der Eisessig-Acetat-Mischung glatt löst. Die so vorbereitete Lösung wird zum Sieden erhitzt, mit 7 cm³ Kaliumdichromatlösung in einem Guß versetzt und dann umgerührt. Das Bleichromat fällt oft besonders dicht und langsam aus. Man läßt am besten über Nacht stehen und arbeitet dann, wie unter I beschrieben, weiter, wobei nur zu beachten ist, daß den größeren Acetatzusätzen entsprechend mehr Salzsäure nötig ist.

Bemerkungen. **I. Genauigkeit.** Die von den Verfassern mitgeteilten Beleganalysen weisen sowohl für die Wismut- als auch für die Bleiwerte sehr befriedigende Ergebnisse auf, zumal unter Berücksichtigung, daß nur eine einmalige Fällung vorgenommen wird. — **II. Anwendungsbereich.** Das Verfahren soll die für die Bestimmung sehr kleiner Mengen Wismut neben sehr viel Blei gebräuchlichen Verfahren nicht ersetzen. — **III.** Bei **Anwesenheit von sehr viel freier Säure** in der Analysenlösung wird diese zur Trockene gedampft und mit etwa 25 cm^3 5%iger Salzsäure aufgenommen. — **IV.** Die nötigen **Zusätze an Essigsäure und Natriumacetat** sind um so höher, je verdünnter die Wismutsalzlösung ist, und größer bei salzsauren Lösungen als bei salpetersauren. Das Verhältnis von Essigsäure zu Acetat kann innerhalb gewisser Grenzen geändert werden. Die in der Arbeitsvorschrift angegebenen Mengen brauchen nicht peinlich genau innegehalten zu werden, da sie aus Sicherheitsgründen über das unbedingt notwendige Maß hinausgehen.

4. Trennung des Wismuts von Kupfer.

a) Abscheidung des Wismuts als Oxydhydrat durch Ammoniak und Wasserstoffperoxyd nach Jannasch und Lesinsky.

Arbeitsvorschrift. Die Trennung des Wismuts von Kupfer mit Ammoniak und Wasserstoffperoxyd erfolgt in der gleichen Weise wie sie auf S. 704 für die Trennung des Wismuts von Silber beschrieben ist. Den Niederschlag von Wismutoxydhydrat wäscht man zuerst mit einer Mischung von Wasserstoffperoxyd, Ammoniak und Wasser (2:1:8), dann mit warmem Ammoniak (1:8) und schließlich mit heißem Wasser. Besser ist es jedoch, ihn zu lösen und nochmals zu fällen.

b) Abscheidung des Wismuts als Phosphat (§ 2, S. 546, 547).

c) Abscheidung des Wismuts als Sulfid aus ammoniakalischer, tartrat- oder citrat- und cyanidhaltiger Lösung nach Fresenius und Haidlen, abgeändert von Ostroumow (a).

Arbeitsvorschrift. Die Lösung der Metallsalze wird mit Weinsäure oder mit Citronensäure versetzt, dann mit Ammoniak neutralisiert und Kaliumcyanid hinzugefügt. Nun wird durch Schwefelwasserstoff oder durch Natriumsulfid unter Erwärmen auf dem Wasserbade das Wismutsulfid ausgefällt. Der Niederschlag wird abfiltriert, zweimal mit verdünnter Kaliumcyanidlösung, welche Schwefelwasserstoff enthält, nachgespült und dann gründlich mit Schwefelwasserstoffwasser gewaschen. Das Wismutsulfid kann in Wismutoxyd verwandelt werden (s. § 3, S. 552).

Bemerkungen. Das Verfahren ist schnell ausführbar, liefert einwandfreie Ergebnisse und ist brauchbar auch bei großem Überschuß von Kupfer, z. B. bei der Analyse von metallischem Kupfer.

d) Abscheidung des Wismuts als basisches Chlorid (§ 4 A, S. 556) oder als basisches Bromid (§ 4 B, S. 560).

e) Abscheidung des Wismuts als Selenit (§ 6 C, S. 586).

f) Abscheidung des Wismuts als basisches Nitrat (§ 6 E, S. 592). Der Niederschlag muß mit warmer, 2%iger Ammoniumnitratlösung ausgewaschen werden, damit er kupferfrei wird.

g) Abscheidung des Wismuts als Wismut-Thionalid aus sodaalkalischer, tartrat- und cyanidhaltiger Lösung § 9 C, S. 619.

h) Abscheidung des Wismuts durch Elektrolyse (§ 11, S. 654ff.).

i) Abscheidung des Wismuts mittels salzsaurem Pyridin nach Ostroumow (b). Mit salzsaurem Pyridin und Pyridin erfolgt aus salpetersaurer Lösung in der Wärme eine krystalline Abscheidung eines Wismutsalzes. Bei großen Bleimengen muß das Wismutsalz umkrystallisiert werden.

5. Trennung des Wismuts von Cadmium.

a) Abscheidung des Wismuts als Oxydhydrat durch Ammoniak und Wasserstoffperoxyd nach JANNASCH und RÖTTGEN.

Arbeitsvorschrift. Die Lösung, die Wismut und Cadmium als Nitrate enthalten soll, wird auf dem Wasserbade zur Trockene eingedampft, der Rückstand wird mit 5 cm³ konzentrierter Salpetersäure und 25 cm³ Wasser aufgenommen und die Lösung in eine in einer großen Porzellanschale mit Griff befindlichen Mischung von 15 cm³ konzentriertem Ammoniak und 25 bis 30 cm³ 3%igem Wasserstoffperoxyd (reinst) unter fortwährendem Umrühren eingegossen. Die weitere Arbeitsweise ist die gleiche, wie sie bei der Trennung des Wismuts von Silber auf S. 704 beschrieben ist. Der Niederschlag von Wismutoxydhydrat muß aber in Salpetersäure aufgelöst werden. Die Lösung wird wie oben eingedampft, mit Salpetersäure und Wasser aufgenommen und nochmals wie oben gefällt. Das Cadmium wird aus den vereinigten Filtraten und Waschwässern nach dem Eindampfen, Abrauchen der Ammoniumsalze und Auflösen des Rückstandes in Säure in üblicher Weise bestimmt.

WENGER und CIMERMAN haben dieses Verfahren erprobt und dabei befriedigende Ergebnisse erzielt. Das Verfahren ist aber abhängig von dem Verhältnis zwischen Wismut und Cadmium und ist bei kleinen Cadmiummengen für dieses unsicher. — Dieselben Verfasser haben auch das von JANNASCH und ETZ durchgeführte Verfahren der Trennung des Wismuts von Cadmium auf Grund der verschiedenen Flüchtigkeit der Bromide in einem Strom von mit Bromdampf beladener Luft geprüft. Sie finden aber hierbei wechselnde und zu niedrige Werte, die sie auf die langwierige und komplizierte Arbeitsweise zurückführen. Aus diesem Grunde wird hier dieses Trennungsverfahren nicht angeführt.

b) Abscheidung des Wismuts als basisches Halogenid (§ 4 A, S. 556; B, S. 560; C, S. 562).

c) Abscheidung des Wismuts als Selenit (§ 6 C, S. 586).

d) Abscheidung des Wismuts als basisches Nitrat (§ 6 E, S. 588).

e) Abscheidung des Wismuts als Wismut-Thionalid (§ 9 C, S. 618).

f) Abscheidung des Wismuts als Wismut-Cupferron (§ 9 F, S. 624).

g) Abscheidung des Wismuts durch Elektrolyse (§ 11, S. 655).

6. Trennung des Wismuts von Thallium.

Die Trennung des Wismuts von Thallium geschieht leicht durch Fällung des Wismuts als Phosphat und des Thalliums im Filtrat als Chromat (§ 2, S. 547).

7. Trennung des Wismuts von Arsen.

a) Abdestillieren des Arsens aus stark salzsaurer Lösung nach FISCHER.

Arbeitsvorschrift. Die Lösung wird mit 10 bis 20 cm³ einer gesättigten EisenII-chlorid-Lösung versetzt, mit konzentrierter Salzsäure auf 150 cm³ verdünnt und die Destillation im Chlorwasserstoffstrom ausgeführt. Vor dem Erhitzen wird Chlorwasserstoffgas bis zur Sättigung der Flüssigkeit eingeleitet. Das ArsenIII-chlorid wird in einer mit verdünnter Salzsäure gefüllten Vorlage aufgefangen und in dieser Lösung bestimmt. In dem Destillationsrückstand bleibt das Wismut zurück und kann darin nach Verdünnen und Abstumpfen der Säure als Oxychlorid bestimmt werden.

b) Abscheidung des Wismuts als Phosphat nach WENGER und CIMERMAN.

Arbeitsvorschrift. Aus der salpetersauren Lösung der beiden Elemente wird das Wismut durch Ammoniumphosphat unmittelbar als Phosphat gefällt (s. § 2, S. 542). Im Filtrat davon wird das Arsen als Sulfid gefällt und zu Ammoniummagnesiumarsenat umgefällt.

c) Abscheidung des Arsens als Sulfid aus stark salzsaurer Lösung mit Schwefelwasserstoff nach NEHER.

Arbeitsvorschrift. In die kalte Lösung der Chloride, welche auf 1 Teil Wasser wenigstens 2 Teile konzentrierte Salzsäure enthalten soll, wird ein rascher Strom von Schwefelwasserstoff 1 Std. lang eingeleitet. Während dieser Operation muß jede Temperaturerhöhung vermieden werden, weil sonst die Arsenwerte zu niedrig ausfallen. Das ausgefallene Arsensulfid wird abfiltriert und weiter behandelt. Aus dem Filtrat wird das Wismut bestimmt, indem es mit Salpetersäure abgeraucht und zu Wismutoxyd verglüht wird, oder durch Fällung als Phosphat oder in einer anderen Form. — Das Verfahren wird von Moser empfohlen.

d) Abscheidung des Wismuts als Sulfid durch Natriumsulfid nach Wenger und Cimerman.

Arbeitsvorschrift. Die salpetersaure Lösung der Elemente wird mit Ammoniak neutralisiert bis zum Auftreten einer Trübung, die mit einigen Tropfen Salpetersäure wieder in Lösung gebracht wird. Man erwärmt auf dem Wasserbade und fügt langsam 10%ige Natriumsulfidlösung im Überschuß hinzu. Das ausgefällte Wismutsulfid wird abfiltriert und nach dem Lösen in Salpetersäure als Phosphat bestimmt. Die das Arsen als Thioarsenat enthaltende Lösung wird mit Salzsäure versetzt und das ausgeschiedene Arsensulfid abfiltriert. Es wird in einer Mischung aus Ammoniak und 1 bis 2%igem Wasserstoffperoxyd (Perhydrol) gelöst und als Ammoniummagnesiumarsenat gefällt. Vor der Fällung muß die salzsaure Lösung aufgekocht und auf dem Wasserbade heiß gehalten werden, damit der gesamte Schwefel ausfällt. Ohne diese Vorsichtsmaßnahme werden um mehrere Prozente zu hohe Arsenwerte erhalten.

e) Trennung der Sulfide des Wismuts und Arsens durch Behandlung mit Ammoniak nach Wenger und Cimerman.

Arbeitsvorschrift. Die durch Schwefelwasserstoff aus schwach saurer Lösung gemeinsam ausgefällten Sulfide des Wismuts und Arsens werden nach dem Verkochen des Schwefelwasserstoffes aus der Fällungslösung auf dem Filter mit warmem, konzentrierten Ammoniak behandelt und ausgewaschen. Das zurückbleibende Wismutsulfid wird in Salpetersäure gelöst und als Phosphat gefällt. Die das Arsen enthaltende Lösung wird mit Wasserstoffperoxyd oxydiert und das Arsen als Ammoniummagnesiumarsenat gefällt.

Die unter b), d) und e) genannten Verfahren liefern für beide Elemente Werte mit einem Fehler von etwa $\pm 0{,}2\%$.

f) Abscheidung des Wismuts als Wismut-Thionalid aus sodaalkalischer, tartrat- und cyanidhaltiger Lösung (§ 9 C, S. 619).

g) Abscheidung des Wismuts als Wismut-Cupferron (§ 9 F, S. 624).

h) Abscheidung des Wismuts durch Elektrolyse (§ 11, S. 655).

8. Trennung des Wismuts von Antimon.

a) Die Trennung erfolgt meist durch Behandlung der aus schwach saurer Lösung gemeinsam gefällten Sulfide mit Natrium- oder Ammoniumsulfid. Hierdurch geht das Antimon als Thiosalz in Lösung und kann daraus bestimmt werden, während Wismutsulfid ungelöst bleibt und in eine passende Wägungsform gebracht werden muß.

b) Abscheidung des Wismuts als Wismut-Cupferron (§ 9 F, S. 624).

9. Trennung des Wismuts von Zinn.

a) Abscheidung des Zinns als ZinnIV-oxyd.

Arbeitsvorschrift. Eine Legierung z. B. wird durch konzentrierte Salzsäure unter Zusatz von wenig Salpetersäure in Lösung gebracht und nach Hinzufügen von konzentrierter Schwefelsäure in einem großen Porzellantiegel zur Trockene eingedampft. Der Rückstand wird nach dem Abrauchen der Schwefelsäure stark geglüht, um das ZinnIV-oxyd unlöslich zu machen. Nach dem Erkalten wird auf dem Wasserbade mit verdünnter Salpetersäure unter Umrühren das Wismutoxyd gelöst und aus dieser Lösung Wismutphosphat oder eine andere Bestimmungsform gefällt. Das ZinnIV-oxyd, das häufig andere Metalle mitreißt, wird zur Kontrolle mit Soda und Schwefel aufgeschlossen. Bei der Lösung der Schmelze in Wasser muß eine klare Lösung entstehen, andernfalls müssen unlöslich in Erscheinung tretende Sulfide auf Wismut analysiert werden. Die klare Lösung wird zur Fällung des Zinns mit Salzsäure versetzt, und das ausgefällte ZinnIV-sulfid wird zu ZinnIV-oxyd verglüht.

b) Trennung der Sulfide des Wismuts und Zinns durch Behandlung mit Natrium- oder Ammoniumpolysulfid.

Für diese Trennung gilt sinngemäß das für die Trennung des Wismuts von Antimon auf S. 709 unter a) Gesagte.

10. Trennung des Wismuts von Gold.

a) Abscheidung des Goldes durch EisenII-salz aus salzsaurer Lösung.

Arbeitsvorschrift. Zu der salzsauren Lösung der Metalle wird eine Lösung von EisenII-sulfat hinzugefügt. Gold scheidet sich elementar ab. Die Lösung muß genügend freie Salzsäure enthalten, damit nicht durch Hydrolyse Wismutoxychlorid ausfällt.

b) Trennung mittels Salpetersäure.

Arbeitsvorschrift. Eine Legierung z. B. wird mit Salpetersäure (D 1,2) erwärmt. Hierbei geht das Wismut in Lösung und kann daraus bestimmt werden, während das Gold ungelöst zurückbleibt.

11. Trennung des Wismuts von Platin und Palladium.

Die Trennung kann erfolgen durch Abscheidung des Wismuts als Wismut-Thionalid aus sodaalkalischer, tartrat- und cyanidhaltiger Lösung (§ 9 C, S. 619).

12. Trennung des Wismuts von Selen.

Die Trennung kann nach GEILMANN und WRIGGE erfolgen durch Einwirkung von Hydrochinon in alkalischer Lösung auf Wismutselenit unter Ausfällung einer organischen Wismutverbindung und Bildung von löslichem Alkaliselenit.

Arbeitsvorschrift. Die salpetersaure Lösung, die etwa 75 cm³ betragen soll, wird mit 25 bis 30 cm³ der Reduktionsflüssigkeit (s. unten) versetzt, unter starkem Umrühren 5 Min. gekocht und dann noch $^1/_2$ Std. auf dem Wasserbade erwärmt. Der das Wismut enthaltende, fein krystalline, gelbliche Niederschlag wird mit heißem Wasser ausgewaschen und in Salpetersäure gelöst. In dieser Lösung kann das Wismut nach einem bekannten Verfahren gefällt werden.

Das Filtrat, das Selen als Alkaliselenit enthält, wird mit konzentrierter Salzsäure stark angesäuert und das Selen in bekannter Weise durch Schwefeldioxyd gefällt.

Bemerkung. **Reduktionsflüssigkeit.** 1. 15 g Hydrochinon und 80 g Natriumsulfit (es ist nicht angegeben, ob es sich um das krystallisierte oder wasserfreie Salz handelt) werden in 500 cm³ Wasser gelöst. — 2. 100 g Natriumhydroxyd werden in 500 cm³ Wasser gelöst. — Unmittelbar vor Gebrauch werden gleiche Teile beider Lösungen vermischt.

13. Trennung des Wismuts von Tellur.

Die Trennung des Wismuts von Tellur erfolgt durch Abscheidung des Wismuts als Oxybromid (§ 4 B, S. 560).

14. Trennung des Wismuts von Molybdän und Wolfram.

a) Abscheidung des Wismuts als Wismutchromrhodanid (§ 7, S. 598).

b) Abscheidung des Wismuts durch Elektrolyse (§ 11, S. 656).

Es sei noch auf die Bestimmung kleiner Wismutmengen in Metallen, Legierungen und Erzen in § 14, S. 671 hingewiesen, sowie auf die Möglichkeit der Bestimmung des Wismuts neben anderen Metallen auf polarographischem bzw. spektralanalytischem Wege (§ 12, S. 657 bzw. § 13, S. 662).

Literatur.

BENEDETTI-PICHLER, A.: Fr. **70**, 257 (1927). — BÜLOW, C.: Fr. **31**, 697 (1892).

CLARK, J.: J. Soc. chem. Ind. **19**, 26 (1900); durch Fr. **42**, 642 (1903).

FISCHER, E.: B. **13**, 1778 (1880). — FRESENIUS, R., u. J. HAIDLEN: A. **43**, 129 (1842). — FUNK, H., u. J. WEINZIERL: Fr. **81**, 380 (1930).

GALLETLY, J. C., u. G. G. HENDERSON: Analyst **34**, 389 (1909); durch C. **80**, **II**, 1378 (1909). — GEILMANN, W., u. Fr. W. WRIGGE: Z. anorg. Ch. **210**, 357 (1933).

JANNASCH, P.: B. **26**, 1499 (1893). — JANNASCH, P., u. E. v. CLOEDT: B. **28**, 994 (1895). — JANNASCH, P., u. G. DEVIN: B. **31**, 2378 (1898). — JANNASCH, P., u. P. ETZ: B. **24**, 3746 (1891). — JANNASCH, P., u. E. HEIMANN: J. pr. [2] **74**, 480 (1906). — JANNASCH, P., u. J. LESINSKY: B. **26**, 2908 (1893). — JANNASCH, P., u. A. RÖTTGEN: Z. anorg. Ch. **8**, 302 (1895).

MOSER, L.: Die Bestimmungsmethoden des Wismuts und seine Trennung von den anderen Elementen, S. 75 bis 94. Stuttgart 1909.

NEHER, F.: Fr. **32**, 45 (1893).

OSTROUMOW, E. A.: (a) Fr. **106**, 36 (1936); (b) Betriebslab. 8, 1226 (1940); durch C. **112**, I, 1576 (1941).

POLSTORFF, C., u. C. BÜLOW: Ar. **229**, 298 (1891).

ROSE, H.: Handbuch der analytischen Chemie, Bd. 2, S. 178. Braunschweig 1851. — ROSENBLADT, T.: Fr. **26**, 15 (1887).

WATERHOUSE, E. F., u. W. R. SCHOELLER: Analyst **57**, 284 (1932); durch C. **104**, **I**, 269 (1933). — WENGER, P., u. CH. CIMERMAN: Helv. **14**, 733 (1931).